U0249675

国外经典教材译丛

生态系统生态学

Ecosystem Ecology

〔丹〕S. E. 约恩森 著

曹建军 赵 斌 张 剑 张世虎 董小刚 译

科 学 出 版 社

北 京

图字：01-2016-0920 号

内 容 简 介

本书是对生态系统生态学内容的高度提炼和概括，可粗略划分为理论篇和应用篇。理论篇旨在向读者清晰呈现生态系统生态学的发展历史及其所固有的各种属性，而应用篇除了对全球自然、人工和特殊生态系统的结构与功能进行详细介绍外，也涉及全球变化背景下的生态系统管理问题。

本书选材广泛、内容翔实、插图经典，各章节均由本领域国际资深研究人员撰写而成，堪称是一部集大成者的巨著。这对从事生态学尤其是想在更高层次（即生态系统生态学）上从事科学研究的人员而言，无疑是一本难得的专业书籍，可避免因在浩如烟海的文献中查阅相关资料而浪费时间；对本科生和研究生而言，通过选择性的阅读，可起到事半功倍的效果；对初学者而言，本书是一本高级科普读物，通过倒序读法，可了解生态系统对我们人类命运生死攸关的作用，从而有助于他们对生态伦理和生态文明的践行。

This edition of ***Ecosystem Ecology*** by **Sven Erik Jørgensen** is published by arrangement with **ELSEVIER BV of Radarweg 29, 1043 NX Amsterdam, Netherlands**.

本书英文版 ***Ecosystem Ecology***，作者 **Sven Erik Jørgensen**，由 **ELSEVIER BV** 出版，地址 **Radarweg 29**，**1043 NX** 阿姆斯特丹，荷兰。

图书在版编目（CIP）数据

生态系统生态学/（丹）S.E.约恩森（Sven Erik Jørgensen）著；曹建军等译. —北京：科学出版社，2017.1

（国外经典教材译丛）

书名原文：Ecosystem Ecology

ISBN 978-7-03-051110-2

Ⅰ. ①生… Ⅱ. ①S… ②曹… Ⅲ. ①生态系生态学 Ⅳ. ①Q148

中国版本图书馆CIP数据核字（2016）第309744号

责任编辑：刘 畅 / 责任校对：贾伟娟 贾娜娜

责任印制：赵 博 / 封面设计：铭轩堂

科 学 出 版 社 出版

北京东黄城根北街 16 号

邮政编码：100717

http：//www.sciencep.com

北京科印技术咨询服务有限公司数码印刷分部印刷

科学出版社发行 各地新华书店经销

*

2017年1月第 一 版 开本：880×1230 1/16

2025年1月第四次印刷 印张：27 3/4

字数：890 000

定价：198.00元

（如有印装质量问题，我社负责调换）

作 者 简 介

约恩森（Sven Erik Jørgensen，1935～2016），哥本哈根大学环境化学教授，中国科学院爱因斯坦讲席教授，丹麦农业大学环境技术与生态技术专业兼职教授，美国俄亥俄州大学名誉教授。1958 年在丹麦技术大学获得化学工程硕士学位，之后又分别获得了卡尔斯鲁厄大学环境工程和哥本哈根大学生态建模的博士学位。曾担任国际湖泊环境委员会主席、国际生态建模协会常务秘书长。主要研究领域为生态系统、生态建模、生态工程、水生系统环境的研究与管理等。1975 年和 1978 年他分别创办了 *Ecological Modelling* 和 *International Society of Ecological Modelling* 杂志，并担任 *Ecological Indicator*、*Water Resource Developments*、*Urban Systems*、*Ecological Engineering*、*Environmental Software and Modelling* 等 17 本杂志编委。发表论文 300 余篇，出版专著 76 部，先后被译成汉语、俄语、西班牙语和葡萄牙语。曾获得 Stockholm Water Prize（2004）、The 1st Prigogine Prize（2004）、ISEM-award（2000）、Career Prize 等近 10 项著名国际性大奖。

撰 稿 人

W H Adey
Smithsonian Institution, Washington, DC, USA

C Alfsen
UNESCO, New York, NY, USA

T F H Allen
University of Wisconsin, Madison, WI, USA

S Allesina
University of Michigan, Ann Arbor, MI, USA

T R Anderson
National Oceanography Centre, Southampton, UK

O Andrén
TSBF-CIAT, Nairobi, Kenya

A Basset
Università del Salento-Lecce, Lecce, Italy

K M Bergen
University of Michigan, Ann Arbor, MI, USA

C L Bonin
University of Wisconsin, Madison, WI, USA

H Bossel
University of Kassel (retd.), Zierenberg, Germany

K A Brauman
Stanford University, Stanford, CA, USA

J M Briggs
Arizona State University, Tempe, AZ, USA

D E Burkepile
Georgia Institute of Technology, Atlanta, GA, USA

T V Callaghan
Royal Swedish Academy of Sciences Abisko Scientific Research Station, Abisko, Sweden

J L Casti
International Institute for Applied System Analysis, Laxenburg, Austria

L M Chu
The Chinese University of Hong Kong, Hong Kong SAR, People's Republic of China

E A Colburn
Harvard University, Petersham, MA, USA

J Colding
Royal Swedish Academy of Sciences, Stockholm, Sweden

S L Collins
University of New Mexico, Albuquerque, NM, USA

W H Conner
Baruch Institute of Coastal Ecology and Forest Science, Georgetown, SC, USA

K W Cummins
Humboldt State University, Arcata, CA, USA

W S Currie
University of Michigan, Ann Arbor, MI, USA

G C Daily
Stanford University, Stanford, CA, USA

R F Dame
Charleston, SC, USA

D L DeAngelis
University of Miami, Coral Gables, FL, USA

S Dudgeon
California State University, Northridge, CA, USA

T Elmqvist
Stockholm University, Stockholm, Sweden

B D Fath
Towson University, Towson, MD, USA and International Institute for Applied System Analysis, Laxenburg, Austria

J A D Fisher
University of Pennsylvania, Philadelphia, PA, USA

D G Green
Monash University, Clayton, VIC, Australia

N B Grimm
Arizona State University, Tempe, AZ, USA

R Harmsen
Queen's University, Kingston, ON, Canada

T K Harms
Arizona State University, Tempe, AZ, USA

G Harris
University of Tasmania, Hobart, TAS, Australia

M E Hay
Georgia Institute of Technology, Atlanta, GA, USA

R A Herendeen
University of Vermont, Burlington, VT, USA

C Holzapfel
Rutgers University, Newark, NJ, USA

F G Howarth
Bishop Museum, Honolulu, HI, USA

L B Hutley
Charles Darwin University, Darwin, NT, Australia

D M Johnson
USDA Forest Service, Corvallis, OR, USA

S E Jøgensen
Copenhagen University, Copenhagen, Denmark

W J Junk
Max Planck Institute for Limnology, Plön, Germany

P C Kangas
University of Maryland, College Park, MD, USA

T Kä tterer
Department of Soil Sciences, Uppsala, Sweden

P Keddy
Southeastern Louisiana University, Hammond, LA, USA

J E Keeley
University of California, Los Angeles, CA, USA

A K Knapp
Colorado State University, Fort Collins, CO, USA

V Krivtsov
University of Edinburgh, Edinburgh, UK

C Kö rner
Botanisches Institut der Universitä t Basel, Basel, Switzerland

D J Larkin
University of Wisconsin, Madison, WI, USA

T G Leishman
Monash University, Clayton, VIC, Australia

B G Lockaby
Auburn University, Auburn, AL, USA

M I Lucas
National Oceanography Centre, Southampton, UK

F Médail
IMEP Aix-Marseille University, Aix-en-Provence, France

J M Melack
University of California, Santa Barbara, Santa Barbara, CA, USA

J Mitchell
Auburn University, Auburn, AL, USA

P Moreno-Casasola
Institute of Ecology AC, Xalapa, Mexico

F Mü ller
University of Kiel, Kiel, Germany

S N Nielsen
Danmarks Farmaceutiske Universitet, Copenhagen, Denmark

D W Orr
Oberlin College, Oberlin, OH, USA

M Pell
Swedish University of Agricultural Sciences, Uppsala, Sweden

P S Petraitis
University of Pennsylvania, Philadelphia, PA, USA

K Reinhardt
Wake Forest University, Winston-Salem, NC, USA

L Sabetta
Università del Salento-Lecce, Lecce, Italy

S Sadedin,
Monash University, Clayton, VIC, Australia

A K Salomon
University of California, Santa Barbara, Santa Barbara, CA, USA

U M Scharler
University of KwaZulu-Natal, Durban, South Africa

S A Setterfield
Charles Darwin University, Darwin, NT, Australia

W K Smith
Wake Forest University, Winston-Salem, NC, USA

M Soderstrom
Montreal, QC, Canada

R A Sponseller
Arizona State University, Tempe, AZ, USA

J Stanturf
Center for Forest Disturbance Science, Athens, GA, USA

C Trettin
USDA, Forest Service, Charleston, SC, USA

R R Twilley
Louisiana State University, Baton Rouge, LA, USA

R E Ulanowicz
University of Maryland Center for Environmental Science, Solomons, MD, USA

A Varty
University of Wisconsin, Madison, WI, USA

D H Vitt
Southern Illinois University, Carbondale, IL, USA

R B Waide
University of New Mexico, Albuquerque, NM, USA

K M Wantzen
University of Konstanz, Konstanz, Germany

M A Wilzbach
Humboldt State University, Arcata, CA, USA

A Wörman
The Royal Institute of Technology, Stockholm, Sweden

J B Zedler
University of Wisconsin, Madison, WI, USA

D Zhang
Auburn University, Auburn, AL, USA

J J Zhu
Institute of Applied Ecology, CAS, Shenyang, People's Republic of China

中文版序

过去 30 年，中国一直处于辉煌的经济发展与技术进步中。而这种迅猛发展，又不可避免地带来了诸多环境问题。中国对此已有充分认识，并准备大力减少一些污染问题。过去半个世纪的经验告诉我们，最具前途的污染消除途径离不开综合的整体环境管理，这意味着自 20 世纪 70 年代开始发展壮大的若干生态学分支学科应该与技术领域，特别是与环境技术结合起来。

生态学分支学科包括生态模型、生态毒理、生态工程、生态经济，还有基于生态指数的生态系统健康评价和生态系统服务评估等。可以说，这些分支学科构建了从生态学通向环境管理的桥梁。不过，这些分支学科都根植于对生态系统属性的理解，主要包括生态系统理论或生态系统生态学，而它们与侧重于生态系统整体系统属性的系统生态学略有不同。

鉴于未来中国环境问题的重要性，以及中国对大规模污染消除的期盼，我非常欣慰《生态系统生态学》这本基础读物能被译为中文出版。该书介绍了进行恰当的环境综合管理所必需的一些生态学分支学科的基础。

S. E. 约恩森

2015 年 8 月 28 日于哥本哈根

Preface for Chinese Edition

China has the last 30 years been in an enormous economic and technological development. It has inevitably had the consequence that many environmental problems, associated with such a rapid development, have emerged. China has acknowledged the problems and seems ready to initiate massively an abatement of the pollution problems. All experience gained during the last 50 years has shown that the most promising abatement of pollution is offered by an integrated holistic environmental management, which implies that several ecological subdisciplines that have been developed since the seventies should be integrated with technology, particularly environmental technology.

The ecological subdisciplines are ecological modeling, ecotoxicology, ecological engineering, ecological economics, assessment of ecosystem health by use of ecological indicators and assessment of ecosystem services. These subdisciplines build so to say a bridge from ecology to environmental management. They are, however, rooted in an understanding of the properties of ecosystems, which are covered by ecosystem theory or ecosystem ecology, which is slightly different from systems ecology, that is focusing on the holistic system properties of ecosystem.

In the light of the importance of environmental problems in China and the massive pollution abatement that is expected in China in the coming years, I appreciate very much that this basic book *Ecosystem Ecology* is translated to Chinese. It is presenting the fundament for the ecological subdisciplines, that are indispensable for a proper integrated holistic environmental management.

Copenhagen the 28th of August 2015

Sven Erik Jørgensen, Professor emeritus at Copenhagen University, Dr. Eng. Dr. Science, Dr. Hon. Cau., Einstain Professor at CAS, Stockholm Water Prize Laureate.

译 者 序

生态系统生态学作为生态学的一门分支，以生态系统为研究对象，解决其与外部环境之间能量输入与输出，以及内部环境各组分之间物质循环、能量流动和信息传递等科学问题。从 20 世纪三四十年代开始，国外学者已开始在生态系统水平上从事科学研究，为大尺度、全面理解全球生态问题做出了卓著贡献。

然而，时至今日，国内还鲜见有关生态系统生态学的读物。基于此，笔者决定翻译由丹麦皇家科学院院士 Sven Erik Jørgensen 主笔的 *Ecosystem Ecology* 一书，以飨读者。本书包括三部分：作为系统的生态系统、生态系统属性和生态系统各论，其中第一部分着重阐述生态系统生态学的思想及发展历史，第二部分重点关注生态系统的整体属性或涌现属性，而第三部分几乎囊括了地球上现存生态系统的所有类型，并分而述之。三部分层次分明，从理论到实践，循序渐进地向读者展示了生态系统生态学的全貌。每一部分中的章节安排脉络清晰、衔接紧密，由易到难徐徐推进，符合知识架构逻辑之需求；各章节又自成体系，深入浅出地向读者系统介绍了该领域的历史渊源和未来走向，对其中的热点和难点问题也进行了提炼和总结，颇有“一叶落而知天下秋”之感。本书无论对初学者，还是研究生，抑或从事生态系统生态学教学和科研的一线工作人员，都是一本十分难得的专业读物，是夯实基础、拓展视野和开拓创新的基石。

全书共 59 章，其中前言部分和前 19 章由曹建军翻译，后 40 章中，河口、人工林、淡水沼泽、红树林湿地、河岸湿地、河流与溪流：生态系统动态与整合范式、河流与溪流：物理条件与适应生物群和沼泽湿地 8 章由赵斌、熊俊、戴圣骐、辛凤飞、侯颖、李红和陈帮乾翻译；废水生物处理系统、珊瑚礁、河漫滩、淡水湖、潟湖、垃圾填埋场、泥炭地、岩石潮间带、盐碱湖泊、间歇性水体和涌流生态系统 11 章由张剑翻译；高寒生态系统和高海拔树线，高寒森林，北方森林，荒漠，温室、微型和中型生态系统，极地陆地生态学，温带森林，苔原和城市系统 9 章由张世虎翻译；农业系统、洞穴、灌木丛、荒漠溪流、沙丘、地中海类型生态系统、盐沼和防风林 8 章由董小刚翻译；植物园和热带雨林由文淑均翻译；萨王纳由刘坤翻译；亚欧草原和北美大草原由周显辉翻译。历时一年半，虽身心专注、字斟句酌、呕心校订，但仍与“信”“达”“雅”相距甚远。一方面因为该书内容庞杂，涉及学科众多；另一方面因笔者水平有限，难以精准驾驭。因此，纰漏和不足之处在所难免，还请读者谅解并提出宝贵意见，以待改进！

翻译过程中，得到众多同仁的支持和帮助。最值得一提的是，王刚、杜国祯和张世挺教授，以及任正炜博士、艾得协措博士和张仁义博士等，没有他们的鼓舞和指导，此书的问世也许还要迁延数日。借此一隅，向他们及所有曾热心给予笔者精神和物质激励的人，道一声衷心的感谢！

最后，本书的翻译和出版得到国家自然科学基金（NO. 41461109、41461012、31660160）和甘肃省自然科学基金（NO. 1506RJZA124、1506RJZA128 和 145RJYA254）资助。

曹建军

2016 年 7 月 1 日于西北师范大学

前　言

系统生态学，又称为生态系统理论，为生态系统如何作为系统运转提供了完整的理论。当然，当人们日渐频繁地用它来解释观察到的生态现象并用来协助进行环境管理，包括使用生态技术时，这个理论会不断被完善。生态系统理论发展到今天已经足够完整，从而可以广泛地应用。仅从其应用的广泛性而言，或者说我们今天对一个理论的所有命题而言，生态系统理论有可能是有缺陷的，对其提出改进不应意外。

本书由三部分组成：第一部分作为系统的生态系统，着重于叙述生态系统的形态特性，包括在生态学中的基本定律一章中陈述理论的基本科学命题。在第二部分生态系统特性中，对生态系统的整体性质给出更为综合、全面的表述。这些生态系统的整体性质，毋庸置疑，根植于系统特性之中，并且包括在这些命题之内。在第三部分生态系统各论中，分别概述了不同的生态系统。这些概述基于不同的生态系统特性，对各生态系统如何运转，以及科学命题如何应用于各生态系统加以阐释并说明它们的特性。

我希望本书能被生态学者和系统生态学者深入使用，从而对生态系统及其功能有较深入的理解，并为使生态学发展成为能够解释并预测生态系统响应的更为理论化的科学做出贡献。理论化发展的生态学将使生态学有可能以正确的理论思考取代许多通常耗费巨大的测量。

本书基于以下两点而成：

Ⅰ. 系统生态学是生态学的一门分支；

Ⅱ. 最近出版的《生态学百科全书》通过大量插图对各种生态系统进行非常全面的概述。

由于《生态学百科全书》生态系统部分的编辑 Donald de Angelis 和系统生态学部分的编辑 Brian Fath 卓有成效的工作，才使得完整全面叙述所有生态系统以及最现代的生态系统理论成为可能。因此，我愿向 Donald 和全体生态系统词项的作者，Brian Fath 和全体系统生态学词项的作者表示感谢，感谢他们对《生态学百科全书》的贡献。本书对生态系统生态学这一非常重要的生态学分支进行了广泛和最新的叙述。《生态学百科全书》的出版极大地促成了本书的问世。

Sven Erik Jørgensen
哥本哈根

目　　录

中文版序
译者序
前言

第一部分　作为系统的生态系统

绪论……3
第一章　生态系统生态学总论……6
第二章　生态学的系统思想……11
第三章　生态系统……15
第四章　生态系统服务……23
第五章　生态学中的基本定律……29

第二部分　生态系统属性

第六章　自动催化……35
第七章　个体大小格局……38
第八章　循环和循环指数……44
第九章　生态网络分析：系统成熟主导系数……50
第十章　生态网络分析：能量分析……56
第十一章　生态网络分析：环境分析……66
第十二章　生态学中的间接效应……71
第十三章　涌现性……80
第十四章　自组织……86
第十五章　生态复杂性……94
第十六章　生态学中的层级理论……101
第十七章　目标功能和指引者……106
第十八章　有效能……113
第十九章　生态系统类型及其强制函数与最重要的属性……123

第三部分　生态系统分论

第二十章　农业系统……127
第二十一章　高寒生态系统和高海拔树线……132
第二十二章　高寒森林……138
第二十三章　废水生物处理系统……146
第二十四章　北方森林……159
第二十五章　植物园……161
第二十六章　洞穴……168
第二十七章　灌木丛……173
第二十八章　珊瑚礁……179
第二十九章　荒漠溪流……191

第三十章 荒漠 ……198
第三十一章 沙丘 ……215
第三十二章 河口 ……221
第三十三章 河漫滩……226
第三十四章 人工林……235
第三十五章 淡水湖……241
第三十六章 淡水沼泽……245
第三十七章 温室、微型和中型生态系统……252
第三十八章 潟湖 ……267
第三十九章 垃圾填埋场……274
第四十章 红树林湿地……278
第四十一章 地中海类型生态系统 ……290
第四十二章 泥炭地……300
第四十三章 极地陆地生态学……308
第四十四章 河岸湿地……311
第四十五章 河流与溪流：生态系统动态与整合范式 ……318
第四十六章 河流与溪流：物理条件与适应生物群 ……328
第四十七章 岩石潮间带……338
第四十八章 盐碱湖泊……344
第四十九章 盐沼 ……348
第五十章 萨王纳……356
第五十一章 亚欧草原和北美大草原 ……366
第五十二章 沼泽湿地……374
第五十三章 温带森林……377
第五十四章 间歇性水体……385
第五十五章 热带雨林……395
第五十六章 苔原 ……399
第五十七章 涌流生态系统……405
第五十八章 城市系统……414
第五十九章 防风林……420

第 一 部 分

作为系统的生态系统

绪论

S E Jørgensen

根据 Tansley（1935）的定义，生态系统是一个由相互作用的生物和非生物组分共同组成的综合系统。在这一定义中，他将生态系统看作为系统，这具有重大意义，不仅意味着生态系统具有边界，而且也意味着我们可以对系统及其所依存的环境进行区别。一般而言，环境可被理解为系统边界之外的其余区域。生物组分与非生物组分相互作用，表明二者直接或间接关联。所有包含相互作用生物和非生物组分的系统，都可看作是生态系统。例如，一滴受污染的水是一个生态系统，因为它包含微生物、有机质和无机盐，且这些成分相互作用。通常，生态系统的研究和管理兴趣主要集中在面积较大的、特征由其本身功能和属性所决定的自然区域，如一个湖泊、一片森林或一洼湿地。这三种生态系统都具有非常典型的功能，拥有不同于其他生态系统类型的某些特有属性。生态系统定义中所指的尺度取决于系统功能和拟解决的问题。

生态系统具有相互作用和相互连接的生物及非生物组分，组分的协同作用促使系统产生涌现性，并使其不仅仅是各组分的简单相加。一个活的生物（living organism）不只是构成生物本身的细胞和器官。同样地，一片森林不只是树木，而是一个协同作用的单元，涌现出森林特有的某些属性。

在生态研究和环境管理中，全面理解生态系统功能及其响应非常重要。这一背景下，有两个最基本的问题需要解决。

1. 哪些生态系统的根本属性决定其特征？

2. 是否可提出能够解释生态系统功能的一些基本科学命题？

本书的**作为系统的生态系统**和**生态系统属性**部分，将尝试回答这两个核心问题，而**生态系统分论**部分对不同生态系统类型、生态系统是如何基于其特有属性运转，以及科学命题如何用于理解和阐释生态系统特性等方面进行了概述。**作为系统的生态系统**部分侧重于生态系统的系统属性，同时也介绍了基本的科学命题，而**生态系统属性**部分，对生态系统的整体属性作了更加全面的概述。生态系统的整体属性，毋庸置疑，根植于系统属性。

作为系统的生态系统部分中的**生态系统生态学总论**、**生态学的系统思想**和**生态系统**三章，侧重于从上述生态系统定义中抽象出最基本的系统属性。生态系统定义虽在这三章中重复出现，但略有不同。出现在这三章中的系统属性，可概括如下。

1. 生态系统能量循环。

2. 生态系统物质循环。

3. 生命与环境关联，说明生态系统环境可对生态系统产生影响。这一影响决定生态系统的当前条件（prevailing condition），或可另表述为，外部变量［也称为强制函数（forcing function）］决定系统的内部变量条件（也称为状态变量）。极具变化的条件（外部变量组合）催生了大量纷繁多样的生态系统。

4. 生态系统是整体系统，因此在生态系统动态研究中，必须采用整体论的观点。

人类社会高度依赖于生态系统的正常运转，因为人们都在利用生态系统提供的各种服务。因此，我们一定要理解这些服务所依托的生态系统属性。**生态系统服务**一章和**生态系统分论**部分中的有关章节对生态系统服务做了介绍，这些服务可归纳为三类。

1. 生产服务，如我们所熟知的从农业、渔业和林业等部门获得的服务。

2. 调节服务，源于循环、渗透、迁移和固定等过程。

3. 文化服务，如休闲娱乐、陶冶心智和美感享受等。

生态学中的基本定律一章对根植于系统属性的生态系统属性进行了简单的总结。

1. 生态系统是复杂的（大量持续变化的、相互作用的组分）。

2. 生态系统是开放的。

3. 生态系统是层级组织的（hierarchically organized）。

4. 生态系统是自我组织和自我调节的，原因在于大量的反馈机制。

这些属性在**生态系统属性**部分中有更详细的论述。

生态学中的基本定律一章中列举的生态系统的十大基本定律，与**作为系统的生态系统**部分中其他章节所介绍的生态系统属性基本一致。十大命题可用于解释生态系统的行为和属性。本章介绍的十大基本初级定律可深入解释对良好理论形成极其有利的生态观察和规律。通过理论应用，我们可直接推断生态系统对不同干扰的响应，而无需观察结果的支持。因此，在理论思考的基础上，改进研究方案和制订环境管理计划是行之有效的。十大定律（初级定律）根植于生态系统的五大基本属性。

生态系统属性部分对生态系统的基本属性给予了更多论述。**自动催化**一章侧重于通常能提高生态过程效率和速率的自动催化属性。**个体大小格局**一章讨论了生态系统的个体大小格局。生物过程速率如生长、代谢、死亡、世代周期和呼吸等都依赖于生物个体。生态系统中的条件谱决定这些基本的生态过程谱，而生态过程谱可实现生态系统资源的最佳利用。这些条件也决定个体大小格局。因此，不同条件下的不同生态系统有可能具有不一样的个体大小格局，这也是生态系统的一个典型属性。

所有生态系统中循环的元素都是生命体(living matter) 必需的。必需元素都有一个稳定的再生率，因此生态系统可持续地生长和发育。生命物质通常需要 22 种不同的元素，其中氮、碳、磷、硫、硅、钙和钠等的循环最为重要。循环之所以能够发生，原因在于嵌套于一切生态系统中的生态网络。生态网络是生物和非生物组分相互联系的一个“立体地图”，反映了生态系统各组分间相互作用的可能性。显而易见，循环对生态系统非常重要，因为没有循环，生物组分的生长和发展就会因一种或多种必需元素的缺乏而停止。**循环和循环指数**一章，包括循环和循环指数，用以量化支持循环过程的网络可能性。

生态网络分析：系统成熟主导系数，生态网络分析：能量分析，生态网络分析：环境分析和生态学中的间接效应等章节对生态网络的不同方面分别进行了介绍。网络分析和生态网络分析(ENA)利用网络理论，研究一定环境中生物或种群间的相互作用。**生态网络分析：系统成熟主导系数**一章中的系统成熟主导系数是对基于实际流量网络效率的定量化。通常情况下，生态系统的发育意味着系统成熟主导系数的增大。**生态网络分析：能量分析**一章通过利用能量流对生态网络进行了分析，而在**生态网络分析：环境分析**一章中则采用了所谓的环境分析。系统中的每个对象都有两种“环境”，一个用于接收，另一个用于系统内相互作用的发生。通过对这些能量流的分析，推断网络属性如互惠共生（mutualism）和网络协同性（synergy）是可行的。**循环和循环指数**一章的主题是循环。当然，这个循环也被认为是网络的一个属性。**生态学中的间接效应**一章集中讨论了一个最重要的网络属性，即在多数情况下，强大的间接效应甚至可能会超过直接效应。

涌现性一章的主题是涌现，即生态系统作为一个综合系统，不只是各组分的简单相加。涌现性源于系统属性。由于网络、自动催化、循环、自我调节和自我组织等的协同效应，生态系统获得了大量非常有用的、整体的、犹如系统的属性，这些属性通常被称为涌现性。自组织本身就是涌现性的最好例证。**自组织**一章主要介绍了自组织的涌现及其根植于复杂自适应系统的方式。这一章还讨论了如何将空间格局、持续性、稳定性和能力的发展与演化作为自组织的一种结果来理解。早期生态系统和成熟生态系统的差异，也可用自组织理论进行解释。

生态系统是一个非常复杂的系统。它们包含不计其数的系统组分，这些组分极其多样，富有层级组织和非线性行为。**生态复杂性**一章介绍了生态复杂性的诸多方面，而**生态学中的层级理论**一章概述了层级理论在生态学中的应用情况。层级组织使总揽复杂性全貌成为可能。同时，通过利用在**目标功能和指引者**一章中所介绍的目标功能和指引者，也可对生态系统复杂行为作出更加全面的概述。作为生态系统复杂动态的结果，目标功能和指引者可量化生态系统的发育。一个最有用的指引者是有效能（exergy)，这将在**有效能**一章中予以介绍。生态系统的复杂动态决定了系统是如何发育及应对干扰的。有效能或能量对生态系统做功，因为生态系统的巨大复杂性，我们无法计算其全部的有效能，但我们可对生态系统模型中的有效能进行计算。在普通条件下，生态系统模型中的有效能呈现出尽可能高的趋势。当然，干扰可能会减少生态系统中的有效能，但通过网络和相互作用，生物会设法进行自我组织，以从当前环境中获得最大收益。这意味着在 Darwin 主义的语境中，多数生存者能被表示为有效能，因为其包含生态系统的生物量和信息产品。

五大基本属性（参见**生态学中的基本定律**一章）囊括了在**作为系统的生态系统**和**生态系统属性**部分中介绍的所有生态系统属性。表 1 描述了五大基本属性及从其中衍生的其他系统属性的基本概况。部分属性的推衍不只局限于基本属性中的某一种，但为了论述方便，将衍生属性只与基本属性中的一种对应。尤其是，生态系统具有连通性（connectivity）的基本属性。连通性意味着生态系统能形成网络和复杂的动态。我们已利用这些复杂的动态推衍出好几个系统属性，而这也可从其他四大基本属性中进行推衍。

表 1 根植于十大初级定律的五大基本属性包含的全部生态系统属性

基本属性	衍生的系统属性
1. 生态系统是开放的	强制函数（外部变量）决定生态系统条件
2. 生态系统具有方向性	生态系统表现出自动催化特性 生态系统可生长和发育 生态系统倾向于最大化有效能储存和功率 生态系统具有个体大小格局
3. 生态系统具有连通性	生态系统的生物和非生物组分通过网络连接起来 网络使生态系统互惠共生和协同发展 间接效应因网络而非常重要，甚至可能会超过直接效应 生态系统是自我组织和自我调节的 生态系统中进行着能量、物质和信息的循环
4. 生态系统具有涌现的层级	生态系统通过层级被组织起来
5. 生态系统具有复杂的动态	通过增加生物量、增强网络和提高信息量水平，可促进生态系统的生长和发育 生态系统是自适应系统 通过倾向于最大化有效能储存和功率，生态系统生长和发育并应对干扰 生态系统，尤其在自然条件下通常具有很高的多样性，使得生态系统具有各种千差万别的缓冲能力 由于复杂的动态，生态系统具有很强的缓冲能力 生态系统遭受干扰后，通常能快速有效地得到恢复

生态系统类型及其强制函数与最重要的属性是**生态系统属性**部分的最后一章，概述了**生态系统分论**部分所介绍的39种不同类型的生态系统。对所有39种生态系统类型而言，最重要的强制函数是指示性的，也就是说，强制函数（影响）可被认为是对生态系统的一个威胁，或强制函数通常决定生态系统的功能。39种生态系统的强制函数可归纳为四类。本章还对四类生态系统的最基本属性进行了介绍。最基本的属性是当前条件的结果，而当前条件由强制函数决定。那些可使生态系统解除威胁而需保持的属性，或那些尤其对维持生态系统功能非常重要的属性是最为重要的属性。

生态系统分论部分共有40章，涵盖了39种不同的生态系统类型。地球生态系统的绝大部分可被这39种类型的生态系统所囊括。虽然几个少见的生态系统类型未被包括进来，但自然界中经常出现的生态系统可一览无遗。然而，那些未被包括进来的生态系统的属性，至少与这39种类型所包含的一种或一种以上的属性相似。

参考章节：自动催化；个体大小格局；循环和循环指数；生态复杂性；生态网络分析：系统成熟主导系数；生态网络分析：能量分析；生态网络分析：环境分析；生态系统生态学总论；生态系统服务；生态学的系统思想；生态系统；涌现性；有效能；生态学中的基本定律；目标功能和指引者；生态学中的层级理论；生态学中的间接效应；生态系统类型及其强制函数与最重要的属性；自组织。

课外阅读

Jøgensen SE（2004）Information theory and energy. In：Cleveland CJ（ed.）*Encyclopedia of Energy*，vol. 3. pp. 439-449. San Diego，CA：Elsevier.

Jøgensen SE（2006）*Eco-Exergy as Sustainability*. 220pp. Southampton：WIT Press.

Jøgensen SE（2008b）*Evolutionary Essays. A Thermodynamic Interpretation of the Evolution*，210pp.

Jøgensen SE（ed.）（2008a）*Encyclopedia of Ecology*，5 vols. 41-22pp. Amsterdam：Elsevier.

Jøgensen SE and Fath B（2007）*A New Ecology. Systems Perspectives*. 275pp. Amsterdam：Elsevier.

Jøgensen SE，Patten BC，and Straskraba M（2000）Ecosystems emerging：4. growth. *Ecological Modelling* 126：249-284.

Jøgensen SE and Svirezhev YM（2004）*Towards a Thermodynamic Theory for Ecological Systems*. 366pp. Amsterdam：Elsevier.

Ulanowicz R，Jøgensen SE，and Fath BD（2006）Exergy，information and aggradation：An ecosystem reconciliation. *Ecological Modelling* 198：520-525.

第一章
生态系统生态学总论

B D Fath

一、引言

生态学研究范围广泛，领域多样。个体生态学（autecology）和群落生态学（synecology）的区别是生态学的基本区别之一。前者是个体生物和种群的生态学，侧重于生物本身；后者是生物和种群关系的生态学，侧重于整个系统组分间的物质、能量和信息交换。生态系统研究以其组成部分为基础，而这依赖于个体生态学背景下的野外工作和实验，但重点更在于这些部分是如何相互作用、联系和彼此影响的，包括生命赖以生存的环境资源。因此，生态系统生态学是对群落生态学的实现。这时，生态系统研究采用的维单位一般为通过系统的能量或物质量。这与种群和群落生态学有所不同，它们的维单位通常为个体数量（表 1-1）。这一简单的维单位区别，为划分不同生态尺度间的研究提供了便利。虽然生态系统生态学家坚持认为，将物种数转换为生物量或养分含量是可行的，但种群和群落生态学家却通常不以为然，他们认为，将物种数抽象为能量或物质单元，会造成许多独特生态细节的丢失。这一抽象的优点在于能量和物质是守恒量，而个体数量却不是。因此，我们可利用守恒单位构建平衡方程和输入-输出模型。实际上，在维单位意义上，生态系统生态学与生物生态学（organismal ecology）有更多的相似之处。生物生态学的研究通常也是依赖于能量单元的单个生物的热调节和生理问题。毫无疑问，各个尺度上的生态学研究为一般的科学认识做出了巨大贡献，并已得到极大发展，可用于解决我们感兴趣的、与自然有关的及人类对自然的影响等一系列问题。

表 1-1　不同生态尺度研究中的典型维单位

生态尺度	维度
生物生态学	dE/dt
种群生态学	dN/dt
群落生态学	dN/dt
生态系统生态学	dE/dt

注：dE/dt=单位时间内的能量变化；dN/dt=单位时间内的数量变化。

二、生态系统概念的发展历史

在生态学发展成为一门独立学科的过程中，环境学中的系统概念一直发挥着重要作用，但直到 20 世纪早期系统概念才逐渐完善。在此期间，出现了两种主流且针锋相对的生态学范式：有机论（如 Clements）和个体论（如 Gleason）。有机论方法认为，群落和生态系统都是可识别的对象，这些对象具有内在的、有组织的复杂性，与生物自我调节方式一样，可产生控制和自治系统。个体论方法认为，群落的边界依赖于观察者，其内部发育是随机的、个体的。在这一范式中，内部关系虽然是协同的，但因各部分的功能独立而缺乏控制性。有机论源于对整个系统如湖泊功能的理解，也源于对群落在演替阶段如何随时间变化的争论。那个时代的哲学家，如 Jan Smunts 对这些论断产生了一定的影响。对德国整体论者而言，情况更是如此，如在普隆（Plön）的凯撒-威廉（Kaiser-Wilhelm）研究所，由 Thienemann 领导的湖沼学（limnology）团队，以及其他人员如 Leick（植物生态学家）和 Friedrich（动物学家）。表 1-2 概括了一些重要的生态系统学术语及其相应的概念。整体论与还原论的争辩对这一时期的主流生态学思想产生了深远的影响。最终，通过引入"生态系统"这一术语，使部分矛盾得以化解。生态系统本质上既是物理的，又是系统的。

表 1-2　生态系统及其相关概念

年份	术语	作者	概念
1887	Microcosm	Forbes	生物群落概念的延伸
1914	Ecoid	Negri	非整体的、基于 Gleason 主义的观点
1928	Ökologisches system	Woltereck	为避免争论，仍然沿用
1930	Holocoen	Friedrich	整体的、生物学的
1935	Ecosystem	Tansley	反整体的……，物质主义者
1939	Biosystem	Thienemann	强调功能组织
1944	Geobiocönose	Sukacev	地理学的、景观生态学的
1944	Bioinert body	Vernadsky	生物地球化学
1948	Biochore	Pallmann	景观生态学
1950	Landschaft	Troll	整体的、"Gestalt"观点

注：改编自 Wiegleb（2000）Lecture Notes on the Hisgory of Ecology and Nature Conservation。

在这一背景下出现的生态系统词语，在今天已随处可见，既成为科学术语又成为大众用语及常用的方言。1935 年，Arthur Tansley 在《生态学》期刊上发表的题为“植被概念及术语的使用和滥用”的原创性论文中，首次使用了生态系统一词。实际上，正如论文题目所示的那样，他当时创造“生态系统”术语的原因只是为了对部分学者如 Clements 和 Cowles 等明显滥用群落概念而进行的回应。虽然 Tansley 本人引入了系统观点，但将群落作为生物的隐喻让他感到困惑，迫使他为出现于群落发育阶段的过程和相互作用寻找更多的科学依据。Tansley 把生态系统描述为：“……基本概念是……整个系统，不仅包括复杂的生物，也包括形成我们称之为生物群落环境的复杂物理因素。广义而言，生物群落环境就是生境因子。”70 多年前提出的这一定义，在今天仍然是鲜活的，因为其变化微乎其微，甚至根本没有变化。这一方法的基本原理是明确将与生物区系相互作用的非生物过程包括进来。从这个意义上讲，通过过多地强调系统，他更是顺着 Haeckel 主义而非 Darwin 主义的生态学路线。后者力图将野外观察与兴起的一般系统理论和系统分析等学科紧密联系起来。

虽然已经奠定了生态系统概念的基石，但对这一术语的介绍还只是理论性的，缺少如何将其应用于具体研究领域的指南。不过，这一时期，有几个关于整个系统能量收支的研究得到发展，尤其是北美洲生态学家，如 Forbes 和 Birge 及威斯康星州（Wisconsin）的 Juday 等对作为验证生态系统概念理想之地的湖泊生态系统的研究。基于这一工作，1942 年，Lindeman 发表了有关赛达伯格湖（Cedar Bog Lake）（同样位于威斯康星州）的研究工作，首次对生态系统概念进行了明确的应用。除了构建水域系统的食物网，他还推断出一个度量标准（metric），现在被称为 Lindeman 效率，以在生态取食关系的基础上评估能量从一个营养级到下一营养级的传递效率。虽然在赛达伯格湖概念模型中包括了碎屑的无源流（passive flow），但其并没有被纳入营养级。在那以后，大量其他的研究都沿用这一方法，并将其用于许多生境类型，如陆地、水域和城市生态系统等。

三、生态系统的定义

生态系统作为一个研究单元，必须是有边界的系统，尺度范围可从一洼池塘、一片湖泊和一条流域到整个生物圈。实际上，生态系统尺度的界定更依赖于系统功能而非可列举的组分，尺度分析也取决于所要解决的问题。个体总会死去，甚至种群也不可能永久存活，因为其中的任何一个都无法固定自身能量并处理自身产生的废弃物。因此，每个生态系统都包含支持生命所必需的生态群落：生产者、分解者和消费者及其所依存的物理环境（图 1-1 是一个简单的生态系统模型）。生态系统是维持生命长久存在的基本单元，这一特征为环境管理和保护过程中研究生态系统提供了主要动机。生态系统的两个主要特征，即能量流动和养分生物地球化学循环是生态系统生态学研究的重点领域。

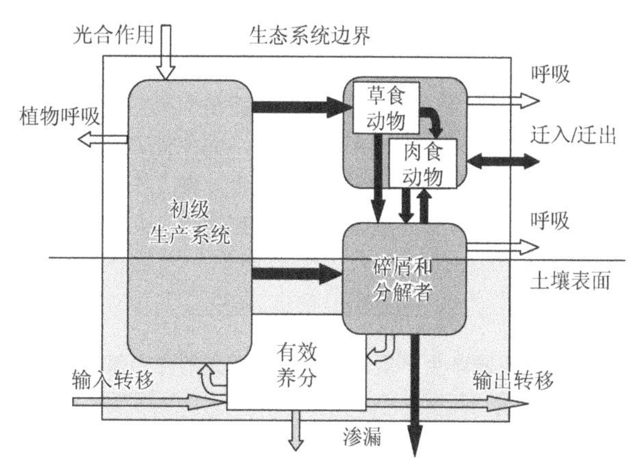

图 1-1　简化的生态系统概念图。空白箭头为能量；黑色箭头为生物量；灰色箭头为水分。

四、生态系统中的能量流动

生态系统的热力学评估始于对其开放性的认识。从物理学意义上讲，生态系统从外界环境中接受能量和物质输入，并最终将其输出至环境。因此，任何一个生态系统都必须具有系统边界，这一系统边界被包含于可提供低熵能量输入和接受高熵能量输出的环境之中。生态系统除了外部资源的源-汇（source-sink）环境外，还有一个可供每个生物进行直接或间接相互作用的内部的、系统边界内的环境。Patten 提出了两类环境的概念，一个是外部的、几乎不可知的（不同于输入-输出的相互作用）环境，另一个是内部的、可测度的（即对具体生物组分是外部的，但在系统边界之内）环境。如同用系统方法量化间接的、位于系统内的相互作用一样，这一测度内部环境的方法被称为基于输入-输出方法的环境分析。环境分析已发展成为理解生态系统复杂性和生态网络相互依存性的一个强大工具。不过，现在需要了解生态系统边界内所发生的事情，以使我们能更好地关心自己。

生态系统中的能量流动始于初级生产者光合作用过程所捕获的太阳能（方程[1]）。不过，一些化能自养生物（chemoautotroph）在无光条件下也可捕获能量。虽然这种能量捕获方式在生物学意义上非常引人注目，但其对全球生态能量平衡中能量通量的贡献几乎微乎其微。

$$Energy+6CO_2+6H_2O \longrightarrow C_6H_{12}O_6+6O_2 \quad [1]$$

生态系统中积累的有机物质，最初是单糖，然后与其他元素结合形成更加复杂的分子。有机物质的积累反映了系统中总的初级生产量，其中的一部分通过呼吸作用被释放，用于初级生产者自身的生长和维持（方程[2]）。

$$C_6H_{12}O_6+6O_2 \longrightarrow 6CO_2+6H_2O+Energy \quad [2]$$

剩余的或净初级生产量可被生态系统的其他消费者所利用，包括分解者。次级生产用以说明异养生物摄取和用于自身维持能量的能量有效性。总生态系统生产量只由初级生产者提供，而生态系统的呼吸却包括了所有生物群落的代谢活动（表 1-3）。在这种情况下，植物是所有生态食物网的基础。因为通常很难直接测量生态生产力，因此我们一直在改进被用于代表生产力的生物量的测量方法。

表 1-3 根据净生产量和总生产量定义的生态系统能量

净初级生产量=总初级生产量–呼吸消耗（自养生物）
净次级生产量=总次级生产量–呼吸消耗（异养生物）
净生态系统生产量=总初级生产量–生态系统呼吸消耗（自养生物+异养生物）
净生产量=生物量（现存）–生物量（过去）

捕获的能量通过相互作用的网络流动，形成了被称为食物网的复杂依存模式。在 Lindeman 首次描述的简单食物链中，营养级概念被用于评估远离最初能量输入位置的距离。虽然生态食物网中的各种取食路径为营养级的分离提供了便利，但现实中这一简化的做法并不正确。Elton 曾观察到，随着生物从初级生产者营养级到草食动物、肉食动物，再到顶级肉食动物营养级的逐级上升，其数量呈下降趋势，这使他发现了数量金字塔（pyramid of number）。个体大小变化由每个营养级的生物量而不是个体数量控制，这便是生物量金字塔（pyramid of biomass）。在热力学意义上，营养金字塔（trophic pyramid）是关于相互作用的一个令人非常满意的观点，因为根据热力学第二定律，能量在每次转移过程中都会发生损失。而且，每一营养级所消耗的能量都用于那一营养级的维持。在这一范式下，营养级级数可达五级或六级。部分营养级被用于解释生物在多个营养级上取食的现象，即便是那些通常不做说明的碎屑和分解者，其作用在于能够拓展更多的取食路径。然而，在生态系统概念模型中，用源室（source compartment）替代了碎屑链（linking detritu）。在标准范式中，我们设想了两种平行的食物网，一个是基本的初级生产者食物网，另一个是基本的但没有从网络其余部分得到任何输入的碎屑食物网。如果生态系统中的碎屑可被适当地连接为源和汇，则显然有可能会出现更高级数的营养级。在某些研究中已观察到更高级数的营养级，这与热力学定律并无冲突，但其说明了能量在以退降的、不可利用的方式损失之前，生态系统可通过分解者更充分地利用系统内的能量。

流经生态系统的能量资源是维持所有生物生长和发育活动的基础。尽管时间尺度因物种而异，但生物都遵循一个非常清晰的生活史（life-history）模式。早期阶段，可利用能量通常被用于生物的生长，而到后期，剩余能量则被用于维持和繁殖。在生态系统水平的生长和发育中，可观察到类似的模式。净初级生产量被用于生态系统生物量的积累和物理结构的构建。光合物质的附加结构（additional structure）可使更多的太阳能输入，直到饱和度为有效太阳能的80%左右时为止。在这一饱和点，生态系统总体的生长开始趋于稳定，因为尽管总初级生产量很高，但整个系统在非光合生物量和异养生物等方面的投资越来越多。当平均总生产量被完全用于支持和维持生态系统结构时，净生产量趋于零。此时，在生物量增加方面，系统达到一个稳态。然而，生态系统的网络结构和信息容量还在继续增强。除了动态稳态之外，稳态并非永久不变，因为干扰会破坏系统稳态，使其返回到更早的演替阶段。在这一阶段中，具有不同结果的生长和发育的过程将被重新启动。这一情况下，根据 Holling 的毁灭性创造理论，干扰能为系统提供沿不同路径发育的机会。最近，有关生态系统生长和发育的研究工作主要侧重于热力学指引者（indicator）的导向，如能量通量、能量退降、有效能（exergy）存储和比熵（specific entropy）等。这些指引者为演替或受损生态系统在恢复阶段的发育提供了一个良好的、系统水平上的指示作用。

五、生物地球化学循环

生态系统生态学的另一个重点是，了解化学元素对生命维持的不可或缺性，以及其在生物圈内“汇”和“流”（pool and flux）中的迁移。生物圈与另外三个非生物圈（水圈、大气圈和岩石圈）的相互作用非常活跃，为每个生命提供了有效的化学元素含量。这一相互作用也对这些化学元素的相对分布产生了深远影响。光合作用产物单糖 $C_6H_{12}O_6$ 是有机物质形成的基础，因此碳、氢和氧是构成生命的主要元素。虽然岩石圈中的氧和水圈中的氢是可用的，但由于环境中的碳非常缺乏，使得碳在有生命印记的生物量中所占的比例很小。确切地说，生物通常所需的元素大约有 20 种，其中 9 种为有机物质主要组成部分的大量元素：氢、氧、碳、氮、钙、钾、硅、镁和磷。这些大量元素中的部分元素可在非生物环境中很容易地获取。在这种情况下，以元素循环方式对这些元素进行保护并不是最好的选择。然而，某些稀缺元素如氮和磷（表 1-4）在从系统中释放之前可被重复利用多次。这些生物地球化学循环为理解人为改变如何造成富营养化（氮、磷循环）和全球气候变化（碳循环）提供了依据。因此，为研究和理解这些循环，尤其是碳、氮和磷的循环，人们已付出了很大的努力。有关这些循环的细节在《百科全书》的各个内容中都有介绍。

表 1-4　生物圈、水圈、大气圈和岩石圈中前 10 种元素的原子构成百分比

生物圈		水圈		大气圈		岩石圈	
H	49.8	H	65.4	N	78.3	O	62.5
O	24.9	O	33.0	O	21.0	Si	21.22
C	24.9	Cl	0.33	Ar	0.93	Al	6.47
N	0.073	Na	0.28	C	0.03	H	2.92
Ca	0.046	Mg	0.03	Ne	0.002	Na	2.64
K	0.033	S	0.02			Ca	1.94
Si	0.031	Ca	0.006			Fe	1.92
Mg	0.030	K	0.006			Mg	1.84
P	0.017	C	0.002			K	1.42

六、生态系统研究

1935 年，自 E P Odum 的核心教科书《生态学原理》首次出版以来，生态系统观点便成为生态学学术界的基石。在机构水平上，早期设法将这一方法付诸实践的是国际生物学计划（International Biological Program，IBP），执行期限为 1964～1974 年。该计划虽然在评价和调查地球生态系统方面取得了诸多成就，但却难以将一个个独立的研究成果编纂为一种自上而下的、整体的研究范式。这一矛盾使得该计划并非如预期的那样成功。不过，它却开启了随后在生态系统尺度上从事研究的新阶段。长期利用计算机模拟模型作为理解复杂生态相互作用的工具是 IBP 的一个特点。1975 年创刊的《生态建模与系统生态学》期刊，一直是基于数学和计算机进行生态系统研究的一个鲜活知识库。

继 IBP 之后，1980 年，美国国家科学基金会（US National Science Foundation）建立了官方的长期生态研究台站（Long-Term Ecological Research Sites，LTER），不过其中几个站点的研究工作开展的更早。目前，台站有 26 个研究站点，包括北卡罗来纳州的考威塔水文实验室（Coweeta Hydrological Lab）、新罕布什尔州的哈德布鲁克生态系统研究所（Hubbard Brook Ecosystem Study）、新墨西哥州的塞维利亚国家野生动物保护中心（Sevileta National Wildlife Refuge）和巴尔的摩城市生态系统研究所（Baltimore Urban Ecosystem Study）等。依托庞大的科研团队，这些台站在各自领域的空间尺度上开展了诸多生态系统相互作用的研究。然而，它们仍面临如何将所有分散的研究勾勒为一幅完整生态系统画面的困境。

个人主导的较小尺度上生态学研究，通常以微宇宙（microcosm）和中宇宙（mesocosm）实验的形式开展。中宇宙实验一般使用设计好的装备或围栏，其中的环境因子可被控制，以尽可能地接近自然条件。这一方法的普遍使用，虽然催生了很多小尺度上的实验，但却以更多的观察研究为代价，从而导致了 20 世纪 90 年代人们对“野外”（field）和“瓶子”（bottle）方法的激烈争论。的确，小宇宙实验对生态系统生态学的作用有待商榷，但利用多元化方法解决问题的思路对解决生态问题非常有益。

七、人类对生态系统的影响

人类已极大地改变和影响了全球生物圈。目前，出于我们自身需求和对生物圈义务的考虑，人类意识到了维持功能性生态系统服务的重要性。2000 年，联合国秘书长呼吁对全球生态进行评估，评估报告由最近的《千年生态系统评估》（Millennium Ecosystem Assessment，MEA）（www.mawed.com）一书出版。该报告由来自 95 个国家的近 1350 位专家编撰而成，他们发现过去 50 年人类对生态系统的改变超过了人类历史上任一可对比的时期，从而造成了地球上生命多样性的巨大和几乎不可逆转的丧失（报告中的其他重点内容见表 1-5）。千年生态系统评估工作基于人类四种基本的生态系统服务需求这一框架，包括：支持（养分元素循环、初级生产量、土壤形成等）、供给（食物、水、木材、燃料等）、调节（气候、洪水、疾病等）和文化（审美、精神、教育、娱乐等）。过去 100 年间，所有这些服务都表现出被过度利用和承受人类压力的迹象。不过，食物生产（农作物、牲畜和水产养殖）呈增加趋势，但同时伴随这一趋势的还有野生鱼类和可获取食物的丧失，以及为了维持高产农业资源投入需求的大幅度增加。尽管这些可观察到的生态系统变化对人类福利和经济发展带来了巨大的净利贡献，但它们却以生态系统的健康为代价。通常，在经济账户中，自然资本的这一损失没有被正确反映。

表 1-5　千年生态系统评估中列举的几大趋势

自 1985 年以来，可利用氮肥的 50%源于人工合成
自 1750 年到 1959 年，大气中二氧化碳的浓度增加了 60%
在所评估的生态系统服务中，有 60%的生态系统服务正在退化或不可持续利用
过去几十年中，世界上丧失和退化的珊瑚礁分别为 20%
过去几十年中，35%的红树林已经消失
自 1960 年以来，河流和湖泊快速萎缩

既然生态系统为生命提供了必要的功能，目前设定和贯彻执行的环境管理原理就应以生态系统概念为基础。基于此，有多个组织已为此付出了引人注目的国际性努力，如始于 1992 年由 150 个国家政府领导以保护生物多样性和促进可持续发展为明确目标而签署的《生物多样性公约》（Convention on Biological Diversity，CBD）。公约中所采用的“生态系统学方法”借助有关生物及其环境和人类活动三者生态相互作用的科学方法，以促进自然资源的保护性、持续性和公平性管理。通过强化综合评价和适应性管理，该方法可用于处理复杂的社会生态经济系统。《生物多样性公约》的生态系统学方法可概括为 12 条原理（表 1-6）。原理 5～8 主要涉及生态系统功能，它们可被纳入其他原理的背景中，用以推断生态系统功能是如何为经济和社会福利提供机会并形成制约的。今天，提高人们对关键问题如生态系统服务、弹性和空间，以及功能尺度、时滞、动态和间接影响等的理解已成为生态系统生态学研究的直接目标。

表 1-6　《生物多样性公约》中的生态系统学方法原理

1	土地、水和生物资源的管理目标具有社会选择性
2	管理权应分散到适当的、最底层次的水平
3	生态系统管理者应考虑他们的行为对毗邻和其他生态系统的影响（实际的或潜在的）
4	要认识到管理的潜在效益，通常需要在经济背景中理解和管理生态系统。任何生态系统管理计划都应该： （a）减少对生物多样性有负面影响的市场扭曲行为； （b）激励有助于生物多样性保护和可持续利用的行为； （c）在最大程度上内部化某一既定生态系统的成本和收益
5	为维持生态系统服务而采取的生态系统结构和功能保护措施中，应优先选用生态系统学方法
6	生态系统管理必须在其功能范围内进行
7	在适当的时空尺度内可采用生态系统学方法
8	要认识到生态系统过程具有时间尺度可变和时滞效应的特点，生态系统管理目标必须具有长期性
9	管理者必须意识到变化的绝对性
10	生态系统学方法应探索生物多样性保护与利用的适当平衡及其整合关系
11	生态系统学方法应考虑所有与生态系统相关的信息源，包括科学的、乡土的、局部的知识、创新和实践等
12	生态系统学方法应涉及所有相关的社会部门和科学学科

上述提及的 12 条原理相互补充、相互联系。

八、总结

生态系统生态学主要根据能量流动和养分循环，在系统水平上处理具有非生物环境的生态群落的功能。生态系统生态学研究已使我们能更好地理解维持生命所必需的过程和功能。然而，自然科学研究工作往往超越社会机构的认知能力，因此这些知识很难被采纳和推广。不过，令人鼓舞的是，最近在大多已意识到人类文化多样性是生态系统重要组成部分的国际合作中，都将生态系统学方法作为重点。

参考章节：生态网络分析；环境分析；生态系统服务；生态系统；目标功能和指引者。

课外阅读

Chapin III FS，Matson PA，and Mooney HA（2002）*Principles of Terrestrial Ecosystem Ecology*. New York：Springer.

Fath BD，Jørgensen SE，Patten BC，and Straš kraba M（2004）Ecosystem growth and development. *Biosystems* 77：213-228.

Golley FB（1993）*A History of the Ecosystem Concept in Ecology*. New Haven：Yale University Press.

Likens GE，Borman FH，Johnson NM，Fisher DW，and Pierce RS（1970）Effects of forest cutting and herbicide treatment on nutrient budgets in the Hubbard Brook watershed ecosystem. *Ecological Monographs* 20：23-47.

Lindeman RL（1942）The trophic dynamic aspect of ecology. *Ecology* 23：399-418.

Odum EP（1969）The strategy of ecosystem development. *Science* 164：262-270.

Odum HT（1957）Trophic structure and productivity of Silver Springs，Florida. *Ecological Monographs* 27：55-112.

Patten BC（1978）Systems approach to the concept of environment. *Ohio Journal of Science* 78：206-222.

Tansley AG（1935）The use and abuse of vegetational concepts and terms. *Ecology* 16：284-307.

Weigert RG and Owen DF（1971）Trophic structure，available resources and population density in terrestrial versus aquatic ecosystems. *Journal of Theoretical Biology* 30：69-81.

Wiegleb G（2000）Lecture Notes on 'The History of Ecology and Nature Conservation'. http：//board.erm.tu cottbus.de/index.php?id¼5& no cache¼1&file¼33&uid¼14（accessed May 2007）.

相关网址

http：//www.maweb.org-Millennium Ecosystem Assessment

第二章
生态学的系统思想
D W Orr

一、引言

过去一个世纪最伟大的发现不在于核物理，或计算机科学，或基因工程，而在于发现了生命与环境的必然联系。始于 19 世纪 Ernst Haeckel 的生态学是相关性（interrelatedness）的基本学科。进化的发展促使我们的联系意识拓展到生命时代，更是延伸至地球上生命的历史。尽管生态学、普通系统理论、系统动力学、运筹学和混沌理论等领域增加了知识细节和理论深度，但在知识准确性和广博性方面所取得的每一次进步，仍然是在同一宏大的故事（进化）下进行的。生命系统在食物网和生态过程中被联系起来，形成了一个更大的系统。这个系统被称为人类系统（noosphere），或生物圈，或生态圈，也被称为盖亚（Gaia）。生命形态及生命与非生命事物间的界限会发生移动，甚至有时会出现变异，从而转变为其他的形式和过程。地球系统中的微小变化，在以后的某些时间会对部分地区产生巨大影响。自然系统和人造世界的交互方式超出了我们的想象。交互的结果不像一台机器，而更像一张伸展至所有生命形态且包含过去历史的大网。1000 年前人类活动所造成的影响延续至今，并与其他变化交织在一起，时而削弱这一影响，时而强化这一影响。一些人为造成的改变，如中东大部分地区的毁林和土壤碱化，在我们所能测度的时间范围内几乎是永久性的。

上述段落没有什么新颖的，尤其在创新或争议性方面，但相互联系的观点已深入人心。我们的生活仍由 Descartes、Bacon 和 Galineo 及其追随者所创造的世界束缚，他们曾教导我们要用还原的方法进行拆分（dissect）、分离（divide）、解析（parse）和分析（analyze），但现在需要将事物还原为整体，或视世界为系统和模式。因此，如果这一智慧得不到相应观点的及时支持，则超特化（overspecialization）将成为一种文化毒瘤（culture disease）。事物在其缺陷显露后长时间不会改变的原因很多，如习惯的惯性、经济上的拮据、虚荣心和思维惰性等，但阻止改变的最重要障碍仍来自于可提高工作效率的科学和技术。不过，在我们当今的日常生活中，科学和技术正在强势出现。汽车、飞机、每个超市显眼的吉祥物、奇异药物、神奇计算机和通信器材等是特类科学力量的永久化身，作为有前景的事物，过不了多久，它们将会大量出现。许多技术也具有“反噬效应”（bites back），伴有看不见成本的发生，且大部分由我们自己来承担。很多生活在所谓“众生极乐”（consensus trance）世界中的人，相信事情总会对我们有利，也就是说，进步没有终点。在这一观点下，人们持有自然界不会“为犯有过失物种而设置陷阱”的信念，正如生物学家 Robert Sinsheimer 曾经所指出的那样，或言外之意是进步本身不会自掘坟墓。

然而，质疑者也无时不在。H G Wells 直到生命的尽头，看到的仍是毫无现实依据的希望。最近，Joseph Tainter、Martin Rees 和 Jared Diamond 等根据他们关于科学进步的观点，对长寿说（longevity）提出了质疑。例如，Rees 认为，到 2100 年，人类寿命延长的概率不会超过 50%。Diamond 对过去社会为什么瓦解，以及他们为什么比我们现有的行为更具并非偶然相似性的原因进行了探究。盖亚假说的共同作者 James Lovelock 认为，我们正在向大气中二氧化碳浓度为 400～500μl/L 的气候跳变点逼近，跳变点之后，“世界上没有一个国家会改变这一结果，地球将更不可逆转地进入一个新的热态。”通过不同方式，可将上述每一种情况归咎于我们在理解系统和模式及培养远见性等方面的失败，而这些失败，人类通常难以承受。结果，在气候严重失稳、生物匮乏和生态突变期间，人类便踌躇不前。

生态知识在深入洞察社会方面的失败，促使人们高度重视社会决策体制。例如，生态学家 Howard 和 Eugene Odum 关于盐沼生产力的早期研究工作，也许只是放慢但并没有阻止极具破坏力的开发，结果使世界各地海岸生态系统几近遭到巨大的破坏。同样，尽管我们对自然系统服务及其不可仿造性知之甚多，但在关心利润和经济扩张等狭隘的短期目标下，自然资本减少和生态系统破坏仍是普遍现象。有时，生态无知（ecological folly）的成本相当明显，如 2005 年秋季的卡特里娜（Katrina）Ⅲ飓风（登陆时），因对可吸收大量能量并可缓冲破坏力的红树林和海岸森林的过度砍伐，使其损失成倍增加。实际上，在很多情况下，我们对砍伐的结果都非常了解，但这并没有对政策产生多大影响。石油开采、贸易和赌场仍然是墨西哥湾沿岸的主导政策。

公众对科学的态度，通常因教育程度的低下、公共基金的缺乏和有时因宗教教义的导向而被淡化。在美国，进化曾被认为是科学的坚实部分，现与“智能设计”（intelligent design）倡导者所提出的另一“理论”展开激烈竞争。尽管关于人类驱动气候变化的科学依据毋庸置疑，但当选择了经济利益时，这一事实常被忽略，甚至被低估。在大量描述普遍生态恶化的数据中，结果是明显的，而在利用更好选择方案上的失败也是显而易见的。基于生态学知识的立法，以及采用世界如物理系统般运转的方式来调整公众行为的希望仍遭到不断攻击。有关健康和毒物生态影响的证据得不到重视。公众对毒素来源信息的获取常被限制。结果，每个国家中公众所掌握的世界如物理系统般运转的知识与公共政策产生了巨大鸿沟。长此以往，面对生态破坏和极端事件时，我们将变得更加脆弱。

生态学知识能做什么？一个答案是，生态学作为科学，应一如既往，也就是说，事无巨细地记录生态系统的恶化。生态学作为科学，其践行者应像科学家那样保持自信，他们不应只充当倡导者的角色。即使在明知被公共政策愚弄隐瞒的情况下，他们也不该冒险丧失自信。如果这就是这一学科未来的话，我坚信，生态学的春天定会到来，人类的前途必将昌隆不衰。

不过，关于生态学的应用还有另外一种观点。Paul Sears于1964年及Paul Shepard和Daniel McKinley于1969年都曾称这一学科为“颠覆性学科”。他们认为生态学是一门综合性学科、“一种跨越边界的视野”和可替代“狂热者”的“抵抗运动”。在他们的观点中，生态学“为所有人类工程和社会计划提供关键的因素……”。在他们看来，世界必须知生态学家之所知，也必须高度重视那些知识，以改变我们食物、能量、物质、保护和生计等的自给方式。生态学作为颠覆性科学，应被整合进建筑、工业、农业、景观管理、经济和政府管制等之中。简言之，相关性观点应从晦涩的科学期刊转向大街、报告厅、编辑部、法庭、立法机构和教室等。在多种兴趣的驱动下，生态学将取得发展，但古老观点应成为我们日常行为所默认的更好世界的设计原理。

二、系统思想的践行

有关这方面的消息，令人越来越乐观。高性能建筑的艺术性和科学性日趋完善，由此诞生了新一代的建筑。新一代建筑要求常规建筑备有部分能源、使用具有环境效果的筛选材质和最小化水耗，以及景观设计有利于促进生物多样性、保持适宜的微气候和可种植食物等。这些高效且具有充足动力建筑的最大好处是可利用日光、水分循环和内部绿色地带。五大感官与建筑环境的精妙搭配有助于提高消费者的满意度和生产力。事实证明，建筑物绿化成本未必一定高于传统建筑，但却具有较低的经营成本，原因在于其根据整体系统而非独立部分设计。今天，绿色建筑运动已成为一项世界性的运动，正在改变建筑、景观设计和工程等的实践。在不久的将来，社区和城市的设计也会被改变。

与此同时，商业也开始向绿色迈进。生产块状地毯和活动地板的全球制造商Interface公司是经营良好企业对环境高度敏感的一个最好例子。20世纪90年代中期，Interface公司创始人兼执行总裁Ray Anderson决定转变企业经营方式，以消除废弃物和碳排放。Interface公司在地毯产品回收，并将其作为“服务产品”而不是弃之垃圾场的工作中取得了开创性的成就。目前，Interface将地毯出租给客户，一段时间后收回以重新加工成新地毯，这样既可排除很多石化污染源，又可杜绝浪费。在过去的几十年中，该公司已削减了56%的碳排放，现正步入碳平衡的发展轨道。Interface公司模式是对生态学最终全部集中于地毯产品的一种自我意识，地毯产品犹如森林地面一样。Interface公司并非孤军奋战，其他公司如Wal-Mart和Dupont也开始改变自己。也许，有一天，所有商业的动力都将由包含物质循环的太阳能来提供，物质循环与生态系统中的养分循环类似。

农业方面，土地学会的共同创建人Wes Jackson是自然系统农业发展的先驱，他的目的是基于生态系统如森林和草原构建农业模型。如果成功，最终产品将是从前一直认为在生物学上无法实现的、非常高产的多年生植物的农业混合栽培种（agriculture polyculture）。早期的研究结果支持Jackson的假说，认为两种多年生植物能够混合栽培，因此可减少大量的化石能源和土壤侵蚀。

材料科学是生态学高度重视的第四个领域。化学家Terry Collins指出，自然界仅利用几种元素，而工业化学却利用了整个元素周期表中的元素，导致了巨大的生态灾难。通过研究自然界运转的完美细节，仿生学（biomimicry）已得到发展。例如，自然系统虽是颜色的盛会，但其并没有使用绘画技术。为解决这个问题，《仿生学》作者Janine Benyus专门为自然界的过滤、分解、循环、色泽、提纯、形态和结合等工作方式建立了一个数据库，所有这些都是在没有毒物和化石燃料及其可被生物降解的条件下完成的。这一结果表明，材料和生产的改变可大幅度减少污染和能源的使用。

在这些案例和其他领域中，应用生态学科学已开始对决策和行为，以及建筑、工程、材料科学、农学、城市规划和经济等的发展产生重大影响。生态学应用的动力部分来源于经济（减少不必要的能源、材料和水资源成本），部分来源于信仰（留给后代一个千疮百孔的自然界是不道德的）。尽管这些举措充满希望，但并非万全之策。生态学思想，无论以这种方式还是另一方式都应成为国际社会更核心的部分，而这是教育的任务。

三、环境教育

20 世纪 60 年代后期，特殊环境教育成为公共话语。1972 年，斯德哥尔摩（Stockholm）会议的提议之一就是"设立环境教育的国际性项目"。后来，联合国教育、科学及文化组织（以下简称联合国教科文组织，UNESCO）和联合国环境规划署（UNEP）开始着手准备教材、设定优先级、开展前期项目和组织会议等。在这一基础上，1978 年由联合国资助的大会在格鲁吉亚的第比利斯（Tbilisi）召开，会上发表了共同声明，主要包括：环境教育应该是一项综合的终身教育，它应为每个人了解当代社会的主要问题做准备，在既定伦理价值下为改善生活和保护环境，以及为扮演好多产的角色而提供必要的技能和品质训练。通过采用根植于众多跨学科基石的整体论方法，环境教育可重新塑造一个普世观点，那就是承认自然环境和人工环境高度相互依存的这一事实。

第比利斯大会提出了 41 项提议，涵盖了发达和欠发达国家的环境教育需求。在随后的几十年中，各种积极举措包括《21 世纪议程》中所提出的内容和对地球宪章的论述，促使环境教育成为人们重点讨论的对话议题，这一议题涉及教育作用与人类财富的比较问题，但对 1987 年布伦特兰（Brundtland）报告中提出的可持续转变问题没有认真讨论。布伦特兰报告未涉及改变教育目标和方法的内容。从第比利斯（1978 年）到塔乐礼（1990 年），再到后来的国际会议都已对环境学在高等教育中的重要性达成了强烈的共识，这是有目共睹的。

虽然在理念和实践方面都取得显著成效，但环境教育的目标和方法极其不同，这在某种程度上体现并强化了人们对环境教育的广泛争议。年轻人应至少了解自然界在生物和地球科学原理下按自然系统运转的方式，这已成为普遍的共识。如何将这一基本要求融入标准教材或在哪个阶段开始，却存在严重的分歧。许多小学的课程设置中都有诸如"项目教育树"（project learning tree）或"湿地和荒野"（wet and wild）的内容，以给孩子们介绍我们曾称之为自然的历史，以及部分野外经历和户外技能实践等。但后一部分内容涉及价值取向或有关环境病态原因探讨等争议性很强的问题，尤其牵扯到传统经济或政治智慧问题时，争议更大。

总体上讲，所有教育都可归结为环境教育，也就是说，通过包括是生态系统部分的教学内容，或排除不是生态系统部分的教学内容，可将所有教育最终归结于环境教育。以学科为中心的标准教材，通过科目分科及概念上人与自然的分离，助长了形成环境问题的思维倾向。结果，学生通常对生态关系视而不见或不明白它们为什么值得重视。此时，毋庸置疑，对环境教育建议的第一反应是，全力将环境问题和生态学以附加条件的形式纳入正规教育。更加激进的批评者提议，正规教育应以生态学为主线进行改革，这导致了另一争议性问题的出现。从这两个观点看，环境的管理不当和对可持续性的广泛讨论，导致了有关人类掌控自然界有何意义问题的产生，或如 C S Lewis 曾经更准确地指出的那样：通过掌控部分自然界，一部分人控制了另一部分人，意义何在？教育教材中，哪些环境核心知识应被标准化？这些问题的核心，与作为人类的意义是什么，哪些定义仍然是不可改变的，以及通过技术手段如基因工程而掌控自然系统的意义等问题明显不同。

可以肯定地说，公立学校和高等教育在环境基础知识方面的工作并不出色。民意调查显示，虽然对环境质量的支持力度很高，但生态学知识却非常缺乏。引用一项典型调查的结果，可以说人们只是"熟悉大量的环境问题，但要形成有效的环境/能量知识，还有很长的一段路要走"。人们了解的大量环境知识来源于电视的零碎片段，而这些知识没有在自然界中被直接体验，或没有通过文化传播。

不过，环境教育在高等教育机构中的发展还是令人鼓舞的。源于 20 世纪 80 年代的创新潮流，欧洲、澳大利亚和美国出现了充满活力的校园生态运动，同时对教育制度的可持续性进行了广泛讨论。校园生态运动始于对学校饮食、能源利用和污染等的研究，历经几十年的发展后，已初具世界规模。世界各地的几百所院校组织起来，为系统减少能源使用、水资源消耗和物质投入而努力。校园永续性和气候稳定性已成为制度设计、购买和建设等的焦点。从 20 世纪 90 年代后期开始，世界上出现了用于提升和测度建筑性能的方法，学院设施建设正在经历快速发展。绿色或高品质建筑的标准，被认为是减少能源和维护费用，以及减少研究和教育基地的必然要求。可持续发展的许多问题，如生态设计、太阳能利用、水净化、食物生产、生态恢复和景观管理等，都能够在重要的、可管制的建筑物内部和毗邻景观尺度上加以研究。如果很多学校近期能在这些方面取得发展，毫无疑问，各个水平上的教育机构总有一天会成为生态设计的楷模。生态设计体现了可持续转型期对各种解决方案的需求。

四、总结

自1972年斯德哥尔摩会议以来的几十年中，环境教育几乎已成为世界各国教育的重要组成部分。绝大部分地区的教育，已在各个方面取得了非凡的成就，包括杂志和期刊如《高等教育的可持续发展》、专业学会和定期会议等。不难想象，所有这些都像最近几十年或几个世纪以前出现的生态启蒙运动一样。但它们没有一个是一成不变的。如果使教育成为可持续发展向更深层次和更广领域转变的助产士，其必须能成功应对各种严峻的挑战。

课外阅读

Barlett P and Chase G (eds.) (2004) *Sustainability on Campus*. Cambridge, MA: MIT Press.

Benyus J（1998）*Biomimicry*. New York: William Morrow.

Bowers C (1993) *Education, Cultural Myths, and the Ecological Crisis*. Albany, NY: SUNY Press.

Bowers C (1995) *Educating for an Ecologically Sustainable Culture*. Albany, NY: SUNY Press.

Corcoran P and Wals A（eds.）(2004) *Higher Education and the Challenge of Sustainability*. Dordrecht, The Netherlands: Kluwer Academic.

Coyle K（2005）*Environmental Literacy in America*. Washington, DC: The National Environmental Education & Training Foundation.

Creighton S（1998）*Greening the Ivory Tower*. Cambridge, MA: MIT Press.

de Chardin T（1965）*The Phenomenon of Man*. New York: Harper Torchbooks.

Fischetti M（2001）Drowning New Orleans. *Scientific American*（October, 2001）: 76-85.

Kuhn T（1963）*The Structure of Scientific Revolutions*. Chicago: University of Chicago Press.

Lovelock J（2006）*The Revenge of Gaia*. London: Penguin Books.

Lovelock J *The Gaia Hypothesis*. New York: Oxford University Press.

Lovins A (2005) *Winning the Oil Endgame*. Snowmass, CO: Rocky Mountain Institute.

Oakeshott M（1989）*The Voice of Liberal Learning*. New Haven, CT: Yale University Press.

Orr D（1992）*Ecological Literacy*. Albany, NY: Suny Press.

Orr D（1994）*Earth in Mind*. Washington, DC: Island Press.

Orr D（2006）*Design on the Edge*. Cambridge, MA: MIT Press.

O'Sullivan E (2005) *Millennium Ecosystem Assessment Report*, vols. 15. Washington, DC: Island Press.

Rees M（2003）*Our Final Hour*. New York: Basic Books.

Sears P（1964）Ecology A subversive subject. *BioScience* 14（7）: 11-13.

Shepard P and McKinley D（eds.）（1969）*The Subversive Science*. Boston: Houghton Mifflin.

Sinsheimer R（1978）The Presumptions of Science. *Daedalus* 107: 23-36.

Sobel D (1996) *Beyond Ecophobia*. Great Barrington, MA: The Orion Society.

Steffen W, Sanderson A, Jager J, et al.（2004）*Global Change and the Earth System*. Berlin: Springer.

Tenner E (1996) *Why Things Bite Back: Technology and the Revenge of Unintended Consequences*. New York: Knopf.

Union of Concerned Scientists（1992）*World Scientists Warning to Humankind*. Boston: Union of Concerned Scientists.

US Department of Health, Education, and Welfare（1978）*Toward an Action Plan: A Report on the Tbilisi Conference on Environmental Education*. Washington, DC: US Government Printing Office.

Vernadsky V（1998）*The Biosphere*. New York: Springer.

Washburn J（2005）*University INC: The Corporate Corruption of Higher Education*. New York: Basic Books.

Wright R（2005）*A Short History of Progress*. New York: Carroll & Graf.

Wright T（2004）Evolution of sustainability declarations in higher education. In: Corcoran PB and Wals AEJ（eds.）*Higher Education and the Challenge of Sustainability*, pp. 7-19. Dordrecht, The Netherlands: Kluwer Academic.

第三章

生态系统

A K Salomon

一、生态系统的定义

1935年，A G Tansley创造了“生态系统”这一术语，是指由生物群落、其非生物环境及二者动态相互作用共同组成的综合系统。世界上现存的生态系统多种多样，从热带红树林到温带高山湖泊，每个生态系统都有其独特的组分和动态（图3-1）。我们可根据生态系统的组分和物理环境对其进行分类，但类型划分却高度依赖于研究的空间尺度。通常，生态系统之间的边界是相互重叠的。“生态交错区”（ecotone）是两个不同生态系统类型的过渡地带（如苔原-北方针叶林生态交错区）。

图3-1 （a）海藻森林；（b）近北极高山苔原；（c）热度海岸沙丘；（d）热带红树林；（e）高山湖泊；（f）温带沿海雨林。图片由Anne Salomon、Tim Storr和Tim Langlois提供。

扫一扫看彩图

二、生态系统的历史

70年前，Tansley爵士（图3-2）指出生态学家需要考虑“整体系统”，包括生物和物理因素，且这些组分不能被割裂或独立对待。通过提出生态系统是动态的、相互作用的系统，Tansley的生态系统概念逐渐演化为现代生态学。现代生态学直接引起了人们对生态系统能流的关注和开创性研究成果的问世。1942年，R L Lindeman对明尼苏达州（Minnesota）古老的赛达伯格湖进行了研究，这是首次对生态系统功能展开正式调查的经典案例之一。受C Elton工作的启发，Lindeman集中研究了湖内的营养级（如取食）关系，并根据生物在食物网中的位置对其进行了分组。为了研究一定时间内的养分循环和各营养级间的能量流动效率，他将湖泊看作是一个由生物和非生物组分构成的综合系统，研究了驱动养分流的湖泊食物网和过程，对整个湖泊生态系统演替速率的影响，这与演替的传统解释相去甚远。

图3-2 于1935年创造生态系统术语的A G Tansley爵士。摘自*New phytologist* 55：145，1956。

到20世纪50年代后期和60年代早期，E P Odum和J M Teal已对多种生态系统的所有能量流分别做了定量计算。60年代后期，Likens、Bormann和其他人利用系统方法，通过对哈德布鲁克森林生态水文试验站整个流域的控制，研究了生物地球化学循环，以确定砍伐、火烧，或杀虫剂和除草剂的使用是否对生态系统养分流失造成重大影响。这项研究为证实在生态系统尺度上从事实验（参见本章“整体生态系统实验”部分）所具有的价值开创了一个重要的先例，这一巨大进步继续引领着当今生态系统的研究方向。

三、生态系统的组分和属性

生态系统可被看作是由食物网中生物组成的能量转化器和养分处理器，食物网需要不断地输入能量，以补充新陈代谢、生长和繁殖期间的能量损失。这些生物既可以是利用太阳能将无机碳转变为有机碳，从而获取能量的“初级生产者”（自养生物），也可以是将有机碳作为能量来源的“次级生产者”（异养生物）。具有同一类型生态系统功能的生物，可通过“功能群”对其进行粗略分类。例如，“食草动物”（herbivore）是异养生物，以自养生物为食；“食肉动物”（carnivore）也是异养生物，以其他异养生物为食；“食碎屑者”（detritivore）虽为异养生物，但以源于自养生物或异养生物的无生命有机质（nonliving organic material）为食（图 3-3）。食草动物、食肉动物和食碎屑者统称为“消费者”。

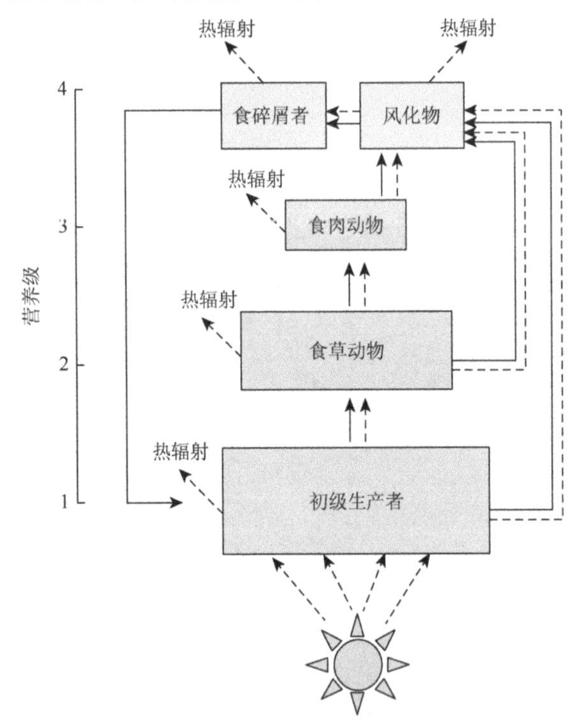

图 3-3　生态系统中的能量流动和物质循环。通过营养级的物质经微生物分解为碎屑后，最终循环返回至初级生产者。来自于太阳辐射的能量经化学能被转移流经营养级，但在每次的转移中，能量都会以热辐射的形式发生损失。摘自 De Angelis DL（1992）*Dynamics of Nutrient Cycling and food Webs*. New York：Chapman and Hall。

根据生物的取食关系，对其进行分类是定义生物“营养级”的基础。第一营养级包括自养生物，第二营养级包括食草动物，等等。根据生物量（生物的重量或现存量），我们可对构成营养级的生态系统组分进行量化，而依据速率，我们可对系统组分间的能量流动和物质循环进行量化。

生态学家在量化生态系统动态时，为量化能量流，他们通常以碳为度量单位来描述物质流和能量。物质流和能量流有一个很重要的性质存在差异，即它们的再循环能力不同。生态系统中的化学物质通过生态系统组分可进行再循环。相反，能量只能通过生态系统一次，无法再循环（图 3-3）。大部分能量被转化为热量，最终从系统中散失。因此，只有不断输入额外的太阳能，才能保持生态系统的运转。

初级生产者通过光合作用将太阳能转化为化学能。在转化过程中，那些来自于大气中的无机碳（CO_2）被转化为碳水化合物形式的有机碳（$C_6H_{12}O_6$）。总初级生产量是指某一特定时间内由光合作用所捕获的能量或固定的碳，净初级生产量等于光合作用所捕获的能量或固定的碳减去呼吸作用所消耗的能量或碳。次级生产者的生产量仅指单位时间内形成的能量或物质量。

我们要对生产率和静态估算的现存生物量进行仔细区分，因为二者未必一定相关。例如，在输入与输出相等的平衡态中的两个种群，虽然具有相同的现存生物量，但因为周转率的变化（图 3-4），它们的生产率极其不同。例如，从阿拉斯加（Alaska）到加利福尼亚（California）被海浪冲蚀过的地区，有两种大型藻类（macroalgal）初级生产者生长在温带海岸生态系统的岩石潮间带中（图 3-5）。一种是带状的一年生海藻翅藻（*Alaria marginata*），生长率较高；另一种是多年生海藻海白菜（*Hedophyllum sessile*），生长率相对较低。虽然它们的生产率差异较大，但在高峰生长季 7 月中旬，这两种物种的现存生物量几乎相等。

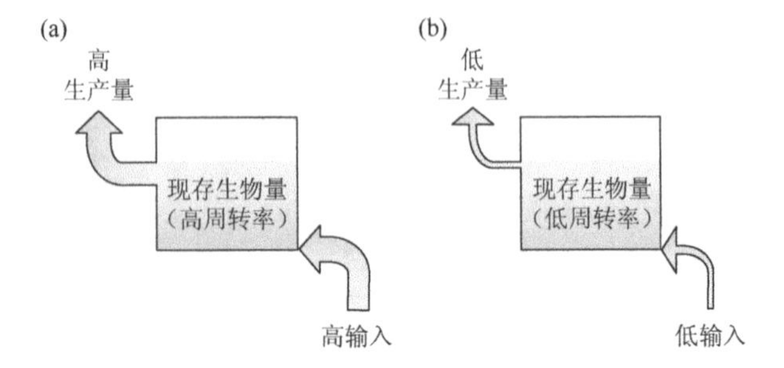

图 3-4　现存生物量通常与生产率不相关。这里假定的两种物种，其种群处于输入与输出相等的平衡态，二者的现存生物量相当，但周转率不同。种群（a）的输入、生产量和周转率都很高，而种群（b）的输入、生产量和周转率都很低。现实中，处于平衡态的种群非常稀少，因此现存生物量的波动取决于输入率和更高营养级的消耗量。摘自 Krebs C（2001）*Ecology：The Experimental Analysis of Distribution and Abundance*）. San Francisco：Addison-Wesley。

(a)

(b)

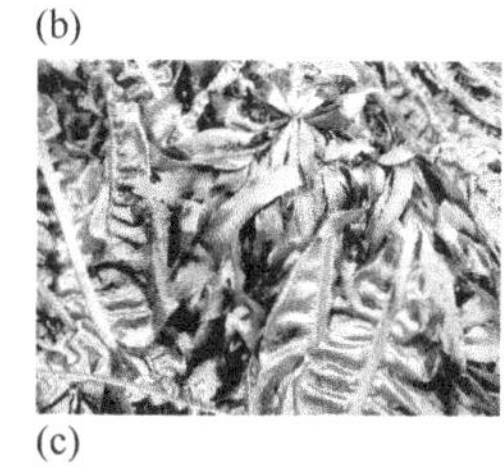

(c)

图 3-5 （a）为温带海岸生态系统的低矮岩石潮间带；（b）带状的一年生海藻翅藻（*Alaria marginata*），生长率较高；（c）多年生海藻海白菜（*Hedophyllum sessile*），生长率相对较低。在高峰生长季，这两种物种的现存生物量可能相同，但它们的生产率差异很大，因为一个是一年生的，而另一个是多年生的。图片由 Anne Salomon 和 Mandy Lindeberg 提供。

四、生态系统的效率

生态系统中的能量传递效率可被估算为“营养转移效率”（trophic transfer efficiency），即从一个营养级转移到下一营养级的生产量部分。没有被转移的能量损失在呼吸或碎屑中。了解生态系统的营养转移效率，有助于研究者评估维持某一特定营养级所需的基本生产量。

例如，在水域生态系统中，任何地方的营养转移效率都在 2%～24%，平均为 10%。假定营养转移效率为 10%，研究人员可对维持某一特定鱼类所需的浮游植物量进行估算。公海中的鲔鱼（tuna）、狐鲣（bonitos）和长嘴鱼（billfish）等都是顶级捕食者，在第四营养级捕食。据联合国粮食及农业组织（Food and Agriculture Organization，FAO）对世界捕鱼量的统计，1990 年有 2 975 000t 的捕食者被捕获，相当于每年 0.1g 碳/m^2。为维持鲔鱼、狐鲣和长嘴鱼的这一产量，在假定营养转移效率为 10%和平衡的条件下，研究者可计算其下一营养级的生产率。实际上，每年生产 0.1gC/m^2 捕食者（鲔鱼、狐鲣和长嘴鱼）需要每年 1gC/m^2 的上层鱼类（pelagic fish）以用于顶级捕食者的取食，以及作为中上层鱼类食物的每年 10gC/m^2 浮游动物和每年 100gC/m^2 的浮游植物。这些值反映了生物量向上一营养级的转移，并不代表每一营养级的现存生物量。在知道浮游植物净初级生产量的情况下，研究人员可估计被鱼类所捕食的部分。

据估计，维持全球渔业需要世界 8%的水域初级生产量。在考虑大陆架和上涌区域（upwelling area）的情况下，这些水域生态系统能为渔业需求提供 1/4～1/3 的初级生产量。这一比例，使得人类在维持有弹性的生态系统和可持续渔业时，几乎没有犯错的余地。

五、生态系统中的大尺度转变

越来越多的实证研究表明，生态系统可在多种状态间突发转变。实际上，生态系统中的大尺度转变已在湖泊、珊瑚礁、森林、沙漠和海洋等生态系统中被发现。例如，1977 年和 1989 年左右，太平洋生态系统就曾发生过明显的转变。捕鱼周期、浮游动物多度、牡蛎（oyster）环境和其他海洋生态系统等的突变，意味着生态系统从一个相对稳定的环境转变为另一个环境（图 3-6）。这些突变，也可称为“结构转变”（regime shift），对渔业和海洋二氧化碳的吸收影响深远，但对驱动这些转变的机制，人们还知之甚少。天气模式（weather pattern）驱动下的洋流循环变化，似乎是激发这一状态转变的主要原因。然而，竞争和捕食被越来越认为是海洋群落动态变化的主要驱动力。众所周知，渔业会影响整个食物网和生态系统的营养结构。因此，不难想象，对微小环境变化具有敏感性的单一关键种（keystone species）可引起群落组成的巨大变化。在生态系统生物和非生物组分及其内部相互作用一定的情况下，分析海洋生态系统结构的转变原因，需要理解渔业和物理气候变化影响的交互作用。

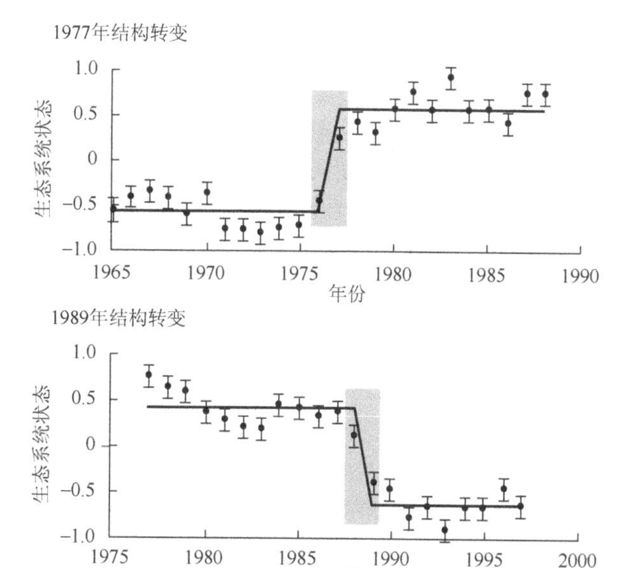

图 3-6 生态系统状态的巨大转变，也可称为“结构转变”，1977 年和 1989 年左右，这一转变曾发生在太平洋生态系统。图中所示生态系统状态指数的计算，主要是基于气候和生物的平均时间序列。摘自 Scheffer M，Carpenter S，Foley JA，Folke C，Walker B（2001）Catastrophic shifts in ecosystems，*Nature* 413：591-596。

六、生态系统的动态研究

1. 稳定同位素

通过自然界中存在的“稳定同位素”（stable isotope），可对有关生态系统动态的主要观点进行阐释。这些元素的其他形式，可用于揭示通过生态系统的物质流来源及物质流消费者的营养位（trophic position）。这是因为不同的有机质来源具有各自独特的同位素特征，这些特征在随物质从一个营养级被转移至另一营养级而流经整个生态系统时保持不变。因此，稳定同位素为判断物质流和营养位提供了一个强有力的工具。

元素碳、氮、硫、氢和氧等都有一种以上的同位素。例如，碳有好几种同位素，其中两种为 ^{12}C 和 ^{13}C。自然界中，只有1%的碳为 ^{13}C。同位素组成通常由δ值表示，δ值是标准同位素偏差的千分之一。如碳：

$$\delta^{13}C=\left(\frac{^{13}C/^{12}C_{sample}}{^{13}C/^{12}C_{sandard}}-1\right)\times10^{3}$$

其中，δ 值为样品中重同位素与轻同位素之比。δ 值的增加意味着重同位素的增加。碳的标准参照物质是PeeDee石灰石，而氮的标准参照物为大气中的氮气。稳定同位素组成的自然变化可通过非常精准的质谱仪（mass spectrometer）来探测。

稳定同位素记录两类信息，即过程信息和源信息。过程信息由改变稳定同位素比例的物理和化学反应来显示，而源信息由源物质（source material）的同位素特征来显示。当生物吸收碳和氮时，就会发生化学反应。化学反应能使同位素分离，因此可改变重、轻同位素的比例。这就是所谓的“分馏”。虽然碳分馏非常小（0.4‰，1SD=1‰），但 $\delta^{15}N$ 的平均营养分馏（trophic fractionation）为3.4‰（1SD=1‰），说明在每次的营养转移中，$\delta^{15}N$ 都会平均增加3.4‰。通常，相对食物中的 $\delta^{15}N$ 而言，消费者的 $\delta^{15}N$ 可提高3.4‰，因此可用氮同位素估计营养位。稳定同位素提供了一种连续测度营养位的方法，营养位将通过所有不同营养路径的能量同化或用物质流统一起来，从而形成生物。相反，当源物质中的同位素特征不同时，可用 ^{13}C 评估生物碳的终极来源。

稳定同位素可追踪通过生态系统的不同碳源的去向，因为消费者的同位素特征反映了消费者所取食的那些关键初级生产者。例如，在湖泊和海岸生态系统中，^{13}C 可用于区分两类重要的有效能来源，一类源自依附型大型海藻的水底（近岸水域）生产量，另一类源自海面（开阔水域）浮游植物的生产量。这是因为与浮游植物相比，边界层效应可使大型海藻及其碎屑（尤其是海带目大型海草）通常富含 ^{13}C。研究人员已利用这一区别，解决了很多重要的生态系统尺度问题。现举如下两个案例。

20世纪70年代后期和80年代早期，阿拉斯加阿留申群岛（Aleutian islands）以西的海獭（sea otter）已从过度捕杀和对它们的食物即食草性海胆（herbivorous urchin）的禁止捕食中得到恢复，从而使高产的海草床（kelp beds）占优。迁入其中的滤食性动物（filter feeder）、藤壶（barnacle）和贻贝（mussel）等的生长速率比缺乏藻类的岛屿快5倍。这些岛屿中，海獭稀少，海胆密度很高。稳定同位素分析结果显示，快速生长的滤食性动物都富含碳，说明大型海藻是这一次级生产量倍增的碳源。

在威斯康星州的四个湖泊中，对鱼类群落和养分负荷速率（nutrient loading rate）进行了实验控制，以检测食物网结构与养分有效性的交互效应对湖泊生产力及碳与大气交换的影响。顶级捕食者的出现，决定了实验上富含营养的湖泊是大气碳的净碳汇，还是大气碳的净碳源。具体而言，食鱼性鱼类（piscivorous fishes）的移除造成食浮游生物鱼类（planktivorous fishes）的增加、较大浮游动物食植者（zooplankton grazer）的减少和初级生产量的提高，并由此加快了大气碳输入湖泊的速率。运用 ^{13}C，可在上一营养级中追踪到大气碳。天然稳定同位素和在整个生态系统尺度上所进行的实验处理，说明了顶级捕食者可彻底改变控制湖泊生态系统动态及其与大气相互作用的生物地球化学过程。

2. 整体生态系统实验

大尺度整体生态系统实验（whole ecosystem experiment）对我们理解生态系统动态贡献巨大。20世纪60年代，始于整个流域。目前，生态系统如相互作用物种的系统一样被进行实验研究和分析。在变化的非生物条件环境中，相互作用的物种处理养分和能量。在假定人为气候胁迫和污染对陆地及海洋生态系统都产生影响的情况下，进行整体生态系统实验显得尤为重要。

在安大略湖（Ontario lake）西南部，David Schindler和他的研究团队完成了整个湖泊养分添加的系列经典实验，对磷在温带湖泊富营养化中的作用进行了说明。为了区分磷和硝酸盐的影响，研究人员用隔帘（curtain）将湖泊一分为二，一半添加碳、氮，另一半添加磷、碳和硝酸盐。不到两个月，在添加磷的流域中形成了随处可见的藻华，这为磷是淡水湖浮游植物生产力的限制性元素提供了实验证据。当然，在湖泊中添加磷后，海藻也可能被氮或碳限制。然而，其他过程通常会对这些缺乏的元素予以补偿。例如，二氧化碳几乎不受限制，因为其供给能力由物理因素，如水的湍流（turbulence）和气体交换调解。而且，氮也由蓝绿藻（blue-green algae）固定。这些蓝绿藻植物偏好氮缺乏环境，从而可增加海藻的有效氮量，最终使湖泊回到磷限制状态。这些结果的实践意义是，通过控制湖泊和河流中磷输入的管理政策，可有效防治湖泊的富营养化。

3. 利用管理政策作为生态系统试验

利用管理政策作为试验并检验其对生态系统动态的影响已越来越普遍。利用海洋保护区探究渔业在生态系统水平上的后果，堪称这一方法的典范。事实上，我们可在管制良好的海洋保护区构建大尺度的人为排除实验，并对其进行有效控制，以检验生态相关尺度上因渔业使消费者生物量减少而所具有的生态系统效应（ecosystem effects）。近岸水域群落结构变化非常明显，这在设施完善且保护良好的智利和新西兰海洋保护区中都有记载。在新西兰东北部的两个最早海洋保护区，即利（Leigh）海洋保护区和努伊（Tawharanui）海洋公园保护区，以前的鱼类捕食者鲷鱼（*Pagrus auratus*）和岩龙虾（*Fasus edwardsit*）数量大幅增加，与毗邻捕鱼水域相比，其分别增加了 14 倍和 3.8 倍。捕食者的增加缓解了食草性猎物海葵（*Evecbinus cblroticus*）的生存压力，使海洋保护区内的大型海藻 *Ecklonia radiata* 明显增加。在过去的 25 年中，利海洋保护区的这一趋势一直在延续（图 3-7）。虽然这为捕鱼能间接降低生态系统生产力提供了证据，但上述营养动态的环境相互依存，且随海洋深度、海波幅度和海洋循环而变化（图 3-8）。例如，对有捕鱼和无捕鱼两种情况而言，在水位 10m 以下，不管有没有鲷鱼和岩龙虾，海胆密度都因其恢复环境恶劣而接近 0/m^2。然而，在水位 3m 以上的波涌中，既包含保护区内又包括保护区外觅食的海胆。此外，在阻碍海胆恢复的海洋条件中，捕鱼对大型海藻的影响还不清楚。这些物理约束强调了非生物环境对生物相互作用的重要性。将管理政策作为生态系统试验可获取大量信息。

虽然政策试验在阐释生态系统动态方面作用巨大，但在多数情形中，因政治上的棘手或保障上的困难，以整个系统进行试验是不行的。这种情况下，研究人员采用替代技术以探索生态系统动态。在教学和理解复杂过程中，生态学中的模型都备受推崇。目前，生态系统模型正被应用于探究从渔业到碳排放的管理政策在生态系统水平上所产生的后果。更多关于生态系统模型和利用管理政策作为生态系统试验的信息，参见本章“社会生态系统与人类是生态系统的关键组分”部分。

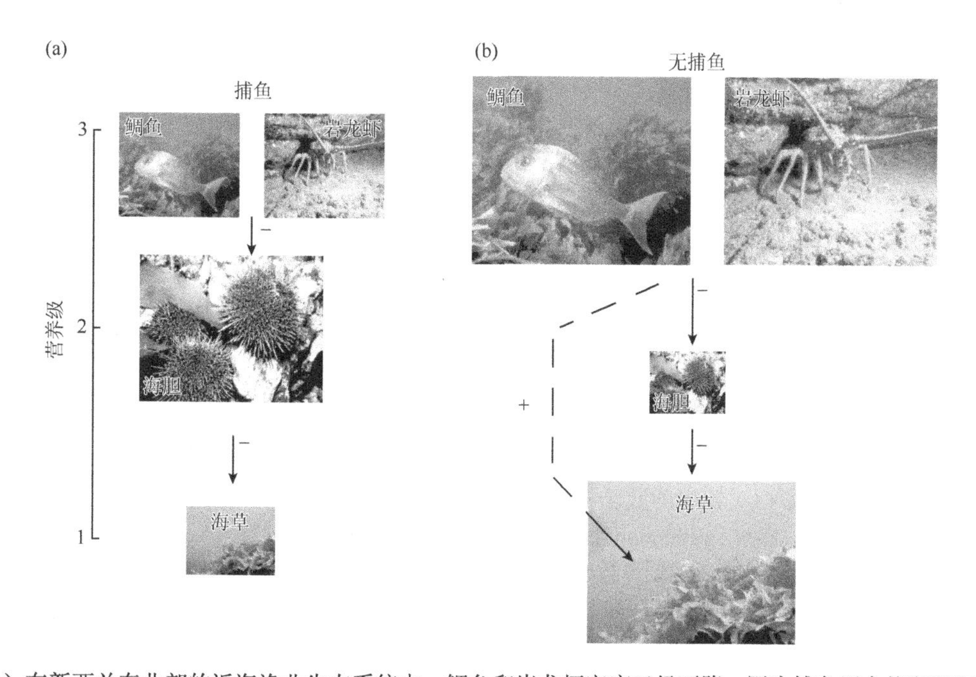

图 3-7 （a）在新西兰东北部的近海渔业生态系统中，鲷鱼和岩龙虾密度已经下降，因为捕鱼压力使海胆密度上升、无海胆区域（urchin barren）面积增加和海带产量下降。（b）在海洋保护区，以前食鱼的鲷鱼和岩龙虾已经恢复，没有被这些捕食者所掠食的海胆，行动隐蔽，藏匿于缝隙中。结果，这一区域普遍为大型海藻 *Ecklonia radiate* 形成的海草林。图片由 Nick Shears，Hernando Acosta 和 Timothy Langlois 提供。

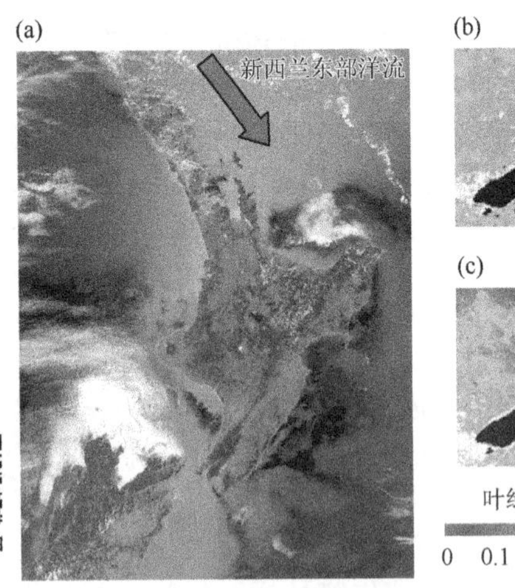

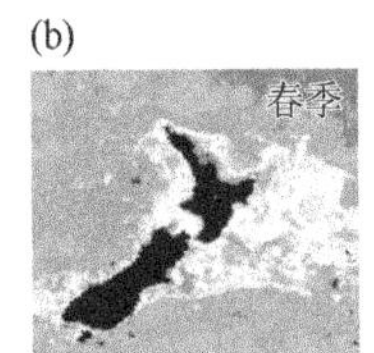

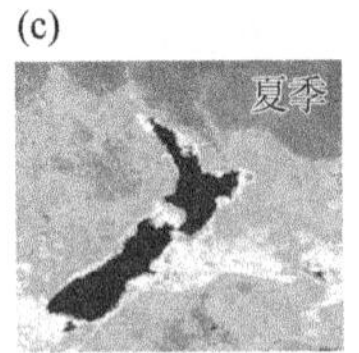

图 3-8 捕鱼对近海生态系统的影响。浪高（wave exposure）只对这些近海生态系统造成局部性的影响，而海洋环流可对其产生局域性的影响。(a) 在新西兰东北部，海洋环流模式影响养分转移，进而影响（b）春季和（c）夏季的浮游初级生产量。卫星影像：SeaWifs Project，Ocean Color Web。

七、生态系统功能和生物多样性

物种灭绝的加速，促使研究人员对生物多样性在提供、维持，甚至提升“生态系统功能”中的作用展开正式调查。通常，实验研究可改变物种多样性，并对这一改变影响生态过程基础能量流和物质流的方式进行探索。尽管人们已对物种多样性影响其他生态系统功能，如分解率、养分保持和二氧化碳吸收率等进行了研究，但在很多情况下，研究只是为描述物种丰富度（richness）对效率的影响而设计，因为群落主要通过效率提供生物量。据几个原创性研究的报道，生物多样性与生态系统功能正相关。然而，对这些结果的普遍性及其驱动机制产生了激烈的争论，也有好几个反例存在。

争论的关键在于这样一个根深蒂固的问题：一些物种对生态系统的控制力是否比其他物种更强？假定生物多样性与生态系统功能的正相关关系有两种情况（图 3-9）。在类型 A 群落中，每个物种都贡献于我们所要评价的生态系统功能，甚至包括稀有种（rare species）。相反，在类型 B 群落中，几乎所有评价的生态系统功能仅由相对较少的几个物种提供，这意味着很多物种是冗余的（redundant）。只有少数实证研究支持类型 A 关系，相反，多数实证研究趋于普遍的类型 B 关系。实际上，最近通过对 111 项这类研究的元分析，发现物种丰富度下降的平均效应会造成核心营养类群的生物量下降，从而使用于该营养类群的资源难以完全耗竭。这 111 项研究是在与大量营养类群有关的多种生态系统中开展的。此外，物种最丰富混合栽培农业（polyculture）的性状与单一最高产物种的农业没有区别。因此，多数高产物种从多样群落中消失可对物种多样性施加于生态系统的这些平均效应做出最好的解释。这些结果与我们所熟知的“抽样效应”一致。

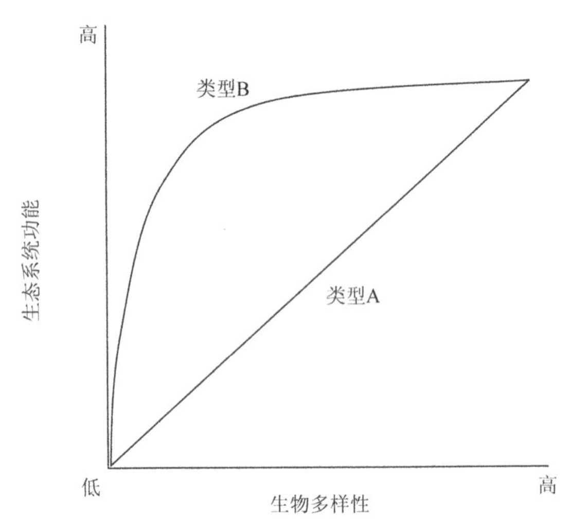

图 3-9 类型 A 群落：每一物种对生态系统功能的贡献相当。类型 B 群落：生态系统功能仅由几个物种提供。

批评者认为，物种多样性与生态系统功能正相关是一种人为抽样效应（sampling artifact），本质上并非实验上控制生物多样性的结果。出现这种“抽样效应”原因在于由更多物种组成的群落被最高产类群占优的概率更大。然而，在假定可能的解释存在二元性时，围绕“抽样效应”的争议本身就存在问题：抽样效应是自然界中运行的真实生物机制，或是为组建实验群落而随机抽取物种的人为实验误差（experimental artifact）？生态系统功能-多样性争论日趋激烈的一个关键问题是，这些研究多数侧重于单个营养级，忽视或拒不考虑多个营养级的相互作用，如众所周知的改变生态系统过程的草食动物和其他干扰，从而使人们对这些结果的普遍性心存疑虑。

尽管争论持续不断，但这些研究强化了某些物种对生态系统的控制力比其他物种更强的观点。然而，识别哪些物种可能会提前灭绝，仍然充满挑战。不过，考虑到人类福利高度依赖于各种生态系统的功能，明确驱动这些生态系统功能的机制是一个重要的生态优先保护问题。

八、保护科学中的生态系统观点

1. 生态系统服务

人类为获取环境资产如清洁水和土壤形成，一直都依赖于自然界。今天，这些资产作为“生态系统服务”受到全世界的关注。通过环境和过程，自然生态系统维持和满足人类生活。自然生态系统提供多种生态系统服务，人类文明依托于这些服务。

1）调节服务（regulating service）：空气和水的净化、废弃物的无害化（解毒）和分解、极端气候调节、气候调节、侵蚀控制、洪水防治、干旱和洪水的缓解，以及对携带生物和农业害虫疾病的防控等。

2）提供服务（provisioning service）：提供食物、燃料、纤维和淡水等。

3）支持服务（supporting service）：土壤形成和保持、紫外线防护、自然植被和农作物的授粉、养分循环、种子散布、生物多样性维持和初级生产量等。

4）文化服务（cultural service）：精神、审美和娱乐等。

尽管生态系统服务对人类生存至关重要，但其通常被认为是理所当然的，或即使在最好的情况下，也经常被严重低估。讽刺的是，即使所有生态系统服务可被复制，但多数的复制却是非常困难和极其昂贵的。多数情况下，生态系统服务被认为是“免费的”，虽然其经济价值显而易见。例如，有超过100 000种的动物提供免费授粉服务，包括蝙蝠、蜜蜂、苍蝇、蛾、甲虫、鸟类和蝴蝶等（图3-10）。据估计，人类食物的1/3来源于被野生授粉者所授粉的植物，仅美国授粉价值就高达每年40亿～60亿美元。全球生态系统服务价值为每年330 000 000亿美元，几乎是全球GDP的两倍。

图3-10 仅美国，由蜜蜂、蝙蝠、蝴蝶和鸟类等提供的授粉服务，价值就高达每年40亿～60亿美元。我们需要考虑这一重要生态系统服务的全球价值。图片由Steve Gaines和Heather Tallis提供。

为生态系统服务付费的观点已被采纳。然而，生态系统服务通常无法在市场中出售，因此没有市场价值。鉴于自然资本固有的巨大价值，经济学家和生态学家正在共同开发非市场评估方法（nonmarket valuation approach），将生态系统服务纳入决策过程。经济价值评估观点使决策者持有统一的货币（common currency）形式，从而能对相对重要的生态系统过程和其他资本形式作出评价。

然而，给生态系统服务指定价值是一项非常棘手的工作，某些分析家反对非市场价值评估，认为它属于严格意义上的人为度量法，无法说明非人类价值（nonhuman value）及其需求。目前，在民主国家中，虽然多数居民的意愿决定环境政策结果，并由他们投票产生首选政策方案，但这些最终还是一种人为行为。对自然世界定价的不认同，以及对以商品和金钱来思考一切的这一资本主义假设的不赞同是反对非市场价值评估的第二个理由。然而，价值评估观点是为了构建选择及在这些备选结果之间作出权衡（如湿地排水虽为农户增加了可开发的土地，但这样做的代价是生境的萎缩和潜在水质的下降）。最后，反对非市场价值评估的第三个理由，源于识别和量化所有生态系统服务的不确定性。但支持者认为，经济价值评估过程无需包括所有的价值，并可通过了解那些当前被忽略的价值而取得进步。

尽管存在不确定性，但生态系统服务评估有时会非常成功。通过与造价为60亿～80亿美元、管理成本为3亿美元的人造净水厂比较后，纽约市最终选择了恢复卡茨基尔山（Catskill Mountains）的自然资本，一方面是因为这些自然资本是这一流域内在的净水服务器，另一方面是因为恢复费用少（只有6.63亿美元）。所以，即使生态系统服务价值评估存在瑕疵，但它使生态系统过程摆上决策的台面，在考虑人口不断膨胀的情况下，也使政策更具持续性。

生态系统服务受到人类事业（人口规模和人均消费率）不断进取的威胁，从而造成短期需求与长期社会福利的失衡。随着全球人口快速向90亿这一数字逼近，生态系统服务正在严重退化，世界一些地区存在生态崩溃（ecological collapse）的风险。很多人类活动改变、干扰和损害，或重新构建了生态系统服务，如过度捕鱼、砍伐、外来物种引进、湿地开发、土壤侵蚀、杀虫剂的滥用、施肥、动物排泄物，以及土壤、水和大气资源的污染等。2005年，千年生态系统评估（Millennium Ecosystem Assessment，MEA）对退化生态系统服务对人类福利的影响进行了评估，结果认为超过一半的全球生态系统服务正在退化或缺乏可持续性。千年生态系统评估创建的全球生态情景是未来政策选择的一个过程。这些情景以一系列被设计用于预测未来变化的模型为基础，并基于生态系统服务，对每种情景进行了分析。具体而言，创建情景是为了预测生态系统服务对不同决策集驱动下的多变未来的响应。继这一宏大的生态学研究完成后，将生态系统服务价值整合进现行政策方案的行动正在日益加强。

2. 社会生态系统与人类是生态系统的关键组分

人类是全球变化的主要力量，也是生态系统动态的驱动者，范围从局部环境到整个生物圈。同时，人类社会和全球经济都依赖于生态系统服务。正因为如此，人类和自然系统不能再被独立对待，因为自然和社会系统高度关联。大量证据表明，有效的环境管理和保护措施一定要采用综合方法，即同时考虑社会、经济和生态系统之间及其内部的相互作用与反馈。因此，耦合的"社会生态系统"概念已成为环境和社会科学及生态系统管理的一个焦点。社会生态系统是演化的、综合的系统，通常表现出非线性方式。弹性（resilience）概念，即缓冲变化的能力，已被广泛作为认识社会生态系统动态的一种方法。结构化的情景模型（structural scenario modeling）和主动适应管理（active adaptive management）是构建弹性的两种有效方法。

为解决水质、渔业和牧场等冲突，研究人员已开发出相互关联的社会生态系统模型。这些模型反映了生态系统与社会经济驱动力的耦合，并对利益相关者摸索制定管理决策的过程进行了探讨。替代情景迫使参与者对其假设和偏差明确无误，从而有助于利益相关者之间的交流及对不同管理政策生态后果的公开。

适应性管理是一种方法。在这一方法中，管理政策本身被作为实验对象对待。随着信息的获取，政策也相应地被调整。这一方法有助于将人为影响从自然变化源中分离出来，而最重要的是它充分考虑了人类对整个生态系统扰动的后果。相反，有关生态系统各部分的基础研究在将所有数据整合为一个实用框架时面临挑战，因为生态系统的生物和非生物组分不是简单叠加的，而是相互作用的。正是由于这些相互作用，我们无法通过对生态系统组分简单的相加来推断生态系统动态。适应性管理探讨的是系统作为整体而非部分之和的响应。另外，这一方法还涉及适应性学习（adaptive learning），以及承认存在不确定性并可对非线性作出响应的适应性体系（adaptive institution）。总之，结构化的情景模型和政策实验作为一种工具，能被用于监测社会生态系统对选择性管理政策和保护策略所具有的弹性。

3. 基于生态系统的管理

"基于生态系统的管理"（ecosystem-based management）方法可使社会生态系统保持完整并具弹性。这一管理方法考虑了所有生态系统的组分，包括人类和自然环境。为了实现维持生态系统结构和功能的总体目标，这一管理方法还应该做到以下几方面。

- 关注关键生态系统过程及其对干扰的响应。
- 整合生态、社会和经济目标，认识到人类是生态系统的关键组分。
- 定义管理应基于生态边界而非行政边界。
- 通过识别和正面面对不确定性，以应对自然过程和社会系统的复杂性。
- 采用其中政策被作为试验的适应性管理，并随信息的获取，对政策进行调整。
- 鼓励利益相关者积极参与协商过程，以发现问题、了解驱使问题产生的机制及创建并测试解决方案。
- 考虑生态系统之间的相互作用（陆地、淡水和海洋）。

基于生态系统的管理由明确的目标推进，通过政策和协议执行。借助作为试验的政策和对其结果的监测，以及随知识积累对这些政策的调整等，可使基于生态系统的管理更具适应性。

过去，管理实践侧重于最大化短期产出和长期持续的经济收益。这种实践通常存在如下问题：生态系统动态信息不充分；对生态系统过程发生的时空尺度视而不见；持有直接经济和社会价值比冒险改变管理更重要的主流公众观点。为解决这些问题，基于生态系统的管理应依赖于对生态结构各个水平的研究、对生态系统动态特征的明确认识、对生态系统过程在广泛时空尺度上发生及其环境依存性的清晰了解，以及对目前有关生态系统功能知识暂时性和易变性的预先假定等。最后，基于生态系统的管理，既意识到了人类需求的重要性，同时又强调了这一事实，即我们的世界无法永远满足这些需求，因为它高度依赖于富有弹性生态系统的功能。

参考章节：生态系统生态学总论。

课外阅读

Cardinale BJ，Srivastava DS，Duffy JE，*et al.*（2006）Effects of biodiversity on the functioning of trophic groups and ecosystems. *Nature* 443：989-992.

Daily GC（ed.）（1997）*Nature's Services：Societal Dependence on Natural Ecosystems*. Washington，DC：Island Press.

DeAngelis DL（1992）*Dynamics of Nutrient Cycling and Food Webs*. New York，NY：Chapman and Hall.

Krebs C（2001）*Ecology：The Experimental Analysis of Distribution and Abundance*，5thedn. San Francisco：Addison Wesley Educational Publishers，Inc.

Millennium Ecosystem Assessment（2005）*Ecosystems and Human Well Being：Synthesis*. Washington，DC：Island Press.

Pauly D and Christensen V（1995）Primary production required to sustain global fisheries. *Nature* 374：255-257.

Scheffer M，Carpenter S，Foley JA，Folke C，and Walker B（2001）Catastrophic shifts in ecosystems. *Nature* 413：591-596.

第四章
生态系统服务

K A Brauman，G C Daily

一、引言

遍布世界各地的生态系统提供了一系列用以维系和满足人类生活的基本服务流，从海产食品、木材生产到土壤更新和个人灵感等。虽然很多国家已拥有创建某些服务替代物的技术能力，如污水净化和洪水控制，但没有一个国家能够完全替代生态系统效益的范围和规模。因此，生态系统作为一种资本资产（capital asset），至少应如其他资本形式一样给予关注和投资。然而，相对于物质、金融、人力和社会资本，我们对生态系统资本知之甚少且缺乏监管，大多生态系统资本正在经历快速的退化和耗竭。

对生态系统服务的认识至少可追溯到柏拉图（Plato）时代。无论是过去还是现在，人类依存于生态系统的这一意识，通常因生态系统的破坏和丧失被唤醒。直接享用价值（enjoyment value）如木材、鱼类和淡水等的提取，使生态系统生产数量和质量都下降。生态系统服务供给也可能会受到间接和无意的影响。例如，森林砍伐使森林在缓解洪涝和减少侵蚀等水文循环方面的关键作用丧失。有毒物质的释放已向人们昭示了自然界，以及在一定程度上由分解、降解有毒物质微生物所控制的物理化学过程所具有的价值。越来越稀薄的平流臭氧层，强化了人们对其可屏蔽有害紫外线辐射这一服务价值的认识。

二、生态系统服务的定义

简单讲，生态系统服务就是环境和过程。通过这些环境和过程，生态系统及其生物多样性用以维持和满足人类生存。各种生态系统服务相互密切关联，因此对其分类有点武断。虽然如此，但分类还是有意义的。例如，作为正规国际合作行动产物的千年生态系统评估（MEA），目的在于提高人们对社会依存于生态系统服务的意识和认知。千年生态系统评估提出的生态系统服务有四类。

第一，“提供服务”（provisioning service）为人类提供直接的产品利用，如食物、淡水、木材和纤维等。它们是常见的经济要素。第二，是那些没有被广泛理解的“调解服务”（regulating service）。调解服务维持人类在生物物理意义上有可能生存的这样一个世界，并提供污水净化、作物授粉、洪水控制和气候稳定等效益。第三，“文化服务”（cultural service）使世界成为人们愿意生存的地方，包括娱乐、审美、智力和心灵启发等。第四，“支持服务”（supporting service）为社会更直接依赖的环境和过程创建了背景。所有这些服务都由复杂的化学、物理和生物循环提供，动力来自太阳，在不同尺度上发挥作用，从比书写最后这个句子所需时间更短的尺度到如大致整个生物圈一样大的尺度（表 4-1）。

表 4-1　生态系统服务类型、举例及归类

服务类型	举例及归类
提供服务	**生产……**
食物	海产食品、农作物、牲畜和香料等
药物	医药产品、先导药物合成（药物筛选）
耐用材料	天然纤维、木材
能源	生物燃料、浅沉积水体发电
工业产品	石蜡、石油、香水、染料和橡胶等
基因资源	可提高其他产品产量的中间产品
调解服务	**形成……**
循环和净化过程	废弃物解毒和分解、土壤肥力提高和更新、空气和污水净化等
迁移过程	树木和其他植物盖度的种子散布、作物和其他植物的授粉
稳固过程	海岸、河流河道的维持、主要潜在害虫的控制、碳固定

续表

服务类型	举例及归类
疾病预防	水文循环调节（缓解洪涝和干旱）、极端气候抑制（如温度和风向）
文化服务	**提供……** 审美、静谧环境、消遣机会、文化、智力和心灵启迪等
支持服务	**维持……** 维持生产上述服务的过程
选择	维持为将来提供如上及有待发现产品和服务的生态组分与生态系统

三、生态系统服务流管理中的权衡

生物物理约束人类活动，如能量、土地和水等的有限供给，其本身就代表了不同利用间的权衡。因此，生态系统服务管理通常涉及哪些服务需要开发，以及如何开发等棘手的伦理和政治决策。在局域尺度上，将有限资源配置给选择性的活动也会涉及零和游戏（zero-sum game）。零和游戏可通过水资源从农业到城市和工业用途的普遍重定向问题等予以证明。在全球尺度上，不同群体为使用地球的开放获取资源（open-access resources）和废弃物堆放地（waste sink）而展开竞争，如吸收二氧化碳的大气容量和不诱发气候变化的其他温室气体。

能否对生态系统产品和服务的利用作出知情决策（informed decision），取决于对这些权衡的认识，即对生态系统服务组合和水平状况这些联合产品（joint product）的了解。例如，生态系统管理仅为农业服务时，农产品产生的收益也许高于为多种服务而管理的生态系统，但我们要意识到多样化管理可能会产生更高的、对管理决策有影响的总收益（图 4-1）。

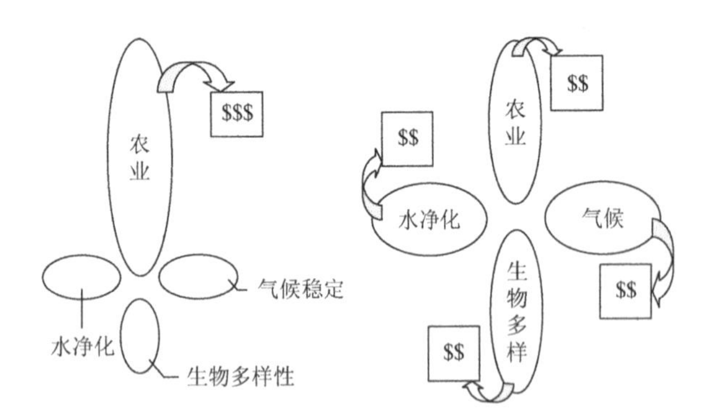

图 4-1　生态系统的联合产品。目前，很多生态系统仅为利用一种服务而管理。多种服务的管理可增加生态系统总收益。

生物多样性支持是一种支持服务，当其为其他生态系统服务而管理时，历史上一直被低估。生物多样性提供无法替代的效益，如遗传多样性使我们所依存的生态系统可为各种效益而永存和演化。近期的研究表明，多样的系统更具弹性，因此从长期看，它所提供的生态系统服务比单作物种（monoculture）系统的更可靠。虽然单作物种在最优条件管理下可提供优质的木材或固定大量的养分，但因自然和人为引起的温度、降水和其他环境因素的变化，使得多样化系统管理在这个不确定的世界中能更加持久地提供服务。

四、生态系统服务案例

对生态系统服务进行研究，既可通过关注不同生态系统提供的单一服务，也可通过调查提供多种服务的单一生态系统。现对这两种方法都予以说明。首先是由蜜蜂提供的授粉服务，然后是湿地和森林提供的一系列服务，主要侧重于不同尺度（从局地到全球）的服务传送和管理中固有的权衡。

1. 蜜蜂提供的授粉服务

授粉，遗传物质以花粉微粒形式的运动，是多数粮食作物发育的关键一步。即使作物不依赖昆虫传粉，但当昆虫授粉者到访时，风媒传粉作物或自花传粉作物有时会更加高产。蜜蜂是昆虫授粉者中特别重要的类群，负责全世界 60%～70%开花植物的授粉，包括分布于世界各地的近 900 种粮食作物，如苹果、鳄梨、黄瓜和南瓜等，这些作物占世界粮食总产量的 15%～30%。仅加利福尼亚一年的粮食产值中，蜜蜂的贡献就高达 42 亿美元。蜜蜂是尤为重要的花粉媒介。部分原因在于其生理适应性，如便于吸附花粉的携粉足；部分原因在于其行为适应性，如每次采集花粉时，只专注于单种植物，从而保证花粉的高效运输和异花授粉。

在美国，多数依赖于蜜蜂授粉的农业企业，从国外进口“管理型蜜蜂”（managed bee），通常为欧洲蜜蜂（*Apis mellifera*）。然而，过去 50 年间，尽管许多领域增加了对授粉服务的需求，但管理型蜜蜂的可用存量却大幅下降，跌幅高达 50%以上。管理型蜜蜂种群衰退的原因很多，包括杀虫剂使用的增加、蜂群疾病及其与非洲蜜蜂杂交种群存量的萎缩等。非洲蜜蜂使管理型蜜蜂具有攻击性特征，从而成为农民的一个负担。

直到2000年早期，本地野生蜜蜂对作物授粉的贡献仍被认为微不足道，并假定可以忽略不计。但从那以后，研究发现本地蜜蜂在授粉中发挥重要作用。当管理型蜜蜂授粉不充分时，本地蜜蜂进行补救性授粉，进而提高作物产量。农场附近如果具有大量的本地蜜蜂生境，则这些本地蜜蜂可完全或部分地代替管理型蜜蜂的授粉。在某些情况下，本地蜜蜂比欧洲蜜蜂的授粉效率更高。各种野生蜜蜂明显的身体和行为特征使它们聚结为不同的类群，以给所有名目繁多的开花植物授粉。例如，番茄的授粉，只有通过大黄蜂（humble bee）和其他本地蜜蜂对花朵的震荡才能完成，而管理型蜜蜂却不能。虽然番茄是自花授粉，无需昆虫传媒者，但本地蜜蜂可促进异化授粉，而异化授粉可明显增加其结实率和个头。

本地蜜蜂对作物生产的贡献既没有正式文献记载，也经常被低估。它们一直无偿提供授粉服务。对农民而言，管理型蜜蜂的蜂巢必须租用或维护，而野生蜜蜂的授粉却无需成本。然而，因鼓励杀虫剂使用及加快生境丧失、破碎和退化的土地管理实践，野生蜜蜂种群受到巨大的威胁。保护野生蜜蜂，如果不保护其赖以生存的生态系统，是不可能的。本地生境不像单作农业，它可为野生蜜蜂生存提供四季开花植物和筑巢区。多数野生蜜蜂是单生的，在地下洞穴或枯木中只产一枚卵，无法形成群居蜂巢。为了获取本地授粉者的效益，在作物附近必须提供食物资源和筑巢生境，如灌木丛、沟渠或池塘周围。一项关于野生蜜蜂对哥斯达黎加（Costa Rica）咖啡授粉的研究显示，与远离热带残次林（tropical forest remnants）的农场相比，有更多种类的野生蜜蜂曾到访过更近的农场。如果那些较远地方的咖啡被充分授粉，则咖啡产量可增加20%，畸形咖啡豆减少27%。据估计，这些土地授粉服务的价值最小为每年62 000美元（20世纪早期）。

本地蜜蜂种群多样是本地蜜蜂的优势之一。很多种类的蜜蜂参与授粉，不同种类的多度每年都有变化。这一多样性使本地授粉者群落在面对环境巨变时，既具抵抗力又能维持其功能，而且还富有弹性，在毁灭性事件之后，可进行自身重建。在哥斯达黎加研究中的第二年，当欧洲蜜蜂种群极度衰退时，靠近残次林地方的授粉损失很小，但授粉者的到访次数却减少了近50%。因此，本地蜜蜂与管理型蜜蜂的合作，也可提高授粉服务。本地蜜蜂为防止管理型蜜蜂因疾病、杂交或其他因素引起的可能衰退提供了一份重要的保险。

2. 湿地提供的服务

淡水、半咸水和咸水淹没的区域都可看作为湿地，其中很多是沼泽、潮沼、河岸带和湖滨等。不到地球表面积9%的湿地极其多产，很多是生态系统服务相对偏多的提供者。湿地提供的三种关键性服务主要是洪水防治、污水净化和生物多样性支持。

在流域上游，很多湿地对经陆地流入河流和小溪的流水进行截留，然后慢慢向一些重要的河道释放，从而削弱和推迟洪峰。而在流域下游，湿地吸收、削减洪峰水平，提供洪水蔓延区，从而使水流减缓，洪水能量分散。另外，下游湿地也可通过迁移和过滤而消除洪水。

湿地减缓和吸收与洪水有关的地表径流的物理特性，也为城市和农业污水直接排放到主要河道之前的储存与净化提供了机制。湿地过滤营养物、其他污染物和沉积物；湿地提供能使废弃物脱氮的厌氧微生物；湿地植物吸收和存储营养物；通过对水流的减慢和改道，湿地增强沉积能力，沉积物的积累可有效填埋污染物。虽然很多湿地能够非常经济地净化污水，但其效率却取决于诸多因素，包括水流入的速度、废水中的沉积物和有机物总量、废水在湿地中的停留时间和总表面积等。

很多种动物以湿地为生，具有防洪和污水净化功能的植物也支持生物多样性、提供多样食物和庇护地。例如，一片河岸湿地为麝鼠（muskrat）提供食用植物和地下洞穴，为鸭子提供种子、食用植物和筑巢原料，还可为鱼类和无脊椎动物提供食物和庇护所。

湿地还提供大量的其他服务。与湿地有关的主要产品是泥炭、木材和覆盖层（mulch）。除了洪水防治和污水净化外，调节服务也包括废弃物解毒、碳存储和病虫害控制等。湿地也提供多种文化服务，尤其是娱乐服务，如观鸟、划船和打猎等。同时，湿地还提供一些关键的支持服务，如土壤的形成、对来自海水入侵的淡水层的缓冲。

据估计，世界各地的湿地每年可提供几十亿美元的服务。这些价值得到国际条约《拉姆萨尔湿地公约》（the Ramsar Convention on Wetlands）的普遍认可。在很多国家中，湿地由国内法管制。尽管如此，湿地在历史上为了支持其他土地的利用，曾遭到大面积的开垦。据估计，自1900年以来，世界上50%的湿地已经萎缩消失。

虽然湿地提供的服务被普遍理解，但同时最大化多种服务是不可能的。在某些情况下，这与位置有关。山地流域对洪水防治非常重要，但因上游太远而对污水净化没有影响。而在另外一些情况下，一种服务的增强会对另一服务造成损害。吸收过多营养物含量的湿地，可能会被单一的、具有入侵性的植物物种占据，难以成为生物多样性的一个有效保存地。最后，测度湿地功能的成本极高，因此很难评价提供特定服务的湿地如何有效，或如何去管理那一特定服务。

3. 森林提供的服务

森林提供一系列服务，如木材生产、气候稳定化、水量和水质保障，以及文化效益如娱乐等。一些管理选择使好几种服务的供给同时增加，但一种服务的增强常会损害其他服务。

通常，管理森林是为了提供服务，尤其是木材。管理选择不同，森林提供的服务类型也不同。如果森林仅被看作为木材供应者，则管理者只会支持某些可能是非本地快速生长的特定树种，并要求按照既直又高的同一生长方式种植。当确认树木成材后，常被一次性全部砍伐。相反，当森林被看作为多种效益的供应者时，管理者可能会设法栽培大量有价值的树种，而在上述单一林分的森林中，也许没有这些树种。

森林也对短期和中期气候产生影响。当林冠遮阴地面和深色树叶吸热时，森林中的温度调节启动。在某些情况下，森林也能影响降水。例如，在多云覆盖的森林中，树木和附生植物可直接从大气中截留和凝结水分，这些水分沿树干流向下面的植物和土壤。在较长的时间尺度上，森林在碳循环和碳固定中的作用巨大。当森林植物、细菌和藻类呼吸时，它们从大气中吸收二氧化碳。植物、土壤及在森林、草地和其他陆地生态系统中以其为食的动物，存储了世界上约 20 000 亿 t 的碳，是海洋碳储量的一半，大气碳储量的 3 倍。然而，这些生态系统在遭到火灾和破坏时，如当木材被砍伐时所发生的那样，它们所固定的碳将被释放到大气中。在正常的森林生态系统中，当活的生物死亡和被分解时，虽然多数有机化合物以二氧化碳的形式物返回至大气中，但部分却被埋藏和封存。在过去的 20 年中，因土地利用变化，主要是毁林等人为因素使大气中二氧化碳的浓度增加了 25%左右。

流域中的森林分布在排水入河流的山坡，排水对那条河流的水质具有重要影响。部分原因是山坡较高强度的利用，如农业将营养物和杀虫剂等污染物输入进系统，而森林却没有这些输入。森林本身也可减少沉积物和营养物的流出。一旦下一个雨季来临，伐木（clearing trees）将对河流中的沉积物和养分含量产生影响，正如在经典的哈德布鲁克实验中已经证明的那样。在某些情况下，用水者投资森林，目的是保持供水的清洁。纽约市耗资 2.5 亿美元用于购买和保护给该市供水的卡茨基尔（Catskills）流域的土地。为减少杀虫剂和化肥使用及在沿水道种植防护带，通过与土地所有者的协作，纽约市降低了饮用水的潜在污染。最终，纽约市排除了原计划投建耗资为 60 亿～80 亿美元的污水净化厂，这其中也包括有关保护投资的 15 亿美元。

在调节径流时间和径流量中，森林也发挥重大作用。2000 年的一项研究对位于中国武汉市（湖北省）以西、三峡大坝（Three Gorges Dam）以上的长江流域森林经济价值进行了量化。这项研究以葛洲坝水电站（Gezhouba Hydroelectric Power Plant）所在流域的森林为例。葛洲坝水电站是中国最大的水力发电站，装机容量为每年 157 亿 kW，为了满功率运转，要求长江径流量保持在一个较小的范围内。如果水位太高，必须拉闸泄水。在流速非常高时，涡轮机被淹没，根本无法工作。当然，如果水流速率太慢，发电机也无法满功率运转。

水电站管理者的目标是保持河流尽可能小的水深变化，因为水深比总流量对发电的影响更大。通过丰水期径流的减少，上游森林使溪流湿气发生变化。径流的减少，主要是通过林冠截留、落叶层吸附及土壤和地下水的储存。在干旱期，地下水排放可增强渗透作用，从而为河流提供基本的流量。尽管水流调节是植被、土壤类型和坡度等的函数，但当它们出现在具有各种土壤类型和坡度的流域、森林甚至灌木中时，比草地、果园和作物地等更能持续地提供较好的水流调节。在上述研究中，通过森林水流调节对发电产生的价值被估计为每年 60 亿美元（21 世纪早期），或是这片森林产品服务价值的 2.2 倍。然而，森林蒸腾散失水分，因此减少了下游的总可利用水量。

不同管理方式提供一系列不同的服务。一些服务永远无法同时提供，而另一些服务通常可同时提供，尽管程度不同。对图 4-2 中假设的森林而言，牲畜和木材不能在同一块土地上生产，土地转变为草地可优化牲畜，但将大幅度减少木材产量。在木材最大化的情况下，一旦树木被砍伐，则气候或水文调节将无法进行，尽管在砍伐前树木提供这些服务，包括一些生境和徒步行走的小路。碳固定、水力发电、娱乐和生物多样性保护等服务可同时提供，但在优化供给中存在权衡。例如，最大化生物多样性服务可最大限度地提供这四种服务，但不允许木材供给。尽管管理机制中引入选择性砍伐可在一定程度上减少其他服务的供给，但最大化木材产量使其减少的幅度更大。

服务之间的权衡也是消费者之间的权衡，如当地的休闲主义者（recreationalist）、区域水电利用者及全球碳固定和生物多样性保护的受益者等。这些权衡强调了价值评估的重要性，使谁从生态系统服

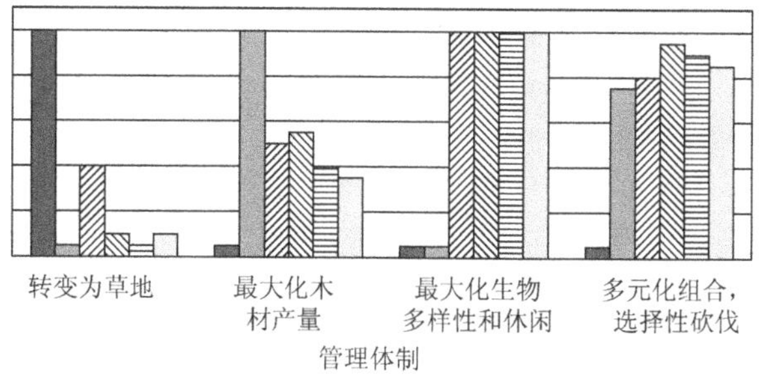

图 4-2　假设森林生态系统中与选择管理目标有关的权衡。

务中受益和谁为它们付出了代价一目了然。将生态系统功能设想为服务并赋予其货币价值的做法，为决策者权衡不同的管理选择提供了一个工具。

五、生态系统服务价值的获取

尽管生态系统服务对人类福利的重要性显而易见，但人们却倾向于将其理解为狭义上的经济有用性，通常仅对传统商品或房地产开发赋予价值。生态系统提供的服务，在成本-收益分析、环评报告准备和发展选择路径评价中几乎不予考虑。市场对生态系统产品（如清洁水和西瓜）并不缺乏，但作为服务基础的这些产品（如污水净化和蜜蜂授粉）却往往没有货币价值。部分原因在于生态系统服务通常是公共产品，对任何使用者都是免费的，因此难以赋予价值。在大多情况下，生态系统服务得不到人们的支付，所以很难对其供给、需求和实际愿意的支付进行区分。结果，没有直接的价格机制对这些公共产品在衰退前的稀缺性或退化发出信号。

对一些产品和服务而言，价格反映价值或重要性，但当对生态系统服务赋予货币价值时，价格远低于重要性。这之所以是正确的，部分原因在于当产品严重供过于求时，价格会很低，不论这个产品如何重要。钻石和饮水的价格可证明这一点。如果在沙漠中迷路，旅行者将非常愿意倾全世界之钻石而换取一杯水。但回到市场中，我们的旅行者定会发现，钻石不知要比水贵重多少倍。水如此便宜或免费的原因如很多生态系统产品和服务一样，在于其供给远远超出了人们的需求。当生态系统功能良好时，可用的甚至更多。

生态系统服务经常被低估的原因，还在于价格是以当前的供给和需求为基础，因此今天我们为湿地持续的养分保持服务几乎不愿支付，即使我们能够预测到源于农业养分增加的富含营养物的水流明天将对下游渔业造成威胁。另外，价格以边际效用为基础。例如，有人愿意为森林中多增加一棵树的碳存储支付一定的数额。假如森林被砍伐殆尽，我们将损失所有碳储量，既然每棵树的损失量会改变下一棵树的价值，我们就不能用第一棵树的价值来说明全部的损失价值。

生态系统服务价值的准确评估，通常无需为保护生产这些服务的生态系统提供适当的经济激励。例如，对土地所有者而言，维持灌木作为本地授粉者的生境比耕作每平方米土地更具经济上的吸引力，或需补偿以防止湿地被用于填湖造房时，方可采取经济激励措施。一片农场可能会从非农商品到改变其土地管理体制中都创造足够的收入（表 4-2）。保护和维持生态系统的激励可由政府私下借助市场，或通过政府支持的总量管制和交易制度（cap and trade system）来提供。

表 4-2　假设一个 15 年内的农场企业

产品	所占农场企业的收入份额（%）
小麦	40
羊毛	15
水过滤	15
木材	10
碳固定	7.5
盐化治理	7.5
生物多样性	5

在这一模式中，传统农产品收入占总收入的 55%，与今天的 100%截然不同。非农收入由生态系统产品和服务的成熟市场提供。

目前，评估生态系统服务的各种工具，以及为保护这些服务的各种创造性激励措施已有发展，包括资本市场如芝加哥气候交易所（Chicago Climate Exchange）、湿地抵减银行（wetland mitigation bank）和直接支付（outright payment）等。同时，私人和政府经常也因生态系统服务而建立合作关系，如在澳大利亚、哥斯达黎加和墨西哥等国家中发生的那样。这些基于市场的方法能提供比早期更好的价值指示，可用于生态系统服务价值量化的更多理论尝试中。虽然价值评估不是解决问题所必需的，或其本身不是终点，但在大量的决策过程中，它是信息组织的强有力方式和重要的工具。

六、总结

生态系统服务唤醒了人类受益者对生态系统过程提供产品和服务的基本科学认识，产品和服务只有在经济价值评估和制度结构背景中才有意义。在许多方面，还有很多东西需要学习。重要的问题包括：哪些生态系统提供哪些服务？为维持服务供给，需在何种程度上及对哪些类型的生态系统进行保护？我们能开发生态系统价值评估的有效方法吗？即使所有这些问题都没有明确的答案，但各种各样的工作目前正在世界各地开展，经常利用创新的经济激励以保护关键的生态系统服务。

显性识别及评估生态系统产品和服务有两个明显的好处。首先，对生态系统服务作用的理解有力证明了生境保存和多样性保护至关重要，尽管政策目标经常视而不见。的确，湿地为某些人提供存在和选择价值，但其养分固持和洪水防治效益是普遍的、无可否认的。人们对美景的品味不同，但品味必然与污染水和遭遇洪水的房屋的高成本完全一致。其次，在多数情况下，如果给予机会，自然系统可完全按自己的方式支付。那些可获取和最大化生态系统服务价值的市场机制与制度能有效促进局地、局域、国家和全球尺度上的环境保护。然而，在某些情况下，生态系统服务的保护并不能证明自然生境的保存。而在其他情况下，生态系统服务几乎与环境保护工作无关。虽然关注生态系统服务为环境保护提供了很大的潜能，但其实践意义还亟待验证。

课外阅读

Brauman KA，Daily GC，Duarte TK，and Mooney HA（2007）The nature and value of ecosystem services：An overview highlighting services. *Annual Review of Environmental and Resources* 32：67-98.

Chichilnisky G and Heal G（1998）Economic returns from the biosphere Commentary. *Nature* 391：629-630.

Committee to Review the New York City Watershed Management Strategy（2000）*Watershed Management for Potable Water Supply：Assessing the New York City strategy*. Washington，DC：National Academy Press.

Daily GC（ed.）（1997）*Nature's Services：Societal Dependence on Natural Ecosystems*. Washington，DC：Island Press.

Daily GC and Ellison K（2002）*The New Economy of Nature：The Quest to Make Conservation Profitable*. Washington，DC：Island Press.

Daily GC，Soderqvist T，Aniyar S，et al.（2000）The value of nature and the nature of value. *Science* 289：395-396.

Findlay SEG，Kiviat E，Nieder WC，and Blain BA（2002）Functional assessment of a reference wetland set as a tool for science，management and restoration. *Aquatic Sciences* 64：107-117.

Guo Z（2000）An assessment of ecosystem services：Water flow regulation and hydroelectric power production. *Ecological Applications* 10：925-936.

Heal G（2000）*Nature and the Marketplace：Capturing the Value of Ecosystem Services*，Washington，DC：Island Press.

Heal G，Daily GC，and Salzman J（2001）Protecting natural capital through ecosystem service districts. *Stanford Environmental Law Journal* 20：333-364.

Kremen C，Williams NM，and Thorp RW（2002）Crop pollination from native bees at risk from agricultural intensification. *Proceedings of the National Academy of Sciences of the United States of America* 99：16812-16816.

Millennium Ecosystem Assessment（2005）*Ecosystems and Human Well being：Current State and Trends：Findings of the Condition and Trends Working Group*. Washington，DC：Island Press.

Postel SL and Thompson BH（2005）Watershed protection：Capturing the benefits of nature's water supply services. *Natural Resources Forum* 29：98-108.

Ricketts TH，Daily GC，Ehrlich PR，and Michener C（2004）Economic value of tropical forest to coffee production. *Proceedings of the National Academy of Sciences of the United States of America* 101：12579-12582.

Zedler JB and Kercher S（2005）Wetland resources：Status，trends，ecosystem services，and restorability. *Annual Review of Environment and Resources* 30：39-74.

第五章
生态学中的基本定律

S E Jørgensen

一、对基本定律的需求

为发展理论，人们总是试图在其观察中找到一种结构或模式。没有理论，科学将毫无意义；没有理论，我们的观察只是印象的漂亮堆积，无法解释或解决人们所感兴趣的问题。科学理论的替代品是观察每一个事物，但这是不可能的。一个成熟的理论可用于预测未来。

为了将基础理论用于解释我们的观察，科学知识必须具有连贯性。生态学只能部分地概括系统收集到的观察，以及部分地将有关生态系统的知识提炼为可检验的定理和原理。在过去的几十年中，系统生态学家已提出大量假说，这些假说与来自生物化学和热力学的基本定律一同被认为是生态学中对基本定律进行表达的首次尝试。生态系统固有的复杂性意味着我们必须与根深蒂固的传统还原论科学彻底决裂，以形成全新的整体生态学方法。从Descarts和Newton开始，还原论科学已取得一连串的成就。不过，后来人们逐渐认识到，我们需要能综合为更具整体图像的知识。今天，对复杂系统进行全面理解的研究，被多数科学家认为是21世纪最严峻的科学挑战之一。

对生态系统特色和特征、过程及动态的理解有助于系统生态学的发展。粗看起来，不同的理论和方法似乎不一致，但当进一步细究时，它们的互补性变得显而易见。有关生态系统动态共性和一致性的问题，在Jorgensen的第一版《生态系统总论：一种范式》（*Integration of Ecosystem Theories*: *A Pattern*）（1992）中专门进行了论述，其后的版本［第二版（1997）和第三版（2002）］只是强化了理论形成范式，以及理论具有高度一致性的这一认识。从最近的会议和研讨会中可清楚看到，我们所持有的一般生态系统理论都根植于生态系统动态的同一范式之中。在结合几位科学家工作的基础上，本章所呈现的生态系统理论为系统生态学、生态系统理论和生态学的进一步发展奠定了基础。而且，用几个基本定律来推演其他定律，使解释多数观察成为可能。在生态学中，虽然我们还不知道这一可能性有多大，但其至少为有效的、全面的生态系统理论提出了一个有前景的方向。只有通过理论应用，我们才能确定理论如何及哪些地方需要改进。

二、科学飞速发展中的系统生态学

过去100年间，七大基本科学理论彻底改变了我们对自然界的认识，包括广义和狭义相对论、量子理论、量子互补理论、Godel定理、混沌理论和远离热力学平衡系统理论。这七大理论，使我们意识到目前的自然界远比100年前我们所认为的更加复杂。而且，它们也是我们能更好理解这一复杂性的工具，因为其蕴含着今天我们所持有的普通生态系统理论。

根据狭义相对论，光速是一切物质、能量和信息传递的上限。这为空间（locality）概念赋予了全新的意义。在系统生态学中，它也为网络和层级结构注入了另一种含义，即网络组分间的连接共享一个空间，而在层级结构中，空间越来越小的网络，会在下一层级水平上被连接起来。狭义相对论也使我们对20世纪以前支配科学意识的绝对度量的不足有了清晰认识。当采用生态指标评价生态系统健康时，我们只能将其相对地应用于其他的（相似的）生态系统，而当采用生态系统的热力学计算时，我们知道无法得到绝对值，充其量只是一个指示值或相对值，因为生态系统过于复杂以致计算中很难包括所有的组分。量子理论和后来的混沌理论彻底颠覆了定然的（deterministic）世界画面，即使我们对目前世界了如指掌，但我们仍无法决定其未来的所有细节。世界原本是开放的。在原子世界中，不确定性源自我们对这些原子微粒的不可避免的影响（干扰），而在生态学中，不确定性却源自大量的复杂性。生态系统是一个适度数量的系统。这种系统中的组分数量不知要比一间房子中的原子数量小多少个数量级，但其仍多得不计其数。更加复杂的情况是，原子可用少数几个不同的类型来表示，但所有生态系统的组分不同，即使同一物种的生物之间也如此。虽然一间房屋可容纳10^{28}个原子，但它们可由10～20个具有相同属性的分子类型来表示。一个生态系统大概包含10^{15}～10^{20}个不同的组分，这些组分的属性和相互作用完全不同。我们不可能观察所有的组分，更不要说这10^{15}～10^{20}不同组分间所有可能的相互作用。如此的复杂性使生态学呈现非定然的画面（nondeterministic picture）。根据量子互补性，对光的描述只有通过对波粒（光量子）的解释方可完成。生态系统远比光复杂。因此，至少需要两个或两个以上的互补性描述才可对生态系统进行全面（整体）描述也就不足为奇了。不同的描述说明，生态系统作为耗散的、自组织系统会随动态而增加其能量、有效能（exergy）和系统成熟主导系数（ascendency）（参见生态网络分析：系统成熟主导系数一章），或与它们不存在冲突的生态有效能（eco exergy），因为各自涉及的生态系统方面不同。尽管所有的描述都有助于理解生态系统动态，但一些更适合于解决具体的生态系统问题。

Godel 理论，即不完备性定理都以一些假设为基础，这对生态学理论也不例外。我们不要寄希望于没有假设和放之四海而皆准的理论。

Newton 的物理学建立在所有过程不可逆这一基础之上。Prigogine 对热力学第二定律的全新解释表明时间具有方向性。所有过程不可逆，且其演化根植于这一不可逆性。Einstein 的狭义相对论提出将光速作为速度上限，这使我们不可能对携带有关历史事件信息的光信号作出改变。同时，这一理论也支持不可逆原理。除了未来，我们无法改变过去。生态系统的巨大复杂性也意味着同一环境不可能重复再现。生态系统在时空中经常会遇到新的挑战，这可解释生物圈具有丰富生物多样性特征的原因。显而易见，在过去的 100 年间，系统生态学并非闭门造车，而是受到其他一般科学发展的影响。总结本章所呈现的一般生态系统理论，目前提出的理论包括十大定律。

三、系统生态学：拟形成生态系统理论的十大初级基本定律

包括八大定律的初级生态系统理论在以前已作过介绍，但最近的一些研究结果显示，似乎将其中的一个定律一分为三更好。下面将介绍并简评这十大初级基本定律。

1）*嵌套于环境中的所有生态系统都是开放系统，从环境中输入能量（物质），向环境外输出能量（物质）*。根据热力学观点，这一定律是生态过程的前提条件。如果生态系统可分离，则其在热力学平衡态时，既无生命又无梯度（gradient）。这一定律是 Prigogine 对远离热力学平衡态热力学的应用。Prigogine 认为，开放性可解释系统能够维持远离平衡态且不违背热力学第二定律的原因。

2）*生态系统具有很多不同水平的组织和运转层级*。当生态系统被描述为原子、分子、细胞、器官、有机体、种群、群落、生态系统和生态圈时，这一定律被反复使用。此定律以不同尺度的局部相互作用为基础。组分间的距离是根本，因为距离可为事件和信息的酝酿留出时间。生态系统复杂性使我们有必要对具有不同局部相互作用的水平进行区分。

3）*从热力学来讲，碳基生命的适宜生存区间为 250～350K*。在这一温度区间内，有序和无序过程平衡，即有机质的分解和生物化学重要化合物的构建平衡。在低温时，进程速率太慢，而在高温时，对生物化学形成过程起催化作用的酶的分解又太快。在 0K 时，虽没有无序，但可创建有序（结构）。随着温度的升高，有序（结构）创建过程加快，但维持结构以抵制无序过程的成本也增加。

4）*物质，包括生物量、能量和储量*。这一定律在生态学尤其是生态模型中被反复使用。

5）*地球上的碳基生命具有某一基本的、所有生物共有的生物化学特征*。这一定律表明，在所有活的生物中可发现很多相同的生物化学化合物。它们大部分具有相同的元素组成，反映了大概 25 种元素的利用情况。这一定律也促使我们对生态学中的化学计量关系进行研究。

6）*没有生态实体单独存在，而是与其他实体息息相关*。对任何生态系统而言，理论上的最小生态单元有两种。一种用于固定能量，另一种用于分解和循环废弃物，但现实中多样的生态系统通常是相互作用种群的复杂网络。这强化了单一组分水平上的开放性原理。网络相互作用为每一组分发挥效能提供了环境生态位（environmental niche）。这个网络对组分具有协同效应，也就是说，生态系统不只是部分之和。

7）*所有生态系统过程是不可逆的（这可能是解释生态学中热力学第二定律的最有效方式）*。活的生物需要能量用以维持、成长和壮大。这一能量以热量的形式散失到环境中，无法再次作为生物可用的能量被捕获。只有根据根植于热力学第二定律的不可逆原理，我们才能真正地理解进化。进化是一种步进式（step-wise）的发展，以过去在多变和动态世界中为了求生而获得的对策为基础。正是由于这些对策中的结构和基因封存，进化才产生了越来越复杂的对策。由 Kullbach 的信息测度（参见有效能一章）所反映的生态有效能是度量这一发展的方法之一。

8）*生物过程利用捕获的能量以更远离热力学平衡态，以及维持相对于其周边环境和热力学平衡态的低熵高有效能状态*。这恰好是生态系统发育的另一种表达方式。它说明了生态系统的生态有效能与系统分解时所需的能量相当。

9）*通过边界初步获得能量后，因物理结构的增加（如生物量）、网络的增强（更多的循环）和隐含*

*于系统中信息的增加，生态系统开始生长和发展。*所有这三种生长和发育方式都表明系统正在远离热力学平衡态，且这三种方式都与生态系统中所储存的生态有效能、系统中的能流（功率）和系统成熟主导系数的增加有关。当循环增加时，生态有效能的储存能力、能量利用效率和时空差异性都将增大。当信息量增加时，反馈控制变得更加有效，动物体型也越来越大，这说明比呼吸（specific respiration）减弱，但生存策略有 *K*-策略代替 *r*-策略的趋势。与第一种生长方式对应的有机质的生态有效能为18.7kJ/g，而与生态有效能对应的网络增强能力与信息量增加之和可通过（β–1）c 进行计算（参见有效能一章）。另外，三种生长和发育方式也与 E P Odum 所描述的生态系统发育趋势一致（表 5-1）。典型的生长和发育顺序如下（图 5-1）。增加的生物量（形式 1）具有正反馈作用，甚至可容许额外太阳能的捕获，直到大约 75%的可用太阳能成为限制时为止。此后，通过增强网络相互作用（形式 2）和提高能量效率（形式 3），生态系统持续生长和发育。

表 5-1 三种生长形式在早期与成熟期阶段的差异
（Odum，1959，1969）

生长形式	属性	早期阶段	晚期或成熟期
1（生物量）	生产量/呼吸量	>>1<<1	接近 1
	生产量/生物量	高	低
	呼吸量/生物量	高	低
	产量（相对）	高	低
	总生物量	小	大
	无机养分	外部生物	内部生物
2（网络）	模式	组织无序	组织有序
	生态位特化	宽泛	狭窄
	生活史	简单	复杂
	矿物循环	开放	封闭
	养分交换率	快	慢
	寿命	短	长
	生态网络	简单	复杂
	稳定性	差	良好
	生态缓冲能力	低	高
3（信息）	有机体体积	小	大
	生态多样性	低	高
	生物多样性	低	高
	共生关系	未形成	已形成
	稳定性（抵抗外部干扰）	差	良好
	生态缓冲能力	低	高
	反馈控制	差	良好
	生长方式	快速生长	反馈控制生长
	生长策略类型	*r*-策略	*K*-策略

注：由 Elsevier 公司授权转载。

10）*生态系统接收太阳辐射时将尽量最大化生态有效能的储存或最大化功率，以在多种可能性存在时，最终选择可使系统最远离热力学平衡态的那一可能性。*在上述三种生长和发育方式中，生态有效能储存和能量流动都增加。当一个生态系统处于演替阶段时，在连续的达尔文（Darwin）选择进程中，三种生长和发育方式都可被利用。生物中固有的时空差异，如本定律所述的那样可优化热力效率，因为其能使生物同时利用平衡和非平衡能量，并以最小的耗散传递。

在《生态模型》（第 158 卷）特刊中，集中将所提及的生态系统理论应用于解释那些在生态文献中没有被给予解释的生态观察。

四、生态系统的其他理论

在科学文献中，对上述十大定律的表述存在细微的区别，其他系统生态学家可能更关注其他方面。例如，H T Odum 强调的重点在于功率最大化而非生态有效能储存最大化。但如已指出的那样，它们只不过是同一基本动态的两种观点而已。根据互补理论，这样的观点说明复杂生态系统的描述，应从几个不同的角度展开。然而，提出基本定律的这一努力并不意味着文献中没有其他可替代的原理。例如，异速增长原理是生态学中的基本原理。涌现性有时也被认为是一条基本原理。其他生态学家仍对基本理论是否存在还持保留意见，他们更倾向于描述生态系统的基本属性和过程。因此，对哪些定律可作为生态学和系统生态学基本定律的讨论仍是开放的。

五、总结

对生态系统理论的进一步理解，促使对如上所述的生态学中的主要定律初步达成共识。目前，需要优先考虑的是理论的广泛应用，以及如何将生态学提升为理论科学。正因为此，最近形成了如下见解。

1）生态系统在实体和本质上是开放的，说明其与环境进行物质、能量和信息的交换。鉴于生态系统的巨大复杂性，我们几乎不可能对其发展作出准确预测。

2）生态系统具有方向性。

3）生态系统具有连通性。

4）生态系统具有层级结构。

5）生态系统具有复杂的动态过程（生长和干扰）。

生态观察理论性解释向广泛应用的推进，必将进一步夯实生态学基础。实践经验表明，通过更广泛的应用，理论一定会有所完善，因为每次应用要么支持理论，要么对其不足之处予以改进。总之，至今提出的初级生态系统理论虽已具有普遍的解释力，但仍可通过更多的实践予以提高，因为这些实践能为生态学提供更强有力的理论依据。

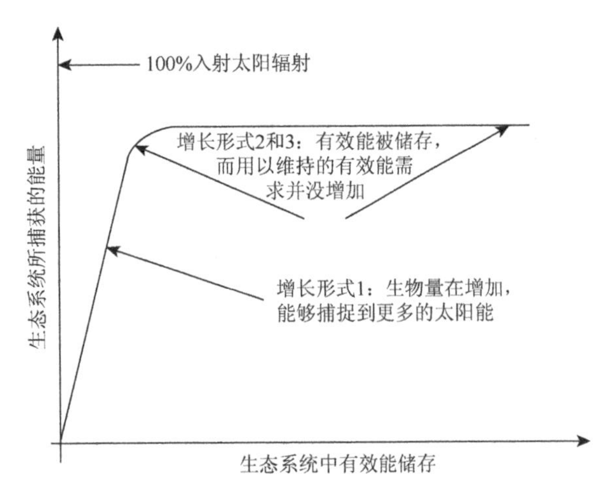

图 5-1 通过对从太阳辐射中捕获能量沿生态系统中有效能储存作图，对生态系统发育进行了说明。在生态系统早期阶段，增长形式 1 主导其发育。通过生物量的增加，可捕获的太阳辐射比例相应增加到 80%。80%是所谓的物理可行性。在中间和当系统进入成熟阶段时，第二和第三种形式主导其发育。此时，更多的有效能被储存，而用以维持的有效能需求并没增加。换句话说，根据 Prigogine 的最小熵原理，系统在利用太阳辐射中变得更加高效。三种生长形式的有效能储存都增加。由 Elsevier 授权转载。

参考章节：有效能；生态学中的层级理论。

课外阅读

Elsasser WM（1975）*The Chief Abstraction of Biology*. Amsterdam：North Holland.

Fath B，Jørgensen SE，Patten BC，and Strakraba M（2004）Ecosystem，growth and development. *BioSystems* 77：213-228.

Fath BD，Patten BC，and Choi JS（2001）Complementarity of ecological goal functions. *Journal of Theoretical Biology* 208（4）：493-506.

Ho MW and Ulanowicz R（2005）Sustainable systems as organisms? *BioSystems* 82：39-51.

Jørgensen SE（1990）Ecosystem theory，ecological buffer capacity，uncertainty and complexity. *Ecological Modelling* 52：125-133.

Jørgensen SE（1995）The growth rate of zooplankton at the edge of chaos：Ecological models. *Journal of Theoretical Biology* 175：13-21.

Jørgensen SE（2002）*Integration of Ecosystem Theories：A Pattern*，3rd edn. Dordrecht，The Netherlands：Kluwer Academic Publishing Company（1st edn. 1992，2nd edn. 1997）.

Jørgensen SE and Fath B（2004）Application of thermodynamic principles in ecology. *Ecological Complexity* 1：267-280.

Jørgensen SE，Fath BD，Bastianoni S，et al.（2007）*Systems Ecology：A New Perspective*，275pp. Amsterdam：Elsevier.

Jørgensen SE，Patten BC，and Strakraba M（2000）Ecosystems emerging：4. growth. *Ecological Modelling* 126：249-284.

Jørgensen SE and Svirezhev YM（2004）*Towards a Thermodynamic Theory for Ecological Systems*，366pp. Oxford：Elsevier.

Margalef RA（1968）*Perspectives in Ecological Theory*. Chicago，IL：Chicago University Press.

Margalef RA（1995）Information theory and complex ecology. In：Patten BC and Jørgensen SE（eds.）*Complex Ecology*，pp. 40 50. Princeton，NJ：Prentice Hall.

Margalef RA（1997）*Our Biosphere*，178pp. Nordbunte，Oldendorf，Germany：Ecology Institute.

Margalef RA（2001）Exosomatic structures and captive energies relevant in succession and evolution. In：Jørgensen SE（ed.）*Thermodynamics and Ecological Modelling*，pp. 117 132. Boco Raton，FL：CRC Press.

Morowitz HJ（1968）*Energy Flow in Biology. Biological Organisation as a Problem in Thermal Physics*，179pp. New York：Academic Press（see also the review by H.T. Odum，Science 164：683-684）.

Odum EP（1959）*Fundamentals of Ecology*，2nd edn. Philadelphia，PA：W.B. Saunders.

Odum HT（1983）*System Ecology*，510pp. New York：Wiley Interscience.

Odum HT（1996）*Environmental Accounting Emergy and Decision Making*，370pp. New York：Wiley.

Odum HT（1998）Self organization，transformity，and information. *Science* 242：1132-1139.

Patten BC（1991）Network ecology：Indirect determination of the life environment relationship in ecosystems. In：Higashi M and Burns TP（eds.）*Theoretical Studies of Ecosystems：The Network Perspective*，pp. 288 351. Cambridge：Cambridge University Press.

Schrødinger E（1994）*What is Life*? Cambridge：Cambridge University Press.

Svirezhev YM（2001）Thermodynamics and theory of stability. In：Jørgensen SE（ed.）*Thermodynamics and Ecological Modelling*，pp. 117 132. Boco Raton，FL：CRC Press.

Ulanowicz RE（1986）*Growth and Development. Ecosystems Phenomenology*，204pp. New York：Springer.

Ulanowicz RE（1997）*Ecology，The Ascendent Perspective*. New York：Columbia University Press.

第 二 部 分

生态系统属性

第六章 自动催化

R E Ulanowicz

一、引言

在化学术语中，催化是指化学反应的加速过程。据此，自动催化意味着“化学反应的催化作用由其中的一种反应产物所引起”。例如，乙二酸氧化紫色的高锰酸钾。当向化学物质混合物中加入少量 $MnSO_4$ 晶体时，Mn^{2+}的转化速率加快。如果不加入 $MnSO_4$，反应本身也会逐渐加快，因为反应缓慢产生 Mn^{2+}，这一产物对反应本身有自动催化作用。化学中的自动催化通常发生在相对简单、稳定和不活泼的反应物之间。正因如此，自动催化常被作为一般机制的子机制。

二、生态学中的自动催化

在系统生态学中，自动催化被认为是互惠共生（mutualism）的泛化形式，也就是说，在两个不同物种的生物结合体中，每个个体都能受益。系统生态学仍侧重于过程而非对象（object）。因此，两个或两个以上生态过程的自动催化组态（configuration）是过程被置于封闭循环的那个组态，循环中的每一个过程都可促进下一过程。在不失一般性的情况下，我们集中讨论三个过程（A、B 和 C）连续的、循环的结合（图 6-1）。过程 A 速率的加快引起过程 B 速率的相应加快，这反过来又使过程 C 加快，并从这里返回至 A。

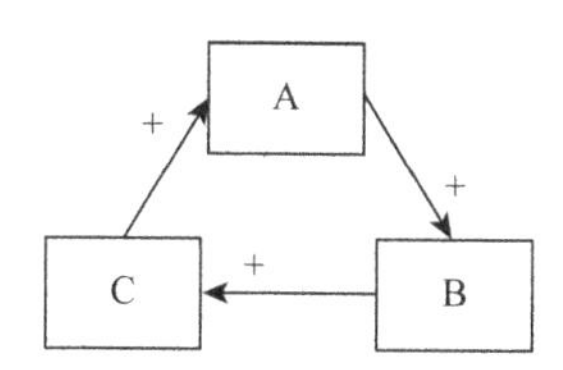

图 6-1　假设三个成分的自动催化循环示意图。

在生态学中，由水生植物狸藻属［*Utricularia*，通常称为狸藻类植物（Bladderwort）］植物构成的群落是一个非常有说服力的自动催化例子。所有狸藻属植物都是食肉植物（carnivorous plant），沿羽毛状的茎和叶分布着较小的囊状物（bladder），可称为胞囊（utricle）［图 6-2（a）］。每个胞囊末端都有几个毛发状的触发器，这些触发器当被觅食的微型异养生物（microheterotroph）触及时，囊状物下端会打开，通过植物内部囊状物保持的负渗透压作用（negative osmotic pressure）将动物吸入胞囊。这一取食微型异养生物的行为，有助于狸藻属植物生长并增加其表面积（过程 A）。在自然界中，狸藻属植物表面通常是含硅藻藻类（附生植物）生长的地方，因此表面积越大，越有利于更多附生植物的生长（过程 B）。反过来，更多附生植物说明有更多的食物可用于多种微型异养生物的生长（过程 C）。当密度更高的微型异养生物通过捕食和吸附更多浮游动物而为狸藻属植物生长提供更多资源（过程 A 再次启动）时，完成了一个自动催化循环周期［图 6-2（b）］。

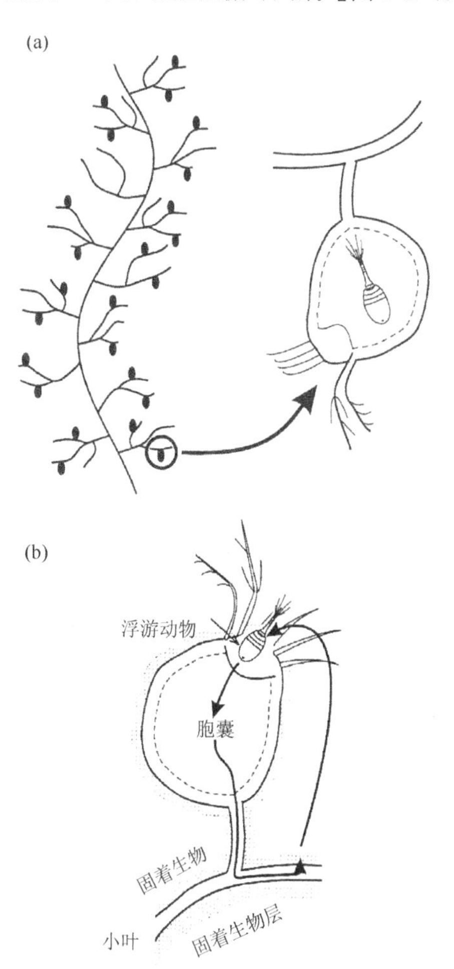

图 6-2　(a) 佛罗里达狸藻（*Utricularia floridana*）典型“小叶”草图，附有包含可捕获无脊椎动物胞囊的内部细节。(b) 狸藻系统中自动催化循环的示意图。水生植物提供了表面积（有斑点的区域），附生植物生长于其上。浮游动物取食附生植物时陷于囊状物之中，反过来被狸藻吸收。

与化学中的催化不同，生态学中的参与者都是更复杂、更可塑的实体，具有承受微小渐增式变化的能力。这一可塑性极大促进了自动催化的能力，并使其表现出一些非力学特性。当自动催化涉及随机变化和无法预测其方式的过程时，这一情况尤其如此。每当随机事件影响时，因果循环通常会产生非随机结果。这是自动催化首要特征的重要意义，即自动催化可产生选择压力。

为了理解自动催化如何产生选择压力，可从 B 过程中微小的自发变化开始。如果那个变化或使 B 对 A 更加敏感，或使 C 的催化效率更高，则自发变化可从 A 中得到进一步的刺激。在狸藻属植物例子中，具有较高 P/B 值且对微型异养生物更适口的硅藻是附生群落所喜好的一部分。相反，如果 B 中的变化或使其对 A 的作用变得更加不敏感，或使 C 的催化能力更弱，则自发变化难以在 A 中被加强。这一因果循环的响应显然是非对称的，正是这个不对称性使方向得以涌现。这一方向，不是任何外部性所赋予或引起的，其作用完全局限于系统内。正如我们从因果循环中所期望的那样，方向性部分是重复的（tautologous），也就是说，随着时间的推移，为了提高自动催化度，自动催化系统主要以这种方式对随机事件作出响应。这一方向性由于其内在短暂的本质，不应该与目的论（teleology）相混淆。系统并非沿外部决定的或已经存在的目标演进。方向仅产生于内部系统对影响其中一种自动催化组分的异常随机事件的即时响应。

三、向心性和代理

自动催化产生的另一重要且与方向性有关的是向心性（centripetality）。为了理解向心性，有人特意将其注解为：B 中的任何变化可能会波及用以维持过程 B 的物质和能量的数量变化。作为选择压力的推论，有人立即意识到刺激和支持任何变化的倾向都有利于将更多资源带入 B。因为这一条件适合所有因果循环，所以任何自动催化循环都将成为资源向心流的中心，尽可能多的资源会沿这一中心集中（图 6-3）。也就是说，自动催化循环将自身限定为向心流的中心。珊瑚礁群落是关于这一向心性的一个很有说服力的例子。通过大量的协同活动，珊瑚礁群落从荒漠般和相对不活跃的周边海洋中汲取丰富的养分。

自动催化产生的向心性是生命过程的本质属性，但其通常被忽视。例如，有关进化的描述都显式或隐式地参照竞争或争夺这一行为，但对这种方向性行为的起源却经常无人提及。这样的行为只是简单的推测。然而，向心性似乎正好是这些行为的

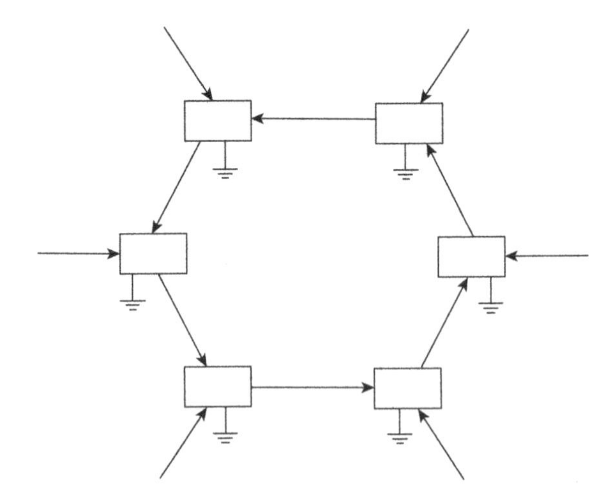

图 6-3　由自动催化所产生的向心作用。

根基。为了理解这一点，我们只需知道向心性可引起竞争的加剧，而竞争的加剧是进化理论的关键所在。因为向心性一定能使两种或两种以上的自动催化循环，无论何时共存于同一系统，以及从同一有限的资源库中获取资源，中心间的竞争必然会随之发生。尤其是，在任何时候共用路径路段的两个循环，其竞争结果有可能排除或快速减少未共用路段。例如，正好出现了一新成分 D，其与 B、A 和 C 都同时相连（图 6-4）。如果 D 对 A 更敏感，且（或）对 C 的催化作用更好，则随后出现的动态在某种程度上对 D 比 B 更有利。此时，B 将要么融合到其他路径，要么连同路径一起消失。也就是说，由复杂自动催化所产生的选择压力和向心性能够塑造、替代其本身的成分。我们容易想到的一个例子是互惠共生授粉者的进化，如丝兰（yuccas）和与其协同进化以替代其他授粉者的丝兰蛾（yuccas moth）。

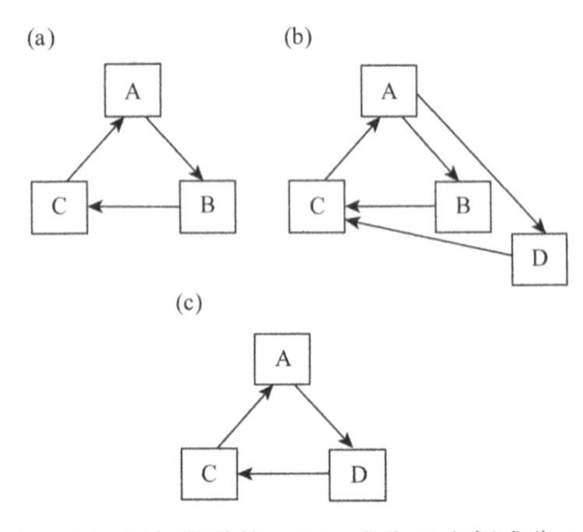

图 6-4　（a）最初的结构。（b）成分 B 和新成分 D 的竞争，这一竞争或可通过 A 对催化更敏感，或使 C 的催化效果更好。（c）D 替代了 B，循环部分 A-D-C 替代了 A-B-C。

过去，有人认为用 D 替代 B，与用另一相似成分 B′替代有缺陷的（或损坏的）B 具有相同趋势，

也就是说，自动催化位于有机系统（living system）自我修复的能力之后。

显而易见，只有在外部控制下自动催化系统才不再运转，但其仍努力为自己汲取更多资源。事实上，尽可能转化为自身向心性的趋势正是进化动力的关键之所在。如果缺乏这一追求，在下一阶段将无竞争存在。

另外，有一种观点认为自动催化行为作为一种替代，晚于共同解释生命形态和功能的一对相互对立的趋势。一方面是随机的、熵的破坏及由破坏所造成的形态和行为多样化趋势。另一方面，抵制不可避免的无序离心漂移是自动催化的选择趋势，也是指向更活跃和更紧密组织向心力的要求。尽管它们是两种相反的力，但如果没有二者的同时作用，生命的持续发育将无法进行。

最后，生命现象中过程自动催化结构的中心位置，我们可通过考虑活的生物（如一只鹿）和立即死亡生物间的差异予以说明。由于二者具有同样的完整外形、化学组成、隐含能（embodied energy）和基因结构等，因此鹿的质量仍然相同。活鹿所具有的只是死鹿不再拥有的自动催化过程结构。

参考章节：生态网络分析：系统成熟主导系数；生态网络分析：能量分析。

课外阅读

Eigen M and Schuster P（1979）*The Hypercycle：A Principle of Natural Self Organization*. Berlin：Springer.

Kauffman SA（1995）*At Home in the Universe：The Search for Laws of Self Organization and Complexity*. New York：Oxford University Press.

Ulanowicz RE（1995）Utricularia's secret: The advantages of positive feedback in oligotrophic environments. *Ecological Modelling* 79：49-57.

Ulanowicz RE（1997）*Ecology，the Ascendent Perspective*. New York：Columbia University Press.

第七章

个体大小格局

A Basset，L Sabetta

一、背景

生物圈中的生命在个体形态和个体大小方面差异惊人。从最小的微生物（约为 10^{-13}g）到最大的哺乳动物（$>10^{8}$g），生物个体大小的变化超过 21 个数量级。实际上，最大的活生物体是植物［巨杉，加州红杉（*Sequoiadendron giganteum*（Lindl.）Buchholz］，但因其躯干大部分为死树皮组织，活生物量通常低于最大的哺乳动物。鉴于个体大小的这一惊人变化，在一般研究的各个尺度上，我们都能找到与之对应的格局。

生物圈中，个体大小的第一种格局是小型个体居多，大型个体和大型物种较少。从最小到最大的个体，虽然个体大小范围的变化很大，但当我们将目光从海洋转移至半咸水、淡水和陆地生态系统，以及从热带转移至极地生态系统，或从低地转移至高地时，这一格局仍将保持不变。20 世纪上半叶，Charles Elton 在其重要著作《动物生态学》（*Animal Ecology*）一书中，对这一简单且很普遍的观察现象进行了报道。我们可通过简单的、"无分类"的（taxon-free）和与能量有关的参数对这一格局作出解释：既然小型个体在单位时间内用于维持和活动的能量少于大型个体，因此在平衡态时，某一固定生产力能支持的小型个体密度将大于大型个体的密度。实际上，这一解释是对真实世界的过于简化。为了将个体大小-多度格局（body-size-abundance）解译为群落结构的决定性机制，至少还需考虑其他两个要素：在陆地和全球尺度上，决定物种和个体大小真实多样性的系统发育与进化要素；选择最适应当地非生物条件和结构性生境构建（structural habitat architecture）（非生物生境的过滤）的个体大小和物种，以及决定个体大小不同共存种营养链（trophic link）和竞争等级的相互作用要素。然而，简单的、能量相关的和"无分类"的（taxon-free）解释只侧重于个体大小格局的生态关联性，与物种特有资源需求和物种组成的概念无关。

个体大小格局包括种群水平或物种水平的格局，如个体大小范围格局和群落、景观或陆地水平的格局等。后者包括个体数量和生物量、物种数、种群密度和种群能耗等随个体大小的变化。共存物种对（species pairs）间的个体大小比，又称 Hutchinson 比，也说明了群落水平的个体大小格局中存在确定的、一致的变化格局。

二、测量个体大小的问题

个体大小的测量包括线性尺寸（如体长、体宽和一些个体形态学特征的长度或宽度等）、体表面积、生物体积和重量［如鲜重、干重和无灰（ash-free）干重等］等。用能量单位表示的生物能含量（biomass energy content）也可用于个体大小的测量。

尽管可通过体长、形态学特征的长度或体积、个体鲜重、个体体积或单细胞个体的细胞体积等方式获得原始数据，但个体大小模式却源于个体生物量数据。个体大小具有易于测量的特点，而个体生物量通常难以测量，因此需要一些换算。实际上，在多数情况下，我们必须避免个体生物量测量过程中的破坏性分析（destructive analysis）。但在另外的情况下，因个体太小而无法避免。

在个体生物量的间接测量中，将长度或生物体积转换为重量使个体大小格局变得较弱或难以发现，因为这取决于被测量的维度、与特定数据集有关的异速生长（allometry）关系应用和生物体积测量的准确性，以及恰当的转换方程等因素。同时，重量（长度）异速生长、季节周期可比性、气候条件、性比、个体繁殖状态和资源可获取性等作为主要的变化源也必须加以考虑。另外，为了减少间接测量和转换造成的偏差，还需考虑生物体积、个体复杂性或细胞形态和使用的重量单位类型（C，生物量）等。

三、种群和物种水平的个体大小格局（范围-大小格局）

物种范围是指其地理分布的自然区域。如果考虑生物圈中所有物种的范围和个体大小，则个体大小和物种范围大小似乎不存在任何简单的、确定的关系。超大物种（如一些鲸类动物）和特小物种（如数量众多的微生物）都有极其广泛的自然范围。然而，在更严格的分类群中，小型物种的最小地理范围小于大型物种的最小地理范围。个体大小对地理范围大小的种间关系通常表现为三角形模式，其中所有个体大小的物种都具有广阔的地理范围，但地理范围最小的物种，其个体大小呈增加趋势。

个体大小和栖息范围大小（home-range size，即为成功完成其生命周期，个体所需的最小空间）的关系有助于说明自然范围大小格局。因为根据异速生长方程（$H=a\mathrm{BS}^b$）（其中的斜率 b 明显大于 1），活动范围（H）与个体体积（BS）成比例，所以大型物种比小型物种需要的地理范围更大，以使其在各种局域上维持最小的存活种群（viable population）。这一结果导致了个体大小和地理范围大小间的三角关系，因为没必要为小型物种的范围大小设置上限。

物种基础生态位空间（fundamental niche space）和散布能力对个体大小的依赖也有助于解释范围-大小格局，因为大型物种在复杂的环境条件下能够维持内稳态（homeostasis），且比小型物种能成功地拓展更大的潜在空间。

范围大小和个体大小关系的这些机制性解释不是相互排斥的，而是相互增强的。

四、群落水平的个体大小格局

1. 个体大小-多度分布

个体大小-多度分布是对一些个体多度测量方法随个体重量变化的描述。我们通常使用的多度测量方法包括：集群（guild）或群落中每一种群个体的数量或生物量；区域、陆地和全球尺度上，物种范围内成功种群（successful population）中的个体数量或生物量；群落内的个体数量或生物量；以 2 为底的对数个体大小分类中的个体数量或生物量。个体分类群不管选取哪种标准（数量或生物量），在集群、群落、景观、陆地或全球尺度上都能普遍观察到个体密度和个体大小呈负相关关系。然而，这些关系的形态和系数，以及包含的机制和生态学意义将随选择标准的不同而发生变化。每一个体大小格局提供的信息不同，这有助于我们更好地理解个体大小格局在生态群落构建和组成中的作用。

选择物种种群或个体大小类型作为群组标准，可为大小-多度分布创建两个主要的类型：“基于分类的和无分类的”。通常，后者被称为“大小谱”（size spectra）。陆地生态系统研究偏好于将基于个体分类群的大小-多度分布应用于种群和群落，而海洋生态系统研究则偏好于将个体大小-多度分布作为“无分类的”格局，并将个体分组为与其分类无关的对数大小类型。

（1）基于分类的大小-多度分布

根据异速生长方程，种群密度（PD）通常随个体大小（BS）而变化，即

$$\mathrm{PD} = a_1\mathrm{BS}^{b_1}$$

其中，b_1 通常小于 0，a_1 为比重。a_1 表示以下因子的共同作用：平均能量转换效率、平均有效能量和种群代谢过程中温度驱动的转换过程。

广义而言，基于分类的个体大小-多度分布源于众所周知的异速生长方程，即个体所需能量（Met）随个体大小的增加而增加。

$$\mathrm{Met} = a_2\mathrm{BS}^{b_2}$$

其中，b_2 一致发现接近 0.75，有效资源维持特定种群的个体数量，其必然会随平均个体大小的增加而下降。假定通过物种和个体的资源同质，则个体大小-多度分布（b_1）的斜率被预计为–0.75。

个体大小-多度分布的内在过程，以及其所包含的信息和生态学意义取决于它们是说明局域、陆地，还是全球尺度上（以下指“全球尺度个体大小-多度分布”）的物种密度值和物种个体大小，或是说明集群或群落中（以下指局地尺度个体大小-多度分布）共存种群落的密度和平均个体大小，或是说明沿生态、气候或生物地理梯度（以下指“跨群落个体大小-多度分布”）整个集群或群落的平均种群密度和平均个体大小。

人们对全球尺度个体大小-多度分布进行了最为广泛的研究，涵盖了区域、陆地和全球尺度，以及最大程度的分类差异。分类研究侧重于鸟类和哺乳动物，因为在各个空间尺度上，有关鸟类、哺乳动物种群密度和个体大小的可用数据库更为庞大。编绘全球尺度个体大小-多度分布所采用的数据，通常是那些描述物种地理范围内成功种群密度的数据。物种地理范围与最大承载力相似。在多数情况下，全球尺度个体大小-多度分布中所包括的种群并不是共存的，而是通过垂直或水平方向的相互作用相互影响的。经过对种群密度的大量汇总，发现其通常与个体大小具有非常密切的比例关系，且斜率值接近–0.75。全球尺度个体大小-多度分布斜率的观测值与基于简单能量参数的期望值基本一致，说明在陆地和全球尺度上，资源或能量的可用性与物种个体大小无关。虽然有同质资源或能量通过物种身体是非常有趣的，但其与全球尺度个体大小-多度分布相差甚远。这说明相对小型物种，大型物种能从其更加宽泛的生态位（因为有更多的可利用资源）中得到好处，但随着其他与个体大小有关且需补偿因素的出现，这一好处将被抵消。这些因素包括个体对资源密度的感知能力和对资源的利用效率，二者都随个体大小的增加而下降。全球尺度个体大小-多度分布截距反映了所研究分组种群的平均能量利用效率。通过对变温动物和恒温动物全球尺度个体大小-多度分布的编绘，发现两者的截距（a_1）值不

同，前者比后者具有更小的负截距，因为维持恒温需要成本。对食草和食肉动物进行类似汇总后，发现食草动物的截距值比那些从食肉动物中获得的截距值更大，这反映了食物网中能量转移的总效率。

当在局地尺度上对个体大小-多度分布进行汇总时［每一物种（N）的个体大小和多度都在同一位置测量］，发现个体大小通常只能解释种群多度变化的很小一部分，且回归斜率远大于预期值–0.75。在局地尺度上，个体大小-多度分布中斜率观测值与预期值的偏离暗示了资源获取过程中具有个体大小偏好，而这一偏好由不对称性竞争所驱动。解释局地尺度个体大小-多度分布偏离的另一种假说源于全球尺度观点，认为前者的调查范围通常比后者的小。在局地样本中，小比例的观测可放大干扰。这也是海洋环境中的局地尺度个体大小-多度分布比陆地环境中的分布包含更广泛个体大小谱且分布趋势更加明显的原因。实际上，在局地尺度上，三角形个体大小-多度分布比简单的异速生长关系更为普遍。三角形分布有三个主要特征，即“上边界”“下边界”和所有的坐标点几乎都位于个体大小-多度区域内［图 7-1（a）］。三角形个体大小-多度分布的“上边界”通常由优势种种群密度的个体大小范围决定。在假设稀有种（rare）和偶见种（occasional）生态作用很弱且不清晰的情况下，可将“上边界”作为所有局地尺度个体大小-多度分布的代理。这种做法虽然有利于应用目的，但因多数物种是稀有的，这一假设通常不可接受。最小存活种群的个体大小-多度依赖性可用于说明预期的“下边界”，因为准确量化种群的稀有程度还存在问题。两边界之间的坐标点密度，主要由局域过程及水平和垂直的划分规则决定。与全球尺度相比，局地尺度个体大小-多度分布的截距所携带的信息价值不大，因为在比较局地尺度上个体大小-多度分布时经常出现斜率不同的情况，从而使截距难以比较。

在对一个种群内所有个体以集群或群落分类并平均其重量的情况下，我们可用两个简单的参数，即平均生物大小（BS）和总群落多度（N_{tot}）来描述集群或群落。整个群落多度与平均生物大小的比例造成跨群落的个体大小-多度分布。这一分布首先在自疏（self-thinning）植物和固着型（sessile）群落中得到研究。在那些群落中，随着生物的生长，空间可容纳的个体越来越少，从而使 BS 和 N_{tot} 呈负相关关系。通常，异速生长方程可对跨群落个体大小-多度分布进行很好的描述，因为其斜率与用个体大小反演的代谢速率幂指数一样。在集群和群落中，观测斜率和预期斜率间也存在类似的结果，集群和群落不受自疏规律调控，如鸟类和浮游植物的集群。然而，跨群落个体大小-多度分布可用的数据要比全球和局地尺度个体大小-多度分布的少得多，因此内在作用机制还有待确定。

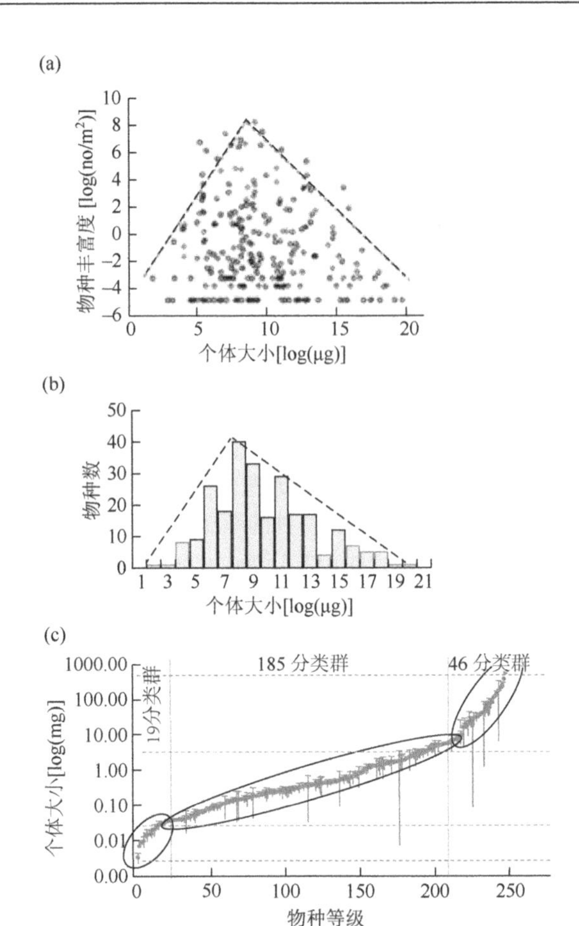

图 7-1　地中海和黑海生态区（Mediterranean and Black Sea Eco-regions）过渡性水域生态系统（transitional water ecosystem）中大型无脊椎动物的个体大小-多度格局。局地尺度个体大小-多度分布（a）和个体大小-物种分布（b）都呈三角形。三角形分布的“上边界”已做了介绍。图（c）强调了过渡性水域中大型无脊椎动物围绕个体大小-多度分布格局的集群分布（clumped）。通常，最小物种和最大物种的个体大小相差 5 个数量级，但经对数分类后，74%物种的个体大小差异在 2 个数量级以内。

（2）基于无分类的个体大小-多度分布

在大型水域生态系统中，个体大小-多度分布的早期研究目标是能量转移（即如何相对容易地从个体大小的数据中获取生产力和能量传递的信息）。与这一研究目标一致，研究者通常处理的是微粒而非物种，他们将悬浮于水体中的微粒大小，转化为以 2 为底的对数后进行分类，这种分类与物种无关且只包括无生命的无机微粒。因此，平均重量为 BS_i 的第 i 类个体大小-多度类型的 n_i 个微粒可能代表一个以上的物种，每个物种也可出现在一种以上的类型中。研究者已对多种集群和群落的无分类个体大小-多度分布（以下指个体大小谱）进行了定量研究，包括浮游生物、水底生物和鱼类集群、林地和森林植物集群，以及海洋、淡水和陆地生态系统等。然而，大部分生态学文献侧重于涉及浮游性海洋环境的个体大小谱。

根据已介绍的基于分类的个体大小-多度分布类型，发现几乎所有的大小谱是局地的，且在集群或群落尺度上是确定的。我们可用两种不同类型的数据编制生物量粒径谱，也就是说，个体生物量和个体数量。生物量粒径谱和数量粒径谱都包含不同的个体大小范围，可对整个群落或单一集群进行描述。

对于生物量粒径谱，当浮游生物个体被组织为指数大小类型时，生物量在理论和实践上都为一个常数。生物量的这一均等分割，使浮游生物生物量粒径谱的拟合直线斜率被预期为 0。这个关系就是著名的"线性生物量假设"，这一假设已在水域浮游环境中得到强有力的实验支持，尤其当考虑更宽泛大小谱和更多营养级时。数据通常易于用标准化方法处理，包括根据大小类型的组距，将生物量划分到每一大小的分类中。在标准化的生物量粒径谱中，每一大小类型中的生物量随平均分类大小等比例下降，此时斜率接近–1。线性生物量假设说明，浮游系统中使个体分类呈对数增加的个体数量，其平均个体大小线性下降。异速生长方程中的斜率趋于–1。而当生物量粒径谱被标准化时，预期斜率为–2。而且，在浮游-大小谱中，经常会发现一系列穹隆状（dome-like）分布，这与不同集群中线性统计回归的拟合性较差基本一致。

"穹窿状"分布及数量和生物量粒径谱间的差异，不仅存在于功能群之间，也存在于功能群内部，如浮游植物和浮游动物，即使当它们不是因物种的不完全统计或对种内大小变异的系统低估而造成时。在淡水和海洋生态系统，以及巨型水底动物和鱼类中都已发现了生物量分布的穹窿状模式。因此，通过对研究个体大小范围的限制和对特定功能群的关注，大小谱的形状常与局地大小-多度分布的三角形状相似。最常见的情况是，不管是否按物种划分，具有最大数量和生物量的个体通常很小，但大小适中而非最小。

在大小谱内，个体大小和多度关系的标度有两类，即反映代谢［"代谢标度"（metabolic scaling）］大小依赖的唯一的、基本的斜率，以及反映具有相同生产效率［"生态标度"（ecological scaling）］的生物群组中数量或生物量多度与个体大小比例关系的第二斜率（secondary slope）集。大小依赖共存关系可能是第二斜率的典型代表，导致大细胞/物种占优，并使斜率比"线性生物量假设"中所预测的负值更小。在每个功能群的大小范围内，生态标度也可产生大小谱的穹窿状格局。

2. 个体大小-能量利用分布

代谢速率和种群密度的个体大小依赖性使估算种群能量利用率及其与个体大小的比例关系成为可能。实际上，通过种群的能量流动速率（E）可用个体代谢产物（Met）和种群密度（PD）予以估算，如下：

$$E = \text{Met} \times \text{PD} = a_2\text{BS}^{b_2} \times a_1\text{BS}^{b_1} = (a_2 \times a_1)\text{BS}^{(b_2+b_1)}$$

因 b_2 发现一直接近 0.75，所以能量利用率与个体大小的比例取决于 b_1，其值通常为负，因为在生态结构的每个空间尺度上，小型物种总是占优，而大型物种较少。

假定通过物种的资源是同质的，则物种对资源的可利用性不存在相互制约。在资源开发和利用效率已得到优化的情况下，预期的种群密度与个体大小同比例变化［斜率(b_1)=–0.75］，而每一物种单位面积的预期能耗量与个体大小无关，即

$$E = (a_2 \times a_1)\text{BS}^{(0.75-0.75)} = a_3\text{BS}^0$$

源于个体大小单位面积能量利用的独立性就是著名的能量等效法则（energetic equivalence rule，EER）。任何时候，如果 b_1 一直小于–0.75，则小型物种主导能量利用。相反，如果 b_1 一直大于–0.75，则大型物种将利用绝大部分单位面积的有效能量。

全球尺度个体大小-多度分布也符合能量等效法则。在全球尺度上，物种范围内最成功种群的能量利用确实与种群中的个体大小无关。局地尺度个体大小-多度分布通常具有更高的标度指数，标度指数大于–0.75 意味着在局地集群和群落中大型动物主导能量利用。在局地尺度上也发现了小型物种主导能量利用的情况，这通常与某处一定程度的压力有关。因此，局地尺度个体大小-多度分布的形状和斜率，以及能量利用的个体大小标度可在生态学中实践应用。

3. 个体大小-物种分布

了解生物多样性是生态学的一个主要目标。在各个尺度上，大量小型和少数大型物种共存于生物圈，从群落到陆地再到全球尺度，以个体大小来描述和理解生物多样性格局标度也是一个重要的议题。

总体上，当生物生境被视为二维（2D）时，它们将在与其线性维度（L）平方的倒数成正比的网格上选择生境。因此，在特定资源和生境斑块中，对特有种开放生态位（niche）的可能性与≈L^{-2} 或 $\text{BS}^{-0.67}$ 成正比。此时，物种数（S）随个体大小以≈L^{-2} 的数量减少。而将生境视为三维（3D）时，物种数预期与≈L^{-3} 或≈BS^{-1} 成正比。当考虑个体线性维度

可反映个体用于选择生境的“刻度”，以及所选择生境维度很少完全同质时，生物个体所处的生境是分形的（fractal）。二维生境的规模≈L^{-2D}，其中D为生境和资源的分形维度（fractal dimension）。分形维度是生境的一个属性，众多研究已发现其值接近1.5。这表明在二维生境中，物种数（S）估计介于L^{-D}和L^{-2D}之间，也就是$L^{-1.5}$和L^{-3}之间，其中L^{-2D}与个体大小-多度分布中的“上边界”类似。而在三维生境中，物种数估计与L^{-3D}，也就是$L^{-4.5}$成正比。假设D≈1.5，则个体大小减小为原来的1/10，每一生境边缘将扩大3倍。如果生境视表面（apparent surface）增加10倍，则物种数最大可增加10倍。

全部范围的分类群（taxa）和物种的特有分组数据都显示个体大小-多度格局呈双峰状，即以中小个体为峰值的模式［图7-1（b）］。对现存小型物种数量的低估，可解释这些包括从最小到最大物种所有大小尺度的双峰状分布。但在严格的分类群中，如无脊椎动物、鸟类和哺乳动物中，那些可观察到的双峰状分布却无法用小型物种数量被低估来解释。在严格的分类群中，可能存在一个最佳的个体大小，其中的物种和个体行为最优，且趋于集群分布[图7-1(c)]。哺乳动物的最佳个体在100g到1kg之间，鸟类的为33g。已提出的两种假说（能量转化假说和能量控制假说）可用于解释各种尺度上物种行为的个体依赖性。能量转化假说，强调最佳大小主要依据能量转化为后代的效率的大小依赖性；能量控制假说，强调最佳大小主要依据独占（monopolising）资源的物种行为。

4. 个体大小比

共存的潜在竞争者，个体大小通常不同。用消费者个体大小代替资源大小时产生差异，这个差异可解释竞争性共存。Hutchinson在其著名的“向圣罗萨利亚致敬：或动物种类为什么如此之多”(Homage to Santa Rosalia：or why are there so many kind of animals）一文中指出，为了共存，物种必须用其线性维度间的最小比1.28（在生物量中为2.0～2.26）隔开，这一比率就是人们通常所指的Hutchinson比。在很多动物组群，包括鸟类、荒漠鼠和蜥蜴等中已发现，共存种对间个体大小空间的格局与“Hutchinson比”一致。“Hutchinson比”与极限相似性阈值（limiting similarity threshold）对应，所以预测物种间的平均个体大小比将随资源的限制而发生变化。事实上，物种对间的平均个体大小比，随丰富度的增加和类群营养级的减少而变小。

集群中的共存种也往往具有不同的个体大小，其平均个体大小比接近预期的2.0～2.26，这在生态学中是一个非常普遍的观察结果。然而，有人对“Hutchinson比”的生态关联提出了质疑，主要是因为两个至关重要的观察结果与这一解释明显不同，即与种对间足够小重叠生态位相对应的物种间的大小比使种间共存。两个观察结果分别为：①自然界中存在很多非生物和大量的人造物，从钉子到乐器，其大小按“Hutchinson比”变化；②物种对间的空间间距并非经常与生态位空间有关。其中，后者是最关键的问题。同时，共存种个体大小比间的功能联系和竞争性共存条件也可独立于任何生态位间距而演化。物种间个体大小调节的共存种具有不同的个体大小，可能源于对个体空间利用的简单能量限制，与任何一个先天的资源分割无关，也就是说，即使生态位空间没有被探测到，物种间的大小比可能对物种共存具有重要影响。

五、解译机制

在最简单的情形下，个体大小格局依赖于系统发育和进化的约束、能量限制及与生境结构和共存种的相互作用。

至于系统发育和进化的约束，个体大小格局是以某种方式依赖于现有的生物多样性及其进化依据。在一系列既定条件下，每一类的表现都是最好的。例如，昆虫不能太大而鸟类不能太小。因此，虽然它们都可从3D空间中得到好处，但从昆虫到鸟类的全部个体大小谱都具有“穹窿形”分布，这一分布与生物工程一起对物种的两类群组形成了限制。

至于能量限制，根据能量和温度对新陈代谢的限制及能量分割的内在属性，代谢理论可对个体大小格局进行一般的解释。在假定个体大小格局主要由简单的能量限制时，代谢理论决定个体大小格局的理论预期。

至于相互作用，很明显指种群与其环境及共存种之间的相互作用。已提出的“结构性生境构建”和“个体大小调节的共存”假说，可用于解释对个体大小格局有影响的相互作用的生物和非生物组分。

课外阅读

Brown JH，Gillool y JF，Allen AP，Savage VM，and West GB（2004）Towards a metabolic theory of ecology. *Ecology* 85：1771-1789.

Brown JH and West GB（2000）*Scaling in Biology*. Oxford：Oxford University Press.

Elton C（1927）*Animal Ecology*. London：Sidgwick and Jackson.

Gaston K（2003）*The Structure and Dynamics of Geo graphic Ranges*. Oxford：Oxford University Press.

Holling CS（1992）Cross scale morphology，geometry and dynamics of ecosystems. *Ecological Monographs* 62：447-502.

Hutchinson GE（1959）Homage to Santa Rosalia，or why are there so many kinds of animal s? *American Naturalist* 93：145-159.

Lawton JH（1990）Species richne ss and population abundance of animal assemblages. Patterns in body size：Abundance space. *Philo sophical Transactions of the Royal Society of London*，Series B 330：283-291.

May RM（1986）The search for patter ns in the balance of nature：Advances and retreats. *Ecology* 67：1115-1126.

Peters RH（1983）*The Ecological Implications of Body Size*. Cambridge，UK：Cambridge University Press.

Sheldon RW，Prakas A，and Sutcliffe WH，Jr.（1972）The size distribution of particles in the ocean. *Limnology and Oceanography* 17：327-340.

White EP，Ernest SKM，Kerkhoff AJ，and Enquist BJ（2007）Relationship between body size and abundance in ecology. *Trends in Ecology and Evolution* 22：32-33.

第八章

循环和循环指数

S Allesina

一、引言

在生物圈中化合物数量有限的情况下，同一物质必然会被不同生物重复利用。这一现象被称为能量和物质的“再循环”或简单的“循环”。我们熟知的营养物质再循环例子包括“碎屑链”（detritus chain），它将一些生物无法使用的有机质分解为可再循环进入取食链（grazing chain）的基本化合物。

本章介绍生态系统生态学中的循环和循环指数。根据生态系统的建模方式，循环具有不同的含义。首先，介绍图论中有关循环的一般定义。然后，介绍循环概念在食物网（对生态系统中谁捕食谁的描述）和生态网络（加权的、质量平衡的食物网的变体）中的应用。计算循环指数的简单方法和移除循环也将予以介绍。

二、循环的定义

借助图形手段描述生态系统是一种非常普遍的方法。图形由箭头（或边线、弧线和连线，它们代表物种间的关系）连接的结点（代表物种或物种的功能群）构成。

食物网表示法是利用图形绘制生态系统草图的最简单方法。这一方法可勾勒出物种间的关系及连接捕食者和猎物的边线（图 8-1）。

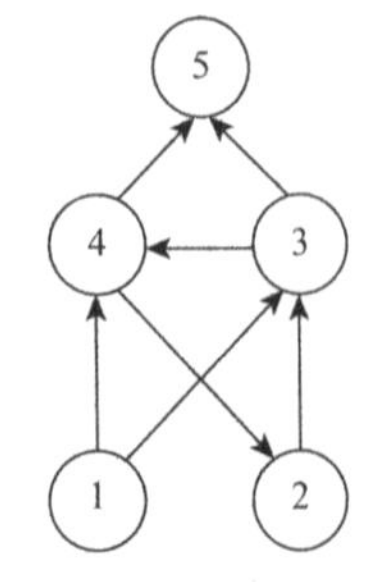

图 8-1　包含 5 个物种和 7 种取食关系（箭头、边线）食物网的例子。

食物网表示法与反映物种间关系的矩阵相关联。这个矩阵就是所谓的“邻接矩阵”（adjacency matrix）A。如果行物种是列物种的食物来源，则对应的系数为 1。更一般的情况是，这个关系是消费者-资源（consumer-resource）关系，因为结点代表养分库（nutrient pool）等。矩阵其余元素的系数为 0。因此，图 8-1 中的食物网可用邻接矩阵表示为

$$\boldsymbol{A}=\begin{pmatrix}0&0&1&1&0\\0&0&1&0&0\\0&0&0&1&1\\0&1&0&0&1\\0&0&0&0&0\end{pmatrix}$$

邻接矩阵反映物种间的直接相互作用。这些直接相互作用可产生被称之为“路径”结点和边线顺序的间接相互作用链。不同类型的路径可归纳为两种。

1）连接两个不同结点的开放路径。它们可细分为，包含无重复结点［如 A→B→C，图 8-2（a）］的“简单路径”（simple path）和包含重复结点的“复合路径”（compound path）［如 A→B→C→B→D，图 8-2（b）］。

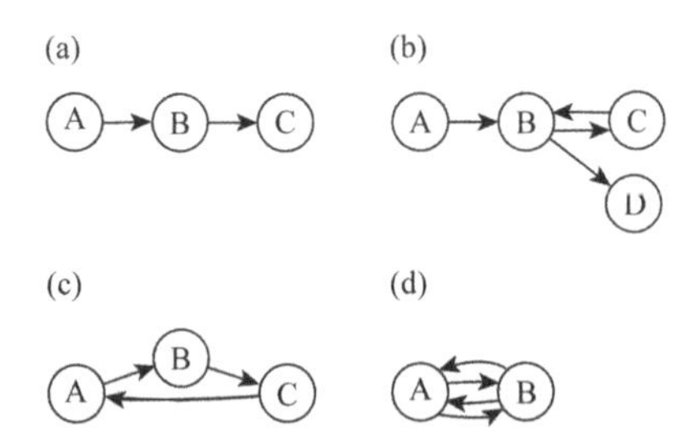

图 8-2　路径类型。（a）简单路径（在不同结点开始和终止的开放路径）；（b）复合路径（在不同结点开始和终止的开放路径，包含重复的结点）；（c）简单循环（在同一结点开始和终止的封闭路径）；（d）复合循环（同一循环多次反复）。

2）起始和终止结点为同一结点的封闭路径。同样，封闭路径也可细分为，除了起始结点，再无重复结点的“简单循环”（simple cycles）［如 A→B→C→A，图 8-2（c）］，以及表示反复循环的“复合循环”（compound cycles）［如 A→B→A→B→A，图 8-2（d）］。

除了简单路径，所有类型的路径都至少包含一个循环。例如，图 8-1 中的图形正好包含简单循环 2→3→4→2。无循环的图形被称作为非循环的。每个路径可根据长度进行分类，而长度由其所包含的结点个数决定。

三、食物网中的循环

食物网中的循环有两类，即取食循环和非取食循环。前者包括物种及其取食关系（如物种 A 取食物种 B；物种 B 取食物种 A）；同类相食是一种简单的取食循环。后者是由碎屑层和营养库组成的典型食物网。通过矿化，系统中的有机质被再次循环，从而可产生大量的碎屑调节型循环（detritus-mediated cycle）。

在已发现的食物网中取食循环非常罕见，这主要因为食物网的分辨率（resolution）通常只在物种或种群水平上。当考虑年龄结构（age-structured）的种群时，取食循环的个数变得尤为重要，特别是在水域食物网中。然而，在已发现的网络中非取食循环却非常丰富，约有数十亿的非取食循环被用于高分辨率的生态系统模型。

四、生态网络中的循环结构：强连通分量

如果两个结点 A 和 B 互通，则这两个结点属于同一强连通分量（strongly connected component，SCC），也就是说，我们可找到一条从 A 到 B 又可从 B 返回到 A 的路径。

如果 A 和 B 属于同一强连通分量，则其由循环连接。当不参与循环的每个结点可作为一个独立的 SCC 时，图形可分成几个 SCC。图 8-3（a）描述的是波罗的海生态系统（Baltic Sea ecosystem），其可划分为 6 个 SCC：其中 4 个由单一的结点组成，而另外 2 个由一个以上的结点组成［图 8-3（b）］。

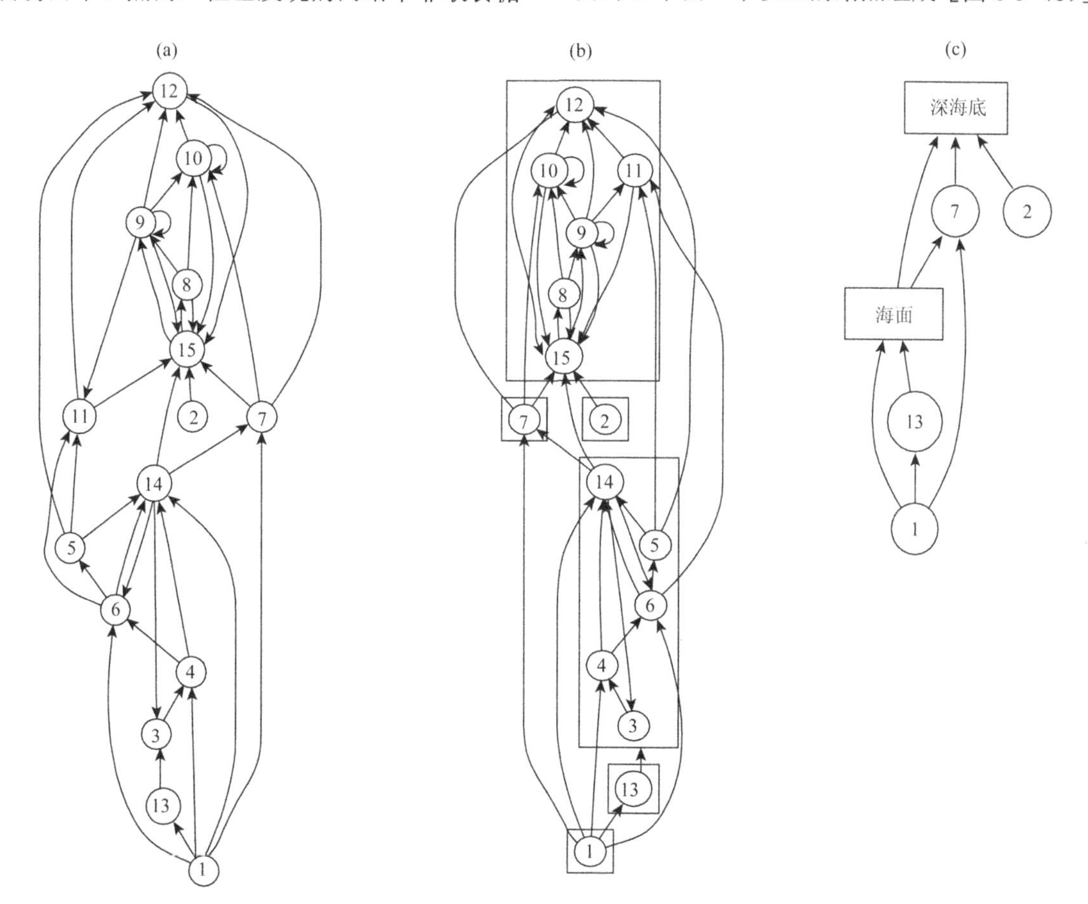

图 8-3　波罗的海生态系统的示意图（a）。方框表示不同的强连通分量。将每个方框压缩为一个结点后，可产生非循环图形（b）。这个图形被排序后，所有的箭头都沿同一方向，显示了层间的基本直流（straight flow）（c）。

如果将每个强连通分量压缩为一个结点，则可形成非循环图形［图 8-3（c）］。我们可对一个强连通分量为什么仅包括浮游物种，而另一个强连通分量却只包括海底生物的原因作出进一步的分析说明。采用所谓的“拓扑排序法”（或偏序法）对非循环图形进行次序化，从而使所有边线沿同一方向［从底部到顶端，图 8-3（c）］。因此，非循环图形本质上是层次化的。在这种情况下，箭头流在海底生物层中找到了一个汇，而浮游层是初级生产者和海底生物层的桥梁。其他水域网络中也发现了相同的结构。不过，这一特点高度依赖于营养物的再悬浮是否存在。如果它是微不足道的，则网络存在数个 SCC。然而，

当再矿化作用强烈时，矿化过程将海底生物层和浮游层连接起来，从而形成一个巨大的强连通分量。

五、量化循环系数：Finn 循环指数

生态网络是食物网，其中的边线是定量的，反映了营养物（通常为每年 g C/m^2，也可为氮磷）或能量的交换。系统的输入和输出可由涉及“特殊层”（special compartment）[即结点是系统的源（输入）或汇（输出和呼吸）] 的流量显式地表示。除了图示法外，也可采用所谓的流量矩阵（flow matrix）T 对系统进行描述。在流量矩阵中，系数 t_{ij} 意味着从行层（i）流入列层（j）的能量物质流。图 8-4 给出了网络及其矩阵表示法的一个例子。

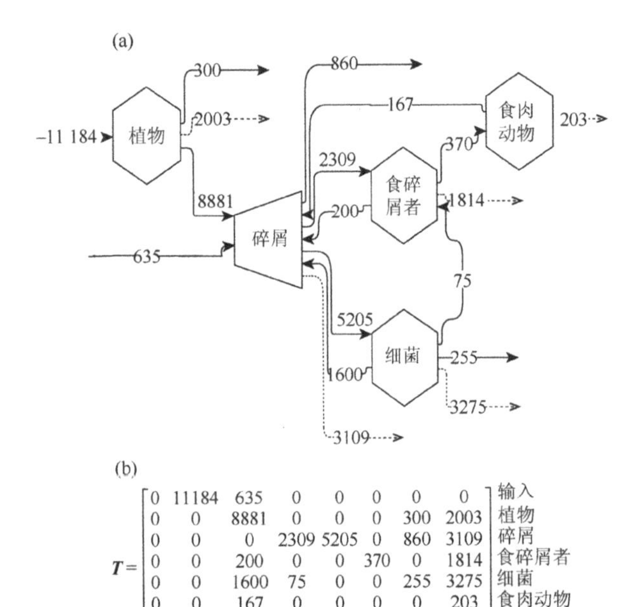

$$
T=\begin{bmatrix}
0 & 11184 & 635 & 0 & 0 & 0 & 0 & 0 \\
0 & 0 & 8881 & 0 & 0 & 0 & 300 & 2003 \\
0 & 0 & 0 & 2309 & 5205 & 0 & 860 & 3109 \\
0 & 0 & 200 & 0 & 0 & 370 & 0 & 1814 \\
0 & 0 & 1600 & 75 & 0 & 0 & 255 & 3275 \\
0 & 0 & 167 & 0 & 0 & 0 & 0 & 203 \\
0 & 0 & 0 & 0 & 0 & 0 & 0 & 0 \\
0 & 0 & 0 & 0 & 0 & 0 & 0 & 0
\end{bmatrix}
\begin{matrix}\text{输入}\\ \text{植物}\\ \text{碎屑}\\ \text{食碎屑者}\\ \text{细菌}\\ \text{食肉动物}\\ \text{输出}\\ \text{耗散}\end{matrix}
$$

图 8-4 春玉米生态系统（cone spring ecosystem）示意图（a）。其中有两类输入（到植物和碎屑）、三类输出（从植物、碎屑和细菌）和五类损耗（虚线箭头）。网络与转换矩阵相关（b）。第一行代表输入，最后两行代表输出和损耗，矩阵内部的 5×5 部分用以描述内层流（intercompartment flow）。

为了说明 Finn 循环指数的计算过程，有必要对邻接矩阵幂的概念进行介绍。现以前面介绍的邻接矩阵为例。如果对其平方，则可得

$$
\boldsymbol{A}^2=\begin{pmatrix}
0 & 1 & 0 & 1 & 2 \\
0 & 0 & 0 & 1 & 1 \\
0 & 1 & 0 & 0 & 1 \\
0 & 0 & 1 & 0 & 0 \\
0 & 0 & 0 & 0 & 0
\end{pmatrix}
$$

这个矩阵说明了连接两个结点且长度为 2 的路径。例如，那里只有一条路径连接结点 1 和 4（路径为 1→3→4），而有两条路径连接结点 1 和 5（1→4→5 和 1→3→5）。

同样地，如果这一矩阵乘以邻接矩阵，则可得到 $\boldsymbol{A}^3$。它描述了连接两个结点且长度为 3 的所有路径。类似地，$\boldsymbol{A}^4$ 包括长度为 4 的所有路径，以此类推。幂 $\boldsymbol{A}^x$ 包括长度为 x 的所有路径。一方面，如果食物网不包含循环，则在某些 $x<n$（其中 n 为物种数）的情况中，矩阵元素全部为 0；另一方面，如果食物网包含循环，则幂永远不会收敛于 0。这些矩阵中所列举的路径分属不同的类型，这在前面已做过介绍。现在，举例说明这些内容将如何量化网络。

每个系数 t_{ij} 除以行和可得系数 g_{ij}（矩阵 $\boldsymbol{G}$ 的），系数 g_{ij} 用以描述离开每层的流量分量：

$$
g_{ij}=\frac{t_{ij}}{\sum_k t_{ik}}
$$

例如，图 8-4 中网络的 $\boldsymbol{G}$ 矩阵为

$$
\boldsymbol{G}=\begin{pmatrix}
0 & 0.946 & 0.054 & 0 & 0 & 0 & 0 & 0 \\
0 & 0 & 0.794 & 0 & 0 & 0 & 0.027 & 0.179 \\
0 & 0 & 0 & 0.201 & 0.453 & 0 & 0.075 & 0.271 \\
0 & 0 & 0.084 & 0 & 0 & 0.155 & 0 & 0.761 \\
0 & 0 & 0.307 & 0.014 & 0 & 0 & 0.049 & 0.629 \\
0 & 0 & 0.451 & 0 & 0 & 0 & 0 & 0.549 \\
0 & 0 & 0 & 0 & 0 & 0 & 0 & 0 \\
0 & 0 & 0 & 0 & 0 & 0 & 0 & 0
\end{pmatrix}
$$

通过矩阵 $\boldsymbol{G}$ 自乘，可得到那些通过两步（即流经中间层）离开行层和到达列层的流量系数。$\boldsymbol{G}^3$ 描述的是通过三步转换的流量系数，以此类推。如果将所有可能的 $\boldsymbol{G}$ 的幂进行加总，则可得到离开行层以补偿列层的一定量物质的平均遍历次数。这个计算之所以可行，主要是因为 $\boldsymbol{G}$ 的幂级数收敛于所谓的 Leontief 矩阵 $\boldsymbol{L}$ 这一事实。$\boldsymbol{G}^0$ 定义为单位矩阵 $\boldsymbol{I}$，则 $\boldsymbol{L}$ 为

$$
\boldsymbol{I}+\boldsymbol{G}+\boldsymbol{G}^2+\boldsymbol{G}^3+\boldsymbol{G}^4+\cdots=[\boldsymbol{I}\quad \boldsymbol{G}]^{-1}=\boldsymbol{L}
$$

图 8-4 中网络的 Leontief 矩阵为

$$
\boldsymbol{L}=\begin{pmatrix}
1 & 0.946 & 0.946 & 0.202 & 0.440 & 0.031 & 0.120 & 0.880 \\
0 & 1 & 0.958 & 0.199 & 0.434 & 0.031 & 0.120 & 0.880 \\
0 & 0 & 1.207 & 0.251 & 0.547 & 0.039 & 0.117 & 0.883 \\
0 & 0 & 0.186 & 1.039 & 0.084 & 0.161 & 0.018 & 0.982 \\
0 & 0 & 0.374 & 0.092 & 1.169 & 0.014 & 0.085 & 0.915 \\
0 & 0 & 0.545 & 0.113 & 0.247 & 1.018 & 0.053 & 0.947 \\
0 & 0 & 0 & 0 & 0 & 0 & 1 & 0 \\
0 & 0 & 0 & 0 & 0 & 0 & 0 & 1
\end{pmatrix}
$$

在非循环网络中，$\boldsymbol{L}$ 的最大系数为 1（即物质颗粒能一次最大化地到达另一层），这是因为离开某层的一粒物质将永远无法在同一层进行再循环。但当循环出现时，情况就会发生变化。事实上，当网络中的物质发生循环时，粒子可多次再循环进入同一

层，从而使 Leontief 矩阵的系数达最大值。因此，非循环网络 Leontief 矩阵所有层对角线的系数是相同的（从任何一层离开的颗粒都将永远无法返回）。据此，我们可从估算循环系数的这一简单方式中，观察到这些系数与 1 的偏离程度。这就是“Finn 循环指数”（FCI）的核心。有关这一指数的计算公式很多，这里只介绍最简单的一种，即在 1980 年由 J T Finn 创建的公式。有关这一偏离的全部说明，读者可参考“课外阅读”部分。下面的计算公式只对稳态网络有效，也就是说，任一节点的输入与同一结点输出相等的系统。

我们称 T_k 为进入 k 层的总流量：

$$T_k = \sum_i t_{ik}$$

例如，图 8-4 中进入“植物”层 T_1 的总流量为 11 184。

粒子进入 k 层将进行 $L_{ij}-1$ 次的再循环。因此，再循环流的系数为

$$R_k = \frac{l_{kk}-1}{l_{kk}}$$

“细菌”（第四层）的再循环系数为（1.018 –1）/ 1.018=0.0172。总流量循环 C 为

$$C = \sum_i R_k T_k$$

经过计算，例子中 C 的结果为 2777.73 个单位的再循环。

因此，整个系统总的再循环流量系数为

$$\mathrm{FCI} = \frac{C}{\sum_{ij} t_{ij}}$$

图 8-4 网络中 Finn 循环指数的流量系数为 0.0654。

六、Finn 循环指数的局限性

Finn 循环指数仅考虑了 Leontief 矩阵的对角线系数，因此只是对起始和终止为同一结点路径的描述。

利用前面介绍的符号，我们发现 Finn 循环指数虽然可用于描述简单循环和复合循环，但其并未考虑复合路径的作用，因为复合路径从来不会出现在对角线上。然而，复合路径包含循环指数定义中所涉及的循环。遗憾的是，没有一种简单的线性代数方法可同时用于描述循环和复合路径，计算生态网络中所有路径的工作强度仍然很大。

作为 Finn 循环指数局限性的一个例子，我们可看到图 8-4 中的植物→碎屑→食碎屑生物→碎屑→细菌路径对任何对角线系数都没有贡献。因为每个物质颗粒都可多次再循环进入同一层，其也可围绕复合路径进行多次运动。这将导致 Leontief 矩阵中对角线外的系数大于 1，从而强化了计算循环过程中复合路径的这一需要。

七、食物网中的循环个数

为了量化食物网中简单循环的丰度，我们应了解简单循环的最大可能个数。简单循环的最大个数与完全连通的食物网有关。

为了计算简单循环的最大个数，我们从最大长度的循环开始（图论中被称为 Hamiltonian 循环）。在一个由 n 个物种组成的完全连通的食物网中，级数 n（即长度）的简单循环个数为（n–1）!，这一简单表达式可用排列组合进行解释：我们可看到级数 n 的循环是 n 个结点标签的排列，ABCD 表示循环 A→B→C→D。此时，元素 n 的排列个数为 n!，然而，每个循环可产生 n 种可能的排列（如 ABCD，BCDA，CDAB 和 DABC 代表同一长度为 4 的循环），因此最大长度的总简单循环个数为 $n!/n$=（n–1）!。

一旦 n 增加，简单循环个数将是一个很大的数量。例如，在一个物种数为 100 的食物网中，我们可发现级数 n 有近 10^{155} 个简单循环。

在知道完全连通食物网中级数 n 的简单循环总个数的情况下，很容易推算出级数（n–1）的简单循环个数。对包含（n–1）个物种的每个子图而言，长度（n–1）具有（n–1）! /（n–1）=（n–2）! 个简单循环。包含（n–1）个物种的可能子图数量由二项式系数给出：

$$\begin{pmatrix} n \\ n \quad 1 \end{pmatrix}$$

因此，一个由 n 个物种组成的完全连通的食物网中，级数（n–1）的简单循环总个数为 n（n–2）!。

类似地，我们可将完全连通食物网中包含 n 个物种且长度为 k 的总简单循环个数定义为

$$C(k,n) = (k-1)!\binom{n}{k}$$

表 8-1 列举了完全连通食物网中由 n 个物种（行）组成的级数为 k（列）的循环个数。

因此，总的循环个数由下面的表达式计算：

$$\mathrm{Tot}_{\mathrm{Cycles}} = \sum_{k=1}^{n} C(k,n) = \sum_{k=1}^{n} (k-1)!\binom{n}{k}$$

前 10 个值列于表 8-1 中。这一次序在组合中是按“对数个数”界定的。

表 8-1 完全连通食物网中由 *n* 个物种（行）组成的长度为 *k*（列）的简单循环个数

n	*k*										
	1	2	3	4	5	6	7	8	9	10	总数
1	1										1
2	2	1									3
3	3	3	2								8
4	4	6	8	6							24
5	5	10	20	30	24						89
6	6	15	40	90	144	120					415
7	7	21	70	210	504	840	720				2 372
8	8	28	112	420	1 344	3 360	5 760	5 040			16 072
9	9	36	168	756	3 024	10 080	25 920	45 360	403 200		125 673
10	10	45	240	1 260	6 048	25 200	86 400	226 800	403 200	362 880	1 112 083

八、生态网络中循环的搜寻

搜寻图形中的循环是一项计算上有难度的工作。在已发现的生态系统中结点最多只有几百个，这些系统的低连通性（已认识到的连接的一部分）使简单循环个数远低于前面已说明的、包含所有可能循环的理论值。

大多数循环搜寻算法的基本思想很简单，即我们可在网络中构造路径，直到同一结点被发现两次时为止。在这种情况下，路径或为循环（起始和终止结点重合），或为复合路径（起始和终止结点不同）。

搜寻循环的各种可能方法都以回溯法（backtracking-based）为基础，如被认为最容易应用的“深度优先搜寻法”（depth first search，DFS）等。

九、生态网络中循环的移除

在前面已做过说明，罗列食物链中的所有循环是不可能的。而且，生态网络中的每个循环都具有一个由循环流量决定的“重量”。

一些网络分析应用（如所谓的“Lindemam 椎”）要求将非循环网络作为输入。因此，循环移除成为网络分析的一个重要主题。

目前，我们主要根据循环的“连接”情况对其移除。如果两个循环共享同一弱弧线（weak arc），则二者在同一连接中，这被定义为循环中的最小流量。移除的循环将对弱弧线上的流量在共享同一连接的所有循环中进行分配。最终的流量会从循环的每个连线中扣除。这个过程使弱弧线被移除。然后，此过程反复进行，直到最终的网络为非循环时为止。

伴随这个过程，在最初的网络中产生了一个由所有循环组成的网络。在生态学文献中，这一网络通常被称为“聚合循环”（aggregated cycle）网络。这种网络既接受不到输入也产生不了输出，所有节点都是平衡的（即输入流等于输出流）。如果最终的聚合循环网络由几个子图构成，则每个子图是强连通的组分。

虽然一些应用要求非循环的网络，但实际上它们绝大部分是基于实验网络包含数百万个循环这一事实之上的。事实上，正如下一部分将要介绍的那样，循环是生态系统最重要的特征。

十、循环分析的生态学应用

能量物质再循环是发生在每个生态系统中的一个重要过程。循环被认为是生态系统面临养分流短缺的一种缓冲机制。然而，这一过程一直被很多侧重于群落而非生态系统的理论模型所忽视。而且，因为建模技术的限制，群落通常仅由几种物种构成。食物网生态学家对循环的态度经常是矛盾的。例如，已出版的第一部《食物网研究集》(包括仅有几个结点且未给予很好研究的食物网）中所显示的循环非常稀少。这一矛盾的态度，可通过循环使系统不稳定这一事实予以证明，因为循环引入了正反馈。然而，随着在更大食物网中大量循环的发现，以及在年龄结构种群动态中对同类相食现象的认识，这一结论却面临挑战。最近，由于关注焦点从局部稳定的动态转向生态系统可持续性和非线性动态的更加综合方法，促使人们对食物网中循环的重要性进行重新思考。而且，也要求对微生物循环给予更多关注。在一些水域生态系统中，微生物循环接纳超过一半的初级生产量，对其进行再矿化，然后又反馈给更高的营养级。

另外，面向生态系统的模型将作为学科基础的循环包括进来。Lindeman 的工作，第一次明确提出了生态网络中循环的重要性。1942 年在其原创性论文中，他将食物网描述为物质和能量的循环。接着，Odum 将作为评价生态系统是否“成熟”（发育）的 24 个标准之一的再循环量纳入其中。

我们对循环量化的需要，可在上述已做过说明的 Finn 循环指数中找到答案。Finn 循环指数的修改版本，包括已发表的生物量储存和“完全依赖和贡献矩阵”（total dependency and contribution matrice）的使用，提高了建模者的能力，因此这种指标可大量应用于实践研究。

最近，有人指出所有的这些计算忽略了一些涉及 Leontief 矩阵中非对角线项的循环。遗憾的是，为了计算生态系统中循环的确切数目，需借助复杂的计算方法，而这一方法并不适合应用于大规模的生态系统网络。幸运的是，在很多小型网络上所做的研究表明，循环总量和 Finn 循环指数呈线性关系，前者大约是后者的 1.4 倍。

Ulanowicz 的工作对生态系统循环与成熟度的关系带来挑战。他对循环如何与生态系统发育状态发生逆相关，以及扰动如何反映较大的循环指数进行了说明。这些思考，意味着循环可被认为是对压力的内稳态响应（homeostatic response）：施加于生态系统的影响，使养分从更高的营养级中释放。接着，这些释放的物质通过微生物再次循环进入系统，从而在较低的营养级产生循环。根据这一观点，为对压力作出响应，生态系统将减少循环长度和增加总循环。因此，当评价生态系统状态和成熟度时，了解生态系统中循环长度的分布和循环总量都将非常重要。另外，Ulanowicz 也对循环作为自动催化的过程提出了重要见解。生态系统循环特征是研究人员关于生态系统功能和动态研究的基础，如 Patten 及其同事。

循环还可通过划分为 SCC 来表示。虽然生态系统由很多的相互作用组成，但其仍可被划分为数个由能量转移线性链（linear chain）所连接的子系统。在几个水域食物网中，强连通分量的分析表明，食物网可被细分为生态系统的浮游部分和海底部分。然而，这一结果高度依赖于生态系统的建模方法，尤其是那些强调好几个碎屑层重要性的建模方法。

总之，循环是生态系统动态的一个重要方面。虽然在已发现的群落食物网和模型中循环很稀少，但当考虑碎屑层时，其数量将十分可观。此外，在侧重于大型生物的研究中，微生物循环的作用通常被忽视，这极大地改变了系统的循环行为。这些思考，促使生态系统生态学家对生态系统网络中的循环数量进行公式化。尽管 Finn 循环指数在计算生态系统中的循环时存在偏差，但其在生态系统研究中已有广泛的应用。生态系统中准确数量的循环测度问题是一个开放性问题，因为改进搜寻和移除循环算法仍是有可能的。最后，网络构建过程可能决定循环结果。因此，在网络构建中遵循共有规则非常重要，它可使不同网络和不同生态系统相容。

参考章节：自动催化；生态网络分析：系统成熟主导系数。

课外阅读

Allesina S，Bodini A，and Bondavalli C（2005）Ecological subsystems viagraph theory：The role of strongly connected components. *Oikos* 110：164-176.

Allesina S and Ulanowicz RE（2004）Cycling in ecological networks：Finn'sindex revisited. *Computational Biology and Chemistry* 28：227-233.

De Angelis DL（1992）*Dynamics of Nutrient Cycling and Food Webs*，270pp. London：Chapman and Hall.

Finn JT（1976）Measures of ecosystem structure and functions derived from analysis of flows. *Journal of Theoretical Biology* 56：363-380.

Finn JT（1980）Flow analysis of models of the Hubbard Brook ecosystem. *Ecology* 61：562-571.

Patten BC（1985）Energy cycling in the ecosystem. *Ecological Modelling* 28：1-71.

Patten BC and Higashi M（1984）Modified cycling index for ecological applications. *Ecological Modelling* 25：69-83.

Ulanowicz RE（1983）Identifying the structure of cycling in ecosystems. *Mathematical Biosciences* 65：219-237.

Ulanowicz RE（1986）*Growth and Development*：*Ecosystems Phenomenology*. New York：Springer.

Ulanowicz RE（2004）Quantitative methods for ecological network analysis. *Computational Biology and Chemistry* 28：321-339.

第九章
生态网络分析：系统成熟主导系数

U M Scharler

一、引言

在探讨生态系统行为和发育的非机制性解释中，Ulanowicz 提出了系统成熟主导系数（ascendency）理论。从牛顿时代起就已熟知的直接因果机制，被认为不足以对生态系统行为进行描述或预测。这些机制具有内在的可逆性，无法充分说明生态系统中单一组分（如物种）的行为。人们通常认为生态系统行为和演化是以非机制方式进行的。系统成熟主导系数理论试图用一个可表明生态系统状态、发育和健康的指标来理解这一非机制性行为。

二、系统成熟主导系数原理

1. 系统成熟主导系数

（1）条件概率和生态系统复杂性

在机械论的世界里，因某个原因而导致事件发生的概率可通过联合概率 $P(a_i, b_j)$ 计算。联合概率描述了原因导致结果产生的绝对概率。在生态系统中，人们认为没有这种直接的、机械的因果行为存在，因为这些行为与其他元素相互作用，这反过来又对因果关系对的因果格局产生了影响。Popper 用“倾向”（propensity）代替了绝对概率，倾向主要指事件可能（不可能）发生的趋势。因此，Popper 要求对这些相对或条件概率进行测度。条件概率用 $P(a_i|b_j)$ 表示，可通过绝对概率 $P(a_i, b_j)$ 除以边际概率 $P(a_i)$，或以一个原因的所有可能结果之和予以计算（表 9-1～表 9-3）。这样，在考虑一因多果时，条件概率可对其他绝对概率中的因果关系进行描述，从而消除因忽略问题中其他相互作用而造成的缺陷。当然，计算机械因果对的条件概率也是有可能的，也就是说，在一因一果的情况中。此时，条件概率为 1，或换句话说，问题中的原因和结果必然是先发后继的。

表 9-1　事件（总事件为 60）的联合出现概率

	b_1	b_2	b_3	b_4
a_1	4	5	7	9
a_2	2	4	2	1
a_3	6	7	9	4

表 9-2　联合概率 $P(a_i, b_j)$ 及其列/行之和或边际概率 $[P(a_i), P(b_j)]$

	b_1	b_2	b_3	b_4	$P(a_i)$
a_1	0.07	0.08	0.12	0.15	0.42
a_2	0.03	0.07	0.03	0.02	0.15
a_3	0.10	0.12	0.15	0.07	0.43
$P(b_j)$	0.20	0.27	0.30	0.23	1.00

注：通过出现次数（表 9-1）除以总观察次数（60）可得到这些值。

表 9-3　条件概率

	b_1	b_2	b_3	b_4
a_1	0.33	0.31	0.39	0.64
a_2	0.17	0.25	0.11	0.07
a_3	0.50	0.44	0.50	0.29

注：通过联合概率矩阵中的值除以列和[$P(a_i)$]（参见表 9-2）可得到这些值。

生态系统是开放的，所以并非所有的原因都能被认知。部分原因可能产生于系统之外。因此，一个开放的生态系统永远不会沿因果机械的行为演化。Ulanowicz 曾声称，在生态系统生长和发育中自动催化或间接互惠共生都非常重要。当取食循环成员对随后的循环成员具有积极作用时，自动催化是明显的。而这些随后的循环成员最终会极大提高初始成员的循环能力。自动催化循环对成员产生了选择压力，因为其中的一个成员有可能会被更积极的成员所取代。自动催化循环表现出向心性，使其能吸引更多的资源（可利用能量）。这些资源是生态系统生长和发育，或是层级数量增加的原因。

为了量化生态系统的生长和发育，生态系统被描述为物质或能量交换的网络。这些食物转移的网络可对生态系统进行全面描述。通过对种群规模和捕食者规避产生影响，生态系统的其他重要方面（如行为）被认为以某种方式暗含在已转移的能量之中。

系统成熟主导系数能同时描述生长和发育。生态系统的生长可根据总系统吞吐量（total system throughput，TST）的增加进行测量。总系统吞吐量是生态系统内及其与系统外（输入、输出和呼吸）的所有交换之和。它可通过系统范围的增加（如包含更多的物种或系统边界的拓展），或系统活动的增强（如浮游植物繁殖期）而增加。

借助信息理论，可对来自物质交换的同一网络的系统发育进行量化。在自动催化循环中，物质转移的方式如下：那些对循环贡献最大的连接将比其他连接（层级中通常具有一个以上的外向连接，如此可使路径通向循环外的层级）转移更多的物质。虽然后者不一定忽略不计，但其的确仅转移很小的一部分物质。如果一定量的物质处于自动催化循环的层级中，则其更有可能沿高频率而非低频率的物质转移路径被转移。因此，与所有路径都转移等量物质的网络相比，一定量的物质沿高频率路径流动的概率较大。概率上的这一变化，可借助信息理论进行量化。信息被定义为引起概率变化的中介（agent）。Ulanowicz 利用术语信息描述“赋予系统次序和模式的中介效应”。

在信息计算中，首先从量化生态系统的复杂性开始。系统的复杂性体现在系统构形中（system configuration）（连接的数目和沿那些连接转移的分布）。根据 Boltzmann 的观点，每个构形贡献于系统复杂性的可能性为 s，其可根据事件（系统构形）发生概率的负对数进行计算（$s=-K \log P$，其中 K 为比例常数，即比例因子）。如果系统构形（事件）一直出现（$P=1$），则其对系统复杂性的贡献将会消失［log（1）=0，不确定性是最小的］，此时系统的行为也将变得简单（即通常表现出相同的方式）。如果系统构形（或事件）极少出现，则复杂性的可能性很大（即系统表现出很多不同的方式，不确定性很大）。一个真正复杂的系统行为，其功能每次都是独特的（不确定性最大）。

为了计算稀有结构（rare configuration）对系统复杂性的贡献大小，可对其出现的概率（低的）进行加权。通过对每个系统构形 s_i 赋予与之对应的 P_i（Shannon 公式：$H=-K\sum P_i \log P_i$）权重，潜在的贡献（或事件）将被系统构形所平均。换句话说，每个构形出现的潜在贡献是其对应发生概率的加权，而发生概率是对所有系统构形的加总。当 H 值很大时，与之对应的不确定性、复杂性和多样性也很高。

（2）平均交互信息

前面说明了事件对系统复杂性的贡献。接下来要思考的是，这些事件是否对系统中的有序格局（ordered pattern）有贡献，或其是否对随机行为有贡献。如果所有事件的概率相等，则哪一事件即将发生的平均不确定性最大？这一假设情形可作为计算所有非等概率事件不确定性有多小的起点。从等概率情形到其他任何情形，不确定性的减少被称为信息。从生态系统角度看，等概率情形是指沿所有路径物质流等量的情形［图 9-1（a）］。在非等概率情形中，沿一些路径物质流较多，而沿另一些路径的物质流较少［图 9-1（b）］。因此，最不确定的网络是所有层级都相互连接，以及与层级吞吐量成比例和输入与输出路径物质流等量的网络。通过沿更高和更低频率路径的物质流转移，可得到量化的信息，这为沿路径物质流的不均匀性提供了一条线索。

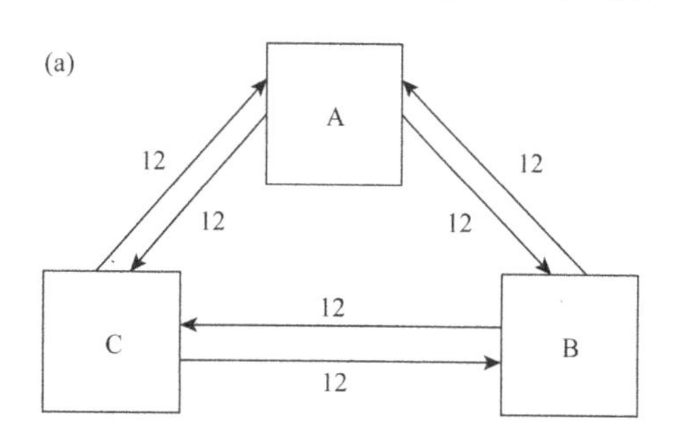

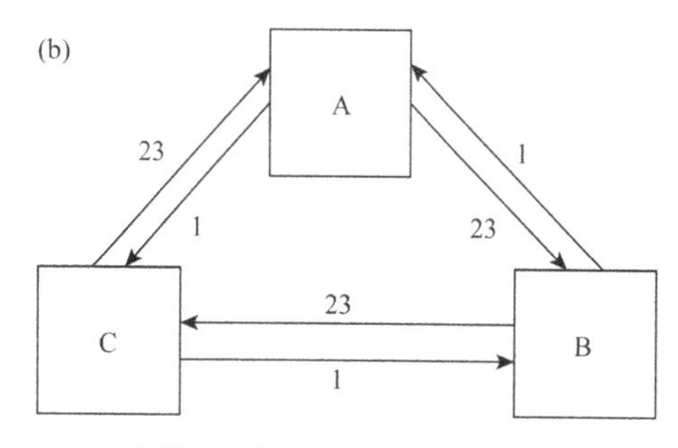

图 9-1　（a）假设的无约束网络：平均交互信息小。（b）假设的约束网络：平均交互信息更大。

沿等概率和非等概率路径的一定量物质流的概率变化可通过条件概率进行计算。首先，事件发生的不确定性为

$$H=-K\log P(a_i) \qquad [1]$$

事件发生的不确定性所提供的确定信息（b_j）为

$$H=-K\sum\log P(a_i|b_j) \qquad [2]$$

然后，信息等于先验确定性减去不确定性，如果 b_j 是已知的，或为

$$I=-K\log P(a_i)-\left[-K\log P\left(a_i|b_j\right)\right] \qquad [3a]$$

或

$$I=K\log P\left(a_i|b_j\right)-K\log P\left(a_i\right) \qquad [3b]$$

或

$$I=K\log\left[P\left(a_i|b_j\right)/P\left(a_i\right)\right] \qquad [3c]$$

对所有成对时间而言，I 不是正的。然而，以相应联合概率为权重的 I 之和却通常为正。每个事件的联合概率，如在 Shannon 公式中的一样，可作为每一事件发生频率的权重（即每一同时发生的 a_i 和 b_j）。这个结果被称为平均交互信息（average mutual information，AMI），或

$$\text{AMI}=K\sum_i\sum_j P(a_i,b_j)\log[P(a_i|b_j)/P(a_i)] \qquad [4]$$

在 b_j 已知时，平均交互信息是不确定性的减少量。

结果以 K 为单位。

如上述所假设的例子中，有关一定量的物质流在生态网络中何处流动的先验确定性可由 Shannon 公式给出。用于计算条件概率的附加信息（additional information）是指一个时间步长前来自流量网络中每层输出的信息。

根据生态网络的观点，联合概率和条件概率是物质从层 i 向层 j 的转移，因此上述表达式可改写为

$$\mathrm{AMI}=K\sum_{i,j}\left(\frac{T_{ij}}{T..}\right)\log\left(\frac{T_{ij}T..}{T_{i}.T._{j}}\right) \quad [5]$$

其中，从物种 i 流入物种 j 的一定量物质［$P(a_i, b_i)$］的联合概率为 $T_{ij}/T..$，事件表中的事件为系统中的物质流。$T..$为总系统吞吐量，或所有 T_{ij} 的组合之和。第一个点表示矩阵的行和，第二个点表示矩阵的列和。

条件概率 $P(a_i|b_j)=P(a_i, b_j)/P(a_i)$也可改写为 $T_{ij}/T_i.$，而边际概率［$P(a_i)$所有可能的结果之和］可改写为 $T._j/T..$。

总之，除了描述两层（a_i）间一定量的能量流或物质流这一先验情形之外，平均交互信息所描述的信息是通过了解一个时间步长（b_j）前来自流量网络中每层输出的信息而获取的。能量流动位置的不确定性，可通过流多样性（flow diversity）的 Shannon 指数计算。在 b_j 已知时，物质流动位置的不确定性可通过条件概率计算。

（3）系统成熟主导系数

在所有计算中，比例常数 K 都保持不变。为了将生长和发育融合到一个单一的指标中，用“总系统吞吐量”或 TST 来代替 K，以使平均交互信息扩展到系统水平。由此生成的指标被称为系统成熟主导系数，可表示为

$$A=\mathrm{TST}\sum_{i,j}\left(\frac{T_{ij}}{T..}\right)\log\left(\frac{T_{ij}T..}{T_{i},T._{j}}\right) \quad [6a]$$

或

$$A=\sum_{i,j}T_{ij}\log\left(\frac{T_{ij}T..}{T_{i},T._{j}}\right) \quad [6b]$$

除了间接互惠共生，还有很多种影响可改变系统成熟主导系数，而这些影响对系统的变化方向无任何有利之处。相反，间接互惠共生可驱动系统沿增加其成熟主导系数的方向发展。此外，互惠共生不是系统层级结构之外事件的结果，它可出现在任何层级中。据此，我们推断在没有强烈的外部干扰下，系统成熟主导系数将呈增加趋势，也就是说，行为（总系统吞吐量）和结构（平均交互信息）都将增强。交互信息的理论行为与 Odum 最早提出用以描述成熟生态系统特点的24个生态系统属性的绝大部分属性一致。

外界对总系统吞吐量增加，或平均互惠信息增加所施加的任何约束都将限制系统成熟主导系数。总系统吞吐量的极限主要由来自系统边界外有限的输入，以及一部分层吞吐量应以耗散形式损失的热力学第二定律设定。因此，它不可能通过循环无限增大。而平均互惠信息或系统发育的极限主要由流结构（flow structure）设定。在自身结构不变的情况下，流结构对流的结构化程度形成限制。在真实的网络中，对平均互惠信息的进一步限制将在“间接消耗”（overhead）部分中讨论。

理论上，路径数目越少（更特化）及路径越连通（很少的路径转移大部分物质）时，系统成熟主导系数越大。当系统中所有的参与者都只有一条输入和输出路径，以及因此而被加入到一个大的单一循环时，系统成熟主导系数可达到最大的理论值。这一循环结构反映了最大的特化。这种情况下，AMI=H（流多样性，参见下文），但在真实的系统中这一情形永远无法实现，其原因将在“间接消耗”部分中予以讨论。

2. 发育能力

如上所述，发育极限由与物质转移或流量相关的 Shannon 多样性指数设定。MacArthur 将 Shannon 多样性指数应用于生态系统中的物质流，以得到测度流多样性 H 的方法：

$$H=-K\sum_{i,j}\left(\frac{T_{ij}}{T..}\right)\log\left(\frac{T_{ij}}{T..}\right) \quad [7]$$

其中，K 为比例常数，$T..$为总系统吞吐量，或所有 T_{ij} 的组合之和。

如平均互惠信息一样，流多样性与总系统吞吐量的乘积可用于计算进入系统的流多样性。H×TST 被称为发育能力，或发育限制 C：

$$C=-\mathrm{TST}\sum_{i,j}\left(\frac{T_{ij}}{T..}\right)\log\left(\frac{T_{ij}}{T..}\right) \quad [8a]$$

或

$$C=-\sum_{i,j}T_{ij}\log\left(\frac{T_{ij}}{T..}\right) \quad [8b]$$

发育能力受限于两个因素：总系统吞吐量和层级的数目。总系统吞吐量的极限与系统成熟主导系数中的情况一样。如果一定量的总系统吞吐量在太多的层级间分配时，一些层级将会因吞吐量太小而消失。反过来，当系统遭遇干扰时，这些层级也易于毁灭。毁灭过程使层级数目下降，从而降低流多样性。与频繁遭遇干扰的系统相比，更稳定的系统被认为具有较高的发育限制。

最初的 Shannon 公式中 H 的复杂性包括两部分。一部分是描述通过减少流概率不确定性而获取信息

的平均交互信息。它是系统有构形部分的标志。另一部分是剩余不确定性（residual uncertainty），或H_C［也被称为条件多样性（conditional diversity）］。这样，H=AMI+H_C。

（1）H_C或间接消耗

当剩余不确定性 H_C 通过总系统吞吐量被放大时，也可称为间接消耗。间接消耗反映了流结构的无组织、无效率和非确定性部分，它是系统的一个保险。如果系统变得过度组织化（很高的系统成熟主导系数），则其自身极易受到干扰。根据间接消耗产生的原因，可将其分为四部分：输入、输出、呼吸和内部路径的消耗。

组合的间接消耗可表示为

$$H_C = -k\sum_{i,j}\left(\frac{T_{ij}}{T..}\right)\log\left(\frac{T_{ij}^2}{T_{i}.T._{j}}\right) \qquad [9]$$

通过将 TST 代替 K，可使 H_C扩展至系统，则有如下方程：

$$\Phi = \sum_{i,j} T_{ij}\log\left(\frac{T_{ij}^2}{T_{i}.T._{j}}\right) \qquad [10]$$

C、A 和 Φ 之间的关系为 C=A+Φ。

（2）输入

因输入造成的间接消耗取决于来自系统外的路径数目，以及沿这些路径被转移的物质量。如果所有物质均匀分布于所有的输入路径中，则输入对间接消耗的贡献最大。当一些路径转移更多而另一些转移更少物质时，输入对间接消耗的贡献将下降。同时，如果输入总量减少，则输入对间接消耗的贡献也将下降。如果只有一条输入路径，则因输入而引起的间接消耗最小，几乎等于 0。系统观点认为，最小化输入量，或仅通过一条路径输入时，将会适得其反。保险的作用在于能通过数个路径接收输入，以防止因一条路径消失而无法接收输入。在系统中循环增加的情况下，输入所占总系统吞吐量的比例越来越小。此时，发育能力的提升速度将快于输入上的间接消耗速度。

如果输入只通过较少的路径或层级进入系统，则系统成熟主导系数的增加将以间接消耗为代价。人们通常期望系统沿较少的输入路径方向演进。当某些连接中断，进而导致其他连接必不可少时，路径数目将发生变化。总之，与被干扰的系统相比，更稳定环境中系统所依赖的输入路径较少。

输入上的间接消耗公式为：

$$\Phi_I = -\sum_{j=1}^{n} T_{0j}\log\left(\frac{T_{0j}^2}{T_{0}.T._{j}}\right) \qquad [11]$$

其中，假定输入从虚构的 0 层开始。

（3）输出

与输入的间接消耗类似，输出的间接消耗依赖于离开系统的输出路径数目和沿那些路径的转移量。不管何时，当输出路径较少、转移量较小或沿路径的转移量不均匀分布时，因输出而造成的间接消耗将减少。每当通过另一系统出现正反馈作用时，输出的增加会有利于系统。输出上的间接消耗可表示为

$$\Phi_E = -\sum_{i=1}^{n} T_{i,n+1}\log\left(\frac{T_{i,n+1}^2}{T_{i}.T._{n+1}}\right) \qquad [12]$$

其中，假定输出流入虚构的 n+1 层。

（4）呼吸

耗散的间接消耗依赖于散失到环境中的量、路径数目和转移量的分布等。通过耗散损失是热力学第二定律所必需的，也是维持新陈代谢必不可少的。耗散上的间接消耗为

$$\Phi_D = \sum_{i=1}^{n} T_{i,n+2}\log\left(\frac{T_{i,n+2}^2}{T_{i}.T._{n+2}}\right) \qquad [13]$$

其中，假定呼吸流入虚构的 n+2 层。

（5）冗余

间接消耗的第四部分为内部转移，反映了路径冗余的程度。系统有冗余或有并行路径时，对系统不利。不利之一是，不管转移是沿最高效率路径，还是沿更多的泄露（leakier）路径，耗散都将增加。另外，对消费者而言，沿不同并行路径的资源转移，并非经常在适当的时间结束。

显而易见，在其他路径受到干扰时，平行路径是具备一条以上转移路径的一个保险。冗余可表示为

$$R = -\sum_{i=1}^{n}\sum_{j=1}^{n} T_{ij}\log\left(\frac{T_{ij}^2}{T_{i}.T._{j}}\right) \qquad [14]$$

3. 生物量包含的系统成熟主导系数

上述指数是根据层级间的营养流计算的。以此类推，计算包括生物量储存与营养流联系的系统成熟主导系数也是可行的。包含系统成熟主导系数的这个生物量，可作为获取层级限制元素、识别限制性养分连接及量化包括周转时间较慢的大型物种演替趋势的理论基础。

前面，平均互惠信息是根据两种流概率的差异计算的，一种是非约束或先验联合概率，另一类是约束或后验条件概率。通过计算生物量和流量的关系，平均互惠信息也可用生物量（非约束的或联合的）概率与结果流（resulting flow）（约束的或条件的）概率进行计算。根据质量作用原理，一定量的

生物量是否离开层 i（B_i/B）并进入层 j（B_j/B）的联合概率为 B_iB_j/B^2。这个表达式包含从 i 到 j 的一定流量的非约束联合概率。除了存量，我们对这一变化没做任何约束性的假设。对应的约束分布可作为从 i 到 j 或 T_{ij}/T 的实际流量的条件概率。这个约束分布仅以储存计算的概率为基础，从而使结构和功能联系起来。获取的信息计算如下：

$$I_{\mathrm{B}} = -K\log\left(\frac{B_iB_j}{B^2}\right) - \left[-K\log\left(\frac{T_{ij}}{T..}\right)\right] \quad [15a]$$

或 $$I_{\mathrm{B}} = K\log\left(\frac{T_{ij}}{T..}\right) - K\log\left(\frac{B_iB_j}{B^2}\right) \quad [15b]$$

或 $$I_{\mathrm{B}} = K\log\left(\frac{T_{ij}B^2}{T..B_iB_j}\right) \quad [15c]$$

对所有可能的 i 和 j 的组合求和，并以事件的联合概率为权重，可得到包括平均互惠信息生物量的 $\mathrm{AMI_B}$：

$$\mathrm{AMI_B} = K\sum_{i,j}\frac{T_{ij}}{T..}\log\left(\frac{T_{ij}B^2}{T..B_iB_j}\right) \quad [16]$$

$\mathrm{AMI_B}$ 也可称为 Kullback-Leibler 信息。通过总系统吞吐量放大后，可得到包括系统成熟主导系数生物量的 A_{B}：

$$A_{\mathrm{B}} = \mathrm{TST}\sum_{i,j}\frac{T_{ij}}{T..}\log\left(\frac{T_{ij}B^2}{T..B_iB_j}\right) \quad [17a]$$

或

$$A_{\mathrm{B}} = \sum_{i,j}T_{ij}\log\left(\frac{T_{ij}B^2}{T..B_iB_j}\right) \quad [17b]$$

A_{B} 对生物量变化很敏感，因此可显示整个系统对特定层级存量变化的敏感性。上述项可分解为

$$A_{\mathrm{B}} = \sum_{i,j}T_{ij}\log\left(\frac{T_{ij}T..}{T_i.T._j}\right) + \sum_i T_i.\log\left(\frac{T_i.B}{T..B_i}\right) + \sum_j T.._j\log\left(\frac{T.._jB}{T..B_i}\right) \quad [18]$$

第一项与上述流系统成熟主导系数的定义完全相同。因此，生物量包含的系统成熟主导系数将随层级个数、流特化和吞吐量的增加而上升。每当通过每层的流量比例与其生物量比例相同时，第二和第三项将为 0。只有在这一情况下，A_{B} 才等于 A。而在其他情况下，A_{B} 都大于 A。

层级中的限制元素和极限流

在一定时间步长 L 内，如果要计算层级对特定元素 k（如碳、氮、磷和硫等）的系统成熟主导系数的贡献，则需将元素和时间步长代入公式 17b：

$$A_{\mathrm{B}} = \sum_{i,j,k,l}T_{ijkl}\log\left(\frac{T_{ijkl}B^2}{T..B_{ikl}B_{jkl}}\right) \quad [19]$$

其中，T_{ijkl} 表示在时间步长 L 内元素 k 从 i 到 j 的流量。

要说明系统成熟主导系数对不同元素周转时间的响应，与层 p 有关的 A_{B} 的微分方程可表示为

$$\frac{\partial A_{\mathrm{B}}}{\partial B_{pk}} = 2\left(\frac{T..}{B.} - \frac{1}{2}\frac{T._{pk} + T_{p,k}}{B_{pk}}\right) \quad [20]$$

根据此式，可计算出所有元素对系统成熟主导系数的相对贡献。结果显示，系统对周转率最慢的元素最为敏感。具有最慢周转率的元素，也是以最小相对比例进入层级的元素。这与由系统成熟主导系数为其提供理论基础的 Liebig 最小因子定律一致。通过比较所有层的元素周转率，也可得到相同的结果。然而，系统成熟主导系数还提供了另一水平的信息，即它可识别那些为控制元素（controlling element）提供极限流的源头。为了计算这一来源，需将个体生物量的敏感性扩展至从源头 r 到捕食者 p 个体流（individual flow）的敏感性。每一个体流的贡献可根据如下方程计算：

$$\frac{\partial A_{\mathrm{B}}}{\partial T_{rp}} = \log\left(\frac{T_{rp}B^2}{T..B_rB_p}\right) \quad [21]$$

控制元素的限制源是指相比可用存量耗竭最快的那个源，也就是说，这个源具有最高的（T_{rp}/B_r）。在每个元素和每层流量敏感性已知的情况下，可对食物网中每层的养分限制和极限流进行准确定位。在生态系统中，并非所有的物种都受限于同一养分。例如，当初级生产者受限于氮时，未必一定意味着整个食物网都受限于这一元素。

三、系统成熟主导系数的应用

本章所介绍的系统成熟主导系数原理，已用于相似生态系统的比较（如河口生态系统），或一段时期内同一生态系统的比较，包括系统对干扰的响应。在海洋微生物系统中，对系统成熟主导系数时空变化的描述就是这些应用的具体案例。这些案例表明，系统成熟主导系数与海底微生物循环的功能高度相关。决定系统成熟主导系数值的重要参数是分解活性（decomposition activity）和资源开拓能力。从时空上讲，系统成熟主导系数被认为是海底生物生态系统健康评价的一个有效指示器。

系统成熟主导系数也被用于构建系统对富营养化，以及对全球各部分碳水化合物、蛋白质、油脂和碳生物高聚物（carbon biopolymers）等其他人为系统改变的响应。系统成熟主导系数通常被认为会随富营养化而增大，原因在于总系统吞吐量的增加，但情况并非总是这样。富营养化事件对系统的干扰取决于事件本身的程度和频率，当干扰达到一定程度时，系统成熟主导系数通过平均互惠信息和总系

统吞吐量的减小来体现系统稳定性的下降。杀虫剂干扰的微观世界是系统干扰的另一种情形，这可采用所谓的“系统成熟主导系数变化范围”（SfCA）指数加以说明。它是生物生长范围的一个类比，也是单个层级输入与输出系统成熟主导系数的平衡。当存在干扰时，系统成熟主导系数变化范围被认为是减小的。在短期评价除草剂处理过的微观世界中的干扰时，最终发现它是一个有效的指示器。

系统成熟主导系数也已用于评估源于河口流域严重抽去淡水所产生的整体系统影响。通过对克罗梅（Kromme）河口轻度和重度的淡水抽去，以及对由此造成的持续入流淡水减少和入流波浪消减年代际间的比较，发现在缺少淡水的情况下，系统成熟主导系数有所下降。与其他没有如此严重抽去淡水的类似河口相比，具有较多淡水流入的河口的系统成熟主导系数较高。更多的淡水流入，可确保养分库的持续更新，从而为初级生产者提供充足的养料。

因为系统成熟主导系数经常受到总系统吞吐量变化的影响，所以系统组织多被称为能消除总系统吞吐量影响的系统成熟主导系数与发育能力（A/C）之比。相比而言，平均互惠信息可被用于未定标指数(unscaled index)。为了得到生态系统状态的代表性评价，我们需要将其他生态系统健康指示器（如有效能）的行为与系统成熟主导系数综合考虑。数据表明，系统成熟主导系数会随网络的聚合度(aggregation)而变化。在一般情况下，高度聚合网络中的系统成熟主导系数是下降的，即使总系统吞吐量是相同的。聚合类型，也就是说，层级被聚合的类型，对系统成熟主导系数也有明显的影响。对网络中生命和非生命部分的聚合而言，情况亦如此。

生物量包含的系统成熟主导系数和个体流的敏感性，被决定用于识别切萨皮克海湾系统(Chesapeake Bay system）生态系统中的限制性养分和碳、氮、磷等的转移瓶颈。通过对四个季节的比较，发现初级生产者通常受氮限制，这与以前对这些群组的研究结果一致。然而，初级生产者的氮限制水平并非贯穿整个食物网，所有自游生物(nekton)都是磷限制的。少数初级生产者和无脊椎动物的养分限制类型随季节变化而变化，但自游生物却不会。营养流网络中的养分限制并非由初级生产者的限制类型决定，因为各种生物具有不同的化学计量需求。

参考章节：自动催化；涌现性；目标功能和指引者；生态系统的间接影响。

课外阅读

Baird D and Heymans JJ（1996）Assessment of the ecosystem changes in response to freshwater inflow of the Kromme River estuary，St.Francis Bay，South Africa：A network analysis approach. *Water SA* 22（4）：307-318.

Fabiano M，Vassallo P，Vezzulli L，Salvo VS，and Marques JC（2004）Temporal and spatial changes of exergy and ascendency in different benthic marine ecosystems. *Energy* 29：1697-1712.

Genoni GP（1992）Short term effect of a toxicant on scope for change in ascendency in a microcosm community. *Ecotoxicology and Environmental Safety* 24：179-191.

MacArthur R（1955）Fluctuations of animal populations，and a measure of community stability. *Ecology* 36（3）：533-536.

Morris JT，Christian RR，and Ulanowicz RE（2005）Analysis of size and complexity of randomly constructed food webs by information theoretic metrics. In：Belgrano A，Scharler UM，Dunne JA，and Ulanowicz RE（eds.）*Aquatic Food Webs*，vol. 7，pp. 73-85. New York：Oxford University Press.

Odum EP（1969）The strategy of ecosystem development. *Science* 164：262-270.

Patrı´cio J，Ulanowicz RE，Pardal M，and Marques J（2006）Ascendency as ecological indicator for environmental quality assessment at the ecosystem level：A case study. *Hydrobiologia* 555：19-30.

Popper KR（1982）*A World of Propensities*，51pp. Bristol：Thoemmes.

Rutledge RW，Basore BL，and Mulholland R（1976）Ecological stability：An information theory viewpoint. *Journal of Theoretical Biology* 57：355-371.

Scharler UM and Baird D（2005）A comparison of selected ecosystem attributes of three South African estuaries with different freshwater inflow regimes，using network analysis. *Journal of Marine Systems* 56（3-4）：283-308.

Tobor Kaplon MA，Holtkamp R，Scharler UM，Bloem J，and de Ruiter PC（2007）Evaluation of information indices as indicators of environmental stress in terrestrial. *Ecological Modelling* 208：80-90.

Ulanowicz RE（1986）*Growth and Development：Ecosystems Phenomenology*. New York：Springer.

Ulanowicz RE（1997）*Ecology，The Ascendent Perspective*. New York：Columbia University Press.

Ulanowicz RE（2004）Quantitative methods for ecological network analysis. *Computational Biology and Chemistry* 28：321-339.

Ulanowicz RE and Abarca Arenas LG（1997）An informational synthesis of ecosystem structure and function. *Ecological Modelling* 95：1-10.

Ulanowicz RE and Baird D（1999）Nutrient controls on ecosystem dynamics：The Chesapeake mesohaline community. *Journal of Marine Systems* 19：159-172.

相关网址

http：//www.dsa.unipr.it Dipartimento di Scienze Ambientali

http：//www.ecopath.org Ecopath with Ecosim

http：//www.cbl.umces.edu Ecosystem Network Analysis

http：//www.glerl.noaa.gov National Oceanic and Atmospheric

第十章
生态网络分析：能量分析

R A Herendeen

一、引言

生态学家一直告诉我们，一切血肉之躯(all flesh)皆为草芥，而草芥反过来便是阳光。多亏了 1973 年大范围的石油禁运，才使我们认识到面包不只是阳光，而且还是石油。经济学家已对衬衫需求导致的钢铁需求做了说明。所有这些都是间接效应的例子。量化它们所采用的技术涵盖系统生态学、工程学和经济学，这是培育交叉学科的一个很有说服力的例子。理解这些间接效应将为其广泛应用提供深刻的见解，从生态系统中的污染物生物富集（bioaccumulation）到经济中的劳动力需求。

理论上，我们可对生态系统各层间完整流量图中的间接性（indirectness）进行全面了解。实际上，我们通常期望或接受既能用于说明特定应用，也能用于准确表达概念的全局变量或指标，但这样会丢失细节信息。

通过将显式计算应用于简单的、理想化的两层生态系统，本章拟对这种指标进行讨论，包括能量和养分强度（nutrient intensities）、营养位（trophic position，TP）、路径长度（path length，PL）和停留时间（residence time，RT）等。除了应用于稳态，这一思路也可拓展至动态系统，如对干扰的响应。最后，对经济系统中产品和服务的能量强度计算问题也进行了讨论。服务的能量强度是确定消费性社会中有关生活能量成本的关键环节，这在分析能源税收方面已有特殊的应用。

二、分析水平

在多层系统中，相互作用可依三个聚合/细节水平进行分析。

1）单层（分离的）。这强调的是直接效应（如鹰捕食老鼠而非草）。传统的种群生物学通常在这一水平上开展研究，根本不涉及间接性。

2）系统内的单层。这强调的是直接与间接效应的叠加（如通过捕获食草的老鼠，鹰的食物中包含草，而草中包含阳光）。

3）整个系统。这强调的是系统范围的过程（如相对即时的磷流失，整个系统再循环的磷达何种程度？）。

本章内容侧重于水平 2。所要计算的指标是，生态系统中与其他层级有明显联系的单层的属性。水平 3 超出了本章的范围。

从 20 世纪 70 年代早期开始，对水平 2 的分析成为大多能量分析的基础，并已得出了一系列意想不到的结果，例如：

1）一辆私家车仅有 60%的能量用于油箱中的燃料。15%用于汽车生产，25%用于零部件、维修、保险、注册和停车等。

2）生产车的能量中，仅有 10%消耗在组装厂，其余消耗在炼钢厂、玻璃制造、铁矿和橡胶园等。

3）从废品到可回收性饮料瓶的转变，既节省了能量，又增加了就业。

一个更近的例子是，郊区生活“发散”（sprawl）的能源密集度仅比城市生活“紧凑”（compact）的高出 10%左右。生物学上的一个例子是营养级联（trophic cascade），通过近期灰狼再次被引入黄石国家公园（Yellowstone National Park）所造成的后果，对其进行了例证。灰狼的增加抑制了麋鹿活动，结果使可食植物（browse vegetation）的更新能力增强。

三、稳态分析：能量和养分强度

能量分析簿记法可用于指定很多其他类型的间接性。从能量开始，我们将对这一方法推广至其他实体。为了说明这一点，可采用一个假设处于稳态的两层系统（图 10-1）。这一系统加入反馈（再循环）时足够复杂，但采用标准代数法时又非常简单。系统中的一切都可用矩阵符号表示，这一简略表达方式对具有多层的系统也非常有用，但代数法更加明了。

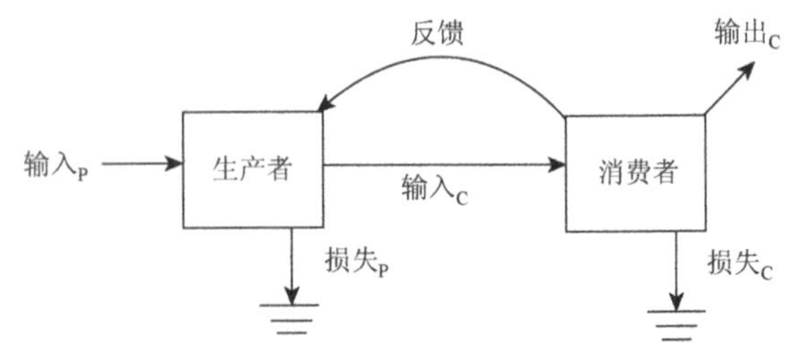

图 10-1　两层系统在稳态时的能量流（cal/d）。输入$_P$是通过光合作用生产的总初级生产量。

图 10-1 显示了由生产者（如绿色植物）和消费者（如食草动物）组成的两层系统中的某种流，如能量（参见表 10-1 中的术语定义）。生产者的输入来源于系统之外（如太阳），而消费者的输出也终将脱离系统。从消费者到生产者存在各种反馈，如某些植物可能取食动物等。在这一类型的所有图表中，可确定对我们很重要且包含直接和间接效应的某些流。当然，这需要我们的判断。例如，标准能量强度的概念是，能量损失（如低温热量）被假定隐含于高质代谢生物量（high-quality metabolizable biomass）的余流（remaining flow）之中。这便产生了变形图（图 10-2）。

表 10-1 术语的定义

符号	定义	单位
Δt_j	时间步长	d
E_j	输入 j 层的能量	cal/d
ε_j	j 层输出的能量强度	cal/cal
ECOL	家庭生活的能量成本	英制热单位/年
$<\varepsilon>$	家庭平均能量强度	英制热单位/美元
ε_{impj}	输入的物质能量强度，功能上与 j 层生产的完全相同	cal/cal
$EXPORT_j$	j 层的输出	cal/d
$FEEDBACK_j$	从消费者到生产者的流量	cal/d
gloof	生态系统输入的通用术语，由本章所采用的方法指定	？/d
GPP	总初级生产量，由植物固定的能量	cal/d
$IMPORT_j$	物质输入，功能上与 j 层生产的完全相同	cal/d
$INPUT_j$	j 层的输入	cal/d
$LOSS_j$	j 层的损失	cal/d
N_j	j 层的养分输入	g/d
η_j	j 层输出的养分强度	g/cal
η_{impj}	输入物质的养分强度，与 j 层生产的完全相同	g/cal
$OUTPUT_j$	j 层的输出	cal/d
PL_j	j 层的路径长度	无量纲的
S_j	j 层的储量	cal
TP_j	j 层的营养位	无量纲的
t_j	j 层分离层的停留时间	d
T_j	j 层在系统内的停留时间	d
X_{ij}	从 i 层到 j 层的流量	cal/d
X_j	$OUTPUT_j$	cal/d
Y_j	消费种类 i 的全年家庭支出	美元/年
Y	全年家庭总支出	美元/年
Z	反馈	cal/d

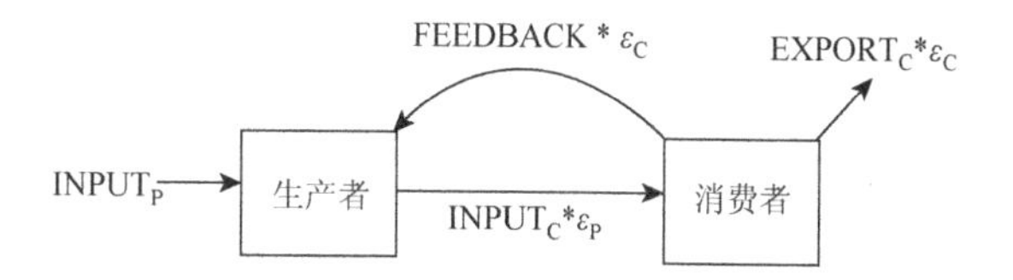

图 10-2 两层系统中的隐含能流（cal GPP/d）。能量强度 ε 将能量流（cal/d）转换为隐含能流（cal GPP/d）。

如此，余流表达了我们所希望解释的输入。失踪的损失（missing loss）隐式地包含于余流之中，在形式上由能量强度携带。图 10-1 和图 10-2 的对应关系及其不同使间接性的所有来源具体化。因此，强度是系统输入和系统流间概念上、量纲上和数字上的桥梁。在这一系统中，强度单位是指与生产者生物量或消费者生物量每 cal（calorie）相当的总初级生产（即光合作用固定的太阳光，简写为 GPP）热量。不过，强度单位的选取取决于系统和所要研究的问题。例如，在经济系统中，能量强度用 Btu/dollar（1Btu=1055J）来测度。

一个重要的假设是每层中都有隐含能，而且输入隐含能=输出隐含能。它的一般过程可概括为图 10-3（a）和图 10-3（b）。由于能量分析簿记法可用于指定除了能量的其他许多事物，所以图 10-3（a）中采用了一个通用术语“gloof”。图 10-3（b）是能量平衡方程。图 10-3（a）和图 10-3（b）涉及系统的隐含能输入。Howard Odum 关于佛罗里达州银泉（Silver Spring）的研究就是一个很好的例子。在那里，游客用面包喂养其正常食物为春季植物的鱼类。输入隐含能的另一个的例子是，美国进口中国制造的服装。

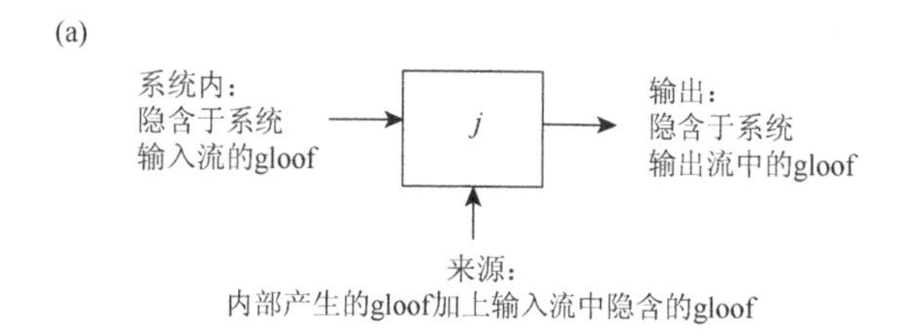

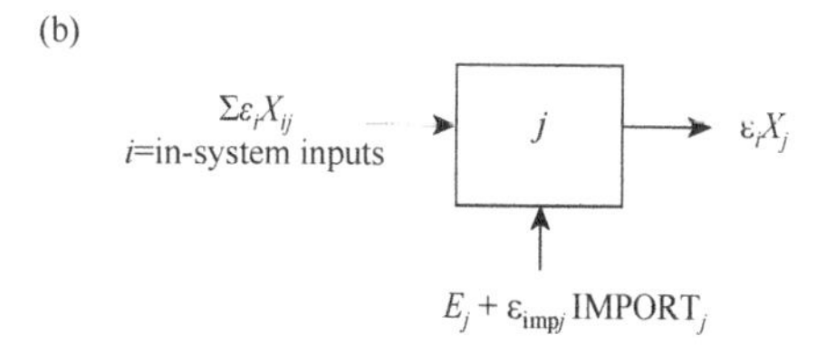

图 10-3 （a）为稳态系统指定包含一般系统输入 gloof 的普通示意图。Gloof 可能是能量、养分，甚至是时间（为计算停留时间）。在经济应用中，gloof 可能是资金、劳动力，或污染物的同化。对每层而言，通过消耗，进入的隐含 gloof=流出的隐含 gloof。（b）层 j 的隐含能平衡方程，可由（a）推导得出。X_{ij} 为进入层 j 的系统内输入；X_j 为层 j 的总输出；E_j 为层 j 的（直接的）能量输入。

基于图 10-3（b）中的隐式，通过解方程（线性），可得到能量强度：

$$\sum_{i=1}^{n}\varepsilon_i X_{ij} + \varepsilon_{\mathrm{imp}j}\mathrm{IMPORT}_j + E_j = \varepsilon_j X_j \qquad [1]$$

总和为系统内的全部输入。图 10-3（b）中，E 为从地球中获取的能量，或至少是来自于系统之外。能量本身隐含的能量强度是 1.0。输入的物质已具有能量强度，因为其生产是在其他地方进行的。这将在动态指标部分中进行更详细的讨论。我们现将这一原理应用于如图 10-4（a）所示的一组特定流量集中。为简洁直观起见，用符号 Z 表示反馈。

方程[1]为每层给出一个等式：

$$\begin{aligned}100 + Z\varepsilon_c &= 10\varepsilon_p\\ 10\varepsilon_p &= (5+Z)\varepsilon_c\end{aligned} \qquad [2]$$

解方程得 ε_p=10+2Z,ε_c=20,二者都可用 cal GPP/cal 生物量表示。将这些能量强度代入图 10-3（b）后，可得到如图 10-4（b）所示的隐含能流。整个系统在隐含能上是平衡的，这是假设每层都平衡的结果。

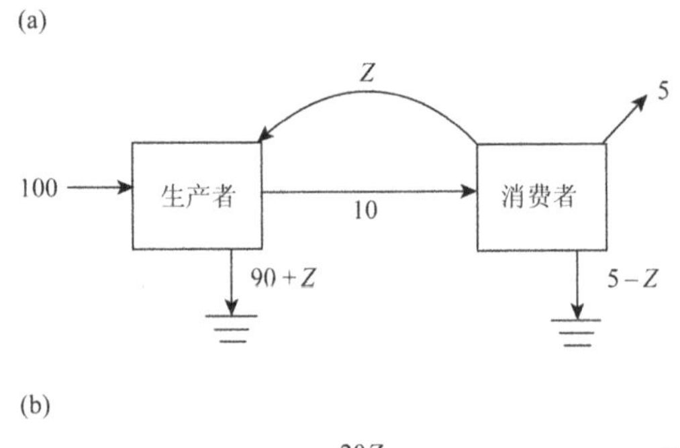

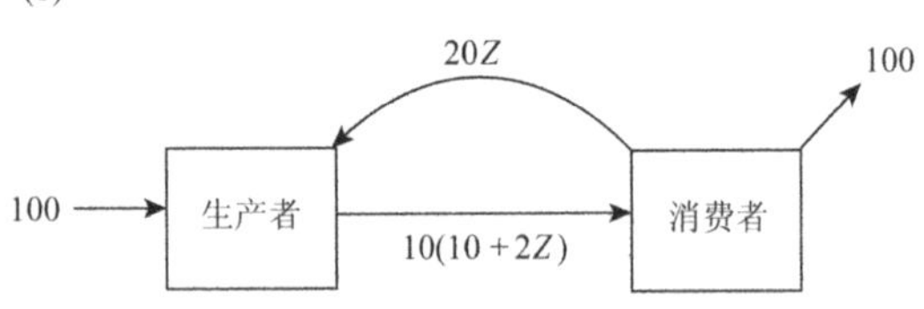

图 10-4 （a）两层系统的显式能量流（cal/cal）。反馈 Z 的变化区间为（0～5）cal/d。虽然这个例子有点极端，但生产者 0.1 的输入/输出之比却适合于很多真实的系统。（b）系统中的隐含能流（cal GPP/d）如（a）所示，是反馈 Z 的函数。如整个系统平衡一样，两层的隐含能也处于平衡状态。

现设想我们要追踪养分流。养分强度（nutrient intensity）η 可用养分（g）/生物量（cal）表示。这里，我们（任意）假定养分只由生产者吸收且转移至消费者时无损失发生，但一些养分在新陈代谢期间会从消费者那里发生渗漏（leaked）。另外，还假定消费者新陈代谢损失的养分强度是消费者输出流的一半。这可由图 10-5 予以说明。

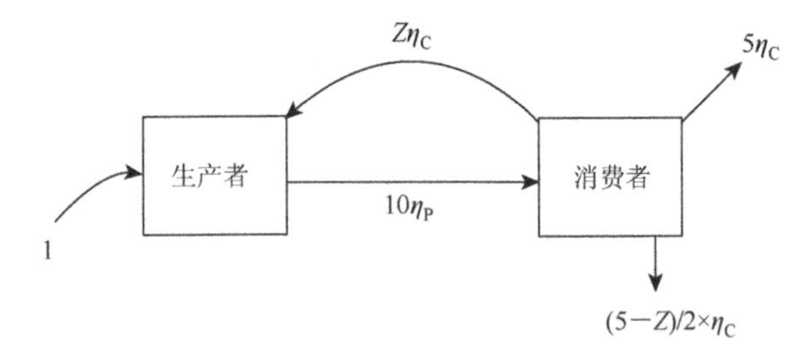

图 10-5 图 10-4（a）系统中的隐含养分流（g/d）。η（g/cal）为养分强度。

平衡方程为

$$\begin{aligned}1 + Z\eta_{\mathrm{C}} &= 10\eta_{\mathrm{P}}\\ 10\eta_{\mathrm{P}} &= 5\eta_{\mathrm{C}} + Z\eta_{\mathrm{C}} + \frac{(5-Z)}{2}\eta_{\mathrm{C}}\end{aligned} \qquad [3]$$

对其求解，可得 $\eta_{\mathrm{P}} = (1/10)(15+Z)/(15-Z)$，$\eta_{\mathrm{C}} = 2/(15-Z)$。利用这些强度可得到如图 10-6 的隐含养分流。

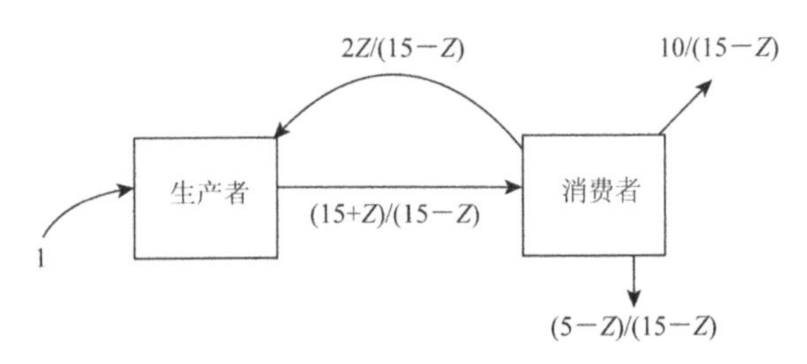

图 10-6 图 10-4（a）系统中的隐含养分流是反馈 Z 的函数。如整个系统平衡一样，两层的隐含流也处于平衡状态。

系统在隐含养分上是平衡的，但养分流却具有出乎意料的特征：对 $Z>0$ 而言，从生产者到消费者（内部流）的养分流超过了系统的输入流 1g/d。批评者将这个明显的矛盾称为方法的诅咒性缺陷（damning flaw），但实际上，这在预料之中。反馈加快了系统的流动，单位时间内将有更多的分子通过某个给定的点。由于这里的隐含养分是真实的养分，因此可从实验上对其效应进行度量。这通常用来验证方法的有效性。

能量强度和养分强度是反馈 Z 的函数，如图 10-7 所示。

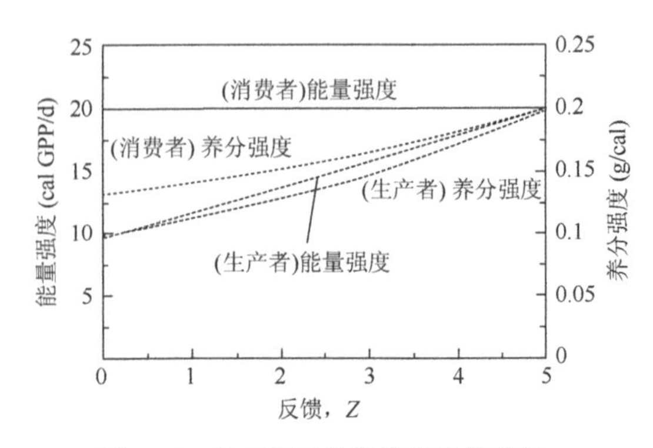

图 10-7 与 Z 相对的能量和养分强度。

随着反馈增加（来自消费者的损失因此而减少），两种强度几近相等。当 Z=5cal/d 时，消费者没有损失，两层将在功能上合二为一。

四、稳态分析：其他指标

以下将讨论其他三个指标：TP、PL 和 RT。表 10-2 列出了每个指标的方程。输入的可能性显然是成立的。多数美国家电（household electronic）由国外生产，就是一个例子。表 10-3 列出了图 10-4a 示例系统中的特定方程及它们的解。

表 10-2　在稳态分析中，计算层 j 指标时输入和输出的显式表达式。对每个指标而言，方程求解过程为 A 列+B 列=C 列

指标	A 系统内的输入项	B 来源项：内部的或外部的输入	C 输出项	注释
能量强度（ε）	$\sum_{i=\text{in-system inputs}} \varepsilon_i X_{ij}$	$\varepsilon_{\text{imp}j} * IMPORT_j + E_j$	$\varepsilon_j X_j$	不同的层具有不同的流量单位。与之对应的强度单位也不同
养分强度（η）	$\sum_{i=\text{in-system inputs}} \eta_i X_{ij}$	$\eta_{\text{imp}j} * IMPORT_j + N_j$	$\eta_j X_j$	不同的层具有不同的流量单位。与之对应的强度单位也不同
营养位（TP）	$\dfrac{\sum_{i=\text{in-system inputs}} \text{TP}_i X_{ij} + \text{TP}_{\text{imp}j} IMPORT_j}{\sum_{i=\text{in-system inputs}} X_{ij} + IMPORT_j + E_j}$	1	TP_j	对营养位而言，所有流量必须是能源项
路径长度（PL）	$\dfrac{\sum_{i=\text{in-system inputs}} (\text{PL}_i + 1) X_{ij}}{\sum_{i=\text{in-system inputs}} X_{ij} + IMPORT_j + E_j}$	None	PL_j	路径长度几乎与营养位一样。流量不一定是能量，但每层的单位一定相同
停留时间（T）	$\dfrac{\sum_{i=\text{in-system inputs}} \tau_i X_{ij}}{\sum_{i=\text{in-system inputs}} X_{ij} + IMPORT_j + E_j}$	t_j	t_j	t_j 是层 j（储量/通量）的分离层的停留时间，被认为是一个常量。流量不一定是能量，但每层的单位一定相同

表 10-3　显式平衡方程及 5 个指标的解

指标	涉及的图	方程	解	单位
能量强度（ε）	10-4a	$100 + Z\varepsilon_C = 10\varepsilon_P$ $10\varepsilon_P = (5+Z)\varepsilon_C$	$\varepsilon_P = 10 + 2Z$ $\varepsilon_C = 20$	cal GPP/cal
养分强度（η）	10-5	$1 + Z\eta_C = 10\eta_P$ $10\eta_P = 5\eta_C + Z\eta_C + \dfrac{(5-Z)}{2}\eta_C$	$\eta_P = \dfrac{1}{10}\dfrac{15+Z}{15-Z}$ $\eta_C = \dfrac{2}{15-Z}$	g/cal
营养位（TP）	10-4a	$\dfrac{\text{TP}_C Z}{100+Z} + 1 = \text{TP}_P$ $\dfrac{\text{TP}_P 10}{10} + 1 = \text{TP}_C$	$\text{TP}_P = 1 + \dfrac{2Z}{100}$ $\text{TP}_C = 2 + \dfrac{2Z}{100}$	
路径长度（PL）	10-4a	$(\text{PL}_C + 1)\dfrac{Z}{100+Z} = \text{PL}_P$ $\text{PL}_P + 1 = \text{PL}_C$	$\text{PL}_P = \dfrac{2Z}{100}$ $\text{PL}_C = 1 + \dfrac{2Z}{100}$	
停留时间（τ）	10-4a	$\tau_C \dfrac{Z}{100+Z} + t_P = \tau_P$ $\tau_P + t_C = \tau_C$	$\tau_P = \left(1 + \dfrac{Z}{100}\right) + t_P \dfrac{Z}{100} t_C$ $\tau_C = \left(1 + \dfrac{Z}{100}\right)(t_P + t_C)$	d

1. 营养位

营养级是取食模式的直链图（liner chain picture）。取食模式包括 A 只取食 B 和 B 只取食 C 等。如果链条中有 n 层，则有 n 个完整的营养级，且营养级数目为太阳的步长+1。因此，对于链条中的生产者和消费者而言，营养级分别为 1 和 2。对于泛食性动物（omnivory）和由此产生的网络相互作用，除非允许存在非完整（nonintergral）的 TP，这一观点才失去意义。简言之，一个层级的营养位是全部输入的 TP（能量）加权平均数+1。营养相互作用（trophic interaction）通常用能量流表示，因此这里我们只能采用能量流，而非养分或其他流量形式［还有一种对偶法（dual approach），可产生无数系列的完整营养级，这里不展开论述］。

采用将 TP_{Sun} 设置为 0 的标准做法，从表 10-3 中可得出生产者和消费者的 TP 分别为 $1+2Z/100$ 和 $2+2Z/100$。反馈使二者的 TP 都增加。在 $Z=0$，$TP_P=1$，$TP_C=2$ 时，如预期的那样为一直线食物链。

2. 步长

步长可用两种方式表示：

● 向后回溯（looking backward in time）。一个刚离开层 j 的分子，在其进入系统到现在总共通过了多少个内层（intercompartment）？

● 向前追溯（looking forward in time）。一个刚离开层 j 的分子，在其退出系统之前平均通过了多少个内层？

对稳态系统而言，这些都容易计算。但对动态系统而言，向后回溯更适合，因为计算时无需知道未来。因此，我们只计算向后回溯的步长。用语言表述的话，步长是每一输入分量（PL+1）的加权之和。计算步长时，不包括输出，因为其仅基于内部流。输入流不一定是能量，但它们必须具有同一单位，以便计算加权平均数。

步长和营养位几乎一样。对一个仅以阳光为能量输入的系统而言，$TP_i=PL_i+1$。如果有其他系统的能量输入，如外源性食物，二者的区别将更加明显。如表 10-3 所示，生产者和消费者的步长分别为 $2Z/100$ 和 $1+2Z/100$。当 $Z=0$ 时，$PL_P=0$，因为对生产者而言，没有出现系统内的输入。

3. 停留时间（T）

与步长一样，停留时间既可用向后回溯，也可用向前追溯表示，但本章只涉及前一种情况：一个刚离开层 j 的分子，在系统中停留了多长时间？假定我们知道独立层（isolated compartment）的停留时间 t_i，则系统停留时间是这些独立层停留时间和层连通度的函数。t_i 通常被定义为储量与通量之比（与所有讨论的指标相差甚远，这需要我们知道稳态时的储量），层 j 的停留时间就是每类输入停留时间的加权平均数+t_i。表 10-3 中生产者和消费者的停留时间分别为（$1+Z/100$）t_P+（$Z/100$）t_C 和（$1+Z/100$）（t_P+t_C）。没有反馈时，生产者的停留时间 T_P 正好等于 t_P，因为只有来源于系统外的一个输入。消费者的停留时间 T_C，正好等于 t_P+t_C，因为分子离开消费者时已经过一次生产者和消费者。步长和停留时间对 Z 的图形关系见图 10-8。

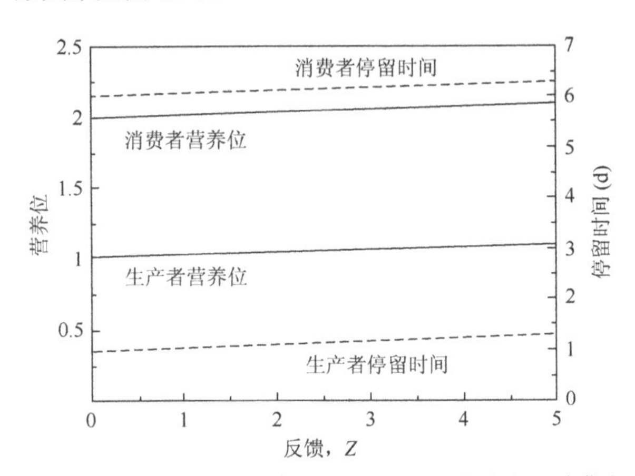

图 10-8　与 Z 相对的营养位和停留时间。生产者和消费者独立层的停留时间分别为 1d 和 5d。

五、动态系统中的指标

计算动态指标

侧重于间接性的多数能量分析和系统生态学都假定稳态系统中流量和储量是不随时间变化的常数。然而，真实的系统几乎一直是动态的。本章介绍的所有指标，只要采用向后回溯方式，都可给予动态的解释。任何动态分析必须明确是关于储量、流量和时间步长的。动态视图的要素如图 10-9 所示。

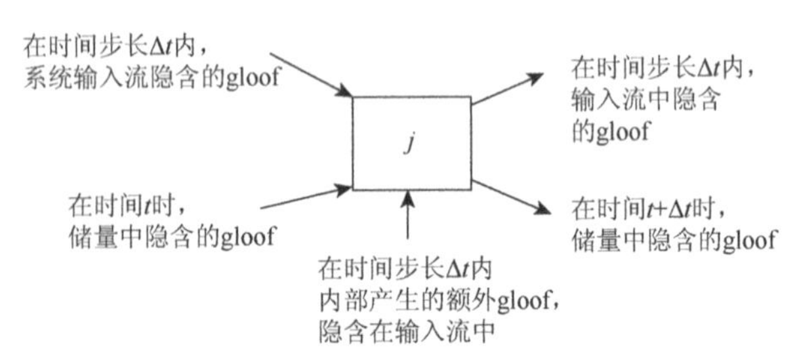

图 10-9　动态系统中包含一般系统输入 gloof 的普通示意图。在真正的动态中，储量随时间 $S_{t+\Delta t}=S_t+(OUTPUT_{t+\Delta t}-\sum INPUT_{t+\Delta t})\Delta t$ 而变化。

图 10-9 概括了这一个假设，即在一个时间步长 Δt 内，隐含于输入流和储量中的 gloof 将分散在最

终的储量和输出流之中。时间步长结束时，有一个均匀混合的数学平衡（mathematical equivalent），使储量和输出的能量强度相同。图 10-10（a）和 10-10（b）对能量强度和停留时间做了详细说明。

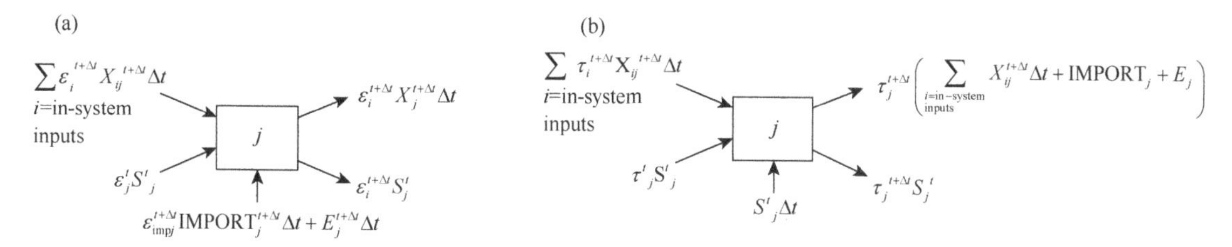

图 10-10 （a）计算动态能量强度的示意图。来源项为能量本身与隐含于输入中的能量。类型 j 输入的能量强度 $\varepsilon_{\text{imp}j}$ 由外部给定。（b）计算动态停留时间的示意图。来源项为 Δt 时间内现有储量的减少量。

流量乘以时间步长 Δt 后，其量纲与储量一致。输出中包括储量的变化（经济学术语中的库存变化），因此新储量等于旧储量与这一变化量之和。图 10-10（a）表明，$t+\Delta t$ 时刻的能量强度是 $t+\Delta t$ 时刻流量及 t 时刻储量与能量强度的函数。如果最初的能量强度和储量是已知的，则可用动态模型计算一段时间内的储量和流量，也可用图 10-10（a）中隐含的方程计算动态能量强度：

$$\sum_{i=\text{in-system inputs}} \varepsilon_i^{t+\Delta t} X_{ij}^{t+\Delta t}\Delta t + \varepsilon_j^t S_j^t + \varepsilon_{\text{imp}j}^{t+\Delta t}\text{IMPORT}_j^{t+\Delta t}\Delta t + E_j^{t+\Delta t}\Delta t = \varepsilon_j^{t+\Delta t} X_j^{t+\Delta t}\Delta t + \varepsilon_j^{t+\Delta t} S_j^t \quad [4]$$

同理，从图 10-10b 中可得到动态停留时间：

$$\sum_{i=\text{in-system inputs}} \tau_i^{t+\Delta t} X_{ij}^{t+\Delta t}\Delta t + \tau_i^t S_j^t + S_j^t\Delta t = \tau_j^{t+\Delta t}\left(\sum_{i=\text{in-system inputs}} X_{ij}^{t+\Delta t}\Delta t + \text{IMPORT}_j + E_j\right) + \tau_j^{t+\Delta t} S_j^t \quad [5]$$

图 10-10（a）和 10-10（b）也说明了强度（任何事物的）作为来源项进入系统，随后被内流（internal flow）进行配置的方式。对能量强度而言，来源是相似实体（similar entity）（经济学术语中的竞争性输入）输入中的隐含能加上不同实体（different entities）的输入，这里只指能量本身。

对停留时间而言，来源项正好是储量的衰减（aging）量。根据定义，外部输入对停留时间没有作用。对营养位和步长而言，可进行类似的分析。

六、动态指标模拟

图 10-11 是两层动态模型系统。最初，系统处于无反馈的稳态（Z=0），但在 20d 时，反馈开启（Z=3），然后在 500d 时再次关闭（Z=0）。这里，基本模型的具体细节并不重要，它结合了由消费者对生产者多度所产生的非线性比率依赖（ratio-dependent）的取食响应。当反馈存在时，反之亦然。生产者输出依赖于被假定为常数的光级（light level）和生产者的生物量。运用 STELLA 模型软件，可进行模拟。

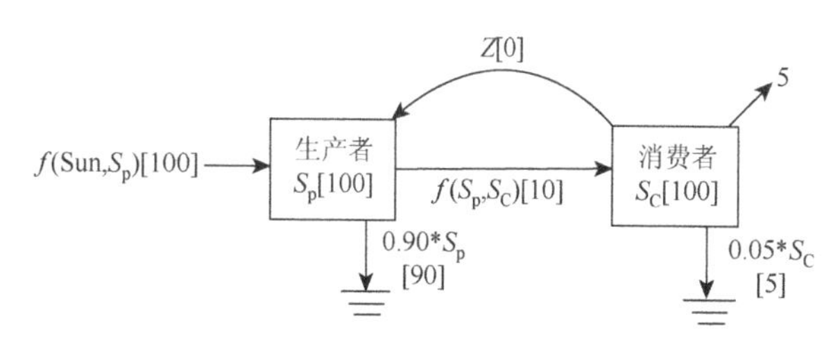

图 10-11 动态模拟模型。方括号内的数字是反馈开始前的初始稳态值。方框内的符号为储量；其他为流量。

图 10-12（a）～（d）显示了四个指标，即能量强度、营养位、步长和停留时间的动态行为。所有图中，也显示了生产者和消费者的储量。非零反馈（nonzero feedback）开始后，随着更多物质的进入，生产者储量立即增加，而层级和消费者的储量下降。但随后，通过对生产者储量增加的响应，消费者的储量也增加，且二者都是渐进式的增加。这是合理的，因为伴随反馈的增加，损失在减少，如图 10-11 所示。

与稳态计算结果相似，生产者和消费者的能量强度、营养位、步长和停留时间也都增加。不过，它们的值不是由静态方程 Z=3cal/d 确定的。这是因为，在动态模型中，当反馈改变时，所有流量和储量都将发生变化，而在前两部分采用的静态模型中，除了反馈，所有流量都被假定是保持不变的。

七、应用

1. 生态例子：四层食物网

图 10-13 是俄罗斯一片沼泽（bog）中的稳态能量流和储量。分析人员将这一系统分为四层：植物、动物、分解者和碎屑。碎屑由无差别的无生命物质（dead material）组成，所以没有新陈代谢的损失。其他层对

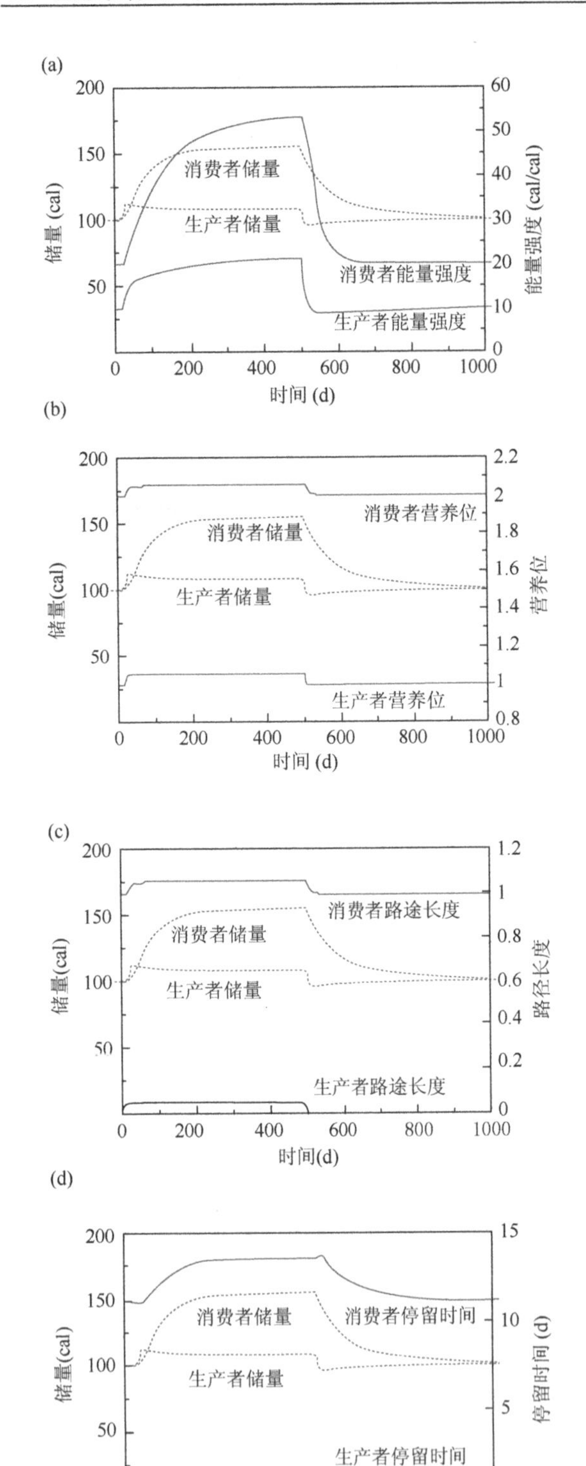

图 10-12 动态系统中的指标。系统最初处于反馈（Z）为 0 的稳态。在 20～500d 时，Z 突然增加到稳态值 3cal/d，接着又突然变为 0。(a) 能量强度；(b) 营养位；(c) 路径长度；(d) 停留时间。

碎屑都有贡献。另外，动物和分解者也取食碎屑，最终形成了两种反馈流和一个网络结构（web structure）。所有指标都可根据表 10-2 中给出的方程予以计算，结果见表 10-4。因为植物只有唯一的太阳能输入，因此其能量强度非常低且营养位等于 1。然而，对其他层而言，能量强度更高且营养位也高。分解者的营养位等于 4.9，高于其他网络中食物链的预期值 4。分解者的能量强度和营养物都高居首位。因为这个系统只有一个输入，所以步长正好等于营养位减 1。

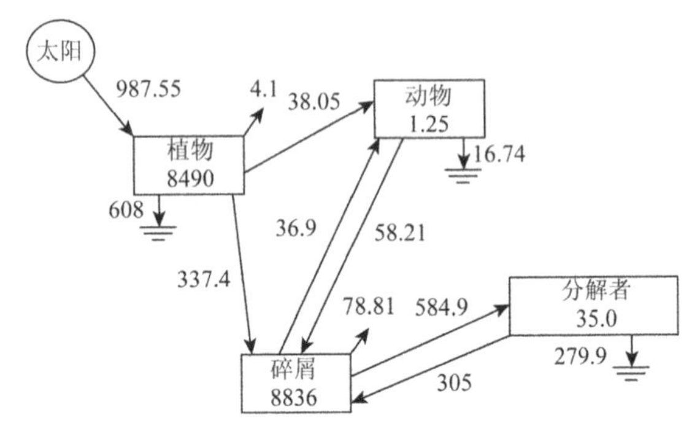

图 10-13 俄罗斯沼泽中的能量流{固定的碳［g/(m²·a)］}。碎屑是无差别的非生命物质，所以没有代谢损失。层中的数字为储量[固定的碳(g/m²)]。摘自 Logofet DO 和 ALExandrov GA（1984）：Modelling of natter cycle in a mesotrophic bog ecosystem. Part I：Liner analysis of carbon environs. *Ecological Modelling* 21：247-258。

表 10-4 图 10-13 中俄罗斯沼泽食物网的能量强度、营养位、路径长度和停留时间

层	能量强度 ε（cal GPP/cal）	营养位（TP）	路径长度（PL）	分离层的停留时间，t（年）	系统内的停留时间，T（年）
植物	2.60	1.00	0.00	8.60	8.6
动物	9.56	3.43	2.43	0.017	20.5
碎屑	12.40	3.90	2.90	12.60	32.7
分解者	23.80	4.90	3.90	0.06	32.8

表 10-4 显示，网络结构对停留时间具有明显影响。植物和碎屑的隔离层停留时间（储量/通量）较长，而动物和分解者的较短。停留时间最长的是碎屑，最短的是动物，前者是后者的 760 倍。相反，系统内的停留时间相差只有 4 倍。动物和分解者在单独存在时，其活动都加快，并都可从碎屑（单独存在时活动变慢）中获取大量的输入流。系统使三层彼此联系在一起，结果导致三层的活动都变得相对缓慢。这是碎屑链延缓系统对干扰响应概念的一个方面。

2. 能源/经济例子：消费产品、服务的能源强度和生活能源成本

涉及这个主题，主要是强调和论述能源分析应用的广泛性及生态与经济系统的相似性。所要讨论

的问题是，需要多少能源来直接和间接地支撑人类家庭式的消费方式。解决方法分两步：①确定生产产品直接和间接需要的能源；②确定家庭消耗的能源。

考虑一块面包。用于原料生长、制作、运输和交易的能源可用详细的纵向分析法（vertical analysis）（也可称为过程分析法，process analysis）来确定。在纵向分析法中，可对如下过程所消耗的能源进行求和：①超市中消耗的能源；②面包店中消耗的能源；③面粉厂中消耗的能源；④农场上消耗的能源；⑤每一环节运输中的能源等。

这一过程甚至可导致系统内具有反馈的循环产生（如汽车需要钢铁，而钢铁工业使用一些汽车），但经历几个阶段后，过程通常会向可解决问题的方向集中。

纵向分析法虽然准确，但比较昂贵。所以，将其应用于大量产品是不可行的。不过，有一个关于美国经济各部门（350～500个）交互的大型数据库，它就是由美国商务部（US Department of Commerce）发行的投入产出表（I-O，input-output table）。许多其他国家也都有类似的投入产出表。通过大量十分严格的假设，利用图 10-3（b）中暗含的方程，可将这个表与每个部门的直接能源利用数据结合起来，以得到能源强度。这样的一个假设基于如下事实：投入产出表中的单位是货币单位/年，因此不得不将美元作为隐含能的适当衡量符（appropriate allocator）。在美国的能源工业中，能源通常用 Btu 度量，于是产品和服务的能源强度可表示为 Bth/$。基于投入产出表确定能源强度的做法已有大约 35 年的历史。在进一步假设的情况下，强度可用于评价不同消费方式的能源效应。如果将其应用于家庭，则可产生所谓的生活能源成本（energy cost of living）。

投入产出表中的数据是有效的，但收集相互关联的直接能源数据和执行计算却是一项冗长乏味的工作，尽管今天的计算机使其越来越容易。求解方程 1 中的 500 个模拟方程组，需通过 500 个秩的逆矩阵完成。

一旦我们有了能源强度，就需要了解家庭在消费品分类范围内是如何支出［也可称为市场一篮子（market basket）］的具体细节。这一信息由美国劳工统计局（US Bureau of Labor Statistics）收集。将二者结合，便可得到生活能源成本（ECOL）：

$$\mathrm{ECOL}=\sum_{i=\text{all expenditure categories}}\varepsilon_i Y_i \qquad [6]$$

其中，Y_i 为支出分类（expenditure category）i 的家庭年支出。利用方程[6]可分析总开支（overall spending）和组合市场一篮子的效应。只有不同开支分类的能源强度存在差异时，后者才有意义。

表 10-5 是基于投入产出表的能源强度，1997 年由卡耐基梅隆大学（Carnegie Mellon University）定制，经笔者改进和合并后分为 15 类，几乎囊括了所有的家庭开支。强度确实存在差异，尤其是能源本身和服务行业，如卫生保健等更是如此。

表 10-5 家庭消费分类的能源强度（Btu/$，2003）

1. 居民燃料、电	139 000
2. 汽车燃料	94 300
3. 车辆购置、维护	5 400
4. 食物	6 100
5. 酒精、烟草	3 700
6. 服饰	6 500
7. 通信、娱乐	4 000
8. 卫生、个人护理	2 400
9. 阅读、教育	3 000
10. 保险、退休金	1 600
11. 捐赠	3 800
12. 公共交通	21 200
13. 资产收益	4 700
14. 其他	4 200
15. 房屋	5 100
直接能源［（1）+（2）］	118 100
非能源［（3）–（15）之和］	4 700
所有人的消费	11 100
能源/GDP	8 900
展开［（1）+（2）+（3）+（15）］	15 700
非展开［（4）–（14）之和］	4 300
汽车及与之相关的［（2）+（3）］	21 200

注：阴影部分意味着强度大于能源/GDP 之比。“展开”包括家务、私家车和运营。来源：基于卡耐基梅隆大学的数据，经笔者计算得出。

利用方程[6]和表 10-5 中所示的那些强度，家庭市场一篮子（$/年）转换为能源效应（Btu/年）的结果见图 10-14。在图 10-14（a）中，我们可看到 1973 年的平均家庭支出为 49 300$，其中只有 6.4%用于直接能源（居民燃料、电和汽车燃料）。转化为能源需求后［图 10-14（b）］，这一部分占 604×10^7Btu 总效应的 63%。总效应相当于 100 桶石油的能源当量（energy equivalent）。图 10-15（a）和图 10-15（b）是最小开支（$11 500/年，241×$10^7$Btu/年）和最大开支（$140 200/年，1233×10^7Btu/年）的能源饼图。直接部分是最大的，占最小开支的 79%，最大开支的 47%。

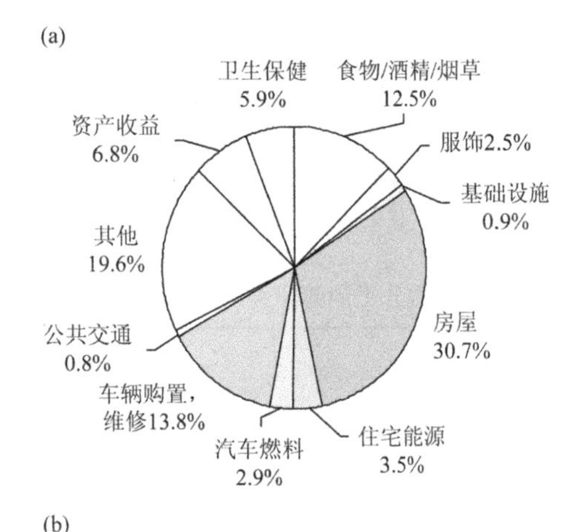

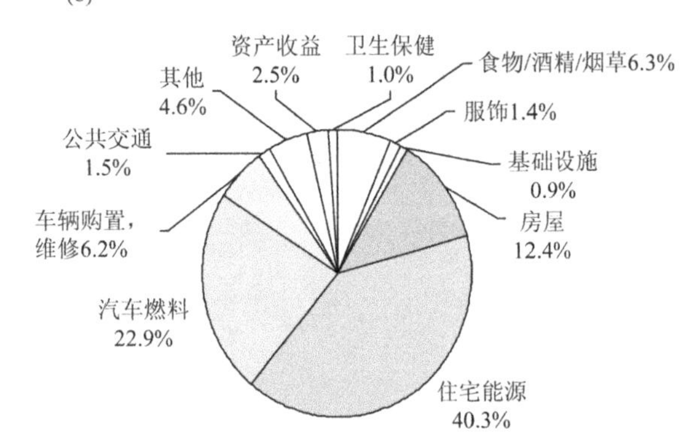

图 10-14　2003 年，美国家庭平均（a）支出为 49 300$；（b）能源效应，总计为 604×10^7Btu。来源：由 R. Shammin，R. A. Herendeen，M. Hanson 和 E. Wilson 计算，未公开发表。

图 10-16 是几千个美国家庭代表性样本的能源与支出的统计拟合。它证实了由于组合的变化，能源不是总支出的线性函数，而是向下弯曲并远离通过原点的直线。原因是直接能源（汽车燃料、居民燃料和电等）会随家庭开支的增加而趋于平衡。其他产品的开支增加，主要是因能源强度较小产品的开支增加。对发达国家而言，图 10-16 的形状似乎呈鲁棒性（robust），这与挪威、荷兰和澳大利亚的研究结果相似。

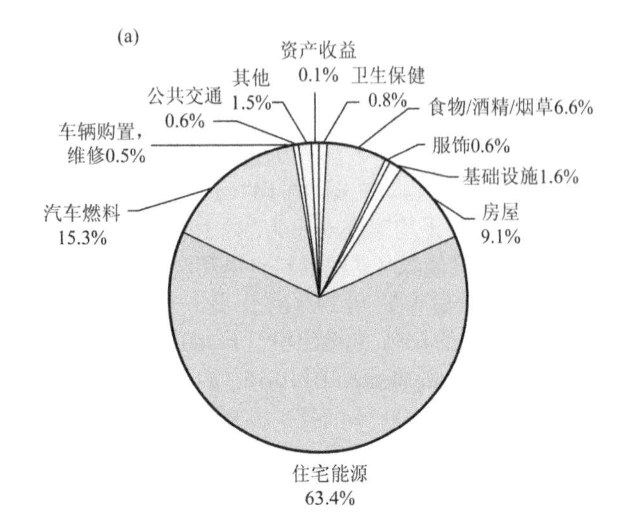

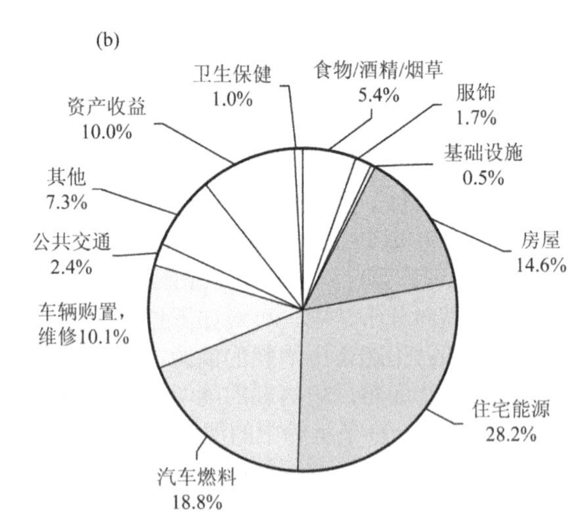

图 10-15　2003 年家庭的能源效应（a）最低收入家庭（11 500$；$241\times10^7$Btu），（b）最高收入家庭（140 200$；1233×10^7Btu）。来源：由 R. Shammin，R. A. Herendeen，M. Hanson 和 E. Wilson 计算，未公开发表。

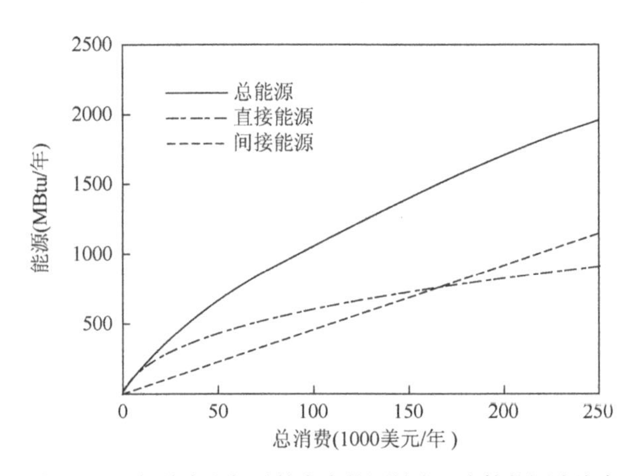

图 10-16　与总支出相对的家庭能源效应。直接能源为汽车和居民燃料及电。总能源为直接能源与其他所有购买品的能源效应。来源：由 R. Shammin，R. A. Herendeen，M. Hanson 和 E. Wilson 计算，未公开发表。

3. 能源/经济例子：能源税的消极效应（regressive effect）

从全球变暖、能源安全和污染中，我们看到化石能源因太廉价而无法对其所造成的损失进行补偿。各种类型能源税的提出，目的就是刺激更加高效的利用，并为替代方法提供资助。在辩论中，公平性问题迅速浮出水面。因为对不太富有的家庭而言，直接能源占总能源的比例较大，如果忽略间接部分，能源价格上涨的消极效应也随之而来。

由于图 10-16 中的总能源曲线向下弯曲，因此一些消极效应仍是可以预测的。为了补偿，我们应设计减免收入所得税以使收入阶层的消极效应均等化。图 10-16 是关键，如下：

设想一下化石能源在油井口（wellhead）或矿山

口（mine mouth）以 p \$/Btu 比率收税的情形。假定经济部门维持其投入生产模式，也就是说，技术不变。再假定每个部门能成功将增加的成本转嫁于最终产品的消费者。则家庭的市场一篮子，如果没有变化，需增加 $p\times$ECOL 的成本。增加幅度等于这一数量除以总市场一篮子的原始成本，用符号 Y 表示，则有

$$\text{Fract.incr.in mkt.basket cost} = \frac{p * \text{ECOL}}{Y} = p\langle\varepsilon\rangle \quad [7]$$

其中，ε 为市场一篮子的平均能量强度。平均值正好等于图 10-16 中在适当点位（at the appropriate point）上的能量/开支，它是连接起点和这一适当点位的直线的斜率。

作为一个例子，现考虑汽油当量下每加仑税收为 0.50 美元的情况。这大约为 4\$/10^6Btu，或 24\$/桶。后者是 2007 年 11 月 7 日原油价格的 25%。

利用图 10-14～图 10-16 我们可在表 10-6 中进行计算。市场一篮子的价格增加情况是，最高支出者为 3.5%，而最低支出者为 8.9%。为实现完全的公平，需减免收入所得税或采取其他措施，以解决这一差别。

表 10-6　假定矿山口化石能源税为 4\$/10^6Btu 的消费结果

	支出水平		
	最低支出	平均支出	最高支出
市场一篮子支出（1000\$/年）	11.5	49.3	140.2
总能量（10^6Btu/年）	241	604	1233
<ε>（1000\$/年）	21.0	12.3	8.8
市场一篮子价格的增加（\$/年）	964	2414	4932
市场一篮子价格的增加（%）	8.4	4.9	3.5

显然，更加精准的计算要远比表 10-6 中的计算过程复杂，但这种简化的计算方法中却渗透着间接性思想。

参考章节：循环和循环指数；生态网络分析：系统成熟主导系数；生态网络分析：环境分析；生态学中的间接效应。

课外阅读

Bullard C, Penner P, and Pilati D (1978) Net energy analysis: Handbook for combining process and input output analysis. *Resources and Energy* 1: 267-13.

Burns T (1989) Lindeman's contradiction and the trophic structure of ecosystems. *Ecology* 70: 1355-1362.

Fath BD and Patten BC (1999) Network synergism: Emergence of positive relations in ecological models. *Ecological Modelling* 107: 127-143.

Finn JT (1976) Measures of ecosystem structure and function derived from analysis of flows. *Journal of Theoretical Biology* 56: 115-124.

Hannon B (1973) The structure of ecosystems. *Journal of Theoretical Biology* 41: 535-546.

Herendeen R (1989) Energy intensity, residence time, exergy, and ascendency in dynamic ecosystems. *Ecological Modelling* 48: 19-44.

Herendeen R and Fazel F (1984) Distributional aspects of an energy conserving tax and rebate. *Resources and Energy* 6: 277-304.

Herendeen R, Ford C, and Hannon B (1981) Energy cost of living, 1972-1973. *Energy* 6: 1433-1450.

Lenzen M, Wier M, Cohen C, et al. (2006) A comparative multivariate analysis of household energy requirements in Australia, Brazil, Denmark, India, and Japan. *Energy* 31: 181-207.

Logofet DO and Alexandrov GA (1984) Modelling of matter cycle in a mesotrophic bog ecosystem. Part 1: Linear analysis of carbon environs. *Ecological Modelling* 21: 247-258.

Odum HT (1996) *Environmental Accounting*. New York: Wiley.

Ulanowicz R (1986) *Growth and Development: Ecosystems Phenomenology*. New York: Springer.

相关网址

http://www.eiolca.net Economic Input Output Life Cycle Assessment, Carnegie Mellon University

第十一章
生态网络分析：环境分析
B D Fath

一、引言

在更为一般的方法分类中，环境分析（environ analysis）被称为生态网络分析（ecological network analysis，ENA）。ENA 利用网络理论，研究生物或种群在其环境中的相互作用。20 世纪 90 年代晚期，该方法由 Bernard Pattern 首次创建，随后他和同事将这一分析方法拓展到揭示大量生态系统结构的抽象和整体属性。ENA 沿用了由 E P Odum 引入的群体生态学（synecology）观点，侧重于系统组分间物质、能量和信息等的相互作用。

ENA 以生态系统可用结点（层、顶点、组分、储存、对象等）网络及结点间的连接（链接、弧线、流量等）来表示这一假设为起点。在生态系统中，连接以系统层级间的能量、物质或养分流动为基础。如果这种流动发生，则两个连接的层级发生直接交换。这些直接交换，使系统中所有对象（object）都产生了直接和间接的联系。网络分析提供了一种面向系统（system-oriented）的视角，因为它揭示了系统中所有对象之间的格局与联系。因此，网络分析也展示了系统组分被结合为一个更大相互作用网络的过程。

二、环境分析的理论发展

Pattern 提出环境分析的目的在于回答“什么是环境？”这一问题。为了将环境作为正式对象来研究，系统边界成为避免无限间接性问题的一个必要条件，因为原则上人们只能追踪宇宙中每个对象的环境并溯源到大爆炸起源（big-bang origins）时期。实际上，包含边界是他引入环境理论概念原创性论文中的三大基本原理之一。这个必要的边界规定了两类环境：自在的（unbound）外部环境，包括宇宙中所有的空间-时间（space-time）对象；内部的、充斥（contained）利益的环境。每个系统对象的这个可量化的、内部的环境被称为“环境”，侧重于环境分析。对象的环境终止于系统边界，但因生态系统是开放系统，需要通过边界与系统环境进行输入和输出交换。因此，输入和输出边界流是维持系统远离平衡结构所必需的。完全驻留于外部环境的对象和连接，与环境分析没有密切的关系。

环境分析理论的另一基本原理是，系统中的每一个对象本身都具有两类“环境”，一个用于接收，另一个用于在系统内发生相互作用。换句话说，对象的输入环境包括来自那些系统边界内通向对象的流量，而输出环境包括那些在退出系统边界之前返回至其他系统对象中的对象流量。这改变了系统组分的感应（perception）过程，从内部-外部再到接收-产生。这样，对象虽然在时空上有区别，但其在网络内的内置性（embedded in）和对其他耦合对象的响应却更为明显。这促使关注焦点从对象本身转移到它们所维持的关系，或从部分转移到过程［或如 Ilya Prigogine 所说的从“存在”（being）到“生成”（becoming）的转移］。

第三个基本原则是个体环境（包括每一个体所携带的流量）是独特的，因此系统由所有环境的并集组成，这反过来可对结构进行系统水平上的区分。根据这一区分，我们可将环境流归类为不同的模式：①边界输入；②系统中一个对象从其他对象中首次接收的（即非边界流）流量是未经循环的；③循环流在离开系统前可返回至层级中；④离开中心对象（focal object）的耗散流（dissipative flow）无法返回，但其并非直接通过系统边界（即它流向系统内的另一对象）；⑤边界流出。这些模式已被用于更好地理解循环的普遍作用，以及从一个对象到其他对象的流贡献，而流贡献已应用于说明基于整体的、热力学的生态指标的互补性。

三、数据需求和群落构建规则

网络环境分析可看作是整体论/还原论方法。其之所以是整体论的，因为它同时涉及所有系统对象的全部整体影响，而其又之所以是还原论的，因为所有对象事项的完美细节为分析之所需。换句话说，它是黑盒模型（a black box model）的对立面。我们对网络数据的需求是相当可观的，包括每个可识别链接和结点（受周转率决定，结点流量和储量可交换）的全部流量与储量。在少量数据未知的情况下，我们可从实际观察、文献估计、模型模拟结果或平衡过程（balancing procedure）中获取数据。数据获取的困难，造成有效完整网络数据集的缺乏。由于充分量化食物网所需的数据不足，研究人员开发了对生态食物网络构建有所启发的群落构建规则（community assembly rule）。通常，构建规则是为大量物种（N）生成连通矩阵（connectance matrix）的规则集。已开发的常用构建规则包括随机或常量连接（constant connectance）、级联（cascade）、生态位（niche）、改变的生态位（modified niche）和网络生态系统（cyber-ecosystem）规则等，每个规则都有其自己的假设和局限。除最后一种情况，所有构建规则只能构建结构性食物网的拓扑结构。网络生态系统方法也包括量化每一链接中流量的过程。它利用 6 个功能群（functional group）的元结构，即生产者（P）、草食动物（H）、肉食动物（C）、杂食动物（O）、碎屑（D）和碎屑取食者等（detrital feeder）（F），根据现实的热力学限制进行流量分配。在这些元结构中，基于确定的限制，随机连接将物种联系起来。

四、方法和样例网络

为了说明基本的环境分析，最好从实例入手。考虑图 11-1 中具有五层或结点（x_i，i=1～5）的网络。通过层级间流动的能量-物质实物的交换，层级被连接起来。这些成对结合物（pairwise coupling）是内部网络结构的基础。结构性连通矩阵（structural connectance matrix），或邻接矩阵（adjacency matrix）$\boldsymbol{A}$ 是连接的二进制表示法。这样，如果从 j 到 i 存在连接，则 a_{ij}=1，否则为 0（方程[1]）。

$$\boldsymbol{A}=\begin{bmatrix}0&0&0&0&1\\1&0&0&0&0\\1&1&0&0&0\\0&1&1&0&0\\0&0&1&1&0\end{bmatrix}\qquad[1]$$

储量和流量的单位必须一致（尽管它有可能涉及多单位的网络）。通常，储量单位由单位面积或体积的能量或生物量（如 g/m^2）给定，流量单位也一样，只不过要用速率［如 $g/(m^2 \cdot d)$］来表示。图 11-1 中的内层流量（intercompartmental flow）可由如下流量矩阵（flow matrix）$\boldsymbol{F}$ 表示：

$$\boldsymbol{F}=\begin{bmatrix}0&0&0&0&f_{15}\\f_{21}&0&0&0&0\\f_{31}&f_{32}&0&0&0\\0&f_{42}&f_{43}&0&0\\0&0&f_{53}&f_{54}&0\end{bmatrix}\qquad[2]$$

之所以采用从 j 到 i 的流方向，是因为其主导从 i 到 j 的生态关系。例如，如果 i 捕食 j，则能量将从 j 流向 i。所有层都将经历消耗性的流量损失（y_i，i=1～5），其中第一层可接收外源流输入 z_1（在另一层上无起

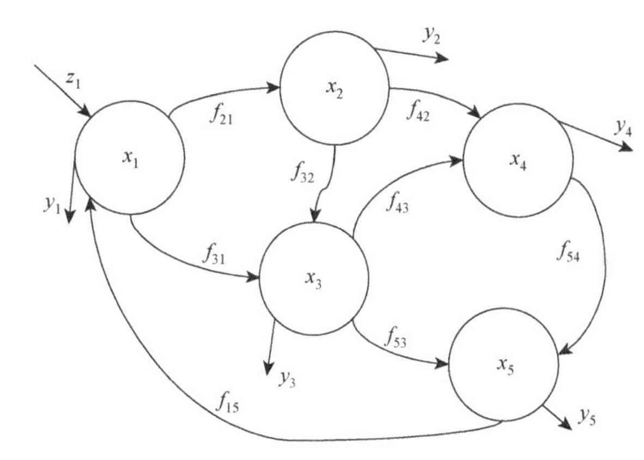

图 11-1　五层样例网络环境分析的符号和方法。

始或终结的箭头，代表边界流）。对这个例子而言，$\boldsymbol{Y}$ 和 $\boldsymbol{Z}$ 可分别表示为

$$\boldsymbol{Y}=\left[y_1y_2y_3y_4y_5\right]\qquad[3]$$

$$\boldsymbol{Z}=\begin{bmatrix}z_1\\0\\0\\0\\0\end{bmatrix}\qquad[4]$$

每层的总通量（total throughflow）是一个非常重要的变量，其值为第 i 层的总流入 $T_i^{\text{in}}=z_i+\sum_j^n f_{ij}$，或第 i 层的总流出 $T_i^{\text{out}}=y_i+\sum_j^n f_{ji}$。在平衡态中，层级的流入与流出相当，即 $\mathrm{d}x_i/\mathrm{d}t=0$，因此输入和流出的通量也相当，即 $T_i^{\text{in}}=T_i^{\text{out}}=T_i$。用矢量符号，层级通量可表示为

$$\boldsymbol{T}=\begin{bmatrix}T_1\\T_2\\T_3\\T_4\\T_5\end{bmatrix}\qquad[5]$$

这一关于储量、流量和边界流的基本信息，为开展环境分析提供了所有必要的信息。环境分析已被分类为只涉及网络拓扑结构的结构分析（structural analysis），以及需要网络中流量和储量数值（表 11-1）的三大功能分析［流量、储量和效用（utility）］。

表 11-1　网络环境分析的基本方法

结构分析（structural analysis）	功能分析（functional analysis）
路径分析（path analysis） 列举网络中的路径 （连接、循环性等）	流分析：$g_{ij}=f_{ij}/T_j$ 识别沿间接路径的流量强度 储量分析：$C_{ij}=f_{ij}/x_j$ 识别沿间接路径的储量强度 效用分析：$d_{ij}=\left(f_{ij}-f_{ij}\right)/T_i$ 识别沿间接路径的效用强度

有关环境分析技术，在任何地方都有详细的解释，本章不再赘述，以下内容主要侧重于从环境分析中所得到的一些重要结果。但利用环境分析识别和量化间接路径及流贡献的方式，是我们必须首先涉及的一个问题。间接性源于那些非直接发生的，或被系统内其他层级调节的转移或相互作用。在到达目标终点之前，这些转移可历经两个、三个、四个，或更多的链接。例如，流量分析始于无量纲的流量强度矩阵 $\boldsymbol{G}$，其中 $g_{ij}=f_{ij}/T_j$。与图 11-1 对应的广义 $\boldsymbol{G}$ 矩阵为

$$\boldsymbol{G}=\begin{bmatrix} 0 & 0 & 0 & 0 & g_{15} \\ g_{21} & 0 & 0 & 0 & 0 \\ g_{31} & g_{32} & 0 & 0 & 0 \\ 0 & g_{42} & g_{43} & 0 & 0 \\ 0 & 0 & g_{53} & g_{54} & 0 \end{bmatrix} \quad [6]$$

这些值代表沿每一链接的流量分数，可通过贡献层（donating compartment）的总通量加以标准化。这些元素给出了任何两个 j 到 i 结点直接可测度的流量强度（或概率）。要识别沿间接路径的流量强度（如，j→k→i），只需将方程中矩阵 $\boldsymbol{G}$ 的次幂增加到与路径长度相当即可。例如，$\boldsymbol{G}^2$ 可给出沿长度为 2 的所有路径的流量强度，$\boldsymbol{G}^3$ 为沿长度为 3 的所有路径的流量强度，等等。这一众所周知的矩阵代数结果是揭示系统间接性的基本工具。实际上，由于矩阵 $\boldsymbol{G}$ 的构建方式，$\boldsymbol{G}^m$ 中的所有元素都将随 $m\to\infty$ 而趋于 0。因此，我们有可能对 $\boldsymbol{G}^m$ 的项数进行求和，以得到一个可给出来自于所有路径长度流贡献的“内部”流量矩阵（可称为 $\boldsymbol{N}$）：

$$\boldsymbol{N}=\boldsymbol{G}^0+\boldsymbol{G}^1+\boldsymbol{G}^2+\boldsymbol{G}^3+\cdots\sum_{m=0}^{\infty}\boldsymbol{G}^m=(\boldsymbol{I}-\boldsymbol{G})^{-1} \quad [7]$$

其中，$\boldsymbol{G}^0=\boldsymbol{I}$，$\boldsymbol{I}$ 为单位矩阵，$\boldsymbol{G}^1$ 为直接流量。当 $m>1$ 时，$\boldsymbol{G}^m$ 为间接流量强度。$\boldsymbol{G}$ 和 $\boldsymbol{N}$ 的元素是无量纲的。要得到现有的通量，只需对内部矩阵乘以输入矢量，即 $T=Nz$。换句话说，自始至终，N 在每层中会对输入 z 进行重新分配，以补充（recover）通过那一层的总流量。同样，任一 m 通过乘以 $\boldsymbol{G}^m z$，可得到任何直接或间接流量。

通过类似的推理，可得到内部储量和效用矩阵：

储量：$$\boldsymbol{Q}=\boldsymbol{P}^0+\boldsymbol{P}^1+\boldsymbol{P}^2+\boldsymbol{P}^3+\cdots\sum_{m=0}^{\infty}P^m=(\boldsymbol{I}-\boldsymbol{P})^{-1} \quad [8]$$

效用：$$\boldsymbol{U}=\boldsymbol{D}^0+\boldsymbol{D}^1+\boldsymbol{D}^2+\boldsymbol{D}^3+\cdots\sum_{m=0}^{\infty}\boldsymbol{D}^m=(\boldsymbol{I}-\boldsymbol{D})^{-1} \quad [9]$$

其中，$p_{ij}=(f_{ij}/x_j)\Delta t$，$d_{ij}=(f_{ij}-f_{ij})/T_i$。

五、网络属性

Pattern 对概括环境分析结果的系列“生态网络属性”做了详述。这些属性已用于评价生态系统网络的当前状态及不同网络状态的比较。而且，在将一些属性以生态目标功能进行解释的同时，我们还确定了对网络属性值有积极影响的结构或参数配置（parametric configuration），以有效监测或预测网络的变化方式。例如，某一网络变化，如循环的加强将产生更多的总系统能量通量和能量储量，因此我们可作出生态网络有可能是进化，或是适应这一结构的预测。这开辟了专门研究进化网络（evolving network）的新领域。这一部分主要介绍了四个属性，即间接效应的优势（或非局域性）、网络均质化、网络的互惠共利和环境。

1. 间接效应的优势

这一属性用以比较沿间接路径和沿直接路径的流贡献。间接效应要求以中间结点为介质来转移任何事物，也可以为任何长度。间接强度（strength of indirectness）用间接流量强度之和除以直接流量强度这一比值来反映：

$$\frac{\sum_{i,j=1}^{n}(n_{ij}-g_{ij}-\delta_{ij})}{\sum_{i,j=1}^{n}g_{ij}} \quad [10]$$

其中，δ_{ij} 为克罗内克符号，当且仅当 $i=j$ 时，其值为 1，否则为 0。当比值大于 1 时，间接效应的优势便凸显出来。很多不同模型的分析结果显示，δ_{ij} 通常大于 1，说明间接效应比直接效应的贡献更大，这是一个反直觉的结果。如此，通过许多间接的、非明显的路径，每层间便可产生显著的相互影响作用。由于每层内嵌并依赖于作为其环境的网络的其他部分，因此这一重要结果的应用价值显而易见。不过，此时需要一个真正的系统方法以理解诸如网络中的反馈和分布式控制等。

2. 网络均质化

均质化属性是对直接与内部流量强度矩阵之间资源分布的比较。由于间接路径的贡献，内部矩阵中的流量分布通常比直接矩阵中的流量更加均匀。资源分布的统计比较，可通过计算两个矩阵各自的变异系数来实现。例如，直接流量强度矩阵 $\boldsymbol{G}$ 的变异系数为

$$\mathrm{CV}(\boldsymbol{G})=\frac{\sum_{j=1}^{n}\sum_{i=1}^{n}(\bar{g}_{ij}-g_{ij})^2}{(n-1)\bar{g}} \quad [11]$$

当 $\boldsymbol{N}$ 的变异系数小于 $\boldsymbol{G}$ 的变异系数时，网络均质化现象发生，因为这意味着内部矩阵中的网络流量分布更加均匀。这里采用的检验统计主要取决于 CV（$\boldsymbol{G}$）/CV（$\boldsymbol{N}$）的比值是否大于 1。生态系统中的流量并非如其所呈现的离散状态那样，因为物质

实际上是均匀混合的（well mixed）（即均质化的），且其已经历并将继续经历系统的很多部分或绝大部分。这一观点，当我们再次解释时，仍是非常清楚的。

3. 网络的互惠共利

下面将介绍用于确定网络中任何两个组分定量或定性关系（如捕食、互惠共利或竞争）的效用分析、净流量（net flow）和效用矩阵 $\boldsymbol{D}$。直接效用矩阵 $\boldsymbol{D}$，或内部效用矩阵 $\boldsymbol{U}$ 中的元素（entries）可为正，也可为负（$-1 \leqslant d_{ij}, u_{ij} < 1$）。$\boldsymbol{D}$ 中的元素代表成对（i，j）之间的直接关系。对图 11-1 中的例子而言，可产生如下矩阵：

$$\boldsymbol{D}=\begin{bmatrix} 0 & -\dfrac{f_{21}}{T_2} & -\dfrac{f_{31}}{T_3} & 0 & \dfrac{f_{15}}{T_5} \\ \dfrac{f_{21}}{T_2} & 0 & -\dfrac{f_{32}}{T_3} & -\dfrac{f_{42}}{T_4} & 0 \\ \dfrac{f_{31}}{T_3} & \dfrac{f_{32}}{T_3} & 0 & -\dfrac{f_{43}}{T_4} & -\dfrac{f_{53}}{T_5} \\ 0 & \dfrac{f_{42}}{T_4} & \dfrac{f_{43}}{T_4} & 0 & -\dfrac{f_{54}}{T_5} \\ -\dfrac{f_{15}}{T_5} & 0 & \dfrac{f_{53}}{T_5} & \dfrac{f_{54}}{T_5} & 0 \end{bmatrix} \quad [12]$$

直接矩阵 $\boldsymbol{D}$ 存在零和性（zero-sum），正号和负号的个数通常相当：

$$\mathrm{sgn}(\boldsymbol{D})=\begin{bmatrix} 0 & - & - & 0 & + \\ + & 0 & - & - & 0 \\ + & + & 0 & - & - \\ 0 & + & + & 0 & - \\ - & 0 & + & + & 0 \end{bmatrix} \quad [13]$$

$\boldsymbol{U}$ 中的元素呈现了内部的、由系统决定的关系。继续上述例子，现将从转移效率为 10%的每一链接（如果 a_{ij}=1，则 g_{ij}=0.10，否则 g_{ij}=0）中衍生而来的流量值包括进来，可得到如下层级间的总体（integral）关系：

$$\mathrm{sgn}(\boldsymbol{U})=\begin{bmatrix} + & - & - & + & + \\ + & + & - & - & + \\ + & - & + & - & - \\ + & + & + & + & - \\ + & + & + & + & + \end{bmatrix} \quad [14]$$

与直接关系不同，这不是零和的。相反，我们可看到其中有 17 个正号（包括对角线的）和 8 个负号。如果内部效用矩阵中的正号个数比负号个数多，则可认为网络互惠共利发生。网络分析阐释了系统中积极的互惠共利关系。具体而言，这个例子中包括三个互惠共利、六个掠夺（exploitation）和一个竞争（表 11-2）。

表 11-2　图 11-1 样例网络中的直接和总体关系

直接的	总体的
$(sd_{21}, sd_{12})=(+,-)$→掠夺	$(su_{21}, su_{12})=(+,-)$→掠夺
$(sd_{31}, sd_{13})=(+,-)$→掠夺	$(su_{31}, su_{13})=(+,-)$→掠夺
$(sd_{41}, sd_{14})=(0,0)$→无利害共栖	$(su_{41}, su_{14})=(+,+)$→互惠共利
$(sd_{51}, sd_{15})=(-,+)$→被利用	$(su_{51}, su_{15})=(+,+)$→互惠共利
$(sd_{32}, sd_{23})=(+,-)$→掠夺	$(su_{32}, su_{23})=(-,-)$→竞争
$(sd_{42}, sd_{24})=(+,-)$→掠夺	$(su_{42}, su_{24})=(+,-)$→掠夺
$(sd_{52}, sd_{25})=(0,0)$→无利害共栖	$(su_{52}, su_{25})=(+,+)$→互惠共利
$(sd_{43}, sd_{34})=(+,-)$→掠夺	$(su_{43}, su_{34})=(+,-)$→掠夺
$(sd_{53}, sd_{35})=(+,-)$→掠夺	$(su_{53}, su_{35})=(+,-)$→掠夺
$(sd_{54}, sd_{45})=(+,-)$→掠夺	$(su_{54}, su_{45})=(+,-)$→掠夺

4. 环境分析

本章提及的最后一个属性是在输入和输出方向中都有的信号属性（signature property）和定量环境（quantitative environ）。因为每层都有两个不同的环境，所以实际上总共有 $2n$ 个环境。第 i 个结点的输出环境 $\boldsymbol{E}$，可通过如下方程予以计算：

$$\boldsymbol{E}=(\boldsymbol{G}-\boldsymbol{I})\hat{\boldsymbol{N}}_i \quad [15]$$

其中，$\boldsymbol{N}$ 为第 i 列的对角化矩阵（diagonalized matrix）。这些对角化矩阵被组合后，其结果是系统内从每层到彼此层，以及通过系统边界的定向输出流。输入环境 $\boldsymbol{E}'$ 可通过如下方程予以计算：

$$\boldsymbol{E}'=\hat{\boldsymbol{N}}_i'(\boldsymbol{G}'-\boldsymbol{I}) \quad [16]$$

其中，$g_{ij}=f_{ij}/T_i$，$\boldsymbol{N}=(\boldsymbol{I}-\boldsymbol{G})^{-1}$。这些结果构成了网络环境分析的基础，因为它们对系统内每层中所有直接和间接相互作用进行了量化。

六、总结

追踪通过系统相互作用复杂网络中物质和能量各自的流量与储量是ENA一般的和环境分析特别的实践目标。网络环境方法已成为从整体上调查生态系统的一种极富成效的方法。尤其是，在采用涉及内嵌于较大系统中每个实体作用的网络环境分析中，已发现了一系列“网络属性”，如间接效应率、均质化和互惠共利等。

课外阅读

Dame RF and Patten BC（1981）Analysis of energy flows in an intertidal oyster reef. *Marine Ecology Progress Series* 5: 115-124.

Fath BD（2007）Community level relations and network mutualism. *Ecological Modelling* 208：56-67.

Fath BD and Patten BC（1998）Network synergism：Emergence of positive relations in ecological systems. *Ecological Modelling* 107：127-143.

Fath BD and Patten BC（1999）Review of the foundations of network environ analysis. *Ecosystems* 2：167-179.

Fath BD，Jørgensen SE，Patten BC，and Straškraba M（2004）Ecosystem growth and development. *Biosystems* 77：21-228.

Gattie DK，Schramski JR，Borrett SR，et al.（2006）Indirect effects and distributed control in ecosystems：Network environ analysis of a seven compartment model of nitrogen flow in the Neuse River Estuary，North Carolina，USA Steady state analysis. *Ecological Modelling* 194（1-3）：162-177.

Halnes G，Fath BD，and Liljenstrom H（2007）The modified niche model：cluding a detritus compartment in simple structural food web models. *Ecological Modelling* 208：9-16.

Higashi M and Patten BC（1989）Dominance of indirect causality in ecosystems. *American Naturalist* 133：288-302.

Jørgensen SE，Fath BD，Bastianoni S，et al.（2007）*Systems Ecology：A New Perspective*. Amsterdam：Elsevier.

Patten BC（1978）Systems approach to the concept of environment. *Ohio Journal of Science* 78：206-222.

Patten BC（1981）Environs：The superniches of ecosystems. *American Zoologist* 21：845-852.

Patten BC（1982）Environs：Relativistic elementary particles or ecology. *American Naturalist* 119：179-219.

Patten BC（1991）Network ecology：Indirect determination of the life environment relationship in ecosystems. In：Higashi M and Burns TP（eds.）*Theoretical Ecosystem Ecology：The Network Perspective*，pp. 288-315. London：Cambridge University Press.

Whipple SJ and Patten BC（1993）The problem of nontrophic processes in trophic ecology：Towards a network unfolding solution. *Journal of Theoretical Biology* 163：393-411.

第十二章 生态学中的间接效应

V Krivtsov

一、引言

生态系统组分间的相互关系和过程有直接［即那些受限于一个组分（过程）对另一个组分（过程）的直接效应，以及因组分间能量和（或）物质显性直接交换的相互关系和过程］和间接（即那些不符合上述限制的相互关系和过程）之分。自然科学历史与人们对间接效应的日渐认知和理解是分不开的。到 19 世纪，间接相互作用的意义已被充分了解，这在 Darwin、Dokuchaiev、Gumboldt、Engels 和其他许多科学家的古典研究中都多有描述（有时是隐式的）。然而，在整个 20 世纪，人们对自然界中的间接效应尤为重视，主要是因为自然生态系统交叉学科知识的积累和适用数学方法的发展，以及迫切解决日益突出环境损害问题的需要。讽刺的是，这些环境问题却源于技术进步支撑下的人口无限扩张。另外，20 世纪对间接效应的日益重视，还受到 Vernadsky 关于“生物圈”（biosphere）、“智慧圈”（noö-sphere）及生物区系（biota）与地球化学循环相互作用等基本理论的推动。这些观点的普及，进一步激发了 50 年后（如由 Lovelock 提出的盖亚理论）人们对间接效应的研究。

二、基础知识

直接和间接效应的定义很多。有关间接相互作用的信息分散于文献中，并出现在不同的术语背景中。例如，在生态现象中，间接相互作用（依赖于确切的定义）可看作是一种间接效应，具有掠夺（exploitative）和表观（apparent）竞争、促进、互利共生、级联效应、三个营养级相互作用（tri-trophic-level interactions）、高层次相互作用、相互作用改变和非累加效应（nonadditive effects）等特征。

区分直接和间接效应非常重要。两个组分间不涉及能量和（或）物质直接转移的相互作用通常被认为是间接的，而那些涉及显性直接交换的相互作用被认为是直接的。文献中对间接效应的定义并不一致，这个问题可通过强调交换与关系的不同予以说明。生态系统两个组分间的简单交换通常是直接的，因为它是物质和（或）能量的转移，而组分间的关系则是相互作用的定性类型。关系包括捕食、互利共生、竞争、偏利共生（commensalism）和偏害共生（ammensalism）等。因此，直接关系是仅基于直接（即没有另外系统组分的调节作用）交换的关系。例如，典型的捕食［为了与关键捕食（keystone predation）和间接捕食区别］是直接的，因此养分被植物、藻类和细菌吸收，而互利共生和竞争通常是间接的，因为它们源于数个简单交换的组合。值得指出的是，那些已发现的生态系统组分间（如多度指数间的相关性）的相互关系格局，通常是直接和间接效应的叠加结果，因为每一组分都涉及大量的路径。而且，如果生态系统两个组分（称为 A 和 B）的直接关系被第三个组分、特性或外力作用（后两个概念将被包括进来，例如，太阳光、温度、pH、可替代养分的外部和内部浓度等）改变，则改性剂（modifying agent）和前两个组分（即 A 和 B）的直接关系将叠加于组分 A 和 B 的直接关系之上。结果发现，直接和间接效应的联合效应导致了 A 和 B 相互关系格局的产生。

已知可改变密度介导（density-mediated）间接相互作用强度的因子例子，包括比生长率（specific growing rate）（这对表观竞争很重要）的差异、传导空间的密度制约和随机物理破坏的概率等。另外，确定行为介导（behavior-mediated）间接相互作用表现强度重要性的问题，涉及中心物种（focal species）行为对因子变化代价和利益的感知能力，以及其对这些代价和利益所采取最佳行为的敏感性及有效行为的选择等。

对密度介导效应而言，间接相互作用的存在度（presence）和强度可通过分析一个物种多度对其他（非直接联系）物种多度的偏导数确定。然而，间接相互作用可能会涉及生态上很重要的其他变化，不只是多度的变化，如人口结构中人口统计学的变化、基因型组成的变化，以及行为（如检出率）、反捕食者行为（antipredator behaviors））、形态、生物化学（如养分含量、毒素浓度）或心理变化等。

1. 最常见的间接效应研究

在不胜枚举的潜在间接效应中，对其中 6 种的研究最为普遍。图 12-1 描述了它们各自的本质，现简要解释如下。

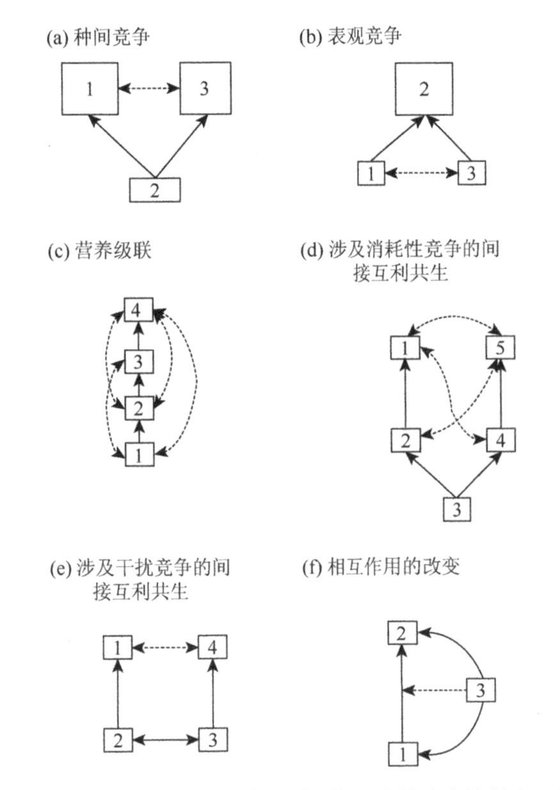

图 12-1 最常见间接效应的研究图例。实线为直接效应，虚线为间接效应（只对与附带讨论有关的效应作了说明）。用短划线说明相互作用的改变。方框中的数字仅作为区分不同层的标签，与任何类型的层级结构无关。另外，方框大小与图形中层的大小和意义无关，箭头的相对大小也与效应强度和优先的方向性无关。参见文中更多的说明。(a) 种间竞争；(b) 表观竞争；(c) 营养级联；(d) 涉及消耗性竞争的间接互利共生；(e) 涉及干扰竞争的的间接互利共生；(f) 相互作用的改变。改编自 Wootton J T（1994）生态群落中间接效应的本质和结果（The nature and consequences of indirect effect in ecological communities）。生态学和系统学年度评论（*Annual Review of ecology and Systematics*）25：443-466。

2. 种间竞争

只要两个（或好几个）物种竞争同一资源，种间竞争（也称为掠夺竞争）就会发生。在图 12-1（a）中，组分 1 的增加引起共用资源消费的增加(组分 2)，由此导致了竞争者的减少（组分 3）。这种例子包括共享同一猎物的两个捕食者，或其生长受限于同一养分有效性的两类微生物物种。

3. 表观竞争

当两个物种具有共同的捕食者时，表观竞争就会发生。在图 12-1（b）中，物种 1 丰盈的种群（abundant population）使捕食者 2 的高密度种群（high-density population）得以维持，捕食者 2 反过来对另一捕食物种 3 的种群形成限制。在生物防治中，这种情况有时会产生意想不到的结果。当一个生物防治代理（物种 2）被特别引入用以控制目标（物种 1）时，可能会增加非目标物种（物种 3）的灭绝风险。

4. 营养级联

营养级联涉及沿垂直营养链（vertical trophic chain）的效应传递，垂直营养链包括三个或三个以上的组分，通过放牧或捕食被连接起来。在图 12-1（c）中，组分 4 的增加/减少将导致组分 3 的减少/增加和组分 2 的增加/减少，以及组分 1 的减少/增加。这些效应尤其在水生食物链（aquatic food chains）（参见下面的例子）中已得到很好的研究，但在陆地系统中也有研究。

然而，真实生态系统的结构很难一直与简单营养级（杂食性广泛存在于自然界）的概念及营养级联完全吻合，因为二者通常被营养级内部及其之间的相互连接［如陆地生态系统中食虫鸟类捕食食肉的、食草的和拟寄生性的昆虫（parasitoid insect），以及鸟类对初级生产者所产生的影响和食草动物对它们的可能伤害等，都取决于特定物种及其所在的环境］复杂化。尤其是，在适当考虑碎屑对能量流的贡献时，可能会证明“营养级联”的简单化是不恰当的，因为碎屑层通常与众多营养级直接相连。

5. 间接互利共生和偏利共生

间接互利共生和偏利共生涉及与消费者-资源（consumer-resource）相互作用相结合的消耗性［图 12-1（d）］或干扰［图 12-1（e）］竞争。例如，海星（starfish）和田螺（snail）使主要空间占据者贻贝（mussel）的多度下降，但使低等固着生物（inferior sessile species）的多度增加。出现在澳大利亚牡蛎养殖场（oyster farm）的食草动物，通过移除藻类，使牡蛎数量增加。否则，藻类将优先占据养殖空间。在图 12-1（d）中，物种 1 的增加将导致物种 2 的减少和物种 3 的增加。后者的积极影响可沿图的右分支向上传递，由此可增加物种 4 和物种 5 的多度。例如，当食浮游生物的鱼类倾向于取食较大浮游动物而间接增加更小浮游动物的多度时，这一情形就会出现。在潮间带环境中，通过取食帽贝（limpet），鸟类使藤壶（acorn barnacles）的多度增加，否则帽贝会将幼小的藤壶从岩石中驱逐出去，这是大家都熟知的涉及干扰竞争的一个例子。

6. 相互作用的改性

当种对（species pair）关系被第三种物种改变时［图 12-1（f)］，相互作用的改性就会发生。例如，通过干扰鱼类的捕食潜力，以及因物种行为造成的化学生物有效性（bioavailability）变化时，大型藻类将对浮游动物产生积极影响。当然，化学生物有效性的变化，只有在这些化学物质对另外物种的功能非常重要时（如通过某种微生物种群产生的酸类，虽可提高化合物的生物有用性，但它对另一微生物种群有可能是限制的或无法接近的）才有意义。

“相互作用的改性”是常态，可被恰如其分地认为是间接效应的一个主要不同类型。通过将相互作用的改性和其他关系类型（如营养的）结合，可得到很多（包括非常复杂的）可能的关系。有关这种结合的一个更简单结合，可通过东欧国家中（V Takarsky，个人访谈）食草动物的间接效应，以及有关赤狐（*Vulpes vulpes*）和啮齿动物旱獭（*Marmota bobac*）种群密度的一些农业实践加以例证（图 12-2）：低放牧率导致了草地覆盖物的密集和增高，使捕食者能更加成功地捕获猎物。相反，高放牧率导致了较低的草地覆盖，提高了啮齿动物发觉捕食者的能力。结果，放牧增强对旱獭种群产生了一个积极的间接效应，而对狐狸种群产生了一个消极的间接效应。

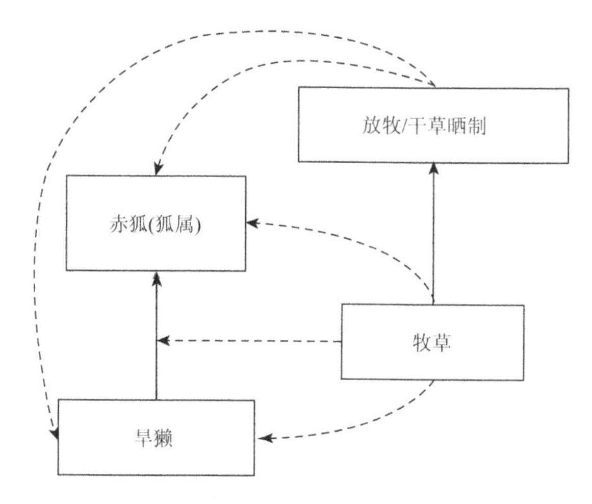

图 12-2　消费者-资源关系和相互作用改性关系的结合，导致放牧对旱獭种群产生积极的间接效应。参见文中更多的说明。

一些关于偏害共生和偏利共生的熟悉例子，实际上与一些营养关系相结合的简单相互作用的改性，或与相互作用改性的描述基本一致。例如，上面描述的生物有效性例子，已被 Atlas 和 Bartha 作为偏利共生的一个例证。然而，如果化学物质无营养却有害于第二个物种时，关系适合于偏害共生的标准。同样，典型合作（protocooperative）和互利共生的关系，较易从某些相互作用的改性组合和营养关系中找到。

虽然前面所列举的间接关系主要用于研究生物物种种对，但其也可应用于更加广泛的系统组分。从相互作用的层级间的大量可能组合中，很容易预想到更多类型的间接效应，且相当一部分已在自然界中被发现。例如，Menge 将间接效应划分为 83 个子类型。不过，试图对间接效应的每个可能类型进行举例，已超出了本章的范围。例如，结合图 12-1 中所描述的最常见研究，读者应能轻而易举地构建出很多细化的类型。在真实的世界中，生态系统组分同时参与多种相互作用，因此将其命名为一个相互作用的网络名副其实。实际上，间接效应的许多可能类型，仅由其所涉及的系统组分数目限制。

三、间接效应的分类

虽然众多合理分类的详细分析超出本章的范围，但仍值得一提。间接效应的特征可通过多种方式进行说明，如通过释放、吸收和层级转移的特点、作出响应时是否存在时滞、相互作用强度（尤其与直接相互作用有关）与其方向性［如它是各向同性的（isotropic），还是各向异性的（anisotropic）］、具体特定生态系统方面的依赖性、涉及组分功能的重要性、涉及种群和整个生物群落结构（如演替或进化）变化的重要性及整体生态系统功能的重要性等。在笔者看来，用不同方式说明间接相互作用的特点不但没有冲突，反而相互补充，为比较生态系统分析提供了便利的工具。

1. 间接效应

不受相邻生态系统组分间物质和能量直接交换制约的所有关系，可按间接关系来对待。因此，上述提及的所有间接相互作用可被认为是间接效应。然而，在适当的地方，我们将对直接和间接介导效应（directly and indirectly mediated effect）区别对待。术语“关系”和“相互作用”将被替换使用。虽然为定量评价目的对术语“关系”和“相互作用”进行区分是有益的，但本章并没有这样做，因为在强调间接效应的很多研究中，这些术语是替换使用的。

上面给出的间接效应的定义非常广泛，在不同定义中，间接效应将一些可能是“直接”分类中的效应包括进来。然而，说明直接和间接介导效应的不同却非常有用，因为后者特别难以观察，尤其是因果关系在时间上几乎完全分离时。

直接介导的间接效应，以前被认为是直接的（即针对其传递属性）。然而，本章中直接介导的间接效应被认为是间接的，因此间接效应的定义将包括这样的效应，如营养级联、自上而下和自下而上的控制等。将间接效应分类为直接和间接介导，使其可应用于各种各样的环境过程。这一分类，与对“相互作用链”（interaction chains）和“相互作用的改性”进行区别有某些相似之处，而在更早的时候，二者只被认为是一种单纯的生物关系。

2. 间接效应的例子及其重要性

（1）陆地环境中的间接效应

可以说，自然科学家关于陆地环境中间接效应的初步了解至少可追溯到 19 世纪末期，那时 Doukuchaiev 创立的学派已将土壤是气候和陆地景观中地质与生物组分间复杂相互作用的产物发展为一个理论。到目前为止，对陆地环境中间接效应的重要性已有很好的认识。例如，陆地生态系统中的间接效应与依赖于通过土壤生物养分矿化的植物养分供给，以及通过食物链的这些效应的传递有关。土壤动物有助于散布微生物，这对植物功能和生物地球化学循环及生境的物理改变都至关重要，从而改变了所有生物群落的环境条件。反过来，植物改变了其他生物的生境，如植物可通过产生的凋落物，为其他生物提供遮阴和保护等。总而言之，陆地环境中的间接效应是普遍的。以下是有关间接效应最近研究的几个例子。

陆地环境中大量研究（既包括野外实验，又包括土壤微宇宙实验）所采用的实验方法侧重于密度控制（density-manipulation）实验，然后利用从参数统计检验（如 ANOVA、Tukey HSD）和非参数统计检验（如 Kruskal-Wallis、Mann-Whitney U-test）中得到的结果进行分析。例如，Miller 利用剔除实验，对野外植物群落的直接和间接物种相互作用进行了说明。通过参数和非参数技术对实验结果的分析，产生了一些关于研究物种生态特征的有趣信息。尤其是，因直接效应而具有强大竞争力的物种，通常伴随差不多一样强大的间接效应，这样两种效应几乎可相互抵消。

大量陆地研究采用各种各样的数学方法用以调查间接相互作用。尤其是，利用模拟模型获得了对特定间接效应的深刻认识，可用于解释监测或实验结果。例如，Hunt 及其共同作者发现，降水使氮的净矿化增加，这不仅是水分供给于分解者的直接效应的结果，而且也是基质和质量变化的间接效应的结果。de Ruiter 及其共同作者在麦田中进行了氮矿化研究，通过计算功能群剔除（group deletion）的影响，对微型动物施加于氮矿化的影响给予评估。结果表明，群剔除的影响大大超过了这个群对氮矿化的直接贡献，其中变形虫（amoebae）与噬菌体线虫（bacterivorous nematode）对氮矿化的直接贡献和移除影响分别为 18%和 28%，5%和 12%。Blagodatsky 及其共同作者对土壤微生物在休眠期与活动期转换的影响也做了研究，结果表明这种转换对生物地球化学循环和有机质的分解率至关重要。

结合详细的监测项目，利用统计和模拟模型对位于苏格兰德瑞克植物园（Dawyck Botanic Garden）艾伦树林（Heron wood）保护区的生态格局进行了研究，涉及的统计技术包括 ANOVA、ANOCOVA、相关分析、CCA、因子分析和逐步回归模型等。研究揭示了因系统组分间复杂多变量相互作用（multivariate interplay）所产生的大量间接效应，如微型节肢动物群落（microarthropod community）对特定动物群的直接消极和间接积极影响都存在。支配性弹尾目（Collembolan）符跳属（*Folsomia*）昆虫相对高的局域多度，可能造成外生根菌真菌（ectomycorrhizal fungi）的局域衰退，反过来，这表现为 pH 的增加[虽然这个工作正在出版中，但 Peter Shaw 博士已对来自 Dawyck 生态系统研究的支配性符跳属物种（以前指 *F. inoculata*）的鉴定做了核对，结果与对 *F. inoculata* 的描述一致]。然而，在那些支配性 *F. inoculata* 比较少，以及因小虫子（mites）和弹尾目昆虫的取食使动物生长过度补偿的例子中，间接效应是非常复杂的。细菌、线虫、原生动物（protozoa）、植物和土壤属性也会呈现出复杂的效应（complex effect）。

（2）水生系统中的间接效应

意识到水生环境中间接相互作用的历史已相当久远，较为明显的例子可在 Mortimer、Hutchinson 和 Reanolds 等的工作中找到。尤其是，Abrams 在其更早的评论中甚至认为，侧重于行为介导间接效应的多数研究趋向于在淡水生态系统中开展，而许多早期论证密度介导间接效应的群落研究更是在海洋栖息地中进行。同样地，通过与水生环境有关的模拟模型方法和网络分析的开发与应用，已在关于间接生态相互作用的很多知识方面做出了贡献。因此，演示水生生物地理群落（biogeocenose）（如 J Solomonsen 的 Lake2 模型）中间接相互作用的模拟模型被广泛应用于世界各地学府的教学当中。

近期有关水生环境中间接效应的研究，将统计技术应用、网络分析方法、利用“假设”情景的模拟模型与敏感性分析和实证研究方法广泛结合起来。水生环境中的间接效应，最常强调的一个例子与营养级联有关，包括沿垂直营养链的效应传递。垂直营养链由三个或更多组分构成，通过取食或捕食被连接起来。例如，Daskalov 最近的调查发现，因“营养级联”导致的过度捕捞使黑海（Black Sea）的顶级捕食者种群数量下降，从而造成食浮游性鱼类的多度及浮游动物生物量和浮游植物产量的增加。

前面关于非生物组分的表述可通过与碎屑重要性有关的例子加以强化。例如，Carrer 和 Opitz 发现威尼斯潟湖（Lagoon of Venice）中自由的底栖取食者（nectonic benthic feeder）和自游生物取食者（nectonic nekton feeder）大约一半的食物至少通过碎屑一次，但在食物基质（diet matrix）中，却没有这种食物的直接转移。Whipple为确定的牡蛎礁模式（oyster reef model）提供了一个扩展路径和能量结构的分析框架，少数简单路径和大量的复合路径被计算在内。这一研究为阐释生态系统中反馈控制和无生命层（这个例子中指碎屑）对生态系统功能的重要性提供了一个构造证据。即使在具有低循环指数（即11%）的模型中，通过路径的多个循环也能提供相当的（22%）流贡献。因此，可以想象，在具有较高循环指数的生态系统中，循环对流量的贡献更为突出。

在水生生态系统中，间接效应的另一例证与生物化学地球循环的相互依存性有关。例如，Dippner认为海岸水体中硅酸盐减少的间接效应使鞭毛藻（flagellate）繁殖加快，因为河水携带的（riverbrone）营养物的有效性很高。在諏访湖（lake Suwa）（日本）的研究中，Naito及其共同作者发现硅藻直链藻（diatom *Melosira*）的生理参数是藻青菌微胞藻类（cyanobaterium *Microcystis*）产量波动的重要依据。这些结果和我们关于Rostherne Mere的研究结果相当一致，说明春季硅藻与夏季藻青菌暴发的基本机制是一种常见的反比关系，原因在于这一事实：通过初级生产者的动态变化，水生环境中硅和磷的生物地球化学循环被耦合在一起（即春季硅含量的增加导致春季硅藻的暴发，同时，水体中的氮、磷和微量元素在暴发后期随生物量沉积而消耗，结果造成夏季蓝藻发育能力的下降）。

（3）非生物组分的作用

虽然对非生物生态系统组分的重要性得到普遍认可，但多数生态学研究（包括侧重于间接效应的那些研究）只针对生物区系间的特定关系。有限物种相互作用的集成研究，阻碍了诸如与全球气候变化等问题有关的大量颇具实用价值的环境研究。然而，生态系统动力学是高度跨学科的科学，不仅在生态学与生物学，而且几乎在自然和环境科学的任何部分，都可发现其与目前所讨论问题相关的信息。自然和环境科学由最常选用的地理学、古生物学、地质生态学和气候学等组成。

在生态学中，普遍认为种间相互作用通过非生命资源调节，一个物种可通过非营养相互作用（nontrophic interaction）对另一物种潜在地施加选择压力。自然界中的许多物种非常适应改变其群落和生境［如海狸（beaver）通过改变生境的水文条件、人类通过改变全球气候和地球化学的流量和蚯蚓通过增加通风（aeration）来重新分配土壤中的有机质等］。通过所谓的“生态系统工程”（ecosystem engineers）行为引起的生境物理特征变化是这种非营养相互作用的一个极端案例。然而，即使非生物组分通常从碎屑路径（detrital pathway）和（或）养分循环的角度来考虑，有关效应的具体研究大多还只局限于营养的相互作用。在生态学文献中，这些相互作用有时被称为“历史效应”（historical effects）、“优先效应”（priority effects），或“间接延时规则”（indirect delayed regulations）。思考这些效应对正确理解整体生态系统的功能尤为重要。因此，如果将给予不同科学分支的标签抽象化，则非生物生态系统组分、生态系统动力学的物理环境和进化发育的重要性将愈加明显。

（4）与全球关联的间接效应

在全球或亚全球（subglobal）尺度上重要的间接关系，通常在空间上或时间上与引起它们的原因分离。例如，中生代（Mesozoic era）末期火山活动（可能是小行星影响的结果）的急剧增强被认为造成了恐龙的灭绝，而恐龙的灭绝最终促进了哺乳动物（包括人类）的进化。20世纪50年代，产量的增加和化肥的使用造成了其后几十年磷酸盐投入的大量增大、富营养化及大量湖泊、池塘和蓄水池水质量的下降。20世纪化石燃料消费的增加引起二氧化碳排放的增加，最终导致了后来的全球变暖和自然灾害的频繁发生。由于含除臭剂和制冷剂的氯氟烃（CFC）对地球臭氧层的消耗，这一气候变化可能被加速。

间接关系不只与人类行为相关，其也对我们星球的整个历史非常重要。例如，现代大气逐渐形成的主要原因在于蓝藻的行为，蓝藻是最早能以新陈代谢副产品方式产生氧气的生物之一。大气中氧气富集的间接影响极其深远，不仅造成了复杂地球生物和地球化学的改变，而且最终使智人及其文明得以发展。

20世纪，Vernadsky的思想最终导致了自然科学全新综合分支的创建，有时被称为“全球生态学”。实际上，“全球生态学”包括所有其他环境学科的方法和范围，重点在于全球生态系统（生物圈）动力学（包括过去的未来的）。作为一个例子，值得一提的是由Budiko及其同事完成的目前流行的经典气候学研究使大气热机制的半先验模型（half-empirical model）得以创建。这个模型后来被用于模拟大气过去和未来的动力学，以及冰期和间冰期间的变化。另外，从中得到的结果为人类进化提供了辅助的解释，引起了人们对旨在化解可能的全球变化的深入研究。例如，通过向平流层注入某些物质的做法，可造成直接和间接的后果。

目前，全球气候变化（主要与温室气体浓度的增加有关）仍然是生态学和环境科学最常讨论的主题之一。虽然与这一主题有关的详细评论及激烈的讨论不在本章范围之内，但绝大多数与这一主题有关的研究，一定与间接效应有关（尽管这一准确术语通常未被提及）。

（5）间接效应和产业生态学

“产业生态学”（industrial ecology）中的研究及其方法也是本章的内容之一。产业生态学基于自然和产业间的分类，通过最小化能量消耗、废弃物生产和排放及原材料的投入等，以促进产业循环和级联协调系统（cascading cooperative system）的发展。在大量的废弃物管理和产业生态学研究中，已涉及系统组分间复杂的相互作用。自20世纪下半叶到本世纪初，产业生态学在很多方面已取得巨大进步，尤其在理解和阐释间接效应方面。

产业生态学最常用的一个方法是“生命周期评估”（life cycle assessment，LCA）。它研究整个产品寿命中的环境问题和潜在影响（通常被称为“从摇篮到坟墓”的方法），从原材料获取到生产、使用和处置，同样的方法框架可也用于与实体产品（如汽车、火车和电子设备等）和服务（如废弃物管理）及能源系统有关的影响分析。与生命周期评估类似，但通常具有相当狭小系统边界的是能量分析方法，如能量足迹法（energy footprinting）（这是计算包含于所选系统边界内所有过程中能量被消耗和节省/回收的有效组成部分）、净能量分析法（net energy analysis）[除了详细能量收支，包括计算诸如增量能量比（incremental energy ratio）和绝对能量比（absolute energy ratio）等指标] 等。例如，英国和瑞士基于能量收支评估的研究结果表明，提高塑料和玻璃回收率可改善废弃物管理项目的能量收支，从而使相应的产业生态系统受益。能量分析方法的进一步变形，可更富成效地应用于能值（emergy）和有效能（exergy）的收支研究。

另一个在“产业生态学”中流行的方法是“生态足迹”（ecological footprinting）。本质上，这一方法是评估支持（即依据食物、能量生产，废弃物处理）特定地理单元（例如，通常为行政上的国家、县和镇等）当前、过去，或可能未来功能的必要面积。尽管互相换算、系统边界定义和系数评估等存在很多逻辑问题，但这一方法是非常有用和极具说服力的。例如（正如 Herendeen 所证明的那样），所有西方发达国家中，只有澳大利亚和加拿大的生态足迹明显在其范围之内（其他“发达”国家显然以陆地的退化为代价而生存）。

（6）间接效应的进化作用

许多研究者推测且已被 Fath 和 Patten 在数学上予以证明，间接效应通常能促进共存，在进化过程中间接效应的作用也会增强。例如，由酸模属（*Rumex* spp.）和昆虫食草者（insect herbivory）*Gastropbysa viridula* 组成的草地群落，在形成植物对病原真菌（pathogenic fungi）*Uromyces rumicus* 抵抗力的过程中存在一个内在成本。与这一事实有关的另外一个例子是，被内生真菌（endophytic fungi）感染的植物，通过有毒化合物生产对食草动物的选择 [部分植物可能与其内生菌一起共同进化，如羊茅属（*Festuca*）和枝顶孢属（*Acremonium*）的共同进化] 而提高其竞争能力。

间接效应不仅对自然进化，而且对产业生态系统也很重要。传统上认为，人类社会的发展，无需尊重调节产业生态系统环境稳定的规则和过程。然而，通过与自然生态系统（即被认为是再循环和级联网络）的类比后发现，产业生态系统通过最小化能量消耗、废弃物生产和释放及原材料的投入，可促进再循环和级联协调系统的发展。

（7）检测和度量间接效应的方法与技术

间接效应的检测和度量通常是远非直接进行的，大部分是基于直觉、常识和以前有关任何具体系统的知识。Abrams 及其共同作者介绍了生态学研究中经常使用的两种重要方法，即理论方法和实验方法。他们声称，实践中理论和实验方法可被看作是方法连续统（methodological continuum）的端点。然而，最近我们认为，研究间接效应的方法连续统，可通过观察、实验和理论结点所组成的三角形给予完美体现。

在理论方法中，观察（和/或细致考虑的实验数据）和理论思考一起被用于构建能够研究那些被整合于模型结构的组分间相互作用的模型。这一模型后来被用于检测组分间的间接效应。这个方法有很多缺陷，如获取模型中代表性组分全部细节的难度，以及流量、参数和初始值等不可避免的不确定性等。这一不确定性可能会掩盖关系研究的意义，包括间接效应。而且，由于不可能复制一个真实生态系统的所有复杂性，因此任何模型都是对现实的简化。所以，一些潜在的、重要的相互作用，可能正好通过确定的模型结构被遗漏，而其他的重要性也可能被极大地改变。

在实验方法中，个体物种的密度由微宇宙或实验田控制（如通过全部移除），统计分析（如 ANOVA、ANCOVA）随后被用于估计控制对其他物种密度间接效应的大小。有人认为，在组分密度既可单独又可组合（如物种或营养功能群）变化的析因设计（factorial design）中，这一方法的应用效果最好。如果使用得当，这一方法还可对净效应进行直接估计。

然而，任何实验都存在不可避免的时间约束，一些间接相互作用有时并没有完全表现出来。这通常是一种潜在的隐患。同样，对已得出的净效益进行划分也可能存在主观倾向。实验通常是昂贵的，净效应的定义也受限于它们的设计和假设检验。实验设计的简单化可能会掩盖性状介导效应（trait-mediated effects）关系研究的意义，种群多度的测量需要通过行为观察及（或）生物化学、生理、基因和其他分析等。而且，对结果应用于真实世界中的过程进行标记，通常也是一个很大的问题。

在自然生态系统中，已用于间接效应研究的数学方法包括统计方法（如回归和相关分析、PCA、因子分析、CCA、ANOCOVA 和 ANOVA）、模拟模型［如利用“情景假设”、敏感性和弹性（elasticity）分析］和网络分析方法等。尤其是，网络分析方法通常被用于间接相互作用的分析。例如，Fath 和 Patten 利用网络分析方法，以说明生态系统中生物间相互作用产生的整体效应比简单的间接效应之和更加积极这一观点。这与互利共生是间接相互作用和生态系统结构的一个隐式结果，以及积极关系可加快进化和生态演替过程的观点相吻合。

截至目前，研究间接效应的所有方法都有优缺点。大部分优缺点在前面已做过介绍，本章不讨论已完成的间接效应研究中所用技术的优缺点，也不介绍任何具体方法在具体应用(和/或这些应用的意义）中存在的任何争议及有关讨论。然而，“对比理论生态系统分析”（comparative theoretical ecosystem analysis，CTEA）（参见以下内容）的方法框架表明，数学技术的最佳应用在于适当的组合，因此我们可用它对自然生态系统基础动力学机制的复杂模式进行详细补充式的深入了解。

四、环境管理问题与应用

与间接效应研究有关的问题很多。本章从笔者的视角，列举了产生于这些关系的十足自然性（very nature）和自然环境复杂性的一些常见问题。同时，也强调了环境管理中使用间接效应的潜力，以及与其滥用和深思熟虑有关的警示。

1. 复杂性和不确定性

虽然在相互作用数量非常有限（通常＜5）的室内控制实验中相当容易构建间接效应的特征，但在自然环境中，其特征由相互作用的复杂性显示。相互作用的复杂性也可显示任何特定生态系统的结果，这尤其使室内控制实验面临更大的挑战。Yodzis 利用通过随机改变物种间（species-species）参数而获得的 100 个群落逆矩阵（这一可逆矩阵的元素利用由矩阵中元素位置所决定的种对，用以说明特有物种密度变化对其他物种密度的影响），发现隔离物种间可预测的所有相互作用在方向上都是不确定的，也就是说，在某些情况中是积极的，而在其他情况中是消极的。这个不确定性促使人们对一些理论提出质疑，认为我们根本无法对间接相互作用的所有结果作出可靠的预测。因此，那些表面上似乎采用了适当环境管理方法尤其是生物调控方法的很多案例都以失败告终，也就不足为奇了。

2. 时间分离

另一个尤其与间接效应方向有关的问题，源于间接效应通常在相当长的时滞后才出现这一事实。遗憾的是，研究资助通常不超过 3 年（通常更少）。因此，在许多研究中，间接效应的潜力很可能被大大低估（要么全部被忽视）。

原因和结果不仅通常在时间上分离，而且它们还可出现在生态系统演替的不同阶段。不过，这对人类是有利的，可作为环境防治的补充措施。例如，已有研究表明，淡水湖和蓄水池中的磷循环可通过改变硅的生物地球化学循环而加以调节，春季硅藻的刺激性生长有利于缓解夏季令人生厌的蓝藻的暴发（cyanobacterial bloom）。显然，生态系统复杂性及其不确定性的这一固有问题，使任何借助间接效应时滞的环境管理措施的推行都非常谨慎。

3. 空间分离

原因和结果的地理分离是间接效应的另一个固有问题。因为经济和社会原因，有关污染和生物防治研究及实际应用的文档记录尤为完整，但多数案例都源于生态学和环境科学任一领域的样例。至于污染损失，一个众所周知的例子是原油泄漏对沿海和底栖生物造成的影响。由于自工业革命开始的二氧化硫跨境转移和食物网中放射性核素的生物积累（如切尔诺贝利核辐射之后的英国牧场等），斯堪的纳维亚（Scandinavia）的湖泊出现了酸化问题。

在生态学中，将局地生物群落动力学拓展至景观和生物地球化学环境的意识日益增强。例如，在生物防治应用中，因对群落开放性和本地亚种群间相互交流所造成的间接效应预测的不成功，已导致了大量代价高昂的失败和非预期的结果。生物防治剂（biocontrol agent）的移除可抑制移除区域的非目标物种。防治剂的某些性状与非目标物种灭绝风险的增大有关，如与目标物种相比，非目标物种灭绝风险随其生长率的下降和防治剂代理罹患率（attack rate）的增加而上升。因此，当目标物种相对多产和防治剂仅对有限的目标物种数适度有效时，与目标物种共同占据生境碎片（habitat fragment）的非目标物种，对灭绝危险尤为敏感。

4. 界定系统边界

与“分离”问题相近的问题是勾勒生态系统的边界。通过缩小研究系统的边界，许多间接效应可简化为效应对外力变化的贡献。这通常很方便，尤其是当目标为研究受控环境中的响应时。然而，在具有狭小边界的系统中，间接效应的调查范围必然是有限的。通过拓宽边界和包括更多的组分，可提升间接效应的潜能，但因系统复杂度的增加，与任何解释有关的不确定性也随之增大！

5. 环境管理的含义

对间接效应的定性和定量描述（尽管通常是隐式的）正成为环境管理的日常工作，已成为诸如景观工程、生物控制、生物地球化学控制、战略环境评价（SEA）和环境影响评估（EIA）等成功应用不可或缺的部分，而数学方法在这方面的作用尤为突出。例如，Oritiz 和 Wolff 利用 Ecopath Ecosim 软件对智利的底栖生物群落进行了研究。他们发现直接和间接效应的复杂相互作用由蛤蜊（*Mulinia*）的模拟产量形成，这极大地改变了整个生态系统的属性。

McClanahan 和 Sala 采用地中海潮间带岩石底部的模拟模型，对不同管理选择可能的影响进行了研究。通过运行大量的“假设”情景，他们认为间接效应的很多潜在变化可能因营养组成的改变而引起。例如，如果将食无脊柱性鱼类（invertivorous fish）的去除作为管理方案的一部分，则海胆（sea urchin）将使藻类多度和初级生产量减少，并最终导致食草性鱼类（herbivorous fish）的竞争排除。在热带海洋（tropical sea）中，类似的相互作用虽然被大家所熟知，但这些结果却无法通过以前在地中海中所做的野外研究进行预测。

在某些情况中，遵循并依赖于间接效应是制定环境管理措施的基础。截至目前，已有很多相关的例子。例如，生物防治、生物和生物地球化学控制，或减少沉积磷释放以其后控制蓝绿藻（blue-green algae）的化学物质的应用及草业（turf industry）中通过内生真菌（endophytic fungi）感染草种（grass cultivar）等。然而，有关系统自然历史的全面知识是任何环境控制措施应用中绝不可或缺的。与间接效应（大部分列举如上）发现和调查相关的问题有可能提出新的挑战，且通常在相当一段时间后频繁地产生意想不到的复杂性。因此，经验和理论工作的结合应先于任何的实践步骤，任何案头研究（desk study）应通过全面的监测（需要的地方）和实验方案予以支撑。

五、目前和今后的方向

间接效应的进一步研究，对增进我们的理解和因此而改善特殊生态系统的管理及生态学的普遍发展都非常重要。技术进步步伐的加快，使利用自动化技术（automated technique），尤其是遥感（remote sensing）技术收集监测数据变得越来越容易。计算能力的快速提高和数学方法逐渐的发展，为间接效应研究的大力推进提供必要的基础，特别是这些表现在全球尺度上和当地理分割（geographical separation）存在问题时的间接效应。随着长期数据集的逐渐积累，使辨别发展于一段时间滞差的间接效应变得更加容易。然而，为了从技术发展中获得最大收益（即间接效应的研究），应将在当前研究方法中取得的进步补充到这些技术中。

有人认为生态系统中间接相互作用的分析，可通过被称为 CTEA 专门方法体系的应用得到极大改进。CTEA 的目标是将目前研究的离散型路线（separate line）集中起来，以便将它们组合为一种综合性方法（参见“课外阅读”部分）。CETA 的进一步发展和系统应用对提高生态预测准确性至关重要，具有与环境影响评估问题相关的潜在社会效益和可持续发展性。CTEA 进一步的发展，应对出现在不同生态系统类型，或不同系统发育阶段的间接效应的相似性与差异性给予更多关注，同时也应加强间接相互作用的特征（如数量和符号等）在描述不同生态系统状态、结构和总体功能中的应用。例如，对一个特殊生态系统的分析，可从解决如下（仅举几例）问题中受益。

- 哪些间接效应类型对所研究生态系统的总体功能很重要？
- 与直接效应的重要性相比，间接效应的重要性如何？
- 间接效应格局是相对稳定的，还是易于（系统特有的）季节性和长期变化的？
- 间接相互作用格局如何因污染、干扰和不同管理实践而改变？
- 间接效应主导的生态系统有助于生态系统稳定吗？
- 间接相互作用对耐受（resistance）、恢复（resilience）和演替变化的促进有多大的相对贡献？
- 在一个特殊生态系统进化过程中，间接效应如何发生变化及其对这一进化的驱动力有何贡献？

课外阅读

Abrams PA，Menge BA，Mittelbach GG，Spiller DA，and Yodzis P（1996）The role of indirect effects in food webs. In：Polis G and

Winemiller K（eds.）*Food Webs：Integration of Patterns and Dynamics*，pp. 371 395. New York：Chapman and Hall（also see other papers in this book）.

Budiko MI（1977）*Global'naya Ekologiya*（*Global Ecology*）. Moscow：Misl'（in Russian）.

Fath BD and Patten BC（1998）Network synergism：Emergence of positive relations in ecological systems. *Ecological Modelling* 107：127-143.

Fath BD and Patten BC（1999）Review of the foundations of network environ analysis. *Ecosystems* 2：167-179.

Fleeger JW，Carman KR，and Nisbet RM（2003）Indirect effects of contaminants in aquatic ecosystems. *Science of the Total Environment* 317：207-233.

Herendeen RA（1998）*Ecological Numeracy. Quantitative Analysis of Environmental Issues*. Toronto：Wiley.

Kawanabe H，Cohen JE，and Iwasaki K（1993）*Mutualism and Community Organisation：Behavioral，Thoretical and Food Web Approaches*. Oxford：Oxford University Press.

Korhonen J（2001）Industrial ecosystems Some conditions for success. *International Journal of Sustainable Development and World Ecology* 8：29-39.

Krivtsov V（2004）Investigations of indirect relationships in ecology and environmental sciences：A review and the implications for comparative theoretical ecosystem analysis. *Ecological Modelling* 174（1 2）：37-54.

Menge BA（1995）Indirect effects in marine rocky intertidal interaction webs Patterns and importance. *Ecological Monographs* 65：21-74.

Miller TE and Travis J（1996）The evolutionary role of indirect effects in communities. *Ecology* 77：1329-1335.

Patten BC，Bosserman RW，Finn JT，and Gale WG（1976）Propagation of cause in ecosystems. In：Patten BC（ed.）*Systems Analysis and Simulation in Ecology*，pp. 457-579. New York：Academic Press.

Schoener TW（1983）Field experiments on interspecific competition. *American Naturalist* 122：240-285.

Strauss SY（1991）Indirect effects in community ecology Their definition，study，and importance. *Trends in Ecology and Evolution* 6：206-210.

Wardle DA（2002）*Communities and Ecosystems. Linking the Aboveground and Belowground Components*. Princeton：Princeton University Press.

Wootton JT（1994）The nature and consequences of indirect effects in ecological communities. *Annual Review of Ecology and Systematics* 25：443-466.

Wootton JT（2002）Indirect effects in complex ecosystems：Recent progress and future challenges. *Journal of Sea Research* 48：157-172.

第十三章

涌现性

F Müller，S N Nielsen

一、引言

许多生物学家意识到“整体大于部分之和”（但通常难以理解）被普遍作为习语使用。“整体大于部分之和”表达了具有附加质量或数量的系统，其物理参数并非容易度量或预测的观点。在生物层级的多个尺度上，从简单的物理系统如激光束，到J Loveloke Gaia 概念中的整个生物圈结构，已对物理参数的结果属性作了描述。某个尺度上的涌现性（emergent property）通常可在子系统组分及其相互作用中找到其因果关系。例如，作为涌现实体的细胞功能组织形式，由被称为超级循环细胞复合物的自组织形式转化而来。在生理水平上，如我们讨论的作为激素相互作用结果的生物交配行为。同样地，动作、感觉或智力行为的涌现是神经细胞特殊耦合的结果。另外，只凭生物本身的信息，生态系统发育过程中的格局可能无法预测。因此，涌现性并非是一种不正常现象，而是层级结构的简单结果。

经 E P Odum 提议，涌现的概念才逐渐渗透到生态学中。他认为，对涌现的研究可能会促使一门“全新综合学科”的产生。这一观点基于这样的事实，即有关复杂系统的研究已经表明，单一的细节研究无法实现对生态系统功能及其行为的预测。细节研究也难以对生态系统行为和性能等这些更高级的模式作出解释，如从不成熟向更成熟状态演替期间的系统行为和性能。

二、涌现性概念的历史

涌现性概念虽然最早出现在 19 世纪，但可在 Kantian 学派的哲学中找到其本源。涌现性术语由 G H Lewis 创造，可追溯至 1875 年。那个时代最常见的定义是，“涌现性是对一些无法从前期条件构成元素中进行预测的新事物的总称”。

在整个 20 世纪，已有好几位科学家更多地从哲学观点对这一概念进行了强调，因侧重点不同，从而出现了不同的描述和解释。涌现性的定义通常涉及主观认识，如奇异（surprise）和出乎意料等，显然依赖于观察者。这一定义对现有方法产生了重大影响，且其常与神秘主义息息相关。这样，概念的严肃性通常被低估。

在过去几十年中，涌现性术语尤其在生物科学中得到广泛应用，这显然与生态学中系统方法的逐渐使用密不可分。由于传统还原论研究策略在仅以生态系统组分行为和属性解释生态系统属性方面的失败，于是便产生了对整体性概念（holistic concept）的需要。生态系统是高度复杂的、中等数量的系统，由其组分间的非线性关系主导。在这样的系统中，必然出现的事物无法根据系统的基本知识来预测，不管这一知识如何全面。

涌现性何时出现的问题与生物学和生态学高度相关。这一问题促使我们对“第一”和“第二”涌现进行区分。第一涌现是指涌现性的首次出现。为了保存，涌现性可反复再现，但这种情况下其被命名为第二涌现。我们可从最新的涌现方法中，提炼出涌现的三个延伸概念：“计算涌现”（computational emergence）、“热力学涌现”（thermodynamic emergence）和“模型关联涌现”（emergence related to model）。计算涌现涉及由不同计算机程序所产生的模型，如从博弈论的简单规则中，蜂窝自动化系统（cellular automate system）形成的复杂分布。热力学涌现包括远离平衡热力学的高度复杂自组织结构及其非线性关系的构建。模型关联涌现将涌现定义为，与观察模型的实际行为相比，物理系统实际行为的偏离。

通过对涌现定义的总结，其特征可归纳为：

● 涌现性是生态系统的属性，作为其组成部分的子系统不具有这一属性。

● 属性以系统内相互作用的结果形式涌现。

● 已发现的相互作用的两个基本类型，具有内在和相互联系的特征，也就是说，具有水平内和水平间的联系。这些特征没有考虑内部水平（intra-level）相互作用的方向。涌现既可基于向上的，又可基于向下的因果关系。

● 历史上涌现的属性，可依据首次出现的情况判定其是否“新颖”。

● 系统某一水平上出现的新属性，无法从系统包含的层级或对单元的观察中直接推断而来。

三、涌现和层级

涌现用于描述生物学层级的许多水平。如上所述，涌现的原因可在系统层级结构及结构内具有数量和质量特点的“连接”中找到。然而，生物结构通常是复杂的，所以往往非常难以确定涌现的真实原因。

层级理论（参见生态学中的层级理论一章）指出，对于中等数量的系统，如生态系统，如果能在不同整合水平上进行调查，则其可被完全理解。大尺度水平有较高的空间范围和较低的频率，这是对更低水平信号的过滤结果。而空间尺度更小的水平，一般频率会更高。它们无法用约束条件从更高水平进行过滤，但其潜力和相互作用建立了更高水平的物质基础和协调功能。涌现性是由两种非线性相互作用产生的。因此，特定水平的涌现性可称为“分层涌现性”。当然，一个有趣的问题是这些涌现性是如何出现的？有一些例子可能有助于说明这个问题。

1. 生命诞生前的涌现

有关涌现性的几个例子可在物理和化学科学中找到。这些例子为最初生命（protobiology）和进化过程创造了重要的前提条件。在物理学领域的一些经典例子是：水（如其湿度）是简单的分子，具有相当复杂且无法根据氧氢知识作出预测的行为，其通常被用于说明涌现性；同样地，视觉感受到的颜色无法根据光的波长来预测，这也通常被用于说明涌现性。

与系统自组织行为有关的两个著名的化学例子是 Bénard 细胞和 Bhelusov-Zaboinsky（BZ）反应。在 Bénard 细胞例子中，特定条件期间，当热梯度（thermal gradient）施加于实验装置容器时，六边形（hexagonal）和对流单体（convective cell）（出现结构）会形成一个流体。在 BZ 反应中，化学物质的一个特殊比值会引起混合（mixture），以产生周期大约为一分钟的颜色脉冲模式（pulsing pattern）。这些物理化学过程的结构逐步产生了对流单体和脉冲模式，它们与其他观察结构，如化学流体中出现的图灵（Turing）结构一起自发形成脂类团聚体（lipid coacervate）结构，这可能对理解生命的诞生至关重要。

2. 最初生命的涌现

最早生命形式的出现通常被看作是第一涌现。虽然出现在进化这一阶段的许多属性已经是重复的，但仍将其一次又一次的出现界定为涌现性。例如，生命的涌现、动物的涌现，或源于爬行动物（reptile）水平的鸟类羽毛的涌现等，都可被用于描述第一涌现的情景特征。

文献中可查证的许多例子都涉及最早细胞的形成。生物化学循环、组织、通过 DNA 或 RNA 的信息交换及细胞膜内物质的分割等，仅是一小部分例子。定义为“非随机系统组分可逆融合（reversible coupling）”的分子互补性被认为是生物系统中最广泛的机制，对理解隐藏于涌现性背后的过程非常重要。生命诞生前系统中观察到的分子拟（自我）组织，如图灵结构和自动催化的超级循环（autocatalytic hypercycles）（参见自动催化一章），可看作是在很低组织水平上已经存在的涌现性。

3. 生物系统中的涌现

当生物系统达到较高水平的复杂性时，涌现性才真正开始发挥作用。当细胞或细胞群相互交流时，这将变得显而易见，如激素和自然神经网络例子中的情况。组织由细胞构成，其各自的功能仅对作为整体的生物有意义。心脏、肾或肺至关重要，但当它们各自独存时，其功能将不复存在。生物相互作用，如种群或社会所产生的属性，无法只凭个体生物属性进行解释。个体生物属性全部同时存在于我们所谓的生态系统中，并因此成为生物圈的一部分。

细胞水平。关于相互作用细胞的结果，许多研究都侧重于其能产生出乎意料的属性，如移动、感知、思考和表演能力的神经系统组织。感官系统与视觉、听觉或其他交流过程存在联系，在现存生物如何成功执行具体的生活策略中发挥重要作用。可靠的感知和以适当方式对所受刺激的响应对许多生命形式的存在至关重要。例如，繁殖期的觅食过程，需要知道何时及规避至何地，或何时需要与物种的其他成员建立亲密关系等。

神经网络。如由不计其数相互联系的神经元构成的大脑如此复杂，以致会最终出现响应中不可预见的模式，已有研究对这种情况进行了报道。大脑进化期间，涌现性与新的细胞类型及局部的大规模大脑回路（local and large circuit）一起，共同增加了大脑功能的复杂性。通过大脑传递到肢体或器官的信号来负责汽车运动的控制和协调。

器官水平（organ level）。形成组织的大量细胞通常在胚胎形成时期，在某一特化方向上存在差异。这些细胞承担生物的特定任务，如肝细胞用以分泌酶，或肾细胞用以过滤和清理体腔等。虽然这一功能的正式“布局”（layout）存在于所有细胞的遗传物质中，但定局却出现在生物的发育期。组织的实际功能可看作是一种涌现。作为器官的大脑是这种涌现的例子：大脑中不同的细胞具有高度特化的生理属性，这些细胞相互协作并建立了远比仅来自于神经细胞生理预期活动模式更加复杂的活动模式。此时，整体大于部分之和。

生物水平（organism level）。发生在个体生物中的复杂行为，不能只由内部因素确定。来自于内部代理（interagent）生物的信号发送、接收和解译与

外界有关，因此符号学（semiotics）起重要作用。如果仅了解子系统，这些符号创建的模式则无法预测。例如，最近的大量调查中，利用模型方法及地上-地下生物量（above-and belowground biomass）资源的分配和有关生理机制等，已对树木中枝条和叶镶嵌（leaf mosaic）的形成进行了研究。这一问题的模型研究表明，一个“复杂的综合生长模式”只能被理解为涌现性，因为其与亚细胞（subcellular）活动没有相关的直接或间接机制。以类似的方式，发现整株植物的行为也是一种涌现性，产生于基于规则的系统模型。个体间的交流，也就是说，种群内它们间的社会相互作用，对作为整体生物的功能非常重要，但很难对这些社会相互作用和产生于行为学特征（ethological feature）的涌现进行区分。强调交流的重要性，可能使交流过程的解释成为对符号学科中信号的涌现解释。

种群水平（population level）。种群由遍及生物系统的、以多种方式相互作用的数量和质量不同的个体生物组成。相互作用的特征依复杂性而变化。在谱系的一端，我们可发现单细胞生物通常只与物质基质（material basics）（物质流）发生相互作用。而在另一端，群体生物（colonial organism）形成复杂的社会，并由智力、感知和记忆等主导这一社会。在好几个研究中，已对社会昆虫种群中个体水平行为和相互作用所产生的涌现性进行了讨论。例如，火蚁（fire ant）幼虫的食物分布被认为产生于个体和工蚁及幼虫三者间的相互作用。元胞自动机模型（cellular automata model）被用于研究蚂蚁群体中的短期波动行为。用以描述个体间关系和个体活动的非线性依赖性（nonlinear dependency）解释了这一行为，认为波动行为是群体的涌现性。

生态系统水平（ecosystem level）。生态系统具有固有的复杂性，这一复杂性由前面提到的所有与非生物因子紧密相互作用的子系统的嵌套层级构成。涌现是被人们所期望的，但在分析微宇宙、森林生态系统、捕食者与被捕食者（predator-prey）关系、食物网和水生群落结构等之前，奇怪的是在这一水平的研究报道非常少见。

生态系统行为通常用模型研究来分析。当考虑结构动力学模型（structural dynamic model）近期所取得的成果时，生态系统行为与涌现性的关系将变得更加清晰。结构动力学模型用以分析生态系统组分和结构随时间的变化。另一个例子是 B C Patten 关于物质能量在生态系统网络中转移的工作，这一工作引起了对系统“间接效应、数量和质量效用”（quantitative and qualitative utilities）重要性的探索，结果非常令人惊讶和出乎意料，因为间接效应、数量和质量效用本身就是涌现性（参见生态网络分析：环境分析一章）。系统成熟主导系数、熵的不同类型，或由描述符如有效能（参见有效能一章）衍生而来的信息等例子，都与较高水平的信息表达关。

生态系统所体现的系统方向在一些宏观特征（macroscopic character）中的变化能力，无法仅凭单一的系统组分知识进行预测。基于 E P Odum《生态学原理》第二版中生态系统发育过程中的24条原理，自1967年以来已对这一问题进行了探讨。从那时起，很多其他因素，如人们熟知的指示者（indicator）、指引者（orientor）或目标功能（goal function）等已被罗列出来（表 13-1）。

表 13-1　一些生态系统的指引者

未成熟状态	成熟状态
优势种属性	
快速生长	缓慢生长
r-选择	*K*-选择
数量增长	质性发展
体型小	体型大
生命周期短	生命周期长
生境宽泛	生境狭窄
生产属性	
生物量小	生物量大
高 P/B	低 P/B
低呼吸	高呼吸
总产量小	总产量适中
养分流和循环属性	
简单、快速和渗漏	复杂、缓慢和封闭循环
储量小	储量大
外部生物	内部生物的养分分布方案
少量碎屑	大量碎屑
快速的养分交换	缓慢的养分交换
短的停留时间	长的停留时间
小的化学不均匀性	高的化学不均匀性
松散的网络连接	紧密的网络连接
流的多样性低	流的多样性高
未形成共生现象	已形成共生现象
群落属性	
多样性低	多样性高
反馈控制贫乏	反馈控制发达
空间格局稀少	空间格局完善
热力学的、综合的系统属性	
层级结构极少	层级结构发达
接近平衡	远离平衡
有效能储存低	有效能储量高

续表

未成熟状态	成熟状态
总熵生产少	总熵生产高
比熵高	比熵小
信息水平低	信息水平高
内部冗余小	内部冗余高
路径长度短	路径长度长
系统成熟主导系数低	系统成熟主导系数高
间接效应不明显	间接效应显著
呼吸和蒸散小	呼吸和蒸散大
维持所需的能量少	维持所需的能量多

通过自然演替优化的特性规定了涌现性的几个特点：只有在生态系统水平上（生态系统水平是可描述的典型和最小逻辑水平，如循环现象等），涌现性才可被观察，且它们以自组织过程为基础。在仅了解部分的情况下，无法解释这些涌现性，连接涌现创造过程和子系统的是非线性过程。从基于层级（hierarchy-based）的观点看，一些附加特性（如大小、生物量和生命周期等）也可被归类为涌现性，不仅因为它们的范围取决于观察尺度，也因为它们以内部系统的相互作用为基础。

四、涌现的方式

涌现性概念至少指现代生态系统理论文献中经常出现的层级和自组织概念，其一定能在这两个紧密联系的概念中被发现。在与等级的联系中，涌现性被认为是生态系统组织化的结果。在生态系统组织中，以子系统形成的超级系统为组分，其中的属性只有在超级系统水平才可被观察到。这里的涌现性是某一组织方式的结果。通过考虑以下的层级特征，可对这一观点进行例证。

1）个体水平：个体养分收支（nutrient budget）——觅食策略。

2）种群水平：物种养分效率（nutrient efficiency）——种内食物竞争。

3）生态系统水平：养分循环——食物网。

4）景观水平：平行的养分转移（lateral nutrient transfer）——食物网包括大型捕食者。

另一方面，生物系统具有通过特殊方式组织其自身的能力，如层级方式本身就是因系统组分属性而涌现出的一个属性，但系统组织和功能却通常无法预测。因此，自组织能力可被认为是涌现性本身（图 13-1）。

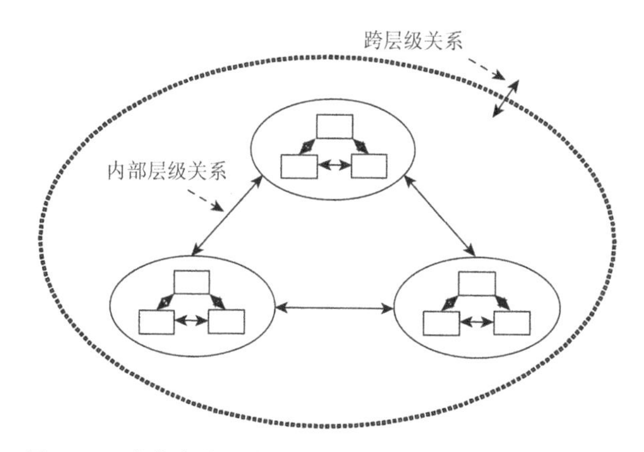

图 13-1 生物实体通常以层级方式被组织，因此某一水平的涌现性以较低水平间的相互关系为基础，而较低的水平都受限于最高水平的连接。

涌现性的存在以系统组织（由结构和功能构建）为基础，借助其中的相互关系（能量、物质、水、信息流好交流等）发挥重要作用。一些系统状态条件的叠加可增加涌现性出现的机会。例如，不稳定性是支持涌现过程，尤其是进化涌现（evolutionary emergence）过程的一个重要条件。稳定周期通过分岔（bifurcation）可导致新结构的涌现。系统向最小耗散状态（state of minimum dissipation）移动的同时，也可能会发生向深层次进化分岔点移动的情况。类似的破缺对称性（broken symmetrie）和互补性已被作为全球性机制而提出。

五、涌现性分类

根据上述概念，发现很难为所有已介绍过的例子找到一个明确的、一致的和统一的涌现（emergence）与涌现性（emergent property）定义。初看上去，在大量领域中广泛和“随意”（loose）使用的概念显得非常混乱。然而，在研究领域中构建那些以一定方式已被使用概念的类型却完全可行，如图 13-2 所示。

首先，涌现性可通过系统进化和第一涌现而呈现，此后只是重复再现。这一特点被称为“进化涌现”（evolutionary emergence）。随着结构被整合，新的组织会出现，如前面经常提到的层级的出现（“层级涌现”）。

从涌现性存在和还原论方法无法解决问题的观点看，涌现性最终必将消亡，这使我们可构建生态系统属性不同类型间的图解关系。

探寻没有被解释和被理解的问题是紧随研究问题方向的一条主线。这类似于将涌现性作为研究策略，而极端情况可导致还原论方法的出现。这或多或少属于第二条主线的情形，其中的属性是“共有的”（collective）和附加的（additive），也就是说，属性是整体之和。如果知识足够充足的话，可在子

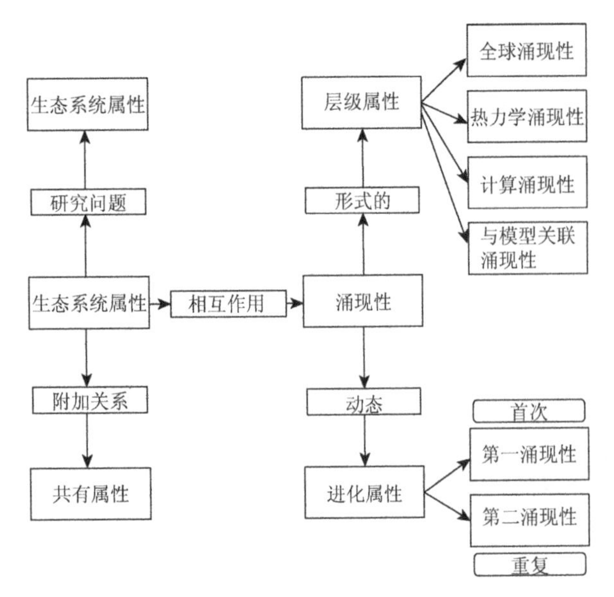

图 13-2 涌现性分类。

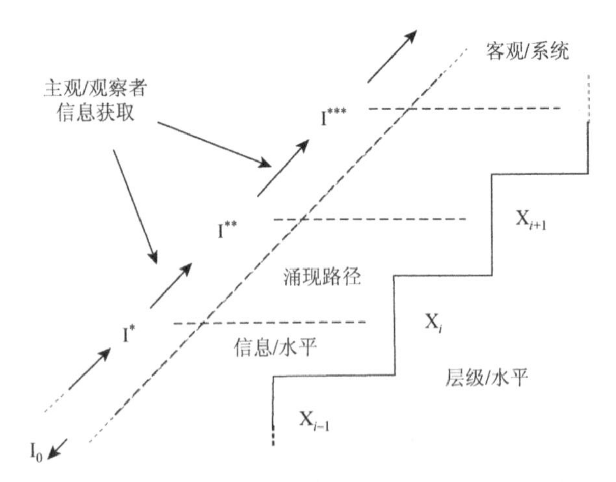

图 13-3 基于信息 Kullback 测度的涌现量化，可通过量化实际观察、系统后验行为或后验组分和从子系统先验知识中所预测的差异来进行。涌现量化分析可在不同层级的水平上进行，但不同水平上的涌现值不同。

系统水平上对这些属性进行解释。另外，我们应持有只有整体研究才可增进理解的态度。

沿第三条线，我们可发现涌现的核心。接上述观点，按各自的特征，第三条线可划分为进化线（evolutionary line）和层级线（hierarchical line）。这里的涌现基本上代表了时空的功能。进化过程前面已作了叙述，主要讨论的是第一和第二涌现。组织化的层级线包括前面部分所介绍过的四个领域：基于局部规则和局部相互作用的“全球涌现性”；涉及源于热力学第二定律涌现的“热力学涌现性”；作为热力学梯度（thermodynamic gradient）结果的结构（耗散的）涌现；以来自于局部规则全球模式为基础的“计算涌现”。如上所述，由于被称为“与模型关联涌现性”的模型被用于分析问题，因此也可出现涌现性。

六、量化涌现

一些研究者认为，在任何对概念进行公式化或量化的尝试中，真实的涌现性应独立于观察者，但这并不一定意味着涌现性独立于观察。观察方法不同，获得的知识不同。这表明涌现性可被定义为，通过两种不同方法的系统观察而获得的不同知识。在一定程度上，这可由计算涌现予以反映。

正是这一观察者依赖（observer dependency）留下了一条打开涌现性量化之门的通路。通过采用衍生于信息（图 13-3）Kullback 测度的一个“指数”，可对涌现性进行半量化方式（semiquantitative way）的表达。假定不存在系统的先验知识（这不一定是事实），这将涉及信息理论中的移动正常参照系（moving the normal reference frame）。

在生态学中，我们拥有一些经常被提及的有关系统的知识。事实上，与基于经验知识的期望相比，在系统或系统模型中观测到的这些知识存在偏差。量化涌现的方法必须以计算机和模型为基础。如果获得的现存知识是综合的，且在计算机模型（源于传统生态科学）中的处理为 p^*，以及其与系统实验结果或观察结果的差异为 p^{**}，则涌现性可通过下式计算：

$$\text{Emergence} = \sum p^{**} \ln \frac{p^{**}}{p^*}$$

这个式子将涌现和有效能的概念联系起来。目前，涌现是从不同观察间所获得的信息的一个结果。

如果涌现是这种方式，随着知识的积累，主要指前面还原论（reductionism）与整体论（holism）的争论，偏差问题将最终自行解决和消亡。

用于描述生态系统特征的很多概念，都以生态系统中观测数据的大量数值处理为基础。因为概念可从有关生态系统组分的知识中直接演绎（计算），如数量、物种和生物量等，所以这样的概念不能被定义为涌现性，充其量只是系统的一些“共有”属性。本章中，一个与涌现性对应的有趣类似物为来自于热力学的宏观属性，如熵和公式的多种表达式等。还原论无法赢得争论，因为其不可能获得足够的知识。如果不是其他原因，则只能归因于热力学，因为不仅在能量方面，而且在消耗方面获取更加翔实的知识变得越来越昂贵。

同时，我们无法强制这样一个长期形成的、垂直的系统组织产生涌现行为（emergent behavior），这对我们是一个不小的打击。本章中，垂直是指层级中更高或更低的水平。那些没有一个具备实际调节功能（regulatory function）的部分也是必需的，因此应对其进行评估或比其他部分（几个部分）的排名要更靠前。在水平组织的系统中，也可出现涌现性，在同一水平，涌现仅以相互作用的结果出现。了解这些水平内的关系及其对层级中更高水平所产生的后果，对未来的调查研究非常重要。

课外阅读

Bhalla US and Iyengar R（1999）Emergent properties of networks of biological signalling pathways. *Science* 283：381-387.

Breckling B，Muller F，Reuter H，Holker F，and Franzle O（2005）Emergent properties in individual based ecological models introducing case studies in an ecosystem research context. *Ecological Modelling* 186：376-388.

Cariani P（1992）Emergence and artificial life. In：Langton G，Taylor C，Farmer JD，and Rasmussen S（eds.）*Artificial life II*，pp. 775-797. Redwood City：Addison Wesley.

Conrad M and Rizki MM（1989）The artificial worlds approach to emergent evolution. *BioSystems* 23：247-260.

Emmeche C，Køppe S，and Stjernfelt F（1993）*Emergence and the Ontology of Levels. In Search of the Unexplainable. Arbejdspapir. Afdeling for Litteraturvidenskab.* Copenhagen：University of Copenhagen.

Morgan CL（1923）*Emergent Evolution.* Williams and Norgate.

Nielsen SN and Muller F（2000）Emergent properties of ecosystems. In：Joergensen SE and Muller F（eds.）*Handbook of Ecosystem Theories and Management*，pp. 195-216. Boca Raton，FL：Lewis Publishers.

Salt GW（1979）A comment on the use of the term emergent properties. *American Naturalist* 113（1）：145-148.

Wicken JS（1986）Evolution and emergence. A structuralist perspective. *Rivista di Biologia/Biology Forum* 79（1）：51-73.

Wieglieb G and Broring U（1996）The position of epistemological emergentism in ecology. *Senckenbergiana maritime* 27（3/6）：179-193.

第十四章
自组织
D G Green，S Sadedin，T G Leishman

一、引言

自组织（self-organization）是通过内部进程而非外部约束或胁迫的系统内秩序与格局的外在表现。植物分布为约束和自组织都提供良好的例子。例如，在山坡上，通过限制植物的生长高度，寒冷成为生态系统的一个外部约束。同时，通过划分植物生长的高度范围，生长地点和资源竞争导致群落内的自组织（图 14-1）。自组织也可在种群内（如蚂蚁族群或群鸟内）的个体间和个体内（如细胞发育期间）出现。

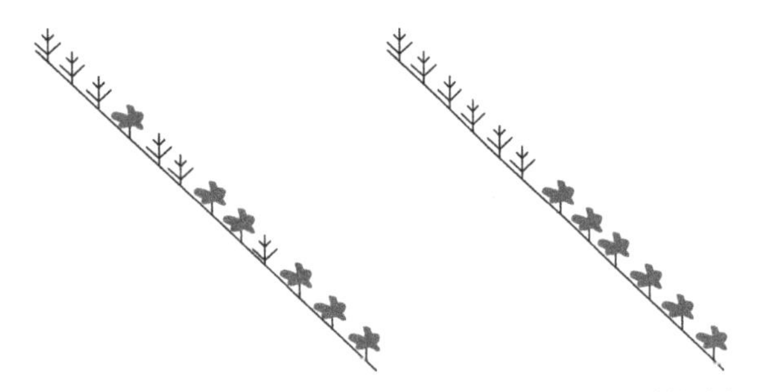

图 14-1　山坡上竞争对植物分布的影响。显示的两种植物与山坡上任何一端的不同条件相适应。左图中不存在竞争，因此分布彼此交错。而右图中，竞争使两种植物的分布完全分离，从而导致了清晰的垂直分布带（altitudinal zone）。

对内部过程作用于生态组织方式的深入理解，为许多熟知的传统生态学现象提供了新的视角。自组织通常涉及系统组分间的相互作用，与复杂性相当。涌现观点也与自组织有关，也就是说，来自于相互作用的系统特征，可被理解为“整体大于部分之和”。对涌现特征和系统的其他全球属性（global property）进行区别很有必要。例如，虽然森林中的生物量生产是一个全球属性，但它只是森林中所有生物生产量的简单相加。而另一方面，当一群动物中的一个向另一个传递惊慌时，逃避行为便会涌现。

有时，语义（semantic）和哲学问题会引起人们对自组织的困惑。自组织系统通常是开放系统，也就是说，它与周边环境共享信息、能量或物质。然而，这并不意味着其组织方式由外部环境控制或决定。例如，生长的植物从环境中吸收水分、太阳光和养分，但其形状和形态却主要由其基因决定。

在讨论自组织时，清晰识别系统尤其是系统的外部约束和内部过程也非常重要。这个问题源于群落和生态系统的不同。对群落而言，其主要由区域的生物区系（biota）组成，土壤影响（可以说）是外部约束。然而，对相应的生态系统而言，包括土壤、植物间的相互作用和微生物等，土壤形成是内部过程。在界定生态系统的物理限制时，会出现同样的问题。例如，一片湖泊，不是一个封闭的生态系统，水鸟（water bird）在其中飞来飞去，消除一些生物而引入其他生物。

二、自组织的历史认识过程

20 世纪中期，自组织这一普遍现象才引起研究人员的初步注意。随后，很多研究领域都对自组织产生了兴趣。生物学家 Ludwig von Bertalanffy 侧重于生物系统内部相互作用的功能和组织的构建过程。他的“普通系统理论”大量运用类比法，以强调表面上不同的系统却具有共同的过程。同时，W Ross Ashby 和 Norbert Wiener 运用控制系统中的交流和反馈观点，对自组织进行了探索。1947 年，Ashby 引入术语自组织。Wiener 创造了术语控制论（cybernetics），指控制系统与信息的相互作用。20 世纪 50 年代，系统生态学家 H T Odum 与工程师 Richard Pinkerton 合作，发展了用以说明系统自组织能够最大化能量转移的最大功率原理。

20 世纪七八十年代，计算能力的增强使模拟用于探索相互作用复杂网络的结果成为可能。到 20 世纪的最后 20 年，将自然界和生物自组织作为复杂理论的一部分进行了深入探索。人造生命（Alife）新领域由 Chris Langton、Pauline Hogeweg 和 Bruce Hesper 等先驱者开拓，他们已开发了一些用以阐释不同生态和进化环境中自组织的原创模型（seminal model）。大概同一时间，H T Odum 引入“能值”（emergy）这一系统概念，以反映过程形成中总能量的利用情况。

到 20 世纪 90 年代，研究人员开始探寻自组织的广泛理论基础。John Holland 侧重于自组织中的适应性作用。他指出，复杂自适应系统中秩序的出现涉及七条基本原理，包括聚合、非线性、流量和多元化等四个属性，以及标记（tagging）、内部模式

(internal model）和构建模块（building block）等三大机制。相反，Stuart Kauffman 从事于布尔(Boolean)网络中的自动催化集（autocatalytic sets）研究，侧重于自组织构建和与选择无关的生物系统方式。同样，胚胎学家 Brian Goodwin 指出，为了理解宏观进化（macroevolution），除了选择之外，还需要涉及物理、空间和时间动态等的形态发生（morphogenesis）理论。James Kay 的工作从热力学观点为生命形式提供了另一种解释，认为自组织系统能最大化自然界中梯度的耗散。Kay 尤其指出，随着时间的推移，通过复杂性和多样性的增加，生态系统将沿能量耗散更加高效的方向演进。

三、自组织理论

1. 热力学基础

在物理学中，初看上去，自组织现象被排除在用以说明任何封闭系统中熵随时间推移而增加的热力学第二定律之外。从这个意义上讲，通过积累秩序（accumulating order），生命系统似乎完全与热力学相背离。然而，自组织系统却未必一定是封闭的。开放系统包括生物，与外界环境共享能量和信息。20 世纪 60 年代后期，Ilya Prigogine 通过引入耗散系统（dissipative system）观点以解释这一情况的发生方式。他将耗散系统定义为远离平衡态的开放系统。耗散系统虽然没有排除不规则的倾向，但具有均质化的倾向。它们接纳不规则的增长和扩张。物理例子包括晶体形成。生物系统的例子包括细胞和生态系统。

2. 网络模型

构成复杂系统对象间的相互作用和关系为自组织提供了一个重要的来源。这种关系格局可借助复杂的网络模型来理解。

网络体现了相互作用和关系的本质，二者是复杂性的根本缘由。一个图形可定义为通过边线（关系）连接的结点（对象）集合。一个网络是一个图形，在这个图形中，结点和边线具有与其各自关联的值。例如，在食物网中，种群为结点，它们（如捕食者）间的相互作用为边线。在景观中，空间过程和关系可创建大量的网络。例如，结点是单个植物，则与之对应的边线可以是创建过程间关系的任何过程，如散布或遮阴。在动物的社会族群中，结点是个体，边线是关系，如血缘或支配者。

通过边线连接的结点被称为邻接结点（neighbors）。结点度是结点所具有的直接邻接点个数。路径是边线的次序，在这一次序中，一个结点的末端为下一结点的起点。例如，A—B、B—C、C—D 和 D—E 的边线次序生成了从结点 A 到结点 E 的路径。一个循环是以端点为起点的一个路径，如 A—B、B—C 和 C—A。如果总有一些路径连接其中的任何成对结点，则这个网络是连通的（否则是不连通的）。网络直径是任何成对结点间的最大分离值。网络簇（clusters）被结点集高度连接。

网络重要性来自于其普遍的本质。只要把生态系统看作是由对象（结点）和关系组成的，就一定存在网络结构。网络也暗藏于系统行为中，但不太明显。这时，结点为系统状态（如物种组成），边线则为从一个状态到另一状态的转变。

有时，网络结构比个体组分性质在决定系统行为中的作用更大。例如，在动态系统中，循环与反馈回路（feedback loop）有关。在不连通的网络中，结点形成很小的、独立的组分，而在连通网络中，结点受其与邻接结点相互作用的影响。网络中的自组织形成方式有两种：通过结点或边线的增加或移除，或通过改变与结点和边线有关的值。

几种常见的网络模式，具有如下的重要属性：

● 随机网络是结点随机连接的网络。在 n 个结点的随机网络中，结点度接近于 Possion 分布，路径的平均长度在由 $L=\log(n)/\log(d)$ 给定的任何两个结点之间，其中 d 为平均结点度。

● 规则网络是连接具有固定模式（consistent pattern）的网络，如方格（lattice）或循环。

● 小世界（small worlds）介于随机网络和规则网络之间。它们通常高度聚合，但直径很小。系统由短程连接主导，但其中也有远程连接的情况。

● 一棵树是一个连通网络，但不包含循环。一个层级为具有确定根节点（root node）的一棵树。例如，特定个体动物后代（树的根）形成的层级由其出生决定。树木和等级与聚合（encapsulation）的观点紧密相关。

3. 聚合

聚合是一种过程，通过这一过程，一组不同的对象被组合起来，行动犹如一个单元。例如，一条鱼通过与其相邻者（neighbor）的整齐移动，形成一个鱼群（school）。因为较小的对象被合并为较大的整体，所以聚合通常与尺度问题有关。聚合与涌现观点紧密相关。当个体被融入与外面世界有关的族群时，整体性（whole）将涌现。生态学中有很多例子。例如，生态系统为相互作用的生物群落，种群为异血缘交配的生物族群，以及鱼群、羊群（flock）和兽群（herd）为以协作方式移动的动物族群等。所有这些例子，个体不像人体内的细胞，不一定永远固定于族群。细胞状黏菌（cellular slime mold）是一个过渡性型的例子，其中的细胞有时单独活动，但其余时间都聚集在一起，以形成多细胞的个体。

很多生态学理论，以聚合在生态系统结构和功能中发挥重要作用这一假设为基础。生态系统层级概念表明，群落由不同包含彼此相互作用的族群（层级）构成，但族群间的相互作用是有限的。

4. 临界性和连通性

临界性（criticality）是系统突发相变（phase changes）的现象，如水结冰、结晶化和传染病流行过程等。有序参数（order parameter）与每一种临界现象有关，当有序参数达到临界值时相变发生。例如，当温度下降至0℃时水便结冰；当可燃物含水量降至临界水平以下时大火即将蔓延（否则会熄灭）。

网络连通性（connectivity）变化可产生重要的后果，这通常是临界现象的基础。当网络通过随机增加边线至 N 个结点形成时，在边线数大概等于 $N/2$ 处，便会发生连通性的毁灭。毁灭的特征由连通的子网络赋予，这个子网络被称为独特巨组分（unique giant component，UGC），包括整个网络的大部分结点。独特巨组分的形成标志着相变的发生，在这一相变中，网络迅速从不连通向连通转变。

任何具有结点和边线的系统都可形成网络，因此在很多情况中都会发生连通性的毁灭，这是临界相变常见的机制基础。

连通性毁灭有几个重要的应用。对相互作用的系统而言，它意味着族群行为或如不连通的个体，或如连通的整体。全球属性或可涌现，或可不涌现，其中的过渡性行为（intermediate behavior）通常很少见。景观连通性为临界相变提供了一个重要的生态学例子。

连通性中的相变也是系统行为临界性的基础。系统状态间的连通度决定行为多样性。基于自动机理论（automata theory）的研究表明，如果连通性太低，系统将变为静态或被锁定在小范围的循环中。如果连通性太高，系统行为将会紊乱。这两种相位间的过渡为“混沌边缘”（edge of chaos）的临界区（critical region）。位于这一临界区的自动机，人们发现其状态空间展示出非常有趣的行为。这一观察促使研究人员，如 James Crutchfield、Christopher Langton 和 Stuart Kauffman 等建议将自动机停留在临界区，以执行一般性的计算。他们甚至更大胆地推测，混沌边缘是复杂系统包括生物具有进化能力的根本要求。其他研究人员认为，混沌是生命系统创新的源泉，它们向位于混沌边缘附近的地方进化。这些观点与自组织临界性（self-organized criticality，SOC）密切相关。

5. 自组织临界性

系统中的自组织临界性现象使系统自身维持在一个临界或接近临界的状态。一个经典的例子是沙子堆积中的坍塌模式。信息理论认为临界状态中的系统对信息过程和复杂性最适应，所以自组织临界性已被认为是蚂蚁群体、社会、生态系统和大尺度演化中等集体行为的组成部分。自组织临界性以事件为特征，事件的大小和频率分布遵循反幂定律（inverse power law）。然而，我们通常很难从呈相似分布的简单因果过程中对其真实情况进行辨别。

例如，生态系统可能会通过如下机制趋于临界状态。如果一个生态系统中偶然出现新物种或突变，则随着时间的推移，生态系统的变化被加强，因此可形成不稳定的正反馈循环。这一不稳定的相互作用可触发雪崩式的灭绝效应（avalanches of extinction），雪崩的大小与系统先前具有的连通性有关。突变、迁移和灭绝等通过这种方法使系统停留在临界区附近，随着新变化的积累，生态系统逐渐远离次临界状态（subcriticality），而雪崩式灭绝可防止超临界状态（supercriticality）的出现。这一观点的支持者指出，灭绝事件分布遵循反幂定律是生态系统趋于临界状态的证据。然而，对这一机制的其他解释，如彗星撞击似乎也是合理的。

6. 反馈

反馈是一个过程，在这个过程中，来自系统的输出影响输入。捕食者-猎物（predator-prey）系统是负反馈的例子。例如，捕食者种群规模的任何增大，意味着更多的猎物将被捕食，因此猎物种群下降，这反过来又造成捕食者种群的下降。繁殖是正反馈的例子。出生使种群规模增大，这反过来又提高了繁殖率，最终导致更多的出生。当相互作用的次序形成一个封闭回路时，便出现反馈循环，如A—B—C—A。反馈循环在食物网和生态系统稳定性中发挥重要作用。反馈循环中的响应时间延迟通常产生循环行为（如在捕食者-猎物系统中）。

正、负反馈对自组织都很重要。通过抑制变化，负反馈具有稳定力的作用。它是平衡（homostasis）的主要机制之一，通过内部调节，维持动态平衡。相反，正反馈放大了细微的偏差。例如，在竞争排除例子中，竞争者种群规模的任何稍许减小都可使种群数量进一步下降，直到灭绝为止（图 14-2）。

7. 间接交流

间接交流（stigmergy）是自组织的一种形式，当系统组分通过改变其环境进行通信时，间接交流发生。间接交流的许多例子出现在群居性昆虫群体中。例如，蚂蚁群体中，对象如食物、幼虫和尸体等通常储存在单独的储藏室（larder）、保育室（nurseries）和停放室（cemeteries）。模型显示，这一社会秩序出

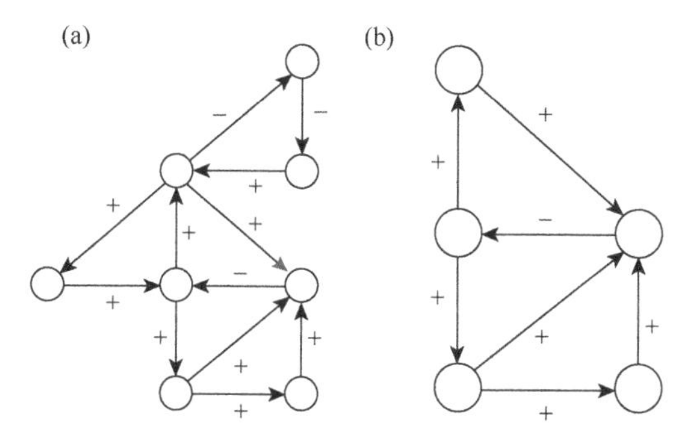

图 14-2　食物网自组织中的反馈作用。在这一简图中，圆圈表示种群，箭头是一个种群对另一种群的影响（正面或负面）。在食物网中，种群间相互作用的圆环链形成反馈循环。(a) 最初的食物网既包括正反馈循环又包括负反馈循环。正反馈循环中的内在动力造成好几个种群的局部性灭绝。(b) 最终的食物链只包括可稳定群落的负反馈循环。

现在蚂蚁与其环境的相互作用中。这一模型中，蚂蚁随机搬移对象，但当遇见相似的对象时，有可能放弃前者。随着时间的推移，这个过程堆砌了一堆相似的对象。正反馈导致大对象堆的形成，但以小对象堆的消失为代价（图 14-3）。

(a)

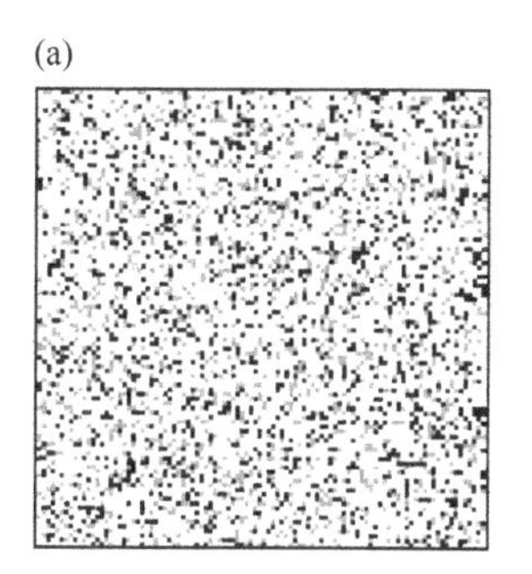

(b)

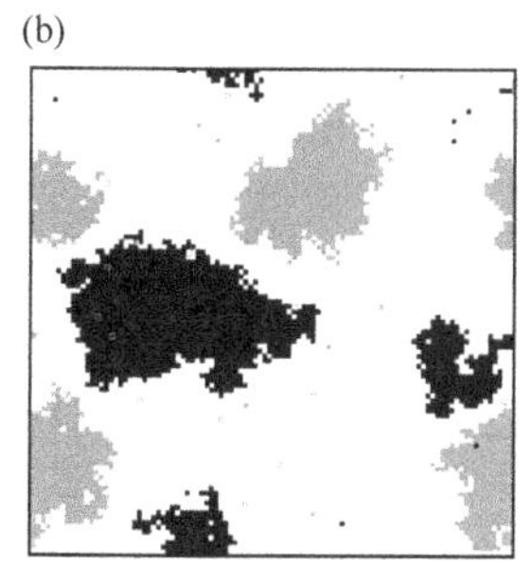

扫一扫看彩图

图 14-3　在蚂蚁群体中，通过间接的交流和反馈，涌现出一定社会秩序。随机散布的对象（a），通过搬移和当遇见相似对象时的放弃，蚂蚁对其进行分类。这个过程创建了随时间增大的对象堆。大对象堆的堆积以小对象堆的消失为代价，直到仅剩少数几个大的对象堆时为止（b）。

8. 同步化

同步化（synchronization）通过增强或抑制非线性而改变系统水平的行为。例如，当捕食者和猎物种群彼此紧密联系时，在猎物增加引起捕食者增加和随后的猎物下降中，形成一个稳定的负反馈关系。这一情况下，生态相互作用犹如恒温器调节种群的大小。然而，如果两个种群的反应速率不同，反而会产生振荡或甚至是混沌的行为。北极圈（Arctic Circle）中野兔和猞猁种群的相互作用是这种振荡的一个经典例子。

同步化繁殖行为是普遍的，包括植物的集中开花和鸟类的集群繁育，以及海洋动物如珊瑚和鱿鱼的集群产卵等。在这些情况中，同步化经常通过个体对常见环境信号，如温度变化或昼长的响应而实现。同步化繁殖行为具有明显的优势，如资源的最大化利用和捕食者的饱足感（satiation）。

不同物种通常具有同步共同适应季节的行为，如当蝴蝶出现时，鸟类便开始繁育。然而，环境信号和生理响应在这些共同适应的物种间都可能存在差异。例如，大山雀（great tit）根据光周期产卵。冬蛾（winter moth）是大山雀繁育季节的重要食物来源，可在更高温度下快速生长。最近，因气候变化造成的欧洲回暖瓦解了这两个物种间的同步化，结果使大山雀筑巢的食物供给减少和种群变得不稳定。

在其他情况中，同步化行为源于其中某个个体模仿其他个体的社会传染（social contagion）。这一行为的动态类似于传染病中所观察到的那些动态。社会传染能引起协调的群体行为，如群集和全异现象（disparate phenomena）。全异现象包括萤火虫（fireflies）的同步发光及鸟类和鱼类中配偶选择的“姿态”（fashion）等。这些情况中出现的协同行为对社会网络结构高度敏感。当社会网络高度连通时（如个体能感知到其他大量的个体，或某些个体具有非常大的影响）协同很容易实现。然而，在松散连接的网络中，社会传染会引起异步波动（asynchronous wave）或混沌。

9. 复杂自适应系统

复杂自适应系统（complex adaptive system，CAS）包括各种经过选择的局部相互作用的组分，如学习型大脑、发展中的个体、经济、生态系统和生物圈等。在这样的系统中，层级结构一直是更新的，而且是自适应的，结果导致我们熟知的非平衡动态得以涌现。因此，复杂自适应系统行为具有非线性、历史偶然性（historical contingency）、阈值和多重引力域（multiple basins of attraction）等特点。目前，复杂自适应系统研究中的一个关键问题是弹性（resilience）和临界的关系。一些研究者认为其通常会向自组织临界状态演替。通过维持在混沌边缘附近，这些系统可能会最大化信息处理。在这一方式中，临界增强了复杂自适应系统适应环境变化和高效利用资源的能力，使系统随时间的推移越来越富有弹性。

10. 人造生命

通过抽象关键特性和核查生命系统“如它们应该的那样”（as they would be），人造生命（Alife）领域采用模拟模型试图理解生物组织。

细胞自动机（CA）在人造生命模型中的应用最具代表性。它是一个细胞网格，在这个网格中，每个细胞都具有一个状态（感兴趣的某些属性），其行为也被设计为同一模式。每个细胞都有一个邻居（通常是紧靠它的），邻居状态影响细胞的状态变化。最著名的例子是生命游戏（Game of Life），在任何候其中的细胞时都是“活的”（alive），或是“死的”（dead）。尽管细胞的状态极其简单，但游戏体现了大量由简单规则所支配的相互作用，导致系统内秩序的涌现。细胞自动机已被用于很多生物和生态系统的模型构建。在火灾、流行病和其他空间过程等模型中，每个细胞表示景观的一片固定区域，而细胞状态代表我们感兴趣的特性（如流行病模型中的易受影响的和被感染的，或免疫的生物）。

其他著名的人造生命模型，包括说明自我再生产自动机中自适应的 Tom Ray Tierra 模型、证明群集行为涌现于个体简单相互作用的 Craig Reynold boids 模型，以及展示生物反馈潜力和自适应使生物圈稳定的 James Lovelock Daisyword 模型等。

四、生态背景中的自组织

1. 社会群体

在动物群体中，由个体间的关系创造了好几种类型的组织。动物间的协调移动导致群体的形成，如昆虫群、鸟群、鱼群和哺乳动物群等。群体，甚至是非常大的群体的协调移动，可通过个体服从这一简单规则实现，如“与邻居保持近距离，但又不能太近”和“如邻居一样，头大致朝向同一方向。”

几个引发攻击行为的机制可创建社会组织。在社会性的动物中，支配阶层减少了配偶和食物冲突的代价。当生理和行为变化导致个体间相互作用时，出现支配阶层。例如，“赢得”一场竞争可能会提高睾酮（testosterone）和强化支配行为，促使那些过去取得较小成功的个体出现顺从行为。通过这一方式，即使所有个体最初都平等，也可产生凝聚性的顺从传达阶层（coherent transitive hierarchy）。类似地，通过在种群内分割领地使资源的冲突成本降低。领地性通常形成空间格局，如海鸟群体中巢穴间距离的调节。在这一情况中，巢穴间的距离由一只栖息的鸟用以防御不丢弃巢穴的最大领地界定。群体内，当个体执行不同任务和扮演不同角色时，会出现更加复杂的协同群体行为。例如，在蚂蚁和白蚁群体中，个体可演变为不同的等级，每一个体具有特定的角色，如觅食、蚁穴保护和哺育后代等。在蜜蜂群体中，个体在不同生活期扮演的角色不同。

在某些情况中，社会群体能够达到和依赖于群体间相互作用的规模存在上限。例如，在类人猿中，社会结合通过毛发的梳理（grooming）维持，猿群数量趋于 30～60 个。较大的群体倾向于支离破碎（fragment）。而在人类社会中，社会群体通常更大。人类学家 Robin Dunbar 认为，这是言语比梳理能提供更有效社会结合的结果。因此，社会群体的自然群体数量通常为 100～150 个。

在多数情况中，群体规模是几个生态和社会因子相互作用的结果。例如，虽然狮子合作狩猎，但雄狮和狩猎狮群的规模通常大于最佳捕猎效率的规模。母狮通过集中哺育（forming crèches），共同防止雄狮对幼师的伤害。另外，狩猎者易遭到较大狮群的攻击；较大的雄狮更能有效保护领地。

细胞和生物群体中的最初合作，也可根据自组织观点进行验证。合作进化的矛盾是（根据定义）自私个体排挤利他个体，因此在一个自我复制基因的种群中，自私的突变体通常以利他个体为代价而进行散布。尽管如此，我们却通常能在动物中发现人类中的利他主义和合作行为。当控制个体间相互作用的网络结构导致个体反复遇到彼此（如当个体在空间上被固定只能与其邻居发生相互作用时），或当其繁殖命运与其他个体（一个多细胞生物中的细胞，通常就是这样）紧密联系时，这种行为可自我组织。实验上，在细菌种群中引入合作进化后，通过黏附物（adhesive）的生产使单个细胞团聚在一起。合作也可出现在边缘环境中（marginal environment），在那里，生存需要比个体间竞争的进化更为重要。边缘环境中有关细菌的实验研究显示，复杂空间格局的形成和信号行为的出现是这一选择的结果。在理论模型中，即使当大型社会中的相互作用随机发生时，包含监管的行为（对不顺从者的惩罚）也可增强合作水平。

2. 生态系统的持久性和稳定性

生态系统如何一出现就如此复杂和稳定，这是系统生态学中一个最令人困惑的主题。野外研究表明，最复杂（多样）的生态系统也是最稳定的生态系统。然而，这一研究与系统理论中的预期背道而驰。系统理论表明，动态生态系统的组分越多，不稳定的相互作用（如正反馈循环）越有可能造成系统崩溃和物种丢失。因此，简单生态系统应比复杂生态系统更稳定。这个悖论，意味着自然界中的复杂稳定生态系统并非是随机的集合体。在这种情况中，自组织涉及不稳定正反馈循环的移除。

3. 群落与集合体

生态学中，有关自组织在生态系统中的重要性问题争论已久。生态系统群落是共同适应的物种，或仅是简单随机的集合体？早期的一些理论家如 Clements 认为，生活在一起的一群物种是经过特化的，而其他人如 Gleason 则侧重于机会和个体的重要性。

演替观点侧重于包括群落变化的模式和过程，尤其是受到干扰后的模式和过程。与演替有关的自组织形式通常是有益的。也就是说，一片区域中出现的植物和动物可改变当地环境，从而有利于其替代种群的出现。例如，大火后，森林几乎同时随草本植物和灌木的重新生长而更新。首次重现的树木是散布好、生长快速和能忍受开放暴露环境的“先锋”（干扰）物种。这些树木创建阴影和落叶层，从而使耐荫性树木能够缓慢生长。

近期理论工作[如 Hubbell 关于生物多样性和生物地理学的中性理论（neutral theory）] 聚焦于机会和空间动态在形成生态模式中的作用。在这些模式中，自组织是微不足道的，因为所有个体和物种实际上是相同的，物种多度也由随机的出生、迁移和死亡等过程驱动。在解释实际的相对多度和物种面积曲线（species-area curve）时，中性和自组织模型都是非常成功的。

4. 食物网

生态系统中的物质流动由物种的相互作用而引起。对动物而言，最常见的过程是饮食、呼吸、分泌和排泄等。对植物而言，最常见的过程是根对水分与养分的吸收、呼吸和光合作用等。一个生物的物质输出通常是其他生物的输入。Elton 对“什么吃什么”（what eats what）的关注，使他发现了好几种模式，尤其是食物链与食物网、食物环（food cycle）、生态位（ecological niche）和数量金字塔等。

在食物网结构和描述物种间营养相互作用的网络中，生态系统中的自组织是显而易见的。在食物网内，相互作用的特定模式普遍存在。我们可把这些模式称为生态动机（ecological motif），特别体现了稳定的相互作用。关键种（keystone species）观点认为，某些物种在维持生态系统整体性和稳定性中具有决定性的作用。

食物网分析表明，小世界（small-world）结构是普遍的。也就是说，许多物种仅与其他物种的一小部分发生相互作用，但网络连通性作为一个整体，由与其他很多物种相互作用的几个物种维持。这一研究为关键种观点提供了理论基础。从功能上看，小世界网络被认为是鲁棒的（robust），用以随机失去结点（如物种），但对目标是其高度连接结点（如关键种）的攻击很脆弱。

5. 空间格局和过程

空间过程导致分布格局的形成。例如，种子散布（seed dispersal）通常造成幼苗在亲本植物周围的集中和聚集分布（clumped distribution）。当局部散布与斑块干扰如野火结合（patchy disturbance）时，可产生由斑块组成的分布。当其与环境梯度如土壤湿度（soil moisture）结合时，可产生不同物种占据不同区域的带状格局（zone patterns）（图 14-4）。

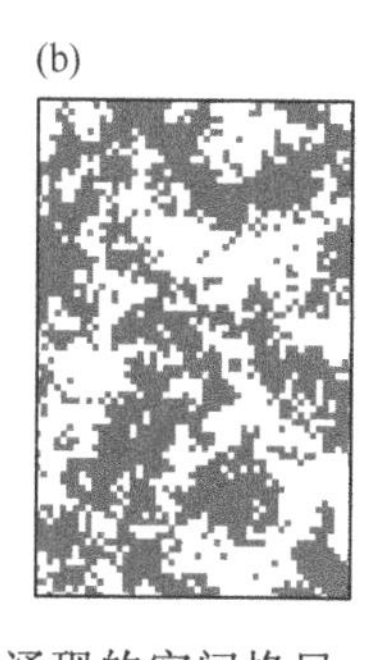

图 14-4 从散布中涌现的空间格局。这一细胞自动机模型表明，两种植物种群的假设分布可产生三种不同的情景。(a)种子分布于任何地方的全球散布使植物呈随机分布。(b)源于局部种子资源的散布使种子呈聚集分布。(c)局部散布和环境梯度（从上到下）相结合创建了植被带。

破碎是景观连通性最重要的结果之一。当景观中（随机分布的）对象的密度低于临界密度时，其多为孤立的个体。当密度超过临界阈值时，它们则是连通的。临界阈值处的密度取决于相邻对象（事物）的规模。景观连通性发挥重要作用的案例很多。（流行病的）流行过程中，需要资源的一个临界密度才可传播。其他例子包括疾病暴发（易感个体）、大火蔓延（燃料）和外来植物入侵（适宜生境）等。如果个体不能相互作用，则种群将变得分散。例如，在湿润年份，对水鸟而言，澳大利亚中部的水体基本上是连通的，几乎在大陆的任何地方，它们都可从一处水体飞到另一处。然而，在干旱年份，许多水体因萎缩或干涸非常离散，以致水鸟无法在其中进行迁移（图 14-5）。

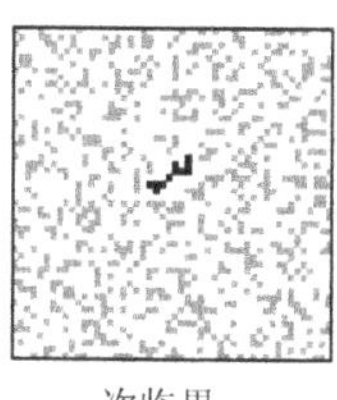

图 14-5 破碎景观中的临界相变。在这一细胞自动化模型中，网格表示景观中的点位。灰色和黑色网格代表植被，白色网格表示无覆盖。黑色网格是植被点位上的斑块例子。通过网格中心点位燃火的蔓延，这些斑块被连接起来。覆盖位置密度的微小增加将导致次临界和超临界的巨大差异。

6. 生物圈中的自组织

认为生物圈可自身进化到自我平衡态（homeostatic state）的盖亚假说，是基于自组织的、最具雄心的生态学理论。Lovelock 认为 Daisyworld 模型能够说明这一过程的发生方式。根据 Daisyworld 的假设，黑雏菊（black daisy）和白雏菊（white daisy）竞争空间。虽然在同一温度下两种类型的雏菊都能最好地生长，但黑雏菊比白雏菊吸收更多的热量。当光照更加充分时，地球变暖，白雏菊盛开，然后地球再次变冷。当光照暗淡时，黑雏菊盛开，地球变暖。在这一方式中，两种雏菊竞争性的相互作用为地球作为整体提供了一个自我平衡的途径。

盖亚背后的观点是，如果生态系统能提高持久存在所需要的非生物条件，则其存活和扩散将更加有效。如果这样，生态系统会逐渐沿日益强大的方向进化。假如这一情况在全球尺度上发生，则生物圈将如自我调节的系统（self-regulating system）一样。然而，在真实的生态系统中，盖亚的过程证据仍然是缺乏的，理论可靠性也广受争议。

7. 进化

在进化中，自组织有一个非常突出的作用，尤其在调节个体间相互作用的景观环境中，作用更为明显。个体在边缘和胶结（viscous）生境网络中合作进化是自组织的其中一个结果，而随机相互作用种群的进化却主要由种类竞争（intraspecific competition）主导，因此可能更具自私行为。

景观结构影响遗传多样性和物种形成。在连通景观中，基因自由流经一个物种，从而物种形成受到抑制。然而，在破碎景观中，一个物种被分成离散的亚种群。破碎化增大了近亲繁殖风险，可使这些亚种群的遗传多样性丧失。种群破碎化之间的差异也可形成适应辐射（adaptive radiation），导致许多新物种突然同时出现。

由于物种适应其环境，所以它们经常面临不同目的资源分配中的权衡问题。这些权衡导致物种内不同形态的进化，或物种的形成。例如，很多红树林树种面临耐盐性与竞争能力的冲突。红树林生长于河口，那里的盐分沿陆海梯度变化。生长于近陆的红树林，对竞争能力的选择非常强烈，但这些生长于近海的红树林却需要更好的耐盐性。权衡结合局部的种子散布，导致红树林树种呈离散带状模式（banding patterns）分布，其中的每个物种可由近海的、更具耐盐性的物种所替代。

偶然性也对空间分布结构具有重大的作用。当特有物种的数量在局地环境中绝对占优时，将出现空间优势（spatial dominance）。在这种情况中，物种可抵制入侵，甚至能与强劲的竞争者抗衡，因为其局地繁殖体的数量多于其他任何种群的数量。同样的道理，一个能使物种开拓新环境的突变，有可能将潜在的竞争者从环境中永久排除，即使这些竞争者已进化出相似的适应性。

五、现实思考

自组织理论提供的真知灼见具有很多现实意义，无论是对生态学还是对（资源）保护。最前沿的保护争论通常侧重于区域和遗址（site）保护的选址问题。如果生态系统是物种的随机聚集，则景观中的某一遗址和另一遗址一样好。所有的事情在于保存每个物种的代表性种群。然而，如果生态系统由为了生存而适应于相互依存的物种自组织群落组成，则需要保护整个群落。

与上述问题紧密相关的是，随机构建的食物网通常不稳定，从而引发这一问题，即为创建人工群落，引入新领地的易位（translocated）物种是否长期可以存活？自组织甚至在人工生态系统中也是显而易见的。例如，在生物圈 2 号中，研究人员设计了一个封闭的实验环境以模仿自然生态系统，结果发现有利于物种的环境能汲取更多的能量，且内部过程导致了不可预料的问题，如氧气含量的逃逸（runaway）消耗。

当考虑改变生态系统时，对自组织的理解将非常重要。例如，实验通常无法决定目前的生态管理践行，如种群的易位、控制燃烧，或保护区与荒野区划分的长期效果等。这一问题促使模拟模型成为生态理论和实践的一个潜在重要工具。有关野外观测的新方法也正在出现。例如，对理解景观破碎化的需要，引起了对景观连通性的研究。这些研究都是基于野外及来自于遥感和地理信息中所使用的数据。

参考章节：自动催化；生态复杂性；涌现性；生态学中的层级理论。

课外阅读

Ball P（1999）*The Self Made Tapestry：Pattern Formation in Nature*. Oxford：Oxford University Press.

Camazine S，Deneubourg J L，Franks NR，et al.（2003）*Self Organization in Biological Systems*. Princeton：Princeton University Press.

Green DG，Klomp NI，Rimmington GR，and Sadedin S（2006）*Complexity in Landscape Ecology*. Amsterdam：Springer.

Holland JH（1996）*Hidden Order：How Adaptation Builds Complexity*. New York：Addison Wesley.

Levin SA（1998）Ecosystems and the biosphere as complex adaptive systems. *Ecosystems* 1（5）：431-436.

Patten BC，Fath BD，and Choi JS（2002）Complex adaptive hierarchical systems Background. In：Costanza R and Jørgensen SE（eds.）*Understanding and Solving Environmental Problems in the 21st Century*，pp. 41 94. London：Elsevier.

Prigogine I（1980）*From Being to Becoming*. New York：Freeman（ISBN0 7167-1107 9）.

Rohani P，Lewis TJ，Gruenbaum D，and Ruxton GD（1997）Spatial self organization in ecology：Pretty patterns or robust reality? *Trends in Ecology and Evolution* 12（8）：70-74.

Sole′ RV and Levin S（2002）Preface to special issue：The biosphere as acomplex adaptive system. *Philosophical Transactions of the Royal Society of London B* 357：617-618.

Watts DJ and Strogatz SH（1998）Collective dynamics of ‘small world’ networks. *Nature* 393（6684）：440-442.

第十五章

生态复杂性

J L Casti，B D Fath

一、作为系统概念的复杂性

在日常用语中，“复杂”通常指由很多相互作用的组分形成的人或事物，其行为和（或）结构难以认识。国际经济行为、人类大脑和雨林生态系统（rain forest ecosystem）等都是复杂系统的很好例证。

用这些例子说明复杂系统并不新颖。新颖也许是历史上我们第一次运用知识和工具，以可控制的、重复的和科学的方式来研究如此的系统。因此，有理由相信，新发现能力将最终为这些系统提供可靠的理论来源。

在廉价和强有力的计算能力出现之前，研究复杂系统如道路交通网络、国际经济，或连锁超市时，仅因为将其作为整体考虑时太昂贵、无法实践和太耗时，或太危险而使我们的能力受到限制。我们只能局限于啃咬（biting off）那些在实验室或其他一些控制环境中的观察过程的细枝末叶（bits and pieces）。但借助今天的计算机，我们确实能够构建这些系统的完全硅状替代品（silicon surrogate），以及利用这些“准世界”（would-be world）作为观察日常生活复杂系统运转和行为的实验室。

在将复杂性术语作为系统概念时，首先必须认识到复杂性是一个固有的主观概念，什么是复杂取决于人们的看法。当我们说某些事物复杂时，其实我们真正做的是利用日常用语以表达对贴有“复杂”标签的一种感觉或印象。但某些事物的意义不仅依赖于语言表达方式［如代码（code）］、传送介质和信息等，也依赖于环境。总之，意义与交流的整个过程密切相关，不只在于其中的一个或另一个方面。因此，政治结构、生态系统，或免疫系统（immune system）的复杂性，不能只被简单地认为是包含于系统的独立属性。相反，不管这些系统如何复杂，其都具有系统的联合属性（joint property），它们与另一系统的相互作用通常也被作为观测器和（或）控制器。

如真理、美丽、好的和邪恶的一样，多数观察者的眼里都有复杂性，因为它存在于系统本身的结构和行为中。这并不是说，为系统复杂性的某些方面赋予特征时不存在“主观的”方式。毕竟，无论人们持有何种复杂性的见解，一个变形虫（amoeba）明显比一头大象简单。虽然主流观点认为这些主观度量仅以双向度量的特殊情况出现，但在系统和观测者间发生相互作用的情况中，一个方向上的相互作用总比其他方向上的微弱很多。

第二个重要观点是术语“复杂”的普遍应用是非正式的。这个单词通常被作为反直觉的、不可预测的，或难以简单理解的某些事物的代名词。因此，如果我们不想以似是而非的以个人观点来轶事般的描述复杂系统，而是想追求真正的“科学”，我们必须要将这些关于复杂和平常的非正式概念转化为更加正式的、风格化的语言，以在符号学和语法学中或多或少地对直觉和意义做出真正的理解。然而，将转化复杂性（或别的事物）的一部分工作整合为一门科学，涉及模糊的精确化和如何更简洁地表达“非正式正式化”（formalizing the informal）的问题。

为了更有力地说明这一观点，我们可通过逐渐体验与复杂有关的事物，来思考与“简单”系统有关的某些属性。一般而言，简单系统具有下述特征。

可预测的行为。简单系统中不存在惊现之处。如果我们知道作用于系统和环境的输入（决定），则简单系统产生的行为很容易推理。如果我们掉下一块石头，它必将落下；如果我们拉伸弹簧并松手后，它将以固定模式振荡；如果我们将钱存入有固定利息的银行账户，根据简单易懂和可计算的规则，增值则是一个可预测的数目。这些可预测的、直觉上已完全理解的行为是简单系统的主要特征之一。

复杂过程可产生反直觉的、无因果关系的和完全惊现的行为。较低的税率和利息率导致更高的失业率；低价住宅建筑造成的贫民窟比那些由“更高价”住宅所代替的贫民窟更糟；高速公路建设引起前所未有的交通堵塞和通勤时间的增加。对多数人而言，这些不可预测的、变化无常的行为是复杂系统的特征。

很少的相互作用和反馈/前馈（feedforward）循环。简单系统通常包括很少数量的组分，且变量关系由自相互作用（self-interactions）主导。例如，在原始的物物交换（barter）经济中，仅有少数产品（食物、工具、武器和服饰等）用于交换，这比工业化

国家的发达经济简单和容易理解。在发达经济中，原材料输入和最终消费产品间的路径是迷宫式（labyrinthine）的线路，涉及中间产品、劳动力和资本投入三者间的各种相互作用。

除了只有几个变量外，简单系统通常包括很少的反馈/前馈循环。这一类型的循环可使系统重新构建，或至少可改变系统变量中的相互作用模式，从而可能使系统出现各种各样的行为。为了证明这一点，现考虑一个以变量如就业稳定性、资本替代劳动力、个人行动水平和义务（个体性）等为特征的大型组织。通过资本替代劳动力减弱了组织中的个体性，这反过来降低了就业稳定性。这一反馈循环加剧了最初存在于系统中的任何内在压力，可能会造成整个组织的崩溃。这种崩溃循环（collapsing loop）类型对社会结构尤为危险，因为它威胁到社会结构对冲击力的吸收，而冲击力是复杂社会现象的共同特征。

集中式决策。在简单系统中，权利通常集中在一个或最多是少数几个决策者手中。政治独裁、私营合作和罗马天主教会（Roman Catholic Church）等是这一类型系统很好的例子。这些系统之所以简单，是因为管理层级间的相互作用即使有但也是非常少的。同时，中央集权决定对系统造成的影响也很容易被追踪。

通过对比，发现复杂系统体系的实际权威具有分散性。这些系统似乎具有一个名义上至高无上的决策者，但实际上权利随分权结构被分散。然后，很多单元的行动被联合起来，产生了实际的系统行为。这些系统类型的典型例子包括民主政府、工会和大学等。这种系统比集权结构更有弹性和稳定性，因为它对任何一个决策者的错误更加宽容，且更有能力吸收不可预测环境的波动。

可分解性（decomposable）。通常，简单系统包含其不同组分间的微弱相互作用。因此，如果我们割裂这些联系的一部分，系统行为或多或少地仍如以前那样。例如，因为不同文化的原因，印第安人最初只与主导当地社会的结构有微弱联系，所以重新安置美国印第安人到保护区对新墨西哥州（New Mexico）和亚利桑那州（Arizona）主导社会结构的影响不太重要。基于此，现有的这一简单社会相互作用模式可按两个独立过程，即印第安人的作用过程和定居者的作用过程进行进一步的分解和研究。

复杂过程是不能简化的。忽略过程的任何部分或割裂联系它们间的任何链接，通常会破坏系统行为或结构的基本方面。在不蒙受系统成为“系统”的不可避免的信息损失下，无法将这一复杂系统切分为子系统。

二、惊现的形成机制

复杂系统所展示的大部分反直觉行为，起因在于悖论或自我参照（self-reference）、不稳定性、不可计算性、连通性和涌现性等的联合作用。我们可将复杂性的这些来源看作是“惊现的机制”（Surprise-Generating Mechanism），与自然界的机制非常不同，每一种机制都可产生自身的惊现特征类型（表 15-1 对已描述的几种惊现发生机制进行了总结）。为创建复杂行为，这些机制是如何运转的，在转向对其进一步的仔细思考前，先对每一种机制进行简单的回顾。

表 15-1 主要的惊现发生机制

机制	惊现效应
悖论	不一致现象
不稳定性	源于微小变化的巨大影响
不可计算性	行为超越规则
连通性	行为无法分解为部分
涌现	自组织模式

悖论。悖论源于系统观察行为与我们对这一行为“预期”不一致的错误假设。有时，在简单的逻辑或语言学环境中，如著名的“说谎者悖论”（liar paradox）（“这句话是错误的”）中会出现这种情况。而在其他环境中，悖论源于人类视觉系统的特性，正如图 15-1 显示的不可能存在的楼梯一样，或仅源于系统部分被整合的方法，如前面所讨论的经济发展。

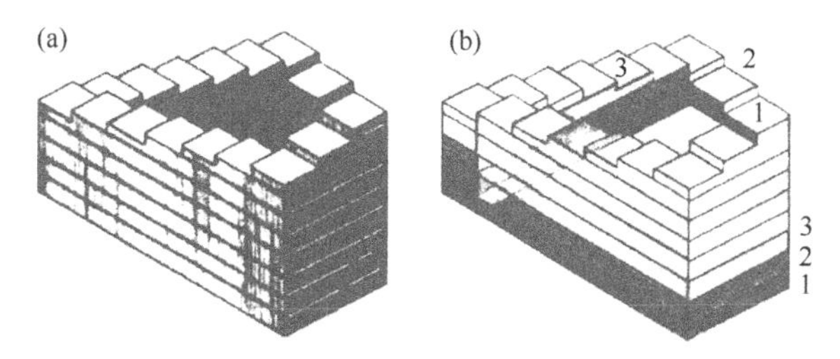

图 15-1 不可能存在的楼梯。

不稳定性。根据久经积累的日常直觉，系统对微小干扰是稳定的，因为不稳定系统的存在时间显然不足以使我们对其形成良好的直觉。不过，自然和人类系统通常都对微小干扰具有病理学上的敏感行为，如股票市场下跌对似乎不太重要的关于利率的经济消息作出响应时，会导致企业合并，或银行倒闭。这种行为频繁发生，因此值得我们在惊现的分类中赋予其重要角色。

不可计算性。在复杂系统模型中看到的行为类型是下述规则集的最终结果。这是因为，这些模型被嵌套于计算机程序中，而计算程序反过来正好需要一套规则集，命令机器由存储器中的二进制数字组成数组，以启动或关闭任何给定的计算阶段。显然，这意味着我们在这个世界中所观察到的任何行为，都遵循程序中被编码规则的结果。实际上，虽然计算机是遵循规则的装置，但没有一个先验理由使我们相信自然和人类的任何过程都必须以规则为基础。如果不可计算性存在于自然界，如海滩上的破碎波或大气中移动的空气团，则在其模型的代理世界中我们绝不会观察到这些自我展示的过程。我们可能会观察到与不可计算性过程几乎相似的过程，正如我们用有理数尽可能地近似无理数一样。然而，如果这一不可计算性的数量确实存在于数学的本来世界（pristine world）之外，则我们将永远不可能在我们的计算机中观察到真实的事物。

连通性。促使系统成为系统而非简单元素集合的是，系统单个组分间的联系和相互作用及这些联系对组分行为的影响。例如，生物和非生物的相互联系可形成一个生态系统。每个组分不能单独分离，二者必须相互作用，以使这一系统永续存在。复杂性和惊现性通常存在于这些联系之中。

涌现性。惊现的形成机制依赖于连通性，因为连通性存在是涌现的一种现象。这指的是系统组分间相互作用产生出乎意料的全球系统属性的方式，这一方式不存在于任何独立的子系统中。一个很好的例子是水，它的独特性质是作为液体的自然形态和不可易燃性，二者与其气体成分氧气和氢气完全不同。

复杂性间的不同源于涌现，而涌现仅来自存在于系统不同组分块（components piece）间根本相互作用的连接模式中。对涌现而言，关注点不仅在于组分间是否存在某一类型的相互作用，也在于这种相互作用的特殊性质。例如，单一的连通性无法对包含氢气和氧气分子相互作用的普通自来水与重水（氘）进行区分。重水包含相同成分的相互作用，但混合物中多了一个中子。在实践中，辨别连通性和涌现性通常是困难的（和不必要的），它们通常被认为是惊现发生过程的同义词。蚂蚁群体的组织化结构涌现于行动，就是一个很好例子。

如人类社会一样，蚂蚁群体要实现的目标，单个蚂蚁自身无法完成。通过与简单局部信息相一致的行动，营建和维护蚁穴、挖掘地下洞室和隧道，以及保护领地等所有活动都由单个蚂蚁负责，没有蚁王监管整个群体和对单个蚂蚁发布命令。通过某种方式每只蚂蚁拥有部分信息，利用这一信息以确定其在群体中应负责工作的类型和强度。

最近关于收获蚁（harvester ant）的研究工作对蚂蚁群体评估其当前需求，以及派遣一定数量的成员去执行既定任务的过程已有了相当的了解。这些研究确定了由成年收获工蚁在蚁穴外完成的四项不同任务：觅食、巡视、蚁穴维护和清洁工作（midden work）（分类建造各群体的废弃堆）。这些不同任务决定了我们称之为蚂蚁群体系统的组分，且群体中产生涌现现象的这些任务由蚂蚁间的相互作用完成。

最值得关注的相互作用是觅食蚂蚁（forager ants）和维护工蚁（maintenance workers）的相互作用。当蚁穴维护工作量因穴口附近长条状物体（toothpick）的堆积而增加时，觅食蚂蚁数量将减少。显而易见，在这些环境条件下，通过每只蚂蚁决定整个群体大量合作行为的局部决策，蚂蚁参与任务转换。任务分配取决于每只蚂蚁所作出的两种决定。首先，决定需要执行的一项任务。其次，决定是否需要积极执行这一任务。如已经说明的那样，这些决策只是基于局部的信息，没有核心决策者（central decision maker）对整体情况进行持续的跟踪。

图 15-2 概况了收获蚁群体中任务转换的作用。该图说明，在蚁穴之外，蚂蚁一旦成为觅食者，它将永远不会转换到其他任务中。当大量清洁蚁出现在蚁穴上面时，新增的维护工蚁将从正在蚁穴内工作的蚂蚁中招募。当有干扰如其他蚁群入侵时，维护工蚁将转换为巡视蚁。最后，一旦蚂蚁在蚁穴外被分配到任务，它将永远不会回到蚁穴内的事务上。

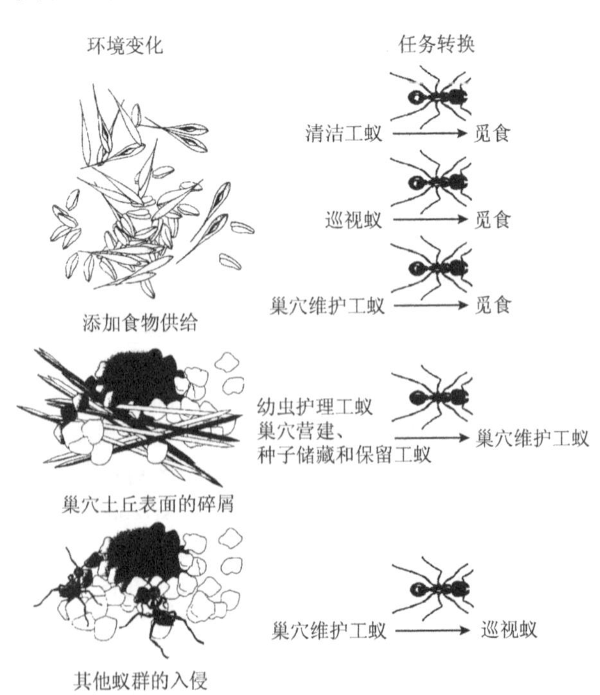

图 15-2 收获蚁群体中的任务转换。

蚂蚁群体的例子，说明了不同类型蚂蚁间的相互作用如何可在群体中产生不可预测或甚至任何单个蚂蚁都无法产生的全局性工作分配模式。这些模式之所以是涌现现象，完全在于不同任务间相互作用的类型。

三、涌现现象

复杂系统产生惊现行为。实际上，它们产生的是行为模式和属性，只是我们无法从对其单独部分的了解中作出预测而已。这些所谓的“涌现性”（emergent property）是复杂系统最独特的特征。当我们考虑独立随机量，如纽约市所有人的身高时，就会出现这一现象。即使这一数据集中的单个高度变化，数据集分布仍是我们非常熟悉的、基础统计学中的钟形曲线（bell-shaped curve）。源于组分元素的相互作用，这一特点的钟形结构是“涌现的”。单一的个体高度不能反映正态概率分布，因为这一分布暗指种群。然而，通过累加和生成平均数，从而将所有个体高度纳入相互作用时，概率理论的“中心极限定律”告诉我们，这一平均数及其周围的分布一定服从钟形分布。

四、生态复杂性

复杂性研究已发现很多系统具有共同的结构和行为/动态特征（表 15-2）。这些复杂系统特征的相互作用使系统展示出如惊现、涌现性和乘幂尺度变换（power law scaling）等的属性。根据观察，生态系统如物理复杂系统一样，具有很多相同的属性，而生态复杂性就是这些观察的结果。因此，从了解生态系统在多大程度上与其他复杂系统共享这些共有属性的生态数据分析中，产生了一项积极的研究计划。

表 15-2　复杂系统的一些特征

结构特征	行为/动态特征
大量的组分	非线性
大量的组分	混沌
组分及连接极具多样	崩溃
非对称	自组织
强相互作用	多稳态
层级组织	适应

生态系统由与自稳定（self-stabilizing）和自激发反馈（self-promoting feedback）相互作用的大量不同组分构成，以产生具有涌现性的模式。正因为如此，生态系统被描述为复杂自适应层级系统（CAHS），或自组织层级开放（SOHO）系统。与复杂物理系统不同，开放性是所有生态系统所必需的。这是因为通过代谢过程，即借助捕获能量和有效做功（生物化学反应、生长和维持等）的方法，至少维持高度组织化的系统时刻远离热力学平衡态，生态系统将成为一个自我永存体（self-perpetuating）。生物自我复制是第二个可确定的生态特征，这个繁殖过程使系统的组成部分长久存在。因此，生态系统通常被认为“整体大于部分之和”。

有关生态复杂性的两个最紧迫问题，包括必须制定适当措施以量化生态系统结构和行为复杂性，以及通过理论、分析、模型和野外研究等来识别产生这一复杂性的关键过程。

自 2004 年以来，新创建的期刊《生态复杂性》（*Ecological complexity*）（Elsevier）一直是这一研究的前沿论坛。期刊通过强调交叉学科及自然与社会系统科学的整合，侧重于与环境有关的生物复杂性文章。

期刊主题通常包括：

- 环境和理论生态学中所有的生物复杂性方面；
- 最复杂自适应系统的生态系统和生物圈；
- 空间扩展系统的自组织；
- 复杂生态系统的涌现性和结构；
- 在时空中形成的生态格局；
- 生物物理限制和进化作用对物种聚集的吸引；
- 生态尺度（尺度不变形（scale invariance）、尺度共变形（scale covariance）和跨尺度动态（across- scale dynamics））、异速生长（allometry）和层级理论；
- 生态拓扑结构和网络；
- 复杂系统的生态学研究；
- 研究动态人类与环境相互作用的复杂系统方法；
- 运用非线性现象的知识，以更好地指导环境变化适应性策略和减缓措施的政策发展；
- 研究复杂生态系统的新工具和新方法。

对自然和社会系统整合的强调使我们越有兴趣了解人类角色对环境的影响。最近，有这样一种意识，为了我们自己和我们的环境需要以某种方式改变这一影响。为了提高我们管理和恢复自然系统的能力，也应将自组织、涌现性和共同适应等的新工具、新方法纳入其中。这些生态系统管理的新方法还必须对自然动态做出解释，并能对可持续发展的概念进行整合。生态复杂性科学的进步，是引导这一转变成功的根本。

五、“准”世界（‘Would-Be’ world）

在过去的几年中，与圣菲研究所（Santa Fe Institute）和其他地方有关的研究者已创造了大量的电子世界，用以研究复杂自适应系统的属性。本章仅举这种世界的三个例子，以作为研究这种系统时将计算机如信息实验室方式使用的典型案例。

Tierra。这一世界由自然学家 Tom Ray 创建，由作为遗传物质电子代理（electronic surrogate）的二进制串填充。随着时间的推移，这些字符串为获取

资源而相互竞争。利用这些资源，字符串创建它们自身的复制品。通过突变和交叉（crossover）真实世界过程的模拟配对物（computational counterparts），新的字符串也能被创造。经过一段时间，Tierra 世界具有与在自然界中观察到的进化过程相关的很多特征。因此，为了无需在几百万年之后才得到实验结论，我们可将这个过程作为一种实验方法。但 Tierra 并非为模拟任何特定真实世界的生物过程而设计。更确切地说，它只是一个经常进行新达尔文主义（neo-Darwinian）进化研究的实验室。

TRANSIMS。在过去的三年中，由 Chris Barrett 率领的洛斯阿拉莫斯（Los Alamos）国家实验室的研究团队，在他们的计算机中已创建了新墨西哥州阿尔伯克基（Albuquerque）城市的一个电子配对物。被称为 TRANSIMS 的这个世界，其目的是为接近百万人口城市区域中的道路交通流研究提供一个试验平台。与 Tierra 相比，TRANSIMS 的设计更加明确，以尽可能如实地反映阿尔伯克基的真实世界，或至少是反映城市与道路交通流有关的那些方面。这样，模拟包括从高速公路到偏僻小巷的整个道路交通网和人们生活、工作地方的信息，以及关于收入、小孩和车辆类型等人口学信息。因此，我们所拥有的准世界，其目的在于尽量如实地复制一个具体真实世界的情景。

Sugarscape。位于 Tierra 和 TRANSIMS 某处的准世界可称为 Sugarscape，由华盛顿特区布鲁金斯研究所（The Brookings Institute）的 Joshua Epstein 和 Rob Axtell 创建。这一世界被作为研究文化和经济演化过程的一个工具。一方面，关于个体行为及其可能活动范围的假设，对穿梭于日常生活中的人们所具有的可能开放性做了极大的简化。另一方面，Sugarscape 对有关引起人们按其行事方式采取行动的动机，以及他们如何着手试图实现目标却作了非常现实的假设。非常有趣的是，从个体行动的简单规则中产生了大量丰富多样的行为，而且这些涌现的行为与真实生活中实际观察到的行为有惊人的相似之处。

当试图认识和创建物理与工程系统理论时，为了进行自然科学家习以为常的可重复控制实验，Epstein 和 Axtell 决定创造一个不断变化的环境和一组相互作用的代理，以及与简单生存法则相一致的环境，用以从零开始逐渐“生长”（grow）出一种社会秩序。然后，可从代理的相互作用中演化出一个完整的社会结构，包括交易、经济和文化等。正如 Epstein 关于社会问题所作的评论：“你没有解决它，你只是发展了它”，Epstein 和 Axtell 将他们的实验室称为社会学家发展“Compu Terrarium”的摇篮。

相互作用的代理通过其所占据景观上的单色点，每个代理可用图形形式表示，这被称为 Sugarscape。景观中的每个位置包含称为糖的食物资源的时变浓度（time-varying concentrations）。每一个体具有独特的特征集，其中一些是固定的，如性别、食物搜寻的可视范围和代谢率等，而另一些是变化的，如健康、婚姻状态和财富等。这些代理的行为由一系列非常简单的只包括普遍生存和繁衍规则的规则集决定。一个典型的规则集可能有：

1）搜寻有糖的最近位置。尽可能地占有，以维持你新陈代谢的需要，并保存剩余部分。

2）如果你已积累了充足的能量和其他资源，就开始生育。

3）保持你目前的文化身份（特征集），除非你意识到你被不同类型［“族群”（tribes）］的很多代理所围困。如果是这样，改变你的特征和（或）偏好，以适应你的邻里。

即使在如此简单的规则下，陌生和奇妙的事情还是开始出现。一个代表性的情景如图 15-3 所示，其中我们可看到 Surgascape 上由黄点所标记的糖。代理最初在景观上是随机分布的，红点的代理具有良好搜寻远处食物的能力，蓝点表示更多的近视（myopic）代理。如果不考虑其他事项，则随着时间推移自然选择将有利于良好视力者，这一预期是合理的。情况的确如此，如图 15-3 中看到的中心面板说明种群中的红色代理占优势。然而，如果再重复一遍实验，赋予代理将财富以糖的形式传给其后代的机会，发现遗产可对生存造成复杂的影响。这呈现于图中的第三个面板，通过利用双亲馈赠的糖，更多视力差的代理生存下来。

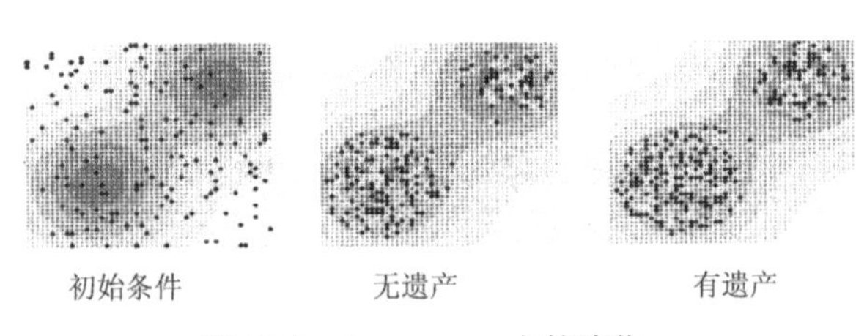

图 15-3　Sugarscape 上的演化。

虽然这个简单例子有助于说明 Compu Terrarium 的工作原理，但几乎无法表明我们思考和研究的社会结构方式的变革，因为我们需要给系统添加更多值得关注的变量（whistles and belles）。Epstein 和 Axtell 确实已经这样做了。当他们引入季节使糖的浓度随时间推移而呈周期性变化时，代理开始迁移。当第二种资源香料被引入时，由于新的基本规则：“寻找邻居拥有你所想要的商品。与那个邻居进行讨价还价，直到达成双方满意的价格为止。然后按那个价格交易。”简单的经济出现了。图 15-4 显示了这一交易经济类型的影响。在图形的第一部分中，代理只是独立地搜寻糖和香料。在中间的面板中，我们可看到开始交易的影响，许多代理开始繁荣。

最后，第三个面板显示取消交易的影响。不容许交易很多代理将无法存活。

图 15-4 Sugarscape 中的交易效应。

当然，Epstein 和 Axtell 创建的社会实验室还有很多内容，包括文化群体的涌现性、争论和制度构建，以及可能被社会学家引入研究大量有趣问题的所有事物。有兴趣的读者一定想查阅对这些和其他许多事项都有详细说明的 Epstein 与 Axtell 合著的专论。本章的内容就引用了它。这里，笔者只指出 Compu Terrarium 为从下而上的研究社会提供了一个平台。利用这一平台，我们可探究动态、演化和局部简单的社会行为。有什么比在这样的实验室中进行实验更好呢？

介绍 Tierra、TRANSIMS 和 Sugarscape 等这些内容的重点在于强调这样两点：①我们需要不同类型的准世界，以研究不同种类的问题；②这些世界中的每一个世界具有被作为实验室的潜能，在其中检验由世界所代表现象的假说。后者支持了这一观点，即计算世界在创建复杂系统理论时所起的作用，与在化学实验室和粒子加速器中创建简单系统的科学理论所起的作用一样。围绕创建和利用这些硅世界（外层世界）的技术、哲学和理论等问题，Cleick 已给予了充分说明。

六、总结

每个复杂自适应系统中的关键组分和良好的数学形式体系，在创建描述和分析面向这些过程的可行理论时还有很长的路要走。这些关键组分如下。

适度规模数量的代理。与简单系统如通常涉及少量相互作用代理的超级大国（superpower）间的冲突，或巨型系统如包含足够大、可用统计手段研究的代理集的星系或气体容器相比，复杂系统涉及我们称之为适度规模数量的代理。正如 Goldilocks 的一碗冷热适中的粥，复杂系统具有的代理数量既不能太少，也不能太多，但刚好能够创建行为的有趣模式。

智能性和适应性代理。代理不仅具有规模适度的数量，其也是智能的、适应的。这意味着代理基于规则进行决策，且依据有效的新信息力图改变其所采用的规则。而且，代理可产生以前从来没有采用过的新规则，并不受限于一定要从以前选择过的行动规则中去挑选。这表明规则涌现的生态学意义在于过程进行中，规则还能够继续演化。

局部信息。在复杂系统的真实世界中，没有代理知道“所有”其他代理在做什么。每个人至多可从代理集的相对很小的子集中获取信息，且通过处理这一“局部的”信息而决定他或她将如何采取行动。例如，在 Sugarscape 中，市场中与既定个体毗邻的交易者正在所做的事情，构成了可有效帮助个人决定接下来要做什么的局部信息。

因此，如 Sugarscape、TRANSIMS 或 Tierra 情景，即一个适度规模数量且以局部信息为基础发生相互作用的智能性和适应性代理，都是这些复杂自适应系统的组分。目前，似乎还没有已知的数学结构，在其中我们可放心地将有关“任何”这些世界的描述包括进来。这说明目前的情形与 17 世纪赌徒们所面临的情况完全相似，当游戏必须意外（可能由于警察，或赌徒妻子的出现）终止时，他们必须寻求一种合理的方式，以在掷骰子游戏中分配赌注。对这一非常明确现实世界问题的介绍和分析，促使 Fermat 和 Pascal 创建了我们现在称之为概率论的数学形式体系。目前，复杂系统仍在等待其 Fermat 和 Pascal 到来。总之，通过描述由物质对象（material object）如星球和原子组成的系统，当前可采用的数学概念和方法已得到发展。复杂系统正确理论的发展将成为物质变信息的制高点。

参考章节：涌现性；生态学中的层级理论；自组织。

课外阅读

Casti J（1992）*Reality Rules*：*Picturing the World in Mathematics*. *I The Fundamentals*，*II The Frontier*. New York：Wiley（paperback edition，1997）.

Casti J（1994）*Complexification*. New York：HarperCollins.

Casti J（1997）*Would Be Worlds*. New York：Wiley.

Epstein J and Axtell R（1996）*Growing Artificial Societies*. Cambridge，MA：MIT Press.

Gleick J（1987）*Chaos*. New York：Viking.

Jackson E（1990）*Perspectives of Nonlinear Dynamics*. Cambridge：Cambridge University Press，vols. 1 and 2.

Mandelbrot B（1982）*The Fractal Geometry of Nature*. San Francisco，CA：W.H. Freeman.

Nicolis J（1991）*Chaos and Information Processing*. Singapore：

World Scientific.

Peitgen H O，Jurgens DH，and Saupe D（1992）*Fractals for the Classroom*，Parts 1 and 2. New York：Springer.

Ray T（1991）An approach to the synthesis of life. In：Langton CG，Taylor C，Farmer JD，and Rasmussen S（eds.）*Artificial Life II*，*SFI Studies in the Science of Complexity*，vol. X，pp. 371 408. Reading，MA：Addison Wesley.

Schroeder M（1991）*Fractals*，*Chaos*，*Power Laws*. New York：W.H. Freeman.

Stewart I（1989）*Does God Play Dice*? Oxford：Basil Blackwell.

第十六章 生态学中的层级理论

T F H Allen

一、对层级理论的需求

在生态学中，我们需要大量的理论以探讨层次分析变化的结果关系，而这需要变动定义。例如，目前对植物竞争定义的争论，可从了解各个学派所采用的不同框架范围和框架类型中受益。随着分析层次间区别的清晰，每个学派在意识到哪些理论是竞争的，以及什么时候他们只解决其他一些争议时，可对其各自的假设进行检验。围绕植物以超补偿方法响应放牧损失的争议性文章，与不同时间尺度有关的恢复评价相比，明显是一个不理智的问题。当Nichols 于 1926 年在国际植物学会议（International Congress of Plant Science）上质疑 Gleason 的文章时，Clements/Gleason 对植物群落正确定义争论的持续时间也许还不到 19 世纪的一半，但层级理论在争议之初就已经存在了。层级理论关注明晰的层次分析。层次分析全面揭示了那些微妙的区别，因此定义服务于生态学家，而不是生态学家服务于定义。

如果庞大缓慢的事物经常处于优先位置，则层级水平与尺度相当，问题可简化为直接的尺度选择技术问题。虽然不能低估操作中存在的尺度选择困难，但其技术背景中不需要像处理层级一样的宏大理论。在生态学中，通过较高生态水平赋予较低生态水平意义，使尺度复杂化。然而，生态学中向上一层级的移动通常意味着意义上的变化比尺度上的变化更为重要，因此我们需要一个特殊的理论主体以处理质变而不只是量变。尺度的不同很快足以引起可感知的质变，这促使层级分析发生变化。这样，尺度中所涉及的价值、判断和主观选择等不能只被视为一种不便，它们是我们正确理解尺度所必不可少的。虽然尺度选择会主动忽略这些混乱问题的操作技术，但等级理论明确包括观察者在创建层级时基于价值的决策。

为了对观察者的价值标准进行控制，在面对本土话语时，科学中的技术测量和分析标准应保持不变。然而，大多发现恰恰是对价值标准变化高度重视的结果。在确定可能相关的数据之前，新的科学观点表明预分析阶段中已存在特定的变化。Russell 和 Whitehead（可通过 Gregory Bateson 获取）认为新的科学观点等同于新逻辑类型的定义。层级理论的核心任务是识别逻辑类型。逻辑类型与某些新的包含性水平紧密相关，一个新的层级水平具有自身的含义。生物在其存在的层级上如何同时拥有左边和右边部分。同时，下和上的概念是指那些包括很多生物共有环境的更加宽泛的语义。因此，一面镜子可左右切换图像，但上下之间却无法切换。“上”的观点所调用的范围更大，从而引入了一种新的逻辑类型，即使左和右通常与上和下呈简单的直角关系。如果左和右与上和下的比较存在问题，则生态系统将是一场噩梦。虽然保持标准不变有助于规范科学的标准化，但对重大发现是不利的。当我们需要用新逻辑类型解决疑惑时，重大发现具有重大的启发意义。

生态学尤其需要大量的逻辑类型，因为其层级非常丰富。一个新类型可引起新的聚合标准，这一新聚合标准明显来源于观察者的决策。植被群落概念的不同与生态系统模型中普遍的过程功能概念相反。一片森林可被认为是一大片土地上树木的集合。或者，那些同样的树干可能会随叶子的单独分类而被聚合（图 16-1）。如果森林中的叶子是与物种无关的生产系统，则树干为碳储量功能的一部分。这一指定对将树干和土壤碳统一为单一的碳储存单元产生特殊的影响。群落侧重于在土壤和大气环境中聚合在一起的树。同时，通量过程（flux-process）概念至少将树分为两部分，一部分是与土壤聚合在一

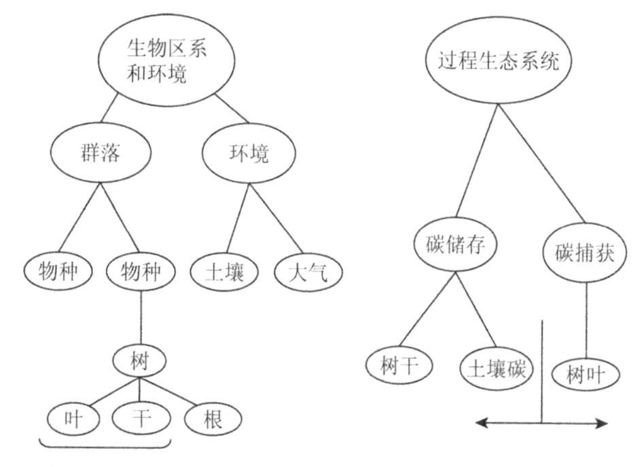

图 16-1 可使环境中所有树木出现如图所示这一预期情景的群落概念。但同一森林的过程-功能生态系统（process-functional ecosystem）概念导致层级的出现，其中的树干与树叶分离，然后与碳储存层中的土壤元素统一起来。

起的树。而在生态系统概念中，土壤是环境的一部分。因此，同一块土壤和植物生物量被聚合为不同的更高级单元时，由先于观察者而存在的系统类型决定。在任何一种概念中，森林可被称为森林生态系统，这说明我们采用层级理论，以在常见的生态术语中求解其替代意义。关注生态系统和群落过程之间的差异是逻辑类型的一个变化。

二、层级和假设

在所有尺度背景中，层级理论是将选择层次分析与界定组织水平联系起来的主体思想。它倡导科学家从其观察和分析决定中推断出那些微妙但关键的区别。层级理论侧重于研究复杂生态系统中那些可能会造成困惑的秩序概念。它也是指导传统意义上易被认为其本身就是理论的其他主体思想产生、校正和检验等的超理论（metatheory）。生态学中的一些理论与回答已知问题有关。这样的理论在检验假设中是有效的。其他生态理论可能是校正问题，也许阐释了竞争的意义，因此可提出有价值的假设。相比之下，当问题正在构建而不是被阐明或回答时，等级理论则应被用于预分析阶段。在预分析阶段中，确立了事物的边界，也指定了其结构的种类或类型。随着层级理论论题的明确提出，在用测量和模型检验显性的假设过程中，其他理论开始发挥作用。因此，层级理论本质上不具有自己的假设，但为随后具体假设的检验开辟了一条通道。如生态学中的多变量描述一样，层级理论的重点在于如何提出和阐明假设。从少数几个最初的原理开始，它就注重于什么是想当然的，以及那些随后容易被遗忘的困惑。层级理论是显式的，因为其置于我们默认的理论焦点附近。层级理论的精妙在于思想和选择定义，而不在于定量实验的行动。

三、层级水平

层级中的实体被认为隶属于水平。水平是集合，但因为层级中水平间的鲁棒不对称性（robust asymmetry），使集合也可成为水平。数学上，水平间的不对称性使层级产生局部的有序集。层级理论可能是先于网络理论（参见生态网络分析、环境分析章节）的集合理论。层级分析将实体指定为水平，且其与被指定为其他水平实体间的关系通常是显式的。观察水平和组织水平是有区别的。相对事物间的数量（size）和规模（scale），观察水平是有序的。然而，组织水平间的关系却源于观察者所选择的定义，有时可作为实际观察的前奏。例如，根据定义，生物仅被包括在种群中。定义中隐藏着对种群成员等价的要求。同时，虽然宿主及其寄生虫都是生物，但通常没有被指定为同一种群，部分原因在于它们的数量不同。宿主与寄生虫是层级所利用水平的基础，这些水平与种群/生物区别中的水平有微妙的差异。层级理论将实体置于水平，关注那些产生水平的显性定义及创建秩序和连接的标准。

尺度与定义可产生不同种类的层级。一些层级注重数量和容量，而其他层级是其中较高水平实体简单控制较低水平实体的控制层级。在控制层级中，一个 Watt 调速器虽可被置于较高的水平，但它却比其所控制的整个蒸汽机要小。是否为标量或控制层级，取决于我们使用等级概念的目的，有时也取决于观察者的社会责任。在景观生态学中，对时间与空间的绘图非常普遍。但这种层级会错过有趣的情景，其中的较大空间可能映射到较短的时间跨度上，或较长的时间跨度映射到较小的空间上（图 16-2）。足够大的地球是大陆亿万年运动的环境，同时，地球自转引起的昼夜现象（diurnal phenomena），也是生态事件快速结束的一个因素。当狭小的空间用于很多不同的时间常量时（界面内部为暂时性的强连接，而跨越界面的为弱连接），将会产生界面。生态交错区就是一个恰当的例子，因为在相邻生态系统或群落区域内存在迅速的交换和快速的过程。不过，跨越狭窄生态交错区的交换可能相当缓慢。因此，生态交错区虽然在空间上很小，但却代表了促使生态交错区逐渐向占据过程移动的缓慢交换。相反，在通信信道中，时间常量的细微差别适用于很长的

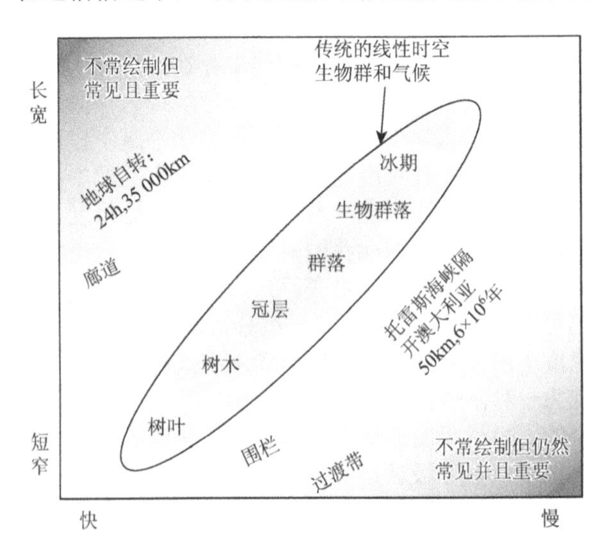

图 16-2 在时间与空间上对景观生态绘图中常见图形的放大，时间与空间侧重于被认为具有较长时间周期行为的更大事物。但这种绘图忽视了潜在的控制系统及其层级。局部的不协调可控制大的实体［通过几百万年独立进化的、狭窄的托雷斯海峡，在华莱士（Wallace）区域澳大利亚与亚洲的动物区系被隔离］。图的右下部分是屏障和界面，而其左上部分是通信渠道和走廊。

连接。例如，快速移动会沿走廊长度延伸的方向出现。在生态学中，这些特殊的地方如生态交错区和走廊，至少与音乐会中时空拓延的情景一样有趣。层级中的复杂性来自于水平间图形的挑战，因为尺度与定义紧密交织在一起。

四、层级理论的历史

20 世纪 60 年代，层级理论发源于以为世界可完全分解的经济和工商管理学。我们可将整体拆分为部分，但只能到一定程度，因为各部分是相互交流和相互渗透的。彻底的分解将否定更高水平结构的存在。被完全分解的部分在重组为更大的整体时，彼此将无法相互交流。部分内的连接很强，但部分间的连接很弱，那些很弱的连接正好将各层级水平链接起来（图 16-3）。

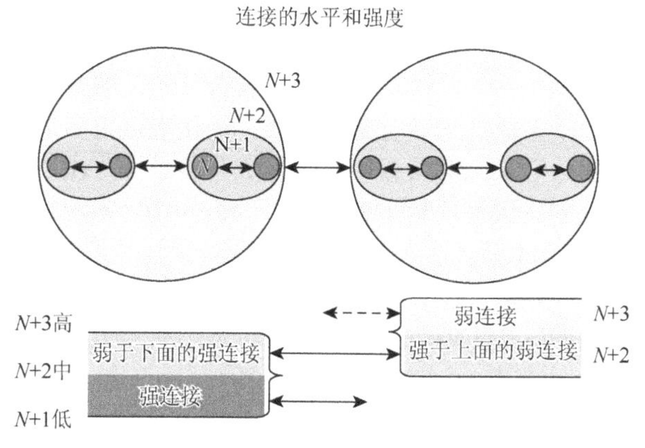

图 16-3 在嵌套层级中，最低水平 N 的连接很强，因为它们用于创建 N+1 水平的实体。用于构建 N+2 水平的连接较弱。而且，当从 N+3 水平上观察时，可发现随着强连接在 N+2 水平上形成实体，这些较弱的连接将逐渐呈现。如果图中两个最大的单元为分子，则 N+1 处的实体为原子。原子键的断裂将以亚原子粒子的形式释放巨大的原子能，此时 N 为游离态。与形成 N+2 实体的分子化学键相比，原子键更强且断裂时能释放的能量更多。

在以后的研究中，虽然有些践行者在外在世界（external world）中探寻过真实的层级，但许多早期的工商管理层级文献，对层级结构的终极现实性持有不可知态度。本着这一精神，社会组织中的层级理论如观察和分析理论一样，大部分只在认识论领域中起作用。研究者经常认为层级出现于物质世界与人类认知间的某个地方。如果复杂物质世界不是层级的，则在对它的观察或了解中必将存在很大的困难，这在我们的预料之中。信息通过上一层级时，似乎存在一个必经之点，但那里的细节显然丢失了。军事指挥是人类组织的一个层级例子。在这个例子中，有关单个士兵如何观察到当地敌军集结的细节，将随情报向上级指挥部的传递而消失。忽略细节会使高级军官做出以偏概全的决策，当地意外的暴风雪事件对其完全没有妨碍。为了掌控全局，不仅指挥部里面的将军必须释放所获取的细节，层级结构的观察者也必须如此。为了了解将军在做什么，指挥结构的观察者需要综合军队内部的所有细节。到 20 世纪 60 年代后期，层级概念已超越了管理系统，开始与一系列学科交叉发展。

自 Heisenberg 之后，在随后的几十年中，借助动态与结构的二元性、不确定性和互补性，发端于物理学的层级理论对层级复杂性做了强调。目前，重大的发展已转向贯穿于二元结构困境中的张力，如层级中的广义实体 holon。holon 与系统概念相当，但并不出现在常见说法中，这是它的优点之一。因此，holon 能够避免物化（reification）和方言的随意使用。在方言中，常将模型错认为物质性（materiality）。概念的发展表明，给定 holon 内所包含的内容可由观察者自己选择。这强调了 holon 是抽象体而非物质客体。当“系统”被用为“holon”时，这一观点便被遗忘。在 holon 中，系统和子系统间存在张力。但子系统本身就是一个系统，如此便产生一些可引起矛盾的二元存在类型。

holon 概念视整体为界面。为整体其他部分（the rest of the universe）提供统一的信号，这个界面将对部分进行整合。而且，holon 也是整合环境进行以供部分感知的界面。在生态学中，当从部分的背景考虑时，环境将在 holon 的水平上消失。森林产生湿度和较低的温度，以使其部分和未来的幼苗存活。这样，部分得以保护。相反，当从炎热的背景考虑时，森林四周则为干燥的环境。在更普遍的林冠水通量中，每棵树对森林内水汽的贡献将消失。因此，信息丢失随层级的上、下移动而发生。虽然因环境太庞大而无法理解部分的运转细节，但部分本身无法拓展到足以观察那些更大背景中逐渐形成的巨大差异。所有这些，使我们再次意识到，在对观察中的尺度、组织和不确定性三者间进行层级讨论时所包含的张力。

早期，为生态层级定序的五条一般原理是：

1）就行为频率而言，更高水平的 holon 在更低的频率上运转，其行为回报比在较低水平的 holon 耗时更长。

2）通过一贯的连续性，层级中的较高水平对较低的水平进行约束。除了一年一次外，院长通过不变动预算来约束全体教员。

3）层级中的较高水平可与较低的水平前后关联。环境可被认为在较高的水平上起作用。

4）就结合力（bond strength）而言，相比那些较低水平 holon 的结合力（如化学键和原子键）（图 16-3），较高水平 holon 的结合力更弱。

5）就包含性（containment）而言，如果较高水平的 holon 由其所包含的较低的 holon 构成，则层级被认为是嵌套的（nested）。并不是所有的标准可用于所有的层级，但五条原理可同时应用。

嵌套和非嵌套（non-nested）层级的实体存在区别（图 16-3）。在嵌套系统中，较高水平的实体包含其构成要素的较低水平的实体。在非嵌套层级中，包含虽不是标准，但仍可采用原理 1）～3）。在嵌套层级中，即使水平间的聚合标准可改变类型，但包含还是可用的。西方医学通常将嵌套层级用作人类条件。这样，细胞器通过生物化学的相互作用聚合为细胞。同时，镶嵌于整个身体内部的器官可能会通过流体力学将部分融合为一个完整的人。当整个人类位于群组内时，关系也许会出现在流行病术语中。在西方医学中，从生物化学、流体力学到流行病的聚合标准，具有规律性的变化。尽管链接水平的标准不恒定，但嵌套使这种层级持续存在。而在非嵌套层级中，如食物链或啄序（pecking orders）中，上层（the top dog）既不包含也非由下级个体构成，因为那里没有维系秩序的嵌套。非嵌套层级中只有一个特定规则用于水平间的移动。结果，向上一级食物链移动的标准必须满足“被吃掉”，或相反下降至“取食层”。通过这一方式，层级从上到下保持一致。由于它们能稳健地改变聚合标准，因此在确认已建立连接水平的标准前，嵌套层级尤其适用于探索。与此同时，非嵌套层级也是一种本质理念（nature idea），侧重于控制系统中那些被组织化和抽象化的关系集。

在生态涌现性的热力学研究中，嵌套层级是根本，否则系统及其环境间的能量流账目无法相加。在复杂性理论中，自组织涌现是热力学梯度问题，而热力学梯度可使物质系统被推离平衡态。因此，当自组织被激发及 holons 在新的水平上毫无征兆地出现时，可采用嵌套层级。计划体制通常适合非嵌套层级概念。在人类管理系统中，将人类社会经济层级与嵌套的热力学层级联系起来是一个出乎意料的、重要的转折。通过社会和生物地球化学两个层级，整个系统被嵌套于能量流和管理之中。

这些热力学方法促使术语 holarchy 应用于嵌套层级的自组织 holarchic 开放系统（self-organizing holarchic open system，SOHO）。出现 holarchy 一词的部分原因是为了避免霸权层级控制的政治不可接受性。Waltner toews 及其同事在加拿大中部的 NESH 复杂系统小组（complex system group），采用集层级理论所有潜力于一起的 SOHO 方法用于解决实时问题。他们已解决了秘鲁（Peru）、肯尼亚（Kenya）和尼泊尔（Nepal）国家等的一些关键问题。例如，过去孩子经常在屠宰场废物周边嬉戏的加德满都（Kathmandu）下水道问题，通过对社会层级和生态过程层级的联系，NESH 认识到清洁工社会阶层因他们无法控制的事情而正受到指责，并指出是这些替罪羊（scapegoat）导致了不作为和瘫痪状态。但一旦清洁工不再负责这些工作，随着社会和生态层级开始同时发挥作用，SOHO 热力学方法可实现有效恢复。

20 世纪 70 年代，在国际生物学计划（International Biological Program，IBP）的一些生物群落（biomes）研究中，因可分解性问题（decomposability），研究者开始将层级理论明确引入生态学。那一时期，术语如“environ”“creaon”和“genon”等作为 holon 的扩展概念而被创造。Environ 侧重于环境为其居民所发挥的综合整体作用（参见生态网络分析：环境分析一章）。指向 holon 内部的方向倾向于 creaon，而向外的方向倾向于产生新事物及为环境与其居民提供经验的 genon。不过，holon 仍然是概念的核心。生态学中第一次对层级的完全整合处理，解开了尺度和动态的认识论含义。随后，进化观点更多地从本体论意义上对层级中的结构成分给予了关注。结构成分被认为是 holon 的一个三元（triadic）观点，holon 之上与之下及其间的水平都需要适当论述。最近，又增加了两个更关键的水平：维持 holon 稳定环境的环境之上的水平，以及为部分构成物质提供稳定性的部分之下的水平。

五、尺度和类型

层级理论促使尺度问题学科化。20 世纪 50 年代，在获得植被估计值而对样方属性的调查中，生态学家已经意识到尺度的存在了。接着，样方大小的方差变化被用于测量地面上植物的聚合度。今天，层级理论仍与尺度有关。然而，在作出第二个区别时，观察协议引起了人们对一定范围的关注，即在哪个观察单元上才存在彼此区别的最精细颗粒（finest grain）。在很多生态层级中，颗粒和范围一起赋予研究问题中的标量水平特征。颗粒与范围存在联系。如果大量的数据可被记录、分析和理解，则更广阔的范围要求更粗的颗粒。现代计算力拉大了颗粒和范围的差距，那里的遥感区域被数十亿计的像素所捕获。即便是这样，颗粒中的显性链接事项在跨越范围时将变得十分困难，通常因范围太大而不可能。

与跨越尺度的链接相比，通过与生态学主要分支学科对应的生态系统类型，如生物、种群、群落、生态系统、景观、生物群系和生物圈等可将生态学统一起来。这些生态学的分支学科显然不是基于尺度的，因此不必为前一个句子中给定的次序指定水平。当尺度从类型解析时，生态学的不同方法造就了一个更明显的焦深（depth of focus），从而使调查类型间的差异得以化解。生态学的分支学科不是标量水平。如果它们都是标量水平，则是基于类型的组织水平，不同类型通过定义中明确规定的不对称关系（asymmetric relationship）彼此关联。组织的类型水平如同分形的景观（fractal landscape）一样，本身包含基于尺度（scale-based）的层级，这是另一个问题。在那个尺度的世界中，生态系统模型策略可用于跨越局部过程为全球过程一部分的各种范围。群落可能个别地包括跨越狭窄或宽广区域的物种。在生物标准下，可从红杉树（redwood tree）到螨虫（mite）中找到例子。同时，生态层级可能会改变尺度和类型，但充满概念上的危险。的确，在尺度和类型被混合在一起后，等级理论通常被用于厘清这一局面。只有在每个新水平上的关系非常明确的情况下，可允许二者同时改变。这很重要，因为很多生态物质（ecological material）的描述是通过拓宽标量水平而正好改变类型的，尽管从生物到生物圈，大多标量水平并没有遵循教科书中的次序。例如，在森林群落中，枯朽的树干可能被看作是一个生态系统，它的上表面为景观，有苔藓群落生长于其上。

生态学中物质、实体和规模等各种变化促使层级理论进入生态学。在生态学中，层级理论已被广泛高效地应用，如上面提到的 NESH 的研究。层级理论可理解一系列跨越混合类型的实例。生态学是类型的一个多尺度（multiple-scaled）迷宫。层级理论是我们即将可解开的一搓线团，因此生态科学家不要迷失方向。

参考章节：生态网络分析；环境分析。

课外阅读

Ahl V and Allen TFH（1996）*Hierarchy Theory，A Vision Vocabulary and Epistemology*. New York：University of Columbia Press.

Allen TFH and Hoekstra TW（1992）*Toward a Unified Ecology*. New York：University of Columbia Press.

Allen TFH，O'Neill RV，and Hoekstra TW（1984）Interlevel relations in ecological research and management：Some working principles from hierarchy theory. *General Technical Report R.M.110*. Fort Collins：USDA Forest Service（republished in 1987 in Journal of Applied Systems Analysis 14：63-79）.

Allen TFH and Starr TB（1982）*Hierarchy：Perspectives for Ecological Complexity*. Chicago：University of Chicago Press.

Kay J，Regier H，Boyle M，and Francis G（1999）An ecosystem approach for sustainability：Addressing the challenge of complexity. *Futures* 31：721-742.

Koestler A（1967）*The Ghost in the Machine*. Chicago：Gateway.

O'Neill RV，DeAngelis D，Waide J，and Allen TFH（1986）*Monographs in Population Biology 23：A Hierarchical Concept of Ecosystems*. Princeton：Princeton University Press.

Overton WS（1975）Decomposability：A unifying concept? In：Levin S（ed.）*Proceedings of the SIAM SIMS Conference on Ecosystems Analysis and Prediction*，pp. 297-299. Philadelphia：Society for Industrial and Applied Mathematics.

Patten BC（1978）Systems approach to the concept of environment. *Ohio Journal of Science* 78：206-222.

Pattee HH（ed.）（1973）*Hierarchy Theory：The Challenge of Complex Systems*. New York：Braziller.

Salthe SN（1985）*Evolving Hierarchical Systems*. New York：Columbia University Press.

Simon HA（1962）The architecture of complexity. *Proceedings of the American Philosophical Society* 106：467-482.

Waltner Toews D，Kay JJ，Neudoerffer C，and Gitau T（2003）Perspective changes everything：Managing ecosystems from the inside out. *Frontiers in Ecology and the Environment* 1（1）：23-30.

Webster JR（1979）Hiearchical organization of ecosytems. In：Halfon E（ed.）*Theoretic Systems Ecology*，pp. 119-131. New York：Academic Press.

Whyte LL，Wilson AG，and Wilson D（1969）*Hierarchical Structures*. New York：Elsevier.

相关网址

http：//www.nesh.ca James Kay Web Page，Network for Ecosystem Sustainability and Health（NESH）

http：//www.nbi.ku.dk Stanley N. Salthe Web Page，Center for the Philosophy of Nature and Science Studies（CPNSS），Niels Bohr Institute

第十七章

目标功能和指引者

H Bossel

一、引言

全球生态系统由所有相互作用的局地和局域生态系统组成，且每个生态系统包括生物和非生物子系统。这些系统的演化受自然和系统规律，以及包括有限有效能（能被转化为可做功的能量）、物质流和信息流等环境根本属性的制约。因此，环境中系统的可持续性（长久性）服从这些约束条件。系统的长久性事实，正好说明了系统已成功适应于其运行条件。演化迫使系统尊重自然和系统规律及其环境的根本属性。对一个观察者而言，系统行为看上去似乎被一个特殊的吸引子态（attractor state），或通过大量的指引者（orientors）所引导。

二、系统的概念

1. 系统组织

“系统”是由被连接在特定系统结构中的系统组分所组成的任何事物（图 17-1）。系统组分的这一结构允许系统在其环境中执行特殊功能。这些功能服务于不同的系统目的。系统边界是从环境输入和输出至环境的通路。它确定了系统的身份（identity）和领地（autonomy）。

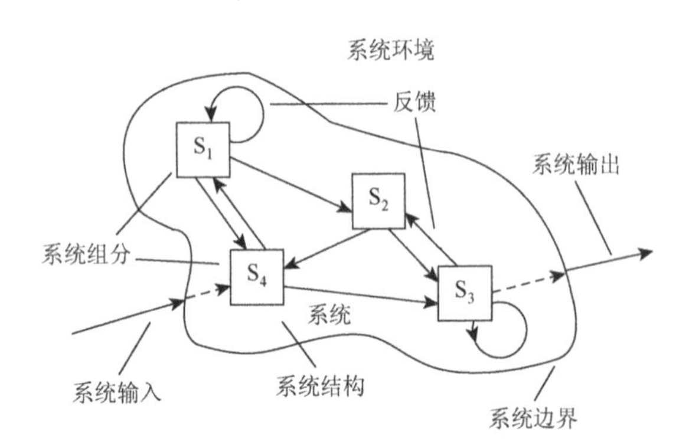

图 17-1　系统的符号表示法。

当我们谈论一个有生命力的系统时，意味着这个系统能在其特殊环境中生存、保持健康和发育。换句话说，系统生存力与系统及其属性、环境及其属性都有关系。在协同演化中，系统通常适应其环境，因为我们可用系统的环境属性反映系统属性。例如，鱼的体型、运动模式体现了其所在水域环境中的流体力学（fluid dynamics）定律。

如果系统具有大量异质过程、子系统、内部连接和相互作用等的内部结构，其被认为是复杂的。作为复杂整体系统一部分的单个系统，除了确保系统本身的生存力，还要能够特化出对整体系统生存力有贡献的某些功能。子系统的生存力及整个系统所需的子系统功能和相互作用可被高效组织（或至少是有效的）。在复杂系统的演化中，有两个组织原理能够创建它们自身的组织，即层级和辅助性（subsidiarity）组织。在所有复杂系统，如生物、生态、社会、政治和技术等中都能发现这两个组织原理。

层级组织表示包含于整个系统内的子系统和职能。每个子系统的特定行为具有一定程度的自主权，由其负责执行的某些任务对整个系统生存力有贡献。例如，体细胞虽然是相对自治的子系统，但其特定功能却贡献于那些反过来可提高生物生存力的个别身体器官的运行。

辅助意味着每个子系统被赋予任务，也意味着在自身能力和潜力范围内，每个子系统要维持其自身秩序。仅当发生子系统无法应对的情况时，上级系统（suprasystem）才介入并发挥辅助作用。层级组织和辅助原理要求每个子系统具有一定程度的自主性。在特定的环境中，每个子系统必须具有生命力。只有当每个子系统支持其生命力时，整个系统才是有生命的。每个子系统反映了其独特环境的属性，子系统的行为由环境规定（引导）。

审视复杂系统采用的是归纳法。如果需要，我们可将生命系统的同一系统/子系统二分法再次应用于其他组织水平。例如，一个人是一个家庭的子系统；一个家庭是一个社区的子系统；一个社区是一个州的子系统；一个州是一个国家的子系统，等等。

只关注单个系统的生存是不够的，因为真实世界没有孤立存在的系统，所有系统都以这样或那样的方式依赖于其他系统。因此，单个系统的生存力和整个系统的终极生存力是可持续发展的前提条件。这意味着我们一定要采纳整体论的系统观点。

2. 系统演化、指引者和目标功能的涌现

系统对其环境的适应可通过结构体现，包括非

物质性（nonmaterial）结构和认知结构（cognitive structure）。这一系统结构决定系统行为，因此系统能对其特殊环境做出适应性响应。物质系统的系统结构是耗散的，需要能量流和物质流，以用于结构的构建、维持、更新和再生产等。

通过有限速率的有效能输入（主要是太阳能）和有限的物质存量，全球生态系统的耗散结构得以构建和维持。在这种情况下，全球生态系统不得不对其基本物质资源进行再循环利用。局地生态系统的发育，受限于其所生产的局部有效能流（太阳辐射输入）和局部物质再循环（分化速率、吸收速率和分解速率等）速率。

进化有利于那些已学会比其竞争对手能更高效和更有效地利用可获取资源的物种或（生物的）子系统。这一学习内嵌于基因编码中，在构建耗散结构过程中得以表达。随着物种的进化，物种或子系统的复杂性都增加。在生态系统水平上，物种进化导致资源（有效能和物质）利用逐渐向更高效方式转变。因此，作为整体的物种和生态系统都倾向于沿能产生更复杂行为、更复杂耗散结构的方向演进。

生态系统中相互作用的物种，沿能增加每一物种适合度（fitness）的方向共同进化。因此，系统演化是一个特化方向（时间方向）、物种形成、协同作用、复杂性、多样性和最大化有效能通流，以及更高效利用物质资源的过程。这一过程的发展在与之对应的涌现属性，如有效能降级（exergy degradation）、再循环、最小化产出、内部流动的高效、内稳态与自适应、多样性、异构性（heterogeneousness）、层级与选择性、组织和最小化维持成本及有效资源储存中将变得更加明显。这些属性可看作是引导系统演化和发育的指引者、导向者（propensity），或吸引子（attractor）。它们不是生态系统的限制者，而是生命系统的一般特征，包括人类组织。当属性在模型中被量化和利用时，我们可将其称之为目标功能。

生态系统在发育过程中尽可能构建耗散结构，因为耗散结构可得到有效能梯度（available exergy gradient）的支持。通过进化过程，有用的机会（available opportunity）最终被发现，然后被利用。对环境挑战的成功响应能力，可被“理解”为智力行为（intelligent behavior），尽管它是严格的、非目的进化发展（nonteleological evolutionary）的结果。

3. 复杂环境中的系统定向

通过在简单环境中观察一只视力不好的动物，可引入系统定向的基本概念。动物需要有效能，以用于自组织、行动、觅食和维持等。环境通常在动物一定要绕过障碍物的某些地方提供食物，因为障碍物具有能量成本。

如果稳定环境中充足的（再生）食物以完全固定的模式分布，则在具有单一目标和有效能最佳获取的固定觅食模式中，进化适应将最终导致动物优化其活动。固定觅食模式反映了下一步活动的完全确定性，而下一步活动是动物在对其有限视力提供帮助的认知结构中，通过积累和内化经验掌握的。

在愈加复杂和多样的环境中，动物因视力有限可能无法预知其随后即将面对的情景。因此，它必须开发出那些更具通用性且可适用于（将被强化）后果各异的不同活动次序的决策规则。除了觅食需要，以及有效和高效利用有效能资源外，还隐含地附加另一个目标，即在不完全信息限制的条件下需保证食物安全，也就是说安全目标（security objective）。这是一个隐含在奖赏系统（reward system）（仍奖赏食物摄取）中的涌现属性。如果不重视这一潜在的安全目标，实物摄取将减少可能危及动物的生存。另一方面，安全压力有时意味着要相对地放弃某些奖赏。换句话说，效率是为了换取更多的安全。目前，效率和安全都是重要的、规范的指引者，已被整合到认知结构之中。

定向理论（orientation theory）以更为普遍的方式处理一般环境中自组织系统行为目标（指引者）的涌现。该理论认为，如果系统可在具有特定正常环境状态、资源稀缺、多样、不可靠、变化和其他系统存在的既定环境中生存，它们必须在这一环境中保持实体上的存在（physically exist）（可适应的）、有效地获取所需资源和保护自己免遭不可预料的威胁，以及适应环境变化和与其他系统进行有效的相互作用。这些必不可少的指引者出现于系统在其环境中的进化过程。

三、环境属性

显而易见，那里存在大量千差万别的系统环境，正如存在大量千差万别的系统一样。但这些环境具有一些共同属性，这些属性将被反映在系统中。属性的这些反映物，或基本指引者，不仅定向于系统的结构和功能，而且也定向于系统在其环境中的行为。术语指引者一般被用在意指（显式或隐式）系统直接行为和系统发育的规范性概念中。在社会背景中，价值和规范，以及目的和目标都是重要的指引者。生态系统和生物趋向于某些特有性质，这被看作是指引者的吸引子态。在定向层级内，指引者存在于不同的有形（concreteness）水平上。在所有复杂适应性系统中，最关键和最基本的指引者都是相同的。指引者是值得关注的维度，而不是具体的目标。指引者的满意度（satisfaction）由其对应指标的观察值决定，它也可用于确定模型研究的目标功能。

除了有效能和物质流的物理限制外，生态系统和物种发育由“环境的普遍属性”决定。

1）正常的环境状态。实际的环境状态可在某一特定范围内围绕这一状态变化。

2）稀缺的资源。系统生存所需资源（有效能、物质和信息等）并非能随时随地按需立即获取。

3）多样性。很多性质极其不同的过程和模式经常连续地或间断地出现于环境中。

4）可靠性。正常的环境状态以随机方式波动，且波动可能偶尔使环境远离正常的状态。

5）可变性。随着时间的推移，正常的环境状态可逐渐或突然变化到一个永久不同的正常环境状态。

6）其他系统。其他系统的行为可改变既定系统的环境。

四、基本指引者

如果演化能强化（自然）系统的适合度，则持久的系统一定能反映其结构中有关环境的属性。更为普遍的情况是，环境的基本属性需要与之对应的基本系统特征。因为基本环境属性相互独立，所以一定存在一系列相似的独立系统特征。在系统结构的具体特征中，这些特征也一定能够找到与其对应的表现方式。

环境属性和“系统的基本指引者”（图 17-2）存在一对一的关系。

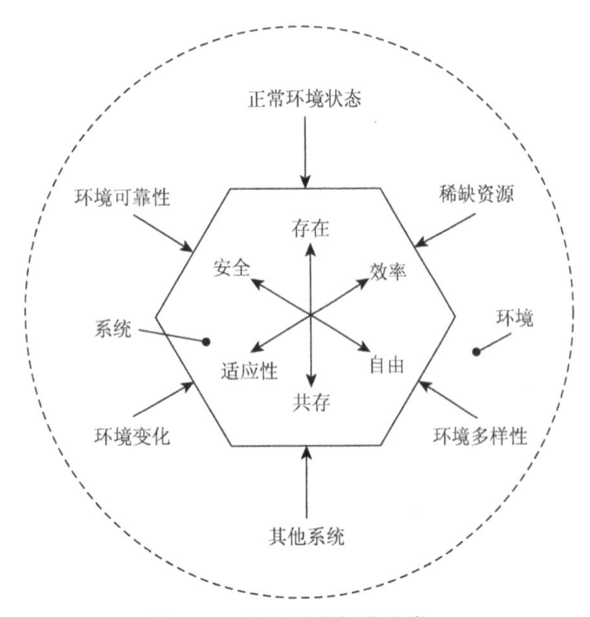

图 17-2　涌现性的初步分类。

1）存在性。在正常环境状态中，关注存在条件（existential condition）是保证系统基本适应及当前生存所必需的。

2）有效性。在保护稀缺资源（有效能、物质和信息等）安全及对环境施加影响的过程中，系统应该是有效的。

3）行动自由。系统必须具有以多种方式应对环境变化带来挑战的能力。

4）安全性。系统必须具有自我保护能力，避免多变、波动、不可预测和不可靠环境等条件所造成的不利影响。

5）适应性。系统具有改变其参量和（或）结构的能力，以对环境条件变化所带来的挑战作出更加适合的响应。

6）共存性。系统行为必须具有改性，以对其他系统的行为和收益（指引者）负责。

显然，那些更能安全确保所有指引者满意的系统具有较好的适合性，并因此具有更大的长期生存和持续性机会。在持久存在的系统或物种中，这些指引者是涌现的目标［或系统收益（system interests）］。

五、指引者的属性

每个基本指引者代表一类特有的需求。因此，我们必须重视每一个指引者（有意识的或无意识的），一个指引者的不足不可能通过另一个指引者的超额完成（over-fulfillment）来弥补。适合度迫使多标准（multicriteria）评价作出响应，系统行为和发育的综合（有意识的或无意识的）评价也必须是多标准的评价。

在系统行为评价和定向中，我们要处理截然不同的两阶段（two-phase）评价过程。

阶段 1。首先，每个基本指引者的某一最小满意度必须分别保证。即使基本指引者其中之一的不足也会威胁系统的长久生存。系统必须将其注意力聚焦于这一不足上。

阶段 2。只有当所有基本指引者的最小满意度被保证时，才可通过进一步提高单个指引者的满意度以尽力提升系统的满意度。

在较低的水平上，每个基本指引者完全的满意度对热力学的、结构的、功能的、生态生理的（ecophysiological）系统指引者的系统与环境的特定满意度有所要求。网络分析表明，极值原理（extremal principle）的不同公式是互补的，如描述系统发育的指引者。

其他极度相似系统（动物、人类、政治，或文化群体等）的行为特征差异，通常可根据（即阶段 1 中所有基本指引者的最小需求已被满足后）阶段 2 中不同基本指引者（即侧重于自由，或安全，或效率，或适应性）所体现的相对重要性的差异给予解释。

基本指引者的命题有三个重要的含义。

1）如果一个系统在正常的环境中演化，则环境会促使其隐式地或显式地确保每个基本指引者的最小和均衡满意度（以及较低水平的指引者对这一满意度的贡献）。

2）如果一个系统在正常的环境中演化成功，其行为可体现每个基本指引者的均衡满意度。

3）如果一个系统为正常的环境而设计，则其一定要为每个基本指引者的满意度给予适当的、同等的重视。

第三个含义尤其与社会政治圈（sociopolitical sphere）中计划、机构和组织等的创建有关。对特定环境中的具体系统而言，每个指引者都具有特定的意义。例如，国家安全是一个多方面的目标集，由来自单个特定生物安全的完全不同的内容设定。然而，在含义 1 和含义 2 这两种情况中，安全指引者满意度的系统理论背景都是相同的。

六、作为隐式吸引子的指引者

系统中很多参与者的较高指引者满意度（更好的适合度），要求系统具有耗散结构，而这一结构需要更多的有效能吞吐量和有效能积累。因为生态系统的有效能是有限的（通过光合作用捕获太阳能），所以在系统发育过程中，我们期望它能被高效利用，以使整体生态系统最大实现有效能的完全利用。生态系统作为整体，总是沿利用所有可用有效能梯度的方向演进，而生态系统中的生物则向特化（利用以前没有利用的分布）、更复杂结构（更高的利用效率）、更大个体（单位生物量所需的维持有效能更少）和互利共生等趋势发展。对物种发育而言，这可转化为有效能利用效率最大化原理。基于这些原理，预测系统中的发展趋势将成为可能。

在进化过程中，选择更好的适合度有利于系统（生物）保持更好的应对能力。那些提高基本指引者应对能力的系统行为谱（behavioral spectrum）可被理解为隐式目标或吸引子，即存在性、安全性、有效性、自由、适应性和共存性等。在生态系统发育阶段，基本指引者侧重于存在性、有效性和自由。但在成熟阶段，其侧重点将转移至安全性、适应性和共存性（参见表 17-1，其中指引者的概念已被关联到 E P Odum 的经典生态演替模型中）。

隐式目标的存在并不意味着目的论（teleologic）的存在，或由总目的支配的目的形成总是指向一个既定目标（那里的终极状态是既定的）。这些吸引子本质上无法决定系统的精准未来，其只对选择（或进化选择）形成约束。系统未来的过程和规律是已知的，但产出却是未知的。潜在的未来发展路径和可持续状态谱仍然是宽泛的。因此，未来的远景和塑造它的系统，无法通过这一方式进行预测。然而，我们可以肯定的是：①所有可能的未来都是过去的延续；②从长远看，具有较高指引者满意度的路径更有可能取得成功（如果改变路径的选择没有被阻止）。

表 17-1　生态演替情况下的指引者概念

	发育期	成熟期
	基本指引者侧重于	
	存在 自由 效率	共存 安全 适应
生态系统的指引者	*指引者的重点（目标功能）*	
生长和变化	快	慢
生命周期	短、简单	长、复杂
生物量	小	大
有效能保存	少	多
养分保存	少	多
养分循环	慢	快
特化	少	多
多样	小	高
组织	少	多
共生	少	多
稳定，反馈控制	低	高
结构	线性、简单	网络、复杂
信息	少	多
熵	高	低

在很多系统尤其是生态系统中，特定的吸引子或功能指引者（functional orientor）最初通常比引起这些指引者涌现的基本指引者更加直接明显。涌现的指引者被认为出现在层级定向系统（hierarchical orientation system）中的基本指引者之下的水平（表 17-1）。它们将表中基本指引者所表达的系统需求转化为连接系统响应与环境属性的实际吸引子态。在模型和生态系统分析中，生态系统完整性的测度以对应的生态系统目标功能为基础。在生态系统和环境协同进化中，生态系统吸引子态以一般生态系统属性的形式涌现，它可被看作是生态系统对满足基本指引者需求的特定响应。多数生态系统指引者可最佳利用太阳辐射、物质和能量流强度（网络）、物质和能量循环（循环指数）、储存能力（生物量积累）、养分保存，以及呼吸和蒸腾、多样性（组织）和层级（信号过滤）等。

为响应环境一般属性而涌现的基本指引者，虽然可从普通系统理论中加以推导，但支持性的实践证据和相关的理论概念也可在心理学、社会学和人造生命等领域中找到。

七、指引者在系统发育、控制、适应和进化中的引导

环境影响部分地决定系统行为，而其对行为的影响大小取决于系统的感化结构（influence structure）。

有时，我们可通过控制源于环境的输入而对系统进行控制。然而，系统自身的反馈却通常对系统控制和适应环境条件的行为更为重要。反馈意味着系统状态可影响其本身。在具有各种典型响应特征和时间常量（典型的响应时间）的复杂系统中，行为变化的内部反馈可能存在于好几个层级水平之上（表 17-2）。这些可能性也体现在图 17-3 中。

表 17-2　各种典型的响应特征和时间常量

响应时间	水平	响应
即时	过程	因果
短	反馈	控制
中	适应	参数变化
长	自组织	结构变化
非常长	进化	同一性变化
一直	基本指引者	维持整体性

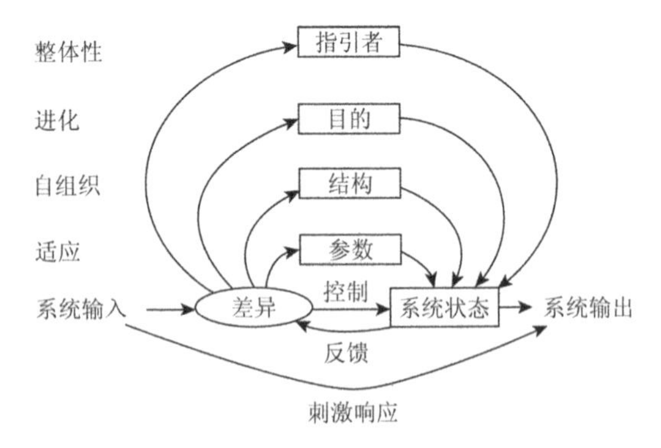

图 17-3　系统响应由时间常量（包括刺激响应、反馈控制、适应、自组织、进化和维持系统整体性等时间常量）极其不同的各种过程引起。

系统响应的最简单类型是因果关系，如刺激-响应反射中出现的系统响应。这是唯一一类可通过将输出与输入直接关联而可被正确描述的系统行为。但遗憾的是，我们通常假定这一简单的关系可应用于系统响应的其他类型［如后随（following）响应］，这一不正确的假定造成致命性错误的反复出现。

在下一级更高的水平上，我们发现由系统中反馈引起的响应至少涉及一个状态变量或延迟，如空腹引起的饥饿和寻找食物。控制过程属于这一类。此时，响应时间短暂，且感化结构和系统参数仍保持不变。

在下一级更高的水平上，我们也可发现适应过程。在这一情况中，系统维持其基本的感化结构，但为了适应环境，参数被调整，从而使过程中的响应特征发生变化。例如，为了适应地下水位的持续下降，树木将根扎到更深的地方。这其中包括了参数变化（根长和根表面积），但树木的基本系统结构，尤其是根的功能并没有发生变化。

另外，在下一级更高的水平上，我们还可发现应对环境挑战的自组织过程。这意味着系统中的结构是可变的。这一类型的过程具有较长的响应时间，且其只能由具有自组织能力的系统管理引导。成年生物或技术系统几乎或永远不属于这一类型。然而，在生物、社会系统、组织和生态系统等的发展过程中，我们通常可发现其结构具有可变性这一特点。

系统在演化过程期间也可改变其身份，这意味着系统功能特征和系统目标会随时间变化而变化。这一类型的适应体现在生物的繁殖和进化方式中。正是这一过程的特点，使系统变化与系统特性（目标功能和系统目标的改变）的剧烈变化同时发生。飞翔的动物（鸟类）由水生爬行动物演变而来就是一个演化的例子。

对源自环境挑战的所有这些系统响应，实质是为了尽可能维持系统的完整性（可能会超过很多代和跨越很长的时间周期），即使其意味着系统身份的改变，也就是说，系统目标的改变。根据观察，我们认为系统必须将其发展定向于某一基本标准（基本指引者），以保证在恶劣环境中长期存在和发育。这一定向可能是隐式的（施加于系统之上），也可能是显式的（由系统主动进行）。尽管对观察者而言，定向引起的最终行动似乎是有智力的，或甚至是目标或价值定向的行为，但其实际上无需有意识的决定，或甚至无需感知的能力。

八、系统定向演化的模拟

1. 定向的实验动物和遗传算法

定向理论不仅是有效能获取限制之下理解系统演化和行为的概念性框架，而且也允许对不同环境条件下的系统行为进行定量和比较分析。

遗传算法（genetic algorithms）是生物适应过程的模型，正被广泛和成功应用于光谱适应性和优化问题。这些算法尤其已被用于包括食物和障碍物模拟环境中人工动物（artificial animal）（实验动物）的学习和适应。它们也可用于说明那些必须应对复

杂环境的自组织系统中所涌现的基本指引者。

在一个多变的环境中，将简单动物的基本特征加入实验动物模型（animat model）。作为一个开放系统，动物依赖于从环境中输入的有效能流。动物（物种）进化期间，既要学习将环境中发出的特定信号与奖励或痛苦联系起来的方式，又要学习或者寻找，或者避免信号各异的来源（有效能获取或有效能损失）。这一学习阶段（种群的）最终导致特定环境中近似最优（有关最大化奖励、最小化痛苦和安全生存）认知结构和行为规则的构建。这些行为规则中包括那些可产生智力行为（intelligent behavior）的知识。

实验动物被用于模拟这一过程。它能够从其环境中（包括食物和障碍物）提取传感信号（sensory signal）。同时，为了决定合适的行动（移动方向），动物可采用有效的规则对这些信号进行分类。实验动物成功移动后，通过分享奖励（即有效能获取）以强化引起这一移动的规则效力。通过随机创造，或遗传操作（genetic operation）（交换和重组）可偶然形成新规则。这些新规则将增补进已知的规则集中，并与其他规则展开竞争。规则集中那些不成功的规则因为无法被强化而最终失去效力和影响力。

训练过程包括将动物置于具有特定环境属性的随机空闲位置，并准许其向四周移动以寻找食物。与障碍物的碰撞会引起有效能的损失，且碰撞可将实验动物弹回至以前的位置。成功的规则将得到奖励。规则形成的遗传事件的发生概率预先给定。随机规则在未知情形中被创造。通过很多步骤（通常为 10 000），这一过程反复进行。最终，在给定的一系列条件下，形成了可实现最优行为的行为规则集。

这一最优行为并非依据引导行为规则集演化的目标功能定义。规则集由造成食物碰撞或避免碰撞的稳固规则单独发展而来。一个显式的有效能平衡可说明所有与移动、障碍物碰撞和规则产生等有关的有效能损失，以及因摄取食物的有效能获取。尽管允许环境多样、多变和改变那一环境的细节，但在既定环境中（具有特定的可获取资源）规则集的形成由优化获取有效能的需求所驱动。忽视这些特点，实验动物将因缺乏适合度而受到惩罚，并危及其生存及造成那些尚未完全形成规则的丢失。因此，其他标准，包括效率应在行为规则集中得到体现。既然这些没有明确介绍，我们就必须把它们看作是有涌现价值的指引者或目标功能。

实验动物实验包括在基本指引者框架中进行研究所需的所有要素。实验动物的适合度依赖于长期维持正有效能平衡的能力。因此，这一有效能平衡是指引者满意度评价的核心。在每个步骤中，可记录有效能摄取（通过食物消耗）和有效能损失（通过与障碍物的碰撞，移动和规则学习）情况，以用于计算瞬时有效能平衡。即使在不利的环境条件下，为了保证正的有效能平衡，实验动物被迫重视所有的指引者。

在实验动物实验中，必须确定量化方法，以对实验动物环境的不同属性进行描述。通过指引者满意度的测量值，可对不同环境中实验动物的行为进行比较。这些量化方法一定要由与动物行为相关的参数确定。

2. 基本价值指引者、预期和个体差异的涌现

实验动物训练依赖于大量的随机因素，所以每个实验动物可形成不同的认知系统（cognitive system）（分类集和决策集），即使它们的最终行为是相同的。尽管存在这些个体差异，但为了呈现一般趋势，可获取大量种群的平均值。而要获取平均值，需这些处理：①性质多样和多变两类环境中（否则是相同的）不同训练过程的结果；②将实验动物从训练环境转移到更多样，或多变，或变化这一挑战性环境后的行为。

这些实验所产生的一个不同凡响的结果是，在认知系统，尤其是指引者极其不同的既定训练环境中，个体可获得可对比性能（comparable performance）。虽然这不可能为训练环境提供任何特别的便利之处，但如果将实验动物移动至不同的环境，它能提供明显的适合度优势。个体的三种特殊类型需引起重视：强调行动自由的泛生者（generalist）（类型 F），关注效率的特化者（specialist）（类型 S）和心系安全的慎行者（cautious）（类型 C）。图 17-4 显示的是这三种类型指引者的星状图。

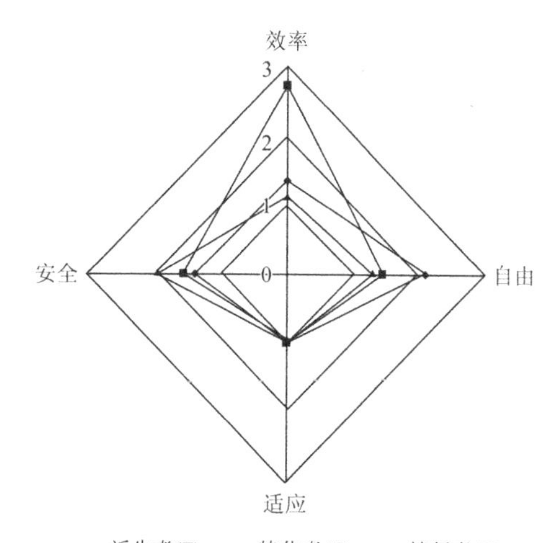

图 17-4　相同训练环境可进化出不同的生活方式。泛生者侧重于行为自由，特化者集中于效率，而慎行者偏重于安全。

反映实验动物环境的认知系统的发展潜能，促使实验动物成为调查目标功能涌现和价值定向者的便利工具。遗传算法是非常有效的过程，可理解在生

物和生态系统演化中所发现的真实过程的本质。在实验动物中，用遗传算法构建可预测行为（anticipatory behavior）的认知模式（或目标功能）非常有效。返回至早期规则的奖赏可引起后面的回报，因此补偿链中早期规则的激活意味着系统能预测回报和不久的将来，也就是说，在既定环境下，认知模式具有其行为结果的内在模式。

在实验动物实验中（类似地，在真实生活中），简单一维奖赏机制在既定环境中的成功，促使实验动物对基本指引者隐式和同等（或多或少）地给予多维的重视。这样，在与环境相互作用的系统演化发展过程中，系统能够从适合度的非特殊需求中演化出非常复杂的多维目标功能。反过来，这也意味着对涌现的基本指引者给予同等重视是系统生命力和生存所必需的。除非对系统生命力很重要，否则基本指引者不会涌现。

在给予不同指引者的相对重视程度中，同等重视为个体差异留有余地。个体属于实验动物实验中的种群，能进化出明显不同的价值取向（value emphasis）（如特化者、泛生者和慎行者等类型）。在标准训练环境中，虽然这些个体变异不会显著地减少行为，但当资源有效、多样，或环境变化可靠时，它将产生比较优势（comparative advantage），并增强适合度。个体变异也可导致极其不同的行为方式。然而，如果对指引者不予以同等重视（如主要重视某一指引者），病态行为（pathological behavior）会随之出现。

实验动物在不同环境中训练时，其个体行为与训练环境中的不同。通过实验动物在变化环境中对适应性学习的模拟，我们可得到一些与日常观察和一般系统知识完全吻合的普遍结论。

- 如果被转移到一个更加多变的环境中，泛生者将比其他类型有更大的生存机会。
- 如果被转移到一个可靠性差的环境中，慎行者类型将比其他类型有更大的生存机会。
- 在更加不可靠和（或）更加多样的环境中训练时，将以效率指引者（effectiveness orientor）为代价来提高安全的满意度和/或行动指引者（action orientor）的自由度。
- 在不确定环境中训练能使实验动物学会谨慎，从而可提高其在不同环境中的适合度。
- 学会谨慎［安全指引者（security orientor）具有更好的满意度］需要更多时间，从而降低效率，但可增加总的适合度。
- 学习投资（实验动物学习的有效能成本）可在随后的更好适合度中得到回报。学习投资（通常）远比回报收获少得多。

实验动物不仅发展了可称之为智力的行为，也发展了复杂的目标功能（对基本指引者的同等重视），或价值定位。因此，对基本价值（基本指引者：存在、效率、自由和安全）的高度重视是自组织系统本身及其特征的客观要求。这些基本价值不是主观人类的创造，而是自组织过程对正常环境属性响应的客观结果。

参考章节：生态网络分析：系统成熟主导系数；生态网络分析：环境分析；有效能；生态学中的基本定律。

课外阅读

Ashby WR（1962）Principles of the self organizing system. In：von Foerster H and Zopf GW（eds.）*Principles of Self Organization*，pp. 255-278. New York：Pergamon.

Bossel H（1977）Orientors of nonroutine behavior. In：Bossel H（ed.）*Concepts and Tools of Computer Assisted Policy Analysis*，pp. 227-265. Basel：Birkhauser.

Bossel H（1999）*Indicators for Sustainable Development：Theory，Method，Applications*. Winnipeg：IISD International Institute for Sustainable Development.

Bossel H（2001）Exergy and the emergence of multidimensional system orientation. In：Jørgensen SE（ed.）*Thermodynamics and Ecological Modelling*，pp. 193-209. Boca Raton，FL：Lewis.

Fath BD，Patten BC，and Choi JS（2001）Complementarity of ecological goal functions. *Journal of Theoretical Biology* 208（4）：493-506.

Holland JH（1992）*Adaptation in Natural and Artificial Systems*. Cambridge，MA：MIT Press.

Jantsch E（1980）*Self Organizing Universe：Scientific and Human Implications of the Emerging Paradigm of Evolution*. New York：Pergamon.

Jørgensen SE（2001）A tentative fourth law of thermodynamics. In：Jorgensen SE（ed.）*Thermodynamics and Ecological Modelling*，pp. 305-347. Boca Raton，FL：Lewis.

Krebs F and Bossel H（1997）Emergent value orientation in self organization of an animat. *Ecological Modelling* 96：143-164.

Mayr E（1974）Teleological and teleonomic：A new analysis. *Boston Studies in the Philosophy of Science* 14：91-117.

Mayr E（2001）*What Evolution Is*. New York：Basic Books.

Miller JG（1978）*Living Systems*. New York：McGraw Hill.

Odum EP（1969）The strategy of ecosystem development. *Science* 164：262-270.

Muller F and Leupelt M（eds.）（1998）*Eco Targets，Goal Functions，and Orientors*. Berlin/Heidelberg/New York：Springer.

Wilson SW（1985）Knowledge growth in an artificial animal. In：Grefenstette JJ（ed.）*Proceedings of the First International Conference on Genetic Algorithms and Their Applications*，pp. 16-23. Pittsburgh PA and San Mateo：Lawrence Earlbaum and：Morgan Kaufmann.

第十八章

有效能

S E Jøgensen

一、有效能的定义

有效能被定义为系统及其环境进入热力学平衡态时系统所做的功［等于熵-自由能（entropy free-energy）］（图 18-1）。既定系统的特征由广延状态变量（extensive state variable）S，U，V，N_1，N_2，N_3，…（其中 S 为熵，U 为能量，V 为体积，N_1，N_2，N_3，…为各种化合物的摩尔数）和强度状态变量（intensive state variables）T，p，μ_{c_1}，μ_{c_2}，μ_{c_3}，…，决定（其中 T 为温度，p 为压强，μ 为组分 1，2，3，…的化学势符号）。通过传导杆（shaft），系统被耦合进容器（reservoir）或参照状态（reference state），共同形成一个封闭系统。容器（环境）以强度状态变量 T_O，p_O，μ_{OC_1}，μ_{OC_2}，μ_{OC_3}，…，为特征。与容量相比，系统非常小，所以容量的强度状态变量不会通过系统和容量的相互作用而改变。系统和容量沿平衡态发展，同时向容量释放熵-自由能。这一过程中，熵-自由能［即功能（work energy）］只通过传导杆被转化，因此系统体积保持不变。

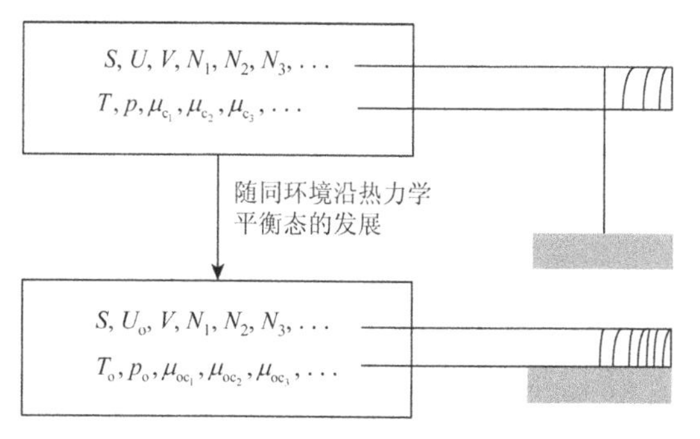

图 18-1　有效能定义的图示。功由获得的重量势能来表征。

根据有效能的定义，Ex 可表示为

$$\mathrm{Ex} = \Delta U = U - U_O \quad [1]$$

由于

$$U = TS - pV + \sum_C \mu_c N_i \quad [2]$$

当我们只考虑三种能量形式：热能、空间能（spatial energy）［位移做功（displacement work）］和化学能时，相应的 U_O 为

$$U_O = T_O S - p_O V + \sum_c \mu_{c_O} N_i \quad [3]$$

当排除动能、势能、电能、辐射能和磁能等时，有效能的表达式为

$$\mathrm{Ex} = S(T - T_O) - V(p - p_O) + \sum_c (\mu_c - \mu_{c_O}) N_i \quad [4]$$

在这种情况中，熵-自由能总的转化量为系统有效能。从这一定义看，有效能取决于总系统（total system）（系统+容量）的状态，而非完全依赖于系统状态。因此，有效能并不是一个状态变量。

工程中有效能的定义被用于反映发电厂的效率。根据热力学第一定律，发电厂的效率为 100%，而收益效率（interesting efficiency）为有效能效率（exergy efficiency），即如果化石燃料是能源，有多少化学能（有效能）被转化为有效功（有效能）？那些没有以电能形式被转化的有效能，在环境温度下以热量形式散失到环境中，因此环境中不包含做功电势（work potential）。

系统有效能依赖于容器的强度状态变量。有效能没有被保存，除非熵-自由能被转化，这意味着转化是可逆的。然而，现实中的所有进程是不可逆的，说明有效能会发生损失（熵的产生）。有效能的损失和熵的产生是对所有过程不可逆这同一个事实的两种不同描述，但遗憾的是，通常存在一些对不能做功（热度达环境温度）能量形式而做功的有效能损失形式。因此，通过利用有效能可将热力学第二定律的公式表述为，“所有真实过程都是必然存在能量损失的不可逆过程。”根据热力学第一定律，虽然能量会被所有进程保存，但“有效能却没有被保存”。

对实际过程而言，效率通常为有效能（useful energy）（做功）与总能量之比，这一比值总小于 100%。这说明部分能量无法以做功的方式被利用，且所有过程是不可逆的，因为所有能量转移过程中都存在有效能以热量形式输出到环境的损失。

被定义为已做的功除以总可利用有效能的有效能效率引起了人们的兴趣，尤其在技术领域。有效能效率反映了可利用做功能力（work capacity）的大小。

能量的所有转移意味着存在有效能的损失，因为转化的能量被用于加热环境的温度。因此，除了

能量平衡，为所有环境系统构建有效能平衡也是我们长期的兴趣之所在。我们关注有效能损失是因为其意味着可做功的“第一类能量”被转化为不能做功的“第二类能量”（热度达环境温度）。因此，假如我们利用能量做功的潜力是有限的，则热度和温度的特有属性在于度量分子运动。由于这些限制，我们必须对可做功的有效能和不能做功的能量进行区分，而所有实际过程都意味着不可避免的如同能量一样的有效能损失（参见下一部分）。

有效能或甚至如反映熵产生的热量形式的有效能损失，在描述实际过程的不可逆性时似乎比熵更有用。它与能量单位相同，并具有能量形式，而熵的定义通常难以与描述现实性有关的概念发生关联。另外，对“远离热力学平衡系统”尤其是生命系统而言，熵没有明确的定义，也没有提及系统的自组织能力应高度依赖于温度。正如定义所显示的那样，有效能涉及温度，而熵没有。这意味着 0K 时有效能为零且最小。负熵没有体现系统的做功（我们可将系统的“创造性”称之为创造性需要的做功大小）能力，但有效能是对与温度成比例增加的“创造性”的一个很好度量。同时，有效能有助于对低熵（low-entropy）能量和高熵（high-entropy）能量进行区别，因为其本身就是熵-自由能（entropy-free energy）。

信息包含有效能。Boltzmann 证明了我们实际拥有信息（与我们为了描述系统所需要的信息相比）的自由能（其意味着有效能）为 $kT\ln I$，其中 I 是我们关于系统状态的信息。例如，当系统结构为 W 种可能结构之一时，k 为 Boltzmann 常数=1.3803×10^{23}J/（molecules deg）。这意味着一个比特信息的有效能为 $kT\ln2$。信息从一个系统传递到另一系统时，几乎经常是熵-自由能的转化。如果两个系统温度不同，则一个系统损失的熵不等于其他系统所获得的熵，尽管第一个系统损失和转化的有效能与其他系统所获得的有效能相当（假如有效能不随信息传递发生任何损失）。同样，在这种情况中，利用有效能显然比利用熵更加方便。

二、生态有效能的定义

在生态学中，技术有效能（exergy）不常用，因为参照状态和环境将邻接生态系统，而且我们可能会找到一个测度系统如何发展的表达式，也就是说，它距热力学平衡态有多远。因此，对容量或参照状态而言，它们选择同一热力学平衡态的系统在生态学中是有利的，也就是说，如果有足够的氧气（氮作为硝酸盐，硫作为硫酸盐），所有成分都将是无机的且处于超氧化状态。在这种情况中，参照状态将与无生命形式和全部化学能被用于或作为“无机汤”（inorganic soup）的生态系统相对应。这通常也意味着 $T=T_O$，$p=p_O$。此时，有效能等于系统中不同的 Gibb 自由能，其热力学平衡态中的系统是相同的，或化学能含量中包含系统的热力学信息（参见下面内容）。Gibb 自由能的定义基于这一方程，即

$$dG=dE+pdV-SdT$$

其中，dV 为体积的变化，dS 为熵的变化。T 和 p 分别为温度和压强。根据这一定义，有效能显然可测量生态系统远离热力学平衡态的距离，即生态系统以生物、复杂生物化学复合物和复杂生态网络等形式构建（复杂的）的结构数量。本章中，我们将利用有效功（available work），也就是有效能来衡量远离热力学平衡态的距离。

生态系统中对有效能发展的描述，使其可针对性地用于生态系统的有效能评价。虽然我们不可能直接测度有效能，但通过方程[4]进行计算是可行的。图 18-2 说明了“生态有效能”(eco-exergy)的定义。生物组分中包含化学能，且其结构对系统有效能含量的贡献巨大，因此，似乎没有理由认为系统和参照环境间存在（较小的）温度和压力差异。在这种情况下，我们可计算完全来自于化学能的系统有效能含量：

$$\mathrm{Ex}=\sum_c(\mu_c-\mu_{c_0})N_i \qquad [5]$$

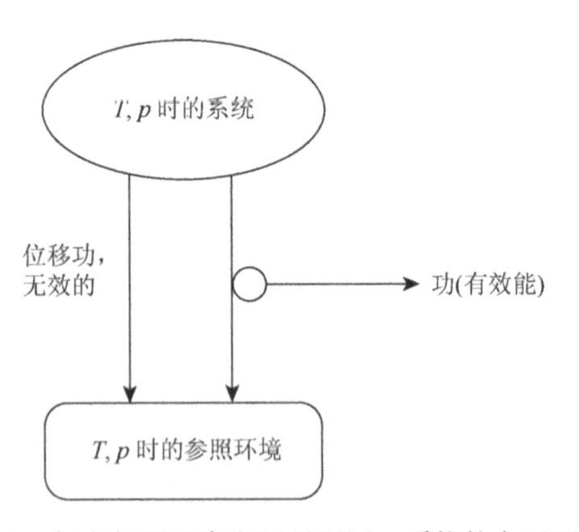

图 18-2 与在相同温度和压强下同一系统的参照环境比较，本章所计算的系统有效能含量犹如无机汤，没有生命、生物结构和信息，或有机分子。

这表示非流动（nonflow）的化学生态有效能。生态有效能由生态系统及其在热力学平衡态间的化学势 $(\mu_c-\mu_{c_0})$ 差异决定。而这一差异由系统和参照状态中（热力学平衡态）所研究成分的浓度决定，所有化学过程的情况都如此。

我们可测量生态系统中的浓度，但参照状态中的浓度仅以经常所用的化学平衡常数为基础。如果有过程：

成分 A↔无机分解产物

则其化学平衡常数 K 为

$$K=[\text{无机分解产物}]/[\text{成分 A}] \quad [6]$$

在热力学平衡态中，虽然成分 A 的浓度很难获取，但我们可根据无机成分形成 A 的概率得到成分 A 在热力学平衡态时的浓度。

通过这些计算，与相同温度和压力的同一系统相比，我们可得到系统的有效能，但其形式却是无任何生命、生物结构、信息，或有机分子的无机汤。由于我们可从浓度代替活性的化学势定义中得到（$\mu_c-\mu_{c_0}$），因此生态有效能的公式为

$$\mathrm{Ex}=RT\sum_{i=0}^{i=n}c_i\ln c_i/c_{i,\mathrm{O}} \quad [7]$$

其中，R 为气体常数[$8.314\mathrm{J(K\cdot mol)^{-1}}=0.082\ 71\mathrm{atm(K\cdot mol)^{-1}}$]，$T$ 为环境温度（也为系统温度，见图 18-2），而 c_i 为由适当单位所表示的第 i 个成分的浓度，如湖泊中浮游植物的 c_i 可表示为 mg/L，或核心养分（focal nutrient）的 mg/L。$C_{i,\mathrm{O}}$ 为热力学平衡态第 i 个成分的浓度，n 为成分数。通常，$c_{i,\mathrm{O}}$ 的浓度非常低（除了 i=0，其被认为包含无机化合物），相应地，在热力学平衡态的无机汤中，同时形成复杂有机化合物的概率也非常小。各种生物的 $c_{i,\mathrm{O}}$ 甚至更低，因为生物利用其所含信息形成自身的概率通常很低。本章中，信息由遗传编码体现。

参照基于热力学和化学平衡态中同一系统的这一特殊有效能，可认为生态有效能仅依赖于作为生命特征的大量生物化学成分的化学势。这个生命特征与 Boltzmann 所声称的生命在于尽可能获取自由能的特征相吻合。生态有效能的定义与自由能相似，但不同于自由能的是，生态有效能不是状态变量。它依赖于从一个生态系统到另一个生态系统的可变参照状态。而且，在远离热力学和化学平衡态的热力学中，经典状态变量很难被利用。经典热力学假定系统趋于平衡，而平衡使那些能产生相同结果但与路径无关的状态变量，如自由能的出现成为可能。因此，在这种情况中，我们应使用远离热力学平衡态的生态有效能，而不是自由能。

正如我们所知，能量通量生态系统倾向于远离熵损失，或捕获能量和信息的热力学平衡态。在这个阶段，我们提出了与生态系统相关的如下命题：“生态系统尽可能向更高水平的有效能演化”。

三、有效能和信息

信息意味着“获得的知识”。有效能的热力学概念与信息密切相关。例如，局地高浓度的化学化合物，具有其他地方所缺乏的生物化学功能，可携带有效能和信息。在更复杂的水平上，信息可能仍与有效能高度相关，但方式更为间接。系统也可对物质结构进行方便的度量。某一结构是从所有可能的结构中挑选的，而且被限定在某一耐受边界（tolerance margins）内。

区分信息有效能与生物量有效能是有可能的。此时，p_i 被定义为 c_i/A，其中

$$A=\sum_{i=1}^{n}c_i \quad [8]$$

A 是系统中的物质总量，作为新变量引入方程[7]：

$$\mathrm{Ex}=ART\sum_{i=1}^{n}p_i\ln(p_i/p_{i_0})+A\ln A/A_{\mathrm{O}} \quad [9]$$

因 $A\approx A_{\mathrm{O}}$，因此有效能为总生物量 A（乘以 RT）的乘积，而 Kullback 为

$$K=\sum_{i=1}^{n}p_i\ln(p_i/p_{i_0}) \quad [10]$$

其中，p_i 和 p_{i_0} 分别为系统分子细节观察值的后验（a posteriori）和先验（a priori）概率分布。这个式子意味着 K 所代表的信息量源自观察结果。

在一个包含两个连通容器（chambers）（图 18-3）的系统中，我们希望分子在两个容器中均等分布，也就是说，$p_1=p_2=1/2$。如果所有分子在一个容器中，则 $p_1=1$ 和 $p_2=0$。我们假定左边的容器包含 1mol 的纯理想气体，而右边的容器为空。如果打开容器间的阀门，根据方程[7]、[9]和[10]，此时系统有效能的损失（也为技术有效能）为 $RT\ln2$。通过在阀门中安装一个小的推进器（propeller），我们至少可利用一部分有效能。通过这一过程，系统将增加 $R\ln2$ 的熵。这与方程[8]一致。

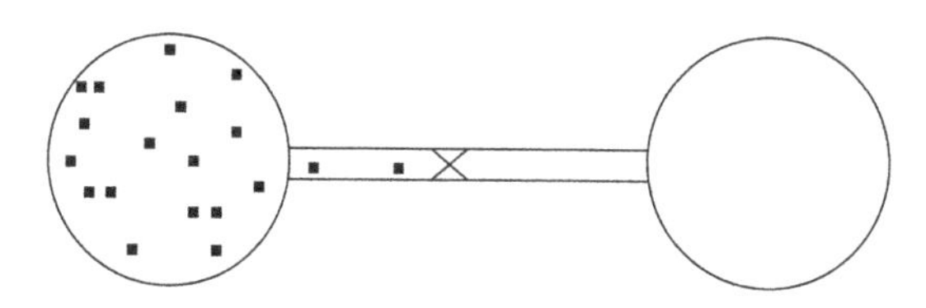

图 18-3　左边容器包含 1mol 的纯理性气体，而右边的为空。如果我们打开阀门，则系统将释放 $RT\ln2$ 的有效能（或技术有效能），而这一有效能可通过在阀门中安装推进器被利用。与此同时，系统的熵将增加 $R\ln2$。

四、有效能和耗散结构

生态系统不是孤立的，因与环境的交换，以及因系统内不可逆过程如扩散（diffusion）、热传导（heat conduction）和化学反应等的熵生产（entropy production），时间间隔 dt 内的熵变化可被分解为熵流（entropy flow）。熵流也可用有效能表示为

$$\mathrm{Ex}/dt=\mathrm{d^eEx}/dt+\mathrm{d^iEx}/dt \quad [11]$$

其中，$\mathrm{d^eEx}/dt$ 代表输入到系统的有效能，$\mathrm{d^iEx}/dt$ 代

表系统用于维持消耗的有效能（负的）。e 被用于指示外部资源，而 i 被用于指示内部有效能的变化。

方程[11]说明系统只能通过用正有效能流（$d^e Ex/dt > 0$）补偿内部有效能的消耗而维持非平衡稳定态。这个正有效能流诱发系统产生秩序。在生态系统中，最终有效能流来源于太阳辐射，其所诱发的秩序如生物分子秩序。如果 $d^e Ex > -d^i Ex$（系统中的有效能消耗），生态系统则将过剩的有效能输入用于构建系统中更深层次的秩序，或如 Prigoging 所指的耗散结构。因此，系统将进一步远离热力学平衡态。进化表明，这一情形对生态圈长期有效。在春季和夏季，生态系统处于 $d^e Ex/dt > -d^i Ex/dt$ 的典型情形之中。如果 $d^e Ex < -d^i Ex$，系统将无法维持已创建的秩序，且其更接近热力学平衡态，也就是说，系统将丧失秩序。在秋季和冬季或因环境干扰时，生态系统就属这一情形。

五、有机质和生物生态有效能的计算

下述表达式是前面已提及的我们称之为单位体积的有效能；参见方程[7]：

$$Ex = RT\sum_{i=0}^{i=n} c_i \ln(c_i / c_{i_0})[ML^{-1}T^{-2}] \qquad [12]$$

其中，R 为气体常数，T 为环境温度，c_i 为由适当单位所表示的第 i 个成分的浓度，c_{i_0} 为热力学平衡态第 i 个成分的浓度，n 为成分数。生物成分的 c_{i_0} 非常低，因为在热力学平衡态形成生物成分的概率非常小。这意味着生物成分可获得高的生态有效能。生物的 c_{i_0} 不等于零，但相应地，其在热力学平衡态无机汤中同时形成复杂有机化合物的概率也很低。无机成分（inorganic component）的 c_{i_0} 较高，而碎屑的一直偏低，但却高于有机成分的 c_{i_0}。

基于成分组成，结构上复杂物质的有效能可被评估。然而，这一评估存在使相同成分组成的更高等生物和微生物获得同一有效能的缺点，从而与较小概率形成更复杂生物的观点完全不符，也就是说，方程中的 c_{i_0} 浓度更低。如下所述，成分组成无法解释用 Kullbach 测度的信息贡献，而这一信息通常是生态有效能的主要部分。

与 c_{i_0} 评估有关的问题已做了讨论，并提出了可能的解决方法。无生命有机质和碎屑的 c_{i_0} 可被赋予古典热力学中的指数 1。

生物成分 2，3，4，…，N 的概率 p_{i_0} 至少包括生产有机质（碎屑）的概率，也就是说，p_{1_0} 和概率 $p_{i,a}$ 可发现决定生物体内生物化学过程的酶的正确组成。活生物体可利用 20 种不同的氨基酸，且每个基因平均决定 700 个氨基酸序列。我们可从大量的排列中找到 $p_{i,a}$，在这些排列中，所研究生物的特有氨基酸序列已经过了选择。这说明：

$$p_{i,a} = a - Ng_i \qquad [13]$$

其中，a 为可能的氨基酸个数 20，N 为一个基因所决定的氨基酸个数 700，g_i 为非无义基因的个数（non-nonsense genes）。可得到下述两个方程：

$$p_{i_0} = p_{1_0} p_{i,a} = p_{1_0} a - Ng \approx p_{1_0} \cdot 20 - 700g \qquad [14]$$

结合方程[12]和[14]，可得到第 i 个成分的有效能贡献为

$$\begin{aligned} Ex &= RTc_i \ln c_i \big/ \left(p_{1_0} a - Ng\, c_{0_0}\right) = \left(\mu_1 - \mu_{1_0}\right)c_i - c_i \ln p_{i,a} \\ &= \left(\mu_1 - \mu_{1_0}\right)c_i - c_i \ln\left(a - Ng_i\right) \\ &= 18.7c_i + 700\left(\ln 20\right)c_i g_i \left[ML^{-1}T^{-2}\right] \end{aligned} \qquad [15]$$

通过对来自于所有成分的贡献求和，可得到总的生态有效能。在参照系统中（生态系统的热力学平衡）生物成分的浓度非常低，因此来自于碎屑但主要是生物成分的贡献很大。此时，无机物质的贡献可以忽略不计。碎屑和无生命有机质的贡献为 18.7kJ/g，乘以对应的碎屑组成浓度（g/v），即主要是类脂、碳水化合物和蛋白质等，则活生物体的生态有效能近似包括：

$$Ex_{1chem} = 18.7\text{kJ/g} \times c_i$$

和 $$Ex_{ibio} = RT(700 \ln 20)c_i g_i = RT2100 g_i c_i \qquad [16]$$

R=8.314J/mol。如果我们假定酶的相对分子质量（molecular weight）平均为 105，则在 300K 时，可得到 Ex_{ibio} 的如下方程：

$$Ex_{ibio} = 0.0529 g_i c_i \qquad [17]$$

此时，浓度用 g/V 表示，有效能用 kJ/V 表示。

整个系统的生态有效能等于化学有效能+生物有效能能，即

$$\text{Ex-total} = 18.7\sum_{i=1}^{N} c_i - 0.0529\sum_{i=1}^{N} c_i g_i \left[ML^{-1}T^{-2}\right] \qquad [18]$$

其中，碎屑（i=1）的 g 等于 0。表 18-1 列举了权重因子 β，引入的这一权重因子可包括以碎屑当量（detritus equivalent）或化学有效能当量（chemical exergy equivalent）为单位的不同生物有效能。

$$\text{Ex-total} = \sum_{i=1}^{N} \beta_i c_i \left(\text{为碎屑当量}\right) \qquad [19]$$

表 18-1 活生物体的生态有效能

早期生物	植物	动物
碎屑	1.00	
病毒	1.01	
最小细胞	5.8	
细菌	8.5	

续表

早期生物	植物	动物
古生菌	13.8	
原生生物（藻类）	20	
酵母菌	17.8	
	33	中生动物、丝盘虫
	39	原生动物、阿米巴
	43	竹节虫目（竹节虫）
真菌、霉菌	61	
	76	纽形动物
	91	刺胞动物（珊瑚、海葵、海蜇）
红藻门	92	
	97	Gastroticha
浒苔，海绵	98	
	109	腕足动物
	120	扁形动物（扁形虫）
	133	线虫动物（蛔虫）
	133	环节动物（水蛭）
	143	颚胃动物
芥菜杂草	143	
	165	动吻动物
无种子维管束植物	158	
	163	轮虫动物（轮虫）
	164	内肛动物
苔藓	174	
	167	昆虫（甲虫、苍蝇、蜜蜂、黄蜂、臭虫、蚂蚁）
	191	Coleodiea（海鞘）
	221	鳞翅目（蝴蝶）
	232	甲壳纲动物
	246	脊索动物
稻	275	
裸子植物（incl. Piuns）	314	
	310	软体动物、双壳纲、腹足纲
	322	蚊子
开花植物	393	
	499	鱼
	688	两栖动物
	833	爬行动物
	980	鸟纲（鸟）
	2127	哺乳动物
	2138	猴子
	2145	类人猿
	2173	智人

注：β值为有效能含量相对于碎屑的有效能（Jøgensen et al.）。

生态有效能的计算可解释有机质中及包含于生物体内（最小）遗传信息的化学能。通过形成生物成分，如藻类、浮游动物、鱼类和哺乳动物等的概率极小值，可对后者的贡献大小进行测度。权重因子被定义为相对碎屑的有效能含量（表 18-1），它可作为反映生物不同群体如何发育及其对有效能贡献大小的质量系数，因为这些权重因子的信息已反映在计算当中。基于最新关于基因组大小（genome size）和不同生物复杂性的研究，可得到表 18-1 中的β值。β值为 2.0 意味着有机质和信息中所包含的生态有效能相等。表 18-1 中的β值远大于 2.0（除了病毒，其值为 1.01），因此信息生态有效能是生物生态有效能的最重要部分。

有机质（化学能）“燃料”（fuel）价值的生态有效能约为 18.7kJ/g（与碳相比为 30kJ/g，与原油相比为 42kJ/g），因此生态有效能可直接转化为其他能量形式如机械功（mechanical work），并可通过弹式测热法（bomb calorimetry）测定，不过此时需要将样本（有机质）毁灭。信息生态有效能（β–1）c 由许多生物化学过程的控制和功能决定。生命系统做功的能力取决于其作为生命耗散系统（living dissipative system）的运行情况。如果没有信息生态有效能，有机质只能如化石燃料那样被用作燃料。但由于存在信息生态有效能，所以生物可构建赋予其生命特征的复杂生物化学过程网络。生态有效能（其大部分包含于信息中）是对组织的一个度量。能量和组织的这一密切关系是 Schrødinger 经过长期努力才发现的。

本章计算的有效能是进化和被 Elsasser 称之为再创造的结果，以强调仅有细微变化的信息被引入每个新复制复制链中时，可一次又一次地被复制。复制过程所需的能量很小，但通过进化如从原核生物（prokaryotes）到人体细胞（human cell）以到达“母体”副本（mother copy）时却需要大量能量。

当分布从 p_{ion} 变为 p_I 时，信息的 Kullback 测度包括获取信息。K 为特定的测度（每单位物质）。由信息的 Kullback 测度表达时，可得到下述生态有效能的方程：

$$\text{Ex-organism} = cRTK \qquad [20]$$

因此，β 为 RTK。

生态系统总的生态有效能实际上是不可计算的，正如我们无法测量所有成分浓度或确定生态系统中有效能的所有潜在贡献者一样。例如，如果要计算一只狐狸的有效能，则上面的计算只能给出来自于生物量和包含于基因中信息的贡献，但来自于血压（blood pressure）、性激素（sexual hormone）和网络相互作用等的贡献是什么？这些属性至少部分地包含于基因中，但那是全部（entire story）吗？利用模型，或利用涵盖核心问题最基本成分的测量方法，可对源于主要成分的贡献进行计算。通过“比较”两类不同的可能结构（物种组成），生态有效能的“差异”是确定的。而且，生态有效能的计算通常只给出相对值，因为它本来是相对参照系统而计算的。

利用上述方程计算的生态有效能明显具有某些缺点。

1）上述方程中，我们采用了近似法，尽管是最小近似法。

2）我们不了解生物基因的所有细节。

3）我们只计算了包含于蛋白质（酶）中的主要生态有效能，但对生命过程而言，还有很重要的其他成分。与酶和这些由酶控制形成的其他成分（如激素）所包含的信息相比，它们对有效能的贡献更小。然而，其对系统总有效能的贡献却不能被排除，因为毫无疑问，生命过程通常被间接地看作是由酶决定的生命过程。

4）没有包括生态网络的生态有效能。如果要计算模型的有效能，则生态系统通常相对简单，切来自于网络信息量的有效能贡献远小于来自于生物的有效能贡献。实际的生态网络可能对总有效能的贡献更大。当比较网络模型时，也与比较不同网络的有效能有关。

5）通过模型或图表或类似物，我们通常使用简化的生态系统。这说明我们只计算了生态系统简化图像中所包含成分的有效能贡献。实际的生态系统必然包含我们计算过程中没有被涉及的更多成分。

因此，建议将通过这些计算所得的生态有效能作为“相对最小生态有效能指数”（relative minimum eco-exergy），以表明那里还有生态系统总有效能的其他贡献者，尽管它们不太重要。然而，在大多数情况下，相对指数足以理解系统的响应，因为绝对有效能含量对响应影响不大。生态有效能的变化通常对理解生态过程非常重要。

表 18-1 中的权重因子已成功应用于计算作为生态系统健康指示器的生态有效能。在好几个结构动态模型（structural dynamic model）中用以表示模型目标功能及在最小生态有效能原理中出现的权重因子如下所述。结构动态模型可涉及物种组成：那些属性的组合可供养多数生存者？在这一情况中，利用权重因子可产生相对较好的结果，尽管这些权重因子的评价存在不确定性，但通过对模型和其他量化过程中权重因子的稳健应用，它们还是可以解释的。微生物、脊椎动物和无脊椎动物等的权重因子存在明显差异，因此即使权重因子的不确定性很高也无关紧要，结果只略受影响。

理论上，获得更好的权重因子是一个重大的进步，可使我们构建紧密相关物种间的竞争模型。

找到更好 β 值的关键在于蛋白质组（proteome）（蛋白质的全部组成，那是由酶决定的生命过程）。然而，与我们对基因数量的了解相比，有关不同生物中蛋白质组构成的知识还非常有限。

六、为什么生命系统具有如此高水平的生态有效能?

一只 20g 活青蛙的生态有效能为 $20\times18.7\times688$kJ$\approx$257MJ，而一只死青蛙的生态有效能含量仅为 374kJ，尽管它们具有相同的化学成分，至少在青蛙死后几秒内是这样的。差异的根源在于信息或可用信息方面的不同。虽然青蛙在死后几秒内仍包含信息（蛋白质的氨基酸组成还没有被分解），但其与活青蛙在利用储存于基因和蛋白质中信息的能力存在区别。

存储在青蛙中的信息量高得惊人。大约有 2×10^8 个氨基酸被置于正确序列，其中的每一个有 20 种可能性。这一大量的信息在共同构成青蛙数十亿计的细胞中被再次复制并允许世代传递。世代传递意味着进化可持续进行，因为属性的有利组合已通过基因被保存起来。

活生物体中的信息采用了“纳米技术”（nano-technology），从这个意义上讲，对平均重量为 125g/mol 的氨基酸分子而言，2×10^8 个氨基酸的重量为 2.5×10^{10}g/A=4×10^{-14}mol，其中 A 为 Avogadro 常数（A=6.2×10^{23}）。具有相同信息量的一本书，重量为好几百千克。

氨基酸的数量非常巨大，约为 2×10^8 个，因此一只青蛙与另一青蛙的氨基酸序列存在细微差异也就不足为奇了。这可能是突变的结果或因复制过程中的小错误所致。这些变异很重要，因为它们可“检验”（test）哪种氨基酸序列对生物的生存和生长最好。最好表示属性的最佳组合，可提供最高的存活机会和促进最大的生长，并由此使相应的基因占主导地位。生存和生长意味着需要更多的有效能，从而使远离热力学平衡态的距离变大。因此，有效能可用于量化 Darwin 理论的热力学函数（thermodynamic function）。在这种情况下，人们已证明生态有效能也可反映摧毁系统所需要的能量，这是非常有趣的，说明系统拥有的有效能越多越难以使系统降级（degrade），因此其生存的可能性更大。所以，生态有效能也可被用于持续性的度量。现在的关键问题是：我们以远离热力学平衡态的相同距离，也就是说，正如从先人那里继承到的一样，我们以相同有效能将地球交接给我们的子孙后代了吗？

七、通过人类活动包括污染的生态有效能损益（losses and gains）

当污染例如重金属广泛散布时，会造成生态有效能的损失。当含铅汽油（leaded gasoline）被用于获取更好的辛烷数量时，世界各地每年分布的铅大约为 4×10^6t。甚至在格陵兰岛（Greenland）的冰盖中，也发现了铅！在铅矿中，铅的标准浓度为 5%或 0.05kg/kg（矿石），而散布至环境后，其标准浓度为 1μg/kg（土壤）。如果我们假定 300K，则每年的生态有效能损失可通过方程[7]予以计算：

$$\text{Ex lost}=(8.314\times0.300\times4\times10^{11}/207)\ln(0.05/10^{-9})\approx85\,000\ \text{GJ} \qquad [21]$$

其中，207 为铅的原子量。由于大多数国家已转向汽油添加剂，因此铅消费有所下降。当今，通过将铅用于汽油添加剂而造成的生态有效能损失被估计约为每年 4000GJ。

“因普通资源散布所造成的生态有效能损失”可通过采用如方程[21]所示的方程[7]予以计算。除了铅（只考虑铅作为汽油添加剂散布的情况），表 18-2 中还列举了其他不可更新资源散布时的生态有效能损失。

表 18-2　因不可更新矿产资源散布而引起的生态有效能损失

元素	GJ/年
铬	32 000
镍	15 000
锌	80 000
铜	18 000
汞（包括化石燃料）	27 000
铅（当今）	40 000

通过化石燃料额外的化学自由能（做功的能力），可得到“因化石燃料消耗所造成的生态有效能损失”，而因气体散布引起的生态有效能损失主要来自于化学过程。化石燃料成分散布造成的生态有效能损失可通过下述过程予以计算：如果我们考虑含 1%硫和 99%碳的 1g 煤（煤也包含煤灰，但在计算中我们不考虑它），则因散布造成的有效能损失可通过下面的计算予以确定：

$$0.01(8.314\times0.300/32)\ln0.01/50\times10^{-9}$$
$$+0.99(8.314\times0.300/12)\ln0.99/4\times10^{-4}$$
$$=1617\text{J}\approx1.6\text{kJ}$$

其中，50×10^{-9} 和 4×10^{-4} 分别表示典型城镇大气中二氧化硫与二氧化碳的浓度（用比例表示，即没有单位）。1g 煤的化学有效能含量约为 32kJ。因此，通过煤的燃烧，由散布造成的有效能损失只占化学有效能直接损失的 5%。鉴于全部计算的不确定性和煤的质量变化都大于 5%，所以不包括化石燃料使用引起的散布有效能损失［或作为替代方法，将消耗化石燃料所造成的全部有效能损失乘以因子 1.05 以大致抵消因大气中成气（formed gas）散布时的有效能损失］似乎也是可以接受的。

生态系统的恶化。利用方程[20]可计算生态系统，甚至与我们生态系统模型对应的生态系统的生态有效能。因此，系统恶化或污染的生态有效能损失可通过计算其恶化或污染前后的生态有效能予以确定。前后之间的差异直接产生损失。

可更新资源的利用。通过不同资源的年消耗量乘以每一可更新资源的有效能含量，变得到可更新资源各自的生成量。例如，最近多年中北海（North Sea）的年捕鱼量约为 10^5t，这意味着北海的生态有效能已减少 $1011\times499\times18.7$kJ=$9.3\times101\times10^7$J，其中 499 为鱼的 β 值（表 18-1）。可持续性要求鱼类生物量的增长必须能够弥补这一生态有效能的损失。但不幸的是，20 多年来许多海域生态系统包括北海，由于过度捕捞，情况并非一直如此。

废弃物的散布。在一定程度上，废弃物的散布可根据方程[21]计算。废弃物的散布通常被称为人类活动的外部成本（external cost），包括工业和农业活动，这实际上只是关于生态有效能损失的一个观点。随着环境代理对愈加彻底地消除这些生态有效能损失的要求，废弃物处理成本的持续增加也就不足为奇了。或换句话说，我们越来越接近地球的人工产品承载力（carrying capacity）。在这种背景下，不要忘记废弃物处理也要耗费生态有效能。

不可更新燃料的消耗，包括化石燃料和核燃料。通过有效能含量乘以年度消耗可得到年度生态有效能的损失。

前面对因不可更新资源消耗中废弃物散布所造成的生态有效能损失进行了计算。然而，这不是全部，因为从矿物到初级原材料（raw source material）的不同材料生产过程都需要能量。当材料由剥离物（scrape）生产时，也涉及能量需求。剥离物是可见的，因此当其被用于生产时，所需能量较少。再利用和再循环具有双重效益，即节约利用有限的资源和节省能量。对铝而言，利用剥离物代替矿物的能量需求尤其可观。能量消耗可解释生态有效能的一个重要损失，所以节省能量的效益是非常明显的。

八、生态系统热力学假说的形成

如果（开放的、非线性的）生态系统从其环境中接收到边界能量流（boundary flow of energy），则它可利用这一能量、自由能或有效能含量进行做功。做功将产生内部流（internal flow），从而引起那些可使系统更偏离平衡态的物质、能量和信息的存储与循环。这时，自组织过程被启动。这可在内部熵的减少和内部组织的增强中得到体现。

这一段落的开放性问题是，生态系统在完成其三种生长方式过程中，将采用哪些可能的路径？答案是，生态系统将改变那些可最稳定地创造额外能力和机会的方向，以使其更加偏离热力学环境，也就是说，存储在生态系统中的有效能不断增加。大量与多样的活生物量（living biomass）可反映大量与多样的热力学平衡偏离态，且二者都包括在这一偏离参数之中。如果给定的起始状态能提供多种生长路径，则生长路径倾向于选择可产生最大有效能存储的路径，反过来，这些路径需要最大的能量消耗用以构建和维持它们自身，这与热力学第二定律一致。虽然能量储存本身并不充足，但比有效能（specific exergy）却是增大的，即反映有效能可利用性提高的有效能/能量比在增大，这意味着有机系统需要提高做功能力，以持续进化出新的适应性“技术”来应对多变的环境。

这些思考产生了能够解释生态系统增长和发育及生态系统对干扰响应的热力学假说：“如果系统可接收到有效能的输入，在维持远离那一已包含可使系统更远离热力学平衡态的热力学之后，它将利用这一有效能。假如提供的远离平衡态路径不止一种，在通常条件下，系统会趋于选择那些能够产生最大斜率和最大有效能储存（dEx/dt 是最大的）的路径，以得到最远离平衡态的、最有秩序的结构。”

正如热力学前三个定律无法通过演绎方法证明一样，上述假说只能被归纳性地“证明”。下面是对证据总体有贡献的大量具体案例。

有效能可度量生存（exergy measures survival）这一初级定律，可被看作是将 Darwin 理论转化为热力学的定律。有效能度量生存包括生物量与网络及信息与结构，意味着资源被尽可能以最佳方式利用，从而实现大多数生物的生存。问题是，在生态系统中，哪些所有生物都具有的属性组合可储存大部分有效能（实现多数生物的生存）？根据 Darwin 和这一初级热力学第四定律，具有可实现多数生存（有效能）属性的生物将会成功。对可能的后代数量而言，资源经常是相对有限的。因此，生物间一直存在资源竞争，这一竞争与甚至是同一物种属性的巨大变化共同可解释已经发生了的进化。

九、最大化生态有效能假说的支持

假说的八大支持性证据分别介绍如下。虽然更多的证据已在其他地方被提供，但这里所呈现的八大支持性证据可为假设的理论支撑提供更好的认识。

1）有效能储存假说可被认为是“Le Chatelier 原理”的广义版本（generalized version）。生物量合成（biomass synthesis）可被表示为化学反应：

能量+养分=携带更多自由能（有效能）和具有结构的分子+耗散的能量

根据 Le Chatelier 原理，如果在平衡态将能量输入反应系统，则系统会在某种程度上偏离其平衡组成，以抵制这一变化。这意味着会产生更多具有更大自由能和更复杂结构的分子。如果提供了更多的路径，通过利用最大有效能和具有最大自由能的最大分子，那些最能彻底消除干扰（利用大部分入流能量）的是恢复平衡态后的分子。

2）有机质自动氧化的发生次序为，氧气＞硝酸＞二氧化锰铁（III）＞硫＞二氧化碳。这说明如果有氧存在，其通常会优先于氧化性比二氧化锰更强的硝酸，以此类推。作为氧化过程结果的有效能储存量，可通过决定形成酰胺三磷酸分子数量（adenosine tri-phosphate molecule，ATP）的有效 kJ/mol 电子来测量。ATP 表示 42kJ/mol 电子的有效能储量。可用能如 ATP 中的有效能如上面所述的相同次序下降。如果有效能储存假说成立（表 18-3），则这一结果在预料之中。假如系统有更多的氧化剂（oxidizing agents）可提供，则它将选择能最大化其自由能储存的那个氧化剂。

表 18-3 每摩尔电子产生的 kJ 和 ATP，与氧化 0.25mol CH_2O 的量相当

反应	kJ/mol	ATP/mol
$CH_2O+O_2 \leftrightarrow CO_2+H_2O$	125	2
$CH_2O+0.8NO_3^-+0.8H^+ \leftrightarrow CO_2+0.4N_2+1.4H_2O$	119	2
$CH_2O+2MnO_2+4H^+ \leftrightarrow CO_2+2Mn^{2+}+3H_2O$	85	2
$CH_2O+4FeOOH_2+8H^+ \leftrightarrow CO_2+4Fe^{2+}+7H_2O$	27	0
$CH_2O+0.5SO_4^{2-}+0.5H^+ \leftrightarrow CO_2+0.5HS^-+H_2O$	26	0
$CH_2O+0.5CO_2 \leftrightarrow CO_2+0.5CH_4$	23	0

注：在 pH=7.0，温度为 25℃时，释放的能量可用于构建不同氧化过程的 ATP。

3）已有大量实验用于模拟地球 40 亿年前原始大气中的有机质形成。不同来源的能量被输送至一个由二氧化碳、氨和甲烷组成的气体混合体。分析显示，这一环境下，形成了一个广泛的化合物谱，包括作用于蛋白质合成的几种氨基酸。显而易见，那里有很多路径可用于输送通过简单气体混合体的能量，但那些具有相当大有效能（当化合物再次被氧化为二氧化碳、氨和甲烷时，这些高的有效能储量被释放）的主要成型化合物将占混合体的很大一部分。

4）光合作用有三种生物化学途径：①C_3或Calin-Benson循环；②C_4途径；③景天酸代谢（Crassulacean acid metabolism，CAM）途径。在每单位输入能量形成的植物生物量方面，后者的效率最低。然而，植物利用CAM途径可在不利于C_3和C_4植物的恶劣、干旱环境中生存。一旦充足的水分能够利用，CAM光合作用通常会转变为C_3光合作用。在干旱环境下，CAM途径生产的生物量最高，生物量反映了有效能的储存，而在其他条件下，另两种途径的净生产量最高（有效能储存）。虽然每一途径生产的1g植物生物量具有不同的自由能，但一般而言，任何一种可提高生物量的途径都可被采用，目的是在该条件下与有效能储存假设的方向保持一致。

5）Givnish和Vermelj发现叶片可根据条件优化其大小（以及质量）。这可理解为叶片能最大化自由能含量。叶片越大呼吸和蒸腾越强，但可捕获更多的太阳辐射。在湿润气候中，落叶林（deciduous forest）的叶面积指数（leaf area index，LAI）约为6%。这一指数可从最大叶片大小的假说中进行预测，最大叶片大小是对现有叶片大小与维持特定叶片大小权衡的结果。一定环境中的叶片大小依赖于太阳辐射和湿度格局（humidity regime），例如，同一植物阳生和阴生叶片的有效能含量并不相同，叶片大小和LAI的关系总体上与最大化有效能储存假说一致。

6）动物体重W和种群密度D的一般关系是$D=A/W$，其中A为常数。最大封存生物量（packing of biomass）只依赖于总质量（aggregate mass），与个体生物的大小无关。这说明生态系统中生物量而非种群大小（population size）被最大化，因为密度（数量/单位面积）与生物重量成反比。当然，动物重量和种群密度的关系非常复杂。一定质量的老鼠与同等重量的大象不可能包含相同的有效能或个体数量。同样，基因组差异（表18-1）和其他因子也应加以考虑。后面，我们将有效能消耗作为热力学系统的交互目标函数（alternative objective function）讨论。如果是有效能消耗而不是储量被最大化，则生物量封存遵循关系$D=A/W^{0.65-0.75}$。因为事实并非如此，所以与这一情况相关的生物量封存和自由能通常会对有效能存储假说予以支持。

7）如果资源（如植物生长的养分限制）充足，则其通常会更快地再循环。这有点出乎意料，因为当资源不受限制时，无需快速的再循环。模型研究显示，当充足的资源更快地再循环时，自由能储存将增加。图18-4显示了湖泊富营养化模型的结果。产生最大有效能的氮/磷循环比R可根据log（N/P）进行绘图。图18-4也与实验结果一致。当然，人们无法从模型中得出任何“归纳性的检验”（inductively test），但指标及相应的数据通常有支持有效能储存假说的趋势。

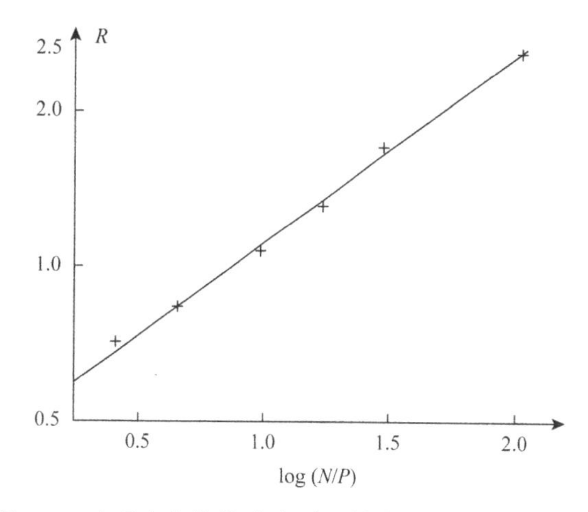

图18-4 在最大有效能时，氮磷周转率比R与其对数比log N/P的双对数曲线。曲线与Vollenwider（1975）的研究结果一致。

8）基于非平衡（nonstationary）或时变差异（time-varying differential）或不同方程的动态模型，其结构随时间而变。我们将这些动态模型称为“结构动态模型”（structurally dynamic model）。大量的这种模型，主要是水域系统模型已被用于观察结构变化是如何反映自由能变化的。后者是用有效能指数计算的。

在一定环境中，每一个时间步长为了产生最大的有效能指数值，其时变参数被迭代选择。参数变化及由此导致的系统结构变化，不仅反映了外部边界的变化，而且也说明了这些变化是有效能持续最大化的需要。所有沿着这些基线（line）的模型研究，得到的变化与实际观察的一致（参见参考文献）。因此，这些研究证实系统通常具有最大化其有效能含量的适应性结构。值得一提的是Coffaro等在他们关于威利斯潟湖（Lagoon of Venice）的结构动态模型中，虽没有对描述不同大型植物如石莼属（*Ulva*）和大叶藻属（*Zostera*）的空间格局模型进行校正，但利用有效能-指数优化法（exery-index optimization）对决定这些物种空间分布的参数进行了估计。他们发现观察和模型有很好的一致性，因为这一“没有”校正的方法可解释石莼和大叶藻属等不同物种90%以上的空间分布情况。

参考章节：生态学中的基本定律。

课外阅读

Fath B，Jørgensen SE，Patten BC，and Strakraba M（2004）Ecosystem growth and development. *BioSystem* 77：213-228.

Jørgensen SE（2002）*Integration of Ecosystem Theories：A Pattern*，3rd edn.，432pp. Dordrecht，The Netherlands：Kluwer Academic Publishing Company（1st edn. 1992，2nd edn. 1997）.

Jørgensen SE and Fath B（2004）Application of thermodynamic principles in ecology. *Ecological Complexity* 1：267-280.

Jørgensen SE and Svirezhev YM（2004）*Towards a Thermodynamic Theory for Ecological Systems*，366pp. Oxford：Elsevier.

Jørgensen SE，Patten BC，and Strakraba M（2000）Ecosystems Emerging：4. Growth. *Ecological Modelling* 126：249-284.

Jørgensen SE，Ladegaard N，Debeljak M，and Marques JC（2005）Calculations of exergy for organisms. *Ecological Modelling* 185：165-176.

Morowitz HJ（1968）*Energy Flow in Biology. Biological Organisation as a Problem in Thermal Physics*，179pp. New York：Academic Press. See also the review by Odum HT（1969）Science 164：683-684.

Schrødinger E（1944）*What is Life*? Cambridge：Cambridge University Press.

Svirezhev YM（2001）Thermodynanics and theory of stability. In：Jørgensen SE（ed.）*Thermodynamics and Ecological Modelling*，pp. 117-132. Boco Raton，FL：CRC Press，LLC.

Ulanowicz RE（1986）*Growth and Development. Ecosystems Phenomenology*，204pp. New York，Berlin，Heidelberg，Tokyo：Springer.

第十九章

生态系统类型及其强制函数与最重要的属性

S E Jøgensen

生态系统分论部分介绍的39种生态系统，根据其强制函数可划分为四类。

Ⅰ类包括完全或几乎完全由人类管制的生态系统。这一类包括废水系统、农业系统、生物废水系统、植物园、温室、微环境和中环境、填埋场、人工林和城市系统与防风林等。这些生态系统的属性很大程度上由管理策略和计划决定。例如，农业生态系统的属性高度依赖于这样的管理计划：它是工业化世界中我们所熟知的工业化农业系统，还是在中国被广泛应用而在欧洲应用范围较小的综合农业系统，亦或是基于有机农场原理的？最后一种农业正在工业化国家逐渐推行，尽管多数国家的有机农场面积仅略大于农田面积的10%。

Ⅱ类高度依赖于可造成污染及水质与土壤质量恶化，或其他重要生态属性质量下降的人类活动。换句话说，这类生态系统通常易遭受污染的严重影响。这类生态系统包括河口、河漫滩、淡水湖、淡水沼泽、潟湖、红树林湿地、地中海生态系统、河岸带湿地、河流与溪流、盐沼和间歇性水体等。这些生态系统中的污染物排放通常但未必一定是最重要的强制函数。

Ⅲ类包括污染发挥主要作用，但气候变化也是重要强制函数的生态系统。保护这一类中的少数生态系统及其功能对全球非常重要。热带雨林和温带森林就属这种情况，它们对全球生态平衡、碳循环和气候变化等至关重要。虽然这两类生态系统可能未受污染威胁，但森林、热带雨林和温带森林面积是不能减少的，因为这些生态系统在全球碳和养分的生态循环中具有显著作用。从Ⅱ类到Ⅲ类是一个逐渐的转变过程，通常取决于作为强制函数的污染排放对生态系统的重要程度。北方森林、常绿硬叶林、泥炭沼泽、稀树草原、草原与北美大草原、热带雨林、温带森林和涌流等就属于这类生态系统。

Ⅳ类包括极少受人类影响和截至目前几乎完全由自然条件维持的生态系统。其中的一些具有极端环境条件，例如，洞穴没有或几乎没有光线，而极地陆地生态系统具有相对低温的特点。这类生态系统包括高寒生态系统与高海拔树线、洞穴、荒漠溪流、沙丘、极地陆地生态系统、岩石潮间带生态系统、盐碱湖泊和苔原等。

这四类生态系统，在不考虑强制函数时，它们能否继续停留在生态上健康的环境中由其属性决定。表19-1列举了四类生态系统及其各自的特征强制函数及对生态系统良好健康维系至关重要的生态系统属性。表中所提及的生态系统属性必须保持在一个稳定的水平上，以确保生态系统健康不会恶化。因此，作为强制函数结果的生态系统属性，应随系统发育及时被记录。

表19-1　基于强制函数的生态系统类型及对其最重要属性

生态系统类型	强制函数	重要属性
Ⅰ[1]	几乎完全由人类管制	由管理决定
Ⅱ[2]	污染排放（包括气候）	缓冲能力、多样性和适应性
Ⅲ[3]	污染排放和气候变化	缓冲能力及适应和恢复能力
Ⅳ	几乎只有自然强制函数	缓冲能力、多样性和生态网络健康等，通常因极端条件而很脆弱

39种生态系统可归类为：

Ⅰ类：农业系统、生物废水系统、植物园、温室、微环境和中环境、填埋场、人工林、城市系统和防风林。

Ⅱ类：河口、河漫滩、淡水湖、淡水沼泽、潟湖、红树林湿地、地中海生态系统、河岸带湿地、河流与溪流及盐沼与间歇性水体。

Ⅲ类：北方森林、常绿硬叶林、珊瑚礁、泥潭沼泽、稀树草原、沼泽、草原与北美大草原、热带雨林、温带森林和涌流生态系统。

Ⅳ类：高寒生态系统和高海拔树线、洞穴、荒漠溪流、沙丘、极地陆地生态系统、岩石潮间带生态系统、盐碱湖泊和苔原。

课外阅读

Jørgensen SE（2004）Information theory and energy. In：Cleveland CJ（ed.）*Encyclopedia of Energy*，vol. 3. pp. 439 449. San Diego，CA：Elsevier. Jørgensen SE（2006）Eco Exergy as Sustainability. 220pp. Southampton：WIT Press.

Jørgensen SE（2008b）*Evolutionary Essays. A Thermodynamic Interpretation of the Evolution*，210pp.

Jørgensen SE（ed.）（2008a）*Encyclopedia of Ecology*，5 vols. 4122pp，

Amsterdam：Elsevier.

Jørgensen SE and Fath B（2007）*A New Ecology. Systems Perspectives*. 275pp. Amsterdam：Elsevier.

Jørgensen SE，Patten BC，and Straskraba M（2000）Ecosystems emerging：4. growth. *Ecological Modelling* 126：249-284.

Jørgensen SE and Svirezhev YM（2004）*Towards a Thermodynamic Theory for Ecological Systems*. 366pp. Amsterdam：Elsevier.

Ulanowicz R，Jørgensen SE，and Fath BD（2006）Exergy，information and aggradation：An ecosystem reconciliation. *Ecological Modelling* 198：520-525.

第 三 部 分

生态系统分论

第二十章

农业系统

O Andrén，T Kätterer

一、前言

农业生态系统是一个目的性很强的生态系统。这个目的通常是生产农作物或畜产品。农业生态系统由人为设计，现有的农业系统是长期试验的结果。这些试验由农民和研究机构实施，当结果有助于实现目标时，这些试验方法便被采用。

然而，目的会随时间而改变。高生产力地区（如西欧）的重点已由生产力的最大化转变为对环境因素的考虑，如地下水养分流失的减少和高生物多样性开阔景观的维持等。低生产力地区通常缺乏资源（如水或化肥），且生产力低下以至于农民难以果腹，因此环境因素不会被优先考虑。这是一个主要的全球问题，因为这可造成土地退化和生产力更低等恶性问题。

农业生态系统在概念上与森林和草地生态系统非常相似，在特殊情况下，是否将普遍用于家畜放牧的天然草地纳入农业生态系统的范畴，是一个需要仔细推敲的问题。耕地是土壤定期耕作的一种土地，但其边界并不明显（如半自然草地、永久性作物等）。另一方面，农业生态系统与园艺系统（也就是蔬菜种植）毗邻。或者，园艺可看作是农业的子类。天然耕地上卷心菜（cabbage）的生产可按农业对待，但不包括人造温室中番茄的水培（土壤较少）生产。然而，在很多时候，甚至是人工生态系统（如人工温室）也被视为农业生态系统。人工生态系统常用于作物生产，原因是比耕地更高产。

2002 年，据联合国粮食及农业组织统计，农业生态系统几乎占地球土地总面积的 40%（5Gha）。全球土地面积的 11%为耕地（耕作农作物），27%为永久放牧地，包括牛、山羊、绵羊和骆驼等放牧。显然，为了农业用途，我们正积极对我们星球相当大的一部分土地进行经营，且这个农业用途也可强加于其他相似的系统，如集约经营的森林系统（如时而施肥的人工用材林）等。

与大多数自然生态系统的研究相比，在农业系统中从事生态学研究具有很多优势。例如，虽然早期的田间试验用于检验作物生产对化肥剂量的响应，但是目前，其他多数用途的长期田间试验正在运行，这可使我们对农业在过去 30 年中所发生的变化进行综合考虑，如对土壤中的生物而言，在不同条件下它们会出现何种变化。进一步来看，农耕地是“均质的”，即树木、较大的石块等移除后，随着时间的推移，规则的土壤栽培可消除土壤表层属性的差异。然而，即使经过多年的耕作，土壤属性的高变异性仍然存在，这一变化成为“精细农业”[其中的土壤和作物属性在高分辨率中（m^2）可被测量]的诱因，且其经营管理以测量为依据。对生态学研究而言，这是一个机会，因为任何既定面积可提供大量的观测点，且每个观测点有助于我们解答诸如此类问题：如某一特定区域小麦更高产，或其水分较多的原因。

与其他作物如林木相比，农作物的生命周期短，且农作物个体小，这是农作物的另一个优势。通常，试验需要在裸地上进行，单一作物经过种植和收获，最后在生长季结束时作物留茬被翻耕至表土以下。对北部森林中的树木而言，这一生活周期需要一个世纪，更糟的是，其他一些植物物种的生活周期也如此之长。因此，农田作业成为一部分现代生态学理论（如捕食的相互作用、土壤生态学、地上地下植物的生长动态、有机质分解和养分矿化等）的基石，甚至 30 年后的今天，生态学家又愿意从事农业系统的研究也就不足为奇了。

二、农业生态系统

与大多数生态系统相比（典型自然生态系统与典型高产农业生态系统的比较），农业生态系统具有其自身的特点（图 20-1）。

1. 非生物限制

正如自然生态系统一样，农业生态系统也受气候和土壤属性（如玉米在瑞典北部不能生长）的约束。不过，气候可调节，也就是说，在干旱气候条件下，我们可灌溉（用地表或地下水）。而且，通过石灰处理、有机质改良和施肥等，土壤属性也可改变。另外，可用开沟或瓦管排水（tile draining）等方法降低过高的水位。

2. 养分

高生产力的农业生态系统需要输入大量的植物

输入	自然		输出
太阳能	**植物多样性**	土壤多样性	*碳水化合物*
降水	植物生产力	土壤养分状态	*蛋白质*
养分输入	土壤耕作	降解速率	
种子输入	**初级消费者**	**植物疾病**	其他生态系统服务
农药输入	养分损失潜力		
迁移			
人为控制			

输入	农业		输出
太阳能	植物多样性	土壤多样性	**碳水化合物**
降水	**植物生产力**	**土壤养分状态**	**蛋白质**
养分输入	**土壤耕作**	**降解速率**	
种子输入	初级消费者	植物疾病	其他生态系统服务
农药输入	**养分损失潜力**		
迁移			
人为控制			

图 20-1 典型的自然与高产农业生态系统的异同。图的左侧为能量输入、生物量和控制等，中间为所选生态系统性能的比较，而右侧为输出。注：牛等不包括在初级消费者内（黑体表示比其他生态系统类型的值更高，而斜体表示值很低）。

养分（氮、磷、钾和其他元素），以补充被作物消耗的养分。养分输入方式包括商品肥料、可再循环的污水污泥、垃圾焚烧的灰分及牛、猪和家禽等的粪便。这些资源都有各自的优缺点。商品肥料有严格的规定，如污染物尤其是重金属（虽然存在例外）含量较少、卫生安全、可被浓缩以便于出口和在田地时可迅速被植物吸收等。然而，产品和长距离的肥料运输需要消耗能量，且浓缩产品增加了高剂量的风险，从而可造成环境污染。更大的问题是，世界上大多数的农民没有能力（经济收入限制）购买充足的肥料以维持土壤肥力和获得更高产量。总之，2001 年世界氮肥产量略低于 90Mt，且分布极不均匀。在撒哈拉以南的非洲地区，每人每年的氮肥使用量只有 1.1kg，而在中国，与之对应的值为 22kg。

理论上，源于作物产品废弃的养分再循环似乎对生态无害，但实际上存在很多问题。首先，去除（需要能量）污水污泥中的水是昂贵的和不切实际的。其次，含有害细菌和人类寄生虫等的污水污泥，一定要经过卫生处理。再次，是最严重的污染物问题，如重金属和有机毒素。因此，在大多数国家，污水污泥和垃圾焚烧灰分的再循环利用被严格管制。从环境观点看，用新式肥料替代常见养分输入方式是一个明智的选择。

当然，耕地上的动物粪便应该尽可能被土壤反复利用。与肥料相比，粪便的优点是其中富含可提高土壤结构的有机物。另外，无论在储存还是排放过程中，粪便中的大量水分通过氨气排放，可引起氮损失。

3. 作物、品种和作物系统

农业生态系统中植物通常被分为作物和杂草，其中杂草是那些在传统上仅被作为负面的、不需要的侵入者。最近，这个观点已被转变，在一定程度上，杂草尤其是杂草性的地带是可以接受的，因为生物多样性是增强剂和避难所（如甲虫）。

当今的作物是多年（有时为 1000 年）植物育种的产物，所选属性通常具有产量高、产品质量优质和抗虫害等特点。近年来，通过直接控制 DNA 以强化这种定向选择是农业和自然生态系统的一个主要区别。作物种类和品种正被重新散布于世界各地。作为非洲主食的玉米起源于中美洲，而西欧和北美的谷类作物如小麦起源于中东等。育种和改良作物的散布及可提高耕作/施肥的技术，可能是人类（1960 年为 30 亿，2050 年可能为 90 亿）取得全球成功的主要原因。例如，全球粮食产量从 1950 年的 631Mt 增至 2000 年的 1840Mt。

4. 除草剂、杀虫剂和杀菌剂

为了实现作物的高产和高质量，一定要对杂草（不需要的植物）、害虫（不需要的动物）、真菌、细菌和病毒疾病等加以控制。单作作物易于受到攻击，因为进入耕地的一种（或一对）害虫，在食物未经作物间的转运时，其数量会很多。而此时却没有潜在的捕食者，因为它们的繁殖需要在枯枝落叶层中进行，但单作耕地中是没有枯枝落叶的。重复的单作有利于害虫的特化，如植物寄生线虫。作物轮作（基于预定模式，每年改变作物种类）可完全对付许多害虫和疾病，且精细的土壤耕作也可减轻杂草问题。间作（两种或多种同时种植，如大麦/三叶草）也是有益的。

然而，化学（或生物）农药/除草剂的适时使用，可使大多数耕地受益。不过，在行外人和部分生态学家眼里，这些类型的农用化学品（如 DDT、橙剂和汞等）声誉不是很好。尽管如此，三方面问题应值得注意。首先，现在使用的化学成分和配方，在批准之前已经彻底的测试，它们的副作用和分解产物的去向一目了然。其次，在自然系统中，化学战（chemical warfare）是普遍的，目前所有成功的植物物种，至少都有几种防范抗微生物和害虫的化学防御方法。再次，我们还有其他的选择吗？在养分充足的耕地中，作物的低收成必将带来养分流向外界的高风险。同时，在耕地养分匮乏的条件下，作物收成差可使农民及其家人面临挨饿的窘境。

经过各种替代方法，如增加耕地面积、人工除草，或通过引入天敌以减少生物病虫害等都存在优缺点，但目前还没有“灵丹妙药”（silver bullet）可用。总之，可使各种方法最佳组合的综合方案是我们唯一的出路，现代农业已取得进步并正沿着这个方向前行。当然，出于商业考虑。耕作是有利可图，如“有机”作物（不含化肥或农药）的价格更高，但从生态学或环境角度看，这个方法并不一定更好。

因此，我们可根据农用化学品的形式（生物动力的、有机的、合成的）和工业化的耕作方式，对农业进行分类。生物动力农业禁止使用传统的农业化学品，并用异域自制混合物（exotic homemade concoctions）替代它们，而有机农业更是优先对其进行了限制。但这些农业系统都缺乏可信的科学证据，相反，那些基于自然绿色观的农业系统使某些化学物质被禁用。

综合农业和工业农业也可称为“传统”农业，其中的经济、法律和环境对最终目标、最大生产率和最高利润率等构成约束。二者最大的区别在于综合农业更关心环境（减少农药使用、采用可缓解生物虫害的方法等），而工业农业却想方设法最大化其产量，很少关注环境。但现在，在一定程度上，“传统”尤其是“工业”已成为贬义词，主要是这些方法可产生负面影响。

5. 迁移

自然生态系统，如东非热带草原是大型食草动物的迁徙地，它们随降水及禾草生长的季节性变化，每年进行长距离的移动。不过，除北部森林外（至少是候鸟的迁移具有季节性），多数自然生态系统中的迁移现象并不普遍。

农业生态系统中的迁移通常保持在最低限度。为阻止大型或小型食草动物进入庄稼地，人们采取了一些措施。一些地区的野生食草动物被消灭（或濒临灭绝，如西欧农业区），且其他的作物地被监管或被围护。然而，迁移是畜牧业的要素，家畜在牧场间的转移使牧场具有一定的恢复时间。家畜的游牧（萨米人、马赛人）与前面提及的热带稀树草原上的迁移一样，也随每年周期性的放牧时机而迁移。

6. 生物多样性

在谷物单作种植时，如果杂草控制成功，植物多样性将很低，可能只有一个高度特化且基因同质的小麦品种。虽然这可在极端环境中发生，但在自然生态系统中其并不常见。如上所述，这意味着如果一种害虫能在一块田地中繁殖（或大规模的迁移而来），其将迅速暴发。

然而，农业单作仍然是普遍的，且可持续的产出良好的收益。这有几个方面的原因。首先，生物多样性与生产力或生态系统稳定性的关系相对复杂。在有利条件下，植物单作时的适应性很强，抗病虫害且能良好地生存、生产。这是高生产力农业领域采用单作的真正原因。某一区域中的高产作物品种是在多年的不同气候（不同土壤）条件下选择的。那些需要除草剂、杀虫剂和杀真菌剂等强化处理的品种，因经济上的不可行而被淘汰。

其次，低的植物多样性可降低农田动物多样性，使其低于人们的期望。在谷物单作田中，可能有数百种的昆虫，如螨虫、跳虫、蜗牛和蛞蝓等。虽然单作的土壤生物多样性通常比自然系统低，但其也一直是极高的，有数千或可能数百万种细菌，以及几十到数百种蚯蚓、线虻、土壤昆虫、跳虫、螨虫、蜘蛛、马陆、鞭毛虫、变形虫和蓝绿藻等。没有一致的迹象表明，单作下的低生物多样性可限制土壤功能如有机质的分解，在土壤温度和湿度相同时，单作和混播下，等量植物残余物的分解速率相当。

再次，农民采取的作物保护措施是最后一道防线。例如，一些国家有精确检测和预测蚜虫暴发的系统。蚜虫从作物叶子吸取汁液，但它们也是作物疾病的携带者。通过检测气候，可了解它们的休眠期，如果条件“适宜”，农民可喷洒一定量的杀虫剂（或更具针对性的杀蚜剂）。在技术欠发达地区，可用经验和技巧替代模型预测，但原理是一样的。不过，我们应该明白的是，尽管有很多防御措施，但害虫、病原体和杂草仍使世界作物的产量大幅度下降。另外，这些措施的改进空间很大。

7. 其他生态服务

简言之，源于农业系统的主要生态系统服务就是“养活世界”（feed the world）。在世界上的富裕国家，这个简单的事实很容易被遗忘。然而，即使在已有数世纪深耕历史的欧洲，也有其他生态服务可供人们欣赏。在森林占优势的北欧，农业的确对生物多样性和景观多样性有利。没有农业，森林将覆盖所有的土地，而开放区域只有那些低海拔处的湖泊和河流（且新近的森林砍伐区很快被灌木覆盖）。通常，欧洲乡村风景可使城市居民神清气爽，这也是一种农业产品。

在农业土地无法完全养活人口的世界其他地方，其他系统的服务相对不太重要。然而，如果农业生产力能够增加，则一部分农业土地将成为稀树草原、森林，或其他自然或半自然状态的生态系统，这将是农业生态系统的另外一种服务类型。

农业系统在管制且多少具备复杂机械和管理技术的情况下，可根据新的社会需求对其转型。如果符合质量要求，农业用地可用于有机垃圾和灰分，甚至污水中营养物质的回收。农业系统可简单地转变为能源作物（如禾本科植物、甜菜、柳树和甘蔗等）。土壤固碳是社会的另一个需求，目的是减少大气中的二氧化碳。最近，人们对这一需求给予了更多的关注。土壤碳含量的增加通常有益于土壤结构、持水能力和总生产力，固碳，甚至是为固碳而给予农民的直接支付（每吨碳）也是一种新的潜在服务。

8. 明智的选择

如前言中提到，农业生态系统具有目的性。它是为实现目标而设计的，且任一既定时间点上的系统状态，是农民一连串明智选择的结果，它与由气候和土壤决定的边界条件是互补的。下面的决策矩阵（图 20-2）说明了撒哈拉以南非洲地区（sub Saharan Africa）种植玉米的农民是如何基于基础科学知识作出决策的（对每个农民和每一决策而言，无需化学分析）。不同有机资源的典型值可估计，基于这些估计值，每个农民将采用“拇指法则”作出决策。

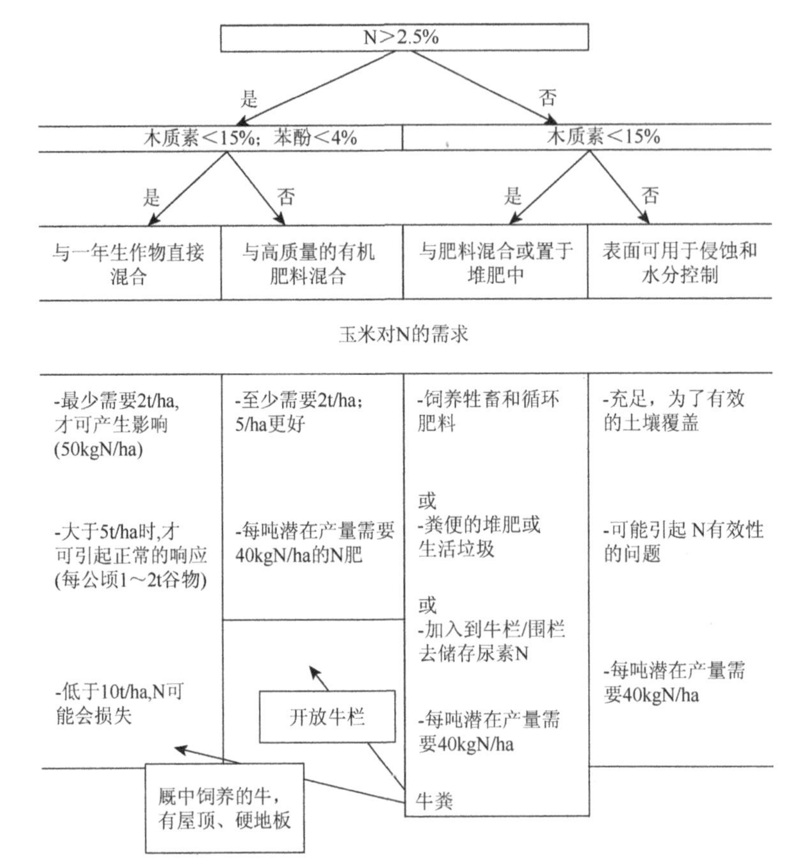

图 20-2 关于撒哈拉以南非洲地区玉米作物氮管理中农民决策的例子，有机氮决策支持系统的使用，取决于资源质量（由氮表示）、木质素和可溶性多酚的含量等。图的上半部分为一般决策矩阵，下半部分为玉米作物系统中氮节约的细节。改编自 Vanlauwe B，Sanginga N，Giller K，and Merckx R（2004）Management of nitrogen fertilizer in maize-based systems in subhumid areas of sub-Saharan Africa. In：Mosier AR，Syers JK，and Freney JR（eds.）Agriculture and the Nitrogen Cycle. 124p. SCOPE 65. Washington Island Press。

图 20-2 的上半部分为一般决策矩阵。现假设我们采摘的树叶中，氮含量低且木质素少于 15%。然后，我们应将树叶与肥料混合或置于堆肥中。现在，在图 20-2 的下半部分，我们可看到，如果对玉米系统的氮收益有了更详细的了解，则我们还有其他选择，如低氮物质置于畜圈（牛栏/防兽栏）以捕获尿液中的素氮，或将其用于牲畜饲料以生产更高质量的有机输入物。左边第三栏属于有机资源，可作为牲畜饲料或肥料，因此牲畜排泄物作为第一类或第二类有机资源时，应取决于肥料的管理。

世界各地农民作出的这些选择，不仅基于生物物理知识和约束条件，也基于经济和社会政治的机遇与束缚。农业生态系统不仅由农民控制，也由农民所处的社会控制。补贴可导致无市场产品的增加，而收入不足时将难以施肥，即使施肥是长期有益的。当然，真实的或虚构的社会环境问题也可迫使农民放弃化肥的使用、谷物的种植或养猪业。

综上，虽然受气候限制，农业生态系统是世代农民尝试、农艺学家和推广者的支持，是社会价值、习俗和法律决策的产物。事实上，当前和未来农业生态系统至少同样依赖于社会环境，正如依赖气候和土壤一样。但是，正如其他任何生态系统，涉及的生物是数百万年进化的产物，尽管种质（germplasm）发生重大变化，但作物和动物的繁殖贡献小。

课外阅读

Andren O，Lindberg T，Paustian K，and Rosswall T（eds.）（1990）*Ecological Bulletins 40*：*Ecology of Arable Land Organisms*，*Carbon and Nitrogen Cycling*. Copenhagen：Ecological Bulletins.

Brussaard L（1994）An appraisal of the Dutch program on soil ecology of arable farming systems（1985 1992）. *Agriculture*，*Ecosystems and Environment* 51（1-2）：1-6 and following papers.

Clements D and Shrestha A（eds.）（2004）*New Dimensions in Agroecology*，553p. Binghamton：The Hawort Press，Inc.

Eijsackers H and Quispel A（eds.）（1988）*Ecological Bulletins 39*：*Ecological Implications of Contemporary Agriculture*. Copenhagen：Ecological Bulletins.

Kirchmann H（1994）Biological dynamic farming an occult form of alternative agriculture? *Journal of Agricultural and Environmental Ethics* 7：173 187.

Mosier AR，Syers JK，and Freney JR（eds.）（2004）*Agriculture and the Nitrogen Cycle*，124p. SCOPE 65 Washington：Island Press.

New TR（2005）*Invertebrate Conservation and Agricultural Ecosystems*，354p. Cambridge：Cambridge University Press.

Newman EI（2000）*Applied Ecology and Environmental Management*，2nd edn. Blackwell Science.

Vanlauwe B，Sanginga N，Giller K，and Merckx R（2004）Management of nitrogen fertilizer in maize based systems in subhumid areas of sub Saharan Africa. In：Mosier AR，Syers JK，and Freney JR（eds.）*Agriculture and the Nitrogen Cycle*. 124p. SCOPE 65. Washington Island Press.

Woomer PL and Swift MJ（1994）*The Biological Management of Tropical Soil Fertility*. Chichester：Wiley.

相关网址

http：//www.cgiar.org Consultancy Group on International Agricultural Research

http：//www.fao.org Food and Agriculture Organization of the United Nations

第二十一章
高寒生态系统和高海拔树线

C Körner

一、定义和边界

树木气候上限之上的生态系统被称为“高寒”。科学上，高寒生物带（life zone）指由气候边界所界定的一条垂直带（altitudinal zone）（图 21-1）。术语“高寒”并非意指欧洲的阿尔卑斯山，而是指世界上所有无树的高海拔生物区（通常为草地和灌木地）。人们普遍认为，“高寒”起源于前印度日耳曼语系（pre Indogermanic）中的 *alpo* 一词，意为陡峭的斜坡。在巴斯克语言中，这一意义被沿用至今。相反，在通用语言（common language）中，“高寒”经常被用于多山地形中的任何区域，与高度无关（如高寒村落，甚至高寒城市）。如果一个城市的确是高寒的，它一定将位于气候容许的树线之上，但世界上并不存在这样的城市。因此，有必要对高寒（本章中的问题）的科学、生物地理学意义和通用术语（常为旅游用语）进行区别。

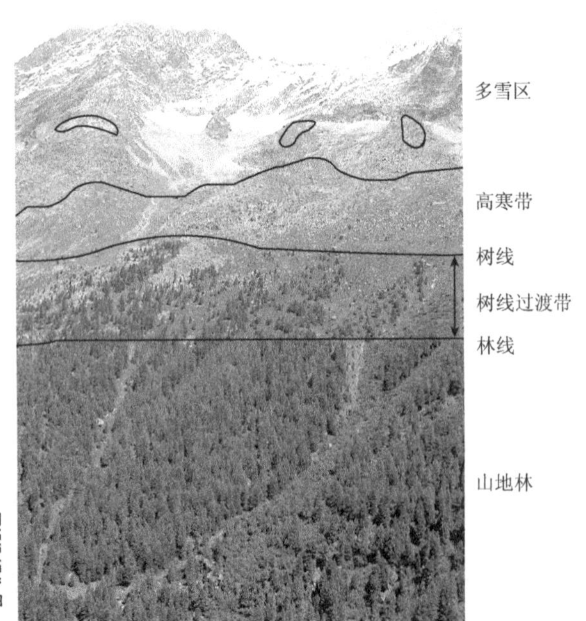

图 21-1　山地生态系统的垂直带。随着高度的增加，这些地带愈加破碎化，且地形（裸露）的作用越来越重要。图例来自瑞士中部的阿尔比斯山，其上 2350m 处的树线为瑞士石松（*Pinus cembra*）。

在开花植物能到达的高海拔极限处，为高寒生物带或高寒带的上限。这一上限通常接近雪线（积雪常年不消融的高度），但少数开花植物零星生长于雪线之上的现象也很普遍。临近植被覆盖区的最上高寒带部分，通常是不可见的，可称为“多雪”区，包括岩石和碎石中的稀疏植被。地球上具有开花植物的最高区域在海拔为 6200～6350m 的中部喜马拉雅山脉（Central Himalayas）。

气候上的树线取决于高度，因此从近极区域（>70°N，>55°S）中的海平面到亚热带大陆性气候中海拔为 5000m 的地区（树高大于 3m 的地方，在玻利维亚为 4800m 处，而在青藏高原为 4700m 处），都是高寒带的下限。高寒带的下限也可在寒温带（45°N～50°N）的 1200～3500m 之间［欧洲的阿尔卑斯山为 2000m，科罗拉多砚山脉（Colorado Rocky Mountains）为 3400m］；也就是说，高寒带在强烈的海洋性影响区域之下和大陆内陆部分之上。赤道附近常见的天然树线在 3600～4000m。树线之上高寒带的高度约为 1000m。如果不考虑冻原和热带荒漠（南极洲、格陵兰岛和撒哈拉等），高寒带面积约为地球陆地面积的 3.5%。

假定高寒带的两个边界是约定俗成的，需重点强调的是这些边界并非为清晰的线条，而是在横跨随地点变化的梯度时，有居中的趋势，且取决于地形和区域。通常，这些边界在远距离处（空中）十分明显，但在地面上却很难描绘，因为这与尺度有关。

二、高寒树线

根据定义，高寒带是天然的树线。因此，限制树木在某一高度生长的机制是理解高寒生态系统的关键。这一所谓的树线标记了生活型“树”的上限，与所涉及的树种无关（参见高寒森林一章）。通常，形成树线的树种包括松属（*Pinus*）、云杉属（*Picea*）、冷杉属（*Abies*）和刺柏属（*Juniperus*），以及松柏中的落叶松属（*Larix*）和桦木属（*Betula*）、赤杨属（*Alnus*）、欧石南属（*Erica*）、*Polylepis*、花楸属（*Sorbus*）和桉树属（*Eucalyptus*）等。由于树的出现不会在某一点突然停止，且其高度越来越小，最终如残枝败柳一般，因此任何“树线”的定义都是约定俗成的。森林基线或林线代表临近山地森林（“山地”是下一个较低带的生物地理术语，不要与“山脉”混淆）上限的边缘，靠近树线的平缓森林开阔带通常被称为树线过渡区，而树木以幼苗或灌木形式与低矮植被共存的最高处是所谓的树种基线（tree species line）。占据山体中间的“树线”为树高大于3m的最高斑块生境区的连线。从山地森林到高寒欧石南丛生荒野（heathland）的整个过渡区可称为树线交错带。在这个交错带中，高寒植被占据了稀疏森林的空间。树线交错带的高度范围可能为20～200m，一般小于50m。

在水分允许树木生长的这些高度处（年最小降水量为250～300mm），自然气候下的树线与全球（6.6±0.8）℃的平均生长季温度一致。生长季的持续时间极为不同，从高寒区的10周到热带区的全年，其起至由周平均为0℃（相当于有大量根系分布的10cm土层处的3℃）的大气温度界定。这条等温线为高寒植被设定了更低的气候阈值，与干燥亚热带山区中的5℃和寒温山区中的7.5℃接近。在各海拔季长（season length）极为不同的情况下，5～7.5℃这一区间竟如此狭窄。

分清树木的气候（生理）限制与其他自然或人为造成局部无树的原因非常重要，自然或人为原因包括火烧、雪崩、砍伐和放牧、底物松动或泄露、积水，或区域性缺少寒冷适应型树种（如夏威夷或新西兰通常如此）。最后一种情况中，观察到的树线为具体的树种基线，并不代表生活型树的气候极限，这可通过在这些区域成功引入那些可在更高海拔能良好生长的树种予以说明。开阔的“高寒状”草地和灌木地可在气候树线之下的几百米的地方出现；它们中最有名的包括安第斯高山帕拉莫（Andean Páramo）草地，其上的莲座状植物极为壮观（图21-2）。

图21-2　火烧和放牧（二者都受自然和人为的影响）可替代山地森林，促使“高寒状”的植被低于气候上的树线。图例为厄瓜多尔帕拉莫3600m处的草地，比潜在气候上的树线低400～500m。菊科植物的巨大花团是这一景观的突出特点，非洲高原地区植被也与此类似。

三、高寒植物创建其气候环境

为什么哪里有茂盛的高寒植被，但树木却难以生长？高寒植物具有生理上的优势，可应对能伤害树木的低温吗？有大量的证据表明，热量可限制生长，也就是说，热量对高寒植物、寒冷适应型树木和冬季作物形成新组织的作用是一样的，当组织温度降至5℃时，它们的生长都将完全停止（在6～7℃时，生长率接近0）。相反，在这些相同的温度处，它们的光合作用可达最大值30%～50%。因此，可供生长的原料（糖）是不受限制的。与树木相比，高寒植物在耐寒性方面无重要区别。这样，在既定低温条件下，高寒草本植物和灌木可生长而树木却不能的原因，在组织水平上是没有生理学依据的。

高寒植物在树线之上成功的原因有二。

1）借助低矮和稠密的林分结构，高寒植物限制了其与大气的空气动力学交换，从而使热量在太阳辐射期得以累积，并使植物能在相对较高的温度中继续生长，这与笔直的、通风良好的树木所经历的过程不同。生活型“树”使一切难从逐渐下降的周边环境中脱离而出，而高寒植物可创建它们自身的微气候和空气调节器，使其分生组织（meristem）贴近地面，因此可在植物冠层之上的低温处形成新的组织（图21-3）。

2）借助发育灵活性和形态适应性，高寒植物可利用短期有利的天气条件，它们迅速萌发，产生少量且通常短命的叶片（约为60d），并将其分生组织固定于地面，很多禾草、莎草，或莲座状植物的分生组织延伸至地下1～2cm，那里被晒热的土壤可提供一个热缓冲环境。相反，树木具有较长的叶期（leaf duration）（通常大于120d，而在常绿树线松柏中为4～12年）和叶子成熟期，且其地上分生组织完全暴露于低温中。

因此，从树木到高寒植被的转变由植物构型，而不是由比高寒植物更低等的树木的组织特异性决定。树木和大气条件的紧密耦合也可通过山谷树线的惊人一致性解释，这些山谷显示了蓄水池的蓄水能力。相反，高寒植被中的气候随其紧实度、叶冠（leaf canopy）高度和太阳辐射而变化。海拔3000m处受太阳照射和被遮蔽的微生境，其温度比海拔1800m处被遮阴的微生境更高。这样，海拔本身，或源于传统气象站的资料对我们了解高寒植物所真实经历的气候意义不大。人们很早就知道，高寒植物间或植物内叶片/分蘖间的相互遮蔽非常有益，如果植物冠层变得开阔，且这一遮蔽效应被消除，后果将是灾难性的。

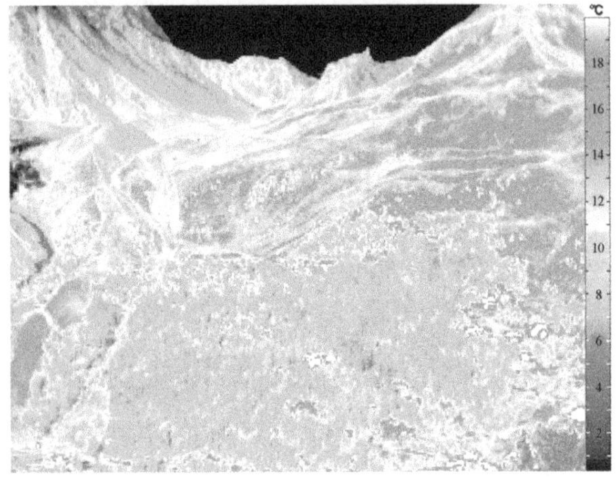

图 21-3 阿罗拉（Arolla）附近，瑞士阿尔卑斯山中阳光明媚仲夏早晨 10 点的红外热成像上，树与气温被结合在一起，因此出现了"凉爽区"。通过对大气条件（低矮、致密结构）的解耦，发现高寒草地和灌丛石南积累热量。树线可被清晰描述为一个热边界，由植物构型驱动。

高寒植物的矮小［遗传侏儒（genetic dwarf）］，并不是高寒气候直接胁迫的结果，尽管进化已经选择了这一形态。那些貌似胁迫的环境，对这些具有很好适应性的生物而言，其实并没有真正的威胁。然而，通过低温，其可对个体大小产生其他调节和直接效应。在低海拔假山园林（rock garden）中生存的高寒植物，的确比其野生近缘植物生长的高。但这些假山园林中的植物通常起源于山地，因为最典型的高寒植物可能因过度的线粒体呼吸而会在这一海拔和低空温度处消失。

四、高寒生态系统过程

当天气变冷时，几乎所有的事物都会放慢进程，但生物量的缓慢生产和死生物量（凋落物）的慢速循环仍在同时进行，所以碳和营养物质的循环仍处于平衡之中。有机碎屑循环是主要的稳态养分供给源，并由此而控制生长活力。当添加矿质营养时，被检测的所有高寒植被都呈现出直接的生长刺激现象，但这适合于地球上的大多生物区系，而不只为高寒生态系统所特有。另一方面，养分添加使高寒植物更易受到胁迫（更柔软的组织、冬眠期的减少）和病菌的威胁，从而引起嗜硝酸（nitrophilous）植物过度生长。它们本来是最适应缓慢生长的高寒特化物种。

另一个意外发现是，至少在温带地区当生产力被表示为年生物量积累率时，高寒植物的生产力是非常低的，但当其被表示为每单位生长季时，生产力一点也不低。在高寒带温带区的两个月生长季中，生物量生产（地上与地下）可累积至 400g/m^2（变化区间为 200～600g/m^2）。北方落叶硬木林在六个月的生长季中可累积至 1200g/m^2，而湿润热带雨林在一年的生长季中可累积至 2400g/m^2，二者每月都可达 200g/m^2。因此，在封闭的高寒草地和灌木中，生产力下降的主要原因在于生长时间有限，而不在于生理约束。生理约束犹如徒步旅行者偏爱更恶劣的环境一样。在以时间为基准的单位上，对低温的适应、完善的植物构型和发育调整（developmental adjustment）可部分地抵消这些限制。当植物处于年生长期的 9～10 个月丧失活性时，将生产力与一年的周期相关联毫无意义，因为存在冰冻环境和（或）积雪覆盖情况。

与碳和养分的关系类似，高寒生态系统的水分关系主要由季节性控制。在湿润温度区的生长期，晴天中的日耗水（蒸散量为 3.5～4mm）在海拔梯度上几乎没有差异。然而，由于存在短期的无雪季节，与低海拔处 600～700mm 的年蒸散量相比，这一高度处的年蒸散量可能只有 250～300mm。因此，高海拔处的径流量很大。通常，温带区的降水随海拔的增加而增加，高寒带的年径流量可能是其他地区的 3～5 倍，对陡坡侵蚀具有重要影响。

在很多热带和亚热带山区中，在高度为 2000～3000m 的凝聚云层（condensation cloud layer）之上，有效湿度快速下降，使高寒带只能获取少量的水分，通常每年不超过 200～400mm［如安第斯山上坡位、特内里费岛（Tenerife）高处和东非火山迸发处等］。由此造成的稀疏植被常被称为高寒半荒漠，但由于植物具有广阔的空间和极低的盖度，在半干旱高寒景观中，即使在旱期结束时，这些植物的水分供给仍很充足（图 21-4）。一般而言，与低海拔处的植被相比，高寒植物的水分供给更好（甚至在干旱的高山气候中）。因此，高寒带中真正生理上有效水分胁迫几乎是不存在，但土壤表层水分的不足可能周期性地限制了养分可用性，而这反过来抑制了植物的生长。

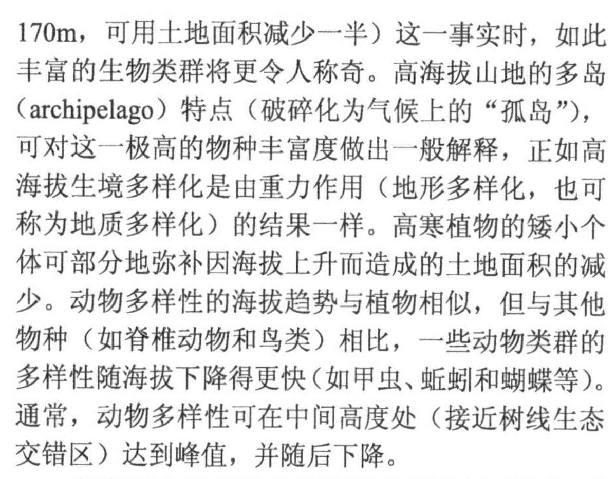

图 21-4　高海拔半荒漠［玻利维亚萨哈马省（Sajama）附近，4200m］的优势种通常为稀疏的丛生禾草、灌木和丛块空地间的低矮杂草。虽然它们被用于放牧，但都有阻止土壤侵蚀的作用。广阔的空地可缓解干旱胁迫。否则，这些植物将处于水分极度缺乏的环境之中。

五、高寒生态系统中的生物多样性

植物和动物要成为“高寒的”，必须经过树线之上严酷气候条件的选择过滤。令人惊奇的是，高寒生态系统的生物类群异常丰富。据估计，约占全球陆地面积 3.5%的高寒带却拥有世界上 4%的开花植物。换句话说，高寒生态系统的植物种与低海拔生态系统的一样，甚至比其更丰富。如果我们考虑树线之上可用土地随海拔急剧锐减（海拔带每隔 170m，可用土地面积减少一半）这一事实时，如此丰富的生物类群将更令人称奇。高海拔山地的多岛（archipelago）特点（破碎化为气候上的“孤岛”），可对这一极高的物种丰富度做出一般解释，正如高海拔生境多样化是由重力作用（地形多样化，也可称为地质多样化）的结果一样。高寒植物的矮小个体可部分地弥补因海拔上升而造成的土地面积的减少。动物多样性的海拔趋势与植物相似，但与其他物种（如脊椎动物和鸟类）相比，一些动物类群的多样性随海拔下降得更快（如甲虫、蚯蚓和蝴蝶等）。通常，动物多样性可在中间高度处（接近树线生态交错区）达到峰值，并随后下降。

高寒带中开花植物的四种主要生活型包括禾草类（多为丛生的禾草和莎草）、莲座状植物、低矮灌丛和垫状植物（图 21-5）。在世界上的大多数地区中，苔藓和地衣（藻类和真菌的共生体）植物是生物多样性随海拔增加而增加的主要贡献者。这四种生活型中的每一种可再分为几个子类，多数可由克隆生长的不同形态表示。在世界上的所有山地中，克隆体（植物的）散布的现象非常普遍，在近乎不可预测的环境中，它可凭借“gener”（独立的遗传体）长期安全地占据空间。由于地形驱使生境多样化，因此在附近可找到形态和表型极具差异的植物。例如，临近湿地或雪床（snowbed）的肉质植物（水分储存），包括高寒仙人掌或一些叶多汁的景天科［景天属（*Sedum*）和拟石莲花属（*Ecbeveria*）］植物。

图 21-5　高寒生态系统中开花植物的主要四种生活型：垫状植物（*Azorella compacta*，*Silene exscapa*）、草药（低的为 *Chrysanthemum alpinum*，高的为 *Gentiana puncata*）、低矮灌丛［高山楠（*Loiseleuria procumbens*），*Salix herbacea*］和丛生禾草（*Carex curvula*，多样的高茎草丛）。

高寒生态系统以其五颜六色的花朵而著称，这通常被认为是植物性状上的选择，因为它有利于授粉者的访花。从低地到高寒带，植物大小（每个个体的生物量）减小了近 10 倍，而花朵大小几乎没有变化，植物相对倾向于投资于花期的这一证据，也可在形态学上找到。而且，花期延长使授粉者的访花期相应延长。在高寒带，没有迹象显示高寒授粉者不足。因此，这种情况下的净收益是惊人的高遗传多样性，似乎是高度破碎和独立的生境。这里的植物尽管在开花植物授粉者尺度上具有成功的繁殖系统，以及良好适应（快速）的种子成熟期，但真正的瓶颈是幼苗建植（第一个夏季和冬季中存活的风险）。幼苗建植也是高寒植物选择无性繁殖的原因。

总之，山区多样性（山地森林带、树线生态交错区和高寒带）是全球生物多样性的一个小尺度模拟器，因为它在非常短的距离上浓缩了各种气候梯度。从 1200～4200m 的热带地区垂直梯度上，我们可发现倾向于各类气候的动植物类群。另外，在好几千米的纬度距离上，也可发现它们。这就是山区为理想生物多样性保护区的缘由，只要受保护的山区系统非常广阔，且具有防止生物受困于那些曾经是狭隘地带的迁移通道。在气候变暖的诱因下，生物带的狭隘地带在海拔上会向上偏移。

六、高寒生态系统和全球变化

“全球变化”包括大气化学组分（CO_2、CH_4 和 N_xO_y 等）的变化，以及这些变化的气候后果和人类对景观的多方面直接影响。这三种变化的复合体对高寒生物区系既可产生直接影响，也可产生间接影响。

大气二氧化碳浓度的增加直接影响植物的光合作用，尽管在阿尔卑斯山脉高寒草地的后期演替中发现，那里的碳在 20 世纪 90 年代早期已经饱和，达到环境 CO_2 的浓度。一年四季中 CO_2 浓度的倍增对净生产力没有影响。不过，并非所有莎草-禾草群落中植物对此的响应一致，因此从长远看，物种组分存在逐渐变化的可能性，某些物种被抑制，而某些物种可从中受益。

相反，中欧那些现在仍通过降水（每年 40～50kg N/ha）而接收到适量可溶性氮肥添加的山前地区，其生物量可在两年内倍增。即使每年 25kg N/ha 对生物量具有直接效应（+27%），其也使某些物种比其他物种更加受益。因此，大气氮沉降对高寒生态系统的作用比 CO_2 浓度的增加更为重要。仅作一个简单的比较，在集约化农业中，谷类的施肥量约高于每年 200kg N/ha。

气候变化对高寒生态系统的影响难以预测，因为气候变暖和降水相互作用。较温暖的大气层可携带更多的水分，因此温暖山区的降水增加是可预见的。更厚的积雪层可缩短具有更高温度的生长季。虽然最近几年在晚冬雪中可观察到更多的温带气候，但在过去的一个世纪中，植物向更高处的扩散却得益于温度变暖。在最近几十年中，顶级植物群（summit flora）明显增加，有好几位研究人员已对这一现象做了详细记录。

通过更快的生长，树线对变暖的气候作出响应。这一快速生长引起了世界各地树线的上移，但移动速度取决于缓慢的树木建植过程。在全新世（Holocene）各世纪中，树线的上升总是滞后于气候变暖，这可在花粉记录中找到证据。在树线生态交错区中，目前的趋势主要是植物对空白区域的填补，但上移趋势需要长时间的确认。任何持续的增温最终会诱使所有的生物区系上移。最近的气候变暖已使乞力马扎罗山（Kilimanjaro）上的热带上部山地/高寒气候变得越来越干旱，极有利于灾难性火灾的发生。随后，通过高寒植被向下几百米的扩张，山地森林被抑制。

土地利用仍是高寒生态系统变化的重要因素。在世界各地，高寒植被用于放牧或不受限制的牲畜采食。很大一部分树线生态交错区已变为草地，过度利用和侵蚀（主要发生在发展中国家）并存，很多国家传统、高海拔文化景观（主要发生在发达国家）的丢弃引发了一系列问题。问题不在于是否需要牧场，而在于如何放牧。可持续放牧要求对家畜看管并观察其活动以防止对土壤造成破坏和侵蚀程度地防止土壤破坏和侵蚀的监管及传统实践的再现。传统的高寒土地利用具有几千年的历史，可最有效地为后代维持完整的景观。相反，在既定区域内，新定居者目前所面临的主要问题是养家糊口，而不是对可持续生计的思考。所有其他的土地利用方式（除了采矿）越来越不重要，因为它们的影响只是局部性的（如旅游和公路建设）。从受影响的土地面积看，农业是最为重要的因素。

高寒生态系统的不合理管理不仅为当地居民，也为从高海拔流域获取稳定清洁水供给的山前居民带来严重后果（如土壤破坏、河流含沙量的增加）。差不多有 50%的人以山区资源为生，主要是水和水电能源，但高寒生态系统和人口高度密集低地之间的这种遥相关（teleconnection）经常被忽视。高地上的贫穷可对流域环境及其经济价值产生影响，而这远远超出了实际的农业收益。这一见识将使低地和高地社区之间建立联系，也使那些关注高寒生态系统可持续土地利用的人们分享到各种经济收益。

参考章节：高寒森林。

课外阅读

Akhalkatsi M and Wagner J（1996）Reproductive phenology and seed development of Gentianella caucasea in different habitats in the Central Caucasus. *Flora* 191：161-168.

Bahn M and Korner C（2003）Recent increases in summit flora

caused by warming in the Alps. In: Nagy L, Grabherr G, Korner C, and Thompson DBA (eds.) *Ecological Studies 167: Alpine Biodiversity in Europe*, pp. 437-441. Berlin: Springer.

Barthlott W, Lauer W, and Placke A (1996) Global distribution of species diversity in vascular plants: Towards a world map of phytodiversity. *Erdkunde* 50: 317-327.

Billings WD (1988) Alpine vegetation. In: Barbour MG and Billings WD (eds.) *North American Terrestrial Vegetation*, pp. 392-420. Cambridge: Cambridge University Press.

Billings WD and Mooney HA (1968) The ecology of arctic and alpine plants. *Biological Reviews* 43: 481-529.

Bowman WD and Seastedt TR (eds.) (2001) *Structure and Function of an Alpine Ecosystem Niwot Ridge*, Colorado. Oxford: Oxford University Press.

Callaway RM, Brooker RW, Choler P, et al. (2002) Positive interactions among alpine plants increase with stress. *Nature* 417: 844-848.

Chapin FSIII and Korner C (eds.) (1995) *Arctic and Alpine Biodiversity: Patterns, Causes and Ecosystem Consequences. Ecological Studies113*. Berlin: Springer.

Dahl E (1951) On the relation between summer temperature and the distribution of alpine vascular plants in the lowlands of Fennoscandia. *Oikos* 3: 22-52.

Fabbro T and Korner C (2004) Altitudinal differences in flower traits and reproductive allocation. *Flora* 199: 70-81.

Grabherr G and Pauli MGH (1994) Climate effects on mountain plants. *Nature* 369: 448.

Hemp A (2005) Climate change driven forest fires marginalize the impact of ice cap wasting on Kilimanjaro. *Global Change Biology* 11: 1013-1023.

Hiltbrunner E and Korner C (2004) Sheep grazing in the high alpine under global change. In: Luscher A, Jeangros B, Kessler W, et al. (eds.) *Land Use Systems in Grassland Dominated Regions*, pp. 305-307. Zurich: VDF.

Kalin Arroyo MT, Primack R, and Armesto J (1982) Community studies in pollination ecology in the high temperate Andes of central Chile. Part I: Pollination mechanisms and altitudinal variation. *American Journal of Botany* 69: 82-97.

Korner C and Larcher W (1988) Plant life in cold climates. In: Long SF and Woodward FI (eds.) *Symposium of the Society of Experimental Biology 42: Plants and Temperature*, pp. 25-57. Cambridge: The Company of Biology Ltd.

Korner C (2003) *Alpine Plant Life*, 2nd edn. Berlin: Springer

Korner C (2004) Mountain biodiversity, its causes and function. *AMBIO* 13: 11-17.

Korner C(2006)Significance of temperature in plant life. In: Morison JIL and Morecroft MD (eds.) *Plant Growth and Climate Change*, pp. 48-69. Oxford: Blackwell.

Korner C and Paulsen J (2004) A world wide study of high altitude treeline temperatures. *Journal of Biogeography* 31: 713-732.

Mark AF, Dickinson KJM, and Hofstede RGM (2000) Alpine vegetation, plant distribution, life forms, and environments in a perhumid New Zealand region: Oceanic and tropical high mountain affinities. *Arctic Antarctic and Alpine Research* 32: 240-254.

Messerli B and Ives JD (eds.) (1997) *Mountains of the World: A Global Priority*. New York: Parthenon.

Meyer E and Thaler K(1995)Animal diversity at high altitudes in the Austrian Central Alps. In: Chapin FS, III, and Korner C (eds.) *Ecological Studies 113: Arctic and Alpine Biodiversity: Patterns, Causes and Ecosystem Consequences*, pp. 97-108. Berlin: Springer.

Miehe G (1989) Vegetation patterns on Mount Everest as influenced by monsoon and fohn. *Vegetatio* 79: 21-32.

Nagy L, Grabherr G, Korner C, and Thompson DBA (2003) *Ecological Studies 167: Alpine Biodiversity in Europe*. Berlin: Springer.

Pluess AR and Stocklin J (2004) Population genetic diversity of the clonal plant Geum reptans (Rosaceae) in the Swiss Alps. *American Journal of Botany* 91: 2013-2021.

Rahbek C (1995) The elevational gradient of species richness: A uniform pattern? *Ecography* 18: 200-205.

Sakai A and Larcher W (1987) *Ecological Studies 62: Frost Survival of Plants. Responses and Adaptation to Freezing Stress*. Berlin: Springer.

Spehn EM, Liberman M, and Korner C (2006) *Land Use Change and Mountain Biodiversity*. Boca Raton, FL: CRC Press.

Till Bottraud J and Gaudeul M (2002) Intraspecific genetic diversity in alpine plants. In: Korner C and Spehn E (eds.) *Mountain Biodiversity: A Global Assessment*, pp. 23-34. New York: Parthenon.

Yoshida T (2006) *Geobotany of the Himalaya*. Tokyo: The Society of Himalayan Botany.

第二十二章

高寒森林

W K Smith D M Johnson，K Reinhardt

一、前言

高山带（alpine zone）的森林出现在山顶附近，并且在亚高山森林（subalpine forest）的下界和高山带的上界形成一个过渡区（图 22-1）。这个过渡区是否代表一个可定义的、具有自身的内在结构和稳定的群落，还存在争议。尽管亚高山森林长期侵入高山带，但是对亚高山森林树种空间格局的观测，确实反映了一些高山带的演替特征。或者相反，亚高山森林演替是一个缓慢的过程，只有经过至少几个世纪的变迁，才能被观测到。尽管高寒森林与亚高山森林和高山带相比，具有相当清晰地轮廓、有特色的植被格局，但是动物通常被认为是其一或两者的群落成员。这两个相邻群落边界的群落交错区（ecotone），通常被称为上（冷）树线［或森林线（timberline）］群落交错区，该区达到树线的上限，此上限定义为在任何形式下，一个树种出现的最高地区，或者指具有某一最小高度的树种（例如，垂直高度大于 2m）。后者的定义是必要的，因为这个上限树种的生长通常是由变形［旗形枝（flagged branching）］和发育不良（矮曲林垫）的树种组成，

扫一扫看彩图

图 22-1 位于怀俄明（Wyoming）（美国）东南部梅迪辛博山（Medicine Bow Mountains）Snowy Range 树线群落交错区的高寒森林景观（海拔约 3200m）。雪（持久性积雪）-林间空地交替出现、带状森林，以及潜在的个别树极端扭曲结构和形状，是这片高寒森林的特征（图 22-2）。照片中当时的盛行风向来自右边。

这些树种在外观上更像灌木丛而不像树（图 22-2）。由于受纬度和距海洋远近的影响，此上（冷）树线群落交错区的海拔和宽度发生变化，其坡度和坡向也发生变化。此外，植物的统计因素，如个别树种的大小、年龄、间距、聚集程度，以及个别树种的结构变形和发育不良形成的林线，可能差异很大。无论是纬度或山区的海拔，或者极其陡峭的坡度，以及贫瘠的土壤，都会阻碍树木的生长，导致在森林线和高寒群落之间产生清晰的边界。林线以上，在少风和微生境条件下，风沙土壤和雪堆积，会偶尔出现个别树种或小片树木。这些高寒森林景观特点也可以根据距海洋或其他大型水体的远近而有所不同（例如，“湖泊效应”天气模式）。通常，在更高纬度以及邻近海洋或其他大型水体地区，高寒森林的海拔更低。相反，在特定纬度的干燥大陆山脉，森林线和树线往往处在更高的海拔。

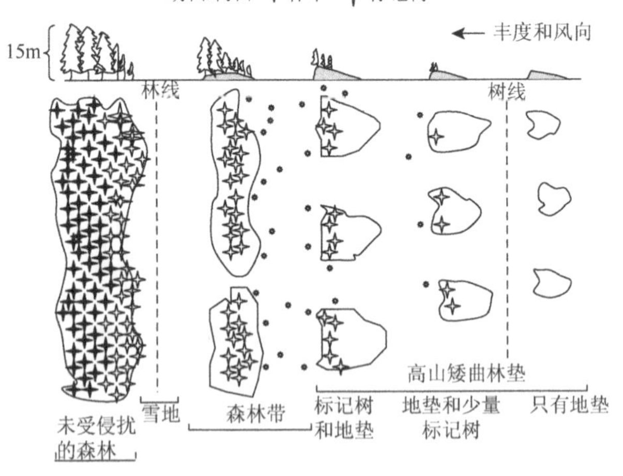

图 22-2 图 22-1 所展示的在干燥大陆山脉，林线群落交错区典型的高寒森林组成的单株树和树集群的相对尺度和空间大小示意图。详细的解释见正文。

二、高寒森林生物地理学

虽然许多动物季节性地依赖高寒带，特别是在因漫长夏季而干旱的低海拔地区的夏末，但是集中在这个区域的大多数的生态研究已经涉及植被研究。这一地区是一个长期生长着草食动物食物的绿色地带，特别是与低海拔地区由于长期夏季干旱，

大多数一年生植物已经完成了它们的生命周期，多年生物种已经历了一个季节性衰老相比，这里的植被仍然很丰富。除了南极洲，以及一些海洋岛屿外，整个大陆上都有高寒森林。连接极地和亚热带地区的大型南北向山脉形成于西半球的山区。例如，美国西部的喀斯喀特山脉（the Cascades）、洛基山（Rocky）和内华达山脉（Sierra Nevada Mountains）从北方森林延伸至火山山脉密集的南部墨西哥，同时安第斯山脉贯穿于南美洲和西海岸的全部纬度范围。相比之下，阿尔卑斯山的中部和欧洲南部的高山，以及欧亚大陆的喜马拉雅山脉（the Himalayas），沿着东西轴线形成，并且在北方亚热带纬度地区是不连续的。再往南，非洲南部和东部的高山，与西半球的连续的山脉相比显得更加孤立。在南半球陆地更少，高寒森林不是很多，仅是在靠近海岸线的少数山区出现。因此，有一个强大的海洋性因素（例如，安第斯山脉、澳大利亚阿尔卑斯山脉、新几内亚、新西兰）。

为什么全球林线发生在特定的海拔限制范围内而更高的地方不会出现，是将近一个半世纪研究和讨论的焦点。虽然上林线高度受人为因素（例如，放牧和火灾）强烈影响是众所周知的，但这些研究的主要焦点已经是关于确定最能限制树木生长和存活的非生物因素。然而，也有证据表明，某些种子分散鸟类物种（例如，克拉克灰鸟和灰鸦），这可能对高海拔森林中某些物种的分布起着至关重要的作用（例如，美国西部的树林和白皮松林）。高海拔环境包括由于低压导致的冷温、大风、高低（云）光照水平、低空气湿度、高长波能量交换、快速扩散等极端值。在潮湿的热带山顶，森林可能会多年陷入阴影。在一般条件下，温度递减率（干绝热）与海拔有关，高度每增加 100m，温度最大下降约 1℃。因此，这一环境因子本身会成为影响更干旱陆地与更湿润海岸山地之间差异的主导环境因子。沿海山区的温度递减率（每 100m 小于 0.3℃）就少得多，因为更高高度大量的水分冷凝，将热量转移到稀薄大气中去。除了这种极端的非生物环境，生长季节的总周期也严重缩短（通常小于 90d），夏季的生长时间更是缩短到非常有限，但是整个夏季生长期定期出现的时间周期的频率很高。由于这些因素的影响，高寒森林物种的适应和生存经常被认为是由非生物压力驱动。

在全球范围内的高寒森林和物种组成的分布很大程度是根据纬度和经度而有所不同。总的来说，西半球的北美和南美有一个由北向南、由南向北的科迪勒拉山系，它从加拿大北部横穿美洲北部和中部的寒带森林（加拿大落基山脉）延伸至南美的南部大部分地区（最南部的安第斯山脉）。此外，这片广袤的高寒森林可能受附近海洋的强烈影响。相比之下，欧洲和亚洲的主要山脉更多地呈东西向分布，在亚洲一些省份，更远离强烈的海洋影响。在所有主要的海洋火山岛也存在着有林线分布的高山区。新几内亚、澳大利亚东南部、塔斯马尼亚和新西兰的山脉，都是似高寒森林一样的岛屿国的典型例子，它们受强海洋影响，也从亚热带延伸到南半球极南的温带地区。只有少数的南极林线出现在相对较近的小岛。在全球范围内，不同林线树种根据植物类型和纬度的分布汇总于表 22-1 和图 22-3。北半球北温带区域的林线，以东半球斯堪的那维亚、乌拉尔和西伯利亚东部范围的白桦树为主，其次是挪威中部和瑞典的樟子松、欧洲云杉林线。再往里，欧洲中部大陆地区，瑞士的山松（中欧山松）形成松林，而欧洲落叶松（欧洲落叶松）和石松（瑞士石松）形式了阿尔卑斯中部林线。在阿尔卑斯西部和南部的海洋山脉以欧洲山毛榉（山毛榉）为主。在西半球和北半球，常绿针叶林占据着高寒森林（例如，落叶松，狐尾松，亚高山冷杉和英格曼云杉），而在南美，落叶针叶和阔叶林很少出现，还有常绿阔叶林也很稀少（表 22-1 和图 22-4）。这些分布模式中的许多不仅被非生物因素的差异影响，还被与传播机制、在地质时间尺度内的大陆漂移相关的历史因素影响。

表 22-1　世界范围内高寒森林的生物地理分布

纬度	山脉范围	海拔（m）	气候	生命类型	主要树种
西半球					
50°N～60°N	落基山脉北部，美国/加拿大	2600～2900	大陆性	DN，EN	冷杉，云杉，松树，落叶松
55°N～58°N	苏格兰高地，英国	600～800	海洋性	DB	松树，刺柏，桦木
45°N～50°N	阿巴拉契亚山脉北部，美国	1500	大陆性	EN	冷杉，云杉
30°N～60°N	太平洋海岸山脉，美国，加拿大	到 3300	海洋性	EN	铁杉，松树，冷杉，云杉，扁柏属
40°N	落基山脉中部，美国	2900～3300	大陆性	EN	冷杉，云杉，松树
37°N	内华达山脉，西班牙	1950	大陆性	DB，EN	栎属，松树属
35°N～40°N	内华达山脉，美国	3000～3500	海洋性	EN	松树属，铁杉，刺柏
30°N～35°N	落基山脉南部，美国	3300～3800	大陆性	EN	冷杉，云杉，松树

续表

纬度	山脉范围	海拔（m）	气候	生命类型	主要树种
18°N～25°N	马德雷山脉，墨西哥	4000	海洋性	EN	松树属
9°N～11°N	哥斯达黎加塔拉曼卡山脉，哥斯达黎加	3000	海洋性	DB	栎树属
10°N～20°S	热带安第斯山脉，哥斯达黎加-秘鲁	3150～4700	海洋性	DB	多鳞莓属
23°N～50°S	南美洲，温带安第斯山脉	1100～1500	海洋性	EB，DB	罗汉松，假山毛榉
东半球					
60°N～70°N	斯堪的纳维亚山脉，斯堪的纳维亚	700～900	大陆性	DB	桦木属
50°N	阿尔泰山脉，蒙古	2000	大陆性	EN，DN	松树属，落叶松
44°N	天山，亚洲	3000	大陆性	EN	云杉
46°N～43°N	阿尔卑斯山，欧洲	1600～2300	大陆性	EN，DN	冷杉，云杉
43°N	高加索山脉，佐治亚洲	2200	大陆性	DB，EB，EN	桦木属，杜鹃花属，松树属
38°N	帕米尔高原，亚洲	3000	大陆性	EN	云杉
35°N～36°N	日本阿尔卑斯山/富士山，日本	1950～2400	海洋性	EN，DN	冷杉，落叶松，松树，铁杉
31°N	大阿特拉斯山，非洲	2850		EN	雪松，刺柏
28°N	喜马拉雅山脉，亚洲	3800～4500	大陆性	DB，EB，DN，EN	桦木属，杜鹃花属，云杉，落叶松，刺柏，铁杉
2°S	毛克山脉	3000～3600	海洋性	EN	罗汉松
3°S	北非高地，非洲	4050		EB	石南科灌木
36°S	澳大利亚阿尔卑斯山脉，澳大利亚	1800～1950		EB	桉树
42°S	塔斯马尼亚	1200～1260		EN，EB，DB	密叶杉属，桉树，假山毛榉
43°S	阿尔卑斯山脉南部，新西兰	1200～1500		DB	假山毛榉

注：DN，落叶针叶林；EN，常绿针叶林；DB，落叶阔叶林；EB，常绿阔叶林。

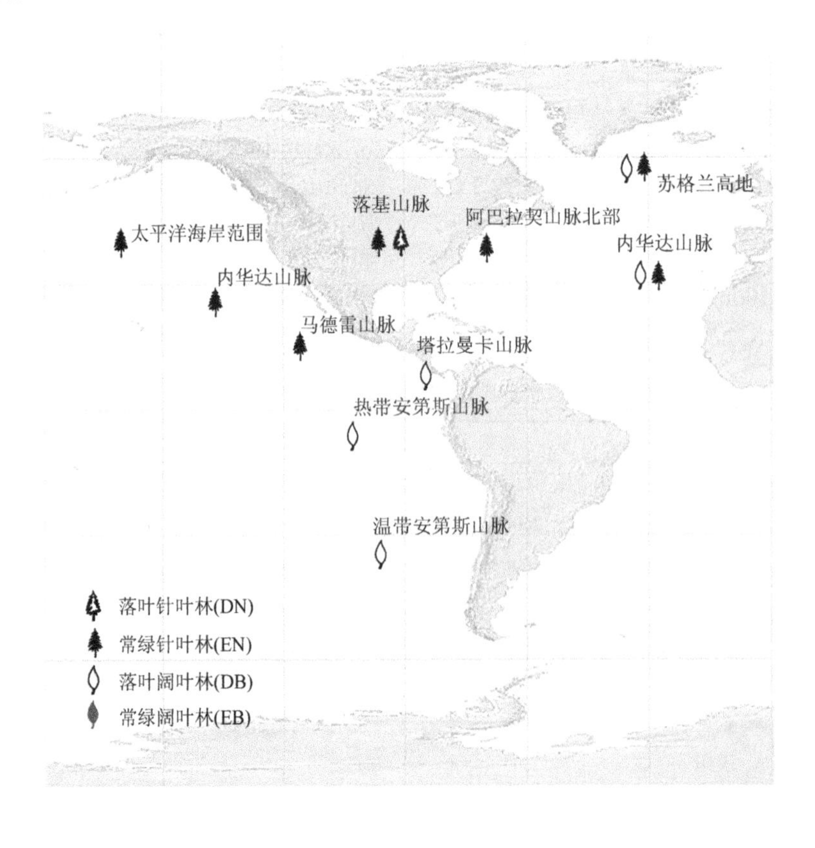

图 22-3　全球高寒森林地区的生物地理分布。斜体山脉在表 22-1 中没有对应的信息。

图 22-4　高海拔曝风林线（3306m）地区的高寒森林树木个体。在这个限制树木生长的高海拔区，极度扭曲的树结构导致了呈现在下风向边缘衰退树枝的典型矮曲林垫。在这张照片中，当时的风是来自右边。

1. 非生物环境——地上

非生物因素传统上已经被视为高海拔地区，包括高寒森林。阳光、温度、水和气相物质（如 CO_2 和 O_2）在不同海拔、区域气候和不同地形有所差别（例如，海洋与大陆的山脉区）。此外，许多影响叶片能量平衡和温度的因素也包括太阳能和长波辐射在内的海拔、风和环境湿度的不同而不同。可能，最熟知的非生物变化是随着海拔的上升，空气温度随气压降低而下降。气压每 2000m 降低 20%，每 6000m 降低 50%，直至一个最大值，干绝热每 100m 流失 1℃的势能。模拟干热（8.0℃/km）和湿热（3.0℃/km）的流失情况导致冬季和夏季的空气温度都随高度变化迅速下降。另外，夏季干热流失情况在海拔较高地区同样产生冷空气温度（大于 4km），这与在冬季计算的湿热流失情况的值非常接近［图 22-5（b）］。类似的干热和湿热的流失率分别为 7.5℃/km 和 5.5℃/km，已被预先用来评估生长在温带和热带地区的植物的蒸腾潜力。

在海拔增加的非生物因素另一个至关重要的变化是独特的大气压力降低的依数属性，还有像 CO_2 和 O_2 的气相分子的部分压力。相比之下，饱和状态时，空气中水蒸气的量仅依赖于温度，并且被以上

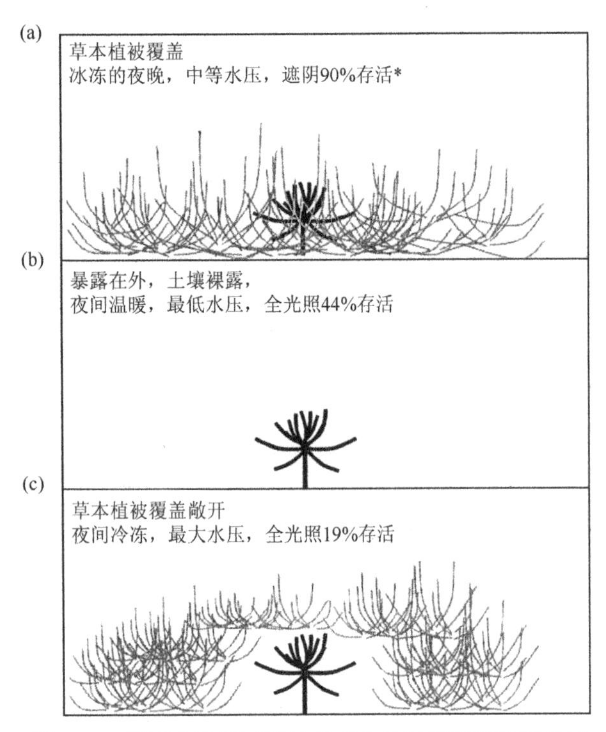

图 22-5 微型实验显示助长和竞争对怀俄明东南部云杉木新生幼苗存活的影响。幼苗最大生存期（90%）发生于生长在由于植被盖度所致的低空气接触和次日早晨的光照、适当的水压以及相对寒冷的夜晚。清除幼苗附近所有植被，降低土壤水分的竞争（更高的木质部水势），但增加空气接触面积，导致生存率显著降低（44%）。当幼苗近端植被被移除，以增加空气接触面积，同时保持边界层效应，降低最低温度和水的竞争（确认更高的水势值）时，死亡发生率最高。低温下的高光合碳增益光合作用的光抑制也伴随着更大的生存率。因此，尽管这三个压力因素都有重要影响，但是和存活率，临近水分的竞争相比，空气接触面积的减少（白天和黑夜），似乎对光合作用和生存率有更大的影响。摘自 Germino MJ，Smith WK，and Resor C（2002）Conifer seedling distribution and survival in an alpine-treeline ecotone. Plant Ecology 162：157-168。

提到的大气温度流失率严重影响。由于周围的 CO_2 浓度通过叶片的空气浓度梯度对植物光合作用有一个很强的直接影响（驱动力扩散），它经常被假定为高海拔地区碳增益和生长的限制因素。对于植物，环境中较低的 CO_2 浓度与海拔可能会导致相应的叶片中的空气梯度减少，此时假设一个叶片内有恒定的 CO_2 浓度，在那里的扩散过程是气体交换的主要模式。由于这个原因，山区生态系统已被认为是用于评估在大气中 CO_2 浓度的自然差异的自然地域模型。然而，由于分子扩散在较低的环境压力速度更快，高海拔地区出现了一个二氧化碳吸收势能的巨大代偿作用。与理化性质一致，少量证据已被发现来证实这一观点，较低的分压导致高海拔地区扩散限制，至少也依靠了生理气体交换扩散过程系统。虽然在文献中存在的定量评估显示这些光合 CO_2 吸收有补偿效应，但是很少有将所有在高海拔地区影响扩散气体交换的潜在重要因素包含的综合研究。类似的对在高海拔动物氧气吸收的关注存在大量的文献，虽然动物主要依赖大量的供应机制来加强气体交换。然而，在高海拔地区关于动物生理生态学扩散效应（例如，卵生、穴居和雪下动物）没有得到很好的研究，除了研究缺氧条件下的人体生理学的大量文献。

其他非生物因素一直研究不充分，如由于较薄的、未受污染大气而显著增加的日光、低环境湿度、高风况，以及从天空（下行）减少的长波辐射，并且只有对少许山脉系统进行了研究。特别是，下行辐射的减少可能会导致甚至在夏天也经常冻结的最低温度在晚上会更低。积雪的影响已被证明是常绿植物越冬成活的关键，通过角质层磨损以及暴露在高于积雪的冷空气和低温下潜在地预防致命性弯曲损伤和干燥。大多数研究虽然都考虑到一个或几个非生物因素，但是没有考虑多个应力因素对高寒森林环境的不同生境类型的共同影响；例如，只有少数的研究已经将多种非生物因素包含在高海拔地区的评估影响中，这些影响包括重要生理过程、蒸散量，即使与海平面相比，从植物和动物所有蒸发表面扩散蒸发的水更快。

2. 非生物环境——地下

对于许多其他区域和生态系统，高寒森林的土壤环境强烈依赖于当时的水分状况，包括季节性的时间和物理性质的降水（雨和雪）。即使在热带山区，冬季也可能会导致降雪，但是由于干燥季节的出现，有时每年两次，就会有重要影响。不管怎样，积雪融化的水量对以相应温度状况为基础的土壤营养有着相当大的影响。温暖期与降雨会导致土壤养分的释放，而寒冷期和积雪将影响表层土壤生物的休眠期，从而，分解和释放养分。此外，植物根系重要菌根真菌的生长活动被远高于冷冻（高于 7℃）的土壤温度强烈限制。因为更多的热带高寒森林在相对短暂的冬季或雨季接收大部分降水和降雪，融雪经常迅速发生，紧接着快速干燥的表层土壤中的根被发现。因此，植物必须在一个非常简短的时间内吸收土壤养分，这可能受每日和季节性基础上的空气温度之下的持续冻土制约。在高海拔地区，土壤冻融循环也可以在土壤表面的微观形貌上创建不同的模式（例如，多面体），这对成苗和在植物分布格局上小规模的差异提供了重要条件。

三、海拔与气候

关于非生物因素随海拔变化的一个要旨是实现

降低环境压力是唯一不受气候影响的物理性能。所有其他的（例如，温度、阳光、风、长波辐射、水分和养分的关系）都能被地形、微地域和生长在不同高度的植物强烈影响。这些因素的自然变异可以大幅降低或提高在任何特定高度的一个微地域的有效高度。在北半球，阳坡且避风的微地域能够有效适应在海拔几千米以下的条件，而类似的阴坡的微生境，远离太阳而没有寒冷的夜空的地域可以增加有效高度。即使是一颗倒掉的树的茎或者一块暴露的圆石因海拔的不同致使有效日照和温度出现差异。

另外，植物叶片方向的变化可以产生与空气和风的不同接触程度，两个重要因素影响任何海拔的微气候。由于潜在的强大的边界层对温度和环境气体浓度的影响，叶片、植物聚集（封闭空间）和高度模式也可以影响小气候。因此，小气候效应可以很大程度影响在任何高度的基本气体交换过程，除了分子扩散的环境压力效应。与小气候的潜在影响和植物形成的实际高度相比，个体植物无法逃避各自海拔的环境压力（大气压力由于锋面只有微不足道的变化）。因此，降低环境压力和更快速的分子扩散是与海拔的增加相关的唯一不变的非生物因素，是不依赖于微地域/小气候的影响。

四、林线交错带——树木变形、聚类和间距

在一个地理范围内，高寒森林群落的外观可以有很大的不同，主要取决于纬度和距离海洋的影响。高寒森林出现在低纬度的高海拔地区，但受到较强的海洋影响。然而，在一个特定的地区类似的变化也与该地的坡度、光照和风力有关。通常情况下，这些地区的特殊因素增多时，该地林线的高度就会下降。一个典型干燥大陆山脉的高寒森林和林线群落交错带，如图 22-1 和图 22-2 所示，两者都代表了发现于高寒林线群落交错带（高寒森林）的树形和地貌的最极端的变化。从林线走向完整的亚高山森林演变过程中，个体树木呈现低的（宽＜2m，高 1m）垫状的高山矮曲林，在背风边缘的树木出现更大的矮曲林垫，更大的树岛（直径＞10m）在迎风面附近有更多强烈衰退的树木，与空雪地交互的森林带（跨度＞10m）边缘前部是完整的亚高山森林（虽然有些在树顶下垂但仍然是明显的）。这些不同结构的密度也拉近了森林边缘和幼苗、幼树的距离。

五、林线的形成机制

为什么树木不出现在某一特定海拔以上，近一个世纪研究者对这一问题很感兴趣。生态学研究已经表明，在南北纬 30°和南北纬 60°，随着纬度增加，树线和林线的出现急剧减少，大部分随海拔上升呈线性下降。这种线性关系导致了一个可以预估的变化，纬度一度对应树线高度约 100m。然而，在赤道至两侧约 30°之间有一个相对恒定的最高海拔出现，为 3.5～4.0km。与树线和林线之间的海拔，或者林线群落交错地带的宽度相关的信息很少存在，其中林线的宽度又与地理或其他环境因素有关。虽然这些研究中大部分将出现的海拔和高纬度较低的温度状况联系在一起，但实际的生理生态机制仍存在争议，并可能涉及大量的生物和非生物因素。此外，树性在这个生活区内发生了变化，包括在树高和树冠特征上如分枝类型。当森林边缘到最终林线限度的距离增加时，这一生长形式的变化变得更加明显（图 22-1 和图 22-2）。在这个过渡带，一个典型的林木完整的树形变得弯折扭曲，最终形成像在树线中通常被称为“矮曲林”垫一样的小灌木状的形态。在这个过渡期，树木在外观上变得越来越萎缩，茎仅仅出现在树干和主要树茎的下风边（图 22-3）。

从世界范围内长时间和大多数地区基本资料可得，许多研究已经试图关联出现的最高海拔树木可测的温度状况。在无数的研究中，大多围绕降雪的数量、物理性质和最低温度的出现为研究焦点。例如，两个半球更多的大陆（非海岸）山脉有更干燥、寒冷的气候以“粉雪”条件为特征。这种雪的类型受风的强烈影响，由于雪颗粒的锋利冰晶性质，风受可以集聚强烈摩擦力的雪的驱动。在由于强烈的湍流和涡流特性而形成的地貌上，这些系统也有不同的雪积累的模式。此外，在高寒森林带，雪埋、避免过多的在风中暴露和更冷的温度对于植物和动物的冬季生存可能是至关重要的。相比之下，低海拔地区林线的海岸山脉也有较高的空气湿度，含水量高的降雪和由风场影响而相对分解的、低摩擦力的较软冰晶体。有较湿润区，较厚的积雪能覆盖裸露的树枝，由于积雪表面上荷载的雪和冰以及雪面下冻融的压力，使树产生了可以弯曲，断裂，扭曲的严重的机械力。在干燥大陆高寒森林上，雪的堆积更加依赖漂移力学和涡流动力学（例如，埋藏的垫状矮曲林），而湿润海岸系统有更多的雪在林线群落交错带上集聚成统一的深度和均匀分布模式。对于大陆山顶的干燥粉雪，严重的摩擦特性可能会导致树木叶片角质层的磨损、公路交通标牌油漆的去除，以及常见的在大风天滑雪者遭受的风害和雪一样的粉末引起的伤害。因此，这些在雪粒子和空间分布动态的物理差异也对高寒森林造成扭曲和变形（矮化、下垂，矮曲林垫树的形式），以及树间距的空间模式起着重要作用。这些构成雪的基本物理差异，在植被类型和它们对不同温带森林中所观察的个体树木扭曲的生长形态的影响还没有被系统地考

虑（矮曲林的外观和生长形态的标记）。这些对海上与大陆山脉生态系统的影响需要进一步澄清，特别是对树木不会再生的高海拔地区的影响。

调节全球上林线评估限度的生理生态机制被植物生态学家、生物地理学家和生物气象学家仔细考虑已超过一个世纪。最近的一项研究总结了在全球范围内上林线的评估限度，由于冷温度的限制，高山植物无法代谢处理从白天光合作用获得的碳（例如，呼吸的限制），以及由于土壤表面被紧密的乔木的树冠所覆盖，大型针叶林可确保土壤足够温暖。因此，低温土壤由于自身的遮蔽性，被作为上林线评估限度的一个主要的非生物决定性因素。然而，其他研究已经提供了高海拔地区强烈限制资源获取的证据，特别是由高寒森林树木光合吸收的二氧化碳。许多其他调查者也质疑以上结论。

尽管高寒森林的林线形成其各自的环境和生理机制，产生可观的垂直格局的长期利益，几乎所有的研究都集中在测量成年树木生理生态效应上，即使它们可能产生扭曲的形式和较大缩水的高度，例如，矮曲林垫和矮小的树木、标记树。很少有研究关注森林边缘至交错树线新的幼苗建制。然而，这是出现生命期内迁移到一个更高的高度并形成新的亚高山森林树线的关键。高海拔的亚高山森林的形成主要依赖于交错带的再生苗，而森林的林线向低海拔迁移需要古老树木的死亡率和新的成功幼苗的再生。况且，死亡的乔木还能带来一个重要的影响——降低幼苗建立的生态便利化。同样，缺乏在林下及森林边缘的幼苗，与死亡的树冠树木组合，最有可能的是会导致降低林线。这一过程的一个重要组成部分，是新的幼苗存活和生长，即一个更成熟的森林结构的生态促进（图 22-2）。换句话说，以森林形成正常高度的树木（无下垂或矮曲林失真）需要一个完整的森林和由此产生的改善森林外部一系列极端的非生物因素。因此，林线和树线边界的垂直变动开始建立新的幼苗，低于上述现有山林，将采取行动。最终，以进一步促进幼苗建立和逐步发展的新的亚高山针叶林高于或低于现有的林线高度。例如，该机制在林线/树线迁移到一个更高的海拔首先取决于新的幼苗必须建立在现有的山林与树线交错带。此外，大苗/幼树丰度必须遵循提供持续增长的全林树身的原则，要求最终促进在高海拔地区的新的亚高山森林的形成。在高海拔地区，这种经周边的树木和周围的环境设置相互促进，迁移树线只有在保护条件下才可能发生，类似于完整的亚高山森林有可能出现。因此，生长到森林树的地位，没有结构失真可能需要，某种程度上说即为“林前树”。在南怀俄明东部的落基山脉（美国），新树幼苗成树线的建立似乎也涉及大量的微型化（图 22-5）由无生命的物体（如岩石、倒木，由于冷冻和解冻的土壤表面微观形貌），或种内和种间的空间关联产生的微型生态化。结构自便利（例如，子叶方向和主针聚类，矮曲林垫）也可以提高所有结构尺度从幼苗到成熟的树木的生长和生存（表 22-2）。增加幼苗建立和丰富度是紧随其后的更大的便利，从而导致更大的幼苗和幼树的生长等（表 22-3）。因此，增加幼苗/幼树丰度会导致相同的“保护”作用是必要的，形成森林的“前哨”或岛屿，被称为提高幼苗建立重要的避难所。此外，最终发展成一个林木（非扭曲生长型）类似功能的生物物理“逃离”垂直于一个矮曲林垫表面边界层（图 22-3）。随后，在幼树阶段持续的维护下，发现在低海拔地区完整的亚高山森林建立一个树苗可以达到亚高山森林树高的类似水平之前是必需的。

表 22-2　解释高寒林线群落交错带高寒森林出现的海拔以及最大高度的重要因素

1. 幼苗/树苗的建立——种子萌芽、生长，并存活
2. 机械破坏——针叶角质层的风力摩擦、顶芽损伤、积雪荷载，以及大雾导致的组织和全树死亡
3. 生理组织破坏——低温和干旱限制生长和繁殖
4. 每年的碳平衡——光合作用吸收的碳减去呼吸消耗的低于良好生长及繁殖所需的碳
5. 生物合成和生长极限[a]——在生长过程中，更冷的温度比光合作用所需的碳有更大的限制作用

a 由于大规模的针叶林和间接的土壤阴影，寒冷的土壤温度已经被假设为限制碳吸收进程以及高寒林线的最高海拔的主要环境因素。

表 22-3　在高寒森林中对幼苗建立、生长和存活进行生态辅助的重要性

原因
非生物因素：无生命的（岩石、死树、微地貌）
生物因素：植物结构（聚类），种内的和种间的微地形的帮助
优点
冬季
雪藏——预防冰晶体摩擦干燥；保温并减少昼夜温差；没有过度的阳光照射
幼苗到地貌景观的聚类——持续的雪的堆积和埋藏
衰退——阻止来自雪的负载和冰晶的集聚
夏季
更少的空气接触
白天：更少的阳光和更凉爽的温度
夜晚：更高的最低温和更弱的 LTP；更少的露水和雾的积累
更少的风接触——在太阳下加热松针
可能适应的权衡
埋藏和相互的遮蔽导致更少的阳光接触
白天：少量光合作用的阳光和低温
更少的风接触
白天：较温和的温度和更强的蒸发作用
夜晚：更冷的最低温度和更强的 LTP

注：无生命的、种内的、种间的和结构上的帮助都能集中保护雪藏以及紧接着的在相关地表植被上的生长限制因素的改善。LTP 代表着光合作用所需碳在低温进行光抑制作用。

六、小结

高寒森林是高山苔原带和亚高山带森林群落的一个过渡分离区。这个树木生长线的群落交错区也是树木出现的最高海拔，虽然确切的环境因素和机械作用限制这种情况的出现。这些树木生长线常由常绿针叶树种组成，尽管每年落叶的针叶林和阔叶林树种同时出现，以及常绿阔叶林在低纬度地区出现。高海拔和低树线海拔以及更多的大陆与海洋山脉间均有很强的相关性。幼苗通过无生命的微地貌与生态学的种内种间联通作用，是林线向上或向下迁移一个根本特性，这样，在不同的海拔形成新的亚高山森林。微生镜的联通作用涉及一些环境参数，例如，风的回避、风/雪磨损和暴露于阳光下和寒冷的夜空下。此外，暴露的微生镜的生存能力与发展能力的出现形成高山矮曲林和标记树。形成对风的保护，包括足够的雪收集和埋藏防止非生物环境破坏。新的幼苗和幼树覆盖面积的增加，使得微气候的改善将促进幼苗/树生长的过程中导致树木最终增长到林木的高度，将会形成一个新的亚高山森林保护下的环境。

参考章节：高寒生态系统和高海拔树线；北方森林。

课外阅读

Arno SF and Hammerly RP（1990）*Timberline*: *Mountain and Arctic Forest Frontiers*. Seattle，WA：The Mountaineers.

Callaway RM（1995）Positive interactions among plants. *Botanical Review* 61：306-349.

Choler P，Michalet R，and Cal away RM（2001）Facilitation and competition on gradients in alpine plant communities. *Ecology* 82：3295-3308.

Germino MJ，Smith WK，and Resor C（2002）Conifer seedling distribution and survival in an alpine treeline ecotone. *Plant Ecology* 162：157-168.

Grace J，Berniger F，and Nagy L（2002）Impacts of climate change on the treeline. *Annals of Botany* 90：537-544.

Holtmeier FK（1994）Ecological aspects of climatical y caused timberline fluctuations：Review and outlook. In：Beniston M（ed.）*Mountain Environments in Changing Climates*，pp. 223-233. London：Routledge.

Innes JL（1991）High altitude and high latitude tree growth in relation to past，present and future climate change. *Holocene* 1：168-173.

Jobbagy EG and Jackson RB（2000）Global controls of forest line elevation in the Northern and Southern hemispheres. *Global Ecology and Biogeography* 9：253-268.

Korner C（1998）A re assessment of high elevation treeline positions and their explanation. *Oecologia* 115：445-459.

Smith WK，Germino MJ，Hancock TE，and Johnson DM（2003）Another perspective on the altitudinal limits of alpine timberline. *Tree Physiology* 23：1101-1112.

Smith WK and Knapp AK（1985）Montane forests. In：Chabot BF and Mooney HA（eds.）*The Physiological Ecology of North American Plant Communities*，pp. 95-126. London：Chapman and Hall.

Stevens GC and Fox JF（1991）The cause of treeline. *Annual Review of Ecology and Systematics* 22：177-191.

Sveinbjornsson B（2000）North American and European treelines：External forces and internal processes controlling position. *AMBIO* 29：388-395.

Tranquillini W（1979）*Physiological Ecology of the Alpine Timberline*. New York：Springer.

Walter H（1973）*Vegetation of the Earth in Relation to Climate and Ecophysiological Conditions*. London：English University Press.

Wardle P（1974）Alpine timberlines. In：Ivey JD and Barry R（eds.）*Artic and Alpine Environment*，pp. 371-402. London：Meuthuen Publishers.

第二十三章
废水生物处理系统

M Pell，A Wörman

一、引言

河道、湖泊和海洋环境等富营养化是世界大部分地区所面临的主要问题。过去150年，伴随世界工业崛起而出现的城市促使我们引入水基系统（water based system），以供污水的输送和排放。起初，污水被排放到附近的河道和湖泊中，但随着人口的增长，恶臭越来越明显，天然湿地已不堪重负，因此，这不是一个可持续的方案。这种难以为继的方案使得更为有效的处理系统得以发展，如浅水池塘和砂滤池。1914年，Arden和Lockett提出了活性污泥技术，该项技术仍是世界工业废水处理（WWT）中最常用的技术。在20世纪60年代，因污水处理厂排放了大量的植物养分，使富营养化趋势愈加明显。第一种也是最简单的除磷方法是化学沉淀。最近几十年，为避免海洋的进一步富营养化，欧盟委员会和各国主管部门逐步提高了处理要求，特别是对氮的要求。因此，目前的污水处理大多侧重于氮磷而非病原体的去除。磷或氮是否限制富营养化过程，也就是说，去除其中一种还是全部，目前仍在争论之中。

简单而言，生物废水处理可被定义为一个自然过程，在这一过程中，生物仅以维持其自身生命活动的方式而协助环境净化。通过对自然生态系统中生物的研究，生物学家已发现它们降解有机物及转化营养物质的功能和能力。工程师已将这一信息用于有效废水处理系统的设计，也就是说，生物过程已被植入良好的调节单元中。此外，地球化学、水文学等知识也是那些能成功应用于处理污水系统的基本组成部分。因此，在全球范围内，废水处理是最常见的生物技术工艺。

虽然大多数污水处理系统基于同一生物工艺，但实现这一目标的技术方案可能千差万别。技术的数量不亚于卫生工程师的数量。不过，技术可被分为如下类型：①土壤过滤和湿地技术类型。这类技术将陆地生态系统作为天然的过滤器，包括天然河道、湖泊、湿地、接纳灌溉废水的土壤、人工湿地和池塘、土壤或砂土吸收系统和生物滴滤池等。②处理厂技术类型。这类技术主要指生物转盘、流化床和包括序批式反应器（SBR）的活性污泥系统等，其主要用以说明这一范围上的系统，即从选择自然生态系统开始到技术上最终实现对污水处理系统的范围。污水处理系统选择需考虑诸多因素，如进水特点、理想出水水质、建设和维护成本及人口密度和规模等。

本章内容安排如下：首先，介绍微生物细胞及对所有污水处理都很重要的生物过程背景；其次，集中介绍理解水力性能与微生物过程相互作用可有效除氮的重要性；再次，概述两种常见的系统：需要深入了解水力特性的人工湿地系统和依靠先进控制且可被最优化的活性污泥工艺系统；最后，展望生物污水处理系统的未来发展及其应用。

二、生命和养分的转化过程

1. 细胞

细胞是所有生物中最小的独立单元。细胞可形成个体生物本身。这种生物也涉及肉眼不可见的微生物。观察微生物细胞的内部结构，我们可发现两种结构类型，即原核生物（细菌或古细菌）和真核生物（真核生物）（表23-1）。前者包括细菌，而后者包括原生动物、真菌、藻类、植物和动物等。原核生物细胞的结构非常简单，包围其细胞核的细胞膜既少又小，从不足1μm至数微米。真核细胞一般较大且结构更为复杂，包含包围细胞核的细胞膜，以及几个在执行各种细胞任务中被特化的膜封闭细胞器。两种细胞类型的形态差异，对其吸收及营养和能量转化能力产生深远影响。相对于其体积，原核生物的表面较大，这意味着细胞内运输的距离较短，从而使其不被复杂的膜系统阻碍。它们转化并吸收营养物质的潜力与其生长潜力相当，因此非常适应高代谢率。在最佳条件下，有些细菌可通过间隔20min的二等分裂而数量倍增，促使细胞以快速的指数方式增长。

表23-1 细胞类型和一些典型特征

特征	原核生物		真核生物
	细菌	古细菌	真核生物
形态和遗传的细胞大小	小，通常0.5～5μm	小，通常0.5～5μm	大，通常5～100μm
细胞壁成分	肽聚糖	蛋白质，假肽聚糖	无或纤维素或甲壳素

续表

特征	原核生物		真核生物
	细菌	古细菌	真核生物
细胞膜脂质	脂类连接	醚类连接	脂类连接
包围膜的细胞器	无	无	线粒体、叶绿体、内质网、高尔基体
DNA	一条染色体，圆形，裸露	一条染色体，圆形，裸露	几条染色体，直的，包围
质粒	有	有	很少有
生物化学及生理学			
甲烷产生	否	是	否
硝化作用	是	否	否
反硝化作用	是	是	否
固氮作用	是	是	否
基于叶绿体的光合作用	是	是	是
发酵终产物	多样化的	多样性的	乳酸和乙醇

细胞生长需要能量、碳、氮和磷等营养元素及微量元素。此外，适当的环境也是必要的，氧气、水、温度和pH等是最重要的调节剂。大多数微生物为异养生物和有机营养型，这说明它们可从有机分子中分别获得能量和碳（表23-2）。无机物（无机营养型）和光（光能营养型）是其他可选择的能源。这种情况并不少见，与植物类似，细菌也可利用二氧化碳作为碳源（自养型）。虽然有机异养型是生物最常见的特质，但实际上，上述能量和碳衍生物的所有组合都是存在的。

表23-2 根据对碳和能量需要的化能营养生物体特征

类型	碳源	初级电子供体的例子	末端电子受体的例子
能量代谢			
无机营养型	—	NH_3，NO_2^-，H_2S，S^0，Fe^{2+}，H_2	呼吸作用：O_2，NO_3^-，NO_2^-，S^0，SO_4^{2-}，CO_2
有机营养型	—	有机的	呼吸作用：O_2，NO_3^-，NO_2^-，SO_4^{2-}，Fe^{3+}，CO_2，有机；发酵：有机的
碳代谢			
自养生物	CO_2	—	—
异养生物	有机的	—	—

微生物的经典分类，以如其形状和大小一样的表型特征、与氧的关系及其利用碳源和能量的方式为基础。杆菌和球菌是细菌的两种典型形状，但丝状菌和附加体菌类型也很常见。除了形状，不同酶的生成也是细菌分组和鉴定的重要参数。最近，在基于分子生物学的核酸研究中所取得的成就，通过基因型特性，已为生命系统提供了非常有价值的工具。通过对比未知有机体的核酸序列库与已知的序列信息数据库，可进行未知生物体的识别和（或）分类。

2. 微生物群落

聚集的微生物群落称为絮凝体或生物膜，它们是大多数污水处理工艺中的主体[图23-1（a）和图23-1（b）]。微生物来源于土壤。在污水处理系统中，微生物受到高选择性压力，那些适应新环境的微生物将会生长甚至大量繁殖，以形成有效的污水处理工艺基础。在任何系统中，由于化学/能量特性，有机分子会积聚在不同的界面上（气/液界面或液/固界面）。因此，这些生态位被首先占据，且由能够保持群落紧密的微生物（如利用细胞外多糖产物充当黏合剂的微生物）主导。以这种方式形成的微生物群落，将由包括不同物种（如细菌、原生动物和后生动物等）的网络构成。目前，虽然真菌、藻类和病毒等作用不太重要，但用其可观察污泥絮凝物或生物膜群落。在密集群落中生活的另一个优点是存在环境梯度，如氧和基质，从而使多种类型的微生物可共享空间。从污水处理观点看，微生物的协作将导致有机质的有效降解和矿化。

活性污泥絮凝物和生物膜研究涉及以下问题：①形态，即尺寸和形状；②组分，即内部结构；③微生物种类的识别；④微生物的空间排列。传统上，废水中细菌的检测受限于细菌的培养能力。不过，大多数微生物明显难以培养，主要是因为我们对污水处理工艺中微生物的作用了解非常有限。最新的研究中，分子技术已为群落结构和复杂生态系统中的特定微生物提供了检测手段，因此无需再对微生物进行培养。通过放大DNA或RNA提取的聚合酶链反应（PCR）后，可获得核酸指纹图谱，它是大多数技术的基础。目前，实际应用的技术包括核糖体DNA扩增片段限制性内切酶分析（ARDRA）技术、变性梯度凝胶电泳技术（DGGE）和末端限制性片段分析技术（T-RFLP）等。

在获取复杂生态系统分类和功能结构方面，基因芯片技术似乎很有前景。在这项技术中，大量已知基因的寡核苷酸探针可附着（点样）在载玻片的表面上。然后，将从未知样品中提取的DNA或RNA应用于基因芯片板。与现存目标微生物杂化后，DNA或RNA将会表现为光点或荧光斑点，且其强度可反映序列的集中度。通过构建几组包含靶向硝化细菌16S rRNA探针的DNA基因芯片，再分析以前未发生PCR扩增的情况下，可对亚硝化单胞菌属（*Nitrosomonas* spp.）的存在进行检测。虽然该技术还不能对硝化螺菌属（*Nitrospira*）和硝化菌属（*Nitrobacter*）进行检

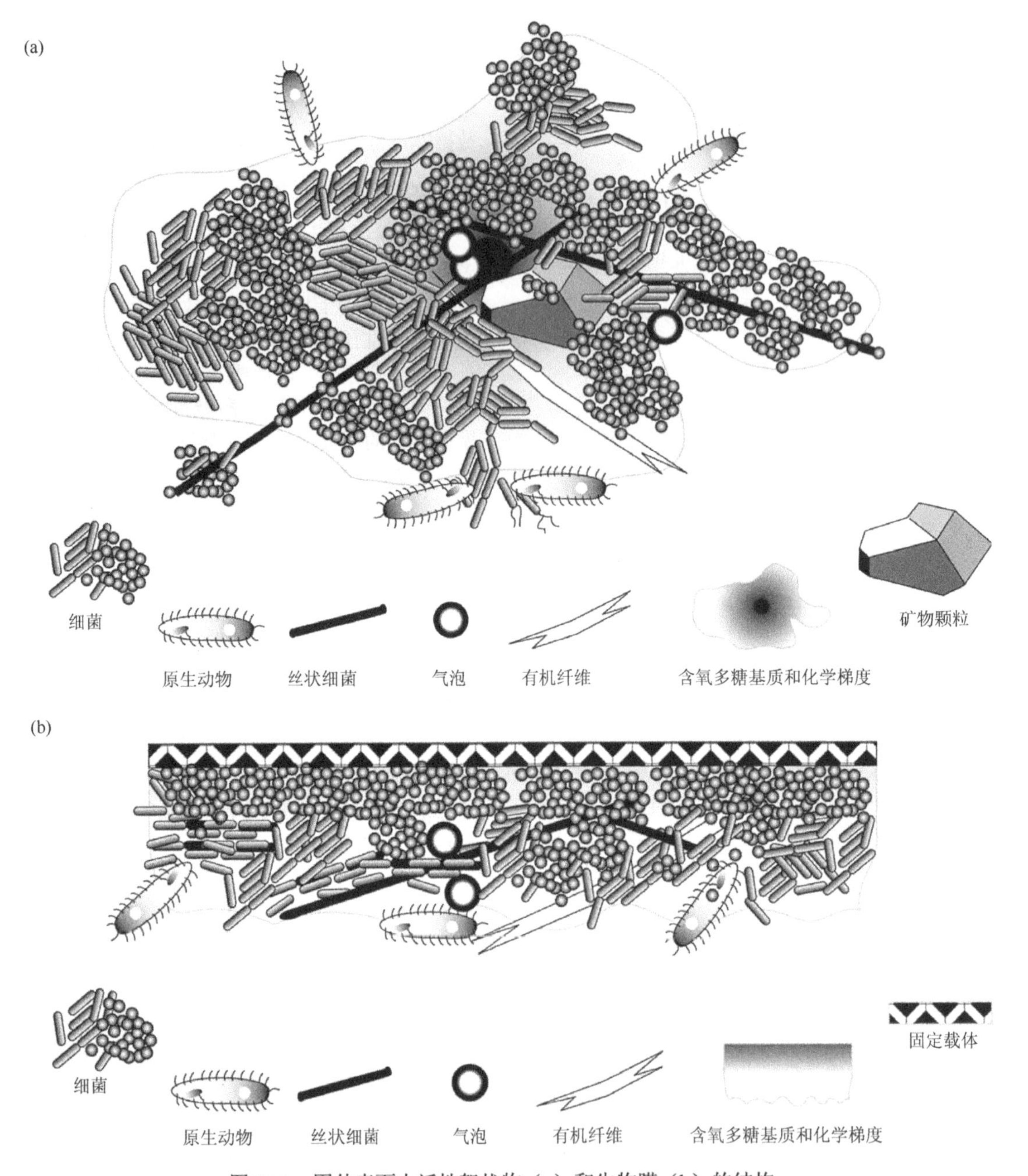

图 23-1 固体表面上活性絮状物（a）和生物膜（b）的结构。

测，但其未来的潜力清晰可见。荧光原位杂交（FISH）是一种有效的技术，可检测出复杂微生物群落中的特定细菌。通过采用共聚焦扫描显微镜技术（CLSM），研究人员对瑞典国内污水生物膜中的硝化细菌荧光原位杂交技术（FISH）图像进行了分析。结果表明：当基质中 C/N 比较高时，异养细菌占据生物膜的外部，而氨氧化细菌分布在其内。随着 C/N 逐渐降低，硝化细菌开始拓展至外层。

对上述分子方法的使用，已极大拓展了我们对污水处理系统中细菌多样性的了解。直到 2002 年，才对从废水中提取的超过 750 个 16S rRNA 的基因序列进行了分析。虽然这些序列主要属于 β，α 和 γ-变形菌，但拟杆菌和放线菌也频繁出现。以前无法识别的许多新细菌也可被检测。毫无疑问，更多的细菌需要鉴定。尽管一些新发现的微生物可归因于絮凝处理和生物脱氮除磷过程，但大多数过程的功能是未知的。直到完全理解其功能，才能充分发挥污水处理系统中生物组分的潜力。

三、微生物碳和磷过程

1. 呼吸作用

呼吸作用是与生命活动最为密切相关的过程，在污水处理系统中，呼吸作用源于范围广泛的微生物，如细菌和原生动物。呼吸作用是好氧或厌氧能量的生产过程，这一过程中，细胞中减少的有机或无机化合物为起始端电子供体，而氧化物的输入为末端电子受体（图 23-2）。在呼吸作用中，化合物中的能量可减少至一个通常由糖酵解过程、三羧酸循环（CAC）过程和最终电子传递链过程组成的氧化还原水平，而氧化还原的最终目的是将能量转化为质子水平与 ATP。在代谢途径上，各种中间产物的有机分子消失于其合成同化途径中，也就是说，其可堆积合并为新的细胞物质。生长活跃的异养细胞碳基约 50%可形成新的细胞，而另外 50%则以矿化过的 CO_2 形式被释放。在不太严格的定义中，呼吸是指氧的摄取，期间伴随 CO_2 的释放。然而，在生态系统中，CO_2 也可由其他过程产生（如发酵和非生物过程）。例如，由碳酸盐释放的 CO_2。此外，某些类型的厌氧呼吸也能产生 CO_2，如微生物利用硝酸盐或硫酸盐作为电子受体时所产生的 CO_2。因此，有氧呼吸中的 O_2 没有被消耗。

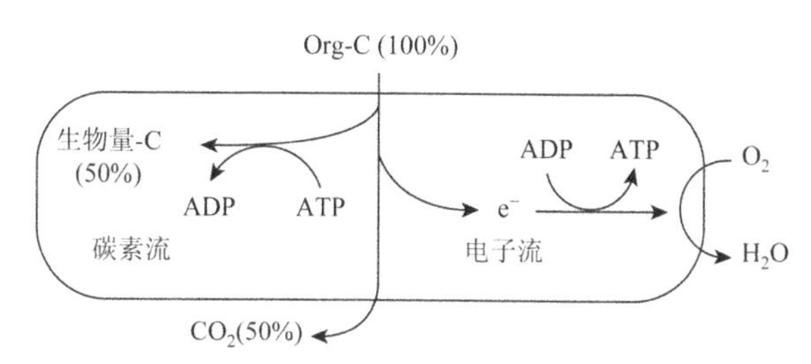

图 23-2 好氧呼吸的碳素流和电子流（盒子代表了微生物细胞）。

2. 磷的沉淀和细胞摄取

废水流中磷的去除是一种控制水体富营养化的常用对策，这一对策的观点是通过限制生态系统中的磷元素，最终使微生物因食物匮乏而死，从而避免其生长和生物量的增加。在所有的情况中，磷的去除都是通过将磷离子转化为固体这一方式进行的。

在特定 pH 范围内，利用 Al^{3+}、Ca^{2+}、Fe^{2+}和 Fe^{3+}或 Mg^{2+}金属离子的性质可提高正磷酸根离子（PO_4^{3-}）与磷的反应效率，并使反应物有效形成稳定的沉淀物，从而达到正磷酸根离子去除的目的。这些离子天然存在于某些土壤中，因此，磷酸盐可将其吸附于表面。另一方面，含有这些离子的化合物可被添加进污水处理系统中，在其稳定后，通过形成沉淀使其以物理方式被去除。磷不仅受化学添加物的影响，而且 pH 的变化和水中有机物的含量也可导致磷的含量降低。这两种方式均会影响系统中微生物的活性。

为浓缩磷，人们用植物、水生植物、微藻或细菌，或其组合等替代了化学沉淀方法。所有细胞都需要磷，磷元素的摄取是自然代谢的一部分。磷是核酸的重要组分之一，磷脂存在于各类细胞膜系统中。另外，磷酸盐缓冲系统可调节细胞中的 pH。因此，细胞对磷的需求非常大，其每克干物质中通常含有 1%～3%的磷。要真正去除磷，一定要收获其生产的生物量。

在一定的条件下，活性污泥工艺可通过细菌生物量来提高富含多聚磷酸盐高能物质的存储能力。厌氧条件下，在污水处理反应器中，主要是醋酸盐，还有其他挥发性脂肪酸（即发酵产物）被吸收并被合成生物高分子聚合物，如 β-聚羟基脂肪酸酯（PHA）或糖原（图 23-3）。在厌氧阶段，细胞中多聚磷酸盐的水平降低，同时可溶性磷酸盐被释放。当条件转变为有氧和缺碳时，相比先前释放到系统中的磷，储存的 PHA 可作为摄取更多磷的能量和碳源。聚磷细菌（PAO）中磷的浓度可增加至 15%以上。在浓度增加过程结束时，污泥的浮力密度也有所增加，且由多聚磷酸盐形成的致密颗粒能被染色，这便于在显微镜下对其进行观察。目前，对聚磷菌生态机制选择的理解仍不透彻，不动杆菌属的原生种被认为是这一过程的关键因素。不动杆菌属（*Acinetobacter*）作为鉴定细菌的现代分子生物学基础工具，其作用受到质疑，因为已经证明其他细菌也可在聚磷菌群落中起主导作用（如红环菌属、*Dechloromonas* 和 *Tetrasphaera*）。

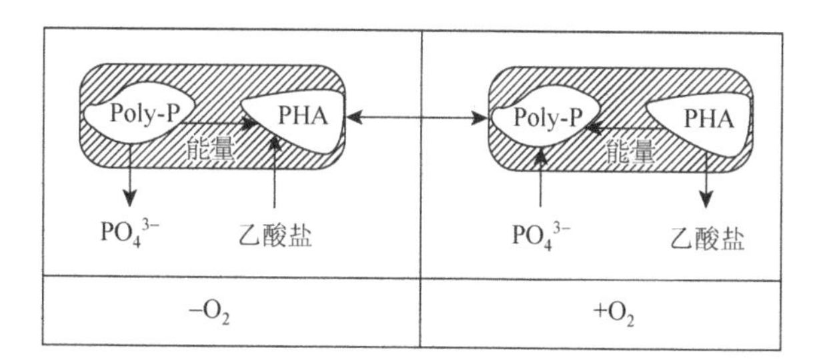

图 23-3 不同氧状况下多聚磷菌对磷的释放和吸收（阴影框代表细菌细胞，Poly-P 是磷酸盐，PHA 是聚羟基脂肪酸酯）。

3. 氮的转化过程

在微生物生态系统中，氮值得特别关注，因为它存在于好几种氧化水平上，范围从铵/氨（负三价）到硝酸盐（正五价）。此外，氮的转化，无论是氧化还是还原，大多都以微生物为媒介，尤其是细菌。当其转化时，氮的化合物具有构建细胞模块的作用，也可作为能量来源，或为束缚（dumping）电子的方式。

4. 矿化和固定

事实上，所有的微生物都可矿化和固氮，且其过程几乎与氧无关。蛋白质和核酸是细胞中的两个主要大分子，它们都包含氮这一基本元素。大多数有机质至少都包含一部分的氮。通过捕食或细胞死亡后，裂解的含氮分子将被释放［图 23-4（a）］。不过，由于它们的分子较大，使其无法被新的细菌直接吸收并固定。生长的细菌释放可攻击大分子并将其降解为更小分子的胞外酶：氨基酸和氨，它们能通过细胞膜迁移。氨的分离最终取决于其所在细胞和环境中的氮、碳状况。在具有较高碳氮比（>20）的碳充足环境中，所有氮将被吸收同化，也就是说，其被固定在细胞中。如果该比率较低（<10），氮将被矿化并释放到环境中。氨的释放也可使 pH 升高，主要原因在于氨（NH_3）的碱性特征。

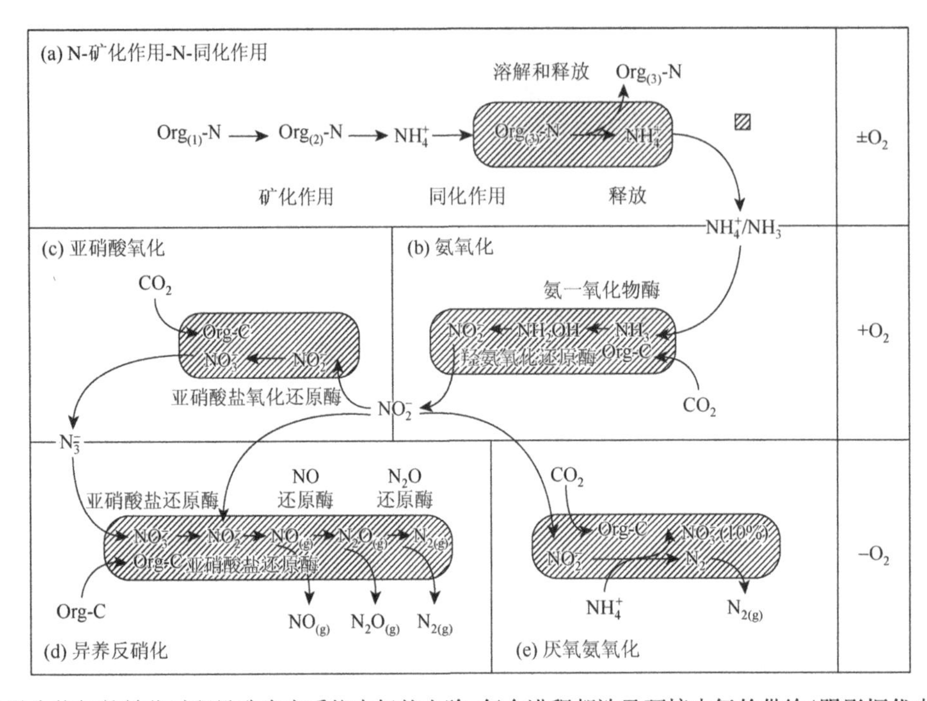

图 23-4　五种微生物氮的转化过程导致生态系统中氮的去除，每个进程都涉及环境中氧的供给（阴影框代表微生物细胞）。

5. 硝化作用

在无机营养的硝化作用中，氨逐步被氧化，首先由羟胺（NH_2OH）氧化为亚硝酸盐（NO_2），然后进一步氧化为最终产物硝酸盐（NO_3）［图 23-4（b）和图 23-4（c）］。这两个氧化阶段由细菌科中的两组特定硝化细菌完成。以前，欧洲亚硝化毛杆菌（*Nitrosomonas europaea*）、硝化杆菌属被认为是污水处理系统中铵和亚硝酸盐的氧化剂。最近，在污水工艺的硝化过程中，研究人员借助分子工具对所有氨氧化剂中的氨单加氧酶基因（*amoA* 基因）进行了分析，发现该过程中存在多种不同的变形杆菌氨氧化剂（AOB，氨氧化细菌）。另外，主要的亚硝酸盐氧化剂为硝化螺杆菌属（如微生物）而非硝化菌属。通过矿物氮氧化，细菌获得生长能量，也就是说，将二氧化碳固定于其生物量之中。大多数硝化细菌是绝对的需氧菌，其呼吸作用完全依赖于氧。无机营养型和自养型都有复杂的细胞结构包括内膜的分支系统，从而使其生长缓慢且对环境干扰较为敏感。AOB 受干扰后，可将生成的含氮化合物或氧化亚氮释放到大气中。而且，AOB 产生的质子也可使 pH 略有下降。

6. 反硝化作用

反硝化作用是厌氧呼吸过程，其中氮氧化物，主要是硝酸盐和亚硝酸盐被用作末端电子受体，因此它们被还原为气体产物一氧化氮（NO）、氧化亚氮（N_2O）和氮分子（N_2）［图 23-4（d）］。该过程受 pH、有机碳供给、矿物氮和曝气等因子控制。通常情况下，微生物的最终产物主要为氮分子，但其在非最佳条件下，氧化亚氮将占相当大的比例。氧化亚氮对全球变暖及臭氧层在平流层的消耗都有贡献。在大多基于分类和生理的细菌群组中都存在一定的反硝化能力。反硝化菌是兼性厌氧菌，也就是说，在呼吸作用中，其更倾向于将氧作为末端电子受体，但在氧气耗尽的情况下，它们可快速转向氮氧化物。众所周知，多为有机营养型和异养型的反硝化菌只利用有机质中那些更易利用的部分。在有氧条件下，已发现某些细菌如脱氮副球菌（*Paracoccus denitrificans*）可进行反硝化。另外，氨氧化细菌中的欧洲亚硝化单胞菌也可在一定条件下进行有氧反硝化，最终产物为氮气和亚硝酸盐。常规脱氮技术基于自养硝化与反硝化的组合。

7. 厌氧氨氧化作用

细菌中脱氮的途径比早期认为的更为复杂。最近发现，不仅一些氨氧化细菌可以脱氮，属于浮霉菌门的 lithoautotrophic 细菌也可进行厌氧氨氧化（anammox）；它们以亚硝酸盐为电子受体氧化氨，产生氮气［图 23-4（e）］。厌氧氨氧化菌的脂类包含酯类连接（典型的细菌和真核生物）和醚类连接（典型的 ARCHEA）脂肪酸。类似自养硝化细菌，厌氧氨氧化菌的内部脂膜是创建质子梯度必不可少的。虽然硝化细菌中的膜区（membranous compartmentalization）被排列为叠片（stacked lamellae），但在厌氧氨氧化菌区中包含较大的被称为厌氧氨氧化体的单个囊泡。

8. 微生物学和水循环的耦合

虽然污水处理厂和人工湿地的生物学原理相同，但就系统中通过的水流而言，污水处理的运作却非常不同。污水处理厂通常被认为是一个混合良好的反应器，其中溶质与微生物絮凝物间的接触非常有效，不妨碍反应。通过对流经相对狭长洗涤槽中循环水的机械搅拌，可确保充分混合。湿地系统依赖于水的自然混合，因此湿地形状、底部水深和植被布局等（这些因素控制通过湿地的水循环方式）必须合理设计。

当渠水流经其水道两边有植被覆盖的湿地池塘中心时，意味着主流与生物膜的宿主环境分离，也就是说，与植被的茎分离。在水底或植被带的横切面中，可通过改变水流方向至深水层而阻止这一分离。两种措施都能保持水流压力落差的稳定，落差稳定使水流更加均匀，从而可较好地利用整个湿地的水量。通常，在布置入口和出口时，最好以这种方式设计，即二者的距离为水流能有效到达的最远距离。当然，我们还可通过悬挂隔离墙或水坝对其进行布置。

四、生物处理系统中的反应动力学

1. 水循环和微生物学耦合

在处理系统中，磷、氮反应既涉及与溶质和水循环时间尺度（以秒的量级上）有关的动力学过程，又涉及与生物过程和吸附有关的动力学过程。本节所介绍的一般性理论基础可用于描述过程相互作用的方式，即将个体机制的科学基础与总体系统响应普遍关联的方式。

鉴于溶质和水循环的代表性，我们可将滞留时间 τ 的概率密度函数用作进口与出口间的水量函数 $f(\tau)$（PDF）。在以前的很多研究中，模型中滞留时间的分布及化学转化的耦合方程已被采用，尤其在模拟化学反应器、天然河流系统和湿地等研究中。基本假设包括每一流动路径具有唯一的滞留时间且路径之间不存在混合。因此，在稳定状态下，我们可估算出不同滞留时间 τ 的多条路径出口浓度的平均响应：

$$C(t)=\int_0^{\infty}C(t,\tau)f(\tau)\mathrm{d}\tau \qquad [1]$$

其中，$C(t,\tau)$ 表示 t 时刻的氮溶解浓度（即，[N]），湿地的出口点由滞留时间 τ 确定。

方程[1]为综合系统浓度响应的近似值，为确定水流滞留时间的概率密度函数 $f(\tau)$和沿各流动路径的氮浓度响应问题，我们将这一难题分解为一个多维水流问题。对污水处理厂（WWTP，参见下文）中充分混合的反应器而言，所有水量（water parcel）在其中停留的时间相同，可由“名义上的”水滞留（延迟）时间表示，也就是说，流量（V）和排放量（Q）之比。这在数学上意味着 $f(\tau)=\delta(\tau-V/Q)$，其中 δ 是狄拉克函数。因此，可由方程[1]得到 $C(t)=C(t,\tau-V/Q)$，这表明平均响应由与滞留时间 $\tau=V/Q$ 相关联的响应浓度曲线单值确定。具体而言，对具有恒定输入和外部约束的稳态反应器而言，我们可得到 $C=C(\tau-V/Q)$。

由于人工净化湿地的复杂混合条件，名义停留时间通常是一个不精确的近似值。二维流动基本遵循所谓的圣维南方程，也就是说，动量方程深度平均的表达形式。然而，在分析湿地流动时，科学家和工程师经常忽略惯性的影响，从而使我们对流动问题的数学描述得以大大简化。主要的流动问题与摩擦力的损失有关。例如，植被的分布，尤其是它对湿地流动模式和溶质混合的控制。除了被水流被动的对流（passive advection）混合外，溶质还可通过其他方式混合，如在植被和底沉积物中其与滞留区的散布和交换。图 23-5 显示了基于流动滞留时间估计的物理数学计算程序。

研究人员已发现，人工净化湿地的滞留时间分布通常符合包含具有相同滞留时间的 M 个水池的理想化系统，基于这一事实，我们可用下式对流动滞留时间进行更简单的替代：

$$f(\tau)=\frac{(M/\tau)^{M}}{(M-1)!}\tau^{M-1}e^{-\tau M/\tau} \qquad [2]$$

其中，τ 为滞留时间的预期值。模型物理基础的缺乏，意味着只有通过对模型预测和湿地中注射示踪剂结果的比较，M 的层级数才能被明确确定，如图 23-5（d）所示。M 的值通常在 3 周围波动。函数形式的主要优点在于其可被方便地用于方程[1]。

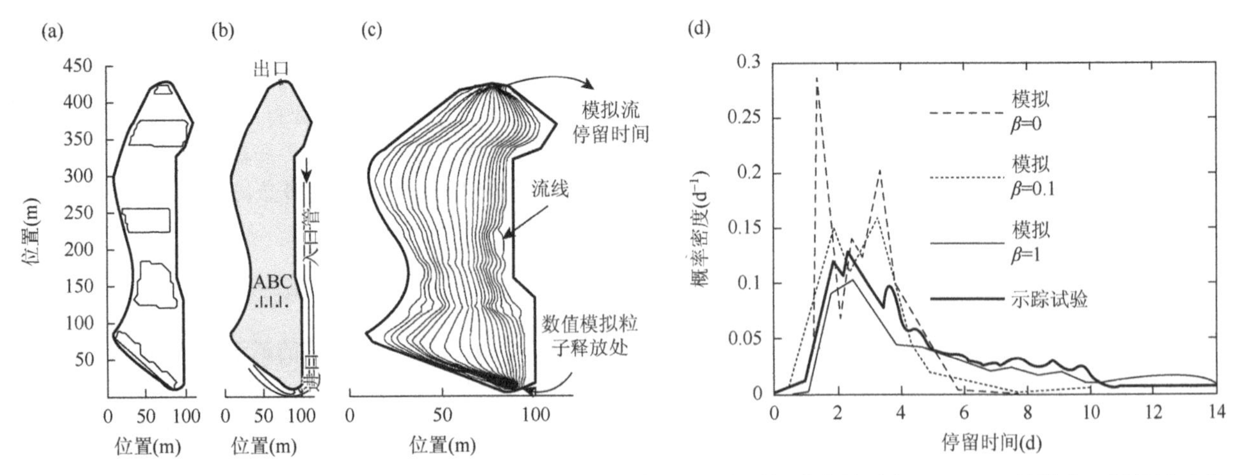

图 23-5 附图示例了基于物理的流动模型推导湿地水处理池塘中的停留时间分布的过程。（a，b）池塘水深测量以及估计植被分布。这些信息可用于流量输入模型，包括两个步骤，其一是水面高程和流动速度的计算（这里未示出），其二是在池塘入口释放数值粒子来确定流线和流动滞留时间（c）。模拟流动滞留时间可以与示踪实验确定的流动滞留时间相比较（d）。摘自 Kjellin J，Wörman A，Johansson H，and Lindahl A（2007）Controlling factors for water residence time and flow patterns in Ekeby treatment wetland，Sweden. Advances in Water Research 30（4）：838-850。

2. 酶动力学与细菌生长的耦合

如前所述，氮和磷的去除工艺涉及几个反应步骤和控制因素，这些控制因素以复杂方式嵌入其中。这就是为什么利用系统分析和自动控制对处理过程进行描述的原因。然而，大多数生物催化反应所具有的明显特点是，碳、磷和氮等物质对该处理过程的基本限制。根据方程[3]，对传统的污水处理厂和人工净化湿地而言，水中的总氮通常被认为随米氏方程酶动力学类型的减少而减少。

$$\frac{\mathrm{d}C(\tau)}{\mathrm{d}t}=\frac{qX}{K+C(\tau)}C(\tau) \quad [3]$$

其中，q 为特定细菌的活性，X 为细菌数量，而 K 为饱和系数或细菌在有限和无限状态间转变的临界浓度。原米氏方程假定 qX 是恒定的，现我们假定细菌数量可随时间而变化。细菌的常数 K 可被认为是恒定的饱和浓度。在氮浓度对反应不重要的非限制性条件下（即 $C\gg K$），方程[3]接近零阶形式 $\mathrm{d}C/\mathrm{d}t=-qX$。此时，反应只由酶的数量（细菌数）控制。在限制条件下（即 $C\ll K$）（这是人工净化湿地的主要优势），方程[3]接近一阶形式 $\mathrm{d}C/\mathrm{d}t=-(qXC)/K$，反映了氮浓度对反应的控制。$(qX)/K$ 比为脱氮率系数。

如果在反应控制因素（如细菌数量）中存在稳态，则在氮限制条件下，氮浓度将随滞留时间而衰减，即

$$C(\tau)=C_0\mathrm{e}^{-k\tau} \quad [4]$$

其中，C_0 为初始浓度。

在污水处理厂中，活性污泥法是在碳过量的条件下运行的。通过控制活性污泥的去除，细菌浓度将保持在一个相对稳定的水平。同时，废水循环可保证大致恒定的滞留时间，使氮限制和非限制性条件下氮减少的过程变得平衡。人工净化湿地中碳过量的原因在于处理厂中的充足碳生产，因此我们通常假定存在氮限制条件。

在活性污泥中，可仅以反应器体积与排放量之比来定义单一的停留时间，即 $\tau=V/Q$（参见“呼吸作用”部分）。而在人工净化湿地中，平均响应需估计特定滞留时间内的水流。利用方程[1]，在其中带入方程[2]和[4]后，可得到人工净化湿地的常用设计公式：

$$C_{\mathrm{out}}=\int_0^{\infty}C_0\mathrm{e}^{-k\tau}f(\tau)\mathrm{d}\tau=C_0\left(\frac{M}{k\tau+M}\right)^M \quad [5]$$

其中，k 为总氮减少的一阶容积系数。根据这一公式，当 M 趋近于无穷大时（即接近所谓的塞流时），可实现最有效的处理方式。

由方程[3]所表示的还原动力学是对若干个用以说明生物群落生长和腐烂的反应步骤（具有多个反应动力学）的简化表达。1949 年，Monod 提出细菌的非限制生长速率由环境因子而非基质决定，如[N]浓度符合下列方程：

$$\frac{\mathrm{d}X}{\mathrm{d}t}=\mu_{\max}\frac{S}{S+K_{\mathrm{s}}}X \quad [6]$$

其中，S 为基质浓度（碳浓度），K_{s} 为基底饱和系数，$\mu_{\max}$ 为最大种群特定生长率常数。细菌数量线性的一阶微分方程，意味着只要生长过程不受限制，则其数量将随时间呈指数增长。因此，生物处理系统中氮含量的改变可导致细菌群落和脱氮率系数的变化。有时，我们可见到涉及另一氮浓度因素的Monod增长率变形公式，这与将基质浓度包含在方程[6]中的因素类似。

3. 反硝化速率的测定

潜在反硝化活性（PDA）的室内实验技术测定，以抑制可将N_2O转化为氮气的最后一个脱硝环节为基础。过量的碳（如葡萄糖）、硝酸源和乙炔（C_2H_2）等可用于PDA含量的测定。然而，实验制备意味着细菌种群的增长（根据方程[6]），只要这种增长不是受营养物可用性的限制。如果基质中的氮浓度相对较高，则$[N_2O\text{-}N]$产物不受溶质浓度的限制，其仅由细菌生长决定。此时，相应的零阶反应为

$$\frac{\mathrm{d}[N_2O\text{-}N]}{\mathrm{d}t}=qX \qquad [7]$$

其中，$[N_2O\text{-}N]$表示N_2O中的氮浓度。在PDA的含量测定中，既然假定N_2O-N的质量生产速率与水溶解阶段产生的可利用总氮的质量减少速率相同，因此，方程[7]中的qX因子与方程[3]中的一样。

图23-6显示了初始阶段N_2O生产量的增加方式（之前的阶段标记为“1”），这一增加方式或多或少具有非线性，取决于细菌活性的相对增强或种群生长的相对增加。在“1”和“2”之间的阶段中，细菌生长因某些因素而受限或生长缓慢，但并非由有限的氮浓度造成。由于氮过剩，零阶反应直到“2”阶段时，氮才逐渐对反应形成限制。随着样品中可利用氮的减少，根据方程[4]，反应持续为受氮浓度控制的一阶反应，同时存在X数量的细菌。在图23-6中，一阶反应阶段相对较短。在生物处理系统中，由于碳和/或氮的限制，细菌种群中的细菌组成可短暂达到一个平衡，并随即进入如图所示的实验结果的第二阶段。与处理系统相有关的PDA由N_2O生成与时间关系的初始斜率决定，因为样品中细菌的初始量X_0可反映抽取样品的处理系统状态。

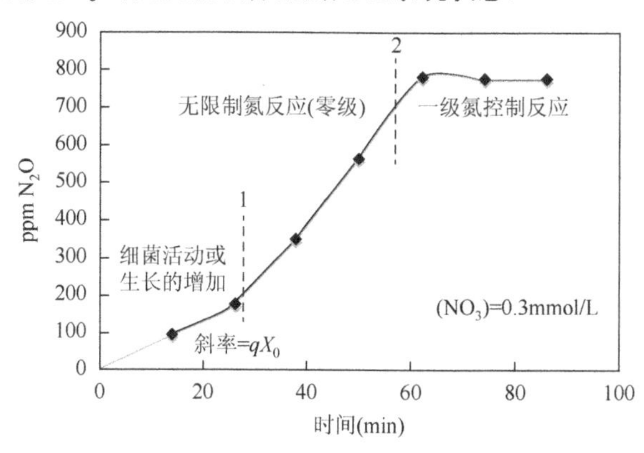

图23-6 在硝酸盐和碳初始无限制条件下包括细菌种群和酶动力学的一阶生长动力学的N_2O产生的实验室动力学观测实例。初始阶段之前，虚线标注“1”是由细菌活动或增长控制。此后，由于N_2O产生量的线性增加，细菌的数量是恒定的。随着氮受限制，通过缺氮和一阶产物的速率，该反应继续进行。这个结果来自于瑞典埃斯基尔斯蒂纳埃克比湿地的沉积物样本。

在氮限制条件转变的情况下，产物qX是单位时间和每单位体积内每单位质量中的氮反应时间率，因此qX/K为反硝化速率系数，其中K是转变期氮的极限浓度。

间歇式反应器要经过图23-6所示的各个阶段，而连续流系统通常保持在稳定状态（参见“连续流系统的SBR”部分）。人工净化湿地中，来自腐烂植被的碳非常充足，反硝化作用是受氮限制的，且一阶反应由氮浓度控制。反硝化率系数由qX_0/K确定。

五、生物废水处理系统

1. 净化湿地

（1）湿地的分类

天然湿地有多种类型，如木本类沼泽、矿养泥炭沼泽、雨养泥炭沼泽、草本类沼泽地和潮汐淡水区域等。木本类沼泽和草本类沼泽拥有开放的水流，可根据植被、土壤类型和野生动物等对它们进行区分。泥炭沼泽如矿养泥炭沼泽和雨养泥炭沼泽，主要是潜流式湿地，几乎没有开放的水面。雨养泥炭沼泽具有独立的水文单元，只能通过大气降水补充水分，而矿养泥炭沼泽可通过水流补充。由于水流经过湿地区域时可发生较大的化学变化，因此通过化学方式附着在（吸附）在固体表面上的营养成分和元素如重金属都能被有效去除，从而使其水质达到相应的“自然”水质标准。

人工湿地或净化湿地通常建设在具备自然湿地条件的地方，因此，在某种意义上讲，它们是自然系统的变体。然而，通过引入水坝和运河，其可为碳的固存提供适合的水深，这些碳是植物（如芦苇）的营养来源且与氧气环境隔离。在某些情况下，即使没有天然地下水到达地表，湿地也可建在黏土层或人工黏土密封层中。因此，在湿地设计当中，渗漏这一重要问题必须予以重视。人工湿地通常分为潜流（SSF）湿地和地表径流湿地或自由水面（FWS）湿地。这两种类型的湿地常被用于处理生活污水、市政和工业废水。特别是，这些系统还可被用于处理垃圾渗滤液、农田径流和社区废水等。SSF湿地可通常用作传统处理厂城市废水后的研磨步骤。由于土壤可携带传染性的废水，因此小社区普遍偏好SSF系统。在溶质部分进入砂过滤器或其他土壤层之前，潜流系统需将废水中的固体物质分离，其中磷是通过颗粒基质的吸附作用去除的，而氮是通过土壤细菌的反硝化作用去除的（图23-7）。

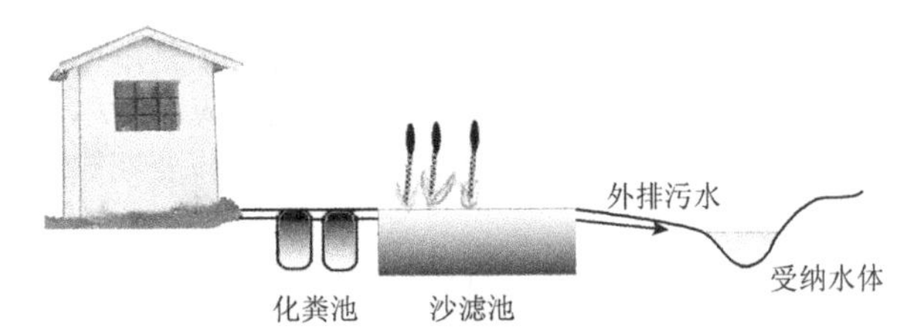

图 23-7 包括化粪池和下游砂滤器的单个家庭典型地下处理系统。

具有较大排水能力的地表径流湿地通常是城市污水确保能被彻底净化的首选之地。磷通常可在处理厂中被有效去除，而氮的处理要求其在湿地中的滞留时间更长。

用于处理城市和工业废水的 FWS 和 SSF 湿地，都以相当于每人 5～10m^2 的面积设计的。

（2）FWS 湿地的功能

在地表径流湿地中，植被对支持反硝化作用碳的供给非常重要，可为生长于茎部的生物膜提供宿主环境，并可引起水流的摩擦损失，而摩擦损失可产生有利的流动模式。沉水植被也能控制水中的氧气水平。

在最近建立的一个湿地中，植被随时间的变化使湿地生态系统和交互处理工艺在相当长的时间（多年）内才趋于稳定。在寒冷气候条件下，虽然湿地净化的效果也随年际变化，但冬季的净化效果更明显。

在寒冷气候下，湿地池塘两岸被水甜茅（*Glyceria maxima* L.）、芦苇（*Phragmites australis* L.）和香蒲（*Typha latifolia* L.）等覆盖，沉水植物例子包括修长的水草［伊乐藻（*Elodea nuttallii* L.）］、西米眼子菜（*Potamogeton pectinatus* L.）、金鱼藻（*Ceratophyllum demersum* L.）和尖刺狐尾藻（*Myriophyllum spicatum* L.）等。金鱼藻形成的植被致密层可被看作是水流的多孔介质，具有较大的内表面，可供生物膜利用。

由传统处理厂在生物膜中的反硝化作用除氮之后，我们可构建净化湿地，以用于废水的再净化，这是净化湿地的主要作用。通常，在大多氮化合物（如铵盐和亚硝酸盐）进入湿地之前，其已被常规废水处理过程中水的氧化作用转化为硝酸盐。生物膜可在植物茎部和底部沉积物中生长。因此，溶质在湿地（具有底部沉积物）流动通道和植被带间的交换率是一个很重要的因素。宿主环境（如底部沉积物）中的生物膜反硝化潜力通常明显高于整个系统尺度的实际反硝化率，因为生物膜难以与水进行有效的接触。

（3）SSF 湿地的功能

SSF 湿地的优点在于其中的水在地表之下，这可缓解恶臭污染，并能降低公众暴露在传染性细菌中的风险。湿地建设通常包括沙子和（或）砾石床，由挺水植被如香蒲属（*Typha*）和芦苇属（*Phragmites*）支撑。该系统设计的纵横比（L∶W）约为 15∶1，而流速约为 cm/d 到 dm/d。

单个家庭的典型设计布局如图 23-7 所示。第一个步骤通常涉及沉积池塘中废水粗粒级的分离，或化粪池中废水粗粒级的分离。这将产生可以渗透和流过砂滤器而不会很快堵塞过滤器孔且能迅速终止其生物活性的废水。

净化过程包括多孔材料微粒（有机）物质的机械过滤、磷的吸附、重金属的固体基质吸附及由上部土壤层硝化和反硝化细菌引起的氮分解反应。已有大量研究案例证实，通过这些过程，生物需氧量（BOD）、总悬浮固体（TSS）、磷和氮等可被有效去除。

2. 污水处理厂——活性污泥法

（1）概况

一般来说，含组合式反应器（池或罐）的污水处理系统因其性能良好，通常也可被称为污水处理厂。而且，通过这种系统的废水流完全可被控制和优化。污水处理厂包括机械、化学和生物阶段。在机械阶段，重固体颗粒被沉降在底部，而轻物质通过飘浮于水面被去除。在化学阶段，通过金属盐添加沉淀磷。除磷可在处理过程中的不同阶段进行，包括生物阶段之前、同时或其之后，可分别称为预沉淀、共沉淀或后沉淀。生物阶段的运行原理可基于下述两个基本原理的任何一个。反应器中附有固体表面，以支持细菌的生长和生物膜的扩展（滴滤池、生物转盘和流化床等）［图 23-1（b）］；通过天然悬浮固体，以支持水体中细菌的生长（活性污泥处理）［图 23-1（a）］。

活性污泥工艺可被设计为连续流动系统或 SBR（序批式活性污泥法）。在污泥问题解决后，这两种系统通常都包括曝气生物的脱氮除磷阶段。它们的差别在于，在连续流动系统中，这些阶段出现在两个不同的反应器中，而在 SBR 中，它们却出现在相同的反应器中。

（2）连续流动系统和 SBR（序批式活性污泥法）

在传统的连续流动系统中，初步处理后的废水被送到进曝气池［图 23-8（a）］。废水的输送和压缩空气的供应有多种方式，如引进可产生氧气梯度的装置和在整个废水池基质中选取那些可产生更均匀环境的点位等。在废水通过整个废水池时，一部分可被引导流经开放的基质层。在完全混合的过程中，水可在废水池内循环。流出的水被输送至澄清池，使颗粒在澄清阶段结束前沉降。含有活细胞生物量的固定剩余污泥的去除是单独处理的。然而，一些污泥通过再循环使微生物可实现再接种过程。这一过程将决定该单元的稳定功能。这两种方法的总体思路与微生物在实验室或在许多工业工艺中的持续培养基本一致。

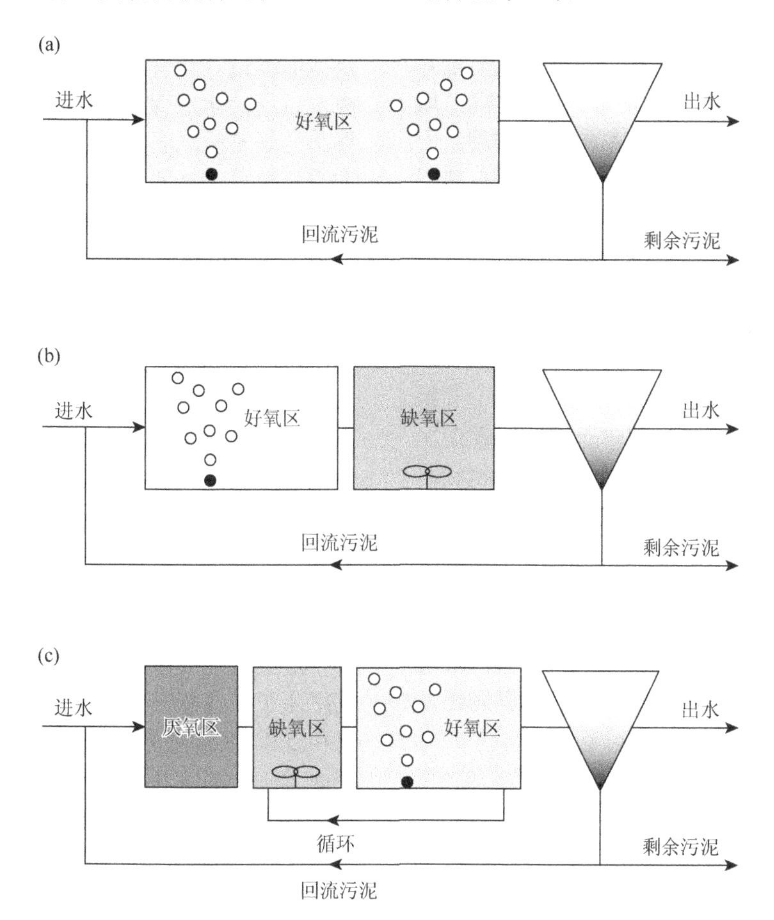

图 23-8　传统活性污泥工艺的例子（a）无脱氮能力、（b）有脱氮能力和（c）兼有生物脱氮和增强生物除磷能力。

一个或多个 SBR 的操作通常由一系列充排循环构成。每个循环通常包括一些独立的操作阶段，如进水、反应、沉淀、排水和间歇等。因此，反应阶段之后，也就是说，生长阶段之后，所产生的生物量被沉降，且澄清处理的上清液被去除。这个过程类似于实验室中细菌的分批培养。

（3）生物过程

在活性污泥法的生物阶段，为使悬浮物、空气和养分与微生物紧密接触，水必须经过适当的混合。基于混合规律，可对活塞流或完全混合系统进行区分。为实现有效的混合并给好氧微生物呼吸提供充足的氧气，可从下方反应池鼓入大量的空气。此时，溶解氧（DO）的浓度应保持在 2mg/L 左右。如上所述，系统中的过渡阶段可维持微生物生长的最佳环境。在反应期间形成的高活性三维聚合体微生物群落可称为絮凝物［图 23-1（a）］。絮凝物的直径通常为 100～500mm。新的显微技术，如结合图像分析的荧光显微镜和共聚焦激光扫描显微镜（CLSM）技术已被用于分析活性污泥的聚合物。一般来说，絮凝物中可辨别的结构主要有 4 种：①活性和非活性的微生物细胞，主要包括细菌、原生动物和后生动物；②胞外聚合物质，如碳水化合物和蛋白质；③无机粒子（砂）；④水。从技术角度看，污泥性能是根本。性能良好的密集絮状物的形成，可为操作提供便利条件。在一个健康的过程中，通常有丝状菌存在。健康过程通常指操作正常且不会出现膨胀或发泡问题症状的过程。已有几个污泥指数被建议用于描述和表征污泥的属性。

丝状菌比例的偶尔增加，仅能引起松散结构的絮状物缓慢沉降但无法使其结构更加紧密，这种现象称为膨胀，可造成无法控制的固体损失，如活性硝化生物量。虽然大多丝状菌是异养生物，但研究人员发现几乎不可能对其进行培养。在多数膨胀事件中，通常涉及的丝状微生物约有 10 种，而其中的微丝菌（*Microtbrix parvicella*）似乎尤其重要。该细菌既长又薄，在活性污泥样品中，通过显微镜区分其卷曲的外形极其容易。仅有一例关于好几个分离物代谢特征的研究报道，它们的代谢结果并不总是一致。高于 6mg/L 的 DO 浓度可对微丝菌产生负面影响，但在 0.4mg/L 时生长良好，因此它是一种微需氧菌。微丝菌也偏好微碱性环境。在这一环境中，尽管发现 8℃时一些微丝菌仍可生长，但研究显示其最佳生长温度为 25℃。同时，它的最大生长速率（最大）为 0.38～1.44/d。细菌虽然不能利用葡萄糖，但却偏好长链脂肪酸，如油酸。它可以存储 PHA 细胞和脂肪。在活性污泥工艺中，因丝状微生物增加而引发膨胀问题，目前还没有有效的控制对策。根据细菌的生理特性，可通过对如下工艺的改变使其数量下降：缩短污泥滞留时间、提高溶解氧到 2mg/L 以上和用浮选法去除高脂含量等。

泡沫可产生固体的分离问题，这是另一个普遍的问题。稳定的泡沫可将污泥携带至澄清器表面，并将固体从澄清器中附带输出。泡沫通常由丝状菌和气泡组成。起泡原因众多。在活性污泥工艺中，微丝菌似乎比其他大多数细菌更疏水，且经常与起泡问题有关。在活性污泥泡沫中，被鉴定的另一组细菌是产生放线菌的分枝菌酸。控制泡沫最常用的方法与控制膨胀问题的方法相同。然而，该问题的严重性已促使物理的、化学的短期措施得以完善，以用于控制这些状况。

（4）养分去除能力

合理的控制活性污泥工艺可非常有效地去除有机碳含量及矿化和硝化的氮。例如，城市污水中化学需氧量（COD）与生化需氧量的去除能力分别高达 85%和 95%以上。碳的减少原因在于有氧呼吸损失，因此由生物量增长产生的污泥，以及溶解态絮状物和颗粒态有机物等都可被去除。另外，每次输入的磷氮中，有 20%～30%被沉淀的污泥截留，其余的以溶解性磷酸盐和硝酸盐的形式离开系统。因此，在减少氮磷方面，活性污泥工艺的基本设计是无效的。然而，通过化学沉淀和硝化-反硝化组合后，它们的总去除能力可分别提高 90%和 70%以上。

活性污泥系统能产生如此之多的污泥，这肯定是有问题的。尽管污泥是潜在的“有机肥料”（它富含植物营养），但由于存在病原体发生和化学毒物污染的风险（如污泥中的重金属），当其因再循环而进入耕地时，便会引发一系列与之相关的问题。因此，需要尽力减少污泥的产生。增加曝气周期可导致更长的污泥滞留时间，这使内源性代谢周期延长，也就是说，使内部细胞物质的微生物消耗及细胞溶解和颗粒物质的矿化周期延长。用水生捕食者寡毛动物（oligichaetes）减少过量污泥生产被认为是非常有效的方法。在厌氧反应器中将污泥处理为生物气体（CO_2 和 CH_4），是减少源自污水处理厂污泥量的常用方法。

（5）增强的氮磷还原

长期以来，硝化和反硝化的结合被认为是一个有效的生物方案，可解决废水中的氮去除问题。为两类细菌设置适合环境的最直接的方式是，在它们进入后反硝化过程中的厌氧段之前［图 23-8（b）］，将其与好氧段或区域连接起来。然而，大部分有机物质被消耗在好氧区，这种设置有时是低效的，因为缺少反硝化菌可利用的能量。一个更有效的解决方案是把厌氧区置于好氧区前端，且使水在两个区域之间循环。在这一预反硝化设计中，反硝化菌对缺氧条件和来自流入中的新鲜有机物都可适应。另一种解决方案是利用外源有机能，如乙酸盐、乙醇和甲醇等来支持反硝化作用。随着这些分子成为有机营养菌正常代谢途径的一部分，它们可迅速对乙酸盐和乙醇做出响应。利用甲醇进行有效的反硝化需要较长的适应期，通常需要数月时间。只有少数生长缓慢的特化菌适应期较短，如可利用一个碳化合物（CH_3OH），且代谢途径复杂的生丝微菌属（*Hypbomicrobium*）。

最近，生物脱氮技术与新型细菌探索的结合，已产生了一些新的方法。通过将短程硝化与厌氧氨氧化过程结合，已构建出消耗较低资源［图 23-4（b）和图 23-4（e）］的脱氮技术体系。在部分硝化过程中，通过采取快捷的方法阻止由亚硝酸氧化细菌将亚硝酸盐氧化成硝酸盐，取而代之的是由异养硝化直接去除亚硝酸盐。在亚硝酸铵对氨氮高去除率的单核反应器系统（SHARON）中，相比在较高温度下（＞26℃）的氨氧化剂，通过使用生长速度较慢的亚硝酸盐氧化剂更易实现不完整的硝化。通过采取更高的水力滞留时间，亚硝酸盐氧化剂将被冲刷掉。因此，积累的亚硝酸盐可由后续反应器中的厌氧氨氧化过程中去除。在厌氧氨氧化过程中，用氨氧化亚硝酸盐作为电子供体。在部分的硝化过程中，有一半的氨转化为亚硝酸盐。这一过程的优点在于反硝化工序不需要多余的有机能。另一种变化是在单一反应器中让硝化细菌氧化氨为硝酸盐，并消耗氧以达到厌氧氨氧化菌所需的厌氧条件。这一过程被称为 CANON，为“完全自养脱氮亚硝酸盐”的缩写。由于两种生物脱氮和强化生物除磷需要在好氧和厌氧条件下交替循环，因此，在同一个污水处理厂合并两个过程似乎是合乎逻辑的。然而，这似乎并不容易。除了厌氧和好氧动态交替，厌氧区必须保持完全的厌氧以产生发酵最终产物，如由 PAO 细菌选择的脂肪酸。在厌氧区，硝酸盐必须是较低的水平，否则异养的脱氮剂反硝化会消耗 PAO 细菌所需的有机分子。在所谓的三阶段 PHOREDOX 工艺中，进水被供给到厌氧反应器中，然后输送到缺氧反应器，从最后的好氧反应器进入再循环的活性污泥中［图 23-8（c）］。较少的硝酸盐以污泥的方式从澄清器返回到系统起始端。因此，脱氮除磷都是通过此设计来完成的。

（6）管理和仿真模型

活性污泥法不仅涉及复杂的因素，但也有进水特性的暂时改变。进行彻底的控制和优化维护调节工艺性能是非常必要的。描述实际的污水处理厂，可使用一般的模型，包括活性污泥模型，水力模型，氧转移模型和沉淀池模型。活性污泥模型是由一组微分方程描述生物反应的发生过程。除了控制和优化使用，废水处理厂模型可用于模拟学习或评估新的替代方案设计的不同情景。

（7）污水处理厂的优点和缺点

活性污泥法的基本设计中具有生物氧化碳和氮的较高能力。此外，可以在相对较小的单元中完成，也就是说，只需较小的空间，这也常常是城市地区污水处理厂的一个先决条件。通过修改设计，由生物过程去除较高的氮和磷。SBR 工艺是既稳定又灵活的活性污泥工艺。生物量不能被洗去，因为在处理有机和水力负荷的转化可能性较好。此外，维持 SBR 工艺需要较少的设备和操作员的关注。

活性污泥工艺的污水处理必须被视为一种较高的技术工艺。即操作基于该技术的系统需要丰富的知识和经验。在活性污泥法的工艺设计过程中，更注重养分去除的效率。虽然一般病原体可以去除，但是大多数污水处理厂的设计不是用于处理致病微生物的。此外，微生物群落的环境选择压力可能导致高度特定化的生态系统。因此，基于环境变化如污水负荷和化合物以及进水毒物，处理过程可能对干扰是敏感的。维护和保养的成本高。系统中氮的去除为气体排放，而不是在作物生产中利用这样有价值的植物营养。此外，富于污泥的植物营养可能含有重金属，以及人为的有机污染物，这些可能导致生态系统风险，因此大部分通常必须被沉淀或可能焚化。

最后，活性污泥法最有可能是污水处理厂的技术，在可预见的未来也将占主导。工艺设计不断发展以满足未来的废水种类、性能改进和更少资源消耗的需求。

六、生物污水处理展望

最初，由于环境卫生的原因，引入了有组织的污水处理。如今，在工业化社会，污水处理厂和耕地对海洋受纳水体贡献了相当大比例的人为氮负荷，这严重增加了水生环境的富营养化程度。大多数自然生态系统是由缺乏像磷和氮常量元素所主导的，这意味着富营养化水平往往直接决定生态系统的响应。这种相互作用强调了污水处理系统适应于自然的生物地球化学循环，并与可持续社会愿景相一致的重要性。

一个重要的问题是，何种程度的废水，例如，城市污水和污水污泥，应该被认为是废物或有价值的资源，作为作物的植物营养素和能源生产再循环。食品和能源是全球人口不断增长的主要制约因素。如今，无论是磷的提取还是矿物氮肥的生产都要消耗大量的化石燃料。因此，将来重要的目标是通过食品生产和提炼、城市消费、废物处理和返回耕地的方式，创建一个可持续的植物养分循环。为了实现这一目标，流出的废水必须包含尽可能多的磷和氮，除了微量的有机和无机毒物。

这种全球性的目标必须与不断增强的废水处理能力相联系。不仅应对具体的处理情况选择具体的解决方案是重要的，而且涉及水动力学和生物过程的广泛科学基础的优化处理方式也是必不可少的。耦合科学基础对于深入理解脱氮的关键微生物过程和优化生物处理系统是重要的。

另一个未来的展望是湿地净化对维持生态系统生物多样性的贡献，以及对建立城镇居民和生态系统之间轻松无障碍游憩和教育会议的贡献。最为重要的是，这将建立废物流作为资源的意识，并促使可能的公民参与。

课外阅读

Ahn Y H（2006）Sustainable nitrogen elimination biotechnologies. *Process Biochemistry* 41：1709-1721.

Bolster CH and Saiers JE（2002）Development and evaluation of a mathematical model for surface water flow within Shark River Slough of the Florida Everglade. *Journal of Hydrology* 259：221-235.

de Bashan L E and Bashan Y（2004）Recent advances in removing phosphorus from wastwater and its future use as fertilizers（1997-2003）. *Water Research* 38：4222-4246.

Garnaey KV，van Loosdrecht MCM，Henze M，Lind M，and J?gensen SB（2004）Activated sludge wastewater treatment plant modelling and simulation：State of the art. Environmental Modelling *and Software* 19：763-784.

Gilbride KA，Lee D Y，and Beudette LA（2006）Molecular techniques in wastewater：Understanding microbial communities，detecting pathogens，and real time processes. *Journal of Microbiological Methods* 66：1-20.

Hughes J and Heathwaite L（1995）*Hydrology and Geochemistry of British Wetlands*. London：Wiley.

Juretschko S，Loy A，Lehner A，and Wagner M（2002）The microbial community composition of a nitrifying denitrifying activated sludge from an industrial sewage treatment plant analyzed by the full cycle rRNA approach. *Systematic and Applied Microbiology* 25：84-99.

Kadlec RH and Knight RL（1996）*Treatment Wetlands*. New York：CRC Press LLC.

Kelly JJ，Siripong S，McCormack J，et al.（2005）DNA microarray detection of nitrifying bacterial 16S rRNA in wastewater treatment plant samples. *Water Research* 39：3229-3238.

Kjellin J，Worman A，Johansson H，and Lindahl A（2007）Controlling factors for water residence time and flow patterns in Ekeby treatment wetland，Sweden. *Advances in Water Research* 30（4）：838-850.

Levenspiel O（1999）*Chemical Reaction Engineering*. New York：Wiley.

Liwarska Bizukokc E（2005）Application of image techniques in activated sludge wastewater treatment processes. *Biotechnology Letters* 27：1427-1433.

Rossetti S，Tomei MC，Nielsen PH，and Tandoi V（2005）'Microthrix parvicella'，a filamentous bacterium causing bulking and foaming in activated sludge systems：A revew of current knowledge. *FEMS Microbiology Reviews* 29：49-64.

Schmidt I，Sliekers O，Schmidt MS，et al.（2003）New concepts of microbial treatment processes for the nitrogen removal in wastewater. *FEMS Microbiology Reviews* 27：481-492.

Seviour RJ and Blackall LL（eds.）（1999）*The Microbiology of Activated Sludge*. Dordrecht：Kluwer Academic Publishers.

Van Niftrik LA，Fuerst JA，Sinninghe Damste′ JS，et al.（2004）The anammoxosome：An intracytoplasmic compartment in anammox bacteria. *FEMS Microbiology Letters* 233：7-13.

Wagner M and Loy A（2002）Bacterial community composition and function in sewage treatment systems. *Current Opinion in Biotechnology* 13：218-227.

第二十四章
北方森林
D L DeAngelis

一、引言

北方寒带森林生物群系也被称为“泰加林”(taiga)(俄罗斯人称“沼泽森林”)。在地理上，北方寒带森林位于45°N～70°N，包括加拿大、阿拉斯加和西伯利亚的全部，以及欧洲俄罗斯和芬诺斯坎底亚的部分地区，界于北部寸草不生的苔原和南部混交林之间。其被生态学家称为“生物群系”，这一术语指的是生物地理单元，区别于由植被结构和优势种所决定的其他生物群系。生物群系是生态学家进行植被分类的最大尺度。生物群系的所有部分通常处于相同的气候条件范围内，但由于当地条件的不同，生物群系可能包含许多特殊生态系统（如泥炭地、河漫滩和高地）和植物群落。尽管生物群系内具有多样性，但这里提到的北方寒带森林中，术语“生物群系”和“生态系统类型”可互换使用。

二、气候和土壤

北方寒带森林为对生长期很重要的大陆性气候，一年中通常有30～150d温度超过10℃。温度最低可降至–25℃以下。年平均降水量为38～50cm，最小量出现在北方寒带森林北部，夏季降水更为频繁的。水分几乎不受限制，因为地形普遍平坦且蒸发率很低。

永久性冻土分布于这一区域的北部地区，南部的界限大致与–1℃的平均气温线一致，积雪深度约为40cm。在北方寒带森林区中出现的永久性冻土带，其深度通常在1.5～3m。永久性冻土带的出现限制了向上部活动层的土壤过程且阻碍排水，从而导致渍水土壤。泰加林的土壤分解率非常缓慢，这促使泥炭的积累。

几种土壤类型都具有北方寒带森林的特点。在密集的针叶树冠层，北方寒带森林土壤的主要组成部分都严重灰化，其中的土壤是透水的，因此它包含了大量的灰土。强烈的酸性淋溶形成了纯碱色的淋溶土层，浸出了大部分的碱性阳离子，如钙离子。因此，泰加林土壤往往缺乏养分。冰冻土在存在永久冻土的北部是常见的。这些都是剖面尚未发育的年轻土壤。高有机物的有机土形成非永久性冻土湿地，在缺氧条件下，其中的分解缓慢。这些通常被称为泥炭地。

三、森林结构和物种

由于许多阔叶树对较低的冬季气温比较敏感，因此其需要一个漫长而炎热的夏季。真正的北方寒带森林起源于少数仅存阔叶树成为森林次要组分的地方。四种针叶属为泰加林的主要部分：云杉属（*Picea*）、冷杉属（*Abies*）、松属（*Pinus*）和落叶松属（*Larix*）。在很大程度上以矮小形式出现的阔叶树，包括桤木属（*Alnus*）、杨属（*Populus*）、桦树属（*Betula*）和柳树属（*Salix*）。阔叶树通常是早期演替物种，受火灾或河岸侵蚀/沉积作用等的干扰，最终会被增长较慢的云杉和冷杉所覆盖。许多主要的北方寒带森林以一些云杉种为主。中部和南部的泰加林带构成了茂密的林冠，地面覆盖了低矮的灌木，如蔓越莓和越橘类，以及苔藓和地衣。在西伯利亚北部，巨大的区域几乎被落叶松完全覆盖，且林冠郁闭度很低。松树可承受一系列的恶劣条件，生长在有光的沙质土壤和其他干旱地区。随着向北方寒带森林苔原边界的靠近，针叶树逐渐成为稀疏林地，地衣和苔藓覆盖地面，树木也变得越来越矮小。

北方寒带森林现存的生物量被估计为200t/ha（范围为60～400t/ha）。与此相比，温带落叶林和苔原生态系统的被分别估计为350t/ha与10t/ha。北方寒带森林不同于温带森林，它具有较高的作为光合作用叶片的总生物量（7%对1%）比例。它也不同于苔原，具有较低的根生物量（22%对75%）比例。

四、动物

生活在北方寒带森林的动物远不及大多数温带生态系统多样。对数千公顷森林通常具有明显破坏性影响的泰加林动物群的一个类群是植食性昆虫，这些昆虫种群，包括松树叶蜂、云杉蚜虫、小蠹虫和许多攻击针叶树的其他种，它们都能逃避天敌并建立了庞大的种群密度。北方针叶林的大型单一特异性林分可能会特别脆弱。温暖月份的大量昆虫，可解释大批鸟类，尤其是莺和画眉从南方迁移至泰加林进行繁殖的原因。许多鸟类都适应于作为泰加林的居民。东半球的雷鸟，适合于常年生活在泰加林，还有一些猫头鹰、啄木鸟、山雀、五子雀、交喙鸟和乌鸦等也适应在这里生活。北方寒带森林的小型哺乳动物包括松鼠、金花鼠、田鼠和北美野兔等。这些为少数食肉动物物种提供食物的包括赤狐（*Vulpes vulpes*）和鼬科。驼鹿（*Alces alces*）（东半球称麋鹿）在泰加林有广泛的地理分布。它们是狼（*Canis lupus*）偶尔也是棕熊（*Ursus arctos*）的猎物。

五、生物多样性

泰加林的物种丰富度远远小于南部的温带森林。在美国东部温带森林的 25m×25m 样方中，通常可观察到的物种超过 100 个。在泰加林中，物种丰富度由南到北明显下降。然而，在加拿大南部的泰加林中，已被发现的树种有 40 多种，在接近苔原边界处下降至 10 种左右。动物物种也表现出较强的梯度。爬行动物和两栖动物在坡度 55°以上时几乎不存在。在北美的北方寒带森林生物群系中，哺乳动物物种丰富度向北由近 40 种下降至 20 种，同时鸟类物种从大约 130 种下降至 100 种以下。

六、生态系统动态

北方寒带森林气候保持在温带较温暖气候和苔原较寒冷气候之间，其生产指数介于这两种生态系统类型之间。北方寒带森林年净初级生产力估计为每年 7.5t/ha（范围为每年 4～20t/ha）。与此相比，温带森林为每年 11.5t/ha，而苔原生态系统为每年 1.5t/ha。北方寒带森林平均凋落物估计为每年 7.5t/ha，温带森林和苔原分别为每年 11.5t/ha 和 1.5t/ha。由于低温减缓分解，北方寒带森林凋落物的分解率为每年 0.21t/ha，也介于温带森林和苔原的每年 0.77t/ha 和 0.03t/ha。这意味着 95%的凋落物分解需要 3×（1/0.21）=14 年左右。

火灾是北方寒带森林生态系统动态变化的内在因素。闪电会导致某一地区火灾的发生，干旱地区每隔 20～100 年发生一次，而湿润地区如河漫滩每隔 200 年以上发生一次。因为养分往往被束缚在缓慢分解的有机物中，而火烧可周期性地释放养分，这对维持树木生长是非常重要的。许多泰加林植物物种可适应火灾，如晚熟的球果和一些性早熟的针叶树，且阔叶树和许多灌木物种具有再萌能力。火烧还可重置演替周期，使不耐阴物种如桦树和白杨能够入侵。

七、保护和全球性问题

北方寒带森林代表了陆地表面最大的一个活生物量库（总陆地库的 30%以上），因此在全球碳动态中极其重要。大部分的碳都储存在近地面层。目前，泰加林被认为扮演净碳汇的作用。然而，以较高温度形式的全球气候变化，通过使分解速率快于光合速率而引起碳动态的显著变化。由于预期的降水不会增加，因此火烧频率也可能随温度的上升而增加，这将进一步加剧储存在近地面层的碳释放。根据一些研究，北方寒带森林将在预计的气候变化下成为大气 CO_2 的净贡献者。

由气候诱发的北方寒带森林变化，将对以该地区作为繁殖基地的候鸟产生重要影响。由于对生物群系中许多区域的砍伐，森林已经越来越破碎化，而树种组成的变化可给鸟类的适应能力带来挑战。

参考章节：苔原。

课外阅读

Danell K，Lundberg P，and Niemala P（1996）Species richness in mammalian herbivores：Patterns in the boreal zone. *Ecography* 19：404-409.

Henry JD（2003）*Canada's Boreal Forest*. Washington，DC：Smithsonian.

Hunter ML，Jr.（1992）Paleoecology，landscape ecology，and conservation of neotropical migrant passerines in boreal forests. In：Hagan JMIII and Johnston DW（eds.）*Ecology and Conservation of neotropical Migrant Landbirds*，pp. 511-523. Washington，DC：Smithsonian Institution Press.

Knystautus A（1987）*The Natural History of the USSR*. New York：McGraw Hill.

Krebs CJ，Boutin S，and Boonstra R（2001）*Ecosystem Dynamics of the Boreal Forest*：*The Kluane Project*. New York：Oxford University Press.

Larsen JA（1980）*The Boreal Ecosystem*. New York：Academic Press.

Oechel WC and Lawrence WT（1985）Taiga. In：Chabot BF and Mooney HA（eds.）*Physiological Ecology of North American Plant Communities*，pp. 66-94. New York：Chapman and Hall.

第二十五章
植物园
M Soderstrom

一、可系统研究的花园

植物园是花园，其中的植物被汇集在一起，可进行系统的研究。它们经常模仿一系列自然生态系统，如旧金山植物园创建了云雾森林区，而皇家植物园（邱园）（图 25-1）棕榈室（图 25-2）的地下室则有海洋和潮间带生境特征。但在植物园中，术语生态的含义远不在于模仿，随哲学和世界观的发展，植物园的生态影响已发生了变化。

扫一扫看彩图

图 25-1　棕榈室是皇家植物园最鲜明的特征之一，其也刺激了其他植物园中许多温室的发展。图片由 M. Soderstrom 提供。

扫一扫看彩图

图 25-2　皇家植物园保护区中生长于林下的风信子。图片由 M. Soderstrom 提供。

起初，人们对植物园的兴趣主要在于收集和研究植物本身，而对植物生境的详实记录或生态系统保护关注很少。后来，在被称为皇家植物园的组建期间，西方国家通过植物园将植物从世界的某处转移到别处，有时也因引入外来植物而对植物园生态系统造成灾难性的后果。最近，在濒危物种和受威胁生境的保护方面，植物园已开始发挥作用。目前，受国际植物园保护联盟（Botanic Gardens Conservation International）保护的植物园近 2500 个。植物园可按国别检索，参见网页 http：//www.bgci.org.uk/。表 25-1 列举了一些检索出来的植物园。

表 25-1　按国别检索出来的植物园

早期的植物园
比萨植物园（意大利），建于 1545 年
帕多瓦植物园（意大利），建于 1545 年
莱顿植物园（荷兰），建于 1590 年
蒙彼利埃大学植物园（法国），建于 1593 年
牛津大学植物园（英国），建于 1621 年
巴黎植物园（法国），建于 1626 年
其他欧洲著名的植物园
柏林大莱植物园（德国柏林）
林奈植物园（瑞典乌普萨拉）
马德里植物园（西班牙马德里）
科英布拉大学植物园（葡萄牙）
伦敦皇家植物园（邱园）（英国伦敦）
爱丁堡皇家植物园（苏格兰爱丁堡）
康沃尔伊甸园（英国康沃尔）
威尔士国家植物园（英国卡马森郡拉拿森）
殖民烙印的部分植物园
阿玛尼自然保护区（坦桑尼亚）
茂物植物园（印度尼西亚茂物）
印度植物园（印度加尔各答什普尔）
庞普勒穆斯植物园（毛里求斯）
马来亚大学 Rimba Ilmu 雨林植物园（马来西亚吉隆坡）
特立尼达皇家植物园（特立尼达）
新加坡植物园（新加坡）
新大陆著名的植物园
美国
博伊斯汤普森植物园（亚利桑那州苏必利尔）
布鲁克林植物园（纽约）

续表

美国
芝加哥植物园（伊利诺伊州芝加哥）
仙童热带植物园（佛罗里达州仙童）
夏威夷热带植物园（夏威夷希洛市奥诺密厄湾）
密苏里植物园（密苏里州圣路易斯）
纽约植物园（纽约）
斯翠宾旧金山植物园（加利福尼亚州）
加拿大
蒙特利尔植物园（魁北克）
汉密尔顿皇家植物园（安大略省）
英属哥伦比亚大学植物园—植物研究中心（温哥华）
拉丁美洲
伯利兹植物园（伯利兹圣伊格纳西奥）
弗朗西斯科·哈维尔·克拉维赫罗植物园（韦拉克鲁斯哈拉帕）
墨西哥国立自治大学植物园（墨西哥墨西哥城）
圣保罗植物园（巴西圣保罗）
里约热内卢植物园（巴西里约热内卢）
亚洲部分植物园
孟买马哈拉施特拉邦（马希姆）自然公园（印度）
纳拉亚纳灵师学校植物庇护所（印度喀拉拉邦北部的瓦亚纳德）
北京植物园（中国北京）
丽江植物园—研究工作站（中国云南）
南京植物园（中国南京）
小石川植物园（日本东京）
南半球部分植物园
克斯腾伯斯国家植物园（南非开普敦）
墨尔本皇家植物园（澳大利亚维多利亚州）
悉尼植物园（澳大利亚新南威尔士州）
爱丽丝泉沙漠公园和粉红橄榄植物园（澳大利亚北领地）
巴福特植物园（喀麦隆西北部）

据植物园国际保护联盟，在21世纪初的148个国家的2000多个植物园中，存有80 000多种典型植物，或世界维管植物的1/3。植物园规模大小不一，大的如皇家植物园和纽约植物园，这里陈列的绚丽植物主要用于科研；小的如土耳其伊斯坦布尔附近的Nezahat Gokyigit纪念园和喀麦隆西北部的巴菲特植物园，它们则专注于保护和研究当地的生物系统。

二、古代园林

现代植物园的概念可追溯到文艺复兴时期，但类似于植物园的花园可能出现的更早。当然，在世界很多地方的植物园中，植物主要因其药性价值而被收集、种植并加以研究。中国传统的说法是，神农帝早在公元前27世纪就已尝试发现植物的药性。但因那时不存在文字，且他的本草学——神农氏《本草纲目》只能追溯至公元7世纪，因此一个有点像古代中国植物园的花园是否真正存在，还值得深究。

不过，希腊学者Theophrastus（公元前372～公元前288）培育的系统花园却有良好的文档记载。作为植物和植物学两部著作*Historia de Plantis*（植物的历史，或植物探究）与*De Causis Plantarums*（植物的起因）的作者，他是Aristotle的忠实助手，亚里士多德将其图书馆、花园和学校领导权一并赠予他。亚历山大大帝好像是唯一一个将从中亚征战中得到的植物送回至希腊的学生，这些植物后来被种植在Theophrastus花园。

在前西班牙征服墨西哥时，其他著名的植物园也被建立，特色是收集的植物只用于研究。墨西哥皇室Montezuma花园汇聚了来自热带地区和墨西哥高地的植物。16世纪20年代，当Hernando Cortez及其战士征战墨西哥时，这些植物给他们留下了深刻的印象。随后，他对那里见到的大花园进行了介绍，因为它们与欧洲人那时所了解的任何事物都不同。

但植物园的发展趋势很快有了变化，部分原因是植物被像Cortez这样的探险者带回到了欧洲。

三、重建伊甸园

中世纪的记录证明了欧洲人在研究植物药性上的兴趣。到文艺复兴时期的2世纪，由药剂师Dioscorides博士编著的五卷本草学被整个欧洲用于讲授有关药用植物。在很多修道院的私有土地上，长满了金钱草、薄荷、金丝桃和黄春菊等植物，同时有无数的助产士和巫医种植药材。一则有关这种花园的记载显示，1447年，教皇Pope Nicolas五世发布命令，将梵蒂冈的一部分专门留作花园，可用于种植药材和讲授作为医学子学科的植物学。

100年后的意大利，在两所具有现代意义的大学中（帕多瓦和比萨大学），人们看到了它们各自所建的首个植物园，二者都在争第一。1545年5月，在威尼斯共和国众议院颁布法令，并于同年7月S. Giustina修道院给公众和帕多瓦大学让出20 000m^{2}土地的基础上，建立了帕多瓦植物园。比萨植物园虽不存在这样的法令但在该植物园创始人Lucca Ghinni于1545年7月早期写的一封信中，可证实此植物园当时已经存在。不过，显而易见的是，这两个植物园都是为了系统研究而种植植物的地方，而这些地方被组织化后，使研究变得更容易。不只是比萨和帕多瓦大学，莱顿大学于1590年也建立了植物园。一年后，法国南部蒙彼利埃大学的植物园建设开始启动。

今天，人们可在莱顿大学一睹这些植物园的风采。在莱顿大学，有一处围墙花园，将其与大学的另一 Hortus Botanicus 植物园隔开。Hortus Botanicus 植物园由植物学家先驱 Clusius 于 1594 年建成，其布局至今未变。Clusius 的职业使其具有探索精神，而这一探索精神是在自然世界的观察者之间培育起来的。作为 Flanders（一部分现为法国管辖）土著居民，他将毕生精力都用于收集和描述整个欧洲的植物。同时，他撰写了一些关于西班牙、奥地利和匈牙利等植物区系的论文，并与关注欧洲的每位植物学家建立了联系，广泛收集和散布植物与鳞茎。另外，他还编著了有关郁金香和杜鹃的第一部专著。在所有这些工作的背后，他都持有这样的信念，即植物之美体现了上帝造物的奇观，以及宇宙万物的和谐。

这一时期的宗教冲动相当重要。事实上，在 16～17 世纪的基督教徒中，几乎没有人质疑《圣经》中所描述的伊甸园。许多人期望依然如此。部分葡萄牙人的探险工作就是被寻找失去天堂的愿望而激发的，尽管 Christopher 的首批船员中有一个改变信仰的犹太人。这个人会希伯来语、阿拉伯语和亚拉姆语等语言，因此他被认为可与伊甸园中的居民交谈，而这样的灿烂花园会在向西航行中发现。

伊甸园当然不会被发现，不论宗教的还是世俗的植物学家，他们中的很多人都想知道，是否可通过将所有植物聚集在一起（在这一聚集体中，每种植物都必须能够生长）简单地重建伊甸园。一些人认为即使最后伊甸园不可能被创建，但通过研究可以做得更好，犹如上帝尽可能多地创造那样：每种植物都是上帝的一个很小方面，因此了解所有植物也意味着可了解上帝的重要部分。

然而，这种努力建立在矛盾之上，因为这与大探险时代同步，而那时未知的植物和动物正被欧洲人从美洲带回去研究。于是，便产生了这些疑问：所有类似的植物和动物是否在相同的时间被创造？或是否存在二次创世，或世界的某些地方是否免于洪灾？观点虽有不同但有一点是清楚的，即努力将植物收集在一起进行研究的潜在神学思想必须被修正。

四、用于研究的植物园

事实上，当时最重要的一个植物园，刚好位于可避开罗马天主教堂及其教育机构影响的地方。1626 年，巴黎植物园（图 25-3）由 Louis 十三世特许创立，位于环城墙外附近的地方，而城区周边是巴黎大学及其药学系根本无法达到的。在接下来法国探险和殖民高峰期，以及整个法国启蒙期的 150 年中，巴黎植物园是植物收集和研究的全球枢纽，有些时候也是自由探索自然世界其他方面的乐园。

图 25-3 现位于巴黎城内的自然史博物馆（巴黎植物园），但在 17 世纪向外开放时位于城外。图片由 M. Soderstrom 提供。

17 世纪，英格兰也建立了几个药用园林，最早的是于 1621 年建立的牛津大学药用植物园，“为了药学的进步……促进对上帝工作的了解和颂扬”。西班牙和葡萄牙开始他们的皇室植物园建设要稍晚些。Soderstrom 植物园建立于 1755 年，科英布拉大学的植物园也可以追溯至 1775 年。小型植物园在成为皇家植物园（邱园）之前的前几年，它是 Frederick（Wales 王子）及其妻子在伦敦泰晤士河上游的皇家乡村庄园的宠物项目。Frederick 的儿子 George 三世，扩建了该园，并见证了由 Joseph Banks 爵士支持下的英国探险家如何为皇家植物园带回植物的历史。

五、殖民地中的植物园

英国和其他殖民国家不仅在他们自己的植物园中加强了国外植物收集的规模，而且也在其殖民国家中建立了植物园。荷兰在南非和现属印度尼西亚的爪哇设立了植物园，这些植物园都可提供船只，以用于研究和驯化对本土或殖民地有用的植物。随后，法国在印度洋的毛里求斯和加勒比海的 Martinique 岛建立了植物园。英国在加尔各答、新加坡和现在的斯里兰卡也有自己的植物园。德国人是殖民运动的后来者，于 19 世纪晚期在非洲今属喀麦隆和坦桑尼亚建立了植物园。所有情形中，植物园与殖民者及其本土植物园保持着紧密的联系。

植物园网络有多种产生生态效应的方式。通过引种回国，为外来种占据新生境铺平了道路。那些被带回巴黎植物园的植物，可看作是最初没有负面效应的两个引种例子。最早在北美阿巴拉契亚山脉相对固定区域中发现的大型乔木，刺槐是起源于北美阿巴拉契亚山脉的树种，而现在整个欧洲森林和小林地恣意生长，远远超出它在美国和加拿大的正常分布范围。其学名为 *Robinia pseudoacacia* L.，甚至在巴黎植物园开创之前它就给御花园的Jean Robin带来荣耀。Robin 在 17 世纪早期栽种的一棵树被他的儿子移栽到巴黎植物园后，依然在那里生长，成为巴黎市中心最古老的树。

另一种被引入巴黎植物园的植物是蝴蝶灌丛，蝴蝶醉鱼草（*Buddleia davidii*）。这一中国本土种由Abbe 修道院的 Armand David 于 19 世纪带回法国。现在该植物不仅在种植园中生长茂盛，而且也向欧洲、北美的铁路沿线和撂荒地蔓延。

如今，在这两种植物都种植的一部分国家中，它们已成为不受欢迎的外来入侵种。刺槐可形成浓密的种植园，其他本土植物因遮荫影响而无法生长，而醉鱼草经常形成茂密的灌丛，迫使本地植物沿河床和旧牧场扩散。

其他移栽的植物，可在较短时间内产生明显的后果。例如，一种南太平洋的土生种面包果，被当时的皇家植物园主管 Joseph Banks 爵士认为是那些在加勒比地区甘蔗种植园工作的奴隶们的喜好食物。1791 年，当 Bounty 号上的船员哗变反对 William 船长时，从 Tahiti 岛运送过来的第一船货物便成了一个错误的开始，因为船上的那些面包果和另一引进种芭蕉可提供廉价且速生的食物，从而帮助种植农业获得了丰厚的利润。

加勒比海地区首次出现的咖啡树，是从植物园直接引进的。1714 年，Louis 十四世在阿姆斯特丹得到一株咖啡树，并将其送回巴黎植物园。为了此树，当时的管理者专门为其建造了巴黎植物园的第一个温室。在这个温室中，它茁壮生长，到 1721 年其已繁育出足够多的新个体。此时，人们希望该植物经驯化后可在法属加勒比海地区种植，在这一冲动下，它的第一批后代被冒险送至 Martinique 植物园。在那里，它成功了。法国 Antilles 群岛的咖啡种植园，以及巴西、牙买加、哥伦比亚和墨西哥等的咖啡种植园都起源于那棵树的子代。

另一个例子就是橡胶。许多亚洲、非洲、中美和巴西等的热带植物生产乳胶，而 Columbus 可能是第一个注意到从一些树的树皮中可渗出白色牛奶状汁液的人。18 世纪，法国探险家 La Condamine 首次将橡胶标本带回欧洲。但直到 1839 年，当 Charles Goodyear 发明可生产胶皮管和其他工业用途的橡胶制作工艺时，橡胶的需求量才急剧增加。

生长在亚马孙的野生橡胶树——巴西橡胶树（*Hevea brasiliensis*）是 19 世纪多半时间橡胶的唯一商业源。需求如此强烈，以至于有了从亚马孙上游的玛瑙斯到利物浦这一长度超过 1800km（1100 英里）的直航线。直航线作为转口贸易的一种方式，也包括乳胶和其他商品。1876 年，由皇家植物园 Joseph Hooker 主管雇用的植物收集者 Henry Wickham 租船沿航线横跨大西洋时，掠夺了大约 70 000 粒的橡胶种子。他从巴西当局那里获得了转移许可证，并说服他们相信这将特定用于英国女皇陛下的皇家植物园，以极力推广这些精美的植物标本。

当轮船抵达利物浦港口时，Hooke 安排了一列夜间货运列车去迎接，并在皇家温室中专门为这些种子清理出一块空地。在抵达英格兰的两周时间中，约有 7000 株的幼苗开始生长，一年后 1900 株苗被送往今属斯里兰卡的 Perdeniya 植物园。此后，所剩幼苗被分发到其他几个热带植物园。新加坡植物园（图 25-4）分到了 22 株幼苗，其中 11 株用于园内繁育。到 1917 年，估计新加坡植物园及其主管 Henry Ridley（“橡胶大王”）累计分发了 700 万粒种子；到 1920 年，马来西亚群岛生产了超过全球一半的橡胶。在丛林快速转变为橡胶种植园期间，有多少种本土植物消失是没有办法估量的。橡胶种植不仅对栖息地产生了其他间接的影响，也促进了卡车和汽车行业的发展，并因此促进了工业化世界的扩张。而在汽油驱动的社会中，这一工业化世界的扩张变得更为容易。

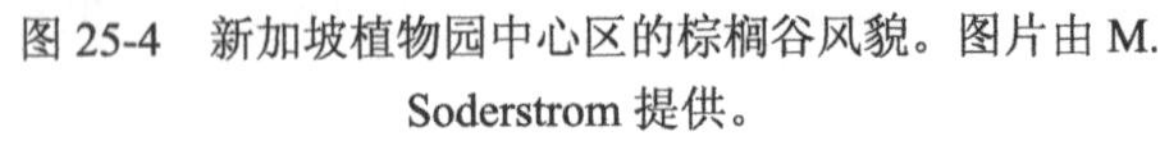
图 25-4 新加坡植物园中心区的棕榈谷风貌。图片由 M. Soderstrom 提供。

那些从事植物迁移的人，对接踵而至的大量生态系统重构并没有罪恶感。在 19 世纪和 20 世纪早期，多数人认为上帝为了人类的享受而创造了世界，因此让植物服务于人类就是在完成上帝的工作。

然而，与此同时，许多植物园被意外地或有意地设计为植物园内自有原生植被的保护区域。例如，纽约植物园（图 25-5）具有了 16ha（40 英亩）的原生阔叶林。在欧洲人掠夺、控制这里的土著居民之前，如今的大部分纽约就被这种原生阔叶林所覆盖。现在，这个 16ha 的残存区是那片森林独一无二的“提醒者”。

扫一扫看彩图

图 25-5　纽约植物园中的铁杉林是曾经覆盖纽约市多数地区森林的残存部分。图片由 M. Soderstrom 提供。

其他生境保护的例子，包括围绕无数城市高楼的新加坡植物园小丛林和皇家植物园保护区等。模仿传统的英式农业实践，通过维护和干预，已有部分植物园被用于保护英国的农田。

六、生物多样性和自然的内在价值

如今，给维持现存生物多样性的指标赋予很高价值是多数植物园管理的哲学坐标。这可被认为是关注自然世界的直接产物，它是在 20 世纪早期工业化、人口增长和自然资源无节制开采等造成的损害愈加明显的情况下开始发展的，并不是被研究上帝本性的愿望所激发的。自然除了与生俱有的神性或其对人类社会所具有的经济好处外，科学家和其他人也开始思考自然的内在价值，植物园的工作通常使人们对生态系统中生物间的精妙相互作用进行直观认识，而这具有深远的哲学和科学影响。

例如，如今种植在许多植物园中的巨大睡莲，亚马孙王莲（*Victoria amazonica*）。当其在 19 世纪早期被植物探险者在英属圭亚那发现并首次描述时，便引起了人们轰动，因为它除了有可爱的花朵，叶子可长到直径 6 英尺[①]，且强壮到足以支撑一个成年人。睡莲的种子被几次送回欧洲，但直到 1849 年皇家植物园才能将其栽培池塘中。其中只有三株开过花，且 Chatsworth 庄园 Devonshire 花园中的一株开花最早。被移栽到皇家植物园特殊温室中那株睡莲一年后开花，约有 30 000 观众前来感受花和叶的神奇。热潮并不局限于英格兰，1872 年莱顿植物园（图 25-6）也成功得到一株开花的睡莲，这一睡莲一直存活到第二次世界大战最寒冷的日子，当时只能通过足够的燃料保持睡莲温室的热量。新加坡植物园和密苏里植物园早期照片中的特色植物中也有睡莲。

扫一扫看彩图

图 25-6　莱顿大学植物园中的 Clusius 花园。图片由 M. Soderstrom 提供。

不过，睡莲的故事并没随特定池塘和拥挤的游客而结束。花有一个奇怪的现象，当在野外解剖时总能发现花里面有一类特殊的方头甲虫（*Cyclocephala hardyi*）。植物学家一直怀疑这类甲虫是睡莲的传粉者，但不了解其传粉方式。直到 20 世纪 70 年代，当 Ghillean Prance（1988～1999 年为皇家植物园的主管，但随后为纽约植物园的生物学家）连夜站在巴西齐臀深的池塘中观察睡莲开花和甲虫飞进飞出时，谜底才被揭开。他发现花朵散发的芳香可吸引

① 1 英尺≈0.3m

甲虫爬进花朵取食，黎明花闭合后被困在里面。下一个晚上，因取食而变得有黏性甲虫会在花朵再次绽开时爬出来，并携带了一身的花粉。然后，它们飞到别的花朵上，重复同样的过程，并顺便完成了传粉。甲虫和花朵授粉的这一关系，说明了生态系统和动植物关联的复杂性。

目前，植物园的很多日常野外、实验室或植物园本身的设计工作，都是为了研究这些生物间的相互关系。通过植物繁育和种子收集与储藏，植物园也积极服务于物种保护。据世界保护联盟统计，全球约有 34 000 物种面临灭绝风险，其中的 10 000 濒危物种生存于一个或多个植物园中。在某些情况下，植物标本的收集恰是时候。20 世纪 90 年代晚期，植物学家曾在墨西哥 Chiapas 峡谷发现芨芨草（*Deppea splendens*），在其形成的高密丛中，2 英寸[①]长的橙色花朵悬挂其中，而那时这种草已在玉米地中被清除。现在，有人认为该植物在野外也已经灭绝。但可从旧金山植物园茂密的灌丛中得到种子，甚至在花园挚友（the Friends of the Garden）的年度销售上找到扦插苗。

皇家植物园的千年种子库也许是最大的保护项目。耗资 8000 万英镑的工程被置于伦敦南部皇家植物园 Wakehurst 附属花园的新区。其目标是到 2020 年从全球收集 24 000 种植物的种子，确保它们处于安全场所以备后用。当种子干燥至仅含 5%的水分时，大约 80%的种子可在–20℃条件下成功存放 200 年以上。为了避免如欧洲殖民主义盛行期可能出现的大量重复，一部分种子将被保存在其起源国，虽然财富由欧洲人开发的咖啡、橡胶和其他植物等所创造，但这些植物的起源国并未收到补偿。

作为补偿过去损害和保护残存生物多样性努力的一部分，国际植物园保护联盟制定的一系列目标到 2010 年时必须完成。总体目标包括在植物园和原生生境中保护植物多样性、保护濒危物种，以及植物多样性的重要性的公众教育等。20 个所列条目中的具体目标非常清楚。例如，世界各个生态区至少有 10%的区域被有效保护，以及被培训服务于保护、研究和教育的植物园员工数量要翻倍。此外，也要建立诸如哪些濒危物种栽培在哪些植物园，以及什么引种植物已在什么范围内可成为入侵种等事项的国际数据库。通过于 2001 年在 Missouri 植物园组织会议上提出的《入侵植物的圣路易斯宣言》（*St. Louis Declaration on Invasive Plant Species*），使许多植物园管理者对入侵种问题的防范意识增强。

最近也建立了一些新的植物园，其主要目标是保护独特且相对完整的环境。其中之一是澳大利亚中部的 Alice Springs 荒漠公园，于 1997 年向公众开放，它保留了一片大陆性沙漠。另一个是喀麦隆西北部的 Bafut 植物园，也于 1997 年开放，它属于热带植物园和森林保护区。

此外，两个其他新的植物园，为因人类的粗心和贪婪而造成的破坏景观的恢复指明了方向。第一个是英国康沃尔郡的伊甸园项目，项目所在地曾经是一个黏土坑，现已改造成了植物园，有几个典型的生态系统可反映建筑物下沉到以前矿区景观中的情形。另一个是印度孟买的 Maharashtra（Mahim）自然公园，在那里，以前 15ha 的垃圾场已得到恢复。如今，这一重建的森林成为 380 种植物、84 种鸟类和约 34 种蝴蝶的家园。

七、教育和未来

由于王室和宗教机构不再是植物园的赞助者，所以植物园的负责人必须说服公众、政府和企业来支持植物园及他们的工作。这也是植物园为什么在教育和公众信息项目上愿意付出更多努力的原因。在 Missouri 植物园气候室中，一些高新技术如互动雨林得到展示。其他，如纽约植物园的 12ha 冒险地，通过全程参与的方式，给孩子们灌输生态观念。还有些其他植物园，集玩乐、学习和研究于一体。皇家植物园有溜冰场，而 Montreal 植物园（图 25-7）在秋季时会挂满中国灯笼，这些植物园到处宣传春季的花朵和夏季的缤纷，以吸引人们前去观赏他们的植物、收听他们的讯息。这些教育努力所取得的成就，可体现政府制定的政策是否在生态学意义上是合理的。如果公众对生境保护和生物多样性的重要性不认可，民主国家的政府就会放慢决策进程，而在那些采取从上到下决策方式的国家中，当权者不会轻易被说服，他们也应如民主国家一样，需要放慢决策进程。

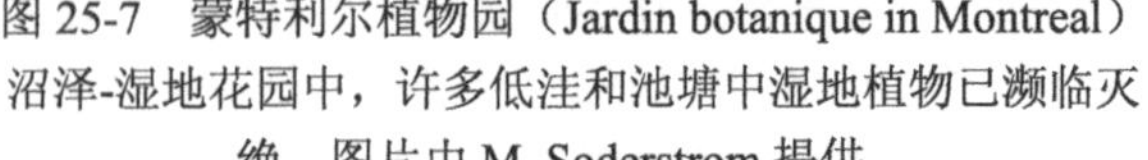

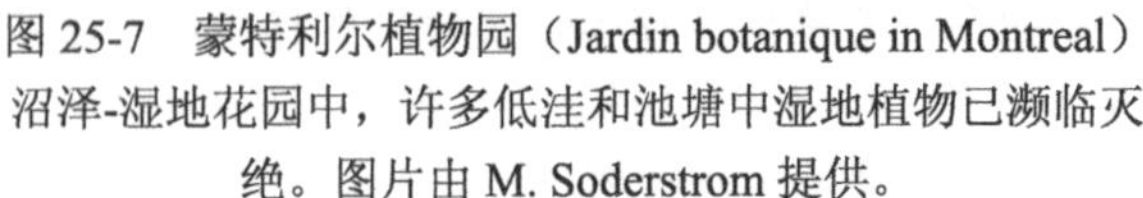

图 25-7　蒙特利尔植物园（Jardin botanique in Montreal）沼泽-湿地花园中，许多低洼和池塘中湿地植物已濒临灭绝。图片由 M. Soderstrom 提供。

① 1 英寸≈2.54cm

课外阅读

Brockway L（1979）*Science and Colonial Expansion: The Role of the British Royal Botanic Gardens*. New York and London：Academic Press.

Hyams E（1969）*Great Botanical Gardens of the World*（*with photographs by Macquitty W*）. London：Bloomsbury Books.

Laissus Y（1995）*Le Muse'um national d'histoire naturelle*. Paris：De'couvertes Gallimard.

McCracken DP（1997）*Gardens of Empire: Botanical Institutions of the Victorian British Empire* London: Leicester University Press.

Prest J（1981）*The Garden of Eden: The Botanic Garden and the Re Creation of Paradise*. New Haven：Yale University Press.

Soderstrom M（2001）*Recreating Eden: A Natural History of Botanical Gardens*. Montreal：Ve'hicule Press.

相关网址

http：//www.bgci.org Botanic Gardens Conservation International

http：//www2.ville.montreal.qc.ca Jardin botanique in Montreal

http：//www.mnhn.fr Jardindes Plantes of the Muse'um de l'histoire naturelle

http：//www.nybg.org New York Botanical Garden

http：//www.sbg.org.sg Palm Valley，Singapore Botanic Gardens

http：//www.kew.org Royal Botanic Gardens，Kew

http：//www.sbg.org.sg Singapore Botauic Gardeus

http：//www.centerforplantconservation.org The Saint Louis Declaration on Invasive Plants. http：//www.hortus.leidenuniv.nl The Hortus Botanicus of Leiden，University of Leiden

第二十六章
洞穴
F G Howarth

一、洞穴

洞穴是指足够人类进入的自然地下空洞，具有多种形状。地球表面的很大一部分为洞穴地貌，其中最有名的是石灰岩洞。石灰石和碳酸钙的机械强度虽然很大，但可被弱酸水溶解，从而形成壮观的永久洞穴。由其他可溶性岩石（如钙镁碳酸盐）形成的洞穴，通常不及石灰岩洞分布广泛。火山喷发也可形成洞穴。最常见的熔岩洞由流体玄武质熔岩顶层及其后来排出的溶流组成。另外，也有通过侵蚀和冰川下层或其内部融水而形成的洞穴（如海蚀洞和岩屑洞）。这些洞穴的大小、形状和连通性存在差异，可演化出支持不同生态系统发育的各种独特环境。

二、洞穴环境

洞穴的自然环境由地质和环境条件严格控制，可精准到确定其分布范围，因为洞穴都被很厚的一层岩石包围。洞穴内部充满水或是空的。

1. 水生环境

石灰岩洞中的水生环境良好，因为它们是在水的作用下形成的。在不溶性岩石空洞中，含岩屑的水最终会充满洞穴。但在已流入海洋的年轻玄武质熔岩中，发现存在明显的例外。这里，地下生态系统在洞穴内部和熔岩空隙中淡水与咸水的混合区中发育，依赖于潮汐和地下水所携带的养料而形成。在比较古老的空洞被填埋或被侵蚀消失之前，不断发生的火山作用可创造新的生境。水生洞穴环境非常阴暗，犹如三维（3D）迷宫，很难找到食物和配偶。另外，水可造成淤塞，在有毒气体浓度（包括二氧化碳和硫化氢）很高的情况下，使局部变得缺氧。

2. 陆生环境

外部的气候事件可对较长洞穴中的陆生环境形成缓冲。洞穴中的温度几乎恒定，通常在年平均地表温度（MAST）之间波动。除了从入口开始下行的通道易于凝聚冷空气且比年平均地表温度低几度之外，向上通道的温度通常高于年平均地表温度。洞穴陆生环境的地带性很强（图 26-1），有三类比较明显，即地上和地下生境重叠的入口地带（entrance zone）、具有有限光合作用的衰萎地带（twilight zone）和完全黑暗地带（total darkness zone）。黑暗地带可进一步划分为三类，即地表气候事件仍对大气尤其是相对湿度（RH）有影响的过渡地带（transition zone）、相对湿度几乎一直为 100%的幽深地带（deep zone）和因气体交换较为缓慢而无法吹走内部二氧化碳和其他变质气体积累量的滞留空气地带（stagnant air zone）。各地带间的边界通常由通道的形状或宽窄决定。在很多洞穴中，地带边界随季节动态变化。

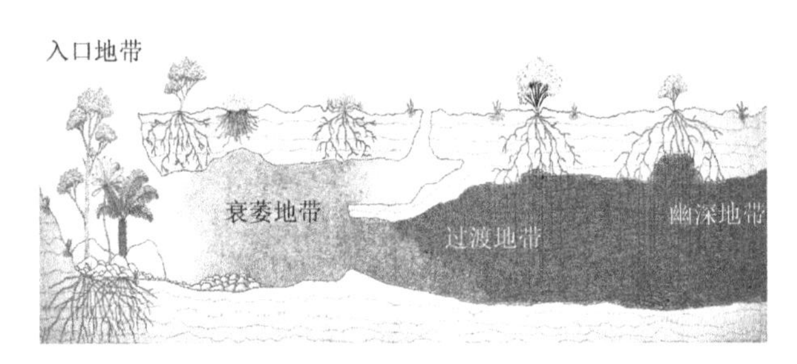

图 26-1　附有主要地带类型的洞穴生境剖面示意图。

对多数生物而言，地下大气环境对其生存存在胁迫。它是一个长期黑暗的 3D 迷宫，空气中水分饱和，可发生有毒气体浓度骤升的偶然事件。在洞穴中，能被地面动物所利用的线索相当缺乏或失灵（如光/黑暗周期，风和声音等）。在雨季，通道中出现洪水，裂缝中的水可能会流入水池和水坑。在生境如此恶劣的洞穴中，地面动物为什么及如何放弃光亮环境而使自己适应于那里的环境？充裕的食物资源为生境开拓和适应提供了动力。

三、食物资源

石灰岩洞中的主要能源是伏河（sinking river），它不仅能为水生群落，而且在流经洪水沉积区时也能为陆生群落提供大量的食物。在非溶性岩石，如熔岩中，河流虽不太重要，但渗透性径流可通过裂隙将表层碎屑冲洗进洞穴。其他主要能源由经常出没或栖居于洞穴的动物带入。植物将其根系深埋地下，那些可利用岩石中矿物质的化能自养微生物偶然落入洞穴并消失。

通常，表层生境中堆积的土壤过滤水分和养分，并将这些资源固定在植物根系和表层栖居生物可利用的地方。然而，大多有洞穴的区域，随着裸岩暴露土壤层越来越薄，因为在流水或重力的作用下，土壤被冲洗或被携带进地下空洞。土壤成土受到限制，大量的有机质沉积在很多表层动物难以到达的地方。

除了鸟粪沉积、洪水沉积、分散根块和其他点源食物输入外，贫瘠潮湿岩石外观是洞穴生境的典型特征。通常，洞穴深处可见的食物资源非常有限，且动物很难在3D迷宫中找到那些沉积的食物。更狭小系统中的食物资源，难以抽样并量化其成分，但从理论上讲，一些食物可通过水运输、植物根系，或微小点源输入如由连通地面裂缝的输入而在局部聚集。这些沉积物比那些四处分散的沉积物更容易利用。

在每个生物地区，只有极少数的地表和土壤动物群占据洞穴生境并适应利用洞穴深处的这一食物资源。定居种通常为预适应物种，也就是说，它们已从潮湿、黑暗的地表生境生活中进化出良好的适应特征。

四、洞穴群落

1. 鸟粪群落

很多动物生活在洞穴或利用洞穴。我们对洞穴中定居的脊椎动物已有相当多的了解。洞穴蝙蝠（cave bat）、金丝燕（swiftlet）（包括在东南亚其巢穴可食用的金丝燕）和南美洲石油鸟（oil bird），用回声定位，在黑暗环境中寻找其飞行线路。南美洲的林鼠（pack rat）沿洞穴裂缝进入洞穴，其他节肢动物也栖居于其中。这些大型洞穴筑巢定居动物，其粪便和尸体携带大量的有机质。这一丰富食物资源是微生物、食腐动物和捕食者等特化群落的形成基础。节肢动物是这一大型动物群落中的优势种群，与伴随它们的脊椎动物一样，多数物种通常能扩散至洞穴外，以找到新的栖息地。

2. 洞穴深处的群落

生存在更幽深环境中的洞穴动物是神秘的、专性的（obligate）群落。多数为无脊椎动物，但也有少数鱼类和蝾螈（salamanders）栖息在水生王国中。甲壳类（小米虾及其可食动物）是水生生态系统的优势种，而昆虫和蜘蛛是陆生系统的优势种。虽然少数物种是只依赖于活植物根系或其他特定资源的特化种，但多数为泛生的捕食者或食腐动物。捕食者相对较多，说明偶然性食物资源非常重要。然而，我们认为的很多捕食性物种，如蜘蛛、蜈蚣和地面甲虫等，当有动物死去时，也可成为食腐动物。在难以找到食物的地方，过分挑剔是没有益处的。因此，通过植食性动物、食腐动物和杂食动物而形成的食物链，通常可延伸至捕食者，这与群落中很多物种和其他多数物种相互作用的食物网类似。

五、洞穴生存的适应

栖居或生活在洞穴中的动物，必须能够应对非正常的环境。洞穴王者——脊椎动物，可在适当的时间出没于洞穴。鸟类和蝙蝠在牢记这类复杂的进出迷宫路线时，展示出不可思议的技巧。林鼠在进出洞穴时，利用尿痕为其导航。在暗光区和过渡地带栖居的物种，根据日气象周期提供的线索判断其是否应该醒来并离开洞穴。那些栖居在幽深地带的动物，依赖其精准的生物钟来把握离开居住地的最佳时机。

为了能在胁迫环境中生存，那些已适应在地下长期栖居的生物必须能对其行为、生理和结构等进行调整。在完全漆黑的地方，它们需要找到食物和配偶，并能成功繁殖。显性结构如视力、体色、保护性“盔甲”和翅膀等的退化或弱化，是它们的主要标志。这些结构在黑暗中没有用途，但当所选择的环境压力很小时，它们便快速退化，因为其形成和维持的代价都很大。我们可通过适应洞穴的蜡蝉（planthopper）［菱蜡蝉科（Cixiidae）］对这一快速退化方式予以说明。地表蜡蝉幼虫（nymph）取食于植物根系，视力和体色已经退化，但成年蜡蝉的眼睛极大、体色鲜艳、翅膀发育完好。适应洞穴的蜡蝉后代在成熟之前，继续保持幼虫的视力、体色和其他结构，这一现象被称为幼态延续（neoteny）。

相对高的湿度和时而增加的二氧化碳浓度给冷血动物的生存带来威胁。昆虫和其他无脊椎动物的血液可从水分饱和的空气中吸收水分。除非动物能够排出这些多余的水分，否则必将逐渐死亡。高浓度的二氧化碳促使动物呼吸加快，反过来使水分吸收增加。适应洞穴中的昆虫通常具有可调节的呼吸孔，以防止或应对水分饱和的气流。

多数熔岩洞节肢动物具有特化的细长爪子，可在玻璃般光滑潮湿的岩石上攀爬。同时，很多具有细长的腿，以跨越岩石裂缝，而不至于只在裂缝的一边爬上爬下。当然，也有运气不好的会跌落地面池塘或水坑或捕食者利爪之中。通常，那些太重或无法在弯月状岩石小水塘边缘攀爬的小昆虫最终会被淹死。然而，大多适应洞穴的昆虫，每条长爪基部都有独特的凸起（knob）和毛发，且行为特征可以改变，从而使其顺利爬越弯月状岩石且成功脱逃。一些后来捕食者或食腐动物，通常聚集在池塘周围，等待不幸者的出现。

六、类似洞穴的其他生境

洞穴状岩层通常还包括其他很多人类可能无法通过的且大小不一的空洞。通过巨大的裂缝系统和溶蚀通道，这些空洞彼此连通。在生物学意义上，那些更小的管状空间不太重要，因为其容纳和运输食物资源的能力很小。大于 5cm 的空洞才可转运大量的食物，也可用于动物的栖息地。根据表面面积和范围，这些中等大小的空洞是特化洞穴动物的主要栖息地。它们生活史的很多过程只能在这些空间中完成。一些洞穴动物［如蠼螋（*Anisolabis howarthi*），图 26-2］和夏威夷熔岩洞中的块状网络蜘蛛（sheet web spiders）［皿网蛛科（Linyphiidae）］喜欢生活在裂缝中，在洞穴中非常少见。另外，在日本、夏威夷 Canary 岛、澳大利亚和欧洲卵石沉积层的下方河流、破碎岩石层和地下熔岩块中，那些适应洞穴的动物也常常生活在远离洞穴的地方。

扫一扫看彩图

图 26-2 夏威夷洞穴中的蠼螋（*Anisolabis howarthi* Brindel）［肥蠼螋科（Carcinophoridae）］。图片由 W. P. Mull 提供。

这些更小的空洞与地表大气流无关，其内部环境类似于洞穴中的滞留空气地带。洞穴作为观察生活在洞穴状岩层中动物群入口和窗口的观点存在瑕疵，因为对人类而言，那里的环境极度陌生，人类完全没有经历过。

七、夏威夷案例研究

1. 食物网

夏威夷岩溶洞生态系统的主要能源是深扎岩溶几十米的树根、雨水冲刷的有机质及表层和土壤动物无意带入洞穴的临时性能源。活根和死根是最重要的资源，都能被利用。雨水和临时性资源通常经同一树根通道进入洞穴，因此根块可为各种洞穴生物提供食物。洞穴生态系统中根系的重要意义在于它是识别主要物种的理想场所。然而，直到最近，通过利用 DNA 测序技术，才使其成为可能。根系最重要的资源由年轻岩溶流上的本土先锋树种提供，如主要适应当地较干旱生境的铁心木（*Metrosideros polymorpha*）、木防己（*Cocculus orbiculatus*）、车桑子（*Dodonaea viscosa*）和山柑属（*Capparis*）等。在岩石潮湿的表层上，存在好几种矿泥（slime）和软泥（ooze），供洞穴中的食腐动物利用。它们主要由通过地下水渗透而沉积的有机胶体组成，但一些也可能是依存于洞穴内矿物的化能自养细菌。在夏威夷，没有在洞穴栖息的脊椎动物。大量的本地夜蛾（agrotine moth）曾经栖居于洞穴，但在信史时期（historic time），这一类群却非常罕见。它们的栖居地曾经支持什么样的群落组成，目前尚不清楚。蜡蝉以活根为食，它们的幼虫利用刺吸式口器吸取木质部汁液。无视觉不会飞的成年蜡蝉，通常在地下空洞中来回穿梭，以寻找配偶和根系。*Schrankia* 的幼虫喜欢在多汁凸起的根尖取食，但也偶尔以腐烂的动植物残骸为食。树蟋（如 *Thaumatogryllus*）、陆生端足类动物（如 *Spelaeorchestia*），以及等足类动物（如 *Hawaiioscia* 和 *Littorophiloscia*）都是杂食动物，但普遍以根系为食。洞穴岩石蟋蟀（如 *Caconemobius*）既是杂食动物，又是机会主义的肉食动物。多足类（如 *Nannolene*）、弹尾类（如 *Neanura*、*Sinella*、 *Hawinella*），以及菇蝇［（如异蚤蝇属（*Megaselia*）］以腐烂的有机物及其相应的微生物为食。陆生半翅目动物（如 *Cavaticovelia aaa*）（译者注：*Cavaticovelia aaa* 是夏威夷的一种熔岩洞昆虫）可从已死去很久的节肢动物体内汲取汁液。大蚊属（如 *Dicranomyia*）和毛蠓（*Forcipomyia pholete*）的幼虫在潮湿的岩壁上生长，以有机软泥为食。视觉不发达的捕食者，包括蜘蛛［（夏威夷狼蛛（*Lycosa howarthi*）、掠食考艾岛洞狼蛛（*Adelocosa anops*）（图 26-3）、微蛛属（*Erigone*）、侏儒蛛属（*Meioneta*）、*Oonops* 和球蛛属（*Theridion*）］、伪蝎目［暴伪蝎属（*Tyrannochthonius*）］、岩石蜈蚣（如 *Lithobius*）、长腿臭虫（如 Nesidiolestes）和甲虫（如 *Nesomedon*、*Tachys* 和 *Blackburnia*）等。大多洞穴捕食者也取食动物残骸。

2. 非本地物种

目前，已有好几种非本地外来种入侵洞穴生境，正对洞穴群落产生影响。掠食性物种的同时出现最为棘手，一些物种与本地脆弱物种的减少密切相关。在这些入侵种中，扭虫（*Argonemertes dendyi*）和蜘蛛（*Dysdera*、*Nesticella* 和 *Eidmanella*）已成功入侵到更小空间内的滞留空气地带。在岩顶鼠（roof rat）［黑鼠（*Rattus rattus*）］对其栖息地破坏，以及为生物防治其幼虫而有意引入的寄生虫的影响下，洞穴中蛾类的栖息地消失了。在大部分易进入洞穴通道

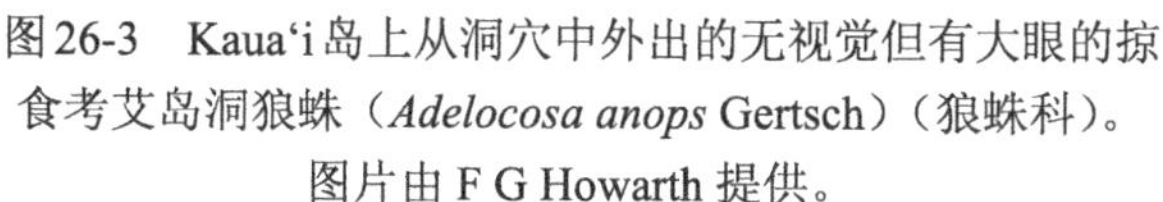

图26-3 Kaua'i岛上从洞穴中外出的无视觉但有大眼的掠食考艾岛洞狼蛛（*Adelocosa anops* Gertsch）（狼蛛科）。图片由F G Howarth提供。

的地方，很多非本地物种都能很好地生存。在那里，它们对本地物种产生影响，但其无法在狭小的裂缝系统中生存。少数外来树种也将其根扎进洞穴，使储藏型物种（reserve manages）在同时保护其洞穴和表面生境时处于两难境地，因为根系只支持一些本地的泛生物种，而对寄主专一的蜡蝉却非常不利。

3. 演替

夏威夷岩溶洞中栖息物种的年龄介于一个月（夏威夷岛上）到290万年（O'ahu岛上）。夏威夷岛上，可观察到洞穴生态系统的构建和演替过程。在水流表面变冷一个月之内，蟋蟀和蜘蛛便会来到洞穴。白天它们潜藏在洞穴和裂缝中，晚间爬出来在风携带的碎屑中觅食。岩石蟋蟀仅被限制在风成（由风控制）生态系统中，随植物的生长而消失。火山岩浆停止流入洞穴后，专一性洞穴物种开始出现。掠食性夏威夷狼蛛（*Lycosa howarthi*）首先到达，捕食那些偶然被风吹进的节肢动物，包括未来10年才可来这里的无视觉且适应洞穴的岩石蟋蟀。在雨林条件下，10年后植物开始入侵地表，可使取食根系的洞穴动物栖息于洞穴。蜡蝉分别在火山爆发15年及其寄主树木（铁心木）仅生长5年后进入洞穴。随后，那些适应洞穴的飞蛾，包括夜蛾科物种和地下树蟋蟀（*Thaumatogryllus cavicola*）便会到来。通过地下裂隙和熔岩中的空洞，洞穴物种开始从较古老的流水附近开拓新的岩溶管道。地质年代在500～1000年的洞穴物种多样性最为丰富。在地表雨林群落发育良好和高产时，火山岩仍然很年轻，且最大的能源埋藏于地下。随着土壤成土过程的进行，可到达洞穴的水分和能源更少，群落开始逐渐缺乏营养，到10 000年之后，洞穴再也无法或仅能支持少数物种的生存。在荒漠条件下，演替可持续10万年或更久。湿润条件介于这两个极端之间。新出现的熔岩流可使某些埋没的生境得到恢复，也可创建新的洞穴生境。

八、展望

世界上很大一部分洞穴生境中的动物群仍然是未知的，在已进行过深入研究的洞穴中，新物种可能还会继续被发现。为了填补学术上的空白，以及提高我们对洞穴生态系统的理解能力，需要辅以生物调查。对那些不可到达的小空洞，采用的抽样方法，也必须进行改进。洞穴环境是严酷的、高胁迫的，在洞穴中从事研究给身体素质带来挑战。然而，近年来在装备和探测技术方面的创新，使生态学家能到访更幽深、更严酷的环境。

尽管在压力环境中工作是非常困难的，但一些因素使洞穴成为研究进化和生理生态学的天然理想实验室。

洞穴栖息地通过周边岩石缓冲，所以非生物因子可精准识别。群落中的大量物种通常是可以控制的，从而可对其进行全面研究。目前正在研究的问题包括：生物适应多变环境胁迫的方式、在资源组成及其数量影响下的群落构建方式和非生物因素影响生态过程的方式等。例如，在雨林中一些大坑入口处所做的洞穴和地表生态学研究可能存在重复。这些大坑中的二氧化碳浓度通常是周边区域的25～50倍，而其中的动植物群却能在这种环境中生存。

参考章节：岩石潮间带。

课外阅读

Camacho AI（ed.）（1992）*The Natural History of Biospeleology*. Madrid：Monografias，Museo Nacional de Ciencias Naturales.

Chapman P（1993）*Caves and Cave Life*. London：Harper Collins Publishers.

Culver DC（1982）*Cave Life*. *Cambridge*，MA：Harvard University Press.

Culver DC，Master LL，Christman MC，and Hobbs HH，III（2000）Obligate cave fauna of the 48 contiguous United States. *Conservation Biology* 14：386-401.

Culver DC and White WB（eds.）（2004）*The Encyclopedia of Caves*. Burlington，MA：Academic Press.

Gunn RJ（ed.）（2004）*Encyclopedia of Caves and Karst*. New York：Routledge Press.

Howarth FG（1983）Ecology of cave arthropods. *Annual Review*

Entomology 28：365 389.

Howarth FG（1993）High stress subterranean habitats and evolutionary change in cave inhabiting arthropods. *American Naturalist* 142：S65-S77.

Howarth FG，James SA，McDowell W，Preston DJ，and Yamada CT（2007）Identification of roots in lava tube caves using molecular techniques：Implications for conservation of cave faunas. *Journal of Insect Conservation* 11（3）：251-261.

Humphries WF（ed.）（1993）*The Biogegraphy of Cape Range，Western Australia. Records of the Western Australian Museum，Supplement no.45*. Perth：Western Australian Museum.

Juberthie C and Decu V（eds.）（2001）*Encyclopaedia Biospeologica Vol III*. Moulis，France：Société de Biospé ologie.

Moore GW and Sullivan N（1997）*Speleology Caves and the Cave Environment*，3rd edn. St. Louis，MO：Cave Books.

Wilkins H，Culver DC，and Humphreys WF（eds.）（2000）*Ecosystems of the World，Vol. 30 Subterranean Ecosystems*. Amsterdam：Elsevier Press.

第二十七章

灌木丛

J E Keeley

一、引言

灌木丛是适用于北美西南部常绿硬叶灌丛植被的名字，主要集中在加利福尼亚州及毗邻下加利福尼亚半岛的海岸带。它是一种密生植被，通常残留大量已枯死且带刺的树枝，使其几乎无法穿越（图 27-1）。灌木丛占据了加利福尼亚州的中部和南部，但在高海拔处，被森林取而代之。在海拔较低的最干旱地区，常绿灌木丛被体型矮小、夏天落叶的“柔软灌木丛”或山艾树灌丛（sage scrub）所替代。

扫一扫看彩图

图 27-1　加利福尼亚州的灌木丛。图片由 J.E. Keeley 拍摄。

灌木丛的很多特征可归因于冬雨夏干的地中海气候。非常严重的夏季旱情，通常可持续半年或更长的时间，这不仅抑制了树木的生长，也威胁到灌木丛的生长型（growth form）。强烈的冬季降水和适中的温度促使植物快速生长，并形成茂密的灌木地。这些因素共同使之成为世界上最易发生火灾的生态系统之一。这一地中海气候源自于太平洋上空所形成的副热带高压所致。在夏季，这个高压气团向北移动，阻止湿润水汽抵达陆地；在冬季，这个高压气团移向赤道，使暴风雪进入陆地。北方最潮湿的是太平洋海岸，那里受太平洋高压的影响最小，且向南变得越来越干燥，结果使灌木丛占据了南部的更多景观。有趣的是，在世界上的同一纬度（北纬或南纬 30°～38°）和大陆西部地区，都可形成这些天气或气象条件。结果，在欧洲的地中海盆地、智利中部、南非和澳大利亚南部，也出现了类似于地中海气候的灌木丛。

二、生态群落

灌木丛是一种以灌木为主的植被类型，在火烧后，与其他生长型植被扮演了次要或临时演替的角色。虽然有些地方可能仅有一个或者超过 20 个物种，但灌木丛中出现的常绿灌木物种通常高达 100 多种，取决于有效水分、坡向和海拔。分布最广的灌木是蔷薇属的以小下田菊（*Adenostoma fasciculatum*），从下加利福尼亚州到加利福尼亚州北部，既有纯蔷薇属的灌木丛，也有混交林（mixed stands）。占据在低海拔和干旱的阳坡，蔷薇属灌木丛通常占优势。短针状叶片比较稀疏，难以形成较厚的土壤枯枝落叶层，导致土壤贫瘠。蔷薇属与其他物种形成的植被，一般为混交林。这些物种包括树皮光滑且呈红色的石兰科常绿灌木（熊果属）和多刺的鼠李（ceanothus）。鼠李有时被称为混交型灌木丛（buckbrush）或加州丁香花（美洲茶属）。水分更高的北坡灌木丛通常为阔叶灌丛，包括产橡子的矮栎（栎属）、致泻的咖啡果［加州鼠李（*Rhamnus californica*）］、红浆果（*Rhamnus crocea*）、苦味的灌丛樱桃树［冬青叶樱树（*Prunus ilicifolia*）］，以及电影之都好莱坞之名由来的灌丛冬青［柳叶石楠（*Heteromeles arbutifolia*）］。

最常见灌木和多数草本植物的更新依赖于火，这意味着种子在土壤中一直保持休眠状态，直到火烧后，萌发才被激发（见本章“火烧”部分）。这些物种包括蔷薇属、石兰科常绿灌木（manzanita）和美洲茶属灌木等，它们在大多年份可开花结果，但没有火烧时，幼苗几乎无法建植。一些美洲茶属物种的寿命相对较短，或容易被其他灌木遮荫，几十年后便会枯死。然而，它们仍以活种子库（living seed pool）的形式，继续存留在土壤中。此外，大量的一年生植物以休眠种子的方式在土壤中度过大部分的时间，也许为一个世纪或者更久。很多有地下鳞茎（bulb）的多年生草本植物，被称为地下芽植物（geophyte），可能会在火烧间隔中休眠很长一段时间。

上面所列举的所有其他灌木物种并不依赖于火烧，其产生的种子在散布后可快速萌发，但成功的繁殖并不常见。这一方面是它们的幼苗对夏季干旱非常敏感，另一方面是许多生活在灌木丛中的食草动物会采食幼苗和其他草本植被。这些食草动物包括鹿鼠［拉布拉多白足鼠（*Peromyscus maniculatus*）］，林鼠（*Neotoma fuscipes*），以及丛林兔［加利福尼亚州丛林兔（*Sylvilagus bachmani*）］。啮齿动物（小鼠和大鼠）通常是夜行性的。然而，林鼠有时被称为口袋鼠（packrat），在很多古老的茂密灌木林中其夜行的证据是非常明显的，因为它们在林冠之下数英尺高的树枝下筑巢。这些动物不仅通过消耗大量的幼苗和草本植物来影响群落结构，而且也是疾病和其他健康威胁的重要带菌者。例如，鹿鼠携带致命的汉坦病毒（hanta virus），林鼠是可致人死亡的猎蝽（猎蝽科）的主要宿主。所有的动物包括爬行动物，都可成为携带蜱虫［太平洋硬蜱（*Ixodes pacificus*）的莱姆病（Lyme disease）的宿主］。虽然很多黑尾鹿［骡鹿（*Odocoileus hemionus*）］会受到黄蜂和蚜虫的攻击，但它们还是采食成熟的灌木。矮栎通常具有大果型结构，而这些结构由瘿蜂［瘿蜂科（Cynipidae）］形成。成年黄蜂可在小枝、树叶或花朵上产卵，幼虫依附于植物细胞的新陈代谢活动，并迫使它为生长中的黄蜂幼虫产生一种高营养的海绵状薄壁组织。

这些灌木在没有火烧发生的情况下，定居成功的幼苗生长主要受限于更多湿度适中的植物群落，如相邻的林地，或受限于那些具有深厚枯枝落叶层的灌木丛，因为这些枯枝落叶层通常可增强土壤的持水能力。当幼苗定植于灌丛树冠之下时，它们一般只能存活几十年，因为下层植被中的幼树经常发育不良。这些树苗被啮齿类动物和兔子大量啃食，可生长出能承受啃食的膨大木质基节，并不断长出嫩枝。如果这些树苗遇到火烧仍然能够生存，它们就有能力在火烧后从基节处再萌，从而可提高它们在早期演替阶段就生长为成熟树冠的几率。因此，这些灌木在某种程度上可间接依赖于火烧而完成它们的生活史。

灌木丛有大量的草本或木质藤本植物（藤本植物），包括多年生宿根植物（manroot）［大果龙脑香（*Marah macrocarpus*）］和灌木丛金银花［忍冬属（*Lonicera*）］。这些藤本植物高出林冠层，全年或几乎全年开花。草本植物可产生肉质多刺且种子很大的果实，而这些种子极易遭到采食；藤本植物可产生干燥的蒴果（capsule），种子很轻，可能被风传播。两者的种子休眠能力都很弱，通常在下层植被中建植幼苗。

丝兰［惠普尔丝兰（*Yucca whipplei*）］为纤维叶植物，以四季常青的簇状形态生长于地面，其通常能幸免于火烧，因为它喜欢生长在植物稀疏而难以助燃大火的空旷岩石上。另外，它们是单子叶植物，有一个被外部叶片包围的中心分生组织，可以承受严重的灼烧。该物种在火烧后大量开花，与小丝兰蛾（*Tegiticula maculata*）具有密切的互利共生（mutualism）关系。蛾蛹在土壤中生长，并能在生长期发育为成年蛾，这些成年蛾飞向丝兰花朵，在那里采集花粉。然后，本能地飞往另一株丝兰植物，进行传授花粉，在确保交叉授粉成功后，将卵产于子房基部。蛾卵很快孵化，幼虫以发育中的种子为食。丝兰蛾只在丝兰花中产卵，丝兰花为了成功产生种子显然需要这种传粉者的授粉服务，这是典型的共生例子。

三、群落演替

灌木丛演替遵循某种形式的干扰，如其中的火烧，与很多其他生态群落的火烧略有不同。一般而言，灌木丛中火烧前的所有物种可在火烧后的第一个生长季中重新出现，因此灌木丛可被描述为“自动演替”（auto successional），即取代自身。在无干扰的情况下，灌木丛的组分似乎是静态的，只在物种组成或新物种定植上有少许变化。部分原因是灌木丛的静态特性，老龄林分的灌木丛常用贬义术语来描述，如“衰老的”“高龄的”“颓废的”和“无价值的”等，并被认为已无任何生产性，年生长率微乎其微。这个观念主要源于20世纪中期对野生动物研究的结论，由于老龄林分灌木的高度，使得野生动物可食用的嫩枝数量极少。然而，如果以总林分生产率估量，灌木丛老龄林分似乎非常高产，但被不公平的描述为衰老。此外，这些老龄生态群落在遭遇火烧和其他干扰时，似乎仍保持一定的弹性，这一事实说明老龄林分（150岁）和更年轻的林分在火烧后（见下文）的恢复能力是一样的。

四、化感作用

灌木幼苗、灌木丛林下草本植物及相关灌木地的缺少，致使人们对化感作用（allelopathy）的潜力进行了广泛研究。化感作用是一种因上层萌发（称为强制休眠），或下层植物生长而引起的化学抑制灌木萌发的研究。通常，在灌木地与草原邻接的边缘地带，这一下层植物的生长也很不充分，从而形成一个明显的裸露带（图27-2）。关于化感作用的重要性争论已久，一些科学家认为动物是限制灌木林下幼苗和草本植物定植的主要机制。虽然研究还没有完全排除化学抑制的可能性，但众所周知，对于大部分植物区系而言，化感作用在种子休眠不起作用，而休眠因其固有的特性，却需要诸如热量和烟雾之类的信号，以在火烧后的养分富集和光照充裕环境中诱导种子萌发。

图 27-2 灌木丛和草地之间的裸露带。图片由 J.E. Keeley 拍摄。

五、火烧

在夏季和秋季，明显的季节性气候变化有助于极度干燥的灌木落叶引发大火，并通过这些茂密连片的灌丛得以迅速蔓延。这种植被自晚第三纪（如果不是更早，可超过 10Ma）发生火烧以来，其已成为一个重要的生态系统过程，直到相对较近的夏季暴雨闪电成为主要火源。火烧主要发生在内陆高山地区，沿海地区起火的频率较低，只有强离岸风才有可能引发这些内陆火（interior fire）。在加利福尼亚州的许多地方，每年秋季都会刮起这种强风，这在南加利福尼亚州被称为圣塔安娜风（Santa Ana wind），而在北加利福尼亚州被称为毁灭之风（Diablo wind）或廊道之风（Mono wind）。更新世末期，即大约 12 000 年前，土著美国人开发加利福尼亚州后，它们也成为了火源。随着过去千百年人口的大量增加，至少是在加利福尼亚州的沿岸地区，闪电作为火源的时代已被人类取而代之。如今，加利福尼亚州沿岸和丘陵地带 95%以上的火烧都是人类造成的。

灌木丛火被认为是林冠火（crown fire），因为大火是通过灌木树冠蔓延的，而这可通常会燃尽所有的地表落叶。一般情况下，在潮湿的冬天，灌木丛的含水率较高，使它们相对抗火。枯枝的数量决定火势蔓延，因为它们能对干燥的天气作出迅速响应，从而比新鲜树叶更易燃烧。结果，火势在已积累了大量枯死生物量的老龄植被中更容易蔓延开来。当然，活跃的和已死的助燃物、风、湿度和温度等与地形之间具有复杂的相互作用。尤其是通过预热的生活燃料，风可加速火势蔓延，这往往会导致大火快速向枯死生物量相对较少的新生植被蔓延。出于同样的原因，大火在陡峭的地带也会蔓延得更快。

六、源于火烧的群落恢复

灌木恢复速率随海拔、坡向、倾角、海岸影响程度以及降水模式等因素而变化。灌木生物量的恢复始于基部萌枝（图 27-3），幼苗更新来自于休眠的土壤种子库。在春季或初夏火烧之后，萌发可在几周内完成，而在秋季火烧后，新芽的生长可能会延迟到冬天。不论火烧时机如何，种子萌发都会推迟到冬末或早春时节，这种现象在第一年之后并不常见。灌木丛对火灾干扰所具有的弹性，可通过群落快速恢复到火烧前的群落结构这一明显趋势予以说明。

图 27-3 火烧后，从蔷薇属基节处可萌生出数米长的枝条。图片由 J. E. Keeley 拍摄。

灌木树种不同于火烧后从休眠种子库中再萌而重生的物种。大多数石兰科常绿灌木和美洲茶属植物没有能力从已枯死树干的基部再萌，它们完全依赖于种子发芽，这样的灌木被称为“专性播种机”。而极少数石兰科常绿灌木、美洲茶属和蔷薇属物种可再萌，也可通过种子再繁殖，这些物种可被称为“兼性播种机”。然而，上面所列举的大多数灌木，可在火烧后完全通过再萌而得以更新，可被称为“专性再萌者”。

在火烧后的临时环境中，大部分植被盖度通常由火灾之前就作为休眠种子库、地下鳞茎或球茎

(corm) 的草本植物组成。这一火烧后的群落，由多样性极高的草本和半木质物种构成，而这些半木质物种的大多数可形成火烧后的短命演替植物区系 (successional flora)。这一“临时性”植被群落相对短命，灌木将在第五年重新成为该地的优势种，而大部分草本植物将进入休眠状态。这些火烧后的地方种来源于由前期火烧所形成的休眠种子库，且其大半生命被消耗在休眠的种子中。这些可被称为“火后地方种”，在无火烧的条件下，它们可将那些具有生命力的种子库保留一个多世纪，直到被大火热量或烟雾激发其再次萌发时为止。“火后地方种”受临时火后条件的严重限制，如果第二年具有充足的降水，这种现象可能还会持续一年，但一般会在随后的几年中消失。

并不是所有火烧后的一年生植物都受此限制，有些物种是机会主义者，既可利用火烧后开阔条件所具有的优势，又不会放弃成熟灌木丛中的空斑。这样的物种往往可产生多态种子库 (poly morphic seed pool)，包括直到火烧发生仍处于休眠的深度休眠种子库，以及具备在成熟灌木丛内部或周边建植能力的非休眠种子库。这些物种随年降水格局而变化，在干旱年份根本不会出现。

多年生草本植物的一生多数是土壤中休眠鳞茎 (dormant bulb) 的生长，通常占火烧后物种多样性的 1/4。几乎所有的多年生草本植物都是来自于火烧后第一年休眠鳞茎、球茎，或根茎和一直开花的“专性再萌者”。它们没有一个可产生火烧依赖型的种子。不过，其繁殖却是火烧依赖型的，因为火烧后的开花能产生在第二年更容易萌发的非休眠种子。

在火烧后的第一年或第二年，灌木丛的多样性水平最高，包括大量次优种和少数优势种，可用优势度——多样性曲线予以说明 (图 27-4)。灌木丛中的优势度是由这一事实驱动的，即大部分资源被具有强大再萌能力的灌木所利用，只有很少的资源可用于多数一年生植物从种子库中的更新。

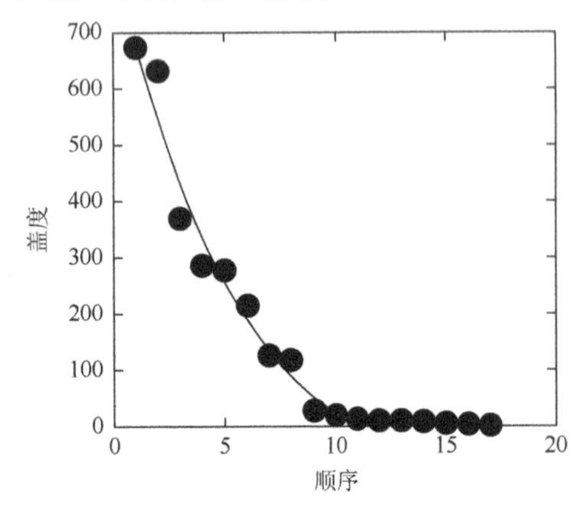

图 27-4　火烧后灌木丛中按物种盖度由高到低的优势度-多样性曲线。

植物并不是将生活史特化于火烧部分的唯一生物区系。烟甲虫 [长扁吉丁虫 (*Melanophila* spp.)] 广泛分布在美国西部，可被火烧散发出的红外线热吸引。通常，尽管植物茎秆还在阴燃，但它们即将钻进烧焦的木材中，并在那里产卵。

七、种子萌发

许多灌木丛物种的更新是火烧依赖型的，这意味着在土壤中休眠的种子需要火烧激发才能萌发。极少数物种具有坚硬的种子，只有被火烧才可破裂，并由此而刺激萌发。鼠李种子就是这种萌发模式的一个很好的例子。然而，对大多数物种而言，种子对植物体燃烧时所产生的热量并不响应，但是对它们燃烧时所产生的化学物质作出积极响应，这可能是这些种子接触了烟雾或烧焦的木材所致。当将这些物种的种子放置于室温并浸泡时，多数不会萌发，除非它们先前已接触过烟雾或烧焦的木材。在自然环境中，种子可保持长达几十年的休眠状态，直到火烧发生为止。有证据表明，火烧后刺激种子萌发的原因在于烟雾和烧焦木材中的各种化学物质，包括无机化合物和有机化合物。

许多物种的种子对低温 (<5℃) 有要求，这可被视为一个季节性的信号 (seasonal cue)，但对这些灌木丛物种而言，这个要求并不像很多来自于较寒冷气候区物种的低温层积 (cold stratification) 要求。在较寒冷气候区，为了防止种子冬天萌发，需要某一持续时间的低温。加利福尼亚州的物种，只需短暂的低温，就可刺激萌发。因此，寒冷并非是冬天已经过去的信号 (如多数北纬物种)，而只是意味着冬天已经来临，这与地中海气候物种种子在冬天萌发的行为一致。

八、种子散布

灌木种子的散布可分为时间散布和空间散布。前者是可积累休眠种子库的火烧依赖型物种，而休眠种子库的积累本质上是在及时散布这些灌木的种子，从一个火烧周期到下一个周期。但这一方式的空间散布是有限的。鼠李具有易裂的蒴果，可在离亲本灌木不到一两米的地方散布种子。石兰科常绿灌木 (Manzanitas) 将大部分种子散布于亲本植物的下方，因为它们的小干果实对鸟类没有吸引力，尽管少量的种子会被土狼 [郊狼 (*Canis latrans*)] 和熊 [黑熊 (*Ursus americans*)，历史上还包括灰熊 (*U. horribilis*)] 携带至很远的地方。蔷薇属产生的小果实可能会被风带到几十米或更远的地方，但似乎大多数都散布在亲本灌木周围。

火烧后一年生地方种植物的种子，主要以时间散布而非空间散布为主，且多数种子都没有广泛扩散的指示性特征。例如，因其花朵和果实悬垂而得名的黄色吊钟花（whispering bells）[加州小懈树（*Emmenanthe penduliflora*）]，在火烧之后，会直接将种子散布到亲本植物的下方。因通过蒲公英状冠毛而进行良好种子散布的向日葵（菊科），在火烧之后，其中的地方种一般都具有确保种子时间散布而非空间散布的易脱落冠毛。

不依赖于火烧（非火烧依赖型）繁殖的灌木物种，其果实对鸟类和哺乳动物极具吸引力，大部分种子可通过这些携带者得以散布。幼苗更新对干旱非常敏感，因此这些果实的每一个携带者都很重要，灌丛鸦［西丛鸦（*Aphelocoma californica*）］会偏向于将种子藏在树荫下。

九、火灾机制下区域变化

加州灌丛在火烧模式上呈现出一定的区域性差异，这主要因区域间风的不同而引起。在加州沿岸的很多地方，秋风会创造非常有利的起火条件。这种现象每年都在发生，使强陆风在5～10d内的风速可持续高达100km/h以上。这些风因内陆西部中的高压系统而引起，在南加州被称为圣塔安娜风，而在北加州被称为毁灭之风或廊道之风。随着这些空气团从内陆的高压脊移动到海滨的低压槽，空气下沉并干燥绝热，致使相对湿度低于10%。这些风每年发生并延长干旱期的事实，促使这里形成世界上最有利的起火条件。结果，只有一小部分的南加利福尼亚州景观避免了20世纪的大火，而许多低海拔灌木丛都遭受了多次反复无常的火烧。

与此相反，圣塔安娜风在南内华达山脉（Sierra Nevada）和部分中央海岸区难以形成，因为部分山脉的阻挡，这些风无法抵达海岸。圣塔安娜风的缺少，加之较低的人口密度，使得这里的火灾次数大大减少。因此，在过去的一个多世纪中，南内华达山脉约一半的景观都未发生过火灾。这一条件将这些景观保留至今，至少在可追溯的历史变化范围内仍是这样的。尽管如此，古老灌木丛似乎维持了自然生态系统过程，也没有消亡或替代其他植被类型的迹象。在发生火灾后的灌木丛遗迹地区，这一点尤其明显，其地表植被覆盖度和多样性的恢复，与火灾后恢复的新生灌木丛没有区别。

十、面临的威胁与管理

天然灌丛的退化，以及其向外来种占优势的草地类型的转变，已引起了很多研究者的关注，其中一些人认为干扰频率的增加是非本土一年生植物超过本土木本植物的主要因素。在没有火烧发生的情况下，非本土物种种子在土壤中滞留的时间较短，因此这些物种能够在被烧遗址上出现的主要原因，通常在于火烧后的入侵。一般情况下，10年的火烧周期就足以使外来种初步占据生存地点。除了胜出本土物种，非本土禾草可改变火烧格局，将林冠火格局变为地表火与林冠火相互混合的格局，而在这一混合格局中，灌木斑块之间高度易燃的禾草可起火。这不仅可提高火烧的可能性，也最终使火烧频率增加。火烧频率的增加是有阈值的，如果超过这一阈值，本土灌木的覆盖度将无法恢复。

消防管理措施可能与自然资源的需求相冲突。现有的地表景观受到无规律、高频率火灾的威胁。此外，还有很大一部分的危险来自于外来种的入侵。当消防管理者对其使用传统燃烧和其他燃料燃烧处理时，他们就破坏了这些灌丛，使其面临入侵和潜在的植被类型转换，即转换到非本土草原类型。在加利福尼亚州管理这些景观时，考虑如下事实将是非常有帮助的，即绝大多数外来物种是利用干扰的机会主义者。通过传统燃烧（或放牧）增加额外的干扰只会加剧外来物种的入侵问题。

只有少数灌木丛景观在公园或自然保护区中受到保护。其中很大一部分由私人管治或联邦管辖。从历史上看，为摧毁灌木丛覆盖物的牧场频繁焚烧行为，或为减少危险易燃物而将牧场烧为灰烬后转变为理想森林，或适宜城市环境等的其他行为都加速了牧场的衰退。如今，因城市发展扩张而形成的大部分城市社区（urban community）与隐含危险灌木丛助燃物的流域交织在一起。历史研究表明，大量高强度的林冠火也是这个生态系统的自然组成部分，我们没有理由认为此类火烧在未来一定不会增多。消防管理者通常基于这样的信念而展开工作，即通过控制助燃物，他们可改变社区对火灾的脆弱性。然而，在过去的一个多世纪中，这样的管理却使火灾损失每隔10年翻一番。加利福尼亚州人需要接纳如何重新审视这些景观上火灾的不同方式。如果能意识到野火只是一种从南加利福尼亚州景观中无法消除的自然事件，则社会反响应该是温和的。我们可从地震或其他自然灾害管理科学中学到很多宝贵的知识。没有人假装他们能阻止地震，相反，他们试图通过基础设施建设，以使地震冲击最小化。未来，仅凭消防管理无法实现人类与火和谐共处的愿景，还需要与城市规划紧密结合。

参考章节：地中海类型生态系统。

课外阅读

Arroyo MTK，Zedler PH，and Fox MD（eds.）（1995）*Ecology and Biogeography of Mediterranean Ecosystems in Chile，California and Australia*. New York：Springer.

Christensen NL and Muller CH（1975）Effects of fire on factors controlling plant growth in Adenostoma chaparral. *Ecological Monographs* 45：29-55.

Halsey RW（2004）*Fire，Chaparral，and Survival in Southern California*. San Diego，CA：Sunbelt Publications.

Halsey RW（2005）In search of allelopathy：An eco historical view of the investigation of chemical inhibition in California coastal sage scrub and chamise chaparral. *Journal of the Torrey Botanical Society* 131：343-367.

Keeley JE（2000）Chaparral. In：Barbour MG and Billings WD（eds.）*North American Terrestrial Vegetation*，pp. 203-253. Cambridge：Cambridge University Press.

Keeley JE and Fotheringham CJ（2003）Impact of past，present，and future fire regimes on North American mediterranean shrublands. In：Veblen TT，Baker WL，Montenegro G，and Swetnam TW（eds.）*Fire and Climatic Change in Temperate Ecosystems of the Western Americas*，pp. 218-262. New York：Springer.

Mooney HA（ed.）（1977）*Convergent Evolution of Chile and California Mediterranean Climate Ecosystems*. Stroudsburg，PE：Dowden，Hutchinson and Ross.

Odion DC and Davis FW（2000）Fire，soil heating，and the formation of vegetation patterns in chaparral. *Ecological Monographs* 70：149-169.

Rundel PW，Montenegro G，and Jaksic FM（eds.）（1998）*Landscape Disturbance and Biodiversity in Mediterranean Type Ecosystems*. New York：Springer.

Wells PV（1969）The relation between mode of reproduction and extent of speciation in woody genera of the California chaparral. *Evolution* 23：264-267.

第二十八章

珊瑚礁

D E Burkepile，M E Hay

一、前言

珊瑚是一种简单、无性繁殖的无脊椎动物，它作为生态系统的工程师，可建造巨大的、在太空中可被观察到的生命结构体（礁石）。这些堪比人类工程的、伟大壮举的结构体，通过与珊瑚虫体内单细胞藻类间的共生关系获取能量。珊瑚虫与藻类的这一合作，有助于那些能在孤立热带海域中养分贫瘠的“不毛之地”发育的生产性生态系统，这些多产的、由珊瑚虫坚硬外壳所形成的丰富结构复杂体，为许多其他动植物物种提供了庇护所，而这些动植物物种使珊瑚礁成为地球上生物多样性最丰富的生态系统之一，全世界栖居于其中的物种可达数十万乃至数百万（图 28-1）。

图 28-1　珊瑚礁，如图中印度太平洋地区的珊瑚礁，栖居着世界上数十万乃至数百万的物种。图片由 M.E. Hay 提供。

通过提供重要的蛋白质资源、保护海岸免受海浪破坏、吸引游客及作为许多热带岛屿的经济支柱，珊瑚礁同样也支撑着人类社会。此外，在抵抗人类疾病的过程中，珊瑚礁也是非常重要的，因为许多生活在其上的动植物所产生的化学物质，可作为药物使用。几个世纪以来，礁石也同样深深地吸引着博物学家和科学家。查尔斯·达尔文在发表其有关自然选择的原创性作品之前，其已于 1842 年出版了有关礁石的论著。在这一论著中，他假设当山脉因其自身的重量沉降而陷入地壳时，就会在山峰周围形成珊瑚环礁（热带太平洋深处的环礁）。在钻孔技术发展到这一假设被验证的 100 多年前，正如达尔文作品的其他许多方面一样，他被证明是正确的。对现代生态学家而言，礁石是模型化的生态系统，可为有关生态学和种群结构、群落组织的演变，以及物种多样性如何演变和保护等发展基本假设。同时，礁石让我们看到地球壮观的历史记录，因为珊瑚化石的坚硬躯壳不仅长期记录了珊瑚的分布和数量变化，也记录了过去气候事件，如温度和海平面变化的化学信号。因此，礁石不仅养育和保护着人类及其他物种，而且也为深入我们过去提供了一个有价值的窗口，包括我们现在的活动将可能如何改变我们的环境和未来。

在本章中，我们回顾了形成珊瑚礁生态系统的主要生态相互作用。需要特别注意的是：①珊瑚与生活在其组织内的共生藻类之间的动态关系；②礁石在食草动物保护珊瑚免受海藻过度生长中的作用；③诸如捕食、竞争、珊瑚礁生物幼虫的更新以及影响珊瑚礁结构的干扰等众多生态过程；④礁石和邻近生态系统，如海草床和红树林，之间的动态生态关系。最后，我们回顾了珊瑚礁当前面临的威胁，以及这些威胁是如何破坏多样化生态系统完整性的。

二、珊瑚-藻类互利共生

珊瑚是生态系统的工程师，因为它的碳酸钙骨架创造了整个生态系统所依赖的生命所必需的结构。珊瑚礁的钙化和增长取决于珊瑚虫与其细胞内具有光合作用的鞭毛藻间的共生关系。这些鞭毛光合藻类为甲藻属，亦称虫黄藻（*Symbiodinium* spp.）。珊瑚和虫黄藻都受益于这种共生关系，因为珊瑚虫可以通过虫黄藻的光合作用获得高达 95%的碳，而虫黄藻则从珊瑚虫排泄产物中获取氮和其他无机营养元素以维持生命活动。虫黄藻的光合作用可加强珊瑚的钙化作用并提高珊瑚的生长速率，最终使礁石增大，在许多热带海域中，可发现巨大的礁石骨架。因此，由珊瑚-藻类共生关系所形成的活物理结构和死珊瑚，可产生异质性和生境复杂性，而这有助于各种动植物集合体的共存。

虽然虫黄藻最初被假定为一个物种，但是最近的分子证据表明它至少有 7 个不同的类型或支系（简称为分枝 A～G)。很多珊瑚中寄居着虫黄藻的多个支系，以为共生体间可能存在的竞争及宿主对共生体的选择做好准备。虫黄藻的各个支系在光合作用能力、光耐受性、温度及其他压力因素等方面不同，使其在不断变化的环境条件下，可供宿主选择性地利用。当珊瑚因光照水平增强或温度增加而被胁迫时，它们通常会排出其体内的虫黄藻，并开始变白(称为珊瑚白化)。这一褪色过程使珊瑚可占有那些能更好适应新环境条件下新的虫黄藻支系。然而，未能再次获得虫黄藻，或得到了不合适支系的珊瑚，最终将在这种环境改变的压力下死亡。倘若珊瑚未能成功地获得适合的共生体，那么不断变化的环境条件对它们来说将是致命的。这种珊瑚-虫黄藻互利共生的改变使珊瑚在适应全球气候变化时更具弹性，而全球气候变化正是影响珊瑚礁健康和破坏珊瑚-虫黄藻互利共生关系完整性的主要威胁。

三、珊瑚礁上的生态相互作用

1. 竞争

对限制性资源如养分、空间、光照和食物的竞争，通常是限制物种群落分布和多度的一个强大机制。在许多珊瑚礁中，大部分底栖生物的限制性资源是空间或光照（图 28-2)，因为多数礁石结构通常被占用。因此，珊瑚已进化出了各种各样的竞争机制，包括清扫触手、消化细丝和快速增长率等，利用这些机制，它们与其相邻珊瑚为得到更多的空间或者保护已经占据的领地而展开竞争。大量生长缓慢的珊瑚都拥有最有效而直接的竞争机制（即，可以刺痛和直接伤害邻近珊瑚的清扫触手、消化细丝)，如鹿角珊瑚属（*Acropora* spp.）的珊瑚支系则主要依赖于其较高的生长率而超越和遮盖竞争对手。海绵等其他礁石无脊椎动物则通过释放有毒的化学物质进行竞争，本质上是用化学武器（称为化感作用）来获得新的领地。

许多有关礁石的早期研究主要集中在珊瑚与珊瑚之间的竞争，但最近的研究发现已对珊瑚-海藻的竞争进行了调查，因为现今礁石上普遍长满了一些能定期杀死珊瑚的海藻。传统观点认为海藻更具有竞争优势，能过度生长并杀死珊瑚。尽管并非所有的海藻都对珊瑚有害，但大多数关于珊瑚-藻类的研究表明，海藻的直接竞争会削弱许多珊瑚的生长能力、生存能力、繁殖能力和更新能力。与钙质绿海藻接触的藻仙掌藻属的 *Halimeda opuntia* 植物甚至可以诱发黑绷带病。小的、对那些较大的叶状海藻珊瑚没有直接危害的丝状海藻，通常可封存珊瑚组织附近的沉积物，这可使珊瑚窒息而死。因此，即便与典型无害的丝状海藻竞争，也可对接收高负荷

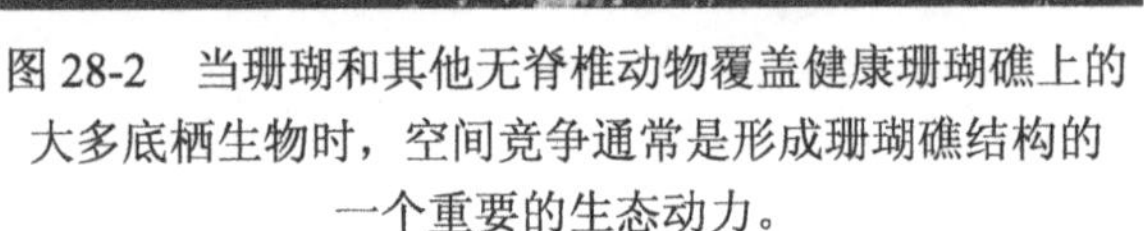

图 28-2　当珊瑚和其他无脊椎动物覆盖健康珊瑚礁上的大多底栖生物时，空间竞争通常是形成珊瑚礁结构的一个重要的生态动力。

沉积物的礁石造成危害。然而，并非所有的珊瑚都对海藻竞争敏感，竞争的结果随珊瑚的形态而变化。与圆菊珊瑚属（*Montastrea* spp.）的许多珊瑚相比，落叶松蕈属（*Agaricia* spp.）的叶状珊瑚更易受海藻过度生长的影响。此外，海藻对较小的珊瑚群体也具有较大的、不成比例的负效应，尤其是对新近更新的珊瑚，大型海藻可完全阻止幼小的珊瑚形成礁石。

珊瑚礁上的竞争并不仅限于固着的无脊椎动物之间，也存在于移动的动物之间。由于无干扰珊瑚礁上的食草动物较为丰富，加之这种条件下海藻的固定生物量普遍较低，使得食草动物间的竞争必然发生。当加勒比海暗礁中的食草性海胆冠海胆(*Diadema antillarum*)通过有目的的实验控制或疾病暴发从珊瑚礁中被移除后，食草鱼类的摄食率及一些其他物种的密度就会增加，这说明鱼类和海胆为食物而竞争。冠海胆之间也相互存在着激烈的竞争。然而，有限海藻资源的竞争通常不会造成冠海胆种群的缩减，相对身体大小而言，反而会使得它们口器（称作海胆咀嚼器）的大小有所增大。从本质上来说，当食物成为个体增长和生存之间的权衡因子

而被限制时，冠海胆的个体将会缩小。

2. 食草作用

由于海藻能够过度繁殖并杀死珊瑚，所以食草动物对珊瑚礁的功能至关重要，其可保持珊瑚礁免受海藻的束缚，从而促进珊瑚虫的更新、生长及恢复。鱼和海胆通常是珊瑚礁中占优势的食草动物，珊瑚礁区的一些鱼类每天以每平方米大于 100 000 倍的速率咬噬底部。当数量充足时，鱼类或海胆都可以单独去除珊瑚礁上远超 90%的日常初级生产量。食草鱼类吞食比珊瑚更有竞争优势的海藻，不仅可清理底部基质以供珊瑚幼虫的定居，也能防止已建成珊瑚的海藻过度生长。作为回报，造礁珊瑚生命所需的结构和地形复杂性，通过提供食物、栖息地和免于捕食的避难所，可使岩礁食草鱼类和海胆受益。当食草动物由于实验、过度捕捞或疾病等原因移除后，海藻将取代珊瑚并使礁石的生命必需结构简化。珊瑚结构的简化和海藻数量的增加都与岩礁食草鱼类的减少有关。有趣的是，从礁石人工移除大规模的藻类只能引起食草鱼类数量的暂时增加，经过数月，海藻会再次成为占优势的底栖生物。因此，在珊瑚没有恢复的情况下，海藻的减少可能会抑制岩礁鱼类的生长，使珊瑚礁继续恶化。

珊瑚礁上的主要食草鱼类通常是刺尾鱼（属于 Acanthurdiae）、鹦哥鱼类（鹦嘴鱼科）、河豚（篮子鱼科）和白鲑（鲷科）等，以及在某些地方具有重要食草作用的雀鲷（雀鲷科）（图 28-3）。刺尾鱼通常以底栖藻类和吞食叶状藻类的碎屑物质为食。鹦哥鱼类有强大的下颚，其中的牙齿犹如喙的形状（因此得名鹦嘴鱼），这使得它们除了以底栖藻类及叶状藻类为食之外，还能够以坚硬的钙化海藻为食。虽然食草动物对影响礁石群落的重要作用也得到很好的研究，但食草性物种个体和食草动物多样性对珊瑚礁健康的影响作用还知之甚少。食草动物多样性应有益于珊瑚礁，因为一个更多样化的食草动物群体包括食草动物多变的攻击策略，而这种攻击策略反过来可提高海藻去除的效率，因为特定的海藻不可能更好地抵御所有类型的食草动物。食草鱼类多样性的实验控制表明：物种丰富度对礁体功能是重要的，因为不同食草鱼类的补充性取食可抑制海藻生长、增强壳状珊瑚和底栖藻类的繁殖、降低珊瑚死亡率及促进珊瑚生长。因此，不仅食草动物对珊瑚礁至关重要，食草动物物种丰富度也是必不可少的，因为广泛的取食策略和生理机能可有效去除海藻并促进珊瑚的健康生长。

扫一扫看彩图

图 28-3 食草动物，如加勒比海中鹦哥鱼类的混合种鱼群，对珊瑚礁健康至关重要，因为它们能除掉过度生长并杀死珊瑚的海藻。图片由 M.E. Hay 提供。

3. 捕食

捕食通常是生态系统中一个强大的、自上而下的压力，通过防止生态学上相似生物间的竞争性排除来协调低营养级物种间的共存。事实上，捕食者经常通过阻止某些猎物种群的扩张来维持生态群落中的物种多样性，否则这些猎物将会超过竞争性的低等生物，并最终主导群落。如果重要的捕食者从食物网中被移除，则缺乏其强烈影响的状况将会波及整个系统，从而彻底改变各种捕食者-猎物之间的相互作用。

珊瑚礁上最大的捕食者，如鲨鱼、鲹鱼（鲹科），以及大型大石斑鱼（鮨科）所造成的影响几乎是未知的，因为研究这种大型生物存在逻辑问题，即在生态学家就地开始研究礁石生态学之前，这些物种中的大多数都是比较罕见的（图 28-4）。虽然有关这些鱼类在群落中所起作用的严谨研究是有限的，但加勒比海珊瑚礁食物网最近的模型表明，在这些食物网中，鲨鱼往往是相互作用最为强烈的物种，这也意味着它们的移除可能对珊瑚礁产生强大的级联效应。而且，对西夏威夷群岛北部轻度捕捞渔礁的调查显示，像鲨鱼和鲹鱼这样的大型顶级掠食者占鱼类总生物量的 50%以上，相比而言，夏威夷主岛上重度捕捞渔礁的生物量则小于 3%。这些在轻度捕捞渔礁上的丰富顶级掠食者，无疑在这些珊瑚礁的群落结构中施加了自上而下的强大压力。

然而，人类对中等大小食肉鱼类的开发给予了我们对捕食如何影响珊瑚礁群落最深刻的理解。在许多太平洋的珊瑚礁上，长棘海星之王-长棘海星（*Acanthaster planci*）的暴发导致数平方千米的珊瑚礁丧失。这些海星是贪婪的珊瑚捕食者，它们通过多达成千上万个体组成的庞大群体觅食，这些群体可以毁掉大部分大型的直立珊瑚。而且，自 20 世纪 60 年代首次被记录之后，它们的暴发变得更为频繁。斐济群岛上的研究已经表明：长棘海星的暴发与珊

(a)

(b)

扫一扫看彩图

图 28-4　由于过度捕捞，像鲨鱼（a）和石斑鱼（b）这些顶级食肉动物现在许多珊瑚礁上都极为罕见。图片由 M.E. Hay 提供。

瑚礁上的捕捞强度相关。长棘海星的密度是其岛屿周边的 1000 倍，这对捕鱼带来极大的压力；掠鱼型鱼类的数量比珊瑚礁上的少，捕鱼压力较小，捕食者数量众多。高密度的长棘海星会降低构建珊瑚礁石和壳状珊瑚藻的覆盖度，但可提高丝状藻类的覆盖度。因此，大型食肉动物的移除与长棘海星种群的暴发有关，这些长棘海星种群对珊瑚礁群落组织具有强大的级联效应。

在非洲东部的许多珊瑚礁中，也存在类似的情况，引金鱼和大型濑鱼的高强度捕捞使得诸如长海胆属的海胆种群激增。无捕捞保护的珊瑚礁，海胆数量是被保护珊瑚礁的 6 倍，一旦大多数藻类生物量被消耗，密集海胆种群的供养会使礁石结构发生物理侵蚀。这种高强度捕捞可降低珊瑚的覆盖度和多样性，与捕捞保护并存在大量食肉动物的珊瑚礁相比，生物侵蚀率可增加到原来的20倍。当原来的捕捞区受捕捞保护时，海胆吞食鱼类使自身数量增加，海胆的捕食活动也会增多，这说明随着时间的推移，掠食型鱼类种群的恢复可造成海胆种群的萎缩及礁体结构的恢复。

4. 干扰

虽然生物相互作用（如竞争和食草作用）侧重于其对珊瑚礁结构所具有的重要影响，但非生物干扰如飓风、温度波动、沉积压力和海平面变化等也会对珊瑚礁产生持久的影响。珊瑚礁是受如飓风频率和强度的干扰，或决定礁石上有多少珊瑚种类可共存的扰动事件等强烈影响的标志性生态系统之一。如果干扰非常频繁或非常强烈，则只有能够快速再次占领扰动区或能够承受强烈扰动的物种才能继续生存下去。如果扰动是罕见的且比较温和，则最具竞争力的物种将会淘汰竞争力较弱的物种，然后成为优势种。然而，如果是中等频度和中等强度的扰动，则拥有不同生活史特征（即优秀的入侵者对强大的竞争对手）的物种可以共存，因为无法承受干扰的物种不能被频繁取代且竞争较弱的物种也不能胜出。

珊瑚礁通常能从强烈的风暴扰动中恢复，但很少能从长期的扰动中复原。强烈的自然扰动与长期人为扰动的耦合，通常可导致珊瑚礁健康状况的急剧下降。复合干扰驱动珊瑚礁衰退的最好例子是来自牙买加的礁石。在食草鱼类被长期过度捕捞，以及两次飓风和食草冠海胆大量死亡的协同作用下，迫使曾经以珊瑚虫占优势的礁石转变为海藻占优势的另一种状态（图 28-5）。20 多年以来，这些礁石已经有了一些复苏的迹象。事实上，自然物理干扰的偶然影响、珊瑚疾病以及过度捕捞和污染等人为长期干扰等，共同使整个加勒比海珊瑚上的礁石覆盖度在过去几十年中平均下降了 80%。尽管干扰是珊瑚礁生态系统的自然且主要的组成部分，但许多短时间尺度的综合扰动仍然可超出珊瑚礁所能承受的范围。

5. 正交互作用

生态学家现已意识到物种之间的正交互作用对自然种群具有强大的级联效应，其对群落结构的影响与负交互作用（即捕食或扰动）相当。在珊瑚礁上，最明显的正交互作用是珊瑚与其共生藻类的互利共生，其次是维持珊瑚占主导生态系统的食草动物与珊瑚之间的正反馈。其他重要的正相互作用来自于那些通常被认为是竞争对手，但在合适的条件下也可相互受益的物种。例如，海绵，虽互相竞争，但也积极地相互作用。海绵形态上相似的物种，在多物种类群中混杂生长的现象，比其仅生长于海绵群落中的现象更为普遍。在这些类群中生长的海绵，其不同物种的生长率通常比那些独自生长的要高。生长率的提高可能源于不同物种对捕食、病原体及物理干扰的敏感性差异。海绵联合体的总体特性使它们都能够在难以克服的环境挑战中独自生存下来。在更深的层次上，其对珊瑚礁的稳定性和完整性非常重要。海绵联合体实际上充当黏合剂的作用，

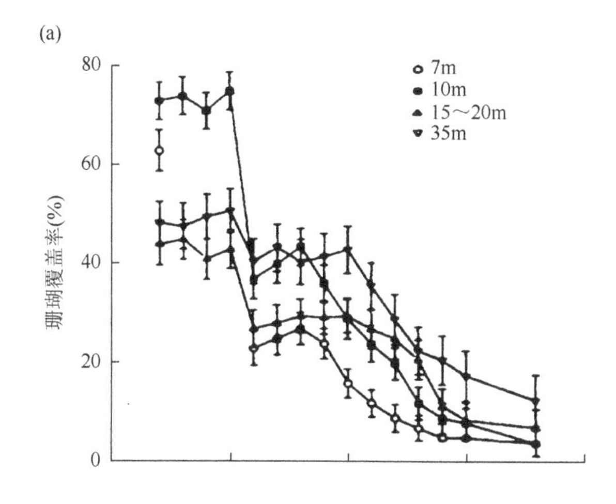

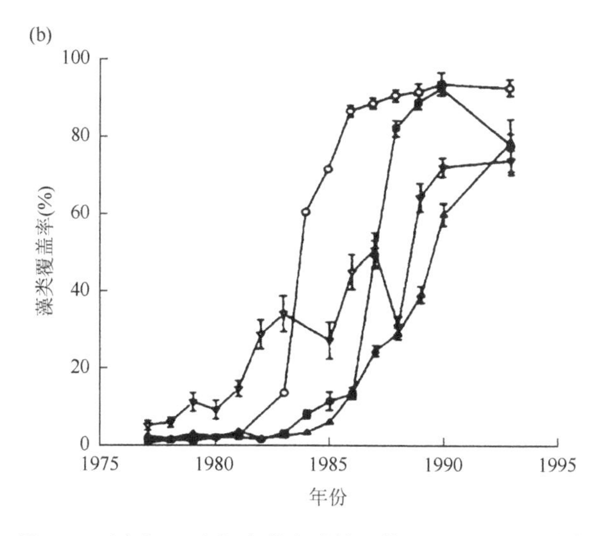

图 28-5 过去 20 多年中珊瑚礁的退化，(a) 珊瑚覆盖度的变化；(b) 牙买加愉景湾中四个不同深度处海藻覆盖度的变化。这一珊瑚退化和海藻增加现象是自然和人为干扰，包括过度捕捞、飓风、疾病和富营养化等协同交互作用的结果。整个牙买加的珊瑚覆盖度也发生了同样的变化，从大约 60%下降到大约 4%（摘自 Hughes TP（1994）Catastrophes，phase shifts，and large-scale degradation of a Caribbean coral reef. *Science* 265：1547-1551）。

它将珊瑚礁黏合在一起并固定在适当的位置。当海绵从珊瑚礁上移除后，便被风暴取而代之，与存在大量海绵的礁石相比，风暴可杀死更多的珊瑚。

净正交互作用甚至还可能出现于消费者与其猎物之间。在热带珊瑚礁上，食草雀鲷经常和一些海藻形成互利共生的关系。雀鲷通过对其赖以为生藻丛的积极防御，在礁石上可创建物种富集的海藻斑块，而这些海藻通常会被大型食草鱼类采食殆尽。虽然在雀鲷领地上快速增长的丝状藻类是其猎物，但这些藻类也要依赖于鱼的领地行为来维持高密度的生长。一旦领地的鱼类被移除，其内的海草会在数小时内被消耗完。然而，雀鲷与藻群之间的正交互作用也可被其他在大鱼群中觅食的食草鱼类间的合作所替代。尽管鱼群倾向于加强食草动物对资源的竞争，但鹦哥鱼和刺尾鱼通常可组成摄食鱼群，以侵占好斗雀鲷的领地。对于这些大型食草动物而言，扩大鱼群规模使它们在雀鲷领地内和周边觅食时，可更多地叮咬每条鱼。共同行动的益处在于打压雀鲷并获得资源丰富的栖息地，而这一定比这些鱼群中鱼类间竞争性相互作用所具有的潜力更为重要。同样，食鱼性石斑鱼和海鳝经常一起捕食或组成合作性的觅食群体。对于这些合作觅食的鱼类，按照每个捕食者一生所捕获的总捕食量计算，合作优于单干。

最后，小濑鱼（隆头鱼科）和鰕虎鱼（虎鱼科）会充当热带珊瑚礁上的清理工，可以除掉来自较大鱼类的寄生虫、黏液、坏死或已受感染的组织。礁石底部的清理工一般会在特定的清理站被发现，通常位于礁石明显突出的部分。这些鱼每天可以清理 132 个不同物种的 2300 个个体，一些被清理的鱼类，每天进入清理站的次数可超过 100 次。如果这些清理工从珊瑚礁上移除，珊瑚礁鱼类的多样性将会下降，特别是对于那些进入礁石需要被清洁的大型过路鱼。因此，清理鱼对被清洁鱼类的大量寄生虫，以及鱼类对斑块状珊瑚礁环境的利用模式具有强烈影响。

四、珊瑚礁的补充：繁殖和更新在珊瑚礁生态学中的作用

大多数礁石生物（珊瑚、海绵、海藻）都是固着的或仅占据较大礁石栖息地的一小部分（大多数为岩礁鱼类）。因此，新栖息地的入侵是通过幼体生物的更新实现的，而这些幼体生物在定居礁石并利用其较小的区域之前，在浮游生物中可能已漂移了很长的距离。所以，幼体生物的生产和更新是礁石生态学中的一个关键因素，因为面对自然和人为干扰时，动植物种群的补充是礁石弹性和恢复力不可或缺的。

珊瑚物种在繁殖方式及使幼虫扩散到新礁石上的能力差异很大。许多珊瑚都可通过分裂进行无性生殖，以及通过产生生殖细胞进行有性生殖。重要造礁珊瑚如 acroporid 在无性繁殖方面是极其成功的，当风暴撕裂其亲本群体，并将碎片裹挟至可被再次固着和生长的新礁石上时，它们随之被扩散。珊瑚的有性繁殖也是可变的，因为珊瑚是典型的孵卵器或是产卵鱼。孵卵者将已受精的幼虫排到水体中，而产卵鱼将精子和卵子排到水体中，在那里受精后随洋流扩散。这些受精的幼虫最终离开浮游生物，并作为新增的珊瑚幼虫返回到礁石上。澳大利亚大堡礁的研究已经表明，在较大和较小的空间尺度上，珊瑚更新的数量极其不同。成年珊瑚的繁殖能力，而不是其多度是礁石间更新率差异的最佳预测者，它可解释 acroporid 珊瑚更新变异的 72%。随着成年珊瑚繁殖力的下降，更

新率也会急剧降低，但这种降低不是线性的；成年珊瑚繁殖力的小幅度下降会导致幼虫更新的急剧减少（图 28-6）。这些结果表明：沉降、富营养化和与海藻竞争等过程都会削弱成年珊瑚的繁殖能力，并显著影响珊瑚种群的补充。

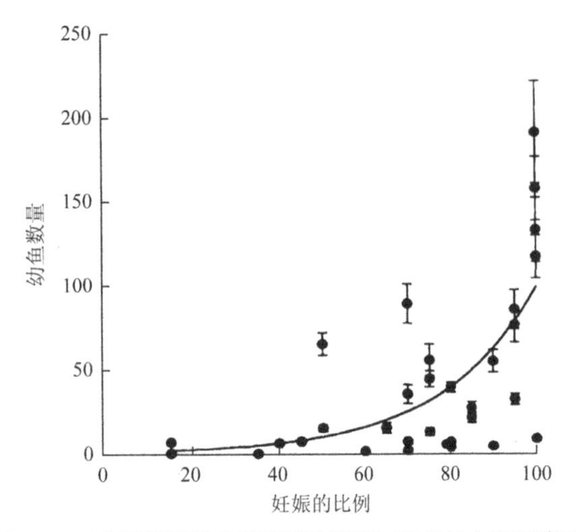

图 28-6 孵卵珊瑚群（桌形轴孔珊瑚）百分比与新更新珊瑚数量的关系，每个点代表澳大利亚大堡礁上的一个独立的珊瑚礁。摘自 Hughes TP，Baird AH，Dinsdale EA，et al.（2000）Supply-side ecology works both ways：The link between benthic adults，fecundity，and larval recruits. Ecology 81：2241-2249。

幼虫更新对鱼类种群的补充也很重要，已有相当一部分的研究用于确定更新过程是如何影响岩礁鱼类群落聚居的。很多岩礁鱼类，如珊瑚，具浮游幼虫，这些幼虫可从出生地扩散至很远的距离。岩礁鱼类在生态学上的一个关键问题是，幼鱼更新是如何与礁石已有鱼类密度相互关联的（即更新的局部模式是密度制约的还是非密度制约的）。尽管对这一主题已有相当的研究，但还没有达成共识。研究结果表明：更新率与成年珊瑚数量既可以是正相关也可以是负相关（正面或负面的密度制约），或根本不相关（非密度制约）。这些关系可能会随被研究的物种、地理位置或测试时洋流和物理过程的变化而有所不同。为概括更新与成年珊瑚密度是如何关联的，以及环境与生物学变量又是如何改变这些关系的，还必须进行进一步的研究。

珊瑚礁生物种群补充的一个关键成分是礁石与其他礁石的关联程度（即，补充珊瑚的幼体来自于近源还是远源）。一般情况下，珊瑚礁、海洋生态系统与许多陆地系统不同，因为其生物幼体具有随洋流漂浮的潜力，并可被扩散至较远的距离，从而与地理上遥远的种群发生联系。然而，海洋种群彼此联系的真实程度仍然是一个激烈争论的话题。这些知识在保护和管理礁石的过程中将起到至关重要的作用，因为珊瑚礁生物种群的连通性决定地方种群被管理方式的选择，即基于附近的目标种群（如果系统十分封闭且来自地方种群的更新十分频繁），还是基于不同物种间的合作（如果礁石系统相当开放且更新由来自于远距离礁石的幼虫所驱动）。因此，解决礁石间的连通性问题对珊瑚健康的保护至关重要。

加勒比海中鱼类种群连通性的初始模型表明，许多种群都是非常开放的，与上千公里之外的其他种群具有良好的连通性。然而，这些模型是基于幼鱼的被动扩散和简单的表面洋流模型的，无法解释幼虫行为对扩散的影响或对小尺度海洋地理过程的影响。因此，将幼虫视为被动扩散的媒介可能会高估幼虫的实际扩散距离及礁石之间的连通性。有关加勒比海幼虫行为连通性的最新模型表明：鱼类种群间的连通性比被动扩散模型假定的连通性差，且至少在一个生态时间尺度上，加勒比海不同地区之间实际上是相互隔离的。然而，就礁石与远处区域的连接程度而言，加勒比海各区域之间存在相当大的差异，因为一些区域可输入大部分的幼虫而其他地区主要是自我繁殖。加勒比海地区本地和远距离幼体更新相对重要性的不同，凸显了精心规划在实现海洋保护区中珊瑚礁的保护过程中所扮演的角色，因为了解礁石彼此的连接方式将对保护面积和选址的确定产生重要影响。

五、珊瑚礁的景观生态学：珊瑚礁与红树林、海草系统间的联系

在极靠近海岸生态系统的地方，尤其是在海草床和红树林中，通常可发现珊瑚礁。这些不同的生态系统，往往由动物的移动，以及通过系统边界的营养物质的迁移使其与珊瑚礁连通。例如，食肉石鲈（石鲈科）夜间在海草床上觅食，而白天在礁石的大型珊瑚岬周围躲避捕食者。庇护鱼群的珊瑚岬可吸收来自鱼类排泄的养分，与没有聚居鱼类的珊瑚相比，其生长速度要快 23%，且单位面积上的氮和虫黄藻更多。因此，与珊瑚没有直接营养关联的鱼类从其他生态系统（海草床）中收集养分，并集中在其寄主珊瑚的附近。这不仅可促进珊瑚的生长，也可提高珊瑚作为这些鱼类和其他礁石生物避难所的价值。

红树林和海草床也可充当育苗场所，为幼鱼提供庇护以躲避捕食者，也可为很多幼鱼提供丰富的食物。这些幼鱼如成年鱼一样，通常可在珊瑚礁上找到。石鲈（石鲈科）、鲷鱼（笛鲷科）、梭鱼（*Sphyraena barracuda*）和一些鹦哥鱼类（鹦哥鱼科）等，尤其依赖于附近的红树林。在伯利兹城，与红树林密切关联的礁石和与其无关的礁石相比，一些鱼类的生物量可高出 26 倍。礁石上的常见种火鱼（*Haemulon* sciurus），在栖息地的利用过程中一般会经历个体发育的变化，因为随着年龄的增长，它们要从海草床迁移至红树林暗礁前面的礁丘上（图 28-7）。在缺少红树林的区域，火鱼从海草床直接迁移至礁丘，这些火鱼一般要比栖息在红树林附近礁丘上的石鲈小。因此，红树林可为石鲈幼鱼提供重要的栖息地，它能使石鲈幼鱼在迁移到礁丘之前快速生长，一旦它们迁移到这些礁丘上，随后被捕食的威胁将会降低。进一步讲，加勒比海中最大的食草鱼类，虹彩鹦嘴鱼（*Scarus guacamaia*）在功能上以红树林为避难所；其幼体主要生活在红树林，当附近的红树林被毁灭时，礁石上的物种可出现局部性的灭绝（图 28-7）。有趣的是，与红树林没有直接联系的鱼类，在任何生活史阶段，其都受附近红树林的影响，可能通过与红树林的相互作用，它们才得以生存。因此，礁石上鱼类群落的组成深受附近红树林的影响，全世界海岸线红树林的快速消失，必然给珊瑚礁生态系统带来剧烈的负面影响。

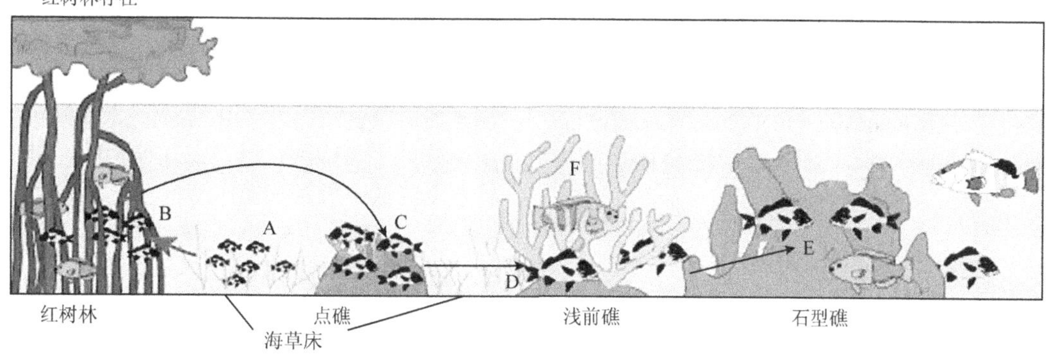

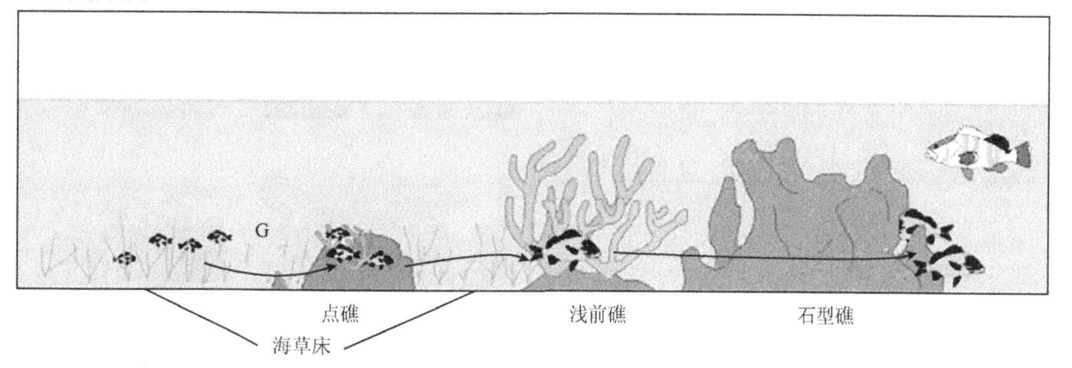

图 28-7 这一示意图说明了红树林与珊瑚礁的连通性。对蓝仿石鲈和虹彩鹦嘴鱼而言，生态系统的连通性是比较固定的，尽管鹦嘴鱼（鹦哥鱼科）、咕哝（石鲈科）、鲷鱼（笛鲷科）等其他物种在栖息地的使用方面也表现出了类似的个体发育的转变。蓝仿石鲈展现了在大小接近 6cm 时，从海草到红树林（A）的一个重大转变。在海草床达到一个既定大小时，小鱼会移居到红树林（B），它们会将红树林当作其在迁移到珊瑚礁（C）之前的一个过渡性“托儿所”。如果不存在红树林，蓝仿石鲈将直接从海草到点礁（patch reef），并出现在那些规模较小且密度较低的点礁（G）上（点礁大小为 260ha，而丰富红树林系统的礁石大小为 3925ha）。红树林的存在使点礁、红树林前的浅礁及石型礁（C，D，E）上蓝仿石鲈的生物量显著增加。虹彩鹦嘴鱼（F）与红树林具有功能相关性，无红树林的地方它们是不会存在的。例子所述的结果摘自 Mumby PJ，Edwards AJ，Arias-Gonzalez JE，et al.（2004）Mangroves enhance the biomass of coral reef fish communities in the Caribbean. Nature 427：533-536. 示意图和描述由 Peter J. Mumby 提供。

六、珊瑚礁的地理分布

珊瑚礁分布于全球的热带地区（图 28-8）。一般而言，在海岸线浅滩和河流排放沉积物少的清澈温暖水域中，珊瑚礁比较丰富。在纬度超过 29° 的区域中，很少能发现大型珊瑚礁，因为这些地区的海洋温度长时间低于 18℃，而这个温度可延缓珊瑚礁的生长并削弱它们建造大型珊瑚礁的能力。然而，虫黄藻共生珊瑚可出现在水温低至 11℃的地区。此外，在较冷的水域中，食草作用通常不是很强烈，这不仅意味着温带地区的海藻更加丰富，而且也意味着珊瑚与海藻的竞争更为激烈。较低水温与更激烈竞争的大量海藻结合，很有可能发生交互作用，从而对大型珊瑚礁的纬度范围形成限制。不过，当物理和生态标准被满足时，这些结果就变得异常。例如，生物上最多样的珊瑚礁出现在环印度尼西亚和菲律宾的印度洋-太平洋热带区域中，那里生活着超过 550 种的珊瑚和成千上万的鱼类。澳大利亚东北部的大堡礁是世界上最大的珊瑚礁，上面有超过 2800 个的珊瑚礁物种，占据了超过 1800km 的澳大利亚海岸线，甚至可以从外太空观察到这一大堡礁。

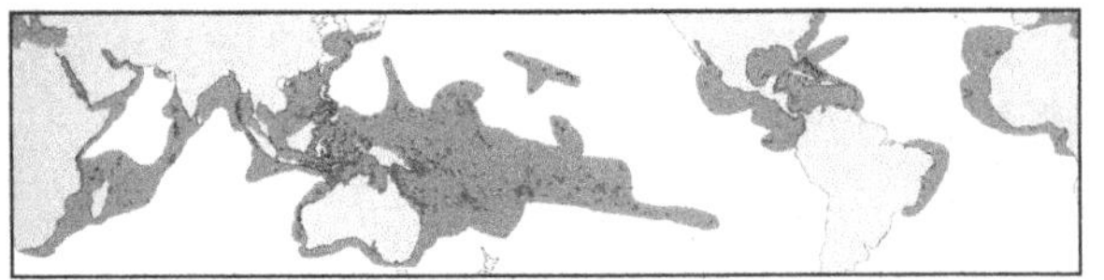

图 28-8　全球珊瑚礁的分布。珊瑚礁（黑点）约覆盖地球表面的 250 000km^2，但虫黄藻共生珊瑚占据更广泛的范围（深灰色阴影）。摘自 From Veron JEN（2000）Corals of the World，vols. 1-3. Townsville，QLD：Australian Institute of Marine Science。

七、珊瑚礁的威胁

由于过度捕捞、污染、气候变化和沿海土地利用变化等多重压力的复合效应，全世界的珊瑚礁已陷入危险的状态。加勒比海珊瑚礁的衰退尤为明显，近几十年来珊瑚的覆盖度已经下降了 80%。如果珊瑚礁未能从持续的珊瑚白化、过度捕捞、疾病暴发和其他干扰中恢复过来，其覆盖度可能还会进一步下降。珊瑚礁衰退的原因很多，这些原因通常协同作用，驱动珊瑚礁交替状态的转变，如海藻占据珊瑚礁或海胆贫瘠之地（图 28-9）。本节回顾了珊瑚礁所面临的主要威胁，以及海洋保护区在阻止珊瑚礁覆盖度降低中所发挥的作用。

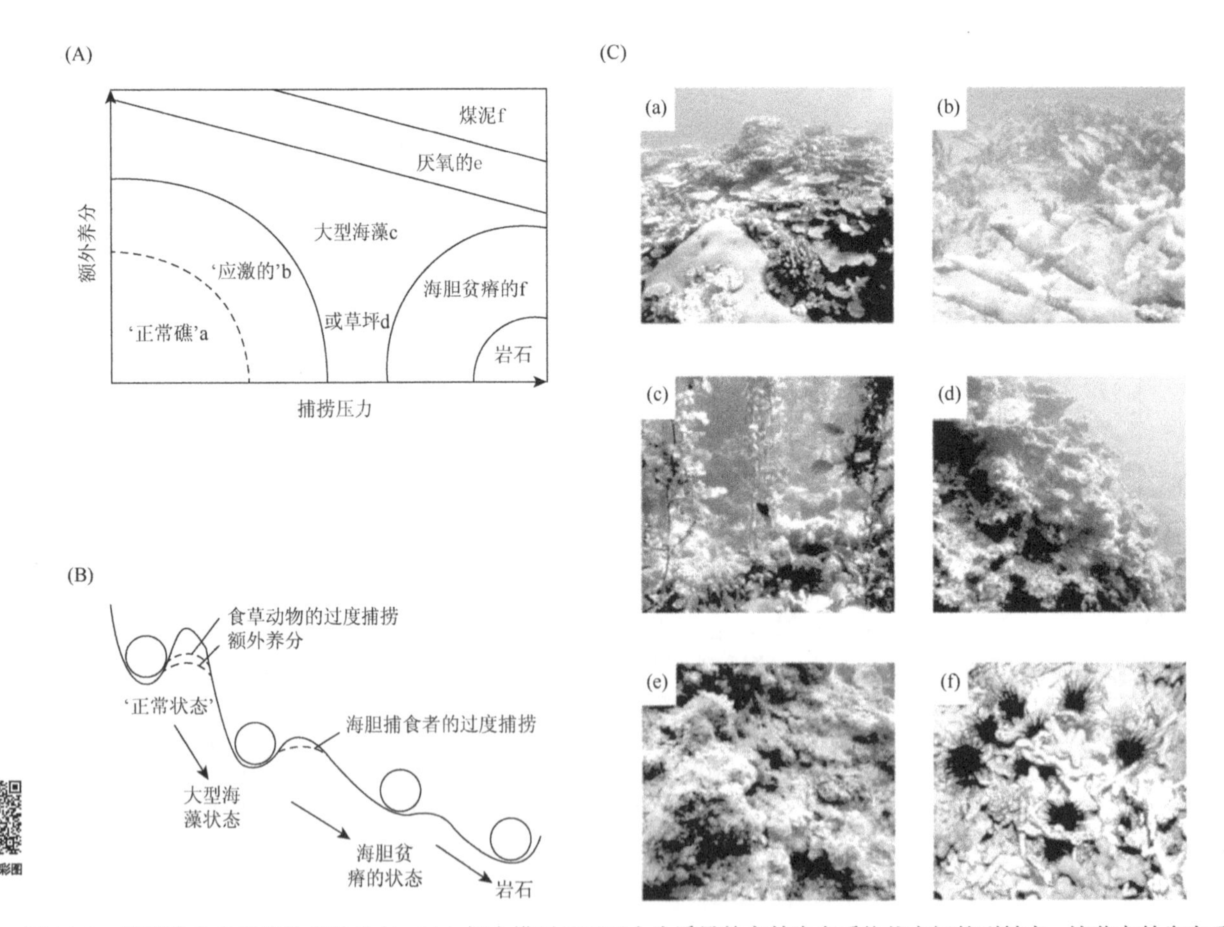

图 28-9　珊瑚礁生态系统的交替状态。（A）概念模型显示了人为诱导的交替生态系统状态间的型转变，这些交替生态系统状态基于捕鱼和营养过剩效应的经验证据。“压力”状态说明弹性的丧失和相移的脆弱性增加。（B）图形模型描述了生态系统状态间的转变。由于捕捞压力、污染、疾病、珊瑚白化等因素，致使由“健康”、富有弹性珊瑚所占据的礁石变得越来越脆弱。虚线说明弹性的丧失，当珊瑚礁无法从扰动中恢复或陷入不理想状态时，这一情形将更加明显。（C）（A）中所述不同礁石状态的图例。摘自 From Bellwood DR，Hughes TP，Folke C，and Nystrom M（2004）Confronting the coral reef crisis. Nature 429：827-833。

1. 珊瑚白化

当珊瑚退化，或为响应环境压力，如海洋表面温度升高和紫外线辐射加强而需移除其体内腰鞭毛虫共生体时，珊瑚白化便发生。尽管珊瑚可以在数周至数月内重新获取共生体而恢复，但恢复后的珊瑚生长迟缓，繁殖力低于未白化前的珊瑚，而这可给予抗白化珊瑚在白化事件后一定的生态优势。在严重的情况下，珊瑚白化可在数百至数千公里的尺度上发生，能彻底改变珊瑚的覆盖和组成，极端情况中因白化而导致的珊瑚死亡率接近 100%。acroporid 和 pocilloporid 类的珊瑚支系通常比其他数量庞大的珊瑚更容易受白化和死亡率的影响。在强烈的白化发生之后，可使缓慢生长的大量珊瑚在礁石上更持久地存在。白化事件不仅可减少活珊瑚的覆盖度，还可为海藻定居提供较大空间，如果食草动物的数量不足以抑制海藻的蔓延和增长，这些海藻将会阻碍珊瑚的再生。此外，支系珊瑚大规模的白化和死亡，可抑制以活珊瑚为避难所和食物的鱼类种群。

对过去20多年加勒比海珊瑚礁珊瑚白化的分析表明：区域海洋表面温度的小幅度上升（0.1℃），引起了珊瑚白化事件地理范围和强度的大幅增加。考虑到气候变化模型所暗示的海洋表面温度在未来50～100 年可增加 1～3℃，珊瑚白化事件将可能成为整个加勒海地区，甚至全球珊瑚礁激烈的、每年的压力。虽然珊瑚可能会适应这种现象，且其白化阈值也可能会因海洋表面温度上升而随着时间的推移增加，但未来的几十年中威胁的反复出现，以及强烈的珊瑚白化事件是一个重大的问题。即使全球气候模型保守的预测，这些气候变化仍可导致珊瑚礁生态学的根本重组。

2. 疾病与珊瑚礁群落的结构

意识到疾病对珊瑚礁的影响，也不过 20 年的时间。加勒比海两种最广泛珊瑚礁疾病的暴发，从根本上改变了加勒比海珊瑚礁的生态组成。在 1983～1984 年，一种未知的病原体席卷了加勒比海，并杀死了大约 99%的冠海胆（*Diadema antillarum*）。在加勒比海的许多区域，冠海胆一直是保护珊瑚免受多肉海藻影响的食草动物优势种，可促进珊瑚的更新和生长。在其大量死亡后，它们的食草作用等级骤降，许多珊瑚礁上的海藻现存量明显增加。加勒比海一些地区的冠海胆种群正在恢复，在这些“海胆区”，海藻覆盖了珊瑚礁的 0～20%；相反，在无海胆区，海藻覆盖了珊瑚礁的 30%～79%。在一些海胆区，珊瑚幼虫数量是一般区域的 10 倍。这种关键食草动物的潜在恢复，为那些仍被海藻包围的加勒比海珊瑚礁给予了希望。

改变加勒比海珊瑚礁结构的其他已暴发疾病，包括 20 世纪 80 年代中期到后期在 acroporid 珊瑚间流行的白冰带疾病。这种疾病袭击了加勒比海的两种主要造礁珊瑚 *Acorpora palmata* 和 *A. cervicornis*。这两种珊瑚曾经在加勒比海非常丰富，所以早期珊瑚礁生态学家在礁石上为这些占优势的珊瑚命名了特征区（即，“掌叶状类区”和“鹿角状珊瑚区”）。这些曾占据加勒比海珊瑚礁至少近五十万年的珊瑚，现在多数珊瑚礁上已非常罕见，而且还在大幅度减少，其已作为濒危物种被列入美国濒危物种法案之中。如果将珊瑚疾病的流行和严重程度与污染及气候变化联系起来，如已经被研究证明的那样，疾病对珊瑚礁生态的影响会持续增强，这也是预料之中的。

3. 珊瑚礁基线偏移、过度捕捞和食物网的改变

世界很多地区中的珊瑚礁，只是其几十年前仅剩的残存物而已。由于“偏移基线综合征”（shifting baseline syndrome）问题，即今天被确认“正常的”珊瑚礁，并不是几十年前所谓“正常的”珊瑚礁，更不要说一个世纪或更久的珊瑚礁了。因此，珊瑚礁的这些变化未被深刻认识。所有新一代潜水员或海洋生态学家都承受健康珊瑚礁期望值的降低之苦。例如，作为一名研究生和博士后，我们中的一个（M E Hay）潜入足球场大小、由繁茂的 elkhorn 和鹿角珊瑚（鹿角掌叶和 *A. cerviconis*）占据的加勒比海礁石，亲眼目睹了这些富有石斑鱼和大型草食性鱼类的礁石，以及在一些礁石区域上形成巨大黑针垫（black pin cushions）“场地”的长刺海胆。相比而言，年轻的笔者（D E Burkepile）从来没见过在数平方米之地中矗立的麋角珊瑚，但幸运的是在多次潜水中都看到了冠海胆。然而，我们所有人潜入的珊瑚礁均有别于欧洲第一批殖民者的经历。由于偏移基线，这对探索珊瑚礁历史和古生态的生态学家来说是有益的，以便推断数百或数千年以来珊瑚礁群落是如何变化的。

加勒比海珊瑚礁曾经被海龟、鳄鱼和海牛，以及大型食肉鱼类如鲨鱼、大石斑鱼和现在已经灭绝的僧海豹所占据。在世界的各地，超大型动物极其多样的珊瑚礁几乎不存在了。数百年的过度捕捞使许多物种在生态上已经灭绝，并改变了曾经主导加勒比海食物网的强大的营养相互作用（图 28-10）。包括人类进入生态均等式，开始了“沿食物链捕鱼”的过程，鲨鱼和海牛等大型消费者是人类猎捕的主要目标。当大型动物被捕捞殆尽后，渔民们开始将

目标锁定在石斑鱼等较小的食肉动物身上，然后再转向鹦哥鱼等食草动物。这些食物网关系的变化从根本上改变了生态系统动力学，导致了诸如珊瑚减少、海藻和海绵动物增加的级联效应。

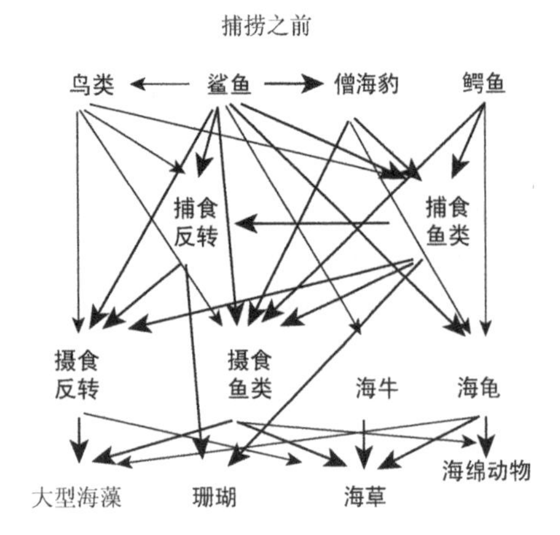

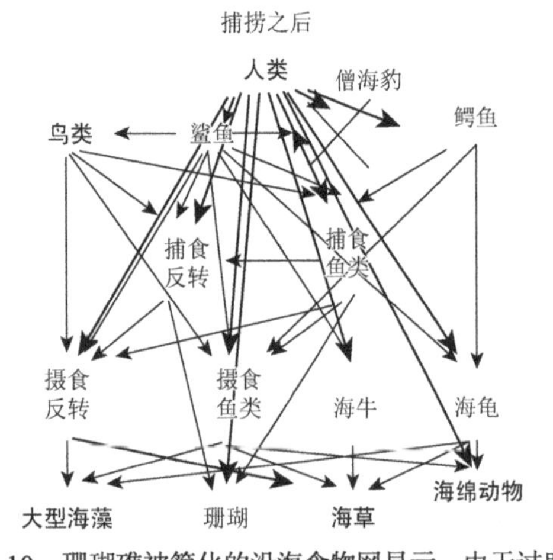

图 28-10　珊瑚礁被简化的沿海食物网显示，由于过度捕捞，一些重要的、自上而下的相互作用在捕捞前与捕捞后的变化。粗体表示丰富的；正常字体表示稀有的；“打叉”代表灭绝；粗箭头代表强烈的相互作用；细箭头代表弱相互作用。改编自 Jackson JBC，Kirby MX，Berger WH，et al.（2001）Historical overfishing and the recent collapse of coastal ecosystems. Science 293：629-638。

虽然加勒比海珊瑚礁最大的巨型动物现在基本上消失了，但是我们仍然对它们的古老种群有一些看法。例如，绿海龟数量曾经是如此的庞大，以致16～17 世纪的航海博物学家评论说：他们可通过海龟游泳的声音导航到开曼群岛，而且海龟群非常密集，以至于有时会扰乱航线。有人估计，前哥伦布时期加勒比海的绿海龟种群数量超过 3000 万只，这与今天不到上万只的观点截然相反。绿海龟通常觅食海草和海藻，但这一古老种群会对海草生产施加自上而下的压力，绿海龟那时的数量是现在海草床中任何食草动物都无法比拟的。因为过去几百年的珊瑚礁生物群发生了巨大的变化。杰里米・杰克逊写道，“科学家们正在试图理解构建珊瑚礁的生态过程……通过研究白蚁、蝗虫而忽略了大象和牛羚，试图理解塞伦盖蒂平原的生态学。”从根本上说，影响现在珊瑚礁的生物压力仅仅是它们曾经的影子，人类已经从根本上改变了几千年来影响珊瑚礁生态系统的生态效益和进化轨迹。

4. 珊瑚礁的保护和恢复

在未来几十年中，挽救珊瑚礁的一个方式是建立可使珊瑚礁免于过度捕捞的海洋自然保护区。过度捕捞是对珊瑚礁最具毁灭性的威胁之一，因为渔民首先移除了生态系统相互作用中最强的大型鱼类，这导致珊瑚礁食物网的彻底改变。海洋自然保护区的建立，可限制或阻止礁石区鱼类和无脊椎动物的捕获，理论上能使过度捕捞的物种得以恢复，以在礁石上重新构建有生活能力的珊瑚礁鱼类种群和关键的生态系统过程。近期对海洋自然保护区效益的研究表明：减少珊瑚礁捕捞压力能使保护区内鱼类和无脊椎动物的密度、生物量、个体大小、多样性都有所提高，这些效果既立竿见影又持久不衰。此外，这些保护区不仅能提高受保护区域鱼类的密度和生物量，也可使鱼类从保护区“外流”至未受保护的地区。因此，是海洋自然保护区，而不是直接的捕捞限制使珊瑚礁鱼类种群的数量得以补充，尽管这种溢出效应实际上对珊瑚礁管理会影响到何种程度是模棱两可的。

海洋自然保护区还可以通过提高珊瑚礁的恢复力来修复营养级关系。一些巴哈马群岛的珊瑚礁对鱼类捕捞的长期保护（即，实行约 50 年），使条纹石斑鱼（*Epinephelus striatus*）等中等大小食肉鱼类的数量增加（图 28-11）。石斑鱼数量的增加导致小型食草鹦哥鱼类捕食率的增加，这降低了珊瑚礁上食草动物的比率。而且，对鱼类捕捞的保护也使大鹦哥鱼类物种得以恢复，实际上也增加了保护区食草动物的整体比率，尽管增加了对小型食草动物的捕食（图 28-11）。食草动物比率的增加会降低大型藻类的数量，如果捕食者和食草动物的平衡可以维持，随着时间的推移，珊瑚数量和覆盖度也会增加。尽管保护区的保护和渔业效益充满希望，但海洋自然保护区取得成功的主要挑战之一，就是在保护区建立后，要落实无捕捞政策。在许多地区，保护区是“纸上公园”或名义上的公园，因为没有足够的资金和政治决心来成功实现保护区所需的强制性措施。然而，如果海洋自然保护区可以推行并强制实施，它们将是目前科学保护的最好工具之一，有希望使许多珊瑚礁得到保护。

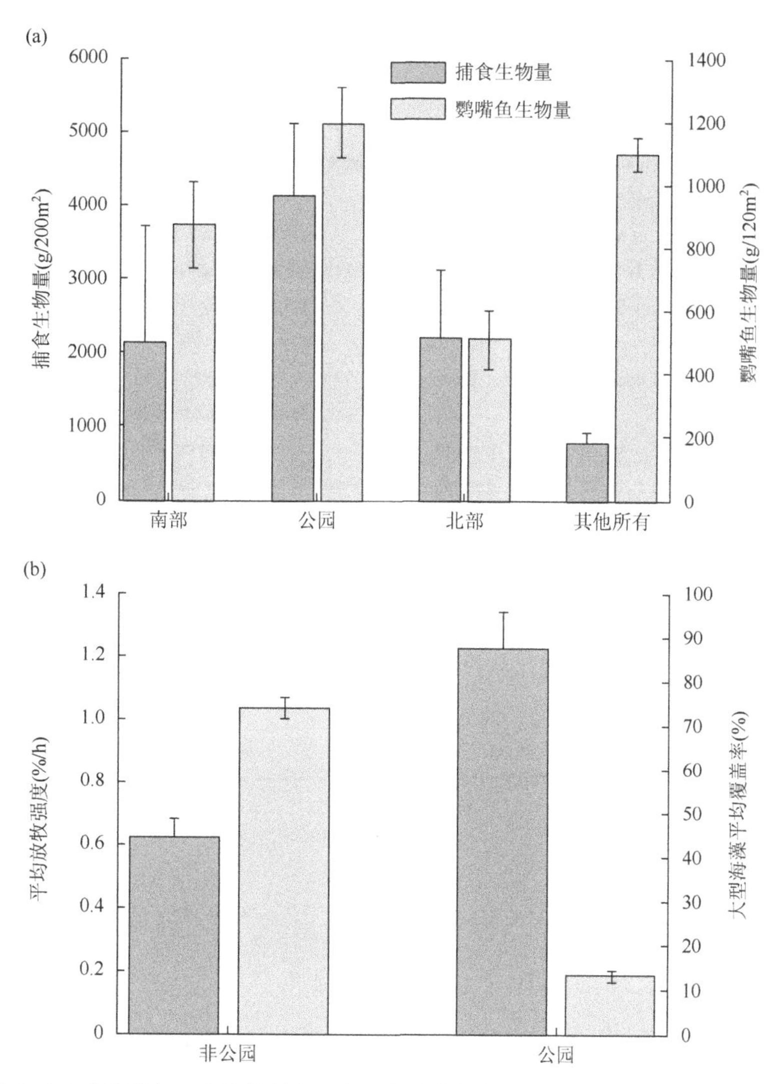

图 28-11 埃克苏马群岛（巴哈马群岛）和其他所有调查区中鹦嘴鱼生物量及其捕食者（+SE）的格局（a）。“公园”是指 1959 年建立的面积为 456km^2 的埃克苏马群岛陆地海洋公园。“南”“北”分别代表接近公园边境南部和北部的珊瑚礁系统。（b）表示巨型藻类覆盖度（灰条）（±SE），以及埃克苏马群岛陆地和海洋公园内外鹦哥鱼类的放牧强度（黑条）。保护区对每一个变量的影响都很显著($P<0.01$)。摘自 Mumby PJ，Dahlgren CP，Harborne AR，et al.Fishing，trophic cascades，and the process of grazing on coral reefs. Science 311：98-101。

5. 小结

化石证据表明：珊瑚占据礁石已有 10 000 多年的历史。然而，捕食、竞争、干扰和更新等生态压力之间的平衡，使现今的人类活动极大地改变了珊瑚礁上万年的连续增长态势。因此，在过去 20 多年间，由于过度捕捞、气候变化、污染和其他人为破坏，健康的、动力学的礁石急剧退化。虽然珊瑚礁的生态未来似乎比较黯淡，但是我们希望这些生态系统的创造性管理具有一定的潜力，以为后代保护它们。

课外阅读

Bellwood DR，Hughes TP，Folke C，and Nystrom M（2004）Confrontingthe coral reef crisis. *Nature* 429：827-833.

Birkeland C（ed.）（1997）*Life and Death of Coral Reefs*. New York：Chapman and Hall.

Burkepile DE and Hay ME（2006）Herbivore versus nutrient control ofmarine primary producers：Context dependent effects. *Ecology* 87：3128-3139.

Cowen RK，Paris CB，and Srinivasan A（2006）Scaling and connectivityin marine populations. *Science* 311：522-527.

Dulvy NK，Freckleton RP，and Polunin NVC（2004）Coral reef cascadeand the indirect effects of predator removal by exploitation. *Ecology Letters* 7：410-416.

Gardner TA，Cote IM，Gill JA，Grant A，and Watkinson AR（2003）Longterm region wide declines in Caribbean corals. *Science* 301：958-960.

Halpern BS（2003）The impact of marine reserves：Do reserves workand does reserve size matter. *Ecological Applications* 13：

S117-S137.

Hay ME（1997）The ecology and evolution of seaweed herbivoreinteractions on coral reefs. *Coral Reefs* 16：S67-S76.

Hughes TP（1994）Catastrophes，phase shifts，and large scaledegradation of a Caribbean coral reef. *Science* 265：1547-1551.

Hughes TP，Baird AH，Dinsdale EA，*et al.*（2000）Supply side ecologyworks both ways：the link between benthic adults，fecundity，andlarval recruits. *Ecology* 81：2241-2249.

Jackson JBC，Kirby MX，Berger WH，et al.（2001）Historical overfishingand the recent collapse of coastal ecosystems. *Science* 293：629-638.

Knowlton N and Rohwer F（2003）Multispecies microbial mutualismsoncoral reefs：The host as a habitat. *American Naturalist* 162：S51-S62.

McClanahan TR and Mangi S（2000）Spillover of exploitable fishes fromamarine park and its effect on the adjacent fishery. *Ecological Applications* 10：1792-1805.

McCook LJ，Jompa J，and Diaz Pulido G（2001）Competition betweencorals and algae on coral reefs：A review of evidence andmechanisms. *Coral Reefs* 19：400-417.

Mumby PJ，Dahlgren CP，Harborne AR，et al.（2006）Fishing，trophiccascades，and the process of grazing on coral reefs. *Science* 311：98-101.

Mumby PJ，Edwards AJ，Arias Gonzalez JE，et al.（2004）Mangrovesenhance the biomass of coral reef fish communities in the Caribbean. *Nature* 427：533-536.

Veron JEN（2000）*Corals of the World*，vols.1 3. Townsville，QLD：Australian Institute of Marine Science.

第二十九章
荒漠溪流
T K Harms，R A Sponseller，N B Grimm

一、分布和自然环境

荒漠溪流分布于年降水量很低的干旱、半干旱地区。干旱、半干旱气候带分布在所有的大陆上，包括在热带荒漠和寒带荒漠。尽管荒漠地区的温度变化范围不同，但所有热带荒漠的夏季温度都有可能超过 40℃。100～300mm 的降水量，加之高温天气，导致蒸散量极大。山地中较高的降水量（每年可达 1000mm）可在低地荒漠区汇集成流，而这些溪流可维持大型盆地中的常年水流。

干旱、半干旱地区具有明显的由降水和（或）融雪所决定的季节特征，这些季节中降水量的年际变化很大，致使溪流量也呈现出极端的季节和年际变化。实际上，一些荒漠地区的溪流是对数年仅发生一次甚至更少的降雨事件的响应。干旱、半干旱土地占全球土地的 1/3 以上，这使荒漠溪流在水生生态系统中的位置更加突出。大面积被荒漠覆盖的地理区域，其温度和降水格局，以及地形地貌差异较大。因此，荒漠溪流的水文地形形态及由此所产生的生态特征极富多样性。尽管荒漠溪流分布广泛，但有关荒漠溪流的绝大多数生态研究却仅限于美国西南部、澳大利亚和南极洲。本章节的很多内容源自人们在这些生态系统中的研究结果，而对其他地区荒漠溪流生态系统的进一步研究，可能会为我们目前已有的认知开拓新的视野。

当溪流量超过基流好几个数量级时，荒漠溪流的水位线将因事件驱动而时高时低。集水区中的降水很快进入溪流，而溪流量可迅速消减随后的洪水。在整个流域尺度上，荒漠土壤的渗透水是最少的，大部分因蒸散而没有返回到大气中的水分，通过暴雨期的坡面漫流，或通过随潜流的具有渗透性低位沟渠沉积物的渗透而进入溪流。骤发洪水冲刷河床时，使下游输出沉积物和水生生物，并形成一个很宽的河道。巨洪也可沉积河岸带的冲击物，还可摧毁河岸植被。这些影响会根据事件大小而变化（见本章“时间动态”部分）。

在任何气候区，溪流生态系统的界限都会延伸至湿润的河道之上，包括溪流-河岸走廊（图 29-1）。水生生态系统包括地表水，以及地表水与地下水交汇处河床下的冲积沉积物，地表水与地下水交汇的地方被称为潜流带。帕拉河（parafluvial）流域带是有流水河道的区域，河道中的水流只出现在洪水期，且在荒漠溪流中，这一区域要比溪流本身宽阔很多。最后，河岸带是围绕溪流的陆地区域，明显受到溪流的影响。在荒漠溪流中，各个子系统中的水分可利用性极其不同，使每个子系统与溪流有很大的区别。在荒漠中，即使没有地表径流，潜流带通常也可容纳河水并支持地下生物的活动。帕拉河流域带仅在洪水期产生地表水，通过这一流域带中的粗沙或砂砾，地表水很快渗入地下，因此地表水的周期虽短但可维持潜流。由于可被植物吸收的浅层地下水的存在，河岸带与沙漠高地也明显不同。

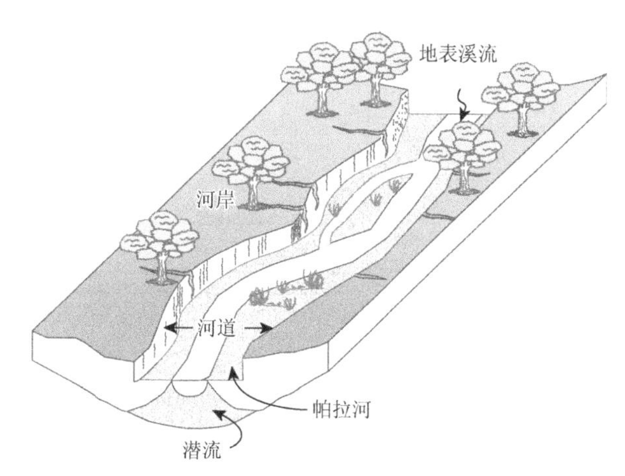

图 29-1　荒漠溪流-河岸走廊示意图。

荒漠溪流可能包括补充和损失水文河段两部分。溪流的补充部分是指那些通向溪流河道且抬升起来的潜水面，其中的地下水可溢流进地表溪流；损失河段的潜水面低于溪流河道，致使地表径流渗入地下水。在荒漠集水区中，沿损失河段的水流，在渗进河岸地下水之前，直接从高地流向溪流；与此相反，沿补充河段的水流，在进入地表溪流之前，先流经地面，然后渗流进入河岸带的地下水。这两个相反的水文河段对养分动态、蓄水量和溪流-河岸走廊的生物群具有明显的影响。例如，在干燥季节，损失河段通常没有地表径流，而补充河段则是地表水更为稳定的来源。由于渗透性沉积物的存在，使得地表水和地下水之间的相互作用具有动态性。例如，在下降流区域中，水是流入潜流带的，但在上升流区域中，水是从潜流带而流向地表的。与地表溪流相比，潜流带中的水流经过沉积物的孔隙时水流速度会变缓，水文流的这种模式对养分循环和溪流形成具有重要意义。

二、时间动态

在一个时间尺度范围内，荒漠溪流随时间而高度变化。荒漠溪流除了多数溪流所具有的季节性特点外，其时间动态还受水文谱（hydrologic spectrum）两种极端（暴洪和干旱）干扰的强烈影响。研究人员主要关注十年和更小尺度上的时间动态。然而，我们可用十年到百年尺度的河道演变建立地貌模型，在这一模型上，这些更高频率的动态是逐渐减弱的。这里的讨论将涉及从低频率到高频率事件的时间变化（图 29-2）。

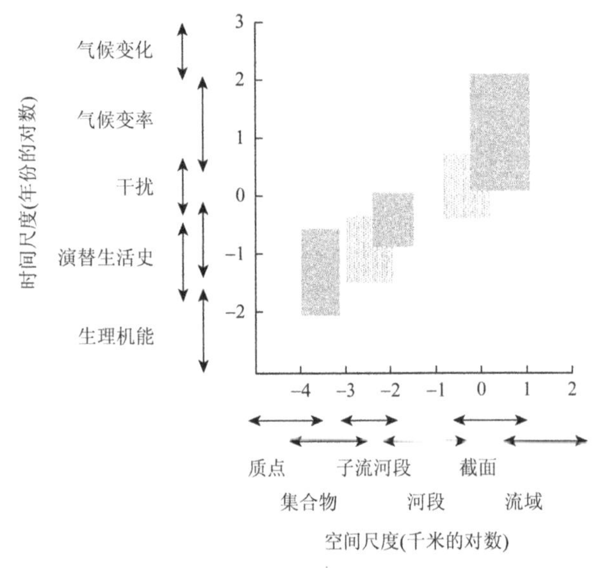

图 29-2 时间尺度（纵轴）与空间尺度（横轴）关联，每种现象与时间和空间尺度的特征范围有关。

干扰的概念有各种不同的含义，但溪流生态学中的干扰通常与改变生态系统结构和过程的水文极端条件有关。应用干扰生态学条件，我们就可以定义一个干扰状况，它应具备年际（或年代际）变化、季节性、时间性、频率和单个事件量级等的特征。干扰和演替有密切相关，演替被简单地定义为：干扰后，某一区域上生态系统属性的变化。被干扰影响的生态系统组分是那些在干扰后经历了演替的部分。例如，能移除藻类和无脊椎动物但对河边地带植被无影响的暴洪，可启动溪流中而不是河岸带中的演替过程。

演替模式可反映溪流和河岸群落的时间变化，以及叠加在一个更大时间尺度上的变异性。对长期生长在河岸的植被而言，演替模式和时间范围可能与陆生植物群落相似，但对溪流生物群而言，演替的终结通常是为了应对季节性的环境。因此，在生物量快速增长的更暖月份，演替模式因季节而不同。演替模式也依初始干扰的大小、性质和前提条件（它们本身受干扰机制时机，以及由单个事件构成的事件集的影响）而不同。然而，短时间尺度上发生的干扰，具有可预测的恢复次序，生物区系可从长期的、无规律而不频发的干扰中恢复。年际变化对生物区系的影响使荒漠具有如下特征：无脊椎动物群落组成是可变的；在初级生产者群体中，相比非固氮的藻类，那些可固氮的蓝藻细菌相对重要。

暴洪和干旱被认为是荒漠溪流的主要干扰因子。洪水量级通常用洪峰流量来表示，但暴洪过程线的其他方面，如上升的斜率和基线长度也决定洪水的效果。洪水是重要的地貌介质（geomorphic agents），可塑造河床形态，也可形成那些启动生物群落演替的干扰。在荒漠中，洪水可将那些本来是孤立的景观要素，包括山脊、大型河流和地下水连接起来。干旱是另一个相反的水文极端事件，但很难将其视为一种不连续的干扰，因为它标志着溪流流量的持续减少及最终的消失。随着干旱的持续，首先是早于溶解性物质集中（通过蒸发）的可移动生物的集；其次是溪流河段的片断化和地表水分散失特殊模式的形成；然后是地表和地下水交换方向的倒转；接着是生物进入沉积物中；最后是地表径流的完全消失。当因洪水或来水量逐渐增加而产生地表径流时，早期结束。

在世纪尺度上，每 50～100 年发生的事件可塑造河床形态，也可启动河岸演替。例如，在美国的东南部，侵蚀发生一段时间后，出现了干涸的沟壑或冲沟，并使那些曾有荒漠环境特征的河流湿地逐渐干涸。西南部的大部分河流-河岸生态系统，这一时期留下的地貌结构一直持续到今天。这些巨大的变化，可影响地下水与地表水的相互作用，并改变河岸植被的物种组成。实际上，溪流的很多特征也可反映这一巨变，这些特征是水分形态在构建溪流-河岸生态系统结构和功能中非常重要的基本条件。

造成美国东南部产生相对干湿期的年代际变化与太平洋 10 年振荡和厄尔尼诺-南方涛动（ENSO）的准周期有关。对美国东南部而言，被认为是在从新墨西哥州（New Mexico）的普埃科河（Puerco）和格兰德河（Grande），以及亚利桑那州（Arizona）的梧桐河（Sycamore Creek）产生冬季径流的年代际模式中，可观察到这一强烈的厄尔尼诺-南方涛动信号。在多雨期，频繁的高排水事件会移除鲜活的河道植被，留下开阔的砾石坝（帕拉河流域）。尽管这些特有特征对美国东南部的荒漠溪流而言可能是独一无二的，但重要的一点是更大规模的全球气候格局会造成导致靠近溪流河岸的植被发生年代际变化，这对溪流生态系统功能具有深远的影响。

考虑到荒漠环境的高度年际变化，年平均值通常几乎没有信息量，且长期的趋势被掩盖。年际变化不仅存在于总径流量中，也存在于时间分布和单个事件或事件集的时机中。在过去 30 年最湿润的 5 年中，梧桐河频繁的洪水意味着生态系统在多数年份处于早期演替阶段，而在最干旱的 5 年中，溪流生物几乎常年暴露于严酷的干热环境中。而且，总径流量相同的年份，在那些可产生干旱季节模式的径流的季节分布上可能极其不同。1970 年的单次洪水，使梧桐河的水量与 1988 年春季几乎平均分布的九次洪水量相当，结果，多数溪流在 1970 年的最热月份中干涸了，但在 1988 年夏季却流水不断（图 29-3）。

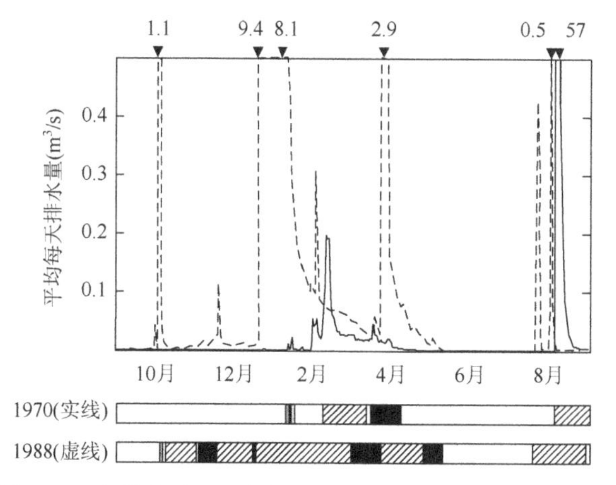

图 29-3 年排水量几乎完全相同的两个年份（1970 和 1988）的季节性排水量比较。底端条形图显示，时间周期可能受洪水后连续流（影线）、干涸（空白）或者两者都不是（实心）的影响。改编自 Implications of climate change for stream communities，pp. 293-314. In：Kareiva P，Kingsolver J，and Huey R（eds.）Biotic Interactions and Global Change. Sunderland，MA：Sinauer Associates。

尽管荒漠溪流的季节性可能高度依赖于干扰事件的分布，但除了排水量的其余变量，如温度和昼长，也会影响荒漠溪流的生物区系。荒漠只是通过低降水定义的，因此，世界上的荒漠在季节性水流和年均温度分布上具有极广的范围。季节性水流极具变化，从高度不可预测的、间隔性事件，到相对可预测的、持续增加的排水量。这一排水量与可产生演替模式的湿润季节有关。在寒冷荒漠中，溪流温度在近冰点温度到 20℃之间呈季节性的波动；而在热带荒漠中，溪流的昼温可达到 30℃以上，但强烈的蒸发冷却可能使这一温度略有下降。

在一个 24h 的周期中，温度变化几乎与季节性波动一样强烈。荒漠陆地表面的高反射率和低热容量使气温昼夜剧烈波动，从而引起溪流温度的大范围（尽管相对趋缓）变化。特别在夏季当蒸发速率非常高时，24h 后，溪流水量会发生很大的变化，致使某些动物在溪流边缘搁浅。在干涸溪流汇入沉积物的地方，溪流末端会上下偏离河道好几米！南极洲荒漠溪流的排水量也呈极端的昼夜变化，但这是另一种不同的机制。溪流水量源自冰川垂直墙面（vertical wall）（冰崖）的太阳消融。在夏季，当地平线于太阳的仰角很低时，冰崖处于阴影下，融化就停止。

三、生物区系

荒漠溪流生态系统可维持岸边植物和溪流生物区系的多样化集合。荒漠溪流生物的共同特点是，当生态系统易发生暴洪和持续干旱时，在水文极端环境中的进化史一样。这一极端自然环境所产生的后果，可从各种能使物种在多暴洪和长久干旱期的系统中生存的适应策略予以证明。与其关注每一群组的分类名称，倒不如强调水文上可变生态系统中生物的生活史，以及行为和形态适应性。

荒漠溪流生态系统中栖息着多种附生生物群落，包括各种各样的丝状绿藻和附生于石面、植物和基质上的硅藻（它们分别附生于岩石、植物和沉积物），以及固氮蓝藻。在荒漠溪流中，暴洪和持续干旱可毁掉多数藻类生物量。快速干燥尤为致命，当藻类暴露在炎热干燥的荒漠环境中时，通常会在数小时内枯死。然而，藻类物种通常具有部分抵抗干旱的生理适应性，可忍受越来越严重的干旱。这一适应性包括产生可增强细胞保水性的细胞外黏液，以及可在干燥沉积物中防止水分流失的细胞内渗透调节溶质。除了这些机制外，在干旱初期，藻类可产生那些依赖于再湿润时可被激活的孢子、囊或合子。水底藻类在洪水后迅速移植到溪流沉积物中，然干旱后的恢复是多变的，取决于抗旱程度和模式。例如，南极洲的荒漠溪流，冰川融水是其主要的水源，初级生产者（蓝藻和其他微生物组合）被高温诱发，水量的补充是季节性的，或是在 24h 内完成的。然而，这些生物也可在没有液态水的情况下生存数十年。

由生存于水底和浮流生境中的昆虫和甲壳纲动物类群构成的荒漠溪流，很多都具有多产和多样的无脊椎动物区系。由洪水和干旱干扰同时塑造的荒漠溪流无脊椎动物的生活史特征（表 29-1），可反映水文上变化生态系统的进化历程。许多溪流无脊椎动物的幼虫，几乎没有抵抗任何一个水文干扰的机制。相反，许多物种拥有短暂的发育时间（如 1～3 周），这可增加后代存活机会，以在临时环境中进入生殖成熟期，并确保成虫在洪水，或在以前干涸的河道被重新湿润后进行再繁殖。另外，生命周期较长的生物拥有一系列规避行为（avoidance behaviors），以最小化洪水和干旱干扰的影响。这些行为包括在洪水少发期进行繁殖活动，以及将卵排到溪流的各河段，而这有可能延长持水时间（如深水池和急流）。最后，呼吸型昆虫［如鞘翅类昆虫（coleopterans）和半翅类昆虫（hemipterans）］具有更多的直接回避行为，包括利用降水作为洪水来临之前离开水生生境的指示器。

表 29-1 不同地文学区域中与洪水有关的荒漠溪流无脊椎动物的定居/再定居特征

	湿度适中	热带荒漠	内流寒带荒漠	外流寒带荒漠	灌木丛	冰川
定居源[a]	很多	很少	中等	中等	中等	很少
定居距离[b]	近	远	中等	中等	中等	远
路径[c]	DD，um，S，O，H	DD，um，S，O	S	dd，um，S，o，h	DD，um，S，O，h	dd，um，d，O，h
避难所	丰富	有限	有限	中等	中等	有限
物种多样性	高	中等/高	低	中等	中等/高	低
弹性[d]	高	高	低	高	高	未知
泛洪水季节	春季/夏季	冬季/夏季	冬季	冬季/春季/夏季	冬季	春季/夏季
洪水空间范围	广阔	可变	广阔	广阔	广阔	广阔
洪水严重性	中等	高	高	中等	高	中等

a 指与受干扰溪流分开的源。

b 指与其他未受影响水体的距离。

c 洪水时期的状态：DD/dd，下游漂移；um，上游迁移；S/s，幸存者；O/o，产卵；H/h，潜流带（交错带）。大、小写字母分别表示重要性较大和重要性较小。

d 指恢复后的类群数量，而不是个体数量。

摘自 Cushing CE and Gaines WL（1989）Thoughts on recolonization of endorheic cold desert spring streams. *Journal of the North American Benthological Society* 8：277-287。

相对湿度适中环境中的鱼类，干旱河系鱼群的物种偏少，其中的类群在水文上变化系统中也具有特殊的生存适应策略，包括巨大的繁殖投资（reproductive effort）、每年多次产卵和短暂的发育期等。这些生活史特征和在大水中可长距离迁徙的能力，共同使本地荒漠鱼类在干扰后能快速定居到栖息地，导致种群规模剧烈、暂时性的波动。此外，尽管强烈的暴洪可杀死大量的鱼类种群，但许多沙漠鱼具有某些应对洪流的形态适应性，包括扁平的脑壳、底脊状或驼背的颈背、狭窄的尾柄、细长的身体和退化的鳞片状等，这些形态在湍流中都有利于减少阻力和提高游水能力。

随干旱期荒漠溪流生态系统的萎缩，鱼类被隔离在水池中，其中的自然环境会大幅度波动。尽管完全的水分流失是致命的，但随着溪流的缩减，许多鱼类种群的个体可在很小的水池中存活，也可在原木、石头和藻床中存活。结果，本地沙漠鱼类可忍受温度的剧烈变化（7～37℃）。事实上，北美西部的沙漠鳉（desert pupfish）可在 40℃以上的温度下存活。同样，大多数沙漠鱼类能忍受高盐度和低溶解氧浓度环境，其他种类的鱼类也如此，如非洲肺鱼（African lungfish），在干旱期可钻入溪流基质层，并用半退化的肺（primitive lung）通过呼吸大气中的空气而存活数月。

河边森林或河岸带作为干旱景观上的初级生产者而成为热点地区。干旱河岸带包括可获取地下水的深根吸水落叶乔木林，以及灌木和一年生杂草。通常，河岸带所有分类学上的组成与周围荒漠景观形成鲜明的对比。深根河岸树木能很好地适应地下水位短暂变化的环境。湿地物种只能出现于那些长期接近浅层地下水的荒漠河岸区中，而那些在地下水位强烈季节性变化的区域中出现的物种，都具有这样的结构，如主根(tap root)或根构型(root architecture)，以在降水事件发生时尽可能多地获取水分。为诱使发芽，干旱地区的许多树种的确需要一年特定时间内的洪水。通过吸收浅层地下水中的养分，以及在河岸土壤中形成有机质库，河岸植被被认为在干旱区的整个养分循环中发挥重要作用。最后，河岸植被也是干旱景观中无脊椎动物、脊椎动物和鸟类等的重要栖息地。

四、能量学

由于温带和热带生物群落溪流的河道形态由洪水塑造，所以与它们相比，荒漠溪流一般不会被临近河道的植物所遮蔽。因此，到达荒漠溪流的光合有效辐射（photosynthetically active radiation，PAR）很高，有关溪流生态系统中能量捕获和有机质生产所依赖的初级生产率与过程，在底栖藻类中的记录最为完整。藻类生物量的自然增长率反过来可代表溪流食物网的能量基础，它对整个干旱溪流生态系统的动态极为重要。例如，丰富的高质量底栖藻类，加之适宜的温度和快速生长的选择，促使次级生产率成为底栖无脊椎动物中最高的。而且，在荒漠溪流中，无脊椎动物的现存量和生长率都很高，因此其对有机质的动态和养分循环具有重要作用。实际上，被溪流无脊椎动物摄取的大量有机质比初级生产要高出2～6倍。最后，荒漠溪流昆虫的出现，标志着邻近陆生栖息地食肉动物重要资源的形成。

在生态系统水平上，荒漠溪流藻类的高生产率，使其不同于生产率（P）和呼吸速率（R）比值很低的林区溪流。具体而言，荒漠溪流通常为自养型（$P>R$），这与从溪流生态系统之外吸收大部分有机物的其他溪流生物群落形成显明显的对比，它们多为异养型（$P\ll R$）。荒漠溪流的生产力也受干扰机制的影响，暴洪水冲刷溪流河道，毁灭现有生物，并开启一系列藻类和大型无脊椎动物的演替过程，而这些演替过程相当于光合作用和呼吸作用的时间变化（图29-4）。异养生物洪水后的恢复是通过残留或沉积在干旱期溪流边和河岸带上的有效有机物而实现的。

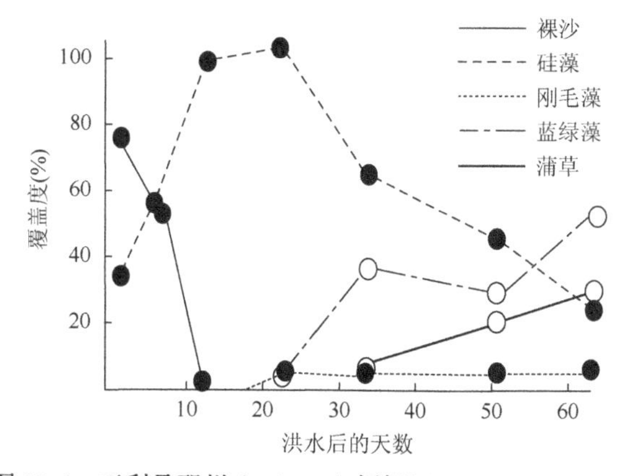

图29-4 亚利桑那州（Arizona）梧桐河（Sycamore Creek）的再繁殖过程。改编自 Fisher SG，Gray LJ，Grimm NB，and BuschDE（1982）Temporal succession in a desert stream ecosystem following a flash flood. *Ecological Monographs* 52：93-110。

除代谢变化外，暴洪、光合作用和呼吸作用的空间格局、洪后演替动态将进一步受潜流、帕拉河子系统与表流水文交换的影响。具体而言，在来自潜流和帕拉河沉积物的富营养水进入地表流的地方，光合速率和洪后的恢复速度最大。相反，在氧气和有机物从地表流进入地下和侧向沉积物的地方，呼吸速率最大（图29-5）。当把地表流和潜流过程都考虑在内时，荒漠溪流可能更接近于平衡态新陈代谢（$P=R$），而平衡态新陈代谢时两个子系统高度连接。

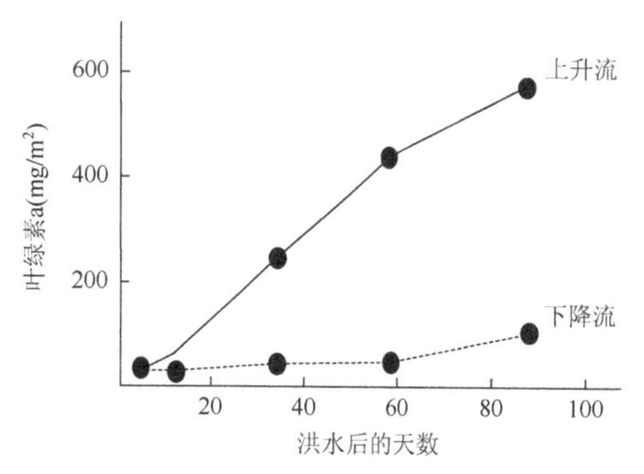

图29-5 亚利桑那州（Arizona）梧桐河洪水后上升流和下降流区域中藻类定植的比较。摘自 Valet HM，Fisher SG，Grimm NP，Camill P（1994）Vertical hydrologic exchange and ecological stability of a desert stream ecosystem. *Ecology* 75（2）：548-560。

五、养分动态

如果需求（自养生物的需求）超过有效性，各种因素都会限制初级生产率。溪流中的限制因素通常为光照和养分。荒漠溪流常有开阔的植物冠层，可接收充足的光照，因此养分成为限制藻类生长的主要因素。干旱、半干旱地区降水的缺乏，使母质风化的速度极其缓慢，这可能会造成磷（P）限制，因为岩石是生态系统中磷的终极来源。然而，有关美国西南部干旱、半干旱区分水岭的很多研究发现，源自母质的火山岩含有大量的溶解态磷，所以这些溪流中的初级生产是氮（N）限制的。

养分通过上游、地下水和坡面流进入溪流，其中的植物原料源自河岸带，而氮（N）是源自蓝藻对氮气（N_2）的固定。水的单向流使养分以溶解物和颗粒的形式不断输入与输出，虽然限制性养分的输入可能很低，因为这些过程是在上游发生的。营养螺旋理论（nutrient spiraling theory）的系列假设，用于描述养分被输送至溪流下游时如何在水层、地下和生物层级之间迁移，并假定养分限制条件下的养分吸收是更有效的。例如，在氮限制的溪流中，无机氮通过生物区系可从水体中被快速去除。对于热带荒漠溪流而言，由于存在可提高生物反应速率的高温和光有效性，其养分吸收速率特别快。伴随藻类的快速吸收，由无脊椎动物消费者所释放的无机氮几乎占生态系统总氮输入的30%。干旱持续一段时间后，溪流沿岸上残存枯死藻丛，从而使有机氮从溪流生态系统中流失。因此，荒漠溪流中有机氮的平衡与陆地生态系统的演替趋势一致。在陆地生态系统中，后期演替阶段趋向于损失养分。然而，在荒漠溪流的后期演替阶段中，净初级生产力可能一直是增加的，使得初级生产者可持续摄取无机营养。

在表层水体中，养分循环由藻类和底栖生物膜（benthic biofilm）的养分摄取所主导。因此，表层水体中养分的主导途径是其从无机形式转变为有机形式。基质中无机营养的再生（矿化）可反过来重新补给可溶解的无机营养。这样，发生在潜流和帕拉河流域的此类过程为荒漠溪流中养分有效性模式做出了重大贡献。通过沉积物，水流速率减慢，使沉积物表面与那些被携带进水中的物质进行更为充分的相互作用。在沉积物缝隙中寄居的微生物，可转换这些对溪流河道养分空间分布具有影响的沉水区（downwelling zone）中的养分。

随水流经潜流带，粗泥沙中的溶解氧含量仍相对较高，矿化通常主导氮转化，致使溪流在上升流区域的溶解无机氮浓度局部增加。上升流区域养分有效性的增加通常与藻类生物量的热点地区有关。这些模式是典型的冲积物主导的河段，其中藻类是主要的初级生产者。在大型水生植物定植于砾石坝的斑块中，以及帕拉河流域或细泥沙沉积斑块中，由于那些可造成低氧或缺氧环境的根系呼吸、植物有机质分解和潜流流速变慢等，地下溶解氧浓度因此而降低。反硝化作用的热点区与潜流带的缺氧状况有关，这种斑块的上升流流向下游时，可耗尽无机氮（图 29-6）。

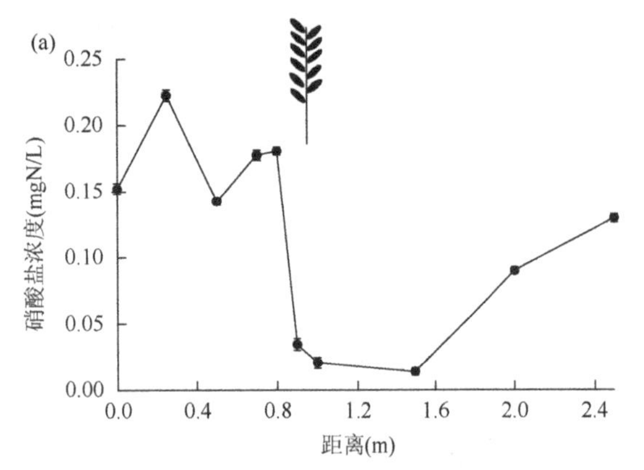

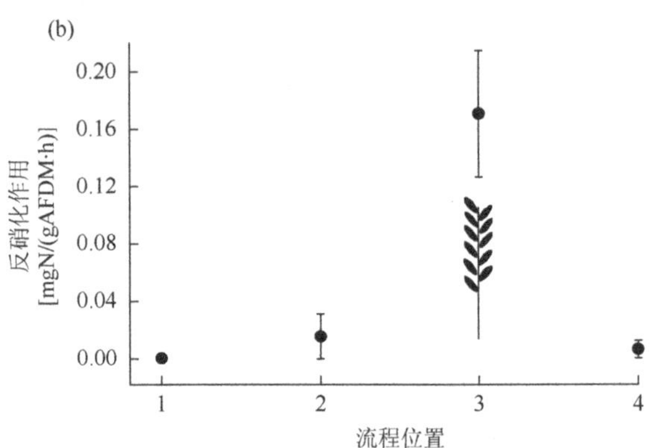

图 29-6 （a）水体流经植物定植的砾石坝时，硝酸盐浓度的变化。当水体遇到植物斑块时分支图所示，硝酸盐浓度急速下降。(b)反硝化作用很可能是解释硝酸盐浓度下降的一个机制；在原地，植物斑块的反硝化速率增加。改编自 Redrawn from Schade JD，Fisher SG，Grimm NB，and Seddon JA（2001）The influence of a riparian shrub on nitrogen cycling in a Sonoran desert stream. *Ecology* 82：3363-3376。

由于地表流和潜流路径的营养过程不同，因此历经干旱的溪流可能在养分可利用性上存在明显的空间变异。溪流的某些干旱地段可能会继续保护潜流，并在地表流干涸后，可在一段时间内快速转化养分。干旱河段的养分输入和输出显示，养养分形态或浓度差别明显。相反，由于地表流过程的均质化效应，使具有长河流特征的河段中，上游与下游的衰减明显不同。

几乎与所有的水生生态系统一样，周围的陆地景观影响荒漠溪流的养分动态。然而，荒漠中溪流与集水区陆地部分，包括河岸带之间的水文连通性（hydrologic connectivity）是随时间而变化的。在干旱期，沉积的和被植物、微生物保存的养分可在河岸带和高地上累积，当降水或融雪事件发生时，水便携带这些颗粒物和溶解养分，经陆地从高地进入溪流，以及河岸潜流与地表溪流之间。这使荒漠溪流与其水域之间的养分运输具有脉冲特点。养分的脉冲式输入造成养分处理的热点时刻（hot moment），以及短期快速的养分转化。在荒漠溪流河岸带中，热点时刻也许能解释大部分的年养分处理过程。

荒漠溪流-河岸走廊的陆地和水生区之间的连通性，也可出现于溪流与河岸带之间。河岸植物从潜流带及浅层地下水中获得水分和养分。与荒漠高地相比，这些更持久的水分和养分源使河岸带的生产力更高。溪流生物群可在溪流和河岸带之间转化养分。由于较高的初级生产率，荒漠溪流中的昆虫使溪流养分大量输出。因此，水生昆虫出现为河岸食物网提供了重要的养分源。

六、人为改变

目前，荒漠溪流的重要挑战是认识和管理水资源。对居住在干旱、半干旱地区人类而言，它们是最宝贵资源的象征，但因人为开发、农业发展和城市化等不断增长的压力，这些资源正在受到威胁。直接利用径流支撑人类活动是荒漠溪流受到的最严重威胁，其形式包括引水、跨流域调水和地下水开采（降低基流）等。例如，过去一个世纪中，地下水的抽取使亚利桑那州（Arizona）的长流河圣克鲁斯河（Santa Cruz River）成为季节性河。在亚利桑那州中部索尔特河（Salt River）中，菲尼克斯河段被改造为满足农业发展和生活/工业需求的运河系统，最终在整个大都市区留下了一个干涸的河床。水资源的开采，尤其是灌溉，造成了世界上大部分地区河流的盐碱化，还引发了生物群落组成的变化。水资源有多种用途，人们还改变了荒漠溪流用水的方式和功能。例如，混凝土运河的建设，使那些无法支持未经改造荒漠溪流生态系统功能特征的生态系统替代了结构上复杂溪流。而且，蓄水和流量调节对溪流生态系统的影响深远。例如，在地下水位降低和流量变化较为稳定的条件下，外来植物物种可通过定植和长期入侵而胜出本地物种。

参考章节：生态系统生态学；河流与溪流：生态系统动态与整合范式；河流与溪流：物理条件与适应生物群。

课外阅读

Boulton AJ, Peterson CG, Grimm NB, and Fisher SG(1992)Stability of an aquatic macroinvertebrate community in a multi year hydrologic disturbance regime. *Ecology* 73：2192-2207.

Cushing CE and Gaines WL（1989）Thoughts on recolonization of endorheic cold desert spring streams. *Journal of the North American Benthological Society* 8：277-287.

Fisher SG，Gray LJ，Grimm NB，and Busch DE（1982）Temporal succession in a desert stream ecosystem following a flash flood. *Ecological Monographs* 52：93-110.

Fisher SG，Grimm NB，Marti E，Holmes RM，and Jones JB（1998）Material spiraling in stream corridors：A telescoping ecosystem model. *Ecosystems* 1：19-34.

Fountain AG, Lyons WB, Burkins MB, et al.(1999)Physical controls on the Taylor Valley Ecosystem，Antarctica. *Bioscience* 49：961-971.

Grimm NB（1993）Implications of climate change for stream communities. In：Kareiva P，Kingsolver J，and Huey R（eds.）*Biotic interactions and Global Change*. Sunderland，MA：Sinauer Associates pp. 293-314.

Grimm NB and Fisher SG（1989）Stability of periphyton and macroinvertebrates to disturbance by flash floods in a desert stream. *Journal of the North American Benthological Society* 8：293-307.

Grimm NB，Arrowsmith RJ，Eisinger C，et al.（2004）Effects of urbanization on nutrient biogeochemistry of aridland streams. In：DeFries R，Asner G，and Houghton R（eds.）Ecosystem Interactions with Land Use Change. Geophysical Monograph Series 153，pp. 129 146. Washington，DC：American Geophysical Union.

Hastings JR and Turner RM（1965）*The Changing Mile：An Ecological Study of Vegetation Change with Time in the Lower Mile of an Arid and Semi Arid Region*. Tucson：University of Arizona Press.

Holmes RM, Jones JB, Fisher SG, and Grimm NB(1996)Denitrification in a nitrogen limited stream ecosystem. *Biogeochemistry* 33：125-146.

McKnight DM，Runkel RL，Tate CM，Duff JH，and Moorhead DL（2004）Inorganic N and P dynamics of Antarctic glacial meltwater streams as controlled by hyporheic exchange and benthic autotrophic communities. *Journal of The North American Benthological Society* 23：171-188.

Minckley WL and Melfe GK（1987）Differential selection by flooding in stream fish communities of the arid American southwest. In：Matthews WA and Heins DC（eds.）*Ecology and Evolution of North American Stream Fish Communities*，pp. 93-104. Norman，OK：University of Oklahoma Press.

Schade JD，Fisher SG，Grimm NB，and Seddon JA（2001）The influence of a riparian shrub on nitrogen cycling in a Sonoran desert stream. *Ecology* 82：3363-3376.

Stanley EH, Fisher SG, and Grimm NB(1997)Ecosystem expansion and contraction in streams. *Bioscience* 47：427-435.

Stromberg J and Tellman B(eds.)(in press)*Ecology and Conservation of Desert Riparian Ecosystems：The San Pedro River Example*. Tucson：University of Arizona Press.

Valet HM，Fisher SG，Grimm NP，and Camill P（1994）Vertical hydrologic exchange and ecological stability of a desert stream ecosystem. *Ecology* 75（2）：548-560.

第三十章

荒漠

C Holzapfel

一、自然地理特征

1. 荒漠的定义

一般人认为荒漠是炎热和多沙之地。然而，这通常并不准确，荒漠的一个共同因素是干旱，在时间和（或）空间上缺乏水汽。基于荒漠的干燥度，可对真正的荒漠与其他生物群落进行区分。下面的分类，只有前两组可被认为是真正的荒漠。

干旱可分为如下四类。

● 极端干旱：年平均降水量小于 60～100mm。

● 干旱：年平均降水量在 60～100mm 至 150～250mm。

● 半干旱：年平均降水量在 150～250nn 至 250～500mm。

● 非干旱（相当于中湿的）：年平均降水量大于500mm。

由于蒸发主要取决于温度，所以生物气候的干旱不能仅由降水量来定义。因此，上面给定的更高限制是指在生长季具有高蒸发的区域（如，在暖季具有一定降水的亚热带地区）。这考虑了将生物气候干旱定义为 *P*/ET 比（年降水量/平均年蒸散量）的 UNESCO“干旱区世界地图”。*P*/ET 值小于 0.03 时，为过度干旱（与上面的极端干旱区大致对应），*P*/ET 值在 0.03～0.20 时，为干旱区（与上面提到的干旱区对应）。

区分荒漠的另一种常见方法以其植被格局和所选土地利用方式为依据。极度干旱区表现为受限于有利区域的紧缩型植被（contracted vegetation）或完全无植被格局。干旱区具有分散型植被（diffuse vegetation）的特点。而半干旱区通常具有连续型植被（continuous vegetation）（如果土壤条件允许植被存活），以及只有本地干旱农业（无灌溉）适应的特点。在非干旱区更大的尺度上，无灌溉农业是一种有效的选择。

基于地理位置及结合温度与干旱成因，可将荒漠分类为五类：

● 亚热带荒漠（subtropical desert）。分布于纬度 20°～30°的干热地区，南北半球均有分布。这些荒漠位于副热带高气压带，部分哈德利环流圈（Hadley's cell）空气循环下行，从而引起干旱。

● 雨影荒漠（rain shadow desert）。分布于沿海山脉向陆的一侧。

● 沿海荒漠（coastal desert）。分布于海岸和极冷洋流邻接的地区，极冷洋流通常在大气降水到达陆地之前挤压排放一定的水分。这些荒漠通常具有浓雾的特点。

● 内陆荒漠（continental interior desert）。分布于大陆腹地，远离主要水域。

● 极地荒漠（polar desert）。分布于干冷的北极和南极地区。

本章将侧重于极度/过度干旱区和干旱区，以及地理沙漠分类中的前四个类型。

2. 荒漠分布

除了欧洲次大陆，在所有大陆上都可找到真正的荒漠（图 30-1）。大陆面积的 20%可归类为荒漠，是地球上最大的生物群落。表 30-1 总结了世界上最大的荒漠。除了这些主要的荒漠，还存在很多面积较小的单独命名的荒漠；它们中的很多可归类为局地雨影荒漠。全世界所有荒漠区域类似于陆地上的半干旱区。这些荒漠区域为地中海型气候和植被，或为干温带或热带草原/萨王纳（savanna）。这些区域的周边非常重要，因为很多荒漠生物共同栖息于这些过渡型的生物群落之中，或它们从相似的、栖息于潮湿环境的生物演化而来。

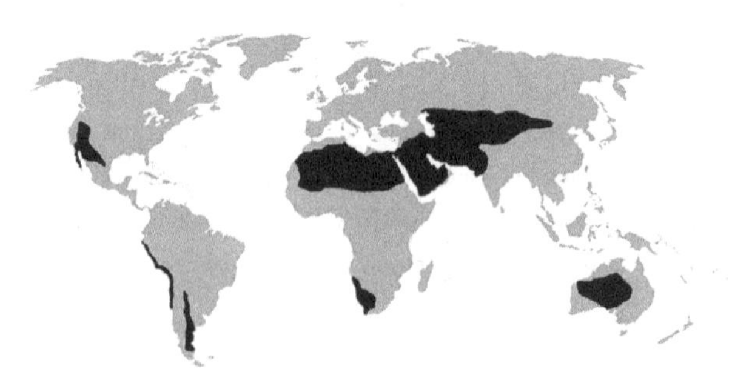

图 30-1 世界荒漠分布图（包括极地荒漠）。表明荒漠分布在干旱、极度干旱地区。由于荒漠与半干旱灌木通常邻接，二者之间的界限比较模糊。

表 30-1 世界上主要荒漠（面积大于 50 000km²）[a]

名称	大小/km²	类型	温度	国家
撒哈拉大沙漠	8 600 000	亚热带	炎热	埃及、利比亚、乍得、毛里塔尼亚、摩洛哥、阿尔及利亚-突尼斯

续表

名称	大小/km²	类型	温度	国家
喀拉哈里沙漠	260 000	亚热带	炎热	博茨瓦纳、纳米比亚、南非
纳米布沙漠	135 000	沿海	炎热	纳米比亚
阿拉伯沙漠	2 330 000	亚热带	炎热	沙特、约旦、伊拉克、科威特、卡塔尔、阿拉伯联合酋长国、阿曼、也门、以色列
叙利亚沙漠	260 000	亚热带	炎热	叙利亚、约旦、伊拉克
卡维尔盐漠	260 000	亚热带	炎热	伊朗
塔尔沙漠	200 000	亚热带	炎热	印度、巴基斯坦
戈壁沙漠	1 300 000	大陆	寒冷	蒙古国、中国
塔克拉玛干沙漠	270 000	大陆	寒冷	中国
卡拉库姆沙漠	350 000	大陆	寒冷	土库曼斯坦
克孜勒库姆沙漠	300 000	大陆	寒冷	哈萨克斯坦、乌兹别克斯坦
维多利亚大沙漠	647 000	亚热带	炎热	澳大利亚
大沙沙漠	400 000	亚热带	炎热	澳大利亚
吉布森沙漠	155 000	亚热带	炎热	澳大利亚
辛普森沙漠	145 000	亚热带	炎热	澳大利亚
大盆地沙漠	492 000	大陆	寒冷	美国
奇瓦瓦沙漠	450 000	亚热带	炎热	墨西哥、美国
索诺兰沙漠	310 000	亚热带	炎热	美国、墨西哥
莫哈韦沙漠	65 000	亚热带/雨影	炎热（寒冷）	美国
阿塔卡马沙漠	140 000	沿海	炎热	智利、秘鲁
巴塔哥尼亚和蒙特沙漠	673 000	雨影	寒冷	阿根廷
南极沙漠	1 400 000	极地	非常冷	南极洲

a 来源于不同的资料。

3. 荒漠地貌

根据地貌类型，荒漠通常可分为两类，地盾地台荒漠（shield platform desert）和山地与盆地荒漠（mountain and basin desert）。前者在非洲常见，而高地和盆地低地是中东、印度和澳大利亚的特点。在这一类型的荒漠中，山地和丘陵坡地只限于古老的山脉或近期火山活动更频繁的区域。地质年代较短的山地和盆地荒漠（也可称为山地和山脉）是美洲和亚洲的主要地貌，通常由充满冲积物山谷隔开的山脉构成。在荒漠地貌的两种分类中，本章对其中的几个主要地貌类型做以简单的说明。

荒漠山谷（desert mountain）主要由裸露地面陡峭的岩石构成，类似于从荒漠平原急剧凸起。根据母质的地质成因，这些山谷的山坡有所差异。火成岩山谷具有较大的岩屑（砾原），而软沉积岩山谷却没有。荒漠山谷（图 30-2）是美国（整个沙漠面积的 38%）、撒哈拉（43%）和阿拉伯（45%）的主要荒漠类型。

图 30-2 荒漠山谷：寒武纪砂岩层几乎从由厚沙填埋的谷底垂直凸起，这些厚沙因山前的局部侵蚀形成。约旦旺地拉姆沙漠（Wadi Ram），2003 年 10 月。图片由 C. Holzapfel 提供。

山麓荒漠冲积原（piedmont bajada）（图 30-3）大约覆盖了美国西南干旱区的 1/3，但在世界其他荒漠区较少。它们由冲积物（alluvial material）组成，这些冲积物在高山峡口易于堆积为扇形。通常，单个冲积扇（alluvial fan）联合并形成均夷状态的坡面，便形成山麓荒漠冲积原［通常仅为“荒漠冲积原”（bajada）］。沿荒漠冲积原，因堆积年代和位置的不同，冲积物极其多样且颗粒大小和土壤结构差异明显，从而造就了独特镶嵌的不同地质地貌复合渐变梯度。这些渐变梯度在索诺兰沙漠（Sonoran）和莫哈韦沙漠（Mojave）已被广泛研究，结果表明在其上建植的生物群落，主要由镶嵌物中的冲积物年代和顺向侵蚀（consequent erosion）决定。

荒漠平原（desert flats）（盆地）是另一种常见的景观类型（在美国大约为 20%，其他区域为 10%～20%）。通常，这些平原具有相当精细质地的土壤和充足的降水，植被零星分布，且在整个景观上相当均匀（图 30-4）。在更多的干旱区，因生境差异很小

扫一扫看彩图

图 30-3 莫哈韦沙漠中的山麓荒漠冲积原：冲积扇冲积物源于附近不同年代和多变结构的山脉（图中为更新世和全新世沉积物的混合物）。冲积扇的位置及冲积物的组成和结构决定水文与植物生长［图中为常见荒漠灌木拉瑞尔（*Larrea tridentata*）和白刺果鼠尾草（*Ambrosia dumosa*）］。美国加利福尼亚费利蒙（Fremont）峡谷，2006 年 3 月。图片由 C. Holzapfel 提供。

而引起降水重新分配时，可形成明显的带状植被格局。这些带状格局多出现在非洲和澳大利亚，但在中东和北美的限制区也可见到。开阔地区可产生降水的径流，径流在这些带状区域汇集，从而支撑植被生长。荒漠平原区的另一类型可划分为石质荒漠（hammada）（基岩土地）。这些基岩土地可在原地发育，且取决于岩屑大小，可形成很硬的路面（按一定的道路规则），由依附于质地较细底土的表层石块密集填充而成。这一荒漠景观类型在撒哈拉沙漠和中东很常见，约占这些地区面积的 40%。

扫一扫看彩图

图 30-4 荒漠平原：阿塔卡马（Atacama）荒漠的巨大荒漠盆地具有非常小的表层动力学（surface dynamics），精细质地的土壤物质由形成部分路段的岩石覆盖。在地球上条件最严酷的荒漠中，阿塔卡马荒漠的降水非常少甚至没有降水，在大多年份中，植物无法生长。智利安托法加斯塔（Antofagasta）南部，1994 年 10 月。图片由 C. Holzapfel 提供。

沙丘（sand dune）（图 30-5），在阿拉伯语中，称为“ergs”，只在极端干旱的荒漠区，为主要的荒漠景观（占撒哈拉沙漠和阿拉伯沙漠的 25%，不到美国西南干旱区的 1%），具有沙子流动的特点。沙子流动取决于沙源、充足的风力和易于堆积的区域等。依赖于这些因素和盛行风向，可形成不同的沙丘类型。月牙形沙丘［新月形沙丘（barkhan dune）］垂直于盛行风向，且高度流动。线性沙丘（linear dune）与风向一致，因此其流不出荒漠景观。这一区别对生物具有重要性，因为沙丘边缘有利于植物的生长，而沙脊（dune crest）和沙坡上部因流沙和快速的侵蚀通常缺乏植被。在沙地中，个别灌木易于累积沉积的流沙，从而最终形成了植物性沙丘［可称为灌丛沙堆（nebkhas）］。

扫一扫看彩图

图 30-5 沙丘：沙质沙漠（erg）是经常不断移动的沙海。撒哈拉沙漠（图中所示）和阿拉伯沙漠是典型的沙质荒漠。突尼斯南部杜兹（Douz），1986 年 3 月。图片由 C. Holzapfel 提供。

荒漠盐湖（playa）（图 30-6）是具有非常细质盐土的洼地。盐湖是以前经多年充沛降水而被淹没的湖泊河床。这些洼地具有不同的名称［如北非和中东，分别称为北非小盐湖盆地（chott）和盐沼（sebka）］。虽然单个荒漠盐湖很大，但在全世界范围内其仅占荒漠面积的 1%。

荒芜之地形成于富含黏土的土壤地区，虽然它们也出现在干旱区的局部地方，但其通常却位于干旱区的边缘。因水蚀强度不同，荒芜之地的地表起伏非常大，通常可形成奇异的“月形景观”（lunar landscape）。

季节性河流的干河床（图 30-7）虽然对荒漠的土地覆盖意义不大（只占世界面积的 1%～5%），但其生物的重要性却非常明显。极端干旱区是维管束植物唯一能够生长的地方，且几乎所有的动物在其生命历程中，至少有好几次以这里的初级生产量为食。因此，季节性河流的生物重要性是荒漠中的首要特色，即使季节性河流的面积很小，这些地标通常与荒漠居民的称谓有所区别（北美称之为洗涤废水，阿拉伯母语区称之为 wadi/*oued*，西班牙母语区称之为 *arroyo seco*）。

图 30-6 荒漠盐湖通常为史前湖泊的河床，具有细质的盐土。依赖于当前的降水和温度，盐湖被淹没，随后像前期湖泊一样。图中的盐湖位于安第斯山脉（Andes）高原，海拔为 4400m。盐湖上的植物一般非常稀少，但当微生物和无脊椎动物活跃时，鸟类如安第斯火烈鸟（*Phoenicopterus andinus*）开始大量聚集。智利圣彼得阿塔卡马（San Pedro de Atacama），1994 年 11 月。图片由 C. Holzapfel 提供。

图 30-7 季节性河流：在干旱区，植被主要沿暂时性河流的河床分布。因为底土存在可利用的水，即使地表径流停止，植物还可汲取水分。在极端干旱区，大部分初级生产量和物种多样性被限制在这类生境中。以色列纳哈尔津（Nahal Zin）内盖夫沙漠（Negev Desert），1987 年 4 月。图片由 C. Holzapfel 提供。

4. 荒漠的特殊气候

水的缺乏，限制了荒漠中的生命。第二个限制因子与这一主要因素有关：生产者营养和消费者食物热量的匮乏，以及至少对二者而言是间隔性的高温胁迫。降水通常很少，因此水成为生物过程的控制因子。而且，全年的降水变异很大，通常出现在偶发的极端事件中（降水不连续）。更糟的是，降水在年际间随机变化，因此无法对其预测。干旱区年际间降水的长期平均变异系数通常大于 30%（在一些极端荒漠中，变化范围可达 70%）。相比而言，温带和热带地区的变异系数通常小于 20%。荒漠中的单个降水事件有时非常强大［如秘鲁沙漠（Peruvian desert）中一场暴雨，降水量可达 344mm，而长期的年平均降水量为 4mm］，伴随而来的地表径流，从而可暴发大规模的洪灾（图 30-8）。即使突发的洪水可对荒漠系统所需要的水分进行补充，但最终的后果是侵蚀和对荒漠植物的直接破坏。由于很少以及时间上高度变异的降水量，Noy Meir 将荒漠描述为“水分控制的生态系统，具有不常发生、离散和基本不可预测的水分输入。”

图 30-8 在荒漠公路上，山洪暴发阻断了交通。强降水事件后，因荒漠中的地表径流，洼地和河床很快被淹没。图中的例子引起降水的水源可能非常遥远，且洪水可蔓延至远方。由于水流速度很快，加之其中携带的侵蚀物质，这种突发性洪水可对生物群落造成破坏，以及对人类形成威胁。以色列瑟丹（Sedom），1991 年 3 月。图片由 C. Holzapfel 提供。

当考虑与时间变化的相互作用时，荒漠中降水的空间变化也很大。这一变化主要归因于：①地形特点（如随海拔增加）；②坡向和坡度不同；③降水前锋（precipitation front）通常很小（直径通常不超过 1km）。

依赖于纬度地理位置和雨带锋面位置，荒漠可在较冷的季节降水（气旋雨/锋面暴雨），或可在较温暖的季节降水（热带的对流暴雨）。一些过渡性荒漠区可同时获得这两种降水。季节性降水具有重大的生物气候学意义，因为温暖季节的蒸发量较大，因此这一时期降水的生物效应较小。另外，在寒冷季节，寒冷荒漠多以雪的方式降水，此时生物活性同时受到温度和干旱的限制。春天雪融时，融水深度可达到土壤湿润锋（wetting front），而湿润锋能保持有效水分，以供植物在较温暖季节汲取。大气湿度以露水形式冷凝是局部非常重要的其他水分输入。这些水分的输入，对没有直接降水的沿海雾漠（fog desert）植物生产非常关键。在内陆地区，这种无直接降水的现象并不常见，但在高原荒漠很常见（如以色列的内盖夫沙漠）。雾水（fog water）可被隐花植物（如地衣）和很多节肢动物直接利用。维管束植物通过叶片吸收雾水已被证实，但对雾水在水分平衡中的相对重要性还存在争议。水汽沿温度梯度运动，这对具有强烈日辐射的干燥土壤非常重要。晚间，水汽向上运动可在表面形成露水。直到植物的根系能够充分到达更深和更湿润的土壤层之前，这种水分可维持已萌发植物的生长。

荒漠通常存在极端的日温变化，白天温度极高［可达 50℃，在死谷（Death Valley）荒漠中的最高纪录为 56.7℃］，而夜晚温度骤降（通常低于 0℃），原因在于来自太阳和地面的红外（热量）辐射都可穿透干燥的空气。所以，白天所有的太阳热量都被地面吸收。而一旦太阳落山，通过地面，将热量辐射到太空，荒漠很快变冷。云形成反映了地面辐射，荒漠天气通常是多云的，因此可增加夜间的热量释放。在高强度太阳辐射区，地表温度是极端的，取决于地表的颜色和类型，有时可超过 80℃。

5. 荒漠土壤

荒漠土壤的主要特征，包括质地、有机质含量和 pH 及其在景观中的组合方式，可对水分和养分的有效性产生影响。荒漠土壤一般无法从母质得以发育，甚至有研究者认为荒漠中根本不存在真正发育过的土壤。很多荒漠土壤可归类为干土，以及具有黏土（泥化土）层（黏化旱成土层）的土壤，与不具有这种土层（典型旱成土）的土壤完全不同。荒漠中，不常见的其他土壤包括软土、具有黑色 A 层的土壤和变性土，这些土壤可使黏土龟裂。地表下层黏土或碳酸钙（钙质层）的累积，对水分渗透的意义显而易见。

大多荒漠土壤趋向于轻微的强碱性。因为一般情况下，我们无法解决 pH＞7.0 的情况，这种强碱性反应对磷和微量营养元素的有效性具有负面影响。而有机质有利于提高渗透性，并通过其分解增加养分的有效性。在荒漠土壤中，养分有效性的分布通常是不均匀的。

荒漠中的土壤对水分的输入可产生重要影响，因为其通常为水分存储器，并能通过大量的调节过程而改变水分的有效性。这些调节过程包括直接渗透，更为重要的是对径流和水分在土壤各层之间的再分配。在荒漠中，径流的再分配尤为重要，对水分在空间上每一小块土地的分配作用重大。相对不透水的表面（如富含黏土土壤中的生物或物理结皮）可形成径流区，径流区造成积水充足的集水区。这种水分再分配，即使在极端干旱区，也可促进小块生境上的植物生长。而在极端干旱区，因稀少降水的均匀分布无法达到植物生命所需的水分阈值，植物根本无法生长。由于植物很少生长，因此，土壤引起的水分再分配比通过植物表面的水分截留更重要。然而，这种局部性截留与茎流一起可在灌木和树木冠层之下形成大量的富水区。相比而言，较小的降水事件易被局部截留，也易通过蒸发作用而散失。这也就是在荒漠植物或树木下层的土壤，或比周边土壤干燥，或比周边土壤湿润的原因。

土壤质地至关重要，因为其对渗透和土壤湿润锋的运动都可产生影响。精细结构的土壤具有很高的黏性，所以粉土（silt）结构可阻碍渗透。在粉土土壤中，土壤湿润锋的运动非常缓慢，且雨后的表面蒸发相当快。沙土（sand）结构中，更多的粗质土壤如砂壤土（sandy loam），具有高渗透率和快速渗透的特点。由于这一原因，粗质土壤通常更有利于植物生长。与湿度适中地区的土壤相比，这一现象可称为“逆结构效应”（inverse texture effect），因为在这类地区，精细结构的土壤通常被认为更适宜植物的生长。

显而易见，景观中土壤表面的组合方式和动力学，在干旱生态系统中发挥了重要的作用。南坡（或北坡，取决于在哪个半球）通常能接收到很多的太阳辐射，因此在蒸发作用下，呈现出比相反坡向更干旱的趋势（图 30-9）。这些趋势在很大的景观尺度上或在较小的微地形尺度上都可观察到。例如，全部面向太阳的灌丛小丘，通常仅比只有一部分面向太阳的高出几厘米，但它们在生物气候学和生态学方面完全不同。当盛行风导致的降水方向不变时，坡向也起到重要的作用。面向降水的坡面通常能比其他坡面多出 80%的水量。

图 30-9 因坡向不同（左面为东南坡，右边为西北坡），标志性的物候和植物组成存在差异。与东南坡相比，西北坡的水分蒸发损失较高，且直接降水较少。这一非生物差异，使干旱环境中的生物形成明显的对比，从而可将这些系统作为生态模型的案例。巴勒斯坦朱迪亚沙漠（Judean Desert），1989 年 11 月。图片由 C. Holzapfel 提供。

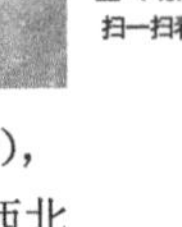

二、生物地理和生物多样性

1. 多样性

外行观察者通常认为荒漠仅能支持很低的物种丰富度和多样性，因为干旱区的环境条件普遍比较恶劣。但荒漠现存的植物和动物（甚至有水生类群）几乎包括了所有分类群中的物种，其物种丰富度可能与更湿润环境中的相当。即使缺乏详实的对比资料，人们还是认为北美荒漠中的物种丰富度与一些草地甚至是温带森林的不相上下。然而，基于沿气候梯度的相关性通常表明，植物和动物的物种丰富度随干燥指数的增加而下降。如果对这一结果不加考虑，我们可发现特定分类群所具有的荒漠物种丰富度，比广大非干旱系统的物种丰富度更高，且局域尺度上的物种丰富度与降水量增加呈负相关关系。北美的爬行动物和鸟类、澳大利亚的蚂蚁就是其中的例子。通常，分类群中多见的荒漠物种包括啮齿动物、爬行动物、一些昆虫类群（如蚂蚁和白蚁）、风蜘蛛（骆驼蜘蛛）和蝎子等。下文中，将对典型的荒漠分类群进行概括说明，并对荒漠中这些类群的生态作用给予重点阐述。更多特有的生理生态适应性将在下一部分介绍。

2. 生态作用和微生物多样性

尽管不易观察，寄住在荒漠区和极端干旱区的微生物通常是这些地区现有的唯一生活型。我们对三个低等生物界［真菌（Fungi）、原生生物（Protista）和原核生物（Monera）］的多样性了解相对较少，而对荒漠中这些类群的物种丰富度更是知之甚少。利用“DNA 指纹识别”，最近的一项研究在解析细菌核糖体 DNA 时发现，半干旱区土壤所包含的细菌多样性比湿润区的高。既然水分有效性不是决定微生物多样性的重要因素（主要是土壤 pH），我们可认为真正的荒漠也具有相当高的多样性。

菌根真菌（mycorrhizal fungi）似乎对荒漠生态系统相当重要，犹如其对多数湿生生态系统的重要性一样。荒漠植物菌根有时可替代根毛（root hair），不仅为植物提供养分，而且在干旱季节为其提供水分。在奇瓦瓦（Chihuahuan）荒漠中的研究表明，优势多年生物种，在其粗根系统中具有很高的真菌感染率。相比而言，一年生物种细根的真菌感染率非常低，且通常与菌根共生体无关。在中东干旱区和旧世界的地中海地区，菌根荒漠块菌（地菇菌和子囊菌）特化为一种被称为 Heliantbemum 物种的宿主。美国西部的荒漠为地上可观察真菌的多变群落提供了支持，在这些地区可观察的真菌中，腹菌纲（马勃菌和其类似的菌类）占优。另一个普遍的例子是 *Podaxis psitillaris*［鸡腿菇（shaggy mane）］，鸡腿菇尤其在沙质荒漠中最为常见。

除了关键的菌根共生体部分，荒漠微生物在三种典型荒漠现象中的作用也不容忽视，即荒漠结皮（desert crust）、荒漠漆皮（desert varnish）和间隔性荒漠（interstitial desert）。荒漠结皮微生物群落，由耐受干热的藻类、蓝菌、真菌、地衣和苔藓组成。这些常见的丰富的物种群落被黏性多糖分泌物结合在一起，于是形成了表层结皮。粉状结皮通常难以观察，直到降水或露水浸湿表层，以及微生物群落活性增加和变绿。在极端条件下，这种结皮可在表层下部形成。在能使光线透过 5cm 深度的半透明石灰石或硅质石（石英是一个很好的例子）的保护下，这一可能性更大。结皮中最常见的生活型（在炎热荒漠的一些区域通常也存在）是蓝菌。它们在荒漠生态系统中，具有促进大气固氮和土壤颗粒结合的作用。蓝菌与矿物质还原细菌对土壤肥力和成土过程都很重要，并进而对维管束植物和以其为食的动物具有重大影响。在炎热荒漠中，蓝菌结皮通常可形成光滑表面，而在寒冷荒漠中，结皮形成与霜可发生强烈的相互作用，因此其表面往往极其粗糙。这些不同类型的表面显然对维管束植物的影响不同。

外露的荒漠岩石也可孕育生命。显而易见，多数可看得见的生物为壳状地衣。然而，当地衣的生长条件变得极端时，细菌仍可在岩石表面生存。荒漠漆皮为漆黑且光亮的表面，可在炎热沙漠中向阳的、多孔的石头上找到，它是细菌活性的结果。这些细菌菌落从无机和有机物种中获取能量，并捕获亚微观的、由风携带的黏土颗粒。这些颗粒可累积成一个薄层，具有防晒功能。通过很长的一段时期，大概几千年，这些细菌菌落可氧化大风中携带的锰和铁离子，当黏土颗粒将它们胶合时，便形成了荒漠漆皮。荒漠漆皮的颜色极其多变，取决于被氧化的锰（深黑色）和铁（微红）的比例。

即使环境条件比那些可孕育表面细菌生长的环境更为极端，其还是允许间隔性群落（interstitial community）的形成。这些群落主要由栖息于深度为 4mm 沉积岩基质的藻类物种组成。它们能休眠很长一段时间，并能生存于类似的炎热和寒冷荒漠中（在南极洲外露的岩石上已被发现）。

3. 荒漠植物群

即使地质记录表明干旱环境历来已久（自泥盆纪以来），但现代荒漠植物群最早出现在中新世，并延续至上新世（白垩纪和第三纪湿润期之后），且在更新世时演变为目前的分布格局。北美西南荒漠的形成时间相对较晚。荒漠植物群的所有丰度和独特性可反映荒漠区的面积、年代和隔离（isolation）情况，面积大的荒漠通常拥有大量的地方种。面积较小的荒漠区和较大荒漠区边缘的物种，通常具有在毗邻更湿润区进化和尤其适应干旱环境的特点。在世界各地半干旱地中海气候的广大荒漠地区中，经常出现的地中海植物就是一个很好的例子。通常，荒漠植物群对半干旱气候带，如地中海气候型区域和半干旱草地具有很强的亲和力。很多物种类群的分类表明，荒漠植物从非荒漠植物进化（最近）而来。在北非、中东和亚洲古老的荒漠中，在生物地理学上彼此存在紧密的联系。因为没有海洋屏障或湿润气候区植被对植物扩散形成限制，从北非到中亚，各荒漠地区间植物群呈现出特别明显的相似趋势。尽管从炎热的北非到寒冷的中亚气候反差很大，但植物群间还是相似。北美大盆地和中亚荒漠这一明显的联系，可通过植物扩散越过白令陆桥（Beringian land bridge）予以解释。而美洲荒漠间的亲和力可通过“巴拿马陆桥”（Panamanian land bridge）予以解释。就这方面，最值得一提的是拉瑞阿属灌木（*Larrea* shrub）的分布。在南美和北美分别发现的两个物种，极叉开拉瑞阿（*Larrea divaricata*）和拉瑞尔（*L. tridentata*）在分类学上和物候上都非常接近，这说明拉瑞阿属起源于南美，且扩散至北美的时间为 1 万年左右（是鸟类完成的？）。在北美所有相对温暖的荒漠区，它们很快成为优势灌木。而与澳洲大陆分离相对应的澳洲荒漠植物群却与世界上其他荒漠区的植物群差异极大。

荒漠中的主导植物生活型体现了荒漠典型的水分胁迫型环境（干旱适应策略见下一部分）。虽然树木相对稀少，且局限于更加湿润的微生境中，但仍拥有各种植物生活型，包括很多短命和季节性生长植物（如一年生或短命植物，以及球根植物/地下芽植物）。可塑造观赏形态植物的主导生活型是多年生木本植物（通常为灌木）和肉质植物（仙人掌和其他植物）。在一些炎热荒漠区，大型肉质植物占优势（如索诺兰沙漠中的树形仙人掌）。在荒漠区，也会出现好几种植物科占优势的情况。总体上，紫菀科（菊科）在荒漠中占优势，在澳大利亚、南非、中东和北美等，其数量尤为众多。然而，在一些荒漠中，草本植物（禾本科）可成为优势种。一些植物科是全球荒漠植物多样性的聚焦物种，如上述提到的植物。在澳大利亚、北美及从撒哈拉沙漠到中亚的干旱和半干旱地区存在多种藜类植物（藜科），也是比较典型的例子。新世界（New World）中的仙人掌（仙人掌科）是荒漠富有物种类型的另一个例子，但其在其他生物群落中相对稀少。

荒漠是一些外貌极不寻常株型（plant type）的避难所，具有这一不同寻常株型的植物，如莫哈韦沙漠中的短叶丝兰（*Yucca brevifolia*）、纳米布（Namib）著名的百岁兰属（*Welwitchia*）[百岁兰（*Welwitcbia mirabilis*）] 和下加利福尼亚索诺兰沙漠中的圆柱木 [柱状福桂树（*Fouquieria columnaris*）]（图 30-10）。事实上，我们对荒漠为什么及如何拥有这些独一无二植物型的理解还不是很清楚，因此，Seussification 博士认为关于荒漠植物群的认识值得进行系统的研究。

图 30-10 在下加利福尼亚索诺兰沙漠中，与灌木、龙舌兰和仙人掌一起生存的圆柱木（柱状福桂树）。墨西哥 Cataviña 地区，1997 年 10 月。图片由 C. Holzapfel 提供。

4. 荒漠动物群

在生物地理上，不同地区荒漠动物群的差异通常比其植物群更加明显。尽管如此，不同荒漠区中还是存在着很多相似的动物。亚非荒漠这种典型的动植物相似性，可被理解为扩散屏障的缺乏、北美和亚洲地区的相似，以及北美和南美地区之间可能存在的陆桥等。而澳洲荒漠动物群，与其植物群一样，也是独一无二的。荒漠中几乎存在所有的动物分类群，但一些类群比其他类群更加多样，导致这一情况出现的决定因子是干旱。

相对而言，其他昆虫类群如蚂蚁和白蚁，在荒漠中的多样性非常大。然而，这些物种类群的多样性却远比其起源的湿热地区低。昆虫类群可形成高密度的种群，并表现出极大的生态重要性。在澳大利亚荒漠中，每公顷可发现 150 种昆虫，而多样性最高的是蚂蚁。多数荒漠节肢动物是食腐性动物（白蚁和甲壳虫等），或食谷类动物（通常是蚂蚁），或是取食于动物的食肉动物（蝎子和蜘蛛等）。由于没有恒定的植物生产，食草动物相对较少，或具有极其显著的时空波动（如铺天盖地的沙漠蝗虫）。由原生动物、线虫类、螨虫类和小型节肢动物等多种物种组成的碎石群落（substone community）在荒漠中非常常见，它为食草动物和取食细菌、蓝藻、真菌和碎屑的捕食者创建了一个微观世界（microcosm）。

在全球每个水生生境，以及小的、永久性荒漠水域中普遍生存着鱼类。不过，荒漠水域中鱼类的丰富度极低，且其通常栖息在高度限制性区域和极端环境下。北美荒漠中的鳉鱼［鳉属（*Cyprinodon*）］是荒漠中最丰富的物种之一。一些物种生存在盐度为海水盐度 4 倍和温度为 45℃的区域，而另一些只局限于 $20m^2$ 的狭小地带（如内华达荒漠中的魔鳉）。这些鱼类是机会性的杂食者。

同样地，荒漠两栖动物群落是发育不健全的，因为其幼龄期至少依赖于水。世界上的两栖动物只有一小部分，主要是无尾两栖类可应对荒漠环境。

在所有荒漠中，除了鳄鱼和蚓蜥属（蚯蚓），爬行动物很常见并广泛分布。相对而言，荒漠中的乌龟数量非常稀少，因为其可食的植物极其有限。而蛇和蜥蜴是比较典型的代表（尤其在大洋洲荒漠）。与其他荒漠区相比，大洋洲荒漠中，很低的哺乳动物和鸟类多样性使食物竞争和捕食压力下降，这可解释大洋洲荒漠中爬行动物多样性极高的原因。显而易见，在植物生产力低下的大洋洲荒漠中，爬行动物如温血动物可从其他变温动物中获得益处。

即使鸟类具有应对干旱环境的基本适宜策略，在世界范围内的荒漠中，其多样性相对较低，多样性通常与降水量显著正相关。尽管如此，少数荒漠特化鸟类还是在鸟类区系中得到发展，如沙鸡、云雀和鹦鹉等。

同样，与其他生物群落相比，荒漠中哺乳动物的多样性也不是很高，但一些分类群却进化成真正的荒漠类群。在北美荒漠中，小型哺乳动物为更格卢鼠（heteromyd），而在亚非荒漠中为沙鼠（jird）和沙土鼠（gerbil），在大洋洲荒漠中为有袋类动物（marsupial）。一些荒漠哺乳动物体型相当大，因此具有很小的表面积体积比（参见下文）。那些在中新世起源于美洲，且目前可在新旧世界干旱环境中都可看到的野生骆驼（骆驼科），就是这些动物的佼佼者（flagship）。显而易见，它们是所有荒漠中体型最大的动物。在历史上，干旱和半干旱区多数食草性哺乳动物，包括骆驼、驴、山羊、绵羊和马等的驯化意义重大，在今天我们所驯化的牲畜中，它们已成为普通的成员。而另一些未被驯化的有蹄类动物，如瞪羚、北山羊和大羚羊等普遍已灭绝或至少已成为稀有和濒危物种。

5. 荒漠生活型的趋同现象

多数荒漠植物和动物最初从古老的湿润生境中进化而来，每个大陆上的进化几乎是独立进行的。尽管这一动植物的发育史存在差异，但不同荒漠中植物群和动物群的体型与生活型高度相似。因为荒漠环境受水分限制，并在世界范围内具有相似的景观，因此很多荒漠生物会呈现出趋同进化（convergent evolution）趋势，以及在形态和功能上比较接近。相同的自然选择压力导致了相同的生活型。实际上，很多这些同功能的物种类群成为教科书中关于趋同进化的典型例子。

- 在不相关的植物分类群中，已发现了茎和叶的肉质化。如新世界中的仙人掌及旧世界中的乳草（milkweeds）和大戟（*Eupborbia*）（然而澳洲荒漠中缺少这一类型）。
- 在不相关的小型啮齿类群中，已发现了两足行动物。如旧世界中的跳鼠（跳鼠科）和新世界中的更格卢鼠（更格卢鼠科）。
- 几种大型哺乳动物拥有两足行的能力，包括非洲跳兔（springhare）（跳兔属）和澳洲荒漠中的袋鼠（袋鼠科）。
- 北美角蜥（角蜥属）和澳洲棘蜥虽是两种不相关的魔蜥（*Moloch horridus*），但均有奇异怪状的刺形防护盔甲。这个适应性装备可满足其大型身体的需要，因为它们已特化于取食蚂蚁。蚂蚁与完全社会性昆虫一样，呈现集群分布趋势，但其易消化性的食物源（蚁酸和甲壳素）却并不集中。两种魔蜥分类群都需要较大的消化系统和大型身躯，这种大型身躯反过来使其行动迟缓，并需要保护。

下文将要讨论的很多适应特征普遍存在于世界上的所有荒漠区。这些特征的结合创造了“典型的”荒漠生活型，在某种程度上，全世界范围内的荒漠生活型都相似。

三、生理生态学和生存对策

1. 应对干旱的策略

所有生命是在海洋中起源的，且所有生物离开这一古老栖息地时依赖于其“内部海洋”（inner sea），即很高的内部含水量。在很多生境中，对这一系统发育的传承限制了生命。显而易见，荒漠是最严酷的生境。荒漠不仅受限于水分，而且其养分和能量资源也非常有限，因此，水分的时空稀缺性主导着多数（如果不是全部）真正的荒漠生物。

所有荒漠生活型，包括动物、植物和微生物类似，都采取下述对策中的一种或几种以应对水分的匮缺。三种对策分别为：①在非活动状态下临时避免水分胁迫的干旱规避（drought evasion）对策；②干旱期能减缓真正的胁迫并能保持活动状态的一系列适应性干旱耐受（drought endurance）对策；③为避免水分胁迫而共同进化的一系列适应性抗旱对策（drought resistance）。实际上，水分和高温胁迫通常是成对出现的，因此，以下所提到的对策可理解为既是应对水分胁迫的对策，又是应对高温胁迫的对策。

1）干旱规避生物“选择”冬眠的方式度过极度干旱期。典型的例子是利用种子休眠期阶段，短命植物可在干旱季节或长期干旱期生存。在世界各地的荒漠中，这种一年生植物很常见，是很多地方植物多样性的主要组成部分（占物种丰富度的80%）。对动物而言，在无脊椎动物卵和幼虫的隐形现象中，也可发现类似的情况。这种应对干旱的对策也可在完全成熟的生物中发现，如球状地下芽植物和动物通过在地下采取休眠的对策（夏眠）而度过干旱季节。选择干旱不严重的微生境，是规避干旱的另一途径。在动物中，这些微生境是典型行为空间选择的结果（如永久性栖息地或临时用于避免干旱压力的微生境，包括灌木或石块下面、岩石裂隙、凋落物、树木和灌木的遮阴处，或石块下面生长的藻类等）。一些生物，大多数为植物，几乎可完全丧失水分，但当它们再次获得水分时能够“复活”[变旱植物（poikilogydry），如卷柏属植物、藻类、地衣和苔藓等]。

2）在世界范围内，干旱耐受是优势荒漠植物中的普遍性对策。一系列生态生理、形态和行为适应对策共同作用，以减轻水分胁迫的有害影响。

减少水分消耗。常绿荒漠灌木可对气孔运动进行精准调节。荒漠植物经过进化，形成了特殊的光合途径，可最小化水分损失并最大化羧化作用。与适应于较冷环境的 C_3 途径相比，C_4 和景天酸代谢（CAM）途径适应于炎热环境。干旱区的动物可通过浓缩尿液而调节和限制水分损失。鸟类和爬行动物以尿酸形式排泄尿液。尿酸能被浓缩，并可在尿道中再次吸收水分，而哺乳动物不具有这一特征。荒漠哺乳动物和多数其他分类群，通过排泄干燥的粪便，以降低尿流率。而在植物中，通过增加角质层厚度和表皮被毛，以及加深气孔下陷和减小表面积体积比（无叶植物具有可进行光合作用的茎，即变形形态）等来减少体表水分损失。动物通常采用一系列可减少水分损失的适应对策，包括不透水的表皮（如节肢动物）和表皮中脂质结构的变化（一些荒漠鸟类），这使水分扩散阻挡层和浓密毛发，或厚实羽毛及较小表面积体积比（在大型哺乳动物中很常见）的形成成为可能。

预防超高温。高温胁迫和水分胁迫紧密相关，因为应对更高温的很多方式都涉及水分的消耗。植物通过蒸腾而动物（包括人类，见下文）通过蒸散降温就是例子。荒漠生物通常可忍受高温，并拥有在高温中正常活动的能力。这可通过植物对高温的最适条件和光合作用的温度补偿点，以及动物对很高体温和致死温度加以证明。最能耐受高温的物种是荒漠中的蚂蚁，它可在极端炎热的地表觅食。撒哈拉荒漠蚂蚁（*Cataglypbis bicolor*）是世界纪录的保持者，其可忍受的最高临界温度为（55±1）℃。

除了可忍受高温，植物和动物中都有一套可用于降低或耗散热量的机制。保护性表皮层的形成和绝热结构的发育，以及反射的加强（白色和有光泽）等都属于这些机制。行为空间和时间的选择有助于预防超高温。很多（如果不是所有）荒漠动物的探寻保护微生境和夜行行为就是明显的例证。CAM 植物夜间吸收二氧化碳是对预防超高温机制的一个非常有趣的模拟。

3）抗旱生物采用一系列能使它们在活动状态下度过干旱期，而不出现生理水分胁迫的应对对策。世界上很多典型荒漠植物的肉质化有利于水分储存，以确保植物在干旱期还可利用水分。在新世纪，多肉质物种是仙人掌（仙人掌科）和丝兰（龙舌兰科），而在旧世界，为大戟科和景天科，这些物种都是分类群中多肉质物种的例子。多肉质物种通常不休眠，因此至少需要可预期的周期性降水。这一需要可对持久干旱很普遍的极端干旱环境中，为什么缺乏多肉质植物进行解释。大部分多肉质植物的根系统很不发达，可对较大的降水事件做出快速响应。动物对植物多肉质的模拟，在能储存大量水分的荒漠蜗牛中可以观察到。荒漠哺乳动物（尤其是骆驼）具有在血液中可储存大量水分的能力，是另一个与多肉质植物类似的特征。脂肪组织的堆积如水分储存一样，能够以新陈代谢的方式转化为水分。虽然人们对这一观点存有疑虑，但对其只作为能源（如荒漠爬行动物尾巴中、啮齿动物体内和驼峰中的脂肪储存等）的说法却越来越认可。

2. 荒漠中的水分吸收

（1）动物

脊椎动物可通过三种方式获取水分，即自由水、食物中所含的水分和细胞呼吸过程中所形成的代谢水分。其中的一些动物可从这三种方式中获得水分，而另外一些动物只能利用一种或两种方式获得水分。高度跑动的动物容易受到开放水源的限制，因为这些开放水源一般比较稀缺，且距离遥远。荒漠鸟类经常定期穿梭于少数几个水源处，就是其典型的例子。在拂晓和黄昏成群结队地到达积水区，是沙鸡（鸠鸽目）和鸽子（鸽形目）的荒漠适应法则。众所周知，沙鸡还可通过浸透特化的腹部羽毛为雏鸡携带水分。很多荒漠动物在短时间内饮取大量的水，以利用那些机会性的水源。这一能力可在骆驼中得到验证，它在几分钟内能饮取相当于自身体重30%的水。骆驼和其他荒漠动物具有能够抵制渗透失衡的耐抗性血细胞。生活在更湿润环境中的动物（包括人类），当血液中的水分如此高时，它们的红细胞将被破坏。许多自由水的盐分很高，所以很多荒漠动物具有极强的耐盐性也就不足为奇了，如利用盐腺排泄盐分。其他动物，通常为受限于其移动的动物（如哺乳动物、爬行动物和昆虫等），依赖于从食物中获取的水分。而肉食和食虫动物通常可从猎物中获取足够的水分。草食动物也如此，只要植物体所含水分相对较高（大于其鲜重的 15%，包括新芽嫩叶、果实和浆果等）。然而，终极荒漠适应对策却是代谢水分的汲取。尤其是取食种子（食种子的）的动物能够代谢性地氧化脂肪、碳水化合物或蛋白质。啮齿动物和其他荒漠鸟类类群（如云雀、新旧世界中的麻雀）能将这一能量源转化为水分：1g 脂肪可产生 1.1g 水，1g 蛋白质可产生 0.4g 水，而 1g 碳水化合物可产生 0.6g 水。Schmidt Nielson 的研究显示，更格卢鼠（跳鼠属）90%的水分平衡源于其所食种子的代谢水，而剩余的 10%源于存储在种子中的水分。利用已储存在身体里的脂肪作为水源的观点是有争议的。有人指出，将脂肪和其他存储资源代谢为水分时需要增加供氧量，此时通过肺组织的呼吸作用可使水分损失增加。因此，这一做法的最好的结果是，无法获得净水分。基于此，可认为驼峰只是方便了脂肪能量的储存，脂肪能量集中于一处是为了降低热量的分散程度，从而有利于其他部位的散热。

在湿度很高的地区，动物可从露水中获取水分。这一直接水分汲取作为主要的水分源，可能只局限于节肢动物和一些软体动物（蜗牛）。有证据显示，啮齿动物可通过食物中存储水的富集而利用凝结水（图 30-11）。

图 30-11 荒漠沙鼠［嗜沙肥鼠（*Psammomys obesus*）］。如其名字，这种白天活动的荒漠啮齿动物可存储大量的脂肪，以备非繁殖期使用。与其他荒漠啮齿动物一样，它能从植物中获取其所需要的一切。以色列拉蒙大峡谷（Mitzpe Ramon）内盖夫荒漠，2003 年 5 月。图片由 C. Holzapfel 提供。

（2）植物（微生物）

除了少数几种外，几乎所有植物都依赖于根从土壤中汲取水分。由于干旱区中的土壤水基质势较低而盐分较高，使得土壤水通常不可用。荒漠植物克服这一限制的方法之一是，调节细胞渗透势以解决荒漠土壤的低水势问题，这一方法也有利于植物从盐水中汲取水分。的确，已发现的最低水势存在于荒漠灌木［−8～−6MPa（中湿植物很少低于−3～−2MPa）］和耐盐性（盐生植物）荒漠多年生植物（相当于−9MPa）中。通常，荒漠植物具有很深的根，因此可汲取较深土壤层的蓄水。因荒漠植物需在更广阔领域汲取水分，所以其根冠比较大，且比其他生态系统植物的根系更长。在极端情况下，如深根吸水植物，根长可超过 50m。我们可在豆科灌木树（mesquite tree）（牧豆树属）发现这一情况，其通常不依赖于当地的降水，且可长期保持很高的蒸腾速率。与前面提到的很多肉质化植物相比，它们只在组织中存储水分，具有浅根系统，可对夏季小雨进行截留。要不然，这些雨水将因蒸发而损失。一年生植物和很多禾本科植物都可从浅根中受益。通常，很多荒漠植物通过利用来自于根分生组织特殊休眠的速生“水根”（water root）而对可利用水分做出及时响应。浅根植物表现出时间集中的水分利用模式，而深根植物却表现出空间集中的水分利用模式。

从较深到浅层土壤，一些深根多年生植物表现出水分分级现象。在白天，从更深层土壤中获取的水分，通过蒸腾流进入浅表根系和植物的地上部分。在晚间，当空气更加湿润和植物气孔关闭时，植物含水充足，从根系中渗出的水分可进入浅表土壤层。这一模式，被描述为液压升降，对多年生植物自身具有一定的营养效能，因为它能使植物利用那些可能因干旱而流失的养分。另一方面，释放的水分也可被与其竞争的植物所利用。在灌木占优势的美国西部干旱区如三齿蒿（*Artemisia tridentata*）、拉瑞尔（*Larrea tridentata*）和白刺果豚草（*Ambrosia dumosa*），几乎都被应用于研究液压升降现象。在世界干旱带上，这一现象也许是普遍存在的。

盐碱生境中的植物，即盐生植物，必须能从高浓度盐分中汲取水分。它们需要克服盐溶液的高渗透压及避免一些离子（钠离子和氯离子）可能的毒副作用。为了耐受高盐环境，盐水植物采取了一系列对策，包括渗透调节、通过肉质化对内部细胞盐分浓度进行稀释，以及利用特化的盐腺等。

荒漠中高富水区，如永久性河流两岸和泉水周围，可吸引那些只有很少应对干旱策略的地带外植物（extrazonal plant）。在这些淤泥区，可发现湿地植物和被称为“水分消耗者”（water spender）的耐盐性树木。棕榈树［枣椰树，海枣（*Phoenix dactylifera*）］和加利福尼亚棕榈树［华盛顿棕榈（*Washingtonia filifera*）］和柽柳（柽柳种）就是很好的例子。

通常，只有一些特化为随水分而变化的维管束植物可对凝结的大气水和水汽直接汲取，但这些形式的水分却对微生物，如地衣和蓝藻的意义更大。

3. 应对不可预测水资源的策略

荒漠生物多样的应对策略，使生物能够利用荒漠有效水分而呈现出明显的时空随机分布。如前所述，可移动生物能够利用空间上分布不连续的水资源，而不可移动生物却无法利用。这些固着生物通常具有静止的散布单元，可伸展至良好的微生境，在那里它们生长、繁殖，甚至将繁殖体传播到其所偏好的微生境中。短命植物（一年生植物，朝生暮死者）和一些无脊椎动物通常具有这种生命周期。这些繁殖体可长期存在，能够“坐等”那些有充足降水的年份。多数一年生荒漠植物可形成大量的种子库。种子库中的种子不会同时萌发，即使在强降水事件后，一部分种子还会继续休眠。一些种子的休眠可避免同种竞争，因为会造成密度下降。但更确切的解释是为了应对随机的降水，这是一种两头下注的对策。当因降水事件引起的种子初始萌发随后得不到降水补充时，至少还有一部分种子以供来年可用，因此可确保种群的长期存活。除了休眠，很多荒漠植物还进化出一些水分传感对策［所谓的“水钟”（water clock）］，对散布和萌发都可控制。有名的复活草（*Anastatica hirocbuntica*）和其他一年生植物（如新世界的 *Cborizantbe rigida*）的干燥花序只在充足降水后打开，并仅释放其中的一部分种子（图 30-12）。通常，大部分荒漠植物几乎完全（非广泛散布）抑制种子的散布，这是因为它们还要继续适应于原生生境（mother site），而原生生境已被证明是一个理想之地。

扫一扫看彩图

图 30-12 复活草的“干死”植物（含生草，十字花科）。这种一年生植物的种子库包含在形成球状体的弯曲枝条中，当枝条湿润时，球状体打开，并只有在降水事件后，才释放种子。以色列死海区域，1987 年 3 月。图片由 C. Holzapfel 提供。

在干旱年份，多数多年生植物会抑制开花（灌木）或发芽（地下芽植物）。这与荒漠动物类似，它们将性成熟和交配时间与有利环境同步化。类似地，植物在极端干旱年份也不孕，种子散布和迁移（移动）由降水特征触发。有证据表明，昆虫和荒漠灌木可随降水特征而改变其性别表达。特别是，在同一植株上，同时具有雄性和雌性繁殖体的雌雄同株灌木和植物，可随水分的有效性而改变其性别比。雄性需要很少的繁殖资源［“廉价的繁殖”（cheaper sex）］，因此其通常为干旱年份中的主要繁殖方式。

很多荒漠灌木随着时间的推移将枝段分为几部分（轴向分裂），这就是所谓的“克隆分裂”（clonal splitting），普遍存在于世界上的荒漠灌木中，可看作是一种风险散布适应。在极度干旱期，原来灌木的一些枝条可能会存活。这一生长对策可导致灌木年轮的形成，灌木年轮向外生长，并在中心具有一个枯死区（dieback zone）。基于这种生长方式，可对其年代进行估计。例如，在莫哈韦沙漠中，巨型石炭酸灌木［拉瑞尔（*L. tridentata*）］的年轮显示其在这里已生存了 11 000 年之久。

四、系统生态学（生态系统和群落）

引领荒漠生态学的问题是，只凭干旱能否解释生物系统的各个方面。如果能，我们可根据普遍存在于荒漠环境中严酷的、非生物环境因子的特点，对荒漠环境进行简单的解释。这种情况下，荒漠系统就不遵循典型生态系统的观点，可被描述为简单的生态系统，通过短期的生长生产（冲量）和对长期有机质储存（种子、根和茎的储存）的散布而对离散降水事件（触发器）做出响应。这一冲量储存概念的荒漠模型显然非常简单。然而，它为描述荒漠主要生态组分提供了重要的框架。

与荒漠的这一基本观点相比，研究人员针对限制荒漠群落和种群的驱动因子，提出了两种可相互替代的假说。一种假说认为，初级生产者只受水分限制，且所有营养级（消费者）由水分依赖型初级生产量的数量决定。另一假说认为水分不足只在个体水平上影响生物，而对更高层物种间的相互作用没有直接影响。根据这一观点，干旱对生态系统和群落的影响，并不是个体生物（群落）对水分缺乏直接生理和行为响应的间接结果。尽管水分时空缺乏是荒漠物种个体生态背后驱动因子的这一事实显而易见，但目前的研究表明，物种相互作用包括正相互作用和负相互作用，在荒漠中很强烈。下文将对荒漠常见相互作用类型进行简单的总结。

1. 生产力

荒漠的年净初级生产力（NPP）低于大多主要的生物群落。然而，当考虑荒漠宿存植物生产量（现存生物量）很少这一特点时，其相对生产力也是世界上最高的（表 30-2）。因为年际和年内降水的强烈波动，初级生产量的时空差异巨大。不过，因植被结构和土壤肥力的不足，荒漠生物对极度湿润年份响应的潜力非常有限。而半干旱草地多年生植物通常具有可塑性结构，以及很高的潜在生长率，因此，其生产力可随有效水分大幅度变化（图 30-13）。同样，荒漠中的水分利用效率（NPP 除以年水分损失）比干旱草地的低（荒漠中 1000g 水可生产 0.1～0.3g 的生物量，而在干旱草地和森林中分别可达 0.7g 与 1.8g）。

表 30-2　荒漠群落和世界其他重要生物群落的生物量和初级生产力

植物类群	成熟期生物量（t/ha）	年净初级生产量 [t/(ha·a)]	相对初级生产力
热带雨林	60～800	10～50	0.004～0.05
落叶林	370～450	12～20	0.03～0.06
北方森林	60～400	2～20	0.03～0.05
萨王纳	20～150	2～20	0.1～0.14
温带草地	20～50	1.5～15	0.08～0.3
苔原	1～30	0.7～4	0.09～0.1
荒漠	1～4.5	0.5～1.5	0.33～0.5

注：改编自 Evenari M，Schulze E D，Lange O，Kappen L，and Buschbom U（1976）Plant production in arid and semiarid areas. In：Lange OL，Kappen L，and Schulze E D（eds.）Water and Plant Life Problems and Modern Approaches，pp. 439 451：Berlin：Springer。

当过多水分在短期内可利用时，氮供给（以及其他植物大量元素）缺乏通常为限制因素。虽然地球上几乎所有的生态系统都是氮限制的，但氮限制对荒漠更为严重，原因有四：①由水分引发的植物生长比通过分解而可补充的氮更快；②荒漠土壤的养分保持能力通常低下；③富营养有机质位于土壤上层，而上层一般太干旱，以致植物根系无法生长，从而使养分得不到有效的利用；④在荒漠地表，碎屑和其他有机质的沉积和累积是不均匀的。植物碎屑通常在灌木的遮阴处被动累积或在动物巢穴周围富集，如收获蚁和白蚁。这样，荒漠就成为“贫瘠的海洋”（infertile sea），养分散布于各岛屿。

2. 资源消费关系（营养相互作用）

与一些生态系统相比，荒漠中食物链通过分解者，将生产者和消费者联系起来。在多数湿润荒漠中，植物通常是非直接的消费活体。根据一些研究

(a)

(b)

扫一扫看彩图

图 30-13　不同时期，岩石荒漠斜坡上植物生长的差异可达 30 倍。（a）干旱期［降水为 40mm，NPP 为 0.03t/(ha·a)］；（b）非常湿润期［降水为 193mm，NPP 为 0.87t/(ha·a)］。巴勒斯坦死海北部，1991 年、1992 年 3 月。图片由 C. Holzapfel 提供。

估算，分解者转移进食物网的能量占总初级生产量的 90%以上。因为食物资源是不可预测的，很多动物可机会性地从一种消费方式转移到另一消费方式上（如很多节肢动物或为食草动物，或为分解者）。

（1）分解

微生物分解通常受低水分有效性的限制，进而导致干生物物种和种子的积累。由于这一原因，荒漠中的动物食碎屑者比更湿润环境中的重要，如拟步甲（darkling beetle）、白蚁和等足目动物（isopod）等。在大多较温暖的荒漠中，白蚁非常普遍，通常是枯死植物（地上和地下）的主要分解者，对养分循环的作用巨大。因为多数白蚁生活在地下，其对土壤形成也很重要。在荒漠动物群中，多度较高的食腐动物（scavenging animal）表现出类似的现象。如大型哺乳动物（狗熊、土狼和豺狼等）和很多鸟类（新、旧世界中的秃鹰和乌鸦），与荒漠动物群中的较小食碎屑者一样，当需要时食腐动物可转向肉食食物。

（2）食草动物

与其他生态系统一样，荒漠具有大量的食草性动物，可利用植物的各个部位。一些干旱适应植物

也具有防御食草动物的功能。荒漠植物通常具有粗糙的外皮、尖刺和高浓度的化学物质等，这可理解为其保护很低且高成本初级生产力的机制。一些植物似乎可发育成食草动物不易发现它们的生长型。很明显的例子是，南非活石［Litbops，属于番杏科（Aizoaceae）］与其周边岩质荒漠路面的颜色一致。

（3）捕食者

大量食碎屑的爬行动物是荒漠中最重要的猎物源，是相对较小（如蜘蛛和蝎子）和较大的（如爬行动物和鸟类）动物的食物基础。荒漠中长期储存的种子和果实，养育了各种成群结队的食谷动物（granivore）（种子捕食者）。这些食谷动物归为分类学上差异很大的类群（如蚂蚁、鸟类和啮齿类），它们都是同一食物资源的潜在竞争者。肉食捕食者也很多，这些捕食者多为哺乳动物、鸟类和爬行动物（通常是蛇）。因为荒漠地区相对开放，猎物通常依赖于大量的捕食者规避策略。典型的例子是保护色（伪装）、“蜷缩行为”（freezing behavior）和夜行方式。主动防御物包括刺状突起（荒漠刺猬、角蜥）、坚硬外壳（荒漠龟）及在捕食过程中可用的毒素。在荒漠环境中，强大的捕食者和对高效捕食的要求往往导致猎物贫乏，原因在于一些我们所熟知的剧毒动物（如蛇、蝎子和吉拉毒蜥）是真正的荒漠杀手。

（4）寄生

在荒漠环境中，寄生的相互作用通常是非常明显的。多种迹象表明，很多荒漠灌木会受到由虫瘿形成的昆虫攻击。例如，在所有北美炎热荒漠中，拉瑞尔（*L. tridentata*）占优势，受到 16 种从虫瘿形成昆虫中特化而来的物种攻击。与寄生植物、茎和根寄生虫一样，在世界荒漠中非常普遍。尽管缺乏详实的研究，但这些寄生生物似乎可对寄主植物的生产力和性状特征产生负面影响（图 30-14）。

图 30-14　由皮上寄生菌（epiphytic parasite）菟丝子（*Cuscuta* sp.）重度感染的荒漠灌木［白刺果豚草（*A. dumosa*）］。寄生植物在荒漠中非常普遍，其影响可叠加于干旱的非生物胁迫之上。美国加利福尼亚帕纳明特山谷，1995 年 3 月。图片由 C. Holzapfel 提供。

3. 非营养物种的相互作用

种间和种内竞争被认为是塑造所有湿润环境中群落的重要驱动力。对荒漠而言，其也是根本动力吗？这个问题，还没有明确的答案。一些研究者认为，荒漠中的生物生产量和密度通常低于资源竞争所需的临界值。而其他研究者通过观察同一密度格局，认为如此低的密度反映了荒漠中强烈的资源限制，以及随之而来的激烈竞争。

基于空间植物群落结构的研究，发现荒漠中的现时竞争（current competition）很罕见。尽管极少数研究发现存在明显的常规现时竞争格局（过去竞争的标志），但大多研究所呈现的集群分布或中性格局，其本身就是竞争缺乏的标志。另一方面，莫哈韦沙漠中个体植物的剔除实验表明，优势荒漠灌木中存在种间竞争。评估大小分布与荒漠灌木距离间依存关系的空间研究，发现二者呈负相关关系，即较大灌木比较小灌木间相互隔离的空间距离更大。连同食种子啮齿动物一同移除的个体移除实验，使所剩物种的密度增加，从而表现出竞争现象。荒漠啮齿动物的特征替换事实，以及共存种多样的体型进化，是竞争重要性的另一标志。当然，竞争至少要出现一次。

生态理论预测，随非生物胁迫和正相互作用（如助长）的加强，负相互作用（如资源竞争）的重要性下降。据此推断，从湿润到干旱梯度上，我们可观察到竞争相互作用的弱化和促进相互作用的增加。的确，在干旱区绝大部分植物间正效应研究的案例中，发现了这一趋势。在世界很多荒漠中，我们可观察到幼小多年生植物与成株多年生植物，或草本植物与较大多年生植物之间存在正相关关系。实验表明，多年生植物对较小的遮阴植物具有竞争效应。实验所选用的这些具有“庇护植物效应”（nurse plant effect）的植物，通常是幼株肉质化植物（通常为仙人掌）、树木和灌木，以及一年生植物与荒漠灌木紧密结合的群丛。通常，较大的庇护植物能提供树冠阴影并增加土壤肥力（见上述对肥力岛屿的介绍），有时也可保护遮阴植物免受食草动物的破坏。与这一预期一致，灌木和一年生植物在干旱区的结合具有强烈的正效应，而在非干旱区域结合的正效应不明显（或甚至是负效应）（图 30-15）。正如世界上没有事物只具有正面性一样，那些受庇护的植物可对其保护者产生负面影响，从而会抵消这些单向的促进效应。一旦受庇护幼株肉质化植物的生长范围超出庇护植物，一年生植物和庇护灌木因水分竞争而产生的负效应将非常常见。

分类上非常疏远的类群中，也发现竞争相互作用和促进相互作用间的权衡。微生物结皮和维管束

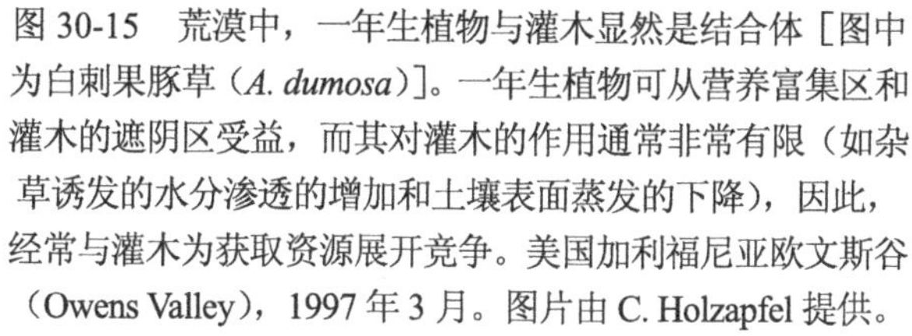

图 30-15　荒漠中，一年生植物与灌木显然是结合体［图中为白刺果豚草（*A. dumosa*）］。一年生植物可从营养富集区和灌木的遮阴区受益，而其对灌木的作用通常非常有限（如杂草诱发的水分渗透的增加和土壤表面蒸发的下降），因此，经常与灌木为获取资源展开竞争。美国加利福尼亚欧文斯谷（Owens Valley），1997 年 3 月。图片由 C. Holzapfel 提供。

植物间相互作用的复杂性就是例子之一。这些结皮对种子散播具有不同的影响。寒冷荒漠的结皮表面非常粗糙，有利于种子的滞留和幼苗建植，而炎热荒漠中的结皮表面通常很光滑，降低了其对种子的有效截留。由于这些差异，还没有荒漠结皮对维管束植物性能影响的研究资料。通过蓝菌的氮固定作用，可增加氮的有效性，从而有助于植物的生长。然而，结皮的形成会导致径流和水分的重新分布，反过来使植物性能局部下降。

五、人类生态

1. 起源和历史

人类已在荒漠边缘及其适宜生存区生活了很长时期，一些证据显示，在更新世晚期当全球气候变得越来越干旱时，现代智人开始进化。虽然真正的荒漠居民缺少很多生理适应对策，但我们人类最终可能还是荒漠物种。更高的耐热性是将人类带进荒漠生存的对策之一。白天最热的时间，保持直立可减少太阳的直接照晒。在直立姿态与身体各部分发达的汗腺，以及稀少的毛发和有限活动等的共同作用下，人类拥有了应对炎热荒漠的能力。只要维持水分和盐分平衡，人类在高温胁迫下的机能也相对完好。这可通过荒漠和半荒漠区中从事持久的狩猎予以例证，包括徒步在正午烈日下追踪大型有蹄类猎物，今天只有在喀拉哈里沙漠（Kalahari）中，由猎人收集者（hunter gather）采用的这种狩猎方式，已被证明是最成功的狩猎方式之一，优于猎犬，以及利用可使受训猎人比四足动物更具良好水分保持的相对热平衡装置。最近的数据显示，在温度为 39～42℃时，现代猎人可在 2～5h 连续奔跑 15～35km 的路程，直到猎物（多为羚羊）体温过热并得不到有效降温时为止。

荒漠的重要性贯穿整个人类历史，首个文明起源于或靠近于荒漠（美索不达米亚和埃及文明）。农业生产一般包括灌溉，是应对荒漠气候随机性的一种文化方式。有趣的是，可追溯至公元前 1750 年，由巴比伦国王 Hammurabi 编纂的第一部成文法典，就是为管理这一重要灌溉系统而设计的。类似的一系列法律是现代法律的基础。因为历史悠久，荒漠一方面是伟大文明的摇篮，另一方面也是武力冲突的交火区（图 30-16）。有人怀疑在美国新墨西哥州和内华达的荒漠中（包括世界其他荒漠区）已进行过核武器试验，这意味着荒漠既可以培育文明，又可以毁灭文明。

扫一扫看彩图

图 30-16　靠近或位于荒漠中的古遗址。以前纳巴泰人（Nabatean）的首都佩特拉（Petra）坐落于由陡峭山峰包围的荒漠山谷中。从这里开始一直到中东荒漠区，纳巴泰人（阿拉伯语部落）控制了所有的贸易。约旦佩特拉，2003 年 10 月。

2. 荒漠经济

对人类而言，荒漠中传统上只有三种用于维持自身的基本方式，即狩猎采集、游牧和具有一定水平的农业。

自从农业起源于新石器时代以后，放牧作为生产（狩猎采集）的独占方式被限制在农业边缘或纯畜牧业地区。天然荒漠位于这些地带之中。澳大利亚荒漠中以狩猎采集为食的土著居民（自欧洲人发现大洋洲以来，这一生产方式逐渐消退），以及喀拉哈里沙漠中仍以采集为主的!Kung 人［布须曼人（bushmen）］都是这方面的例子。最近通过对!Kung 人的研究发现，狩猎采集是适合当地的生活方式，只要人口密度足够低，能维持健康的人群，甚至可提供闲暇时间。一些美洲印第安人（Amerindian）在荒漠中也采取狩猎采集方式。一些证据表明，语言上与早期克伦维斯人（Clovis）完全不同的大量纳德（Nadene）移民，在文化上可更好地适应那些严酷环境，他们最初定居在半干旱草地上，后来移居到荒漠中［纳瓦霍人（Navajo）和阿帕切人（Apache）也许就是纳德人的后裔］。

游牧是真正的荒漠行为，也是半干旱草地通常采用的生产方式。显然，很多属于牧民的并由其放牧的牲畜最初起源于干旱和半干旱地区，因此对这种环境非常适应。马、绵羊和山羊祖先在半干旱环境中进化，而驴和骆驼的祖先在干旱环境中进化。在荒漠中，以游牧为生的人们通常将畜牧业和一定程度的园艺学结合起来，被称为季节性放牧。为了最佳利用随机的荒漠环境，很多牧民不得不跟随降水事件以部分或真正地实现游牧，如阿拉伯半岛贝都因人（Bedouin）传统的生活方式（图 30-17）。

扫一扫看彩图

图 30-17 游牧生活方式是荒漠居民对不可预测荒漠环境的一种文化适应。如图中仍可看到的撒哈拉沙漠，传统上骆驼是其放牧区和可耕种绿洲间最基本的运输工具。突尼斯南部杜兹，1986 年 3 月。图片由 C. Holzapfel 提供。

农业很可能不是在荒漠中演化的，但如前所述，首次出现的栽培植物、一年生植物和豆科植物，在中东荒漠边缘占优［（公元前 10000～公元前 8000 年的纳图夫（Natufian）文化］。同样，在墨西哥的半干旱区［公元前 7200 年前，特瓦坎山谷（Tehuacan Valley）］，将蜀黍驯化为玉米［玉蜀黍（*Zea mays*）］。历史上，包含于小规模园艺业中的荒漠植物，通常邻近泉流，并对其灌溉系统进行了仔细的设计，以有效利用径流和水资源的再分配。在可产生径流的农田中，已发现了积水系统，且部分延伸至内盖夫沙漠［如阿伏达特（Avdat）和席伏塔（Shivta）中纳巴泰人（Nabatean）的灌溉系统］和北美西南干旱区。大规模农业公司依赖于稳定的河道，如埃及的尼罗河和美索不达米亚的底格里斯河与幼发拉底河，这些河流的发源地远离荒漠区。现在，大规模的灌溉工程几乎与地表水无关，其通常利用更深的地下水。

历史上，有很多大型城市曾建造在荒漠中（埃及、中东和南美）。而在当代，也有很多城市出现在荒漠中（凤凰城、图森和拉斯维加斯）。实际上，城区的气候和生态甚至是温度，与真正的荒漠有很多相似之处（如因地表蒸发和径流及高温等造成的水资源短缺）。

3. 人类对荒漠的影响

与生产力低下的所有生态系统一样，荒漠对干扰非常脆弱。一些生态学家极力认为，荒漠受到干扰后，根本不会发生直接演替。这虽然有点言过其实，但其干扰后需要恢复的时间显然是极其漫长的。追踪干扰的少数几个长期研究，如美国西部鬼城（ghost town）的恢复研究，已证明恢复时间通常会超过几十年。总之，任何改变土壤结构的人类影响都会持续很长时间。不像湿润环境，荒漠中的弃耕地恢复到天然荒漠植被将十分缓慢（如果能恢复）。另外，以前的灌溉地也会长期增加盐分浓度。由越野车辆造成的土壤表层干扰，可使土壤的水文特征发生永久性的巨大变化。北美和中东荒漠中越野车的增加，对荒漠本身和荒漠生物群落构成严重威胁。

荒漠化主要因人类引起的荒漠扩张而造成，是全球面临的最严重问题之一。荒漠区扩大的原因是多方面的，是天气自然长期变化和气候不稳定及因人口过多、土地利用变化而导致管理不当的共同结果。在联合国防治荒漠化公约中，荒漠化被定义为，由各种因素，包括气候变化和人类活动所造成的干旱、半干旱和亚湿润干旱区的土地退化。荒漠化加剧了农村人口的贫困，对自然资源产生了更大的压力，贫困反过来加强了荒漠化的趋势。目前，有些区域的荒漠化趋势正在扩展，这一趋势非常明显。荒漠扩展过程包括干旱和半干旱区，以及干燥和亚湿润区的一般土地退化。在自然或人为因素下，如果区域中的植被已处于逆境，其干旱周期可能比引起植被退化的平均气候周期更长。而如果这一压力持续存在，则土壤流失和不可逆的生态系统改变会随即发生，因此那些以前是热带稀疏草原或灌木丛林植被的区域将减少，并最终成为人工荒漠。这一过程，可能会危及数百万人的生命和生计（并不是说这些人对地球生物多样性具有剧烈的影响）。因此，为了全面理解其对地球所有系统的影响，需要可将我们对过程的认识和研究整合为区域性原因的综合管理方法。强调那些正在经历荒漠化的广大荒漠区，并非能简单地转化为天然荒漠，这将非常重要。与原来的天然荒漠相比，经干扰和过度利用的半干旱带的生物多样性更低。荒漠化不是简单地增加荒漠面积，它将创建遍地的毁灭区。

人类活动和人类造成的气候变化，有助于杂草植物（适应干扰的）迁移到荒漠中那些局部条件较好的微生境。沿中东和北美西南路边的植被，已证明了这一点。即使入侵可能会提高局部和小尺度的物种丰富度，但区域多样性的普遍下降和荒漠适应物种的丧失必然随之而来。沿人类引起干扰和气候变化的荒漠边缘，已在前面明显不同的生物带上观察到这一强大的混合效应。大量不同“地带外”（extrazonal）的植物正在穿过地带性边界，这一过程将导致大尺度物种多样性的极大下降。物种迁移一般为地理区域中的本地种，但其现正向新的气候或生物地理带扩散，而这种方式的物种入侵常被忽略。

由于典型的非生物胁迫，荒漠区过去一直抵御非本土生物的入侵。不过，也有例外。例如，通过有意向大洋洲荒漠引入生物（兔子和仙人掌），最终暴发了大规模的生物入侵。然而，入侵似乎在世界范围内急速增加，今天在很多荒漠中，可看到非本地种的大量扩展和散布。目前，影响最严重的美国西南部的生物入侵，其发生过程为：起源于旧世界的植物，通常为禾草［如一年生雀麦属（*Opuntia*）和一些多年生禾草］，在使其他植物科数量增加的同时，也入侵了很多荒漠群落，对本土荒漠群落造成了强烈的冲击。火烧机制的巨大变化及灌木幼苗建植与多年生植物的直接竞争是有害影响的表现，这一影响甚至也可强加于成株的荒漠多年生植物，已有研究证明了这一点。出现这些趋势的主要原因在于，荒漠和荒漠边缘土地利用方式的转变。在美国西南部，因荒漠郊区化发展及养分沉积物增加而引起的干扰，可看作是这些转变的典型代表。

4. 濒危物种

很多大型脊椎荒漠动物正在受到威胁，使大量物种丧失，已造成全球性的灭绝。荒漠生境的开放性，以及天然的小规模种群，使大型哺乳动物与鸟类极易暴露，因此对滥捕滥猎非常敏感。受威胁的物种包括中亚野生双峰驼（*Camelus bactrianus*）和野驴（*Equus bemionus*，中亚和亚洲西南），以及大型羚羊，如北非的曲角羚羊（*Addax nasomaculatus*）和阿拉伯大羚羊（*Orxy leucoryx*）（图 30-18）。猎杀也是大型鸟类濒危的主要原因。大型鸟类中，很多大鸨已成为濒危［如翎颔鸨（*Cblamydotis* sp.）］或已灭绝的物种［如阿拉伯亚种鸵鸟（*Strutbio camelus syriacus*）］。大型捕食者已经并仍将遭到普遍的猎杀，因为人们深信其会威胁牲畜（如旧世界美洲豹的荒漠亚种 *Pantbera pardus jarvisi*）。目前，拯救很多大型濒危动物的国际努力正在进行，而各种努力几乎都涉及物种的重新引入。

图 30-18 由于捕猎压力，很多大型野生荒漠动物已成为濒危物种。图片中这些捕获的阿拉伯大羚羊（*Orxy leucoryx*）是圈养繁殖的一部分，这一努力可使它们的后代返回到以前生存的荒漠牧场（阿曼、巴林、约旦和沙特）。以色列阿拉伯谷（Wadi Araba），2003 年 5 月。图片由 C. Holzapfel 提供。

入侵种也会对濒危物种产生有害影响。例如，因一年生、非本土禾草造成的大火发生频率的增加，对北美荒漠中荒漠龟（*Gopberus agasizii*）种群构成了严重的威胁。

5. 荒漠研究

荒漠生态系统吸引研究人员的主要地方在于它的简单。荒漠生命的空间格局通常一目了然，通过对这一生态认识的解读，生态学家感觉有能力对其进行全面的了解。因为任何一个荒漠研究人员都必须要对这个简单系统得出论证，所以简单只能是相对的。与更复杂系统相比，如热带雨林，荒漠带来的生态问题似乎更加容易。因此，荒漠研究已积累了大量的基础生态知识，且这些干旱区通常被用于绿色（令人望而生畏）和复杂世界的简化模型。这种情况下，必然要对荒漠进行更深入的研究。这一过程中，尤其是出现了合作型的生态研究组织。例如，在国际生物学计划（IBP）期间，世界各地建立了长期的研究台站。在美国，很多这样的台站一直在长期生态研究计划（LTER）的监管下运作。

参考章节：地中海类型生态系统；亚欧草原和北美大草原；温带森林。

课外阅读

Belnap J，Prasse R，and Harper KT（2001）Influence of biological soil crusts on soil environments and vascular plants. In：Belnap J and Lange OL（eds.）*Biological Soil Crusts：Structure，Function，and Management*，pp. 281-300. Berlin：Springer.

Evenari M，Schulze E D，Lange O，Kappen L，and Buschbom U（1976）Plant production in arid and semi arid areas. In：Lange OL，Kappen L，and Schulze E D（eds.）*Water and Plant Life Problems and Modern Approaches*, pp. 439-451. Berlin: Springer.

Evenari M, Shanan L, and Tadmor N (1971) The Negev. *The Challenge of a Desert*. Cambridge, MA: Harvard University Press.

Fonteyn J and Mahall BE (1981) An experimental analysis of structure in a desert plant community. *Journal of Ecology* 69: 883-896.

Fowler N (1986) The role of competition in plant communities in arid and semiarid regions. *Annual Review of Ecology and Systematics* 17: 89-110.

McAuliffe JR (1994) Landscape evolution, soil formation, and ecological patterns and processes in Sonoran Desert bajadas. *Ecological Monographs* 64: 111-148.

Noy Meir I (1973) Desert ecosystems: Environment and producers. *Annual Review of Ecology and Systematics* 4: 25-41.

Petrov MP (1976) Deserts of the World. New York: Wiley.

Polis GA (ed.) (1991) *The Ecology of Desert Communities*. Tucson, AZ: University of Arizona Press.

Rundel PW and Gibson AC (1996) *Ecological Communities and Processes in a Mojave Desert Ecosystem: Rock Valley*, Nevada. Cambridge: Cambridge University Press.

Schmidt Nielsen K (1964) *Desert Animals: Physiological Problems of Heat and Water*. London: Oxford University Press.

Shmida A (1985) Biogeography of the desert flora. In: Evenari M, Noy Meir I, and Goodall DW (eds.) *Hot Deserts and Arid Shrublands*, pp. 23-88. Amsterdam: Elsevier.

Smith SD, Monson RK, and Anderson JE (1997) *Physiological Ecology of North American Desert Plants*. Berlin: Springer.

Sowell J (2001) *Desert Ecology: An Introduction to Life in the Arid Southwest*. Salt Lake City, UT: University of Utah Press.

Whitford WG (2002) *Ecology of Desert Systems*. San Diego: Academic Press.

第三十一章
沙丘

P Moeno-Casasola

一、引言

海滩和沙丘分布于世界各地，在干旱气候的温带和湿润热带，以及冬季被大雪覆盖的区域更为普遍。海滩和沙丘是最具动态的系统，它们虽然没有稳定持久的结构，但却拥有大量的沙堆积物，这些堆积物可以移动并具有连续的沙源。

海滩和沙丘也可出现在具有大量沉积物源的阻性海岸（dissipative coast）上，那里的海风很强或风向与海岸平行。沙丘为风积床（eolian bedforms），而海滩为海洋地貌结构。海浪将近海海沙携带到海滩，形成沙丘。暴露的沉积物经太阳干燥后，由风将其运送至内陆，形成最初沙丘和沿岸沙丘。在这一过程中，潮差非常重要，因为高潮差可使潮汐之间较大的、干燥的潮间带外露，如果沙粒大小易于被风运送，则这些沉积物为风积沙的沙源。

沙丘大小差异很大。一些最大的沙丘可在荒漠中找到，如中国戈壁沙漠——巴丹吉林沙漠（Badain Jaran Desert）中的沙丘（大约为500m）、纳米布沙漠（Namib Desert）中的索苏斯维利（Sossuvlei）沙丘（380m）和美国科罗拉多州国家公园（Great Sand Dunes National Park）保护区（230m）中的大沙丘等。沿法国阿卡雄湾（Bassin d'Arcachon）海岸，du Pyla沙丘是欧洲最大的沙丘，长近3km，高达107m，向内陆的移动速度为每年5m。

二、沙丘的起源和形成

风是沙丘形成的主要介质。海滩和沙丘之间存在沉积物的交换，这是维持二者形态稳定和生态多样的一部分自然过程。沙子一旦裸露，其将对空气动力学过程变得非常脆弱。

宽阔的海滩形成于夏季，狭小的海滩形成于冬季。暴风雨侵蚀沙滩，并从系统中携带出沙粒，或将其运送到其他沙滩。水分和化学沉淀物的共同作用使海滩表面黏合，这可能会提高沙粒分离阈值，从而减少侵蚀。有时候，盐分可在沙子表面形成一层白色的结皮，也可黏合沙粒。

沙粒在形状、颜色和密度等方面极其多变，这取决于沙粒源及其在水流和风中被运送的时间长短。水玻璃砂和碳酸钙砂（由破碎的贝壳和骨骼形成）是海岸沙丘的主要成分。沙质、形状和密度也对运送产生影响，较小的沙粒比较大的更容易移动。沉积物的粒度大小可由温氏分类表（Wentworth scale）测量。有棱角的沙粒很难被大气运送，但一旦有机会，其可被运送至更远的地方。更密集的沙粒很难移动，通常作为海滩表层的滞留沉积物而堆积。

通过跃移（saltation）机制，风积沙几乎都在近地面移动。单个沙粒以一系列连续的跃移方式移动。被高空大气携带的沙粒，可作曲线路径移动，在落地时以低角度撞击地面，但有充足的动能可再次被反弹到大气中而当其撞击其他沙粒时，这些沙粒也可被大气携带，并开始相同的移动过程。这样，在短时间内，大气中可聚集相当多的沙粒。在大多情况下，沙粒可在很短距离内沉积，尽管有时其能在顺风海岸的沿岸上被运送很长的距离。那些干扰气流并提供沙粒附着点的障碍物，如浮木、植被丛、岩石和塑料制品等有利于沉积。小沙丘由被称为后脊（trailing ridge）的、沿顺风方向延伸的尾沙形成。

风速和风向变化可引起快速的再堆积。沙丘表面通常可在一小时内发生变化，形成复杂的随机模式。一段时间后，这些过程可创建轮廓清晰的沙床，如波纹形、沙波形及新月形。

大多海岸沙丘形成于有植被的地方。沙丘形成的一个主要决定性因素是植被对气流的缓冲作用。根据植被覆盖度可对沙丘分类。一个极端是沙丘形态可被其地表植被定型（固定的、与海岸平行的沙脊和抛物线形沙丘），另一个极端是沙丘由顺风（free wind）形成（新月形或沙波形沙丘、横向沙丘）。过渡形态主要出现在地形破碎的区域（小沙丘）。

植被与沙丘形态具有很强的相互作用，最初形成的沙丘具有好几种模式。植物型可改变沙子沉积，使沉积具有前缘［如存在马兰草（*Ammophila arenaria*）的情况下］和尾缘［如存在鬣刺（*Spinifex hirsutus*）的情况下］，或从生植被中的间断性沉积。多年生草本如冰草（*Agropyron junceiforme*）、披碱草（*Elymus arenarius*）和热带长枝状匍匐植物［滨刀豆（*Canavalia rosea*）、厚藤（*Ipomoea pes-caprae*）］同时沿侧向和垂向生长，可使沙丘抬升到1m或2m。

沙丘既是极端大风和海浪的缓冲器，也是内陆生物群落的保护伞。在暴风期间和暴风之后，它们及时填充空旷的海滩和近岸，这对抵御盐水入侵的淡水水位的维持非常重要。沙丘过滤雨水，为动植物提供重要的栖息地。它们的美景和娱乐价值，也一直受到人们的青睐。

R.W. Carter 曾写到："在所有的海岸带系统中，沙丘承受的人类压力最大"。人类活动，如旅游业的发展、高尔夫球场和城市的扩张已对沙丘造成了不可逆转的改变。

三、非生物因素

沙丘生态系统可看作一系列与各种在不同时空尺度上发挥作用的环境因子有关的梯度。如果我们观察一张由海洋向内陆延伸的剖面图，我们首先会看到海滩（近岸和潮间丘）和形成期或初期的沙丘，以及沿岸沙丘。第一个沙脊线（沿岸沙丘为下一片陆地）通常最高并有连续的沙丘结构。由于沙源的减少和沙子的逐渐流失，第二个较早的沙脊线一般较矮。当存在一排由向岸风所形成的并列沙脊线时，就会出现这一阵型。沙粒被植被拦截后，除非有强风出现，否则植被下面的沙粒不会发生跃移。随着吹蚀沙丘和抛物线形沙丘的发育，老的沙脊线开始支离破碎。当盛行风以适当的角度吹向沙脊线时，便可形成抛物线形沙丘。不固定的区域会被迅速侵蚀，但沙脊线两侧植被较好的区域仍可保存较长的一段时间。随着沙脊线中部区域裸露沙粒向内陆的移动，抛物线的两个角或倾角仍与后脊相对稳定的沙区保持相连。抛物线开口之间的区域也许会形成一个浅谷（一片沙丘洼地，其中的沙子一直被风裹挟而去，直至地下水溢出）。抛物线形沙丘也可以横向沙丘中形成。

整个沙丘区域的盐分、沉降、养分、水淹和遮荫等都具有梯度。因自然梯度的变化，沙丘植被可形成一个复杂的空间嵌合体（mosaic）。而这些自然梯度取决于沙丘距海的距离及其中的地形。干扰也会引起沙丘植被的短期演替，这进一步增加了空间嵌合体的复杂性。

1. 沙丘移动

沙丘的移动只在少数沙丘系统中进行了实测，大多数研究是根据地图，以及栅栏桩、房屋和树木上沙子的厚度进行估算的。结果表明，不同系统中沙丘移动的速率差异很大，从每年几厘米到每月70m 不等，或者发生在新西兰（Patrick Hesp 的个人观测结果）。沙丘的形成取决于沙源和风的运送。风和植被的相互作用是决定沙丘发育的首要因子。植被拓殖可加速沙丘发育，因为植被覆盖区的地表粗糙，从而可减缓风速，提高沙子沉积量。有些植物天生具有固沙功能，它们拥有大量纵横交错的根茎系统。在沿岸沙丘的发育过程中，沙丘植被的生长形态及其生态变化具有重要作用。地下茎［如喜砂植物属（*Ammophila*）］或匍匐茎［如番薯属（*Ipomoea*）或鬣刺属（*Spinifex*）］的生长可使沿岸沙丘的堆积区域在数月内扩大 5～15m。*Elymus arenaria*（欧洲）的垂直根状茎深达 150cm，马鞍藤（*Ipomoea pescaprae*）（遍布于热带）枝条长度可达 25m，而被埋藏的枝条是这一长度的 2 倍或 3 倍，图 31-1 列举了世界上能在沙子迁移率高的地区中成功生存并繁殖的物种。在每一区域中，耐沙植物已经进化，并在沙丘形成过程中起到了重要作用。沙子的堆积可加快速一部分此类植物的旺盛生长，植被高度和盖度也有所增加，从而使这些物种成为很好的固沙植被。虽有很多假设被提出用以解释沙丘植被的这种响应，但很少有基于实验证据的研究。土壤温度的变化、根系生长空间的扩展、可利用养分和水分的增多、光线不足的响应、分生组织（meristem）的刺激，以及内生菌根（endomycorrhizae）与线虫类（nematodes）的相互作用等，都有可能是这种响应中发挥重要作用的因子。

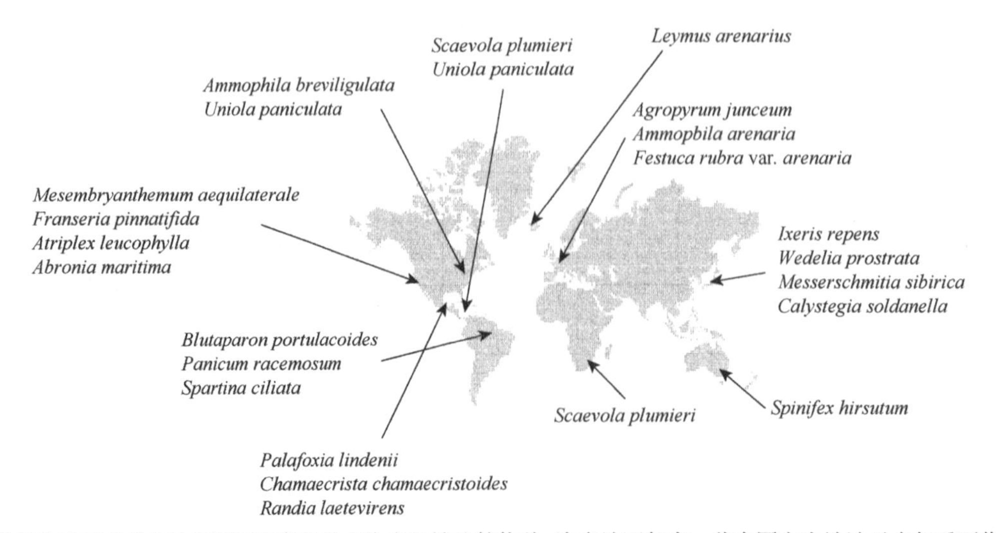

图 31-1 世界各地可成功在沙子迁移率高的地方生存和繁殖的物种。许多地区都有一些在固定当地沙丘中起重要作用的物种。

2. 养分

年轻沙丘（由新吹过来的沙子形成）的土壤属性与植被区成熟沙丘的差异很大。来自海滩新风成沙中的矿质养分含量很低。沙丘土壤随年龄明显变化。固沙先锋物种可在很贫瘠的土壤中生长。在长满植被的沙丘上，有机质和养分不断累积，而雨水的淋溶作用逐渐减弱。土壤中的可溶物质溶解碳酸盐，并向下运移至地下水层。经过一段时间，年轻沙丘贫瘠土壤中的有机质含量增加，pH 降低。有机质含量的增加程度因沙丘系统而异，主要取决于气候和已定居的物种。在高降水气候中，如绍斯波特（Southport），有机质一开始是缓慢增加的，但约 200 年后却快速增加。在斯塔兰德（Studland）和多塞特（Dorset），帚石楠属（*Calluna*）植物的早期入侵是有机质迅速累积的主要原因。沿岸植被的初级生产力和竞争力主要受可利用养分的限制，其中以氮限制最为严重。随着演替的进行，植被盖度增加，群落由草地过渡到灌木林，再到热带或温带森林，土壤中养分和有机质的含量也不断增加。在水分不是植物定植限制因子的沙丘洼地中，有机质的积累速率更快。沙丘植物实验表明，许多物种生长缓慢，通常具有贫瘠生境中植物的生长响应特征。

3. 盐分

土壤盐分来自吹入内陆的盐雾和盐沫（salt spray and foam），含盐量通常与深入内陆的距离和避风程度有关。在一些受地中海气候影响的区域，如加利福尼亚，土壤盐分随季节而变。晚夏的浓雾和盐雾使盐分在这一时期很高。冬季雨水可滤出盐分，盐度下降，且在早春达最小值。盐分梯度影响物种分布，尤其是那些对盐分敏感的植物。当土壤盐分很高时，植物的萌发和生长将非常困难。土壤盐分通过减少有效水分影响植被生长，高盐分可被看作是一种生理干旱。通常，在海滩和遮荫较多的沙丘，或沙丘内陆区域之间没有共有种。针对海荠（*Cakile maritima*）和羽扇豆属（*Lupinus* spp.）的海水喷洒实验表明，羽扇豆幼苗对盐雾是不耐受的。在无风日，加利福尼亚海滩盐雾的水平可为 1mg/(cm^2·d)，远低于有风日的水平。在向岸风不强的海滩和沙丘上，上空的盐雾很少，几乎对植物不产生影响。

4. 水分

沙丘植物水分的主要来源是降水。辐射引起日间和夜间温度的变化，土壤温度的波动足以引起土壤中水汽的周期性凝结，可形成足以维持少雨期植被生长的雨露，从而增加有效水分。雾是另一水分源，但一些地方的雾中含有盐分。针对空旷沙丘群落的研究表明：在沙丘表面以下约 60cm 范围内，土壤水分随深度的增加而增大，60cm 以下呈现出随深度增加而下降的趋势。在封闭的沙丘群落中，由于土壤中存在一定量的有机质，降水可被根系可到达的表层吸收并保存。圆叶决明（*Chamaecrista chamaecristoides*）（一种在流动沙丘中可生存的植物）幼苗实验表明，它们具有超凡的抗旱能力，可忍受超过 80d 的完全缺水期，这使其能在墨西哥湾沙丘中每年的干旱月份中得以存活。

在湿润年份，沙丘洼地中可能存在大面积的水淹区。吹蚀坑为风成凹陷处（wind hollow），或暴露于沙丘内沙洲的盆地，也叫浅谷（slack）或者洼地。通过对植被稀少沙丘中贫沙区（deflated area）的不断侵蚀，可形成吹蚀坑。由于水分、藻类，或不易移动粗粒物质的堆积，坑的深度是有极限的。当沉积物出现在吹蚀坑边缘时，植被可再次定植于此。在干旱季节，水位线下降，而到多雨的月份，其又会恢复，植物群落组成可反应这一地下水的格局。当土壤完全被水淹时，普遍存在的厌氧条件能对化学组成和养分浓度产生影响，进而影响植被的生存与生长。淹水会造成一些非湿生物种的局域性灭绝，但有利于其他物种的定居。

间歇性洪水的次数和持续时间是改变植被分布与群落组成的因素。在非常湿润的年份，但偶尔暴发洪水时，许多植物变化死亡，而当洪水退去时，植物又会重新定植。在每年都可被水淹的浅谷区，有喜水植物定植，且在这些区域中发现奇异的物种。因此，群落组成取决于植物对与洪水，尤其是缺氧相关的环境条件的不同耐受性。物种是水位深度的良好指示者。在温带地区，欧石南（*Erica tetralix*）、水甜茅（*Glyceria maxima*）、*Carex nigra* 和龙须草（*Juncus effusus*）是一些较为常见的物种。在欧洲，浅谷对一些本地种和稀有种是非常重要的。在热带地区，墨西哥的节莎草（*Cyperus articulatus*）、过江藤（*Lippia nodiflora*）和 *Hydrocotyle bonariensis*，以及巴西的 *Paspalum maritimum*、*Fimbrisitylis bahiensis* 和 *Marcetia taxifolia* 通常出现于是这些洼地中。灌丛也是比较常见的，在墨西哥，灌丛由 *Pluchea odorata*、可可椰子树（*Chrysobalanus icaco*）和 *Randia laetevirens* 组成；在巴西，杜鹃花科（Ericaceae）的矮树林主要由 *Humiria balsmifera*、*Protium icicariba* 和 *Leucothoe revoluta* 组成。

5. 温度

在空旷的沙丘上，昼夜温度变化很大。在加利福尼亚的 8 月份，当 1m 高度处的空气温度高于 15.5℃时，土壤表面温度可达 38℃，土壤表面以下 15cm 处的温度为 19℃。内华达（Nevada）沙漠的土壤表面温度可高达 65.5℃，韦拉克鲁斯（Veracruz）属墨西哥湾中部海岸沙丘，表面温度也可达 65℃。这些温度对种子萌发和幼苗定植起到关键性作用。一些物种，如具有坚硬种皮的豆科植物，需要几周的温度波动才能使坚硬的种皮破裂。这些种子在干旱季期间埋藏于土壤中，温度的波动使种子外种皮破裂，当出现雨水时，种子便可萌发。植被覆盖会显著降低温度的波动。由于地形和方位的差异，很短的距离上也会出现温度的差异。在温带地区的沙丘中，温度和植被的不同取决于沙丘坡向。

6. 生境

海岸沙丘是动态的系统，它提供了各种自然和生物条件不同的生境，从而使生活史特征各异的许多物种得以共存。沙丘可被视为一个永久性变化的、具有独特稳定性的环境，稳定性主要与地形、沙子移动所产生的扰动及沙丘距海的距离有关。沙丘生境可划分为三类：①流动主导型沙丘区，盐雾有时很重要，土壤普遍贫瘠（它们由沙质沙滩、发育期或初期沙丘、沿岸沙丘、吹蚀坑和移动沙丘形成）；②潮湿的浅谷或洼地，也就是说，这些生境在雨季随着水位线的上升会出现淹水，甚至有时会形成含有湿地植被的沙丘湖泊；③无流沙的固定生境，对植物的环境胁迫较小，土壤中的有机质累积较多。植被覆盖也更连续，可形成草地、灌木、树林和热带雨林等。

图 31-2 是沙滩和沙丘的地形剖面图，附有前面提到的非生物因子的强度，以及其对沙丘系统产生影响的区域。

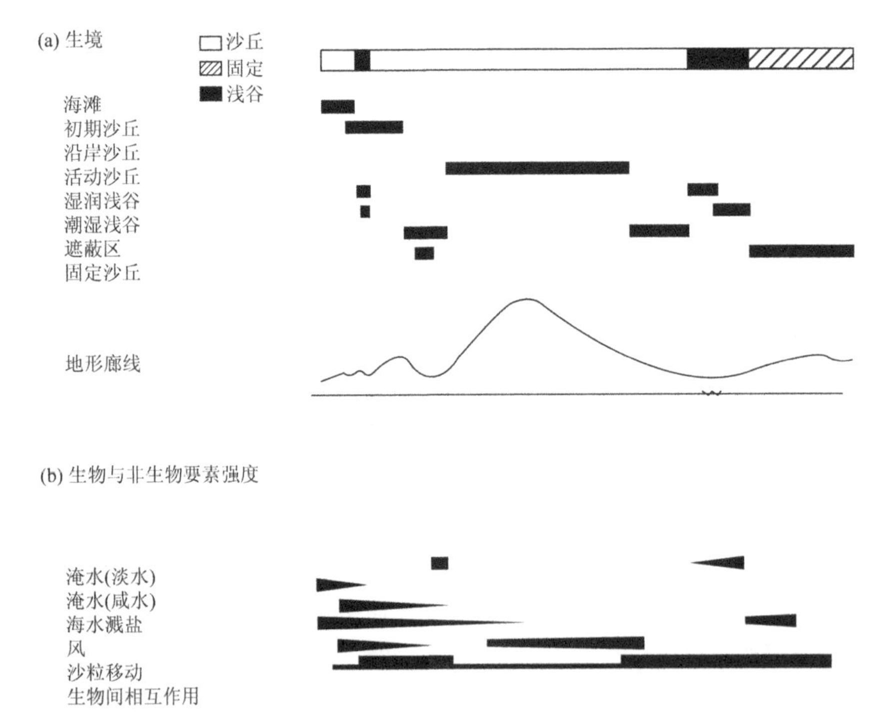

图 31-2 （a）海滩与沙丘地形廓线和生境分布。（b）区域内影响沙丘系统的非生物因素强度，线宽表示强度大小。改编自 Moreno-Casasola P and Vázquez G（2006）Las comunidades de las dunas. In：Moreno-Casasola P（ed.）*Entornos veracruzanos：La costa de La Mancha*. Xalapa，Mexico：Instituto de Ecología AC。

四、生物因素

沙丘植物遍布世界各地，从加拿大和巴塔哥尼亚的霜冻区域，到加勒比海和非洲的热带区，以及澳大利亚东南部、秘鲁和加利福尼亚的干旱区。它们受不同气候条件的影响，共有种很少，且生活型（life form）各异。一年当中，总有寒冬或酷夏的不利季节，基于与地面层（ground level）有关的植物多年生芽或持续性茎尖（persistent stem apix）的位置，Raunkaier 提出了一个在生态学上很有价值的植物分类系统。一个区域中出现的植物生活型与气候存在很强的相关性。这种分类系统可对特殊地区间的繁殖体进行比较。沙丘系统中的生物谱可反映每一生活型等级内物种数占总物种数的比例。对布朗顿巴罗斯（Braunton Burrows）[大不列颠，北德文区（North Devon）] 与拉曼查（La Mancha）[韦拉克鲁斯（Veracruz），墨西哥湾] 两地沙丘系统生物谱进行比较后发现，布朗顿巴罗斯的优势种主要为地面芽植物（多年生芽生长于沙子表面）和一年生植物（在不利季节以种子形式存活），而拉曼查的主要为高芽位植物 [这些植物连续生长，可形成无芽茎，伸展至高空，如沙棘（*Hippophae rhamnoides*）或 *Chamaecrista chamaecristoides*]。

1. 促进作用与演替

生态演替（ecological succession）是指生态群落组成或结构的变化是可预测的，或是具有次序。促进作用是演替发生的机制之一。当早期那些可改善极端环境的植物群落有利于或可促进植物定植时，便出现促进作用。沙丘环境中的自然因子所形成的环境非常恶劣，很少有植物可在其中生存。一些研究表明，海岸沙丘中的促进作用可出现于集群和演替的早期阶段。随着演替的进行，先锋种倾向于被更具有竞争力的其他物种所替代，且非生物环境逐渐趋于好转，生物间的相互作用如竞争和捕食也将更为普遍。

沙丘演替过程包括先锋期（也叫黄色沙丘期，其形成过程与多数最朝海的沙丘有关，这些最朝海的沙丘仍可接收大量的风成沙）、中间期和成熟期（灰色沙丘或者内陆沙丘，沙子很少或没有，腐殖质含量高且出现了成土过程）。演替速率因环境的恶劣程度而异。这与前面提到的非生物因素和植被储量有关。在密歇根湖（Lake Michigan）沙丘、扭伯勒沃伦（Newborough Warre）沿海沙丘的无盐系统，以及荷兰的几个台站和拉曼查等地，已在这方面展开了详细的研究。

2. 竞争、捕食与疾病

植物间的生物交互作用是结构和动态的重要决定因素。竞争被认为是构建生态群落最重要的驱动力之一。竞争是生物或物种的相互作用，因此每一物种的出生率或生长率都会被抑制，且死亡率会随其他生物的出现而上升。众所周知，草本和灌木及外来种的入侵都是海岸沙丘上植物生长竞争的例子。

当疯长性（aggressive）和竞争性草类在沙丘区蔓延时，草本入侵现象便会发生，使少数几个物种成为优势种，进而降低生物多样性。在很多草本植物逐渐成为优势群落类型的沙丘区，都存在草本入侵的现象。疯长性物种包括 *Calamagrotis epigejos*、欧洲海滨草（*Ammophila arenaria*）和北美小须芒草（*Schizachyrium scoparium*）。灌木入侵也比较常见，如在加勒比海的海葡萄（*Coccoloba uvifera*）。

在沙丘中，将引进物种用于沙丘固定和家畜采食是一种很常见的措施。欧洲海滨草被广泛散布于与其发源地欧洲极为不同的其他区域，主要目的是固定沙丘。一些针叶树也被用于固定沙丘，如在西班牙南部的多拉拉（Dońana）沙丘系统中。由于非洲禾草［如大黍（*Panicum maximum*）］被认为更适合作为饲料，也被美洲引进用于替代本土牧草。

人们对动物或者食草动物（尤其是兔子）对沙丘的影响没有给予足够的重视。在英国兔黏液瘤病（可感染兔子的病毒性疾病）暴发期间，英国一场感染兔子的兔黏液瘤病暴发期间，兔子食草作用的重要性才引起了人们的注意。兔子的消失可造成植被结构的重大变化，一些沙丘区开始出现灌木。灌木是兔子的庇护所，其下的氮、磷逐渐富集，从而引起固氮根瘤的入侵。

致死性黄化病是一种特化细菌，一个专性寄生物可攻击很多棕榈植物，包括椰子树（热带海滩的标志）。在热带地区，由于椰子枯死而大面积荒废的椰子园，已被灌木大肆入侵。

3. 共生关系

共生体，包括微生物固氮在沙丘中很普遍。在温带和热带沙丘系统中，存在可与大量非禾本草本植物和灌木形成共生关系的固氮菌根瘤菌（*Rhizobium*）。含有根瘤的植物包括欧洲的 *Ulex europaeous*、三叶草属（*Trifolium* spp.）、羽扇豆（*Lupinus arboreus*）和 *Hippophae rahmnoides*，以及南非的金合欢属（*Acacia*）灌丛和墨西哥的 *Chamaecrista chamaecristoides*。

在沿岸沙丘和流动沙丘中，先锋禾本科植物如 *Ammophila*、偃麦草属（*Elytrigia*）和 *Uniola* 都会被囊泡菌根（vesicular arbuscular mycorrhizae，VA）不同程度感染。这些草本植物而言，最主要的好处是能在磷限制的条件下增加磷吸收。草本植物也有利于的沙粒聚合。热带沙丘植物也常与菌根（mycorrhizae）呈共生关系。

沙丘环境恶劣，其中的非生物因子如过滤器一样决定物种的生存。随着沙丘成熟，沙丘中生物因子和非生物因子的相互作用也不断变化。沙丘是脆弱的系统，由不同植被结构和物种集合组成的植被，使沙丘系统保持在一个稳定的环境中。当沙丘中的生境不同时，物种多样性更高。今天，这些脆弱的系统正在受到威胁，海岸的城市化也正在扩张，人类必须找到解决人类活动和沙丘保护之间矛盾的办法。

参考章节：荒漠；河漫滩；垃圾填埋场。

课外阅读

Barbour MG，Craig RB，Drysdale FR，and Ghiselin MT（1973）*Coastal Ecology*：*Bodega Head*. Los Angeles，CA：University of California Press.

Carter RWG（1988）*Coastal Environments*：*An Introduction to the Physical*，*Ecological and Cultural Systems of the Coastlines.* New York：Academic Press.

Hesp PA（2000）Coastal sand dunes：Form and function. Massey University Coastal Dune Vegetation Network，New Zealand，

Technical Bulletin No. 4，28pp.

Lortie CJ and Cushman JH（2007）Effects of a directional abiotic gradient on plant community dynamics and invasion in a coastal dune system. *Journal of Ecology* 95（3）：468-481.

Martínez ML and Psuty NP（eds.）（2004）*Coastal Dunes：Ecology and Conservation*. Berlin：Springer.

Moreno Casasola P and Vá zquez G（2006）Las comunidades de las dunas. In：Moreno Casasola P（ed.）*Entornos veracruzanos：La costa de La Mancha*. Xalapa，Mexico：Instituto de Ecología AC.

Olson JS（1956）Rates of succession and soil changes on southern Lake Michigan sand dunes. *Botanical Gazette* 199：125 170.

Packham JR and Willis AJ（1997）*Ecology of Dunes，Salt Marshes and Shingle*. London：Chapman and Hall.

Pilkey OH，Neal WJ，Riggs SR，et al.（1998）*The North Carolina Shore and Its Barrier Islands：Restless Ribbons of Sand*. London：Duke University Press.

Ranwell DS（1972）*Ecology of Salt Marshes and Sand Dunes*. London：Chapman and Hall.

Rico Gray V（2001）*Encyclopedia of Life Sciences：Interspecific Interaction*. New York：Macmillan Publishers.

Seeliger U（ed.）（1992）*Coastal Plant Communities of Latin America*. New York：Academic Press.

Van der Maarel E（1993）（ed.）*Dry Coastal Ecosystems*，vol. 2A. Amsterdam：Elsevier.

Van der Maarel E（1994）（ed.）*Dry Coastal Ecosystems*，vol. 2B. Amsterdam：Elsevier.

Van der Maarel E（1997）（ed.）*Dry Coastal Ecosystems*，vol. 2C. Amsterdam：Elsevier.

第三十二章

河口

R F Dame

一、前言

河口生态系统是生物圈中最复杂和难解的系统。因为河口位于陆地、淡水和海洋系统的界面，它们受制于其中的物质和能量巨大通量的影响。另外，大量人口会毗邻河口和沿海环境而居，人为影响和压力也是决定河口生态系统的健康和功能状态的主要驱动因素。本章我们将探讨河口生态系统的结构与功能。

二、河口生态系统的定义

在对河口生态系统进行任何讨论之前，有必要设定一个清晰有效的定义。一个最简单、使用最多的有关河口生态系统的定义为：

来自陆地径流的淡水与海水相混合的区域。

另一个常见的定义是：

河口是半封闭式的沿海水域，与海洋自由连接，其中海水被陆源排出的淡水所稀释。

上面的这些定义侧重于河口的地貌和水文方面，并没有涉及非生物方面，或能量的物理驱动源，也就是潮汐作用和太阳辐射（solar insolation），也没有涉及任何生物组分或过程。因此这里给出以下定义：

河口生态系统是一个由相对异质的在生物学具多样性的子系统所组成的系统，这些子系统包括水体、泥和沙滩、双壳类珊瑚礁和海床，以及海草和盐沼。这些子系统由可移动的动物，以及嵌入到小溪和运河等地貌结构中的潮汐水流而连接起来，共同形成生物圈中最高产的自然系统。

最近的定量研究表明，河口是由包含相对异质性子系统的梯度所组成的生态差型（ecocline），这些子系统在环境方面比生态交错带（ecotone）更稳定（图 32-1）。生态差型以淡水和海水之间有明显级进的变化处为边界。从这个角度来看，河口中的生物有来自淡水环境的，也有来自海洋环境的，但并没有半咸水的物种。每个河口系统都将至少应对一个淡水和海洋梯度，以及其自身特定的生物学与物理学组分和过程的组合。因此，每个河口生态系统都是独一无二的。

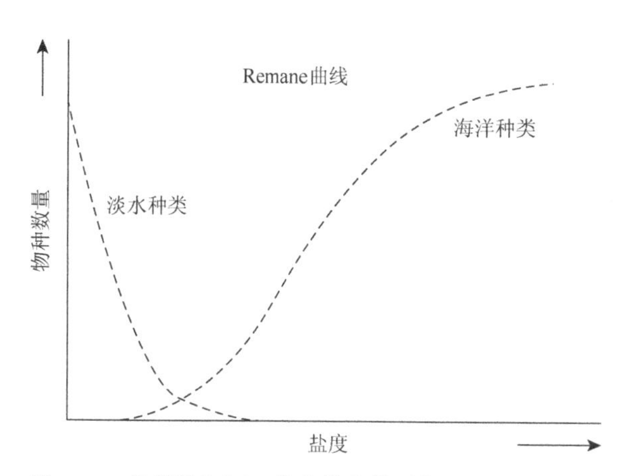

图 32-1　物种数与河口盐度梯度的泛化 Remane 曲线。

三、河口的地貌类型

1. 海口沙坝与潟湖河口

海口沙坝（bar-built）或潟湖河口在沙质堰洲岛（barrier island）后方形成，其排水量通常会形成相对较少的水域。河口和海洋之间的水交换通过潮汐通道发生。天文大潮和风是控制水循环和水位高度的主要力量。堰洲岛后面的区域一般很少受波浪作用的影响，这可促进湿地的发育。海口沙坝河口一般小于其他类型的河口，但具有更大的表面积与体积比，因此在生态过程中的作用，比以前所认为的更大。有关海口沙坝河口深入的研究案例，包括北美东部、欧洲、亚洲，以及澳大利亚南海岸和东海岸的温带及亚热带沿海区域。

2. 河流河口

有两种完全不同的河流系统（图 32-2）。第一种出现于山麓，具有广阔的分水岭，可容纳大量的淡

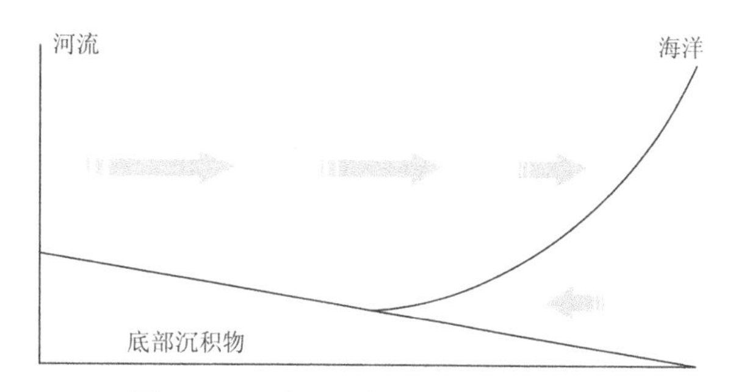

图 32-2　河流河口中的泛化通量模式。

水输入，但其流域中湿地仅占一小部分。北美切萨皮克湾（Chesapeake Bay）和旧金山湾（San Francisco Bay）以及欧洲北部的东斯凯尔特河（Eastern Scheldt），是这一类型的河流系统被深入研究的地区。第二种河流系统被称为海岸平原河口，其特征是具有平缓的坡度，比山麓河口湿地拥有更多的湿地。通常，这些系统更小，具有更低的、更缓的水流，对其的研究较少。

四、河口生态系统及成熟度

为了更加侧重于强调河口中的生态系统，在对河口生态系统的分类中，作为一个方案，提出了“沼泽河口生态系统发育的地下水文学连续统理论”。在这个理论中，河口生态系统的潮汐通道代表了物理或地下水文模型，以探讨生态系统在状态改变之前是如何适应的。系统的成熟部分是在海洋-河口的界面部位，中等成熟部位是在系统纵向分布的中间，而年轻或不成熟区域位于陆地与河口的界面。成熟系统输出颗粒物和可溶物、中等成熟区域输入颗粒物并输入可溶物，不成熟系统同时输入颗粒物和可溶物。一些河口生态系统可能同时兼备这所有的三种类型，而有些可能只有其中的一种或两种。

五、复杂系统的河口

人们普遍承认生态系统是一个复杂的系统，因此在复杂系统方法的背景下描述河口生态系统再合适不过了。这里所使用的复杂性可被定义为：①组分之间的非线性关系；②亚组分之间的连通性所产生的内部结构；③作为系统记忆形式的内部结构的持久性；④复杂系统的涌现或能力将大于各部分之和；⑤复杂系统持续地变化和演化，以响应自组织性和耗散性；⑥往往具有产生多个可更替状态的行为。因此，河口生态系统是开放的非平衡系统，在陆地和海洋生态系统以及内部子系统之间进行物质、能量和信息交换。这些交换不仅连接了各种组分，而且是产生非线性行为反馈环的基本要素，结构和行为所涌现的总和大于整体。这些系统显示了可更替的状态，例如，切萨皮克湾似乎具有由牡蛎占优势的底栖生物状态和以浮游生物占优势的水体状态。

六、主要河口子系统或栖息地

河口生态系统的景观方法侧重于子系统或将栖息地作为河口内的主要组分。由于生物要响应物理（非生物）环境变化，它们对环境的反应产生了由特定物种群体所组成的子系统或栖息地，这些物种可适应于特定的非生物因素。在河口生态系统中，主要非生物因素是盐度、水流速度、潮间带的暴露度（exposure）和深度。

1. 水体

河口生态系统中，水是物质和信息传输的基本介质。淡水可通过降水进入河口，也可因重力顺坡下泄积累到小溪和河流而进入河口。盐水通过潮汐力从海洋进入河口。从淡水到海洋，随着盐浓度梯度的增加，可将河口分为盐胁迫区域，随后再分成不同的远洋子系统（图 32-2）。

浮游植物是小型的绿色（chlorophytic）真核生物，以单细胞或细胞链漂浮在河口的水流中。硅藻和甲藻是优势组群，而特定系统的物种组成通常是由盐度、营养和光照所决定的。它们是河口水体的主要成分，为许多摄食悬浮物的动物提供食物。河口的浮游生物初级生产力是季节性的，从北极出现明显的峰值到温带的春秋季出现藻华（blooms），而热带则几乎没有什么峰值出现。河口浮游生物年均初级生产量为 200～300g C/(m^2·a)，主要是光照、营养可利用性与食草动物采食的函数。

浮游动物主要有两类：一类是大多数河口中所具有的终生浮游生物（holoplankton），主要由终生处于浮游状态的哲水蚤目桡足类组成，还有一类是多变的浮游生物（meroplankton），它们只是在幼虫阶段处于浮游状态。大多数河口浮游动物是植食性的，在连接浮游植物与食肉动物之间有重要的作用。它们也被认为是浮游植物所需无机营养的主要来源。

河口的微生物循环由微型和纳米级的浮游细菌、原生动物和鞭毛虫组成。最初，认为微生物循环在利用重要产物可溶性有机物（DOM）的养分进行再循环时，发挥重要作用。然而，最近发现，相当比例的 DOM 是由病毒组成的，这将迫使对微生物循环模型做重大改变（图 32-3）。当前的微生物-

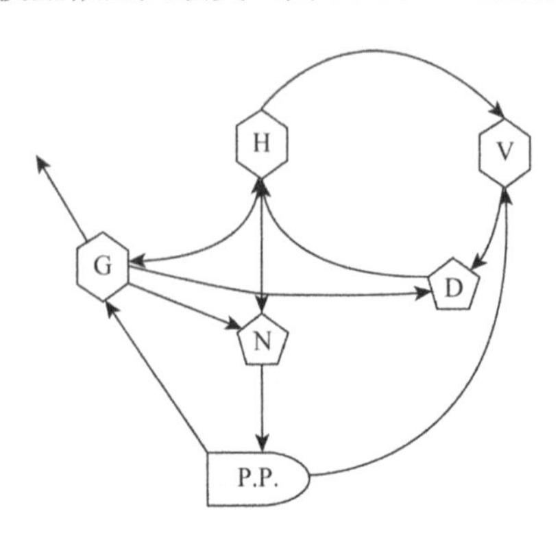

图 32-3 河口系统中简单的微生物-病毒循环食物网。D，溶解有机物；G，食草动物；H，异养生物；N，营养；P.P.，初级生产者；V，型病毒。

病毒循环范式是假定病毒（10^{10}/L）的数量比细菌（10^9/L）多10倍，是细菌多样性和多度（abundance）的控制器。病毒是非常小的（20～200nm）、无处不在的颗粒，可利用胞溶作用过程来攻击和杀死细菌。结果，更多的细菌生物量被分流到DOM中，远离了大型浮游生物和以悬浮物为食的大型底栖生物。更快速的病毒营养循环也可能使系统更稳定。

大型可自由移动动物（mobile animal）、鸟类、陆生与水生哺乳动物，以及鱼、虾和螃蟹等都是河口系统普通而临时的栖息者。这些动物在河口中以及河口与其他系统之间移动并传送各种物质。特别是一些自游生物，利用潮汐驱动的水体作为深层通道与潮间带栖息地之间的路径，在其中寻找隐蔽地、觅食和生长发育。

2. 湿地与红树林

在大多数河口中，维管植物占优势的潮间带湿地是主要的子系统。两个最常见的栖息地是在地理纬度上分带的，沼泽占据温带地区，而红树林位于无霜的亚热带和热带地区。二者都可在河口湾入海口附近那些波浪小（low energy wave protected）、易沉积、高盐度的潮间带环境中找到。在河口高盐度部分的湿地中，维管植物的物种多样性低，几乎全是单物种群落（monoculture），而在淡水中多样性则要高得多。

沿海湾（Gulf）和北美大西洋东南海岸互花米草（*Spartina alterniflora*）占优势的地带，盐沼逐渐达到最大分布范围和最高生产力。这么高的生产力是因为这里的温度、盐度、光照、泥沙质地、营养和潮差均接近理想条件。沼泽中的草本植物产生大量的地上与地下生物量，积累在周边的沉积物中（表32-1）。草本植物的茎和叶也为附生植物群落提供了结构基础，进一步增加了生产量。富含有机物的沉积物分解过程可产生一个强烈的厌氧还原环境，使得盐沼成为营养循环的主要中心。维管植物的营养吸收机制因还原环境产生了有毒物质；然而，这些草本植物根中的空气通道、根状茎和茎与周边沉积物保持通气状态，这样可维持营养的摄入。互花米草直立的茎和叶也可作为无源滤波器（passive filter），减缓水流，可从水体中去除悬浮泥沙而沉积下来，又可形成更多沼泽来维持海平面日益上升的高度。同样的环境为许多经济上重要的自游生物提供了食物和避难所。

表32-1 河口的初级生产量

初级生产者		年初级生产量（g C/m^2）
大型植物	米草	400～2480
	红树	696～2100
微型底栖植物		50～200
附生植物		12～260
浮游植物		25～150

红树林是潮间带、热带和亚热带的木本维管植物，占据着与米草类似生态位。在河口高盐度地区，红树属（*Rhizophora*）占优势地位。红树具有支柱根（prop root）以支撑植物高于周围沉积物的还原环境。从高生产量的河流沼泽到低生产量受高盐度洗刷之处存在一定的梯度。在全球尺度，随着纬度下降，光照增强，越接近赤道，红树林生产力越高。营养也是红树林生产力的主要限制因子。有证据显示，红树林生产力会因风暴的冲刷作用而增强。红树林的结构，除了可作为许多鱼、虾和螃蟹的温床外，还可形成一个抵御沿海与河口的风暴潮和海啸影响的缓冲带。

3. 海草

海草是沉水维管植物，生长在有氧、清水、高盐的温和水流的系统中。在冷水生态系统中，大叶藻属（*Zostera*）的苦草占优势，而在热带地区中，海龟草属（*Thalassia*）的泰莱草是主要类群。在具有较高悬浮泥沙的河口没有发现这些海草，也就是说，佐治亚州和南卡罗来纳州的一些河口，用于支撑它们生长的可穿透光线不足。由于水压会压缩植物的维管组织，因此它们也仅限于上层20m的水域。海草的最大生产量可达到15～20g C/(m^2·d)。海草的高生产力几乎与叶子上附生植物的生产力相匹敌；然而，海草对沉积物的捕获能力在营养限制的条件下会比浮游植物和附生植物更有优势。海草的结构为许多可移动的食碎屑动物（deposit feeder）和滤食性动物（suspension feeder）等底栖生物提供了觅食生境。

4. 无脊椎动物组成的珊瑚礁和海床

在大多数河口中，摄食悬浮物的底栖动物是很常见的，因为这里悬浮着大量的浮游植物。许多双壳类和一些蠕虫会聚集在非常密集的高生物量海床或珊瑚礁上。在高到中等盐度的潮间带和潮下带可以找到这些结构。东方牡蛎（*Crassostrea virginica*）在其潮间带格局中，构建了一些已知最广阔的非克隆（aclonal）珊瑚礁。潮间带床的牡蛎和贻贝属（*Mytilus*），其生物量密度超过1000g/L。基于河口滤食性动物如牡蛎和贻贝的数据显示，在某些生态系统中对浮游植物种群数量的控制，是通过缩短浮游食物网和减少必需营养再循环时间来完成的。有证据表明，在河口生态系统如果有重要的双壳类滤食性动物存在，将提高系统稳定性。

5. 泥滩与沙滩

在大多数河口潮间带泥滩与沙滩是很常见的。滩涂的主要生物成分是细菌、微型底栖藻类、小型甲壳类动物和穴居食碎屑动物。而在水体中，微生物-病毒循环被认为在潮滩沉积物有机质分解中发挥了主要作用。在某些河口，利用各种电子受体的微生物-病毒循环可能代表一个重要的物质与能量汇。因此，这些滩地微生物的主导过程，可潜在使物质和能量通量从大型底栖动物的食物网，转向这些以微生物为主导过程的食物网。滩涂的发生最初归因于潮沟中的水动力学和沉积源，但是，随着将复杂性理论应用到生态系统中，这些滩地也被描述为盐沼和双壳类底床的可变换状态。

七、物质通量

1. 水通量和存留时间

对沼泽占优势的河口中，高生产力的首次定量代谢研究，激起了对河口生态系统和海洋中非生命物质与有机体之间交换的研究兴趣。这些研究首次用简单的能源收支进行了综合分析，发现其可解释河口生态系统小于 50%的生产力。调查人员猜测，那些下落不明的能量一定是通过潮水流动从河口生态系统中输出的。这种想法产生了“溢出假说”(outwelling hypothesis)，即河口生态系统所产生的有机物，远远大于系统本身所利用或存储的量，溢出的部分输入到近岸海域中，支持了附近海域的生产力。能源收支法或质量平衡法在确定物质通量方向中是一种更便利、更快速的方法，近年来有关物质通量的直接测量备受青睐，因为这种方法提供了统计学上有意义的结果。

河口生态系统中物质通量的另一个方面是水团驻留在生态系统中的时间或存留时间（也称为冲洗时间或周转时间)。对资源管理者研究毒素的潴留与疏散、入侵种的潜伏期和生态系统为底栖滤食性动物提供的承载能力而言，存留时间提供了非常必要的信息（图 32-4)。最近有关河口潮汐通道水体物理学和地貌学的研究表明，一些河口内不同地方的水体停留时间有很大差别。这种差异可解释同一河口不同位置处的双壳类在生长上的变化。对河口生态系统存留时间的传统估计，可以通过测定系统的总量、进潮量和输入水量进行计算。然而，高速计算机和数值模型的出现，有望做出更多的模拟，以考察这些具有更复杂的空间和时间管理策略潜力的系统。

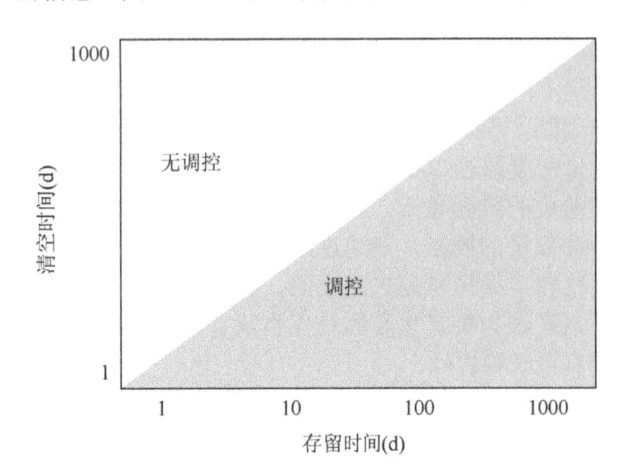

图 32-4 水量存留时间与双壳类清空时间关系图，显示出受滤食性动物潜在控制的区域。

在河流生态系统中，河流流量是将物质和有机体从河口输送到大海的主要物理因素。这些系统的每一个都是独一无二的，且在不断改变着其当前景观的特征，因为海平面上升会淹没它们的流域，沉积物也会逐渐填满这些河道。例如，切萨皮克湾 35%的颗粒物氮和大部分磷是埋在海湾沉积物中的。海湾水体中的氮，有 31%输出到大海，8.9%进入生态系统，随渔业收获而去除。一般来说，营养物质通过河流河口传输和输出是近岸海域有机物生产的重要来源。由于很多这样的系统都筑有大坝，或许正如他们所提出的那样，管理者必须考虑这些结构对休闲和沿海渔业的直接和间接影响。

在沙坝河口，潮汐通常是将物质从河口转入和转出的主要能量来源。如果这个地方涨潮时水流最快，系统就会输入悬浮颗粒物。相反，如果退潮时水流最快，系统通常就会输出悬浮颗粒物。欧洲北部的瓦登海（Wadden Sea）就是一个受涨潮控制的系统，而南卡罗来纳的北汊（North Inlet）是一个受落潮控制的系统。

在水层浅、日照强、降水少的温暖生态系统中，蒸发作用可以控制传输的方向。这种情况出现在一些小型热带生态系统中，蒸发作用导致那里的水分损失，附近海域的水和营养流入补充。

2. 有机体运输

除了非生命物质，许多生物的幼虫和成虫阶段也会在河口与海洋之间交换。一些生物可能被河口水流所携带，另一些能自由游动或利用潮汐流方向的生物则可穿过河口-海洋的界面。

包括浮游植物和能再次悬浮起来的底栖微藻等初级生产者，依靠河口与海洋之间的被动运输。大多数通量研究都说明，这些生物有一个从河口净输送到近岸海域的季节性或年际规律。这种输入可解释河口湿地的被动过滤和河口中滤食性动物的主动过滤。河口水体中还能找到原生动物、细菌和病毒，虽然它们肯定是被河口的水流推动而被动运输的，但其净通量的方向还未确定。

有关河口与沿岸海域之间无脊椎动物幼虫的交换，有两种相互对立的学派：被动假说和主动假说。被动假说中，幼虫的水平运动主要是水流的方向和速度的函数。主动转运学派认为，无脊椎动物幼虫不管是垂直还是水平游动，都必须利用潮水的流动。在包括牡蛎的一组中，早期的幼虫呆在水体的上层，而后期下沉到较低的深度。这种方式可使早期幼虫向下游移动，其中一些可从河口输入到海洋，而年长的幼虫则随底层水流进入后就一直留在河口中。幼虫采用的第二种方法是同步潮汐周期在水体中的垂直迁移。该方法可使幼虫最大程度地利用上游运输并保留下来。第三组幼虫，在利用风力和潮汐水流返回到河口之前可快速被运送到沿岸海域而保持数周时间。最后一组，在成虫和幼虫阶段都在沿岸海域生活。在这种情况下，进入河口的后期幼体通过游泳对抗潮水而保持自己的位置。

自游生物（鱼、螃蟹和虾）在移动中使河口生态系统的各子系统联系起来，也使河口与海洋之间联系起来。这些动物在河口摄食并积累生物量，然后回到沿岸海域输出生物量和无机废物。

3. 全球气候

虽然季节与纬度对海岸和河口系统的气候效应已经记录很长时间了，但全球气候变化（变暖或变冷）对河口生态系统的影响只是最近才被量化。大风暴、厄尔尼诺南方涛动（ENSO）事件、海洋地震波或海啸以及海平面上升（SLR）是全球性的影响，可以显著影响河口中的水和物质通量。

飓风和大风暴一般是通过风暴潮或短期骤降大雨影响河口的。水所产生的巨大脉冲通量可改变河口的地貌及其流域面积、大量悬浮沉积物的地状物，并可将景观中的一些物质冲刷到河口中。海啸甚至比风暴潮更加猛烈，对沿岸海域和河口可以有类似的或更大的影响。然而，河口广泛存在的沼泽与红树林可以缓冲水的脉冲并减少对沿海景观造成的破坏。

ENSO 事件只会影响到一些河口。一般只是对干旱或高于平均降水的影响。例如，在南卡罗来纳的一些河口中，ENSO 所引起的降水和陆地径流可使盐度降低 75%，并能维持 3 个月之久。

海平面上升是全球变化对河口系统在季节和年际时间尺度上产生直接影响的案例。海平面的季节性变化是水面气压变化的结果，水团也会因加热和冷却出现扩张或收缩。在河口系统中，这些变化反映在系统的深度上，但更重要的是潮间带暴露或浸没的面积与时间。海平面上升将逐渐沿海岸平原上行而出现海侵。最终，海平面上升将与人类开发的沿海景观发生竞争。

八、河口生态系统的弹性和恢复力

河口生态系统及子系统可以表现出交替或多种状态。一个生态系统承受干扰和抵御状态改变的能力称为生态弹性，这与工程弹性（让系统回到初始状态的时间）是相反的。在 20 世纪的最后数十年，生态学家注意到生态系统并不是静态的实体，但似乎是在应对内部与外部力的响应中而改变。例如，在切萨皮克湾河口，一些引起状态变化的因素是过度捕捞、增加悬浮沉积物负载、富营养化、物种入侵和疾病。起初海湾对这些外力的响应是很慢的，但随着海湾流域人口的稳步增长，以及随之而来的开发活动，状态发生变化的迹象猛然凸显。牡蛎礁是一个大型的底栖生物子系统或栖息地，几个世纪以来一直占据着海湾，之后开始迅速下降而崩溃。底栖生物占优势的食物网被浮游食物网所取代。无法通过管理努力恢复到最初牡蛎占优势的生态系统，可能是因为他们将注意力只集中于单一物种，由于生态系统是强非线性的，这意味着恢复之路与导致初始状态变化的情况是不同的，除了牡蛎，还应该包括更多的生态系统组分。

参考章节：红树林湿地；盐沼。

课外阅读

Alongi DL（1998）*Coastal Ecosystem Processes*. Boca Raton，FL：CRCPress.

Attrill MJ and Rundlle SD（2002）Ecotone or ecocline：Ecological boundaries in estuaries. Estuarine，*Coastal and Shelf Science* 55：929-936.

Dame RF，Childers D，and Koepfler E（1992）A geohydrologic continuumtheory for the spatial and temporal evolution of marsh estuarineecosystems.*Netherlands Journal of Sea Research*30：63-72.

Dame RF，Chrzanowski T，BildsteinK，et al.（1986）The outwellinghypothesis and North Inlet，South Carolina. *Marine Ecology Progress Series*33：217-229.

Dame RF and Prins TC（1998）Bivalve carrying capacity in coastalecosystems.*Aquatic Ecology*31：409-421.

Day J，Hall C，Kemp W，and Yanez Arabcibia A（1989）*Estuarine Ecology*. New York：Wiley.

Gunderson LH and Pritchard L（2002）*Resilience and the Behavior of Large Scale Systems*. Washington，DC：Island Press.

Lotze HK，Lenihan H，Bourque B，et al.（2006）Depletion，degradation，and recovery potential of estuaries and coastal seas. *Science* 312：1806-1809.

Mann KH（2000）*Ecology of Coastal Waters*，2nd edn. Oxford：Blackwell Science.

第三十三章

河漫滩

B G Lockaby，W H Conner，J Mitchell

一、引言

在全球范围内，相比其他生态系统类型，河漫滩对社会的价值更大。这是因为，河漫滩和与其关联溪流之间的相互作用在保持清洁水供应方面发挥重要作用。虽然这一作用的概念很简单，但界定水、陆交错带相互影响（即河漫滩功能）的过程却极为复杂。因此，为了充分了解河漫滩生态系统的重要性，有必要增进对那些相互作用背后的生态机制认识。为实现这一目的，本章的目标在于初步概述河漫滩的形成及其功能（图 33-1）。

扫一扫看彩图

图 33-1 哥斯达黎加 Timpisque 河和帕洛佛得角湿地全景。

一个关键的概念是河漫滩及与其关联的溪流都是其他特性和功能的成因与体现。例如，一个景观的气候和地貌将决定溪流的水文与初始化学特征。溪流的特点决定了水文、土壤特性和动植物群，以及河漫滩的生物地球化学特性。反过来，从河漫滩到溪流的生物地球化学反馈有助于界定可见的水生动植物环境。因此，河岸交错带的水生和陆生组分之间存在着强大的相互依存性。

理解土地开荒与开发、大坝与蓄水池的建造、污染物输出、其他人类活动对溪流和河漫滩构成的影响至关重要。在某些情况下，这些将破坏原有的水文、生物地球化学和生态。例如，修建穿过溪流护堤道路而没有足够的径流补充时，可使河岸系统原始的水文特征发生剧烈变化。由于水文是所有河漫滩功能的主要驱动力，因此，净初级生产力（NPP）、动物和植物群落的物种组成及生物地球化学也会随之发生相应的变化。

二、地貌起源

在陡峭地形上的溪流，通常会遭受到持续的下切侵蚀，因此，精细和粗粒物质的来源很少，且没有机会沉积下来。沉积物很容易被裹挟至下游，因为河道的高梯度可赋予河水足够的能量以携带颗粒物。在许多情况下，溪流从陡峭地形中流出，并进入平坦区域，如沿海平原，随河道梯度的下降，水流可蔓延但逐渐失去能量。这促进了漫滩流的出现，以及沉积表面或沉积汇的形成（sediment sink）。然而，河漫滩可在沉积汇或源之间转变，这取决于气候诱发的水文变化和人类活动或其他影响。随着较古老河漫滩的废弃，也会发生溪流的下切侵蚀，并形成类似于楼梯的阶地（图 33-2）。

在坡面径流阶段，随着粒子的沉降，沉积发生，但其在时空上高度变化。

泥沙沉积或冲积作用可提高土壤肥力，而高土壤肥力通常与许多河漫滩相联系，尽管也有明显的例外。河漫滩泥沙淤积率极具变化，以美国东南部为例，范围在每年 1～6mm。在河漫滩不同位置及不同时期的个别地点，沉积和冲刷通常可同时发生。因此，为得到净变化的精确估值，对沉积物在何种尺度上进行评价是非常重要的。空间不规则性导致常与河道平行的洼地和护堤的出现，凸凹的微地形可反映只有几厘米的高度差异。尽管如此，那些细微差异在界定洪水与河漫滩表面接触范围内的土壤环境，以及评价土壤环境对二者接触范围内的影响是非常重要的。在很多情况下，主要的河漫滩微地貌在某种程度上是可预测的（图 33-3），物种组成空间格局的驱动力和植被群落的 NPP 也同样是可以预测的。然而，在某些河漫滩中，无论是长久淹没还是短暂淹没，微地貌的变化可能都不太明显。

三、水文

水文特征是植被种类、净初级生产力（NPP）、生物地球化学、动植物生境和所有河漫滩功能及其特性的最重要决定因素。因此，任何有关河漫滩生

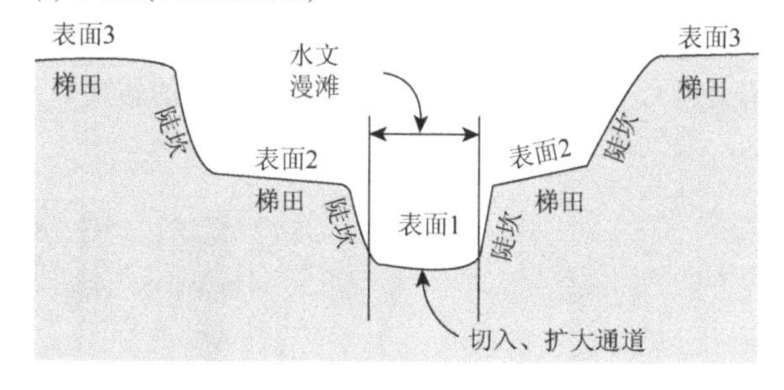

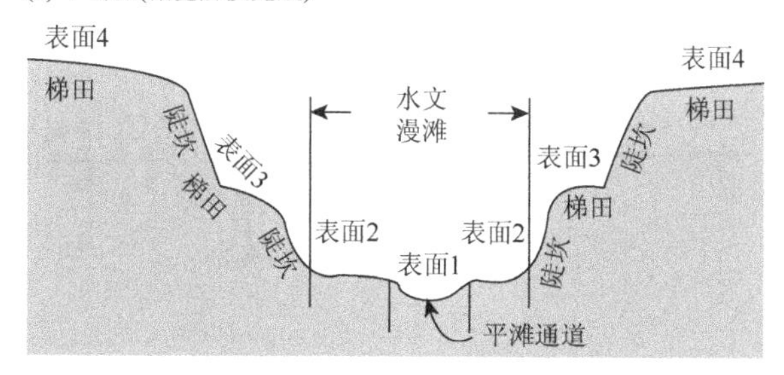

(c) 下切流(拓宽阶段完成)

表面4 梯田 陡坎 表面3 梯田 陡坎 表面2 水文 漫滩 表面1 表面2 表面3 梯田 陡坎 表面4 梯田 平滩通道

图 33-2　阶地（a）非下切流，（b 和 c）下切流。改编自 In Stream Corridor Restoration：Princples，Policies，and Practices（10/98）. Interagency Stream Restoration Working Group（15 federal agencies）(FISRWG)。

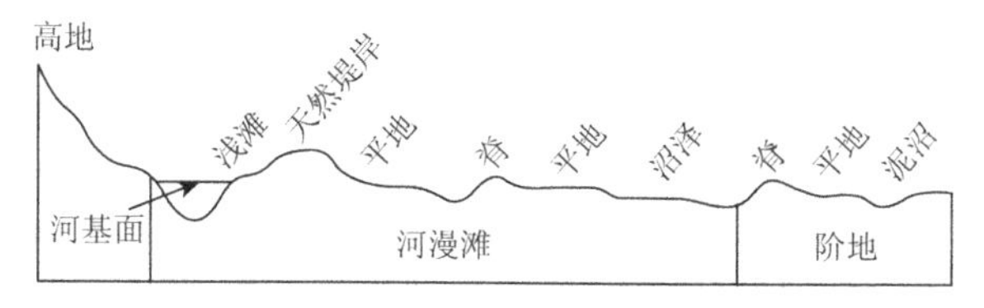

图 33-3　河漫滩地形位置的剖面图（改编自 Hodqes，1998 年）。

态系统性质及其社会价值的深刻见解都是基于对这些水文特征的理解。“洪水涨落”概念提供了发展这种见解的一个框架。

在这个概念中，河流和河漫滩被视为一个单一系统，“涨落节奏”（即水文周期）是调节河流和河漫滩能量与物质交换的控制机制。依赖于涨落节奏，沉积物和养分的流入，以及河漫滩有机碳的流出时有发生。常见的例子包括单一的、长持续时间和多次短持续时间，二者可分别形成高值位的河漫滩和低值位的源头溪流。

通常情况下，河流级别的提高可使洪水频率减小、持续时间增大。当上游发源于山区，窄 V 形山谷地形时，水文周期则以瞬时为特征（如频繁的洪水，与分级水平有关的大幅升降）。水文周期综合反映了降雨模式、贮水能力和遍及相应小流域的其他因素。因此，由于通过高贮存能力和其他更大可变性因素而提供的“缓冲作用”使阶段层级的起落趋于更慢。相反，小流域的贮存能力更小，因此溪流对降水事件可迅速响应。如此，大型河流的河漫滩可保留一年中很大一部分的洪水，而低值位的河漫滩可能被频繁淹没，或存在周期更短。

河漫滩与河流的水交换非常复杂，涉及互利共生作用（mutualistic influence）。这些相互作用的细微差别构成了河漫滩作为能量和养分交换过渡带与调节器的基础。在低阶段分级水平下，沼泽地和洼地内的水可能来自于河流、降水、地下水涌流或它们的组合。从生物地球化学观点看，水源与河漫滩时空上的接触程度非常重要。在低阶段分级水平下，只有少量江河水可接触到河漫滩，因此生物地球化学和可溶性有机碳的交换最小。由于阶段分级水平的上升，河漫滩影响坡面径流生物地球化学的潜力也随之增加。然而，在某些时候，逐渐增加的洪水量和更高的洪水速度使其与河漫滩的接触量减少。这是因为随着径流量的增加，与河漫滩接触的坡面径流量比重在下降。同样，随坡面径流流速的上升，短暂性接触减少。

在地下水方面，河水与河漫滩的相互作用也很明显。河道通常可产生随河岸距离而下降的水头压力。地下水渗透率随冲积层渗透系数的减小而下降（如与砂相比黏土会减少电导系数）。在湿润地区，靠近河道的地下水在压力之下会发生流动，并与已经渗入到邻近高地冲积层中的水进行接触和混合。因此，在低蒸散发时，地下水的混合将相当活跃。

四、生物地球化学

一旦将河漫滩仅作为养分库，其在地球化学方面的多重作用是众所周知的。基于河漫滩类型、与之对应的植被及干扰程度和性质等，河漫滩也可充当养分源或转化区。河漫滩为肥沃的热点地区，这一被普遍认可的观点掩盖了河漫滩生态系统中与投入产出收支、生物地球化学过程相关联的复杂性。特别是，水文周期对生物地球化学过程的影响，使河漫滩与那些非湿地生态系统的生物地球化学存在差异。周期性的淹没，不仅使跨越水、陆交错带的物质交换成为可能，而且可通过植被控制分解的性质及养分吸收和释放等诸多过程。例如，脱氮或厌氧硝酸盐转化为气态氮的过程对河漫滩非常重要。此外，水文和生物地球化学的相互作用，使发展独特的方法研究这些生态系统的养分循环成为必需。

如前所述，对于来自径流、降水、固氮和土壤风化中养分的地球化学输入，河漫滩可以充当库、源或转化区。如果水文、植被、干扰和养分流入的空间异质性是已知的，则同一河漫滩可同时充当多重角色。基于生态系统作为一个综合系统的观点，利用地球化学收支可对净输入和净输出进行比较。

通常，促进河漫滩养分库活力的因素包括：①堆积植被的存在；②广泛的碳：活性植被和碎屑的营养比；③有利于产生相对频繁、持续时间短和能量较低洪水的地形位置；④可明显促进溪流中泥沙负荷（如红水、褐色水，或基于悬浮黏土颜色的白水）的流域地貌；⑤固氮者的频繁出现；⑥直至营养接近饱和，与河漫滩关联河流易携带高的人为营养物载荷。

或者，在具有砂壤土的低梯度流域，河流排水通常被称为黑水系统，因为排水被有机物质沾染（图 33-4）。它们通常携带少量的泥沙负荷，因此，冲积作用（即库活力）不明显。此外，由成熟植被群落所占据的河漫滩可充当养分传输器（如无机氮输入转化为有机氮输出），而不是汇或源。后者是这些系统“肾功能”的一个重要方面，对维持水质具有十分重要的意义。沉积活力，如来自坡面径流沉积物（相关的养分）的过滤和累积，在净化水体过程中发挥重要作用（图 33-5）。最后，在某种程度上，那些被干扰已经改变了的河漫滩，具有营养源的功能。源活性的寿命可短（如森林合理采伐之后的迅速更新），也可长（如向农业和城市利用的转变、蓄水，或气候变化）。

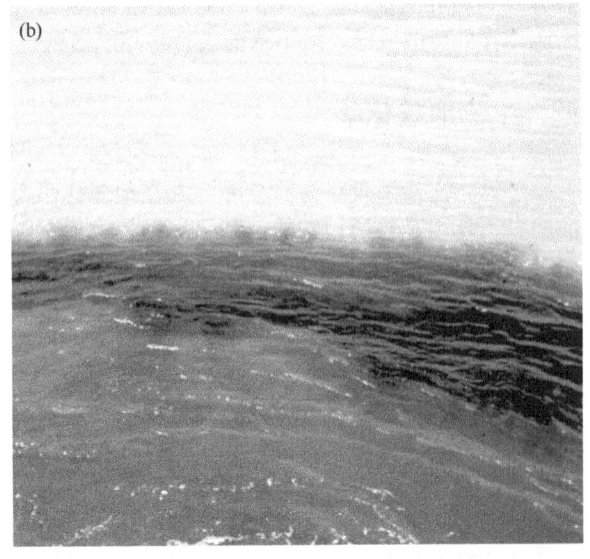

图 33-4 亚马孙河：(a) 远景和 (b) 特写图。亚马孙河在'O encontros das aquas 的形成或是内格罗河与巴西马瑙斯附近的索利蒙伊斯河混合后形成的。黑水内格罗河与多沙的索利蒙伊斯河形成对照。

图 33-5 弗林特河——靠近佐治亚州 Ft. 谷洪水退去的弗林特河河漫滩泥沙淤积。

同样，河漫滩生态系统中所有的生物地球化学过程可反映水文的主要影响。例如，凋落物的时机在很大程度上受水文周期的影响，因为不同水文周期下的植被群落不同。在美国东南部，与紫树属（*Nyssa*）有关的森林物种比以栎属（*Quercus*）为主的某些物种的生长条件更为潮湿。在较为潮湿的地方，紫树枝叶在秋季通常比其他河漫滩树种的树叶更早地枯萎。因此，与当年晚些时候的落叶相比枯萎的叶片将会暴露于不同的微环境。结果，不同地方间的养分释放和固定顺序可能存在差异。

分解中的物质损失和养分动态都是凋落物质量与分解微环境的函数。凋落物质量（碎屑的生化组分）被植物生长条件和遗传学限定，已证明其与水文周期变化密切相关。此外，洪水频率、持续时间在决定生物量和微生物种群组成中起主导作用。营养矿化和固定之间转变的决定因素包括水文周期和营养流入。在美国东南部，通过适度的洪水持续时间，叶凋落物（凋落物质量保持不变）的质量损失率被最大化。而洪水过后，这一地区在好几个月内将不再被淹没。

通常情况下，森林河漫滩中枯枝落叶的质量损失率会超过对应的高地。全球范围内，温带森林河漫滩衰减常数平均约为 1.00，而所有温带落叶林平均值小于 0.80。这一差异的部分原因在于土壤水分（更好的微生物种群生境）的更高可用性。然而，根据对有限凋落物消失的实测，质量损失包括机械粉碎和有机碳的代谢转化。因此，周期性的淹没可为分解和输出提供更多的机会。

河漫滩是非常肥沃的这一普遍观点，已造成人们对养分供应不足程度可限制河漫滩初级生产力的误解。在许多情况下，河漫滩土壤比对应的山地土壤肥沃，这是事实。然而，与适应于山地的物种相比，在许多河漫滩发现的植物物种通常具有更高的年营养需求。因此，许多河漫滩上的森林植被很可能是氮缺乏的，而在某些情况下，如黑水系统中，可能是磷和碱性阳离子都缺乏的。举例来说，生长在美国南密西西比冲积河谷中极为肥沃土壤中的美洲黑杨（*Populus deltoides* Batr）人工林，仍需要营养。尽管有肥沃的土壤和高的地上生产力［20～25t/(ha·a)］，但如果有额外氮供应的话，这些系统的生产力还将增加。

就系统充当营养库的潜力而言，关键在于河漫滩生态系统缺乏或不缺乏特定营养盐的程度。如前面提到的，如果河漫滩植被能吸收从诸如污水或大气输入源中而进入的养分，如其肾功能会被进一步增强。一旦消除养分缺乏，河漫滩植被仍有可能会通过过度消耗而吸收特定的养分，如氮。然而，在植被养分固持能力饱和之后，吸收能力将维持在某一水平。养分固持能力的饱和反映了较高程度的生物胁迫，而这对与富营养化溪流相关的河漫滩植被是一个严重的威胁。

五、植被群落结构与组成

根据土壤类型、地形和水文状况，河漫滩系统的植物群落已经发育了几百年。生长在特定河漫滩的植被类型，以适应于河漫滩环境条件的乔木或灌木为主。水文周期是决定植被组成，以及所发现物种对与河流洪水模式有关的不同海拔做出响应的最重要的局部环境条件。典型的河漫滩森林在自然堤岸开始生长，其中粗粒沉积可形成能够快速排水的土壤。随着远离河流，地面高程下降，河漫滩森林继续生长，但其土壤排水性能越来越差。

河漫滩森林的结构特征变化取决于位置（表 33-1）。在美国东南部和潮湿的热带地区，其茎秆密度和底面积都比干旱地区高，但干旱地区的底面积仍可超过 50m^2/ha。河漫滩森林的底面积通常与山地森林的一样高，或比其更高。几乎无一例外，树种的数量随洪水的减少而增加。在潮湿的热带河漫滩，如亚马孙河，树种的数量最多。河漫滩森林的林下植被密度和物种数量通常较低，可能由于光照水平的降低和淹没区条件的限制。

表 33-1　河漫滩森林的平均结构和地上生产力特性

区域	物种数量	密度（no/ha）	基底面积（m^2/ha）	生物量（t/ha）	地上 NPP		
					叶片	木材[t/(ha·a)]	总量[a]
美国东南部	13	1242	45.0	302	5.36	7.78	13.26
美国东北部	10	970	26.1	150			
美国北中部	5	546	29.5				
美国西部	5	310	27.5				
美国中部	12	405	33.5	290	4.20	2.50	
欧洲		1237	26.5	314	3.48	17.88	8.70
美国中部	10	726	49.9	118	11.61		
加勒比	27	3359	42.4	224	15.55		
美国南部	89	687	33.0	413			
非洲	26						
亚洲东南部					9.15		
澳大利亚	12	493		260			

a 总 NPP 并不总是等于叶片加木材，与一些研究中只报道了总 NPP 一样。

六、河漫滩植被的适应性

由于河漫滩树木经历干湿交替的环境，它们已形成了多种生理和形态适应性，以使其在淹没中生存。起初，为支持基本的新陈代谢功能，可由乙醇脱氢酶（ADH）的刺激，以及酶的活性提供一种临时性手段。厌氧途径比好氧途径（每摩尔己糖 339mol 的 ATP 对每摩尔己糖 3mol ATP）的效率低，但当结构发生变化时其可提供能量。

河漫滩树种的种子需要氧气才能萌发，即使那些可生长在永久地到近永久性淹水条件下的物种［如落羽杉属（*Taxodium*）和紫树属］也需要潮湿但没被淹没的土壤中，以便于种子萌发和幼苗建植。短暂的快速生长对树种的存活非常有必要。茎的快速伸长，如观测到的水紫树，使幼苗在随后的洪水中可将其顶端露出水面。许多湿地林木种子的传播和生存都依赖于水文条件。落羽杉属和紫树属种子的生产，是在最低和最高河流流量周期之间的秋季与冬季完成的，以给种子提供尽可能广泛的水文条件范围。总体而言，许多湿地物种的种子生产似乎与水文事件的时间和级别有关。

茎的过度生长，通常被称为根部膨大（butt swell）或支墩（buttressing），以茎基部直径的增加为特征，常见于落羽杉属、白蜡树属（*Fraxinus*）、紫树属和松属（*Pinus*）的物种。依据淹没的深度和持续时间，基部膨胀可从刚刚高于地面的水平延伸至数米。膨胀一般会沿着季节性被淹没的树干部分出现。茎秆膨胀部分不断增大的大气空间，可增强植物内部气体的运动。乙烯产物已被证明在改变增长及木本植物茎结构中起调节作用，已发现轮廓分明、茎秆肥大的白蜡树属比无肥大茎秆的淹没深度更高。皮孔肥大一直与淹没有关，皮孔肥大可促进内部气体由茎向根的输送。洪水持续时间似乎对成型皮孔的数目没有影响，但对其大小具有影响。缺氧条件下，肥大皮孔的形成也似乎受乙烯诱导。在淹没环境中，通常可观察到的其他特征包括板状根和根膝（knees）。在成熟树木的基部，板状根呈现出沟纹投影状，从树干向外延伸几英尺后，向下弯曲进入土壤。由于在饱和或淹水土壤中根系较浅这一特点，这些板状根被认为可对树木提供额外的支持。在美国东南部的落羽杉属中，板状根很普遍。虽然一些推测认为，它们对树木的稳定性起作用，但其功能还没有得到证实。在澳大利亚，河漫滩上的千层树已对树皮结构进行了改良，如具有内部纵向空气通道的薄树皮，使其能够忍受淹水条件。

七、生产力

河流河漫滩的典型特征是高生产力。通过来自水源区和侧向源（lateral sources）丰富营养沉积物的持续输入和滞留，不但增加了水分供给（特别是在干旱地区），而且因流水造就了更多的含氧根区，从而使多数河漫滩地区的生产力被提高。洪水涨落的优点早已被认可，古埃及人正是基于年洪水量的程度来确定税收的。

初级生产力不变的情况下，季节性淹没的生态系统通常高于永久淹没或那些死水的河漫滩森林。尽管涨落是河漫滩生产力增加的理论基础，但这很难被肯定。最近的研究倾向于这个观点，即季节性淹没既是一种补充，也是一种胁迫。在美国东南部，高地阔叶树、洼地阔叶树和落羽杉-紫树属森林，其地上生产力相当。原因可能是，对于某些地点，补充和胁迫同时出现并彼此抵消。如此，洪水强度和持续时间影响土壤水分、有效养分、厌氧生活，甚至在一个复杂和非线性“推挽”（push-pull）排列中的生长季长度。当水文条件迅速改变时，地上生产力将小于几乎持续淹没的天然森林群落（图 33-6）。

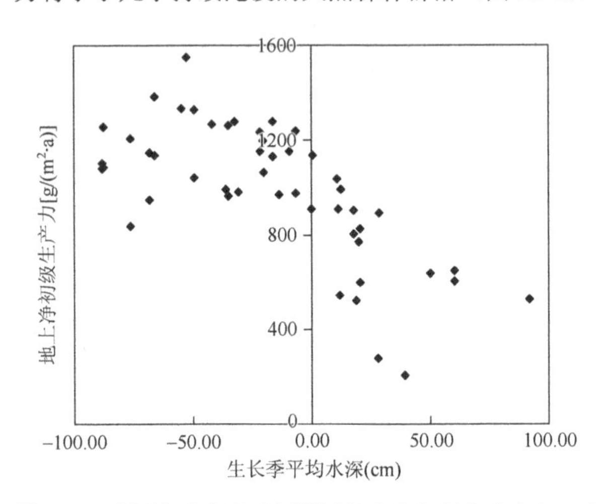

图 33-6　美国东南部森林河漫滩地上净初级生产力（NPP）与生长季节平均水深的关系。

河漫滩森林的地上生物量为 100～300t/ha，尽管有报道称佛罗里达州森林的生物量超过了 600t/ha。叶片仅占总地上生物量的 1%～10%。对河漫滩森林地下生物量的采样很少且极具变化，但报道的值通常比山地物种所引用的总生物量低 20%左右。净初级生产力中不存在纬度模式（latitudinal pattern），虽然这已经被报道过，但美国落羽杉属凋落物的生产力与纬度表现为曲线关系，初级生产力的最大值约出现在 31.9°N。据报道，澳大利亚北部千层树森林的凋落物比大陆南部地区森林的高 2～3 倍。自然水文形势的变化可减少一半的凋落物产量。由于高生产率通常与河漫滩森林密切相关，因此这里的碳汇尤为重要。

八、人为影响

河流及其关联的河漫滩已与贯穿历史文明的粮食生产紧密联系在一起。为了让农业耕作更轻松、更多产，河流被改道，河漫滩森林遭到砍伐，并通过排水或筑堤使其提供肥沃的土地。河漫滩的广泛开发和相邻高地用于农业的一个主要后果是，在与其关联的溪流和河流中形成了大量的泥沙负荷。结果，大量的沉积物被堆积在河床和河漫滩上，从而对水生生物栖息地和河漫滩植被生产造成了负面影响。最近，蓄水已成为常见的能源生产基地，为发展农业提供空间，水库和堤坝也被陆续建造。在全球范围内，据估计，至少有75%的河漫滩已经消失。

河漫滩功能依赖于河流及其沿岸地区之间的连通性。不幸的是，许多人为影响可破坏或削弱这一连通性，以至于关键功能，如在景观水平上的水过滤极度退化。同样，由人类活动引起的水文周期变化，也通常使植被群落成分和生产力发生变化，因为那些适应于以前条件的物种开始衰退，并被其他物种所取代。

其他影响包括河岸植被群落的破碎化和非本地植物侵入的刺激。破碎化通常会导致栖息地质量的下降，同时，非本地物种的成功入侵可引起群落组成、结构和功能等方面的重大改变。虽然河漫滩的生态恢复已引起广泛关注，但经济约束是恢复应用于局部地区的主要限制。然而，也有明显的例外，如南美洲潘塔纳尔流域和美国佛罗里达州基西米河流廊道的恢复。

最近，城市化对世界上许多地区的河漫滩产生了明显和持续的影响。随着小流域越加发达，随之而来的是不透水面的增加，而这驱使径流量和流速增大。结果，涨水段在洪水期间变得更为陡峭，这一陡峭环境通常与更高的河道速度有关。更高的流速可加大河道下切率，从而造成更低的地下水水位，并降低溪流与河漫滩的连通性。此外，城市化会刺激养分负荷（尤其是氮），使水体受到相当程度的污染。

九、非洲

非洲大陆约拥有99个大型湿地，其中43个是河漫滩系统。一些较大的河漫滩系统包括扎伊尔沼泽（200 000km^2）、马里的内尼日尔三角洲（淹没时320 000km^2）和尼罗河上游的苏德沼泽（永久沼泽16 500km^2，季节性河漫滩15 000km^2），以及奥卡万戈河（永久沼泽14 000km^2，季节性河漫滩14 000km^2）。这些河漫滩系统，随不同时空尺度上发生于其内涨落事件的恒流量而处于动态平衡之中。源于涨落事件的产品和服务包括河漫滩消退后的农业、渔业生产、野生动物栖息地、放牧、生态旅游和生物多样性，以及天然产品和药物。

在非洲半干旱和干旱地区，河漫滩通常是全年唯一循环的水源。而世界各地的其他河漫滩，植被分布与洪水频率、持续时间和微地形密切相关。茂密常绿乔木生长于堤坝和白蚁丘排水良好的地方，而草原一般占据地势更低、淹没更频繁的地区。在这些被频繁淹没的区域中（称为沼泽），生长着典型的禾草，包括芦区域中，通常为树木和灌木属，包括*Hyphanene*、糖棕属（*Borassus*）、金合欢属（*Acacia*）、榕属（*Ficus*）和吊灯树属（*Kigelia*）。

河漫滩地区是动物和植物生命的高度多样化中心。这些河漫滩地区对渔业生产极为重要，可作为鱼类产卵和更新之地。鱼产量的年际波动与洪水的状况有关。在这些区域，可发现众多的鸟类（在一些河漫滩超过400种），包括蜂虎、水雉、冠翠鸟、仓鹭、白鹭、非洲鱼鹰和扎伊尔孔雀。鸟和羚羊（林羚、水羚、非洲赤羚和驴羚）、河马、斑马及水牛共享河漫滩。微地形对森林和草原的分布具有重要作用，随着微地形的变化，植被从睡莲和纸莎草到河漫滩森林。气候变化也很重要，在较干燥的地区，森林只出现在靠近河流的地区，而在湿润地区，森林可以延伸至离河流很远的距离。在洪水期间，蜿蜒的河流往往被切断，提高了河漫滩地形的多样性。

不幸的是，在非洲许多河漫滩系统中，已经开展的生态学研究极少。研究最多的非洲河漫滩系统位于奥卡万戈三角洲。年最大流量连续不断地下泄至奥卡万戈河，并在4～9月淹没奥卡万戈三角洲。河水以中等营养水平为特征，但是，当它进入河漫滩时，可从土壤、碎屑和排泄物中淋溶出养分，使河水养分变得极为丰富。有机碳的富集源于河漫滩的枯枝落叶层和土壤的淋溶，尽管枯枝落叶层可溶性有机碳的释放速率超过了土壤淋溶的两个数量级。这种营养富集，对三角洲水生生产力产生了重大影响，表明陆地和水生生态系统存在密切的联系。

与发达国家不同的是，非洲的河漫滩面临着不同的挑战。在非洲，河漫滩普遍存在于半干旱地区和干旱地区，洪水是支持这些地区高生产力的驱动力。早在900多年前，人们就居住在这些地区，畜牧业和农业经济都依赖于河漫滩的持续存在。因此，为确保这些重要生态系统的存在，那些来自于河漫滩本身的农业实践，以及因人口增长而需调水以缓解河漫滩外部水资源缺乏的这一持续性压力应被消除。

十、亚洲

在亚洲北部，沿河流的河漫滩有广阔的多产湿地。在西西伯利亚，鄂毕河流域面积超过50 000km^2，维持着欧亚大陆著名的最大水禽养殖和换羽区。鄂毕河谷是迷宫般错综复杂排列的河道和河漫滩湖泊。正如在其他季节性河漫滩一样，该区域是水位波动的陆地，水位随河道流量和洪水模式呈季度和年度波动趋势。几个世纪以来，该区域没有受到任何严重的人为影响，但石油和天然气开采已造成显著的污染和景观的变化。

印度河一直是干旱的巴基斯坦命脉。在早期，人们用这条河的水培育了河漫滩，但在过去的100年间，这条河已被修建多级水坝，变为世界上规模最大、最复杂的灌溉系统之一。在缺乏排水系统以移除灌溉用水的情况下，蒸发可将土壤中的盐分固留。由于土壤盐渍化，再加上积水，每年失去超过400km^{2}的水浇地。

南亚许多大型河流系统在排水方面表现出相当大的年际变化，在雨季，可能会淹没广阔的土地（如恒河两岸约200km）。在某些情况下，整个三角洲地区可能会被淹没。持续很久的单峰洪水可加强其与河漫滩广泛的空间和时间联系，因此支配临近那些系统中大量人口的社会经济。农业活动往往会引起许多河流上游巨大的泥沙输出，结果，三角洲支流可能被堵塞。由于随后流量减少，土壤中的盐度增加，且三角洲森林的物种组成发生了变化。

孟加拉国（115 000km^2）的80%由恒河、布拉马普特拉河和梅克纳河的河漫滩组成。在大洪水中，全国57%的区域被淹没。在干旱季节，可利用的水使某些地区种植三熟作物成为可能。水性泥沙的沉积保持土壤肥沃，藻类生长通过固氮肥沃了土壤。在世界上的许多地区中，南亚河漫滩森林植被可强烈反映水文周期和土壤的变化。在恒河和布拉马普特拉河河谷大多数年份或永久性淹没的内含重黏土区域中，与众多藤本植物相连的森林植被只有5～10m高。然而，类似的洪水情况和更轻的肥沃土壤组合可使冠层高度增加到10m以上。这些河流森林中很多具有常绿或半常绿物种，虽然在高海拔地区桤木占主导。一些低地，尤其是许多河流三角洲如恒河-布拉马普特拉河和伊洛瓦底江，被红树林所占据。

在中国，95%的人口集中于东部，总体上分布在一些重要河流（主要为黄河和长江）的广阔冲积平原区。高人口密度加上较高的增长率，快速的城市化和工业化在大多数亚洲国家中发挥重要的作用。由于国内供给、农业利用和水力发电等需求的增加，区域水资源的压力越来越大。过去的水资源和农业管理措施已引起所有地区自然湿地的迅速丧失和退化。通过堤坝调节的河流和小溪使河漫滩消失，并减少了地下水的补给。水文状况的改变增加了雨季的洪水，但减少了干旱期的可利用水资源。与天然湿地相比，水资源管理通常会造就大量的人工湿地，如与天然湿地功能和价值非常不同、且无法与其比拟，尤其是与河漫滩湿地无法比拟的水库与稻田。总之，大量的人类活动，包括采矿业、养殖业、不可持续的林业或渔业实践，以及把森林转化为城市或者农业用地等对这些地区自然形成的河漫滩构成了威胁。

十一、大洋洲

大洋洲与众不同，高蒸发率和低降水使得那里几乎没有永久性湿地。大陆上的多数湿地是间歇性和季节性的。河漫滩的共同特点是被称之为死水洼地的水坑和潟湖，而死水洼地可季节性或永久性地保留水分，可在一年中的不同时间为许多动物提供重要的栖息地。河漫滩湿地往往是生物多样性异常丰富的地区，有水鸟、原生鱼类、无脊椎动物、水生植物和微生物等。横向连接到河漫滩湿地的河流，以及创建大范围时空不同的水生生态系统的不可预测流量，是这一生物多样性的关键驱动力。

潮湿的沿海地区会被短的、永久性溪流所流干，因为少而不可靠的降水、高蒸发和平坦的地形，全国其他地区的很多河流是间歇性的或根本不存在的。即使在这样的条件下，在整个大洋洲还是可以发现森林湿地的，但它们只被归类为最潮湿地方中的典型森林。面积最大的河漫滩森林湿地（超过60 000ha）出现在墨累河。河漫滩森林通常由千层或桉树物种组成，但它们在淹没期无法长期生存（>5个月）。如果在生长季节淹没时间超过几个星期，则森林郁闭度将下降至10%～70%，从而成为开阔林地。

在整个大洋洲北部都可发现热带河漫滩湿地，覆盖区域约为98 700km^2。这些湿地植被已被绘制为不同尺度的地图，但也有极少对植物分布或演替变化进行具体或长期的分析研究。大洋洲北部的奥德河河漫滩包括的范围约为102 000ha，是维持广阔红树林分、大量水鸟和咸水鳄鱼生存的大型河流、滩涂和河漫滩湿地系统。在澳大利亚东南部，墨累河和达令河系统的排水占大陆总排水的14%，且其包含了大陆上数量最多的河漫滩湿地。

近年来，因为动物（牛、猪和海蟾蜍等）和植物（含羞草、槐叶萍和猢狲草等）的入侵、林火动态的改变、水资源管理变化和盐水入侵等，河漫滩区域已经历了相当大的变化。水坝和引水的累积效应及上游流域的管理已将许多河漫滩转变为陆生生态系统。淹没区的这一改变所产生的影响，还没有得到很好的研究，且数据仅来源于受影响的一小部分区域。河漫滩区域的损失仍将继续，直至我们对水坝和引水所具有的长期生态效应有更加深刻的认识为止。

十二、欧洲

欧洲的河漫滩已受到人类数千年的影响。文明往往建立在河流附近，为食物（农业和狩猎）、电力

（木材或水车）和住所，人们频繁地利用各种河漫滩资源。随着社区的发展，愈加需要利用水坝、堤防和沟渠来防治河漫滩中的洪水。这些结构改变了水文条件，其反过来又改变了这些区域的森林组成。而且，河道取直造成巨大的水文变化，结果使河流的流速更快，地下水位的埋深增加。在多瑙河的一些流域，在1780～1980年间一级河流减少了80%。

在许多地区，地下水位的上升可归因于河漫滩的“干旱”，这驱使植被群落组成发生转变。特别是，由于水文的改变，使夏栎（*Quercus robur*）、白蜡树属（*Fraxinus* spp.）和榆属（*Ulmus* spp.）等物种正变得更为稀少。在欧洲中部的许多河漫滩，林业活动诱发自然系统进一步向快速增长的黑杨无性系转变。然而，在过去的50年间，由异龄橡树、水曲柳和枫木混合构成更为传统的森林，其营造工作在一些区域中已基本完成。大部分森林仍为同龄枫属（*Acer*）或白蜡树的单一树种。

多瑙河三角洲是欧洲最大的湿地之一，由于养分输入的日益增加、河岸植被的减少和过滤功能的丧失，其正在经历富营养化过程。由于高海拔地区的融雪水，流量增加且洪水通常发生在春季，是欧洲河漫滩和世界其他地区河漫滩的一个主要区别。

十三、北美

在美国西部的干旱气候下，水不仅是野生动物也是人类居民的有限资源。虽然湿地面积只占土地总面积的很小一部分（即少于2%），但超过80%的野生动物却依赖于它们而存活。该区的降水变化很大，在沙漠区不足15cm/a，而在山区时其可超过140cm。山区中，降水和融雪大于损失，湿地很少干涸。然而，在盆地地区，蒸散量比降水高3～4倍，因此土壤盐渍化是植被必须要适应的压力。在最干旱地区，土壤盐渍化可阻止营养繁殖。在西部山区，随融雪而形成的短暂性水流很常见，大雨可增加其流量。

在美国更高海拔的区域，其中的土壤是半永久淹没或饱和的，伴随有杨属、柳属和枫属。在生长季，被淹没或饱和1～2个月的河漫滩，通常由大量的阔叶树组成。在美国的常见种包括白蜡树属、椴树属（*Tilia* spp.）、榆属（*Ulmus* spp.）、枫香树属（*Liquidambar* spp.）、朴属（*Celtis* spp.）、枫属、悬铃木属（*Plantanus* spp.）和一些栎属。在最高海拔处，生长季期间，不到一星期至一个月左右可发生一次洪水。典型树种包括各种各样的栎属和山核桃属（*Carya* spp.），并零星散布着一些松属。

美国东南部的河漫滩出现在三个自然地理区中：①沿海平原，②山麓地带，③阿巴拉契亚山脉。除了短暂的干旱，这里一年四季中的雨水都很充沛。南部森林河漫滩的演替模式往往由飓风、龙卷风、特大冰冻暴风和持续干旱所决定。土壤通常为酸性，除了横跨密西西比河南部的冲积平原，以及阿拉巴马州和密西西比州的塞尔玛白垩地质区域接近中性pH的土壤之外。在许多河漫滩中，如向垂直于河流方向移动的河漫滩，土壤质地从河道附近的粗沙，到天然堤坝的细沙，再到回水区的壤土和黏土。这种间距模式是颗粒大小和漫流流速作用的结果。

在美国东南部，海拔最低的、接近河漫滩淹没的地点，几乎总是被落羽杉和紫树沼泽所占据。而在世界其他地方，似乎没有类似的树种可以永久生存或长期被淹没。只要河漫滩河道保持稳定和淹没频率保持不变，这些物种应能无限期地占据这些区域。

十四、南美

当前关于森林河漫滩的大量知识主要来自于对亚马孙河子流域的广泛研究。特别是，对河漫滩生物地球化学、净初级生产力、植被动态、地貌和动物关系的理解，更是受到了亚马孙河研究的影响。

相比世界其他地区的河流流域，亚马孙流域低地的水平衡在蒸散发和径流之间大致均匀地分配。与此相反，在亚洲系统中，通常因为陡峭的地形，径流占主导地位，而在非洲的许多系统中，其中广阔的河漫滩和高的潜在蒸发致使径流量偏低。南美洲河漫滩森林通常由少量快速生长的、能够承受周期性洪水和大量泥沙沉积的早期演替物种组成［如柳属（*Salix*）和英戈属（*Inga* spp.）］。

最初，“洪水涨落”观点的概念化只涉及亚马孙河和类似的河漫滩，但目前其可被广泛应用。南美洲的主要河漫滩的河流，如亚马孙、奥里诺科河和巴拉那河等要承受幅度高和持续时间长的洪水涨落。与此相反，位于大洼地内的河漫滩上的洪水，如潘塔纳尔是雨养型的（与河水漫滩流相反），具有单一的周期性，但振幅较低。最后，依据那些与更低级别溪流有关的河漫滩的出现和涨落特征，对多重洪水涨落很难进行准确的预测。

界定河漫滩之间全球性变化的一些经典研究是在亚马孙流域开展的，而这一经典研究与黑水和棕水或白水河之间的比较有关。相似类型的河漫滩系统也出现在世界上的许多地方。河水颜色是特定系统地貌的反映，也是河漫滩生物地球化学、植被动态及NPP的一个重要指示器。亚马孙河流域白水河的颜色源于安第斯山脉的白黏土沉积物。悬浮黏土含有更高水平的营养物质（特别是碱性阳离子），当其沉积时，常常产生肥沃的冠名为瓦尔泽亚的河漫滩。

与此相反，黑水被富里酸和其他有机化合物染色，相对白水更酸（黑水的pH小于5.0，而白水的大于6.0）。由于较低的输沙量，与黑水相连的河漫滩往往营养贫瘠，被称为周期性冠水森林（igapo）。因此，瓦尔泽亚河漫滩上的森林凋落物生产力通常比周期性冠水森林的高得多［分别为10t/(ha·a)和5t/(ha·a)］。而且，与瓦尔泽亚相比，周期性冠水森林土壤细根的现存量更高，正如在资源贫瘠土壤中所预期的那样，这是较高土壤生物量在地下分配的反映。这样的适应增加了从周期性冠水森林凋落物分解中获取养分的可能性。周期性冠水森林和瓦尔泽亚之间的水文与生物地球化学不同也使植被物种、根、茎和生殖物候及群落结构的重大差异。

河漫滩类型之间的差异对动物种群也很重要。这对依赖于通过与淹没河漫滩相互作用而获取资源、生殖生境和其他因素的鱼类尤其重要。例如，周期性冠水森林河漫滩上较低的NPP可转化为鱼类更为初级的食物资源。然而，从瓦尔泽亚河漫滩中输出的植物碎屑含量较高，浮游植物的产量还取决于黏土沉积物的沉淀，以便有充足的光线穿透水面。虽然对河流系统进行文档记载比较困难，但与瓦尔泽亚相比，周期性冠水森林湖泊中的渔获量通常很低。

正如世界上的多数国家一样，南美洲的河漫滩生态系统在承受一系列人类活动的压力。例如，由于水坝的建设和上游农业的拓展，巴拉那河下游的水文已发生了变化。水文状况的改变，与泥沙和其他污染物浓度的增加一起，对鱼类种群带来极大冲击，最终使当地渔村社区的经济开始衰退。虽然节约和保护自然资源的声音越来越大，但人为影响可削减至何种程度目前还尚不清楚。

十五、小结

作为水生和陆地生态系统的通道，河漫滩的许多功能对人类和生物圈的所有其他组分都是至关重要的。因为所有生物对清洁水的迫切需要，肾功能或过滤功能是健康河漫滩系统中最重要的属性。

过滤功能使沉积物和养分沉积。因此河漫滩一直对农业开发颇具吸引力。具有讽刺意味的是，正是这些使河漫滩如此重要的功能却招致了重大干扰，而干扰反过来破坏了这些系统的肾功能。在全球范围内，这一破坏性主要体现在大量河漫滩的消失上（即75%）。

然而，河漫滩破坏的根本原因在于农业向城市发展的转移，因此企图缓解这些系统上的人为压力是不切实际的。所以，清洁水能否充足供应这一关键问题的答案将变得越来越不确定。为了做出肯定的回答，以及紧随其后的保护人类健康和福祉，关键是我们更要清楚理解这些生态交错带的管理，以使功能性河漫滩能够续存，并融入不断演变的景观之中。

参考章节：生态系统生态学；生态系统；河岸湿地；河流与溪流：生态系统动态与整合范式；河流与溪流：物理条件与适应生物群；沼泽湿地。

课外阅读

Brinson MM（1990）Riverine forests. In：Lugo AE，Brinson MM，and Brown SL（eds.）*Foreted Wetlands*，Vol. 15：Ecosystems of the World，pp. 87 141.Amsterdam：Elsevier Science Publishers.

Cavalcanti GG and Lockaby BG（2005）Effects of sediment deposition on fine root dynamics in riparian forests. *Soil Science Society of America Journal* 69：729-737.

Groffman PM，Bain DJ，Band LE，et al.（2003）Down by the riverside：Urban riparian ecology. *Frontiers in Ecology and the Environment* 6：315-321.

Hupp CR（2000）Hydrology，geomorphology and vegetation of coastal plain rivers in the south eastern USA. *Hydrological Processes* 14：2991-3010.

Junk WJ（1997）*Ecological Studies 126*：*The Central Amazon Floodplain*：*Ecology of a Pulsing System*. Berlin：Springer.

Lewis WM，Jr.，Hamilton SK，Lasi MA，Rodriguez M，and Saunders JF，III（2000）Ecological determinism on the Orinoco floodplain. *Bioscience* 50：681-692.

McClain ME，Victoria RL，and Richey JE（2001）*The Biogeochemistry of the Amazon Basin*. New York，NY：Oxford University Press.

Megonigal JP，Conner WH，Kroeger S，and Sharitz RR（1997）Aboveground production in southeastern floodplain forests：A test of the subsidy stress hypothesis. *Ecology* 78：370-384.

Messina MG and Conner WH（1998）*Southern Forested Wetlands*：*Ecology and Management*. Boca Raton，FL：CRC Press.

Mitsch WJ and Gosselink JG（2000）*Wetlands*，3rd edn. New York，NY：Wiley.

Naiman RJ and Decamps H（1997）The ecology of interfaces：Riparian zones. *Annual Review of Ecology Systematics* 28：621-658.

National Academy of Science（2002）*Riparian Areas. Functions and Strategies for Management*. Washington，DC：National Academy Press.

Paul MJ and Meyer JL（2001）Streams in the urban landscape. *Annual Review of Ecology and Systematics* 32：333-365.

van Splunder I，Coops H，Voesenek LACJ，and Blom CWPM（1995）Establishment of alluvial forest species in floodplains：The role of dispersal timing，germination characteristics and water level fluctuations. *Acta Botanica Neerlandica* 44：269-278.

第三十四章

人工林

D Zhang，J Stanturf

在人工造林与纯自然的天然林再生这两个极端之间，还有一系列存在人为干扰的森林环境。之前，植树造林（译者注：在本章中，如果不特意区分，与人工林含义相同）定义为通过定植/播种造林和再造林过程中建立起来的林分。在种植中，存在梯度条件。这个系列的一端就是传统的植树造林概念，以单一外来种或土著种进行均匀定植，按年龄分组管理（也就是单作）的人工林。另一端就是通过定植或播种形成的土著物种混合林，其经营目的不是为了消耗，而是为了增强生物多样性。更为复杂的是，许多以种植方式建立的森林在后来被认为是次生林或半天然林，不再归类为人工林。例如，欧洲森林在整地、定植、育林和保护方面都有人工干预的悠久传统，至今它们并不总是被界定为人工林。

为了更全面地涵盖现实情况，对人工林的概念进一步细化是必需的。基于人工林的目标、林分结构与组成进行分类是很有用的。因此，建立产业化人工林是为了提供可销售的产品，其中包含木材、生物质原料、食物或其他产品如天然橡胶等。产业化人工林通常是间距整齐、树龄相当。家庭和农场人工林是经营性森林，但是规模比产业化人工林小，用于生产薪材、饲料、水果和园艺产品，同样具有间距整齐和树龄相当的特征。种类繁多的农林系统的存在，在农业基质占优势的地区与这些育林区构成了一个复合体。建立环境人工林可稳定或改善退化区域（通常由水土流失、盐渍化或沙丘移动所引起的），或者是获得环境舒适价值。环境人工林与产业人工林种植的目的是不同的，它们也仍然具有间距整齐和树龄相当的特征。恢复森林生态系统的努力与日俱增，通常是采用人工林种植技术来实现，至少在初始阶段如此。

最近，联合国粮食及农业组织（FAO）定义的“种植林”(planted forest）是指通过定植或播种等人为干预方式建立起来的森林。这个定义比人工林更广泛，包括一些通过辅助自然再生，定植或播种建立的半天然林（如在欧洲的许多种植林，类似相同物种混合的天然林）和所有通过定植或播种建立的人工林。土著物种种植林，如果品种不多，笔直规整地间隔排列，树龄均匀，也可视为人工林。人工林种植可能具有不同的目的，联合国粮食及农业组织将其分为两类：保护型人工林一般不提供木材供应（至少木材供应仅作为次要目标)，往往多品种混种、轮作周期长或连续覆盖；而生产型人工林其首要目标是木材生产。

图 34-1 表明，2005 年全球森林（覆盖全球 30%的陆地约 40 亿 ha）中约 36%是天然林，53%是改良天然林（modified natural forest），7%是半天然林，其余 4%是人工林。在这些人工林中，生产型人工林占 78%，保护型人工林占 22%。而在 1990～2005 年期间，天然林和改良天然林逐渐减少，半天然林和人工林增加（图 34-2）。

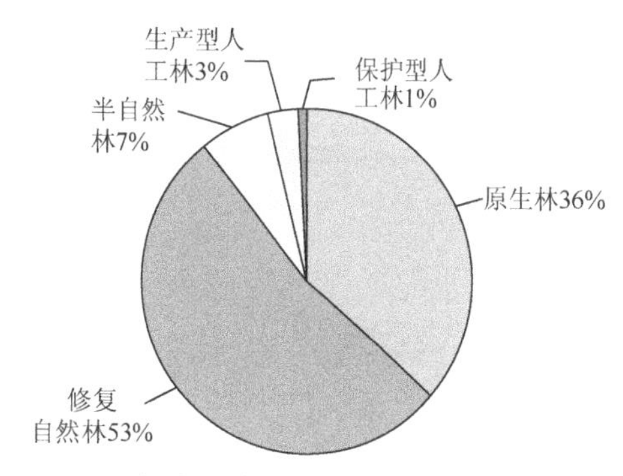

图 34-1　2005 年全球森林组成特征。改编自 FAO（2005) Global forest resources assessment 2005. FAO Forestry Paper 147. Rome，Italy。

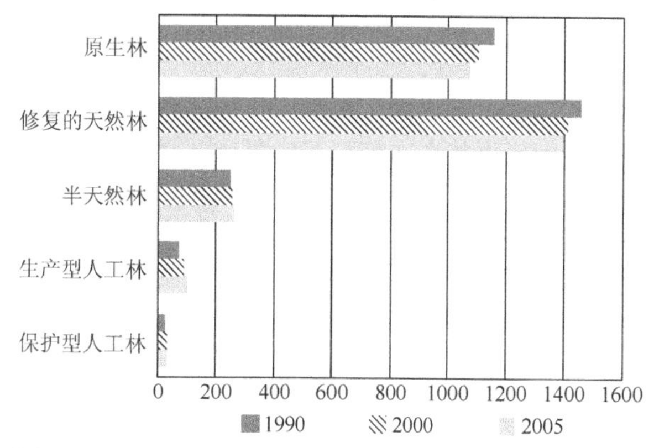

图 34-2　1990～2005 全球森林组成变化趋势。改编自 FAO（2005）Global forest resources assessment 2005. FAO Forestry Paper 147. Rome，Italy。

本章对全球人工林的开发进行了概括和经济学解释。同时还介绍了影响全球人工林开发的因素，并列出人工林的有效性，包括其在天然林保护中的作用。最后，总结了人工林对生物多样性和其他生态功能的影响。

一、全球人工林发展概况和经济学解释

目前，世界上拥有约 1.09 亿 ha 生产型人工林。生产型人工林 1990 年占全球森林的 1.9%，2000 年占 2.4%，2005 年占 2.8%。其中亚洲占 41%，欧洲占 20%，中北美洲占 16%，南美和非洲分别占 10%，大洋洲仅占 3%。

人工林正在逐年递增。2000～2005 年间，人工林的面积增加了 1400 万 ha，每年约增加 280 万 ha，其中 87%属于生产型人工林。1990～2000 年间，生产型人工林年增 200 万 ha，而 2000～2005 年间年增 250 万 ha，与 1990～2000 年同比增长 23%。世界上所有地区都显示出人工林在不断增加，其中亚洲增长率最高，尤其是中国。生产型人工林分布面积最多的 10 个国家总面积为 7950 万 ha，占全球生产型人工林的 73%（图 34-3）。中国、美国和俄罗斯联邦的生产型人工林合起来已超过全球的一半。

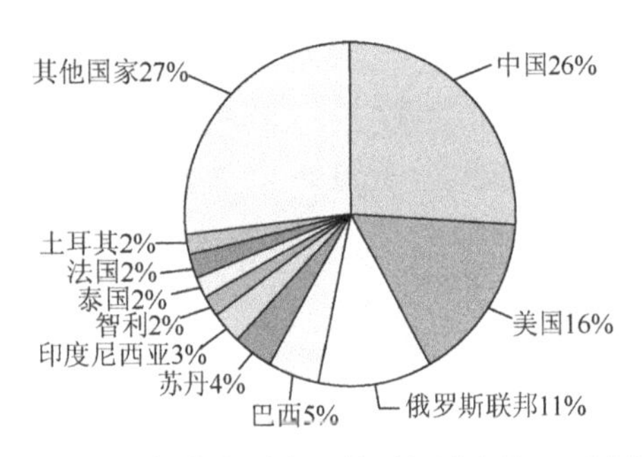

图 34-3　2005 年生产型人工林面积最多的 10 个国家分布。改编自 FAO（2005）Global forest resources assessment 2005. FAO Forestry Paper 147. Rome，Italy。

人工林，无论是生产型还是保护型，其开发都是为了响应森林在木材和其他商品以及与森林相关服务中的相对稀缺。在现代人类历史的早期，人口稀疏，森林资源丰富，生存和经济发展以及领土控制是政府和社会的主要关注点。随着森林资源的减少，保证充足的木材供应逐渐吸引了统治者和规划者的注意，上升为国家政策。通常，实施的第一个政策是规范林木采伐计划和强度。社会就将林区移到人口中心的遥远地区，在经济学术语中称为木材生产粗放边际的转换。简言之，在人类史的早期，森林产品的生产和消费均来自于天然林，并不需要人工林。

当一个国家或地区木材消费的增长超过木材的自然生产能力时，市民和政府均会对植树造林产生兴趣。虽然植树在中东、中国和欧洲已有数千年历史，在美洲也有近 200 年历史，但是公元 1800 年前通过造林（在之前没有林地覆盖的土地上种植）和再造林（在之前收获过的木材的土地上种植）形成的森林面积仍是微乎其微。仅仅是在工业革命后，木材消费量急剧增加，主要原因是人口不断增长和工业用材增加——最初作为木炭，之后是作为木材和其他实木产品，包括矿井用材和铁路枕木、纸浆和造纸，最后才是用于保存——致使 20 世纪欧洲、北美、亚洲等地区出现大规模人工林，这在过去数十年尤甚。

因此，人工林的发展之处是为了满足经济上的需要。木材消耗推动了人类消费从天然林过渡到人工林。例如，在北美发展的早期，木材价格低廉，而林地用于其他方面如粮食生产则价值更高。因此，树木被砍伐，林地转化为其他用途，木材储备开始下降。随着现存储备量下降，木材变得日益稀缺，价格开始上涨。随着天然林木材价格的持续上涨，有目的性地造林在经济上有巨大的吸引力，生产型人工林出现了。

此外，木材消耗影响了来自天然林环境服务的供给与需求平衡，无论这些服务是否通过正规市场都是如此。与此平衡相关的现实是，大多数环境服务的需求，如清洁水和空气及美感等，它们都是来自森林生产或受到森林的保护，这种环境服务需求与个人收入高度相关。随着个人收入的增加，社会需要更多的森林环境服务，以及更多的木材商品。当天然林被消耗到不能充分提供这些服务时，保护型人工林就出现了。在一些发展中国家，自给农业需要森林来保护耕地和草地，这样可避免被潜在的洪水、沙尘暴、水土流失和荒漠化所侵蚀，植树只是出于保护的目的，无论它们的个人收入是否实际上随时间增加。

二、影响人工林开发的因素

正如前面提到的，由于木材稀缺引起木材价格上涨，导致人工林的开发。因此，木材价格是影响人工林开发的首要因素。如果其他方面都不变，每当一个国家或地区经历长时间的木材价格上涨，人工林就会得到快速开发。

植树同样需要土地、劳动力和资本。这些生产要素的成本会影响人工林的开发。此外，较高的木材价格、较高的土地成本和较高的劳动力成本，将促进在传统森林培育和生物技术方面革新树木生长技术。最近的一份报告显示，在美国南部的阿拉巴马州（Alabama），10 年间松树人工林增加了 25%（1982～1990 年期间的 8.20%增至 1990～2000 年间的 10.17%）。生长速率的增加是因为树木生长技术的提高和管理强度的增加。

政府的政策同样也影响人工林的发展。与收入

相关的土地和森林税收、种树的现金补贴、土地使用和劳动力法规、对林农的免费教育和推广服务都对植树造林产生或正或负的影响。一般情况下，私营部门植树的主要动机是要从投资中获取金融（或其他）收益。在某些情况下，政府政策（正面或普遍的税收激励、补贴）从人工林开发中提供或带走了财政收益的绝大部分。当政府拥有土地，他们可以直接进行造林和再造林活动，这可能出于纯粹的经济原因，或者社会和环境效益方面的原因，或者两者兼而有之。

美国南部也许是木材供应的重要区域，虽然该地仅占全球2%的林地和2%的世界森林存量，却生产了全球约18%的工业圆木。美国南部的林地约90%由非林业私人和林业业主所有，木材市场具有竞争力。一项关于植树的研究表明，通过林业业主和非林业私人种植的数量与木材供应（按照前一年收获量计算）和土地价格是正相关的。通过林业和非林业私有业主来植树对市场信号响应敏感，与软木纸浆材的价格呈正比，与种植成本和利率呈反比。最后，政府的补贴计划会增加总种植面积，可能对非林业业主种植产生替代效果。联邦所得税降低使得再造林成本回落，推动了美国南部的再造林。

由于森林的生长周期长，也许促进人工林开发最重要的政策就是向私有业主或林农提供长期而安全的财产权（私有财产或土地权）。许多理论和实证研究表明，长期而安全的财产权推动了发达国家和发展中国家的植树造林活动。例如，在加拿大不列颠哥伦比亚省（British Columbia），当林权安全时种植活动更为频繁，而且收获之后会迅速种植。在加纳，再造林显著受林权制度的影响，林权制度越安全，越会加强森林资源的管理。

三、人工林及天然林保护

人工林能够提供天然林所提供的大多数商品和服务，包括木材与非木材生产、清洁水和空气的保护、土壤侵蚀的控制、生物多样性的维持、美学、碳封存和气候调节。但是，由于天然林环境服务价值比人工林要高，保护天然林的需求就更为强烈。将土地划分为两部分是可能的，一部分专门用于木材生产，另一部分用于提供环境服务，这样能为社会提供更多的森林相关产品和服务。由于人工林具有比天然林更快的生长速度，人工林被当作为日益重要的木材供应来源。开发更多的人工林，可挽救更多的天然林。

1995年，天然林大约贡献了全球工业木材供应的78%，其余来自人工林。随着对天然林的状态和损失的关注日益增加，保护区快速扩张，可供木材的大面积森林就不复存在了，人工林越来越被视为木材供应的来源。该领域的总趋势是木材供给由天然林转向人工林。

一个关于全球木材供应和需求的简单模拟表明，在维持目前人工林和生产力的前提下，以当前速度进行扩张，天然林的砍伐会降半，从2000年的13亿m^3降至2025年的6亿m^3。因此，人工林在代替天然林提供产品方面日益重要，当然它们在很长的一段时间内还不能代替天然林的生产。

人工林开发的一方面影响，是它提供了大量低成本的木材，可能会削弱天然林分的价值，从而导致天然林遭受更快速的破坏，尤其是在法律框架和执法不够充分的情况下。因此，从全球视角来看，木材供应的主要来源从天然林过渡到人工林还需要很长的时间。然而，这种转型已经在一些国家如新西兰和智利完成了。

四、人工林的直接生态效应

除了减少对天然林压力的积极影响外，人工林还具有直接的生态效应。但是，对这种生态效应进行概括比较困难，部分原因是人工林管理制度存在多样性，要与非经营性天然林进行适当的比较。在最坏的情景下，将脆弱土壤中的天然林或稀疏草原转换外来物种人工林，会降低地下水位，减少生物多样性并在依次轮作中导致极端养分不良。虽然这种情景夸大了人工林的影响，但它们单一种植和集约化经营使人们担忧人工林对生物多样性、水、长期的生产力和营养循环，以及对病害和虫害敏感性产生不良影响。

生物多样性说明了人工林复杂的生态环境影响。尽管生物多性涵盖基因、物种、结构和功能的多样性，但很多关于生物多样性的争论焦点一直处于基因、物种和局地生态系统水平。与农业领域一样，林业中引入基因改良的外来物种或本地种，提高了生产力和固碳效率。在一些地区，这种引入也增加了景观和区域尺度的种间多样性。在法国，相比于70个天然林物种，30个引进种在人工林中是经常使用的，有助于增加局地水平森林的种间遗传多样性。至少在欧洲，无疑引入新树种会增加森林的物种的丰富度。然而，一些外来树种，即使是长期归化的品种如花旗松（*Pseudotsuga menziesii*），仍然是自然保护方案所不接受的。

外来物种可能对本地种和群落产生负面影响。例如，速生种因自然入侵潜力可代替原生树种，目前已在西班牙西部地区和葡萄牙地区的桉树属（*Eucalyptus*）中观察到这一现象。由于引进外来物种有潜在风险，因此在外来树种大范围种植之前，首要工作就是要确认该树种在当地环境条件的长期适应性和抗虫害能力。

人工林往往是年龄相同，通过经营实现快速轮伐，因此，林分结构简单是很普遍的。当这种模式在景观尺度不断复制，大面积的相似树种和结构复杂性低会导致原本由天然再生林或老林提供的栖息地中的类群损失。据报道，单一树种的人工林中鸟类多样性低于天然林和半自然林。但是，也有发现人工林鸟类生物多样性可以与天然林相媲美的案例。例如，南美的密西西比河河谷所种植的杨木（*Populus deltoides*）是集约经营的（10～15 年轮伐期），2 年内能达到郁闭。与天然林分相比，鸟类物种多样性与多度丰度除洞巢外在所有营巢中都是相似的。

经营型人工林中鸟类多样性的普遍下降，这是砍伐后冠层结构损失所导致的。在人工林中，简单结构可能会因外来种引入或单作而进一步加剧。由于人工林是在经济利益最优时收获，而不是在生物学成熟时收获的，因此人工林很少发育到林分的茎干排斥（stem exclusion）阶段，还未形成老林或复杂林分结构所具有的特征，如断枝和粗木质残体。为了弥补人工林结构简化的趋势，结合考虑生物多样性因素，所采取的措施包括多树种混种，不同间距和密度种植，收获后保留完整的斑块和断枝。这些生物遗产对无脊椎动物如枯木甲虫，以及真菌、小型哺乳动物和鸟类都是有利的。

尽管之前的土地利用比农业可能起更大的作用，但育林和林地准备的管理措施、竞争性植被的控制以及施肥会减少林下和地表植被的多样性。例如，在美国南部的松树人工林，林下植被多样性与之前的土地利用有关，在农田上建立的人工林其本地树种生物多样性低，而在树木砍光了的林地中建立的人工林林下生物多样性高。

一些树种会从人工林种植中获利。例如，皆伐和快速轮作对一些长期处于演替顶期中的杂草植物的出现是有利的。人工林能容纳森林边缘特有的鸟类和广布森林物种，如鹿。已发现一些珍稀濒危物种占据人工林，尤其是当它们的栖息地大部分被农业和城市化占据之后。例如，在英国，本土红松鼠在原生林地中竞争不过由北美引进的灰松鼠，但它们在不适合灰松鼠生存的针叶人工林中茁壮成长。

空间因素在维护景观尺度的生物多样性方面发挥着作用。景观多样性能满足野生动物栖息地的需求，通过改变人工林斑块的大小和形状，并将邻接约束并入收获调度模型中（即接近刚收获或幼龄的人工林，需要等到邻近的人工林到达一定树龄或冠层高度后再砍伐）。在受火灾影响的生态系统中，保留自然再生林、河岸缓冲带或开阔栖息地，创建具有计划火烧的景观镶嵌体，增加景观多样性。通过精心布置森林道路和防火带来促成景观的连通性，能为迁移动物提供分散的廊道。

有关人工林和水的关注也是多种多样的，就像大家围绕生物多样性的问题一样，但总体说来，主要是关于水利用、水质量或自然排水的改变。桉树这个物种在澳大利亚本土之外的种植已经吸引非常多的负面关注，这是因为其公认的过度耗水，尤其是在非洲和印度。但是，杨树在中国也同样被指责降低当地地下水位，增加干旱。桉树如赤桉（*Eucalyptus camaldulensis*）、细叶桉（*E. tereticornis*）和罗伯斯桉（*E. robusta*）（以及这些和其他桉树的杂交种）是耐旱的，能够在相当缺水的条件下蒸发水分。为了平衡，它们可能不会比邻近的天然林使用更多的水分，但肯定比当草地和农作物使用更多的可利用水。很少有证据表明它们能够抽提地下水，但是在根区以下是没有补给的。在澳大利亚西部地区的小麦带（Wheatbelt），深根原生植被包括桉树的移除，以及转换为谷类作物会引起地下水位上升，随后土壤和地表水的盐渍化。种植油料作物小桉树（*E. polybractea*，*E. kochii* subsp. *plenissima* 和 *E. horistes*）就是用于恢复自然水文和抵消盐渍化。

人工林对水质和水生资源的负面效应更多是由于过度的集约化经营，而不是外来物种的利用。高强度的机械整地，尤其是在坡地上，可能会导致沉积物移动到溪流中。化学除草剂用于控制人工林生活史内不同阶段的植被竞争，但是，通常在人工机械处理之前，使用化学除草剂来抑制农作物的竞争者。低强度的整地，选择对昆虫或其他水生生物无毒害，能在土壤中分解的除草剂配方，精心放置化学物质避免直接用于水体，在河岸设置缓冲区都有助于保护水质。

伐木方法，特别是伐木道路的布局和建设、集材道的分布，都有可能降低水质。在发达国家，林地建设措施，如整地、伐木、除草剂的使用，甚至是树种选择都需要在一定程度上进行规划。在美国，解决非点源污染和保护水质的最佳管理办法（BMP）是由国家机构和土地所有者自愿编纂的。研究表明，该管理办法受到人们的普遍遵守。认证制度替代政府的市场强制力量，各认证主体的不同之处在于如何看待人工林，尤其是关于除草剂、外来种或转基因树木在人工林中的使用。

使用无机肥料克服肥力的不足，促进林木快速生长，并维持生物量的积累通常被认为对水生生态系统的影响甚微，除非肥料被直接用于溪流、湖泊、河流或毗邻的河岸带。更多关注集中于采伐带走的营养和高强度集约化管理减少林地肥力，并导致后续轮作生产力下降的可能性。但是，后续轮作生产力下降的说法很难被证实，随着种子和种苗质量、基因组成、整地和竞争控制的全面改善，以及保存林地肥力更精细采伐方法的出现，并没有降低产出。然而，有文献报道伐木会带走养分，降低土壤肥力。这些局部的案例是由于土壤初始肥力较低，通常是土壤母质中内在磷、钾或微量营养素缺乏，使用无机肥料很容易克服这些问题。

在美国南部用于生产纸浆的大多集约管理的松树人工林中，一些公司通常会施加包含主要营养和微量营养元素的混合型肥料来进行预防，尽管他们除磷之外并没有缺乏大多数营养的证据，也同样会加氮。在一个25年轮伐的林分中可以施加五次氮肥，有时会混合一些磷肥。这些林分多位于相对贫瘠的老成土和古海洋沉积物发育的灰化土中。在更好的土壤（淋溶土、新成土和变性土）中，10年轮伐的杨木人工林只需在定植初期施加一定的氮肥，以促进杨木快速增高，能更好地与草本竞争。在高度集约化的人工林中，林地营养管理对保证高产和保障长期生产力非常关键，需要注意保持土壤有机质，特别是在沙质土壤环境中更是如此。所考虑的因素包括土壤固有肥力（营养储备、转换及通量）、植物需求和利用效率，以及产品收获时所带走和泄漏的营养。

单作的人工林比天然林更易遭受昆虫和疾病的袭击，这普遍被人们认为是一个智慧之见，但却很少有证据表明这是普通的事实。一方面，单个物种的林分是自然出现的，其中一些天然植被类型是周期性灾难干扰（如松树树皮甲虫或枞色卷蛾）的结果。另一方面，一种解释外来种比它们在原产地具有更高生产力的原因，是它们没有因昆虫和疾病而损失产量。但是，这种理论上的多样性并不是降低风险的保障。多样的、多品种的林分依然不能免于所引入的大规模病虫害，这种情况所发生的频率在全球木材贸易过程中很可能不断增加。

与高度集约化经营有关的活动通常是人工林病虫害的原因。例如，为了让木材产量最大，可能会设定一个可容忍的本土害虫损害程度，这对害虫来说低于稳定平衡水平；试图在较低水平控制害虫可能会导致不稳定的种群增长循环。人工林的潜在风险源于其均匀性：同一个或几个品种紧密地种植在一起，占据同一地点的大片区域。由于有食物供应和用于繁殖或感染的丰富位点，适应优势种的害虫和病原体可能快速形成。密集林分中相互接近的分枝和茎秆有利于那些扩散率低或有效传播距离短的物种生长。相反，人工林带来病虫害风险的均匀性，同样也带来一定的优势。可选择一些对病虫害有抗性的物种，例如，火炬松（*Pinus taeda*）比湿地松（*P. elliottii*）更能抵抗疱锈病苗（*Cronartium*），因此火炬松是美国南部青睐的人工林树种。与自然再生的天然林林分相比，短期轮伐的人工林在它们未达到过度成熟和被感染之前就被砍伐。人工林紧凑的外形和均一的条件有利于发现和处理有经济重要性的害虫和病原体。

人工林可能会对邻近群落产生负面影响，由于在相邻栖息地所种植树木的入侵性自然再生，或者局地与区域水文循环的变化，以及经营管理不善，都可能会损坏水生生态系统。人工林肯定比自然再生林段或天然草地更简单、更均匀，只能支持一个多样性少的动植物区系。但是，在景观水平人工林可有助于生物多样性保护，通过在其他的简单草地或农业景观中增加结构复杂性，以及在该地区分散培育本地种。

此外，把人工林与非经营型本地林或自然再生次生林进行比较不一定是最合适的。从生物多样性角度来看，虽然将老的生长型森林、本地草地或其他自然生态系统转换为人工林是很不可取的，其中人工林经常会取代其他土地利用，包括退化的土地和废弃的农用地。人工林在不同的时间和空间尺度对生物多样性潜在或实际的影响进行客观评估需要选择合适的参考点。在树木、林分和景观水平上，人工林对生物多样性会有或正或负的影响，这取决于人们发现的具体生态环境。如果能够应用可持续管理的方法，可对水量和水质产生最小的影响，对土壤资源和长期的站点生产力也是如此。能够兼备木材生产和环境保护的人工复合林对局地和区域环境都会造成有利的影响。

最后，管理人工林，实现木材商品生产，还能提高诸如生物多样性的生态服务功能，这会涉及一些权衡。这仅能在较大尺度上对人工林的生态环境有足够了解时才能做到。同样，也需要利益相关者同意在产品和生态服务之间进行平衡。因此，人工林的存在对环境是“好”还是“坏”并没有唯一或简单的答案。

参考章节：北方森林、温带森林；热带雨林。

课外阅读

Binkley CS（2003）Forestry in the long sweep of history. In：Teeter LD，Cashore BW，and Zhang D（eds）*Forest Policy for Private Forestry：Global and Regional Challenges*，pp. 1-8. Wallingford：CABI Publishing.

Brown C（2000）The global outlook for future wood supply from forest plantations. FAO Working Paper GFPOS/WP/03. Rome，Italy.

Carnus J M，Parrotta J，Brockerhoff E，et al.（2006）Planted Forests and Biodiversity. *Journal of Forestry* 104（2）：65-77.

Clawson M（1979）Forests in the long sweep of history. *Science* 204：1168-1174.

Evans J and Turnbull JW（2004）*Plantation Forestry in the Tropics: The Role, Silviculture and Use of Planted Forests for Industrial, Social, Environmental and Agroforestry Purposes*, 3rd edn. Oxford: Oxford University Press.

FAO（2001）Global forest resources assessment 2000. FAO Forestry Paper 140. Rome, Italy.

FAO（2005）Global forest resources assessment 2005. FAO Forestry Paper 147. Rome, Italy.

Harris TG, Baldwin S, and Hopkins AJ（2004）The south's position in a global forest economy. *Forest Landowner* 63（4）: 9-11.

Hartsell AJ and Brown MJ（2002）Forest statistics for Alabama, 2000.Resource Bulletin SRS 67, 76pp. Ashville, NC: USDA Forest Service Southern Research Station.

Li Y and Zhang D（2007）Tree planting in the US South: A panel data analysis. Southern Journal of Applied Forestry 31（4）: 192-198.

Royer JP and Moulton RJ（1987）Reforestation incentives: Tax incentives and cost sharing in the South. *Journal of Forestry* 85（8）: 45-47.

Stanturf JA（2005）What is forest restoration? In: Stanturf JA andMadsen P（eds.）*Restoration of Boreal and Temperate Forests*, pp. 311. Boca Raton, FL: CRC Press.

Stanturf JA, Kellison RC, Broerman FS, and Jones SB（2003）Pine productivity: Where are we and how did we get here? *Journal of Forestry* 101（3）: 26-31.

Zhang D（2001）Why so much forestland in China would not grow trees? *Management World*（in Chinese）3: 120-125.

Zhang D and Flick W（2001）Sticks, carrots, and reforestation investment. *Land Economics* 77（3）: 443-456.

Zhang D and Oweridu E（2007）Land tenure, market and the establishment of forest plantations in Ghana. *Forest Policy and Economics* 9: 602-610.

Zhang D and Pearse PH（1997）The Influence of the form of tenure onreforestation in British Columbia. Forest Ecology and Management 98: 239-250.

第三十五章
淡水湖

S E Jørgensen

一、引言

淡水湖和水库就是积满了淡水的凹洼地。全球总水量中，淡水仅占2.53%，其中1.76%存储于冰盖、冰川和永久冻土层之中，0.76%存储于地下，仅0.01%在地表之上。在这0.01%的地表淡水中，约70%或全球总水量的0.007%为湖泊淡水。因地表水容易获取，故储存于湖泊和水库的淡水对水资源的正常供给非常重要，其基本代表了全球可供淡水的供给方式（图35-1和图35-2）。湖泊水不仅用于生活，也用于工业、水运和水力发电等方面。

扫一扫看彩图

图35-1　贝加尔湖，世界上最深的湖泊，其水量相当于全球地表淡水的20%。

二、世界上的淡水湖

表35-1给出了世界上最深的、具有最大流域面积和最大水量的非常重要的12个淡水湖泊。当然，这些湖泊并不是在世界上均匀分布的。在斯堪的纳

图35-2　俄勒冈州火山湖，以其清澈而闻名世界，透明度测定为42m。

维亚（半岛）上，湖泊大概占了总陆地面积的10%；而在中国和阿根廷，其还不到总面积的1%。

表35-1　世界上主要淡水湖

湖泊	容积（km^3）	面积（km^2）	最大深度（m）
贝加尔湖	22 995	31 500	1 741
坦噶尼喀湖	18 140	32 000	1 471
苏必利尔湖	12 100	82 100	170
马拉维湖	6 140	22 490	706
密歇根湖	4 920	57 750	110
休伦湖	3 540	59 500	92
维多利亚湖	2 700	62 940	80
提提卡卡湖	903	8 559	283
伊利湖	484	25 700	64
康士坦茨湖	48.5	571	254
琵琶湖	27.5	674	104
马焦雷湖	37.5	213	370

三、湖泊的重要性

目前人们对湖泊和水库的开发强度不断提高，用途也越来越广泛，尤其在人口密集和高耗水地区，情况更是如此。根据功能的不同，我们可把湖泊和水库分为9种类型：①饮用水供给；②灌溉；③防洪；④水生生产和渔业；⑤消防和

埋雪池塘；⑥水运；⑦水力发电；⑧生物多样性保护；⑨娱乐。

湖泊和水库的高强度、多元化开发会导致滥用和冲突等问题的频发。关于因管理不当和水资源匮乏而造成的冲突问题，可列举大量案例。

四、湖泊和水库的水质问题

与在湖泊和水库广泛利用相关的问题有9类。

1. 富营养化

这是全球范围内最普遍的一种水质问题，也是引起湖泊退化的最主要的原因。富营养化（养分富集）代表了很多湖泊的自然衰退过程，在这一过程中，位于特定地质时间尺度上的湖泊会逐渐被各种沉积物和有机物质所填埋。不过，人类的排水行为会加速这一过程，主要原因在于过多的营养物质（主要有P，有时是N，有时两者兼而有之）会通过废水处理厂、工业、城区和农业排水或径流而进入水体。大多数湖泊都位于世界上人口居住密集的地区，它们遭到富营养化问题的威胁，特别是一些工业化国家和发展中国家。富营养化过程包括水体中浮游植物的大量繁殖，这不可避免地引发了以下问题：①水的透光性变差；②水体中氧气含量降低，特别是水体底部，这会导致鱼类的死亡并影响进入湖泊中的重金属元素的再迁移和营养物质的再悬浮；③最明显的是湖泊生物多样性的下降，包括一些趋光性水生物种的消失。在水位较浅的湖泊中，富营养化同样也会引起沉水植物，浮水植物和浮游植物的明显生长。这会引起生态系统结构的巨大变化。

如果营养物质的来源能够得到去除或者减少，那么富营养化的问题就能得到有效的控制（如图35-3和图35-4）。例如，康士坦茨湖（位于瑞士、德国和奥地利交界处）和博登湖（位于德国、奥地利和瑞士边界的湖）就是两个非常好的例子。第二次世界大战后，湖泊中P元素浓度大概为0.01mg/L，是一个贫营养湖。到了1980年，该湖泊由中度营养化阶段过渡到富营养化阶段，其中P元素浓度为0.08mg/L。目前，由于农业排水和化粪池及其他排放污水中P元素的大量减少，其浓度大约为0.013mg/L。再如，日本的琵琶湖，就是局部存在这个问题的一个很好的例子（图35-5）。从20世纪70年代开始，污水中排放的P元素已明显减少，但因农业排水中的P元素几乎没有减少，其含量仍保持着一个相对稳定的高浓度富营养化状态（浓度为0.035mg/L）。如果没有其他措施的话，废水中P元素浓度将无法下降，其富营养化程度仍然继续增加。

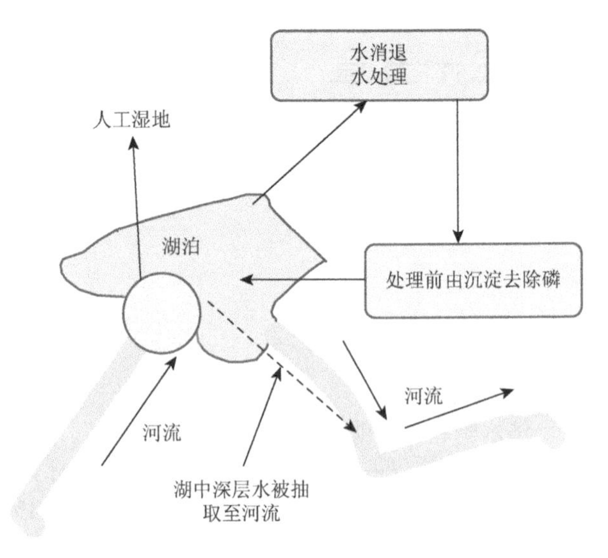

图35-3 减轻富营养化通常需要同时使用几种方法，如图所示：废水中磷的去除，建造湿地可从流入的支流中去除磷，通过抽取深层（底部）水也可去除磷。

图35-4 布莱德湖，抽取深层水的修复得到了应用。

图35-5 日本的琵琶湖是人们非常重要的休闲娱乐区，博物馆的建立展示给人们湖泊的各个方面：文化，湖沼学，地质和历史。

2. 湖水酸化

湖水酸化过程主要因酸性降水与酸性沉积物引

起。工业活动和化石燃料消耗所排放的氮硫化合物产生酸性物质并降落地表，于是引发湖水酸化问题。如果排水条件中没有合适的土壤和地质属性来中和这些酸性水，随着时间的推移，湖水就会慢慢变酸。湖水酸化最主要的和最重要的结果就是生物多样性的减少，鱼类的灭绝，以及湖泊生态平衡的破坏。另外，还有诸多原因也会引起湖水的酸化，包括矿业中的废水排放和工业中含有酸性物质废水的直接排放；自然资源中酸性物质包括火山活动释放出的物质以及自然排放的气体；在斯坎迪纳维亚（特别是斯坎迪纳维亚南部）地区和美国东北部，地质活动是引起湖水酸化的主要原因。

3. 毒物污染

毒物污染对人类和生态系统健康有着直接和重要的影响。有毒物质不仅源于工业活动和矿业生产，也是集约型农业活动的结果。随着我们对环境中（尤其是发展中国家）有毒物质浓度信息的越来越了解，发现未来几年中，被有毒物污染的湖泊和水库数量会毫无疑问的呈增加态势。有毒物质的主要影响有：使适应能力差的物种消失；毒素在湖泊沉积物和生物体内累积，这将会直接或间接地影响到人类的健康。由于原来很多的风险评估只针对已有化学物质，所以目前我们所能了解的有毒物质数量还非常少（约为 500 种），要完全解决这个问题，还有很长的路要走（每年有上千种的新化学物质问世）。

4. 水平面变化

在水的变化中，最重要的变化是水量下降。主要由以下几个方面引起。

1）湖泊水量萎缩，并（或）流入湖泊水量减少，或河流水量萎缩。

2）湖泊流入水量的分流，这些原因引起的结果有：湖泊表面积和水量的减少；沿湖泊生存群落的不稳定；湖泊生态系统结构的变化；鱼类繁殖区域缩小；湖泊水滞留时间变长（或者湖水流动率低），这些结果就会累计产生其他消极的过程（如富营养化、有毒物质的滞留）；还有水的盐分浓度加大导致人们生活用水质量下降。

咸海湖就是这个问题的最有力的证明。由于没有节制的利用流动的河水来进行灌溉，致使湖水水位下降几乎达 20m。湖泊也因此分成了一大一小的两个湖，这两个湖的总面积不到原来的一半，但盐分浓度却是 40 年前的 10 倍多（湖泊水本来源与河流，但因河流沿岸灌溉用水的增加，致使湖泊中的水外流，水位下降。原来的湖可能因地形而被隔开，在高水位情况下，看不到这一隔离带。但在低水位下，这一隔离带便会凸显出来，从而形成两个湖）。

5. 盐碱化

这个过程是湖水盐分（所有离子，不只是钠盐和氯化物）浓度的增加，主要原因：①水量的减少；②对水的过量使用（如冷却用水，灌溉用水）；③全球气候变化。

湖水的盐碱化影响有：①湖泊生物结构的巨大变化；②渔业产品减少；③生物多样性下降。

人类利用如此高浓度盐分的水也成为一个重大的问题。不过，这些问题可在湖泊的排水过程中，通过有效环境政策和农业活动的实施在一定程度上予以解决。

6. 湖泊淤积

不断增加的土壤侵蚀，如可耕地的过度或不当利用、排水系统周边的采矿或毁林，将会导致过多的土壤和悬浮颗粒沉入湖中，使沉积物快速积累，湖水更加浑浊。最直接的影响就是湖泊中有机生物数量的显著减少和生物多样性降低及渔业减产。

7. 外来物种入侵

人们有意的引进能增加渔业产量的具有重要经济效益的外来物种，已经成为一些渔民的普遍的行为。把尼罗河鲈鱼引进维多利亚湖是最典型的例子。但是有意或无意（非法的）引进外来物种会给被引进的湖泊带来可怕影响。无意的将斑马贻贝引进洱海湖和将风信子引入中国的一些湖泊，这种现象给我们呈现了一个不可忽视的案例。外来物种能驱使生态系统结构不仅在生物群落，而且在湖泊化学-物理环境产生重大变化。外来物种的主要负面影响：①本地物种的消失；②营养平衡的改变；③物种多样性的大幅度减少；④通过化学—物理的反馈过程使得湖水变得浑浊，并使得藻类进入暴发模式。

8. 过度捕捞

不可持续的捕捞活动，有时会跟其他问题一起引起渔业产量的暴跌。这种问题在非洲湖泊中日益严重，特别是维多利亚湖。

9. 致病性的污染

这个问题主要是因排放未经处理的废水或因牧场流出的废水而引发，发展中国家和发达国家都面临同样的问题。20 世纪 90 年代初，在美国密歇根湖暴发的隐孢子虫病，威胁到 40 多万人的生命。在发展中国家非自然死亡中人数中，有很多可能与使用不干净的湖水直接有关。

课外阅读

ILEC (2005) Managing Lakes and Their Basins for Sustainable Use: A Report for Lake Basin Managers and Stakeholders, 146pp. Kusatsu, Japan: International Lake Environment Committee Foundation. http: //www.ilec.or.jp/eg/lbmi/reports/LBMI Main Report 22February2006.pdf (accessed October 2007) .

ILEC and UNEP (2003) World Lake Vision: A Call to Action, 37pp. Kusatsu, Japan: World Lake Vision Committee. http: //www.ilec.or.jp/eg/wlv/complete/wlv c english.PDF (accessedOctober 2007) .

Jørgensen SE, de Bernard R, Ballatore TJ, and Muhandiki VS (2003) *Lake Watch 2003. The Changing State of the World's Lakes*, 73pp. Kusatsu, Japan: ILEC.

Jørgensen SE, Loffler H, Rast, and Strasˇ kraba M (2005) *Lake and Reservoir Mangement*, 502pp. Amsterdam: Elsevier.

O'Sullivan PE and Reynolds CS (2004, 2005) *The Lakes Handbook*, vols. 1 and 2, 700pp. and 560pp. Blackwell Publishing.

第三十六章
淡水沼泽
P Keddy

湿地是因水淹造成的，具有独特的土壤、微生物、动物和植物。由于水体中含氧量低于空气，而这些溶于水的氧气又很快被土壤微生物消耗掉，湿地土壤通常是厌氧或缺氧状态。在潮湿而缺氧的沼泽土中，大量微生物尤其是细菌会茁壮成长。这些微生物使氮、磷、硫等化学元素在不同的化学态之间转换。因此，湿地与主要的生物地球化学循环是紧密相连的。湿地植物通常具有中空的茎干，可让大气中的氧气能运送到其根状茎和根部。许多湿地动物种类已经适应了浅水环境，以及经常遭遇水淹的生境。这其中一些动物是小型无脊椎动物（如浮游生物、虾和蛤），另一些则是更大而明显可见的动物（鱼、蝾螈、蛙、乌龟、蛇、鳄、鸟和哺乳动物）。

图 36-1　水淹区中出现的草本沼泽，图中是加拿大安大略湖海狸制造的水淹洼地，在水陆界面形成草本沼泽。图片由 Paul Keddy 提供。

一、湿地的 6 种类型

湿地主要有 6 种类型：木本沼泽（swamp）、草本沼泽（marsh）、碱沼（fen）、泥炭沼泽（bog）、湿草甸（wet meadow）、浅水域（shallow water）（水生环境）。这 6 种不同的湿地类型是由于不同的水淹条件、土壤营养状态以及气候条件的组合所造成的。此外，还有第 7 种类型——含盐湿地（saline wetland），包括盐沼和红树林，这种湿地常被视为一种特殊的湿地类型。含盐湿地主要出现在沿海地区（参见红树林湿地一章），但在干旱的北美西部、北非及欧亚大陆中部等非沿海区域，如果蒸发量超过降水量，这种湿地也会偶尔出现。

木本沼泽和草本沼泽具有含砂土、粉土或黏土的矿质土。木本沼泽的优势植物为乔木或灌木（参见沼泽湿地一章），而草本沼泽的优势植物为草本植物如香蒲和芦苇（图 36-1）。这些湿地一般出现在河或湖的边缘（图 36-2），通过每年的春汛获得大量新的沉积物。草本沼泽属于世界上生物生产力最高的生态系统。因此，它们对野生生物的产生，以及为人类提供虾、鱼和水禽等食物均极为重要。

图 36-2　加拿大中部渥太华河（Ottawa River）沿岸大面积的芦苇（*Schoenoplectus* spp.）沼泽。图中具有紫色花朵的茎秆表明这一区域受到来自欧亚大陆的千屈菜（*Lythrum salicaria*）的入侵。图片由 Paul Keddy 提供。

碱沼（fen）和泥炭沼泽（bog）含部分腐烂的植物积累形成的有机质土壤（泥炭）。大多数泥炭地发生于末次冰期经历冰川作用的高纬度区域。在盐沼碱沼中，泥炭层相对较薄，可让植物长根系深入至矿质土壤之下。在泥炭沼泽中，植物是完全扎根于泥炭层中的。随着泥炭层变厚（盐沼碱沼转化为泥炭沼泽的自然过程），植物变得更依赖溶于雨水中的营养，最终形成了“雨养型泥炭沼泽”（ombrotrophic）。泥炭地中的大量的有机碳蓄积，有助于减缓全球变暖。

湿草甸（wet meadow）出现在部分季节遭受水淹而另一些季节处于潮湿状态的区域，如河岸和湖滨。湿草甸通常具有较高的植物多样性，包括食肉植物（carnivorous plant）和兰科植物等。具体而言，湿草甸包括湿草原（wet prairie），沙丘之间的沼泽，以及湿润松林稀树草原（wet pine savanna）。在仅仅 1m^2 的湿润松树稀树草原中植物的物种数高达 40 种，100ha 的湿润松树稀树草原中的植物种类可达数百种。

水生湿地（aquatic wetland）由水覆盖，这里的植物通常扎根于沉积物中，但叶子伸展到空中。浅水区的禾草（grass）、莎草（sedge）和芦苇（reed）的植株挺出水面，而具有浮叶的睡莲和眼子菜则在深水区中。水生湿地为鱼类和迁徙水鸟的繁殖提供了重要的栖息地。动物可以自行建立水生湿地，如海狸会堆建水坝使河谷充满水，鳄鱼会在草本沼泽或湿草甸中挖掘一个个小水池。

二、草本沼泽的分布

在所有受水体影响的土壤区域中都可能出现湿地。湿地不仅种类多样，它们的大小和形状也是千变万化。湿地包括沙漠中的小水池和山边的渗流区，它们或者在大型湖泊的两岸形成长而窄的条带（图 36-3），或者形成大面积的河漫滩（图 36-4）和美国北部平原（northern plain）的广阔区域。世界上面积最大的两块湿地（面积大于 750 000km^2），分别是西西伯利亚低地和亚马孙河流域。西西伯利亚低地主要由盐沼碱沼和泥炭沼泽组成，但其河流沿岸尤其是南部区域也分布着草本沼泽（图 36-5）。亚马孙河流域是一个具有淡水木本沼泽和草本沼泽的热带低地，其树木和鱼类的种类堪称世界之最。

图 36-3　在狭长半岛背风面，由莎草、禾草和非禾本草本植物构成的沼泽，延伸到密歇根湖（美国五大湖之一）中。图片由 Paul Keddy 提供。

三、至关重要的因素——水

水对所有湿地而言都是至关重要的因素。水淹时间的长短是决定湿地类型最重要的因素。水体到达湿地的方式可能是短时间脉冲式的河水泛滥或降

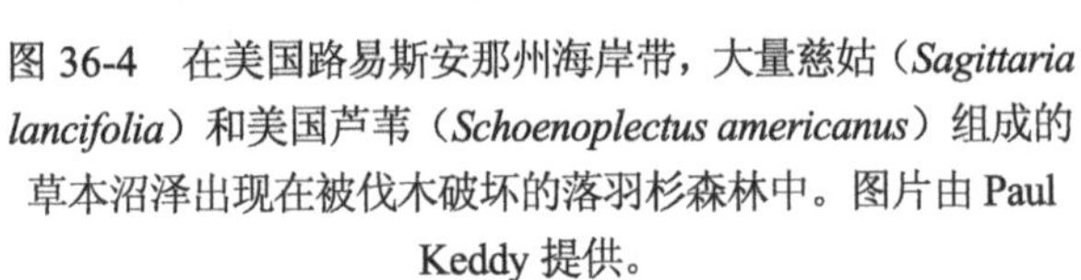

图 36-4　在美国路易斯安那州海岸带，大量慈姑（*Sagittaria lancifolia*）和美国芦苇（*Schoenoplectus americanus*）组成的草本沼泽出现在被伐木破坏的落羽杉森林中。图片由 Paul Keddy 提供。

图 36-5　世界上最大的湿地西西伯利亚低地。虽然该湿地大部分为泥炭地，在河道沿岸尤其是在南部区域，仍有草本沼泽出现。图片由 M. Teliatnikov 提供。

水，也可能是缓慢但稳定的渗流。每个入流方式造就了不同的湿地类型。为了更好地理解湿地，我们将用 4 种具不同水淹情势的湿地作为例子进行说明。

1）*河漫滩*（floodplain）。每年的脉冲式洪水会淹没沿河岸的湿地（参见河岸湿地一章）。这些脉冲式水流可能使大量沉积物和刺激植物生长的溶解营养物沉积下来。在河漫滩（参见河漫滩一章），动物的生命周期通常与洪水的时间精确匹配。鱼类在洪水撤退后的温暖浅池中觅食和繁殖。鸟类需要确定筑巢的时间，以便用洪水退去后留下的鱼和两栖动物来喂养幼仔。草本沼泽常与木本沼泽混杂在一起，这种情况也是由于水淹的持续时间所造成的（图 36-6）。早期的人类文明通常在这类栖息地上发展起来的，例如，在尼罗河、印度河、幼发拉底河和黄河的沿岸，每年的洪水都能为土壤提供施肥和自由灌溉。

图 36-6　北美洲沿海平原南部的草本沼泽可能是单一的优势种柳枝稷（*Panicum hemitomon*）。该沼泽占据了美国路易斯安那州一片落羽杉湿地的空地。图片由 Cathy Keddy 提供。

2）*泥炭沼泽*（peat bog）。一些泥炭沼泽只能通过降雨获得水分。结果，这些水体移动速度很慢，也因此仅包含非常少的营养。所以，这一类湿地的优势植物类型通常是生长缓慢的苔藓和常绿植物（参见泥炭地一章）。这些湿地的大多数都出现在受冰川景观影响的偏远北方。目前，人类已从泥炭开发出许多用途。在爱尔兰，泥炭被切块作为燃料；在加拿大，泥炭被收集起来包装后出售给园丁；在俄罗斯，泥炭作为发电厂的燃料。泥炭沼泽的边缘可能出现草本沼泽，因为径流或营养更丰富的河道带来了养分的积累。

3）*渗流湿地*（seepage wetland）。在坡度较小的地区，水体通过土壤缓慢渗入。在北方冰川景观，这种渗流会形成泥炭沼泽，具有独特苔藓和其他植物，并在特殊的平行山脊中发育。而在更南部的区域，渗流可能形成食虫植物的稀树草原或湿草原（wet prairie）。通常这些渗流区面积较小（范围大约只有几公顷），但对于该区域而言却相当重要，因为它们为珍稀动植物提供了栖息地。当水流相当充足时，浅层水在一个区域内可以跨景观流动，即出现片流现象，渗流区面积也可能较大。广阔的埃弗格莱兹沼泽（everglade）及其特殊动物，就是由佛罗里达州中南部南朝大海的奥基乔比湖（Lake Okeechobee）的湖水所形成的片流而造成的。

4）*季节性湿地*（temporary wetland）。在许多地方，强降水或雪融都会形成小型的季节性（或短期的）水池。这些水池在各地有不同的称呼，如春池（vernal pool）、林地池塘（woodland pond）、盐湖（playa）或壶穴（pothole）等（参见间歇性水体一章）。这些水池中的水生生物被迫将其生命周期与水位状况密切匹配起来。蛙和蝾螈的许多品种就在这类水池中繁衍，其幼仔必须在池塘干涸前完成变态发育（metamorphose）。湿地植物可能会产生大量的种子，这些种子将一直休眠到下一个雨季重新形成水池之时。

水对湿地会产生极重要的影响，当水位变化时湿地的植物和动物群落也会发生相应的改变。在典型的滨海沼泽（shoreline marsh），植被具有独特的植被分带（zonation），不同的植物分别占据不同水深的地带（图 36-7）。大多数动物，包括蛙类和鸟类，对水深也有各自的偏好。涉禽（白鹭、朱鹭、苍鹭）由于腿的长度不同，因而在不同深度的水中寻找食物。鸭子、鹅和天鹅则因其颈部长短的差异而在不同水深处觅食。一些水鸟（琵嘴鸭、火烈鸟）从浅水区滤出微生物为食，而另一些水鸟（鸬鹚、潜鸟）则在水表面更下方处取食。一些鸭类喜欢植被密集的湿地，而另一些则更喜欢开阔的水域。因此，即使淹水时间或水深的微小变化都会对动植物群落造成巨大差异。

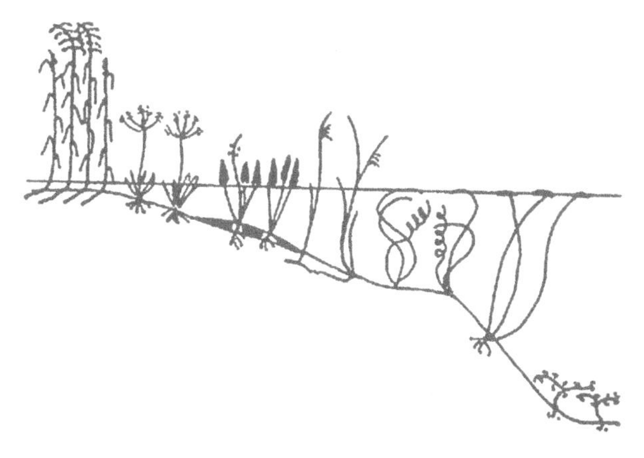

图 36-7　不同湿地植物耐受不同的水位。因此，随着水位由浅（左边，季节性淹水）至深（右边，长期淹水）的变化，植物在不同分带出现。图片由 Rochelle Lawson 提供。

许多沼泽植物通过中空的茎干（shoot）以适应水淹条件，这样可将氧气运输到根际。允许氧气流通植物组织称为通气组织（aerenchyma）。氧气不仅能通过扩散进行移动，还有很多方式让氧气移动更快，如通过大型的无性繁殖植株从一个幼枝进入另外一个。因此，植物在氧化根际土壤过程中发挥着重要作用，并使独特的微生物群落得以形成。一些沼泽植物还有浮叶（如睡莲），或者甚至完全浮于水面（如浮萍）。世界上最大的浮叶（图 36-8）是亚马孙王莲（*Victoria amazonica*）的叶子。庞大的叶片直径可达 2m，圆周的叶缘直立。叶缘有两个缺口可让叶表面的水流出，并有许多巨大的刺保护叶片水下的部分。

图 36-8 亚马孙王莲具有湿地植物中最大的浮叶。注意叶片背面突出的肋状叶脉。图片由 Corbis 提供。

四、影响湿地的另一些因子

1. 营养

一般情况下，影响沼泽植物生长的主要营养成分是氮和磷。如上所述，洪水脉冲带来了河道的沉积物，产生了特别肥沃且生产力高的沼泽。因而河漫滩可以被视为营养供应梯度一个自然极端。另一极端是泥炭沼泽，部分或完全依赖于降雨，因此接受了较少的营养。泥炭藓很好地适应了泥炭地，一般由大量的泥炭组成。在自然极端的河漫滩（高营养）与泥炭沼泽（低营养）之间，可以排列出大多其他类型的湿地。植物的类型及其生长速率都取决于这个营养梯度，但大多沼泽通常在更肥沃的条件中出现。

提高营养能提高生产力，但另一方面通常又会减少植物和动物的多样性。一般，高生产力随之带来的是少量的优势种。当大量的常见种出现时，罕见物种就消失了。人类常常提高流域和湿地的营养水平，从而改变了当下物种类型并减少了其多样性。众所周知，食肉植物能够耐受低营养水平，因为它们可通过猎物获得营养补充。常见的例子有猪笼草（*Sarracenia* spp.）、狸藻（*Utricularia* spp.）和捕虫堇（*Pinguicula* spp.）。香蒲（*Typha* spp.）和某些禾草植物（如 *Phalaris arundinacea*）之所以特别有名，就是因为其生长速率高，而且在更高营养水平下能成为湿地的优势种。

2. 干扰

干扰可狭义定义为从植物中清除生物量的任一因素。在沼泽湿地中，干扰源包括湖泊的波浪、火灾、放牧，或冬季冰冻的刨蚀（北方）。干扰的主要效应之一就是在植被中产生了林隙，这样新的植物就能从深埋的种子复苏出来。大多数沼泽都埋有大量的种子，密度大于 1000 颗/m^2。干扰之后，一些沼泽植物也从深埋的根状茎中重新出现。因此，周期性干扰对沼泽湿地的产生有重要作用。

尽管看上去在湿地发生火灾是不可思议的，但事实上在旱季湿地中经常发生火灾。北方泥炭地、湖滨的香蒲湿地、湿草原及稀树草原的渗流区都会在适当的条件下燃烧。在北方泥炭地，一场大火可以在几天内烧尽几千年积累下的泥炭，甚至可能使深埋在泥炭下的岩石和山脊露出。在草本沼泽中，火会选择性地清除灌木和小乔木，以防止草本沼泽变成木本沼泽。在埃弗格莱兹大沼泽地，火烧所产生的抑制效应甚至可使草本湿地返回到水生条件。

以植物为食的动物通常只会造成小型的局部影响。例如，食睡莲的麋鹿、食草的麝鼠或食水葫芦的河马。通常，叶片被取食的小斑块很快就被新的植物生长所填补。但当食草动物数量过大时，它们也可能彻底摧毁湿地植被。在北美洲北部的哈德逊湾（Hudson Bay），加拿大雁（*Branta canadensis*）数量太多，导致广阔的沿海湿地植被都被清除。在北美洲南部沿墨西哥湾，一种引进的哺乳动物海狸鼠（*Myocastor coypus*）同样也消除了沿海湿地植被使其成为滩涂。在某种程度上，食草动物造成的干扰只是一种自然现象，具有历史周期性。然而，上述的两个例子，猜测是由于人类大规模的过度放牧所导致的（参见下文）。

周期性干旱有时也可能是类似自然干扰的作用，例如，杀死成年植物使深埋的种子有机会重建新的物种。春池和草原地壶（prairie pothole）的一些植物和动物物种都能适应这种周期性的干扰。

五、湿地的动植物多样性

湿地对生物多样性保护而言相当重要。湿地的高生产力提供了丰富的食物，湿地的水也被视为重要的附加资源。因此，湿地通常分布着大量的动物和涉水鸟类。例如，欧洲南部的卡玛格湿地（Camargue）一直被视为欧洲的埃弗格莱兹。这两个地方都有鹳和火鹤等涉水鸟（图 36-9）。大量其他的物种包括鱼、蛙、蝾螈、龟、短吻鳄（图 36-10）、鳄鱼和哺乳动物，都需要全年或至少部分时间的水淹。如果湿地干涸，所有依赖这一环境的物种都将会消失。

扫一扫看彩图

图 36-9 沼泽湿地为许多涉水鸟提供了必需的栖息地，图中是新加坡裕廊飞禽公园的火烈鸟。图片由 Corbis 提供。

扫一扫看彩图

图 36-10 短吻鳄是受益于湿地保护的许多物种之一，图中显示的美国佛罗里达州洛克萨哈奇国家野生动物保护区埃弗格莱兹大沼泽。图片由 Paul Keddy 提供。

然而，并非所有湿地都支持同样的物种。通常，正如"干扰"部分所提到的，水位或营养的微小差异都将造就独特的湿地类型。因此，水位和肥力多变的湿地所孕育的物种数远多于条件均匀的湿地。例如，在亚马孙河的河漫滩，不同的水淹情形造就了不同的木本沼泽、草本沼泽、草地和水生群落，相应形成了各自的动物物种构成。同样在五大湖区，不同的水淹时间产生了不同类型的湿地，从深水区的水生环境到浅水区的草本沼泽和湿草甸。某些蛙如牛蛙就需要更深的水域，而另一些如灰树蛙（gray tree frog）则需要灌木环境。

六、人类的影响

总体而言，人类在过去、现在和将来都会对湿地产生持续而严重的影响，草本沼泽尤为明显。人类所造成的影响包括排水、筑坝、富营养化和改变食物网等。接下来我们将依次讨论这些影响。

人类对湿地最明显的影响之一就是排水。当湿地排水后，土壤就被氧化，陆生植物和动物将取代湿地植物和动物。通常，湿地排水后就被转换为农业用地或人类居住地，这将使曾经存在的湿地彻底消失。在欧洲、亚洲和北美，有大面积农田曾经都是湿地，如今这些区域已彻底成为供人类种植食物的农田。现在，许多国家都已立法来保护湿地，以避免被进一步开发，尽管世界上不同地区提供的保护程度和执行的力度有所差异。此外，湿地也通常被包含在国家公园和生态保护区范围内。

大坝的建造也会对湿地产生严重的负面影响。建造堤坝可能是为了防洪、灌溉或发电。大坝上游的湿地会因长时间的水淹而遭受破坏，而下游的湿地则会因缺乏正常的充水而瓦解。因此，仅仅一个大坝就可以影响大面积的湿地。湿地损害的程度取决于大坝后方水库水位波动的模式，但总的来说，不论是大坝上游还是下游都会有大面积的湿地丧失。周期性洪水带来的能滋养并扩大湿地的沉积物被拦在了水坝后方。现在，世界上大多数大型河流已经明显受到大坝的影响。为了保护湿地，有必要确定哪些仍然处于相对自然状态的河流并避免更多的水坝建设所带来的影响。在另一些例子中，拆除大坝并回复其自然过程也是可能的。防洪堤可以视作一种特殊的大坝类型，它与河流平行建造，以防止洪水淹没附近的土地。防洪堤由于阻止了每年的洪水，并允许农田和城市扩展到河漫滩，从而也破坏了湿地。

人类也可以通过改变水体的营养而影响湿地。城市污水提供了一个特殊的营养"点源"，特别是氮和磷，进入河道然后扩散到湿地。诸如农业和林业活动也提供了营养物质的"面源"，大面积的径流携带着溶解的营养，而这些营养附着于黏土颗粒并进入水体或其毗邻的湿地。这些添加的营养物质可以刺激植物生长，这看似有益，但它往往导致生物区系的重大改变。适应低营养的珍稀动植物被更适应肥沃条件的常见动植物所取代。藻类快速生长，随后腐烂，这将消耗湖泊中的氧气，造成鱼类的死亡。因此，保护湿地的品质需要从两个方面下手。首先，必须建设污水处理厂来控制明显的污染点源。其次，必须仔细从整个景观角度进行保护，多方面着手减少径流中的营养。具体包括小心控制作物的施肥的时机，维护河道沿岸的自然植被区域，使家畜远离河谷，减少新建的伐木道路，以及避免在陡坡建造建筑物。

在湿地中食草动物是很常见的，这是能量从植物流到食肉动物的自然部分。常见大型食草动物包括麋鹿、雁、麝鼠和河马等。人类破坏食草动物和植物之间的自然平衡会破坏湿地。食草动物可以通过许多方式增加破坏水平。当人类引进新的食草动物物种时，植物被破坏的比率可能大大增加。例如，从南美引入的海狸鼠对路易斯安那州沿海湿地造成了明显破坏。当人类减少对食草动物的捕食时，这些食草动物会增加到高于自然水平。杀死短吻鳄会让食草动物如海狸鼠达到更高的种群密度，这将破坏湿地；同样，天敌丧失也是加拿大雁成倍增长的原因之一，从而破坏哈德逊湾的湿地。也有证据表明，当人类收获蓝蟹后，易被蓝蟹吃掉的蜗牛开始大量繁殖，并破坏沿海沼泽。这类影响研究起来很困难，因为这些影响可能是间接的，而且持续很长时间。

破坏湿地的最后一个原因是道路网络。道路造成的明显影响包括填平湿地，阻碍水体的横向流动。除此之外，还有许多其他的影响。两栖动物为到达繁殖地横跨道路进行迁移时，大量动物将被汽车杀死。在北方气候中，放置于公路上作为除冰剂的道路盐可能流入邻近的湿地。蛇可能会被道路上的热沥青黏住而被过往车辆杀死。入侵植物物种可沿着新建的沟渠达到更多地方。总的来说，道路通过加速森林砍伐、农业、狩猎和城市的发展而改变景观。因此，一个区域内湿地的质量与两个因素密切相关：道路的丰富度（负面影响）和森林的丰富度（正面影响）。尽管不明显，但停止道路建设（或去除不必要的道路）和保护森林（或重新造林）都可能对一个区域的所有湿地产生重要影响。

七、湿地恢复

在过去几千年中，人类已严重破坏了湿地，而随着人口的增加和技术力量的发展，这种破坏仍在加剧。在前面的几节中我们已经看到了一些被破坏湿地的案例。为了应对这些过去的滥用，人类开始自觉地重建湿地。我们已付出越来越多的努力来创建新的湿地，同时保护现有湿地。莱茵河（Rhine River）和密西西比河（Mississippi River）的一些堤坝已被拆除，让洪水重新到达，并让湿地恢复。在高度开发的地区，采矿后留下的荒地或有意建造的湿地，都可以通过充水而恢复小型沼泽湿地。我们应当更谨慎地管理大坝和道路的建设。

湿地的未来将取决于人类两方面的行动：成功保护现有湿地免受破坏，同时成功恢复已被破坏的湿地。表 36-1 中列举的世界上最大的湿地为全球的保护行动提供了一系列重要目标。

表 36-1 世界上最大的湿地（面积以 $1000km^2$ 进行四舍五入）

排名	大陆	湿地	描述	面积（km^2）	来源
1	欧亚大陆	西西伯利亚低地	盐沼、泥炭沼泽、泥沼	2 745 000	第 2 章 Solomeshch
2	南美洲	亚马孙河流域/盆地	稀树草原、有森林的河漫滩	1 738 000	第 3 章 Junk 和 Piedade
3	北美洲	哈德逊湾低地	盐沼、泥炭沼泽、草本沼泽、木本沼泽	374 000	第 4 章 Abraham 和 Keddy
4	非洲	刚果河流域/盆地	盐沼、湿草原、沿河林地	189 000	第 5 章 Campbell
5	北美洲	马更些河流域/盆地	盐沼、泥炭沼泽、草本沼泽、木本沼泽	166 000	第 6 章 Vitt 等
6	南美洲	潘塔纳尔湿地	稀树草原、草原、沿河林地	138 000	第 7 章 Alho
7	北美洲	密西西比河流域/盆地	洼地硬木林、草本沼泽、木本沼泽	108 000	第 8 章 Shaffer 等
8	非洲	乍得湖盆地	草灌木杂生稀树草原、灌木草原、草本沼泽	106 000	第 9 章 Lemoalle
9	非洲	尼罗河流域	木本沼泽、草本沼泽	92 000	第 10 章 Springuel 和 Ali
10	北美洲	草原地壶	草本沼泽、草甸	63 000	第 11 章 van der Valk
11	南美洲	麦哲伦沼泽	泥炭地	44 000	第 12 章 Arroyo 等

注：改编自 Fraser LH and Keddy PA（eds.）（2005）The World's Largest Wetlands：Ecology and Conservation. Cambridge：Cambridge University Press。

八、小结

沼泽因水淹造成，因此具有独特的土壤、微生物、植物和动物。土壤通常是厌氧或缺氧状态，大量的微生物尤其是细菌，将氮、磷、硫等元素在不同化学态之间转换。沼泽植物通常具有中空的茎干，能使大气中的氧气运送到它们的根状茎和根部。沼泽是世界上生产力最高的栖息地之一，孕育了大量的动物，包括从鱼和虾，到鸟类和哺乳动物等。草本沼泽是六种湿地类型之一，其他的还有木本沼泽、盐沼、泥炭沼泽、湿草甸、浅水域。人们可以通过排水沟渠、运河、大坝或防洪堤改变湿地水位，进而影响湿地。其他的人类影响可能因污染带来营养物质增加，过度捕捞特定物种，或在区域内建设道路网络等。

参考章节：河漫滩；红树林湿地；泥炭地；河岸湿地；温带森林。

课外阅读

Fraser LH and Keddy PA（eds.）（2005）*The World's Largest Wetlands：Ecology and Conservation*. Cambridge：Cambridge University Press.

Keddy PA（2000）*Wetland Ecology*. Cambridge：Cambridge University Press.

Middleton BA（ed.）（2002）*Flood Pulsing in Wetlands：Restoring the Natural Hydrological Balance*. New York：Wiley.

Mitsch WJ and Gosselink JG（2000）*Wetlands*，3rd edn. New York：Wiley.

Patten BC（ed.）（1990）*Wetlands and Shallow Continental Water Bodies*，*Vol. 1*：*Natural and Human Relationships*. The Hague：SPB Academic Publishing.

Whigham DF，Dykyjova D，and Hejnyt S（eds.）（1992）*Wetlands of the World 1*. Dordrecht：Kluwer Academic Publishers.

第三十七章

温室、微型和中型生态系统

W H Adey，P C Kangas

一、前言

生态系统是共同生活在一起且彼此及其与环境之间相互作用的生物集合体。尽管维度是可选择的，从生物圈、生物群落，到一块地或池塘，但生物多样性和生物地球化学的时间稳定性却隐含其中，每一物种的基因组中存在遗传信息，因此具有复杂食物网和生物物理（化学）关系的生态系统是自组织的。即使在空间上界限分明，生态系统也不是封闭的。至少，它们易受能量输入及其与相邻生态系统能量和物质交换的影响。通常，生态系统能够说明其与相邻生态系统生物交流的复杂性及交流中所包含的繁殖和周期性阶段。

温室中生态系统的发育意味着生态系统是由日光驱动的，因此没有比海洋透光层更深的生态系统存在，尽管原则上认为其可适应于深海生态系统。温室布置一般要求空间限制，对很多物理和生物因子而言，为模拟缩放模型非常必要。在一些情况中，缩放是直观的。在某些情况下，与模拟函数相比，其必须通过反复试验才可得到经验性的证据。所有后续研究都证明了这一缩放实践的必要性。生态系统与相邻生态系统正常的生物化学和生物交换也一定要进行模拟研究。

在温室内为试验或教育目的而构建或培育生态系统的理由千差万别，从强大的资金支持，到多数科学家的努力，再到课堂水族馆或陆地动物饲养所的需要等。尽管很多具有开拓性的研究领域对这一生态系统的命名极其不同，如综合生态学、生态工程、控制生态学、密闭系统生态学和生态系统建模等，但系统本身可被称为生命系统模型、微型生态系统、中型生态系统、大型生态系统、eco taria（生态田地）、生命机器和封闭生态生命支持系统（CELSS）等。

本章中，我们的讨论仅限于那些严谨的研究工作，这些研究工作付出了巨大的努力，以期使生物多样性、食物网和共生关系及生物地球化学作用等与模拟自然生态系统相匹配。根据定义，这种系统无法被密闭。不过，其与相邻生态系统生物和生物地球化学的相互交换是已知的。在野外研究中，我们不仅要了解这些已知的相互交换，而且还要对其模拟，以使模拟生态系统的基本功能特征得以维系。

为了阐明生态系统功能组分，人们已对数量非常有限的生物多样性进行了研究，在 1L 或几升维度的微宇宙尺度上，这样的研究成百上千，且常与有毒化合物的影响有关，但能被视为生态系统模型的研究却非常罕见。另一个极端是 20 世纪 80 年代和 90 年代在亚力桑拉州（Arizona）开展的生物圈 2 号（Biosphere Ⅱ）计划，对这一最复杂生态系统进行模拟研究也许是史无前例的。生物圈 2 号是生态上缜密构想的陆地与海洋和淡水生态系统相互作用的集合。然而，因为未来的空间站计划，它有意被作为一个密闭的生态系统运作。几十年前，生态学家普遍认为，尽管温室圈内可提供控制变量的关键要素，但因操作难度太大而无法构建生态系统模型。如下面的案例，这一观点只有最低限度的准确性，其严重性也许比不上因开发或农业扩张而造成的自然生态系统的崩溃。人类的扩张和扰动已极大地改变了地球上的多数陆地生态系统，且至少以较小的方式对所有生态系统产生了影响。事实上，整个生物圈置于一个可操作的温室中，大气为其上层的“玻璃”罩。那些反对将生态系统温室圈用于科研和教学的观点是不正确的。它仅仅是一个我们试图了解的生物与生物地球化学相互作用复杂谱的一端。的确，在很多方面，这一模式的生态系统也许比其对应的自然生态系统更“纯净”。

二、物理（化学）控制参数

1. 外壳

相对于其物质和能量控制参数，生态系统外形至关重要。在水生系统中，生态系统的基本特征由水体的相对深度及其与水底的相互关系共同构建。水体的绝大部分可被真正的浮游生物主导，它们大多数悬浮在中层和表层水域，几乎不受深层（或底层）水域的影响，然而，在几米深的浅溪或狭窄潟湖中，浮游生物的生活却由底栖生物主导。水生生态系统的光线只能通过大气-水界面进入，相对深度和浊度、生态系统的光合和异养特征由封闭的水体形状决定。在任何模型中，相对于水生群落位置及其方位，通过水生系统的水流方向和波动对模拟至关重要。而相比森林或领地的大小，风向及其发生频率和强度也对系统功能至关重要，因为它们是这种生态系统实际体积和密度的塑造者。

体积为 40（10 加仑）～1000L（250 加仑）的所有玻璃或丙烯酸水族箱，是陆地和水体生态系统建模的标准设备，通过钻孔连上管子，并将所有玻璃桶连接为复杂列阵后，可相当准确地对自然生态系统的很多方面进行模拟。

模塑玻璃纤维水桶，或混凝土或水泥砖水箱，经过各种密封剂密封后，对模拟大型系统有很好的优势。

理想情况下，生态系统密封罩犹如数学建模者的边界，理论上的边界可对交换进行控制但其没有任何固有的特点。外壁，无论其本质是什么，如果不是为了防止生物体和有机分子利用其表面，阻挡疾风闪电，则将其纳入模型之中都是可以的。对一个小的浮游生物系统的模型而言，未清理外壁的存在可能阻止以浮游生物为主导的系统。在某种程度上，外壁也可与生态系统本身所包含的水和大气相互作用。在这一方面，玻璃和许多塑料是理想的外围壁材。

温室的墙体及顶部可以阻挡紫外线，对多数生态系统模型而言，为了达到自然光的强度及其真实光谱，人造光是必不可少的。对大型系统而言，加固的混凝土或水泥砖是非常有价值的建筑材料；然而，混凝土可与水、大气发生相互作用，这成为二号真实光谱的限制条件之一（描述如下），因此必须用仔细筛选的树脂如环氧树脂或者其他考虑的树脂进行密封（图 37-1）。

图 37-1　佛罗里达沼泽地施工期间的中型生态系统。

使用丁基橡胶衬里的混凝土砖墙体来限制整个生态系统，以及从物理上隔开盐分次组分（的渗透），从而生成一个盐度梯度。右下方的塑料盒里放的是潮汐控制器，用来确定河口的潮位（有一个中心舱以及背后四个更小的单位），建筑中使用的很多化学元素和化合物是有毒的，其中的一些毒性比较微弱，小剂量地被生物体吸收而组成自身的元素，而过量会产生毒性。另外一些常常有毒害性，其浓度决定其毒性大小。玻璃、丙烯酸树脂、环氧树脂、多元脂、聚丙烯、聚乙烯类、尼龙、聚四氟乙烯及硅酮，它们是建模/温室建造中常用的结构材料。如果经过合理地处理，那么这些材料普遍具有惰性，即使不能被生物降解也没有毒害。很多金属和有机添加剂很容易进入施工流程，因此必须避免或者将其隔离。

2. 物理（化学）环境

生态系统中的许多物理（化学）参数，如温度、盐度、酸碱度（pH）、硬度及含氧量，或多或少被接受是至关重要的。其他如光、风、潮汐、海流及波浪作用等常被忽视，或者最低限度考虑它们对生态系统模型的影响。

3. 光

整个群落或部分生态系统，植物是主要的组成成分，通常在光合作用中能捕获最大达 6%的入射光能。然而，要达到峰值的能量转移常需要全日照。当存在像风和波浪这样的动力能的时候，可能达到更高的捕获效率。很多情况下，如果温室屋顶不能打开，必须要介入人造光以获得正确的光谱和强度，从而产生该模拟生态系统的初级生产特征。

4. 供水系统（水环境）

无论是规划陆地还是水生生态系统，水的供应和内部传输都是至关重要的。空气和水处理系统需要精心设计以防止水污染。由于水的封存和损失或多或少是不可避免的，初始水和加满后的水质必须小心控制。自来水很少能被接受。水是万能溶剂，不管以液态还是气态的形式，通常能“隔绝”空气。温室中的多数生态系统需要专门检测和控制大气和水的质量。水生植物管理系统，如海藻坪洗涤器（ATS），成功地用于治理临近生态系统的水质，就像我们之前描述过的例子。这样的系统也可以控制大气质量（图 37-2）。

图 37-2　佛罗里达沼泽地中型生态系统中的红树林群落的控制板。上部中心的大风扇为红树林群落提供风。右下角的箱体是五个海藻洗涤器中的一个，它们是用来控制系统中水质的养分、pH、氧气的含量。

5. 水分和空气流动

实际上所有的水生态系统中，水是流动的，在多数浅水系统水也是有波动的。在模型中，对起初水是由泵工作来说，水的流动和波动是变化的。然而，标准的叶轮泵摧毁或伤害了很多浮游生物，尤其是大型浮游动物和会游泳的无脊椎动物的幼体。有些措施可以有效地解决这一问题，包括移动缓慢的活塞泵、隔膜泵，以及阿基米德螺旋抽水机（图 37-3）。虽然其相对性能没有完全量化，但是所有这些设备均可以较好地完成工作。

图 37-3 佛罗里达沼泽地中型生态系统中的工程/控制板。中部绿色斜放的管子是一台阿基米德螺旋抽水机，其作用是将沿海槽（右边稍远的位置）中的水升高，然后将之分配至河口区（右边后部）、ATS（左边最显眼的位置）以及水波产生器（视线之外的右下角）。

在陆地环境中，风扇及空调所作用的冷热表面对飞虫和鸟类有同样的影响。另外，在自然环境下，紫外线、风和雨对于植食者具有决定性的控制作用，这些因子不能被忽略。

三、生物因子

1. 生态系统的构成元素

一些生物体群落是由物理元素，如沙滩或岩石构成的。然而，在多数陆生环境和许多较浅的水生环境中，植物和藻类是其构成元素。它们不仅提供食物、水和大气，也极大地增加了表面积和盖度。一般而言，植物也提供一个空间异质性（空间曲面），不存在于物理世界。尤其是在海洋环境，钙化增强，许多动物和植物共同组成一个群落结构，该结构包含了珊瑚礁或者贝壳框架。该结构以碳酸钙（或其他有机固体如石鳖）代替了（或者共存）植物纤维素。对于在建的任何活的生态系统，这些结构元素作为物质环境形成后优先形成的“殖民”阶段是必不可少的。

2. 生态系统子单位

在温室生态系统的建设中，会用到子单元的装置。然而，在这些子单位中，单独提取和放置成百上千的物种，总计可达数百万的个体是不太可能的。原生生态系统子模块的装置包括小物种，同时要维持它们关系的完整性。例如，土块，或者海洋或水生生境，泥浆或石块，可以引入到模拟生态系统的早就存在的物理（化学）元素中。

将石块、土壤、泥浆，或者“浮游块”组装到一起需要进行重复的工作。这些工作在系统建设期间应该定期进行；在建设结束之后应该进行一些最后的填充。切割的过程中，或以其他方式提取，生态块或生态系统子单元及将之运送到待机模块，对于生物体群落都是有压力的。尤其是在模型中，局部会遇到如下情况，即至少最初是由原生的，没有经过生物体功能群改良的物理（化学）环境组成的。最初的局部封闭可能会丢失物种。然而，伴随着每次添加，繁殖成功的物种多样性开始增加。

所有的生态群落都是拼凑而成。一座岛屿，珊瑚礁，一个大盐沼，一块田地，甚至一处森林，所处都是不同的。生物体定居过程中的机会因子，物种之间正面和负面的相关关系，环境的局部效应，以及环境的真实差异（波光、电流等）均会导致群落中的斑块分布。模型构建者希望能代表多数原生缀块的模型本身，不管其多精确，本身就是一个拼块，或者是几个拼块。

结构元素确定之后，群落中的整个有效物种库，如果有机会进入模型，模型会进行自组织。其组成物种以基因编码的形式，关于其结构和功能，生态系统携带着巨大的信息量。尤其是我们对这些信息了解很少，我们应该不愿意去破坏生态系统的自组织（图 37-4）。

图 37-4 佛罗里达沼泽地中型生态系统建立一年后的盐沼群落。左边是年幼的红树林。系统经过自组织 5 年后演替为红树林/北美悬铃木沼泽。

在模型被很好地了解之前，坚持原来的密度水平有助于防止饲养过量、过度放牧以及过度捕食。单一物种可以选择执行某一功能，只有在不超过生态系统密度要求时才有实现繁殖密度。一般而言，任何单一物种的种群数越大，繁殖成功率越容易实现。

3. 生态系统交流（互换）

然而，没有（任何一个）生态系统会被完全隔离，它总有一个任意的边界。很多情况下，如果这些边界是任意的，相邻生态系统肯定存在相应的生存效应。例如，珊瑚礁和多数浅水的底栖群落在很大程度上依赖于相邻的开放的水体，水体又为它们提供食物、氧气以及波流的“驱动力”。一个典型例子：水族馆（鱼缸）的核心元件——过滤器，被设计成更大，更少的动物密度，以满足已经经过设备过滤的，或者深水区域丧失有机粒子的相邻开放水域的所需。然而，这一过滤器在很大程度上替代了模拟的多数群落中植物的作用。遗憾的是，使用过滤器的过程中，它们不会像植物一样产生氧气，而且它们提高了养分水平。细菌的和泡沫层析法可以移除有机颗粒，包含繁殖期在内的浮游生物应该是生态系统功能的一部分。管理型的水生植物系统，如海藻坪洗涤器（ATS），已经成功地用于管理相邻生态系统的水质，对此我们已经列举了很多例子。

对于系统交换来说，尽管陆地生态系统没有什么困难，却对于生物的交换（交流）的模拟尤为重要。例如，鸟类和哺乳类常因生态系统产生季节性甚至日变化，该影响可能是至关重要的。很多昆虫是季节性的，一些生活史很短，经常跨越生态系统边界。很多情况下，可能会通过人类管理提供这些交互作用。然而，某残遗种保护区，或交替的生态系统对于实现真实性是必要的。

四、操作规则

成功的密闭生态系统运行需要对大量的物理和化学因素的监测。在一定程度上，这一操作可以通过电子传感器实现自动化，而数据的记录则可以通过电脑系统来控制。尽管每周一次的分析对于良好运行的系统已经足够了，但是一些化学参数仍然需要湿法化学。像任何一种复杂的实验设备（如扫描电镜），都需要专注且训练有素的技术人员来管理监测设备，虽然在一个调试好的系统里，有相当多的时间可以做别的。

一个很少被大家讨论到的活动特性，而在实践中通常是轶闻的，即人口的不稳定性。一个中型生态系统，实际上，只是一个大生态系统中一个几平方米的斑块。自然环境下，一个几平方米的生态系统受制于短期的变异性，即使在某些程度上，数平方公里的大生态系统中由于其平滑效应可以达到稳定性。

微型和中型生态系统要求生态学者要充分了解野生型系统的“常态”（标准）群落结构。实际上，生态学家（操控者）履行着最高也是最杂食性的捕食者职责。在藻类或昆虫“暴发”的情况下，捕食者的功能尤为明显，其需要进行每周一次的收割或放牧（即人工放牧或收割），直到暴发的趋势消退。其他情况下，短期内引进捕食者使其充当有限的收割或放牧角色也是相当成功的。这些管理式的捕食者可以保存在残遗种分布区内，随时提供此类服务。

五、案例研究：珊瑚礁微生态系统

图 37-5 显示的是加勒比海珊瑚礁生态系统模型，其可以从南向北纬 37.5°一侧获得自然光照，代谢单元有 160W 高频的荧光灯（与热带的强度匹配），循环中带有日峰值强度约 800μE/(m^2·s)和每天为 220 兰利氏的总入射光（图 37-6）。海藻洗涤器，到了夜间，就有三个 100W 的金属卤化物灯在照射着。此讨论代表了 9～10 年间操作积累的数据。

代谢单元中的微生态系统的物理和化学元素已被测定，其非常契合圣克罗伊岛的模拟（表 37-1）。小型生态系统的 pH 变化范围为从早上的 7.96±0.01（n=62）到下午晚些时候的 8.29±0.10（n=39）。生态系统因为关联互动的光合作用和钙化作用，钙的浓度和碱度水平在白天持续下降，到晚上才会有比较稳定或者轻微升高的趋势。为了使微生态系统的钙浓度保持在 420mg/L 以上，每天清晨钙以霰石溶液的形式溶解到 HCl 里，浓度约为 24000mg/L。经过一天的钙化后，系统中的钙浓度维持在（491±6）mg/L。而为了维持其高于 2.40meq/L 的水平，平均的碱度含量为 2.88meq/L（n=59）。碳酸氢盐，则是通过 $NaHCO_3$ 或 $KHCO_3$ 溶解于去离子水中的形式添加。系统的水质（养分、含氧量和 pH）则通过藻类净化来控制。

如图 37-6 所示的微型生态系统的平均氧浓度，这与圣克罗伊礁石模型的非常接近。净初级生产力和呼吸是分别在氧气速率增加和降低的基础上计算所得，跨过氧气饱和点（6.5mg/L O_2），以限制大气的通量，与之礁前模型平均总初级生产力为 15.7g O_2/(m^2·d)相比，此次平均总初级生产力为（14.2±1.0）g O_2/(m^2·d)。小型生态系统与原位礁石的区别可以通过空间异质性作出解释：圣克罗伊礁前模型的地形起伏范围为 1～2m，而小型生态系统只有 10～30cm。

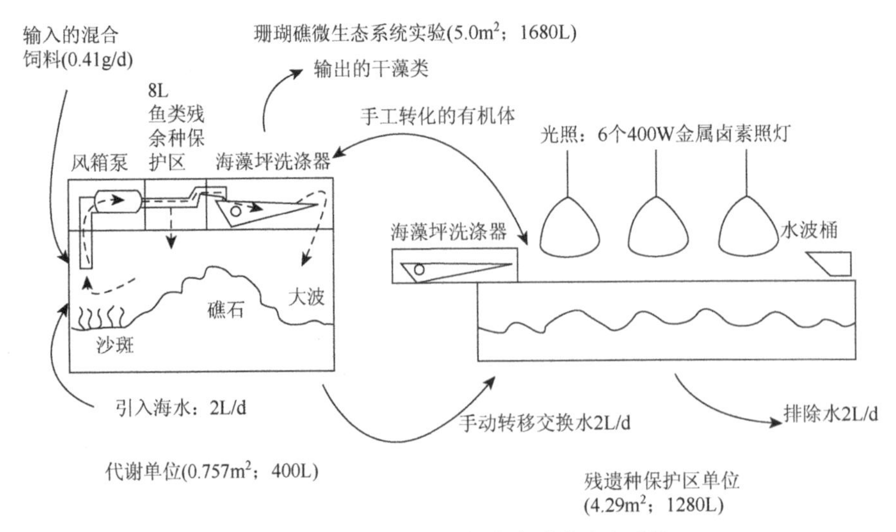

图 37-5 残遗物种分布区的珊瑚礁微生态系统。

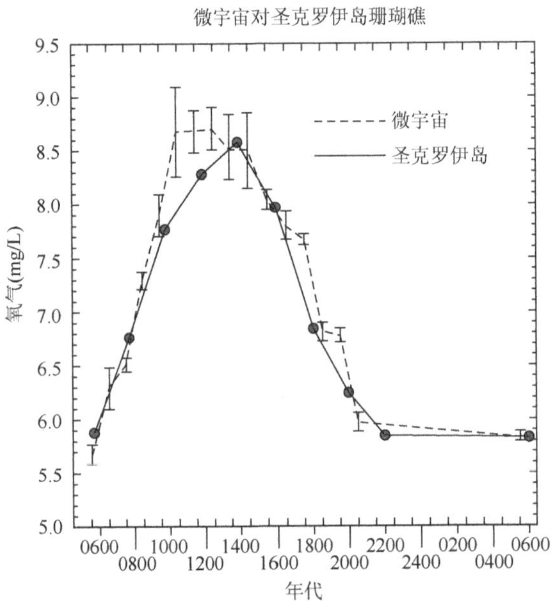

图 37-6 珊瑚礁小型生态系统平均每天氧气浓度与野外模拟礁石的对照（一年的均值）。

表 37-1 珊瑚礁微生态系统与自然状态下模拟的礁石物理、化学参数的比较

	微生态系统	圣克罗伊群礁（前礁）[a]
温度（℃）(am-pm)	(26.5±0.03)（n=365）～（27.4±0.02）（n=362）	24.0～28.5
盐度（ppt）	35.8±0.02（n=365）	35.5[b]
pH（am-pm）	(7.96±0.01)（n=62）～（8.29±0.02）（n=39）	8.05～8.35[c]
氧浓度（mg/L）(am-pm)	(5.7±0.1)（n=14）～（8.7±0.2)（n=11）	5.8～8.5
总初级生产力[g O_2/(m^2·d)]；[mmol O_2/(m^2·d)]	14.2±1.0（n=4）；444±3（n=4）	15.7；491
日净初级生产力[g O_2/(m^2·d)]；[mmol O_2/(m^2·d)]	7.3±0.3（n=4）；228±9（n=4）	8.9；278
呼吸（g O_2/(m^2·h)）；（mmol O_2/(m^2·h)）	0.49±0.04（n=4）；15.3±1.3（n=4）	0.67；20.9
N NO_2+NO_3（μmol）	0.56±0.07（n=6）	0.28
钙（mg/L）(mmol/L)	491±6（n=33）；12.3±0.2（n=33）	417.2[d]；10.4
碱度（meq/L）	2.88±0.04（n=59）	2.47[b]
光[e]（Langleys/d）	220	430（水面）；220（前礁 5m 深处）

a 圣克罗伊岛数据 Adey and Steneck（1985）。
b 热带大西洋均值 Millero and Sohn（1992）；关于圣克罗伊岛模型无可用数据。
c 数值来自埃尼威托克和莫雷阿岛（Odum and Odum，1955；Gattuso et al.，1997）。
d 热带大西洋均值 Sverdrup et al.（1942）；关于圣克罗伊模型无可用数据。
e 系统的光级用全天空辐射仪测定。因为光水平是相等的，因此将微生态系统的所有物理和化学组分与圣克罗伊礁前进行对比（Kirk，1983；Adey and Steneck，1985）。

参考文献详见 Small A and Adey W（2001）Reef corals，zooxanthellae and free living algae：A microcosm study that demonstrates synergy between calcification and primary production. Ecological Engineering 16：443-457。

如图 37-7 所示，通过小型生态系统及其模型 GPP 与 R 的关系图表明，两者都在典型的野生珊瑚礁范围之内。虽然小型生态系统的初级生产力与野生模拟的接近，但是偏低的呼吸可能是与相应的较低空间异质性有关。

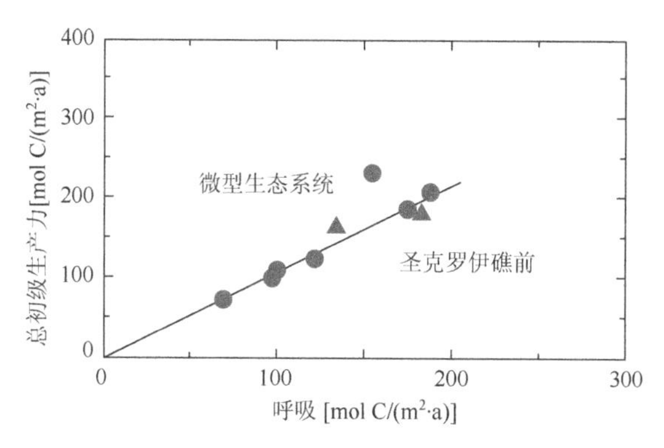

图 37-7 与选择出来的世界范围内的珊瑚礁相比，珊瑚礁小型生态系统及其野生模拟礁石的总初级生产力与呼吸的函数关系。

在珊瑚礁模型中，整个生态系统的钙化作用为 (4.0±0.2)kg $CaCO_3/(m^2·a)$，此与其主要组分相关（石珊瑚 17.6%，仙掌藻 7.4%，砗磲属 9.0%，海藻坪、珊瑚和有孔虫类占 29.4%，其他的无脊椎动物占 36%）。通过对小生态系统每天碳酸盐体系的分析，这表明碳酸氢盐离子而非碳酸根离子是水柱中碱度水平下降的主要因子（图 37-8）。

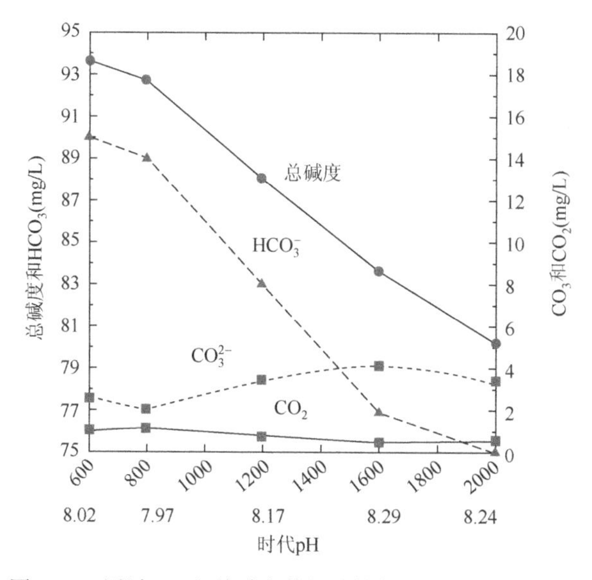

图 37-8 通过 pH 和总碱度数据计算得出的珊瑚礁小型生态系统日平均碳酸盐循环。

该珊瑚礁系统包含了 534 种已知物种，分属 27 大类群（表 37-2），但仍然由于缺少分类学专家，有大约 30%未知的物种未鉴定。由于时间的局限性，这个模型系统的生物交换是封闭的，实际上该系统所有的生物成分（超过 95%）必须通过繁殖来维持。基于标准种/面积关系（$S=kA^z$，S=物种丰富度，A=面积），由模型预测得出的泛热带珊瑚礁生物多样性（约 300 万种）超过了近代估测的野生珊瑚礁。

表 37-2 管理 10 年关闭 7 年后的珊瑚礁小型生态系统的生物体群落，包括物种数和属名（植物，藻类，蓝藻细菌）

Plants，algae，and cyanobacteria
Division Cyanophota
Chroococcaceae 6/5
Pleurocapsaceae 4/2
UID Family 4/4
Oscillatoriaceae 8/6
Rivulariaceae 4/1
Scytonemataceae 1/1
Phylum Rhodophyta
Goniotrichaceae 2/2
Acrochaetiaceae 2/2
Gelidiaceae 1/1
Wurdemanniaceae 1/1
Peysonneliaceae 3/1
Corallinaceae 11/8
Hypneaceae 1/1
Rhodymeniaceae 3/2
Champiaceae 1/1
Ceramiaceae 3/3
Delesseriaceae 1/1
Rhodomelaceae 7/6
Phylum Chromophycota
Cryptomonadaceae 2/2
Hemidiscaceae 1/1
Diatomaceae 6/4
Naviculaceae 9/4
Cymbellaceae 3/1
Entomoneidaceae 1/1
Nitzchiaceae 6/4
Epithemiaceae 3/1
Mastogloiaceae 1/1
Achnanthaceae 9/3
Gymnodiniaceae 6/4 或 5
Gonyaulacaceae 1/1
Prorocentraceae 2/1
Zooxanthellaceae 1/1
Ectocarpaceae 2/2
Phylum Chlorophycota
Ulvaceae 1/1
Cladophoraceae 4/2

续表

Valoniaceae 2/2
Derbesiaceae 3/1
Caulerpaceae 3/1
Codiaceae 6/2
Colochaetaceae 1/1
Phylum Magnoliophyta
Hydrocharitaceae 1/1
Kingdom Protista
Phylum Percolozoa
Vahlkampfiidae 2/1
UID Family 2/2
Stephanopogonidae 2/1
Phylum Euglenozoa
UID Family 4/3
Bondonidae 7/1
Phylum Choanozoa
Codosigidae 2/2
Salpingoecidae 1/1
Phylum Rhizopoda
Acanthamoebidae 1/1
Hartmannellidae 1/1
Hyalodiscidae 1/1
Mayorellidae 2/2
Reticulosidae 2/2
Saccamoebidae 1/1
Thecamoebidae 1/1
Trichosphaeridae 1/1
Vampyrellidae 1/1
Allogromiidae 1/1
Ammodiscidae 1/1
Astrorhizidae 1/1
Ataxophragmiidae 1/1
Bolivinitidae 3/1
Cibicidiidae 1/1
Cymbaloporidae 1/1
Discorbidae 5/2
Homotremidae 1/1
Peneroplidae 1/1
Miliolidae 10/2
Planorbulinidae 2/2
Siphonidae 1/1
Soritidae 4/4
Textulariidae 1/1
Phylum Ciliophora
Kentrophoridae 1/1

续表

Blepharismidae 2/2
Condylostomatidae 1/1
Folliculinidae 4/3
Peritromidae 2/1
Protocruziidae 2/1
Aspidiscidae 7/1
Chaetospiridae 1/1
Discocephalidae 1/1
Euplotidae 11/3
Keronidae 7/2
Oxytrichidae 1/1
Psilotrichidae 1/1
Ptycocyclidae 2/1
Spirofilidae 1/1
Strombidiidae 1/1
Uronychiidae 2/1
Urostylidae 4/2
Cinetochilidae 1/1
Cyclidiidae 3/1
Pleuronematidae 3/1
Uronematidae 1/1
Vaginicolidae 1/1
Vorticellidae 2/1
Parameciidae 1/1
Colepidae 2/1
Metacystidae 3/2
Prorodontidae 1/1
Amphileptidae 3/3
Enchelyidae 1/1
Lacrymariidae 4/1
Phylum Heliozoa
Actinophyridae 2/1
Phylum Placozoa
Family UID 5
Phylum Porifera
Plakinidae 2/1
Geodiidae 5/2
Pachastrellidae 1/1
Tetillidae 1/1
Suberitidae 1/1
Spirastrellidae 2/2
Clionidae 4/2
Tethyidae 2/1
Chonrdrosiidae 1/1
Axinellidae 1/1

续表

Agelasidae 1/1
Haliclonidae 4/1
Oceanapiidae 1/1
Mycalidae 1/1
Dexmoxyidae 1/1
Halichondridae 2/1
Clathrinidae 1/1
Leucettidae 1/1
UIDFamily 2/?
Eumetazoa
Phylum Cnidaria
UID Family 3/?
Eudendridae 1/1
Olindiiae 1/1
Plexauridae 1/1
Anthothelidae 1/1
Briareidae 1/1
Alcyoniidae 2/2
Actiniidae 3/2
Aiptasiidae 1/1
Stichodactylidae 1/1
Actinodiscidae 4/3
Corallimorphidae 3/2
Acroporidae 2/2
Caryophylliidae 1/1
Faviidae 3/2
Mussidae 1/1
Poritidae 3/1
Zoanthidae 3/2
Cerianthidae 1/1
Phylum Platyhelminthes
UID Family 1/1
Anaperidae 3/2
Nemertodermatidae 1/1
Kalyptorychidae 1/1
Phylum Nemertea
UID Family 2/2
Micruridae 1/1
Lineidae 1/1
Phylum Gastrotricha
Chaetonotidae 3/1
Phylum Rotifera
UID Family 2/?
Phylum Tardigrada
Batillipedidae 1/1

续表

Phylum Nemata
Draconematidae 3/1
Phylum Mollusca
Acanthochitonidae 1/1
Fissurellidae 2/2
Acmaeidae 1/1
Trochidae 1/1
Turbinidae 1/1
Phasianellidae 1/1
Neritidae 1/1
Rissoidae 1/1
Rissoellidae 1/1
Vitrinellidae 1/1
Vermetidae 1/1
Phyramidellidae 1/1
Fasciolariidae 2/2
Olividae 1/1
Marginellidae 1/1
Mitridae 1/1
Bullidae 1/1
UID Family 4/?
Mytilidae 2/1
Arcidae 2/1
Glycymerididae 1/1
Isognomonidae 1/1
Limidae 1/1
Pectinidae 1/1
Chamidae 1/1
Lucinidae 2/2
Carditidae 1/1
Tridacnidae 2/1
Tellinidae 1/1
Phylum Annelida
Syllidae 3/2
Amphinomidae 1/1
Eunicidae 3/1
Lumbrineridae 1/1
Dorvilleidae 1/1
Orbiniidae 1/1
Spionidae 1/1
Chaetopteridae 1/1
Paraonidae 1/1
Cirratulidae 4/3
Ctenodrilidae 4/3
Capitellidae 3/3

续表

Muldanidae 1/1
Oweniidae 1/1
Terebellidae 2/1
Sabellidae 14/4
Serpulidae 6/6
Spirorbidae 2/2
Dinophilidae 1/1
Phylum Sipuncula
Golfingiidae 1/1
Phascolosomatidae 3/2
Phascolionidae 1/1
Aspidosiphonidae 3/2
Phylum Arthropoda
Halacaridae 1/1
UID Family 2/?
Cyprididae 2/2
Bairdiiaae 1/1
Paradoxostomatidae 1/1
Pseudocyclopidae 1/1
Ridgewayiidae 2/1
Ambunguipedidae 1/1
Argestidae 1/1
Diosaccidae 1/1
Harpacticidae 1/1
Louriniidae 1/1
Thalestridae 1/1
Tisbidae 1/1
Mysidae 1/1
Apseudidae 2/1
Paratanaidae 1/1
Tanaidae 1/1
Paranthuridae 1/1
Sphaeromatidae 1/1
Stenetriidae 1/1
Juniridae 1/1
Lysianassidae 1/1
Gammaridae 4/4
Leucothoidae 1/1
Anamixidae 1/1
Corophiidae 1/1
Amphithoidae 2/2
Alpheidae 2/2
Hippolytidae 2/1
Nephropidae 1/1
Diogenidae 1/1

续表

Xanthidae 2/?
Phylum Echinodermata
Ophiocomidae 1/1
Ophiactidae 1/1
Cidaroidae 1/1
Toxopneustidae 1/1
Holothuriidae 1/1
Chirotidae 1/1
Phylum Chordata
Ascidiacea UID Fam..1/1
Grammidae 1/1
Chaetodontidae 1/1
Pomacentridae 5/4
Acanthuridae 1/1

六、案例研究：佛罗里达大沼泽地中型生态系统

该温室规模是由丁基橡胶填充的 98 500L 的中型生态系统，此系统由混凝土块分成了 7 个连接在一起的盐度不同的部分(图 37-9)。每一部分包含水，藻类，沉积物以及湿地-沿海植物栖息地的沿横断面从盐度饱和的墨西哥湾穿过河口的千岛群岛，到淡水佛罗里达大沼泽地（图 37-10）。

在野外模拟情况下，墨西哥湾海岸和河口是相同动态水质的一部分。在这里，河口盐度梯度是通过泵驱动潮汐流入开放坝的压缩和对下游淡水流的相互作用来产生的。1 号水槽，墨西哥湾海岸，作为一个河口的潮汐水库，保存着空水库的所需水(图 37-11)。主泵动力为 800L/min，Discflo™ 单元利用的是旋转磁盘，而不是破坏浮游生物的叶轮，淡水来自于降雨以及墨西哥海湾中的反渗透萃取（相当于海湾蒸发和野外降雨）。所有的水生生物，包括无脊椎动物成体，都可以移动至墨西哥海湾的河口。在 Discflo™ 泵作用下能存活的所有生物（包括小鱼）也可以经由潮汐流到达河口。有时淡水系统会直接流至上面的河口，而且，从技术上而言，所有生物都可以从淡水进入河口。

在 1988 年中期，初步完成了中型生态系统的构造（initial stocking)，到 1990 年，其中小部分内容已被继续完善。在此期间，对主要生物进行了局部普查，在必要时，进行了额外的措施。从 1990 年晚期到 1994 年末，系统被当作为一个封闭的生物系统，人为干扰很少，且其功能是作为杂食捕猎者。

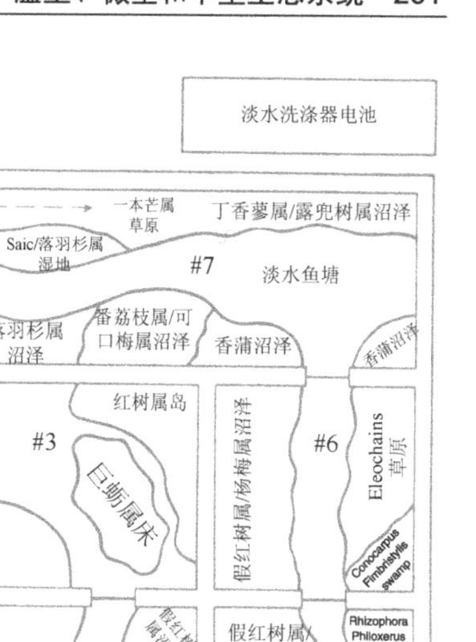

图 37-9　佛罗里达大沼泽地中型生态系统的计划视图及其主要的工程组件。

图 37-10　在施工大约 4 年后的佛罗里达沼泽地中型生态系统为盐沼，海榄雌和红色红树林群落（左边从前至后），图右边是下游淡水流。此时温室屋顶通过限制垂直生长的红树林和吊床树对群落演替提供了一个重要的约束条件。

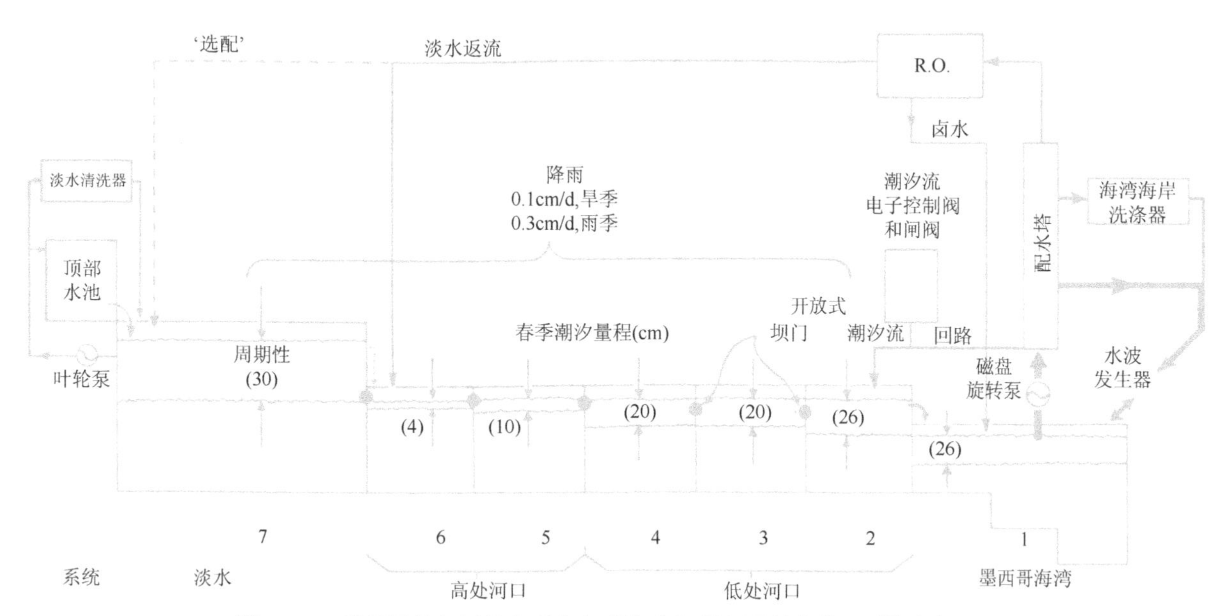

图 37-11　佛罗里达红树林中型生态系统垂直/纵切面的水管理系统和潮位。

主要的物理/化学参数见表37-3。每个群落单位（水池）的可溶性氮由硝态+氨态氮相加检测而得。河口中部可溶性氮含量水平在5～8μmol/L(NO_2+NO_3)，海湾（#1）系统可溶性氮含量为3～5μmol/L(NO_2+NO_3)。冬季比夏季的平均水平高出几个μmol/L。在ATS堤岸通过海藻输出来实现营养物质的流动。当海湾（#1）系统的可溶性氮含量水平下降到低于1～2μmol/L时（通常在夏季），干式洗涤藻类（the dried scrubber algae）被重新分配至系统。

在生物系统密闭操作的4年后，对佛罗里达沼泽地中型生态系统进行了生物普查。主要高等植物，藻类，无脊椎动物和鱼类的丰度见图37-12～图37-14。标记了一共369个物种（不包括细菌，真菌和小蠕虫）。除了藻类，原生生物和小的无脊椎动物不能进行普查外，封闭4年后可以估算有20%～40%的外来种存活。在多数情况下，这些是模拟生态系统里的主要物种。作为一个被监控的中型生态系统在被终止时，只有15%～30%的最初引入物种进行繁殖以维持种群。然而，在多数情况下，就像图37-12～图37-14所示，它们是在模拟生态系统中提供初级结构和新陈代谢的物种。

表37-3 佛罗里达红树林中型生态系统物理/化学参数

参数		水槽#1	水槽#2	水槽#3	水槽#4	水槽#5	水槽#6	水槽#7
温度（℃）	春	23.4	23.2	22.5	22.6	22.0	21.3	23.2
	夏	25.7	25.5	25.4	25.7	25.6	25.1	25.1
	秋	22.2	22.3	21.8	22.0	21.7	21.3	22.1
	冬	21.0	20.9	19.9	19.6	19.0	18.4	21.9
盐度，ppt		31.6	31.2	30.5	28.7	19.7	0.7	0.1
水加满时[NO_2+NO_3](μmol/L)[a]		7.2	7.6	8.2	6.3	5.4	6.6	6.7
加满去离子水时[b]		1.4	1.7	2.3	1.8	0.9	1.7	1.4
潮汐每半天变化范围(cm)		13～26	13～26	13～20	11～20	6～10	0～4	0
（土壤）水文周期（cm/a）		0	0	0	0	0	0	30.5

a 水加满时系统中（NO_2+NO_3）μmol/L代表的养分水平。

b “去离子水加满”指的是来自去离子水的反渗透水用于替代蒸发时的系统平均值。

七、案例研究：生物圈2号

生物圈2号，位于美国亚利桑那州的图森市，是最大的温室系统，曾经建造了面积将近3英亩（1.2ha）的封闭空间。它是独一无二的，在规模上、复杂程度上以及运行持续时间上超过任何其他温室系统。该系统最初是被打算当作成一个地球生物圈模型（如生物圈1号），具有几个热带和亚热带生态系统、一个农业区、污水处理湿地以及人类生活环境，连同工厂制造机械设备的领域以维持物理-化学条件。它被建成用于发展未来空间旅行的生物再生技术，并用于关于生物圈规模问题的公众教育以及基础的生态研究。气体循环的大气圈是系统设计的一部分，在1988～1990年间用（体积为）11 000ft^3（312m^3）的原型模块进行了验证。

温室生态系统创建过程中咨询了很多生态学专家，该温室生态系统包括热带雨林、沙漠、热带草原、河口红树林，以及带有珊瑚礁海洋的地块。数以千计的物种有意无意地加入到了温室系统里（即之前描述过的生态系统里的子块），这些物种来自远至委内瑞拉的现存热带系统，以及当地的亚利桑那州沙漠。完工后生态系统进行自我组织，正如系统预期的那样，很多外来种灭绝了。成功的是，就模拟生态系统本质的形式而言，在不同的模拟系统中是不同的，但大多数已经发展和维持着生态完整性的有效程度。

生物圈2号内进行过两项实验，其间，人被封闭在系统内：第一次2年（1991～1993）第二次6个月（1994）。在一个最基础水平下，该实验测试了可持续性的概念，因为人类在此水平下为了维持生命功能必须依赖整个温室系统。然而，温室内气体循环的改变导致人类实验需要改进并最终终止。在第一次人类实验时，由于较高的土壤呼吸释放的CO_2高于光合作用所吸收的，所以导致大气氧气浓度急剧下降。一些CO_2在具体的温室基础下吸收成碳酸盐。系统中必须泵入氧气以维持人类活动以便完成2年的实验。第二次人类实验期间，微生物代谢产生的一氧化二氮导致大气有害气体浓度逐渐累积，从而导致实验在计划时间表之前结束。

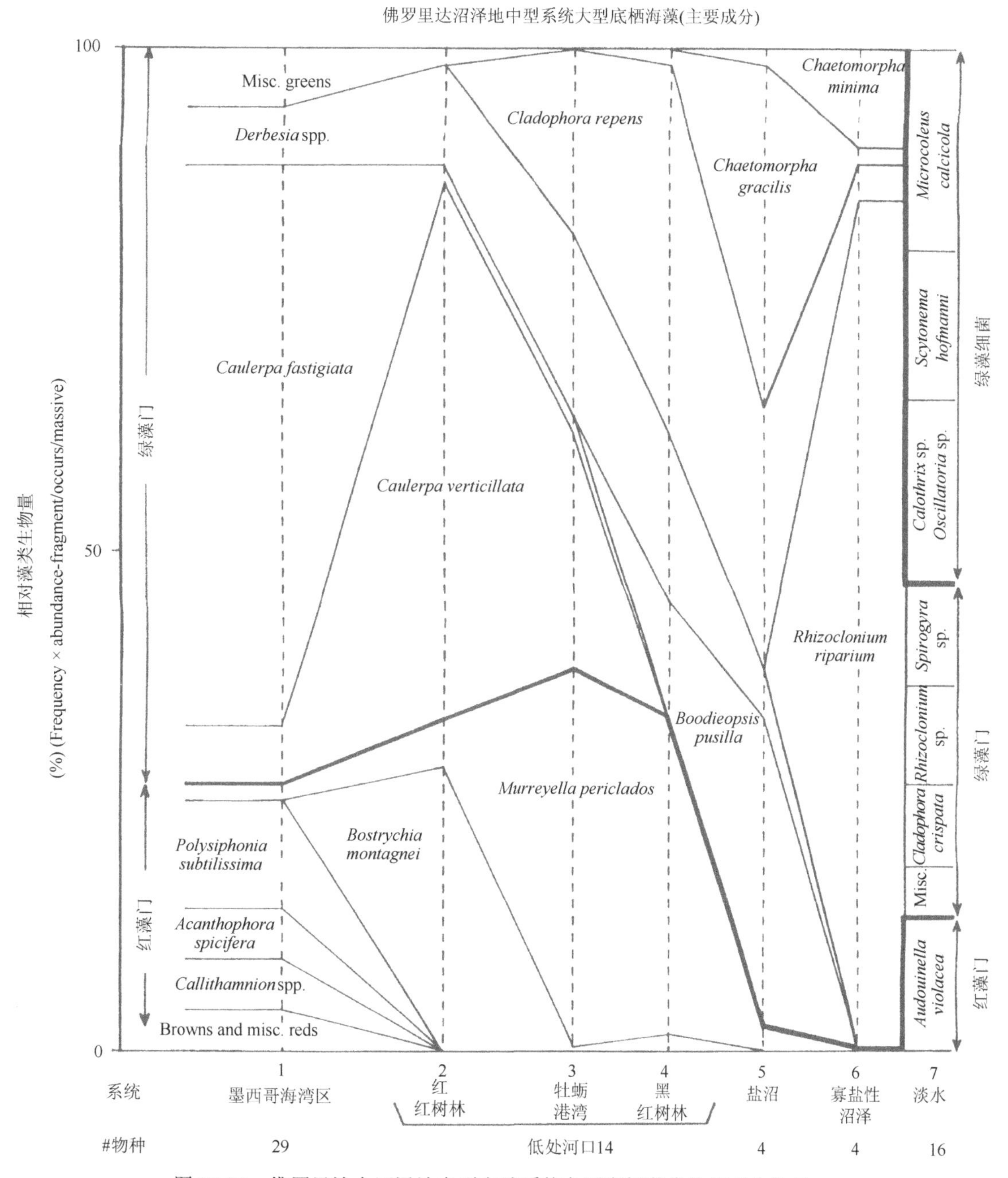

图 37-12 佛罗里达大沼泽地中型实验系统主要底栖藻类的相对生物量。

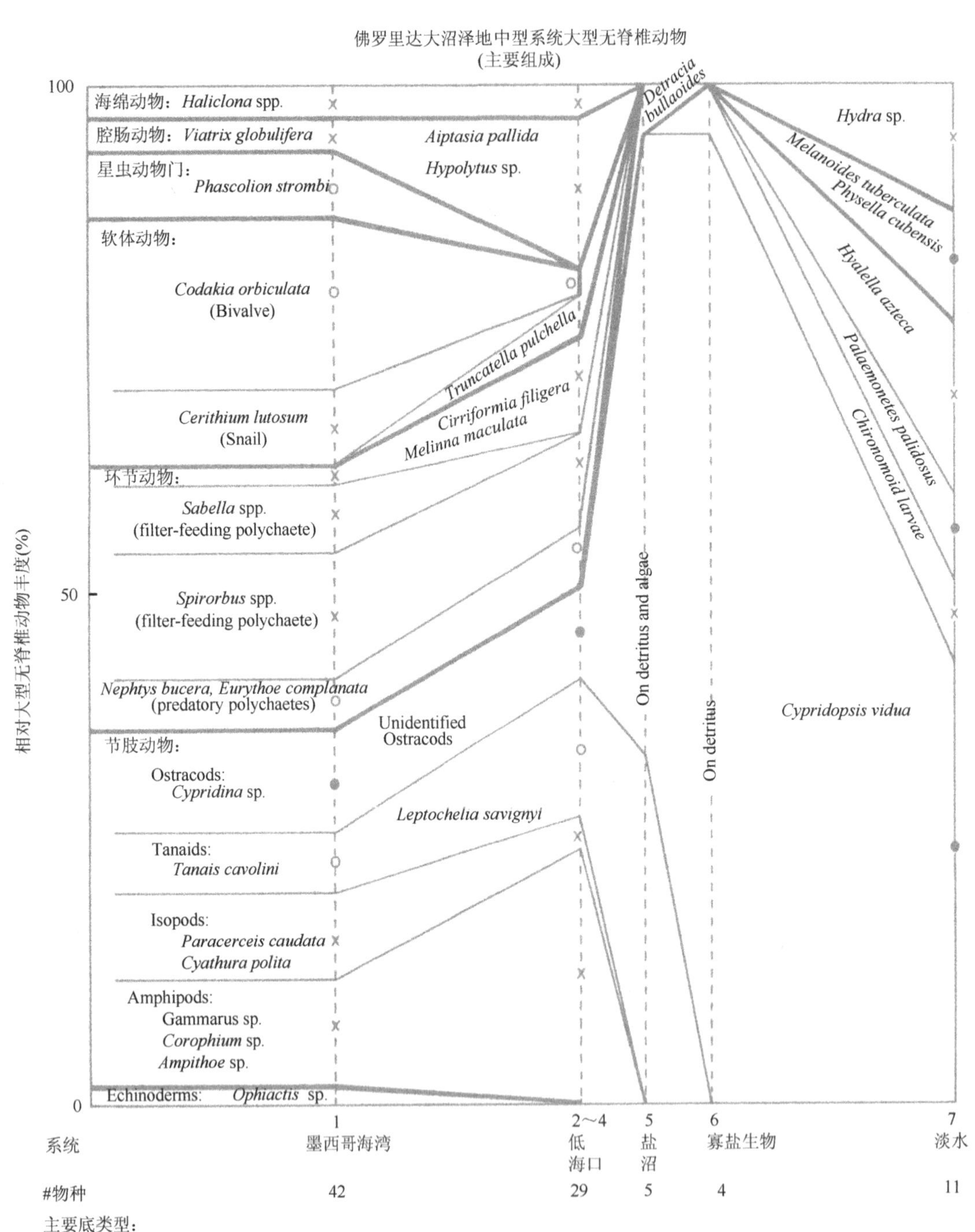

图 37-13 佛罗里达大沼泽地中型实验系统无脊椎动物的相对丰度。

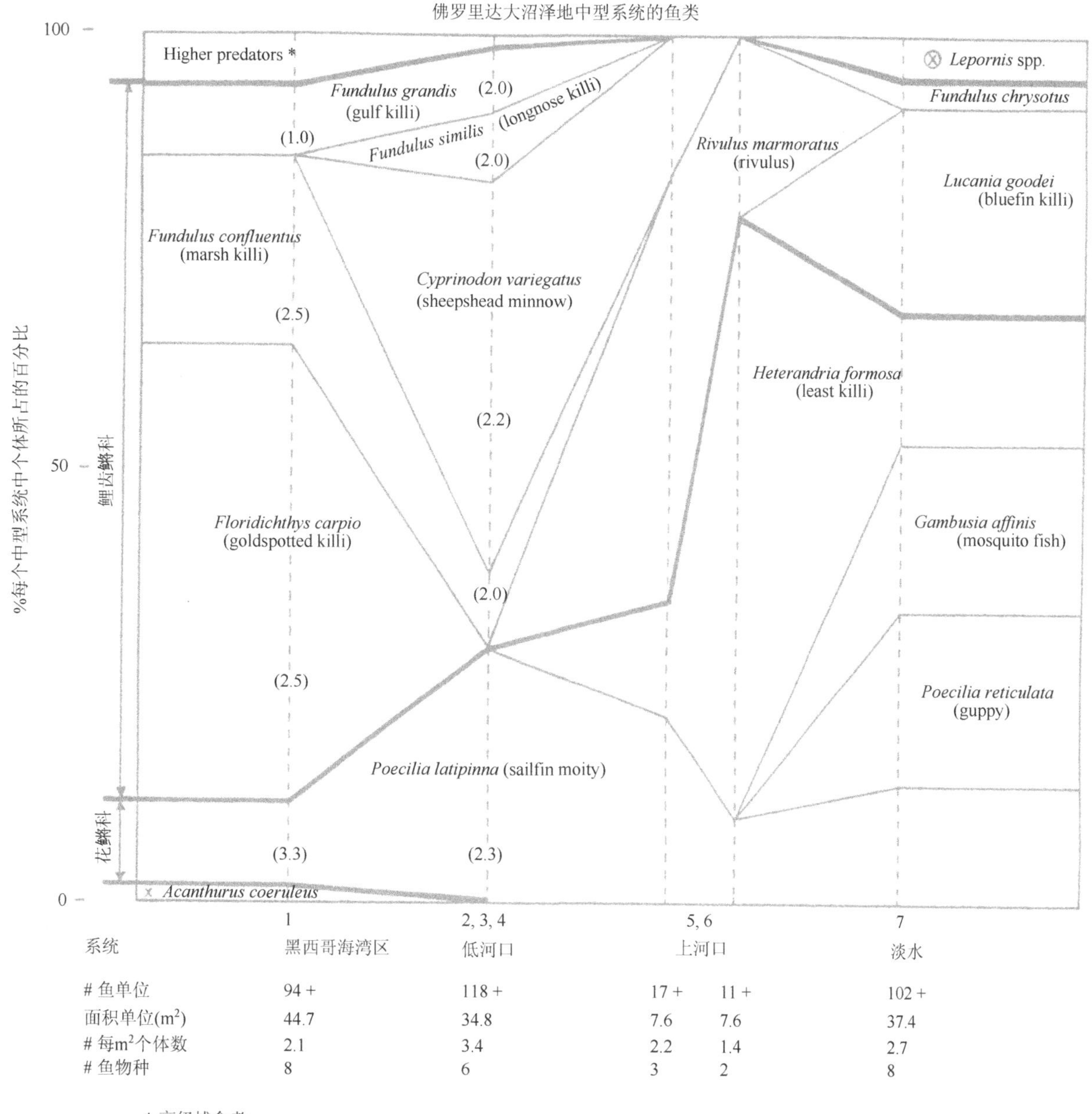

图 37-14 佛罗里达大沼泽地中型实验系统鱼类的分布（占总数的百分比）。

此系统至少违反了前言里讨论的生态系统建模的两个基本原理。由于玻璃和重要的支撑结构导致被引入的光大大减少，进而引起不足的光合作用和不足的初级生产力来平衡呼吸。这可以通过人工照明引入效率很高的光合作用的一个子集（如海藻坪洗涤器提供的）来抵消。确实，一些使用了海藻坪洗涤器系统，但仅作为控制海洋系统的次要元素。也可以进行与外部环境交换监控。而且，混凝土作为一种大气反应物应该用不反应的材质密封，如玻璃或塑料。

在人类实验进行过程中产生了很多争论。哥伦比亚大学在 1996～2003 年间接管对此系统的管理。在此期间，研究计划从对人类圈实验转向全球气候变化。

参考章节：淡水湖；淡水沼泽。

课外阅读

Adey W，Finn M，Kangas P，et al.（1996）A Florida Everglades mesocosm model veracity after four years of self organization.

Ecological Engineering 6：171-224.

Adey W and Loveland K（2007）*Dynamic Aquaria：Building and Restoring Living Ecosytems*，3rd edn.，505pp. San Diego：Elsevier/ Academic Press.

Kangas P（2004）*Ecological Engineering：Principles and Practice*，452pp. Boca Raton：Lewis Publishers，CRC Press.

Korner C and Arnone J，III（1992）Responses to elevated carbon dioxide in artificial tropical ecosystems. *Science* 257：1672-1675.

Marino BDV and Odum HT（1999）*Biosphere 2：Research Past and Present*，358pp. Amsterdam：Elsevier（Also Special Issue of Ecological Engineering 13：3-14）.

Osmund B，Aranyev G，Berry J，et al.（2004）Changing the way we think about global change research：Scaling up in experimental ecosystem science. *Global Change Biology* 10：393-407.

Petersen J，Kemp WM，Bartleson R，et al.（2003）Multi scale experiments in coastal ecology：Improving realism and advancing theory. *Bioscience* 53：1181-1197.

Small A and Adey W（2001）Reef corals，zooxanthellae and free living algae：A microcosm study that demonstrates synergy between calcification and primary production. *Ecological Engineering* 16：443-457.

Walter A and Carmen Lambrecht S（2004）Biosphere 2，center as a unique tool for environmental studies. *Journal of Environmental Monitoring* 6：267-277.

第三十八章
潟湖
G Harris

一、背景

海岸潟湖是河口盆地，其中流入的淡水被海岸沙丘带、沙嘴或阻止其与海洋交换的沙洲所包围。它们频繁出现于这些区域，即海岸淡水流入量很少或季节性流入的区域，其在数月甚至数年内可与海洋不发生交换。在冰河时代末期海平面降低时，形成了很多占据浅滩的溺谷，随后又因冰河期海平面的上升而被淹没，潮位的变幅通常很小。因此，在暖温带的、干旱的亚热带或沿适度隐蔽海岸的地中海区域，通常可发现海岸潟湖。而在湿润的温带及淡水流入足以保持河口冲刷畅通的热带地区，潟湖并不常见。这里的河口被温带的盐碱滩及热带的红树林所占据。澳大利亚南部和东部海岸线的一系列沿海生境就是一个很好的例子。从开放的温带河口和塔斯马尼亚岛湿润的南部地区盐碱滩，到系列大小不一的海岸潟湖和沿着南部和东部海岸的生态带，再到亚热带和热带河口、珊瑚礁及北部更为温暖和湿润的红树林，这些生境都有所不同。类似的次序也出现在加拿大东海岸的南部，以及美国东北部、中部和东南部的沿海地区，尽管次序是颠倒的。潟湖的滞水时间取决于体积、气候、淡水流入量和进潮量。

一些潟湖以淡水或盐水为主，而另一些以海水为主。因此，海岸潟湖的优势生物可反映淡水和海水的影响状况。所有生物都受局部生物地理学的影响。所以，北半球潟湖的优势种完全不同于那些生活在南半球的相同物种。全球不同沿海地区的生物多样性也不同；例如，澳大利亚水域中海草的本土生物多样性非常高。然而，有两点值得注意。首先，尽管包含的实际物种不同，但系统间仍然具有极大的功能相似性。其次，人类活动引起世界各地物种的快速迁移，以至于大量接近港口和大城市的沿海水域可能引入所谓的“野生”物种。

海岸潟湖在生态上是多样的，可为许多鸟类、鱼类和植物提供栖息地。在河口和海岸潟湖中，物种间的相互作用可提供有价值的生态系统服务。事实上，Costanza 等所计算的该系统的生态系统服务价值是所有已研究得生态系统中最高的。潟湖在美学上也是令人愉快和满意的居住地，可为我们提供港口、富饶的水域及城镇到海洋的通道。因此，它们一直是城市和工业快速发展的宝地。如今，生境的变化，以及对潟湖其他的威胁使这些有价值的服务受损。全球潟湖都处于流域土地利用变化、城市化、农业、渔业、交通、旅游、气候变化和海平面上升等的威胁之中。海岸水域及潟湖都是多用途管理问题中的实际例子。在许多西方国家，沿海地区人口的快速增长非常普遍（尤其是沿海人口快速增长的趋势，更是常见的“重大变化”现象），因此威胁和挑战与日俱增。气候变化和海平面上升也成为亟待解决的问题。热带、亚热带地区都存在沿海生境迅速丧失、人口增长和飓风愈加剧烈的证据。改变了的系统在剧烈飓风和海啸的冲击下，面临极端事件时似乎更加脆弱，当然并不一定完全崩溃。

海岸系统的管理和研究需要综合社会、经济和生态等学科。全世界有许多旨在将生态系统知识应用于沿海资源有效管理中的专业研究和管理项目。现有的例子包括切萨皮克湾的工作和美国的沼泽地综合恢复计划。在意大利。威尼斯的潟湖更是一个典型的例子。澳大利亚已在滨岸海，以及阿德莱德（圣文森特海湾）、布里斯班（莫顿湾）和墨尔本（菲利普港湾）等地区中的潟湖开展了诸多重大项目。（有关这些项目的更多细节见：www.chesapeakebay.net，www.evergladesplan.org，www.healthywaterways.org.）。小流域土地利用变化（城市化和农业）及用作运输和旅游业的海岸潟湖已共同引起物理结构的变化（包括清淤和海堤及其他障碍物的建设），进而使水文和潮汐交换发生改变，并使养分负荷和有毒物质的输入增加。环境恶化的症状包括海藻暴发（可能有毒）、生物多样性和生态完整性丧失（包括海草和其他重要功能群的消失）、水底缺氧和重要生物地球化学功能的缺失（脱氮作用），以及由船舶和压舱水引入的“野生”物种所引起的干扰等。

二、输入——小流域负荷

小流域土地利用变化改变了河流和溪流的水文状况，增加了潟湖的营养负荷。那些为河流排水而已开垦的小流域或广阔的城市化区域，更是表现出“飘忽不定”的流动模式，即降水后的水位迅速上升和下降，致使潟湖的水量平衡和滞水时间发生改变。

虽然养分负荷通常与流域面积成正比（图 38-1），但来自开垦型农业或城市小流域的养分负荷却比森林小流域的高，因此养分负荷也与小流域开垦的土地数量和人口数量成正比。碳、氮、磷的负荷都增加；而源自废水中的碳负荷可造成生物化学需氧量（BOD）的增加或缺氧。同时，不断增加的氮、磷负荷可刺激藻类的暴发和海草附生植物的生长。事实上，森林小流域通常可输出有机氮和有机磷（在受纳水域中，其生物活性较低），而被开垦和开发的小流域通常却输出生物可利用的无机氮和无机磷，这才是更深层次的问题。因此，当小流域被开垦、开发时，养分负荷及其可利用性都将增加。

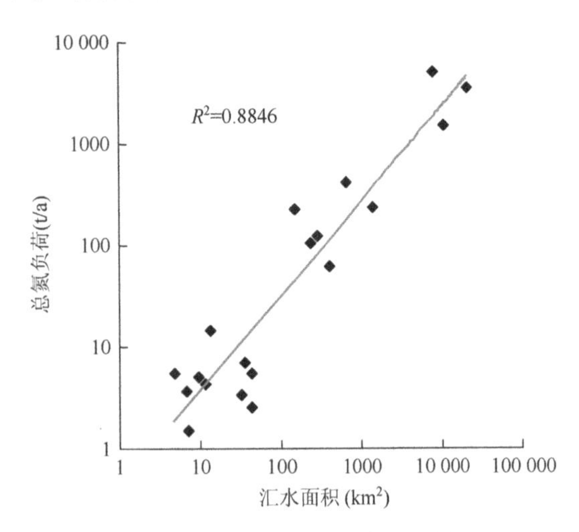

图 38-1 沿海潟湖中集水面积（km²）与总氮负荷（t/a）之间的经验关系。数据来源于澳大利亚东海岸 19 处沿海潟湖的小流域（详细的数据来源参见：Harris GP（1999）Comparison of the biogeochemistry of lakes and estuaries: Ecosystem processes，functional groups，hysteresis effects and interactions between macro-and microbiology. Marine and Freshwater Research 50：791-811）。

在许多情况下（特别是温暖的沿海水域），由于沉积物的高脱氮效率及夏季较长的滞水时间，氮成为潟湖中的关键限制元素。而温带水域可能受氮和磷的共同限制，这种限制或是季节性的，或是基于事件的。海岸潟湖的总体气候格局、地形地貌和生物地球化学特征似乎可引起广泛的氮限制，脱氮作用是决定许多生态结果的重要过程。因此，土地利用变化对氮负荷的影响是一个值得关注的关键领域。有关全球小流域氮输出大量工作已基本完成。小流域通常保留 25%的氮以供其使用，另外 75%的氮被输出。纬度和季节因素都会影响这一数字。北美东海岸小流域的氮输出可证明纬度的影响。随着温度增加，具有多年生植被的南部小流域输出约 10%可利用氮，而具有季节性植被生长的更偏北小流域可输出多达 40%可利用氮，尤其是在冬季。磷输出通常来自污水、其他废水的排放及侵蚀和农田径流。小流域负荷呈现了小流域中具有自组织模式和过程的证据，即在所有尺度上，养分负荷和化学计量随时间推移而变化，以及养分流入分布的不规则。

三、归趋和效应——物理现象及混合

水分运动和混合通过海岸潟湖上的风和潮汐效应而驱动。海岸系统的基本水动力学可由基于各种模拟模型的物理学予以反映。目前已有许多二维和三维（2D 和 3D）模型（二者都为研究工具，并已商品化），它们可完全代表风致波动模式和洋流、潮汐流的交换和循环，以及由潮汐和大风所导致的地面高程变化（各种模型的介绍，详见 www.estuaryguide.net/toolbox 或 www.smig.usgs.gov。代尔夫特水力研究所的模型，见 www.wldelft.nl，德国水文研究所的模型，见 www.dhigroup.com/）。基本气象资料是必须输入的数据，包括风速、风向和太阳辐射，以及潟湖的形态测量学和深度测量法的详细信息。根据质量守恒、动量守恒定律和各种湍流闭合方式，可充分模拟和预测水体中速度场和湍流的扩散。校准和验证数据可通过现场测速计与压力传感器而获得。底部应力、沉积物再悬浮和波动引起的侵蚀也可被反映。因此，我们有可能对各种气候和工程场景的效应，以及海平面上升对各种建设项目的全部影响进行模拟。这些模型被广泛应用于重大项目的环境影响报告（EIS），以管制世界各地重要的疏浚工程。这些模型中只有一部分能够对水平衡和滞水时间做出长期预测。这种预测需要对长期的气象记录进行仔细分析，并需要良好的流入量和蒸发量预测模型。不过，这样的模型已经存在。

四、归趋和效应——生态影响及预测

在意识到威胁本质、生态系统服务价值传递和生态系统管理重要性的情况下，人们对海岸潟湖生态系统已做了大量的研究。如上所述，一些生态系统的研究已具有多学科的形式。从中得到的知识常被纳入各种生态预测模型之中，而这些生态预测模型试图给那些力求实施小流域工程或减少废水排放的环境管理者和工程师们“如果……将会怎样”的问题给予答案。生态模型是由上述的水动力学模型驱动的，而物理背景为生态响应提供了基本的环境。在许多情况下，人们已将这些知识融入到环境影响报告和风险评估过程当中。环境影响报告和风险评估试图对土地利用变化、港口建设和港口疏浚，以及在城市和工业区中的其他工程开发所造成的不利影响做出判断。

1. 经验知识和模型

尽管近海海域系统（可能也正因为它）物种间的相互作用是混乱的，但还是有一些可被识别和管理的高级别经验关系。沃伦威德尔发现，许多近海海域系统的湖泊具有一些可预见的高级别特性。例如，藻类的总生物量（叶绿素 a）对氮负荷的响应如同湖泊对磷负荷的响应一样。这进一步证明了海洋系统中氮作为限制元素的重要性，以及淡水系统中磷作为限制元素的关键原因。海洋与淡水生态系统生物地球化学特性的不同，可通过两个系统的进化史基础和地球化学加以解释。氮和藻类生物量存在关系是这些不同系统的一种“包络动力学”的证据。氮不限制浮游生物的增长率和总生物量。作为高增长率、摄食和水体表面快速的营养再生的结果，群落总生物量所能达到的上限由氮供应的总体效率决定。这是这些深海生态系统“极值原理”的一种形式，说明如果系统具有足够的生物多样性，则其可达最大养分利用效率上限。与高层次生态系统特征对应的模型已被开发，在这个模型中，浮游植物的一些基本生理特征（在低光照与最大光合速率时，斜率 P 与曲线 I 的比较）被用于开发基于生物量、光合作用特性和入射光的模型产品中。换句话说，即使在浅海系统中，也可得到对某些驱动力（营养负荷和入射光）做出生理（光合作用参数和养分吸收效率）和生态系统响应的合理经验预测。

系统功能经验性决定因素的第二种形式由这些系统的化学计量学和生物地球化学所设定。关键生物（藻类、食草动物、细菌和大型植物等）中特征元素比率和元素流通比率的设定限制了整个系统的性能。海洋浮游生物的主要元素比率满足 Redfield 比率（106C∶15N∶1P）。海岸潟湖的生物地球化学方面已被 IGBP LOICZ 程序应用于这些系统生物地球化学的全球性比较中。在主要养分负荷率、水体养分浓度和潮汐交换率已知的情况下，可构建 C、N 和 P 的简单质量平衡模型。这些系统中的盐分和水分平衡，被用于获得体积水文通量。根据 Redfield 比可提出有关浮游生物中 C、N 和 P（包括氧）通量的化学计量假设，并通过这些多元沉积物界面可对整个系统的自养和异养平衡，以及固氮作用和脱氮速率（本质上是基于 C、N 和 P 的化学计量学特征对“N 流失”的估计）进行估计。这些技术使全球潟湖生物地球化学特征的比较，以及流入量、潮汐交换和纬度或气候的影响成为可能。而这非常有助于我们了解那些通过海岸带对陆地到海洋的主要元素的处理与转化。

原始潟湖（C、N 和 P 的主要有机形态负荷）给人的总体印象是它们大多为净异养型，并通过脱氮作用成为强大氮汇。而高氮、磷负荷（更多无机形态的）的许多富营养系统通常为净自养型，如果由暴发的蓝藻所占据，则为净固氮系统。这些暴发蓝藻的分解极快，可引起底层水缺氧，从而使脱氮停止，并导致退潮时的氮（作为氨）输出。水位和营养负荷较低的暖温带、亚热带潟湖，其脱氮效率比温带系统的高。它们通常是被氮强烈限制的异养系统。墨尔本的菲利普港湾是一个极端例子，那里的淡水流入量低、蒸发量大、滞水时间长（大约一年）、脱氮效率高（60%～80%），是氮限制的，仅通过涨潮时从近岸海域输入氮。温带潟湖和河口因有较多的淡水和养分流入而更富营（自养），是氮的主要输出地。因此，温带系统更有可能表现出偶尔的磷限制。总之，主要元素的循环由生物体主要功能群的化学计量学特征所驱动。

因此，在生物多样的生态系统中，从关键驱动者和优势种的基本生理与化学计量学特征中所获取的知识，有可能应用于一些高级别状态的预测。尽管由此而来的预测并非完美，但它们的确能使我们了解这些系统的绝大部分行为。在这个意义上，这些模型可被用于海岸潟湖的营养负荷管理。

2. 生态系统、功能群和主要物种的精确模拟模型

研究海岸系统的生态学家提出了许多非常具体的问题，与大量物种、功能或功能群，以及你所感兴趣生态系统服务和资产的丧失或恢复有关。例子包括占优势的海藻群、海草、大型藻类、脱氮率、底栖生物多样性和鱼的更新等。在这一水平下，大量浅海系统的动力学生态模拟模型已被构建。生态模型比物理模型具有更大的不确定性。由于对许多生态细节的不了解和对关键参数定义的不清晰，加之时空数据的缺乏，使计算资源不足以完成整个系统的模拟任务。因此，试图体现与手头任务最相关的主要生态特性和功能的生态模型都是抽象的。然而，对全球潟湖和海岸系统 30 多年的研究已揭示了一些主要的功能群和生态系统服务，当把它们耦合在模型中时，会对总体的生态响应给予一定的指导。

海岸系统的一般模型包括两个基本的功能模块。一个是关于水层养分、浮游植物和动物浮游生物（NPZ）的模型，另一个是关于水底模型的，它将那些被选择为我们感兴趣的特定系统功能群，包括大型藻类、动物和底栖植物、海草的底栖生物模型，合并在一起。由基本生理机能和化学计量学及内部关系（摄食、营养封闭、分解和脱氮率等）所代表的所有功能群可通过确定的关系予以体现。NPZ 模型可充分预测潟湖的平均叶绿素，且当其耦合三维物理模型时，能够预测藻类生物量对气候和

小流域驱动力响应的空间分布，因为这些模型仅能预测平均生物量水平，而无法预测各种营养水平的动态。潟湖中浮游生物和底栖生物的耦合是非线性的，致使整个系统对养分负荷的变化表现出强烈的非线性响应方式。通常，浮游生物和底栖生物之间存在着光照和营养的竞争，这一竞争驱使系统状态发生转变。因此，许多像浅水湖泊一样的潟湖，可反映海草占优势的清澈状态与浮游生物占优势的浑浊状态之间的状态转变。

状态转变的主要驱动力是高脱氮效率，而高脱氮效率可由受海洋强烈影响的潟湖中的各种植物和底栖动物所体现。只要底层水的氧气充足，各种底栖动物的洞穴和沉积物的翻动，使沉积物受到广泛的生物扰动，并使其中形成三维微结构。蛤蚌、虾、多毛虫、螃蟹和其他无脊椎动物可建立复杂的洞穴系统，通过摄食水流和呼吸功能，使沉积物保持通风。如果沉积物表面的光照充足，则底栖植物（尤其是硅藻和底栖微藻）可通过光合作用迅速在沉积物顶部的几毫米处产生强大的氧气梯度。这些梯度，与由底栖动物所创建的沉积物的强大三维微结构，对有效脱氮所需的邻近好氧和厌氧微带的同时出现非常有利。通过浮游生物下沉而获取的氮，来自于沉积物系统的脱氮作用。海洋系统海水中充足的硫酸盐可确保磷不被沉积物强有力地固定。因此，LOICZ 模型的基础在于脱氮效率及系统中或多或少磷的保守行为。这些生态系统服务由近海海域底栖生物的高生物多样性来支持。

在养分负荷较高的潟湖中，整个生态系统可转变为另一种状态。氮负荷的增加会刺激水层中浮游生物的生长，并遮盖底栖微藻。增加的浮游生物产量可沉入水底，从而使氧气消耗增加、底栖动物多样性下降，其也可对那些耐低氧浓度物种的种群结构形成限制。缺氧沉积物的积极分解和生物扰动的减轻，促使脱氮过程终止、沉积物释放氨。因此，若没有脱氮和氮负荷的消除，系统将成为内部滋养型，藻类生产力也将进一步增加。这与富营养化的湖泊通过缺氧沉积物中磷的释放来实现内部滋养一样。在这两种情况下，转变都由氧化还原反应条件及微生物种群整体特性的变化引起。一旦转向更富营养的状态（海藻暴发占主导），潟湖将难以恢复到大型植物占主导的清澈状态。为了转变到原来的状态，负荷必须被大量减少。当然，如果小流域已被城市或农业发展所改变，这种转变也许是不可能的。因此，这是这些生态系统对诸多干扰具有明显滞后性响应的证据。

因此，海岸潟湖的整体生物多样性和养分循环特性取决于海洋与淡水之间的相互影响、海洋与淡水生态系统间生物多样性的差异、浮游生物和底栖生物间相对的 C、N、P 负荷，以及季节、纬度和气候等驱动力。而且，借助沉积物的地球化学，以及生态系统中主要功能群的化学计量特征和生理机能，可至少对这些潟湖行为的系列特征进行解释和预测。对澳大利亚东海岸潟湖的实证研究，使 Scanes 等有效地确定了养分对这些系统的“滴定性”（titrating）响应。随着潟湖氮负荷的增加，海草死亡，藻类暴发受到刺激。即使在视觉评估的原始水平，这些系统也可按负荷来排序，其所显示的响应模式也完全与模型预测的类似（图 38-2）。因此，尽管生物地球化学特性和生物多样性不同，但浅水湖泊和海岸潟湖对养分负荷增加及其他形式人为影响的响应极其相似。甚至，更广泛的系统状态指标也揭示了一致的变化模式。

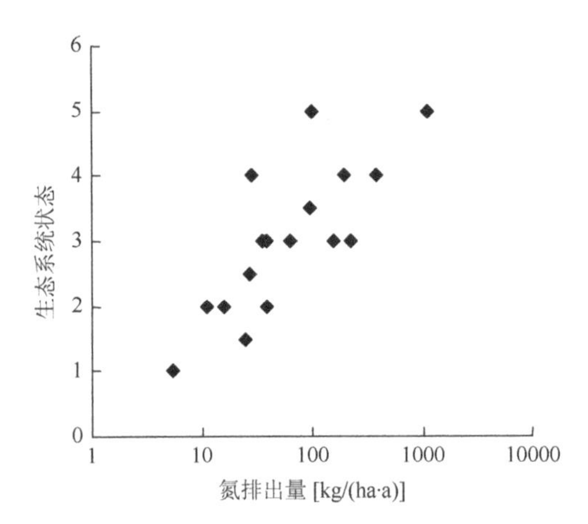

图 38-2 流域氮输出与澳大利亚东海岸上 17 个沿海潟湖生态系统状态结果间的生态系统滴定（ecosystem titration）的经验关系。生态系统状态被定义为：1，原始；3，明显的海草死亡和大型藻类的生长；5～6，占主导地位的有害藻类暴发（其中一些可能有毒）（数据源自个人观察以及改编自 Scanes P，Coade G，Large D，and Roach T（1998）Developing criteria for acceptable loads of nutrients from catchments. In：Proceedings of the Coastal Nutrients Workshop，Sydney（October 1997），pp. 89-99. Artarmon，Sydney：Australian Water）。

所以，受地中海气候（夏季气温暖和、水滞时间长）和强烈海洋影响的欠营养潟湖是强大的氮汇。然而，淡水流入量大、生产力高的温凉潟湖和河口可能会输出氮，并经常受磷限制。随着 LOICZ 计划的实施，我们已对海岸带如何影响一些主要元素从陆地到海洋的迁移方式有了广泛的理解。

3. 非平衡动力学

如果需要更详细的描述和预测（如个体物种的多样性、多度及其他特定生态系统的服务、资产），则预测能力将被削弱。原因之一是基于这一事实，即这些是响应长期个体事件（风暴和工程建筑物）

的非平衡系统。物种的消除和入侵可能需要几十年的时间，而淡水潟湖对盐水侵入的响应也同样需要几十年的时间。澳大利亚维多利亚吉普斯兰湖系统的惠灵顿湖是一个很好的例子。整个体系正在慢慢响应盐水的侵入，这一侵入可能由1883年潟湖系统河口的开放所造成。惠灵顿湖是距内陆最远的湖，它一直是淡水湖，直到1967年的干旱发生为止。那时，来自农业的氮、磷负荷同时增加，从拉筹伯河抽取的水被用于发电和灌溉，而盐入侵杀死了淡水湖泊中的所有大型植物。几年之后，湖水以前大型植物占主导的清澈状态转变为由有毒藻暴发占主导的浑浊状态。现今，想要从这种状态中转变回来，几乎是不可能的。

这些潟湖系统对气候和其他扰动的响应是非线性的和复杂的，因为主要功能群之间的相互作用及这些主要功能群响应的时间尺度存在极大的差异。浮游植物可在数天内响应负荷和滞水时间的变化，但海草却需要几十年或更长的时间才能恢复。通过风暴事件和“飙升”的氮负荷微扰一个简单耦合的浮游生物与底栖生物模型，Webster和Harris发现海草临界负荷的去除，输入负荷将被极大地改变，而改变程度取决于其性质。所以，系统响应是总负荷与事件频率和强度的函数。气候变化和小流域开发都可改变潟湖总的C、N、P负荷及其各自的特征，因此潟湖的生态响应是非常复杂且随时间发生变化的，这依赖于各种改变和管理活动。通常，潟湖对风暴或干扰的响应是长期的。随着其中整个浮游生物与沉积物系统的响应，关键物种的多度也会随时间而往复变化。

海洋和淡水系统中强大营养级联的存在，使这一情景更加复杂。沿海生态系统经常被过度捕捞，通过人类的双手，大型食肉动物和食草动物被消灭殆尽。海岸系统“超能巨型动物”的消灭，与贝类床体及其他可食用物种的去除，共同改变了许多潟湖和河口的生态特征。全球海岸生态系统也因自然物理结构（红树林和珊瑚礁）的破坏而被极大改变，这些自然物理结构可使系统面对极端事件时保持一定的恢复力。我们已从许多系统中移除了大型鱼类和滤食底栖生物，使其功能和响应小流域负荷改变的能力都受损。同时，系统物理组分和生态系统结构（珊瑚礁和大型生物群系的移除，食物链的简化等）也长期趋于简单，逐渐向由微生物群（尤其是藻类和细菌）主导的更富营养化（营养丰富）的系统演化。我们对生态系统“自上而下”营养结构变化的响应了解，比其对“自下而上”小流域驱动力的响应了解更少。然而，有很好的证据可说明类似的非线性特征和响应中的状态转变。海岸潟湖非平衡态观点改变了我们观察它们的方式。总之，这些系统的“危险”需要引起重视，并通过管理使其对自然和人为影响保持弹性和恢复力。尽管生态系统已被过度捕捞和极大改变，但我们仍需要其所创造的生态系统服务。

五、新兴的概念——物种和生物量的多重分形分布

当精细（高频）观测由生物量和物种的时空分布构成时，可说明相互作用和物种分布的潜在复杂性。目前，已有很多证据表明，浮游生物的潜在分布和底栖微藻是不规则的或多重分形的。同样，小流域高频观测也表明，水文和营养负荷具有相似的多重分形，甚至是相互矛盾的属性。因此，在上述一般性讨论的背后，存在一种行为模式，而这一行为模式为源于物种和功能群之间杂乱无章相互作用的自我复杂性提供了强有力的证据。事实上，要不是潜在的复杂性，我们可认为上述一般类型的、系统水平的响应是不会发生的。同时，当我们对生态系统行为的可能性进行高水平讨论时，这些小尺度，多重分形属性（突发事件创造的可能性）可引发很多问题，尤其是在中尺度水平上对优势种和功能群进行预测的这一过程中。因为跨组织层级的工作已经完成，海岸潟湖是一个很好的新型生态学实例，即它是一种有弹性和变化的生态学，而不是一个平衡与停滞的生态学。

这些新的洞察力所揭示的一个根本问题是，目前我们用于分析海岸潟湖的数据太少，还无法进行总体趋势的分析。换言之，数据收集只是每周一次或不到一次，根本无法揭示模式和过程真实尺度。为了新的见解和过程，仅对日常数据进行分析是可行的，但按小时和分钟尺度所采集的高频数据可揭示大量的新信息。伪数据（aliased data）与“控制误差”的频率统计技术的结合，实际上从多重分形分布数据中消除了信息，并增加了生态学解译中Ⅰ型和Ⅱ型误差的可能性。最重要的是，包含在多元时间序列数据中的信息，可从海岸系统中收集。源于生态系统的多数生态数据分析只使用单变量数据，因为缺乏固定的数据采集日程表（这可引起缺失和不规则时间间隔问题）最终使时间序列分析无法进行。

利用系泊和其他原位仪器，用以发现研究这些系统高频多元行为的新技术和新技巧的道路才刚刚开始。新的电极技术使在线访问数据成为可能，这为系统状态新类型的观测提供了机遇。我们开始明白，除了“自上而下”的气候和营养作用的因果关系外，还有一个“自下而上”的复杂驱动力，以及个体间相互作用可涌现高级别属性的巨大可能性。

统计分析的新形式可显示复杂和涌现系统中时间序列的信息。对复杂性和涌现性的全新理解，彻底改变了环境影响报告和风险评估的方式。现在，我们知道是相互作用和自复杂性，以及系统水平上的滞后效应共同造成了出乎意料事情的发生，而这些出乎意料的事情通常是人为改变的结果。沿海潟湖就是经典的例子。这意味着风险评估和环境影响报告不能将影响与变化孤立开来，我们必须以某种方法开发综合风险评估工具，以查验人类对沿海系统影响的相互作用和协同效应。在环境和社会经济（ESE）耦合系统中，代理间相互作用的相似复杂性和涌现性中包含着更大的复杂性。所有的沿海潟湖都被设置在这一耦合系统中。而多重用途管理决策是在跨尺度环境与社会经济相互作用的复杂网络中设置的。金融资本对社会资本和生态产出（自然资本）都有影响，因此其可决定工业发展和工程开发。反馈确认这也是一个相互作用的高度非线性集合。我们所知道的是，在面对极端事件时，海岸管理和开发的一般措施是不可反弹的；当受飓风和海啸影响时，这些措施也不会使它们“优雅地”降级。这时候需要新的管理措施。

参考章节：红树林湿地。

课外阅读

Adger WN，Hughes TP，Folke C，Carpenter SR，and Rockstrom J（2005）Socio ecological resilience to coastal disasters. *Science* 309：1036-1039.

Aksnes DL（1995）Ecological modelling in coastal waters：Towards predictive physical chemical biological simulation models. *Ophelia* 41：5-35.

Berelson WM，Townsend T，Heggie D，et al.（1999）Modelling bioirrigation rates in the sediments of Port Phillip Bay. *Marine and Freshwater Research* 50：573-579.

Brawley JW，Brush MJ，Kremer JN，and Nixon SW（2003）Potential applications of an empirical phytoplankton production model to shallow water ecosystems. *Ecological Modelling* 160：55-61.

Costanza R，d'Arge R，de Groot R，et al.（1998）The value of ecosystem services：Putting the issues in perspective. *Ecological Economics* 25：67-72.

Fasham MJR，Ducklow HW，and Mckelvie SM（1990）A nitrogen based model of plankton dynamics in the oceanic mixed layer. *Journal of Marine Research* 48：591-639.

Flynn KJ（2001）A mechanistic model for describing dynamic multinutrient，light，temperature interactions in phytoplankton. *Journal of Plankton Research* 23：977-997.

Gordon DC，Boudreau PR，Mann KH，et al.（1996）LOICZ biogeochemical modelling guidelines.LOICZ Reports and Studies，No. 5. Texel：LOICZ.

Griffiths SP（2001）Factors influencing fish composition in an Australian intermittently open estuary. Is stability salinity dependent? *Estuarine，Coastal and Shelf Science* 52：739-751.

Harris GP（1999）Comparison of the biogeochemistry of lakes and estuaries：Ecosystem processes，functional groups，hysteresis effects and interactions between macro and microbiology. *Marine and Freshwater Research* 50：791-811.

Harris GP（2001）The biogeochemistry of nitrogen and phosphorus in Australian catchments，rivers and estuaries：Effects of land use and flow regulation and comparisons with global patterns. *Marine and Freshwater Research* 52：139-149.

Harris GP（2006）*Seeking Sustainability in a World of Complexity*. Cambridge：Cambridge University Press.

Harris GP and Heathwaite AL（2005）Inadmissible evidence：Knowledge and prediction in land and waterscapes. *Journal of Hydrology* 304：3-19.

Hinga KR，Jeon H，and Lewis NF（1995）Marine eutrophication review.Part 1：Quantifying the effects of nitrogen enrichment on phytoplankton in coastal ecosystems. Part 2：Bibliography with abstracts. NOAA Coastal Ocean program，Decision Analysis Series，No 4. Silver Spring，MD：US Dept of Commerce，NOAA Coastal Ocean Office.

Howarth RW（1998）An assessment of human influences on fluxes of nitrogen from the terrestrial landscape to the estuaries and continental shelves of the North Atlantic Ocean. *Nutrient Cycling in Agroecosystems* 52：213-223.

Howarth RW，Billen G，Swaney D，et al.（1996）Regional nitrogen budgets and the riverine N and P fluxes for the drainages to the North Atlantic Ocean Natural and human influences. *Biogeochemistry* 35：75-139.

Lotze HK，Lenihan HS，Bourque BJ，et al.（2006）Depletion，degradation and recovery potential of estuaries and coastal seas. *Science* 312：1806-1809.

McComb AJ（1995）*Eutrophic Shallow Estuaries and Lagoons*. Boca Raton：CRC Press.

Mitra A（2006）A multi nutrient model for the description of stoichiometric modulation of predation in micro andmesozooplankton. *Journal of Plankton Research* 28：597-611.

Moll A and Radach G（2003）Review of three dimensional ecological modelling related to the North Sea shelf system. Part 1：Models and their results. *Progress in Oceanography* 57：175-217.

Murray AG and Parslow JS（1999）Modelling of nutrient impacts in Port Phillip Bay A semi enclosed marine Australian ecosystem. *Marine and Freshwater Research* 50：597-611.

Nicholson GJ and Longmore AR（1999）Causes of observed temporal variability of nutrient fluxes from a southern Australianmarine embayment. *Marine and Freshwater Research* 50：581-588.

OcchipintiAmbrogi A and Savini D（2003）Biological invasions as a component of global change in stressed marine ecosystems.

Marine Pollution Bulletin 46：542-551.

Pollard DA（1994）A comparison of fish assemblages and fisheries in intermittently open and permanently open coastal lagoons on the south coast of New South Wales，south eastern Australia. *Estuaries* 17：631-646.

Roy PS，Williams RJ，Jones AR，et al.（2001）Structure and function of south east Australian estuaries. *Estuarine，Coastal and Shelf Science* 53：351-384.

Scanes P，Coade G，Large D，and Roach T（1998）Developing criteria for acceptable loads of nutrients from catchments. In：Proceedings of the Coastal NutrientsWorkshop，Sydney（October 1997），pp. 89 99. Artarmon，Sydney：Australian Water and Wastewater Association.

Scheffer M（1998）Shallow Lakes. London：Chapman and Hall.

Scheffer M，Carpenter S，and de Young B（2005）Cascading effects of overfishing marine systems. Trends in Ecology and Evolution 20：579-581.

Seitzinger SP（1987）Nitrogen biogeochemistry in an unpolluted estuary：The importance of benthic denitrification. Marine Ecology Progress Series 41：177-186.

Seitzinger SP（1988）Denitrification in freshwater and coastal marine systems：Ecological and geochemical significance. Limnology and Oceanography 33：702-724.

Seuront L，Gentilhomme V，and Lagadeuc Y（2002）Small scale nutrientpatches in tidally mixed coastal waters. Marine Ecology Progress Series 232：29-44.

Seuront L and Spilmont N（2002）Self organized criticality in intertidal microphytobenthospatterns.Physica A 313：513-539.

Smith SV and Crossland CJ（1999）Australasian estuarine systems：Carbon，nitrogen and phosphorus fluxes. LOICZ Reports and Studies，No. 12. Texel：LOICZ.

Sterner RW and Elser JJ（2002）Ecological Stoichiometry：The Biology of Elements from Molecules to the Biosphere. Princeton，NJ：Princeton University Press.

Vollenweider RA（1968）Scientific fundamentals of the eutrophication of lakes and flowing waters，with particular reference to nitrogen and phosphorus as factors in eutrophication. Technical Report DAS/SCI/ 68.27，182pp. Paris：OECD.

Walker DI and Prince RIT（1987）Distribution and biogeography of seagrass species on the northwest coast of Australia. Aquatic Botany 29：19-32.

Walker SJ（1999）Coupled hydrodynamic and transport models of Port Phillip Bay，a semi enclosed bay in south eastern Australia. Marine and Freshwater Research 50：469-481.

Webster I and Harris GP（2004）Anthropogenic impacts on the ecosystems of coastal lagoons：Modelling fundamental biogeochemical processes and management implications. Marine and Freshwater Research 55：67-78.

相关网址

http：//www.chesapeakebay.net Chesapeake Bay Programme.

http：//www.dhigroup.com DHI.

http：//www.evergladesplan.org Everglades.

http：//www.healthywaterways.org Healthy Waterways.

http：//www.estuary guide.net Toolbox，The Estuary Guide.

http：//www.wldelft.nl wl delft hydraulics.

第三十九章
垃圾填埋场
L M Chu

一、前言

垃圾填埋场，是在废物处理的退化土地上重建的半自然陆地生态系统。根据场地平整，地层性质和生物活动，它们是独一无二的，但是根据其填埋年龄、废物组成、工程设计以及生态效益是有变化的。从环境的角度来看，垃圾填埋场填埋城市固体废物（卫生填埋）和较少的危险废物（安全填埋）。垃圾填埋场是无处不在的，因为卫生填埋是全世界城市固体废物管理的最普遍方法。当雨水渗透通过降解的废物时会形成垃圾渗滤液，而垃圾填埋气体是厌氧条件下微生物降解的副产物。现代垃圾填埋场的设计和施工会限制垃圾渗滤液和气体的形成和移动，以减少在操作过程中由于风吹垃圾、害虫和气味引起的环境公害。这些垃圾填埋场，无论是包裹式或是掩埋式类型，都是与环境隔离的掩埋废物。“年老”的填埋场是稀释和衰减型的，利用底土减轻污染，它们是没有限制的，因为没有渗滤液处理和气体提取的设施。稀释衰减型垃圾填埋场，渗滤液和气体的问题是普遍的。按照环境生物技术，垃圾填埋场被认为是大型的生物反应器，填埋废物中的有机物可以在此反应器中厌氧降解产生丰富的甲烷填埋气体能被用于发电。

二、闭场后的最终用途

一旦达到填充容量，垃圾填埋场就被关闭从而来进行恢复。除了被遗弃的“年老”垃圾填埋场受人类极少干扰外，大多数闭场后的垃圾填埋场可利用工程和生态方法进行恢复。填埋垃圾通过底部阻挡层和表面覆盖技术进行物理隔离。阻挡系统是由复杂的多层土工织物和防渗合成膜组成。地表通常覆盖 1～2m 厚的土。随后场地的开发需要在垃圾填埋场的土壤上建立植被覆盖层，首要目标是环境影响的最小化以及使用后特定的良好价值。技术上讲，关闭的垃圾填埋场要么通过无人类干扰的自然生态发展，遵循自然发展的人工演替得以恢复，要么通过包括集约的和持续管理的栖息地创建得以恢复。单一的自然发展是不可靠的和缓慢的，缺乏生态结果的控制。垃圾填埋场的恢复期可长达30年，但是对公共安全和工程的考虑通常优先于再生场地的生态功能。

以前垃圾填埋场使用后选择的标准包括土地利用规划的政策，位置特点，土壤资源的可利用性，社会需求和成本考虑。闭场后垃圾填埋场的建设通常是被禁止的，由于有机物降解引起的严重下陷，与填埋气有关的火灾隐患，通常办法是开拓最终用于柔软的城市场地以便提供舒适的设施，如公园、植物园、高尔夫球场、运动场，其对公众的使用是安全的。可替代的农业，自然保护和林业也是常见的最终用途。草地是农村最受欢迎的最终用途之一，但是农业的转变并不是最适合的，因为缺乏高质量的表层土。虽然野生生物栖息地的转变是不必要的，自然保护有时是一个更合适的继续使用，因为其要求少密集的管理，并且对关闭后的生态设计更灵活。关闭后的最终使用可以是混合景观，例如，美国纽约的弗莱士河填埋场，其被转化为具有包括森林、干旱低地、潮汐湿地、淡水湿地和野生栖息地一系列土地利用类型的舒适公园。

三、土壤覆盖

由于是支持植被建植和生态系统发育的最终土壤覆盖，因此，土壤材料的质量和土壤覆盖层的厚度在影响成功恢复方面是极其重要的。然而，正如良好的土壤通常是不可用的或昂贵的一样，所用的土壤通常来自非原位的次等土壤或是营养缺乏、结构不良的下层土。这就不可避免地出现了土壤紧实、黏土积水、使用粗质土导致的干旱以及土壤贫瘠等问题，可以通过传统的措施，如翻耕、改善有机质、种植伴生种和施肥来改良。

由于渗滤液的渗漏、填埋气释放、较差的土壤管理以及较少的养护，许多老的垃圾填埋场已经历了不同程度失败的植被恢复。在其他限制因子如低肥力、高土壤温度、干旱、渗滤液污染的毒性中，填埋气是最主要的原因。除非它被排放到大气或提取为能源生产，否则它将会取代氧气并窒息植物根系，其通常会导致植被的死亡，在废物沉积后气体产生能够持续 75 年。即使对于工程场地，如果在整个场地没有形成不透水层或是土壤表面被场地的不均匀沉降所破裂，气体问题可能仍然存在。填埋气创造了还原的土壤条件，其严重地削弱了微生物的分解和共生固氮过程；并与上升超过40℃的土壤温度一起有害于植物，植物生长在这些垃圾填埋场相关因子的不利影响下受到阻碍。局部污染的潜在地点会降低植物覆盖度并导致斑片状绿色。薄土覆盖也将加剧气体和渗滤液污染的问题。

封闭垃圾填埋场成功的植被恢复很大程度上取决于土壤覆盖材料的质量，人工植被对垃圾填埋场环境的适应，以及恢复后的管理策略。在封闭和掩埋的填埋场，填埋气和渗滤液的污染通常得到极大地减轻，虽然不一定消除。但是，最终土壤覆盖可能对植物生长仍然产生胁迫，这可能涉及隔离设计可能会提高这些填埋场的养分和水分胁迫。薄土覆盖、贫瘠的土壤质量、不利的填埋场条件导致较差的植被生长，尤其生态系统发育的初级阶段。

垃圾填埋场的恢复对于发展土壤-植物系统的功能是重要的，由于养分缺乏，尤其是氮，在大多数用作建成垃圾填埋场最上层的外来土壤中是普遍的。这可以通过闭场后植被恢复工作刚一开始时添加化学肥料而完成。然而，由于重复应用是昂贵的，恢复场地通常留给自然进行营养积累以满足建立自我的持续养分循环。这必须实现良好的植被生长，建立功能完善的土壤-植物系统和生态系统的发育机制。生态系统恢复的早期阶段，植物生长通常受养分周转的限制，使用贫瘠土壤材料作为最终覆盖将不可避免的导致恢复场地既不多产也不可持续性。填埋场覆盖的土壤缺乏在养分通量和分区方面的信息，根据土壤状况、土壤发育阶段和植被演替的养分转移和固定仅仅有部分信息。矿质营养的短缺是由于充足营养资源的缺乏或是矿化过程的失败。因此，凋落物、凋落物质量、矿化速率以及生物活性的水平是垃圾填埋场土壤质量的重要决定因素。缓慢分解率意味着养分物质聚集在有机物质中并且对于养分转化是不可用的。

随着生态系统的发育，填埋场土壤中积累的养分如氮和磷，其累积水平与植被建植存在正相关。在废弃的垃圾填埋场，没有较多的养护，在没有生物固氮的条件下入侵植被的凋落物是有机物质和养分的主要来源。然而，缺少有关垃圾填埋场土壤氮资源的信息。氮由施肥、分解作用、生物固氮和降雨所提供。它易于固定在最新的地点，新建植的草地植被初级生产不能依赖于分解，即使这个速率对于可持续氮的周转相对较高。在更为成熟的林地中总氮矿化率高，但是不清楚对于封闭的填埋场到底积累在土壤中多少氮才能够创造一个自我维持的生态系统。

土壤中的微生物区系，动物群和非生物成分都是垃圾填埋场生态系统重要的以及相互关联的组分。以前的填埋场所支持的不同土壤和废弃物动物群在腐屑食物网中起积极作用。它们包括多样性高的腐食性节肢动物和无脊椎动物种群如等足类、多足类以及唇足类动物，它们能够忍受填埋场的环境。弹尾目和螨虫类在有气体问题的填埋场是非常丰富的。蚯蚓也适应填埋场条件，并且已经被引入到填埋场以改良土壤，但是自然植被和土壤改良似乎是缓慢的，需要3～14年蚯蚓物种才能侵入填埋场。低的有机物质积累和斑片状的植被覆盖能够阻碍填埋场蚯蚓的更新和移动。

垃圾填埋场最好的土壤覆盖应当支持不同的土壤微生物和无脊椎动物群落，因其在有机物质降解和养分循环的过程中起着关键作用。活跃的微生物和无脊椎动物种群将提高土壤的理化状况，反过来鼓励植物重新定居来支持更多样性的动物种，因此，形成一个较大的结构复杂和功能稳定的群落。这不仅仅对成功的植被恢复是重要的，也对随后的演替发展是重要的。从长远来看，这将会利于自发的改变，这个改变是演替后期种的更新和生态系统过程在人类栖息地发展的结果。

四、植被

垃圾填埋场植被覆盖有助于景观的美化并减少由蒸散发而引起的渗滤液排放。如果填埋场没有用不透水层覆盖用以控制渗透的话，后者的功能尤其重要。植被覆盖的其他优点包括场地视觉改善，野生栖息地的建立，温室气体的固定。植被恢复物种的选择目的取决于场地以后的使用，气候条件，苗木可供率以及物种的耐受性。

尽管巨大的努力和投资致力于场地工程，但是土壤覆盖所包含的并不能保证植被建植的成功。土层的深度和质量影响植被恢复，因为较厚的土壤覆盖对于具有较深根系的木本物种是必要的。

低劣的植被表现是许多旧填埋场的共同特征。在美国，20世纪80年代初进行的一项全国性的调查表明，植物种植失败的主要原因是根系区域高浓度的填埋气体。填埋气浓度与植物覆盖或城市垃圾填埋场的树木生长呈负相关关系，因为树木生长受高填埋气含量的限制，一定程度上受高土壤温度和干旱的限制。另外，根系的发育、填埋场的植物生长也受到土壤气候的不利影响，如高的地下温度、干旱、土壤酸碱度以及渗滤液的污染。要解决这些问题，应推荐对上述不利条件有耐受性的物种种植。这就是为什么填埋场植被恢复的早期研究集中在植物物种对填埋气体的适应性方面。豆科树种比非豆科树种在旧填埋场所盛行的高填埋气体耐受性方面更具优势。

恢复传统上由播撒草种和（或）树种种植开始的，为了侵蚀控制和美学改善。园林绿化和人工植被恢复是最初的恢复工作，不考虑场地以后的使用，因为这会促进生态的发展。场地的再种植优先使用草种，因为草生长快并且能够立即提供良好的地面覆盖以控制侵蚀和减少视觉影响。在填埋气影响下，草皮比树木也更易存活，这一特征归因于它们较浅的根系深度。植树是不受欢迎的，尤其在填埋场顶端的台地，因为树木生长对填埋场的消极影响。植被恢复开始后，场地恢复会留给即将发生的次生演替。

对于封场的填埋场，草地是一个多功能的栖息地选择，因为它能建立在广泛的土壤类型上。而牧草地和可开垦的草地对土壤质量要求较高，并且需要更多的化肥施入，低维护的草地可以建立在贫瘠的土壤上。较多物种和野草的混合种子可以增加恢复场地的物种丰富度。开阔的草地对许多动物种（如蝴蝶）是较好的栖息地，但是其他动物种更喜欢在分散的灌木和树木下躲避。通常不推荐植树，因为据说树根在填埋场顶端由于干旱会穿孔和破裂。此外，由于贫瘠的土壤质量，填埋场土壤上的树木生长可能比较困难。但是，由于林地具有最大的保护价值，因此，植树形成森林似乎是可取的，这得益于森林资源的增加，栖息地连通以及野生生物多样性和景观一体化。

植被是填埋场生态系统的不可分割的部分，植被恢复场地的植物群系组成因填埋技术（如气体和渗滤液控制），水文气象条件以及土壤覆盖的质量和厚度而不同。植被组成也直接受建植种及其存活、移植/增植、其他物种的自然入侵、土壤覆盖物和种子库的影响。一个适宜的物种将非常适应和存活于填埋场条件，至少一定时期内，有利于演替后期种的生长。基于不同场地的可利用性，物种的可用性以及物种的性能，恢复可以直接用不同的土壤和栽培策略实现演替的干预。一个不错的植被恢复种选择能够提高生态系统的可持续发展。固氮种和那些先锋种在恢复后的生态系统发展的最初 10～20 年，通常会超越其他物种。固氮树木，如热带物种的相思树（*Acacia confusa*）、大叶相思树（*A. auriculiformis*）、马占相思树（*A. mangium*）、大叶合欢（*Albizia lebbeck*）、木麻黄（*Casuarina equisetifolia*）、银合欢（*Leucaena leucocephala*）和温带物种如欧洲桤木，广泛用于种植在封场后的填埋场。这些物种有助于填埋场土壤的氮积累，对土壤覆盖的演替发育也非常重要。因此，后期演替物种的富集种植在发育后期对于提高植物密度和维持封闭填埋场次生林中植被的物种丰富度有时是必要的。

疏林群落的建立不仅仅是简单地完成植树，而是生态逐步发展的结果。演替的成功和速度依赖基于适当的种群行为机制存在有效的动物分散，以及合适的生态特征种的可利用适宜种子。覆盖土壤中的种子库供应早期的建植物种，类似于由土壤获得的植物区系组成。土壤种子密度随垃圾填埋场年龄而下降，这个趋势与休闲地演替过程相似。新填埋场更多为 *r*-选择物种，往往产生较多的种子，然而较老的填埋场更多为 *K*-选择物种，产生极少种子但是较高的多年生种群。许多更为适应的木本植物能够侵入裂缝并缓慢建植。树木要么是早期演替物种要么是豆科物种，应当以合适比例种植以加速填埋场的演替，保护当地植物的生物多样性，为野生物保护提供更有利的栖息地。种植更多是本地物种还是外来物种仍处于争论中；本地物种，虽然不一定能快速生长，但是适用于当地的环境条件，提供了人工植被恢复未发现的本地特征，但是是否本地种还是外来物种是更好选择，取决于它们对填埋场条件的适应和植被恢复的土壤质量。

封场后的垃圾填埋场对包括野兰花在内的稀有物种是一个好的避难所，对当地植物群系的保护是重要的。旧场地按照土壤质量和植被覆盖得以较好发展。封闭填埋场的生态系统发展快速并能通过人工建植和良好的管理措施得以加速发展。

五、动物群系

垃圾填埋场覆盖植被支持其充当本地动物群系的栖息地，但是，如果恢复的填埋场未能为动物群系的定居提供适当的环境，从生态学的观点看，是无用的。封闭填埋场的动物群聚集几乎没有完成，但是恢复的填埋场对动物群系的定居是潜在场地，因为它们能吸引昆虫和爬行动物，在野生生物保护中起重要作用。

废弃填埋场建立的开阔草地是重要的昆虫栖息地，一些封闭的填埋场转变为林地或草地，可为蝴蝶尤其是种群和分布方面逐渐减少的那些物种提供有利的栖息地。然而，蝴蝶群落组成和结构与花蜜来源的植被或是幼虫寄主的植物都有更为紧密的联系，不一定反映封闭填埋场的演替发展。

封闭填埋场在植被恢复后的几年，两栖动物和爬行动物移居，爬行类区系的多样性和丰富度也随闭场后时间的推移而增加。人工湿地，虽然不是填埋场栖息地创建的传统选择，但是提供了两栖动物和爬行动物的避难所。这方面的例子有已设计和建造在英格兰柴郡填埋场的池塘，专为原本存在于填埋之前的凤头蝾螈设计和建造的池塘。

鸟类作为种子散播者在填埋场次生演替中起着

非常重要的作用。据报道，鸟类每年通过动物体内传播可引进20个新物种到填埋场。这增加植物多样性和有助于植被的发育。然而，只有产生肉质果实的物种才能被食果物种散播。一般提倡种植更多的本地肉质果实以吸引鸟类甚至小型哺乳动物（如蝙蝠），以达到垃圾填埋场生态功能的完全恢复，可作为野生动物的栖息地。

动物群落的重建与植被密切相关。封场的填埋场对罕见和稀有物种是潜在的避难所，表明栽种更多本地物种能有助于创建更为有利的栖息地以促进生态多样性。恢复的填埋场可能不会像自然区域那样的生态多样化，但是不应当忽视它的保护价值，因为它们可以是很好的野生动物栖息地和提高剩余破碎区域的连接环节。生物多样性相对高和有稀有物种记录的地点应当指定为保护区，尤其是那些不适合其他替代区域发展的物种。

六、生态学方法

演替发展的基本生态学原理完全适用于垃圾填埋场的恢复，从长远看，恢复的成功取决于表层生物活动的重建。草地到林地生态系统的自然演替是缓慢的，可能需要长达50年。人们普遍认为生态系统重建的干预随后的自然演替是对垃圾填埋场最切实可行的选择。如果封场的填埋场被适当改造，它们将为自然保护，林业和娱乐提供有吸引力的土地来源。然而，改造的成功更多地取决于覆盖材料的植物生长和养分的有效循环。根据封场填埋场的结构和功能，包括气体控制，土壤管理和直接演替等的综合方法能使可持续的生态系统得以加速发展。

参考章节：废水生物处理系统。

课外阅读

Chan YSG，Wong MH，and Whitton BA（1996）Effects of landfill factorson tree cover：A field survey at 13 landfill sites in Hong Kong. *LandContamination and Reclamation* 2：115-128.

Chan YSG，Chu LM，and Wong MH（1997）Influence of landfill factors onplants and soil fauna：An ecological perspective. *EnvironmentalPollution* 97：39-44.

Dobson MC and Moffat AJ（1993）*The Potential for WoodlandEstablishment on Landfill* Sites，88pp. London：Department of the Environment，HMSO.

Dobson MC and Moffat AJ（1995）A re evaluation of objections to treeplanting on containment landfills. *Waste Management and Research* 13：579-600.

Ecoscope（2000）*Wildlife Management and Habitat Creation on LandfillSites*：*A Manual of Best Practice*. Muker，UK：Ecoscope AppliedEcologists.

EttalaMO，YrjonenKM，andRossiEJ（1988）Vegetation coverage at sanitarylandfills in Finland. *Waste Management and Research* 6：281-289.

Flower FB，Leone IA，Gilman EF，and Arthur JJ（1978）A Study of Vegetation Problems Associated with Refuse Landfills，EPA 600/278 094，130pp. Cincinnati：USEPA.

Handel SN，Robinson GR，Parsons WFJ，and Mattei JH（1997）Restoration of woody plants to capped landfills：Root dynamics in anengineered soil. *Restoration Ecology* 5：178-186.

Moffat AJ and Houston TJ（1991）Tree establishment and growth at Pitsealandfill site，Essex，U.K. *Waste Management and Research* 9：35-46.

Neumann U and Christensen TH（1996）Effects of landfill gason vegetation. In：Christensen TH，Cossu R，and Stegmann R（eds.）*Landfilling of Waste*：*Biogas*，pp. 155 162. London：E& FN Spon.

Robinson GR and Handel SN（1993）Forest restoration on a closedlandfill：Rapid addition of new species by bird dispersal. *Conservation Biology* 7：271-278.

Simmons E（1999）Restoration of landfill sites for ecological diversity. *Waste Management and Research* 17：511-519.

Wong MH（1988）Soil and plant characteristics of landfill sitesnear Merseyside，England. *Environmental Management* 12：491-499.

Wong MH（1995）Growing trees on landfills. In：Moo Young M，Anderson WA，and Chakrabarty AM（eds.）*Environmental Biotechnology*：*Principles and Applications*，pp. 63-77. Amsterdam：Kluwer Academic.

第四十章
红树林湿地
R R Twilley

一、前言

红树林是指森林湿地的一个独特类群，通常是处在北纬25°到南纬25°之间以热带和亚热带潮间带的沿海景观占优势地位。这些热带森林沿着陆地和海洋之间的大陆边缘生长，跨越从近乎淡水（寡盐生物）到海洋（盐生生物）条件的整个盐度范围。沿海森林也几乎占据从河滨三角洲到海洋珊瑚礁的各种类型沿海地貌结构——这是红树林生态系统拥有巨大生物多样性的另一个案例。红树林被认为是一类盐生环境中的树种，它们来自8个不同科中的12个属。印度西太平洋区域共有36个物种记录，但是新大陆热带地区（new world tropic）的物种少于10个。红树林（mangrove）这个术语最好定义为一种特殊类型的树种，而红树林湿地是指潮间带中的整个植物群丛与其他群落的组合，类似于Macnae曾引入的术语“mangal”［译者注：红树林湿地（mangrove swamp）的植物群落最常见的术语是“mangal”］，特指红树林沼泽生态系统。此外，热带河口栖息地由分布在港湾和潟湖的各种初级生产者和次级消费者组成，这使得潮间带由红树林湿地占优势。这些可被称为红树林为主的河口（mangrove dominated estuary）。

有关描述全球红树林生态学及其管理的综述和书籍众多，还包括一些描述技术的参考文献，这些技术是用于研究红树林湿地生态学的。

二、红树林的生态地貌学（Ecogeomorphology）

红树林的环境背景是区域气候、潮汐、河流量、风和洋流的复杂行为（图40-1）。从河流三角洲、潟湖和河口环境到海洋中的岛屿（非大陆型）的整个热带大陆边缘，绵延着约240×10^3 km^2的红树林。沿海区域的地形特征，伴随着的地球物理过程，共同控制着森林结构和生长的基本模式。在依赖于区域气候和海洋过程的各种生命地带可以找到这些沿海地貌环境。微地貌和潮汐水文学梯度所导致的红树林水文周期可影响从海岸带到更内陆地区的红树林分带，构成红树林湿地的生态学类型（图40-1）。Lugo和Snedaker基于局域尺度的地形位置和水淹模式（河流、水陆边缘、盆地和低地；图40-1）确定了红树林的生态类型，而对于这个局域尺度，Woodroffe总结为三种基本的地貌类型（河流、水陆边缘和内陆）。红树林生态类型的组合可能存在于一系列空间尺度等级的任一地貌环境中，这可用于对红树林进行分类。

地球物理过程和地貌景观的各种组合产生了控制红树林生长的调节器、资源和水文周期梯度（图40-2）。调节器梯度包括影响红树林生长的非资源变量（nonresource variables），包括盐分、硫化物、pH和氧化还原剂。而资源梯度包括营养、光、空间和其他能被消耗或有助于红树林生产力的变量。第三类梯度水文周期是湿地景观的关键特征之一，它控制着湿地生产力。根据胁迫条件的相对程度，这三类梯度的相互作用被看成是定义红树林湿地的结构与生产力的约束包络线（constraint envelope）（图40-2）。当所有三种环境梯度处于较低胁迫水平时（如低盐度、高营养和中等水淹），红树林湿地达到它们生物量和净生态系统生产力的最高水平。

在红树林生态系统中，土壤营养的分布并不均匀，产生了多种模式的营养限制。沿着碳酸盐礁岛的小潮梯度，树木在边缘地带一般是氮限制的，而在内部或矮树丛地带是磷限制的。肥力研究证明，并非所有的生态学过程都有相似的响应，或受到同一营养的限制。同样明显的是，生长在其他生态地貌（ecogeomorphic）环境下的红树林也往往是磷限制的，这与不同地球物理过程有关。控制红树林建立、种子存活、生长、高度和分带最重要的调节器梯度（图40-2）之一是盐分，这是基于它们对水和盐的平衡能力。红树繁殖体对盐度响应的种间差异表现在从45～60g/kg的盐度范围。红树林叶片组织的$\delta^{13}C$和$\delta^{15}N$信号可以指示胁迫条件，如跨各种环境条件的干旱、营养限制和超盐（hyper salinity）。

三、生物多样性

红树林生态系统支撑各种海洋和河口食物网，包括极大数量的动物物种和复杂的异养微生物食物网。在新世界（New World）（译者注：指西半球或南、北美洲及其附近岛屿）的热带地区，对红树林

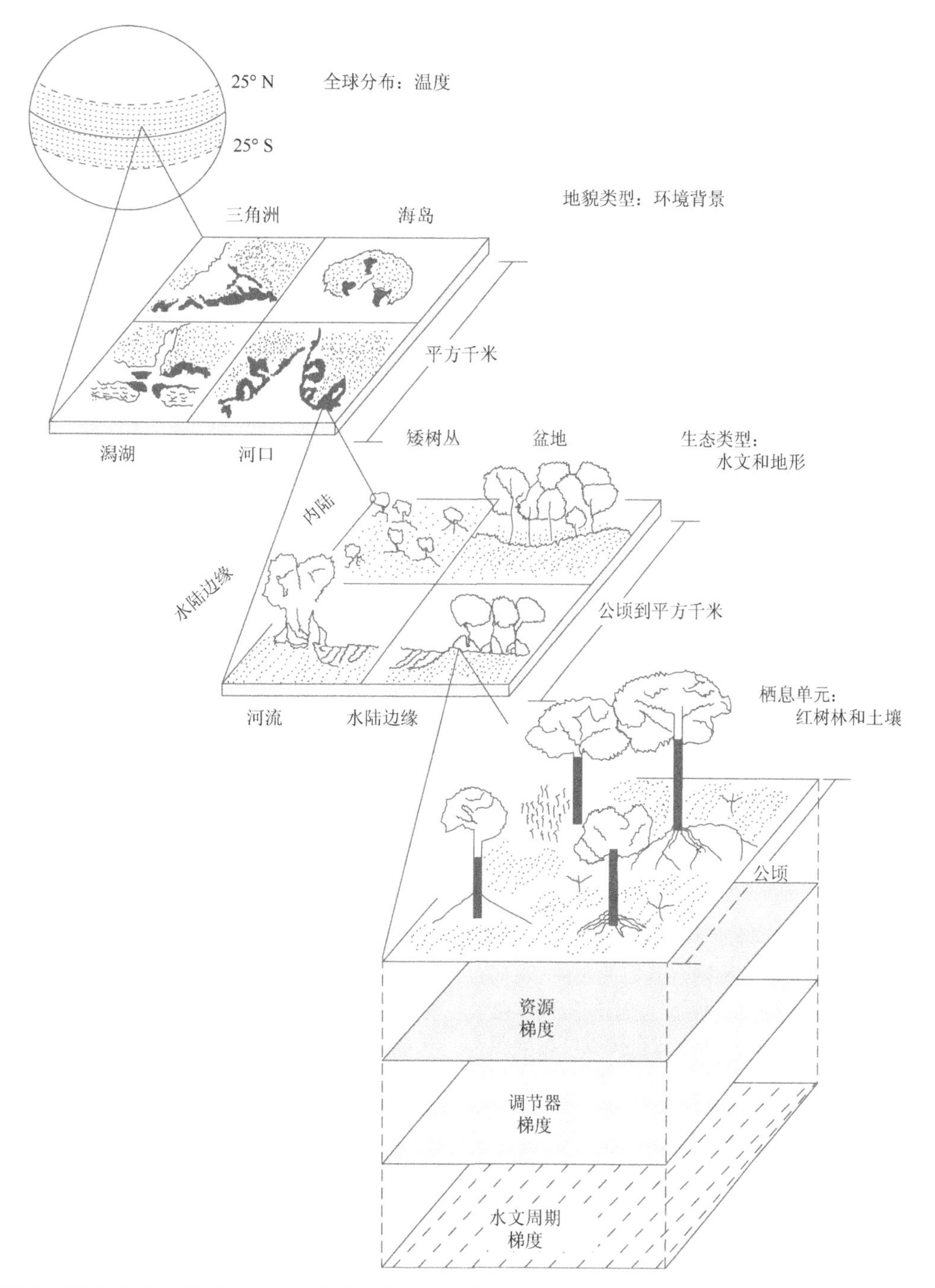

图 40-1　描述红树林结构和功能模式的等级分类系统，这是基于全球的、地貌的（区域的）和生态（局域的）因子的，这些因子能控制从陆边缘到远离海滨的更内部位置的梯度上营养资源浓度和土壤调节器。改编自 Twilley RR，Gottfried RR，Rivera-Monroy VH，Armijos MM，and Bodero A（1998）An approach and preliminary model of integrating ecological and economic constraints of environmental quality in the Guayas River estuary，Ecuador. *Environmental Science and Policy* 1：271-288；Twilley RR and Rivera-Monroy VH（2005）Developing performance measures of mangrove wetlands using simulation models of hydrology，nutrient biogeochemistry，and community dynamics. *Journal of Coastal Research* 40：79-93。

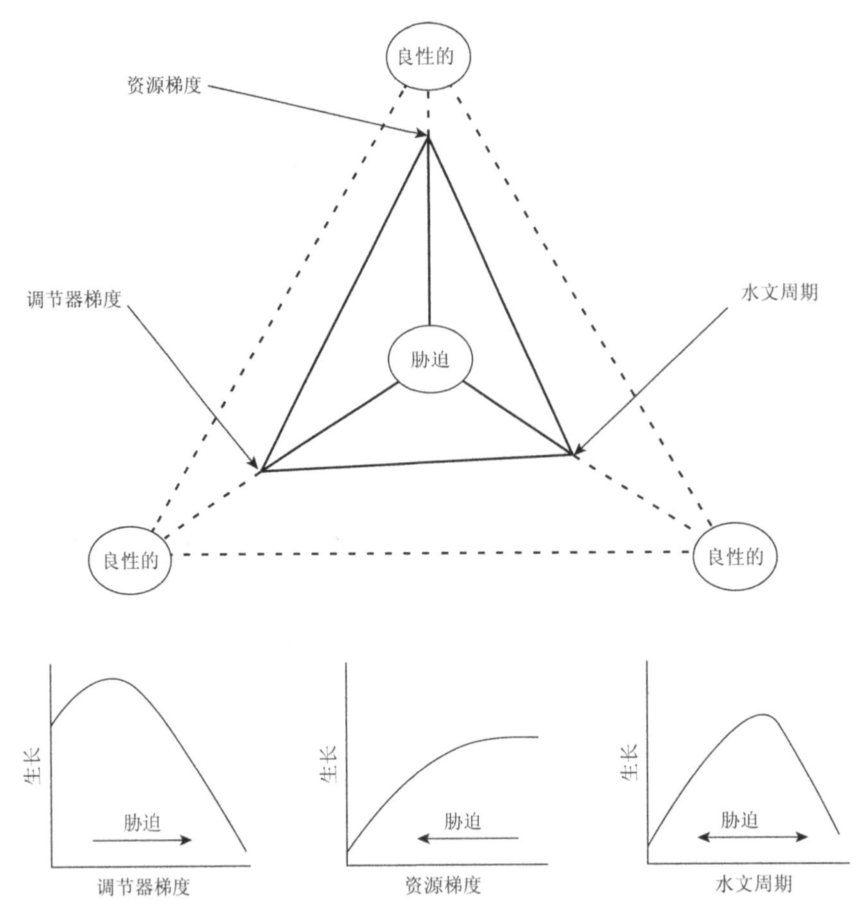

图 40-2 三个控制沿海湿地生产力因子的相互作用，包括调节器梯度、资源梯度和水文周期。底部的图组定义胁迫条件，与每个因子的梯度如何控制湿地植被的生长有关。摘自 willey RR and Rivera-Monroy VH（2005）Developing performance measures of mangrove wetlands using simulation models of hydrology，nutrient biogeochemistry，and community dynamics. Journal of Coastal Rescarch 40：79-93。

自游生物的组成和生态学进行的广泛调查发现了 26～114 种鱼。除了海洋和河口食物网及其相关物种，红树林还有相当数量且丰富多样的动物，它们的范围从陆生昆虫到鸟类，或居住在红树林，或直接以红树林植被为食。这些包括固着生物（如牡蛎和被囊动物）、树栖的饲养者（如食叶动物和食果动物）和地面上的种子捕食者。海绵动物、被囊动物以及红树林支柱根上附生生物的各种其他形式都非常丰富，尤其是在沿红树林海岸线具有较少陆生输入的地方。在佛罗里达群岛的红树林有超过 200 个昆虫物种的记录，与加勒比海其他地区所观察到的昆虫和动物区系相似有关红树林生物多样性和生态功能之间关联发表最多的之一可能是红树林湿地蟹类的存在。蟹类可影响红树林湿地的森林结构、凋落物动态和营养循环，这意味着它们是这些森林生态系统的关键组成。

四、生态系统过程

1. 演替

红树林的演替常被同等看待为分带（zonation），其中在边缘地带可以发现“先锋种”，更接近陆地的植被分带可“概括”为朝向陆地群落的演替序列。红树林群落中的分带在多个方面都归因于若干生物因素，包括单个种群的耐盐性、种子的传播模式，这又是红树林繁殖体大小的不同、方蟹（grapsid crabs）与其他消费者的消耗差异，以及种间竞争所导致的。Snedaker 认为稳定特异性分带的建立，其中的每一个物种都最适合走向繁荣，这要归因于物种的生理学耐受性与环境条件的相互作用。对墨西哥塔巴斯克州潮间带的地质勘查证明，红树林湿地的分带和结构对海平面的升降变化敏感，而红树林分带可被看成稳定状态分带向海或背海迁移，这取决于海平面高度。因此，红树林湿地的单一和混合植被分带代表稳定状态下的调节而不是演替阶段。许多红树林演替的模型是基于缺口动态（gap dynamics）如何影响整个景观中群落动态的空间斑块。

2. 生产力和凋落物动态

整个热带地区红树林湿地的树木高度及地上生

物量在较高纬度处减小，表明在亚热带地区气候对森林发育的限制。此外，在任一给定的纬度下红树林生物量可发生剧烈变化，这表明在所有纬度下调节器、资源或水文周期的局部效应可能会显著限制森林发育的潜力。红树林初级生产力评估最常用的方法是测量凋落的比率，正如在其他森林湿地所记录的那样。红树林中凋落物产生的区域比率是森林中水分周转的函数，生态类型中的排序如下：河流＞水陆边缘＞盆地＞矮树丛。

红树林凋落物动态包括生产力、分解和输出，它可决定红树与沿海生态系统次级生产力以及生物化学循环的耦合。叶片凋落物周转模式已被认为在不同红树林生态类型中有很大变化，在日益增加的潮汐水淹的位点有更大的凋落物输出（河流＞水陆边缘＞盆地）。但是，在旧世界（Old World）（译者注：未发现美洲大陆前的亚、非、欧三洲）热带澳大利亚和马来西亚的更高能量沿海环境中一些研究，强调了蟹类对红树林叶片凋落物的归属有影响，而非地球物理过程。在这些沿海环境中，蟹类消耗每年落叶凋落物的 28%～79%。在新热带区（neotropics）观察到了一个相似的生物因素，厄瓜多尔的瓜亚斯河（Guayas River）河口中的螃蟹（*Ucides occidentaliss*）处理落叶的比率与旧世界热带地区所观察到的相似。红树林湿地中凋落物周转率的差异是物种特殊的降解率、水文特征（潮汐频率）、土壤肥力和诸如螃蟹的生物因子的组合。

3. 营养的生物地球化学循环

红树林湿地的营养生物地球化学循环是作为营养源或汇取决于红树林湿地和河口之间界面的物质交换过程，这很大程度上受潮汐（潮汐交换，TE，见图 40-3）的控制。营养可能与沿海水域（TE）或与大气（大气交换，AE）发生交换，这取决于营养是否为气态相（图 40-3）。大量碳和氮与大气发生交换，致使在沿海水域界面和在大气界面的交换机制都非常复杂，它们会影响到这些营养的物质平衡。此外，还有内部过程发生，包括根吸收（UT）、冠层中的再分配（RT，retranslocation）、凋落物（LF）、再生（RG）、固定（IM）和矿化（SD）（图 40-3）。这些营养流的平衡将决定跨湿地边界的交换。

有关红树林生态系统碳、氮或磷总收支的估算非常少。红树林沉积物在消除地表水氮方面具有很大潜力。不过，对所接受污水处理厂排除水的红树林来说，其反硝化作用的估算有较大的变化范围，最低为 0.53μmol $N/(m^2·h)$［译者注：原文为 $μmol/(m^2·h)$，有歧义］到 9.7～261μmol $N/(m^2·h)$。先对 $^{15}NO_3^-$进行小修正，然后直接测量 $^{15}N_2$ 的产量，表明反硝化作用比同位素测量小 10%，这说明 NO_3^-是在凋落物中富集的，是通过森林地面而固定的而不是大气的汇。红树林湿地的其他营养汇是与沉积物有关的氮和磷的掩埋。对南佛罗里达和墨西哥五个站点间沉积物和营养富集的调查呈现出与红树林生态类型有关的模式，其速率大约为 $5.5g/(m^2·a)$。该速率比通过反硝化作用的氮损失要高，说明在红树林生态系统中，掩埋作为氮汇的重要性。冠层中系统内的营养循环机制可能是红树林中氮保护的位点，连同叶片寿命可影响这些生态系统的氮需求。该生态过程对不同红树林湿地营养收支的重要性还没有定论。

氮交换的调查证明了决定红树林湿地为氮汇功能的一些原理。来自墨西哥和澳大利亚站点的最大氮通量是颗粒氮输出，与来自大多数红树林的有机碳代表最大通量的结论一致（图 40-3）。与红树林的其他通量研究相比，似乎呈现出进入湿地的净无机物通量与有机营养输出通量相当的这样一种模式。最好的总结也许是红树林湿地将潮汐输入的无机营养转化为有机营养然后向沿海水域输出。来自红树林生态系统的碳输出范围为 1.86～401g $C/(m^2·a)$，平均速率大约为 210g $C/(m^2·a)$。红树林湿地的碳输出几乎是草本盐沼（salt marsh）平均碳输出速率的两倍，这也许与红树林落叶具有更大的浮力、热带湿地具有更大的降雨量，以及被研究的红树林系统的潮汐活动幅度更大有关。

4. 红树林食物网

红树林湿地的功能，对依赖渔业的河口是一种栖息地和食物的来源，也是森林湿地最有名的价值之一。一些有关热带红树林生态系统次级生产力的综述做了很好的描述。红树林最初的“溢出假说”（outwelling hypothesis）已从最初的范式进行了修订，该范式是基于不同红树林河口的比较，其方法是根据自然界同位素的丰度来对流经河口食物链的红树林有机质进行示踪。红树林碎屑量具有季节和空间差异，碎屑量可从栖息在红树林河口的虾和鱼中测得。如果从红树林碎屑来源的距离增加，虾组织中来自红树林碎屑的碳比例会减少，因为浮游植物碳的信号比例会增大。红树林碎屑输出的季节性与渔业依赖性河口的迁移有关，这也或许会削弱各种食物网中红树林碎屑的贡献。许多自游生物群落的迁移属性，以及有机碎屑输入和原位生产力两者都有的季节性脉冲，导致红树林与渔业依赖性的联系非常复杂。此外，红树林碎屑氮比碳相对要少，可能会被微生物群落所改变，然后被更高营养级利用，这掩盖了有机质作为能源的直接利用。

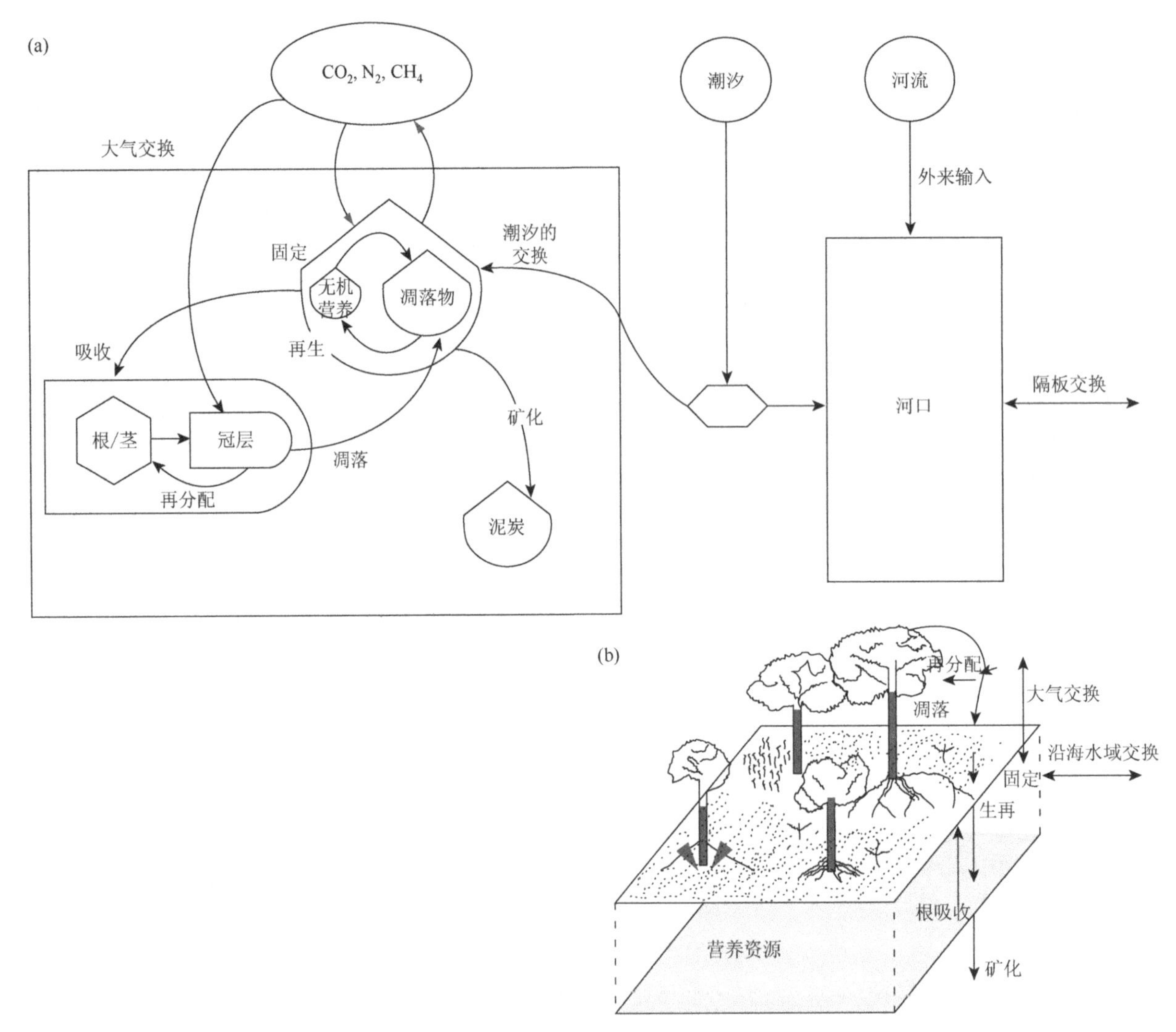

图 40-3 （a）：红树林生态系统中有机质和营养的各种通量图解，包括与河口的交换（IN，无机营养）。（b）：红树林湿地与土壤营养资源简图，描述了与系统内循环和交换有关的各种过程。摘自 Twilley RR（1997）Mangrove wetlands. In：Messina M and Connor W b0665（eds.）*Southern Forested Wetlands：Ecology and Management*，pp. 445-473. Boca Raton，FL：CRC Press。

五、环境变化的影响

毋庸置疑，红树林是生态系统如何响应全球环境变化和土地利用干扰多方面影响的极好指示器。就目前的模式而言，气候和土地利用变化的联合效应，将会是 21 世纪整个热带地区减少红树林产品和服务给人类系统带来的明显证据。例如，海平面加速上升已经被认为是影响红树林生态系统持续存在最关键的环境变化。许多过程有助于红树林的以一定的速度增生，可能抵消区域海平面的上升。以上根据红树林生态系统可预计的衰退对海平面上升的临界速率进行了估算。一些推测表明，当海平面上升大于 1.2～2.3mm/a 时红树林不能持续存在。但也有证据表明，位于特定环境条件的红树林能在整个海平面加速上升期存在。澳大利亚的红树林在潮汐河阿利盖特河（Alligator River）南部可以跟上海平面上升的变化，其速度为 0.2～6mm/a。而且，澳大利亚北部的许多河口红树林在全新世早期忍受了 8～10mm/a 的海平面上升。这许多红树林接收陆生沉积物并出现在强潮环境中，其临界速率与在弱潮和碳酸盐环境的红树林大不相同。此外，在海平面上升增强的条件下，红树林区域移向内陆维持在沿海海岸线上。但是这种向内陆的移动取决于是否有合适的近海岸景观可利用。近年来对红树林定植最明显的限制是人类对可利用景观的土地利用。

在诸如墨西哥湾和加勒比海等许多沿海区域的红树林，分布在飓风和气旋发生频率高的纬度，对红树林结构和群落动态产生强烈影响。在佛罗里达、波多黎各、毛里求斯和英属洪都拉斯已观察到好几种模式。在可预见的修复模式中，沿着暴风的严重程度和沉积物干扰，物种属性和可提供的繁殖体是重要因子。频繁的暴风干扰对具有持续性或能及时开花、幼苗或芽丰富、在开放条件生长迅速并较早达到繁殖成熟的物种有利。这些干扰造成的木质碎屑在受干扰红树林的生物地球化学特性中扮演了重要角色。尽管红树林表现出这些“特点（征）”，考虑人类活动对红树林复杂的自然循环再生和生长的累积影响是很重要的。在具有更高海平面上升速率的区域，飓风干扰被证实会引起沉积物坍塌（地面高程下沉），这会降低红树再次移植到受干扰区域的能力。然而，这种潜在的影响或许会随红树林的生态地貌类型而变化。

使热带沿海三角洲淡水和淤泥丧失的河流（和地表径流）改道，会导致红树物种多样性和有机产物的损失，改变红树林生态系统所支撑的陆生和水生食物网。在过去几百年中，印度河（Indus River）淡水分流到巴基斯坦信德省（Sind Province）的农业生产，使得曾经物种丰富的印度河三角洲变成一个被白骨壤（Avicennia marina）占优势的稀疏群落。沉积物匮乏和废弃河道淤塞也是引起滨海区发生显著侵蚀的原因。随着恒河（Ganges）河道的自然变化以及法拉卡（Farakka）闸堰的建设，类似现象在孟加拉西南部也观察到了。法拉卡闸堰减少了旱季流向红树林占优势的苏达班（Sundarbans）西部的淡水流量。自然和人为引起的淡水匮乏对恒河三角洲的红树林生物多样性都会有消极影响，沿着哥伦比亚的干旱沿海生命也同样如此（大谢纳加德圣玛尔塔潟湖）。

红树林湿地的开采与沿海环境的许多利用有关，包括城市中做家具、能源、木片和建筑材料的森林木材。农业和水产养殖业这两种围垦活动是促成大量红树林被开采的例子。在非洲西部和印度尼西亚的部分地区农业对红树林的影响是最显著的。许多大型农业利用出现在湿润的沿海区域或三角洲，那里淡水丰富，潮间带可季节性用于作物种植。过去的数十年里，热带潮间带的海洋生物养殖利用——虾池的建设与运作，已成为红树林湿地和热带河口水质最显著的环境变化之一。

对于红树林来说石油泄漏代表污染，它们会改变这些沿海森林湿地的演替、生产力和氮循环。这些影响在波多黎各、巴拿马和墨西哥湾的生态学研究中有据可查。在红树林湿地的一次石油泄漏会引起树木一定程度的死亡，这取决于碳氢化合物的浓度和树种，以及现场已存在的土壤应力水平。因此，干旱沿海环境的红树林比更湿润环境中的红树林应对石油泄漏的能力可能更脆弱。

六、管理和修复

红树林产生各种各样的森林产物，维持依赖渔业并具有重要经济价值的河口，改变温暖的温带和热带河口生态系统的水质。这些产品和服务增加了人们对红树林资源的利用，这在整个热带的差异，取决于经济和文化的约束（图 40-4）。经济约束一般

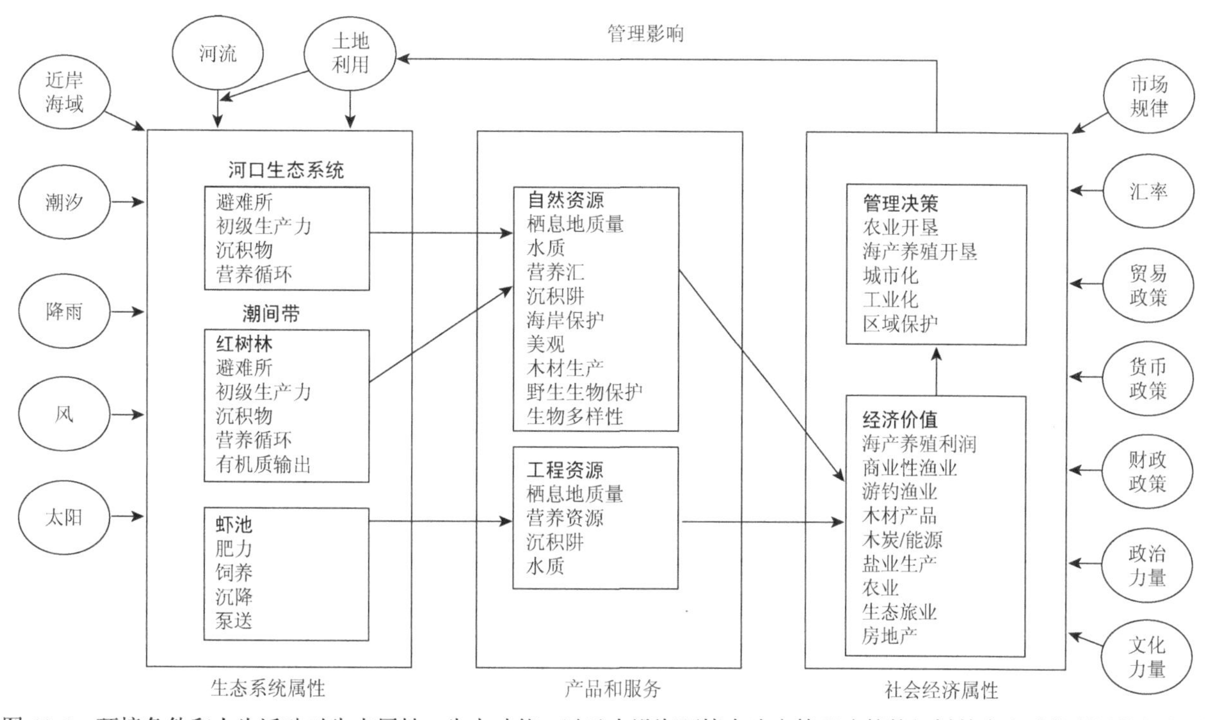

图 40-4　环境条件和人为活动对生态属性、生态功能，以及在沿海环境中决定管理决策的红树林生态系统利用的概念性框架约束。摘自 Twilley RR，Gottfried RR，Rivera-Monroy VH，Armijos MM，and Bodero A（1998）An approach and preliminary model of integrating ecological and economic constraints of environmental quality in the Guayas River estuary，Ecuador. *Environmental Science and Policy* 1：271-288。

是以可用资产的形式投入到沿海地区的土地利用变化，以及流域开发中。文化约束是复杂的，取决于对环境管理和自然资源利用的程度。然而，在很大程度上，沿海资源的可持续利用是受区域这两方面的社会条件所控制的。因此，红树林湿地的人为使用和价值是这些沿海生态系统的经济属性与社会开发模式的结合体。所以，任何希望提供红树林湿地可持续利用的最好管理规划都不得不同时考虑该区域的经济和社会约束。人类是所有生态系统中的一部分，自然资源的管理是政策的综合结果，它力图在一定边界内规范社会行为，而该边界受到环境的影响。近期的重点放在了生态系统的综合修复方案上，这代表景观管理中的变化，来减少可加强生态系统修复的自然过程的影响。

一些有关红树林修复的综述共同提及这个概念：由于这些森林湿地适应于受胁迫的环境，它们相对适合进行修复工作。要成功修复红树林，需要建立控制红树林湿地特有结构与功能的合适环境条件。生态修复的目的是让退化的红树林生境返回到自然条件（修复，restoration）或达到一些其他新的条件（复原，rehabilitation）。自然条件、退化条件以及一些复原条件之间的红树林湿地生态特征的变化速率，取决于环境影响的类型、影响的程度，以及受影响红树林湿地的生态地貌类型。任何红树林修复工程的成败都取决于合适现场条件的建立（地球物理过程和地貌特征），以及那个位点的生态学过程，如可提供的繁殖体并补充个体到发育中的幼树阶段。修复工程的一些关键参数包括，可提供该位点合适水文条件的景观海拔，认识自然过程对持续修复条件的重要性，以及适当的可增强新树补充的栽培技术。在过去 10 年中，已经开发了一些红树林不同属性的模型，用于帮助促进红树林修复工程的规划设计，并提高我们对沿海景观这些关键特征的管理。

参考章节：潟湖；地中海类型生态系统。

课外阅读

Alexander TR（1967）Effect of Hurricane Betsy on the southeastern Everglades. *Quarterly Journal of the Florida Academy of Sciences* 30：10-24.

Allen JA，Ewel KC，Keeland BD，Tara T，and Smith TJ（2000）Downed wood in Micronesian mangrove forests. *Wetlands* 20：169-176.

Alongi DM，Christoffersen P，Tirendi F，and Robertson AI（1992）The influence of freshwater and material export on sedimentary facies and benthic processes within the Fly Delta and adjacent Gulf of Papua（Papua New Guinea）. *Continental Shelf Research* 12：287-326.

Bacon PR（1990）The ecology and management of swamp forests in the Guianas and Caribbean region. In：Lugo AE，Brinson M，and Brown S（eds.）*Ecosystems of the World 15：Forested Wetlands*，pp. 213-250. Amsterdam：Elsevier Press.

Bacon PR（1994）Template for evaluation of impacts of sea level rise on Caribbean coastal wetlands. *Ecological Engineering* 3：171-186.

Baldwin A，Egnotovich M，Ford M，and Platt W（2001）Regeneration in fringe mangrove forests damaged by Hurricane Andrew. *Plant Ecology* 157：151-164.

Ball MC（1980）Patterns of secondary succession in a mangrove forest of southern Florida. *Oecologia* 44：226-235.

Ball MC（1988）Ecophysiology of mangroves. *Trees* 2：129-142.

Berger U and Hildenbrandt H（2000）A new approach to spatially explicit modelling of forest dynamics：Spacing，ageing and neighborhood competition of mangrove trees. *Ecological Modelling* 132：287-302.

Blasco F（1984）Climatic factors and the biology of mangrove plants. In：Snedaker SC and Snedaker JG（eds.）*The Mangrove Ecosystem：Research Methods*，pp. 18-35. Paris：UNESCO.

Botero L（1990）Massive mangrove mortality on the Caribbean coast of Colombia. *Vida Silvestre Neotropical* 2：77-78.

Boto KG，Saffingna P，and Clough B（1985）Role of nitrate in nitrogen nutrition of the mangrove Avicennia Marina. *Marine Ecology Progress Series* 21：259-265.

Boto KG and Wellington JT（1988）Seasonal variations in concentrations and fluxes of dissolved organic and inorganic materials in a tropical，tidally dominated，mangrove waterway. *Marine Ecology Progress Series* 50：151-160.

Brown S and Lugo AE（1994）Rehabilitation of tropical lands：A key to sustaining development. *Restoration Ecology* 2：97-111.

Camilleri JC（1992）Leaf litter processing by invertebrates in a mangrove forest in Queensland. *Marine Biology* 114：139-145.

Carlton JM（1974）Land building and stabilization by mangroves. *Environmental Conservation* 1：285.

Chapman VJ（1976）Mangrove Vegetation. Vaduz，Germany：J. Cramer.

Chen R and Twilley RR（1998）A gap dynamic model of mangrove forest development along gradients of soil salinity and nutrient resources. *Journal of Ecology* 86：1-12.

Chen R and Twilley RR（1998）A simulation model of organic matter and nutrient accumulation in mangrove wetland soils. *Biogeochemistry* 44：93-118.

Chen R and Twilley RR（1999）Patterns of mangrove forest structure and soil nutrient dynamics along the Shark River Estuary，Florida. *Estuaries* 22：955-970.

Cintrón G（1990）Restoration of mangrove systems. Symposium on Habitat Restoration. Washington，DC：National Oceanic and Atmospheric Administration.

Cintrón G，Lugo AE，Martinez R，Cintrón BB，and Encarnacion L

(1981) Impact of oil in the tropical marine environment, pp. 18-27. Technical Publication. Division of Marine Resources, Department of Natural Resources of Puerto Rico.

Corredor JE and Morell MJ (1994) Nitrate depuration of secondary sewage effluents in mangrove sediments. *Estuaries* 17: 295-300.

Craighead FC and Gilbert VC (1962) The effects of Hurricane Donna on the vegetation of southern Florida. *Quarterly Journal of the Florida Academy of Sciences* 25: 1-28.

Davis JH (1940) The ecology and geologic role of mangroves in Florida. In: Carnegie Institution, Publication No. 517, pp. 303-412. Washington, DC: Carneigie Institution.

Davis S, Childers DL, Day JWJ, Rudnick D, and Sklar F (2001) Wetland water column exchanges of carbon, nitrogen, and phosphorus in a southern everglades dwarf mangrove. *Estuaries* 24: 610-622.

Davis S, Childers DL, Day JW, Rudnick D, and Sklar F (2003) Factors affecting the concentration and flux of materials in two southern everglades mangrove wetlands. *Marine Ecology Progress Series* 253: 85-96.

Duke NC (2001) Gap creation and regenerative process driving diversity and structure of mangrove ecosystems. *Wetlands Ecology and Management* 9: 257-269.

Duke NC and Pinzon Z (1993) Mangrove forests. In: Keller BD and Jackson JBC (eds.) Long Term Assessment of the Oil Spill at Bahia las Minas, Panama, Synthesis Report, Volumn II, Technical Report, pp. 447-553. New Orleans, LA: US Dept of the Interior, Minerals Management Service, Gulf of Mexico OCS Regional Office.

Ellison JC (1993) Mangrove retreat with rising sea level Bermuda. *Estuarine, Coastal and Shelf Science* 37: 75-87.

Ellison AM (2000) Mangrove restoration: Do we know enough? *Restoration Ecology* 8: 219-229.

Ellison AM and Farnsworth EJ (1992) The ecology of Belizean mangrove root fouling communities: Patterns of epibiont distribution and abundance, and effects on root growth. *Hydrobiologia* 20: 1-12.

Ellison JC and Stoddart DR (1991) Mangrove ecosystemcollapse during predicted sea level rise: Holocene analogues and implications. *Journal of Coastal Research* 7: 151-165.

Ewe SML, Gaiser EE, Childers DL, et al.(2006) Spatial and temporal patterns of aboveground net primary productivity (ANPP) in the Florida Coastal Everglades. *Hydrobiologia* 569: 459-474.

Ewel KC, Ong JE, and Twilley R (1998) Different kinds of mangrove swamps provide different goods and services. *Global Ecology and Biogeography Letters* 7: 83-94.

Ewel KC, Zheng SF, Pinzon ZS, and Bourgeois JA (1998) Environmental effects of canopy gap formation in high rainfall mangrove forests. *Biotropica* 30: 510-518.

Farnsworth EJ and Ellison AM (1991) Patterns of herbivory in Belizean mangrove swamps. *Biotropica* 23: 555-567.

Farnsworth EJ and Ellison AM (1993) Dynamics of herbivory in Belizean mangal. *Journal of Tropical Ecology* 9: 435-453.

Farquhar GD, Ball MC, von Caemmerer S, and Roksandic Z (1982) Effect of salinity and humidity on _13C values of halophytes evidence for diffusional isotope fractionation determined by the ratios of intercellular/atmospheric CO_2 under different environmental conditions. *Oecologia* (Berlin) 52: 121-137.

Fell JW and Master IM (1973) Fungi associated with the degradation of mangrove (Rhizophora mangle L.) leaves in south Florida. In: Stevenson LH and Colwell RR (eds.) *Estuarine Microbial Ecology*, pp. 455-465. Columbia, SC: University of South Carolina Press.

Feller IC (1993) Effects of Nutrient Enrichment on Growth and Herbivory of Dwarf Red mangrove. PhD Dissertation, Georgetown University.

Feller IC (1995) Effects of nutrient enrichment on growth and herbivory of dwarf red mangrove (Rhizophora mangle). *Ecological Monographs* 65: 477-505.

Feller IC and McKee KL (1999) Small gap creation in Belizean mangrove forests by a wood boring insect. *Biotropica* 31: 607-617.

Feller IC, Whigham DF, McKee KL, and Lovelock CE (2003) Nitrogen limitation of growth and nutrient dynamics in a disturbed mangrove forest, Indian River Lagoon, Florida. *Oecologia* 134: 405-414.

Feller IC, Whigham DF, O9Neill JP, and McKee KL (1999) Effects of nutrient enrichment on within stand cycling in a mangrove forest. *Ecology* 80: 2193-2205.

Field CD (1996) Restoration of mangrove ecosystems. In: International Society for Mangrove Ecosystems. Hong Kong: South China Printing.

Fry B, Bern AL, Ross MS, and Meeder JF (2000) δ^{15}N studies of nitrogen use by the red mangrove, Rhizophora mangle L., in south Florida. *Estuarine, Coastal and Shelf Science* 50: 723-735.

Fry B and Smith TJ, III (2002) Stable isotope studies of red mangroves and filter feeders from the Shark River estuary, Florida. *Bulletin of Marine Sciences* 70: 871-890.

Garrity SD, Levings SC, and Burns KA (1994) The Galeta oil spill. I. Long term effects on the physical structure of the mangrove fringe. *Estuarine, Coastal and Shelf Science* 38: 327-348.

Getter CD, Scott GI, and Michel J (1981) The effects of oil spills on mangrove forests: A comparison of five oil spill sites in the Gulf of Mexico and the Caribbean Sea. Proceedings of the 1981 Oil Spill Conference, pp. 65-11. Washington, DC: API/EPA/USCG.

Gilmore RG, Jr. and Snedaker SC (1993) Mangrove forests. In: Martin WH, Boyce SG, and Echternacht AC (eds.) *Biodiversity of the Southeastern United States/Lowland Terrestrial Communities*, pp. 165-198. New York: Wiley.

Glynn PW, Almodovar LR, and Gonzalez JG (1964) Effects of hurricane Edith on marine life in La Parguera, Pueto Rico. *Caribbean Journal of Science* 4: 335-345.

Gosselink JG and Turner RE（1978）The role of hydrology in freshwater wetland ecosystems. In：Good DFWRE and Simpson RL（eds.）*Freshwater Wetlands：Ecological Processes and Management Potential*，pp. 633-678. New York：Academic Press.

Hedgpeth JW（1957）Classification of marine environments. *Geological Society of America，Memoir* 67（1）：17-28.

Huston MA（1994）*Biological Diversity*. Cambridge：Cambridge University Press.

Iizumi H（1986）Soil nutrient dynamics. In：Cragg S and Polunin N（eds.）Workshop on Mangrove Ecosystem Dynamics，p.171. New Delhi：UNDP/UNESCO Regional Project（RAS/79/002）.

Jones DA（1984）Crabs of the mangal ecosystem. In：Por FD and Dor I（eds.）*Hydrobiology of the Mangal*，pp. 89-109. The Hague：Dr. W. Junk Publishers.

Koch MS and Snedaker SC（1997）Factors influencing *Rhizophora mangle* L. seedlings development into the sapling stage across resource and stress gradients in subtropical Florida. *Biotropica* 29：427-439.

Krauss KW，Allen JA，and Cahoon DR（2003）Differential rates of vertical accretion and elevation change among aerial root types in Micronesian mangrove forests. *Estuarine Coastal and Shelf Science* 56：251-259.

Krauss KW，Doyle TW，Twilley RR，Smith TJ，Whelan KRT，and Sullivan JK（2005）Woody debris in the mangrove forests of south Florida. *Biotropica* 37：9-15.

Kristensen E，Andersen F?，and Kofoed LH（1988）Preliminary assessment of benthic community metabolism in a Southeast Asian mangrove swamp. *Marine Ecology Progress Series* 48：137-145.

Lee SY（1989）Litter production and turnover of the mangrove *Kandelia candel*（L.）Druce in a Hong Kong tidal shrimp pond. *Estuarine，Coastal and Shelf Science* 29：75-87.

Leh CMU and Sasekumar A（1985）The food of sesarmid crabs in Malaysian mangrove forests. *Malay Naturalist Journal* 39：135-145.

Lewis RR（1982）Mangrove forests. In：Lewis RR（ed.）*Creation and Restoration of Coastal Plant Communities*，pp. 153-171. Boca Raton，FL：CRC Press.

Lewis RR（1990）Creation and restoration of coastal plain wetlands in Florida. In：Kusler JA and Kentula ME（eds.）*Wetland Creation and Restoration*，pp. 73-101. Washington，DC：Island Press.

Lewis RR（1990）Creation and restoration of coastal wetlands in PuertoRico and the US Virgin Islands. In：Kusler JA and Kentula ME（eds.）*Wetland Creation and Restoration*，pp. 103-123. Washington，DC：Island Press.

Lin G and Sternberg LSL（1992）Differences in morphology，carbon isotope ratios，and photosynthesis between scrub and fringe mangroves in Florida，USA. *Aquatic Botany* 42：303-313.

Lin G and Sternberg LSL（1992）Effect of growth form，salinity，nutrient and sulfide on photosynthesis，carbon isotope discrimination and growth of red mangrove（*Rhizophora mangle* L.）. *Australian Journal of Plant Physiology* 19：509-517.

Lovelock CE，Feller IC，Mckee KL，Engelbrecht BMJ，and Ball MC（2004）The effect of nutrient enrichment on growth，photosynthesis and hydraulic conductance of dwarf mangroves in Panama. *Functional Ecology* 18：25-33.

Lugo AE（1980）Mangrove ecosystems：Successional or steady state? *Biotropica* 12：65-72.

Lugo AE（1998）Mangrove forests：A tough system to invade but an easy one to rehabilitate. *Marine Pollution Bulletin* 37：427-430.

Lugo AE and Snedaker SC（1974）The ecology of mangroves. *Annual Review of Ecology and Systematics* 5：39-64.

Lynch JC，Meriwether JR，McKee BA，Vera Herrera F，and Twilley RR（1989）Recent accretion in mangrove ecosystems based on 137Cs and 210Pb. *Estuaries* 12：284-299.

Macnae W（1968）A general account of the fauna and flora of mangrove swamps and forests in the Indo West Pacific region. *Advances in Marine Biology* 6：73-270.

Malley DF（1978）Degradation of mangrove leaf litter by the tropical sesarmid crab Chiromanthes onychophorum. *Marine Biology* 49：377-386.

McKee KL（1993）Soil physicochemical patterns and mangrove species distribution Reciprocal effects? *Journal of Ecology* 81：477-487.

McKee KL，Feller IC，Popp M，and Wanek W（2002）Mangrove isotopic（815N and 813C）fractionation across a nitrogen vs. phosphorus limitation gradient. *Ecology* 83：1065 1075.

Medina E and Francisco M（1997）Osmolality and 813C of leaf tissues of mangrove species from environments of contrasting rainfall and salinity. *Estuarine，Coastal and Shelf Science* 45：337-344.

Naidoo G（1985）Effects of waterlogging and salinity on plant water relations and on the accumulation of solutes in three mangrove species. *Aquatic Botany* 22：133-143.

Nedwell DB（1975）Inorganic nitrogen metabolism in a eutrophicated tropical mangrove estuary. *Water Research* 9：221-231.

Nixon SW（1980）Between coastal marshes and coastal waters A review of twenty years of speculation and research on the role of salt marshes in estuarine productivity and water chemistry. In：Hamilton P and MacDonald KB（eds.）*Estuarine and Wetland Processes with Emphasis on Modeling*，pp. 437-525. New York：Plenum Press.

Odum WE and Heald EJ（1972）Trophic analysis of an estuarine mangrove community. *Bulletin Marine Science* 22：671-738.

Odum WE and McIvor CC（1990）Mangroves. In：Myers RL and Ewel JJ（eds.）*Ecosystems of Florida*，pp. 517-548. Orlando，FL：University of Central Florida Press.

Odum WE，McIvor CC，and Smith TJ（1982）The Ecology of the Mangroves of South Florida：A Community Profile. FWS/OBS

81/24. Washington，DC：US Fish and Wildlife Service，Office of Biological Resources.

Parkinson RW，DeLaune RD，and White JR（1994）Holocene sea level rise and the fate of mangrove forests within the wider Caribbean region. *Journal of Coastal Research* 10：1077-1086.

Pinzon ZS，Ewel KC，and Putz FE（2003）Gap formation and forest regeneration in a Micronesian mangrove forest. *Journal of Tropical Ecology* 19：143-153.

Ponnamperuma FN（1984）Mangrove swamps in south and Southeast Asia as potential rice lands. In：Soepadmo E，Rao AN，and McIntosh DJ（eds.）*Proceedings Asian Mangrove Symposium*，pp. 672-683. Kuala Lumpur：University of Malaya.

Pool DJ，Lugo AE，and Snedaker SC（1975）Litter production in mangrove forests of southern Florida and Puerto Rico. In：Walsh G，Snedaker S，and Teas H（eds.）*Proceedings of the International Symposium on the Biology and Management of Mangroves*，pp. 213-237. Gainesville，FL：Institute of Food and Agricultural Sciences. University of Florida.

Rabinowitz D（1978）Early growth of mangrove seedlings in Panama，and an hypothesis concerning the relationship of dispersal and zonation. *Journal of Biogeography* 5：113-133.

Rivera Monroy VH，Day JW，Twilley RR，Vera Herrera F，and Coronado Molina C（1995）Flux of nitrogen and sediment in a fringe mangrove forest in Terminos Lagoon，Mexico. *Estuarine，Coastal and Shelf Science* 40：139-160.

Rivera Monroy VH and Twilley RR（1996）The relative role of denitrification and immobilization in the fate of inorganic nitrogen in mangrove sediments. *Limnology and Oceanography* 41：284-296.

Rivera Monroy VH，Twilley RR，Boustany RG，Day JW，Vera Herrera F，and Ramirez MdC（1995）Direct denitrification in mangrove sediments in Terminos Lagoon，*Mexico. Marine Ecology Progress Series* 97：97-109.

Rivera Monroy VH，Twilley RR，Bone D，et al.（2004）A conceptual framework to develop long term ecological research and management objectives in the wider Caribbean region. *Bioscience* 54：843-856.

Robertson AI（1986）Leaf burying crabs：Their influence on energy flow and export from mixed mangrove forests（Rhizophora spp.）in northeastern Australia. *Journal of Experimental Marine Biology and Ecology* 102：237-248.

Robertson AI and Alongi DM（1992）*Tropical Mangrove Ecosystems*，vol. 41. Washington，DC：American Geophysical Union.

Robertson AI，Alongi DM，and Boto KG（1992）Food chains and carbon fluxes. In：Robertson AI and Alongi DM（eds.）*Tropical Mangrove Ecosystems*，pp. 293-326. Washington，DC：American Geophysical Union.

Robertson AI and Blaber SJM（1992）Plankton，epibenthos and fish communities. In：Robertson AI and Alongi DM（eds.）*Tropical Mangrove Ecosystems*，pp. 173-224. Washington，DC：American Geophysical Union.

Robertson AI and Daniel PA（1989）The influence of crabs on litter processing in high intertidal mangrove forests in tropical Australia. *Oecologia* 78：191-198.

Robertson AI and Duke NC（1990）Mangrove fish communities in tropical Queensland，Australia：Spatial and temporal patterns indensities，biomass and community structure. *Marine Biology* 104：369-379.

Rodelli MR，Gearing JN，Gearing PJ，Marshall N，and Sasekumar A（1984）Stable isotope ratio as a tracer of mangrove carbon in Malaysian ecosystems. *Oecologia* 61：326-333.

Rojas Galaviz JL，Yánez Arancibia A，Day JW，Jr.，and Vera Herrera FR（1992）Estuarine primary producers：Laguna de Terminos a study case. In：Seeliger U（ed.）*Coastal Plant Communities of Latin America*，pp. 141-154. San Diego，CA：Academic Press.

Romero LM，Smith TJ，and Fourqurean JW（2005）Changes in mass and nutrient content of wood during decomposition in a south Florida mangrove forest. *Journal of Ecology* 93：618-631.

Ross MS，Meeder JF，Sah JP，Ruiz LP，and Telesnicki GJ（2000）The Southeast saline Everglades revisited：50 Years of coastal vegetation change. *Journal of Vegetation Science* 11：101-112.

Roth LC（1992）Hurricanes and mangrove regeneration：Effects of Hurricane Juan，October 1988，on the vegetation of Isla del Venado，Bluefields，Nicaragua. *Biotropica* 24：375-384.

Rutzler K and Feller C（1988）Mangrove swamp communities. *Oceanus* 30：16-24.

Rutzler K and Feller C（1996）Carribbean mangrove swamps. *Scientific American* 274：94-99.

Saenger P，Hegerl EJ，and Davie JDS（1983）Global Status of Mangrove Ecosystems. Commission on Ecology Paper No. 3，pp. 83. International Union for the Conservation of Nature（IUCN）.

Saenger P and Snedaker SC（1993）Pantropical trends in mangrove above ground biomass and annual litterfall. *Oecologia* 96：293-299.

Sauer JD（1962）Effects of recent tropical cyclones on the coastal vegetation of Mauritius. *Journal of Ecology* 50：275-290.

Scholander PF，Hammel HT，Hemmingsen E，and Garay W（1962）Salt balance in mangroves. *Plant Physiology* 37：722-729.

Sherman RE，Fahey TJ，and Battles JJ（2000）Small scale disturbance and regeneration dynamics in a neotropical mangrove forest. *Journal of Ecology* 88：165-178.

Simberloff DS and Wilson EO（1969）Experimental zoogeography of islands：The colonization of empty islands. *Ecology* 50：278-289.

Smith TJ，III（1987）Seed predation in relation to tree dominance and distribution in mangrove forests. *Ecology* 68：266-273.

Smith TJ，III（1992）Forest structure. In：Robertson AI and Alongi DM（eds.）*Tropical Mangrove Ecosystems*，pp. 101-136. Washington，DC：American Geophysical Union.

Smith TJ，Boto KG，Frusher SD，and Giddins RL（1991）Keystone

species and mangrove forest dynamics: The influence of burrowing by crabs on soil nutrient status and forest productivity. *Estuarine Coastal and Shelf Science* 33: 419-432.

Smith TJ, III, Robblee MB, Wanless HR, and Doyle TW (1994) Mangroves, hurricanes, and lightning strikes. *BioScience* 44: 256-262.

Snedaker S (1982) Mangrove species zonation: Why? In: Sen DN and Rajpurohit KS (eds.) *Tasks for Vegetation Science*, vol. 2, pp. 111-125. The Hague: Junk.

Snedaker SC (1986) Traditional uses of South American mangrove resources and the socio economic effect of ecosystem changes. In: Kunstadter P, Bird ECF, and Sabhasri S(eds.) *Proceedings, Workshop on Man in the Mangroves*, pp. 104-112. Tokyo: United Nations University.

Snedaker SC (1989) Overview of ecology of mangroves and information needs for Florida Bay. *Bulletin of Marine Science* 44: 341-347.

Snedaker SC, Meeder JF, Ross MS, and Ford RG(1994)Discussion of Ellison, JC and Stoddart, DR 1991. Mangrove ecosystem collapse during predicted sea level rise: Holocene analogues and implications. Journal of Coastal Research 7: 151-165, Journal of Coastal Research 10: 497-498.

Snedaker SC and Snedaker JG (1984) *The Mangrove Ecosystem: Research Methods*. London: UNESCO.

Sousa WP, Quek SP, and Mitchell BJ (2003) Regeneration of Rhizophora mangle in a Caribbean mangrove forest: Interacting effects of canopy disturbance and a stem boring beetle. *Oecologia* 137: 436-445.

Sutherland JP(1980)Dynamics of the epibenthic community on roots of the mangrove Rhizophora mangle, at Bahia de Buche, Venezuela. *Marine Biology* 58: 75-84.

Teas HJ(1981)Restoration of mangrove ecosystems. In: Carey RC, Markovits PS, and Kirkwood JB(eds.)Proceedings of Workshop on Coastal Ecosystems of the Southeastern United States, pp. 95 103. Reno, NV: US Fish and Wildlife Service, Office of Biological Services, FWS/OBS 80/59.

Thayer GW, Colby DR, and Hettler WF, Jr. (1987) Utilization of the red mangrove prop root habitat by fishes in south Florida. *Marine Ecology Progress Series* 35: 25-38.

Thom B(1967)Mangrove ecology and deltaic morphology: Tabasco, Mexico. *Journal of Ecology* 55: 301-343.

Thom BG(1982)Mangrove ecology A geomorphological perspective. In: Clough BF(ed.)*Mangrove Ecosystems in Australia*, pp. 3-17. Canberra: Australian National University Press.

Thom BG (1984) Coastal landforms and geomorphic processes. In: Sneadeker SC and Sneadeker JG (eds.) *The Mangrove Ecosystem: Research Methods*, pp. 3-17. Paris: UNESCO. Tilman D(1982) Resource Competition. Princeton, NJ: Princeton University Press.

Tomlinson PB (1995) *The Botany of Mangroves*. New York: Cambridge University Press.

Twilley RR (1988) Coupling of mangroves to the productivity of estuarine and coastal waters. In: Jansson BO (ed.) *Coastal Offshore Ecosystems: Interactions*, pp. 155-180. Berlin: Springer.

Twilley RR (1995) Properties of mangroves ecosystems and their relation to the energy signature of coastal environments. In: Hall CAS(ed.)*Maximum Power*, pp. 43-62. Denver, CO: Colorado Press.

Twilley RR (1997) Mangrove wetlands. In: Messina M and Connor W (eds.) *Southern Forested Wetlands: Ecology and Management*, pp. 445-473. Boca Raton, FL: CRC Press.

Twilley RR, Ca′rdenas W, Rivera Monroy VH, et al.(2000)Ecology of the Gulf of Guayaquil and the Guayas River Estuary. In: Seeliger U and Kjerve BJ (eds.) *Coastal Marine Ecosystems of Latin America*, pp. 245-263. New York: Springer.

Twilley RR and Chen RH (1998) A water budget and hydrology model of a basin mangrove forest in Rookery Bay, Florida. *Marine and Freshwater Research* 49: 309-323.

Twilley RR, Chen RH, and Hargis T (1992) Carbon sinks in mangroves and their implications to carbon budget of tropical coastal ecosystems. *Water, Air and Soil Pollution* 64: 265-288.

Twilley RR, Gottfried RR, Rivera Monroy VH, Armijos MM, and Bodero A (1998) An approach and preliminary model of integrating ecological and economic constraints of environmental quality in the Guayas River estuary, Ecuador. *Environmental Science and Policy* 1: 271-288.

Twilley RR, Lugo AE, and Patterson Zucca C (1986) Production, standing crop, and decomposition of litter in basin mangrove forests in southwest Florida. *Ecology* 67: 670-683.

Twilley RR, Pozo M, Garcia VH, Rivera Monroy VH, Zambrano R, and Bodero A (1997) Litter dynamics in riverine mangrove forests in the Guayas River estuary, Ecuador. *Oecologia* 111: 109-122.

Twilley RR and Rivera Monroy VH (2005) Developing performance measures of mangrove wetlands using simulation models of hydrology, nutrient biogeochemistry, and community dynamics. *Journal of Coastal Research* 40: 79-93.

Twilley RR, Rivera Monroy VH, Chen R, and Botero L (1998) Adapting and ecological mangrove model to simulate trajectories in restoration ecology. *Marine Pollution Bulletin* 37: 404-419.

Twilley RR, Snedaker SC, Yanez Arancibia A, and Medina E(1996) Biodiversity and ecosystem processes in tropical estuaries: Perspectives from mangrove ecosystems. In: Mooney H, Cushman H, and Medina E (eds.) *Biodiversity and Ecosystem Functions: A Global Perspective*, pp. 327-370. New York: Wiley.

Vermeer DE (1963) Effects of Hurricane Hattie, 1961, on the cays of British Honduras. *Zeitschrift fur Geomorphologie* 7: 332-354.

Wadsworth FH(1959)Growth and regeneration of white mangrove in Puerto Rico. *Caribbean Forester* 20: 59-69.

Waisel Y(1972)*Biology of Halophytes*, 395pp. New York: Academic

Press.

Walsh GE（1974）Mangroves：A review. In：Reimold R and Queen W（eds.）*Ecology of Halophytes*，pp. 51-174. New York：Academic Press.

Wanless HR，Parkinson RW，and Tedesco LP（1994）Sea level control on stability of Everglades wetlands. In：Davis S and Ogden J（eds.）*Everglades*：*The Ecosystem and Its Restoration*，pp. 199-223. Delray Beach，FL：St. Lucie Press.

Watson J（1928）*Mangrove Forests of the Malay Peninsula*. Singapore：Fraser & Neave.

Woodroffe CD（1990）The impact of sea level rise on mangrove shoreline. *Progress in Physical Geography* 14：483-520.

Woodroffe C（1992）Mangrove sediments and geomorphology. In：Robertson AI and Alongi DM（eds.）*Tropical Mangrove Ecosystems*，pp. 7-42. Washington，DC：American Geophysical Union.

Woodroffe CD，Chappell J，Thom BG，and Wallensky E（1986）Geomorphological dynamics and evolution of the South Alligator tidal river and plains. In：ANU，North Australia Research Unit Monograph 3. Darwin：North Australian Research Unit.

Yanez Arancibia A（1985）Fish Community Ecology in Estuaries and Coastal Lagoons：Towards an Ecosystem Integration. Mexico City，UNAM Press.

Yanez Arancibia A and Day JW，Jr.（1982）Ecological characterization of Terminos Lagoon，a tropical lagoon estuarine system in the Southern Gulf of Mexico. *Oceanologica Acta* SP：431-440.

Yanez Arancibia A and Day JW，Jr.（1988）Ecology of Coastal Ecosystems in the Southern Gulf of Mexico：The Terminos Lagoon Region. Mexico City：Universidad Nacional Autonoma de Mexico，Ciudad Universitaria，Mexico.

Yánez Arancibia A，Lara Domínguez AL，and Day JW（1993）Interactions between mangrove and seagrass habitats mediated by estuarine nekton assemblages：Coupling of primary and secondary production. *Hydrobiologia* 264：1-12.

Yánez Arancibia A，Lara Dom′ınguez AL，Rojas Galaviz JL，et al.（1988）Seasonal biomass and diversity of estuarine fishes coupled with tropical habitat heterogeneity（southern Gulf of Mexico）. *Journal of Fish Biology 33*（supplement A）：191-200.

第四十一章
地中海类型生态系统
F Médail

一、前言

地中海类型生态系统分布在冬季降水和夏季干旱的地区。世界五大生态区（ecoregion）具有地中海气候及由此形成的地中海生物群系。这五大生态区是地中海盆地、加利福尼亚（参见灌木丛一章）、智利中部、南非开普省（Cape Province）南部、西南部（开普省西南）和澳大利亚西南与南部一部分地区（澳大利亚西南部）（表 41-1）等。这些地中海生态区都集中在赤道北部或南部的 30°～40°，具有冷海流的大气和海洋循环模式。地中海生态区只沿大陆的西边分布，且仅占据着荒漠和温带地区之间的有限区域。

在物理因素（地理、地质、地貌、土壤和生物气候等）及其生物组成和物种生活史特征等方面，与温带或寒带生物群落相比地中海生态系统因其时空复杂性而具有明显的异质性，这是它们的最典型特征。因此，我们可认为是地理和历史事件，以及当前的地理和气候反差塑造了这一异常高的生物多样性和生态复杂性，并使一些生态系统涌现出功能上的独特性。由于明显的生物地理起源和独特的功能动态，在区域和景观尺度上，高物种丰富度和特有种通常与胁迫效应（stress effect）关联，因此它们真正代表了这些生态系统的关键组分。

二、地中海生态区的主要环境特征

1. 气候

地中海生态区通常由温带和干燥热带间的特定过渡气候所限定，干热夏季周期的长短不一。这一特点，使物种和生态系统在夏季遭受到较强的水分胁迫。地中海气候强烈的年际变化，以及大量降水的发生或极端温度的出现使其几乎无法预测。

降水量变化很大，年平均为 100～2000mm。最低值出现在荒漠边缘，特别是北非和近东的荒漠边缘。每年 100mm 的等降水量线可代表地中海和撒哈拉气候之间的分界线。在一些海岸山脉的中海拔地区，降水量通常高于 1500mm。在地中海地区之间和之内，地中海类型气候的总降水量和降水季节明显不同。例如，加利福尼亚南部一些地区和智利中部的年降水量介于 250mm 和 350mm，而非洲西南部分地中海山地森林区的年降水可超过 3000mm，且其夏季降水量与加利福尼亚或智利的年总降水量相当。

最冷月（m）的平均最低温度被常用于定义地中海盆地的气候分区（表 41-2）。这些值与海拔相关，而与纬度和经度的增加及大陆性关系不大。虽然荒沙漠边缘和最高山峰的 m 极端值可分别达到+8～+9℃，−10～−8℃，但在多数地方中，其值为 0～3℃。干旱和温度对地中海生态系统的结构和组成具有至关重要的作用。地中海气候分类最常用的指标是恩柏格雨温商（Emberger pluviothermic quotient，Q_2）：

$$Q_2 = \frac{2000P}{M^2 m^2}$$

其中，P 为年降水量（mm），M 为每年最暖月份的平均最高温度，m 为每年最冷月份的平均最低温度。

表 41-1　地中海生态区的主要环境特征和主要生态系统类型

	北半球		南半球		
	地中海盆地	加利福尼亚	智利中部	澳大利亚西南部	开普地区
表面积（km^2）	2 300 000	324 000	140 000	310 000	90 000
地形异质性	高	高	非常高	低	中
气候异质性	非常高	非常高	高	中	高
降水保证率	中	低		非常高	高
主要岩石基底	钙质岩石，偶尔的硅质岩	泥质岩和镁铁质火成岩，偶尔的超镁铁质岩	泥质岩和镁铁质火成岩	硅质岩（砂岩，石英岩）	硅质岩，泥质岩和镁铁质岩

续表

	北半球		南半球		
	地中海盆地	加利福尼亚	智利中部	澳大利亚西南部	开普地区
土壤肥力	高～中	中	高	非常低～低	非常低～低
自然火灾频率（年）	25～50	40~60	无	10～15	10～20
森林和林地	极其多样且异质性很高；具有许多硬叶物种（冬青栎和栓皮栎）和阔叶栎（柔毛栎，葡萄牙栎，土耳其栎），和针叶树（地中海松，土耳其松，北非雪松，黎巴嫩雪松，冷杉，刺柏）	不同森林有喜温针叶树（窄果松，灰松，大果柏）和栎树（蓝栎，荒叶栎，美国白栎），和较高海拔的嗜温针叶树（冷杉属，松属……）；海岸红杉（北美红杉）	非常多样，有北方的半干旱阿根廷相思木和智利豆胶树森林；亚热带阔叶和硬叶林，在这个中心区域有 *Peumus boldus* 和 *Cryptocarya alba*；最远南方的落叶假山毛榉森林，有猴爪杉	桉树为主的斑块状和开放的林地（红桉，边桉）；有 Banksia 的低林地；灌丛有相思属，白千层属，异木麻黄属	非常多斑块状和稀少的森林；由冷和湿润的 Afromontane 植物组成，有暖亚热带因子；硬叶树和针叶树（非洲罗汉松属，罗汉松属）
灌丛	硅质土壤有石南科，杨梅属的灌木林；钙质土壤有栎树，蔷薇，荆豆的灌木林；有刺灌木（*Sarcopoterium*，黄芪属，染料木属）	有 *Adenostoma*（手杖木丛林），熊果（灌木丛林），鼠李，灌木栎（*Quercus dumosa*）的灌木丛；有蒿属，*Baccharis*，鼠尾草属的沿海灌丛	有阿根廷相思木（多刺旱生林）的开放灌木带；有属漆树科，属蔷薇科的常绿有刺灌木丛；有仙人掌（毛花柱仙人掌）和凤梨（普亚凤梨）的沿海有刺灌木丛	有山龙眼科（拔克西木属，银桦属，哈克木属）和似欧石南树植物（掌脉石楠科）的石楠类型和灌木石南；灌木桉树（*Eucalyptus incrassata*，油桉，群居按）占优势的小桉树	灌木的主要类型：restioid（帚灯草科），似欧石南植物，类蛋白（山龙眼科）和地下芽植物；似欧石南植物（renosterbos：*Elytropappus*）占优势的 renosterveld；有番杏科肉质植物的台地高原
草地	具有大量一年生和多年生草本植物（禾本科，豆科，菊科）的非常多样性草地；北非有针茅和针茅麻的草原	具有针茅，早熟禾，洽草的当地多年生禾草被具有杂草（燕麦，无芒雀麦，黑麦草，牻）的一年生草地取代	有大量欧洲草本植物的人工草原；有当地 *Juncus procerus* 的湿地草地	非常稀少和斑块状；露头花岗岩有一年生 everlastings（蜡菊，卷翅菊）或多年生 Lechenaultia 的草地	非常稀少，已发生火灾的草地和地下芽植物占优势的草灌丛

数据来源：Davis GW and Richardson DM（1995）Ecological Studies，Vol. 109：Biodiversity and Ecosystem Function in Mediterranean Type Ecosystems. Berlin and Heidelberg：Springer；Cowling RM，Rundel PW，Lamont BB，Arroyo MK，and Arianoutsou M（1996）Plant diversity in Mediterranean climate region. Trends in Ecology and Evolution 11：362 366；Cowling RM，Ojeda F，Lamont BB，Rundel PW，and Lechmere Oertel R（2005）Rainfall reliability：A neglected factor in explaining convergence and divergence of plant traits in fire prone Mediterranean climate ecosystems. Global Ecology and Biogeography 14：509 519；Dalmann PR（1998）Plant Life in the World' s Mediterranenan Climates. Oxford：Oxford University Press. Mé dail，ined。

表 41-2 植被水平下的热变异与地中海盆地优势木本类型的对应关系

植被水平	热变异	*m*（℃）	*T*（℃）	主要木本物种
外地中海	非常热	＞+7	＞+17	阿甘树，大叶相思
热带地中海	热	+3～+7	＞+17	木犀，长豆角，地中海松和卡拉里亚松，四斜柏属（栎属）
内地中海	合适	0～+3℃	+13～+17	硬叶栎、地中海松和卡拉里亚松
跨地中海	冷	–3～0	+8～+13	落叶栎，鹅耳枥木属，侧柏（卡拉里亚松）
山区地中海	冷	–7～–3	+4～+8	黑松，雪松，冷杉，山毛榉科
北部省（Oro）地中海	非常冷	＜–7	＜+4	匍匐多刺的旱生植物

注：*m* 为最冷月的最低温度；*T* 为年平均温度。

改编自 Quézel P and Médail F（2003）*Ecologie et biogéographie des forêts du bassin méditerranéen*. Paris：Elsevier。

根据湿度和冬季严寒的程度，可对一些生物气候区和热变体分别进行定义，并使其包括恩柏格的气候图。据此，我们可界定出六个主要的生物气候类型（表 41-3）。

表 41-3 地中海盆地主要生物气候类型及其理论上对应的主要植被

生物气候	年平均降雨量（*m*=0℃）	无雨的月份数	主要植被类型
全干旱	＜100mm	11～12	撒哈拉沙漠
干旱	100～400mm	7～10	草原和前草原（加纳利刺柏，地中海松，大西洋黄连木）
半干旱	400～600mm	5～7	前森林（地中海松，卡拉里亚松，刺柏属，栎属）
半湿润	600～800mm	3～5	森林（主要是硬叶栎，地中海松，卡拉里亚松，海岸松，意大利松，黑松，雪松）
湿润	800～1000mm	1～3	森林（主要是落叶栎林，卡拉里亚松，海岸松，黑松，雪松，冷杉，水青冈）
全湿润	＞1000mm	＜1	森林（落叶栎林，雪松，云杉，水青冈）

注：*m* 为最冷月的最低温度。

改编自 Quézel P and Médail F（2003）*Ecologie et biogéographie des forêts du bassin méditerranéen*. Paris：Elsevier。

2. 土壤和养分有效性

五大地中海生态区，各自的地质条件和土壤特征不同，因为它们的地文学历史不同（表 41-1）。澳大利亚西南部和非洲西南部的景观由地质上比其他三大生态区（在这三大生态区中，山地的抬升事件只发生于最近的第三纪和第四纪）起源更早的内陆构成。

在南半球的两个生态区中，南非高地较古老地层中的土壤一般为高度淋溶的石灰土，澳大利亚南部的为红土，且一直处于灰化作用的过程当中。这些土壤自古生代（Paleozoic）甚至前寒武纪（Precambrian）以来就一直被风化。沿海沉积物的年代并不久远，由钙质砂、脱钙的腐殖质灰壤（humus podzols）和漂白砂（bleached sands）构成。形成石灰石的石灰性土壤是稀缺的，只在非洲南部海岸和地中海、澳大利亚中南部等极少数地区存在。

在加利福尼亚和智利，第三纪后期和第四纪早期沿西海岸的剧烈构造活动导致了科迪勒拉山脉的起伏景观。丘陵地区一般具有粗质石灰土，而大部分内陆山谷［加利福尼亚的大山谷（Great Valley）和智利的中央山谷（Central Valley）］却通常拥有与冲积层有关的较肥沃土壤。

地中海盆地的不同构造和造山活动［也是更新世（Pleistocene）冰川作用的结果］，形成了混杂的景观及镶嵌的土壤类型。红色石灰土壤主要由石灰岩构成，从而使低地土壤富有黏性且相对肥沃。潮湿高地的土壤通常为灰壤，或形成于森林景观中的棕色森林土壤。

尽管地质亚层的差异有时很大，但由于相似的成土过程及与其有关的水力侵蚀和淋溶，从而使地中海生态区的土壤具有某些共性。这些受季节性干旱和中等强度淋溶影响的土壤，养分含量很低，尤其是与火烧高度相关的氮、磷含量。

三、地中海生物多样性的格局及其决定因素

为了比较地中海类型生态系统的生物多样性，可先将物种丰富度与多样性划分为区域多样性、分化多样性和地方多样性，然后对这三种空间尺度分别进行研究（表 41-4）。区域多样性是当地丰富度与物种沿栖息地和地理梯度周转的产物。

五大地中海气候区的区域生物多样性极其丰富，位居世界前列。地中海面积仅占世界陆地表面的 2%，但其生物群落却包含了地球总植物多样性的 20%。因此，它是非常重要的生物多样性热点地区，仅次于热带地区。地中海盆地普通植物和地方特有植物的多样性都是最高的，只本地树种就有 290 种，其中 201 种为特有种，这比整个加利福尼亚州（173 树种其中 77 特有种）的树种还多，虽然其面积是前者的 7 倍。事实上，后者生态区的面积和植物多样性与摩洛哥的相当，但加利福尼亚地方特有种的丰富度是它的四倍。开普植物区系地区的情况更为明显，特有植物物种的丰富度接近 70%，总的植物种类为 9090 种，这使它成为世界上丰富度最高的地区之一。不同地中海生态区中物种丰富度和特有种如此之高的原因在于，历史生物地理学意义上的多变过程与异质环境条件的相互作用。区域多样性的峰值通常出现在高地形和气候不同的地区中。然而，开普西南部和澳大利亚西南部这两个植物物种丰富度最高的地区，其低地气候却是均匀的，地形也是正常的。土壤复杂性和近期降水可靠率（由季节和月降水量的年际变化，以及不同大小降水事件的频率测量）已被证明是异常高生物多样性的主要决定因子。这个地区的植物丰富度确实是开普西部的两倍，与开普东部相比，西部冬季降水的可靠性较差。可靠的降水型是可促进更高级物种的形成，以及物种形成的加快和物种灭绝率的下降，这一降水型可部分地解释开普西南部和澳大利亚西南部总体上植物多样性最高的原因，这两个生态区比其他三个地中海生态区的降水明显可靠。如果我们考虑脊椎动物的各种类群(表 41-4)，生物多样性格局更加清楚，与植物相比，动物的物种丰富度和特有种通常是减少的，鸟类尤其如此。然而，对爬行动物、两栖动物和淡水鱼而言，地中海生物群系的独特性更值得注意，因为其特有种的比例一般为 30%～60%（表 41-4）。

表 41-4 五大地中海生态区的主要生物多样性组成

生物多样性组成	北半球		南半球		
	地中海盆地	加利福尼亚	智利中部	澳大利亚西南部	好望角区
地方多样性	低-非常高	低-中	低-? 高	低-高	中-高
分化多样性	中	中	低-中?	高	高
区域多样性	中	中	低	高	高
植物丰富度/特有种	约 25 000/12 500（50%）	3 488/2 128（61%）	3 539/1 769（50%）	5 710/3 000（52.5%）	9 086/6 226（68.5%）

续表

生物多样性组成	北半球		南半球		
	地中海盆地	加利福尼亚	智利中部	澳大利亚西南部	好望角区
哺乳动物丰富度/特有种	224/25（11%）	151/18（12%）	65/14（22%）	57/12（21%）	90/4（4%）
鸟丰富度/特有种	497/32（6%）	341/8（2%）	226/12（5%）	285/10（4%）	324/6（2%）
两栖动物丰富度/特有种	228/77（34%）	69/4（6%）	41/27（66%）	177/27（15%）	100/22（22%）
淡水鱼丰富度/特有种	216/63（29%）	73/15（21%）	43/24（56%）	20/10（50%）	34/14（41%）

数据来源：Cowling RM，Rundel PW，Lamont BB，Arroyo MK，and Arianoutsou M（1996）Plant diversity in Mediterranean climate region. Trends in Ecology and Evolution 11：362 366；and Mittermeier RA，Robles Gil，Hoffmann M，et al.（2004）Hotspots Revisited：Earth' s Biologically Richest and Most Endangered Terrestrial Ecoregions. Monterrey：CEMEX，Washington：Conservation International，Mexico：Agrupacio´ n Sierra Madre。

分化多样性是指沿生境梯度（β 多样性）或地理梯度（γ 多样性）物种组成的变化。在开普西南部和澳大利亚西南部的冬季降雨区中，发现了植物物种分化多样性的最高水平现，为了替代被火烧死的灌木，这些植物具有较高的周转率区系。好几种灌木属不成比例的辐射［如开普植物区系艾瑞卡（Erica）地区的 667 种物种中，96.5%为特有种］可解释形态相似群落间物种组成的强烈差异。类似地，加利福尼亚和地中海盆地中灌木属与一年生草本植物（其分别为常绿有刺灌木丛和草原的关键种）的分化多样性是下降的。

在区地尺度上，也就是说，面积小于 0.1ha（α 多样性），地中海的生物多样性比于热带地区低两倍多。然而，每个生态区和不同生境存在很大的变异。开放和频繁火烧的灌木与石南植物，它们的土壤缺乏营养，尤其是开普西南部高山硬叶灌木（fynbos）和澳大利亚西南部石南灌木（kwongan）的土壤，而旱生岩石草地和临时集水池的植物多样性最高。茂密灌木丛林中被火烧后的群落，特别是加利福尼亚的灌丛（参见灌木丛一章）和地中海盆地的灌木，也以富有短命植物区系和大量一年生植物为特征。地中海森林的平均地方植物丰富度介于 10 种/m^2 和 25～110 种/1000m^2。在这一空间尺度上，地中海盆地木本植物群落既多样又属最丰富的类型，其 α 多样性高于开普西南部。我们可用几个非排他性的决定因素来解释这一很高的地方多样性和物种共存性，即重要的区域物种库与复杂的历史生物地理演变、分化、沿结构生态位（structural niche）的性状替换、资源可用性的时空变化、周期性干扰（火灾、放牧）、邻里效应和随机过程等关联。最后，我们可从有关地中海植被中地方植物多样性的大量研究中得出概括性的结论，且多样性是生产力或土壤养分供给的单峰函数为最强有力的证据。物种与-面积关系符合大多数地中海植物种群的幂函数模型，但多年生占优而一年生较少的群落（如澳大利亚荒野、成熟的加利福尼亚灌木丛）却符合指数物种-面积模型。

四、历史生物地理和地中海生物多样性演变

地中海动植物群是不同生物地理起源物种的高度复杂聚合体。这些巨大的物种多样性和地方性水平在很大程度上与每一地中海生态区独特的历史生物地理有关，在更新世时前后，各个地中海生态区的进化模式和过程极其不同。

1. 前更新世历史：不同区系的多样化与混合

白垩纪后期多以潮湿和中温气候为主，而地中海生态区中的第三纪以亚热带森林气候为主。地中海气候的形成时间相对较晚，且古气候得重建表明，其具有干冷的特点，在中新世后期或上新世早期（5～3Ma），夏季的干旱与温和的冬季温度快速结合。在地中海盆地，逐渐而深刻的气候变化发生在上新世（3.5～2.4Ma），那时温度下降很快，热量和降水格局也表现出明显的季节性变化。在大约 2.6Ma 时，地中海盆地的夏季干旱趋于稳定。随着地中海气候条件的出现，在中新世后期到上新世开始这一时期，形成了一个巨大的生态辐射带。另外，在渐新世地理成种（geographic speciation）期间的早期辐射事件，也是动植物种类进化的证据，如此时出现在南非高山硬叶灌木丛中的灌木属山龙眼（山龙眼科），以及出现在南非和地中海盆地旱生草原中的地下芽植物（*Androcymbium*）（其属于秋水仙科）等。在上新世至更新世期间，第三纪温暖气候的恶化几乎导致一些亚热带和暖温带物种的灭绝，但从环境变化影响和极端气候事件后物种再次大规模迁移的过程看，地中海生态区间存在历史性的差异。

地中海生态区邻近亚热带区，在这两个区的生物群落之间，没有主要的地理障碍，二者都经历过中等程度的物种灭绝，因为在物种分布范围或较稳定的气候中，纬度是可变的。开普植物区系地区的东部低地就属这种情况，其中的亚热带灌丛和暖温带森林斑块，仍以古热带区和冈瓦纳大陆（Gondwanian）近缘

的树木、灌木为主。这些种、属形态各异，且极其古老，是开普西部物种系统发育的基本要素。这一区系多样化的确切时间仍然是未知的，但地理形成种可能是最关键的过程。

在智利中南部，尽管南美洲南部的气候和地质构造在更新世时变化较大，但中纬度地区真正的海岸林却保持得相当完整。这些森林具有明显的进化稳定性特点，有利于保护古老物种的聚合体。智利地中海硬叶植物的近缘可能是新第三纪（Neogene）的亚热带古植物群，而在中新世中晚期（Miocene，20～15Ma）这个古植物群出现在这一地区原安第斯（Andean）山麓中。在安第斯山脉雨影效应诱发的较湿润和较温暖古气候条件下，前更新世（Pleistocene）前的古植物群得以发育。

在加利福尼亚，灌丛带（灌木丛）由温带、亚热带和荒漠等元素组成。自始新世（Eocene）以来，气候变冷变干，跟随这一趋势，在早第三纪（Early Tertiary）很多加利福尼亚灌木属就已经出现。这一硬叶植物群是常绿林地的林下部分，为了应对随后出现的地中海气候和增强的火烧干扰，它们仅以灌木丛的方式聚合。在条件不利的时期，下加利福尼亚或墨西哥中部的物种开始向南迁移，或定植于南海岸的冰期生物种遗区（refugia）并随后再次迁移，这可解释加利福尼亚一些优良树种（红杉、巨杉属、铁杉属、伞桂属等）具有真正持久性的原因。然而，在巴布亚新几内亚北部（Oro）的东西之间数个地形和海事障碍的阻隔下，物种无法沿维度迁移，从而使这些分布于地中海周边的植物最终消失。

此外，在地中海生态区，晚第三纪（Neogene）的气候变冷已造成了几次严重的灭绝事件，如高温植物和暖温带木本植物仅有 45 个属分布于地中海西北部。地中海盆地物种的主要分化出现在中新世，尤其是阿拉伯板块与非洲板块和欧亚板块的碰撞时期。由于数次的海退/海侵，以及阿尔比斯和阿特拉斯（Atlas）持续不断的造山作用，使地中海东、西地区间的物种散布和隔离分化(vicariance)现象反复出现。地中海与大西洋［现为直布罗陀海峡（Gibraltar Strait）］间通道的关闭是第三纪末期的另一主要生物地理事件。这一事件被称为墨西拿（Messinian）高盐度危机（5.77～5.33Ma）事件，使地中海海水蒸发加剧，并最终形成了适合物种散布、隔离分化和辐射等的数个陆地桥。因此，地中海物种库来自于不同的生物地理起源，如果它仍包括一些亚热带树种，大部分一定起源于非洲和亚洲区系，而且是地方和北方区系占优势的温带（extratropical）物种。

2. 更新世冰期避难所对地中海生物多样性目前模式的影响

更新世的气候周期性对一些地中海物种的生物地理足迹产生了深刻影响，尤其是对地中海盆地、加利福尼亚和智利的物种。近年来，结合遗传学、生物地理（即系统地理学）和古生物学的研究认为，冰期避难所是温带地区现代生物多样性长期维持并动态变化的关键地区。在冰河时代（Ice Ages），冰期避难所（Glacial Refugia）使物种免受气候急剧恶化的影响，在严寒和酷暑造成的极端后果中，它们存活了下来。一个主要的和值得注意的冰川事件是大约在 20 000 年前出现的末次冰盛期（last glacial maximum，LGM）。首先，更新世气候周期对物种丰富度和特有种的格局具有明显影响。其次，全冰期避难所对某些温带和地中海生态区中现有的遗传多样性格局造成巨大影响。最后，在更新世以前的间冰期，这些避难所也对植被动态发挥了重要作用。这些地区有利于森林的再建植过程，在地中海盆地这个过程大约开始于 13 000 年前，且贯穿整个全新世（Holocene）。一旦气候条件变得真正有利，高度多样化落叶林的扩张可在更大的区域迅速发生，如希腊西北部的品都斯山（Pindos），有超过 20 种的落叶木本植物在 10 000 年以前就已经存在。

越来越多的证据表明，无论在全球尺度上还是在地中海类型的生态系统中，生物多样性热点区通常位于缓冲区而非气候极端区。在末次冰盛期，米氏气候振荡的减弱和气候的较小幅度变化可对古地方种的存活和新地方种的形成给予最好解释。因此，气候稳定——多样模式可描述大多数地中海地区地方种的分布位置，当我们比较具有独特历史生物地理的两个生态区域（地中海盆地和非洲西南部）时，这一模式会更加明显。

北非潮湿与极度干旱阶段的交替，或欧洲间冰期与冰川事件使地中海周边的物种区系进化和地理分布发生了深刻变化，在条件不利时期，前者可造成地中海避难所的扩大，而后者可导致种群的灭绝和减少。温带和喜温物种主要在这三个地中海地区生存，即伊比利亚（Iberian）、意大利和巴尔干半岛（Balkan peninsulas），也包括最大的地中海岛屿及北非、土耳其和加泰罗尼亚（Catalonia）或（(普罗旺斯）(Provence）的山麓与山地边缘地带。冰川事件导致几种亚热带物种和古地方种灭绝，且通过辐射形成的物种明显减少。

在南非，与现在相比，开普西部更新世的冰期气候更湿润，而开普东部的气候更干旱。在冰河时期，开普西部的这些特点似乎一直向北延伸至目前的肉质植物干旱草原（succulent karoo）和纳米布荒漠（Namib desert），而东部较干旱的条件将开普植被和物种限制在一些湿润的冰期生物种遗区。由于半岛群被海洋包围，非洲西南部成为世界上最温和的大陆，与开普东部或地中海北部生态区相比，那里的更新世气候是异常稳定的，这对较高的物种形成率和较低的物种灭绝率都非常有利。

五、地中海生态系统的趋同和趋异

由于具有相似的环境，地中海气候生态系统经常被作为生态系统结构和功能趋同的经典例子引用。但在 20 世纪 80 年代中的一些对比研究表明，这个趋同模式太简单，还存在一些趋异模式。

有关地中海趋同假说的多数讨论，主要集中在群落间的相似性和远亲分类群的生态相似性方面。现列举几个生态趋同的案例。相比其他三个地中海地区，澳大利亚西南部和开普西南部具有夏季降水较多、土壤肥力较低和火烧更频繁的特点。这两个南半球的地中海生态系统显示，在气候和土壤匹配的地方，植物的性状和群落结构明显趋同。南非高山硬叶灌木群落和西班牙石南灌丛贫瘠土壤中的植物多样性模式也相似。另外，两个北半球的地中海生态区，也表现出惊人的趋同性，基于生物地理学和生态学观点及那些加利福尼亚的植物区系，我们可看到地中海盆地的几种森林类型都相对接近。一直持续到始新世［马德里（Madro）古地中海植物区系］的古代大陆连接，可对一些存在于这些区域间的共有树种属（松属、栎属、杨梅属、柏属、圆柏属和悬铃木属等）给予解释。在低、中海拔地区，硬叶栎林的形态相似。而在热带和内地中海［地中海白松（*Pinus halepensis*），卡拉里亚松（*P. brutia*），海岸松（*P. pinaster*）］及热带和内加利福尼亚［加罗林纳松（*Pinus attenuata*），灰松（*P. sabiniana*），大果柏木（*Cupressus macrocarpa*）］地区中存在热耐盐针叶林（thermo philous coniferous forests），但更高海拔出现的几种中温针叶林（冷杉、红松等）却构成了另一个主要的相似体。

许多地中海生态系统的硬叶林具有共有的生活史特征，如常绿、很小或甚至针状（杜鹃类）的叶子、比叶面积（SLA：鲜叶面积与干质量比）很小、光合作用和生长具有强烈的季节性及火烧或刈割后可快速再萌等，可看作是趋同的一个典型例子。硬叶式（常绿和叶厚革质）是这些地中海生态系统植物最常见和最广泛的进化策略。

相似的非生物因素（气候尤其夏季干旱的强度、土壤养分营养状况和火烧模式等）可解释趋同性，区系的系统发育要素区系由普通的历史生物地理诱发。最近，降水可靠性被作为另一个主要因子。两个生态上相似的区域（澳大利亚西南部和开普西南部），明显比加利福尼亚和地中海盆地有更可靠的降水型。

如果我们考虑植物性状，以及常绿木本植物尤其是叶片的演变和再萌能力，两个假设可被用于解释所观察到的趋同性：①进化适应性，也就是说，通过自然选择活动可产生新的表型；②生态位保守性。在这一假设中形状进化相对停滞，促使生物与其环境区系在生态上相适应，而环境由现存区系的时空分类所形成在地中海气候条件下，更多的是系统发育惯性而非一般的适应策略，使地中海木本植物性状间具有一定的相似性，这已通过系统发育比较生物学方法（methods of phylogenetic comparative biology）予以证明。在叶片大小和比叶面积中，形态变化不明显，说明大多数灌木类群的上代已具有植物生活史特征，而这有助于它们在地中海气候下的成功。因此，在上新世中期（Pliocene），这些亚热带“幻影”（phantoms）提前在地中海地区开始出现。

更确切地说，生活史特征与区系年代具有明显的共变关系，地中海的被子植物可用两个特征显明的类群进行定义。

1）上新世前的类群，包括大部分硬叶、分散的脊椎动物和肉质果实，以及在干扰（火灾、砍伐）后从残余部分发芽并随后经常在生态系统动态演替阶段（如洋杨梅、木犀属和栎木属等）可进行入侵的大种子植物等。这一再萌“策略”被认为是典型的“地中海式”的策略，反映了在亚热带气候下这些类群所涌现出的一个古老性状。这一性状在地中海气候出现之前，已有良好的表现。

2）上新世后的类群，包括干扰后的专性播种者（obligate seeder）非硬叶植物（如岩蔷薇属和薰衣草属）。由于这些类群的生活史很短，它们必须成功实现多样化，并在与上新世前类群的竞争中胜出。同时，其种子产量也必须足够高，且种子小而干燥以便于风播。播种者可更快地生长，更多的生物量被分配到叶片而非再萌部位。这些性状集可解释与早期演替阶段有关的植物的重要生态可塑性。

因此，历史地理学可基本解释一些生态系统或非地中海类型气候区域中物种的形态相似性。例如，美国西南部、墨西哥和澳大利亚东部的几种现代灌木类型就属这一情况，基于结构和功能观点及真正的地中海灌木，我们可看到它们的硬叶植被大致相同。即使在中国的西南部，一些硬叶物种的形态与地中海树木的形态惊人的趋同，如丹霞山悬崖（广东省）的 *Quercus phillyroides* 与常绿地中海橡树（冬青栎、胭脂虫栎）极其相似，而最近在云南省的一些峡谷中发现的木犀属和黄连木属灌木，总体上也与地中海的物种完全类似。这些相似性支持这一观点，即硬叶只代表其对严重干旱、高强度霜冻事件少和土壤养分低这一半干旱条件的更为一般响应，而并非代表其可适应于夏季的干旱本身。

沿植被结构复杂度逐渐增加的匹配栖息地梯度（从灌木到森林），对加利福尼亚、智利和地中海地区鸟类群落的进化趋同进行了检测，并与非地中海的群落做了对比。这些生态形态（ecomorphological）的比较结果显示，地中海鸟类群落彼此间的相异性与非地中海群落间的一样。简言之，趋同性取决于所研究的生态分类（ecological compartment）。一些群落属性（如物种丰富度和群落结构）可能存在地中海式的趋同，在生物如植物、无脊椎动物，或依赖于气候季节模式和养分循环的爬行动物中，这种趋同现象更有可能发生，而恒温脊椎动物中的趋同却深受系统结构的影响。

六、生态系统的特征和过程

1. 主要的生态系统类型

通常被认为是“典型地中海”的植被类型包括常绿硬叶灌木，或在地中海盆地被称为马基群落（maquis）和加里格群落（garrigue）的石南灌丛、加利福尼亚的灌木丛、非洲西南部的高山硬叶灌木和澳大利亚西南部的石南灌丛（kwongan）和桉树矮林（mallee）。但这些灌丛类型的组成和结构极其不同（表 41-1）。根据已选的灌丛类型，可发现不同地中海生态区之间或之内具有极强的相似性或相异性。石南灌丛和高山硬叶灌木间的相似性被经常用于举例，在综合灌木覆盖和灌木多样性高的（不存在类似一年生的植物）开放区域、火烧后的主要播种者、晚成熟的灌木和蚂蚁（蚁布）对种子的频繁散布等因素后，二者的生态趋同非常惊人。在灌木地中，通常有旱生草地、干草原、林地或森林等零星分布于其间。

真正的地中海森林是罕见的，它们只占世界森林面积的 1.8%。与那些南半球的森林相比，北半球地中海森林的结构更为复杂，且物种多样性较高，因为前者的覆盖区域较小（如南非），可能在地中海生物气候范围的之外。开普南部森林呈典型的斑块状分布，主要有亚热带硬叶树和针叶树（非洲罗汉松属、鸡毛松属）。由于明显的纬度梯度和从北到南降水的增加，使地中海智利的森林更具多样性，半干旱阿根廷卡文金合欢（*Acacia caven*）和北部牧豆树（*Prosopis chilensis*）森林，智利中部的亚热带阔叶、硬叶森林及遥远南部的落叶假山毛榉森林被成功取代。澳大利亚西南部的森林和林地及物种丰富的硬叶灌木（石南灌丛和桉树矮林）都以贫瘠沙地土壤上桉属、金合欢属、木麻黄属为主，这些土壤的平均年降水量超过 400mm。根据最高层的叶片覆盖和高大的树木，可对澳大利亚木本植物的几种类型进行区分。

在地中海盆地，基于生物气候和（或）人类影响的标准，其现有森林结构的多样性可被归纳为三个主要的结构类型（表 41-2 和表 41-3）。

真正的森林植被类型与植被结构的亚稳态平衡有关。在动态生态循环结束时，它们可代表那些潜在的结构，这一动态生态循环只有在土壤和气候条件有利且人类影响不是非常强烈的情况下才可完成。半干旱生物气候下的优势种为硬叶栎，而较湿润条件下的为落叶栎。

前森林（preforest）类型可被分为两类。在潮湿、湿润和半湿润的生物气候下，由那些经历人类严重影响但其土壤仍相对完好的植被构成的植被结构类型。这样的结构是从真正的森林到更开放系统的过渡结构。在半干旱生物气候条件下，或在任何生物气候中的异常胁迫条件下（如超镁铁的底质），前森林由灌木占优势的、具有散生树（常绿硬叶有刺灌木）的植被结构组成。针叶树种（松、柏）在这些结构中发挥重要的作用。

在地中海南部和东部，前草原（Presteppic）森林类型非常常见，由散生树下非森林植物物种占优势的开放植被结构组成。非森林物种是大草原类型的多年生植物，当放牧出现时其最终会被一年生杂草物种所取代。在温暖和干旱（有时为半干旱）热温度变化的生物气候下，前草原极为普遍。他们可在更炎热和干旱的条件下逐渐成为草原。在山区，前草原是森林（或前森林）到高海拔草原（矮小和分散的垫状多刺旱生植物占优势）的过渡植被结构。

一年生草地也代表两个地中海生态区的关键生态系统。草地群落组成和结构几乎被干扰完全控制，而干扰可创建微环境和冠层间隙的复杂模式。因此，地中海盆地的严重放牧草地可能具有任何温度植物群落的最大 α 多样性，且其一年生植物占这一区域总物种数的一半。虽然加利福尼亚地区的 1/5 被草地覆盖，但多数草地的优势种却是起源于地中海盆地的非本地一年生植物（雀麦属、燕麦属和牻牛儿苗属等）。

2. 应对气候胁迫的对策

地中海气候对栖息地和物种带来了严重且明显的胁迫，而不可预测的自然天气模式，以及生物必须应对气候和资源有效性的时空变化加剧了这一胁迫。生态和生理生态的研究表明，地中海物种具有与应对气候和土壤胁迫类似的策略。干旱胁迫证实，限制地中海植物物种一些类群，尤其是常绿木本植物生产力、生长和存活的根本原因在于气候因子。硬叶也具有其他保水特征，如内陷气孔和表皮低导电性。其他应对水分胁迫的策略与复杂的根系统有关，而细胞耐受水分胁迫与低水势或高的次生化合物生产（如萜类、鞣质）有关。

干旱夏季也使地中海土壤微型动物区系的两个主要类群演化出独特的生理策略，如甲螨更耐旱，仅当土壤水含量变得非常低时，它才迁移到深层土层，而弹尾目的产卵阶段在整个夏天。另一些物种与水生生物类似，可通过脱水克服干旱。弹尾目的冬季种群（winter populations）和“保存种群”（reserve populations）是均衡的，一方面，冬季种群由普通物种组成，但其特性和数量极其多变；另一方面，土壤中的“保存群落”处于潜伏状态，只有当异常夏季降雨或潮湿季节出现时，它们才有所表现。

在群落水平上，一个著名的例子是春池（vernal pool）中的生物聚合体，而大多地中海气候区的季节性沼泽可被降水淹没。生在这些春池中，生长季期的洪水可基本排除高地物种入侵，而足够干的陆相（terrestrial phase）可抑制典型沼泽地物种的建植。在五个地中海生态区中，一些全球性的水生植物属为共有种，如蕨类植物（线叶苹属、杜鲁门蕨、水韭属等）或双子叶植物（水马齿、沟繁缕和毛茛等），而春池特有种通常来自起源于陆地的属。这些临时池塘的基本生态特征是，年际、年内淹没和干生态相（ecophase）的随机交替。这不仅使春池水文，而且也使其群落组成和动态的年际差异巨大，在明显的时空隔离下，竞争受限，如无尾两栖类动物幼虫就属这种情况。连续的相变（contrasted phase）有利于多样且特有植物和动物群落的出现，它们特别适应这种极不稳定的生境。在短暂性池塘物种生活策略的形成过程中，这些环境因素也是重要的选择压力。休眠是忍受长久不利干旱期的终极方法，一些典型春池物种拥有保持它们在不适合条件中免于出现的机制。例如，代表性很强的一年生植物（约为整个加里福尼亚和地中海盆地特有种的 80%）的抗旱繁殖器官如种子或卵孢子，以及甲壳类的（跳蚤类、无甲叶足动物）卵或囊等。实际上，各个生命周期中都存在最佳的适应策略，如当水位缩短或是水温增加时，无脊椎动物和两栖类动物提前变形，而一些被称为短命植物的一年生植物可仅在几周内完成它们的生活史。

在涉及与气候胁迫有关的主要生态过程的情况下，一些研究已经证明了竞争会随干旱而加强。在多数地中海群落中观察到的竞争替代率（competitive displacement）下降现象，可通过夏季干旱和土壤养分缺乏及干扰频繁这三个因素共同予以解释。而在干旱的地中海环境中，也证实了物种相互作用沿水分梯度的发生变化。干旱植物群落中源于促进作用（facilitation）的正相互作用的重要性，反映了一个复杂但还鲜为人知的过程。不过，一些最近的研究表明，干旱地中海山脉［西班牙的内华达山（Sierra Nevada）、智利安第斯山（Andes）的中段］的促进作用随海拔上升而下降，因为相对湿地高山群落的温度胁迫，这里的水分胁迫更为普遍。

除夏季干旱外，冬季低温和偶尔的霜冻也对物种分布范围及物种组成和生产力的变化具有很强的影响，这对处于加利福尼亚北部有限区域和地中海盆地生态区的生态系统尤为明显。从耐寒性试验中，我们可分辨出地中海盆地对霜冻较为敏感的三种植物类群：①最敏感的物种，在–8～–6℃和–15～–9℃时（长角豆、香桃木），其中一半的叶片和茎将受到冻害；②中等敏感的物种，在–14～–12℃和–20～–15℃（油橄榄、铁橡栎和地中海松），其叶片和茎将被严重破坏；③耐受性物种，直到–25～–15℃（冬青栎，柏杉），其叶片和茎也不会受损。北半球地中海物种的分布，确实是通过霜冻事件形成的，如春季后期更低的冻结温度和绝对最低温度。例如，地中海北部 1956～1985 年的极端严寒对一些关键树种的分布起了决定性的作用，如油橄榄树、地中海白松和圣栎。

3. 生物多样性和生态系统功能的联系

生态系统多样性与生产力的关系仍然是一个有争议的话题，我们对地中海生态系统的研究仍然很少。然而，有关地中海盆地草地和灌木的一些研究结果表明，植物多样性与生态系统功能，尤其与初级生产力正相关。但在几个生长型共存的混合草原群落中，一些优势种（关键种）可能隐藏于或推翻了我们所观察到的多样性与生物量的关系，因为多样性低的实验小区中，优势禾草沿物种多样性梯度可生产恒定水平的生产力。因此，物种组成似乎是每一多样性水平生产性能的主要决定因素。在这些群落中，灌木、草地和地下芽植物的属性不同，它们可显著影响生态系统功能的价值。各生长型或功能类型对地中海生态系统整体生产力性能的贡献都很显著。

一些机制被提出用以解释这些模式：①“抽样效应”，与较高的概率有关，为了将物种丰富度较高群落中的高产物种包括进来；②物种间的生态位补偿，促使完好生态系统中比那些相对贫瘠的生态系统更完全地利用资源。例如，通过草本植物占据灌木冠层间隙的空间补位（space filling），有利于不同土壤层的利用和不同根系系统的资源供应，而这可增加生产力；③复杂群落中物种间正相互作用的加强。

七、干扰和生态系统动态

自然干扰是地中海生态系统动力学和维持其较高生物多样性的决定因素。事实上，我们长期营建的成熟林是地中海盆地生态演替最终阶段的掌控者，它为少数典型地中海物种提供了庇护所，而其植被在结构上的复杂性使北方和欧亚森林优势种的丰富度与组成非常趋同。相反，那些结构简单和异质性较高的非成熟生态系统中却存在地中海物种的优势种。因此，自然干扰，如火灾或草食动物可在通过延缓生态系统成熟以使地中海维持原样的过程中发挥主要作用。

1. 生态系统对火烧的响应

世界上一些生物群系的主要植被结构和组成，以及温度、降水和水分平衡主要由火烧决定。易于引发火烧的植被覆盖物占据了世界土地表面的40%，包括地中海区域（除了智利中部）（表 41-1）。在地中海类型的生态系统中，那些大多被灌木占据的地区，在气候上有潜力成为森林，但这些灌木通常能使火烧持续出现。但反对现有观点的人认为，这些生态系统的存在仅与人为的火烧有关，因为在易燃的 C_4 草地群落作用下，地中海灌木似乎在第三纪后期已完成了扩张。自中新世（大约 9Ma）以来，地中海盆地中的火烧频率增加，而松树林的自然发育对起了决定性的作用。

在地中海盆地和加利福尼亚的大火发生时，森林火烧一般被认为是灾难性的事件，但火烧的进化和生态影响也是驱动景观多样性、生态系统异质性、植被动态和物种分化的关键参数。火烧可引起间接的环境变化，如较大的温度波动、土壤氧浓度的增加、光、水有效性的增加和地上竞争的减弱，以及火烧适应植物适合再生生态位的确定等。在被火烧过的生态系统中，可在几个月甚至几个星期中观察到较高的多度和物种丰富度，随后，物种组成的变化可使生态系统更加多样化。而在第二次火烧后，这些临时且深刻的生态变化极大减弱，因为地中海生态系统非常具有弹性且十分适应于火烧。然而，这些简单的结构变化对火烧适应物种的再生机会（regeneration window）尤为重要。

在易起火的地中海环境中，火烧是塑造植物繁殖性状进化的主要选择压力，并因此产生生态系统动力学。坚硬的山龙眼（serotiny），火烧刺激的开花和烟雾或碳化木材诱发的发芽，以及木块茎、残枝或树节的再萌能力和种子休眠等都有利于其自身的持久性，在火烧历史长或火灾频率高的地中海生态区，这些特征更为普遍。最近，通过系统发育分析的一些证据表明，加利福尼亚火灾持久性特征的选择压力比地中海盆地的更强。由于加利福尼亚的火烧更为剧烈，因此与地中海盆地的植物相比，这里的植物物种通常倾向于再萌能力和繁殖持久性的协同进化。而且那些包括大量火烧地方种的加利福尼亚一年生植物（包括大量火灾的特性）还具有特化作用，可维持两个火烧周期为几十年中的休眠种子库，而这一特化作用，仅在火烧后 1～2 年便可出现。

2. 食草作用和放牧的影响

食草动物的压力也是一些地中海生态系统的主要特征，放牧通常对地中海群落尤其是草地结构和多样性造成严重影响。地中海盆地的草地和灌木已有约 9000 年的人为放牧与有蹄类动物采食历史。这些古老的选择压力，可解释不同植物物种生命特性非常广泛的原因，这些生命特性可减少食草动物造成累积损害，并与的常绿植物长叶寿命的有关。食草作用造成的形态学变化，包括叶片的减小、比叶面积的下降、物理韧性的下降、分支密度的变化、尖刺和根须的形成，以及通过酚类（phenolic）或单宁（tannin）化合物使叶化学防御加强等。与叶龄和季节有关的含酚化合物水平表明，地中海常绿植物对高密度大型食草动物具有进化上的适应性。

如果草地在几年内无任何干扰，则少数多年生禾草、杂草，或大种子的一年生高草将成为其优势种，从而形成生物量、高盖度和高度都很高的封闭式草地。此时，只有在轻度放牧的间隙种，物种可成功实现再生，且观察到的中度放牧的物种丰富度峰值与经典的中间干扰假说一致。在成熟灌木或草地间的荒芜区域中，可能有啮齿动物和兔子的活动，而这些活动不仅控制了植物群落的边界和结构，而且通过影响群落间的养分联系也控制了其动态。复杂的微环境和恒定的放牧压力可使小型植物受益，并使其占据微异质性（microheterogeneity）区域，在地中海盆地的中度放牧草地或草原中，所观察到小型植物的多样性为 50 种/m^2。

火烧和放牧作为两个干扰，总是具有叠加的后果，但其通常对群落结构和动态具有明显的交互效应。而且，火烧后地中海木本物种的再萌能力似乎不是对周期性火烧的适应结果，而是对食草作用造成的地上生物量损失的适应结果。

八、结论：全球变化下的地中海生态系统的现代演化

地中海气候生态系统的起源，可由历史生物地理模式和独特生态过程之的复杂相互作用予以解释。古生态学和地理学的观点表明，古地理和古气候事件的意义在于形成这个独特的地中海生物多样性与生态类型。最近，研究人员采用比较生物学的系统发育方法，对常绿硬叶林（以前称指定为“地中海的代表种”）的进化发生在地中海气候很久之前这一观点进行了证实。地中海生态系统硬叶林的优

势地位及大量重要木质植物与保守生活史有关的特征，主要反映了在气候胁迫和火烧条件下这些类群的生态成功（ecological success）和其随后在生理上的一些进化改进，而非地中海气候下这些特征的真实起源。但这些物种和生态系统如果能克服过去的环境变化，则他们的未来是令人担忧的。

目前，这些地中海生态系统正面临快速和以前未知的全球环境变化。一些模型预测，在全球尺度上最大的变化将出现在地中海地区，且山脉地区最为脆弱。地中海类型生态系统的气候预测表明，更干和更暖的条件可能已经激发了物种分布、生态生理、物候和物种相互作用等的变化。大气二氧化碳的增加，与人为因素造成的很多地中海树木生产力的增加有关，这已在地中海北部的冬青栎（*Quercus ilex*）和栓皮栎毛竹（*Quercus pubescens*）林中得到验证。另一方面，实验研究表明，水分有效性的下降与温度增加可影响优势灌木的生长模式和年生产力，从而改变其竞争能力。反过来，这些改变可使一些地中海栖息地的物种组成和结构发生被变化。而且，人为因素对地中海区域广泛而深刻的影响不仅可放大气候变化效应，而且也可削弱地中海型类型生态系统生态恢复的效能（efficient capacity），即使它们过去已经历了其他剧烈和快速的变化。

参考章节：灌木丛。

课外阅读

Ackerly DD（2004）Adaptation，niche conservatism，and convergence：Comparative studies of leaf evolution in the California chaparral. *American Naturalist* 163：654-671.

Arianoutsou M and Groves RH（1994）*Plant Animal Interactions in Mediterranean Type Ecosystems*. Dordrecht：Kluwer Academic Publishers.

Arroyo MTK，Zedler PH，and Fox MD（1995）Ecological Studies，Vol. 108：Ecology and Biogeography of Mediterranean Ecosystems in Chile，California and Australia. New York：Springer.

Blondel J and Aronson J（1999）*Biology and Wildlife of the Mediterranean Region*. Oxford：Oxford University Press.

Cowling RM（1992）*Fynbos，Nutrients，Fire and Diversity*. Cape Town，South Africa：Oxford University Press.

Cowling RM，Rundel PW，Lamont BB，Arroyo MK，and Arianoutsou M（1996）Plant diversity in Mediterranean climate region. *Trends in Ecology and Evolution* 11：362-366.

Cowling RM，Ojeda F，Lamont BB，Rundel PW，and Lechmere Oertel R（2005）Rainfall reliability：A neglected factor in explaining convergence and divergence of plant traits in fire prone Mediterranean climate ecosystems. *Global Ecology and Biogeography* 14：509-519.

Dalmann PR（1998）*Plant Life in the World's Mediterranean Climates*. Oxford：Oxford University Press.

Davis GW and Richardson DM（1995）Ecological Studies，Vol. 109：Biodiversity and Ecosystem Function in Mediterranean Type Ecosystems. Berlin and Heidelberg：Springer.

Di Castri F and Mooney HA（1973）*Ecological Studies，Vol. 7：Mediterranean Type Ecosystems. Origin and Structure*. Berlin，Heidelberg，and New York：Springer.

Di Castri F，Goodall DW，and Specht RL（1981）*Ecosystems of the World，Vol. 11：Mediterranean Type Shrublands*. Amsterdam：Elsevier.

Hinojosa LF，Armesto JJ，and Villagrán C（2006）Are Chilean coastal forests pre Pleistocene relicts? Evidence from foliar physiognomy，palaeoclimate，and phytogeography. *Journal of Biogeography* 33：331-341.

Keeley JE and Fotheringham CJ（2003）Species area relationships in Mediterranean climate plant communities. *Journal of Biogeography* 30：1629-1657.

Mazzoleni S，Di Pascale G，Di Martino P，Rego F，and Mulligan M（2004）*Recent Dynamics of Mediterranean Vegetation and Landscape*. London：Wiley.

Mittermeier RA，Robles Gil，Hoffmann M，et al.（2004）Hotspots Revisited：Earth's Biologically Richest and Most Endangered Terrestrial Ecoregions. Monterrey：CEMEX，Washington：Conservation International，Mexico：Agrupación Sierra Madre.

Moreno JM and Oechel WC（1994）*Ecological Studies，Vol. 107：The Role of Fire in Mediterranean Type Ecosystems*. New York：Springer.

Ornduff R，Faber PM，and Keeler Wolf T（2003）*California Natural History Guides，Vol. 69：Introduction to California Plant Life*. Berkeley and Los Angeles：University of California Press.

Qué zel P and Mé dail F（2003）*Ecologie et biogéographie des forêts du bassin méditerranéen*. Paris：Elsevier.

Smith Ramírez C，Armesto JJ，and Valdovinos C（2005）*Historia，biodiversidad y ecología de los bosques costeros de Chile*. Santiago de Chile：Editorial Universitaria.

第四十二章

泥炭地

D H Vitt

一、前言

泥炭地，有时也被称为沼泽，是以未完全分解的有机物质或泥炭通常在深层积累为特征。当通过光合作用过程被固定在植物生物量中的碳超过由分解而长期散失于大气中的碳损失，以及因水流作用将泥炭中溶于水的碳去除而引起的碳损失时，泥炭开始积累。在全球范围内，泥炭地约含 30%的世界陆地土壤碳，但其面积仅为地球表面积的 3%～4%。因此，泥炭地的碳储量比其可对应的陆地面积的碳储量大得多。一般来说，与同一地理区域的高地群落相比，泥炭地的物种相对匮乏。然而，由于特定的环境条件通常与泥炭地有关，因此有时出现的动植物只有在这些生态系统中才被发现。泥炭地因肉食植物如瓶子草属（*Sarracenia*）和茅膏菜属（*Drosera*）的存在，以及因大量泥炭藓[泥炭藓属（*Sphagnum*）]的出现而尤为闻名。

二、泥炭地的产生

全球泥炭地约为 4 000 000km^2，其中北方和亚北极的泥炭地面积约为 3 460 000km^2，或约占世界泥炭地总面积的 87%。有 6 个国家的泥炭地超过 50 000km^2，占世界泥炭地的 93%，而这些国家中的五个位于北方。俄罗斯有 142×10^{4}km^2，加拿大 123.5×10^{4}km^2，美国 62.5×10^{4}km^2，芬兰 9.6×10^{4}km^2，瑞典 7×10^{4}km^2；印度尼西亚估计有 27×10^{4}km^2。虽然泥炭形成的植物群落出现在世界九大地带的绝大多数生物群系中，但其在地带生物群系Ⅷ（寒温带）中最为普遍，或常见于北方森林或泰加林之中（图 42-1）。世界上最大的泥炭地复合体位于西西伯利亚（特别是位于鄂毕河和额尔齐斯河之间约 58°N 和 75°W 的大瓦休甘沼泽）。另外两个大片泥炭地复合体是加拿大东部的哈得逊湾低地及其西北部的麦肯锡河流域。虽然泥炭地与凉爽，以及如英国和爱尔兰的海洋气候模式有关，但在植被为针叶的、常绿的，且旱地土壤是灰化的区域，泥炭地也很常见（事实上，在夏季短暂而凉爽，以及冬季漫长而寒冷的大陆型气候带区，泥炭地是最丰富的）。

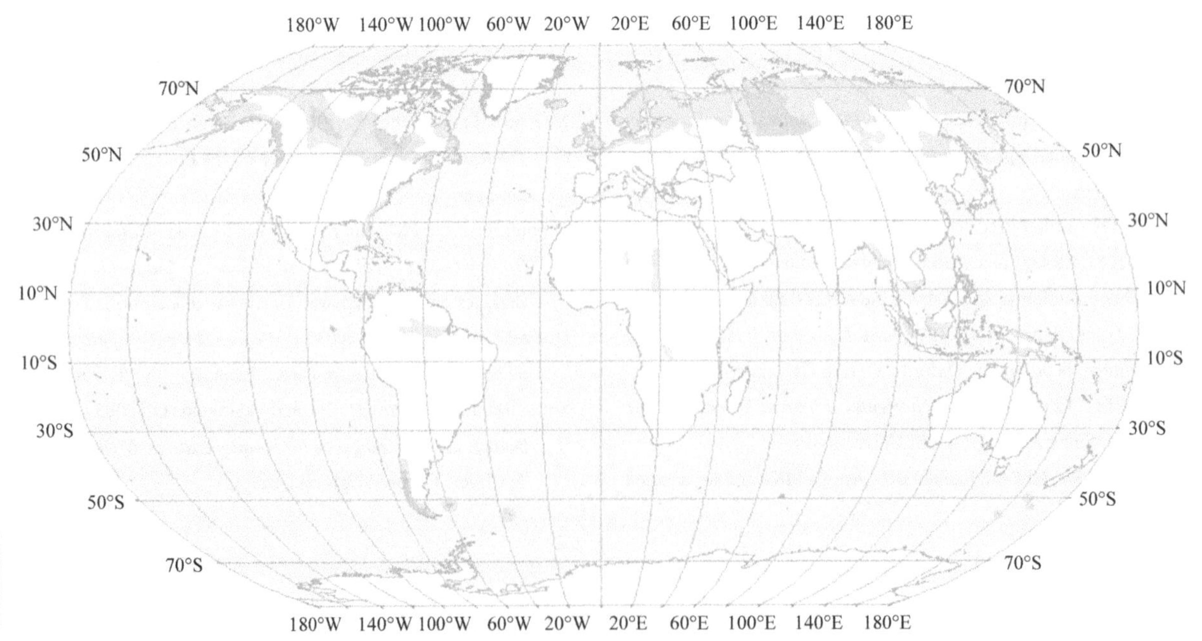

图 42-1　全球泥炭地分布的估计，深灰色区域为＞10%泥炭覆盖，北美和西伯利亚的黑色区域为世界上最大的泥炭地复合体，西伯利亚西部的圆点为瓦休甘河泥炭地的位置。

三、环境限制因素

泥炭地生态系统的形成、发育和演替受若干区域性、外部因素的影响。而水文、景观位置、气候和底物化学成分等尤为重要。这些区域的外源因素决定许多影响单个泥炭地位置的特定局部因素，包括水流速率、养分输入量，以及泥炭地所在水域的综合化学成分和水位变化量等。此外，还有许多有助于调节泥炭地形态和功能的内在或自发过程（图 42-2）。在因干扰（包括自然干扰，尤其是野火，以及人为干扰，如采矿、林业和农业等）而不断变化的世界中，这些外源性和自发性因素一直发挥作用。

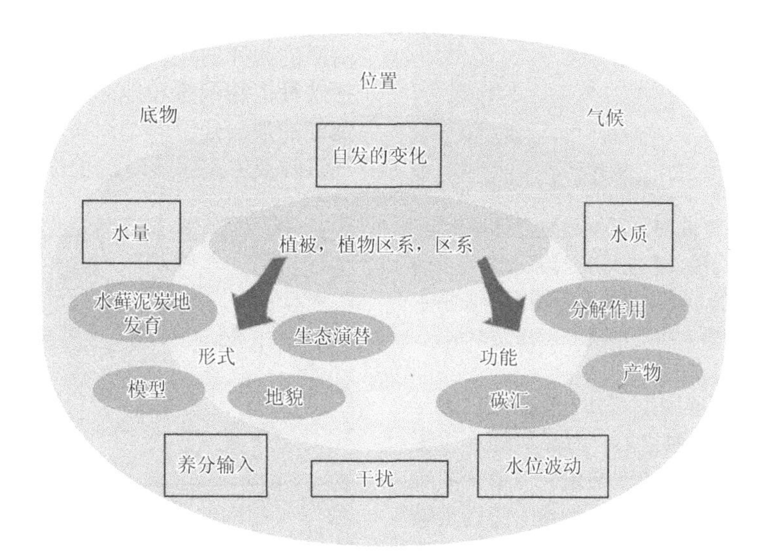

图 42-2　底物、位置和气候是影响图中所示 6 个局部因素的区域因素，这些局部驱动因素直接影响水藓泥炭地和沼泽泥炭地的结构和功能。改编自 Vitt DH（2006）Peatlands：Canada’s past andfuture carbon legacy. In：Bhatti J，Lal R，Price M，and Apps MJ（eds.）*Climate Change and Carbon in Managed Forests*，pp. 201-216. Boca Raton，FL：CRC Press。

泥炭地的形式和功能都依赖于泥炭积累过程，以及来自于生境中的碳损益模式。而泥炭的积累取决于由光合作用所生产的有机物质的输入。这一有机物质首先在上层积累，其中的有氧（活跃层）泥炭柱以相对高的速率分解。以这一速率分解的部分有机物被沉积在饱和水中，其中的厌氧（不活跃层）泥炭柱的分解速率极其缓慢，这在很大程度上决定了某个特定地点可积累的碳量。因此，碳量及由此而沉积在泥炭地中的泥炭量，取决于光合作用和活跃层的有氧分解，以及随后不活跃层的厌氧过程，包括甲烷产生过程和硫酸盐还原过程。

四、泥炭地的类型

由泥炭形成的湿地，通常可随时间推移而积累充足的有机物，是一个发育良好的泥炭层生态系统。在许多土壤分类中，发育良好的泥炭层被定义为沉积物深度大于 30～40cm 且有机质大于 30%的土壤。非泥炭形成的湿地，如草本沼泽（没有树木的湿地）和木本沼泽（以乔木层为主的湿地）的已累积有机物通常低于 30～40cm，难以维持碳富集泥炭沉积物的持续累积。已被提出的很多分类法可对各种泥炭地类型进行区分。例如，泥炭地是基于对其具有重要影响的水源而被分类的。因此，受与土壤水或湖泊水相关联水体影响的泥炭地，被称为地理成因型（geogenous）泥炭地，分为三种类型。泥炭地可能是地形成因的（topogenous）（受死水、大部分土壤水，以及不流动水体的影响）和湖沼成因的（limnogenous）（受河道洪水所引起的远离河流方向的横向流影响），或中位泥炭沼（soligenous）成因的（受水流影响，尤其是缓坡的层流，包括渗流和泉水）。比较泥炭地的这些地理成因类型，其他的可能是高位泥炭地（只受雨水和雪的影响）。

泥炭地的植被结构变化极大。它们可能是草木丛生的（密集林冠）、树木茂盛的（稀疏林冠）、灌木占优的，亦或莎草科占优的。地面层可能以苔藓、地衣为主，或裸露。泥炭地随其所出现的景观而变化，这些景观与在流域更高海拔处渗出或被隔离的溪流、湖泊和泉水相关联。景观中出现的泥炭地通常是“复杂的泥炭地”，其中若干个与众不同的泥炭地类型可同时出现（图 42-3）。最后，最普遍被使用的分类是将水文学、植被和化学成分等与泥炭型湿地结合在一起的功能分类。总之，这一泥炭地的观点将水文作为泥炭地功能的根本，并认为存在两种泥炭地类型，即沼泽泥炭地和水藓泥炭地。

扫一扫看彩图

图 42-3 在加拿大阿尔伯塔北部，泥炭地复合体图案分布。左前景图案为沼泽泥炭地，在左边有局部永久冻土的水藓泥炭岛以及内部融化的草地，右边背景图为弯曲树木的水藓泥炭地。小绿树浓荫，中心的椭圆形岛是高地。

沼泽泥炭地是在地理成因型水体（或在泥炭地与周边矿物，或山地、基质接触之后，对泥炭地产生影响的水体）的影响下发育而来的泥炭地。与单个泥炭地相联系的水体，其中的可溶解性矿物量［特别是碱性阳离子（Na^+，K^+，Ca^{2+}，Mg^{2+}）和相关阴离子量（HCO_3^-，SO_4^{2-}，Cl^-）］是可变的，在营养盐（氮和磷）和氢离子量方面也可能存在差异。矿质泥炭地水流量，包括流量和水源（表面、地面、湖泊或溪流）的变化更为复杂。泥炭地仅通过降水接受来自大气中的水分，而降水在水文上独立于其周边的景观。这些高位泥炭地或水藓泥炭地属雨养型泥炭生态系统，其只从大气沉降源中吸收营养盐和矿物质。

总之，从水文学观点看，在泥炭地与其周边矿物接触后，沼泽泥炭地中的水流经其中，然而，在雨养泥炭沼泽中，水分直接沉降在泥炭地表面，然后流经水藓泥炭地，而出水直接蔓延至周边景观。因此，沼泽泥炭地的海拔总是比周边景观的低，而水藓泥炭地的比其邻接丘陵地区的略高。

水文是区别沼泽泥炭地和水藓泥炭地基本因素的意识，可追溯至 17 世纪初。然而，在 20 世纪 40 年代，Einar DuReitz 认识到植被组成和植物区系指标种也可用于进一步概括水藓泥炭地和沼泽泥炭地的特征。不久，Hugo Sjors 将这些植物区系指标种与 pH 和电导率的变化联系起来（作为水中总离子含量的替代）。这些在瑞典所做的早期实地研究的结果，为水文学、水化学和植物区系的关联方式提供了一个总体框架，最近的研究对这些组合属性如何共同形成北方泥炭地的功能分类进行了描述，而这可产生生态系统的观点。

1. 水藓泥炭地

水藓泥炭地在功能上是雨养型泥炭地，至少在北半球，它们的地面层由苔藓植物属泥炭藓主导（图 42-4）。莎草属极其少见或几乎不存在。灌木层发育良好，树木可有可无。几乎所有的维管植物都与菌根真菌有联系。隆起的土丘（小丘）和洼地（凹陷）微地形一般发育良好。泥炭柱包含很深的厌氧层（深层），而厌氧层其中的分解过程极度缓慢，泥炭柱 1～10dm 的表层为被泥炭柱占据的有氧区（顶层）。从厌氧的深层开始，顶层向上延伸，主要由活的和死的泥炭藓植物组成部分构成，在其中包括维管植物根系和地面上维管植物的凋落物。发育良好的顶层是雨养型泥炭沼泽所特有的，为研究大气沉降及生态系统对沉积作用的响应创造了机会。

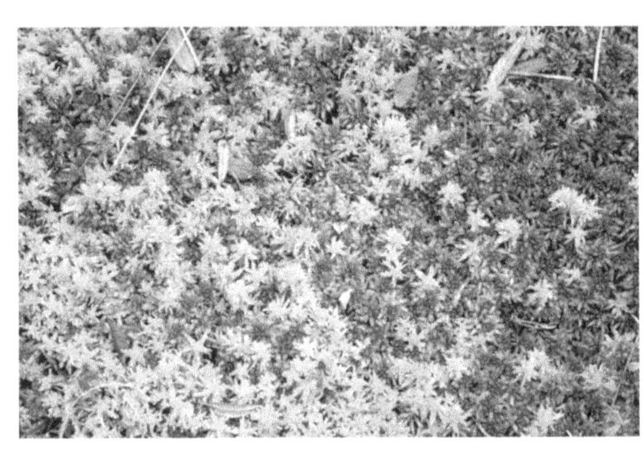

扫一扫看彩

图 42-4 泥炭藓类植物的混合草地：小叶泥炭藓主要在左边，中位泥炭藓主要在右边。

水藓泥炭地的 pH 为 3.5～4.5，为酸性生态系统。由于雨养水源和泥炭藓与阳离子的交换能力（见下文），碱性阳离子是有限的。水藓泥炭地缺少碳酸氢盐，溶解在水体中的碳只有 CO_2。地理成因型水体的缺乏，限制了这些来自大气沉降的养分输入，因此氮和磷供应不足。

水藓泥炭地很有限，分布在降水超过潜在蒸散量的区域。在北半球的许多海洋区域（特别是英国、爱尔兰、芬诺斯堪底亚和加拿大东部沿海），水藓泥炭地形成了大片广阔的无林区。在欧洲，杜鹃科灌木帚石楠（*Calluna vulgaris*）是这些无林景观的特征组分。多数这样的海洋水藓泥炭地通过线脊被赋予一定的格局，即具有大量水池。有时，随水流从水藓泥炭地中心隆起的最高处向四周较低边缘的流动，这一壮观的水池/线脊地形既可形成同心又可形成偏心格局（图 42-5）。来自四周高地的径流（也来自高位水藓泥炭地本身），在这些高位沼泽边缘聚集，且由于成分增加，分解过程变快，而泥炭积累减少。因此，水藓泥炭中央的、开放突起的“广阔泥沼”部分更加潮湿，通常被隐蔽的边缘低地或壕沟所包围。而且，这个“泥沼边缘”的区域很可能被水藓泥炭地的植物所占据。一些海洋水藓泥炭地具有相当平坦的广阔泥沼，偶尔也有水池。然而，这些高位水藓泥炭地的广阔泥沼表面是平坦的，而包含在水藓泥炭地内的泥炭水丘是隆起的。因此，水藓泥炭地的最干燥部分，刚好是其在接触沼泽泥炭地低地之前的边缘部分。这一边缘的、沿泥沼延伸干燥度下降的区域，通常树木密布，被称为“沼泽边缘区”（rand）。

图 42-5　美国缅因州一个海洋式的古怪水藓泥炭地，水藓泥炭地的最高海拔为左边居中，长轴倾斜到遥远的右侧。

在大陆区域，沼泽的外观非常不同（图 42-6）。这些大陆性水藓泥炭地有明显的乔木层和丰富的灌木层[主要是杜香属或地桂（*Chamaedaphne calyculata*）]，但却没有积水。在北美，地方树种黑云杉（*Picea mariana*）为大陆性水藓泥炭地的优势种，而在俄罗斯，有零星的樟子松（*Pinus sylvestris*）分布。在更远的北部（亚北极和北方北部），泥炭土中包含永久冻土。当整个水藓泥炭地结冰时，沼泽变得更加干燥，地衣（特别是鹿蕊属的驯鹿地衣）将成为优势种。这些泥炭高原中的解冻或消融区，极易发现它们具有被称为塌陷疤痕（collapse scar）的特征（图 42-7）。泥炭高原形成了同时横跨北美和西伯利亚亚北极区的广阔景观。在北方地区更偏远的南部，水藓泥炭地地貌可能只包含零星的永久冻土包（冻丘），而过去

图 42-6　加拿大西部大陆雨养水藓泥炭地，树种为黑云杉（*Picea mariana*）。

的几十年中，这些永久冻土包一直在剧烈的消融。最近，隆起的冻丘消融导致土堆的崩塌，而通过泥炭地植物的植被恢复，可与枯死和倾斜树木一起共同形成潮湿的内置性草地（图 42-8）。

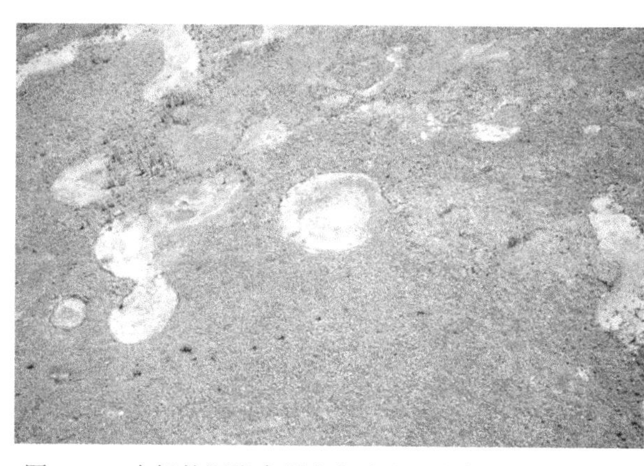

图 42-7　广阔的泥炭高原永久冻土（白色区域以鹿蕊属 *Cladina* 的驯鹿地衣为主），有孤立的崩溃裂缝（没有永久冻土-绿色圆形到椭圆形区域），泥炭藓属（*Sphagnum*）物种和莎草郁郁葱葱的生长。

图 42-8　由黑云杉（*Picea mariana*）为主要背景的水藓泥炭地，带有枯死的断枝，表明最近的冻土融化，形成一个内部草地，由泥炭藓属（*Sphagnum*）草甸占主导。

2. 沼泽泥炭地

与水藓泥炭地具有较高数量的碱性阳离子和相应的阴离子相比，沼泽泥炭地为矿养型的。所有的沼泽泥炭地都伴有丰富的苔草属和羊胡子草属植物，且其水位在泥炭表面或接近表面（因此顶层发育不良）。不同于水藓泥炭地隆起土丘和凹陷微地形的特点，沼泽泥炭地以广阔的毯状地形和草地为特征，且其草皮以藓类植物为主（图 42-9）。根据周边水体的特点，沼泽泥炭地可分为三种类型。

3. 寡植物型沼泽泥炭地

这些被泥炭藓属（*Sphagnum*）主导的泥炭地与酸性水有关（pH 3.5～5.5），含有少量的碱性阳离子，碱式碳酸氢盐极少或几乎没有。

图 42-9　地毯状的棕色苔藓（*Scorpidium scorpioides*），一个富植物型沼泽泥炭地的特征种。

4. 富植物型沼泽泥炭地

富植物型沼泽泥炭地表层被真藓类占据，尤其是颜色为红褐色，通常称为“褐色苔藓”的真藓类物种。这些物种主要有镰刀藓属、*Hamatocaulis*、范氏藓属、寒藓属、细湿藓属、湿原藓属和蝎尾藓属。水的 pH 范围从 5.5 到大于 8，碱性阳离子相对丰富，尤其是钙。碱性从极小到非常高的碳酸氢盐变化，富植物型沼泽泥炭地以两种类型出现，而这两种类型主要区别于孔隙水的化学成分上。“中度富植物型沼泽泥炭地”的 pH 在 5.5～7.0，具有弱碱性，其表面由褐色苔藓和泥炭藓属的一些中营养物种（如美国偏生毛枝藻，*S. teres* 和范氏藓属）所占据。“极富植物型沼泽泥炭地”是碳酸氢盐富集的泥炭地，通常为泥灰岩沉积（沉淀碳酸钙），pH 从中性至 8.0 以上。蝎尾藓属、细湿藓属和極镰管蚜属物种是其地表层的主要植物。

然而，水质（=化学成分）是控制沼泽泥炭地类型和植物区系的主要因素，水量（=流量）控制植被结构和地表地形。无论是富植物型或寡植物型沼泽泥炭地，它们的植被极具变化，从有大量树木的地区（在北美以兴安落叶松为主）到以灌木为主的地区（主要是桦、桤木和柳），再到只有莎草和藓类的地区。在地形构造方面，沼泽泥炭地可能是均匀的且以草皮和地毯状覆盖为主。然而，随流经沼泽泥炭地水量的增加，地表植被形成了水洼网，而毯状地形被微隆的线脊所分割。水流量的进一步增加，将这些格局直接引入线性的水池中（有些被漂浮的植被填满=地毯状物），有时被称为切片（flark），与脊线（称为 string）（图 42-10）。这些水池/脊线复合体位于垂直于水流方向，较小的水池通常来自上游的较大水池。这在斯堪的纳维亚半岛和俄罗斯尤为普遍，这些格局的沼泽泥炭地及其关联的水藓泥炭群岛所形成的广阔泥炭地被称为阿帕式泥炭沼泽（aapamires）。

图 42-10　在加拿大西部沼泽泥炭地图案，其特点为细长池被隆起的脊（线）分开，方向垂直于水流。

五、泥炭地中的重要过程

1. 酸化作用

泥炭藓植物具有富含糖醛酸的细胞壁，在水溶液中，碱性阳离子与氢离子极易发生交换。在水藓泥炭地和寡植物型沼泽泥炭地中，溶解状态的盐基离子被来自大气沉降或水流的泥炭地所吸附，且其始终与无机阴离子（HCO_3^-、SO_4^{2-}和 Cl^-等）相联系。当碱性阳离子被有机产物 H^+交换时，便产生了泥炭地酸性水。因此，源于无机碱性阳离子与 H^+交换（通过泥炭藓生长而产生）所产生的这种酸性，可被称为无机酸性。无机酸性依赖于碱性阳离子的存在，当孔隙水中的碱性阳离子发生交换时，只能产生酸性。当富植物型沼泽泥炭地过渡为寡植物沼泽泥炭地，以及在寡植物沼泽泥炭地中存在足够的碱性阳离子时，如无机酸性将是一个极其强大的过程。在水藓泥炭地中，由于雨养型的水供给，碱性阳离子的数量非常有限，因而无机酸性不太重要。

由植物产生的有机物被分解，碳通过细菌与真菌的呼吸作用被矿化。在好氧条件下，细菌可分解纤维素长链，并最终产生足够小且能溶解于孔隙水中的短链分子。这种可溶性有机碳（DOC）通过径流散失于泥炭地，或在孔隙水中悬浮一定的时间。通过腐殖酸的分解，这些可分解的过程产生酸性。换言之，酸性完全由有机过程产生。因此，通过可分解过程产生的泥炭地酸性被称为有机酸性，在雨养型水藓泥炭地中极为重要。

富植物型沼泽泥炭地，pH 在 7.0 以上，具有很厚的泥炭层，可通过大量输入的碱式碳酸氢盐而保持良好的缓冲性能。随着碳酸氢盐的持续输入，富植物型沼泽泥炭地可在千年内保持稳定。由褐色苔藓主导的泥炭地几乎没有无机酸化的能力，但对碱性泥炭地水的耐受性很强。然而，随富植物型沼泽泥炭地积累的泥炭达数米深，使活性表面层碳酸氢盐的输入更被隔离，以及碱性可降低到一些泥炭藓属耐受种能够入侵的程度成为可能。如果泥炭藓属物种成功建植，则阳离子交换过程开始，此时酸性增加而碱性降低，富植物型沼泽泥炭地物种将被寡植物型沼泽泥炭地中耐受酸性条件的物种所取代。富植物型沼泽泥炭地的这种酸化作用已有历史记载。据记载，从富植物型沼泽泥炭地到寡植物型沼泽泥炭地，植被的变更非常快，也许只需要 100～300 年的时间。结果，这些过渡性的富、寡植物混合型沼泽泥炭地群落，在景观上的存在时间很短，是最为罕见的泥炭地类型之一。

2. 保水性

泥炭地的表面位于包含在泥炭柱的水柱上，几乎完全由苔藓［要么是泥炭藓属（*Sphagnum*）或真藓（棕色苔藓）］覆盖，并通过泥炭的积累，其不断上移。如果仅依赖于泥炭积累，以及维持可支撑苔藓层生长的活苔藓层连续水柱的能力，泥炭地表面的上移是有限的。生长在水润泥炭层中的维管植物可产生根，而这些根主要集中在泥炭上面的有氧部分。然而，苔藓仅从最高的茎尖处开始生长，其必须与水层保持接触。因此，为了维持苔藓层，在饱和水层上的吸水和保水是非常重要的。泥炭藓类植物具有特殊的变异，这对它们很有帮助。虽然一些褐色的苔藓植物具有适应于保水的特性，如沿茎的假根绒毛的发育，但众多的茎分支为毛细作用提供了狭小的空间，并使叶片扩大了保持水分的基质，这种保水的泥炭藓物种（高达 20 倍的植物干重）可通过一系列形态学的改变而大大提高保水性能。泥炭藓的叶片是单层的（单细胞厚），由大的、死的、透明细胞和小的、部分封闭的、活的绿色细胞交替组成。透明细胞的细胞壁有毛孔，并通过交叉纤维使其增厚。茎和分枝通常被包裹在一或多排死亡的、增大的细胞外层。在发育早期，这些透明细胞已全部失去活细胞组织，因此碳氮比较高。除了允许植物保持内部水分的特征外，整个泥炭藓植物为一连串微小空间，可充当毛细作用的水库。这些分支被无数的、重叠的、极凹的枝叶包围（单细胞层）。分支附在三到五支丛生的茎上，其中一半是沿茎干悬挂，一半或多或少向外延伸至 90°。分枝束来源于茎尖，发育缓慢，但在茎尖仍紧密地连接在一起。这批成熟的分支和头状花序，与成熟枝干顶部 1～5cm 的部分及其关联的分支，共同可形成一个密集的冠层。总之，冠层（图 42-11）包含了无数不同大小的狭小空间，它们与叶片和枝条死亡的透明细胞一起，为毛细作用和保持远高于实际水位的毛细水提供了机制，而这反过来又为明显具有水藓泥炭地的好氧泥炭柱提供了一个结构。

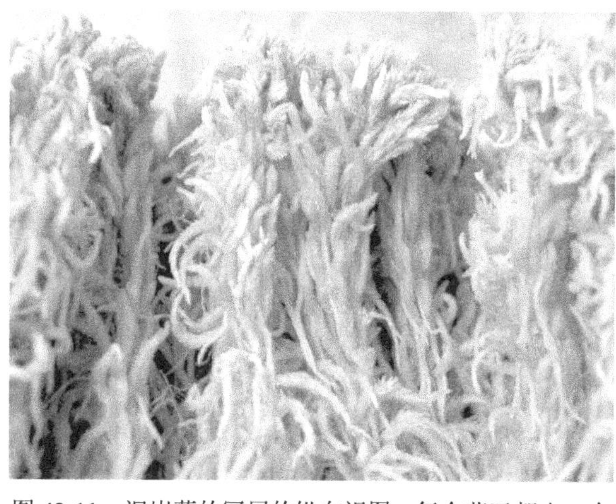

图 42-11 泥炭藓的冠层的纵向视图，每个茎干都由一个幼枝的花序终止。茎上的分枝都覆盖着许多重叠的叶片并组织成束，这些组织有沿着茎和分枝向外扩散的分支，而且分支从茎干向外延伸能够使个体茎彼此均匀地间隔。

3. 养分固定（贫营养化）

泥炭是基于缓慢的分解过程而形成的，这一过程使有机物质作为泥炭沉积。随有机质的沉积，这些沉积物将被包含在泥炭的碳基养分（carbon matrix nutrient）中，尤其是氮、磷中。这些氮、磷最初被包含在活植物的细胞结构中，特别是那些泥炭藓和褐色苔藓植物的细胞结构中。顶层相对快速的分解，只能使固定在植物体内的一部分养分被矿化，以用于植物的进一步生长，以及真菌和细菌的活动过程。然而，一经进入深层，几乎所有的分解活动被终止，这些养分以不可利用的形式被固定在有机质中。因此，氮、磷不是被循环以保证新植物的生长利用，而是成为长期不可利用养分库的一部分。缺乏利用这一难以利用养分库的能力，使泥炭地表面的营养随时间流逝而变得更为贫乏，尽管有大量的氮、磷被储存。例如，水藓泥炭通常约有 1%的氮。然而，几乎所有的深层氮，植物都是无法利用的，而微生物可利用的氮，通常也位于泥炭沉积层。当暴露在大气中时（如作为花园土壤改良），碳被氧化为 CO_2，氮矿化为 NO_3^-和 NH_4^+并被植物吸收利用。虽然氮的实际百分比和其他养分没有无机土壤高，但考虑到泥炭深度，泥炭地上任一平方米表面积的泥炭土总量会更大。通过泥炭层（使泥炭表面更远离养分输入源）的积累，贫营养化和养分储存都被加强了。长期贫营养化的结果是，巨大的碳库和重要的养分，尤其是氮、磷被局部存储。

4. 甲烷产生

甲烷是一种高效的温室气体，它源于自然和人为因素。按重量计，在滞留热量和地球增温方面，甲烷是二氧化碳的 21 倍，湿地甲烷排放量占全球所有自然来源排放量的 75%以上。甲烷是一种强还原的化合物，这一化合物来源于在系统发育上属古生菌的产甲烷菌的一组微生物的最终厌氧分解产物。这些厌氧菌只能利用有限的各种 H_2-CO_2 底泥，而醋酸盐也是很重要的。H_2-CO_2 依赖型甲烷的生成是北方泥炭地甲烷产生的主要途径。然而，醋酸依赖型甲烷的生成有时可主导沼泽泥炭地中的甲烷生产。在富植物型沼泽泥炭地，较高的养分可有效促进维管植物（主要是莎草）的生长。这些维管植物的根系深扎于泥炭层，因此可将肥沃底泥中的碳，如醋酸盐输入厌氧层。有机物快速分解也为甲烷生产提供了丰富的底泥。寡植物型沼泽泥炭地，比富植物型沼泽泥炭地维管植物的覆盖度低，CH_4 的电位通常也比较低，大部分 CH_4 由 H_2-CO_2 生成。与寡植物型沼泽泥炭地类似，泥炭藓主导的水藓泥炭地的大部分的 CH_4 也由 H_2-CO_2 产生，这可能是藓类植物（无根）和菌根维管植物（无深层富含碳的根）占优的结果。随着深层根系发育良好的莎草丰度的降低，可阻止活性有机碳底泥运送至厌氧泥炭层。在酸性水藓泥炭地中，低分解率可限制泥炭分解过程中产生的醋酸盐含量，这反过来又限制了醋酸分解的路径。水藓泥炭地中产甲烷菌的多样性很低，其群落组成与沼泽泥炭地的特点也有很大的不同。总之，较高维管植物覆盖的泥炭地具有较高的甲烷产量，而富植物型沼泽泥炭地中的水位较高。

5. 硫酸盐还原作用

在泥炭地，硫出现于不同的氧化还原状态中［S 的化合价范围从 SO_4^{2-}里的+6 价到硫化氢（H_2S）中的−2 价，硫也包含在氨基酸和其他化合物中］，这些价态之间的转化是微生物媒介转变的直接结果。在水藓泥炭地中，硫唯一的输入方式是通过大气沉降，而在沼泽泥炭地中大气沉降可由表面/或地下水的输入而加强，其中可能包含由岩石和土壤矿物风化所产生的硫。不考虑硫的来源，当硫进入泥炭地时，存在多种循环途径。在好氧区，硫酸盐可被吸附到土壤颗粒上，或被植物或微生物所吸收。在厌氧区，硫酸盐也可被吸附到土壤颗粒上，或被植物或微生物所吸收，或由硫酸盐还原菌通过异化硫酸盐的还原过程所还原。异化硫酸盐还原作用是一个化学异养过程，至少由 19 类不同属的细菌用硫酸盐作为终端电子受体氧化有机物以满足其能量需求而得以完成。因此，这个过程是碳从深层损失的一种方式。如果硫酸盐被硫酸盐还原菌还原，则最终产物（S^{2-}）将存在几种不同的形态。在深层中，S^{2-}的形成可与氢反应，生成 H_2S 气体，它可向上扩散进入或通过顶层，在那里要么被氧化为硫酸盐，要么散失到大气中。作为一种选择，通过亲核攻击，H_2S 可与有机物反映形成有机或碳硫键（CBS）。如果存在铁，S^{2-}能与 Fe 反应生成 FeS 和 FeS_2（黄铁矿），这被称为还原性无机硫（RIS）。在泥炭中，还原性无机硫库通常不稳定，如果水位下降或厌氧状况下可能用 Fe^{3+}作为厌氧电子受体，则可在好氧作用下再氧化。如果汞存在，结合 S^{2-}后，形成不带电荷的硫化汞，汞的硫化物经被动扩散可穿过细菌的细胞膜，形成甲基化汞。或者，细菌将天然存在于化合物中的甲氧基团如丁香酸，转化到 S^{2-}上，形成甲硫醚（MeSH）或二甲基硫醚（DMS），虽然机制明确，但发不发生仍然未知。

6. 泥炭地的形成和发育

泥炭地的形成以四种方式中的之一进行。第一，最常见的是通过沼泽沉积作用（或沼泽化）形成。因为区域水位上升和相应的温和气候，这些沼泽中，泥炭是在先前较干旱、无机土壤上的植被生境及缺水的情况下形成的。此外，局部生境因素也对沼泽沉积作用有强烈的影响。第二，泥炭可直接在新鲜、潮湿、无植被的矿质土壤中形成。在冰川退缩之后，或由于地壳均衡反弹增加了淹没区之前，可直接形成这种泥炭。第三，浅层水体可能逐渐被植被覆盖，成为流动的地垫植物，因此，陆地转变为前者的水生生境。湖泊化学成分和形态及当地植物物种可影响植被的演替和速率。第四，泥炭形成并沉积在曾经已消失的且被全新世早期湖泊所占据的浅水盆地。这些以前的湖泊盆地，以植被的防渗湖泥作内衬，为随后的泥炭发育提供了水文学适宜的区域。

在整个北方区，泥炭地的形成似乎对气候控制极为敏感。例如，在海洋区域，10 000～12 000 年前，通常冰川退缩后不久便出现了泥炭地。这些海洋泥炭地的大多数开始成为水藓泥炭地，并在整个发育过程中一直维持着水藓泥炭地的植被。在较强的大陆条件下，大多数的泥炭地基本都由沼泽沉积作用而形成，而这些泥炭地区域中的基岩呈酸性。这些早期的泥炭地大多数是寡植物型沼泽泥炭地。然而，在这些土壤基质肥沃和呈碱性的区域，早期阶段是以富植物型沼泽泥炭地为主的。像海洋泥炭地一样，次大陆泥炭地在冰川退缩后不久就形成了；然而，纵观北方及加拿大和西伯利亚的大多数广阔地区，泥炭地的形成被延迟到早全新世的干旱期后，始于6000～7000年前。这些泥炭地中的大多数以富植物型或寡植物型沼泽泥炭地而出现，并由于总体变化不大，其一直保持着沼泽泥炭地的形态，但其他的都发生了演替，现在的沼泽都是雨养型泥炭沼泽。最近，加拿大西部的研究表明，泥炭地形成的高峰期与全新世气候事件有关，北大西洋冷循环中的美国中西部地区，湖泊随处可见。同时，加拿大西部一个沼泽泥炭地的研究也表明，泥炭积累速率存在差异。

7. 泥炭地的碳汇

泥炭含有约51%的碳，泥炭地拥有270～370Pg（petagram）碳或约1/3的全球土壤的有机碳。例如，在阿尔伯塔（加拿大），泥炭地大约覆盖21%的省级景观，与农业土壤中的0.8Pg、湖泊沉积物中的2.3Pg和全省森林中的2.7Pg相比，泥炭地的碳总量为13.5Pg。据估计，在海洋、北方和亚北极的泥炭地中，碳积累一直在进行，范围为19～25g C/(m^2·a)。然而，干扰对碳积累具有明显的影响。野火、泥炭开采、大坝，以及洪水、采矿、石油和天然气开采及其他干扰都可使泥炭地的潜在固碳量下降。不过，北方泥炭地冻丘的永久冻土融化，已被证明可对固碳产生积极的影响。一项最近的研究表明，在加拿大西部的北方地区，干扰影响减少了约每年8840Gg C的区域碳通量（区域性泥炭地中的碳汇量），在现行的干扰机制下，碳在未受干扰的条件下的碳汇量为每年1319Gg C，但只有13%的泥炭地受到最近干扰的影响。这些数据表明，虽然北方森林地区的永久性泥炭地已为碳汇，并从大气中去除碳，但由于当前的干扰，这种能力被大大削弱。此外，当更详细地查验干扰时，无论是火灾本身的直接损失，还是由于火灾后恢复损失的碳累积损失，野火都是固碳损失的最大贡献者。气候变化模型预测，如果野火频度和强度都急剧增加，则泥炭地的固碳效力将被明显削弱。同时，该模型得出，如果每年烧毁的面积仅增加17%，则泥炭地将变为大气的区域性净碳源；如果北方泥炭地成为大气碳源，则包含在北方泥炭地水池中总共约为大气2/3的碳将被释放。

参考章节：北方森林，植物园，灌木丛。

课外阅读

Bauerochse A and Haßmann H (eds.) (2003) Peatlands: archaeological sites archives of nature nature conservation wise use. Proceedings of the Peatland Conference 2002 in Hanover, Germany, Hanover: Verlag Marie Leidorf GmbH (Rahden/Westf.).

Davis RB and Anderson DS (1991) The Eccentric Bogs of Maine: A Rare Wetland Type in the United States, Technical Bulletin 146. Orono: Maine Agricultural Experiment Station.

Feehan J (1996) *The Bogs of Ireland: An Introduction to the Natural, Cultural and Industrial Heritage of Irish Peatlands*. Dublin: Dublin Environmental Institute.

Fraser LH and Kelly PA (eds.) (2005) *The World's Largest Wetlands: Their Ecology and Conservation*. Cambridge: Cambridge University Press.

Gore AJP (1983) Ecosystems of the World. Mires Swamp, Bog, Fenand Moor, 2 vols. Amsterdam: Elsevier Scientific.

Joosten H and Clarke D (2002) Wise Use of Mires and Peatlands Background and Principles Including a Framework for Decision Making. Jyvaskyla, Finland: International Mire Conservation Group and International Peat Society (http: //www.mirewiseuse.com).

Larsen JA (1982) *The Ecology of the Northern Lowland Bogs and Conifer Forests*. New York: Academic Press.

Moore PD (ed.) (1984) *European Mires*. New York: Academic Press.

Moore PD and Bellamy DJ (1974) *Peatlands*. London: Elek Scientific.

National Wetlands Working Group (1988) *Wetlands of Canada. Ecological Land Classification Series, No. 24*. Ottawa: Sustainable Development Branch, Environment Canada, and Montreal: Polyscience Publications.

Parkyn L, Stoneman RE, and Ingram HAP (1997) *Conserving Peatlands*. NewYork: CAB International.

Vitt DH (2000) Peatlands: Ecosystems dominated by bryophytes. In: Shaw AJ and Goffinet B (eds.) *Bryophyte Biology*, pp. 312-343. Cambridge: Cambridge University Press.

Vitt DH (2006) Peatlands: Canada's past and future carbon legacy.In: Bhatti J, Lal R, Price M, and Apps MJ (eds.) *Climate Change and Carbon in Managed Forests*, pp. 201 216. Boca Raton, FL: CRCPress.

Wieder RK and Vitt DH (eds.) (2006) *Boreal Peatland Ecosystems*. Berlin, Heidelburg, New York: Springer.

Wright HE, Jr., Coffin BA, and Aaseng NE (1992) *The Patterned Peatlands of Minnesota*. Minneapolis: University of Minnesota Press.

第四十三章

极地陆地生态学

T V Callaghan

极地地区位于高纬度地带，其地球与太阳的夹角小且热辐射低。在冬季，太阳低于水平线，黑暗期较长。这种条件下孕育的低温环境既直接影响该地区植物生长、微生物活性和动物行为及生物的繁殖和存活等，也通过控制积雪时间和无冰期而间接影响初级生产力、相关的生物活性、液态水的可利用性和热胀冷缩，以及由永久冻土构成的原始土壤中的其他活动层属性。相反，极地地区生态系统对气候系统的反馈机制也可改变局地、区域和全球气候的变化。土壤微生物的分解对温室气体排放的影响表明，呼吸作用与光合作用间的平衡关系引起苔原大量的土壤碳积累，覆盖在低苔原植被上的冰雪反映了太阳的入射辐射。这两种机制造成冷却状态。与之相对，通过冷却热带和增温高纬度地带，全球大洋环流致使地球热量重新分布。

从地质年龄上判断，北极和南极大陆的形成时间相对较短。由于受更新世冻结成冰的影响，在北极地带这种异常的土壤环境广泛分布。极地地区具有地球上最极端的环境条件和生物，如雪生藻类、依附于结晶岩内缝隙间的地衣和南极干旱河谷中单一群落的土壤动物区系等。

在各个地区，北极和南极间的极地环境也有所不同（图 43-1 和 43-2）。

极地沙漠(加拿大康沃利斯岛)

北方森林(瑞典)

极地半沙漠地带(斯瓦乐巴特群岛)

灌丛苔原和禾草苔原(阿拉斯加)

扫一扫看彩图

图 43-1　北极生态系统。

图 43-2　佐治亚州南部亚南极地带（海岸生态系统）。

北极区主要由大陆陆地和岛屿所环绕的极地海洋控制，而南极区主要由海洋环绕的、极地冰层覆盖的大陆陆地控制。陆地生态系统分布广泛（750×10^4km^2）且多样化。主要表现在从南方郁闭度高的北方针叶林，沿纬度梯度从林线交错带和苔原湿地过渡至北方的极地沙漠。在该纬度梯度上（自南向北），7 月平均温度可从 12℃降至 2℃，年均降雨量从 250mm 降至 75mm（主要是雪），且年净初级生产力从 1000g/m^2 降至 1g/m^2。大约 6000 只动物和 5800 种植物物种栖息于北极大陆（分别占全球生物多样性的 3%和 5%）。沿这个梯度，生物多样性呈几何级数下降。较之其他生物区系，尽管北极区植物多样性很低，但在小尺度上，每平方米的植物多样性却异常丰富，且在北纬 79°的斯瓦尔巴特群岛内及其周边地区，被记录的动植物超过 6000 种。在很大程度上，动物和植物的多样性与环境差异密切相关，而环境主要受北方洋流的气候影响。北极地区的国家，如挪威、瑞典和芬兰，由于受向北的墨西哥暖流影响，其森林大多生长在北极圈北部（66.7°N），而北极熊和苔原植被主要分布在加拿大东部（51°N），这主要因其受到向南的冷洋流的影响。在北极地区，几千年来，土著居民和其他北极区居民都是该地区生态系统的一部分。

北极地区大陆块与陆地南部大陆块的连通性很强：大量河水自低纬度流向北冰洋，且在北极地区的夏季繁殖地和北方温带区的越冬地带间，有很多哺乳类动物和数亿鸟类来回迁徙。北极地区的食物链比南极地区的食物链更为复杂，且其食物链顶层为肉食动物，如北极熊、狼和北极狐等。物种相对较少的营养级水平与北极动物种群的循环特征共同造成了此地生态的不稳定和级联效应。例如，加拿大北极区雪雁数目的增加和植被盖度的下降，引起该区生境的高度矿化。

南极地区的大陆面积为 1240km^2，而季节性无冰地区的面积不到 1%。在南极地区，主要的环境差异与南极半岛西海岸（夏季 2～4 月的温度在 0～2℃）相对湿润和“温暖”的沿海气候密切相关。不仅如此，其也与大陆陆地的寒冷和干燥极地沙漠气候高度关联。因此，在南极半岛西海岸可发现很多生物和物种，其植被由相对简单的地衣、苔藓和苔类（主要用以支持简单的土壤无脊椎动物群落）所组成的植物群落主导。只存在两种较高级的植物和动物。在哺乳动物稀少、营养结构单一和相对隔离的共同作用下，极地地区形成了高度特化的本地动物群系，如依地面筑巢的鸟类（如企鹅），以及在海滩繁殖和蜕皮且在海洋中觅食的海豹等。这些地区植物生长所需的营养，主要来自于海洋和被风或鸟类携带至该地区的沉积物。相反，大部分苔原地带的可利用营养相对缺乏，从而限制了植物的初级生产力。南极地区没有土著居民，人类活动的出现也不超过 200 年。

相较于地球上的其他生物区系，直到最近，人类活动才对北极和南极生态系统产生了影响。然而，由于极地对全球气候变化具有放大作用，加之极地生态系统自身对温暖纬度物种入侵固有的敏感性，使极地生态系统呈现出极大的脆弱性，而这一脆弱性正在处于快速变化的威胁之中。

未来：极地地区和气候变化

极地地区正面临快速的气候变化。全球变暖在北极地区愈发强烈：尽管局部差异确实存在，但总体上地面气温的增加相当于全球速率的两倍。自 20 世纪六七十年代以来，北纬 60°的北方平均温度在冬季和春季的差距越来越大（每 10 年增加 1℃），现已达到 1～2℃。北极大陆陆地与南极半岛已成为全球增温速率最快的区域。在过去的一个世纪中，虽然北极地区的降雨量小幅度增加(大约每 10 年增加 1%)，但各地间的增加幅度极其不同，且测量极不可靠。北极圈的海上浮冰，以及大部分亚北极和北极冰川的河流与湖冰均明显减少。与 1979 年同期 9 月份的值相比，海上浮冰以每 10 年 8.9%的速度在减少，且在 2007 年发生了出乎意料的急剧减少现象。多年冻土永冻层变暖。尽管活动层厚度并没有一个总体的变化趋势，但在其他亚北极区域，连续冻土急速消失，造成水文过程和生态系统的变化。在俄罗斯北极地区，连续冻土区域中的池塘也正逐渐干涸，且伴随水涝事件的发生。

在南极洲，温度的变化趋势说明了该地区存在相当的空间差异性：过去 50 年，虽然南极半岛的温度在逐渐增加，但南极地区和干旱河谷地带 Amundsen Scott 站的温度却在下降。由此可见，气候变化的影响并没有全面波及整个南极大陆。

当前，极地的增温正在导致物种分布范围及其多度的变化，以及亚北极林线自北而上的延伸。据估计，森林将取代相当大的苔原面积。像以前一样，物种也会重新迁移，而不只是适应新的气候模式。然而，这一过程可能会导致某些物种的丧失，北极熊和其他耐冻生物所受的威胁尤为严重。在其他地方，物种迁移的速率比气候变化速率缓慢，害虫、疾病和火灾等的发生概率可能增加。植被的变化，尤其是禾草向灌木过渡已有研究做过报道。另外，北美极地的卫星图像显示，北极大部分地区的植被“归一化植被指数”（一种光合活性生物量的测量指数）有所增加。对整个北美的苔原地带而言，该指数平均增加了 10%，原因可能在于较长的生长季。不过，实验上已经证明，生产力的增加和植物功能型的改变，可取代目前是北极圈主要组分的苔藓和地衣。

在南极洲，温度增加引起了陆地和海洋生态系统的显著变化。除了两个本地高等植物的多度增加外，磷虾、阿德利企鹅、帝企鹅和威德尔海豹等的多度都有所下降。在南极洲大陆，气候变化正在影响着海藻、地衣和苔藓。由于温度增加和人类活动加剧所引起的外来种入侵，已对南部地区的生态系统造成了影响。最近，亚南极岛屿的一项研究结果显示，该地区外来种的多度呈增加趋势，且已本地生物区系产生了负面影响。相反，寒冷具有明显的局部性影响，其可使干旱峡谷中的湖泊初级生产力下降 6%～9%，土壤无脊椎动物每年减少 10%。

极地环境对气候变暖的响应，包括其对全球气候系统的反馈及其产生的其他全球性影响。北极河径流量的增加可影响热盐环流，而热盐环流能对地球的热量进行重新分配，从而使北大西洋变冷，并使热带地区进一步增温。海上浮冰分布范围和积雪的减少，以及与之相关的植被类型的变化（苔原-灌木-森林植被）使反射率下降，并由此导致温度的进一步增加，尽管生产力较高的植被具有较高的二氧化碳吸收能力。冻融过程会释放甲烷，这种不可忽视的温室气体已得到很多与北极地区相关试验的证明。

在极地地区，并不是所有气候变暖的影响都会对社会带来不利影响。例如，北极圈海上浮冰范围的缩小，有可能会拓宽海运业利用资源的渠道、增强渔业活动和缩短海航航程等。然而，陆地增温又可导致生产力的增加，以及对森林和农业潜在需求的增加等。

参考章节：高寒生态系统和高海拔树线；废水生物处理系统。

课外阅读

Anisimor OA，Vaughan DG，Callaghan TV，et al.（2007）Polar regions（Arctic and Antarctic）. In：Parry ML，Canziani OF，Palutikof JP，Hanson CE，and Van der Linder PJ（eds.）*Climate Change 2007：Impacts，Adaptation and Vulnerability. Contribution of Working Group II to the Fourth Assessment Report of the Intergovernmental Panel on Climate Change*，pp. 655-685. Cambridge：Cambridge University Press.

Callaghan TV，Bjorn LO，Chapin FS，III，et al.（2005）Tundra and polar desert ecosystems. In：*ACIA. Arctic Climate Impacts Assessment*，pp. 243-352. Cambridge：Cambridge University Press.

Chapin FS，III，Berman M，Callaghan TV，et al.（2005）Polar ecosystems. In：Hassan R，Scholes R，and Ash N（eds.）*Ecosystems and Human Well Being：Current State and Trends*，vol. 1，pp. 719-743. Washington，DC：Island Press.

Convey P（2001）Antarctic ecosystems. In：Levin SA（ed.）*Encyclopaedia of Biodiversity*，vol. 1，pp. 171-184. San Diego：Academic Press.

Nutall M and Callaghan TV（2000）*The Arctic：Environment，People，Policy*，647pp. Reading：Harwood Academic Publishers.

Richter Menge J，Overland J，Hanna E，et al.（2007）State of the Arctic Report.

Walther GR，Post E，Convey P，et al.（2002）Ecological responses to recent climate change. *Nature* 416（6879）：389-395.

第四十四章

河岸湿地

K M Wantzen，W J Junk

一、前言

流水系统的河岸带是位于河谷的水域与陆地部分具有密集生态交互作用的区域。该地带的湿地与蓄水层交换水分，而在洪水期则通过主河道交换水分(图44-1)。河岸湿地是景观中水分收支(water budget)的缓冲区域：它们在洪水时期吸收多余的水分，之后再逐渐释放。

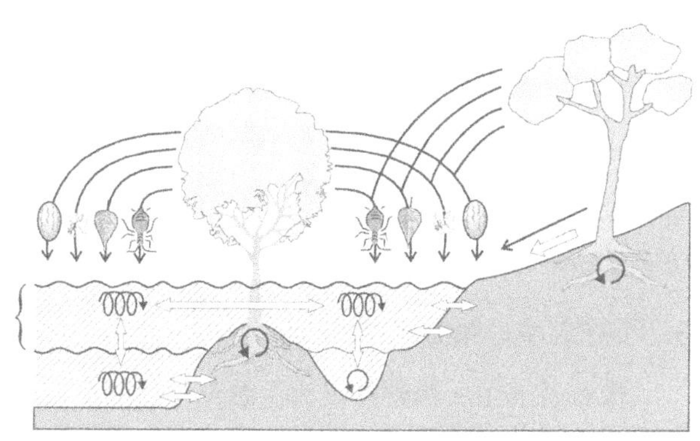

图44-1　低水位和高水位河道（左）与河岸湿地水体（中）内的有机质输入、周转和交换。黑色箭头表示有机质输入，白色箭头表示水交换路径，螺旋线表示营养物质呈螺旋状运动或向下游转移，环形箭头表示有机质原位周转，花括号表示洪水期的水位波动。改编自 Wantzen KM，Yule C，Tockner K，and Junk WJ（2006）Riparian wetlands. In：Dudgeon D（ed.）Tropical Stream Ecology，pp. 199-217. Amsterdam：Elsevier。

现代生态学理论认为，河岸湿地在整个河道流域范围内对维护生物多样性和能量与物质收支有重要作用。碳和营养收支受到来自陆地生态系统边缘的可溶物与颗粒物、河岸湿地植物的自身生物量，以及洪水所带来的外源有机质的影响。这各种来源的比例取决于水文模式、景观形态特征和气候条件。(参见河流与溪流：物理条件与适应生物群和河流与溪流：生态系统动态与整合范式)。

干湿环境的交替为来自水体或陆地生态系统的生物以及湿地环境特有的生物群营造了栖息地。由于河滨湿地的横向维度一般比较小，它们对景观生态学、生物地球化学和生物多样性的整体重要性常常被忽略。但是，在密集的河网中，湿地的总面积是非常大的。此外，廊道所塑造的河岸湿地扩展区使其成为水体和陆地生物群中相隔甚远的种群间基因交流的完美通道。河岸湿地提供很多独特的生态服务功能，包括侵蚀控制、过滤毗邻农田的养分和农药、减缓洪水和休闲功能，这增加了河岸湿地在社会经济方面的保护价值。

不同类型的河岸湿地其环境条件差别很大，尤其是气候区和优势植被种类，以及景观形态学和水文模式。本文介绍了不同类型的河岸湿地，起决定性作用的环境条件，主要的生态过程，典型生物群和自然保护状态。

二、定义与概念

河岸湿地的定义有很多种。从水文学角度可将河岸湿地定义为：一方面通过毗邻高地的排水和侵蚀，另一方面通过水体生态系统的周期性泛洪所产生的高水位和淤积土壤的低地陆地交错带(McCormick，1979)。

从功能定义上看，河岸带为包括陆地与水体生态系统的相互作用的三维生态区，下至地下含水层，上达冠层顶部，向外扩展到整个河漫滩，近至沥水的斜坡，横向扩展至陆地生态系统，以及宽度不断变化的河道（Ilhard et al.，2000)。

两个定义均突出了河岸湿地一方面为水体另一方面为高地的生态交错带的特点。在最小的尺度上，河岸湿地可以作为离水体最近的边缘，这里的水生动物与植物形成了独特的群落，并延伸至数十米宽的周期性泛洪区。在中等尺度上，它们形成植被带，而在最大尺度上，它们沿大型河流形成延伸数十几公里宽的河漫滩。这样，河岸湿地的复杂性增加，以至于很多科学家将其看成是特殊生态系统（参见河漫滩一章)。

有几个概念描述溪流与河流生态学的各个方面，但其中有两个特别关注河流与河岸带（参见河流与溪流：生态系统动态与整合范式一章)。Vannote 等提出的“河流连续统概念”（river continuum concept，RCC）描述了在河道内的纵向进程，以及河岸植被对物理和化学条件的影响，并作为河道中水生群落的碳源。Junk 等提出的“洪水脉冲概念”（flood pulse concept，FPC）强调河漫滩与河道之间的横向交互作用，描述了特定的物理、化学和生物学过程以及河漫滩内的动物和植物群落。RCC 的预测很好地适合于具有河岸带的河流，但是随着河岸带的横向延伸及复杂性增加，FPC 变得更为重要。在此，我们将讨论范围限制在沿溪流和低阶河流的河岸湿地。由于相同河流的不同部分或相同级别的不同河流其沿低阶河流分布的河岸带横向延伸有很大变化，所以这些概念的应用也会随之变化。

三、决定河岸湿地的环境条件

河岸栖息地为更大景观不可或缺的一部分，因此受不同时间和空间尺度的因子影响。决定河流和溪流的物理环境基本上定义了河岸湿地（参见河流与溪流：生态系统动态与整合范式一章）。然而，一些环境特征对湿地尤为重要，接下来将进行讨论。

1. 空间和时间尺度

在区域尺度上，地貌、气候和植被影响河道分布、泥沙输入、溪流水文以及营养输入。在局地尺度上，土地利用和溪流栖息地的相关变化，但也包括诸如海狸等生物工程师的活动，都能产生显著影响。在短期时间尺度，个别强降雨事件会影响河岸系统；而在年尺度上，气候驱动的光、温度和降水变化触发了重要的周期性生物事件，如本土的初级生产与次级生产、凋落、分解和动物的产卵与孵化；在多年时间尺度上，特大洪水和干旱事件、泥石流、滑坡、暴雨或火灾会对河岸带及其生物群产生重大影响。

2. 气候区

气候控制湿地中水的供应和有机体的活动周期。如果洪涝期与活动周期匹配，洪水所带来的溢出资源将被适应河漫滩的生物群所利用（如夏季洪水）。另一方面，冬季洪水通常对适应了小型洪水的树种不会产生严重的伤害。

在寒带和温带地区，可以预见冬季冰冻与干旱和春季融雪是河岸湿地地表水和地下水相互作用的驱动因子。在冬季冰堵塞会造成偶尔的洪水事件。通常，冬季溪流的径流量减少，注入河岸湿地的地下水将尽可能长地排入河道。在具有有机沉积物的湿地，这些水通常含有大量溶解性有机碳。在冬季，浅溪完全冰冻，河岸湿地可作为水生动物的避难所，如两栖动物和龟类。春季融雪事件通常引起长时间的洪水事件，这超过了由雨水引发的洪水的持续时间。这些长时期的洪水将河岸湿地的水体与溪流连接起来，因此，有机质和生物区系可以进行交换。同时，还会伴有地表水渗透（沉降流）至河岸地下水体中。

在季节性干湿气候区（包括地中海气候和热带稀树草原气候），通过降雨供给的水分仅限于可能有强降雨发生的几个月时间。这些事件尽管短暂，但对湿地和主要河道的溶解有机质释放，以及有机质和生物区系在湿地和主要河道之间进行交换有着重要作用。而且，富能有机质（如水果）可能会从集水区的陆地部分冲刷到河岸湿地中。另一方面，骤发洪水可导致细沉积物（包括有机质）的冲刷和侵蚀。在旱季，地下水位更低，可能导致河岸湿地的季节性干旱。在这些时期，水生生物群或夏眠或迁移到有机质进而矿化。然而，即使在强季节性的区域，如巴西塞拉多（Brazilian Cerrado），地下水供应多可能足以支持未分解有机质的永久沉积。

水传导性（粗糙的）的分布和谷底的非透水性基质（基岩和壤土）影响河岸带不流动水体的厚度，从而扩大有机质层。许多位于北方地区和潮湿热带地区的河岸湿地存在永久性潮湿水体。这些永久性河岸湿地能够积累大量的有机碳。在东南亚热带地区（马来半岛和婆罗洲的部分地区）形成了一种特殊的河岸湿地——泥炭沼泽。当红树林逐步向海扩张时，这些沼泽得以发展，其后内地的土壤失去盐分。在这里，红树林产生的大量有机质被分解，溪流在这些堆积物中流动（参见泥炭地一章）。

3. 河谷大小、形态和连接性

像教科书中所描述的溪流上游部分的陡峭山谷和下游河段的空旷浅滩这种常规模式在自然界中其实很少发生。相反，我们发现这两类山谷交替点缀分布，就像是“细绳上悬的珠子”。浅滩区最有可能支持广阔的河岸湿地，然而如果地下水位太高的话，哪怕是陡峭山谷也可能被湿地所覆盖。河岸湿地的形态可用河沟比（entrenchment ratio）（即 50 年山洪暴发时的河谷宽度与满水时的溪流宽度之比）和带宽比（belt width ratio）（一段溪流向相反方向弯曲的河段的距离与满水时的溪流宽度之比）来描述。50 年山洪位置一般相交于台阶的斜坡处。

不同流域的河岸湿地可以通过沼泽彼此连接起来[如南美巴西和圭亚那希尔兹（Guyana Shields）的旧侵蚀景观]，所以即使河道之间没有永久连接，水生生物也能克服生物地理障碍。“连通度”（connectivity）这个术语描述了河漫滩水体与主河道的连接程度。河岸湿地也可连接至溪流中，要么通过短河道直接相连，要么通过一条被池塘阻断的长河道间接相连。在某些条件下，这些由有机土壤中大孔隙形成的通道可以隐藏。只要沉积物粗到能让水通过，冲积河岸湿地可通过底部空隙区域将溪流连接起来。没有这些通道的湿地则在溪流的漫滩流期间与主河道交换水、生物群和有机质。水生生物完全依靠连接通道在湿地和主要水体之间迁移。例如，两栖类对鱼类捕食尤其敏感，因此两栖类动物生物多样性最高的河岸湿地生境一般是鱼类最难到达的地方。

4. 水文和基质类型

景观的斜度和流域的岩石特性确定了溪流-湿地系统的物理生境特征。河岸湿地所提供的生境具有与溪流河道不同的水文和基质类型。虽然溪流中的洪水一般比大型河流要短、更难预测、更极端，但在这些洪水事件中主河道与河岸湿地之间有大量的交换过程。虽然大型洪水事件少，在河漫滩却扮演着“复位装置”，能恢复沉积结构和植被演化阶段。在这些稀有事件之间，河岸湿地扮演了微粒和有机沉积物汇的作用，它们或流出河道进入流域的陆地地带，或在原地衍生出生物质产品。

5. 植被

毗邻以及生长于河岸湿地的植被具有多种功能：传递移植所需的基质以及水生动物的食物源、去除进水中的营养、为有机土壤提供原料。这会延缓营养流失、过滤来自高地的营养输入、通过蒸散减少径流量、缓冲水位波动。树木冠层的遮阴作用减少了藻类和水生植物初级生产的光照条件，且平衡了土壤温度。因此，从其植被覆盖来看河岸湿地完全不同。

在高等植物建群受到强烈的沉积物运动（如梯度大和网状河）、低温（高海拔和极地区域）、多岩石的地表、或周期性干旱（荒漠河流）牵制的地方，就会出现没有植被遮盖的河岸湿地。缺少高等植物的遮阴和高等植物提供的营养竞争，支持了藻类在无机沉积物上的生长，且生产力可能很高，至少在一定时期如此。

高海拔或抬高的地下水位可能阻碍树木生长，但可使草地或草本植被在河岸湿地发育。山坡沼泽泉水（helokrenes）能结合并形成规模远超于溪流河道泛洪时的广阔沼泽湿地，因此，要区别“河岸”湿地与“普通”湿地很难。

森林河岸湿地的树种适应了周期性或永久性土壤浸水。它们是溪流系统有机碳输入的重要来源。大型树木通过控制溪流河道与湿地间水和沉积物的流量及路线来形成栖息地结构。树根增加了沉积物的稳定性，隔离了营养并形成栖息地。

四、河岸湿地的类型

河岸湿地的大小和环境特性变化很大。下面，我们根据它们的水文和基质特性列出了最常见的几种类型（图44-2和图44-3）。

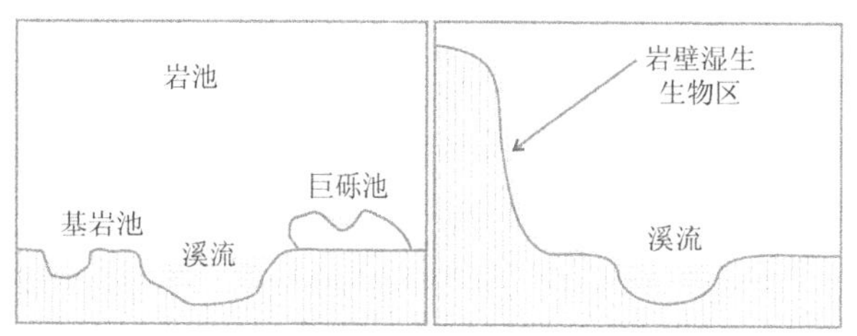

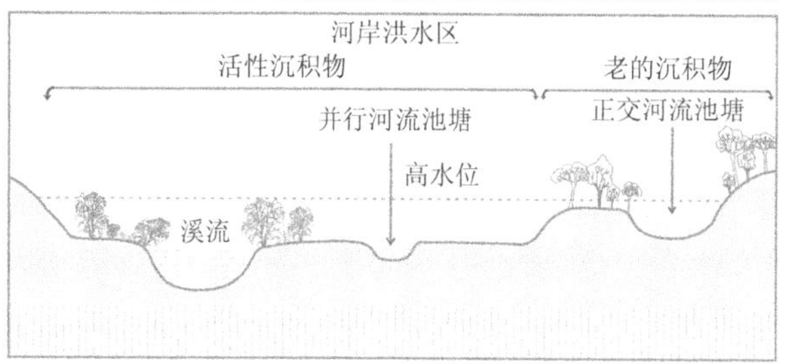

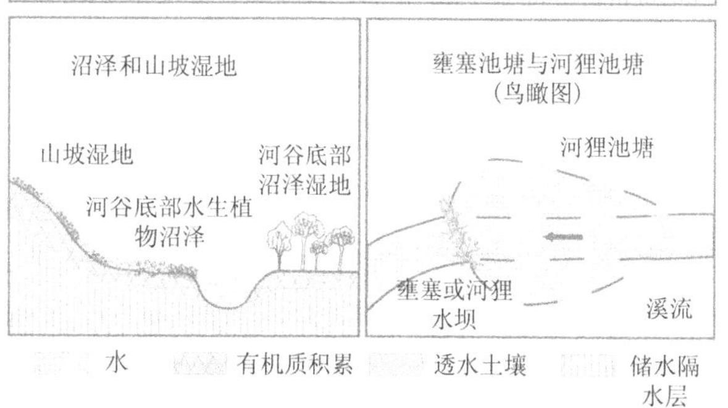

图44-2　河岸湿地类型。

图 44-3 河岸湿地照片［巴西马托格罗索州的泰嫩特阿马拉尔（Tenente Amaral）河］：(a) 具有岩壁湿生生物区的溪流河道（前景）和河漫滩森林（背景），(b) 刻入砂岩基岩的岩池，(c) 许多水生无脊椎动物类群定居的湿润有机土壤。凋落物已移除。图片由 K. M. Wantzen 提供。

1. 岩壁湿生生物区

在那些地下水流出至岩石性地表的地方，岩壁湿生生物区得到了发展。在这样的薄水层中，藻类生长旺盛，而无脊椎动物群（主要是水生蛾类、蚊类和其他双翅目昆虫）多样性高但研究并不多。岩壁湿生生物区的生物群需要适应恶劣的环境条件，如周期性的冰冻和地表干旱。

2. 岩池

许多溪流流经基岩或大石块，这些石头有着填充洪水与雨水的水沟。定植于这些水池的生物群则必须适应于时间相对短的水分填充时间、较高的水温和太阳辐射。藻类生产力高，捕食压力低（至少在充水初期），这吸引了很多无脊椎食草动物来定植。

3. 并行和正交河流池塘

在冲击溪流河漫滩中，永久或暂时池塘开发从河的动力学来讲，要么处于流水河槽（并行池塘）中，要么在河岸带（正交河流池塘）中。它们都得到地表水和地下水的供给。在粗颗粒沉积物中，位于溪流河道的任一边。而在细颗粒沉积物中（包括有机土壤），地下水的贡献更为重要，这些水池通常呈褐色，含溶解有机质（胡敏酸和黄色物质）。并行和正交河流池塘对河岸廊道总物种丰富度的贡献并不成比例。

4. 河岸泛洪区

即使没有类似盆地的结构存在，不论何种沉积物类型，洪水事件都能在溪流两边创造出湿润的区域。湿润区的延伸性和永久性取决于河谷类型、沉积物孔隙度和可能的来自支流的地下水逆流。在具有厚有机层的临时性洪水森林以及岸边的拦砂坝中，湿润环境可能维持足够长的时间，可连接两次洪水事件的间隙，因此许多水生生物，如蚊类和其他水生型昆虫可以在这些半水生生境中完成它们的幼虫发育。

5. 河岸溪谷湿地

沼泽出现在那些全年大部分时间受土壤浸水的地方。沉积物缺少氧气使得有机质得以积累并选择特殊适应性的树种和草本植物，如促进通气的根。这些植被包括水生植物或树木。由于遮阴作用和有机质分解对氧气的消耗，一些河岸湿地对依赖溶解氧的水生后生生物来说是非常糟糕的环境。一些树木，如澳大利亚橡胶树（*Melaleuca* sp.）脱落的树皮能释放出一些次生化合物影响生物群。

6. 山坡湿地

地区隔水层从溪流横向延伸的地方，河岸沼泽可以合并到山坡湿地中，且水位远高于洪水期。由于这些生态系统的持续水淹条件，未分解的植物材料发育成黑色的有机土壤层。在这些土壤中的缺氧条件有利于反硝化作用，因此氮气有可能成为植物生长的限制因子。在这些栖息地中，找到从动物蛋白中补充氮的肉食植物（茅膏菜科、狸藻科、瓶子草科）是非常容易的。在排水条件更好的地方，木本植物可侵入这些天然草地。松软的土壤质地及斜坡使得这些位置的生态系统极易受到河水的侵蚀。

7. 壅塞池塘与河狸池塘

河边倒木是随机事件，但却对溪流系统的水力学产生了重大影响。在河岸湿地中，许多树种为软木质的，林木有较高的动态性。倒下的木头阻塞了水流，形成一个累积细微颗粒物的水坝。这些天然的蓄水库通常向远处延伸至河岸带。

在北美和欧亚大陆，河狸（*Castor* sp.）建造的水坝能显著改变整个河源排水网络的水文和生物地球化学特征。毛皮贸易导致河狸的区域性灭绝。在明尼苏达的一个半岛重新引入河狸，数十年后，大部分地区又转变成湿地，使得土壤养分含量成倍增长。河狸的活动极大增强了依赖湿地物种的生物多样性。河狸增加了区域生境的异质性，因为当食物消耗殆尽时，它们通常会放弃该蓄水区转而重新再造一个，因此在植被演化的变化阶段斑块是不断移动的镶嵌体。

五、河岸湿地的典型生物群和生物多样性

在好几个流域中，河岸湿地生境对生物多样性

保护的重要性已经得到很好的证明。相比相邻高地，河岸区可供植物和动物利用的水一般更多一些。这在有明显旱季的地区特别重要，缺水则会影响植物的生长。动植物的多度（abundance）和丰度（richness）比临近高地要大，因为它们与临近高地和水生生态系统有类似特征，且庇护了一系列特有河岸物种。由于河岸生态系统的物种丰度和空间分布，其对总的生物多样性构成的相对贡献远超于它们所占景观的比例。

除了海狸，其他一些生物群也扮演着“生态工程师”的角色，创造和改善着河岸湿地。非洲河马的活动加深了池塘并形成一些小水道而增加了积水区域。几头鳄鱼可维持水道的开放性。挖掘类哺乳动物如淡水蟹，以及类似蝼蛄的昆虫增加了河岸土壤孔隙空间，并增强了湿地和溪流通道之间的水交换。类似的大孔隙也会由结垢的树根形成。植物也强烈地影响河岸湿地的生境特点，或主动受到土壤、水分和光照条件的影响，或者被动通过倒木或有机碎屑坝而改变的水力条件而影响。

典型的湿地物种是会适应栖息地的两栖特点的。它们要么是能适应于干湿条件的永久性湿地居民，要么是在干燥或潮湿阶段暂时在湿地拓殖。有很多动物暂时定居在河岸湿地中，尤其是无尾目动物、蛇、龟、浣熊、水獭和许多小型哺乳动物，如麝鼠、田鼠和鼩鼱。水生昆虫已发展出对周期性干旱的特殊适应性，例如，具有短的幼虫阶段或抗旱性。许多鸟类从水生环境提供的丰富食物中获益，如河乌、翠鸟、鹡鸰、鸣鸟和秧鸡等。来自陆地生态系统的周期性定居者包括蝙蝠、麋鹿、驼鹿及一些肉食性哺乳动物和鸟类。许多水生物种如鱼类和水生无脊椎动物会周期性地拓殖于河岸湿地。河岸湿地生物群属于受威胁最严重的物种，因为它们会受到来自陆地和水生生态系统的双重影响，许多河岸物种已濒临灭绝。如果生态工程师或关键种如顶级捕食者灭绝，影响特别大。美国黄石国家公园狼的灭绝造成麋鹿种群增加，从而导致河岸阔叶树木遭到过度啃牧。

六、河岸湿地的生态服务

河岸湿地具有溪流与集水区周围陆地生态系统的内在联系。然而，在世界的许多地方，河岸带仅保留着供野生生物生活的湿地和木本生境的残迹。它们被集约化利用区域所包围，或用于农业，或用于城市化。河岸湿地提供生态服务的作用随着这些边界生态系统的退化而出现相同程度的减弱。然而，即使在退化的景观中，河岸湿地生态系统的有利影响也异乎寻常的高。对人类来说，河岸湿地的健康至关重要，因其可作为过滤器和营养衰减器（attenuator）来保护水质，使其可供饮用、渔业生产和休闲。

1. 营养缓冲

河岸湿地是细颗粒沉积物和有机物的天然阱（trap），但是它们在一年中的不同时间可能会从营养汇变为营养源，这取决于水位的高低。颗粒态营养物，如正磷酸离子，在洪水泛滥期可能会在河岸湿地沉积并积累于此。这可能会增加磷酸盐的数量，并在之后的洪水事件中释放出磷酸盐。因此，在农业景观中人工湿地磷滞留的工艺计划包括阻止颗粒物从湿地释放的水力设计，例如，沿溪流提供持续的、足够宽阔的湿地缓冲带。

对于去除洪水和横向地下水的氮输入，河岸湿地也是非常有效的。一般不难理解的是，水流（地下水和地表水）速度越慢，硝酸盐吸收率越高。然而，沉积物中准确的流动通道必须得到考虑。在缺氧的土壤中，还原和反硝化过程将无机氮转化为氮气然后释放到大气中。缺氧土壤中一旦硝酸盐被完全还原，硫酸盐也将减少。在有机物好氧腐烂中，氮也可通过细菌生长和（或）酚类物质裂解的缩合反应而被固定。生长于河岸湿地的水生植物和树木可将矿化氮形态结合为自身的生物量，这是一种很高效的脱氮方式。它们可以代表河岸生态系统最重要的氮汇。一些河岸湿地植物［如桤木（*Alnus* sp.）和一些豆科树木］具有与根相关的共生细菌，这种根在土壤氮稀少时可固定大气中的氮。因此，并不是所有的河岸湿地都是专性除氮的。

2. 碳循环

像其他湿地一样，河岸湿地在流域碳循环中也起着重要作用。它们积累大量的粗颗粒有机物（CPOM），同时向溪流中释放溶解有机物，向大气中释放气态碳化合物（图 44-1）。

在北方地区，春季融雪径流贡献了一半以上的年度总有机碳（TOC）输出。河岸湿地区域越大，TOC输出量也就越大。另一方面，河岸湿地从周围森林凋落物淋渗液接受大量可溶碳，在叶片凋落期尤其如此。这些淋渗液可作为磷和其他营养物以及不稳定碳化合物的重要来源。这些物质提高了异养微生物（细菌和真菌）的活性。

春季融雪也会携带大量的细颗粒有机物（POM）。河岸湿地所提供的地表结构，不断积聚这些颗粒物（如水生植物），并提高食碎屑者的生产量。额外的POM是由河岸的树木产生的。凋落物生产量随纬度减少具有增加的趋势（在森林中如此），叠加于河岸湿地中因浸水而产生的物种特异性生产力和生理学限制之上。在这里，周期性泛洪湿地的凋落物生产量要高于永久性泛洪湿地。根据土壤中的氧含量、叶片的化学成分、食碎屑者活性，“叶泥炭”致密层或多或少能在沉积物中积累起来。有机质的存量可通过未分解的树木和树皮而增加。河岸湿地水位降低导致碳储量的矿化增加，并增强二氧化碳的释放。

3. 水文缓冲和当地气候

河岸湿地具有平衡水文收支的效果。河岸植被在洪水泛滥期间消散了地表水流的动能。河岸湿地蓄积雨水并在两次暴雨间期逐渐释放至溪流河道或蓄水层中。此外，它们也是蓄水层补给的重要区域。为了提供饮水，目前的一些修复方案尝试增加河岸湿地的这种补给效果以稳定地下水储存。

河岸湿地的树木和大型水生植物对蒸散以及局域和区域的气候条件起到了很大的作用。水汽释放的速率取决于植物功能群，这需要考虑流域尺度的水分收支。

4. 迁移物种的走廊功能

河岸湿地代表着生态廊道与台阶的网络。在集约化农业区，它们可被视为“绿色静脉”，维持着孤立的森林斑块之间的接触和基因流。河岸湿地提供遮阴、均衡的气温和湿度、避难所、休息处、食物和水的供应，满足了大量两栖动物，爬行动物，鸟类和哺乳动物的需求。这些功能不仅利用纵向连接，而且还可进行横向迁移，从而到达下一个走廊。此外，远距离迁徙的鸟类利用河岸带的绿色廊道，一般作为迁徙的地标。河岸走廊网络也促进非本地物种的迁移。在美国的一些河岸带，其丰度比高地多1/3，非本地植物物种的平均数和覆盖度比高地高出50%以上。

5. 河岸生物群的避难所和觅食场所

在洪水、干旱和冰冻期间，以及在河道发生污染事故期间，相连的河岸湿地栖息地成为河岸动物的避难所。在极端情况下，从湿地残留的种群可能有助于去动物区系（defaunated）的溪流河段的重新拓殖。河岸湿地也是上游地区和上坡地区的种子阱和储存点。种子库包含的繁殖体，代表了具有大范围的水分耐受、各种寿命和生长方式的植物。这些种子在泛洪期也可能移动和随水运输。

河岸湿地提供了各种各样的食物来源。相互连接的湿地水体“搜寻”着细有机颗粒，包括来自溪流水体的漂流藻类，它们接受从空中和横向输入的植被，它们有一个合适的初级生产力，这主要得益于周围环境的养分输入和储存的增加。据了解，许多河流鱼类和无脊椎动物主动向河岸湿地迁移，以便得到陆地资源在洪水期间所提供的好处。类似于大型河流河漫滩中鱼类的“洪水脉冲优势”，暂时拓殖到河岸湿地的溪流生物群比那些一直留在河道中的生物群有更好的生长条件。例如，美国缅因州河岸莎草草地的大型无脊椎动物群落在春季 2 个月内由食碎屑的蜉蝣幼虫占优势（超过 80%的无脊椎动物生物量）。幼虫利用河道作为避难所，并利用河岸湿地作为觅食场所，它们超过 80%的生长阶段都在此度过。

6. 水生和陆生生态系统之间的互补

许多水生物种可得到陆地生产的好处，反之亦然。除了叶片凋落物，大量的果实、花、种子，以及昆虫和粪便从树木冠层落入溪流中，这代表了生物群重要的能量和营养源。在亚马孙低阶雨林溪流中，陆生无脊椎动物组成大部分鱼类肠道内容物的主要成分。果实和种子是生长于中阶和高阶河流鱼类的首选食物。河岸湿地增加了这个主动交换带的面积，它们保留这些富能的资源比单独溪流库中维持的时间要长。

水生有机体同样对陆地食物网有贡献。例如，我们知道蝙蝠以河岸湿地所出现的次级生产者昆虫为食，而河滨带包含了大量的陆生捕食者，如蜘蛛、虎甲和河蜥。在试验中，通过中断它们之间的这些联系（如用温室薄膜覆盖所有溪流）进行研究，结果表明，河岸生境的改变可能减少河道与河岸带之间的能量转移。

7. 休闲

溪流附近的声音、温和的气候以及迷人的动植物物种出现，使得河岸湿地极具娱乐用途，如徒步旅行、观鸟或冥思。这些活动可以同“河道内”的休闲活动，如皮划艇、漂流或垂钓等结合起来，代表着有经济价值的生态系统服务，应该被纳入管理和保护计划中。

七、保护

在世界很多地区，水变得越来越稀少。水开采降低了地下水位，但河岸湿地存在的先决条件是高而稳定的地下水位。除了直接的水位下降，有关气候变化预测还包括其他一些威胁。径流模式随机性的增加，以及冬季融雪洪水的减少，严重威胁了河岸湿地的存在。在早期，溪流和河流的河岸带就受到人类追捧。高生产力、可靠的水供给和稳定的气候使得这些生态系统适合多种类型的人类利用，如树木采伐、狩猎、水产养殖和农业。在集约化农业区，包括湿地的河岸带已经缩至窄条带或完全消失。另外，生态系统服务对于恢复和扩大河岸湿地来说是非常好的社会经济参数。

对于保护规划来说，非常重要的是，要记住河岸湿地是非常多样的，具有典型的区域性特征。另外，整个河岸带是非常动态的。许多树种的寿命都相对比较短，能很好地适应河漫滩的形态或湿地水文的变化。可变水文模式的存在是每年不同的植物和动物群落共存的先决条件。通常情况下，大尺度项目恢复的河岸带包括那些根据单一模型而不考虑生境和物种多样性的动态变化的湿地。如果上游区的大型洪水事件被大坝排除，那么自然栖息地动态将受到阻碍，植被将朝着没有先锋植被的晚期演替阶段发展，同时耐湿性范围减小。一些研究证明，一旦水文波动因水位管理而减少，外来物种可以更有效地侵入河谷。

尽管许多动物物种完全依赖于湿地的特殊生境条件，然而大部分河岸两栖类和爬行类迁移到水生-陆地生态交错带的干燥地带，度过它们的生命周期的一部分。这使得它们容易受到相邻生态系统的影响而增加死亡率，如果这些地区已转化成农业或城市用地则更是如此。因此，需要考虑这些物种的活动范围设立缓冲带来充分保护这些物种。

参考章节：河漫滩；河流与溪流：生态系统动态与整合范式；河流与溪流：物理条件与适应生物群。

课外阅读

Ilhardt BL，Verry ES，and Palik BJ（2000）Defining riparian areas. In：Verry ES，Hornbeck JW，and Dolloff CA（eds.）*Riparian Management in Forests of the Continental Eastern United States*，pp. 23-42. Boca Raton，London，New York，Washington，DC：Lewis Publishers.

Junk WJ and Wantzen KM（2004）The flood pulse concept：New aspects，approaches，and applications An update. In：Welcomme RL and Petr T（eds.）*Proceedings of the Second International Symposium on the Management of Large Rivers for Fisheries*，vol. 2，pp. 117-149. Bangkok：FAO Regional Office for Asia and the Pacific.

Lachavanne J B and Juge R（eds.）（1997）*Man and the Biosphere Series，Vol. 18：Biodiversity in Land Inland Water Ecotones.* Paris：UNESCO and The Parthenon Publishing Group.

McCormick JF（1979）A summary of the national riparian symposium. In：U.S. Department of Agriculture，Forest Service（ed.）*General Technical Report WO 12 Strategies for Protection and Management of Floodplain Wetlands and Other Riparian Ecosystems*，pp. 362-363 pp. Washington，DC：US Department of Agriculture，Forest Service.

Mitsch WJ and Gosselink JG（2000）*Wetlands*，3rd edn. New York：Chichester，Weinheim，Brisbane，Singapore Toronto：Wiley.

Naiman RJ，Décamps H，and McClain ME（2005）*Riparia Ecology，Conservation，and Management of Streamside Communities.* Amsterdam：Elsevier.

Peterjohn WT and Correll DL（1984）Nutrient dynamics in an agricultural watershed：Observations on the role of a riparian watershed. *Ecology* 65：1466-1475.

Verry ES，Hornbeck JW，and Dolloff CA（eds.）（2000）*Riparian Management in Forests of the Continental Eastern United States.* Boca Raton，London，New York，Washington，DC：Lewis Publishers.

Wantzen KM，Yule C，Tockner K，and Junk WJ（2006）Riparian wetlands. In：Dudgeon D（ed.）*Tropical Stream Ecology*，pp. 199-217. Amsterdam：Elsevier.

第四十五章

河流与溪流：生态系统动态与整合范式

K W Cummins，M A Wilzbach

一、前言

业界科学家、流域管理者以及保护生物学家们都认为，顺应生态系统的角度看待溪流与河流是最高效的方法。物理-化学过程与生物过程的整合，基本上替代了在流水管理与恢复过程中所采用的单物理因子或单物种方法，其中的生物过程就是生态系统研究。在接下来的讨论中，能量通量与流水生态系统（lotic ecosystems）中物质进入、通过与输出被看作是被整合范式（理论模型）所包含的基础过程，目前构成了调查溪流、河流的结构与功能的基础。

二、能量通量

1. 能量来源

溪流与河流几乎完全由两个能量来源驱动：①为溪流中的水生植物（初级生产力）提供生长动力的阳光；②来自溪流边（河岸）植被的凋落物。这两个能量驱动因子在本质上是成反比关系的。溪流/河流河道上覆植物越密集，凋落物的输入就越高，阳光进入水体的限制就越多，进而限制了溪流中藻类与维管植物的生长。与非纤维状藻类不同，溪流、河流中很少有消费者能够利用大型水生植物、纤维状藻类或带有根维管植物。当然，这些大型水生植物死亡后成为碎屑将能量传递给消费者。溪流与河流系统中，大部分能量传递途径是从水生植物生长到消费者的系统被称为自养型系统。而那些能量传递被碎屑途径占据的系统被称为异养型系统。就如同“河流连续统概念”（RCC）中所提到的，这两种能量来源的相对比重会随着水流规模的大小而改变。森林流域的小型水流一般由碎屑能量来源主导，而更宽广的中型水流则由水生植物生长主导能量来源，更大型的河流的能量来源则取决于上游辅助网络的有机质（OM）输入。

能量通量的模型描述了能量在不同营养级的动植物间的传递，是 Lindeman 在 1940 年早提出来的，自此以后该模型或多或少成为了流动水域能量通量调查研究的基础。这些研究更多以能量收支的形式频繁出现，主要记录了一个给定生态系统（图 45-1）或生物种群（图 45-2）或系统中群落的能量摄入与支出。在鉴定能量的来源、程度与归属中，OM 收支非常有用，提供了深入了解河流系统内部动态的洞见。在系统水平，输入包括了自养型产量加来自周围陆地环境（外来的）的能量，这是由各种物理载体所带来的。输出包括群落呼吸与向下游运输时的损失。在给定时间间隔内保留在一个河段的能量被称为储能。比较不同营养层级之内或之间的能量通量通常以卡路里平衡来表达生物量。动物的摄入、排泄与生长（生物量增加）都用生物量的形式来度量。呼吸（代谢）很容易通过氧卡当量（oxy-calorific equivalent）转化为卡路里的消耗。将淡水生物的生物质量转化为卡路里形式的表格是有的。

2. 取食角色与食物网

对水底大型无脊椎动物的摄食研究显示，大部分类群从食物摄取来看都是杂食性的。例如，一种被称为“碎食者”的无脊椎动物主要咀嚼河边的凋落物，不仅能消化叶片组织和相应的微生物（如真菌、细菌、原生动物和小型节肢动物），还能摄入黏附在叶片表面的硅藻和其他藻类，以及非常小的大型无脊椎动物（如一龄摇蚊幼虫）。因此，营养级分析并不适合于流域大型无脊椎动物的简单营养分类。

另一个分类方法最初由 Cummins 在 1970 年早期所描述的，涉及对溪流/河流无脊椎动物摄食的功能性分析。该方法主要基于结合食物摄取的形态学与行为学机制，这是无脊椎动物及它们能在运动水流中所找到食物的 4 种基本类型（图 45-3）。可用的营养资源分类与无脊椎动物相对多度之间呈现直接的对应关系，可适应有效获取所给的食物资源。可指定五种无脊椎动物功能摄食类群（FFG）。这包括碎食者、滤食收集者、采食收集者、刮食者以及肉食者。根据食物颗粒大小与种类，流动水体中的食物可分为 4 种：①粗粒有机质（CPOM），主要指河滨凋落物，受制于溪流中的微生物群落；②细粒有机质（FPOM），一般是粒径小于 1mm 的微粒，大部分来自于 CPOM 的物理或生物分解，其表面大多被微生物附着；③周丛生物（periphyton），指的是紧紧附着的合生藻类及相应的有机物质；④猎物，指的是足够小的无脊椎动物种类或幼虫/蛹期，由于太小，

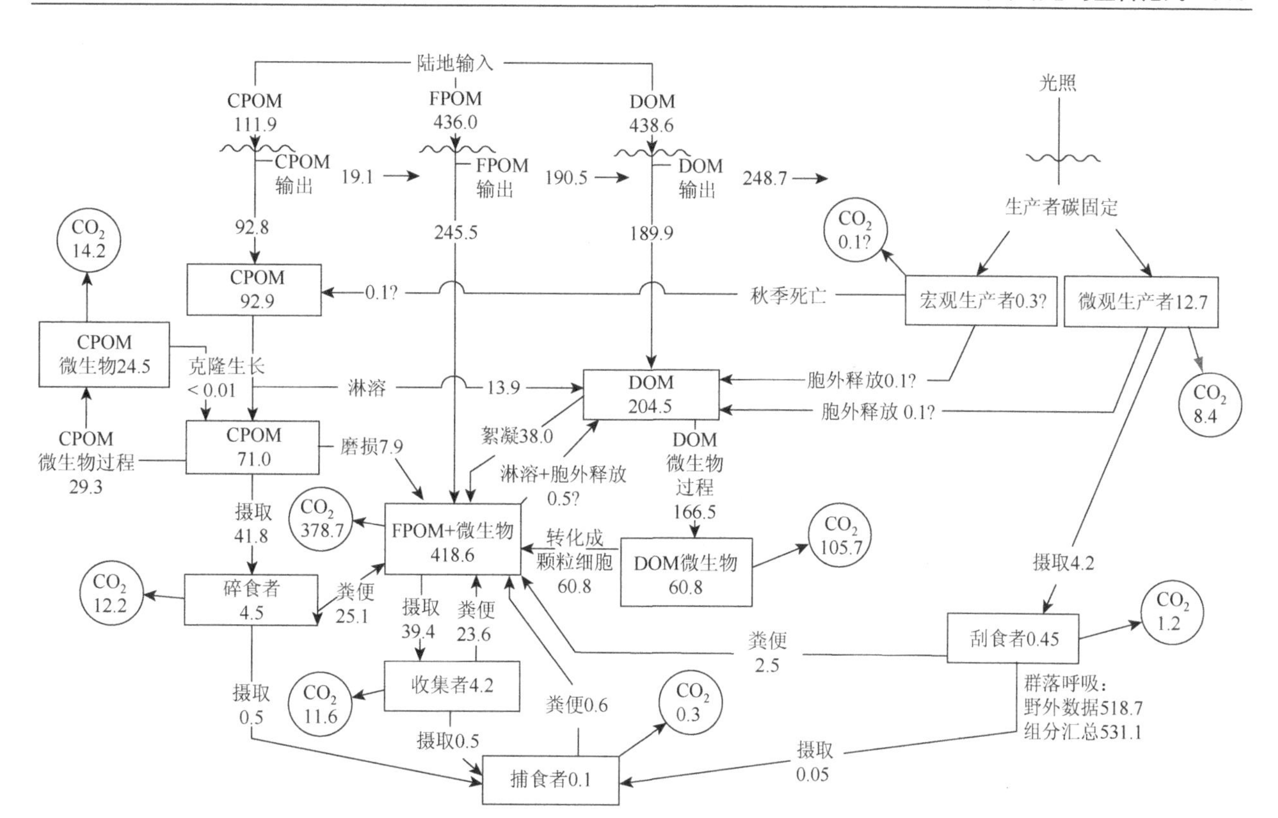

图 45-1　一个小型林地溪流生态系统的能量收支示例[美国密歇根奥古斯塔河（Augusta Creek）流域]。所有值都是不含灰分的干物质的克数[g/(m²·a)]。方框表示有机质池的各种状态；箭头表示传递，圆圈表示有机质的呼吸消耗。摘自 Saunders GW et al. (1980) In：LeCren ED and McConnell RH（eds.）The Functioning of Freshwater Ecosystems. Great Britain：Cambridge University Press。

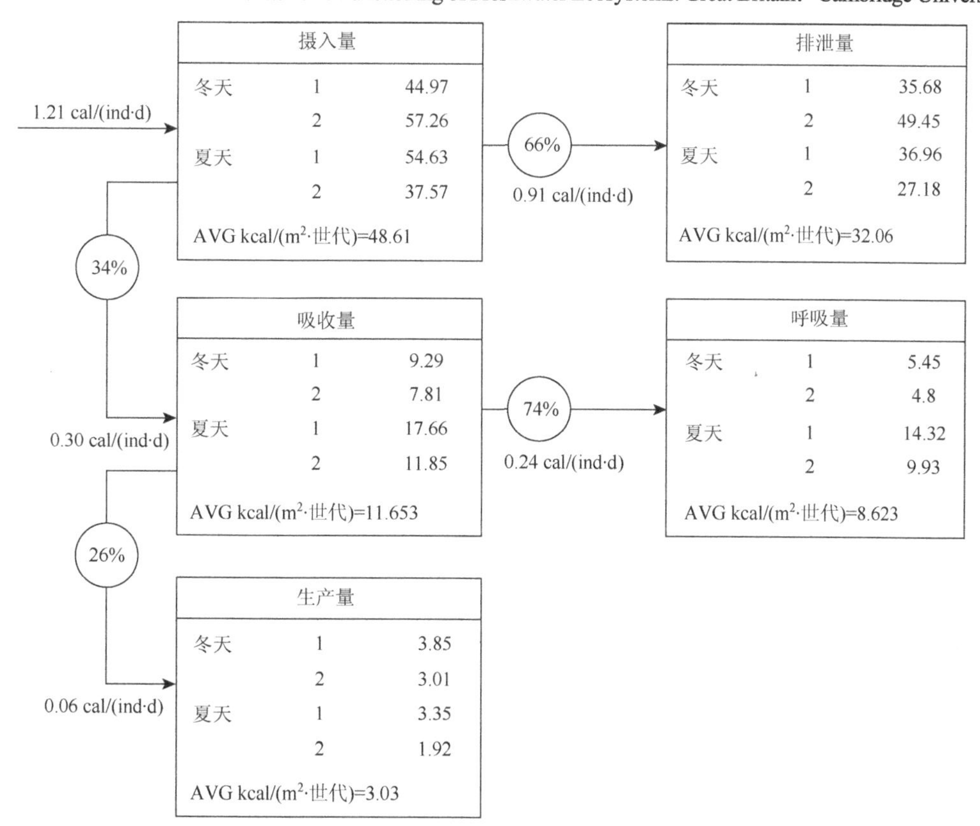

图 45-2　在美国密西根奥古斯塔河（Augusta Creek）对一种溪流无脊椎动物（毛翅目的 *Glossosoma nigrior*）种群进行了超过 2 年的研究，这是所获得的能量收支示例。该收支是基于对摄入、生产和呼吸的独立测量。改编自 Cummins KW（1975）Macroinvertebrates. In：Whitton BA（ed.）*River Ecology*. Berkeley：University of California Press。

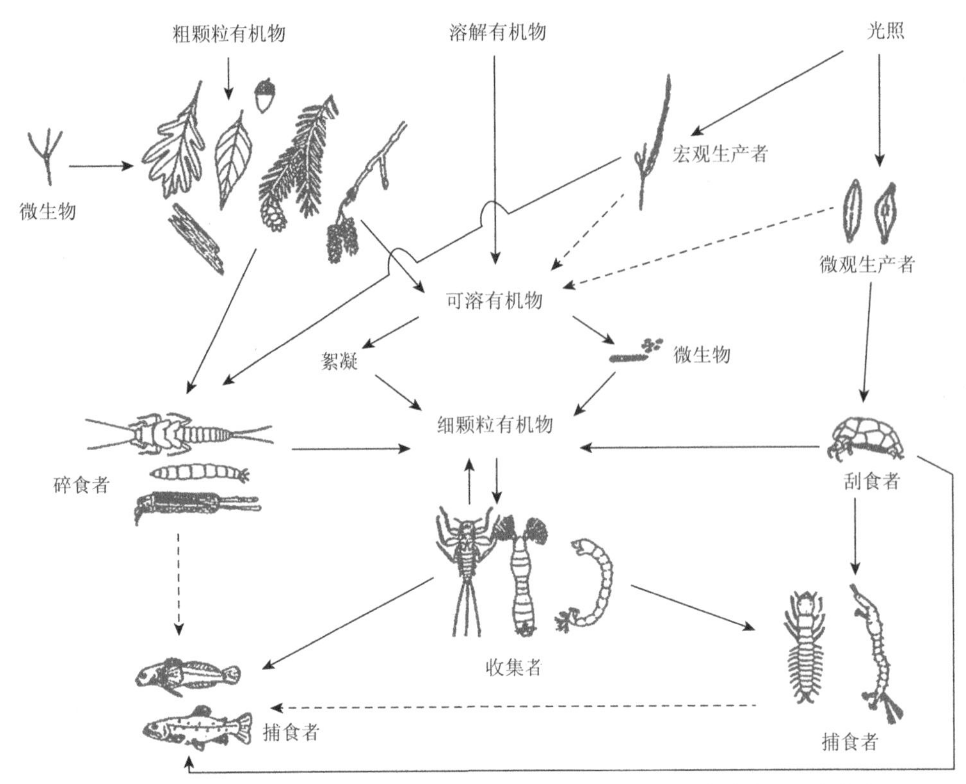

图 45-3 一个小型森林溪流生态系统中无脊椎动物功能摄食类群的概念模型及其食物资源。改编自 Cummins KW（1974）Structure and function of stream ecosystems. *Bioscience*24：631-641。

可被无脊椎动物捕食者所捕获并消耗。随着基础食物资源变化而产生的相对供应量，适应于特定资源分类的淡水无脊椎动物 FFG 的相应比例也会出现协同变化。

每个 FFG 都会出现专性或兼性成员。它们可能是不同的物种，或者是某个物种在生命周期中的某个生长期的不同阶段。例如，很可能大多数水生昆虫，包括捕食者，在一龄期从卵新孵化出来时就是兼性采食收集者。专性形式让无脊椎动物与其食物资源类别之间呈现出如此的关联性。专性与兼性状态之间的区别最好用效率能来描述，也就是所指定无脊椎生物将资源转化为生长的能力，这意味着对于给定的资源（如 conditioned 叶片凋落物）来说，专性模式比兼性模式的消费效率更高。例如，取食植物凋落物的碎食者会消耗富含真菌的叶片基质，而刮食者只能磨出很少营养的叶片表皮。以特定食物资源类别为食的专性模式的高效率，与兼性模式具有广泛的食物类型消耗而效率低下相比形成鲜明对比。相同的形态-行为学（morpho-behavioral）机制能够产生多种范围的食物摄取，包括植食性（消费活植物）、腐食性（消费死亡有机质）或肉食性（消费活体动物）等吸收。

尽管食物类型的摄入在不同季节、不同栖息地、不同生长阶段是不断变化的，但是在食物获取机制的限制在进化过程中就已经形成，相对食物摄入而言，这些是固定的。让水生昆虫获取给定食物资源种类的形态学结构在不同类群间呈现出显著的相似性。这种收敛性或平行进化是 FFG 分类方法的核心。例如，26 北美石蛾科（Trichoptera）的幼虫分布在四种主要的非捕食性 FFG 中。进化程度不高的蜉蝣（Ephemeroptera）与石蝇（Plecoptera）适应于更少的食物资源分类（表 45-1）。

表 45-1 流水生态系统中底栖大型无脊椎动物一些代表性类群的分科数量和功能群分配

分类	所含科数	主导功能性饮食群体的科数量					
		碎食者	刮食者	滤食收集者	采食收集者	肉食者	丝状藻钻孔者
蜉蝣目	21		2	5	10	4	
襀翅目	9	6				3	
毛翅目	26	5	8	6	4	2	1

FFG 过程的优势在于它并不需要无脊椎动物的详细分类区分。FFG 分类方法广泛且易辨识的特点，更适用于野外活样本。这种区分通常建立在科的等级或之上的系统性区分，并打断了生物分类线（taxonomic line）。例如，两组有外壳支撑的石蛾（Trichoptera）幼虫就足以区分 FFG 类别，有效性在 90%以上。会建造矿物质外壳的 Trichoptera 所有的科，或科中的属都是刮食者。而建造有机物外壳的是碎食者。

考虑到FFG与食物资源类别之间的耦合关系，不同组的比例可以作为生态系统参数的替代物。例如，与溪流初级生产（刮食者加上那些可能会收获活体植物组织的碎食者）相关联的功能群，与依靠CPOM和FPOM异养食物资源（食碎屑物质的碎食者加上采食和滤食收集者）的类群之间的比值，提供了指数，用于评价流水生态系统中自养与异养的比例。如果直接进行度量，生态系统中自养与异养的比例为1表明这是一个自养系统。在该类自养型溪流/河流系统中所测定的替代FFG比例为0.75。

三、物质通量

1. 物质循环与螺旋

静态水体的湖沼学研究一直是是封闭生态系统的概念模型的主导者，其中营养循环呈现季节性且始终处于系统内。而流水系统的非定向流动迫使将这种对湖泊封闭循环的认识改变为开放循环模型。也就是说，溪流和河流中的开放营养循环遵循的是一个螺旋模式，其中在溪流或河流的某处产生（或传递）的营养在下游的另一个地点完成循环变回初始状态（图45-4）。而总螺旋长度表示一个元素从无机溶质到被生物相吸收所经历的距离总和，再加上在生物相内旅行并释放回水体的距离。如果诸如氮或磷等营养物质循环速度较快，那么这些螺旋就比较“紧密”，也就是说下游完成循环时间很短。如果这个循环较慢，那么该循环的结束点就在更长距离的下游，螺旋就更加松散。螺旋循环越紧密，溪流或河流的维持力（或保存力）就越强。

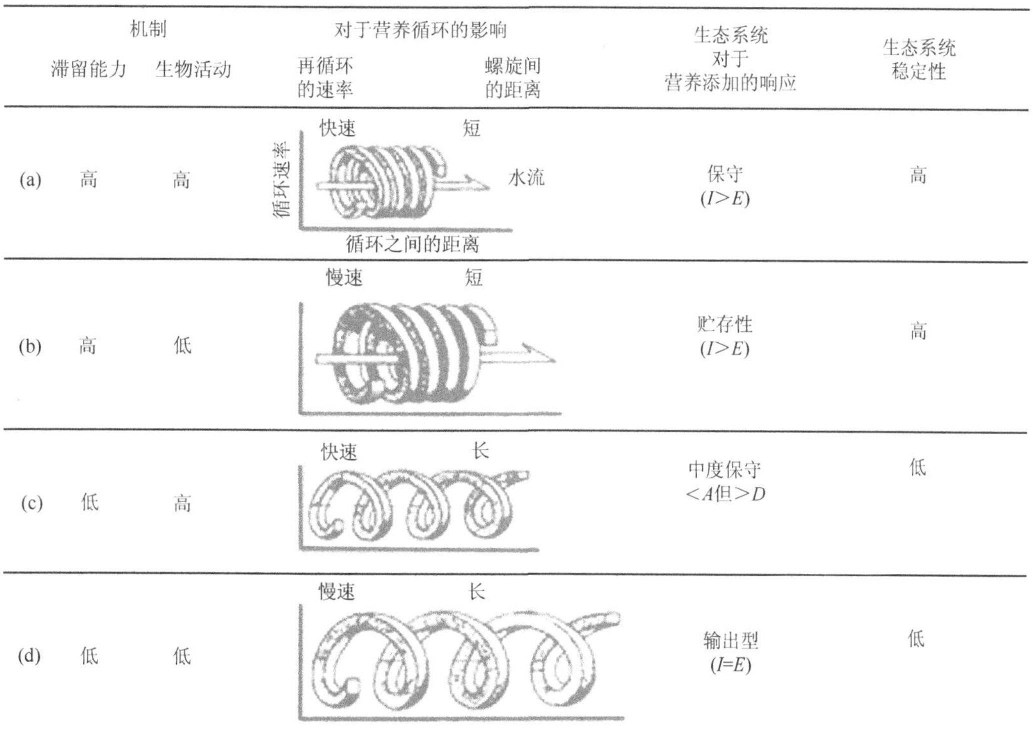

	机制		对于营养循环的影响		生态系统对于营养添加的响应	生态系统稳定性
	滞留能力	生物活动	再循环的速率	螺旋间的距离		
(a)	高	高	快速	短	保守 ($I>E$)	高
(b)	高	低	慢速	短	贮存性 ($I>E$)	高
(c)	低	高	快速	长	中度保守 $<A$但$>D$	低
(d)	低	低	慢速	长	输出型 ($I=E$)	低

图45-4　营养螺旋可被描述为下游移动距离（速度×时间）与生物活动度量（例底栖微生物的代谢）之间不同作用所产生的效应。改编自Minshall GW，Petersen RC，Cummins KW，et al.（1983）Interbiome comparison of stream ecosystem dynamics. *Ecological Monographs* 53：1-25。

2. 有机物质的运输与储存

在流水生态系统中，有机物质的运输与储存涉及以下几个因素见复杂的相互作用：①有机物质的状态；②有机物质的来源；③指定溪流或河流的物理、化学与生物滞留潜力（retention potential）。

3. 有机物质的状态

有机物质主要分为三大类：溶解性有机物（DOM，粒径＜0.45mm），细颗粒有机物（FPOM，粒径在0.45～1mm），粗颗粒有机物（CPOM，粒径＞1mm）。其中FPOM颗粒的表面通常被细菌所附着，CPOM的表面被真菌、细菌以及能够穿透物质基质的微生物（microzoan）所占据。水生真菌丝孢菌通常首先穿透CPOM的外叶与针状凋落物。细菌与微生物跟随真菌菌丝的轨迹进入CPOM的基质。溶解状态的有机物（DOM）包含了大范围的分子，从简单易分解的诸如糖类或氨基酸到复杂稳定的化合物如酚类物质。

4. 有机物质的来源

溪流（0～5 阶）中有机物质的主要来源是河岸带。溪流边界上的植物产生的凋落物（如叶片、针叶、花蕾和花鳞片、种子和果实、小木与树皮等）都会季节性进入，取决于落叶或常绿植物物种之间的相对比例。有机物质的其他来源是河岸侵蚀物的溶解或颗粒物、凋落物中沥出的 DOM、渗出物，周丛藻类和维管水生植物的沥出物以及其物理片段或死亡物。

5. 物理、化学以及生物滞留潜力

DOM 的滞留潜力涉及含二价阳离子（如 Ca^{2+}）溶液中有机物质的物理波动，以及其中的细菌与真菌的生物吸收。小分子质量的有机化合物之间的化学反应往往会先于离子之间的物理络合作用。DOM 生物吸收的速率与程度取决于诸如该化合物的不稳定性或者难降解程度、菌群的浓度和组成，以及水温等。这种将 DOM 转化为 FPOM、絮凝以及微生物吸收的机制，是非常重要的生态系统过程。DOM 从溶解态转化为微粒，显著增加了有机物质的滞留。受污的软质溪流与清洁的硬质溪流，其中有机物质的滞留效率是不同的，部分是因为后者拥有更多的生产力。POM 是 DOM 转化而来的，更容易滞留在某一个给定的溪流或河流的河段而进入营养途径。

POM 的滞留是由河道的地形所决定的。大型木质碎屑（LWD）、树枝和裸露的河岸根系、粗糙沉淀物、回流、侧槽和沉淀池都是重要的滞留特征。对于一给定的溪流或河流河段，OM 最主要的来源都是上游的传输。而且，当超过了河岸全流量，物质沉积在上游河岸或河漫滩，OM 才会滞留。当水位跌落时，OM 返还给河道。这些河道外的区域在年循环尺度上是扮演着 OM 的源还是汇呢，取决于上游河岸和河漫滩的结构与洪水的模式。河漫滩通常有一定的肥力，说明它们大多是汇。

四、流水生态学中的整合范式

自 1980 年以来，范式（或者说是概念模型）一直都在发展、改变并整合。RCC 模型作为众多模型中突出的一个，已经在其发展过程中指导了大部分有关流水生态系统的研究。但是，一些其他模型也阐述了流水特定成分的结构和功能，或者提出了其他的广义整合原则。

1. RCC 模型

构建 RCC 的主要目的，是为了检验叠加流域中河道物理条件（模板）的生物适应模式。

RCC 模型将整个从源头到河口的河流系统看作连续的整合物理梯度系统，连同相应生物相的联合调节。RCC 在很多先前的研究中都有踪影，其中许多相关因素都融入到通用的范式中。RCC 作为激流生态系统结构与功能的通用模型，随后的观点与评论都对该模型的现代形式有着重大的影响。该模型主要关注地貌-水文特征的梯度变化，并作为沿完整集水区的基本模板，其中生物群落变得适应并维持下来。该物理模板。以及生物群落对它的适应，都被看作是从溪流源头到河口可预测方式的变化（图 45-5～图 45-7）。有关 RCC 的主要概括涉及打破 OM 供应的季节性空间变化（如海藻/碎屑生物量）、无脊椎动物种群的结构，以及沿排水网络的资源分区（图 45-8）。

图 45-5 美国俄勒冈州喀斯喀特山脉（Cascade Mountains）源头溪流的冬季基流。针叶河岸带提供了部分的冠层郁闭，并为河道供应了大型木质碎屑。

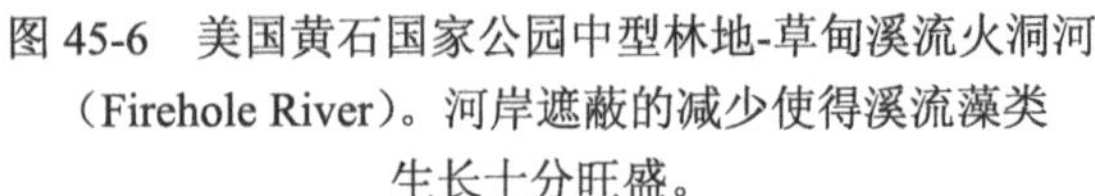

图 45-6 美国黄石国家公园中型林地-草甸溪流火洞河（Firehole River）。河岸遮蔽的减少使得溪流藻类生长十分旺盛。

图 45-7　美国南加州海岸的史密斯河（Smith River）。该高阶河流具有峡谷控制的河道，依赖于上游支流网络的有机物传递。

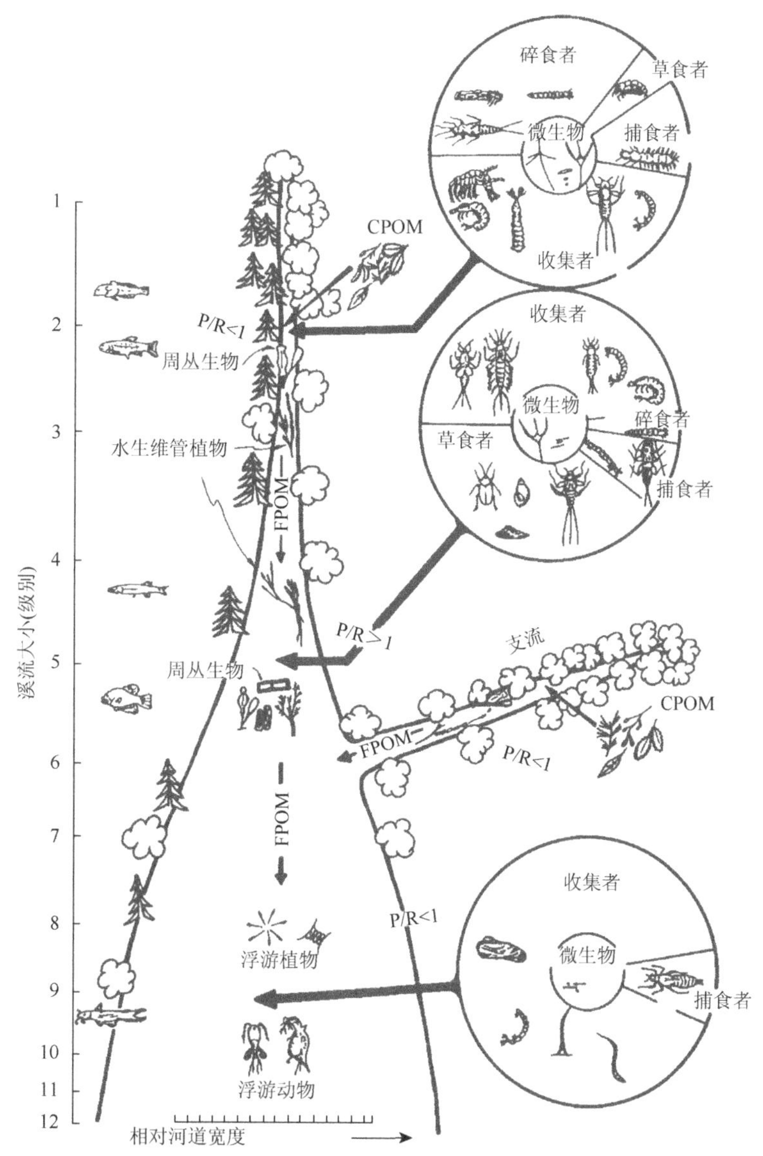

图 45-8　“河流连续统概念”（RCC）。溪流大小（河流等级）与流水生物群落结构和功能属性的渐进变化间的假设关系。非自养型水源与大型河流都以自养型指数为特征，或者说 *P*/*R* 值（总初级生产力与总群落呼吸的比）小于 1（*P*/*R*<1）。大部分中型无遮蔽河流都被划分为自养型的，其 *P*/*R* 值>1。河源的无脊椎动物群落以碎食者与收集者占优势，而中型河流由牧食者（刮食者）和收集者占优势。大型河流由以 FPOM 为食的收集者占优势。鱼类群落结构等级是从河源的食无脊椎动物者（invertivores）到中型河流的食无脊椎动物者与食鱼者（piscivores），再到最大河流的食浮游者（planktivores）以及底部生长的食碎屑者（detritivores）和食无脊椎动物者。摘自 Vannote RL，Minshall GW，Cummins KW，Sedell JR，and Cushing CE（1980）The river continuum concept. *Canadian Journal of Fisheries and Aquatic Sciences* 37：130-137。

RCC 预测，在这个连续统上，生物群落结构的可识别模式与有机物质的输入、利用和存储都是可以观察到的。在水源处（1～3 级河流）由于河岸植被对河道的遮挡产生光限制，抑制了其初级生产力，而在较大的河流（河流分级大于 7 或 8 级别）中，由于溪流/河流网络的下游河段浑浊水柱的光衰减是典型特征，也抑制了初级生产力。河网的累积效应会增加下游溪流/河流方向的营养水平。在中等规模的流动水域（4～6 级河流）中，整个的周丛生物、有根维管植物的生物量，以及昆虫和鱼类多样性都是最高的。这个规模的河流之所以能够承载如此高的生物多样性，是因为可以给消费者提供各种栖息地和食物资源，还因为具有陆生进化起源、占据着河源的有机体（如昆虫），与具有海洋起源、在下游更为普遍（如环节动物或软体动物）的有机体存在重叠范围（图 45-9）。

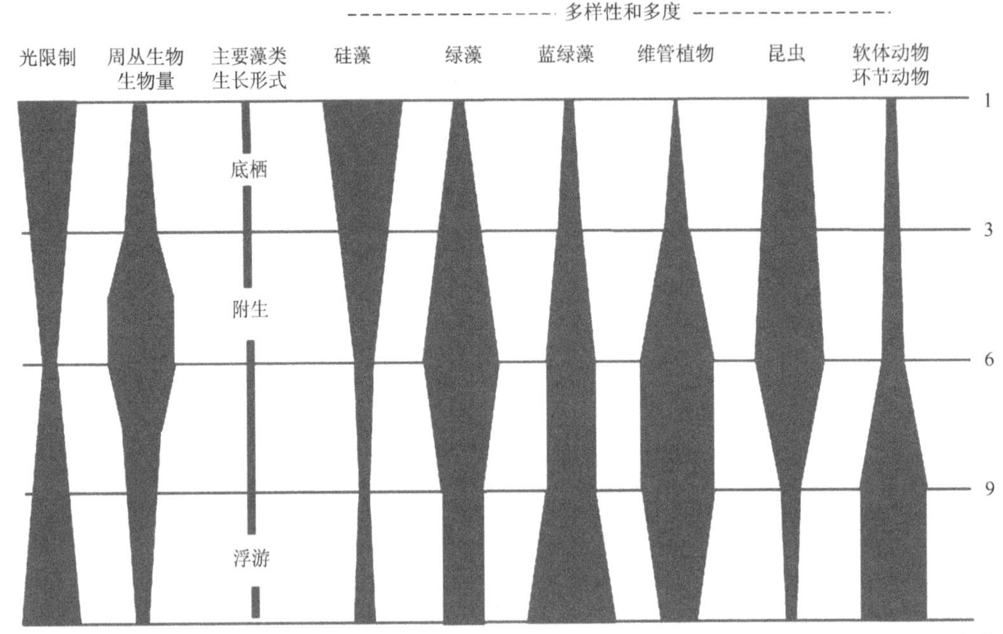

图 45-9 从小型水流到大型河流生物多样性中的分类模式，每个参数以相对尺度进行比较，就是以“河流连续统概念”的预测值进行计算。右边的数字是通用溪流/河流的级别范围。改编自 Cummins KW（1997）Stream ecosystem paradigms. In：CNR – Instituto di Ricerca Sulle Acque. Prospettive di recerca in ecologia delle acque. Roma，Italia。

RCC 模型已被广泛应用于组织原则中，并且成为许多研究的主题，产生了各种针对概念的检验。如同我们所预计的，物理模板的不可预测性程度导致了相应所涵盖生物群落预测性的降低。这种可预测性的缺乏，通常是所参照时空尺度的函数，也可能是因为人为干扰所引入的。例如，在低于 10 年的时间跨度下（所观测的时间周期），系统或多或少会出现一些变化，但是当观察长期变化时（一个世纪或更长时），就被短期的变化所掩盖了。

2. 其他范式

除了 RCC，至少还有 8 种范式继续在指导流水生态系统理论的发展（表 45-2）。这些范式包括：序列不连续性（serial discontinuity）、层次尺度（hierarchical scales）、河岸带影响（riparian zone influences）、洪水脉冲（flood pulse）、潜流动态（hyporheic dynamics）、液压溪流生态学（hydraulic stream ecology）、斑块动态（patch dynamics）和网络动态（network dynamics）。

表 45-2 流水生态系统分析中常用的 8 种范式（理论模型）在最佳应用尺度上的对比

流域或河段尺度		溪流级别或河段长度	RCC	HS	RZI	FPC	HD	HSE	PD	ND
流域	大型	0/1 级至河口	a	a	b	a	c	c	c	b
	中型	0/1 级至 6 级	a	a	b	a	c	c	c	b
	小型	0/1 级至 2～5 级	a	a	a，e	d	c	c	c，a	b
河段	大型	＞1000m	d	a	b	d	a	c	a	c
	中型	100～1000m	d	a	a	c	a	a	a	a
	小型	＜10m	d	a	a	c	a	a	a	d

注：RCC，河流连续统概念；HS，层次尺度；RZI，河岸带影响；FPC，洪水脉冲；HD，潜流动态；HSE，液压溪流生态学；PD，斑块动态；ND，网络动态。

a，对水流生物相与生态系统过程产生最直接的影响；b，如果河道分叉，就会下降到更低的级别；c，超越当前尺度来探测特定的局部区别；d，有的影响太局域化，不能找到通用的大型模式；e，在自然干扰的（湖泊中断）或河狸影响的溪流系统中可能有较小的直接影响。

3. 序列不连续性

如 RCC 所提到的，纵向的连续统中断是由工程蓄水所造成的，这种蓄水有助于重新组合生物组织的一般模式。在大坝之上，系统显示出比蓄水溪流更高分类级别的特征；在大堤之下，调节径流通常会完全改变下流河道的季节性水文模式。例如，修建大坝导致的不连续性所产生一般模式是，在自然高水位期（水库蓄水阶段）减少了水流，而在自然低水位期（水库防水阶段）释放水流。蓄水阶段滞留水是为了防止洪涝，同时在之后的干旱期提供水供应。在放水阶段，水分主要用于灌溉、饮用、消遣，以及在某些情况下用于改善鱼类栖息地。在某些盆地中，河流网络纵向剖面出现中断主要是发生在自然湖泊或蓄水库出现的地方。尽管这些变化可能会改变溪流分类级别的排序，但是不会改变年度水文图。

4. 层次尺度

层次尺度范式指出了 RCC 中的一个弱点。流水中驱动物理、化学、生物成分的因子其相对重要性是随尺度而变化的。RCC 所基于的数据都是在河段尺度及仅有的几个季节尺度上收集的。层次方法能识别在河段尺度短暂的时间周期所运行的生态系统过程，并不能充分代表更大时空尺度的模式。因此，对溪流/河流生态系统结构与功能的描述必须放置在合适的时空尺度下。

5. 群落交错带

一些集中于群落交错带的范式建立了溪流/河流河道与其周边环境及基础条件之间的桥梁。这包括沿小型溪流的河岸边界、具有河漫滩的大型河流的水生陆生界面，以及流水下沉积物的亚表面区域（潜流带）。

6. 河岸带影响

河岸带范式尝试整合塑造溪流和河流河谷的物理过程，这些河流在河岸带沿河道具有陆生植物群落的耦合演替，它们在溪流栖息地的形成，以及为流水中所存留的有机体的提供营养资源有一定的作用。有水的河道与构成河岸带的陆生河岸植物之间的群落交错带是一个重要的耦合，在小型水流中尤其如此。例如，河道系统的限制或非限制属性，对沿河岸发育的河道植物属性有重要的影响。河岸带外侧边界的定义，或者木材管理者所说的缓冲带宽度，都是有争议的。从溪流/河流生态系统本身的角度来看，河岸走廊的功能作用包围沿溪流河岸的不同区域（图 45-10）。河道的遮阴，沿着营养水平调节着初级生产力，反过来又取决于植被的高度和植物叶片密度、边坡的陡峭程度，以及河道的朝向（指南针方向）。对河道产生凋落物输入和大型木质碎屑的河岸带宽度也会随着溪流两旁植被的高度与物种

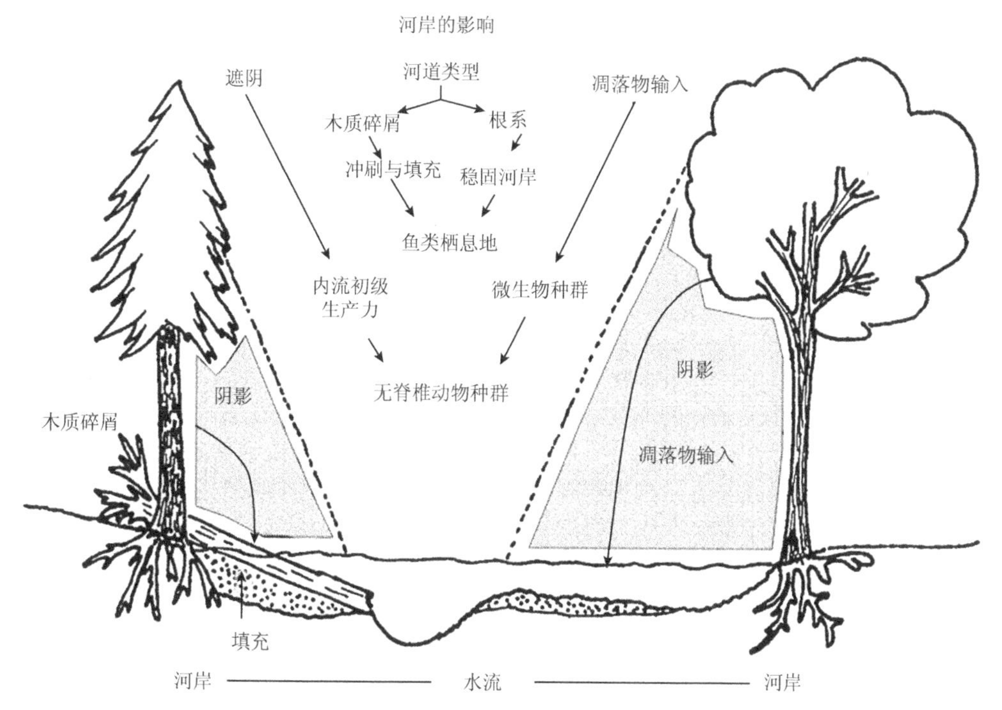

图 45-10 河岸带对溪流的影响。改编自 Cummins KW（1988）The study of stream ecosystems：A functional view. In：Pomeroy LR and Alberts JJ（eds.）. New York：Springer。

组成而变化。凋落物下落及其进入溪流的季节性时机产生了一些模式，围绕这些模式许多溪流无脊椎动物的生命循环已经适应了。河岸凋落物输入和溪流无脊椎动物之间的耦合，对于以条件凋落物为食的无脊椎动物碎食者是最直接的。输入到溪流中的凋落物时机在各生态区（ecoregion）是不同的，河岸植物的组成也不相同。河岸植被的根系能够在河道的边界稳定两岸，也影响了进入河道的地下水流的化学组成。包含这些根系功能的河岸带宽度也是不断变化的。因此，包括所有这些功能的河岸带的完整定义，必须有着足够的宽度来容纳这所有的一切。正如这些河岸功能影响地带的变化，受到相关管理的地带也是如此。例如，如果我们的目标是管理该河道中来自河岸带的大型木质碎屑的长期输入，为鱼类和无脊椎动物提供栖息地，所有足够高大的树木，只要它们倒下时能够到达河道，并足够大能提供栖息地结构的就应该留下。然而，为了让河道与河岸形态学上的变化与河岸植物组成相适应，需要在河段尺度上进行这种管理。

7. 洪水脉冲概念

洪水脉冲概念强调了河流及其河漫滩之间的群落交错带。洪水脉冲概念并不像侧向河岸对溪流生态系统过程主要源于景观对溪流的影响，而是强调了主要河道及其河漫滩之间的相互关系。这种区别的结果就是，河流动物生物量的绝大多数都是直接或间接来自于河漫滩的生产，而不是来自流域生产更多生产力区域的 OM 向下游的传输。尽管水生/陆生过渡带这个河漫滩群落交错带的重要性众所周知，但很少有数据显示是否在年际循环或更长周期中营养与生物量的主要流动是进入还是离开河漫滩，亦或是平衡状态。一般对“丰腴河漫滩”的认识表明，周期性淹没的河漫滩相对于河道来说是汇。然而，许多河漫滩河流中的成年鱼类具有很高的生产力，以及在河漫滩上集中的繁殖活动，支持了河漫滩是源而河流是汇这种说法，慢慢输送到海洋。无论如何，河道流量的季节性脉冲（洪水脉冲）都是控制河流-河漫滩生态系统中生物相的存在、生产和相互作用的主要力量。

从任何一个或者一系列风暴来看，物质和有机质移动到河漫滩都是在水文图中的涨水段，而返回给河道则是在退水段。可惜的是，由于大尺度生态工程的改变，将河流从河漫滩中孤立出来，洪水脉冲概念的应用就受到了限制。洪水脉冲概念的天然例外是穿过峡谷深涧的河流。

8. 潜流动态

潜流带是毗邻溪流/河流河道并在其之下的地下区域，可以与地表水进行交换。这个地表水-地下水的群落交错带在时间与空间上都是非常动态的。潜流带动态范式的理论框架导致将河道地下蓄水层动态加入到 RCC 的通用模型中。至少在某种程度上，潜流带的发生是在从河源到河口的活动河道的下面和侧面，除了一些石床河道有例外。水、可溶物、有机与无机化合物，以及独特的适应性生物相都通过空隙路径出入沉积物。这些水流路径是由河道的河床所决定的。如果河床呈凸面，那么地下水就由河道流向沉积物。这些富氧水分驱入的地方通常是鲑鱼的产卵场。凹面河床是地下水上涌进入河道的地方。在潜流带能够找到的无脊椎生物，包括各种类群的小型早龄昆虫以及极端时期（极高或极低流量）的大型生物形式。另外，还有一些特别适应于地下水生存的底栖微生物形式。潜流带无脊椎生物的存在主要取决于淤积和氧气供应。如果空隙沉淀物空间被细沉积物所占据，抑或呈无氧状态，那么动物群就不复存在。

9. 液压溪流生态学

液压溪流生态学模型强调溪流生物对流水条件的局部响应，可以作为流动水域下的一条组织原则。流水动物不太适应于液压胁迫，只能短时间暴露在这样的胁迫之下。溪流无脊椎动物沿沉积物垂直梯度和流速的昼夜、季节变化的常见模式就是响应这种胁迫的表现形式。该模型认为，在决定溪流动物的分布上平均水流速度和深度比基质特性更重要。然而，该模型还没有收集到足够的数据来说明昼夜光周期是无脊椎动物在溪流漂移的主要控制参数。

10. 斑块动态

斑块动态概念强调了河岸栖息地在时间和空间上的斑块分布，并认为持续变化的镶嵌体（mosaic）斑块，与具有更稳定环境的情况相比，可让更多的物种共存。总体上说，环境条件是可预测的，但不是一个特定斑块的内部，而这些整体条件为一些物种组成赋予了一些规则。在该模型中，那些特定的斑块类型都能够在 RCC 所建议的通用纵向梯度中一一找到。然而，很明显的例子是，无脊椎动物“斑块”从河源沿连续统到大型河流至少在多度上有变化。例如，小型河源溪流（1～3 级）一般比高阶河流（>3）有更多的遮阴，只能维持少量的藻类周丛生物来支持刮食者。另外，CPOM-碎屑撕食者的优势与溪流宽度和河岸树木/灌木凋落物的密切供应相关，这主要适用于 1～3 级的溪流。周从生物生长环境遮阴面积的扩大，以及河岸 CPOM-撕食者与大型河流的关联中只会出现在分汊河槽中，但是这些“斑块”一直在河源处比中型或大型河流中更多一些。

11. 网络动态

网络动态假设，结合了层次尺度与斑块动态模型，基于观察发生在进水支流汇流处所出现的突变。在这些地点水与沉积物通量的变化导致了接收河道及其河漫滩的形态变化。如此看来，河流河道网络的分支属性加上偶尔的自然干扰，如火、风暴和洪灾，是河流栖息地在时空上不均匀分布的形成要素。另外，支流连接处被认为是生物活动的热点区域。一些数据显示，在这些连接处鱼类的多样性与多度有所增加，但生物相其他成分的影响尚未考察。“网络动态假设”并没有将分汊河槽所代表的“斑块”囊括在内。

是否水压特征、支流连接或其他斑块现象，说明了本地条件需要整合到河流连续统中才可解释整个剖面趋势，这是很明显的；或者是否这样的现象是本地特定的改造者，会明显影响沿剖面的溪流等级，这还没有得到足够的证实。

五、溪流和河流保护与人为改变

在 21 世纪溪流与河流生态学的大挑战将是恢复流水生态系统，并保护那些仍处在良好状态的系统。在发达地区，由于运动水域和分水岭的改变更加深远，生态恢复占了主导。在许多发达地区，恢复是比较多的，改变流水及其流域已经非常广泛。在欠发达地区，许多流水的保护依旧是可能的，但原生与退化系统的区别正在迅速消失。历史上有关流水的科学数据库通常非常贫乏，大部分是一些非正式或非常不完整的信息。上述流水生态系统的范式可以作为评价流水现状的工具，推测其未来可能的条件，为恢复开发出目标和策略。由于大多数退化溪流和河流已经超出了我们将之返回到原始状态的能力，所以我们使用复原（rehabilitation）这一术语更合逻辑。通常的做法表现为恢复特定的生物或过程到实现某种社会目标的条件。

在保护和复原溪流与河流这个问题上，对流水生态系统的结构与功能进行最好的科学理解是非常重要的。例如，调节保护规则与河岸缓冲带宽度，都是为保护溪流生物（通常是鱼类）而设计的，从一个地方到另一个地方是变化的，在一些地方比较宽，在另一些地方比较窄。然而，管理者与环境学家们不应该将他们对于河岸缓冲带的观点仅仅局限在植物组成，以及将缓冲带宽度的主要目标设定为提供遮阴来降低水温，这也是大型木质碎屑的来源或者是稳固溪流河岸。河岸缓冲带的观点忽略了耦合河岸生态系统所扮演的完全不同的溪流营养角色。产生阴影、凋落物、大型木材、营养以及河岸稳固所需的缓冲宽度往往不尽相同。因此，对流水系统指定河段的管理和修复需要一个整合方案，该方案知晓所有的河岸功能并能够在更大流域的范围付诸行动。

参考章节：荒漠溪流；河口；河漫滩；淡水湖；河岸湿地。

课外阅读

Benda L，Poff NL，Miller D，et al.（2004）The network dynamics hypothesis：How channel networks structure riverine habitats. *Bioscience*.54：413-427.

Cummins KW（1974）Structure and function of stream ecosystems. *Bioscience*.24：631-641.

Cummins KW（1975）Macroinvertebrates. In：Whitton BA（ed.）*River Ecology*. Berkeley：University of California Press.

Cummins KW（1988）The study of stream ecosystem：A functional view. In：Pomeroy LR and Alberts JJ（eds.）. New York：Springer.

Cummins KW（1997）Stream ecosystem paradigms. In：CNR Instituto di Ricerca Sulle Acque. *Prospettive di recerca in ecologia delleacque*. Rome，Italy.

Frissell CA，Liss WJ，Warren CE，and Hurley MD（1986）A hierarchical framework for stream classification：Viewing streams in a watershed context. *Environmental Management*.10：199-214.

Gregory SV，Swanson FJ，McKee WA，and Cummins KW（1991）An ecosystem perspective of riparian zones. *Bioscience*41（8）：540-551.

Junk WJ，Bayley PB，and Sparks RE（1989）The flood pulse concept in river floodplain systems. *Canadian Journal of Fisheries and Aquatic Sciences*，*Special Publication*106：110-127.

Minshall GW，Petersen RC，Cummins KW，et al.（1983）Interbiome comparison of stream ecosystem dynamics. *Ecological Monographs* 53：1-25.

Stanford JA and Ward JV（1993）An ecosystem perspective of alluvial rivers：connectivity and the hyporheic corridor. *Journal of The North American Benthological Society*12：48-60.

Statzner B and Higler B（1986）Stream hydraulics as a major determinant of benthic invertebrate zonation patterns. *Freshwater Biology* 16：127-139.

Saunders GW，et al.（1980）In：LeCren ED and McConnell RH（eds.）The Functioning of Freshwater Ecosystems. *Great Britain*：Cambridge University Press

Townsend CR（1989）The patch dynamics concept of stream community ecology. *Journal of the North American Benthological Society* 8：36-50.

Vannote RL，Minshall GW，Cummins KW，Sedell JR，and Cushing CE（1980）The river continuum concept. *Canadian Journal of Fisheries and Aquatic Sciences*37：130-137.

Ward JV and Stanford JA（1983）The serial discontinuity concept of river ecosystems. In：Fontaine TD and Bartell SM（eds.）*Dynamics of Lotic Ecosystems*，pp. 29 42. Ann Arbor，MI，USA：Ann Arbor Science Publications.

第四十六章
河流与溪流：物理条件与适应生物群

M A Wilzbach，K W Cummins

一、前言

溪流与河流具有非常重要的生态、经济、娱乐和审美价值。其重要性远远超过景观上其他方面的意义。流动水体所占据的面积不到陆地表面和地球淡水资源的千分之一，只贡献了全球年淡水收支的万分之二。溪流与河流是导致侵蚀的主要因素，还为人类提供了一系列必要的服务，包括交通运输、废物处理、娱乐，以及饮用、灌溉、水利、电力、冷却和清洗的水。同时，溪流与河流的泛滥还会对人类造成潜在的自然灾害。如果不考虑溪流与河流对人类的影响，它们是非常丰富而复杂的生态系统，具有诊断所流经的流域完整性的价值。

是什么构成了溪流，什么构成了河流，一般有一个民间的说法。那就是，溪流小、窄、浅，而河流大、宽、深。但是在最近 100 年的文献中，并没有对二者进行明显区分。考虑到本章的目的，溪流是指汇流网络中的河道级别在 0～5，而河流则是指河道级别在 6～12 或更大（参见“河道形态学”小结下有关河流等级的定义）。本章首先讨论河流生态学的历史，接着讨论河流的物理和化学环境以及主要流水有机体的生物学特征。在本章的姊妹篇中，将讨论溪流与河流生态学中的生态系统动态与整体范式。

二、溪流与河流生态学的学科发展史

最初对流动水体（流水生态学）的研究而正式发表的文献可追溯到 20 世纪初的欧洲，研究开始集中在流水有机体的分布、多度和分类组成上。不久，北美在生态学意义上的河流研究就开始了。在 20 世纪 30 年代，北美早期溪流生态学是以渔业生物学为主导。整个 50 年代，世界范围内的溪流与河流生态学研究仍维持是描述性的，这段时期也标志着开始关注有关人类影响的流水生态学。描述性研究详细记录了发现受到人类各种影响的溪流和河流底栖无脊椎动物的分类组成和密度。从 20 世纪 60 年代和 70 年代开始，对流水生态系统的研究转向更全面的认识，研究集中于对流水生态系统、对能量流动，以及在一级流域对有机质收支更综合的研究。在 1970 年，现代溪流生态学之父诺埃尔·海因斯（Noel Hynes）发表了他具有里程碑意义著作《流水生态学》（*The Ecology of Running Waters*），总结了到那个时间节点的概念与文献。90 年代，迎来了仅通过整合时间与空间视角就可全面理解流水动态的时代，其中整个流域是溪流/河流生态学的基本单位。例如，在流水生态系统中，如果不考虑时间和空间尺度，整体有机物收支是无法建立的。

在 20 世纪八九十年代，流水研究的标志是其跨学科属性。涉及溪流生态学家、渔业生态学家、水生昆虫学家、藻类学家、水文学家、地貌学家、微生物学家与陆生植物生态学家之间的相互交流。正是这些学科之间的相互作用才使得溪流生态学家将重点集中在溪流的物理过程和更大的时间空间尺度上。溪流生态系统的这种观点一直左右着 21 世纪该科学发展的方向，并在结合地理信息系统（GIS）分析方法方面获得了巨大帮助。

尽管普遍认为溪流与河流生态系统研究的逻辑基本单位是流域（watershed）或集水区（catchment），但是对大多数流水生态系统的结构与功能的测量仍然停留在河段（reach）或微观尺度水平。近年来，由于生态系统过程在不同时空尺度表现出不同的影响，以及这些过程跨尺度的相互作用，已经将中尺度甚至更大尺度流域的理解扩展到更大范围。有关溪流在全球气候变化上所关心的问题，提供了更多的动力来分析整个流域或大陆区域的所有流域。因此，21 世纪流水生态学家的挑战仍然是将河段水平数据丰富的研究整合到整个流域，最后依靠卫星图像的粗分辨率区域流域分析。后面将要描述的“河流连续统概念”（river continuum concept）和其他溪流/河流概念模型，可继续有助于整合沿集水区从微观到宏观的流水生态系统方面的知识。

三、物理化学条件

溪流与河流中的生物进化过程与其发生的物理或化学条件相适应。在传统上，水文学家、地貌学家和化学家的研究领域，驱动物理和化学模板过程的研究，已经被溪流生态学家所接受，用于解释有机体分布格局和水体结构与功能。从纯物理学角度来看，河流的主要功能是径流传输，将地球上大陆风化的产物搬运到大海中。尽管河流的形态和行为千变万化，但是每一个都来自地质与水文过程间相互作用的结果。这些过程及其对河流形态的影响进行了总结，随后讨论影响河流生态系统功能作用（functioning）和河流有机体适应性的主要物理因子（水流、基质和温度）和化学因子。

1. 水文过程

地球水的总量并不会发生变化，它总会以不同的储存形式在生物圈内持续循环，被称为水文循环过程（图 46-1）。这个循环包括地面蒸发（evaporation）和太阳能驱动的陆地植被蒸散（evapotranspiration）、云的形成和降水。

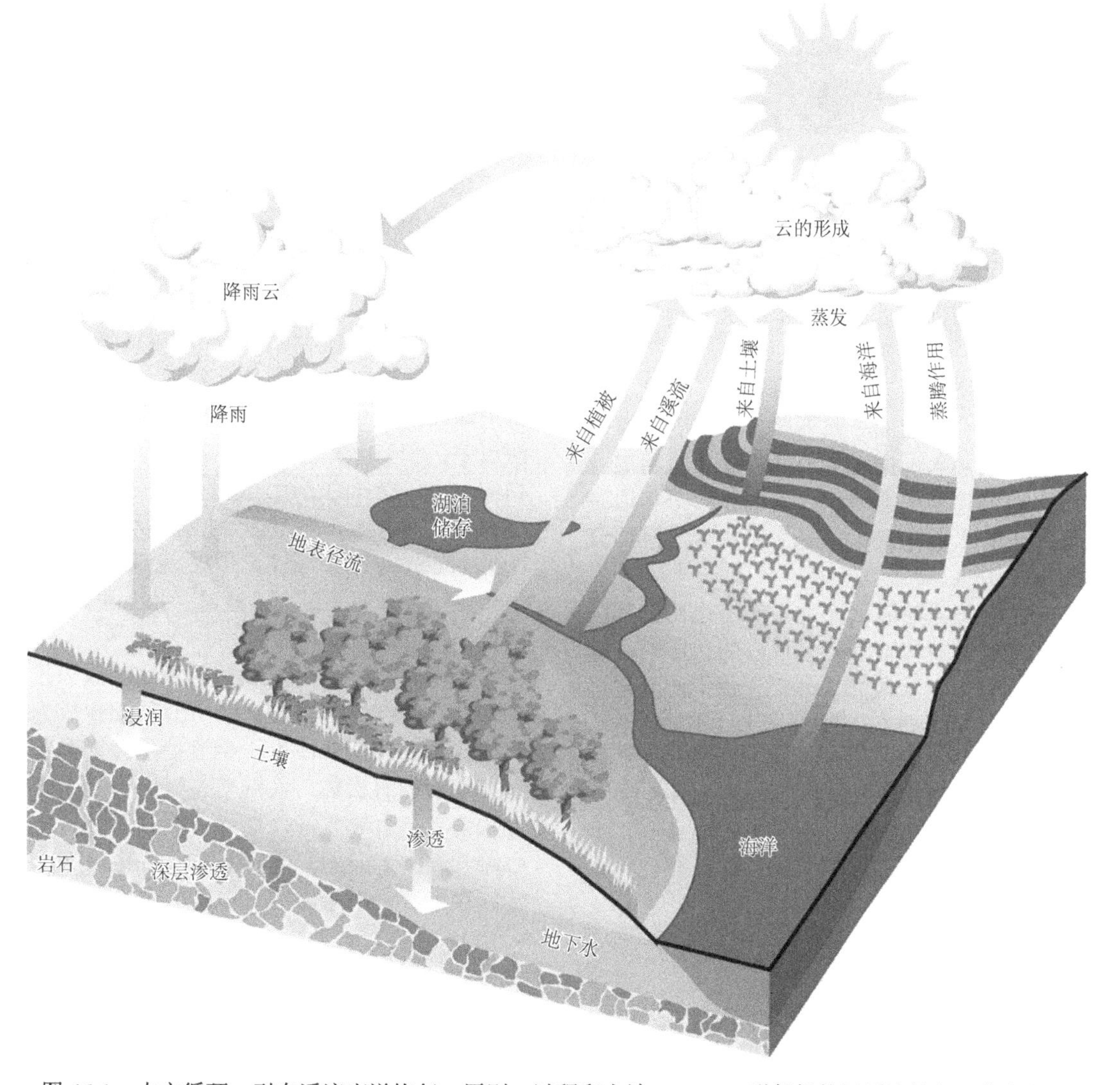

图 46-1　水文循环。引自溪流廊道恢复：原则、过程和方法，10/98，联邦机构间溪流恢复工作小组。

全球年平均降雨量为 1000mm，但是绝大部分蒸发和小部分降雨直接落入溪流中。剩下的要么渗进土壤要么形成地表径流。水进入溪流和河流具有不同的方式，每种方式的相对贡献随气候、地质、流域地相（physiography）、土壤、植被和土地利用而变化。

水下渗成为地下水，是非冻结淡水的最大供给。地下水通过泉水慢慢排入溪流河道中，或者在河道与地下水位交错时直接渗漏出来。基流（base flow）指总流量中来自地下水的贡献，这是在很少降雨或没有降雨时的维持流（sustains stream）。流水可以根据暴雨径流（stormflow）与基流之间的平衡与时机来进行分类。季节性溪流（ephemeral stream）只会出现在最潮湿的年份且从不会与地下水位相交。间歇流（intermittent stream）出现在每年可以获得地表径流之时（图 46-2）。永久溪流（perennial stream）在干湿季都会持续有水流存在，不断接收暴雨径流和基流中的水。水流的持续时间、时机，以及溪流的可预测性会大大影响溪流群落的组成和生活史属性。

扫一扫看彩图

图 46-2 智利安第斯山脉（Andes Mountains）海拔 3400m 处的季节性河流，周边为草本植物。季节性河流经常会为下游河段的鱼类带去重要的脊椎动物和有机碎屑。

溪流和河流的排放量是最基本的水文测量，描述的是单位时间内水流通过截面的水量。

任何排放量增大都会导致河道宽度、深度、流速或者其一些组合的增加。向下游方向随着支流的输入和地下水的加入，排水量增加，紧接着河道宽度、深度、水流速度就会增加。据估计，每年通过河流进入海洋的水量有 35 000km^3，其中亚马孙河就接近总水量的 15%。

水文图描述流量随时间而发生的变化。个别风暴事件会因径流的直接输入而呈现出的急剧攀升涨水段（rising limb）达到峰值，然后慢慢下降到退水段（recession limb）回到基流状态（图 46-3）。溪流中水文图形状的变化可反映出气候、地貌和地质属性以及其流域的不同，还有径流来源分布的差异。

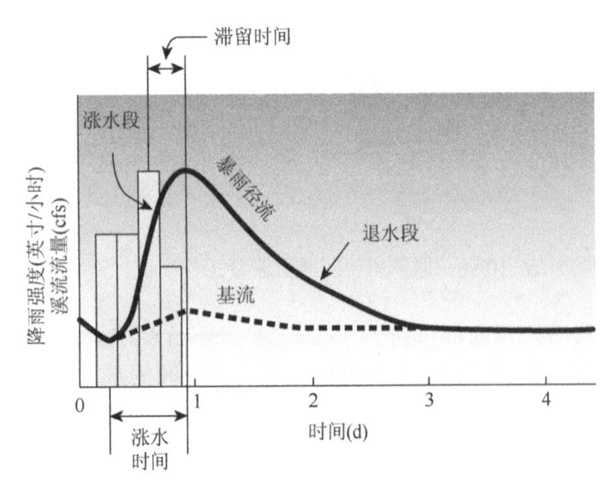

图 46-3 暴雨后的溪流水文。摘自 Stream Corridor Restoration：Principles，Processes，and Practices，10/98，by the Federal Interagency Stream Restoration Working Group（FISRWG）。

持续时间足够长的流量记录可预测一给定河流和年份内发生洪水的幅度和频率。各洪水发生的时间间隔 T 可估计为

$$T=(n+1)/m$$

这里，n 是记录中年份的数目，m 是记录中那段时间的洪水发生的幅度，最大幅度可记录为 m=1。

T 的倒数是一个超越概率，描述了在任一给定年份内等于或超过某一流量的最大概率。因此，100 年内任何一年可能 1 都有 1%的发生概率。如果忽略自过去 100 年洪水所持续的时间，河流 100 年发生洪水的概率每年都相同。洪水发生间隔为研究流水有机体提供了重要信息。

2. 地貌过程

流量和沉积物供应代表通过河流系统的物理能量和物质，以及河道形态和廓线为调节传递过来的能量和物质而随时间发生的变化。侵蚀，运输和沉积是三个地貌过程，可将沉积物运送到溪流和河流。基岩和土壤的物理/化学风化，以及河道、浅滩和冲积平原侵蚀，可解释短期和长期流水沉积物供应。河道中沉积物开始移动后，就成为施加于沉积颗粒物的阻力和提升的功能。流速和施加于河床上的剪切应力越大，所夹带的晶粒尺寸就越大。河流搬运能力（stream competence）是指一给定流量所能搬运的最大晶粒尺寸，而河流最大输沙量（stream capacity）是指可被转运的沉积物总量。

粗粒泥沙会沉积到溪流/河流底部成为推移质一块移动，而细泥沙则会在向下游移动中成为悬浮颗粒物。悬浮物质或浊度，会遮挡部分光并冲刷掉附着在底部的有机体，而这些有机组分是无脊椎滤食性采食者的食物来源。然而，泥沙短期内会储存在心滩（mid-channel）或曲流沙坝（point bar），长期会储存到冲积平原，抬高冲积阶地。

3. 河道形态

在一定范围内，河道横截面反映的是河岸与河流流量之间的相互作用，随着水流蜿蜒流动，水流从急流中的对称流动变为池塘中的不对称流动。河岸平滩流量（full discharge）是指当流量充满整个横截面时的流量，在非调节系统中 1.5～2 年发生一次。易受侵蚀的河岸会产生宽而浅的河流，大多为底沙，而坚固的河岸会产生窄而深的河道，含有大量的悬浮物。

河道模式是根据曲折度（sinuosity）（弯曲的总量）和交织度（thread）（多个河道分支）来描述的。曲折度指数是指谷底线（河道中最深的部分）的河道长度除以河谷深度。如果这个指数超过 1.5，说明这条溪流/河流是弯曲的。河岸侵蚀塑造了河湾，在受侵蚀河岸弯道的外侧水流最快。弯度越大，说明

经过该弯道的水流就越大，会偏转到其他河岸，形成新的河湾。这种模式不断重复，一直到下游，形成河流中有规律的摆动，曲流的波长大约为河道宽度的 11 倍。

浅滩沿河道有明显的地形特点，由河流携带的粗碎石沉积物组成，使水面比降（water surface slope）比低处的平均河流比降（mean stream gradient）要陡峭（图 46-4）。通常每隔 5～7 个河道宽度就会出现一个浅滩。池塘是地形洼地，具有较细的沉积物和较小的流速。

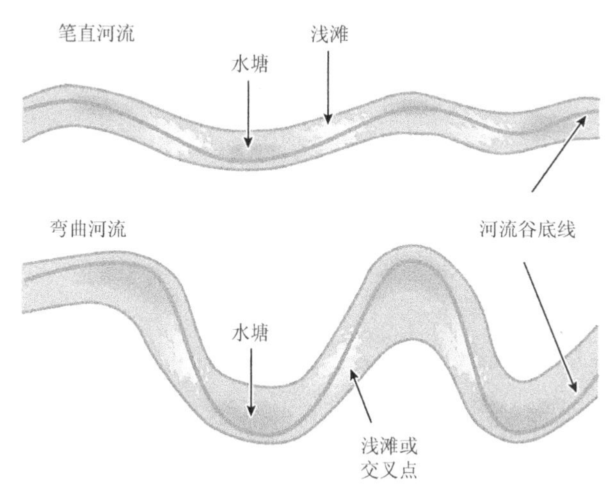

图 46-4　笔直和弯曲溪流中的浅滩与水塘系列。摘自 Stream Corridor Restoration：Principles，Processes，and Practices，10/98，by the Federal Interagency Stream Restoration Working Group（FISRWG）。

河流的纵剖面在时间尺度上是相对稳定的，慢慢调整流量和泥沙供应。纵剖面一般是凹面，在源头处非常陡峭，在出口处会变得平坦。凹面反映了气候和构造环境（陆地地形和基准面）以及地质学之间的调节，这控制了沉积物供应量和抗侵蚀能力。基准面是指水流侵蚀河道不能逾越的范围。对最终流入海洋的河流来说，就是海平面。

在汇水盆地中，河流向下游流动，河道及其河网大小与复杂性不断增长，这可用河流等级来进行描述（图 46-5）。一级河流缺乏永久性流动的上游支流，河流等级只是在两个同等级别的支流并入一起时才增加。采用该系统来计算，密西西比河和尼罗河在到达河口时为 10 级。一般 *n*–1 级河流是 *n* 级河流的 3～4 倍，其中每一级长度只有前一级的一半，流经了略多于 1/5 的陆地面积。美国大约 5 200 000km 的总河流长度中有一半是一级河流。正如后面所讨论的，很多河流生态系统的结构与功能特点都是与河流的等级有关。

汇水盆地（drainage basin）或流域（watershed），是陆地排水、沉积和溶解物质到排出口的总面积。

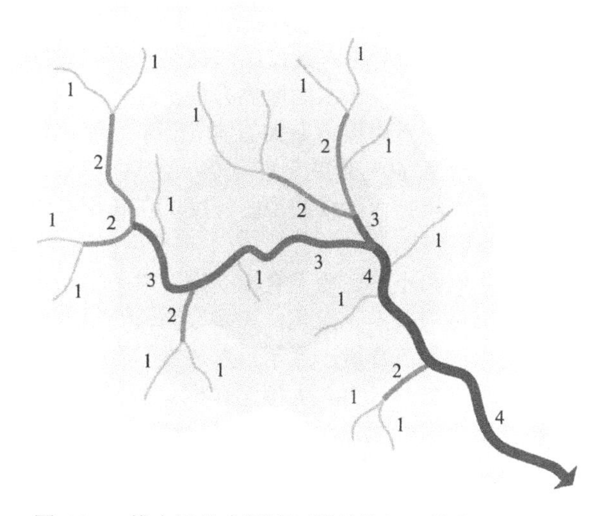

图 46-5　排水网络中溪流河段的等级。摘自 Stream Corridor Restoration：Principles，Processes，and Practices，10/98，by the Federal Interagency Stream Restoration Working Group（FISRWG）。

流域有多个尺度，从最大的江河流域到大小只有几公顷的一级流域。更大的流域是由较小的流域和生态系统单元中具嵌套分层结构的河段组成。流域的大小和形状，以及流域中河道网络的模式，对河流系统中的能量、物质和有机体通量都产生了很大影响。因为能量、物质和有机体的一些移动会横跨和穿越一个独立于流域盆地的景观，因此完整的溪流生态学需要考虑景观生态学。

4. 物理因素

（1）水流

在流水系统中，水流（流动速度 m/s）是重要的物理变量。流速及其相关的流力（flow force）对溪流有机体产生了重大的影响。水流决定基质的属性，传递溶解氧、营养物质和食物，清除废弃物，并为河床和水体中的有机体产生直接的物理压力，导致下行中诸如有机体的移动和取代。流水系统中水流速度很少超过 3m/s，主要受河坡、平均水深，以及河床阻力和堤岸材料的影响。

流水系统中流量非常复杂且具有高度的时空变异性。在给定流速下，水流是层流式的，处于平行层移动，相互之间具有不同的速度滑动，也出现不多的混合或湍流，水流混乱并进行垂直混合。无量纲雷诺数，是惯性力与黏性力之间的比，可预测层流与湍流的发生。高惯性力可促进湍流。黏性力是水分子的凝聚力对抗变形的阻力。当雷诺数<500 时，水流是层流；当雷诺数>2000 时，水流是湍流，处于中间值的是过渡状态。在流水中虽然层流是很少的，但是微环境中可能会包含层流环境，甚至在湍流中具有高流速的条件也可能存在。

在横截面上，垂直速度随水深呈指数方式慢慢递减。最高流速位于水面摩擦力最小处，而零流速位于水底最低点摩擦力最大的地方。平均流速位于从水表到水底 60%的深度处。边界层从河床扩展到流速不因摩擦力而继续减少的深度，在底部有一个薄的层流黏滞层。

微生物和小型底栖无脊椎动物一般为躲避流体力就钻到黏滞层中。但是，大多数溪流有机体必须对抗复杂的湍流环境，展示出形态学和行为上的适应来减少阻力与升力。大型无脊椎动物和鱼类的适应包括减少身体尺寸、背腹扁平化减少对水流的接触，流线型结构减少水流的拖拽力，发育出丝、爪、钩、吸盘和指垫作为固着器，在行为上离开高速流水区。

（2）基质

在流水系统中，基质为生物提供了食物，或为富集食物的界面，为生物躲避水流和捕食者的避难所，是生物进行休息、繁殖和运动的场所，以及建造活动通道的材料。藻类生长、无脊椎动物生长和发育，以及鱼卵孵化大豆要依赖基质。基质包括有机物与无机物，往往是非均匀混合物。基质中的矿物组成是由母质决定的，会因水流而发生改变。有机物包括水生植物和来自周围集水区的陆地输入，后者包括从最小的枯枝落叶到整个的倒树落木（图 46-6）。

扫一扫看彩图

图 46-6 俄勒冈州古老花旗松森林的小溪源头，显示出大型木质碎屑横跨河道。这个横跨的木头形成了保留有机碎屑和沉积物的结构，当河道被高水位流水淹没时成为避难所和栖息地。

无机物和有机物通常按温特沃兹粒度表（Wentworth scale）根据粒度进行分类（表 46-1）。有机物更大的分类在“河流与溪流：生态系统动态与整体范式”一章进行讨论。直径<1mm 以及直径>0.45mm（细颗粒有机物质或 FPOM）的有机质颗粒，通常被看作为食物而不是基质，而更大的有机物（CPOM）既可作为基质也可作为诸如小型无脊椎动物的食物（图 46-7）。其他的基质属性，包括形状、表面纹理、种类和稳定性，也是底栖生物群落结构的决定因素，但却很不容易量化。一般来说，较大的、更稳定的岩石比小岩石能支持更多种类和数量的有机个体，但是小岩石具有更高的表面积与体积比，能支持更高密度的个体。

表 46-1 溪流和河流中无机基质的种类及大小

种类大小	直径（mm）
圆石	>256
鹅卵石	
大	128～256
小	64～128
卵石	
大	32～64
小	16～32
砾石	
粗	8～16
中	4～8
细	2～4
砂	
非常粗	1～2
粗	0.5～1
中	0.25～0.5
细	0.125～0.25
非常细	0.063～0.125
淤泥	<0.063

修改自 Cummins KW（1962）水体中底栖生物样本收集与分析技术评价。

扫一扫看彩

图 46-7 美国俄勒冈州（Oregon）二级河流中累积的落叶层流经红桤木（red alder）河岸带的次生林。被鹅卵石前缘阻流的落叶层，为无脊椎食碎屑动物提供了主要的食物源，也为其他脊椎提供了栖息地。

评价基质的生态学作用是非常困难的，因为基质具有异质性，且与流速和氧气供应共同变化。异质性表现为沿着河流在到达下游方向上颗粒不断减小，并在到达水塘、浅滩、弯曲处以及边滩发育处分割成不同的河段。基质嵌入性（substrate embeddedness）描述大型沉积物如鹅卵石被细砂和粉砂环绕或覆盖的程度。显著的嵌入性降低了河床表面积和有机物储存、孵化鱼卵和水生无脊椎动物进入河床底部的所需的营养物质氧流量和鱼。

（3）温度

温度影响包括流水系统中的所有生命过程。例如，分解作用、初级生产和群落呼吸，以及营养循环都依赖于温度。大多溪流有机体是变温动物，它们的新陈代谢、生长速率、生命循环和全部生产过程都与温度有关。年温度变化通常会成为无脊椎动物和鱼类的环境信号，并用于调节生命史事件，尤其是出现和产卵。温度体系为生物在什么地方生存设定了限制，许多物种都适应了某种热学体系。增加水温会同时降低水中氧气的溶解度，增加生物的代谢需求。因此，对于偏好冷水的鲑鱼来说，温度对氧气供应的影响与温度本身的影响是一样的。

溪流温度是热交换的净效果，基于以下几个条件：①太阳净辐射，反映了直射光束太阳辐射，受云量、日长、太阳角度、植被和地形阴影的影响而改变；②蒸发和对流，主要是受蒸汽压和大气温差以及风速的影响；③与河床之间的热传导或热交换；④上游水输入的水平对流，包括地面水和支流。溪流水温昼夜温差变化要小于气温，因为水具有高比热性。在温带地区，最大的日通量出现在夏季，而最小的日通量出现在黎明前。这些通量受到冠层盖度和地下水输入的极大影响，地下水进入河道的温度是年均气温的1℃以内。在流域水平，日温度通量随着与水源距离的增加而增大，最大值出现在中等级别的河段中。除了大河流和支流交界处外，河流中热分层现象（thermal stratification）是很少出现的。温度的季节性变化可反映月平均气温。夏季最大辐射的时间往往滞后于太阳最大辐射的时间。不同年份月温度变化很小，一般少于2℃。温带溪流的年温度一般为0～25℃，而间歇性沙漠溪流为0～40℃，亚马孙河下游的温度一般为29℃，有上下一两度的变化。极端温度发生于热泉中，可超过80℃，亚北极和北极的溪流在冬季会完全冻住。从表层冻结往往会因降雪或河川坚冰而受到阻止，而水下的冰可在河床上形成锚冰（anchor ice）或在水体中形成雪泥（slush）或底冰（frazil）。

溪流生态学家经常会评价温度对溪流有机体和生态系统过程的影响，一般是以日积温为基础，而不是采用温度的最大值或最小值。日积温通常是将白天平均温度大于0℃的温度加起来，可用于区分具有相似的最大或最小日均温度的溪流。这样的差异可能会影响一些水生昆虫的化性（voltinism）（译者注：化性是指昆虫在一年内发生的世代数，特别是具有滞育特性的昆虫。化性除同气候条件有关外，还同昆虫本身的遗传性有关）。

（4）水化学

河流水的成分大致可分为五类，包括溶解气体、溶解无机离子和化合物、颗粒无机物、颗粒有机物、溶解有机离子和化合物。溶解气体包括氧气、二氧化碳和氮气。溶解无机离子和化合物包括主要和次要离子基团与微量元素，如铜、锌、铁、铝等。氮和磷是次要离子，是植物和动物生长必需的营养成分。主要离子组包括钙离子、镁离子、钠离子和钾离子等阳离子，以及碳酸氢根、硫酸盐和氯离子等阴离子。

pH 是水中氢离子活性的度量，受溶解气体和主要离子浓度的影响，决定了营养和重金属的溶解度及生物可利用性。硬度是水中钙和镁浓度的度量，一般用于评价供水的质量。硬度与碱度相关但并不等同于碱度，碱度可用来度量溪流水吸收氢离子的能力，因此缓冲 pH 的变化。总溶解固体，是主要阳离子和阴离子的浓度之和，一般用来估算电导率。硬度、碱度和离子浓度一般与河流生产力和生物类群丰富度呈正相关关系。颗粒无机物与颗粒有机物一起组成了河流生态系统的悬移质并产生水体浊度。

二氧化碳和氧气是最具生物重要性的溶解气体。来自大气的扩散作用维持了河流中氧气（O_2）与二氧化碳（CO_2）的浓度接近平衡。但是，水中 CO_2 溶解度大于 O_2，在水中的溶解度是大气的30倍弱。地下水和有机质分解的位点其 O_2 浓度低而富含 CO_2。光合作用和呼吸作用能改变生产性系统中 CO_2 和 O_2 的昼夜浓度，白天 O_2 浓度升高而 CO_2 浓度下降，在晚上则相反。如果生产相对于扩散要高，则 O_2 的昼夜变化常用于估算光合作用和呼吸作用。由于水流和湍流可持续性更新氧气供应，只是在有严重有机污染物的水体中，或者经过了高温、干旱和高密度水生植物共同作用下，水中的氧气浓度对溪流有机体来说才是问题。在水流较快的状态下，溪流动物更能忍受低氧环境。

典型的河流其主要成分是由一些阳离子和阴离子占主导的少量碳酸氢钙溶液。流水的水化学指标具有很大的自然空间变异性，可反映出岩石可用于风化的类型和总量、化学成分和降雨分布。例如，河流排水沉积地形的总溶解固体大约是火成岩和变质岩地形的2倍。大多数河流含0.01%～0.02%的溶解矿物质，是海洋盐浓度的 1/40～1/20，平均浓度为 100mg/L。一般，约 50%为碳酸氢盐，10%～30%为氯化物和硫化物。河流水体比雨水包含了更多的可溶性固体，这是由于蒸发、风化和人为输入产生的差异。尽管雨水是接近纯水的，但是从粉尘和海洋喷射的液滴中接受了许多可溶性矿物质。

大气中二氧化碳溶解在水滴中而使雨水呈酸性，形成弱酸的碳酸（H_2CO_3）。在具有坚硬岩石阻碍风化、缓冲作用小，或者富含腐烂植物的集水区，溪流呈酸性，即使在没有污染的水体也是如此。水经过土壤渗透到溪流中，水中富含植物与微生物呼吸作用所产生的二氧化碳，形成碳酸。碳酸溶解岩石中的碳酸钙，产生碳酸氢钙，溶解在水中并成为水生植物光合作用碳原子的来源。碳酸钙的溶解增加了溪流中钙和碳酸氢根离子的数量，后者可离解成碳酸盐。处于均衡状态时，碳酸氢盐和碳酸盐离子离解，形成氢氧根离子，导致水体呈弱碱性，pH>7。处于均衡状态时，水可抵抗 pH 的变化，如果加入氢离子，会被碳酸氢盐和碳酸盐离解所形成的氢氧根离子而中和，而加入氢氧根离子则会与碳酸氢盐发生反应形成碳酸盐和水。因此，溪流的缓冲能力主要取决于其碳酸氢钙的含量。大多自然流水的 pH 介于 6.5～8.5，pH 低于 5 或大于 9 对大多数水体生物会造成伤害。在欧洲和北美，工业来源的硫酸和硝酸会导致大面积的地表水 pH 降低，减少物种多样性和密度。

四、适应生物群

流水中分布着许多生物类群。有机体的关键生物属性、生活史及分布格局对流水生态系统的能量通量有重要作用，并对人类利益有重大影响，这些有机体包括藻类、水生植物、底栖生物和鱼类。我们总结如下。

1. 藻类

在流水生态系统中，藻类是非常重要的初级生产者，由于藻类具有固着生长的属性和短暂的生命周期，它们的聚集体经常被用于评价溪流生态系统的健康。藻类是原植体生物，含叶绿素 a，缺多细胞配子囊。由共同祖先辐射进化而来，并涉及多个界。例如，蓝绿藻属于细菌，鞭毛虫归为原生动物。藻类是根据细胞色素、内容物和细胞壁的化学成分与结构、鞭毛的数量和类型来分类的。溪流中五大常见的藻类包括硅藻门（Bacillariophyta）、绿藻门（Chlorophyta）、蓝藻门（Cyanobacteria）、金藻门（Chrysophyta）和红藻门（Rhodophyta）。当然，硅藻、蓝藻、绿藻是最普遍的。附着在其他有机体上的藻类聚集体称为周丛生物（periphyton）或附着生物（aufwuchs）。附着在水下基质上的周丛生物是藻类、细菌、真菌及小型底栖动物所组成的复杂聚集体，外被多糖基质的生物膜（bio-film）。水中的藻类是浮游植物，主要发生在缓慢流动的低地河流中，含有脱落的底栖细胞，或者来自流域中相连静水的输出。

硅藻在淡水中极其丰富，在盐水中也是如此，通常周丛生物由大多数物种组成。一般在微观上，硅藻是褐色的单细胞生物，由两个硅藻质的细胞壁或瓣膜（valves）交叠组成，就像两个培养皿合在一起。瓣膜被一个或更多的环带相互连接在一起。两个瓣膜形成硅藻细胞膜，点缀着孔（punctae）、线（striae）和肋状凸起（costae）。根据这些点缀的对称性可定义两个类别：径向对称的中心硅藻和双边对称的羽状硅藻。硅藻可以单独出现，也可呈链状排列，或者克隆，这种情况具有独立的细胞壁（缝际）可以运动。在温带溪流中，硅藻有两种增殖方式：春季，落叶植物冠层还未形成遮盖之前，随着水温升高，营养变得丰富，而在秋季随着树叶凋落，从绿藻和落叶植物凋落物分解释放的营养可被利用。硅藻组成了一个为大型底栖刮食者（scraper）和采食者（collector）提供质量高、周转率快的食物源。溪流周丛生物中常见的代表型硅藻见图 46-8。

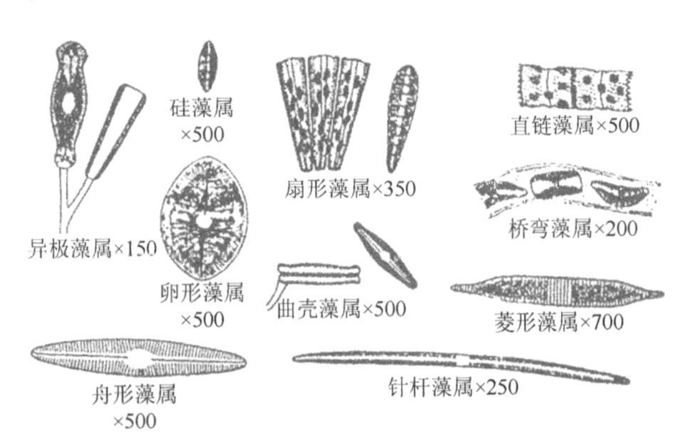

图 46-8　溪流固着生物中常见的代表性硅藻。资料来源：Hynes HBN（1970）The Ecology of Running Waters. Liverpool：Liverpool University Press。

绿藻出现在多变的生境中，且可以根据鞭毛的数目和排列、细胞分裂的方法以及生境进行区分。在溪流中，差异主要来自微观形式和宏观形式。大型藻类是作为原植体或丝状体发生的。丝状体形式可能是分枝的，也可能是不分枝的。绿藻为硅藻提供了附着点，也是 FPOM 和光合作用中氧的来源，氮也被少数无脊椎动物所食。

蓝绿藻或蓝藻是古老的原核生物，包含光合色素藻青蛋白（phycocyanin），用于捕获光进行光合作用。可以发生在各种生境中，属于能将大气中的惰性氮转化为有机形式的极少数生物类群。蓝绿藻可能是丝状体，也可能是非丝状体，但只有具备异形细胞的非丝状体形式才能在有氧条件下固定氮的能力。一些含有丝状类群（如鱼腥藻、束丝藻、微囊藻）的异形细胞在温暖、丰富的水域中可形成藻华并产生毒素。溪流中常见的固氮念珠藻属，与摇蚊属（*Cricotopus*）形成了独特的共生关系

2. 大型植物

大型植物包括维管束开花植物、苔藓类、壳状地衣，以及一些大型藻类形式，如轮藻目和丝状绿藻属（*Cladophora*）。光和水流是限制流水中大型植物发生的最重要因素。主要植物营养，尤其是磷，在营养贫乏的水域中可以成为限制性因子，但在富营养的低地河流中可能会出现过剩。三种生态学类型的植物包括：基质附着型、基质扎根型和自由漂浮型。附着型植物包括苔藓植物和欧龙牙草（liver worts）、某些地衣和一些热带地区的开花植物。这些主要出现凉爽的溪流源头。苔藓与众不同，需要自由二氧化碳而非碳酸氢盐作为其碳源。在遮阴、湍急的溪流中，它们对初级生产力的贡献可能超过周丛生物。苔藓也可支持高密度的大型无脊椎动物。有根植物包括沉水植物（如水鳖科、金鱼藻科和蚁塔科）和挺水植物（如眼子菜科、毛茛科和十字花科）形式，需要缓慢的水流，中等深度、低浊度、和用于生根的细沉积物。它们在中等河流以及大河流的边缘是最常见的，可降低流速，增加沉积，为附生微生物群落提供基质。结实而柔软的茎和叶，依靠不定根附着，根状匍匐茎和营养生殖都是很重要的适应。自由漂浮的植物（如浮萍科和雨久花科）在中纬度流水水域中重要性不大，因为它们在很大程度上取决于湖成条件。它们可能在亚热带和热带环境中积累重要的生物质。激流生态系统中的大型植物主要通过分解者食物链来促成能量流，因为很少的大型无脊椎动物是以活体植物为食的。

3. 大型无脊椎动物

流动水体中主要的无脊椎动物类群包括三个门：海洋生物进化起源的环节动物门（蚯蚓）和软体动物门（蜗牛、蛤和蚌），它们在大型河流中有非常大的丰富度和多样性，还有节肢动物门（甲壳类和昆虫），主要占据在河源地区，但沿排水网络也很丰富。代表型类群如图 46-9 所示。

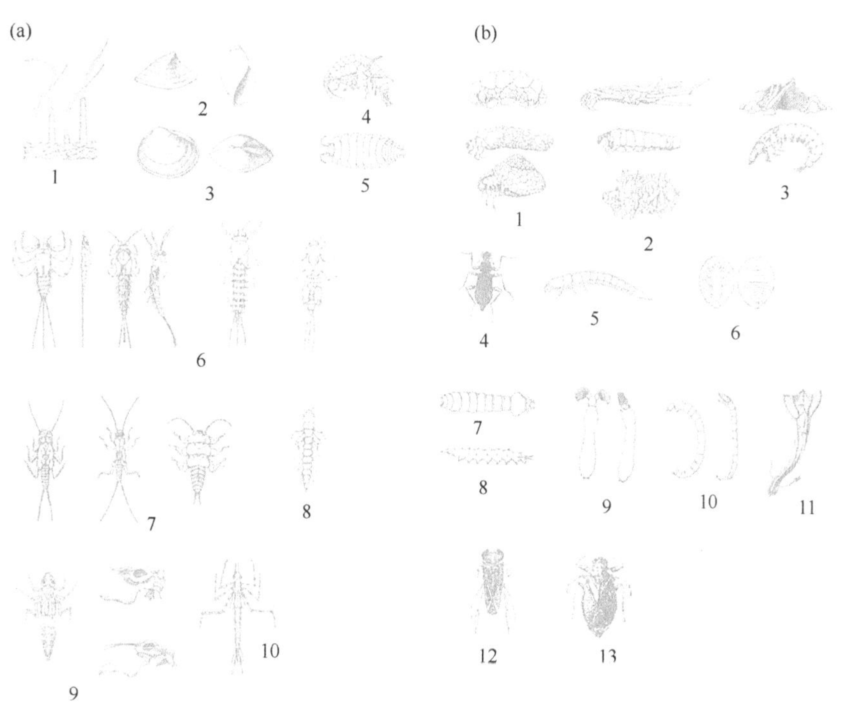

图 46-9 （a）流水底栖无脊椎动物的例子。1. 环节动物门，寡毛纲（颤蚓科）；2. 软体动物门，腹足纲（左，淡水笠螺科；右，膀胱螺科）；3. 软体动物门，双壳纲（泥蜂科：左为侧面图，右为背视图）；4. 甲壳纲动物，端足目；5. 甲壳纲动，等足目；6. 昆虫纲，蜉蝣目；7. 昆虫纲，襀翅目；8. 昆虫纲，广翅目（泥蛉科）；9. 昆虫纲，蜻蜓目，差翅亚目（左为幼虫，右上为具有扩展唇头部的侧视图）；10. 昆虫纲，蜻蜓目，束翅亚目（右为幼虫，左下为具有扩展唇头部的侧视图）。（b）流水底栖无脊椎动物的例子。1. 昆虫纲，毛翅目（矿物载体）；2. 昆虫纲，毛翅目（有机载体）；3. 昆虫纲，毛翅目（结网蜉蝣，fixed retreat above）；4. 昆虫纲，鞘翅目（长角泥虫科成体）；5. 昆虫纲，鞘翅目（长角泥虫科幼虫）；6. 昆虫纲，鞘翅目，扁泥蟲科（译者注：原文为 Psphenidae，猜测是拼写错误，应该是 Psephenidae）幼虫（左为腹视图，右为背视图）；7. 昆虫纲，双翅目，大蚊科；8. 昆虫纲，双翅目，鹬虻科；9. 昆虫纲，双翅目，蚋科（左为背视图，右为侧视图）；10. 昆虫纲，双翅目，摇蚊科（左为摇蚊亚科，右为长足摇蚊亚科）；11. 昆虫纲，双翅目，摇蚊科（流水长跗摇蚊的过滤管）；12. 昆虫纲，半翅目，划蝽科；13. 昆虫纲，半翅目，负子蝽科。

寡毛类是最丰富和多样的环节动物类群，值得注意的是它们能够生活在低氧环境中。寡毛类栖息在沉积物中，有些生活在管状物种，几乎所有的都归属为收集型的食碎屑者。蠕虫是分段的，每一段具有两队结实的横向刚毛。环节动物水蛭（蛭纲），是发生在从小溪流到中等溪流中的一个小类群，小河流、收集收藏家或捕食者。蠕虫分节收集腐蚀物，环节动物水蛭在中小河流中小部分类群，归属为收集者或捕食者。

河流和溪流中的腹足类（帽贝和蜗牛）和双壳类（蛤蜊和蚌类等软体动物）在贝壳形成中受到河流钙需求的限制。例如，淡水笠螺一般个体较小，生活在快速流动的溪流中，由套膜形成的水动力学形状和吸盘，可让它们在有水流的岩石间移动，并可用锉刀状的齿舌刮下附着较松散的藻类食物。腹足类的膀胱螺，是大型植物河床中最丰富的刮食者，它们通过使用齿舌来锉维管植物表面，去除周丛生物和表皮的植物组织。蛤蜊和贻贝（双壳纲=斧足纲）是滤食性收集者，它们用暴露的内流和外流的虹吸管在沉积物中进行挖掘。它们泵入水提取溶解氧和 FPOM，并排出废物。由于双壳类软体动物对水质非常敏感，因此已被广泛用于评价流水环境健康的指标。但是，小型的、普遍存在的指甲蛤有更大的耐受性，因此广泛存在于溪流和河流中。

流水中常见的甲壳纲动物包括端足目（飞毛腿）、等足目（水生球潮虫）、底栖桡足类（猛水蚤目）（原文为 Harpactacoida，拼写错误，应该为 Harpacticoida）和十足目（螯虾和淡水小虾）。大多数等足目和端足目（Hyallela 除外）是溪流中的碎屑撕食者，依赖于源头的河岸凋落物。虽然十足类的螯虾和小虾在所有大小的水域中都有，但前者往往在溪流中更丰富，而后者在中等大小的河流中更丰富。十足类是食腐动物，但通常归类为植物凋落物的兼性撕食者。由于这些甲壳类动物比较大，一直是受到关注的，具有商业化食品和饵料价值，以及作为大型垂钓鱼类的饵料。小型的哲水蚤是知之甚少的，但在小溪流到大河流中都存在，归属为栖息在底栖 FPOM 中的收集者。

水生昆虫（节肢动物门）是流水水体中是最显眼的，也是研究得最透彻的无脊椎动物。可以细分为原始的不完全变态目，由不成熟的若虫逐渐蜕变成成熟的有翅成虫，更加进化的完全变态目具有一个幼虫期和蛹期。昆虫生长完成若虫或幼虫阶段，可持续数周到数年时间，而成虫很少取食且生命很短（一天到几周）。陆地昆虫比流水水体要更丰富、更多样，且有 13 个目属于水生或半水生类（出现在水体边界）。其中这些目所有的幼虫是水生的，列示如下：不完全变态的蜉蝣目（Ephemeroptera），石蝇（襀翅目），蜻蜓和豆娘（蜻蜓目），完全变态石蛾（毛翅目），以及蛇蜻蜓和泥蛉（广翅目）。这些是代表几乎所有未受污染流水生态系统中鲜明特征的类群。蜉蝣是唯一的在有翅亚成体（subimagos）到性成熟体（imagos）时发生蜕皮的昆虫，这对于飞钓运动来说是非常重要的。几乎所有蜻蜓和一半的石蝇幼虫都是捕食者。蜻蜓和豆娘一般出现在小溪流和大河中，许多种类都与水中维管植物有关。非捕食性昆虫石蝇幼虫以河边凋落物碎屑为食。

石蛾是大型水生目生物且大多数物种都具有一个非常轻便的外壳，这个外壳是由植物碎屑（碎食者）和矿物颗粒（刮食者）共同组成的，可以从头上的腺体中吐丝。所有的外壳通过丝连接起来，挂在后侧的腹足上以维持幼体能在壳内生存。幼虫是通过外壳进行水循环的，腹部起伏让腮和体壁浸润到水以促进呼吸。毛翅目幼虫的 5 个科以及蛹期的所有科，其外壳构造都是不轻便的，是一个由有机和无机物组成的固定休息场所。这五个科中的大多数可以结网，用于从流动水体中过滤出 FPOM。原石蛾科（Rhyacophilidae）没有外壳，可自由行动，大多属于专性捕食者。有一些广翅目捕食者是属于流水生境昆虫中最多的，它们一般都生活在水流缓慢的区域，一般与淹没的木质残体相关。

完全变态的鞘翅目（甲虫）、双翅目（真蝇）、鳞翅目（水蛾）、膜翅目（水生蜂）构成了最大的昆虫目，且有一些属于水生或半水生类的代表，比如水蛉科昆虫和脉翅目昆虫。甲虫是幼虫和成虫都生活在水中的唯一昆虫代表。双翅目的摇蚊科（Chironomidae），一般在流水中比其他水生昆虫要丰富且多样。摇蚊种类是所有流水栖息地和所有功能摄食类群的代表。它们在生态学研究上的利用因为鉴定幼虫困难而受到限制。在流水中仅发现极少数的水生蛾。一些是刮食者栖息在水流较快的地方，但大多数是以大型水生植物的叶片为食。膜翅目是最大的陆生目，包含了许多的社会物种，有一些是寄生形式的，雌性可以进入水中产出水生和半水生类的幼卵。水蛉的幼虫栖息于淡水海绵中，要么成为捕食者，要么直接以海绵的组织为食。

半变态的半翅目（蝽）、直翅目（蚱蜢等）和弹尾目（跳虫）也有水生和半水生种类。所有广泛分布的半翅类昆虫都是活跃的捕食者，占据着缓慢水流和边缘生境的整个区域，它们能捕捉到猎物并以刺吸式口器来吸取其体液。流水中所有的直翅目和弹尾目都是半水生类生物并以碎屑为食，属于收集者。有关功能摄食的作用，在“河流与溪流：生态系统动态与整合范式”一章做更为详细的讲解。

4. 鱼类

鱼类是水体中最重要的脊椎动物类群，由于其商业价值和娱乐价值而引起人类的广泛关注。世界上大约有41%（约8500种）的鱼类生活在淡水中。尽管这些物种对河流的依赖程度和盐水的耐受性各异，但是在流动水体中都能找到其代表性物种。对盐水几乎没有耐受性的类群（如鲤科、太阳鱼科和脂鲤科）被认为是最初级淡水鱼，分散于不同的淡水路径中，或者是从古老的海洋祖先中进化而来的。次级淡水鱼（如慈鲷科和花鳉科）一般是生活于淡水中，但对盐水有一定的耐受性。洄游性鱼类是在淡水和盐水之间进行迁徙。溯河产卵的鱼类包括鲑科鱼类、七鳃鳗，西鲱和鲟鱼，它们大部分时间生活在海水中，并迁徙到淡水中繁殖。美国和欧洲的鳗鱼是入海产卵的鱼类，它们大部分时间生活在淡水中，并到海洋中完成繁殖。降海洄游（catadromy）普遍存在于在热带地区，而溯河洄游（anadromy）往往在高纬度地区更为普遍。

河流系统中鱼类集群的纵向梯度是普遍存在的，可尝试利用发现的优势鱼种和集群来对溪流区域进行分类。因为鱼类区系会随着地理位置和气候而发生变化，因此区划方案通常只适用于除欧洲之外的局部区域。纵向梯度的出现是物种增加或被替代的结果，反映出沿河流连续统的生境类型与数量和可供的食物的适应。上游典型的鱼类为鲑鱼与杜父鱼，具有很高的代谢率和随之的高需氧量。鲑鱼很活跃的，流线型体型使得其运动迅速，可以在激流中维持其位置，并以漂流型无脊椎动物为食。杜父鱼具有扁平的头部（depressed head）和巨大的胸鳍，能接近河床并在河床底部的石头间搜寻食物。上游鱼类一般独居，也可能表现出于摄食和空间资源的领地性。它们也有可能扩展到下游氧气和温度合适的区域，加入到能耐受高温和少氧的更深层鱼群中。一般在中部断面，物种丰富度最高，这与日益增加的池塘开发和整个的栖息地异质性有关。鲤科是最大且分布最广的初级鱼科之一，生活在水流缓慢的地方。该类群最常见的行为是集群行为。在高阶河段，这种鱼类集群包括那些像胭脂鱼和鲶鱼一样的大型深海鱼，它们以底部沉积物、采食无脊椎动物（invertivorous）的太阳鱼和肉食性梭鱼为食。

课外阅读

Allan JD（1995）*Stream Ecology: Structure and Function of Running Waters*. London：Chapman and Hall.

Cummins KW（1962）An evaluation of some techniques for the collection and analysis of benthic samples with special emphasis on lotic waters. *American Midland Naturalist* 67：477 504.

Giller PS and Malmqvist B（1998）*The Biology of Streams and Rivers*. Oxford：Oxford University Press.

Hauer FR and Lamberti GA（1996）*Methods in Stream Ecology*. San Diego：Academic Press.

Hynes HBN（1970）*The Ecology of Running Waters*. Liverpool：Liverpool University Press.

Knighton D（1998）*Fluvial Forms and Processes: A New Perspective*. London：Arnold Publishers.

Leopold LB（1994）*A View of the River*. Cambridge，MA：Harvard University Press.

第四十七章
岩石潮间带

P S Petraitis，A D Fisher，S Dudgeon

一、引言

英国生态学家 A J Southward 将潮间带描述为“最高潮位淹没区和最低潮位裸露区之间的海岸”，因此，岩岸潮间带上的群落基本被潮汐和硬表面(hard surface）所限定。在特定岩石潮间群落中发现的生物种类、物种数量和个体分布与多度等，还取决于海岸的物理性质、资源供给、上覆水中的食物和幼虫、现存物种之间的生物相互作用和区域性物种库等。虽然岩石潮间带海岸仅覆盖地球表面的一小部分，但其却包含了丰富的生物多样性，从高产的微藻类到寿命短暂的脊椎食肉动物（图 47-1）。

图 47-1　美国缅因州食肉性蜗牛、贻贝、藤壶和褐藻的特写镜头（图片由 P S Petraitis 提供）。

二、海岸的物理性质

1. 潮汐

潮汐由月球和太阳的引力效应所引起，理想状况下，每天可出现两次高潮和两次低潮的周期。然而，潮汐的幅度和频率由月球相位、地球轨道和赤纬、纬度及海岸线和海底构造所决定。赤道附近的潮差较小，变化幅度从高纬数米到靠近赤道的不足几十厘米。海岸构造和洋盆可引起谐波共振，并产生幅度和频率都急剧变化的潮汐。在极端情况下，这些影响的增强和消除可使每天只出现一次高潮和低潮或落差几乎没有变化的潮汐。

生物暴露于极端条件时，低潮期的出现时间对其具有深远影响。例如，美国缅因湾的最低潮通常出现在黄昏或黎明前后，因此，在夏季，生物很少接触到正午的太阳，而在冬季早晨，生物经常暴露于冰点以下。相反，澳大利亚东南部最低的夏潮出现在正午，生物将暴露在极高的温度之下。

2. 海岸特征

任何坚固稳定的表面都具有维持岩石潮间带群落中生物的潜力，在低潮期间，潮间带栖息地介于干燥的岩石和充满水的潮池之间。岩石表面极富变化，从非常坚硬的岩石到相对柔软的岩石，如从花岗岩到砂岩，也可从光滑的平台到不规则的石砾和巨石。地形、倾角、色彩和岩石质地可对干燥速率和表面温度产生影响，而干燥速率和表面温度通常限制物种的分布和多度。人造表面，如岩石码头和木墩桩，以及生物表面，如红树林的根部，也能维持与附近岩石海岸群落相似的群落。

由于热量、蒸发，以及径流盐度及 pH、养分和含氧水平的变化，潮池与周围的海岸极为不同。潮池通常是海胆、蜗牛和鱼的栖息地，否则这些物种将被限制在潮下带区域。

涌浪量影响海岸生物类型及其分布。通过持续湿润海岸和使物种向更远海岸的扩散，涌浪和碎波通常可扩张至潮间带和物种分布范围。涌浪也可促使动物寻求庇护，限制缓慢移动物种的分布，而碎波的力量足可伤害并冲走生物。由海浪席卷而来的沙子和碎屑如木屑，可将生物从表面清除。在低波浪区域，泥沙淤积可埋葬生物或堵塞鱼鳃和其他滤食性摄食的结构。

3. 附着生物

与很大程度上依赖于当地植物材料以维持定居的动物种群陆地生境不同，岩石潮间带的聚合体不仅由藻类的初级生产所维持，而且也由将海洋生产力与海岸连接起来的悬食动物（如藤壶和蚌）次级生产所维持。

4. 藻类

“藻类”一词是指一种极其多样和异质的群体，

由七大世系，或真核生物域中约 41%的界等级分支组成。大多数世系由单细胞微藻组成，而占据世界上很多岩石海岸的多细胞藻类仅有三个群组（红藻门、绿藻门和褐藻门）（图 47-2）。

图 47-2 美国缅因州大量的褐藻床（图片由 P S Petraitis 提供）。

微藻无处不在，虽然不起眼，但它们是岩石潮间带群落的重要成员。例如，硅藻是许多腹足类摄食动物的主要食物来源，并可形成生物膜，而生物膜便于无脊椎幼虫的寄居使小型底栖动物类群保持稳定。

许多岩石海岸由底栖大型藻类（即海藻）占据，特别是温带地区的低潮间带和中潮间带，且很多藻类具有适应在海浪冲刷海岸上生活的形态。海藻的理想化横剖面图包括一个固着器，一个柄，和一个或多个叶片。固着器通常附着于水藻，要么通过细胞的薄外壳层紧贴在岩石表面，要么通过巨大的、厚的扩散组织分泌黏液“胶水”黏附于岩石。与植物茎类似的叶柄表现出明显的物质特性，能使海藻承受由波浪产生的巨大水动力。叶片是气体和养分交换以及光合作用获取光的重要结构。叶片还含有生殖组织，或在植物叶片的内部，或在孢子叶内（即用于生殖的特殊叶片）。一些较大的褐藻，如墨角藻属和巨藻，有被称为气囊的充气浮，能使叶片浮起，使它保持在更靠近光照强度较高的水面。

大多数海藻生命周期的多样性与复杂性使它们在岩石海岸上的多度极高。大多数海藻的生命周期包括了单独配子体世代和孢子体世代的交替。这两代或可视为相同（即同构），或可视为不同（异形）。在一些物种中，异形世代是如此的不同，以至于它们最初被描述为不同的物种。异形生活史假说是为了体现对摄食压力的适应，异形世代清晰的展现了在竞争能力和抗干扰，以及与直立多叶和平包外壳形态相联系的长寿命等方面的权衡。

5. 固着类无脊椎动物

许多成年无脊椎动物物种永久附着在岩石或其他生物（海底生物）上，这些物种包括多孔动物门（海绵动物）、腔肠动物门（水螅虫和海葵）、环节动物门（tube building polychates）、节肢动物门（藤壶）、软体动物门（贻贝和蛤）、苔藓动物门（苔藓动物）和脊索动物门（被囊动物）。悬浮性摄食，要么通过筛结构吸水，要么通过诱导或外部电流捕获颗粒，这是固着动物的一个共同特点，可将产生于水层中的能量和养分输入传递至浮游生物摄食的潮间带。此外，通过取食源于局部的碎屑，悬浮物摄食动物可获得一些邻近栖息生境所产生的营养物质。

固着类潮间带动物通常在物理上或化学上抵御捕食，并通过可塑性外表来应对不断变化的环境条件，因为它们被固定在某一位置，无法通过移动躲避捕食者。例如，食肉腹足动物 *Acanthina angelica* 的出现，引起附着在它身上猎物 *Chthamalus anisopoma* 的外壳形状改变，而附着动物形成的弯曲外壳使之更难以遭受捕食者的攻击。

6. 移动的生物

基于涨潮点之间的时间跨度，在岩石潮间带海岸可发现的移动无脊椎动物和脊椎动物通常被分为两类。寄居在潮间带的物种，大部分时间要在这里度过，且面临当地多变的自然条件。它们通过各种各样的行为和生理适应，以缓解这些条件的不利影响。许多当地物种在低潮时找到避难地，要么在岩石之间、藻类下面，要么在潮汐地，而其他物种在潮汐到来之前就仅依附在裸露的岩石表面。瞬时物种是那些在潮间带中仅渡过一小部分生命周期的物种（如幼年期），或是那些在低潮或高潮期间进入和离开潮间带的物种。

7. 无脊椎动物

在岩石海岸上，大的、可移动无脊椎动物消费者是被最广泛研究的集群，包括来自于涡虫纲（扁形虫）、甲壳纲动物（如蟹类、虾类、端足目和等足目动物）、环节动物门（如多毛类）、腹足纲（如蜗牛、裸鳃类动物和石鳖）和棘皮动物门（海胆类、蛇尾类和海星）等的物种。草食动物的范围从硅藻膜食草动物到大型海藻，食肉动物利用各种方法（压碎、刺痛、钻取和部分消耗）以解决它们的捕食防御问题。

小型可移动后生动物（长 0.1～1mm，统称为小型底栖动物）以藻类、动物和岩石海岸上的沉积物为生。小型底栖动物包括许多无脊椎动物门的消费者，由于其尺寸小，多度和周转率高，因此是重要的消费群体。与大型无脊椎动物研究相比，它们的影响，往往被忽视。

8. 脊椎动物

脊椎动物通常指那些在潮间带中取食或隐藏的短命物种，包括在高潮时进入的鱼类和海洋哺乳动物，以及在低潮时进入的鸟类和陆生哺乳动物（图 47-3）。例如，在低潮期间，厄瓜多尔加拉帕戈斯群岛上的海鬣蜥（*Amblyrhynchus cristatus*）普遍在火山熔岩生物礁上搜寻潮间带藻类。潮间带鱼类很特异，它们往往是隐藏的，且体长不超过 10cm。尽管鳚科、虾虎鱼科和隆头鱼科等最常见，但潮间带鱼类和短命鱼类包括来自几十个科的成百上千物种。

扫一扫看彩图

图 47-3　美国加利福尼亚州中部的岩石海岸和海滩上的大象海豹（图片由 S Dudgeon 提供）。

鸟类和哺乳动物的特点是，高的吸热代谢率和庞大的身躯，甚至在低密度下其可对潮间带群落产生重大影响。鸟类包括当地筑巢物种和迁徙物种，一个季节可消灭数以百万计的无脊椎动物。此外，在一些群落中，鸟类通过鸟粪和猎物残骸提供主要的营养输入。据报道，除了南极洲以外的所有大陆中，有超过 20 多种的陆地哺乳动物（主要是食肉动物、啮齿动物和偶蹄动物）是消费者或岩石潮间带生物的食腐动物。大多数被记录的猎物是软体动物、蟹类或鱼类。最与众不同的情况之一是，小岛上依靠搜寻潮间带海藻为食的野兔种群远离了南非海岸，考虑到脊椎动物的移动，它们对岩石海岸潮间带的影响难以评估。通常是在其他方式中的浮游动物或陆生动物种的消化道内容物中才得以发现专性潮间带动物或藻类的潮间带活动。

人类在岩石潮间带中捕获的影响是鲜为人知的。不过，在澳大利亚、智利和南非的大尺度研究已经表明，捕获已对潮间带上的集合体产生了明显的影响。

三、区划

1. 模式

岩石海岸潮间带通常呈现动植物的垂直分带，这与潮起潮落而产生的剧烈环境梯度有关。例如，北半球大多数中等暴露的岩石海岸，在沿岸和浅海的交界面上有巨藻分布，随后是红藻门植物占据低潮间带，墨角藻、贻贝和藤壶占据中潮间带，而蓝藻、地衣和各种各样的矮密、薄壳状或丝状短命海藻占据高潮间带。虽然许多门类的物种可被同时发现，但单一物种或单一群组通常比较普遍；垂直带是根据优势种群而命名的（例如，潮间藤壶区是以藤壶科藤壶的名字命名的）。

结合对潮间带（其暴露于海浪的程度不同）不同栖居者起作用的各种物理因素，个别区域中的沿海岸可产生分布和多度的复杂模式。然而，在区域尺度上，一些普遍模式是明显的。从地理上看，垂直地带模式在温带岩石海岸最为明显，其中的物种多样性高，潮波的振幅也往往最大。在热带地区的岩石海岸，生物区域由于小的潮波振幅被压缩成狭窄的垂直带。在极地地区，每年的冰蚀和低的物种多样性，往往会掩盖任何显著的垂直分带。

2. 原因

通常认为，生物的上限由物理因素设定，而下限由生物相互作用决定，但也有许多此规则的例外。大多数岩石海岸线的分带，其具体原因是基于地理位置变化的，但分带主要源自幼虫和成虫的行为、生理压力的耐受力和消费者的影响，以及生产力和相邻物种之间的相互作用。

成虫活动和从浮游植物到岩石海岸上定居的幼虫行为对动物分布具有重要影响。例如，对藤壶的研究表明，水层中幼虫的垂直带对幼虫定居和海岸上成虫对应的垂直带都有利，而以前只将此模式归结于种间竞争。对海藻而言，其行为对它们的成带现象相对不太重要，因为成年海藻有固着和稳定的孢子，它们大多是被动地迁移。

生活在较高海岸的海洋生物，面临着比它们低岸同类更为频繁和极端的生理挑战，大多数物种的潮间带分布上限由细胞脱水所决定。脱水可发生在严寒的冬季，或仅与长期出现次数有关的干燥期。高温和大风会加速细胞组织的失水速度，加剧干燥的影响。

固着生物初级和次级生产被限制在较高的潮波高度上，因为营养物质和其他资源只有被海水浸没时才能获取。海藻和无脊椎动物的呼吸速率随温度而变化，因此当生物在低潮暴露时会变得更大。对于海藻，持续的暴露脱水也会降低光合作用。

与较高潮波高度不断暴露有关的生产力下降可改变种内和种间关系。例如，海藻间的竞争，在较低海岸上可能会很激烈但在较高潮波时竞争被削弱，从而使它们得以共存。潮间带海藻间的竞争具有层级性，由较低海岸的物种支配那些较高海岸的物种级。因此，在较浅区域，中潮间带墨角藻的生存空间被叶状红藻超越，叶状红藻可利用多年生的固着器外壳预先抢夺空间。在中潮间带也存在竞争层级，那些通常出现于更低海岸上的墨角藻通过竞争而支配更高海岸上的物种。这在欧洲岩石海岸最为明显，这里潮间带墨角藻的多样性是最高。

较低海岸上的摄食率通常较高，尽管也有取食昆虫限定短命绿藻生存上限的例子。在亚海滨带界面，海胆摄食可以限制巨藻的较低分布，但几乎没有证据表明对多年生海藻的摄食会限定潮间带类群的生存下限。在定居之后的萌芽孢子阶段，海胆对多年生海藻的取食最为强烈。腹足类和小甲壳类的摄取的确可造成已立足个体的生物量损失，但并不影响其在潮间带的分布。相反，在许多地区的春季和夏季，取食浮出岩石上和蓄潮池中短命物种的现象很普遍，从而最终将藻类从各自的栖息地移除。也有许多消费者利用海藻既作为栖息地也作为食物的例子。

四、岩石潮间带作为生态学发展的一个重要系统

岩石潮间带一直是生态学研究的大本营，潮间带试验的成功部分源于这一事实，即潮间带的生物类群往往包含少数几种能在与潮汐循环相关的环境变化下生存的物种。此外，许多当地的潮间带物种都是小的、常见的，缓慢移动的或固定在一个地方的物种。因此，岩石海岸潮间带历史上呈现的是简单的、轮廓分明的栖息地，在这里，更容易观测和操作局部的相互作用，控制生物类群的动态。然而像这样的初始状况被误导了，浮游生物后代筛选的不断变异，许多海洋物种的特性已经激发了人们对海洋地理条件作用的更深入思考。

五、描述性研究：1960 年以前的研究

对岩石海岸的描述和垂直分异原因的猜测可追溯至 1950 年前。20 世纪 60 年代以前，生态学家已经发表了有关对十多个较大地理区域潮间带的描述性说明，这些区域横跨全球，包括北太平洋和北大西洋两岸、格陵兰岛、西印度群岛、南美洲和中美洲、非洲海岸、地中海、黑海、印度洋群岛、新加坡、太平洋岛屿及澳大利亚和塔斯马尼亚。与现在的物种分布模式相比，由于当地物种的灭绝和引入，这些岩石潮间带早期的描述仍然是有潜在价值的原始资料。

六、实验研究的兴起：1960～1980 年

随 J H Connell 和 R T Paine 开创性工作的展开，在 20 世纪 60 年代，有关潮间带生物的直接实验控制得以推进。康奈尔通过选择性地从由海岸砂岩制成的小瓦片中去除生物个体，对苏格兰存在的两个藤壶物种进行了实验控制。他指出，高潮间带物种 *Chthamalus stellatus* 的生长下限是由其与中间带物种 *Balanus*（现为 *Semibalanus*）*balanoides* 竞争决定的，而 *S. balanoides* 的上限是由物理因素决定的。Paine 从华盛顿潮间带海岸地区移除了食肉的海星 *Pisaster ochraceus*，结果表明，*Pisaster ochraceus* 的存在是控制贻贝的主要原因，贻贝是空间的成功竞争者，在缺少 *Pisaster* 的情况下，主导潮间带的海岸。这些早期研究为最近几十年该领域快速发展的实验研究提供了一个框架（图 47-4）。

扫一扫看彩图

图 47-4 美国缅因州 Grindstone Neck 沙漠高山岛的背景，这个景点由 20 世纪 70 年代的 Menge and Lubchenco 在开创性工作中使用（图片由 P S Petraitis 提供）。

总之，可移动消费者的观察和实验控制及其捕食，通常揭示了它们的捕食作用可作为贡献于构建潮间带岩石生物类群结构的一个重要因素。消费者已经多次展示了猎物种类和猎物大小的选择，同时摄食藻类的消费者可在不经意间消灭新定居的动物和藻类以及它们的猎物。

七、供给生态学与外部驱动力：1980～2005 年

长期以来，海洋生态学家已经清楚许多潮间带

物种的成功取决于源自浮游生物繁殖体（幼体、受精卵和孢子）的供给量，但直到 20 世纪 80 年代，评估繁殖体供给如何影响底栖生物类群成虫分布和多度模式的实验才开始着手。

繁殖供给和早期定居的死亡率明显影响已建立个体之间相互作用的强度，以及其在岩石海岸上的分布和多度总体格局。已确立个体的多度通常与定居密度成正比，因此成虫的相互作用取决于定居变化。与此相反，如果定居持续高到足以使系统饱和，则当地种群通常由成虫间的强烈作用所驱动，而与定居变化无关。在某些情况下，早期定居的严重死亡可能会使成体密度很低，尽管有大量的移居物种，这已经在数类海藻和许多无脊椎动物中被加以证明。繁殖体供给变化的原因可以分为两大类，海洋地理传递（oceanographic transport）或近海采油。虽然无脊椎动物幼体和一些藻类孢子能够游动，但在较小的空间尺度上，只有定居之前的移动对它们靠近底层才是至关重要的。一般而言，底栖物种的繁殖体受洋流和其他海洋传递现象支配。例如，沿岸涌流导致繁殖体净离岸迁移和沿海岸线附着的减少。这通常出现在无脊椎动物物种上，它们在浮游生物上有长期的滞留时间。与此相反，有非常短暂浮游阶段的海藻，通常在季节性和永久性涌流的区域中占主导地位（图 47-5）。

扫一扫看彩图

图 47-5 智利北部安托法加斯塔附近潮间带区域的涌流和丰富的海藻（图片由 P S Petraitis 提供）。

区域性海洋生产在两个方面对沿海生境幼体的供给产生影响。第一，近海水域光合浮游生物的生产影响浮游营养幼体的多度，在浮游生物环境中，这些浮游营养幼体被喂养几周后，可潜在引起具有更大浮游植物生产区域中幼体供给的进一步增加；第二，相反的，海上增产能产生更多的资源，并提供更多的与大洋性生物群落相关的栖息地，这些生物群落捕食幼体，从而导致幼体供给的减少。

八、未解决的问题和未来的方向

海洋生态学家在增进我们理解强大的局部相互作用如何影响群落组成方面已非常成功，但小尺度实验的结果如何按比例放大到大尺度，目前尚不清楚。这是岩石潮间带生态学的重大挑战之一，因为实际的日常管理事务、商业性采收、生物多样性需要解答栖息地数平方公里，而非数平方米实验场地尺度上的恢复问题。目前，已用于研究团队的一种方法是在广阔的地理区域［如在英国和欧洲的欧洲岩石圈（EuroRock）］，或类似的海洋条件下（如在泛太平洋涌流系统岩石海岸上持续进行的研究）进行完全相同的小尺度试验。随着群落动态的实验研究，另一种方法是对来自现场和传感器（如卫星可显示近海岸的温度和初级生产力）的“实时”物理、化学和生物数据的整合。

这两种方法都无法解决大型可移动消费者如哺乳动物的难点，哺乳动物的重要性被低估，因为研究哺乳动物所固有的困难。甚至是有广泛记载的老鼠（褐家鼠），通过最宽泛的、有据可查的潮间带食物将潮间带哺乳动物引入，这些潮间带食物很可能仍没有被作为来自很多沿海地区岩石潮间带的消费者而报道。众所周知，沿海地区通常被消费者所占据。岩石潮间带生物很可能为陆生消费者提供大量的能量，但有关潮间带与陆地联系，以及潮间带海岸如何作为陆地栖息地重要补充的数据非常缺乏。

来自一个地区的详细信息是否有益于另一地区，目前也不清楚。举例来说，大西洋两岸的潮间带岩石海岸海洋看起来出奇的相似，不仅存在同样的植物和动物，而且其多度和分布也类似。相似如此惊人，以至于只知道浪涌方向的、训练有素的海洋生态学家可列举任何百米海岸线的 20 个最常见物种。普通的巨浪不能告诉他或者她在布列塔尼、爱尔兰、新斯科舍省，还是在缅因州。这种相似性的原因还未被充分理解。在欧洲和北美的岩石海岸看起来相似，因为强烈的生物相互作用维持物种平衡或是由于历史的意外，而这些反对的观点是一个连续体的终点，但其却代表了现今生态学的一个主要智力论辩观点。

最后，生态系统不是一成不变的，位于海陆边界的岩石潮间带系统，随海洋条件如暴风雨的频率和浪涌的范围，以及陆地条件如空气温度的改变，将备受气候变化的影响。通过改变干扰动态和改变潮间带物种的地理范围，这些变化可能会影响当地的群落。

课外阅读

Connell JH（1961）The influence of interspecific competition and other factors on the distribution of the barnacle Chthamalus stellatus. *Ecology* 42: 710-723.

Denny MW (1988) *Biology and Mechanics of the Wave Swept Environment*. Princeton, NJ: Princeton University Press.

Graham LE and Wilcox LW (2000) *Algae*. Upper Saddle River, NJ: Prentice Hall.

Horn MH, Martin KLM, and Chotkowski MA(eds.)(1999)*Intertidal Fishes: Life in Two Worlds*. San Diego, CA: Academic Press.

Koehl MAR and Rosenfeld AW (2006) *Wave Swept Shore: The Rigors of Life on a Rocky Coast*. Berkeley, CA: University of California Press.

Levinton JS (2001) *Marine Biology*. New York: Oxford University Press.

Lewis JR (1964) *The Ecology of Rocky Shores*. London: English Universities Press.

Little C and Kitching JA (1996) *The Biology of Rocky Shores*. New York: Oxford University Press.

Moore PG and Seed R (eds.) (1986) *The Ecology of Rocky Coasts*. New York: Columbia University Press.

Ricketts EF, Calvin J, and Hedgpeth JW (1992) *Between Pacific Tides*, 5th edn., revised by Phillips DW. Stanford, CA: Stanford University Press.

Southward AJ (1958) The zonation of plants and animals on rocky sea shores. *Biological Reviews of the Cambridge Philosophical Society* 33: 137-177.

Stephenson TA and Stephenson A (1972) *Life between Tidemarks on Rocky Shores*. San Fransisco, CA: W. H. Freeman.

Underwood AJ(1979)The ecology of intertidal gastropods. *Advances in Marine Biology* 16: 111-210.

Underwood AJ and Chapman MG (eds.) (1996) *Coastal Marine Ecology of Temperate Australia*. Sydney: University of New South Wales Press.

Underwood AJ and Keough MJ (2001) Supply side ecology: The nature and consequences of variations in recruitment of intertidal organisms. In: Bertness MD, Gaines SD, and Hay ME (eds.) *Marine Community Ecology*, pp. 183-200. Sunderland, MA: Sinauer Associates.

第四十八章
盐碱湖泊
J M Melack

一、引言

盐湖存在于各大洲，位于蒸发超过当地降水的水文上封闭的流域，其大小和盐度变化明显，尤其对气候变化和水流改道更为敏感。从微生物到无脊椎动物，再到鱼类和鸟类，这些水生生物群时常出没于这些环境，可达惊人的数量。尽管现代科学技术被越来越多地应用于一些咸水湖泊，但许多位于偏远地区，要求将探查抽样作为第一步，而这经常伴随有意想不到的发现。例如，一个穿越撒哈拉沙漠的探险队发现了独居村民吃一种被称为“螺旋藻”的蛋糕，进而导致水产养殖产业的出现。

自1979年以来，八次系列内陆盐湖国际专题讨论会都致力于加强和拓展科学认识范围，并在世界范围内培养研究人员骨干。然而，由于化学条件和生物区系的差异，所有生态过程都可出现在盐湖中，且其能提供一个绝妙的系统，在这个系统中可通过观测与实验来检测这些过程。Ted Hammer的论著和其他几位的综合性评述中，都提供了有关这些多样性和迷人环境的全面资料。这是特别重要的，因为受流量分流和经济发展的影响，许多区域的内陆咸水水域受到威胁。

二、地理分布

盐湖广泛分布于全球，大多数位于干旱地区，约占世界陆地总面积的 30%。盐湖水量约为淡水湖的 80%。虽然盐水总量的 70%被固持于里海（Caspian Sea），但值得注意的是，约 40%的淡水被固持于贝加尔湖和劳伦森北美五大湖（见“淡水湖泊”）。此外，很多世界上最大的湖泊也是盐湖，包括大盐湖（Great Salt Lake）（美国）、沙拉湖（埃塞俄比亚）、凡湖（土耳其）、死海、青海湖和罗布泊（中国）、纳木错湖（青藏高原，中国）、巴尔喀什湖（俄罗斯）、乌尔米湖（伊朗）、伊塞克湖（吉尔吉斯斯坦）、咸海、马奇奎塔湖（阿根廷）、艾尔湖（澳大利亚）和乌尤尼湖（玻利维亚）（这两个湖在大小上相差很大，这是许多浅盐湖的演变特点）。

三、环境与生物学特性

湖泊盐分高于 3g/L 时，其通常被认为是盐湖，尽管这个数值有些武断。盐度被定义为按重量计算的总离子数，通常包括主要的阳离子（钠、钾、钙和镁）和阴离子（碳酸氢盐与碳酸盐、氯化物和硫酸盐）。天然水的盐度可达几百克每升，其化学组成存在极大的差异。盐湖的离子组成取决于入流和蒸发浓度范围的离子之比。随着特定盐的过度饱和，它们沉淀并导致大量蒸发盐沉积的形成。碳酸钙和碳酸镁是代表性的初级矿物沉淀。如果有足够的钙保留在溶液中，则硫酸钙通常会紧接着沉淀。在大多数高矿化度水域中，氯化物是主要的阴离子，钠通常是主要的阳离子；犹他州的大盐湖（美国）就是这样的例子。在罕见的情况下，其他离子的组合可发生在高度矿化的水域中，如钠-镁-氯化物水域的死海和钠-氯化物-硫酸盐盐湖的乌干达 Mahega 湖（图 48-1），或异常氯化钙盐水的胡安塘（南极）。中等盐度湖泊包括东非的碳酸钠或碱湖和苏打湖及美国加利福尼亚州的三倍海水盐分的莫诺湖（碳酸钠-氯化物-硫酸盐）。

图 48-1　乌干达 Mahega 湖。

栖息在盐湖中的嗜盐微生物的多样性极高，可由来自古生菌、细菌和真核生物的三域生物（three domains of life）为代表。现代分子生物学技术，如基因测序，直到最近才被应用于自然微生物群落中，但仍有许多有待学习了解。在特别高的盐浓度下，微生物缺少植食者，可达到非常高的多度，能将盐湖染成鲜红色或橙色。在高盐度下，只有极少数的代谢过程没有被观察到，包括嗜盐甲烷菌能够利用乙酸盐或氢与二氧化碳和嗜盐硝化细菌。

随内陆水域盐分的增加，生物多样性通常会降低，但在中间盐分范围内，其他因素会因其物种多样性的巨大变化。当盐分低于 10g/L 以下时，植物、藻类的物种丰富度与动物呈现极显著相关关系。澳大利亚盐湖研究的开创者 William D. Williams 教授发现，澳大利亚湖泊大型底栖动物的物种丰富度与盐度为 0.3～343g/L 时高度相关，但与盐分中间范围的关系不显著。许多类群对中间盐分值有广泛的耐受性。相反，其他各种因素的变化，包括溶解氧浓度、离子组成，pH 和生物相互作用，似乎影响物种丰富度和组成。

四、生态过程实例

盐湖非常广泛的环境条件和地理分布，引起各种各样的生物群落在物种多样性和生态相互作用方面的差异。而且，通过将野外观测和重要过程的测定，以及实验和模型的结合，对极少数盐湖进行了充分研究。因此，本章所列举的盐湖中的三个生态过程例子被深入研究，且其跨越各种物理、化学和生物条件。

1. 东非碱湖

富集碳酸氢盐和碳酸盐的盐湖，通常被称为碱湖。它们广泛分布于非洲东部，是世界上最具生产力的自然生态系统。这些湖泊的显著特点通常是存在大量的小火烈鸟（*Phoeniconaias minor*）（图 48-2），它们以密集悬浮的浮游植物螺旋藻（*Arthrospira fusiformis*）（先前称作 *Spirulina platensis*）为食，但物种多样性很低。异养细菌可达极高的数量，但尚未赋予分子学方法的特征。浮游植物和底栖藻类，包括数种绿藻、硅藻和蓝细菌。这些水生无脊椎动物物种中，原生动物是最多样的，纳库鲁湖（肯尼亚）报道有 21 种。纳库鲁湖 20g/L 的盐度中，消费者包括一种鱼（*Sarotherodon alcalicus grahami*）（从马加迪湖温泉附近，临近盐池中引进）、一种桡足动物（*Paradiaptomus africanus*）、两种轮虫类（褶皱臂尾轮虫）和几种水生昆虫如划蝽、仰泳蝽和摇蚊等。盐度的适当变化及其垂直分布对这些湖泊的营养结构和营养状况具有重要影响。

图 48-2　火烈鸟（亚湖，肯尼亚）。

在浅的、热带盐湖中的生物群落，易受水量平衡和盐分轻微变化的影响。例如，对埃尔门泰塔湖（肯尼亚）（图 48-3）和纳库鲁湖（肯尼亚）低降雨量和盐分突然升高时的密集采样发现，浮游植物多度下降，浮游动物大量迁移。因为浮游植物物种，如节旋梭形浮游植物，被更小的浮游植物所替代，小火烈鸟的多度则明显下降。

图 48-3　肯尼亚 Elmenteita 湖。

分散在东非的是大量位于火山坑内的盐湖，对埃塞俄比亚、肯尼亚、乌干达和坦桑尼亚的一些湖泊已进行过研究，这些盐湖都有一个共同特点：东非火山湖是持久性的化学分层，即它们是半对流的，具有重要的生物影响。例如，索纳湖（肯尼亚）是一个半对流的火山湖，比临近混合而成的碱湖具有更低的藻类生物量和光合作用速率。此外，磷吸收的研究表明，虽然一个大的磷库被固持在化变层（chemocline）之下，但湖泊仍缺磷。

2. 莫诺湖

研究最彻底的盐湖之一就是位于北美大盆地西部边缘，紧邻内华达山脉东部的莫诺湖。最近，随着其盐度范围从 70g/L 到 90g/L 的变化，pH 约为 10，碳酸氢盐和碳酸盐的浓度非常高，是一种碱性盐湖。作为典型的盐湖，莫诺湖是多产的，快速生长的藻类维持一个简单的食物链，其中包括非常丰富的鳃足虫（*Artemia monica*）和碱蝇（*Ephydra bians*），而其反过来供养着成千上万的鸟。湖中没有鱼。这个湖是加州鸥（*Larus californicus*）的主要繁殖地，也是瓣蹼鹬（*Phalaropus* spp.）和黑颈鸊鹈（*Podiceps nigricollis*）迁徙途中的重要停留地。从内达华山脉流入莫诺湖的溪流是丰富的淡水资源，通过在 1941 年最早实施的一个复杂导流方案，这些淡水资源被洛杉矶市所拥有。在很大程度上，由于这一跨流域调水，使湖泊水位下降至约 14m，盐度在 1942～1982 年期间也呈现倍增趋势。室内实验表明，盐度的进一步增加很可能对生态产生深远影响，因为盐度每增加 10%，光合作用会下降大约 10%。如果盐度增加到大约 1980 年的 50%时，鳃足虫的生存和繁殖将进一步受到威胁，此时囊肿孵化停止。如果洛杉矶的这种导流继续有增无减，则盐度将在几十年内可达 1980 年时的 50%。在 20 世纪 90 年代中期，近 20 年的诉讼和环境评价结果对洛杉矶市水权条款进行了修订，这使湖泊水位趋于更高。相比之下，许多更荒芜的盐湖，如咸海，以及其他湖泊，如沃克湖（内华达州）的水位在持续下降。对莫诺湖问题的争辩性解决，是如何用科学专业知识积极解决环境问题的一个很好的样板。

气候变化和导流对莫诺湖产生了重要影响，在东非的碱湖中也同样观察到这种状况。在 20 世纪 80 年代后期，加州经历了高于平均降雪和降雨而导致湖泊水位大幅度上升和化学分层的现象，这阻碍了通常在冬季发生的完全垂直混合。氨在湖泊上游得到补充，在深层水中累积，但在透光层中保持极低的水平。由于莫诺湖是一个氮限制湖泊，因此浮游植物的多度和生产力都比较低。20 世纪 80 年代末，在重新导流和干旱条件的双重作用下，充分蒸发浓缩削弱了化学分层，而风将湖面冷却翻转，使水中携带大量的铵，进而使高生物量和生产力的藻类得以恢复。20 世纪 90 年代初期，经过多年的冬季混合和平均生产力之后，以修订的水权协议优先排序，在 20 世纪 90 年代中期，引流被缩减了，加州经历了较高的平均降水。伴随着生产率的下降，莫诺湖再次成为半对流。根据半对流或单融温的状况，浮游植物年初级生产力的多年记录存在显著的差异。在半混合期间，化变层下持续缺氧的形成，改变了具有生物学后果的其他化学条件。而甲烷和可溶硫化物的积累，以及适应元素还原形式代谢的细菌群落将逐渐变得活跃。

在莫诺湖，卤虫莫妮卡是唯一的大型浮游动物。其第一代每年从越冬囊孢、成年体中孵化，且通过无节幼虫活体释放产生第二代。有时，也会出现少量的第三代，但极少能越冬。除了对浮游植物施加强大的摄食压力外，卤虫可再生铵以支持藻类生长。在春季，卤虫是大量海鸥在湖泊繁殖时的最重要食物；同时也是秋季多达百万的鸊鷉的最重要食物。卤虫的部分生活史特征意味着藻类多度和初级生产力的不同。尽管多年来有大量的受精卵产生，但一般来说，在半对流年份，只有极少的囊孢和无节幼虫活体被生产，且相对于非半对流年份，第一代的成熟缓慢，繁殖力和体型大小也有所下降。

卤虫种群的变化可转化为对湖泊鸟类摄食的影响，每对加州海鸥出飞率反映了它们的窝卵数和幼年雏鸟的生存率，两者都会受到成年期食物供给的影响。事实上，在 20 世纪 90 年代，紧接着半混合期的发生，雏鸟成活率很低，在半混合期随后的三年中仍然很低。

3. 死海

死海位于以色列和约旦边境大裂谷海平面的大约 400m 以下，其水面是所有湖泊中最低的，也是目前最咸的湖泊之一，盐度大约为 340g/L。在过去一个世纪中，因作为其主要入流量的约旦河改道，使死海湖面下降了 20m 且盐度增加。对上游水蒸发浓缩的影响就是持续了数百年的半混合状态的终止。现在，除了几年外，湖泊每年都是完全混合的。

在 20 世纪 30～40 年代，在 Benjamin Elazari Volcani 进行开创性微生物学研究的时候，死海的盐度大约为 340g/L。利用浓缩和显微镜检查法，他可对各种嗜盐和耐盐的微生物，以及鞭毛藻、贻贝、一些蓝藻细菌、硅藻类、绿藻类和纤毛虫等进行描述。现代分子技术的后续应用极大地扩展了微生物的数量，但较高的盐度却消除了之前提到的一些生物。

在那个时代，当整个湖的盐度达到 340g/L 时，细菌密度很低，也不存在藻类。然而，通过对大量降雨和径流周期的响应，上游盐度被稀释到 250g/L，并引起杜氏藻（*Dunaliella*）的暴发和红色古细菌的生长。细菌激增的突然下降不能归因于原生动物的摄食，因为这些生物不再出现，而可能归因于噬菌体，因为病毒已在湖泊中被鉴定出来。

五、经济方面

盐水中沉淀的盐是用于各种工业生产过程中的丰富化学品来源，这些盐从盐湖中开采而来。在高蒸发率的沿海地区，一系列的盐田使溶质能够逐渐浓缩并生产出有用的盐。在一些具有强烈化学分层的、透明的表水，以及化变层内混浊层的盐湖中，对混浊层中存在的高温已做了记录。这些特点能够指导人工建设，即具有相似特点的太阳池，可用于电力生产和取暖目的。

非洲热带碱湖一个共同特征是，临近蓝藻细菌（*Arthrospira fusiformis*）的单藻种群浓度很高，可维持大量小火烈鸟的生命活动，在乍得被人们用于制作富含蛋白质的食物。这些观察、实验室研究和大量培养法的发展，使节旋藻通常作为螺旋藻在市场上销售，正成为一种广泛的食品添加剂。在盐水中发现的其他藻类物种也被用于商业开发，由于其甘油和 β 胡萝卜素含量（如杜氏盐藻）较高，其他应用包括耐盐酶的生产和有机渗透质保护酶的使用等。

卤虫是水产养殖业中一些鱼类和其他生物的重要食物。动囊孢通常来自湖边，并保持干燥，直到需要时，才将它们浸在盐水中以易于孵化。有时，如在莫诺湖，成年的卤虫被收集、冷冻，然后运往水产养殖处。

给人印象深刻的大量鸟类频繁出现在盐湖，并成为一道引人注目的风景线，使旅游业成为其经济价值越来越重要的方面。世界著名的例子有纳库鲁湖，它的岸边被红色的火烈鸟所环绕，莫诺湖有奇特的钙华塔和成千上万的水鸟，死海有它独特的历史意义和高浮力的水。一些较小的咸水湖泊，如金字塔湖，海港鱼（如虹鳟鱼和大马哈鱼）维持着休闲渔业。

课外阅读

Eugster HP and Hardie LA（1978）Saline lakes. In：Lerman A（ed.）*Lakes Chemistry*，*Geology*，*Physics*，pp. 237-293. New York：Springer.

Hammer UT（1986）*Saline Lake Ecosystems of the World*. Dordrecht：Dr. W. Junk Publishers.

Melack JM（1983）Large，deep salt lakes：A comparative limnological analysis. *Hydrobiologia* 105：223-230.

Melack JM（2002）Ecological dynamics in saline lakes. *Verhandlungen Internationale Vereinigung Limnologie* 28：29-40.

Melack JM，Jellison R，and Herbst D（eds.）*Developments in Hydrobiology* 162.：Saline Lakes. Dordrecht：Kluwer.

Oren A（ed.）（1999）*Microbiology and Biogeochemistry of Hypersaline Environments*. New York：CRC Press.

Vareschi E and Jacobs J（1985）The ecology of Lake Nakuru. VI Synopsis of production and energy flow. *Oecologia* 65：412-424.

Williams WD（1996）The largest，highest and lowest lakes in the world Saline lakes. *Verhandlungen Internationale Vereinigung Limnologie* 26：61-79.

第四十九章
盐沼

J B Zedler，C L Bonin，D J Larkin，A Varty

一、自然地理特征

盐沼是具有特定地貌（沉积环境、细质土壤和相对平坦的地形）、草本植被、各种无脊椎动物和鸟类的盐碱生态系统（含盐量通常高于海水，>34g/L）。盐沼分布于河口、潟湖（lagoon）和沿海（开阔区域）海岸，以及海洋环境中的堰洲岛（barrier island）和盐分沉积的浅内陆低洼地。在波浪、潮流，或径流产生强烈冲蚀力（erosive force）的地方，不存在盐沼。盐（它可胁迫大多数物种）极大地限制了那些可定植于盐类沉积物之地的植物物种库，而湿度通常可制约植被发育为草本物种，尽管一些物种是长期存活的“半灌木”。如果接近地表水，大多数灌木和树种无法拓展其庞大的根系。

在小潮（MHWN，即低振幅小潮期高于平均高潮位的潮位，与较大振幅的大潮交替出现）期间，潮沼（tidal marsh）植物通常可定植于平均高潮面之上的沉积物中。通过盐生植物（halophyte），沉积物被固定，盐沼开始形成。植物不仅可减缓水流和解决沉积物问题，其根系也有助于固持沉积。植物嫩枝周围逐渐累积的沉积物可进一步抬升海岸线，从而形成盐沼平原和高地。随着潮汐侵蚀沉积层，这一过程被逆转。当侵蚀量超过沉积量时，盐沼便会消失。

盐是最重要生化作用的产物，它来自海水、暴露或隆起的海洋沉积物，或干旱下沉区中低盐水分的蒸发。虽然许多非潮汐潟湖拥有支撑盐沼植被生长的含盐海岸，但沿海岸分布的盐沼通常具有潮汐效应（图 49-1）。内陆环境中的盐沼出现在浅层低洼区［如美国犹他州大盐湖（Great Salt Lake）的周围］。盐分主要包括四种阳离子（钠、钾、镁和钙）和三种阴离子（碳酸盐、硫酸盐和氯化物）。内陆盐沼土壤中离子的相对含量极其不同，而氯化钠是海水的主要盐分。

图 49-1　圣昆庭海湾（San Quintin Bay）中潮沼的鸟瞰图。图片由太平洋河口研究实验室（the Pacific Estuarine Research Lab）提供。

全球的潮汐动态虽有区别，但多数潮沼每天要经历两次量级稍有不同的高潮，而其他潮沼的高潮和低潮几乎天天如此。潮位随大潮和小潮的振幅而每周交替变化，考虑到地球、月亮和太阳（天文潮）间的万有引力，我们很容易根据振幅对其进行预测。万有引力的变化与全球位置和海岸地貌有关；在南加州，天文潮汐的平均变化范围为 3m，而在芬迪湾（the Bay of Fundy）为 16m。季节性的高、低气压系统对水位波动（大气潮汐）的影响也极富变化。例如，在澳大利亚西部的天鹅河河口（Swan River Estuary）中，大气潮超过天文潮，而墨西哥湾（the Gulf of Mexico）中的天文潮是最小的，因为有限的海水与大西洋连通。除了风暴和湖面波动期外，墨西哥湾水位的变化幅度只有几厘米。

在潮汐系统中，沼泽植被通常在平均小潮高潮到最高的天文潮范围内变化。盐沼有时非常狭小或只有几公里宽，取决于潮汐振幅和海岸坡度。强烈的波浪作用限制较低盐沼的边界，但隐蔽区可将这一较低的边界扩展至平均小潮高潮之下。

盐沼的动物多样性很高，尤其是深海底与浅海底之间的无脊椎动物，以及在土壤或植被冠层中的节肢动物（arthropod）。在盐沼中完成生活史的物种，可忍受盐分和洪水模式的变化，或移至他处，或减弱联系，以避免这种变化的影响。全球范围内，除留鸟、昆虫、蜘蛛、蜗牛、螃蟹、鳍和水生贝壳类动物之外，盐沼因可供养大量的候鸟而被人们所熟知。的确，觅食是盐沼中最易观察到的活动之一。

二、范围

盐沼面积没有准确的统计数字。全球盆地、咸水湿地和盐碱湿地的面积约为 435 000km^2，占地球总表面积的 0.3%，或整个湿地面积的 5%。在美国总共 42Mha 的湿地中，本土 48 个州约有 1.7Mha 盐沼。

盐沼虽然分布广泛，但在最热月温度大于 0℃的温带和较高纬度地区最为常见。在平均最冷月温度20℃以上的赤道地区，盐沼一般会被红树林所代替。盐沼有时也可出现于有红树林的内陆地区，或取代那些木本植物已被移除的红树林。

三、生境多样性

盐沼中栖息地，随海拔和微地貌，以及毗邻陆地或更深水而变化。在南加州，高位盐沼、盐沼平原和带状草地［大米草（*Spartina folisa*）］的栖息地都倾向于沿高程等高线（elevation contour）分布，虽然带状草地经常被限制在毗邻海湾和河道边缘的低海拔地区。其他栖息地与可储存淡水或潮水、变化甚微的地形有关。例如，在排水不畅地区出现的背堤洼地（back levee depression）、潮池和盐田。沿美国大西洋海岸的盐沼，分布范围极其广泛，且其多为由互花米草（*S. alterniflora*）所形成的单一型（monotype），除了可发现肉质盐生植物或盐田的内陆边界处的狭窄过度区外。

潮沟为动植物提供了多样化的栖息地。浅滩上通常布满螃蟹的洞穴，而小溪底部是无脊椎动物和鱼类穴居的庇护所。这些地方也是成年鱼、幼鱼、植物与浮游动物、植物繁殖体和沉积物，以及在盐沼和潮下带沟渠之间迁移的可溶性物质的通道。

潮沟的相邻栖息地包括小的、无植被的盐田，这些盐田干燥后可形成盐结壳（salt crust）尤其在小潮期。当盐分超过盐生植物的承受能力时，便出现盐田。在暴雨和满潮期，水淹没盐田，从而为水生藻类和动物创建临时栖息地，也可为那些能在干旱期存活且将此处作为休眠地的物种提供永久性栖息地。面积较大盐田有时被称为盐滩。其他毗邻栖息地通常包括泥滩（洪水规模超过盐生植物的耐受极限）、咸水沼泽（其中的盐分足够低，以致咸水植物比盐生植物具有更强的竞争力）、砂质沙滩或鹅卵石沙滩［其中的波浪力（wave force）可摧毁草本植被］、沙丘（对盐沼植物而言，其中的土壤太粗太干）和河道（淡水进入河口的地方，河道的含盐量通常不足）。

四、盐沼植物

耐盐植物（盐生植物）包括非禾本草本植物、禾草类、矮生植物或小灌木。多数非禾本草本植物属于肉质植物［如盐角草属（*Sarcocornia*）和海蓬子属植物］。禾草类通常为北极盐沼的优势种，而在地中海和亚热带气候区中半灌木占优势。许多盐沼可支撑带状草地（米草属）的单型结构（monotypic stands）（表 49-1）。

表 49-1 保罗·亚当（Paul Adam）总结的全球盐沼代表物种

北极较低海拔优势种佛利碱茅（*Puccinellia phryganodes*）
北方广泛分布的海韭菜（*Triglochin maritima*）和盐角草（*Salicornia europea*）。含盐条件下广阔分布的苔草属（*Carex*）植物
温带
欧洲：历史上较低海拔优势种海滨碱茅（*Puccinellia maritima*）［但经常被大米草（*Spartina anglica*）所替代］。较高海拔沼泽优势种 *Juncus maritimus*；广阔分布的 *Atriplex portulacoides*
美国：
大西洋海岸：沿海沼泽平原广阔分布的互花米草（*Spartina alterniflora*）；占据多数内陆的狐米草（*S. patens*）
墨西哥湾：大面积优势分布的互花米草和灯芯草（*Juncus roemerianus*）
太平洋西北地区：高盐分地区的盐草（*Distichlis spicata*），低盐分地区的 *Carex lyngbei*
加利福尼亚：沿海的 *Spartina foliosa*，内陆的 *Sarcocornia pacifica*
日本：半沼泽化的中华结缕草（*Zoysia sinica*）
澳大利亚：较低海拔沼泽优势种 *Sarcocornia quinqueflora*，较高海拔沼泽优势种 *Juncus kraussii*
南非：较低海拔沼泽大量分布的 *Sarcocornia* 植物，较高海拔沼泽大量分布的 *Juncus kraussii*。偶尔生长的 *Spartina maritima*
干海岸植被趋于半灌木，例如，盐角草属（*Sarcocornia*）、碱蓬属（*Suaeda*）、*Limoniastrum*、瓣鳞花属（*Frankenia*）物种
热带出现于草原的盐地鼠尾粟（*Sporobolus virginicus*）和海雀稗（*Paspalum vaginatum*）。偶尔出现的白楔（*Batis maritima*）、海马齿（*Sesuvium portulacastrum*）和 *Cressa cretica*

盐沼的植物多样性很低，因为只有很少的物种适应于盐碱土壤。藜科是植物区系主要组成部分［如节藜属（*Arthrocnemum*）、滨藜属（*Atriplex*）、藜属（*Chenopodium*）、海蓬子属、盐角草属（*Sarcocornia*）和碱蓬属（*Suaeda*）等］。与以上开花植物相比，盐沼藻类在物种和功能群（functional group）上都是多样的（绿藻、蓝藻细菌、硅藻和鞭毛虫等）。

因 NaCl 可激发渗透调节，且钠对酶系统有毒害，故 NaCl 为一个双重应激源（dual stressor），而通过阻止盐分进入根系和细胞内盐分的吸收（导致肉质化），以及叶表面腺体的盐分分泌，盐沼中的盐生植物可处理掉多余的盐分。白楔（*Batis maritima*）不断掉落富含盐分的老叶，然后被潮汐冲走。I Mendelssohn 从海水中摄取的水分有助于提高某些物种的脯氨酸合成能力。

长期的水淹使土壤的氧供给减少，从而引起缺氧并威胁维管植物。此外，在盐沼土壤中，海水中大量的硫酸盐可被分解为硫化物，使土壤中硫化物的浓度倍增，并毒害到根系。

盐沼中的维管植物虽然能够抵御短期洪水，但无法忍受因潟湖入口接近潮水冲刷区和雨后水位上升而造成的长期淹没。因此，潟湖中的盐沼要经历无规律的顶梢枯死（dieback）事件，以及与海洋入口条件有关的更新过程。

通过输入养分和洗去盐分，定期洪水可使盐生植物受益。白天低潮位时在土壤表层聚积的，以及由盐生植物分泌的盐分可被出流潮流移除。因此，在土壤盐度相对稳定的地方，其中的潮汐浸淹和排水事件频繁发生。然而，在降水期间，内陆盐沼，盐度下降的现象较为罕见，土壤是完全超盐性的（如＞10%的含盐量）。在不定期的洪水事件之间，盐生植物和定居的动物可忍受超盐性的干旱。

五、盐沼动物

盐沼动物群包括广义分类谱中的无脊椎动物、鱼类、鸟类和哺乳动物，以及少数两栖和爬行动物。栖居于盐沼的动物群已适应了海陆交界的环境，而那些临时经过的动物也可在其中觅食、繁殖和育仔。

盐沼中的动物可应对每一季节、每月、每天和每时都不同的洪水状况。无脊椎动物主要通过移动来完成。例如，在高潮期间，鱼类通过移动利用盐沼表面寻找觅食机会，然后撤退到潮下水中。鸟类会安排好它们的活动时间从而充分利用高低潮觅食。定居动物，如光足长嘴秧鸡（*Rallus longirostris levipes*），在潮汐幅度最小时筑巢。迁徙动物，如麻鹬在季节性逗留期间，它们会在高潮时移到上坡，在低潮时进食。许多无脊椎动物会离开不利状况。一些甲虫会爬到比较高的植物上，以躲避不断上涨的潮汐。跳虫，一种海洋亚跳虫属（*Anurida*），有12.4h的潮汐周期节律，使得其在退潮后有个短暂的进食过程，然后在下一次洪水来临之前撤退到地下。对于很少移动的动物群来说，生理适应是必要的。腹足类（gastropod）动物在低潮期间通过密封它们的壳来躲避干燥。一些节肢动物在高潮期间通过捕获其表皮毛上的气泡来避免被洪水淹没。

另一挑战是波动的盐分，要求盐沼定居者运用非常的渗透调节能力来应对。南加州潮间带中的螃蟹，如黄色食草蟹（*Hemigrapsus oregonensis*）和粗腿厚纹蟹（*Pachygrapsus crassipes*），当暴露于盐分浓度为50%～150%（微咸到超盐性）的海水时，可进行低渗和高渗调节。潮沼中的鱼类也有广幅的耐盐性。齿鲤目（Cyprinodontiform）潮沼鱼类可忍受高达80～90ppt的盐度。而条带底鳉（*Fundulus majalis*）在盐度达72～73ppt时孵卵。盐度低于3g/L，对蚌类（mussels）形成限制，它们也可忍受高盐分，在体内失去38%的水分时还可存活。鸟类甚至已经适应了盐水和含盐食物，例如，稀树草鹀（*Passerculus sandwichensis beldingi*）具有特化的腺体，通过鼻孔分泌盐分。

由于盐沼水文不断变化，高度和地形（如浅的、低位潮沟）的细微变化通过调节洪水和暴露时间，改善鱼类进入沼泽的通道和扩大边缘化栖息地，深度只有几厘米的临时性池塘为鸟类提供了珍贵的栖息地，增加了大型无脊椎动物的多度和多样性，并维持鱼类的繁殖、育仔和觅食功能。

六、生态

相对盐沼在地球上的有限分布，它们的研究已非常充分。生态学中的盐沼知识侧重于植被、土壤过程和食物网。考虑到与全球变暖同时出现的海平面上升的威胁，保护已成为一个非常紧迫的问题。

1. 植被和土壤

在欧洲，盐沼生态学主要是围绕植物区系学（floristics）和植物社会学（phytosociology）发展的。在美国，有关大西洋和墨西哥湾沿岸（Gulf Coasts）的研究，重点集中于盐沼生态系统功能，尤其是生产力、微生物活动、有机质溢出（outwelling）、食物网和商业渔业的特征，而在太平洋海岸，研究关注的是米草属（*Spartina*）入侵的影响，以及极端事件对植被动态的效应等。在加拿大，鹅对植被破坏的影响是研究的焦点。有关美国内陆盐沼的研究有助于我们理解水禽的支撑功能和盐生植物的耐盐性。在南非的小河口，研究人员对小米草生产力和植被演变如何响应淡水流量变化的方式已进行了探索。在亚洲，为了扩大沿海土地面积和补充饲料，以及生产人类可利用的绿地，互花米草已被大量种植。一般而言，亚洲、中美洲和南美洲的盐沼几乎鲜为人知。

虽然盐沼主要在细泥沙上发育，但盐沼植物可在沙滩，有时为沙砾上生长。较古老的盐沼含有泥炭土，尤其是在分解很慢的较高纬度地区。

通过在土壤中创建较大的空隙，植物根系和穴居无脊椎动物对土壤结构产生影响。无脊椎动物也可引起生物扰动（bioturbation），借助这一扰动过程，沉积物被再悬浮，并可能被侵蚀。扰动行为可被由形成土壤表层生物膜的藻类和其他微生物行为所抵消。生物膜将土壤颗粒黏合在一起，可减少侵蚀；它们也可增加有机质，以及那些包含蓝藻细菌固氮的物质。

由于可供微生物的有机质含量高、水分充足，促使地表之下的盐沼土壤经常处于缺氧状态。这一现象在较低的潮间带和蓄水沼泽中尤为明显。潮沼土壤中的硫含量通常很高，而硫所形成的硫化物能使土壤变黑，释放出特殊的臭鸡蛋气味，胁迫很多植物。通过潮间带落差处、土壤微生物和硫化物集中区，以及洪水格局多变区时，物种多样性下降，因为那里长期被淹没，且通常只有单一的耐水淹型物种。

2. 食物网

在食物网理论中，盐沼研究已取得了重大进展。

早期的论文集中于初级生产力的测量，以及盐沼内部和盐沼之间生产率不同的原因解释方面差异的。由于频繁的潮汐洪水，在能量辅助模型（energy subsidy model）中，互花米草在低海拔处的高生产力是养分输送率和废物去除率增加的函数。这一模型也解释了潮汐能越来越小的盐沼横跨互花米草生产力也相应减少的纽约长岛（Long Island）的方式。通过将互花米草较高的生产力与更温暖的纬度带相关联，R E Turner 考虑了气候的作用。

在 20 世纪 60 年代，E Odum 在能量流方面的兴趣，激发了佐治亚大学几位研究人员对萨佩洛岛（Sapelo Island）盐沼生产力、消耗和各种成分分解的定量研究。J Teal 的能流图将佐治亚州（Georgia）互花米草的沼泽描述为一个有机质输出型沼泽。虽然估算建立中简单的减法运算而不是精确的测量基础之上，但碎屑输出却成教科书中生态系统如何输送和消耗能量的一个范例。

随后，在探索源于盐沼初级生产者的岩屑量及其去向方面取得了进展。J Teal 认为大量的有机质被输送至河口水体，这支持 E Odum 的“溢出假说”（outwelling hypothesis），即源自河口的食物既可驱动沿海食物网，又可使商业捕鱼受益。紧接着，人们在生态系统水平上对“溢出”进行了大量的验证，尽管溢出不是普遍的，但研究证实了河流、盐沼和开放水域生态系统之间是连通的。而且，一旦碎屑颗粒被微生物富集后，盐沼所提供的大量碎屑有机质将具有很高的营养价值，而微藻类也是一个重要的食物源。即使它们的现存量很低，但高周转率可导致高的初级生产力。在通过维管植物冠层光线充足的盐沼中，微藻类如大型植物一样高产，且其中的一些物种（特别是蓝藻细菌）富含蛋白质和脂类。在盐沼中，藻类也可固定大量的易分解氮，这被广泛认为是无脊椎食草动物生长的一个限制因素。

食物网被“自下而上”和“自上而下”的两个过程所驱动。有关营养关系自下而上控制的证据，可在氮添加实验过程中找到。几乎在所有的盐沼野外实验中，藻类、维管植物、食草动物和捕食性无脊椎动物的生长等都受氮的限制。然而，最近 P V Sundareshwar 和他的同事发现，磷也会限制滨海盐沼中的微生物群落。

尽管自下而上效应的证据广泛存在，但对调节盐沼食物网的消费者而言，我们对其自上而下作用的认识更为深刻。由于收割后农作物颗粒被残留于田地，使原本比较少的雪雁（snow geese）数量得以增加。在大群雪雁的疯狂采食下，大面积的北极盐沼植物被摧毁。在美国南部的大西洋盐沼中，蜗牛的食草作用加之干旱致使互花米草逐渐枯死。

七、生态系统服务

盐沼提供的几项生态系统服务已被社会承认，采取某些保护性措施也是物有所值。不管因每天的潮汐，还是因季节性的降水，盐沼中的水位总是定期涨落，这至少可增强以下六大非常有价值的功能。

1）脱氮改善水质。潮沼中的沉积物是脱氮的适宜介质，因为在缺氧-好氧界面处的脱氮速度最快。第一步是硝化作用（nitrification），出现于土壤-水或根系-土壤界面附近，或氧气进入土壤的气孔处。第二步要求缺氧条件，在可供细菌呼吸和排出氧气的湿度很高的地方，脱氮过程可加速。在这一步，通过一系列的微生物调节过程，硝酸盐被分解为氮气。潮水的涨落使缺氧和好氧环境得以共存。

2）固碳减缓温室效应。净初级生产力较高的盐沼，为碳储存创造了很大的潜能。缺氧的土壤减缓分解，因此碳以泥炭的形式积累。根系、根茎和枯枝落叶的现存量被各种无脊椎动物与微生物分割后，全部融入土壤。在低温使分解减慢的较寒冷纬度地区，分割速率可能是最高的。海平面上升也是关键因素：随沿海水域越来越深，分解变慢。被沉积物掩埋的有机质更难以分解。随海平面每年平均上升 1mm 或更多，盐沼植被可在过去几十年中已腐烂掉的根系和根茎上建立新根际区（rooting zone）。沿美国墨西哥湾的盐沼具备与海平面同时上升的能力，这不仅因为沉积物，更重要的是因为根系和根茎的积累。然而，如果分解过程在厌氧状态下进行，则会产生甲烷，这不仅使碳存储发生逆转，也使碳以某种形式被释放，而这一形式的碳比二氧化碳所造成的全球变暖更为严重。

3）鳍和贝类具有商业价值。潮沼对其育婴功能非常重要，意味着许多鱼类、蟹类和虾的幼体可将河口水域用作“抚育之地”（rearing ground）。据估计，美国 60%的商业性物种，它们至少有一半的生命周期是在河口水域中度过的。作用于食物网的好几个盐沼属性支持这些功能，包括藻类和维管植物的高生产力、碎屑的产生及其向浅水补给区的输送、躲避深水区的食肉动物、防止猛禽的植物冠层庇护所、促进生长的更高温度，以及避免可引起生物和寄生虫耐盐性极限下降的疾病等。

4）牧草用于饲养牲畜。在欧洲和亚洲，牧人会在低潮期间将牛、马、绵羊或山羊驱赶到盐沼平原。在英国碱茅属（*Puccinellia*）占优势的盐沼中，经常可看到矮种马被拴在木桩上。短暂的可用牧草（潮汐间）使牲畜采食与潜在的优质牧草和盐分之间达到平衡。

5）沿海地区居住者或旅游者的消遣机会和美学

欣赏。由于植被低矮，加之开阔水域和城区之间的有利位置，盐沼对野生动物和游客都有吸引力。这样的组合为观鸟者、徒步旅行者、慢跑者和艺术家们提供了较高的价值。盐沼之上和附近的平坦之地，可满足老年人、残疾人、徒步旅行者和在校学生，以及那些寻找远离城市庇护人群的需求。因沿海岸潮汐的涨落和内陆系统中水位的季节性变化，那里的风景四季各异，使人们尤为感兴趣。在很多城区盐沼附近已专门建立了游客服务中心。生态旅游可为当地政府带来巨大的经济价值，并惠及更大的区域。

6）盐沼植被可稳固海岸线。近年来，飓风和海啸造成的损害促使人们将注意力转移到湿地植被对沿海土地，尤其成本高昂的房地产的保护功能上。盐沼植物的茎、叶、根和沉积物中的根茎可减缓水流。由生物膜（藻类、真菌和细菌）产生的黏液将颗粒物吸附在一起，直到这些颗粒基质上长出新的植物稳定。维管植物的茎上经常附有生物膜，尤其是那些能形成蓝藻细菌的丛生植物，从而使总表面积有助于沉积物的拦截，并可极大提高其固定能力。漂浮的绿色大型藻类[石莼属（*Ulva*）、浒苔属（*Enteromorpha*）]也可截留沉积物。当其漂移至失事船只附近与其他残骸碎片结合时，可堆积在上部沼泽平原边界的冲积层中。

八、盐沼保护的挑战

1. 生境丧失

河口区是河水与海水交汇的地方，不仅适合于盐沼的发育，也是人类居住的理想场所。海洋-河流交接处是一个导航通道，其上很容易形成平原，河流提供饮用水，盐沼和沿海渔业提供食物，溢出的潮汐有助于废水处理，而海水可提供必要的防腐剂和普遍的调味品，即 NaCl。因此，许多城市，如威尼斯（Venice）、波士顿（Boston）、阿姆斯特丹（Amsterdam）、伦敦、布宜诺斯艾利斯（Buenos Aires）、华盛顿特区（Washington，DC）和洛杉矶（Los Angeles）等都建立在盐沼生态系统之上，或因快速发展已将其取而代之。较小天然海湾中的主要港口，如圣地亚哥（San Diego），已几乎挤占了所有的天然盐沼，而其他城市，如旧金山（San Francisco），尽管盐沼的转变为他用的强度较大，但仍有很大一部分被保留下来。

历史上，将盐沼转化为非潮汐陆地的过程被称为开垦。为防止潮汐流而修建堤岸的措施，最终使欧洲成千上万公顷的盐沼消失。在荷兰，堤岸被大量围垦（polders），用于农业用地。1932～1954 年期间，围垦使美国的盐沼面积减少了 25%。但在韩国，这一趋势被及时抑制，甚至被扭转，为了从泥滩中开发可耕地，河口被筑坝创建可耕地。而在越南、墨西哥和其他沿海国家，盐沼被用于鱼、虾的水塘。此时，在泥滩上捕鱼和捕蟹的渔民便被农民取代了。

尽管盐沼受到高度重视，但人口增长对其的威胁日益严重。据估计，全球 75%的人口即将在沿海 60km 的范围内生活。因此，沿海生态系统处于特别危险的境地。

2. 富营养化

当磷和（或）氮进入那些可最终淹没盐沼的水体时，盐沼被富营养化。通过沿海水域，农田中的化肥进入下游流经盐沼的水体。氮的作用在于提高藻类和维管植物的生产力，但许多盐沼受到氮的限制。因此，氮含量的增加可促进藻类生长，尤其是可形成大面积覆盖物且可使维管植物和水底无脊椎动物窒息而死的绿色大型藻类的生长。当微生物分解增加需氧量时，间接退化发生，使土壤处于低氧或缺氧状态，并产生毒性硫化物。

I Valiela 在新英格兰盐沼中长期的富营养化实验表明：氮添加可使互花米草变为狐米草（*S. patens*），并加强光竞争。这种被改变的竞争关系可能是非常普遍的，尤其是大气氮沉降比较多的地方（如荷兰的奶制品生产地区）。

3. 沉积物源

沉积物源的萎缩和扩大都可对盐沼生态系统的长久性构成威胁。当河水用于灌溉、人类用水和工业用水，或漫滩洪水被工程建筑阻挡时，沉积物源就会萎缩。密西西比河沉积物源的萎缩是导致美国路易斯安那州（Louisiana）盐沼消失的因素之一。

由于砍伐、耕作或开发，大量的沉积物流入那些已无植被覆盖的积水盐沼。可将废弃物直接排入溪流的采矿区，也可产生沉积物流。来自加利福尼亚淘金热中的废物，仍持续不断地注入旧金山湾（San Francisco Bay）。自 1963 年以来，因为墨西哥提华纳（Tijuana）附近峡谷快速城镇化的侵蚀，加利福尼亚南部提华纳很小河口（Tijuana Estuary）处的盐沼平原已抬升了 25～35cm。这些影响破坏了微地貌的多样化和当地物种的丰富度。

4. 全球变化

全球平均温度上升对世界各地的盐沼具有重要影响。当高海拔冰川和极地冰盖融化，以及海水增温、膨胀时，海平面会上升。海平面快速上升的影响大小取决于沉积和抬升速率。如果沉积物的积累速率与海平面上升速率相同，则盐沼仍处于原位，但当海平面上升速率超过沉积物的积累速率时，盐沼会向内陆迁移，除非遇到峭壁或其他限制盐沼移动的障碍物。相对于陆地的，海平面上升使盐沼群落遭受更强的洪水，迫使植物和动物向高地迁移。然而，并非所有的物种如潮汐环境的瞬间变化一样，可快速地散布或迁移。在少数情况中，如斯堪的那维亚半岛（Scandinavia）的海岸，仍可在以前冰川的压力下抬升，且抬升速率高于海平面的上升速率。接着，上部盐沼消失，但在靠近水域的地方慢慢形成新的盐沼。

过去一个世纪中，地球上的平均海平面上升了10～25cm。现有的模型预测，到2040年海平面还可再上升5.6～30cm。在沉积物快速移动，或风、浪高侵蚀的地区，盐沼是不稳定的，受到构造变化和（或）沼泽面积缩减的威胁。地层下陷也对盐沼构成威胁。如果陆地的下沉快于沉积物，或根和根茎的积累速率，植被区将变为开阔水域。沿路易斯安那州的沿海平原一带，是美国盐沼损失面积最大的地区，在地层下陷、沉积物减少、运河开通、堤防工程和其他人为干扰下，那里的盐沼每年可减少4300ha以上。

因气候变化而使强风暴雨频发的沿海流域，其排水、沉积物、营养物质和污染物等比当前更无规律可循，对盐沼下游的影响也更大。

土壤盐化随高温和蒸发作用的增强而加剧。然而，在雨水和淡水泛滥季节，土壤盐化可能会缓解。增温对盐沼土壤盐化的净效应很难预测。高潮期间，逐渐增强的风暴可转变为更多或更强的、可升空的丘状飓风事件（hover event），而强烈的涌浪可将海水输送至更远的内陆。在广阔的湿地-高地过渡区，盐对高地植被的毒害作用，加之土壤中封存的持久性盐类，使这里更有利于盐生植物（halophyte）而非甜土植物（glycophyte）生存（图49-2）。增温净效应预测可能更适合年降水量较少的地区，如地中海类型气候区。

图49-2　墨西哥下加利福尼亚半岛从高低-湿地界面（近景）到桑昆廷海湾（San Quintin Bay）的盐沼植被。照片由J. Zedler提供。

气候变化对物种的影响不同，可潜在改变物种的竞争关系。温度影响光合作用、蒸腾作用、养分循环、物候和分解速率等。因平均温度的升高，C_3和C_4植物混合型盐沼可转变为C_4植物型盐沼。不过，二氧化碳浓度的升高却有利于C_3植物。在亚热带地区，温度升高和海平面上升将使红树林（mangrove）向北移动并取代盐沼。气候变化对动植物的影响很难估计。然而，在鸟类对盐沼的利用方面，欧洲生态学家已有详细记载，并在考虑海平面上升的各种情景下，他们对无脊椎动物食物和水鸟的变化进行了预测。

5. 入侵物种

当轮船在某一港口承运而在另一港口卸载货物时，动植物物种在不经意间散布到世界各地。这样，外来植物的种子，以及活的或休眠的动物可定居于盐沼中。中美恢复贸易后，新入侵种获得了进入旧金山湾（San Francisco Bay）的通道。Fred Nichols对一只曾到达这里的小型蛤*Potumocorbula amurensis*进行了追踪，直至1876年。现在，每平方米成千上万只蛤笼罩着一些海底生物。

其他一些外来物种是被有意引进的。在20世纪50年代，美国陆军工程兵团（Army Corps of Engineers）试验性地将互花米草引进到几个疏浚岛屿（dredge spoil island），以固定水土，并提供野生栖息地。这一“良善”行为持续了几十年后，美国太平洋西北部出现了大范围的入侵现象。如今，该物种成为盐沼海岸线更低边缘区的优势种，取代了牡蛎并毁坏岸禽的觅食生境。

某一物种一旦占据了居住地，可能会与当地物种杂交，且更具侵略性，要么成为杂种物种，要么随后发生遗传变异。互花米草就是这种情况，该物种在欧洲、中国、澳大利亚和新西兰等地被广泛种植。在英国，互花米草与当地物种海人树（*S. maritima*）杂交形成*S. townsendii*，经染色体加倍后，其可演变为大米草（*S. anglica*）。与当地物种相比，大米草可在更低的海拔上生长，并入侵性地定植于泥滩。大米草密集的克隆体可挤占水鸟栖息地，进而取代当地的盐沼植被。

芦苇（*Phragmites australis*）是一种外来品种，200年前被引进美国，现已遍及北美的大部分地区。目前，在美国东北部盐分较低的盐沼中，外来物种已成为优势种，取代了本地物种，改变了土壤条件，也削弱了水禽对盐沼的利用。干扰如挖沟或疏浚使盐沼更加开阔，为芦苇入侵提供了便利，而富营养化、水文状况的改变和沉积物的增加更有利于其散布。

入侵植物种已与多样性下降、营养结构转变及栖息地和养分循环改变息息相关。可入侵的外来动物也具有类似的问题。在旧金山湾湿地，外来泥螺的数量远高于本地泥螺的数量，而澳大拉西亚的一种等足类动物 *Sphaeroma quoyanum* 在海涂溪岸中挖掘洞穴，从而使溪岸松动，容易被侵蚀。据报道，在该动物严重滋生的区域，沼泽边缘的萎缩区可超过100cm/a。另一入侵者青蟹[岸蟹(*Carcinus maenus*)]，通过使当地一种螃蟹、两种贻贝和其他无脊椎动物密度的下降，最终改变了加利福尼亚博德加湾（Bodega Bay）的整个食物网。随着青蟹向北迁移，它还可能使水鸟的有效食物减少。

20世纪30年代，皮毛经营者从南美洲将海狸鼠（*Myocastor coypus*）引入美国东南部。这些啮齿类动物以盐沼植被的根为食。皮衣过时之后，海狸鼠的数量大增，大面积的沼泽开始变为泥滩和开阔水域。

6. 化学污染

化学污染物可在能够接纳地表径流流入和（或）接纳废弃物直接排入的盐沼中积累。卤代烃是毒性最强的化合物之一，包括许多杀虫剂、除草剂和化工原料。当其在盐沼动物组织体内累积时，可造成各种失调症状，如免疫抑制、生殖紊乱和癌变等。

石油烃对海港造成污染，而泄露石油、城市径流和工业废液，以及城市垃圾都可进入盐沼。它们一旦进入缺氧沉积层，便可以存留数十年，从而降低初级生产力，改变水底生物食物网，并在鸟类组织中累积。多环芳烃还可致癌，能诱发水生生物突变。

重金属对水生生物也有毒害作用，可伤害取食、呼吸、生理和神经功能及繁殖等，也可加速组织退化并增加基因突变概率。汞的问题更为严重，因为在盐沼的缺氧土壤中，汞被甲基化后以生物累积（bioaccumulate）的方式进入食物链。

城区中的盐沼植物可吸收、累积和释放重金属。Judith Weis 和其他研究者发现，污染区的底栖生物多样性更低，且鱼类行为受损。被重金属污染的栖息地，鱼类捕获猎物的速度变慢，也几乎没有能力躲避捕食者。

九、研究价值

潮沼包括大约 1m 高度范围内的一系列环境条件。这一紧缩型的环境梯度引起人们对物种×非生物因子的交互作用的研究，且随着时间的推移，它们的贡献将从群落生态学转向生态系统科学，并最终使二者结合起来。

1. 群落生态学

维管植物物种数量的有限，使盐沼既适合于描述性研究，也适合于控制性研究。早期的研究人员将植物物种的分布归因于它们对非生物环境的生理耐受，未考虑物种间的相互作用。J A Silander 和 J Antonovics 应用干扰响应方法（perturbbation response method）以明确生物胁迫（biotic force）也会影响物种分布。其他人有效利用交互移植（reciprocal transplanting），以检验非生物条件和种间竞争对物种分布的相对重要性。例如，S Pennings 和 R Callaway 发现加利福尼亚南部的盐土植物间存在种间交互作用，S Hacker 和 M Bertness 也对新英格兰盐土植物间存在的种间交互作用进行了报道。控制性移植表明，物种分布可对非生物条件、促进和竞争等做出响应。

盐沼的纬度范围很大，因此可对与海平面变化有关的群落结构和功能进行深入研究。例如，James Morris 就盐分的年际变化及其对互花米草生长的影响进行了详细记载并建立了模型。这些研究使我们能对响应气候变化的差异做出预测。

2. 生态系统功能

美国大西洋海岸盐沼的单型（monotypic）特征推动了早期有关维管植物生产力的研究，大量文献围绕生产率、总量和净生产力的替代方法展开，工作重点为草地和其他草本植物。后来，氮动态变化成为研究焦点。研究氮收支的第一个海洋生态系统是马萨诸塞州（Massachusetts）的西普维赛特大沼泽（Great Sippewisset Marsh）。该研究对来自地下水、氮沉降、固氮作用和潮流的氮输入，以及来自潮汐的交换、反硝化和埋藏沉积物的氮输出进行了量化。

3. 整体结构和功能

有关引起米草属（*Spartina*）植物株高极具变化原因的争论，促使美国的研究人员对大西洋和太平洋海岸进行深入研究，并将植物和生态系统生态学联系起来。对遗传（“自然”）组分而言，最有说服力的证据来自 D Seliskar 和 J Gallagher 的研究，他们将来自马萨诸塞州、佐治亚州和特拉华州普通花园中的基因型培育了 11 年，同时对一直存在的表型差异做了详细记录。有关土壤生物地球化学的一系列论文解释了“培育”的作用。氮是互花米草植物生长的关键限制因子，因为远离小溪排水不良地区土壤中的氧化还原电位较低，硝酸盐可被细菌很快分解为氨。这一过程也涉及硫酸盐还原细菌，因为细菌可将硫酸盐分解为对含羞草物种生长有害的硫化物。小溪边栖息地中的土壤氧化还原电位升高，以及孔隙水周转率增大时，有利于互花米草成为高株型植物。因此，基因型和环境对互花米草的株高都有影响，这是群落和生态系统研究的共同结论。

十、恢复

随着对生态系统服务丧失的重视，欧洲和美国恢复盐沼的兴趣日益浓厚。通过破坏堤坝，以使潮汐流涌入那些曾经为盐沼土地的“稳步退出”（managed retreat）策略，英国人找到了一种应对海平面上升的方法。在荷兰，潮汐效应（tidal influence）正被用于西南部海岸各种圩田（polders）的恢复，以使其以前所具有的自然过程和多样化河口生物区系得以重建。

在美国联邦管理机构的要求下，对盐沼的破坏程度有所下降，从而使一些最早的盐沼得以完全恢复。20 世纪 70 年代，北卡罗来纳州（North Carolina）的互花米草被移植，为了降低因互花米草过度生长而造成的损失，这一做法被广泛推广。

通过反复测定恢复区中的变量，盐沼中关于湿地恢复的一些最具创新的研究已经完成。例如，D Seliskar 和 J Gallagher 的研究表明，互花米草的基因型变异几乎对食物网（特拉华州）的所有组分都具有重要意义；T Minello 和 R Zimmerman 的研究表明，被移植盐沼中的渠道可增加鱼类数量［加尔维斯顿湾（Galveston Bay）和得克萨斯州（Texas）］；I Mendelssohn 和 N Kuhn 的研究表明，下沉湿地中疏浚的增加可加速互花米草的恢复（路易斯安那州）；Cornu 的研究表明，横跨潮汐泛滥平原的多变影响鲑鱼觅食［俄勒冈州（Oregon）］；J Callaway、G Sullivan、J Zedler 和其他研究人员的研究表明，在盐沼恢复区中，移植不同的植物类群和开挖潮沟可改变生态系统功能［提华纳河口（Tijuana Estuary）和加利福尼亚］（图 49-3）。在西班牙，潮汐池（tidal ponds）的恢复工作正在动物反复的掘洞中完成，反复的掘洞活动可检验洞穴大小和深度对盐沼动物利用盐沼的影响［安娜不沼泽地（Doñana Marshlands）］。

图 49-3　耐盐禾草和非禾本多汁牧草通常为潮沼植被的优势种，图中毗邻加利福尼亚圣地亚哥（San Diego）提华纳河口处的恢复沼泽中，这一景观非常明显。照片由 J. Zedler 提供。

总之，盐沼可提供极有价值的生态系统服务，而当栖息地扩大或退化时，这些服务便会消失。盐沼是一个非常理想的实验基地，因此在恢复实践和理论方面都可不断地进行创新。

课外阅读

Adam P（1990）*Saltmarsh Ecology*. Cambridge，UK：Cambridge University Press.

Adam P（2002）*Saltmarshes in a time of change*. Environmental Conservation 29：39-61.

Allen JRL and Pye K（1992）*Saltmarshes：Morphodynamics，Conservation and Engineering Significance*. Cambridge，UK：Cambridge University Press.

Chapman VJ（1960）*Salt Marshes and Salt Deserts of the World*. Plant Science Monographs. London：Leonard Hill [Books] Limited.

Daiber FC（1982）*Animals of the Tidal Marsh*. New York，NY：Van Nostrand Reinhold Co.

Long SP and Mason CF（1983）*Saltmarsh Ecology*. Glasgow：Blackie & Sons Ltd.

Pennings SC and Bertness MD（2000）Salt marsh communities. In：Bertness MD，Gaines SD，and Hay ME（eds.）*Marine Community Ecology*，pp. 289-316. Sunderland，MD：Sinauer Associates Inc.

Pomeroy LR and Weigert RG（1981）*The Ecology of a Salt Marsh*. New York：Springer.

Reimold RJ and Queen WH（eds.）（1974）*The Ecology of Halophytes*. New York，NY：Academic Press Incorporated.

Seliskar DM，Gallagher JL，Burdick DM，and Mutz LA（2002）The regulation of ecosystem functions by ecotypic variation in the dominant plant：A Spartina alterniflora salt marsh case study. *Journal of Ecology* 90：1-11.

Threlkeld S（ed.）*Estuaries and Coasts：Journal of the Estuarine Research Foundation*. Lawrence，KS：Estuarine Research Federation.

Weinstein MP and Kreeger DA（eds.）（2000）*Concepts and Controversies in Tidal Marsh Ecology*. Boston，MA：Kluwer Academic Publishers.

Zedler JB（ed.）（2001）*Handbook for Restoring Tidal Wetlands*. New York，NY：CRC Press.

Zedler JB and Adam P（2002）Saltmarshes. In：Perrow MR and Davy AJ（eds.）*Handbook of Ecological Restoration* vol. 2：pp. 238-266. Ress，Cambridge，UK：Cambridge University Press.

第五十章

萨王纳

L B Hutley，S A Setterfield

一、引言

萨王纳是热带最重要的生态系统类型之一，系统内树木与草本植物共存是其主要特点。这也是它和草原（缺少木本植物）与森林（树木占优势地位）的最主要区别。萨王纳遍布20多个国家，主要分布在季节性的热带地区，世界上很多的家畜生活于此，具有重要的社会和经济意义。萨王纳覆盖了全球大约20%的陆地面积，地球上近30%的净初级生产力（NPP）由其生产。由于既有树木又有草本植物，因此其生物多样性较高，常常高于与之有关的干落叶林群落。世界上萨王纳的土地所有者在将其用作游牧区、专用区及地方和国家公园区时，通常会考虑牧业生产、采矿、旅游、生计维持和保护等目的萨王纳的面积较大，对全球碳、氮、水循环具有重要影响，其多火烧的特点也可明显改变降水的化学过程。尽管很多生态学家认为萨王纳是草与树的不稳定结合体，但它已经在很多区域存在了数百万年。萨王纳的边界随时空而变，且其出现和结构由一系列的环境因子，如水分、养分、干扰（如火和啃食）频率和随机气候事件等共同决定。这些因子使萨王纳的结构多变，因此很难对其组成给出一个绝对严格的定义。本章介绍了一个最常用的定义，用以描述萨王纳的分布及识别影响其结构和功能的环境因子。了解决定萨王纳功能、弹性和稳定性的主要因素可为改善管理提供关键资料。因为萨王纳正在面临不断的发展压力，尤其在热带地区，所以对其进行合理管理变得尤其重要，并需要对威胁其长期可持续性的那些因素进行识别。

二、萨王纳的定义和分布

萨王纳生态系统通常是季节性热带区域的主导生态系统，是树、灌木和草共同组成的一个独特混合体（图50-1）。对萨王纳术语的使用和定义一直存在争议，反映了这类生态系统中树和草的比值变动较大。萨王纳生态系统的结构极具变化，从少树的草原到树木盖度达80%的开阔森林/林地。目前，关于萨王纳生态系统最常用的一个定义是：生态系统下层以连续或接近连续的C_4草本植物为优势种，且其上层具有不连续的木本植物。木本部分可由常绿的或落叶的、阔叶的或针叶的乔木和灌木混合组成。草本层由一年生或多年生物种组成，高度一般在1m以上。符合这一定义的生态系统常被含糊地称为林地、牧场、草地、林化草地、灌木林、开阔林和公园等。

萨王纳遍布地球上的所有大陆（南极洲除外），主要分布在非洲、南美及澳大利亚的干/湿交替性热带地区（图50-2）。在亚洲的斯里兰卡、泰国、越南和巴布亚新几内亚，也有小面积的萨王纳存在。印度的萨王纳主要来自于因土地利用变化或因人口压力而退化的干落叶林和半湿润落叶林。热带萨王纳（包括亚洲萨王纳）的面积大约有$2.76\times10^7km^2$。在温带地区，也可出现树和草的混合植被，如北美（佛罗里达、得克萨斯）、欧洲的地中海和俄罗斯等地区。

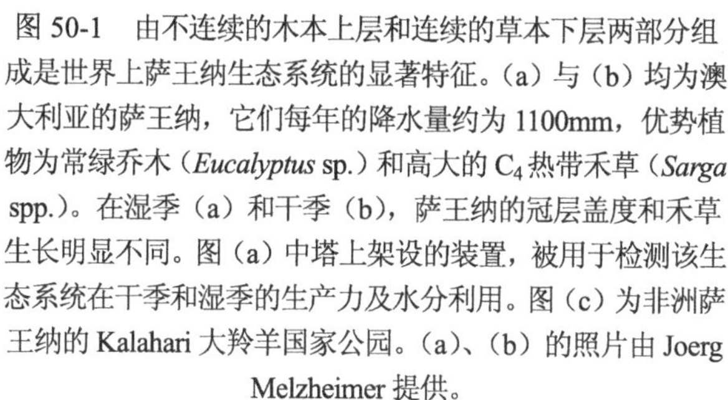

图 50-1　由不连续的木本上层和连续的草本下层两部分组成是世界上萨王纳生态系统的显著特征。(a) 与 (b) 均为澳大利亚的萨王纳，它们每年的降水量约为 1100mm，优势植物为常绿乔木（*Eucalyptus* sp.）和高大的 C_4 热带禾草（*Sarga* spp.）。在湿季 (a) 和干季 (b)，萨王纳的冠层盖度和禾草生长明显不同。图 (a) 中塔上架设的装置，被用于检测该生态系统在干季和湿季的生产力及水分利用。图 (c) 为非洲萨王纳的 Kalahari 大羚羊国家公园。(a)、(b) 的照片由 Joerg Melzheimer 提供。

不过，就面积这些温带地区的萨王纳面积很小，约为 5×10^6km^2。总之，萨王纳覆盖了地球陆地面积的 1/5，并养育着大量的人口（该人口数量还在不断增长）。

干季的存在是萨王纳的一个标志性特征，降水具有季节性（300～2000mm），一年中的干季的长度为 2～9 个月。那里的干季可能是一个持续时间的干旱期，也可能是几个较短干旱期的叠加。萨王纳草原上的年内降水波动很大，它是湿季与生长季开始和结束的决定因子，因此很难在萨王纳草原上进行粮食生产。确实，历史上的在决定萨王纳的植被结构方面，过去的降水发挥了重要作用。季节性的水分条件对生产力具有重大的影响，这反过来决定了草原动物所需食物的利用时机。

鉴于萨王纳广泛的地理分布，其可出现在多种土壤类型中，如典型氧化物土、老成土、新成土和淋溶土（依据 US 土壤分类法）等。一般情况下，这些土壤都比较古老，高度风化，且土壤有机物含量和阳离子交换量（CEC）较低。发生在南美及中、东非热带萨王纳的氧化物土，主要由河成阶地上高度风化的且被输送并沉积下来的物质组成。其母质已经极度风化，主要为黏土物质（如高岭土和水铝石），具有较低的 CEC。酸性三氧化二铁和三氧化二铝也出现在该类土壤中，这些物质限制了营养（尤其是磷）的供给。萨王纳土壤通常为沙土和沙壤土，排水性好但其持水性较差。新成土主要出现在澳大利亚的萨王纳，其主要特点也是含有富铁砂石，对水分和养分的持有能力进一步下降。蚯蚓和白蚁的生物扰动作用对这种贫瘠土壤系统的养分循环十分关键。在缺少食草生物的萨王纳（如澳大利亚和南美中的一些萨王纳）中，白蚁实际上扮演着初级消费者的角色，其生态学作用与食草动物类似。

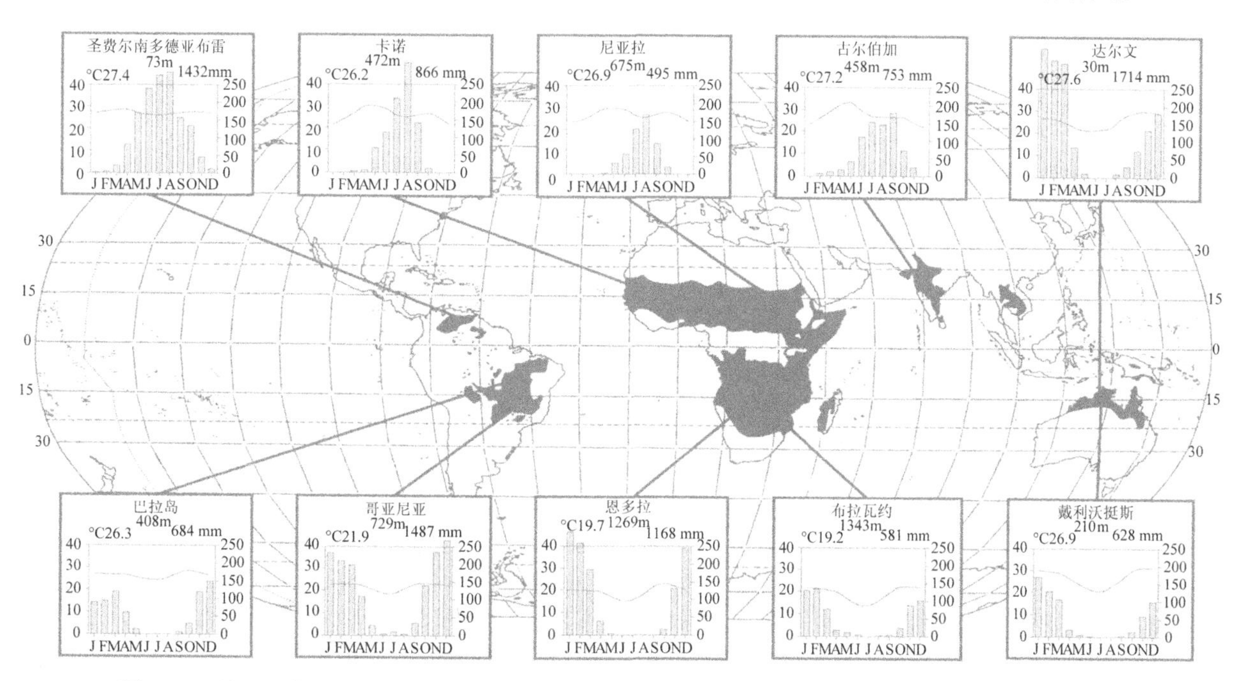

图 50-2　世界上萨王纳的分布。图中包含了温度和降水数据。该图中降水的季节性变化非常明显。

澳大利亚、非洲以及南美洲的萨王纳。热带萨王纳是澳大利亚北部 1/4 领土的优势植被，该地区的年降雨量在 600mm 以上，面积约为 2×10^6km^2 [图 50-1 (a)、(b)，图 50-2]。这些萨王纳为开阔的林地或开阔森林，树的盖度随着降雨量（随着与北海岸距离的增加而减少）的减少而减少。上层优势种主要是桉属的植物，尤其是 *Eucalyptus tetrodonta*、*E. dichromophloia*、*E. miniata Melaleuca viridiflora*、*M. nervosa* 和 *E. pruinosa* 的组合在该植被带中较为干旱（年降水量少于 1000mm）的地区较为常见。地面层优势种为 *Sarga*、*Heteropogon* 和 *Schizachrium* 等植物。在具季风气候的萨王纳（从澳大利亚西部到昆士兰的约克角半岛）中，很多其他高草（高度大于 1m）占优。而在昆士兰东部萨王纳的群落下层，黄茅（黑针茅）占优，且随降水的减少，*Themeda triandra*、*Aristida*、*Bothriochloa* 和 *Chrysopogon bladhii* 等的优势度逐渐增加。在该热带萨王纳群落中，金合欢属（*Acacia*）植物，包括分布面积广大的镰叶相思树（*A. harpophylla*）、箭杆木树（*A. shirleyi*）和小相思树（*A. cambegei* 和 *A. georginae*）等占优。

新热带的南美洲萨王纳面积在 2×10^6km^2 以上。巴西的高草草原及哥伦比亚和委内瑞拉的大草原组成了一个连续的萨王纳植被，中间夹杂着一些狭窄的走廊森林。巴西高草草原包含一系列的植被组成，从近乎纯草原的巴西无树高草草地到巴西钱帕达的开阔林地。这些萨王纳逐步过渡到密林地或开阔森林，在 cerradão 草原树的盖度已经达 50%以上。优势种草本植物包括 *Andropogon*、*Aristida*、*Paspalum* 和 *Trachypogon* 等。奥里诺科（Orinoco）大草原由放牧草地，或有树木（通常低于 8m）散布的草原组成。常见的树木有 *Byrsonima* spp.、*Curatella americana*、*Bowdichia virgioides*，禾草包括 *Trachypogon* 和 *Andropogon*。在巴西和玻利维亚，有季节性的积水萨王纳和萨王纳湿地。其他类型的萨王纳，如萨王纳公园和混合林地，在整个美洲热带地区都普遍存在。

在降雨量为 200～1800mm 区域中的一系列土壤类型中，都存在非洲萨王纳。面积最大的萨王纳是干燥疏林（miombo）萨王纳，它横贯非洲中部和南部，面积约为 2.7×10^6km^2。干燥疏林萨王纳最典型的特点是，有很多 10～12m 高的短盖豆属、准鞋木属和热非豆属的落叶植物生长于其上，且下层是禾草类高草，主要为须芒草属植物。细叶萨王纳出现在非洲南部，其优势植物为金合欢属植物。在半干旱气候（250～650mm）区，该类萨王纳通常出现在地势低洼的肥沃土壤中。在风化严重的贫瘠土壤区，有阔叶萨王纳存在，阔叶植物包括伯克苏木、风车子属和短盖豆属植物等。南苏丹萨王纳是生长着散布落叶乔木的干旱草原，其典型的落叶乔木为多卡准鞋木。这些萨王纳的北部边界与更加干旱的萨赫勒萨王纳相连，而南部边界与相对潮湿的几内亚萨王纳相连。干旱与半干旱的东非萨王纳是以三芒草属和臂形草属植物为优势种的草原，其上散布着灌木或乔木（包括金合欢属、扁担杆属以及没药属植物），塞伦盖提萨王纳就属于这种类型。

萨王纳也遍及亚洲，但其多因人类干扰而形成。在印度次大陆，萨王纳的分布面积相当大，人类的砍伐使其面积还在不断增加，但也有部分萨王纳来自于人类对农田的改变。在东南亚最重要且分布最广的萨王纳类型是龙脑香林萨王纳，这一类型在越南、老挝、柬埔寨、泰国和缅甸、印度（面积相对较小）等都有分布。这一地区的年降雨量为 1000～1500mm，这类萨王纳的优势植物为龙脑香属的落叶物种，它们常常能长到 20m 高，其下为厚厚的草本层，该层植物主要包括白茅、水蔗草和青篱竹属植物（矮竹）等。

三、萨王纳植被的适应性特征

萨王纳中的植物有一系列应对季节性干旱、水分和养分有效性低下及规律性火烧和啃食干扰的适应性特征。有助于木本植物在火烧中存活的火烧适应性特征包括粗厚的隔热树皮、很高的木材含水量和出众的萌生能力。在其地上部分被烧死后，植物可通过木块茎和其他地下或茎基组织而再次萌发。这种恢复所需的生长代价最小。在萨王纳群落中，植物通过根、根状茎和匍匐茎等进行营养繁殖非常普遍。适应营养有效性低下的特征有共生菌根和发达的外生菌根。生长于萨王纳中的树种通常在叶子凋落前，可将其剩余营养转移到其他组织。木本植物常用尖刺限制啃食，有时也用化学特性如单宁降低叶子的适口性。萨王纳中的禾草类植物具有独特的形态特征（如锯齿形的边缘）和化学特征，包括用体内的单宁和二氧化硅来限制啃食。

草本层中的优势禾草类植物通常拥有 C_4 光合通路。在高温、高辐射和低水分的环境条件下，该光合通路的光合效率较高。大部分萨王纳乔木和灌木拥有 C_3 光合通路，与 C_4 光合通路相比，其在低光下具有较高的光合效率，这一特点有利于冠层下面植被的更新与定植。萨王纳植物的生长主要在湿季进行，而在火烧多发的干季，它们往往枯萎或休眠，这一特点有利于它们度过不利的环境阶段。一年生草本主要通过土壤种子库而得以持续存活。在干旱期间，虽然多年生草本的地上部分死去，但在地下根状茎或芽苞片中，那些休眠的、再生的芽却受到保护。有些一年生禾草可通过能活动的芒或尖的胼胝体，使其种子进入土壤，从而免于火烧。对多年生草本植物而言，如果在前一个雨季没有储藏足够多的碳水化合物，则它们第一节绿色茎的生长只能在雨季进行。降水可刺激一年生植物和禾草类植物种子的萌发，湿季的早期往往是植物迅速生长的阶段。大部分草本植物在湿季开花，而大多数的木本植物在干季开花。

木本植物已进化出一些生理和形态机制以忍受（常绿植物）或逃避（落叶植物）持久的水分胁迫。深根系植物（通常是常绿植物）可在全年的任何时期吸收水分，并在环境条件适宜时达到最大的光合能力。在湿季开始之前，落叶植物重新吸水，然后长出叶子，这可最大化其在雨季中的光合活动。落叶和常绿分别代表植物对萨王纳季节性气候生理适应性的两种极端情况。常绿植物通常将更多资源投入到长寿命叶上，而落叶植物倾向于支持具有较高光合能力的短寿命叶。在湿季，为确保生存和繁殖，落叶植物需吸收足够的养分和光合产物，常绿植物虽然倾向于较低的生长速率，但其生长却贯穿于整个生长季（即使在干季，它们也在不断生长）。当养分严重受限和因土壤水分条件发生变化而无法再为生长新叶投入资源时，常绿植物的各项生命活动也将进入休眠状态。

虽然本节内容描述了一些宽泛的季节性生长模式，但我们应该明白，世界上萨王纳植物的物种和生活型极其多样，它们具有很多明显不同的物候模式。气候周期中的每一阶段，至少对某类物种或开花的物候期有利。

四、影响萨王纳结构的环境因子

上述适应性特征使植物在个体水平上能够适应季节性变动的气候，但在景观或区域水平上又有哪些环境因子决定萨王纳的结构？已有证据表明，四个关键环境因子对萨王纳的结构起决定性作用：①植物有效水分（PAM）；②植物有效养分（PAM）；③火；④食草作用。食草动物包括脊椎动物和无脊椎动物，食草作用包括食嫩叶（枝）者对木本植物的采食及食草者对禾草和杂草的采食。气候和土壤类型（PAM 和 PAN）是决定萨王纳外貌（木本层与草本层的相对多度）的最主要因子，二者对某一地点草、树生长和存活的潜能进行了限定。生长势还受各种干扰的影响，如火、食草作用和随机事件（如龙卷风）等。这些因素共同影响竞争的互相作用和树、草的生长，进而可决定萨王纳的结构、植物种类和生产力等（图 50-3）。截至目前，我们对这些因素间相互作用的理解还非常有限，且它们在时空上的变化也使我们很难对其进行实验测量。局部性历史因素（历史上的降雨量、火烧和食草动物的数量等）造成的植被空间异质性，以及对量化这些因子有效手段的缺乏，使测量影响萨王纳结构各个因子间相互作用的实验设计变得更加困难。

1. 水分和养分条件

在温暖且季节性干旱的气候条件下，萨王纳土

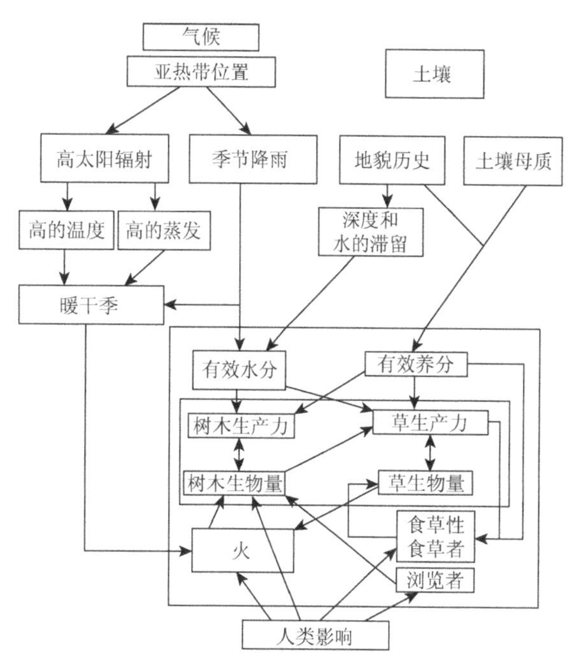

图 50-3 决定萨王纳结构的环境因子间的相互作用。相对应的树和草的生产力由水分、养分条件及干扰机制（火与啃食）决定。这些决定因子又由当地的气候和土壤类型所决定。经 Blackwell 出版社许可，改编自 House JI，Archer S，Breshears DD，and Scholes R（2003）Conundrums in mixed woody-herbaceous plant systems. *Journal of Biogeography* 30：1763-1777。

壤通常具有较低的水分和养分持有能力。树和草对水分与养分而非对光合空间的竞争决定二者的相互作用树和草。在较大的洲际尺度上，水分条件（PAM）是四个萨王纳结构决定因子中，最重要的一个，树的盖度随降水增加而不断增加，但草的生物量一般会持续减少。PAM 可通过简单测量的参数（如年降水量），或水分平衡参数（降水量为潜在或实际蒸发量的系数），或土壤特性（水分释放特性、土壤储存能力）进行量化。在精确的空间尺度上，土壤的生理生化特征（PAN）对萨王纳具有更为重要的影响，其与 PAM 的交互作用通常被称为 PAM/PAN 平面。养分条件基本上是一个关于土壤湿度和干季养分吸收的函数，氮矿化特别容易受到低水平 PAM 的限制。植物的快速生长仅可能出现于可通过矿化释放营养物质的高水平 PAM 时期。相对湿润区萨王纳的高淋溶性土壤，半干旱区萨王纳的土壤较为肥沃，但这一营养资源只有在湿季是有效的。具有相同年降水量的萨王纳，其结构和植物组成却千差万别，这可简单地归因于精确尺度上的土壤类型的变化。来自南非的 Nylsvley 长期萨王纳研究台站为这种相互作用提供了一个很好例子；这里的土壤很贫瘠，植被为阔叶萨王纳，优势种为非洲酸枝，而其周围遍及成片的肥沃土壤，可支持这一极其不同的萨王纳类型，即优势物种为叠伞金合欢的细叶萨王纳类

型。虽然这两种萨王纳的气候条件相同，但因土壤母质不同，使细叶萨王纳土壤中的N、P的含量相对较高。细叶萨王纳的生产力约为阔叶萨王纳的两倍，且可吸引更多的食草动物。类似地，在南美萨王纳中，对其结构与物种组成有明显影响的也是土壤酸度和铝含量，而与降水无关。

2. 火

在景观水平上，火是一个重要的决定因子，它可影响世界上所有的萨王纳。各种草本植物在湿季快速生长，当干季来临时，它们开始枯萎。因为干燥的气候非常有利于起火，所以火烧是不可避免的。萨王纳上的火几乎全为地面火，十分易燃的草本层极易点燃。冠层火很少发生，因为萨王纳中乔木与灌木枝叶的易燃性很差。萨王纳上火烧的发生面积在很大程度上受人为引燃的控制，也有一些火因无雨雷电而引起。萨王纳上的火可通过地表燃烧迅速扩散，土壤高温很难持久，一般不超过几秒或几分钟。虽然这些火对地上植物部分具有明显的影响，但其却对萨王纳的地下种子库或地下其他类型植物繁殖体的影响非常有限。

在南非和澳大利亚北部萨王纳的一个超过25年的火去除研究结果表明，火在限制乔木定植和生长方面发挥重要作用，可使木本植物逐渐变密（图 50-4）。频发火烧事件使乔木的幼苗建植率下降，也削弱了树苗通过不断长高以逃离火苗伤害区的能力。火对乔木建植的限制导致禾草类植物的存活和生长，进而维持了地上燃料的载荷量。火烧小幼苗和吸根（sucker）的地生茎很容易在火烧中被烧死，但是这些个体能够从木块茎或其他地下和茎基组织上重新出芽。经观察发现，有些植物（如澳大利亚红檀）的小于 6 个月的幼苗可在火烧后复萌。萨王纳上频繁发生的火烧可杀死乔木幼苗或将这些幼苗作为一层受抑制的木本芽层一直维持下去，如果火烧周期（两次火烧之间的时期）足够长，则这些幼苗可长得足够高，火烧可超出火烧的破坏范围。有些物种的被火烧抑制的芽能至少存活 40 年，在这一时期，其可发育出明显的木块茎，从而加快它们在火烧间期的生长速率。

与繁殖物候相关的火烧发生时机对植物繁殖具有限制或促进作用。对巴西塞拉多热带高草草原木本和澳大利亚潮湿萨王纳的研究已表明，火烧能降低种子生产和有性更新，并能引起群落物种组成的变化，有利于营养繁殖的物种。然而，火烧却对某些物种的有性繁殖非常重要，因为火烧可诱导塞拉多热带高草草原萨王纳很多物种的开花和结实，也有利于其他一些物种的传粉。火烧对大多数多年生植物的影响较小，且它们可从受到保护的、地表以下的基部叶鞘中复萌。如果长期没有火烧发生，有些多年生（如 *Trachypogon plumosus*）

图 50-4　过牧和火烧对萨王纳结构的影响。(a) 1973 年湿季结束时，澳大利亚北部（维多利亚河地区，Kidman Springs 台站）半干旱萨王纳区域一个严重过牧的小牧场。这一地点易遭风、水侵蚀，因此该地的健康状况和生产力将进一步降低。排除啃食与火烧的干扰后（b），该群落的结构和功能可完全恢复，随着植被的生长，土壤表层逐渐稳固，使保水、养分补充和养分循环能力等都明显增强。照片由 CSIRO 的 John Ludwig 提供。

和一年生（如 *Andropogon brevifolius*）草本植物的多度将降低。

在人类居住并学会用火之前，雷电是最主要的火源。虽然这一火源出现的频率较低，但其范围却非常广泛。澳大利亚人利用火的历史已有 4 万年，非洲可能超过 100 万年或更长。由于各种各样的原因（开荒、家畜管理、财产保护、保护管理和耕作等），大部分萨王纳每年都被火烧。在非洲，每年有25%～50%的“苏丹区”干萨王纳，以及 60%～80%的“几内亚区”湿萨王纳被火烧。在 1980～1994 年间，澳大利亚北部的卡卡杜国家公园每年有 65%的桉树萨王纳和 50%的开阔林萨王纳被火烧。随着干季的推进，枯萎的凋落物越来越多，禾草也愈加干燥易燃，促使地表可燃物质逐渐积累，在气候有利的条件下（温度较高，风较强，湿度较低），萨王纳上的火势会越来越强。干季早期（可燃物积累较少，且干燥不充分），火势强度较弱，起火区呈零星部分，且火烧面积非常有限。而到干季晚期，火势强度通常较高，火烧范围也逐渐扩大，且火烧更加均匀。火烧对植被的影响取决于火势强度和火源分布，以及火烧时间与营养、物候周期的关系。由于火烧和食草作用对萨王纳具有叠加效应，因此很难直接确定火烧的影响。不管怎样，长期的火烧实验表明：较强的火势和干季晚期的火烧对木本植物的破坏最大。

3. 食草动物

大群野生有蹄类食草动物（尤其在非洲）的采食和家养畜群（尤其是牛）的普遍放牧是萨王纳中的两个最常见景象。另一类较容易被忽略的萨王纳食草动物是无脊椎动物，尤其是蝗虫、毛毛虫、蚂蚁和白蚁等。哺乳类草食动物一般被分为食草者、食枝叶者和杂食者（杂食者通常根据实物的丰富程度变化其食性）。通过消耗生物量、采食种子、践踏下层植被，以及摇折、破坏乔木和灌木等，哺乳类和无脊椎类食草动物对萨王纳的结构产生影响。食草动物作为一个决定因子，其重要性在不同的萨王纳地区有所不同，可基本反映大型食草动物的多度。非洲萨王纳大型食草动物的丰富度和多度远高于澳大利亚、亚洲或南美洲的。在非洲萨王纳中，已被介绍的大型野生食草动物超过 40 种。相反，澳大利亚萨王纳仅有 6 种大型有蹄类动物被认为是大型食草动物，而南美萨王纳只有 3 种有蹄类动物被认为是野生大型食草动物。家养动物，尤其是牛、大水牛、绵羊和山羊等被认为是当今萨王纳的主要食草动物。

大型食草动物可引起物种组成、木本植物密度和土壤结构的改变。例如，啃食压力使非洲和澳大利亚萨王纳适口性好的丛生多年生禾草变少，而适口性差的多年生或一年生禾草和杂草有所增加。土壤表面也会出现变化，包括土壤失去其坚硬外皮（对养分循环非常重要）、形成裸露斑块、土壤更加紧实、地表径流增加及水分和养分流失等。在非洲的部分地区，由于大象吃枝叶时喜欢将树连根拔起，导致这些地区的木本成分变少。食枝叶者，如长颈鹿可控制木本植物幼苗和树苗的生长，使其几十年保持在对火烧敏感的高度之内。相反，世界上很多萨王纳木本成分密度的增加主要由草本植被的损失引起，一个很大的原因是草食动物的采食率较高。啃食导致禾草生物量和可燃物积累的减少，进而使火烧频率和强度下降，因此提高了树苗和成年树的成活率。因为食草动物较喜欢火烧后的再生植被，所以火对它们也可产生影响。显然，火和食草动物对萨王纳结构和功能的影响具有交互作用。

虽然不像大型食草者和食枝叶者那么壮观，昆虫也常常是萨王纳的主要食草动物，尤其在土壤贫瘠且哺乳类食草动物较少的萨王纳中。描述昆虫多度及其在这些生态系统中的作用的数据还比较缺乏。在阔叶贫瘠的南非萨王纳中，生物量为 0.73kg/ha 的一种蝗虫可消耗 1000.73kg/ha 的植物，同时对 36kg/ha 的植物造成破坏。这意味着 16%的地上生物量将会因之而损失。蝗虫和毛毛虫的采食量可占食草动物的一半，尽管这一比例在年际之间变化很大。肥沃的细叶萨王纳可支持较大的哺乳类动物，与比贫瘠的非洲萨王纳相比，昆虫消费占食草动物消费的比例较低。昆虫食草作用对萨王纳貌相的影响还没有被评估，但很明显，它们是萨王纳上重要的食草动物，可影响该生态系统的属性和生产力。

五、树和草共存的概念模型

共存于萨王纳群落中的各生活型间的相互作用非常复杂。在过去的 40 年中，为解释树和草的混合体，人们提出了一系列概念或理论模型用于树和草。这些差异明显的模型都已被针对某一特定地点的实验证据所支持，但没有一个模型可提供解释共存性的普遍机制。这些模型可被分为几类。树和草基于竞争的模型侧重于对树和草所用资源的时空分割，以使竞争最小化和两种生活型都长久存在。另一类模型基于个体数量，该模型认为树和草共存的维持依靠干扰，干扰导致乔木更新遭遇瓶颈，乔木生长受到限制，从而使草本植物持久存在。表 50-1 对这些模型进行了概括。根生态位模型认为树和草的根系统在空间上是隔离的，草主要利用上层土壤，而树主要发展其较深的根系。乔木依赖于从上层土壤渗滤到下层土壤的水分（以及养分）。物候分隔模型强调草本和乔木在生长时间上的差异。因为禾草在生长季（湿季）中的竞争能力较强，所以很多萨王纳乔木叶冠在湿季来临之前就开始发育，而乔木的根系比较深，它们能在干季和禾草枯萎之后，再生长很长一段时间，所以乔木对资源的利用时间比禾草的长。在资源利用方面的这种时空分隔可使竞争最小化，进而实现共存。其他竞争模型认为乔木密度受制于自身可忍受的 PAM 和 PAN 阈值，因此禾草无法被完全排除。这些模型假定降水充裕年份有利于树木的生长和更新，降水少的年份有利于禾草，以及较大的降水量年际变化可维持树和草的长期相对平衡。

也有观点认为萨王纳是一个亚稳定系统（稳定状态的范围很窄），长期看其具有动态结构。基于个体数量的模型认为，乔木的个体数量和更新过程的决定因子最终共同确定树和草的比值（表 50-1）。火、食草动物和气候变化是乔木更新与生长的基本驱动因子，较高水平的干扰造成个体数量增长的瓶颈，该瓶颈限制了木本成分的更新和（或）生长，从而使禾草类得以长久存在。在降水量较多的地方，当缺少干扰时，萨王纳生态系统易变为森林。较高的干扰水平，尤其是火烧，能使萨王纳生态系统变得更加开阔，甚至完全变为草原；在降雨稀少的地方，这种生态系统更易出现。

表 50-1 对平衡萨王纳生态系统（树和草及树和草之比相对稳定在一个给定的水平上）的解释，以及非平衡（树和草及树和草之比是变化的）、动态平衡萨王纳生态系统（干扰机制对维持树和草的共存非常重要）中树和草共存机制的概念模型

基于竞争	基于人口统计学
共存机制	共存机制
资源可利用的空间和时间生态位隔离两种生命形式的共存	气候变化和扰动影响树的动态变化
根-生态位分离	极端的气候和扰动影响树木发芽和（或）建立和（或）过渡到成熟大小类别使其共存
树草利用深层和浅层土壤	在降雨量较低区，树建立和生长只有在高于平均降雨量发生期
物候分离	在降雨量较高区，高燃料生产保持频繁的火灾限制树的主导地位
树在生长季始末在叶片扩展和生长对资源的独特利用会产生暂时性的差异，草在生长季对资源竞争也会出现暂时性的差异	
均衡竞争	
树是优越的竞争对手而成自我对于一个给定的降雨和无法排除草	
竞争-克隆	
降水变化导致树和草之间的权衡竞争和殖民的潜力。高于平均降雨有利于树木生长，低于平均值有利于草的生长	
主要决定因素	主要决定因素
植物有效水分，植物有效养分	植物有效水分的变化，植物有效养分，火，食草性
次要因素	
火动态，食草作用	

上述所有模型都有相应观察或实验数据的支持，萨王纳的结构和功能很有可能由上述所有过程的共同作用决定。正如根生态位隔离模型所预测的那样，很多萨王纳中根的分布具有明显空间隔离的现象，成年乔木的根分布在较深的土层。在那些降水发生在禾草生长休眠期的半干旱萨王纳中，根的隔离分布有利于树的生长，因为这些降水可下渗到深层土壤以支持乔木成分的生长。相反，在那些雨季和生长季同期的半干旱萨王纳中，深根系上的投入可能导致水分胁迫，因为降水零星而微弱，很少有水分可下渗到深层。在这种情况下，浅根系在水资源和矿物营养利用方面更为有效。在这些萨王纳中，树和草对水、养分的竞争非常激烈。在湿润的萨王纳中，树和草的根系在上层土壤中展开的根竞争比生态位分隔模型预测的更加明显。澳大利亚北部湿润萨王纳（年降水量大于 1000mm）的优势种为桉属乔木，在湿季，这些乔木与快速生长的一年生禾草在上层土壤（1～30cm）中竞争水分和养分。但在干季晚期，乔木的根系活动转移到下层土壤（深度可达 5m），而这时草本物种已经枯萎或者陷入生理休眠。这些根系的动态表明，禾草本质上属于干旱规避者，但在湿季其可与乔木展开竞争。这个例子中既有根生态位隔离又有物候隔离发生。

年降水量和乔木多度[可由树的盖度（图 50-5）、树基面积（树茎所占的面积）和树的密度进行衡量]间的显著相关性表明树与树之间的竞争同样明显。当 PAM 降低时，属的多度也下降。竞争模型没有考虑萨王纳结构决定因子对种群中不同年龄段的个体的不同影响，如更新、幼苗建植和树苗生长等。根生态位或物候隔离模型主要是其考虑对成年个体的各种影响，但个体数量模型涵盖了气候波动及干扰对生活史关键阶段（如幼苗建植和个体可耐受火烧的大小等级）的各种影响。个体数量模型假设乔木多度动态是萨王纳生态系统功能的核心，且在大多数情况下，乔木是萨王纳中的竞争优势植物；草木只能在环境因子限制乔木多度时持久存在。很明显，在萨王纳各生活型之间和之内都存在竞争，乔木多度受气候波动和干扰的影响。为了得到一个涉及生活史各个阶段的竞争影响的模型，需将竞争理论和个体数量模型中的各种理论进行整合。

当考虑萨王纳结构与各个影响因子的关系时，这些模型将变得非常复杂。图 50-5 描述了树的盖度与年降水量的关系，本例中降水用 PAM 代替。乔木盖度数据来自于非洲和澳大利亚的萨王纳。如图所示，在某一给定的降水条件下，乔木盖度的可能值有很大的发散性（尤其在非洲的各个地点）。在非洲萨王纳，降水确定乔木盖度的上限，在降水量低于大约 650mm 时，其与乔木盖度呈线性关系，当降水量高于 650mm（阈值）时，乔木盖度只有少量的增加（图 50-5）。线下面的点代表乔木盖度由 PAM 与其他影响因子共同决定的地点，这些地点的乔木盖度由于受到降水之外其他因素的影响，从而使其值低于在该降雨条件下的可能值。在半干旱萨王纳（年降水量小于 650mm），年降水量控制乔木和冠层盖度，使禾草类植物得以存在。当年降水量大于650mm时，乔木冠层有可能已全部郁闭。此时，干扰成了木本多度的限制因子。对于澳大利亚的萨王纳，已有证据表明，乔木盖度与年降水量的关系更为简单，乔木盖度随着降水量增加而线性增加，且发散程度较小。在降水量相同的情况下，澳大利亚萨王纳比非洲萨王纳的乔木盖度更低（图 50-5）。这意味着PAM在影响乔木盖度的同时，其他因子如火烧频率或营养水平也影响着乔木盖度。澳大利亚萨王纳的土壤普遍比非洲萨王纳的土壤贫瘠，并具有拥有较高的火烧频率，这对乔木盖度和生产力形成限制。

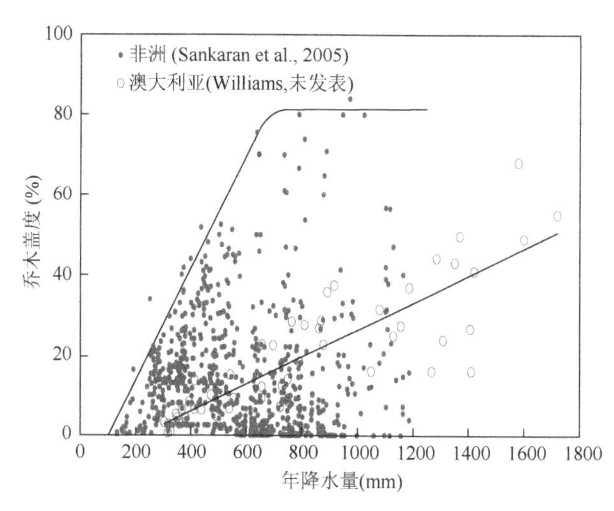

图 50-5　年降水量（MAP）与非洲和澳大利亚萨王纳中树的盖度关系，降水可决定某一地点乔木的最大盖度（气候盖度）。其他环境因子，如养分水平、火烧频率和食草动物等也同时对各地萨王纳中的木本盖度产生影响。摘编自 Sankaran M，Hanan NP，Scholes RJ，et al.（2005）Determinants of woody cover in African savanna. Nature 438：846-849（Macmillan Publishers Ltd），所用数据由 R. J. Williams 提供（该数据未发表）。

六、萨王纳的生物量和生产力

全球所有植物的 NPP（净初级生产力）约为67.6Gt C/a，其中有30%（19.9Gt C/a）源自萨王纳生态系统，而萨王纳的面积仅占地球陆地面积的 18%，这说明它是一个相对高产的生态系统。对萨王纳而言，已被确定的平均 NPP 为 7.2t C/(ha·a)（表 50-2），低于另一主要热带生态系统——雨林[NPP 为 10～15t C/(ha·a)]。萨王纳地理分布广泛，结构变化大，所以不同萨王纳间的 NPP 和生物量差异可达一个数量级（表 50-2）。树和草相对产量的变异性也很大，但在一般情况下，C4 禾草层的 NPP 是乔木层的 2～3 倍。根冠比由储藏于地上和地下生物量的多少来决定，来自于遍布全球的一系列萨王纳的数据表明，全球范围内的平均根冠比约为 2（表 50-2）。这也反映了植物为从沙性、贫瘠的萨王纳土壤中吸收水分和营养及在不断的干扰中存活，需向根系统和地下储藏器官（如木块茎）进行大量的投入。

表 50-2　萨王纳的生物量、土壤碳库和生产力

参数	平均值（sd）	范围
生物量和碳库（t C/ha）		
地上生物量	10.6（9.0）	1.8～34
地下生物量	19.5（14.9）	4.9～52
总生物量	33.0（22.9.0）	9.4～84
根冠比	2.1（2.0）	0.6～7.6
土壤有机碳	174.2（126.0）	18～373
萨王纳面积（M km^2）	27.6	
总有机碳库（Gt C）	326	
生产力[t C/(ha·a)]		
净初级生产力	7.2（5.1）	1.4～22.8
净生态系统生产力	0.14	

数据来自 Grace J，San JJ，Meir P，Miranda HS，and Montes RA（2006）Productivity and carbon fluxes of tropical savannas. *Journal of Biogeography*. 33：387-400。

萨王纳的光合作用和生长季节性很强，且它们的年际变化很大。湿萨王纳的年降水量与雨林相近，但其生产力却明显低于雨林，这在很大程度上在于干旱、贫瘠的土壤和干扰的影响。因此，在对萨王纳生产力进行长期评估（相对于每年的评估）时，需将火烧和食草动物造成的生物量损失包括进来。这一做法，也可给我们提供很多碳固定效率方面的信息，也就是说，萨王纳生态系统在碳元素方面的净储存（汇）与流失（由萨王纳生态系统散失到大气中）信息。虽然萨王纳在湿季的生产力非常高，但在火烧和动物啃食中很多草本植物的生产力都存在一定的损失。木本生物量的波动较小，与萨王纳上的草本成分相比，它是一个更长期的碳储存库。萨王纳火烧显然可造成温室气体的排放，包括 CO_2、CO、甲烷、非甲基烃类、一氧化二氮、悬浮微粒和气溶胶等，排放量相当于 0.5～4.2Gt C/a。火烧使萨王纳的净固氮速率降低了 50%，如果萨王纳可避免火烧和动物啃食，则其木本生物量必将增加，进而导致土壤碳的增加。在南美 Orinoco 萨王纳的禁止放牧和放火样地中，测得的碳汇强度为 1Gt C/a，且这一碳汇强度被维持了 25 年左右。类似地，在降水量与其相当的澳大利亚桉树萨王纳中，那些只有火烧而没有放牧地方的碳汇强度也约为 1Gt C/a。这些碳一般被储存在木本和土壤有机碳库中，也有一小部分以炭黑（木炭）的方式存在，而炭黑是一个弹性碳库。萨王纳土壤碳库是目前最大的碳库（表 50-2），与植被部分不同，土壤碳代表一种长期的碳储存。

火烧还可影响养分动态，这是因为火烧能引起较轻元素（如氮和硫）的挥发（气化），从而造成这些营养元素的流失。在全球水平上，萨王纳和热带季雨林是大气中 N_2O 的最主要来源（每年 4.4Tg N_2O）。在火烧越频繁的地区，氮的净流失越严重，因此，萨王纳都普遍比较缺氮。由于叶子中的营养含量相对较高，很多禾草类物种能在火烧后迅速恢复，这些再生植被对食草性动物有很大的吸引力。

七、面临的威胁

萨王纳是古老的生态系统。它们是人类进化的发生地，人类是这些生态系统不可或缺的一部分。人类以火烧和开荒的方式改变了萨王纳的养分水平，而其对萨王纳的这种影响已持续了数千年。人类将火作为植被管理工具和对放牧系统的引入，改变了食草和食叶压力及树和草的竞争平衡（图 50-4）。我们现在所经历的气候变化及其对降雨分布和温度升高的影响，就是人类对萨王纳的影响之一。在这一影响下，与过去相比，当前的气候条件更有利于火的发生和 CO_2 浓度的升高。人类对萨王纳开发利用的日益加强最终导致植被和土壤退化，养分流失加剧，水平衡和水分可利用性被改变。巴西 cerradão 草原的乔木和灌木超过 800 种，但约为 40%的 cerradão 和 llanos 草原已被开垦或变为农业用地，用于种植咖啡、大豆、大米、玉米和豌豆等。萨王纳在营养匮乏、酸度较高和非常脆弱的情况下，如何有效管理其土壤是根本。改变放牧压力和火烧抑制可增加木本植物的优势度，而木本优势度的增加最终导致牧草生产的减少，这对以畜牧业为收入来源的社区带来了极大的冲击，同时也降低了本地的生物多样性。无论是在非洲还是澳大利亚，在放牧压力比较大的地区，这种木本植物增加和扩张趋势已越来越明显。

以改变利用方式为目的的开荒也可引起外来物种的入侵，这已成为世界上很多萨王纳所面临的一个问题。非洲萨王纳，尤其是在南非，木本植物已开始入侵，这些入侵的木本植物多为由于薪材和木材生产原因而从澳大利亚引进的金合欢属与桉属植物。这些植物的可食性较差，因而具有高生长速率和高水分消耗特点。灌木的增加减少了水分的下渗深度，地表水和河流的补充，最终对水分供给产生影响。在澳大利亚和南美萨王纳，人们通过引进生长较快的非洲牧草须芒草（*Andropogon gayanus*），对提高牧草生产潜能进行了尝试。虽然它们比本土植物的生产力高，但却造成了地面可燃物数量和可燃性的大幅增加。在这种植物大量入侵的澳大利亚北部萨王纳中，其火势强度是只有土著禾草萨王纳的 5 倍，不仅造成乔木死亡，而且也影响其更新。反过来，这是限制木本植物种群增长的瓶颈，长此以往，乔木盖度必将下降，从而缩短禾草的火烧周期。在哥伦比亚和委内瑞拉大草原及巴西的 cerradão 草原也曾经引进过非洲牧草，如 *Brachiaria*、*Melinis* 和 *Andropogon* 等属的物种。这些牧草取代了本土物种，并被用作牲畜的饲料，造成这些萨王纳上原有物种的损失。

气候变化可改变降水分布，进而影响 PAM 和 PAN。温度和大气中 CO_2 浓度的变化可改变树和草的相对生长速率及二者的竞争平衡。在较高的大气 CO_2 浓度条件下，乔木不但可将更多的碳分配到根系和木块根，而且可更有效地利用水分和养分，因此乔木（C_3 光合途径）利用高浓度的 CO_2 得效率高于禾草（C_4 光合途径）。由于乔木（富碳生活型）和禾草（贫碳）生理上的差异，CO_2 浓度的增加更有利于乔木，从而使其更具竞争优势。当树苗快速生长到远离火烧危害所需的个体大小阈值时，可对萨王纳禾草植物的火烧维持影响形成限制。

上述所有的例子都涉及人类活动对决定萨王纳结构的环境因子的影响。显然，进一步认识这些环境因子间的相互作用必将促进我们对萨王纳中各种过程的理解，以及使我们能够在快速变化的世界中更好地管理萨王纳生态系统。萨王纳是比传统的农业系统更理想的发展农林间作的生态系统。火烧方面的微小变化可极大促进萨王纳的生产力，因此可将萨王纳生态系统用于碳固定和温室气体排放等方面的研究。另外，萨王纳除了为人类提供替代生计，其还有助于生物多样性的维持。

参考章节：地中海类型生态系统；沼泽湿地。

课外阅读

Andersen AN，Cook GD，and Williams RJ（2003）*Fire in Tropical Savannas*：*The Kapalga Experiment*. New York：Springer.

Baruch Z（2005）Vegetation environment relationships and classification of the seasonal savannas in Venezuela. *Flora* 200：49-64.

Bond WJ，Midgley GF，and Woodward FI（2003）The importance of low atmospheric CO_2 and fire in promoting the spread of grasslands and savannas. *Global Change Biology* 9：973-982.

du Toit JT，Rogers KH，and Bigg HC（eds.）（2003）*The Kruger Experience*：*Ecology and Management of Savanna Heterogeneity*. Washington，DC：Island Press.

Furley PA（1999）The nature and diversity of neotropical savanna vegetation with particular reference to the Brazilian cerrados. *Global Ecology and Biogeography* 8：223-241.

Grace J，San JJ，Meir P，Miranda HS，and Montes RA（2006）Productivity and carbon fluxes of tropical savannas. *Journal of*

Biogeography 33：387-400.

Higgins SI，Bond WJ，and Trollope WSW（2000）Fire，resprouting and variability：A recipe for grass tree coexistence in savanna. *Journal of Ecology* 88：213-229.

House JI，Archer S，Breshears DD，and Scholes R（2003）Conundrums in mixed woody herbaceous plant systems. *Journal of Biogeography* 30：1763-1777.

Mistry J（2000）*World Savanna：Ecology and Human Use*. Harlow：Prentice Hall.

Rossiter NA，Setterfield SA，Douglas MM，and Hutley LB（2003）Testing the grass fire cycle：Exotic grass invasion in the tropical savannas of northern Australia. *Diversity and Distributions* 9：169-176.

Sankaran M，Hanan NP，Scholes RJ，et al.（2005）Determinants of woody cover in African savanna. *Nature* 438：846-849.

Scholes RJ and Archer SR（1997）Tree and grass interactions in savanna. *Annual Review of Ecology and Systematics* 28：517-544.

Scholes RJ and Walker BH（eds.）（1993）*An African Savanna：Synthesis of the Nylsvley Study*. Cambridge：Cambridge University Press.

Solbrig OT and Young MD（eds.）（1993）*The World's Savannas：Economic Driving Forces，Ecological Constraints，and Policy Options for Sustainable Land Use*. New York：Parthenon Publishing Group.

van Langevelde F，van de Vijver CADM，Kumar L，et al.（2003）Effects of fire and herbivory on the stability of savanna ecosystems. *Ecology* 84：337-350.

Williams RJ，Myers BA，Muller WJ，Duff GA，and Eamus D（1997）Leaf phenology of woody species in a north Australian tropical savanna. *Ecology* 78：2542-2558.

第五十一章

亚欧草原和北美大草原

J M Briggs，A K Knapp，S L Collins

亚欧草原和北美大草原（草原）均为禾草占优势的生态系统，为了进一步理解草原，了解禾草形态和生长型显得尤为重要。在许多生态单元中，禾草茁壮生长的非凡能力及其抗干扰性对生长型的贡献最大。禾草具有简单流线型和密丛型分蘖的特征，这些特征是植物的关键适应性结构要素（图 51-1）。源自于植株生长部分（分生组织）的分蘖通常分布在土壤表层附近，或表层。通过位于土壤表层附近或以下，这个产生分蘖的分生组织被有效保护。分生组织的位置可解释禾草的恢复力和抗干扰性。

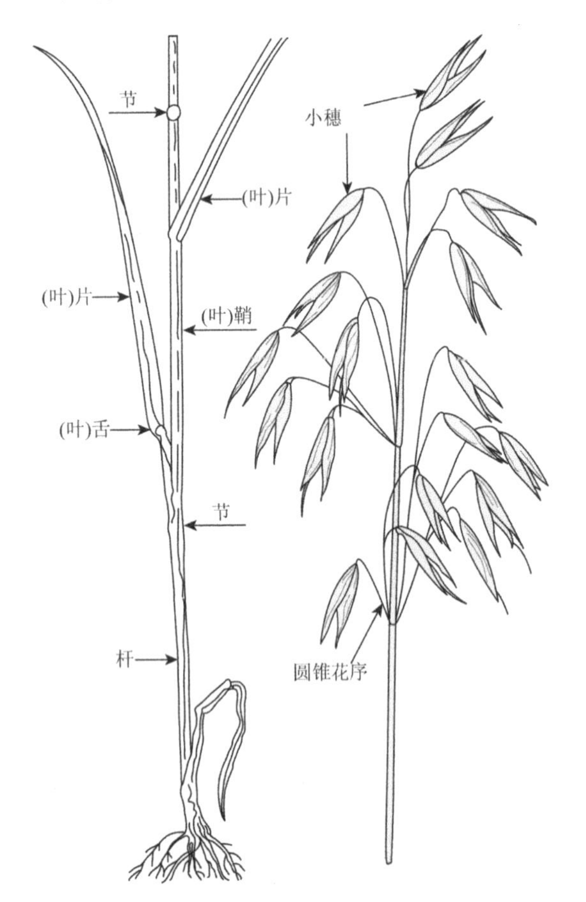

图 51-1　常见的燕麦（*Avena sativa*）。摘自 Hubbard（1984）。

禾草叶片窄长，富含纤维，可支撑具有厚壁细胞的组织。这些特点与叶片沿着垂直平面褶皱或包卷的能力，使植物可度过水分胁迫周期而不至于枯萎。禾草叶片的另一个特点是富含硅质沉积物和硅质细胞［植硅体（phytolith）］。尽管不同属的植物都含硅，但植硅体却是禾草的独有特征。在分类群内，植硅体通常具有清晰的形态，并且它们能在土壤剖面上存留相当长的时间，因此古植物学家经常将其用于判断从一种禾草型到另一种禾草型时优势种的变化。硅也使禾草牧草变得非常耐磨。目前，人们普遍认为很多现代食草家畜耐磨牙齿的出现，是对草原高草牙齿磨损效应在进化上做出的响应。这也说明禾草和巨型食草动物是高度协同进化的。然而，最近在印度晚白垩纪恐龙粪便化石中发现的禾草植硅体表明，禾草已完全不同，且在渐新世和第三世纪中新世时期食草动物数量激增之前，粗糙的植硅体也已出现在很多禾草中。

由于分蘖从其各自的分蘖基部开始扩展，所以禾草的分蘖聚合方式极其不同，但常见的有两类：丛生型和簇生型。这种描述体现了优势禾草物种的主要特点，但其他一些物种和类群与这两种常见模式又截然不同。最为明显的是木本竹子（在热带和亚热带生境中，一部分竹子可延伸至树木的高度，但大部分被限制在森林底部）。

除了生长型，根据光合路径也可将禾草大致分为两类：寒冷季（C_3）和暖温季（C_4）。C_4 植物的光合作用与 C_3 植物不同，世界上很多典型草地植被分布区域中的强光和高温环境，对其非常有利。目前，C_4 禾草在全球、（亚）热带、（半）干旱和温带草地中都占优，而在较寒冷高海拔地区或北方气候带，C_3 禾草更为普遍。

一、草原

正如上面所提到的，植被主要由禾草和禾草类植物（包括莎草、灯芯草和被统称为禾草类的植物）组成的生态系统被称为草原。狭义上，“草原”可被定义为地面覆盖植被以草类植物为主，且很少或没有被树覆盖。联合国教育科学及文化组织将草原定义为“被草本植物及低于 10%的树木和灌木丛所覆盖的土地”，树木繁茂的草原被 10%～40%的树木和灌木丛覆盖。草原生态系统有两个明显的特征：通过对驯养植物或食草动物的管理，它们易被用于发展农业；气候的时空变化较大。草原所在地区相对干旱，但降水量足够支持它们的生长。此外，在淡水和沿海地区的湿地中，草原也可占据优势。在有更多降水但土壤层浅或排水不良的地区，或对木本植物来说地势太过陡峭的地区，也会出现草原。简言之，草原通常分布在以木本植物为主的潮湿地区和干旱荒漠植被之间的区域。

除南极洲外，每个洲都有草原生物群落分布。据估计，草原曾覆盖 25%～40%的地球陆地表面，虽然很多原始天然草地已被开发并转换为其他植物的生产（玉米和小麦），或其他栽培作物，如大豆，但事实上，从农业和生态学的角度看，草原是非常重要的。草原是北美和其他地方畜牧产业的基础。此外，草原可固定和储存大量的土壤碳，是全球碳循环的重要组成部分。

的确，因为草原在其土壤中储存了大量的碳并包含了相对较高的生物多样性，所以在有关生物燃料生产的探索中，现代草原的作用越来越突出。生物燃料可为向大气释放更少碳的能源生产提供机制保障。一些能源生产者推荐玉米的集约化农业生产，或其他草类植物如柳枝稷和象草等作为生物燃料的生产。不过，农业实践的能源成本较高，降低了燃料源（fuel source）的价值。最近的一项研究表明，位于边缘土地上的各种草原群落具有潜在的“负碳性”（carbon negative），因为它们为燃料提供了大量的生物量，并将碳存储在地下。目前，仍需要更多研究对草原生物燃料生产的可持续性进行评估，但对能源生产商和自然资源保护者而言，前景肯定都是同样诱人的。

二、草原类型

据考证，欧洲人在定居北美之前，美国最大的连续草原横穿整个大平原，从落基山脉和西南部州的沙漠到密西西比河。在欧洲、南美洲、亚洲和非洲（图 51-2）等也发现或曾经发现还存在其他广阔的草原。

图 51-2　世界草原分布图。世界资源研究所，2000。摘自 GLCCD，1998。Loveland TR，ReedBC，Brown JF，et al.（1998）Development of a Global Land Cover Characteristics Database and IGBP DISCover from 1km AVHRR Data.International Journal of Remote Sensing 21（6-7）：1303-1330. Available online at http：//edcaac.usgs.gov/glcc/glcc.html. Global Land Cover Characteristics Database，Version 1. Olson JS（1994）Global Ecosystem Framework-Definitions，39pp. Sioux Falls，SD：USGS。

草原可被大致分类为温带或热带草原。温带草原的冬天寒冷，夏天炎热，土壤层厚而肥沃。但出人意料的是，温带草原植物的生长往往受养分限制，因为大部分土壤氮的存储形式是植物无法直接吸收利用的。然而，当耕作破坏了土壤结构时，这些营养物质被变为植物可利用的形式。高土壤肥力和相对平缓地势的结合，使草原成为作物生产转换的理想选择对象，从而造成世界各地很多草原的消失。

美国中西部草原的降水量（75～90cm）最多，也是最高产的，可被称为高草大草原。历史上，这类草原在爱荷华州、伊利诺伊州、明尼苏达州、密苏里州和堪萨斯州等地区最多。最干燥（降水量为

25～35cm）和最低产的草原被称为北美矮草草原或干草原。这些草原在得克萨斯州、科罗拉多州、怀俄明州和新墨西哥州等地方比较常见。在这些极端条件之间的草原被称为中间或混合草原。在多雨的年份中，高草大草原的草可生长至3m高，而矮草草原的草很少能生长至25cm。所有的温带草原地下根生物量的生产，都超过其地上植物的生产。在世界范围内，温带草原的其他名称包括贯穿大部分欧洲和亚洲地区的干草原、非洲的稀树草原、匈牙利的平原和南美的潘帕斯草原等。

热带草原全年温暖，但有明显的雨季和旱季。热带草原的土壤肥力通常比温带草原的低，这可能是因为土壤中的营养物质被雨季的高降水量（50～130cm）冲洗（或过滤）。大多数热带草原的木本灌木和树木的密度远高于温带草原。一些热带草原比温带草原更为高产。然而，其他热带草原生长在相当贫瘠的土壤中，或周期性地经历季节性的洪水，因此降低了它们的生产能力，与温带草原相似。如温带草原一样，所有热带草原中地下根的生产都远远超过了叶子的生产。热带草原的其他名称还包括非洲的稀树草原和南美大草原。

尽管温带和热带草原包含了最广泛的以禾草为主的生态系统，但禾草存在于多数类型植被和世界大部分地区之中。在禾草占优势的地方可形成荒漠（参见荒漠一章）草原、地中海（参见地中海类型生态系统一章）草原、亚高山和高山草原（有时被称为草甸或园林），甚至沿海草原。大多数草原都以多年生植物（寿命长的）为优势种，但也有一些一年生的草原，其中的优势种必须通过种子，每年予以重建。高强度的集中管理、人工种植和草原维护（如牧草、草地）同样也在世界各地发生。

三、草原环境

草原气候可被描述为湿润或干燥，炎热或寒冷（通常在同一季节），但总体上，它是沙漠和森林气候之间的一种过渡性气候。我们可用平均气温和年降水量与沙漠或森林地区别不大这一种极端情况，对草原气候予以最好的描述，但在温带和热带草原中，大多数年份都会出现干旱期，而在干旱期间，植物将遭受水分胁迫。在北美洲有一个很好的例子，在华盛顿周围的区域（东部落叶林占优势），年降水量约为102cm；劳伦斯道格拉斯县（Lawrence，KS）（历史上以高草草原占优势），年降水量约为100cm。但两个区域降水分布的方式存在显著差异。劳伦斯道格拉斯县超过60%的降水量集中在生长季（4～9月），而在华盛顿降水量全年均匀分布。草原开阔的特性为持续的高速风的形成创造了条件。多风的环境使草原水分蒸发增加，进而增强了植物和动物中的水分胁迫。在这种开放的生态系统中，太阳辐射能的高输入是水分胁迫增强的另一因素。太阳辐射的高输入引起湿空气的对流上升，进而导致强烈的夏季雷暴雨。强烈风暴中的降水无法被土壤有效吸附，随后的地表径流汇入溪流，使草原植物和动物对水分的利用率下降。除了生长季内的水分胁迫，相对于毗邻的森林区域，草原上的连年极度干旱现象是相当普遍的。如此的干旱可能会造成成年树木的死亡，但禾草和其他草原植被拥有大量的根系和地下芽体，这些结构有助于它们在干旱期的生存和生长（图51-3）。

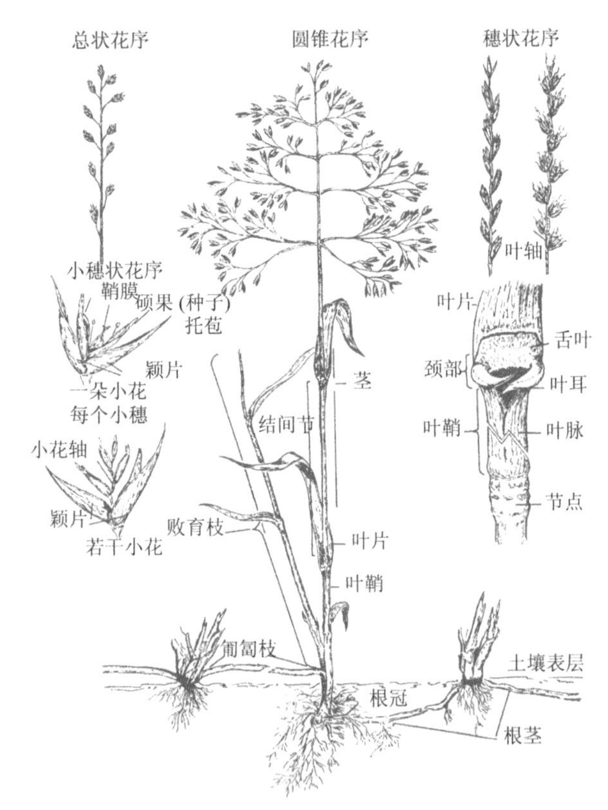

图51-3　草原植物的结构和形态。摘自Ohlenbusch et al.（1983）。

四、草原火烧

在广阔的天然草原中，人们普遍认为气候、火烧和放牧是影响草原起源、维持和结构的三个主要因素。这些因素并不总是独立存在的（即放牧降低了作为火的直接燃料的现存生物量，生物量同时高度依赖于降水量）。历史上，多数大草原上都发生过频繁的火烧，但绝大部分并没有被火烧伤害，反而从中受益，甚至一部分草原依赖于火烧而存在。当草本植物休眠时，开始衰老叶片的水分含量较低，同时这些细纹路的燃料很容易被点燃和迅速燃烧。草原上的高风速和天然阻火屏障的缺乏使火烧能迅速覆盖大部分区域。由于火烧移动迅速，且大多数燃料处于地面之上，所以温度快速便达到峰值。同时土壤表层或表层以下几厘米处的土壤，被加热至生物破坏温度范围（大于60℃）的时间很短暂，并且只发生在土壤表层或表层以下几厘米处。因此，即使在最强烈的草原火烧中，草本植被的重要部分（根和芽）也可得到很好的保护。在有文档可证明的热带和温带草原中，火烧开始于闪电和人类有意图的实施。在具有较高植被生产力的草原上如高草草原，火烧最常发生，在这些草原中，火烧是阻止树木和周围森林入侵的重要因子。许多树种死于火烧，或者它们没有被火烧死，但由于其活跃的生长部位位于地上而被严重损伤。草原植被的芽体在地下，从而可避免致死温度的损害，因此火烧后它们还能够存活甚至茁壮成长（图51-4）。

图51-4　Konza草原生物野外站春季火烧景象。在前景区域被烧两周后，远景处的火烧才开始。图片由K. Knapp提供。

草原物种对火烧的反应主要取决于草原的生产潜力。在更高产的草原（如高草草原）中，休眠季节（通常在生长季节之前）的火烧使草本植被生长增加，因此带来更高的草地生产力或总生物量。这是因为之前几年死生物量（碎屑）的积累抑制了植被生长，而火烧可消除它们对植被的不利影响。然而，在干旱的草原上，甚至在高生产力草原降水较少的年份中，这一死亡植被物质的燃烧可造成高蒸发损失，进而使土壤变得过于干燥。因此，在火烧过后，植被会出现水分胁迫，生长受到抑制且产量下降。只有长期的数据才能够确定火烧对草原的真正影响（图51-5）。

那么，在湿度适中的草原发生火烧之后，生产力增加的潜在机制是什么？最常见的一个误解是草原上的火烧会引起作为陆地生态系统一个关键限制营养元素氮素（N）的增加（释放），并进而增加生产力。事实上，火烧会降低土壤氮含量。然而，如前所述，在高草草原中，火烧增加生产力的主要机制是通过清除前几年碎屑的积累。有报道称，火

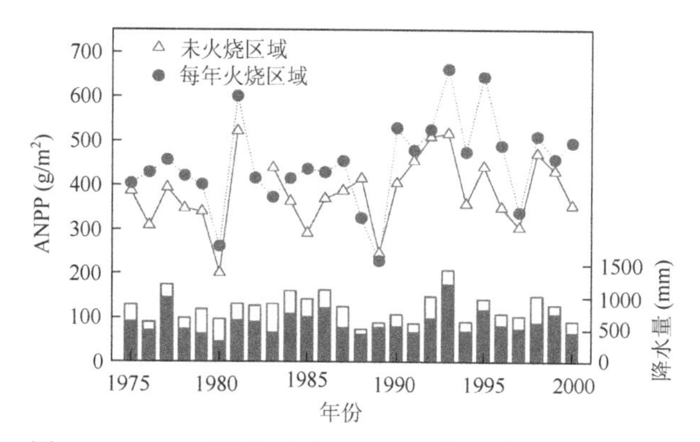

图51-5　Konza草原生物野外站未火烧区域（空心三角形）和每年被火烧区域（实心圆）地上净初级生产力（ANPP）的长期（26年）监测结果。图中也附有生长季降水量（4～9月，实心柱）和年降水量（空心柱）。

烧后3～5年中现存死生物量的积累可达1000g/m^2，并进入稳态。这一死生物量覆盖层对生产力的作用是巨大的，主要体现在它对整个生态系统水平上的个体都产生影响。碎屑累积的厚度可超过30cm，这种特殊的生物质遮盖了土壤表面和新生的萌芽。在没有火烧的地方，这种使嫩芽光利用性减弱的现象可持续两个月，加之春季较高的土壤水分，因此这一时期的损失能量对初级生产力的影响尤其重要。在火烧和未火烧的区域中，早春的温度环境大不相同（火烧区域中较高的温度有利于C_4植物的生长），这与草本植被光利用性的下降一致。相对每年发生火烧的草原，这些因素致使未发生火烧高草草原的生物量较低。来自氮肥实验的其他证据也表明，火烧并没有提高湿度适中草原氮素的可利用性。在高草草原每年发生火烧的区域中，氮肥对生产力有很强的影响，但在多年未发生火烧的区域，额外的氮肥添加并不能提高生产力，具有中级火烧历史的区域对氮肥的响应比较适中。对于火烧和草本植被的关系，很多研究结果表明：存在这一普遍的关系草原植被对火烧具有很好的耐受性，在大多数情况下，发生火烧的年份具有最大的生产力。这一表述的一个前提是，在所有的降水梯度上，火烧的有利影响并非完全相同。此外，优势种的生长型也非常重要。具有较高降水水平的高生产力草原在火烧后表现出中度乃至高度的正响应，而更多干旱草原和部分丛生禾草草原在火烧后的最初几年却呈现出生物量减少的趋势。

大多数草原具有活跃的生长季和休眠季。在很多草原中，尽管火烧可全年发生，但大部分发生于休眠季，因此正常年份（没有干旱）中的火烧很少出现在中期生长季。考虑到年际循环间草原多方面的变化，我们可清楚认识到不同季节的火烧对草原的影响极其不同。然而，尽管对一年不同时间段的火烧影响进行了大量研究，但在火烧季节性方面并

没有普遍认可的结论。因此，草原对火烧季节性具有或多或少的敏感性，也许是最恰当的表达。一项长期研究中发现，高草草原中的优势种随秋季、冬季和春季（休眠季）的火烧而有所增加，然而夏季（生长季）火烧可引起亚优势种增加，进而使优势种减少。

研究表明，火烧频率对草原群落结构和生态系统功能具有强烈的影响。在湿度适中的草原中，每年发生火烧的区域和火烧频率很低的区域，二者的植物物种组成极其不同。在高草草原每年的火烧区域中，多年生 C_4 禾草类植物为绝对的优势种。在火烧次数较少的区域中，尽管 C_4 禾草依然保持着优势，但在未发生火烧的草原上 C_3 禾草、杂草和木质类物种等的数量越来越多，从而造成较高的物种多样性和空间异质性。事实上，每年发生火烧区域的植物群是很少发生火烧区域的植物群的子集。因此，这种差异反映的是频繁发生火烧区域和很少发生火烧区域间优势种的变化情况，并非是两种生境条件下物种组成的不同。正如生产力对火烧的响应一样，群落结构对草原火烧的响应也存在梯度差异。在北美洲的很多北方大草原中，火烧并没有对群落结构产生强烈的影响。不过，这些北方大草原的优势种 C_3 禾草类植物在火烧后趋于减少，不像那些较温暖气候下的以 C_4 禾草类植物为优势种的草原。因此，在整个北美大草原中，竞争和火烧在构建草原植物群落方面的作用可能会沿着维度梯度有所加强。

在湿度适中的草原（Konza 草原生物站）上，通过长期（大于 20 年）的实践和实验研究，研究人员获得了火烧对植物群落结构影响的清晰画面。在缺乏大型食草动物的情况下，生态系统被上行控制所驱动，而这一控制与光资源、土壤资源可利用性和对低资源条件下不同的竞争能力有关。尽管火烧可增加光的可利用性，但火烧频率增加会降低其他重要的限制性资源的数量，如氮和水。在生产力被水分所限制的丘陵地区（浅层土壤）尤其如此。这种资源可利用性的改变，有利于一小部分多年生 C_4 禾草类植物的生长和优势地位的维持。随着具有竞争力优势种的增加，必将造成物种多样性的下降和群落异质性的出现。

五、火烧对消费者的影响

1. 直接作用

火烧对大多数草原动物不会造成伤害，尤其是休眠季的火烧。那些生活在地下的动物可被很好地保护，而草原鸟类和哺乳动物具有足够的机动性以避免与火直接接触。例如，在被频繁火烧和很少火烧的 Kansas 高草草原中，栖息于地下的甲壳虫，其种类和数量几乎没有变化。生活在植物茎和叶子上的昆虫，是受火烧影响最明显的一类物种。研究表明，在频繁发生火烧的草原上，火烧可直接使毛虫数量下降，进而导致重要传粉者蝴蝶数量的减少。幸运的是，在大量未被火烧的区域，多数天然火烧的发生具有斑块状特点，因此这些未被火烧的区域可贯穿整个大片被火烧的区域。那些斑块状的区域为很多昆虫种群提供了避难所。正因为给这些具有较短世代周期的动物提供了避难所，所以这些昆虫种群在火烧之后可很快恢复。

2. 间接作用

鉴于火烧处理过程中火烧频率对植物群落结构和动态的显著影响，那些以初级生产者为食物和栖息地结构的消费者，将因火烧对食物可利用性和栖息地结构的改变而受到间接影响的理论，似乎是真实的。考虑到火烧通常会使草原植物群落均匀化，人们可能会推测这一理论也适用于消费者。然而，植被组成和动物种群结构间并不存在紧密的联系。相反，在 Oklahoma 大草原上的研究工作显示，相对均一的火烧或未发生火烧的区域，斑块状火烧区域中的草原鸟类更多。关于火烧如何影响栖息地的异质性和草原消费者的群落，还需大量的工作予以论证。

3. 草原上的放牧

放牧是指大部分叶片和植物其他部分（小的根或根须）被食草动物所消耗一种食草方式。放牧，包括植物的地上和地下部分，是所有草原上的一个重要过程。食草动物和草原的长期联系促使这一假设的产生，即草原及其巨型食草动物群是一个高度协同的系统。但如上所述，最近有一些证据表明，情况可能并非如此。然而，对大型食草动物自起源以来就已成为草原生态一个要素的这一观点并没有争论。当然，许多较小的生物，包括小型哺乳动物和昆虫等的食草性行为同样很重要。毫无疑问，本地食草动物对草原的影响是广泛的，据估计有蹄类动物消耗了东非 Serengeti 平原 15%至大于 90%的地上年净初级生物量。不过，在肯尼亚的小型哺乳动物围育实验表明，它们也能对草原产生巨大影响：其生物量比邻近有小型哺乳动物出没的样地高出 40%～50%。

由于草原具备应对高捕食率的能力，所以以前的很多自然草原现被转变为饲养家畜的草场，主要包括北美、南美和非洲的牧牛草场，以及欧洲、新西兰和世界其他地区的牧羊草场。草原为驯养的食草动物提供了大量便于利用的资源。但如很多其他资源一样，草原也可被过度利用（更多的细节将在下文讨论）。

放牧系统大致可分为两种主要类型：商业放牧和传统放牧，其中后者通常以生活生存为主要目的。天然草原商业放牧的规模较大，且一般只涉及某个单一的物种，通常为肉牛或以羊毛生产为目的的绵羊。19 世纪，一些最大规模的集约化商业放牧，在以前那些未被反刍动物重度放牧的地区得到发展；这些放牧产业在美洲和澳大利亚高度发达，但在非洲南部和东部的发展程度很低。传统畜牧业生产系统随气候和整个地区农业系统的变化而变化，牲畜品种多样，包括水牛、驴、山羊、牦牛和骆驼等。在传统的农业系统中，家畜常被作为生存和储蓄之用，用途广泛，可提供肉类、牛奶和作为燃料的粪便等。

采食植被地上部分的大型食草动物可通过几种方式改变草原。食草动物不仅能移除燃料而且还可降低火烧的频度和强度。大多数大型食草动物，如牛或野牛，主要采食禾草，从而使相对较少的杂草类植物（阔叶草本植物）的多度增加，新的物种可能会迅速入侵那些可利用的空间。因此，火烧可降低湿地草原（少数物种为优势种）的异质性，同时，在不考虑火灾频率的情况下，食草动物也会使异质性增加。换句话说，放牧减弱了火烧对于生产性草原的影响（图 51-6）。结果，放牧增加了湿度适中

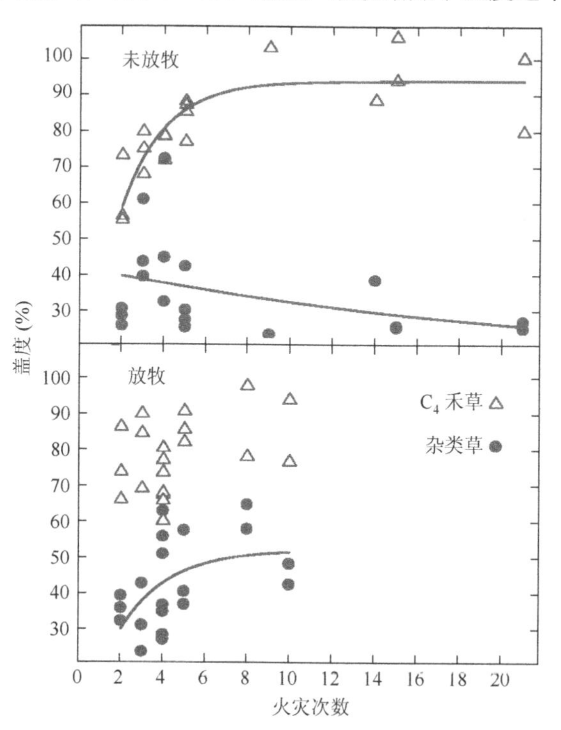

图 51-6 在湿度适中的草原中，通过大型有蹄类对地上生物量的移除来调节植物群落对火烧的响应。未放牧区（上图），优势种 C_4 禾草盖度随火烧频率的增加而增加，杂草盖度有所下降，最终引起多样性的丧失。然而，在美洲野牛采食的草原中（下图），杂草盖度与火烧频率显著正相关，禾草盖度未受影响，致使这一地区的多样性较高，尽管有频繁的火烧发生。摘自 Collins SL，Knapp AK，Briggs JM，et al.（1998）Modulation of diversity by grazing and mowing in native tallgrass prairie. Science 280（5364）：745-747。

草原的植物物种多样性。另外，在干旱的草原，放牧可能会降低物种多样性，特别是可改变杂草类植物对其所适应微环境的可利用性。这些效应高度依赖于放牧强度。过度放牧可能使草原迅速退化，最终变为由杂草和非本地植物物种主导的系统。

食草动物也可能会加快植物营养物质的转换，使其从植物无法吸收的形式转变为容易被利用的形式。植物必需的营养物质如氮，长期以植物无法利用（有机）的形式存在于植物叶、茎和根等部位中。植物的这些部位会缓慢地被微生物分解，它们所包含的营养物质只能被逐渐转变为可被利用（无机）的形式。这个分解过程可能需要超过 1～2 年的时间。食草动物可采食植物的这些部位，并排泄出一部分包含植物可利用形式的营养物质。与缓慢的分解过程相比，这个过程很快，且小斑块中被排泄出来的营养物质的浓度很高。因此，食草动物可增加潜在营养限制因子对植物的有用性，同时也可改变这些资源的空间分布。

一些禾草和禾草草原植物可通过放牧之后的快速生长，以弥补食草动物采食所造成的地上组织的损失。因此，与未被放牧的植物相比，尽管在季节末时约有 50%的禾草叶子可能被野牛或角马采食，但被啃食的禾草仅略小于未放牧过的植物，大小基本相同，甚至前者还高于后者。后者可被称为“超补偿”现象，虽然这是有争议的，但禾草能够部分或全部补偿由食草动物造成的叶片损失的观点已被证实。补偿现象的发生有好几种原因，包括放牧地区生长芽光可利用性的增加、再生植物的营养物质具有更高的可用性和土壤水可用性的提高等。后者出现于放牧后，这是因为禾草庞大的根系统能够为相对较少的再生叶组织提供足够的水。

如火烧一样，放牧对草原的影响不但取决于草原上的降水梯度（湿度更高的草原通常比干旱的草原可更快地恢复），而且也取决于禾草的生长型（丛生，聚拢成一堆的草）与地下根状茎的禾草。但另一个关键因素是草原的进化史。一般来说，拥有较长食草动物进化历史的草原如非洲，对放牧是有弹性的，而进化史较短的草原，如北美的沙漠草原，即使在轻度放牧下也极易受到伤害。

六、草原的威胁和重建——保护与恢复

世界上，草原环境都是主要的农业区域。在北美和其他地方，草原被认为是濒危的生态系统。例如，美国一些州高达 99%的天然草原生态系统已被开垦并转换为农业用途，或因城市化而消失。在其他地区，也有类似的情况发生，只不过混合矮草大草原上发生的损失不那么明显而已。当因农业转变

而造成本土草原的损失在一些地方持续发生时，木本灌木和树种的大幅增加也对其他草原构成威胁。事实上，在世界各地，最后保留的天然草原正面临被本地木本物种丰富度增加的威胁，而这些扩张物种来源于本地生态系统内部或邻近生态系统。草原和热带稀树草原上木本物种盖度和多度增加的现象，在世界各地都存在，众所周知的例子包括澳大利亚、非洲和南美洲。在北美洲，这一现象在多地都有记载，包括大平原东部湿度适中的高草大草原、得克萨斯州的亚热带草原和热带稀树草原及西南部的大盆地荒漠草原。驱动木本植物丰富度增加的因素很多，如气候变化、大气二氧化碳浓度、氮沉降、放牧压力和干扰体系的变化，如火灾频率和强度等。虽然驱动因素大不相同，但草原生态系统的响应结果却惊人的一致。在很多地区，木本物种的扩张虽然使净初级生产力和碳储量增加，但却减少了生物多样性。灌木入侵对草原环境的全面效应还有待研究。

天然草原的另一个威胁源自非本地草原物种的增加。例如，在加利福尼亚州，据估计一块面积约为 7 000 000ha 的地区（约为加利福尼亚州地区面积的 25%）已被转化为由主要起源于地中海的非本地一年生植物所主导的草原。转化为非本地一年生植被的过程太快、太广泛、太彻底，以至于许多本地多年生草原的最初范围和物种组成鲜为人知。此外，在美国西部，多数入侵的外来草类植物如今成为很多地区的优势种，这些物种对自然干扰体系具有重要的影响。例如，在北美西部的干旱和半干旱地区，一年生草类植物忍耐和幸存于火烧的习性，目前已成为一个主要的因素。特别是在美国西南部的 Mojave 荒漠和 Sonoran 荒漠，现在的火烧比历史上更为普遍，这可能会降低这些地区很多本地仙人掌和灌木物种的丰富度。这种一年一度的草原火烧现象在澳大利亚的天然草原也时有发生，当地和北美的管理者利用生长季的火烧，试图减少一年生植物的结籽数量，从而减少外来植物的种群数量，不过效果很模糊。

草原作为牧场，具有巨大的经济价值，同时也为许多动植物提供了至关重要的栖息地。因此，世界各地和许多国家正在努力保护仅有的草原，并从农业用地中恢复草原，其中最重要的措施是对现存草原进行保护和管理，包括私人和公共草原。世界上最大的草原私人所有者正在形成较大的自然保护协会。大自然保护协会是一个全球性的组织，包括美国所有的 50 个州和 27 个国家，如加拿大、墨西哥、澳大利亚和遍及整个亚太地区的国家、加勒比海地区和拉丁美洲等。

然而，导致草原重建的因素，特别是源自优势种生物群有机肥沃的土壤，已极大地促进了草原农业的发展。结果，许多历史上长期存在的草原的地方都变成了农田。因此，草原重建也是一个非常重要的保护实践。草原恢复是指在一个曾经是草原但目前已消失的地方，重新创建草原（包括动植物群落和生态系统过程）的过程。草原恢复包括，在被破坏和耕种的地方建植一个新的草原，或改善一个已退化的草原（即一个从未耕种，但由于先前的土地管理行为使许多动植物物种丧失了的草原）。现有草原恢复行为也包括在草原火灭掉很长一段时间后，再次引入火烧。在经历过中度至重度放牧（但并非完全的过度放牧）的地区，可能需要降低放牧强度。此外，刈割也是重建草原的一个经济上有效的方法。割草在已被灌木丛和森林入侵但草类植物仍存在的区域是非常有效的。

在草类植物已完全消失（农业用地），或处于极度退化状态的地区，重新补播禾草通常很有必要。目前，草原的恢复已经有成熟的技术和专用的设备（条播机），在大多数情况下，在一个地区补播禾草使其成为优势种也相当容易。事实上，一些最早的恢复生态学的例子恰好来自于北美原生高草大草原的恢复工作。草原重建体系（至少在北美）已发展到可获得足够牧草种子（有时候甚至是本地的原生种子）的水平。然而，在重建的草原上，一个更大的挑战是非禾草类植物物种的日益增加，这对生物多样性保护相当危险。种子获取难度的进一步增加（尤其是罕见的植物），以及杂草类植物的存在，也使许多草原重建项目变得极具挑战性。在这些重建的地区，采用何种管理技术对其进行建设和发展是非常重要的，这还需进一步研究。

除了草原植物群面临危险外，草原动物（尤其是鸟类和蝴蝶）在草地质量下降时也会遭受损害。在北美，历史上曾有大量的草原鸟类在大平原西部草原上觅食。如今，相比任何其他类群，这些草原和世界各地其他草原上鸟类数量的下降幅度更大、下降更持久且地理范围更广。这些损失是人类活动造成的对栖息地数量和质量下降的直接后果，如天然大草原向农业的转化、城市开发和对自然火烧的抑制等。

参考章节：农业生态系统；萨王纳。

课外阅读

Borchert JR（1950）The climate of the central North American grassland. *Annals of the Association of American Geographers* 40：1-39.

Briggs JM，Knapp AK，Blair JM，et al.（2005）An ecosystem in transition：Woody plant expansion into mesic grassland. *BioScience*

55：243-254.

Collins SL，Knapp AK，Briggs JM，Blair JM，and Steinauer EM（1998）Modulation of diversity by grazing and mowing in native tallgrass prairie. *Science* 280（5364）：745-747.

Collins SL and Wallace LL（1990）*Fire in North American Tallgrass Prairies*. Norman，OK：University of Oklahoma Press.

Frank DA and Inouye RS（1994）Temporal variation in actual evapotranspiration of terrestrial ecosystems：Patterns and ecological implications. *Journal of Biogeography* 21：401-411.

French N（ed.）（1979）*Perspectives in Grassland Ecology*. Results and Applications of the United States International Biosphere Programme Grassland Biome Study. New York：Springer.

Knapp AK，Blair JM，Briggs JM，et al.（1999）The keystone role of bison in North American tallgrass prairie. *BioScience* 49：39-50.

Knapp AK，Briggs JM，Hartnett DC，and Collins SL（1998）*Grassland Dynamics：Long Term Ecological Research in Tallgrass Prairie*，364pp. New York：Oxford University Press.

Loveland TR，Reed BC，Brown JF，et al.（1998）Development of a Global Land Cover Characteristics Database and IGBP DISCover from 1km AVHRR Data. *International Journal of Remote Sensing* 21（6-7）：1303-1330.

McNaughton SJ（1985）Ecology of a grazing ecosystem：The serengeti. *Ecological Monographs* 55：259-294.

Milchunas DG，Sala OE，and Lauenroth WK（1988）A generalized model of the effects of grazing by large herbivores on grassland community structure. *American Naturalist* 132：87-106.

Oesterheld M，Loreti J，Semmartin M，and Paruelo JM（1999）Grazing，fire，and climate effects on primary productivity of grasslands and savannas. In：Walker LR（ed.）*Ecosystems of the World*，pp. 287-306. Amsterdam：Elsevier.

Olson JS（1994）*Global Ecosystem Framework Definitions*，39pp. Sioux Falls，SD：USGS EDC.

Prasad V，Stromberg CAE，Alimohammadian H，and Sahni A（2005）Dinosaur coprolites and the early evolution of grasses and grazers. *Science* 310：1177-1190.

Sala OE，Parton WJ，Joyce LA，and Lauenroth WK（1988）Primary production of the central grassland region of the United States. *Ecology* 69：40-45.

Samson F and Knopf F（1994）Prairie conservation in North America. *BioScience* 44：418-421.

Weaver JE（1954）*North American Prairie*. Lincoln，NE：Johnsen Publishing Company.

第五十二章

沼泽湿地

C Trettin

一、前言

沼泽是一个通用术语，定义为“在低处充满水的松软土地，具有软湿的地面”（Webster，1983），因此它与各种陆地生态系统都有一定的关系。通常，人们将沼泽当作森林湿地。湿地是陆地生态系统的一种，在生长季节近地表的土壤处于饱和的水文状态，土壤中有氢的特性，表现出厌氧条件的特点，优势植被是适应潮湿土壤的水生植物。而森林沼泽中，森林物种也是适应于潮湿土壤条件的。如果缺乏具体的地理前提，沼泽这个词就几乎没有传达什么有用的信息，要么是流行的湿地概念，要么是指茂密的森林植被（图 52-1）。

图 52-1　洼地硬木沼泽是美国东南部泛滥平原的主要特征。

下面的讨论，旨在传达沼泽这个术语的习惯用法中所涉及的一般水文环境、土壤条件和植被群落。讨论沼泽森林的参考文献将给出具体的地理区域。

二、沼泽水文的一般特征

水文条件控制着湿地的形式和功能，因为需要依赖调解生物和地球化学反应的多余水分。沼泽水文可以用四个通用条件来描述（图 52-2）。河流或泛滥平原条件，是沼泽中与水文地貌环境（hydrogeomorphic）关联最紧密的。其特点是周期性接受来自河流或溪流的淹水，也从毗邻的高地接受径流。周期性、淹水深度和持续时间是影响沼泽中出现的森林群落类型的关键因子。凹洼（depression）湿地出现在地表凹陷之处，接受周围高地的水，可直接来自降水，在某些情况下也可能是浅层地下水的交汇地。湖泊湿地与河口边缘湿地主要是从大水体中接受水，毗邻高地的径流与降水也加入这个水平衡。这些环境中沼泽的共同水文属性是水出现在土壤表面之上，但淹水时间差别很大。虽然对沼泽来说，一年中淹水一般可持续数天到数月不等的时间，但淹水有数年间隔的情况也并不罕见。影响淹水条件的因子包括降雨时机与降雨量、地下水位、沼泽流域的土地利用和蒸散作用。

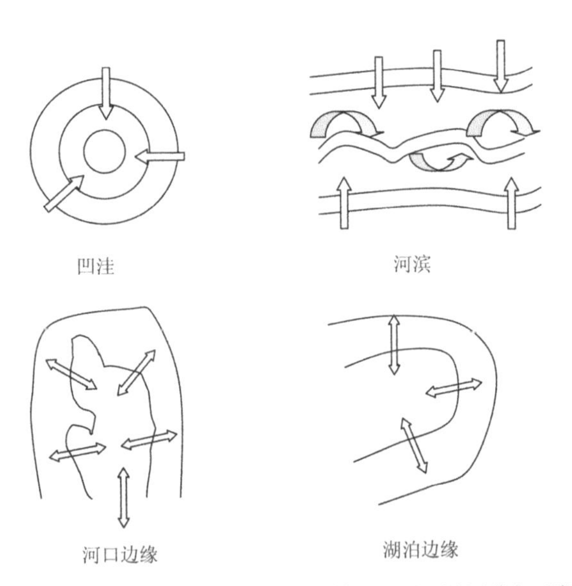

图 52-2　地貌位置对水文的影响。箭头显示沼泽四种主要类型地貌位置处水流的主要方向。摘自 Vasander H（1996） Peatlands in Finland，64pp. Helsinki：Finnish Peatland Society。

1. 土壤

沼泽土壤覆盖着各种质地类型和不同程度的有机物积累（图 52-3）。湿润矿质土是河岸与凹洼环境的特征。泥炭矿质土有中等厚度的有机物积累（＜40cm），如果是在泛滥平原中，则反映了长期的水饱和状态与少许的冲刷作用，因此在四个水文环境中都能找到。有机土或泥炭土具有较厚的有机物积累（＞40cm），代表一年中水长期处于饱和状态。这些土壤一般发生在凹洼环境中，而在泛洪平原因周期性洪水冲刷则是不常见的。

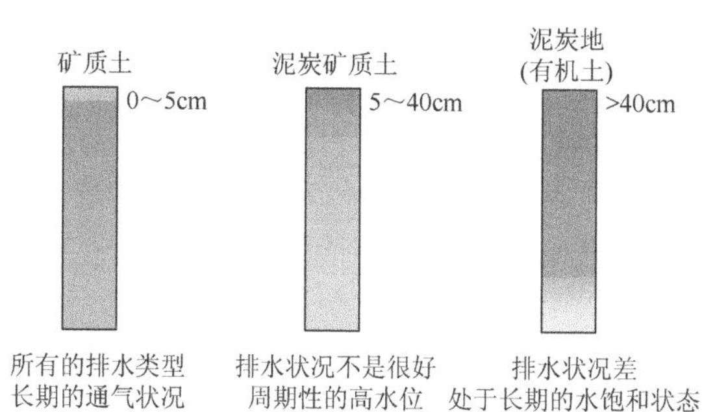

图 52-3 沼泽森林中常见的土壤类型。这三种类型反映了积累在土壤表面的有机物总量，这是由土壤排水和水文条件所控制的。摘自 Trettin CC，Jurgensen MF，Gale MR，and McLaughlin JA（1995）Soil carbon in northern forested wetlands：Impacts of silvicultural practices. In：McFee WW and Kelly JM（eds.）Carbon Forms and Functions in Forest Soils，pp. 437-461. Madison，WI：Soil Science Society of America。

2. 植被

术语沼泽（swamp）一般也指森林湿地。然而，各大洲从北方到热带气候区因广泛的自然环境（见前两部分）和地理位置变化，并没有出现超越水生植被的一致特征或属性。因此，沼泽可能是针叶林或被子植物占优势的，但一个共同的情况是反映微站点中相对较小差异的物种与群落的混合。例如，在泛滥平原森林中洼地硬木沼泽可能是一个广泛的特征，它包含了可反映水文与土壤细微差异的植被群落的镶嵌。

三、生态功能

因为湿地的普遍性和所占据条件的广泛性，其生态功能是非常重要的。以下概述将强调沼泽湿地所提供的一些主要生态系统功能，特定类型的沼泽与所处区域有关。

1. 水文

沼泽湿地所调节的水文功能取决于水文地貌条件。河滨沼泽为洪水提供了临时存储处，减少了流到下游地区的峰流。这个功能是基于物理条件的，几乎与森林植被类型没有什么关系。然而，河滩上的土地利用变化，特别是农业可以减少水储存潜力，导致下游水流运输增强。蓄洪功能也可维持河道流量，细水放长流。围绕洼地环境形成的沼泽可能是地下水的补给来源，地表水通过地下沉积物慢慢渗透并积累起来。在河口和湖泊环境中，陆地-水体边缘的沼泽对保证河岸的稳定性来说是非常重要的。

2. 水质

沼泽对水质的影响取决于水文地貌环境。河滨沼泽主要在物理和生物地球化学反应两个方面影响水质。去除沉积物是河滨沼泽的一个重要功能，这是洪水沉淀出来落在河漫滩表面的过程。沉淀下来的沉积物为沼泽植被提供营养，表现出对洪水污染物的去除。具有茂密林下植被的河漫滩比开阔森林环境从洪水中过滤沉积物会更有效一些。

河漫滩和河岸带沼泽也可从水中移除一些化学成分，尤其是氮和磷。硝态氮是土壤厌氧条件的产物，这是地表和浅层地下径流中一种常见的污染物，可以转化成氮气从水中清除。磷化合物的去除通常涉及与沉积物相关的一些反应。

3. 生境

沼泽对于它们所提供的生境条件多样性来说是非常重要的。在大尺度上，沼泽组成了土地类型斑块的一部分，在高地间产生了湿润的植被条件。在较小尺度上，一片沼泽中有众多的生境条件，很大程度上取决于相对平均高水位的高程。

4. 陆地生境

沼泽提供的陆地生境是多样的，这是由于植被组成与结构的变化，在很大程度上是由那个位点的水文条件所控制的。生境也会随森林的发育而变化。在演替的早期，植被通常是茂密的灌木和树木，之后随着树木占据主导地位，灌木层死后产生不那么密集的林下叶层。相应地，两栖动物、鸟类、爬行动物和哺乳动物的生境条件随着林分的演变而变化。沼泽森林对鸟类，特别是迁徙鸣鸟来说是尤为重要的生境。

5. 水生生境

沼泽也为鱼类、鸟类和两栖动物提供重要的水生生境。沼泽中产生的有机物对水生生物来说是一个重要的能量来源，包括那些生活在沼泽内水体中以及更大的诸如湖泊、河流和海洋等水体中的生物。在冲积平原中，漂浮的碎片和原木提供了水生栖息地重要组成部分的物理结构。

四、恢复

在许多地区，沼泽已经通过使用排水系统和森林植被清林转化为农业利用方式。在冲积平原中，将已转化的沼泽恢复为沼泽森林的价值包括重建防洪蓄水野生动物生境的发育。沼泽森林的恢复是由可能遇到的大量土壤和水文条件复合起来的，过去迫使恢复的管理实践的效应也可能加剧这种情况。然而，适当考虑水文环境并匹配适合这些土壤和水体状况的物种，功能恢复是可行的。恢复沼泽森林的典型序列是通过阻断排水沟渠重建湿地水文，并种植合适的树木和林下物种。

五、生态系统服务与价值

沼泽为社会提供了直接和间接价值。直接价值包括原材料，如木材和粮食储备。间接价值包括蓄洪、供水、水质、娱乐、美学、野生动物多样性和生物多样性。价值估算将取决于资源的固有特征，这很大程度上受到流域内生物地理区域和位置、社会规范和经济条件的限制。

课外阅读

Barton C，Nelson EA，Kolka RK，et al.（2000）Restoration of a severely impacted riparian wetland system The Pen Branch Project. *Ecological Engineering* 15：S3 S15.

Burke MK，Lockaby BG，and Conner WH（1999）Aboveground production and nutrient circulation along a flooding gradient in a South Carolina Coastal Plain forest. *Canadian Journal of Forest Research* 29：1402-1418.

Conner WH and Buford MJ（1998）Southern deepwater swamps. In：Messina MG and Conner H（eds.）*Southern Forested Wetlands Ecology and Management*，pp. 261-287. Boca Raton，FL：CRC Press.

Conner WH，Hill HL，Whitehead EM，et al.（2001）*Forested wetlands of the Southern United States：A bibliography*. General Technical Report SRS 43，133pp. Asheville，NC：US Department of Agriculture，Forest Service，Southern Research Station.

Conner RN，Jones SD，and Gretchen D（1994）Snag condition and woodpecker foraging ecology in a bottomland hardwood forest. *Wilson Bulletin* 106（2）：242-257.

Conner WH and McLeod K（2000）Restoration methods for deepwater swamps. In：Holland MM，Warren ML，and Stanturf JA（eds.）*Proceedings of a Conference on Sustainability of Wetlands and Water Resources*，23-25 May. Oxford，MS：US Department of Agriculture，Forest Service，Southern Research Station.

de Groot R，Stuip M，Finlayson M，and Davidson N（2006）Valuing wetlands：Guidance for valuing the benefits derived from wetland ecosystem services. *Ramsar Technical Report* No. 3，CBD Technical Series No. 27，Convention on Biological Diversity. Gland，Switzerland：Ramsar Convention Secretariat. http：//www.cbd.int/doc/publications/cbd ts 27.pdf（accessed November 2007）.

Messina MG and Conner WH（eds.）（1998）*Southern Forested Wetlands Ecology and Management*，347pp. Boca Raton，FL：CRC Press.

Mitch WJ and Gosselink JG（2000）*Wetlands*，920pp. New York：Wiley.

National Wetlands Working Group（NWWG）（1988）Wetlands of Canada. *Ecological Land Classification Series*，No. 24，452pp. Ottawa：Sustainable Development Branch，Environment Canada.

Stanturf JA，Gardiner ES，Outcalt K，Conner WH，and Guldin JM（2004）Restoration of southern ecosystems. In：*General Technical Report* SRS 75，pp. 123 11. Asheville，NC：US Department of Agriculture，Forest Service，Southern Research Station.

Trettin CC，Jurgensen MF，Gale MR，and McLaughlin JA（1995）Soil carbon in northern forested wetlands：Impacts of silvicultural practices. In：McFee WW and Kelly JM（eds.）*Carbon Forms and Functions in Forest Soils*，pp. 437-461. Madison，WI：Soil Science Society of America.

Vasander H（1996）*Peatlands in Finland*，64pp. Helsinki：Finnish Peatland Society.

Webster N（1983）*Unabridged Dictionary*，2nd edn. Cleveland，OH：Dorset and Baber.

相关网址

http：//www.aswm.org，Association of State Wetland Managers.

http：//www.ncl.ac.uk，Mangrove Swamps WWW Sites，Newcastle University.

http：//www.ramsar.org，Ramsar Convention on Wetlands.

http：//www.sws.org，Society of Wetland Scientists.

http：//www.epa.gov，Wetlands at US Environmental Protection Agency.

http：//www.wetlands.org，Wetlands International.

http：//www.panda.org，World Wildlife Fund.

第五十三章
温带森林

W S Currie，K M Bergen

一、前言

温带森林生物群系具有明显的季节性，其中包含一个漫长的生长季连同一个大部分植被都休眠的寒冷冬季。对于植物而言，强烈的季节性因素驱使着植物生理事件每年定期的发生，包括萌芽、开花和叶芽生长。随着生长季的结束，温度明显降低，光周期（日长）明显缩短，树木和灌木都进行着季节性生理变化，包括衰老和枝叶脱落（一些常绿植物的枝叶仍然保留着）以及下一个生长季的萌芽环境。由于严寒，大多数木本植被以耐寒物种为主。在冬季，气温下降到冰点，土壤冻结或又冷又湿，阻碍着植物凋落物的分解，促进土壤表面有机层的积累。

温带森林分布在全球五大区的部分地区：北美洲、南美洲、欧洲、亚洲和澳大利亚-新西兰（图 53-1）。在这一生物群系中，不同的生物地理单元被确认，特别是温带落叶阔叶混交林（面积最大）、温带常绿阔叶混交林（有时也称亚热带常绿阔叶林）以及温带雨林。温带落叶阔叶和常绿阔叶混交林主要植被有松树（南方松属）（*Pinus* spp.）、枫树（枫属）（*Acer* spp.）、山毛榉（水青冈属，假水青冈属）（*Fagus* spp.，*Nothofagus* spp.）和橡树（栎属）（*Quercus* spp.）。北半球温带雨林植被主要有云杉（北美云杉属）（*Picea* spp.）、花旗松（黄杉）（*Pseudotsuga menziesii*）和红木（北美红杉，巨杉）（*Sequoia sempervirens*，*Sequoiadendron gigan teum*）；以及南半球的温带雨林有南部山毛榉（假山毛榉属）（*Nothofagus* spp.）和桉树（桉属）（*Eucalyptus* spp.）。

在大陆地区，温带森林生物群系根据纬度、海拔和大尺度降水模式划分等级。以北美洲为例，美国东部和东加拿大的南部边缘地带主要天然植被为温带落叶阔叶混交林。沿大西洋滨海平原（图 53-2）的这片森林向南逐级划分，由针阔混交林到常绿阔叶混交林。西北太平洋沿岸由于海洋气候与地形升降产生高降雨量，在这里发现了北美洲的温带雨林。在智利（Chile）和巴塔哥尼亚（Patagonia）的部分地区发现了南美洲温带森林。在欧洲，温带森林生物群系以西部大陆，英国，东欧南部以及俄罗斯欧洲部分的南部地区以混合落叶林为主。在近东的亚洲，温带森林出现在土耳其和伊朗。在中亚的北方森林向北（参见北方森林一章）和大草原向南之间，有一条狭窄的过渡带。东亚的温带森林主要出现在中国的北部和中部，但也分布在日本，朝鲜半岛的大部分区域和西伯利亚的南端。包括雨林在内的温带森林在新西兰的部分地区，澳大利亚东南沿海地区以及塔斯马尼亚（Tasmania）也有发现。

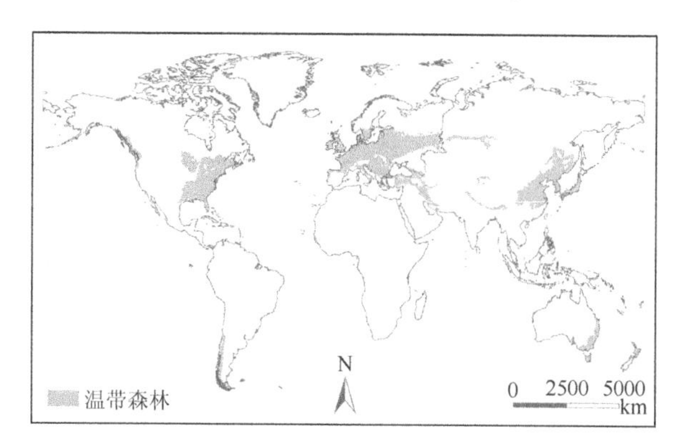

图 53-1　世界温带森林分布图（地图数据：Olson DM，Dinerstein E，Wikramanayake ED et al.（2001）Terrestrial ecoregions of the world：A new map of life on earth，Bio Science 51：933-938. Map prepared by the Environmental Spatial Analysis Laboratory，University of Michigan，USA，2006）。

图 53-2　美国缅因州东南部的针阔混交林边缘（照片由 W.S. Currie 提供）。

温带森林不同于北方森林，它有 4～6 个月（140～200d）无霜生长季节，平均至少 4 个月在 10℃或以上，年平均温度在 5～20℃。在高纬度地区，温带森林过渡到北方森林（参见北方森林一章），常绿耐寒林生物群系具有更短的生长季节。后者在中纬度高海拔山地森林中也有发现，在区系上和功能上，通常更接近于北方森林而非温带森林。

霜冻的发生（0℃或更冷）用于区分热带（热带雨林）和热带以外地区（包括温带）。水分也可用于区分温带地区和更干旱的森林区域，如区分丛林（参见丛林一章）和像热带雨林一样（参见热带雨林一章）的潮湿森林区域。在温带地区，降水量大于潜在蒸发量时，可利用水量每年在 50～200cm，与干湿季分明的热带地区相比，大多数温带地区全年的降水分配相当均匀。

二、地貌、气候和温带森林植物群系

1. 气候和地形对温带森林分布的控制

世界上不同植被群系的地理分布依赖于自然环境，以光、温度和水分形式出现的气候。在中纬度（南北纬 30°～60°），这些影响因素在每个半球的温带森林生物群系是不连续的，它们被海洋和热带地区、水分和地形阻隔所分隔。温带森林的现今分布不仅源于目前的气候因素，也源于古气候和过去大陆之间的联系。更新世时期（180 万年前到 1 万年前）的气候条件为现今的分布奠定了基础。在冰川期，冰层覆盖着欧洲和南北美洲大部分地区，也分离了东亚地区。在南北美洲，植物迁移到没有冰川的避难地，到冰川消融时再迁回到先前的地区。有证据表明，多种林木在北美和没有冰川的东亚仍然存在，但在欧洲已经灭绝，这是因为东-西走向的阿尔卑斯山脉在更新世冰期阻断物种的迁移。在不同的地质历史时期，北美（新北界）、东亚、欧洲（古北界）板块之间的大陆连接也同样重要。因此，在北极，植物区系的差异相对较小，其中涵盖了从北美西海岸到亚洲东海岸地区，包含了世界上大多数的温带森林。

温带森林虽然一般都生长在非极端的自然地理条件下，但在局部的地形地貌中也常出现，从陡峭的山坡到起伏的平原和河流冲积平原。占据斜坡或低有机质排水良好的底物如砂质冰川冲积平原（如松树和橡树）的树木，易适应干旱、养分低的地区。生长在平原、冰碛与含大量土壤有机质的低山丘陵树木更适合温和（温性土温状况）土壤。养分、水分要求苛刻的阔叶树种，如枫树、山毛榉，在梅西奇景观中才能茁壮成长。占据河流冲积平原，湿地或沼泽的树木适合潮湿的湿地环境（栖于湿地到水生）。这些土壤中有机物相对丰富，但在这些景观的树木必须适应包括长期的潮湿，养分有效性低的缺氧土壤，以抵御洪水。

2. 气候和地形的细分

鉴于温带森林巨大的地理范围，观测的区域差异也并不奇怪。生态区和气候的系统分类对生物群系进行了内部细分（表 53-1）。广阔的温带落叶混交林主要出现在 Bailey 的暖大陆分裂处（210）、热大陆分裂处（220）和海洋分裂处（240）；这些根据 Koppen-Trewartha 气候分类分为 *Dcb*、*Dca*、*Do* 和 *Cf*。暖大陆分裂带冬季寒冷多雪，而热大陆分裂带则夏季高温多雨，冬季温和。在海洋分裂带（240）的冬天温和湿润，夏季相对凉爽，年降水量多。

表 53-1　温带森林群系类型及相应的地理区域，贝利生态区和柯本气候分类

温带森林类型	地理区域	贝利生态区	柯本[a]气候分类
温带落叶混交林	北美洲东部	温带湿润区域（200）	*Dcb*：温带大陆性气候，夏季凉爽
	亚洲	暖大陆分裂带（210）	*Dca*：温带大陆性气候，夏季温暖
	欧洲	热大陆分裂带（220）	*Do*：温带海洋性气候
	南美洲	海洋性分裂带（240）	*Cf*：亚热带湿润气候
	澳大利亚/新西兰		
温带常绿混交林	北美洲东南部	温带湿润区域（200）	*Cf*：亚热带湿润气候
	亚洲	亚热带分裂带（230）	
	南美洲		
	澳大利亚/新西兰		
温带雨林	北美洲西北部	温带湿润区（200）	*Cf*：亚热带湿润气候
	南美洲	海洋性分裂带（240）	*Do*：温带海洋性气候
	澳大利亚东南部/新西兰		

a *Dc*，温带大陆性气候：4、7 月气温 10℃以上，最冷月 0℃以下；*Cf*，亚热带湿润气候：8 月气温 10℃，最冷月 18℃以下，无旱季；*Do*，温带海洋性气候：4、7 月 10℃以上，最冷月 0℃以上。

温带常绿混交林主要发生在 Bailey 的温带与多雨亚热带分隔处（230），这最类似于 Koppen-Trewartha 气候分类法中低纬度 *Cf*（潮湿亚热带）类（表 53-1）。这些气候无干季，即使最干旱的月份都有至少 30mm 雨量，炎热夏季最暖月份的平均气温都大于 22℃。

温带雨林的条件大体发生在海洋水分丰富且能阻止山脉向内陆移动的地方。这些条件尤其发生在 Bailey 的海洋分裂带（240）和 Koppen-Trewartha 气候分类的 *Do* 类高纬度大陆板块，以及 Bailey 的亚热带分裂带（230）和 Koppen-Trewartha 气候分类的 *Do* 和 *Cf* 类的低纬度大陆板块（表 53-1）。

三、干扰与森林结构

虽然根据类型、频率和严重干扰程度，特定地点会发生变化，但在温带森林主要干扰会自然地发生。主要的自然干扰包括火灾、严重风暴期间的风倒、冰雹、洪水、疾病和落叶或树木昆虫的入侵。发生在特定地点的一系列自然干扰构成其干扰机制，塑造了森林结构和组成的强作用力。在长时间缺少主要干扰下，较小规模的干扰也能形成森林。这些包括由一棵大树到多棵大树死亡所产生的林隙干扰。在某些情况下，特殊组合的过程可能会产生重复的干扰。只发生在日本和美国东北部的“杉木波”就是一个例子。在这波不断反复地穿越森林造成的死亡中，真菌病原体会削弱成熟树木的根系，同时大风使它们脆弱的根系在与石质土尖锐砾石的摩擦过程中受到破坏。由于自然干扰的重复性和温带森林树木的长寿命，树木通常能够通过被称为“生命属性”的物质来适应抵御特定的干扰或紧接着再生的干扰。一些例子是树木能够从着火或风倒后的树桩上重新发芽，球果需要火来打开，种子最好在裸露的土壤中才能萌发。

人类活动实质上已改变了许多温带森林的干扰制度。大规模树木的采伐，无论是选择切割尺寸或树种，还是切割所有树木的立场，都是相对新的干扰形式，正在影响着整个温带生物群系的森林结构和群落组成。人类活动也会导致大规模的慢性干扰，遍及美国、西欧和越来越多的东亚大部分地区，包括被污染的降雨（如酸雨）而导致土壤酸化和氮素富集。还有一类人为引起的干扰是引进外来入侵物种。在美国东部，在 20 世纪早期引入的真菌病原体引起板栗疫病，在很大的区域内，本质上可以根除其中的优势树种（美洲栗，*Castanea dentata*）。

1. 植被结构层

温带森林干扰的变化不仅表现在它们的类型和频率，也表现在它们的强度或程度，后者以植被死亡的百分比来衡量。在林分中一个占主要地位的干扰因子，会导致广泛或接近的树木总死亡率，然后是一个新的（二次）林分的发育，被称为林分始发事件。这一事件发生后，但是随后的扰动程度间接的发生，林分的垂直结构往往随着时间变得更复杂。更有利的生境条件，如富有机质、肥沃的土壤和充足的水分也能促进结构的复杂化。随着完全的发育，垂直结构包括了上层林冠，林下植被，灌木层和一个草本层。在实现这样的发育过程中，森林需经过几个阶段。包括一个起始阶段，这个阶段籽苗和树苗占优势并且新物种可能持续来到；一个茎单独生长阶段，在该阶段中树冠闭合，遮蔽较矮的个体；林下植被重新启动生长阶段，耐荫树种的籽苗和树苗生长；最后一个是成熟的森林或稳定状态阶段。在成熟增长阶段，上层林冠通常包括林冠优势种和亚优势种（只有部分树冠在阳光下）和由成熟、耐荫个体组成的林下植被、灌木层。成熟的林分可以通过几个关键特点确定，包括树木年龄和大小等级的分布，树桩没有锯痕，并且存在上层林冠大小的腐烂原木。

在一个结构复杂的温带森林林分中，包括了消耗它们整个生命周期的乔木和灌木，以及年轻的或抑制潜在冠层优势种的个体。林下植被耐受种是那些能够存活，甚至需要林冠层遮蔽［如糖枫（*Acer saccharum*）］的物种。在成熟的林分或最近未被干扰的林分，林下植被和上层林冠的耐阴物种是常见的，因为上层林冠的树木是那些受林冠遮蔽后再生的。一些温带森林有一层致密的林下灌木，如山月桂属（*Kalmia* spp.）、杜鹃花属（*Rhododendron* spp.）和越橘属（*Vaccinium* spp.）（蓝莓）。温带森林的草本层中通常有苔藓、地衣、藤本植物和非禾本科草类。许多灌木和草本植物适应低光环境或生长在春季冠层叶片延伸前或秋季树冠落叶后春季或秋季落叶后；在夏季，只有约 10%的阳光照到草本层，但这一数字在冬季落叶林分中可以上升到 70%。需要更多光的灌木和草本植物，在光线充足的空隙中生长，或延伸其树冠至开口。生长在树冠的藤本植物可以接收光照，可能随着干扰破坏树冠而保留在死亡树从上而变得丰富。

2. 土壤和木质残体

土壤提供了一种物理上的扎根介质，具有储存和释放水分的能力，并能对生长的树木储存和释放营养物质。温带森林区域的土壤按土壤分类分为五个系统等级，即淋淀土（Spodosols）、淋溶土（Alfisols）、极育土（Ultisols）、新成土（Entisols）和弱育土（Inceptisols）。它们从稍微贫瘠（淋淀土）到相当肥沃（弱育土）范围变化。淋淀土的特点是强淋溶表面的矿质土层，更深积累的富含铝、铁的有机复合体。淋淀土形成于大量水淋溶，较为凉爽的针叶混交林，特别是在北半球生物群系的北部边缘。淋溶土在更冷的北美东部、欧洲、亚洲部分地区和澳大利亚的亚热带地区形成，这些区域整个土壤剖面中具有丰富的有机矿物土层，适度淋溶并且有较高土壤肥力。极育土，温带地区最古老、风化程度最高的土壤，它位于无冰川温暖地区的生物群系，包括北美南部、亚洲、澳大利亚和新西兰。由于它们的发育年龄和风化程度，这些可能是土壤肥力相对贫瘠的深层土。弱育土和新成土，风化程度最小，土层发育较差，广泛分布于温带森林，特别是，冰川消失直到留下新母质或冰水沉积的地区。

区别温带和热带森林土壤的一个特征是温带土壤通常含有大量储存的土壤有机质。在温带地区，从新鲜凋落物到腐殖化凋落物，不同阶段的分解往往积聚在矿质土壤上，形成森林的表面。该有机层是保水、保持和释放营养物质并提供动物栖息地的关键。它的厚度变化从几厘米到几十厘米不等，这取决于林分年龄、土壤 pH、凋落物物种固有的可分解性、降雨量以及蚯蚓的存在与否。

在许多温带森林中，另外一个有机风化物的重要类别是粗木质残体。这包括林分的死亡树木、倒下并分解的原木。腐烂的木质残体为食物网的腐生营养能量流提供扎根介质、土壤动物的栖息地和载体，为土壤的营养元素回归提供途径，以及为森林溪流提供重要的结构材料。树木生长经历了大范围的衰减，在树木矮小、湿润干燥交替循环的地方生长速率相对快，在树木巨大、环境湿冷的地方生长速率慢。在收获或管理的森林中，可能没有粗木质残体，因为原木会被从木材中移除。在不经管理的温带森林，随着时间的推移，长期对大量原木生产和分解的需求与总木质残体呈 U 形曲线（图 53-3）。在一个林分干扰启动后，木质残体从先前的土层迅速积累，然后慢慢腐烂。从新的林分开始积累到木质残体通常存在几十年的滞后时间。如果新的林分长大，经过了树干向外伸长的发育阶段，就会出现二次高峰。在树冠遮蔽后，无法竞争到阳光的小树就会大量死亡。

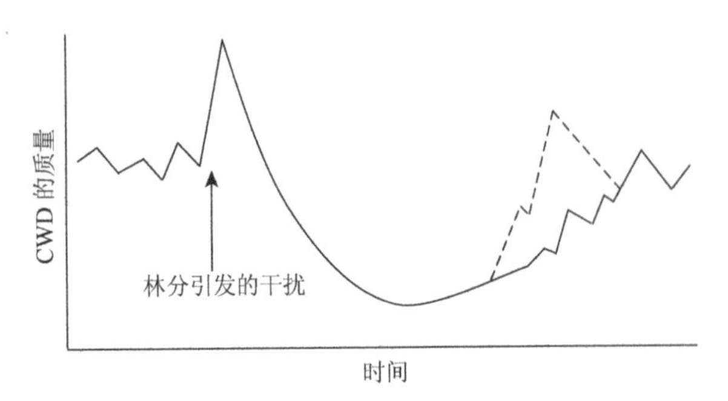

图 53-3　温带森林在主要林分开始干扰之前，之中和之后的粗木质残体（CWD）总量动态。实线表示 CWD 总量随着时间推移的 U 形曲线。虚线表示新的起始林分保持同龄经历自我细化阶段后可能出现的二次高峰。

四、生态群落与演替

1. 植物群落

温带森林植物群落的跨度既从单一立地物种到混合立地物种，又从同龄到所有立地树龄。呈现在空间和时间中任一点的群落类型取决于现场的自然地理、土壤、气候和干扰历史。诸如松树、桉树、三角叶杨（杨属）以及其他物种可能形成天然的单一物种，甚至老龄林分（图 53-4）。先锋树种，如山杨（杨属）（*Populus* spp.）和一些松树最初可能形成同龄的单一树种，最终随着生长、自疏或演替进程在组成和垂直结构方面多样化。长寿命硬木和其他针叶树随林龄的增长也会形成林分，其树木在年龄和大小方面存在着极大的多样化。后者的一个例子是美国五大湖区北部阔叶林铁杉。如果考虑水平结构和异质性，不同年龄的同龄森林小斑块镶嵌形成较大的混合年龄林分景观，称为景观尺度上镶嵌稳定状态的转变。

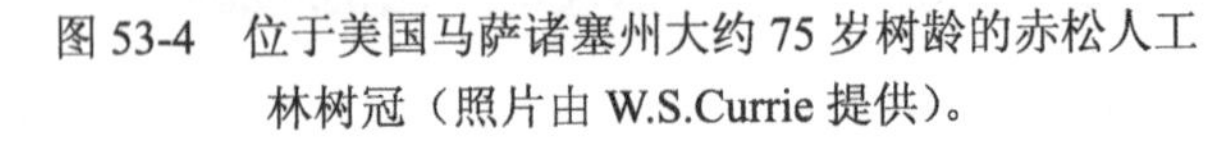

图 53-4　位于美国马萨诸塞州大约 75 岁树龄的赤松人工林树冠（照片由 W.S.Currie 提供）。

一定尺度下很容易观测到明显的林木关联，例如，在平方公里尺度上的老龄铁杉-糖枫（*Tsuga canadensis-Acer saccharum*）林分或数万平方公里尺度上的橡木-山核桃（*Quercus-Carya*）的关联形成了更松散的次生林。然而，长期争论所关注的是森林群落是否代表有组织的关联或简单的连续变化的关联作为树种自身对环境梯度的响应。

温带林木彼此之间以及与非生物环境通过跨越空间和随着时间推移在特定位置形成明显的关联。理解这一时间关联的关键组织原则是演替的概念或是一个优势种或一系列优势种随时间的推移在特定土壤上被替代。原生演替是指随时间的推移物种的替代发生在第一林分阶段到在新暴露的土壤中生长，例如，在冰川退缩之后。次生演替是指随着时间的推移，主要扰动如强风、死亡或森林采伐的物种更替。早期演替的物种，被称为先锋种，是那些能够固定大气中的氮（见本章“养分循环”部分）或那些在高光照条件下快速增长，但不能耐受遮蔽的物种。演替后期林木通常是那些可以耐受低光照或低营养条件下的林下植被，同时在长时间内继续生长，最终达到上层林冠。森林生态学家长期探索演替的一般原理，例如，导致一个特定的稳定的终点或以一个特定的气候和地形地貌形式的顶点的植被群落的确定。然而，目前的理解强调，虽然某些演替机制存在，特别是在特定的位置的特定序列和可能的端点通常是最多的，最终取决于在竞争、到来的物种、再生、干扰制度和物种的更替之间的复杂的相互作用。

2. 温带森林动物区系

温带森林动物的生物多样性不及热带森林（参见热带雨林一章），但要比北方森林的生物多样性高（参见北方森林一章）。因为温带森林在气候和植被生理和生产周期中的季节性很强，动物的生命周期、生态和种群往往与季节有着紧密的联系。温带森林中的动物栖息地是众多和复杂的，包括土壤、森林地被、木质残体、木质茎和植被冠层。虽然一些动物依赖于特定的树种，但其中很多更依赖于森林结构的某些方面。

在温带森林中，最大的动物群集中在森林地被层、凋落物、腐殖质和土壤的表面及下面。动物不仅栖息在这些地层中，而且还通过它们的活动促进土壤中碳和养分的循环。并且，在这些地层中存在着水分、温度、气体和有机物的梯度。土壤微生境中存在着孔隙，土壤颗粒表面的水膜、植物遗存，根际、洞群和洞穴。同时，土壤动物区系和腐生的植物区系会促进有机质的分解。虽然大多数的分解和养分释放发生在温暖、潮湿的夏季，正好与植被生长季节同期，微生物和无脊椎动物可以保持活动低于隔离带冬季积雪层。有些动物在夏天占据着凋落物层，在冬季移动至矿物土壤。

由于湿润的土壤条件，许多温带森林地被层是爬行动物（乌龟和蜥蜴）和两栖动物（蟾蜍、青蛙、蝾螈和火蜥蜴）的栖息地。在温带落叶混交林中，有超过 230 种爬行动物和两栖动物。这些动物生活在靠近溪流、洼地或湖泊的有充足水分的森林地被层。蜥蜴被发现在潮湿的树林中，也有在干扰区的。乌龟生活在靠近水体的地方，蟾蜍和青蛙只需要浅层水。温带森林溪流和河流可以供丰富的鱼类种群生存，特别是在不受干扰的条件下以及沿海温带雨林。

温带森林中的哺乳动物种群往往是由分散的个体或群体组成的，它们的栖息地范围从森林地被层到林冠层。小型哺乳动物有松鼠、兔子、老鼠、花栗鼠、臭鼬、蝙蝠等。非常大的哺乳动物是例外，在温带森林可能包括熊、美洲狮、鹿，以及其他有蹄类动物如驼鹿和麋鹿。这些哺乳动物依赖于森林中除凋落物和木质残体外的草本和灌木层作为食物和栖息地。边缘地区形成了过渡区的栖息地，例如，鹿和其他大型动物通常生活在有树提供躲避的森林边缘开阔地，而在开阔地全年可以找到可食的地面植被。

树干也是蜘蛛、甲虫、蛞蝓的栖息地。鸟类的栖息地结构特别灵活多变，它们根据筑巢和觅食的喜好栖息在森林地被层和一些植被层。落叶混交林中鸟的种类包括树皮觅食类（啄木鸟、蜂鸟）、冠层拾穗类和追捕类（山雀、绿鹃、霸鹟）、地面捕食类（画眉、灶巢鸟）和莺。落叶林也栖息着较大的鸟类包括火鸡、秃鹫、猫头鹰和老鹰。此外，飞蛾、蝴蝶和其他飞行昆虫也在树冠、下层植被和森林地面植被上生存和繁衍。

五、水和能量流，养分循环和碳平衡

1. 水、蒸散发和能量

水以降雨、降雪、雾和水蒸气直接凝结到植物或土壤表面的方式进入温带森林。在大多数情况下，不到 10%的降水总量通过蒸发立即散失在空气中。根据不同的季节，水滴从林冠进入土壤或作为积雪直到冬季中解冻或春季融化而汇集入土。进入土壤的水被储存，被植物的根所吸收，或汇聚成地下水或地表水。被植物吸收的水通过木质部向上移动，并且通过叶片气孔的蒸腾作用向外输出水蒸气。通常通过蒸发和蒸腾过程，不到一半的年降水量是通过直接以水蒸气的形式返回到大气中。超过一半的年降水量通过土壤的根区进入地下水或地表水，如溪流和湖泊。

蒸散发，或蒸发和蒸腾作用结合在一起，对生态系统的能量收支和温度的调节做出巨大贡献。在液态水转化为气态度过程中，蒸散发带走了大量的潜热热量。这种降温效果与森林冠层能量收支的其他方面相结合来调节叶片和整个森林的温度。能量收支的其他主要方面，包括短波（阳光）和长波辐射（从太阳光和大气中）的吸收或反射，长波辐射的发射和大气中显热的损益。在一个典型的夏日，植被冠层吸收来自太阳的短波辐射能量并通过显热和潜热将能量散失到大气中，从底部为对流层供热。在强烈阳光下的温暖一天，森林树冠层散热的能力，使树木保持接近光合作用最佳的叶片温度，同时也使植物呼吸最小。打开和关闭气孔，调节蒸腾作用，是植物生理的控制，也是植物适应特定环境生活的一个重要方面。持续干旱期间，当树木几乎不能利用水来冷却树冠并保持叶片饱满，就会发生叶的凋萎和组织损伤。在夏末干旱期间，一些温带森林树木可能会反常地干旱落叶。

光合作用将光能转化为储存的化学能，这在森林自然能量收支中占很小的一部分，总计不超过太阳光能的2%。同时，这种能量转换代表森林生态能量收支中最大一部分。储存在光合作用产物中的能量驱动着生态系统中所有的植物和动物的生命进程。这种能量很大一部分被植物自身的呼吸作用所消耗，为生长、新陈代谢和繁殖提供能量。另一个大的能量流由草食动物带入食物网；食草动物吃种子、果实和活的植物组织。昆虫消耗的鲜叶通常较小，但在昆虫大面积入侵活动发展到包括几乎整个森林冠层时就会增加。同样，包括鹿和驼鹿的森林有蹄类动物消耗的鲜叶在生态系统尺度上是典型的小能量流（尽管幼苗和幼树的采食可以对森林更新和植被群落未来的组成产生强烈影响）。能量流入动物区系食物网的主要方式是通过腐生营养路径实现。真菌和细菌（通常称为土壤菌群）分解包括叶、根和木质残体在内的死亡和衰老的植物体。土壤菌群被土壤微生物摄食，土壤微生物又反过来被节肢动物、两栖动物和鸟类等其他动物所捕食。

2. 养分循环与碳平衡

为了获得典型温带森林高水平的生产力，树木需要充足和可靠的营养元素供应。所需大量供应的营养元素包括氮、磷、钾、钙、镁、硫和锰。树木通过根系摄取土壤溶液、矿物颗粒表面和有机物表面及有机质自身分解存储的养分，从而获得它们的大部分养分。森林生态系统接收来自大气和矿物风化的营养物质输入，通过养分内部循环和淋溶作用（水驱动根区的元素移动，最终到达溪流）损耗养分（图 53-5）。一个关键的内部循环是植物-土壤循环。在循环中，如元素钙（Ca）是由植物根系所吸收，用于树的营养，通过叶凋落物返回土壤，在叶凋落物分解的过程中可利用的养分又返回到土壤库中。事实上，对于植物生长所需的大多数营养元素，温带森林的特点是它的内部循环高于生态系统的输入和这些元素的损失。

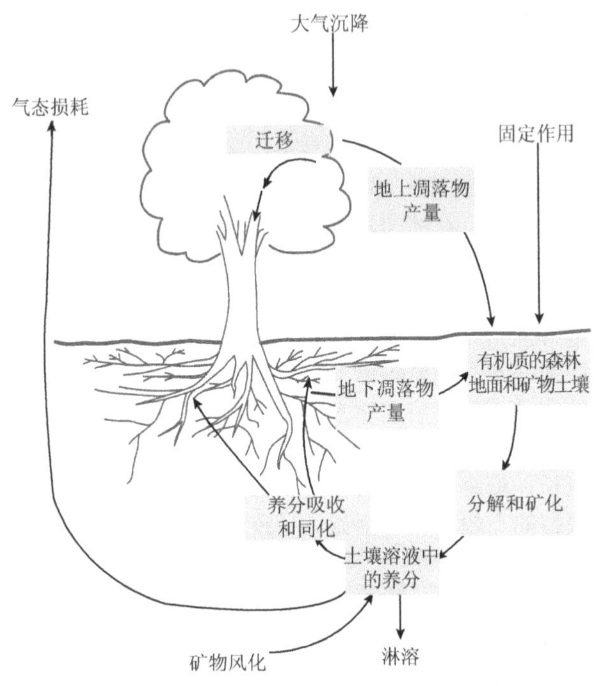

图 53-5 温带森林一般的养分循环示意图。阴影代表系统中养分循环通量，而无阴影表示系统的输入或损耗。来源：Barnes BV，Zak DR，Denton SR，and Spurr SH（1998）Forest Ecology，4th edn. New York，USA：Wiley。

然而，大多数所需的营养元素可以通过矿物风化得以释放，值得注意的例外是氮（N）。温带森林依赖于大气中氮的输入。树木有很高的氮需求和氮大量地以不可利用的形式保存在土壤有机质中，结合上述两个事实，这使得氮成为大多数温带森林植物生长的限制养分。树木有高需求的氮，因为光合作用和植物代谢所需的酶，是由富含氨基酸的氮组成。氨基酸也是食草动物采食植物组织的基本需求之一，包括食叶性害虫，采食树苗的鹿和采食围绕树底部新生组织的海狸。考虑到森林树木对氮的高需求，然而很讽刺的是，温带森林中的树木被两个巨大的、潜在的但由于氮的化学形式可获得性受限制的氮源所包围。第一个是氮气，这是大气的主要成分。大多数林木不能直接获取氮气，虽然少数如赤杨（*Alnus rubra*）和美国刺槐（*Robinia pseudoacacia*）可以通过固氮过程获取大气中的氮气（图 53-5）。在这个过程中，共生于树木根部的根瘤菌能固定氮为植物可吸收的形式。第二大低氮库存在于腐殖质和土壤有机质中，由部分腐烂的和腐殖化植物和微生物碎屑组成。

通常，氮的大量积聚必然会在凋落物分解过程中形成大的多功能大分子物质。事实上，温带森林的特点是：①寒冷，潮湿的冬季妨碍着微生物的分解，并允许这些有机物质积累成库；②温暖，潮湿的夏季促进真菌分解，致使这些土壤有机质以缓慢但持续的速度转化和释放养分。分解时的养分释放称为矿化作用，由于氮从有机转化为无机的硝酸盐（NO_3）和铵（NH_4）的形式，这样易于被植物吸收和利用（图 53-5）。

碳是森林植被和森林土壤有机质的主要元素成分。碳（C）本身不被认为是一种营养元素，因为碳原子在一个单一的方向上，贯穿于整个森林，与能量的流动紧密相连；碳不像营养素可以在植物和土壤之间反复循环。相对于碳，森林是高度开放的系统，可以与大气进行大量的 CO_2 交换。温带森林的碳平衡通过控制森林中大气 CO_2 的源与汇的相互作用过程而实现的。光合作用或初级生产过程，转换大气中的 CO_2 来减少有机化合物，从而在森林中储存能量和碳。在自养呼吸中，植物将有机物转化为 CO_2，为植物代谢提供能量。异养呼吸，食物网中的草食动物，微生物，土壤动物和其他动物将有机物转化为 CO_2，为动物生命过程释放能量。使有机物快速氧化的火也会释放 CO_2 到大气中。依靠这些过程之间的平衡，温带森林可以储存或释放大量的碳。主要存储库包括种植树木（尤其是木质茎），森林地面上挺立和倒落的木质残骸（图 53-6）以及土壤有机质。在这些库之间的碳转移与森林干扰和包括沉积和演替的林分动态相联系。生态系统中碳的流入和流出与可利用的水，能流和养分循环是紧密耦合的。

一扫看彩图

图 53-6 一片糖枫-桦树-铁杉林的原始森林展示了大量倒落的木质残骸。这片森林位于美国密歇根北部（照片由 W. S. Currie 提供）。

六、温带森林覆盖

1. 历史土地覆盖与土地覆盖变化

世界各地的温带森林几千年来已经被人类活动显著改变。它们温和的气候，肥沃的土壤和植被的生产力，有利于人类定居和农业清理，以及将树木直接利用为木材和燃料。农业和定居活动包括城市区的发展，普遍的谷物和其他作物（如玉米、蔬菜）的种植，放牧，覆盖物的收集和自然排水的改进。在这些历史进程下，估计只有 1%～2%分散在全球原始温带森林的残留物仍然没有被收获。温带森林绝大部分的土地覆盖是对人类收获或其他人为诱发干扰响应的次生林。

亚洲和欧洲的大规模森林砍伐历史最为悠久。在中国，毁林开荒大约开始于 5000 年前，人们始终相信华夏文明始于黄河（Yellow River）。中国千百年来毁林开荒，社会政治是主要因素，这可能已经成为农业经济的核心。目前，忽视了中国温带地区的大规模和阻碍再造林的严重土壤侵蚀问题。目前，中国温带地区微不足道的大规模再造林，显著存在着阻碍再造林的土壤侵蚀问题。

欧洲农业的森林砍伐始于 5000 年前现在的土耳其和希腊，并向西北由欧洲中部向欧洲北部移动。英国森林实质性的被砍伐为农业和放牧所占据。中世纪一些地区重新恢复为林地。然而，其余的欧洲温带森林实际上已经退化，被用作薪材、林间放牧地和后来的木炭。小灌木林措施促使物种重新发芽，要比包括枫树和橡树的山毛榉更快，这一活动改变了自然的植物区系组成。英国和西欧的乔木被用于造船。庄园式的房屋为天然林提供了一些少数的保护。在欧洲，继用于放牧和燃料的林地减少之后，近几个世纪的再造林逐渐开始增加，并通过引进种植管理的森林和系统造林。然而，云杉，松树和落叶松已被广泛种植在曾经被落叶温带森林占据的地区。

北美的土著居民因为农业砍伐烧毁了一些林地，但在北美洲温带森林的土地覆盖变化大规模的开始于 16 世纪末的欧洲殖民。19 世纪人口向西迁移时，北美东部居民迅速被清除。到 20 世纪初，只有少量的北美原始温带森林得以保留。当发现美国中西部和大平原肥沃的土壤要比北美东部的农业更高产后，东部的农场就被遗弃，天然林开始重新生长。目前，在美国东部和中部次生林正重新生长。

在近东地区，温带森林出现在包括土耳其和伊朗在内的狭窄地带上。这个地区可能充当冰河时代生物种遗区，植物区系的组成比欧洲更加多样化。一些森林被利用为小灌木林、木材，或放牧以及转变为农业和果树种植园的其他用途。在该地区，山毛榉是目前最重要的阔叶林。自 16 世纪西班牙人到来后，南美小面积的温带落叶阔叶林被适度改变；而且，南部最新的植被未被破坏，保持着树木繁茂的原状。澳大利亚仅在大约 150 年前首次看到了欧洲农业措施的引进。

2. 目前的土地覆盖率和变化率

全球温带森林受历史土地覆盖变化和当前变化动因的结合而持续变化。目前，温带森林土地覆盖的驱动因子包括人口迅速增长，持续工业化和农业措施的变化。这些变化表现在对一些地区的聚居地和农业的持续清理，其他地区的退耕还林，以及景观空间结构和生物多样性的大范围改变等问题。

在20世纪80年代，热带森林砍伐率上升了50%和90%，在过去50年中新的第二次增长的森林形式上，温带森林面积一直保持不变或增加。在一些北美东部和部分欧洲北部的地区，相比温带其他地区耕作不是经济可行的，所以导致这些地区的再造林。公园保护区已经在世界范围内扩大了保护力度。管理的林业通过重新播种后收获一直保持现有的温带森林的土地，并且可持续发展的林业措施得到越来越多的关注。

虽然温带森林可能已经稳定或总面积增加，但大多数地区持续经历着景观空间格局和森林生物多样性的其他变化。如今的温带森林是一个居民点，森林斑块和农业镶嵌分布的生物群系。在过去的几个世纪，没有遭到破坏的森林大规模扩张已经被相当大的景观尺度异质性和破碎化所取代。温带森林群落在成分上已经改变，因为干扰机制已经由自然因素转为自然和人为因素共同引起，产生更新与演替的不同模式。然而一些最近建立的自然保护区拥有天然的森林结构，具有减少生物多样性的许多温带管理特征和次生林。目前相当大的挑战在于理解和解决土地利用变化和全球环境变化其他方面对温带生物群系在森林生物多样性和森林生态的影响。

参见章节：北方森林；灌木丛；热带雨林。

课外阅读

Bailey RG（1998）*Ecoregions：The Ecosystem Geography of the Oceans and Continents*. New York：Springer.

Barbour MG and Billings WD（2000）*North American Terrestrial Vegetation*. Cambridge，UK：Cambridge University Press.

Barnes BV，Zak DR，Denton SR，and Spurr SH（1998）*Forest Ecology*. New York：Wiley.

Currie WS，Yanai RD，Piatek KB，Prescott CE，and Goodale CL（2003）Processes affecting carbon storage in the forest floor and in downed woody debris. In：Kimble JM，Heath LS，Birdsey RA，and Lal R（eds.）*The Potential for U.S. Forests to Sequester Carbon and Mitigate the Greenhouse Effect*，pp. 135-157. Boca Raton，FL：Lewis Publishers.

Frelich LE（2002）*Forest Dynamics and Disturbance Regimes. Studies from Temperate Evergreen Deciduous Forests. Cambridge Studies in Ecology*. Cambridge，UK：Cambridge University Press.

Lajtha K（2000）Ecosystem nutrient balance and dynamics. In：Sala O，Jackson RB，Mooney H，and Howarth RW（eds.）*Methods in Ecosystem Science*，pp. 249-264. New York：Springer.

Olson DM，Dinerstein E，Wikramanayake ED，et al.（2001）Terrestrial ecoregions of the world：A new map of life on earth. *Bio Science* 51：933-938.

Rohrig E and Ulrich B（1991）*Temperate Deciduous Forests*. Amsterdam：Elsevier.

第五十四章 间歇性水体

E A Colburn

一、概述

1. 什么是间歇性水体？为什么它们与生态有关？

间歇性水体是浅水湖泊、池塘、水池、河流、溪流、渗泉、湿地和洼地，也是在特定时间有水，而在其他时间处于干涸的微生境。它们横跨全球，在那些可长期收集到充足水分以供水生生物发育的地方，包括所有的大陆和海洋岛屿，以及各种纬度地区和生物群落中，都会存在间歇性水体。

许多间歇性水体通常很小，且容易被研究。其类型多样，随地点而变（即 β 多样性高）。与永久性水域不同的是，它们有助于区域（γ）生物多样性，地方种经常出现于其中。通过物种特定的行为、生理和生活史适应性，生物得以生存。其群落组成和结构可发生改变，以应对环境的变化。间歇性水体是高产的，但其食物网相对简单。由于这些原因，使间歇性水体本身可被调查，并用于控制实验，以检验有关生物适应、种群调节、进化过程、群落组成和结构及生态系统功能的假设。

世界上很多地方的多数间歇性水体已经消失。脆弱间歇性水体的保护和恢复，是应用生态学的一个主要推力。同样，将生态知识应用于控制那些来自于间歇性水体生境的疾病媒介，特别是传播病原体的蚊子，也很重要。

2. 本章的内容

本章分两部分。第一部分介绍间歇性水体的定义、重要的变量、类型、地理分布和术语。第二部分探讨间歇性水体的生态学，概述生物区系及其适应性，并总结生物个体和群落生态学、生态系统生态学和应用生态学中的一些关键性问题。

3. 间歇性水体

（1）定义简介

在间歇性水域中，水生生境的出现时断时续。与永久水体相比，除异常状况如极端干旱外，它总是泛滥成灾。水分可利用性的不连续是间歇性水体的最典型特征。

（2）重要的变量

除了周期性的干涸外，间歇性水体的特征没有固定标准。分类是有用的，因为其有助于我们对它们的理解。在一个特定的情况下，如何划分间歇性水体的重要注意事项是：分类的目的是什么，区分不同类型间歇性水体的预期结果是什么？利用如下所列举的描述性变量，研究人员已提出了很多方法，可对间歇性水体进行分类。

1）地理位置。区域位置（如加拿大安大略省、马来群岛）、纬度（如热带、北极地区），或气候（如湿润、干旱）有助于间歇性水体之间的相似性比较。

2）生物区系。间歇性水体出现在所有陆地生物群落中，甚至是极为潮湿的区域中。在不考虑其全球性位置时，同样底质上的特定生物区系中的栖息地通常非常相似，具有相同的水文特征。

3）水体类型。间歇性水体可能是活水（流动）或死水（静止）。现有的几大分类，以及很多独特的区域名称见表 54-1～表 54-3。某些类别部分地重叠；例如，在斯堪的纳维亚群岛上，沿海裸露的岩石在暴雨后既可形成雨水池，又可形成岩石池。

表 54-1　世界各地所发现的间歇性水体主要类型

岩池——在裸露基岩或巨石上积累的洼地雨水和洪水
雨池（雨水池）——在任何底层上积累的雨水
季节性林地池——每年通常由冬季或春季的降水产生，北方地区来自冰雪融水，在每年的晚些时候变干
草原池——在草原环境中间歇性的水塘
草本类沼泽池——存在于大范围草原、莎草或者是以灯心草为主的湿地以及大部分湿地退却后仍保持淹没的间歇性水塘
木本类沼泽池——表面木本已经干枯后大片树木繁茂湿地中的洼地
河漫滩——河流和溪流岸边由高水位溢出而季节性淹没的土地范围
河漫滩池——洪水退去留下大面积干涸的河漫滩仍保持淹没的低地区域河漫滩
泉、渗漏和泉水渗漏——由暴雨后地下水或地表潜水到达地表的水源。泉水是地下水位的表现形式并且往往相对持久；渗漏可能更短暂。与降水源区的输出而有所不同，泉水既可以提供季节性或持续不断的水源。从泉眼流出或渗漏的水可能为沼泽、水池或小溪的源头，包含阴凉或潮湿季节并且在高温下或者低降雨量时期会变干的水
间歇的源头水流——溪流系统上端最小的支流；通常都是季节性水流，包括在潮湿和寒冷月份并且在较热或干旱月份变干的水

续表

干旱土地的河流，间歇性的河流，或季节性河流——流动水域发生在地下水位远低于地表的区域以及年潜在蒸散量远大于降水量的地区。它们通常只在雨季时流动，当径流通过陆地并被带到下游；它们中一些只能携载暴雨径流，其他的可能通过季节性地下水排放。在旱季，可能有地表以下的水和河道内孤立的水池，还可能有暴雨之后短暂的洪水
干涸的湖泊或盐湖——干旱地区的浅层水体，特别是由大区域汇集水流的封闭盆地中。由于干旱，水通常蒸发速度比较快。长时间的淹没和干燥导致盆地内盐的累积，干涸的湖泊也是典型的盐湖。在地质史的更早时期，包括大型淡水湖的许多干涸湖泊占据了盆地。当湖泊干涸后遗留的盐和沉积物可能会在湖床下累积数十米或者是数百米，并且它们为盐湖提供了条件
岩坑或沉洞——由通过水的岩石逐渐溶解的石灰性基岩形成的洼地，它们的直径和深度范围从几米到几千米。含有水沉洞是由地下水，降水和/或河川径流流入的，包括永久和间歇性水域
融雪池、融冰池和融水池——由南北极沿着冰原和高山冰川的边缘随季节的冰雪融化和接收降雪的区域形成
融水流——流水是由季节性的冰川、冰原和冬季融雪形成；它们通常白天流动，夜晚低温抑制融化时停止
植物相关的小生境或天然容器（phytotelmata）——小生境是由植物产生能够收集水的小洼地形成（表 54-2）
人造容器——任何人造的凹面都可以集水，包括水沟、水盆、轮胎、空的容器、拖拉机车辙、独木舟、劈开和废弃的椰子以及其他蓄水的洼地

表 54-2 天然容器和其他自然容器为蚊子幼虫和其他生物体提供间歇性水生生境的实例

蚂蚁巢
昆虫竹杜，竹桩
真菌帽凹陷处
原木洞
支墩根狭缝
蛋壳
花的苞片
果实
犄角
叶腋
落叶
坚果
猪笼草及其类似物的改良叶
豆荚
芦苇
岩洞，坑洼的岩洞
软体动物的壳
头骨和其他骨骼遗骸
树桩和树干的空洞
树洞

指数摘自 Laird M（1988）The Biology of Larval MosquitoHabitats. Boston：Academic Press。

表 54-3 用于描述世界各地间歇性水体的一些术语

Avens	法国：石灰岩中的洼池
Baias	南美：间歇性湖泊
Billabongs	澳大利亚：在洪水后，随大型季节性河流的消退，其所在冲积平原中留下的水池
Bogs	世界各地：具有酸性水化学的淡水泥炭地，与其他地表水的连通非常有限，通常只受降水的影响
Buffalo wallows	北美：由水牛（北美水牛）在地上打滚时形成，这些大草原上很浅的陷凹，可随加利福尼亚的春季池而被水淹
California vernal pools	北美西部：在北美西部的地中海灌木区，尤其是加利福尼亚沙巴拉群落（Mediterranean scrub）中的季节性淹没池塘，这些池塘的植物群落格外丰富，具有大量的地方物种
Carolina bays	北美：在美国东南部海岸平原中，成因不明的圆形或椭圆形凹陷，通常可支持地方种植物群落和间歇性池塘动物群
Corixos	南美：洪泛区，尤其是潘塔纳尔地区中的间歇性水体
Dambos	非洲南部：在排水网源头处，那些较浅的、无树的季节性被淹湿地
Dismals	北美：弗吉尼亚、特拉华州和卡罗来纳大西洋中部的湿地或沼泽
Doline	巴尔干半岛西部/第拿里阿尔卑斯山脉：石灰岩中的洼地和沉洞
Fens	世界各地：具有碱性水化学的淡水泥炭地
Gator holes	北美：在佛罗里达大沼泽地，由短吻鳄挖掘（密西西比短吻鳄）的沼泽地。当水退去时，它们仍被淹没，是干旱期水生动物的避难所
Gnammas	西澳大利亚：在花岗岩的露出部分上所形成的间歇性水体
Heaths	英国：具有酸性水化学的淡水泥炭地
Mires	北欧：具有酸性水化学的淡水泥炭地
Kettles, kettleholes	世界各地，受过去大陆冰川作用影响的地区：圆形洼地主要是通过大陆冰川消退时所留冰块的消融而形成，深埋于冰碛碎片之下
Moors	英国：位于山顶，具有酸性水化学的淡水泥炭地
Mosses	苏格兰：高位沼泽，即位于山顶或地下水位之上，具有酸性水化学的淡水泥炭地
Muskegs	北美：具有酸性水化学的淡水泥炭地（阿岗昆）
Oshanas	纳米比亚和安哥拉：线性连接的浅坑，积满洪水和降水
Pakahi	新西兰：被地下水淹没浅的地方，土壤呈酸性，不适合种植（毛利）
Pans, panes, pannes	世界各地：在干旱区，因降水而周期性泛洪的浅间歇性水体，也指由春季潮起潮落形成的盐潮间歇性池塘
Phytotelmata	世界各地：描述与植物相关的间歇性水体的技术术语，在叶腋或枝杈中，瓶状叶片被改变，但构造和果仁相同
Plunge pools	世界各地：随着时间推移，通过水的作用，在瀑布底部的基岩中而形成的深洞，在溪流干涸后的一段时间内，这些深洞中仍会有水
Pocosins	北美：在美国南大西洋中的高地海岸河漫滩或被季节性地下水淹没的湿地

续表

Potholes, potholes	世界各地：在（或沿）河岸和沿河中的岩池，通过水的作用，以及岩石将圆形凹陷冲刷进巨石或基岩中而成。坑洞的直径从几厘米到超过一米
Prairie potholes	北美：在广阔的平原上，圆形凹陷主要通过大陆冰川分离所引起的冰块移动而形成，这些冰块被冰碛碎片覆盖，不久便被消融
Ramblas	西班牙：间歇性溪流，通常仅在暴雨之后流动
Sabkhasseabkhas	阿拉伯湾：咸水湖
Salinas	南美：盐湖
Sinkholes	世界各地：石灰岩中的洼地，是由表面基岩的水溶性溶液或者被水溶性溶液溶解坍塌的地下洞室群形成的。灰岩坑可能间歇地被水淹没，也可能一直有水
Sinking creeks	北美：流动的溪流从表面进入众多裂缝中的一个，或进入石灰岩区域中的沉洞，或进入干旱区地面
Sloughs	世界各地：这个词有多种含义。在英国，它指泥泞的浅水域。在北美，它指大草原坑洼、间歇性池塘、U形（oxbow）湿地、永久性池塘、沼泽地中的深水区、西海岸的苦咸水沼泽和在大平原的淡水湿地中季节性流动的洼地。而一些人将该术语用于指虽非死水但流淌极其缓慢的地区；其他人特指死水区
Swallow holes	英国：石灰岩中的沉洞，特别是通过水渗漏至地下而形成的深洞
Takyrs	土库曼斯坦：沙漠里的盘状凹地
Tenajas	北美：岩池通常为间歇性的河道，在河流变干之前，其仍被水淹好几个月。在其中发育的一些植物群落，与那些春季池中的相似
Turloughs	爱尔兰：在石灰岩中形成的间歇性水体，主要由地下水补充，尽管有时也由降水补充。通常在秋季积水，而在春天或早夏时干涸
Vasante	南美：在潘塔纳尔地区中，雨季时间歇性河床与湖泊连通
Vernal pools	北美：春季积水而夏季干涸的间歇性林地池；可更广泛地应用于那些在春季时深度和水量都达最大的季节性林地池。在世界范围内，该术语可用于任何在春季积水的间歇性池。“加利福尼亚春季池”术语被用于代表主要以地方植物群落为特征的一类地中海生物群系的间歇性池
Vleis	南非：在南非被季节性淹没的湿地，通常被高水位时的河流所淹没
Whale wallows	北美东部：美国特拉华沿岸的季节性林地池塘

4）底物。底物（如岩石、有机碎屑、沙子、黏土、石灰石、泥浆、玄武岩和木材等）可影响水文、水化学和温度，其本身就是一个重要的生境变量（如为种子萌发或穴居动物的住所）。

5）大小。有些分类对微生境、中生境和大生境进行了区分。

6）水文学。水文变量是影响间歇性水体中水生生物的最重要因素。

7）水源。水源包括地下水、地表径流、降水、融雪、河流和洪水等。

8）洪水时机。洪水时机包括季节和可预测性。春季池、夏季池、秋季池和冬季池（或似冬的）分别指在春、夏、秋、冬四季中的积水。间歇性系统的洪水，可在年内（季节性）或多年间隔的年际水平上进行预测。如果一年中好几次积水，则不可预测的洪水是瞬时性的，如果每十年发生一两次，则是连发性的。

洪水泛滥的季节性和可预见性影响生物群落。在冬季生长季，地中海春季池中因降水而形成的预期积水可促进植物生长，并有助于地方植物区系的发育。当春季池干涸时，夏季的高温将抑制陆生植被的建植。

9）洪水持续时间或水文周期。在大多数间歇性水体类型中，都有一个洪水持续时间的连续：几天、几周、几个月，或者几年。季节性水体可被淹没数小时、数天或数周。间歇性是指持续时间为数月的洪水。在重大干旱期，半永久性或近永久性水体只可偶尔干涸。在水体内部，根据天气状况，水文周期随积水周期而变化，其中的一些水体比其他的更稳定（图 54-1）。

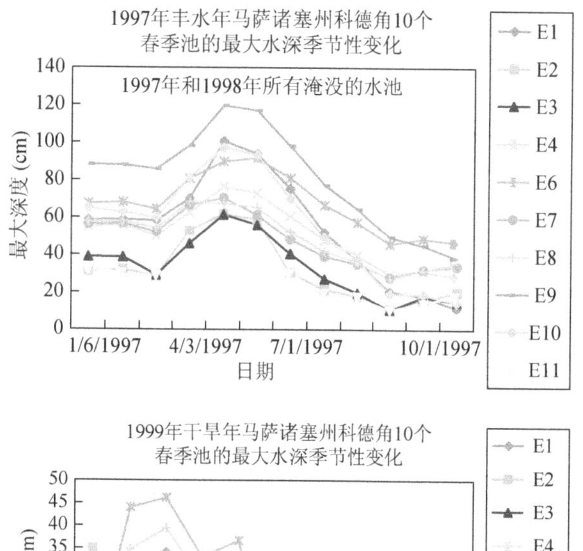

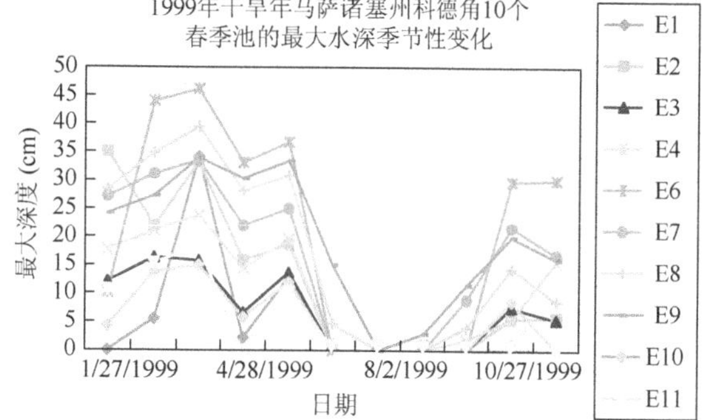

图 54-1　美国马萨诸塞州科德角聚集的 10 个不同水深的间歇性池塘年内和年际间水深的差异。

通常，随着水文周期的增加，潜在的水生群落会越来越丰富，动植物群的极端适应性也将被削弱。水文周期较短水体中的物种总数较少，但大多数都是间歇性栖息地所独有的。

10）化学。重要的化学性质包括盐度（淡水，<3g/L 盐分；含盐水，3～35g/L；盐水 3g/L）、主要离子（如硫酸盐与氯化物主导的沙漠水域）、颜色（如清澈的水与有机酸染色的黑水）、pH 和溶解氧。

4. 间歇性水体的分布

大多数类型的间歇性水体广泛分布于世界各地的生物群落中，从两极到赤道。它们的数量和种类随年降水量、温度、区域地质和地理而变化。其在干旱或寒冷地区最为常见，那里的液态水难以长期保存。

（1）热带雨林

热带雨林，尽管水量充足，但包含许多间歇性水体。凤梨科植物和其他附生植物的腔内都可存留雨水（图 54-2），在那里，腐烂的有机物支撑着微生物、昆虫和两栖动物。林地上积水的洼地，可在几天之内变干，因此这些洼地所供养的群落很独特。巨大热带河流系统，包括亚马孙和巴拉圭巴拉那河的低地，在雨季时被淹没，而在洪水消退时却可形成零星散布的池塘，这些池塘的保水时间各不相同。

图 54-2 凤梨科和其他植物作为雨水的自然容器，并为微生物、蚊子幼虫和一些热带两栖动物提供小生境。

（2）北方与温带森林

落叶阔叶林和针叶林的间歇性水体包括雨水坑、岩池和树洞。在夏季，当林木蒸发时，间歇性的源头溪流逐渐干涸（图 54-3）。在春季或暴风雪后，由河漫滩的水池补给。季节性的林地水池，俗称春季池，由地下水、融雪和春季降水补给，到夏季时变干（图 54-4）。很多林地水池是两栖动物，甲壳动物和水生昆虫的重要繁殖栖息地。美国东南部的卡罗来纳海湾，以及其他以前不冻结的系统，都可支撑地方植物的生存。

图 54-3 间歇性的源头溪流流入 80%的温带森林景观并支持着独特的水生无脊椎动物和北方山溪鲵群落。

图 54-4 间歇性林地池塘或春季池在温带和北方森林中普遍，水位随时间变化显著。图中水池，正常的高水位到达环绕的枫树底部，在湿润年份超过 1m 深。

（3）苔原和冰川

在温度较低和生长季较短的地方，当夏日阳光融化冰川、冰和雪的时候，间歇性水体便会出现。在数月时间中，南极岩池、高山池塘和位于北极苔原永久冻土上的无数浅水区中，都有大量的细菌、原生动物、浮游甲壳动物和昆虫幼虫存在。这个水生生物的营养池，可为成千上万涌入高纬度地区筑巢的鸟类提供喂养幼鸟的食物。

（4）沙巴拉群落

沙巴拉群落生物群系出现在从加利福尼亚半岛

到华盛顿东部的沿地中海地区，以及智利的部分地区、非洲南部和澳大利亚。在冬春生长季，不透水的基质可积水，由此而形成的水体被称为春季池、大水塘和浅池、地中海间歇性水池和溶蚀洞。这些水体支撑地方植物区系（如水韭属）和地方动物区系，包括丰年虾和其他甲壳动物，以及世界上间歇性水池中的植物和动物。其他基质上的间歇性水池难以预料，其中的地方动植物种群也相对匮乏。在这个生物群系中的多数河流，只在潮湿季节才有流水，尽管有些水池在部分旱季时间仍可保水。树洞和其他天然容器在降雨后会提供微生境。

（5）沙漠

在沙漠中，极端干旱、高温、盐度和水体的分散等对水生生命的压力尤为严重。短暂的暴雨可在岩石或其他表面上创建稍瞬即逝的水池。大范围的降水可使封闭的盆地在更大的区域积水，从而形成浅的咸水湖，而这些咸水湖在干涸后留下大量的盐壳沉积物（图 54-5）。许多河流和小溪的流水都是季节性的，特别是在潮湿的冬季，或是在暴雨后的不可预见的暴洪中，因此它们所留水池的持久性不同（图 54-6）。在冬季，永久性泉水的溢出，可形成季节性溪流、沼泽和错综复杂的水体。沿沙漠水域边缘，盐分在土壤里累积，所以间歇性水体一般都是含盐的或是咸水。

图 54-5　在许多沙漠盆地中湖水蒸发后在干涸的湖泊或盐湖上留下盐层。

图 54-6　（a）在干旱区季节性河流的季节性流动；（b）当河流停止时，池水还能保持不同的时间。

（6）草原

草原的间歇性水体包括水池、沼泽、河漫滩、季节性河流和小溪。这些水域中聚集了丰富的植物、无脊椎动物和两栖动物，这对北美大草原坑洼地区、欧亚干草原、印度河、恒河、阿萨姆邦、锡尔赫特和较低的亚洲湄公河平原、非洲南部的灌丛稀树草原，以及潘帕斯草原、热带草原和南美巴西潘塔纳尔地区的鸟类种群至关重要（图 54-7）。

图 54-7 北美大平原上游的大草原的坑洼处景观，提供水生生物的栖息地并支持孵育水禽。摘自 Sloan CE（1972）Ground-Water Hydrology of Prairie Potholes in North Dakota. USGS Professional Paper 585-C. Reston，VA：US Geological Survey。

二、间歇性水体生态学

1. 生物区系

淡水生物所有的主要类群都存在于间歇性水体中。在世界上相似的栖息地中已发现许多科和属，其中有一些是世界性的。

成百上千的原核生物（包括发光细菌和细菌的分解者）、原生生物（包括绿藻和硅藻）和原生动物（包括纤毛虫、鞭毛虫及肉足纲动物）已在间歇性水体中得到鉴定。植物，包括苔藓和地钱、蕨类、禾草、莎草和灯芯草，以及荸荠属的蓑衣草和其他典型湿地的类群。小型无脊椎动物，包括轮虫类、缓步类和腹毛类动物。节肢动物，尤其是水螨类、甲壳类和昆虫类主导大型无脊椎动物。许多小型甲壳动物物种，尤其是介形类和桡足类，它们在水中游弋，以沉积物为食或依附在其表面。鳃足类甲壳动物，尤其是背甲目（鲎虫）（图 54-8）、无贝甲目（丰年虫）、贝甲目（蚬）和一些异尾类下目（水蚤和其他水蚤），基本上只限于间歇性水体。所有的水生昆虫目都包括了间歇性水体物种，而双翅目中的苍蝇数量最多。水螨选择性地以昆虫和甲壳类动物为食。扁形动物（扁虫和吸虫）、环节动物（分节蠕虫和水蛭）、线虫纲（蛔虫）、线形动物类（铁线虫）和软体动物（蜗牛和贝类）也出现在间歇性水体中。一年生热带鱼（鳉形目）、非洲和南美肺鱼（肺鱼类）可在周期的干旱中生存，完全水生的鱼类都会季节性地迁移到河漫滩和间歇性源头溪流中，以取食和繁殖。大多数无尾类两栖物种，包括青蛙、树蛙、蟾蜍和一些蝾螈，都偏好在间歇性栖息地繁殖。对于世界上的许多鸟类而言，间歇性水体是其繁殖或迁徙过程中非常重要的食物源。爬行动物和哺乳动物也可在这些季节性的水域中取食。

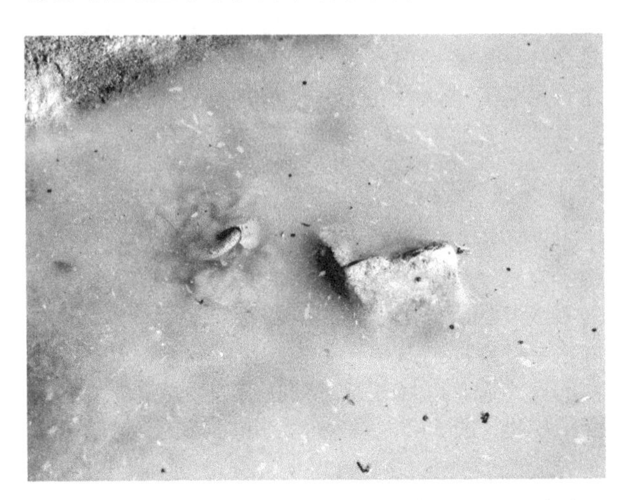

图 54-8 甲壳动物（Notostracan）通常称为蝌蚪虾（左中），是间歇性水体里的特有生物。滞育卵在沙漠盐湖的沉积物和林地池塘中存活几个月、几年或几十年，被水淹没后进行孵化，该动物是贪婪的食肉动物和食腐动物，它们的存在限制了其他间歇性水池的动物分布。

2. 个体生态学：生物与种群

间歇性水体使其自身产生了无数的生态学问题，涉及适应性和种群调节，以及与近缘种和世界性类群相关的进化途径等。

（1）对干旱的适应

间歇性水体的居住者，以其可在周期性干旱中所具有的生存能力来区分。适应性包括滞育、休眠和主动回避等。对洪水和快速生长，以及启动干旱响应中弹性的迅速响应，可最大化生物栖息地的效能。

1）滞育。滞育包括暂停发育。通过特殊环境诱发的激素控制、启动和终止等，滞育成为一种最普遍的现象，也是最有效的干旱存活机制。它可以维持多年的生存，甚至在几十年的持续干旱条件下。

当原来干涸的水坑积满水时，生物便会迅速出现，但河漫滩并不像以前所认为的那样，即生命是自然发生的，或是奇迹般的从无到有。相反，新淹没区中的许多生命，是从囊孢、孢子、种子，或干燥基质上的滞育卵开始的。

间歇性水体中，从细菌到鱼类，滞育在有限散布的生物中是非常普遍的。通常，生物可由很小、能在沉积物中被再水化的高度耐脱水结构所取代。滞育的微生物、植物和动物的基底储层被称为种子库、卵子库或繁殖体库。滞育也会发生在幼体和成体阶段。在一些昆虫和某些扁形虫中，也可发现生殖滞育，环节动物在将黏液包裹进囊内后再进入滞育期。

2）其他休眠。对干旱的其他响应涉及活动的减少和氧消耗的降低。一些蛭形轮虫、缓步类和线虫可完全脱水生存至被淹没期。当水位下降时，多年生植物失去叶片、地下根和块茎，或根茎枯死。在非洲和南美洲炎热的河漫滩中，肺鱼通过裹在其身上的淤泥而呼吸，这可使代谢减半。很多软体动物钻入沉积物中夏眠。一些昆虫蛹通过进入休眠状态来延缓成虫羽化。对于那些活动范围可延伸至干旱或未知洪水区域生物的生存，休眠效果通常不及滞育。

3）逃避。结构上的、行为的或生理的适应有助于生物躲避干旱。有些植物可将其长根扎入地下水（图 54-9）。小龙虾挖掘洞穴，以便在地表干燥后洞穴仍被淹没。间歇性溪流中的动物，可向下移动进入高水分或潜流区域。一些昆虫和鱼类在永久和间歇性水体之间迁移。两栖动物和一些昆虫具有水生的幼体及陆生的成体。

图 54-9　沿间歇性河流的河岸和在干旱区的季节性水体，深根系树木和灌木如柽柳（*Tamarix* spp.）利用地下水，并能影响地表水的干涸。从水源向外延伸的植物中有一个不断增加的盐分耐受性梯度。

（2）生理生态学

间歇性水体中的生命可能需要生化调节和主要的生理适应。许多来自间歇性水体的地方植物利用 C_4 或景天酸代谢（CAM）光合作用，生化途径比多数植物 C_3 光合作用的水分利用效率高。沿盐度梯度，物种渗透调节的特化现象愈加明显。

间歇性水体具有较强的局部性热梯度，随着时间变化其可低于零度或高于 40℃。生物过程随温度而变化。通常，温度每增加 10℃，生物过程翻倍。大多数物种在有限的温度范围内生长，由热诱因调节很多生命周期事件。在生物生命周期内，酶需要在间歇性水体的温度范围外起作用。例如，生活在南极岩池里的生物在冷水中是活跃的，为避免低于冰点温度的影响，它们可停止发育或藏匿于防冻物质中；其生理与温带或沙漠水池中的近缘类群存在明显的不同。

大多数淡水植物和动物都不能在盐水中调节体内的离子浓度。许多沙漠水体中的生物，都具有不透水的体表、透盐性细胞、改良的生活史，以及发育良好的抗旱适应性（图 54-10）。当盐度和温度较低的时候，很多生物在冬季仍很活跃。渗透和离子调节的能量成本必须通过其他利益得以补偿，如丰富的食物或减少捕食。沙漠水体中生物的分布反映了物种的生理耐受性，超盐性水池中没有植物，只有极少数高度适应的动物。低盐度时的多样性较高，而在极度变化且非常短暂的淡水雨池中，物种丰富度通常很低。

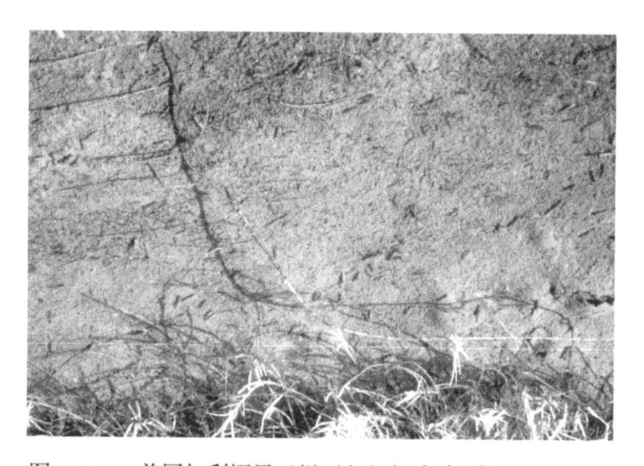

图 54-10　美国加利福尼亚州死亡谷冬季耐盐的石蛾幼虫窝（昆虫纲毛翅目沼石蛾科 *Limnephilus assimilis*）的棍子样病例。在夏季炎热的月份调节血淋巴渗透和微咸水中的离子浓度能力会快速生长，成虫繁殖滞育，相比在低盐度的水域，更少的食肉动物存在有助于间歇性沙漠溪流中物种的存活。

（3）种群

当种皮中的化学物质被洗掉时，间歇性水体中的一年生植物耐旱种子就会萌发。来自同一亲本的种子，其耐受度不同，致使种子无法同时萌发，从而可确保一部分种子仍保留在沉积的种子库中。同样，甲壳纲动物和一些昆虫形成的卵子库，与植物的种子库相当；一些卵可在洪水期间孵化，而其他的在另外时候孵化。非洲和南美洲的一年生鳉鱼，可将滞育卵存放于河漫滩水池沉积物的卵子库中，这些卵的孵化次序依淹没程度而不同。分散风险策略来源于博弈论，被称为"两面下注"理论。恢复生态学的一个新领域就是运用卵和种子库，以在恢复工程中创建新的群落，以及通过源于一个世纪前或更早所采集样本中的生长个体与现代个体的比较，用所得知识对进化过程进行更加深刻的理解。

1）生活史策略。众多研究对间歇性水体中强加于种群增长和存活之上的短期控制予以强调。当洪水和干旱一如既往地出现在不同时期时，对它们，或对盐分和温度的适当响应是什么？r 和 K 策略理论预测，一些物种可生育许多小个体后代，从而提高了一些后代的存活机会。其他物种的后代较少，但个体较大，可储存更多营养，以支撑它们度过不利环境。在间歇性水体中，存在两个极端的例子。环境条件和进化史可塑造物种的响应，而很多诱因可刺激生命周期的启动和终止（表 54-4 和 54-5）。

表 54-4 间歇性水体中刺激解除滞育的一些诱因

水合作用
水合作用+温度
水合作用+化学诱导
水合作用+化学和热诱导
干旱后的水合作用（可能是需要一个最小的干燥时间）
干旱后的水合作用+化学诱导
干旱后的水合作用+化学和热诱导
干旱后的水合作用和低温或冷冻（可能需要一个最小的干燥时间和暴露在寒冷的温度下）
水合作用+干燥和低温或冷冻后的化学诱导
光周期与上述的一个或多个组合

表 54-5 生命开始阶段适用于间歇性水体干旱的一些诱因

发育阶段（不可缺的休眠/休眠/一旦发育达到一个临界阈值，无论栖息地的合适与否都开始转型）
发育阶段+其他诱因（滞育/休眠/发育达到一个临界阈值后偶然引发转型，只有在栖息地变得不利的情况下）
水温
光周期
化学诱导（pH，溶解氧，来自捕食者或竞争对手的化学信号，盐度，营养物质，其他）
水位降低的相关诱因（化学浓度，密集度，深度）

注：如果干旱出现在必要的发育阈值之前，则诱导不能启动抗旱阶段，从而使生物无法完成其生命周期，并因此而死亡。

短暂不规则的水文周期有利于 *r*-选择生活史的物种，包括淹水后快速的孵化/萌发、快速生长和许多繁殖体及时进入抗旱状态。在可预见的较长水文周期内，*K*-选择物种生长更慢，体型更大，寿命更长。世界各地的盐池，水文周期从几小时到几周不等，藻类、昆虫和甲壳纲动物在最短暂的水池中不到 24h 便完成发育。在持续时间较长的水池，以及洪水模式可预见状况下，其寿命也相对较长。温带真鳃足虫属丰年虫和伊蚊属蚊子每年繁殖一代。这些卵被孵化后，开始生长、成熟、交配，并将滞育卵存放后死亡。有些指甲蛤，只有幼年个体才能抵抗干旱，它们一出生就进入了强制性滞育状态。类似的模式在许多物种中也可见到。

生活史权衡，诸如当有水时的生长能力，可允许生产更多的后代，或发育到一个更大的规模，从而提高生存率和繁殖适应度。较长的发育期也意味着较高的种内密度和随栖息地缩小而出现的强烈竞争，以及如果干燥迅速发生时，其可增加被搁浅的风险。雨生红球藻（*Haematococcus pluvialis*）是一种典型的光合作用鞭毛虫，与世界各地岩池的团藻有关，当洪水淹没时，滞育孢子迅速发育，生物生长繁殖；在池子变干时，游动细胞形成的不动孢子可抵御干旱和高温。滞育孢子的形成不到一天，在生命周期的任何阶段，为红球藻属（*Haematococcus*）在面对各种生境时，提供弹性。大量不同的类群可迅速生长至最小个体大小的阈值，在这之后，只要有水存在，或直到其他诱因引起滞育、休眠，或变形，它们就可通过多代繁殖进行生长［如水蚤属（*Daphnia* spp.）、蜗牛和一些双壳类］，或变得更大（如两栖动物、昆虫）。

2）复杂的生活史。许多物种的生命周期是复杂的。世界上水蚤［蚤状溞（*Daphnia pulex*）］孵化后的种群全是雌性，当条件有利时，其繁殖为单性生殖。当受到干旱威胁时，可产生雄性，且受精卵进入滞育状态。抗旱性卵鞍一直依附于基质，直到下一次洪水事件和温度诱发其孵化。类似的世代交替也出现在一些轮虫类中。

潜水甲虫［亚迦布属（*Agabus* spp.）］有两年的生命周期。它们由间歇性水池中的卵孵化而来，当成熟时飞往永久水域过冬，并在来年的春天回到水池中繁殖。它们留下卵将在来年下一批成虫到来之前孵化。一些水螨幼虫寄生于亚迦布属，而其他迁徙昆虫由来自于间歇性水体的寄主转移，秋季带出，春季带回。因此，在产卵前，它们要经历两个掠夺性的生命阶段，才能孵化出下一代寄生幼虫。

3）散布和种群维持及进化生态学。非移动生物的散布方式一直使生物学家为之着迷，其对群落组成和稳定性意义重大。散布机制包括风、鸟足、羽毛和消化系统、水及人类和昆虫的运输。许多间歇性水体种群是关联种群的单元；它们经历周期性的局部灭绝，可被其他水体中的物种入侵，或给入侵者提供额外的空间。遗传分析和建模有助于确定，用以维持种群或使其分散所需的基因融合范围。

特有物种，尤其是甲壳动物和一些植物类群，在间歇性水体中广泛存在。全世界桡足类、无甲目动物和其他甲壳动物的新物种仍在被发现，这为理解进化过程提供了令人兴奋的机遇。

3. 群落生态学

群落研究包括：局域和区域生物多样性问题；群落组成和结构与环境、生物变量及干扰的关系；入侵和灭绝模式；捕食者-猎物、宿主-寄生虫和种间竞争的相互作用；食物网。

可对比的间歇性水体，其生物区系不同。物种分布和由此而形成群落组成，沿面积大小、水文周期、可预测性和盐分梯度而变化，随着压力下降，丰富度增加。随着大量新孵化者和移居者进入水体，群落组成可每年发生变化，也可季节性变化。潜在沉积物中未孵化群落成员的存在，使群落组成和结构评估变得复杂。

（1）群落理论

岛屿生物地理学的理论假设是，在孤立生境中的物种丰富度由局域性灭绝和入侵所调节，且其随栖息地大小及与入侵者潜在来源的距离而变化。中度干扰假说预测，群落中很高的丰富度由中度干扰或压力所支配。根据这一模型，高压力可导致整体死亡，除了快速增长的个体外。在低压力下，种间和种内相互作用，如竞争和捕食，决定群落结构。其他模型涉及资源和栖息地的分隔/生态位的多元化、生活史的时间差及其他控制群落组成和结构的机制。在温带疏林水池、地中海间歇性水池、内盖夫和纳米比亚沙漠水池、斯堪的那维亚岩池、北极融雪池和其他区域中，有关两栖动物、植物、无脊椎动物和藻类的研究表明，群落组成与生境变量如大小、水文周期、洪水频率和水文可预测性，以及到其他水体的距离和盐分等存在复杂的关系。这些数据表明，群落丰富度与干扰度及干扰的可预测性相关。隔离也很重要，丰富度高的水体通常具有更大的水体（如在河漫滩），但也有很少的类群尤其适应于间歇性生境。与区域物种集相比，个别水体中的物种库较为匮乏（表 54-6），由可获取物种较大子集组成的试验集合体，其功能与较小自然群落的不同。

表 54-6　区域物种库（β 多样性）大于本地物种库（α 多样性），以美国马萨诸塞州科德角 9 个毗邻的间歇性水池初春未发现双翅类大型无脊椎动物的数量说明

水体	类群数量
水池 1	34
水池 2	22
水池 3	24
水池 4	37
水池 5	12
水池 6	38
水池 7	48
水池 8	28
水池 9	22
总物种	89

注：改编自 Colburn EA（2004）Vernal Pools：Natural Historyand Conservation. Blacksburg，VA：McDonald and Woodward 一文中的图 2。

（2）种间相互作用

食物网的操作可检查物种间的关系并显示其利益关系。例如，被蝌蚪取食的藻类，比那些未被取食的生长更好。当其他物种存在时，一些潜在竞争者通过优先选择不同水文条件或其他特色的水体来避免冲突。两栖动物和昆虫的某些物种，当它们与竞争者同时出现时，其生存结果取决于谁先成为优势种。

某些水生昆虫、甲壳动物和脊椎动物，可在较长时间的持续洪水中存活，但它们通常只在连续洪水即将结束时出现。在较长水文周期的水池中，它们可被捕食者如两栖动物幼体、鲎虫和水虫驱除。产卵的雌性物种尽力避免有捕食者的水池。例如，蚊子的易危种类可避免在包括天敌仰泳蝽的水池中产卵，但可抵制捕食的孑孓却不能；美国蟾蜍（*Bufo americanus*）通常躲避存在杂食性树蛙蝌蚪（*Rana sylvatica*）的间歇性水池。

三、生态系统生态学

关于间歇性水体作为生态系统，有很多问题。微小的、间歇性地被洪水淹没的水体如何产生大量的昆虫、两栖动物和其他生物？间歇性水体内部及其与相邻陆地景观之间的营养物质、碳和能流是如何作用的？

一些间歇性水体是已知的最有生产力的生态系统之一。在一些临时性栖息地中，微观生产者的光合作用是食物网的基础。从植物叶片的微生境到大片林地和河漫滩水池，对大多数生物而言，分解的碎屑是其初级能量源。关于间歇性水体生态系统中能量、营养物质来源与通量的许多问题仍有待研究。

四、应用生态学

1. 传病媒介控制

蚊子传播的疾病包括脑炎、黄热病和西尼罗河热，以及影响数百万人的疟疾，是世界卫生机构的一个主要关注焦点。大多数蚊子在间歇性水体中繁殖。不过，目前其种群已扩展至人为改变的自然生境中，包括设备和土地利用变化所形成的淹没区，以及分散的存水容器等。对疾病媒介物的长期有效控制，需要理解害虫动物及其生境生态学。

2. 生态工程与保护

鸟类、两栖动物种群和独有的水生生物依赖于间歇性水体，这些系统对生物多样性的总体贡献仍在探索之中。这些栖息地的损失是严重的（如加利福尼亚州春季池的损失估计超过 90%），而其余的地方面临着排水、积水、挖掘、污染、取水、入侵物种和气候变化问题。在许多地区，季节性河流和池塘是重要的水源；在其他地方，间歇性水体只提供耕地。许多间歇性水体已被拦截筑坝，或转化为栽培水稻和其他农作物。水力学、水文学、地表与地下水相互作用和生物学，可对这些人类利用和保护，以及栖息地恢复和栖息地创建系统的管理系统产生影响。

参考章节：淡水湖；淡水沼泽；盐碱湖泊。

课外阅读

Batzer DP，Rader RB，and Wissinger SA（eds.）（1999）*Invertebrates in Freshwater Wetlands of North America：Ecology and Management*. New York：Wiley.

Belk DA and Cole GA（1975）Adaptational biology of desert temporary pond inhabitants. In：Hadley NF（ed.）*Environmental Physiology of Desert Organisms*，pp. 207-226. Stroudsburg，PA：Dowden，Hutchinson and Ross，Inc.

Caceres CE（1997）Dormancy in invertebrates. *Invertebrate Biology* 116（4）：371-383.

Calhoun AJK and DeMaynadier P（eds.）（2007）*Science and Conservation of Vernal Pools in Northeastern North America*. New York：CRC Press.

Colburn EA（2004）*Vernal Pools：Natural History and Conservation*. Blacksburg，VA：McDonald and Woodward.

Eriksen C and Belk D（1999）*Fairy Shrimps of California's Pools，Puddles，and Playas*. Eureka，CA：Mad River Press.

Fryer G（1996）Diapause，a potent force in the evolution of fresh water crustaceans. *Hydrobiologia* 320：1-14.

Hartland Rowe R（1972）The limnology of temporary waters and the ecology of Euphyllopoda. In：Clark RB and Wooton EF（eds.）*Essays in Hydrobiology*，pp. 15-31. Exeter，UK：University of Exeter.

Laird M（1988）*The Biology of Larval Mosquito Habitats*. Boston：Academic Press.

Simovich M and Hathaway S（1997）Diversified bet hedging as a reproductive strategy of some ephemeral pool anostracans（Branchiopoda）. *Journal of Crustacean Biology* 16（3）：448-452.

Sloan CE（1972）*Ground Water Hydrology of Prairie Potholes in North Dakota*. USGS Professional Paper 585 C. Reston，VA：US.

第五十五章
热带雨林

R B Waide

一、引言

热带雨林是地球上所有生态系统中温度最高、降水最多、生物多样性最高和结构最复杂的生态系统。热带雨林仅存于终年高温且伴有较高降水的地区，这对其分布区的纬度和海拔形成了限制。相比其他生态系统，热带雨林的动植物物种更多，其生物间的关系也更具特色。这一分类上较高的多样性有益于功能多样化，从而使复杂的森林结构可包含很多不同的生活型和大小各异的植物。如此之高的多样性和结构复杂性使热带雨林成为地球上最有吸引力及最复杂的生态系统之一，并因此受到科学家和公众的青睐与向往。

二、定义

基于一定的生态背景，常用术语“热带雨林”在全球不同区域间的含义有所不同。目前，普遍认为热带雨林是指高大而茂密的常绿林，分布在湿润又温暖的地区。不过，这些术语具有一定的主观性，因此将“热带雨林”用于各大洲的森林时，森林的结构可能完全不同。而且，热带雨林是按纬度和海拔界定的，这些特征使其与其他类型森林间的边界必然存在人为武断的可能。

热带雨林的经典定义通常侧重于其植被特征，如常绿、喜湿、高大，以及丰富的藤本和附生植物等。另外，热带雨林的特征还包括，木本植物主要是树木的优势度（图 55-1）、高的物种丰富度、稀疏的林下和较细的树干（相对温带森林的树木），以及顶端没有分枝的笔直的树干、板根（图 55-2）、硕大而深绿色的全缘叶片、时常出现在树干或枝条的花朵和不显眼的绿色或白色花朵等。

热带雨林的另一定义侧重于森林群落及其环境特征，包括冠层中落叶树种的比例、森林的海拔、干旱严重程度等。一些当地森林类型的分类应结合植物区系信息，但这样的分类需要有良好植物学背景且训练有素的专家来完成。

基于温度、降水、旱季时间长度和蒸散发等气候条件，有几种方案可用于植被类型的划分。虽然这种分类系统可避免定义中的固有主观性（取决于

图 55-1　巴拿马巴罗科罗拉多岛热带雨林的特点：树木高大且相对纤细，具有笔直的树干。图片经 Nicholas V. K. Brokaw 授权。

图 55-2　在许多热带雨林中发现的宽大板根，例如哥伦比亚安蒂奥基亚省 Providencia 的标本。图片经 Robert B. Waide 授权。

有关术语），但必然会简化控制热带雨林分布的因子。Koppen分类用年均降水量、月均降水量和月均温度将全球划分为6个主要的气候区和若干个亚区。在该系统分类中，热带雨林气候的月均温度不会低于18℃，且最干月降水量不少于60mm。而在Holdrige分类系统中，雨林被限定在潜在蒸散与降雨之比很低的地区，且在该地区年平均温度超过24℃的地方存在热带低地雨林存在于。森林类型间的转变，由与海拔和纬度相关的降雨及温度变化决定。这些分类系统适用于植物构成受气候强烈控制的地区，如中美和南美北部，其并不适用于土壤因子或其他环境因子是主要控制因子的地区，如巴西亚马孙流域的下游地区。

本章其他内容侧重于炎热、潮湿条件下的低地和常绿热带森林，也包括高海拔或有明显旱季地区的热带森林。

三、分布

热带雨林存在于条件适宜的地方，但大多被限制在赤道附近的一条宽阔带区上。热带雨林的纬度分布受热带植物无法忍受的冰冻温度分布的限制。干旱条件的环球带区，也限制了热带雨林的分布，除了极少数情况外，其可阻止热带和温带森林的连续过渡。在热带雨林的赤道带中，如非洲东部，存在一些无林区，因为这些地方的气候过于干燥难以形成热带雨林。此外，在大陆东缘的热带之外的部分气候适宜地区，也存在热带雨林。在所有适宜热带雨林发育的地区，人类活动限制了森林的现有分布。

存有热带雨林的地区大多是那些跨越赤道的大陆和大岛屿。地球上约一半的热带雨林分布在美洲热带区的三个区域中。其中最大的林区（略大于3 000 000km^2）在巴西及周边国家北部和中部的亚马孙与奥里诺科河流域。一条狭长的热带雨林带沿巴西的大西洋海岸，从南纬7°穿越至南纬28°（从累西腓附近到圣保罗），但这片林区只有不到5%的面积维持原貌。第三片森林占据墨西哥南部、中美洲和安第斯山脉以西的南美洲北部区域。许多加勒比群岛也有小面积的热带雨林。

在非洲，另一大片热带雨林覆盖了刚果民主共和国、古巴和喀麦隆共和国共有的刚果河流域。以前，该森林的部分地区可延伸至尼日利亚。热带雨林带也沿西非海岸线和马达加斯加群岛东部的地区延伸，但该森林仅剩一小部分且不连片分布。

在马来半岛、婆罗洲及苏门答腊和爪哇群岛上，分布着面积排名第三的热带雨林。苏拉威西、菲律宾和印度尼西亚的许多小岛，也有大面积的热带雨林，但各岛屿间热带雨林所处的条件极其不同。雨林也占据了降水量非常充沛的东南亚大陆的部分地区。不连片热带雨林还出现在印度西高止山脉（Western Ghats）地区和斯里兰卡的岛屿上。多数新几内亚岛可支撑热带雨林，而澳大利亚得东北部也有小面积的热带雨林。另外，在一些太平洋群岛上（所罗门群岛、新赫布里底群岛、斐济、萨摩亚和新喀里多尼亚等），也存在不连片的热带雨林。

四、气候和土壤

热带雨林的气候范围如此宽泛，这有点令人惊讶。相比其他生态系统，热带雨林的年降水量通常很高且极其多变（1700～10 000mm）。许多雨林一年要经历1～4个月的干旱期，在此期间，降水量小于由蒸发和蒸腾所造成的水分损失。这些每年会出现的旱季，对诸如开花和结实等生物过程的物候有很大影响。而一些热带雨林的全年降雨都很高，不存在干旱期。这些森林得干旱期可能间隔多年才出现，并极易引起同步的生物响应，包括大量开花、增加动物繁殖和迁移等。世界上一部分地区的这些多年性旱季周期，常与周期性的厄尔尼诺-南方涛动（ENSO）事件有关。虽然在许多热带雨林中强ENSO事件可导致更严重的干旱期，但最明显的生物学后果却似乎出现在那些通常没有经历过一个干燥季节的森林中，尤其是在印度尼西亚和马来西亚地区的森林中。

位于赤道附近的热带雨林，年均温度为24～28℃，它们一致的特点是无冷季存在。在一般情况下，昼夜温差（6～10℃）会超过每月的温度差异。热带地区的太阳辐射高于温带地区，但热带雨林可利用的太阳辐射却通常少于干燥的热带森林，因为在更潮湿的气候中将有更多的水蒸气和云层形成。结果，生长在热带雨林郁闭冠层中的植物通常被光限制。

热带雨林的环境特点是白天相对湿度较高，而夜间一般呈饱和状态。但由于热带雨林的多数降水出现在强降水时期，即使在降水量很高的月份也有几天是少雨或没有降水的，因此饱和度亏损的增加可引起植物萎蔫。风可加剧干旱期，信风带的蒸发率高于平均风速较低的赤道森林。

热带龙卷风对热带雨林也具有严重影响。一般而言，纬度在10°以内的赤道地区不受热带龙卷风的影响，但加勒比地区、马达加斯加、澳大利亚东北部、许多海洋岛屿、中美洲和东南亚等部分地区的热带雨林会受到这些风暴的影响。最强的热带龙卷风可对森林结构和组成产生严重影响，但在多数情况下，影响是短暂的。一次风暴的树木死亡率可能会很高，但通过更新、新生长和毁坏树木的再次萌生，森林可迅速修复。那些受制于周期性热带龙卷风的热带雨林地区，森林结构和森林物种的生物学特征可能易受风暴频度与强度的影响。

热带雨林的林下土壤对植物分布和初级生产力有重要影响。土壤特征（如土壤质地、年龄、渗水性和养分等）与地形和地质变化间的复杂相互关系使我们得难确定特定土壤属性的重要性。支撑热带雨林的多数地区有高度淋溶和风化的古老土壤，结果使其酸性化、贫瘠化。这类土壤的植物生长所需养分水平低且有毒铝水平较高，因此不适宜多数永久性农业的发展。但这些土壤可维持高的多样性，热带雨林高生物量的原因在于这些植物能有效重复利用养分。一些在相对肥沃的火山或者冲积平原土壤上的热带雨林可维持永久农业。

在亚马孙的低地势地区，土壤属性对植物群落和总体生物多样性有很强的影响。地形和覆盖于黏土层之上的含沙层厚度的细微变化，可使植物群落发生很大的变化。

五、森林结构

相比其他类型的森林，热带雨林可拥有更多种生物。热带雨林中的不同生活型，或层片（synusia）均高于温带森林。一个层片是指所有成员在生态上相当的一个生物类群。当其用于植物时，这一术语指生活型和功能相似的物种集合。自养植物（如可光合作用的植物）包括那些不需（如乔木、灌丛和草本）和需要（如攀援植物、附生植物、半附生植物，图 55-3）机械支持的植物。异养植物包括腐生植物和寄生植物。

图 55-3　哥伦比亚 La Planada 保护区中，覆盖在树枝上的凤梨和其他附生植物。图片经 Wolfe 艺术有限公司的图片研究人员许可。

来自于每个层片方式中的热带雨林结构，可用于获取存活和生长所需的资源，如水、营养和阳光等。在一些森林中，光合的、自我支撑的植物似乎可形成依赖于个体大小的独特层片。当然，此种层片并不是热带雨林所特有的特征。不能自我支撑的光合植物可利用其他植物作为生长平台。攀援植物（藤本）虽在地下有根，但其却利用其他植物来支撑它们细长的茎。尽管此层片可被特化为能从支撑树中同时获得支持、水和可溶物质的类群（槲寄生），但附生植物仅靠其寄主植物支持。最初，半附生植物作为附生植物生长在支撑植物上，但最终扎根于地下。腐生和寄生植物可从其他活着或死亡植物中获取必需的能量和养分，因此其生长或繁殖无需光线。

单株树木的自然死亡率是造成热带雨林空间异质性的主要因子。因死亡或倒伏树木形成的空地可改变森林结构和环境特征。然而，热带雨林也是动态生态系统，易受各种的自然干扰，包括风暴、雷击、山体滑坡和动物影响等，所有这些都能在林冠层中产生空地。

林冠是热带雨林一个重要的结构元素，因为其高度和郁闭度在决定林下环境中发挥了重要作用（图 55-4）。此外，不能轻易到达林冠，意味着作为生物多样性源头和影响生态系统过程的重要性可能被低估。在调节养分循环和碳储存中，林冠作用重大。林冠的现存或死亡成分是一个庞大的营养库，林冠中有机质的降解可影响营养库的获取。林冠具有过滤空气和水溶性营养物的作用，并可提供固氮场所。树冠栖息的生物能有效获取和储存营养物，从而为脉冲营养的释放提供缓冲。林冠具有丰富的不依赖于林下的动植物物种。而且，冠层树木和附生植物也是其他层片占据者，如鸟类、哺乳动物和昆虫的重要食物源。

图 55-4　哥斯达黎加 La Selva 生物站低地热带雨林的冠层。轻型飞机在冠层之上 200 英尺拍摄。图片经 MD 有限公司的图片研究人员 Gregory G. Dimijian 许可。

六、生物多样性

对热带雨林生物多样性的认识仍需完善。每年的所有分类类群中，都有新物种被发现，我们对一些类群尤其是昆虫多样性的认识还相当粗浅。相比陆地其他生态系统，热带雨林所有类群的物种极其丰富。例如，世界上热带雨林估计有175 000种植物，约占全球总数的2/3。世界热带雨林间的多样性变化极大，树种最多的是亚马孙和马来西亚（每公顷>250种），其次是新几内亚和马达加斯加岛屿，然后是非洲。最大的热带雨林地区（非洲，新热带）的灵长类种类最多。类似地，因数据缺乏，我们很难对其他类群展开对比研究。

七、保护面临的问题

热带雨林的碳存储及其对生物多样性的维持，具有全球意义，因此它的保护既是一个重要的又是一个有争议的话题。热带雨林大多分布于那些亟待提升居民收入的国家，从而使保护问题的解决愈加困难。出现这一争议的部分原因是，我们无法获得足够的数据，以判断热带森林真实的丧失情况。但清楚的是，热带森林包括热带雨林正在以递增的速度消失。有些国家（如加纳、孟加拉国和菲律宾等），已失去了超过90%的原始森林栖息地。据估算，到2050年只有少量的热带雨林存在。森林丧失的根本原因，包括有热带雨林国家人口增加（如那些具有热带雨林的国家）、极端贫困和政府对森林有效保护的缺乏等。森林丧失的直接原因，包括伐木、用于农业的全伐及因森林破碎化导致的生态系统完整性的丧失和狩猎等（图55-5）。狩猎大行动物可潜在影响森林结构，因猎物不被捕食时其种群便会暴发。例如，小型动物种群增加会对其他生物产生严重影响，随着时间的推移，最终可造成整个生态系统的崩溃。

从一个地方到另一个地方，人们所面临的热带雨林问题极其不同，所以一刀切的保护方案无法实施。然而，热带雨林保护策略的主要内容应包括生物多样性保护区的设立、热带雨林产品开发的管理、传统社区的参与、解决贫困问题策略的可持续发展，以及发达国家与发展中国家合作的不断深化等。

图55-5　哥伦比亚安蒂奥基亚省的Providencia，在该生计农场中，雨林已被清除而用于木材和农业。图片经Robert B. Waide授权。

课外阅读

Denslow JS and Padoch C (eds.) (1988) *People of the Tropical Rain Forest*. Berkeley，CA：University of California Press.

Gentry AH (ed.) (1990) *Four Neotropical Rainforests*. New Haven，CT：Yale University Press.

Golley FB (ed.) (1989) *Tropical Rain Forest Ecosystems*. New York，NY：Elsevier.

Primack R and Corlett R (2005) *Tropical Rain Forests: An Ecological and Biogeographical Comparison*. Oxford：Blackwell Science.

Richards PW (1996) *The Tropical Rain Forest: An Ecological Study*. Cambridge：Cambridge University Press.

Sutton SL，Whitmore TC，and Chadwick AC (eds.) (1983) *Tropical Rain Forest: Ecology and Management*. Oxford，UK：Blackwell Scientific Publications.

Terborgh J (1992) *Diversity and the Tropical Rain Forest*. New York：Scientific American Library.

Whitmore TC (1998) *An Introduction to Tropical Rain Forests*. New York，NY：Oxford University Press.

第五十六章
苔原

R Harmsen

一、引言

苔原（Tundra）生态系统广泛分布于各大洲。苔原具有低温条件下的气压、强风、低降雨、霜冻和长期的液态水缺乏（由冻结和/或干旱所致）等物理和气候特征。这些要素间的结合共同构建了所谓的冰缘环境，其含义被定义为冻融过程对土壤和水体的重复效应。苔原可分为不同类型，其中两个主要类型为北极和高寒苔原。二者又能按子分类进一步划分或被看作是沿着邻近林线的高灌木植被的梯度分布。苔原生物区系包含池塘、湖泊、溪流、沼泽和其他湿地。

苔原位于地球寒冷的生活型范围内，长期的气候变化对苔原生态系统和动植物物种造成很大影响。在更新世冰期，大面积的苔原被毁灭，而其他的苔原向南转移，与此同时，完整的森林和草原脱颖而出，且随着后期的间冰期而反演。类似的变化在多山地区出现。这种变化导致物种灭绝，以及协同进化的动植物集合群系的破坏。这些苔原群落的变化一直维持到今天，逐步造成低物种多样性和简单的食物链局面。在当前的间冰期，许多地区被大量的冰层所堆积覆盖，从而在海平面上升后被淹没，随后，部分地区被重新划分边界且演化为苔原。白令陆桥（Beringia）［介于东西伯利亚、北阿拉斯加以及加拿大西北的育空（Yukon）地区和班克斯岛（Banks Island）］并未结冰，在末次冰期期间，保存着一个极北苔原。目前，存在于北极苔原群落中的动植物物种，是在冰期期间一直存活下来的，主要分布在南方受冰河作用影响的陆地区域，或者分布在未受冰河作用影响的区域（动植物的避难所），如白令陆桥。

二、冰缘环境

冰缘条件是水/气流亦或地质过程中霜冻和冰冻作用的结果。冰川以多种方式影响景观，致使地貌、水文和土壤持续受到影响。即便如此，在暖温环境中也存在频繁的冻融循环过程；例如，冰川在北极的年际间和在暖热山区昼夜间，不仅直接影响植物和动物，而且间接影响土壤和水资源，从而导致特有的侵蚀活动和特色景观的形成。此外，苔原生态系统所呈现的冻土具有关键的重要性，因为冻土自身如同形成一个难以渗透的地表隔板，长期防止生物渗透，水和土壤资源的垂直活动。

冻融循环导致土壤和水的膨胀及收缩，然而湿润水的逐渐冻结也将导致水通过非随机化的重新分配转化为冰透镜体和冰楔，这个过程能够引起冻胀现象和长期的垂直和水平方向的土壤、碎石和大型岩石的运动，从而造就了典型的景观特色（多边形），冻胀丘（如穹形泥炭丘和冰胀丘）和解冻土流坡等等。这些土地形式反过来也影响植被和其他生活型。

冻土在北极苔原是普遍存在的，但是在高寒苔原地带相对分布较少，因为高寒苔原的景观较为多样化和复杂化，且夏季较热。在最高的暖热山区并未发现任何苔原生态特征。春季期间，土壤在表层下部开始解冻融化，逐渐的在冻土活动过程中作用于植被。通常，融雪和土壤解冻融化过程之间存在着重叠，特别是在起伏的景观中。所有融化的水通过径流积累在地势低洼的区域或者蒸发殆尽。由于冻土的不渗透性，使得垂直方向的水流活动无法产生。这将导致侵蚀，进而影响植物和体积较小的动物。在整个夏季期间，冻土的冻融过程持续作用，直至秋季，当地表表层开始再次处于冻结状态才告一段落。在晚秋和初冬期间，冰冻效应将从地表逐渐渗透至土壤较深层，事实上，该效应也是源自于冻土系统内的影响。这个过程能够导致重要的引起冰冻膨胀，以及对植物根系造成巨大的破坏性和动物挖掘活动。在许多区域，苔原土壤养分含量低，这是因为冻土阻碍了土壤水资源的垂直活动方向。

一些湖泊（如锅形湖和冰碛湖）在新冰期成冰作用条件下获得其水源。苔原湖泊和池塘每年受到冰冻作用的严重影响，特别是每年冬天冰冻过程自上而下直至湖底以及冻土层。湖冰的冻结导致膨胀，且拥有植被的海岸线在周围低地地区有所抬升。源于春季径流的湖泊沉积物中，无机物成分最高；然而，由于低生产力反映了低养分含量水平，因此有机物成分偏低。冰冻作用和冰风效应对于浅水湖具有干扰湖泊沉积物的影响。

三、景观和物种多样性

许多北极苔原都是平坦的，特别是在临海区域。

这些区域通常覆盖着池塘和浅水湖，而其中又由沼泽和曲折蜿蜒的河水、溪流隔离和环绕着。该区域通过积累孕育着丰富的沼泽泥炭。沿着海滨范围，这些生境趋向于合并为盐碱沼泽地、咸水潟湖和外露岩石。在地势较高的地方，夹杂着丘陵和外露岩石处的景观多样性非常丰富，特别是南坡和阴坡在不同的微气候环境因子的驱动下，呈现了不同的生物群落组成特征。这里也能找寻到深水湖泊和水流湍急的河流。在侵蚀和不同岩石类型条件下也增加了系统多样性。在多山区域，北极苔原合并呈现出一个高寒境况。

全世界的高寒苔原的多样性是十分丰富的，各大洲的许多气候带也均有发现。在整个冬季期间，不同坡向和风力条件下的积雪，以及夏季气候影响着高寒苔原生态系统的生长季。暖湿高寒苔原只存在于高海拔地区，该地区独特的气候介于沙漠至湿润气候的不同变化（图 56-1）。另外，值得注意的是，许多高寒苔原地带被很长的距离所隔离，以至于在此隔离环境下，动植物区系独立完成进化过程。特别是，古老的高山地区包含着许多源于局地森林或萨王纳的地方特有种。例如，新西兰的南阿尔卑斯山拥有超过 600 个高寒植物物种，而在地球上其他地方很少有这些物种的分布。

扫一扫看彩图

图 56-1　热带非洲肯尼亚山脉。暖温高寒苔原。前景为冰碛巨砾与半生地衣、苔藓和零星丛生禾草，以及少数大型东非菊科植物，但较少数量的东非菊科植物分布在冰碛巨砾中间位置。同属菊科植物自非洲山脉从东部到中部是地方种。背景为延德尔冰川。图片由 W. C. Mahaney 提供。

地球上大约 5%和 3%的面积覆盖着北极植被和高寒植被。全球范围内的高寒苔原以及高寒系统，其每公顷的面积拥有的生物多样性要比北极低地苔原的生物多样性丰富很多。在北极地区，物种丰富度随着山区的海拔上升而下降，随着纬度上升而下降，这种分布模式主要与局域气候条件和资源利用性等因素相关。

四、植被和演替

无论是攀爬高山还是行走于林线沿线，又或在北极地区一路向北的旅行，终将进入以灌木为主的低地苔原地区。低温、浅层土壤和强风抑制了树木的生长，但在这种条件下却有利于密集的灌木生存。地球上任何山区地带均能发现这种灌木苔原，这与其他的高寒灌木苔原群落的分布十分相似，甚至许多植物个体在外观上均能呈现显著的相似性。然而，在这种灌木群落中，也有大多数的物种类型与整个全球生态系统分布的物种类型具有差异。例如，东非肯尼亚山区、新几内亚威尔海姆山区和委内瑞拉安第斯山脉 Pico Mucuñuque 的灌木植被物种属于不同的科属。这是趋同进化于不同类群的典型例子，从而引起不同类群对特定环境的适应选择。加拿大北极地区的灌木地带要比暖湿山区的灌木地带分布着更为贫乏稀少的植被，主要以柳木和桦木物种为优势种并伴有其他零星物种（图 56-2）。此外，在格陵兰岛、斯堪的纳维亚或西伯利亚的北极苔原也能发现类似的植被分布特征，于是，在这种情况下，各物种间具有相近的亲缘关系，甚至在各大洲中均能发现相近的环极圈种（circumpolar species）。其他的差异主要在于，在林线以下，并未在暖湿山区发现灌木物种，而在林线以南却发现许多灌木物种。这种差异是由于冰期的不同效应所致，这种效应对

图 56-2　加拿大北纬 60°曼尼托巴北部的哈德逊海湾（Hudson Bay）低地。低矮的北极柳（*Salix* spp.）和禾本科苔原。注意北极熊的无线电项圈。

于沿着整个不同高寒山谷和坡度的植物群落有着垂直梯度的影响，而在北极，气候变化能够导致数以百公里范围内适宜于灌木苔原的条件在南北方向间相互转换替代。

许多典型的（非）禾本科植物和苔藓在高山顶处较为丰富，且在北极圈以北的植物更适应于极端的寒冷气候，长期处于永冻的低温和强风条件下。强风能够刮起冰晶体，致使积雪线上的植被遭到损伤，同时干燥的环境也使得北极和高寒苔原地带的树木和高灌木生长受到限制。特别是在北极沙漠地带，积雪较低，分布在地表的植被高度很低。例如，北纬70°的班克斯岛的北极柳在夏季生长季期间，沿着地表水平生长，交织的植物器官匍匐缠绕在地表形成柔荑花序和错落的叶片状生长。北极柳通过这种方式能够生存和生长几十年。所有的禾本科、莎草科和非禾本科植物在秋季枯萎，且在冬季通过地下块茎和地表莲座状的辅助功能得以在冬季存活下来。

高密集且低高度的植物群落能够生存的优势在于，在凉爽炎热的夏季，24h太阳辐射产生的热能被植物间的空气吸收，能够保证地表维持较高的温度，从而满足了植物生长和种子萌发的基本需要。在高北极苔原地带分布较少的一年生植物，这是因为整个生长季没有足够的时间进行萌发、生长和繁殖。较小的物种，例如，冰岛蓼（*Koenigia islandica*）和水生小鸡草（*Montia lamprosperma*）均维持一年生生长策略。还有少数玄参科半寄生物种，例如，北极小米草（*Euphrasia arctica*）也是如此。这些物种在生长季早期有着独特的生长优势，能够从邻近的多年生植物中获得养分和光合作用产物。

冻融循环过程所引起的频繁地干扰活动导致局部植被的丧失。这为再次干扰和建植创造了机会。最有趣的例子就是极地南坡的土壤团所显现的融冻泥流作用。下坡龟裂的土壤团在植被的包围之下在阳光的照射下加热后，导致其下坡土壤的解冻和跌落，从而埋没了高度最低的植被，同时还造成上坡土壤的裸露暴晒（图56-3）。对于这种演替活动需要花费高达30年的时间。也就是说，植物成熟度、物种组成和多样性在此过程中经历了一个时间序列变化过程，因为最古老的群落已被埋葬且在再次入侵的演替格局已然形成。大尺度的演替通常由山坡倒塌、冰冻叠加、河流侵蚀及洪水过后出现的淤泥沉积物造成。

图56-3　加拿大北纬70°西北地区的班克斯岛。高山地区的北极苔原也被认为是北极沙漠。植被主要以高山水杨梅属（*Dryas integrifolia*）、北极野豌豆（*Oxytropis* spp.和*Astragalus* spp.），以及零星的丛生小型禾本科植物为优势种。照片背景是汤姆森河（Thomsen River）流域半生莎草草甸苔原和苔原池塘。

五、生态系统结构和功能

北极苔原生态系统，在冬季有很少的物种还维持着生命活力。只有一些哺乳类动物，如麝牛（*Ovibos moschatus*）、驯鹿（*Rangifer tarandus*）、北极野兔（*Lepus arcticus*）、旅鼠和狼（*Canis lupus arctos*）依旧保持完整的生命活力。还有一些鸟类，如渡鸦（*Corvus corax*）、岩雷鸟（rock ptarmigan）亦是如此。在整个秋季和初冬阶段，土壤微生物代谢活动持续降至−12℃。大多数有机体通过不同的休眠形式在苔原地带渡过整个冬季周期。高寒苔原更具有多样化，其全年白昼时期较长，且冬季的动物区系的活动变化很大。苔原短暂的夏季具有很大的生产效率，为大量有机体提供食物。当雪水融化伊始，植被立刻开始开花和生长。全年几乎都不会出现日落现象且温度可以迅速提升。休眠过冬的昆虫幼虫开始被喂养，并且在邻近雪水融化的池塘、土壤和新生植被中繁育大量的幼虫个体。这个生态系统似乎倏然出现很多活跃的生命体。可食用植被、昆虫、鸟类和啮齿类种群以及雏鸟的数量和活动大量涌现，直到秋季冻结期开始前都很活跃（图56-4）。

图56-4　加拿大北纬70°西北地区的班克斯岛。两类高寒苔原。近景为融雪水供养的潮湿禾草苔原。在对面斜坡上生长着稀疏植被的干苔原，表现为融冻泥流。麝牛主要在生长有禾草类植物斜坡啃食，但却在干苔原类型中摄取富含氮的物种，诸如北极野豌豆（*Oxytropis* spp.）。

许多鸟类每年夏季在获得足够的生产力和能量后，于初冬之时，从南方迁徙到苔原进行繁殖。一些物种迁徙到达的数量可谓极其庞大。许多鸟类都是食虫性为主或者以池塘甲壳类动物为食；诸如，浅鸟和水鸟以食鱼为主，鹰隼和老鹰以食肉为主，鹅类以食草为主。特别是集群的鹅类对于植被有着破坏性的影响，反之，它们也会对其他物种造成影响。

在某些苔原生态系统中，一些小型哺乳动物，特别是两个旅鼠物种，在种群密度上显示出极端的振动变化，使它们成为苔原生态系统中的关键种。例如，在加拿大北部的班克斯岛存在着两类旅鼠，分别是项圈旅鼠（*Dicrostonyx torquatus*）和棕褐色旅鼠（*Lemmus sibiricus*），每3～5年必经受一次急剧的种群振动变化。在种群高峰期时段，旅鼠遍布各处，而在振动期过后则很难寻找到一只。在种群暴发阶段，许多食肉性鸟类，包括雪鸡（*Nyctea scandinaca*）、毛脚𫛭（*Buteo lagopus*）和贼鸥（*Stercorarius* spp.）经过长距离的迁徙且生活在高密度旅鼠种群分布区域。这些鸟类成群聚集并喂养新生雏鸟，直到旅鼠种群急剧下降后才分散至不同区域各自生活（图56-5）。哺乳类动物的捕食者不会通过迁移活动反映这种生存策略。北极狐（*Alopex lagopus*）和貂（*Mustella erminea*）是主要的哺乳类动物的捕食者；它们也是在生活中对暴发式的旅鼠种群密度变化加以有利的利用和获取。然而，当旅鼠种群密度下降后，这些相对比较密集的捕食者种群即刻如树叶般飘散而去。我们可以把这种模式定义为前馈作用，因为将近一半的捕食者会对其他弱势的猎物施加强烈的负效应，诸如鸟类，从小个体的雀形鸟到雏鸭，甚至幼鹅均受到这种不利的影响。只有当捕食者种群密度下降时，旅鼠种群方可再次进行繁殖生长。

扫一扫看彩图

图 56-5 雪鸮（*Nyctea scandiana*）巢穴内有六个鸟蛋和一个刚孵化的幼鸟。一旦雪鸮第一个蛋被孵后就会启动孵化，幼鸟能够逐一孵出。值得注意的是，巢穴周围七个死亡的旅鼠，为孵化出来的幼鸟作为食物来源。其后，在夏季旅鼠种群会下降，只有两个年纪较大的幼鸟会在羽翼丰满后有幸生存下来，其他的幼鸟会被年纪较大的吃掉。

旅鼠种群崩溃的最终原因不是来自于捕食者的压力，而是源于新鲜植被的枯竭和营养循环的滞后。然而，一旦旅鼠种群崩溃，随之而来的捕食者种群的下降能够驱使旅鼠种群进一步下降至最低点。植被、枯枝落叶层和土壤会强烈的受到旅鼠循环效应的影响。这在加拿大北部和格陵兰岛中部的苔原地带显示出巨大的差异，因为在格陵兰岛没有旅鼠生存的迹象，更多的是累积的枯枝落叶和较少的捕食者。在加拿大的围栏试验已经得出类似的结果予以证明。

六、物种对苔原环境的适应

许多物种在演化过程中已然适应了这种严酷而独特的环境，但这种环境仍然处于一种未知的条件之下。接下来的叙述为读者呈现了四种对苔原环境适应的物种：麝牛、两种北极大黄蜂、高寒山梗菜属植物和两种同族的高寒甲壳虫物种。

1. 加拿大西北地区班克斯岛的麝牛

麝牛是更新世巨型动物的幸存物种，主要存活在白令陆桥与加拿大南部-美国北部的冰盖南部的范围，且在北极环境下具有长期的适应历史和有效的耐寒性。在解剖学上的特征主要反映在蓬松的粗硬毛发具有隔热御寒的效应，前蹄可以刮擦坚实的北极雪地以此寻找觅食植被。不仅如此，该动物也通过综合的生理和行为性状的装配形成独特的繁殖策略。在极差条件下，一头麝牛在夏季对于营养条件的响应并不是获取热能；相反，在极佳条件下，它只是在发情季早期获取热能。这意味着在极差条件下的麝牛不能在冬季存活且在接下来的春季进行产仔，只好选择隔年或额外的机会进行繁殖。对于怀孕的麝牛来说，当面临糟糕的冬天条件的话，即将面临着流产或夭折的情况。一旦某些牛犊在积雪融化前和返青季节来临时正常的出生，那么它们能够在接下来的时段内摄取到足够的营养。然而，只有少数牛犊会在年初出生时会获得增重和屯膘的机会，以此保证在第一个冬天能够存活下来。

麝牛的生活策略体现了性状的重要性。从出生角度来看，牛犊的重量和体重比是有蹄类动物中最低的，其流产和夭折的成本也是相对较低的。当牛犊出生且母牛进行哺乳时，一旦牛犊撒尿且吸食尿液，母牛便会舔牛犊。尿液中的尿素氮通过母牛的肠道菌群重新形成蛋白质，并最终转化为奶产量。这是非常重要的过程，因为冬季蛋白质的储存是非常困难的，深冬季节的蛋白质储存量极少且奶产量极低。一旦新的蛋白质储存在积雪融化时可以利用的话，母牛即刻会啃食具有高蛋白的植被，诸如柳絮和莲座状发芽期的北极野豌豆。在北部地区，麝牛的生命周期很长，而且是2～3年时段进行一次繁殖。

2. 加拿大北极地区的两种北极大黄蜂

本章作者回顾其工作发现，在7月初的班克斯岛北部雪暴中有只大黄蜂飞掠而过。这种现象可以被认为是这种大型大黄蜂（*Bombus polaris*）有着异乎寻常的绝缘胸腔，从而保证其周围环境降至冰冻点的30℃的条件下有着很强的飞行肌肉。更为受到关注的是在这种条件下的大黄蜂应该是蜂王且能够繁殖的更为迅速。然而，生长季初期，蜂王也会在巢穴中通过下腹进行孵卵和喂养幼虫，而且通过震动其飞行肌肉产生热能以此对腹部进行能量摄入。冬季过后，蜂王在遗弃的旅鼠巢穴，使用部分植被凋落物和麝牛的毛绒建造自己的巢穴。它可以喂养一些工蜂以此为下一年的繁殖做好准备。另一种位于班克斯岛的大黄蜂物种属于寄生类物种（*B. hyperboreus*）。蜂王的工作是孵卵繁殖且喂养巢穴中的寄生物种。这种生活史策略是为了适应高北极苔原非常短的夏季时间，同时也依赖于大黄蜂出现的频度。这两个物种的密度比通过频繁地独立选择而稳定。

3. 肯尼亚山系不能飞行的高寒甲壳虫物种

在肯尼亚山系海拔3200～4000m的高寒苔原草地丛中，有6种可描述物种和一种未描述同属物种。这些大个体甲壳虫适应气候的极端变化，主要被描述于夏季的每个白天和冬季的每个夜晚。有两类物种（*P. elongates* 和未被描述的同属物种）被详细的研究它们对夜间霜冻的适应机制。*P. elongates* 在禾草羊茅属中度过幼虫和蛹生长时期，期间并未受到夜间霜冻影响。作为一个成体甲壳虫，白天很活跃，通过膨胀的翅鞘和闪亮、反光的外表皮隐匿于强烈的阳光曝晒下。在夜晚，甲壳虫隐匿于植被基部以避免恶劣的霜冻，其有一个无效的高冷却点，但却有一个有效的冻结耐受性。同属的其他物种在夜间十分活跃，且以更为低的高冷却点来保护自己，但是它也对冷却具有敏感性。同属物种对夜间霜冻具有不同的生理适应，说明两个物种各自入侵高寒苔原，而不是通过高寒特化出现的。不能飞行——一种典型的对高山顶端生态系统的适应性——也排除了它从另一座山头入侵的可能性。

4. 乞力马扎罗山高寒山梗菜属植物与其共生的昆虫

在海拔3000～4000m的乞力马扎罗山斜坡上，由于高寒苔原相对干旱，高寒山梗菜属植物［巨人半边莲（*Lobelia deckenii*）］对于面对夜间霜冻的压力也颇为严峻。该植物演化至一种球性莲座状，由凹面长而尖的树叶所包围，起到聚集雨水的作用。一个单株植物能够通过莲座状的形态将水分逐一收集。这体积足够大，以此防止每个夜晚深夜的冻结状态。事实上，植物在其生长期中段通过昼夜循环维持一个适宜的温度。这种适宜温度条件下的山梗菜植物的积水量为少数水栖昆虫物种提供喂养环境，大多数物种为摇蚊。山梗菜属植物中的水也包含着许多微生物，以分解的残骸为食且反过来为昆虫幼虫提供食物。

七、全球变暖和其他的人为活动的影响

在北极和高寒区域广泛的冰心分析，古湖泊学和地形学研究，已经提供了一个详细的该区域的气候情景。从而推论出，在上一个冰期末频繁地气候变动已然最后导致了苔原生态系统的主要变化。此外，一段时间的苔原类型也不复存在。现存的物种存在一些具有灵活的复杂性，以此保证在过去的气候和景观变化过程中得以生存。然而，这未必就预示着苔原生态系统和物种会在未来长势良好，因为必须考虑到人类活动对于地球施加的压力会越发严重。大多数更新世苔原巨型动物灭绝的可能原因是气候变化和人类猎捕共同作用的结果。同一时间，大型食草动物的消失导致苔原生态系统从禾本科到苔藓植物优势度的转化，协同伴生着长期的土壤和泥炭形成的变化。我们必须在下一个世纪去期待着类似的变化以及相关的一些灭绝事件。气候变化非常严重且直接的人为作用也在增加。不仅如此，许多物种也会因为污染和过度捕杀而丧失。大多数受此影响的苔原将分割高寒苔原系统为相对较小的山脉；而且，这些山脉将会导致整个系统被森林所替代。

参考章节：高寒生态系统和高海拔树线；高寒森林；北方森林；循环和循环指标；淡水湖；极地陆地生态学；亚欧草原和北美大草原。

课外阅读

Chapin FS and Korner C(eds.)(1995)*Arctic and Alpine Biodiversity. Patterns，Causes and Ecosystem Consequences*，332pp. Berlin：Springer.

Coe MJ（1967）*The Ecology of the Alpine Zone of Mount Kenya*，136pp. The Hague：Junk.

Craeford RMM（ed.）（1997）*Disturbance and Recovery in Arctic Lands*，621pp. Dordrecht：Kluwer Academic.

French HM and Williams P（2007）*The Periglacial Environment*，478pp. Toronto：Wiley.

Goulson D(2003)*Bumblebees：Their Behavior and Ecology*，235pp.

Oxford：Oxford University Press.

Jones HG，Pomeroy JW，Walker DA，and Hoham RW（eds.）（2001）*Snow Ecology：An Interdisciplanary Examination of Snow Covered Ecosystems*，378pp. Cambridge University Press.

Laws RM（ed.）（1984）*Antarctic Ecology*，vol. 1，344pp. London：Academic Press.

Mahaney WC（ed.）（1989）*Quaternary and Environmental Research on East African Mountains*，483pp. Rotterdam：Balkema.

Pienitz R，Douglas MSV，and Smol JP（eds.）（2004）*Long Term Environmental Change in Arctic and Antarctic Lakes*，562pp. Dordrecht：Springer.

Rosswall T and Heal OW（eds.）（1975）*Ecological Bulletin*，Vol. 20：Structure and Function of Tundra Ecosystems，450pp. Stockholm：Swedish Natural Science Research Council.

Wielgolaski FE（ed.）（1997）*Ecosystems of the World 3：Polar and Alpine Tundra*，920pp. Amsterdam：Elsevier.

第五十七章
涌流生态系统

T R Anderson，M I Lucas

一、引言

遍及全世界的大洋中，浮游植物群落结构和初级生产取决于可用光与营养供给及摄食（NO_3^-、Si、PO_4^{3-}、溶解铁）之间的相互作用。风掠过洋面时可创建一个表层混合层，其深度对浮游植物的生产极其重要。如果混合像高纬度地区那样强烈，则营养是丰富的，但生活在数百米深混合层内的浮游生物将暴露于较低的平均光照强度之下。相比而言，在温暖的水层中，如覆盖40%洋面的强大亚热带环流中，这种混合是被抑制的，此时光线充足但营养有限。涌流独特的物理循环系统在不同程度上会导致这样一种状况，即它所提供的光和营养物质的数量远远超过维持浮游生物最大生长率的最低速率限制需求。因此，涌流是海洋中最富有生产力的生态系统。

二、涌流循环

地球自转可导致运动的物体在其表面发生偏转。科里奥利效应（Coriolis effect）意味着由风驱动的洋流在北半球向右偏转，在南半球向左偏转。结果，在海洋表面形成水平流，也就是所谓的埃克曼层（Ekman layer），通常数十米深。涌流可出现于水平流发散、埃克曼流或分流的地区中，因此海洋表层的水必须被其底层更深的水所取代。根据这种分流的本质，可以将涌流系统分为两个主要类型。

首先，在沿近海的埃克曼层那里，可出现沿海涌流系统，导致近海岸发生分流。这种沿海涌流系统往往出现在大洋盆地的东部边界，主要例子有加那利（Canary）、本格拉（Benguela）、洪堡（Humboldt）（秘鲁）和加利福尼亚等洋流系统（图57-1）。东部大洋盆地边界洋流在东部大洋盆地边界洋流（东部大洋盆地边界洋流）系统中，近海的埃克曼流由当地与亚热带洋面准静止大气高压系统之间气压梯度关联的赤道风所驱动，而亚热带洋面与临近大陆的低压系统有关。这些高压系统由北向南的季节性推进（春、夏两季向极地运动）导致涌流的增强和营养供给的增加，以及昼长和光照的增加，从而驱使浮游植物生物量和生产力沿纬度变化。其他主要的沿海涌流系统包括由阿拉伯海（Arabian Sea）周期性季风所驱动的索马里洋流（Somali Current）。通常，地形特征可使沿岸涌流增强，如可形成当地涌流单元的海岬或峡谷。

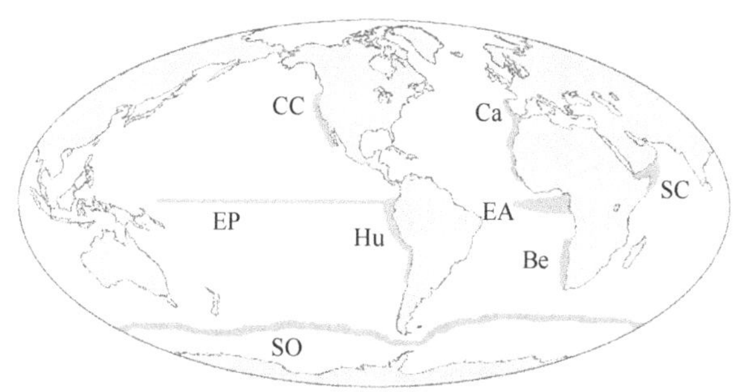

图57-1　全球主要的涌流系统（Be，本格拉；Ca，加那利；CC，加利福尼亚州洋流；EA，赤道大西洋；EP，赤道太平洋；Hu，洪堡；SC，索马里洋流；SO，南极海）。

其次，在开阔的海洋中也可出现涌流，尤其在偏东信风引起埃克曼洋流向赤道南北发散的那里。太平洋中的赤道涌流面积巨大，从南美洲海岸越过国际日期变更线一直向西延伸。在大西洋赤道地区，有一个更小的涌流带。而在南极海（Southern Ocean）和南极绕极流（Antarctic Circumpolar Current）中包含另一地带性的涌流区，其在南纬50°～60°最为活跃，由盛行最强劲西风所产生的偏北埃克曼洋流驱动。

三、一般特征

全球海洋的潜表层水体中具有高浓度的养分（如NO_3^-，35μmol/L；Si，30～60μmol/L；PO_4^{3-}，1～2μmol/L）。涌流把它们带到表层，滋养着寄居于此的浮游植物。最强涌流涨落间表面混合层的分层为藻类生长提供了有利的光照条件，并使其占据由它们所支配的营养物质，此时的初级生产力是海洋系统中最高的。例如，仅占海洋表面积0.5%的沿海涌流系统却贡献了2%的全球海洋初级产品，并支持了大量的高营养订单，如鱼、鸟、海豹和鲸鱼等，它们也包括了世界上的一些主要海水养殖业。

周期性是涌流系统的关键特征。在一些系统，如加那利洋流（Canary Current）、本格拉和索马里中的涌流强度是季节性的，而在另一些系统如洪堡

（Humboldt）和南部海洋中，涌流在年内则是断断续续的。在从日到周的这一较短时间尺度上，所有系统中风的强度不同，从而引起强、弱涌流的周期性变化，或涌流的消失（当涌流同时停止时）。生物必须能够承受涌流强度的变化及其对营养物质供给和食物资源时空变化的影响，而这些变化可能长达数年或者更长的时间尺度。此外，它们自身或其繁殖体（reproductive product）将面临被埃克曼层推向不太有利生境的可能。这些生物，包括浮游植物、浮游动物和鱼类的关键特征是，它们的生活史和行为可被定向调节以维持涌流中心周围的种群。

理解涌流生态系统结构和功能，尤其是气候变化对它们的影响，已越来越被认为是渔业资源可持续管理的关键。

四、初级生产和低营养水平

1. 初级生产

由于向海岸密度跃层（表示混合层底部的密度梯度）的急剧变浅和相对较浅（<500m）的大陆架环境，东部大洋盆地边界洋流东部大洋盆地边界洋流系统为初级生产提供了极其有利的光照与养分的组合供给，近海洋表面的密度跃层具有促进营养物质进入表层海水和维持浮游植物在较浅透光环境中（通常<50m）生存的双重效应。浅层大陆架沉积物使深层涌流水的营养浓度增加。由于四大东部大洋盆地边界洋流基本东部大洋盆地边界洋流位于中纬度地区（40N/S 至 10N/S），因此辐射率的季节性较大，从而提供光照和必要的表层高温，以及可最佳驱动由营养充足环境所支撑的光合碳固定的分层方式。总之，它们有一个组合产量，估计为 1Gt C/a。通常，叶绿素浓度超过 $2mg/m^3$，但在局部甲藻极度暴发的那里，其可达 $50mg/m^3$。洪堡系统中的生产率一直最高[2～6g $C/(m^2·d)$]，原因在于较高的平均辐射和与相对稳定涌流有关的、波动较小的营养环境。

涌流生态系统中初级生产的一个关键特征是以大量的 NO_3^-为动力，而 NO_3^-是透光区“新的”（即外来的）产物。浮游植物的生产以硝酸盐的吸收为基础，因此被称为“新产物”。硝酸盐几乎全部来自于密度跃层下的有机质再矿化，尤其是死亡的浮游植物和表层水体早期沉降的其他物质。相反，“再生产”以透光区（即在原生地）生物排泄的氮（NH_4^+，尿素和可溶性有机氮）为基础。新产物的相对重要性通常以其占总浮游植物生产（即新的和再生生产之和）的一部分来表示，这一比例被称为 f 比。尽管季节性涨落涌流系统，如南半球的本格拉（Benguela）年平均 f 比的值较低（0.3），但多数东部大洋盆地边界洋流涌流生态系统中 f 比值通常高于东部大洋盆地边界洋流（0.5～0.7）。新产物的高比值促使可利用碳和营养物质转移到更高的营养水平，这也是为什么东部大洋盆地边界洋流东部大洋盆地边界洋流系统能够维持渔业多产的最根本原因。在浮游植物被无效摄食的情况下，它们也为来自透光层沉降颗粒形成巨大的下行通量提供了潜能。然而，基于再生产系统的效率却逐步下降，除非有氮的新输入，因为营养物质从未以 100%的效率再循环。

2. 浮游植物群落结构

在海岸涌流生态系统浮游植物群落的组成中，我们可发现一个演替特点。这个演替由营养和光环境的改变驱动，与涌流频率和水的三维（3D）循环紧密相关，因为水可向远离涌流中心的方向流动。较大的个体（20～200mm）和长达 500mm 的链形硅藻，可随新上涌的水到达并稳定在日照表面层。类似于杂草，因为固有的快速生长率和迅速占据营养的能力，这些藻类可迅速生长，如果浓度一直足够高。每天 2～4 个细胞分裂速度快速导致种群增长，并超过食草性浮游动物，从而造成硅藻的广泛暴发。在短短几天内，累积的叶绿素生物量可能会超过 $6mg/m^3$，高到足以在海洋水色卫星图像中清晰可见（图 57-2）。

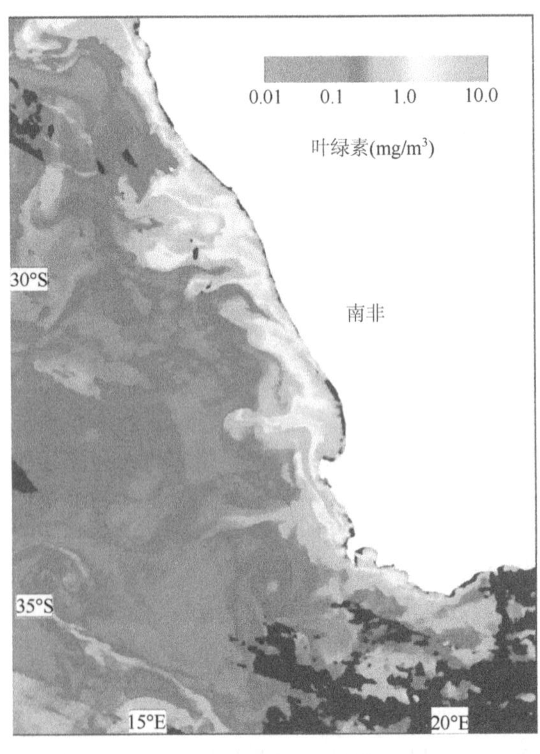

图 57-2　南本格拉地区叶绿素生物量的卫星图像（注意：在高浓度叶绿素的近海岸中，养分富集水体的涌流最强。同时，由于养分被耗尽，叶绿素信号中的海岸长丝变弱）。

东部大洋盆地边界洋流系统内的大多数硅藻物

种，适应于在表层流中避免远离涌流中心的横向扩散。为响应逐渐减少的可利用养分，许多物种唤醒了生命周期的休眠期。孢子形成后迅速沉没，且被携带到更深的大陆架边缘海水和表层沉积物中。营养细胞下沉，或链的形成，增加了下沉速率，这为阻止扩散提供了一个替代策略。孢子和生理不活跃的硅藻留在沉积物-水界面层中，并等待下一次的涌流事件将它们携带返回近岸和营养丰富的、阳光照射的表层水，以便开始了另一暴发事件。二氧化硅的构造和来自可溶硅酸盐的多刺硅藻细胞膜，以及它们庞大的数量和成链、拓殖能力等，共同为植食性浮游动物桡足类提供了初步的保护。在涨落的涌流系统中，食草动物的效力被进一步削弱，无法达到稳态。由于硅藻最初的指数增长速度比食草桡足类的消费者（周）快很多（小时，天），因此浮游植物和浮游动物的偶发和短期涌流事件（天）“不协调”，前者可摆脱摄食者自上而下的控制，否则可阻止暴发事件的发生。不过，在一个很短的两级食物链中，摄食的出现可阻止碳被有效地转移到上层鱼类（硅藻—浮游动物—表层鱼类）。

随海岸涌流中心分层表层水下游中营养物质的耗竭，浮游植物的群落结构将发生变化。硅藻屈从于较小的细胞如微型植物性鞭毛虫（2～20mm），以及其他不需要硅的更小 picoautotrophs（$<2\mu m$），且能更好地汲取低浓度的营养物质，因为它们的表面积体积比（surface area to volume ratio）较高。由于表层中的营养物质不足，这些微型浮游植物主要占据温跃层，其中的营养物质自下缓慢扩散。深色叶绿素最大值（deep chlorophyll maximum）的出现，虽然涉及最大化养分有效性之间的微妙权衡，但其在接近光限制的环境仍有充足的光照。微型浮游食草动物维持小浮游植物的数量和生物量（$<0.5\sim1\mu g$ chl a/L）。在这个“微生物圈”中，通过微型浮游动物和细菌，颗粒态有机氮（PON）可有效再循环为 NH_4^+和尿素，以支持浮游植物进一步的生长。由于再矿化氮通常与浮游植物的再生氮平衡，所以营养物质的含量仍然很低（$<0.5\sim1\mu mol/L$）。矛盾的是，摄食压力是支撑藻类进一步生长所必不可少的。沿着延伸的食物链（微微型，微型浮游生物—小型浮游动物—中型浮游动物—鱼），碳只被无效地转移，因为在每个阶段，转移的碳中有 90%通过呼吸作用而损失。

3. 氧气耗尽

无生命、腐烂物质是所有生态系统的一个特点，那些涌流区也不例外。无论是衰老的浮游植物还是浮游动物的粪便，都可产生大量的碎屑颗粒。沉降颗粒有机质（“海洋雪”）的“雨”来自透光层，其可被中层水中的异养菌，或海底的底栖生物和细菌所分解。当大量的氧气被消耗时，在沉积物和上覆水区域间出现了一条最低含氧带（OMZ）。结果，低于 0.5ml/L 的氧气浓度不利于许多动物，对浮游和底栖生物也如此。

沿海涌流系统特别容易受到缺氧（<0.5ml/L）或厌氧（接近零 O_2）事件的影响，因为硅藻支配浮游植物生产力的高速率突然变为养分限制，因此会衰退。氧跃层可能经常延伸至海水表面（<50m）。大多数浮游动物可主动迁移，这样做通常是为了保持它们在临近海水表面含氧水中的位置。其他如洪堡系统中的 *Eucalanus inermis* 可承受低氧浓度，而且确实是已知的能在最低含氧带（OMZ）集群的物种，可能利用它作为捕食的隐蔽所。以类似的方式，远离纳米比亚北部本格拉系统中的幼年无须鳕（*Merlucius capensis* 和 *M. paradoxus*），也是已知的可利用最低含氧带（OMZ）作为它们远离喜吃同类（cannabilistic）成鸟的避难所！

涌流区氧气的消耗会造成大范围海底栖息地的永久性缺氧。生物多样性虽低，但那些可忍受低氧条件的动物是丰富的。钙质有孔虫、线虫和环节动物利用源自上方的有机质流，但依靠厌氧代谢才能完成。化能自养细菌利用 NO_3^-和硫作为终端电子受体替代 O_2，在特殊厌氧硫和硫酸盐还原菌释放含硫恶臭味的硫化氢进入水层产生所谓的“黑潮”和“硫磺喷发”之前，先脱离 NO_3^-的厌氧水层（反硝化作用）。然而，似乎先前归因于反硝化作用的一些氮损失应与氨氧化［“厌氧氨氧化”（annamox）］进程有关的反硝化，厌氧氨氧化工艺在荷兰排污工程中首次被描述。

海洋缺氧可对近海的潮间带环境产生深远影响。当温和的涌流开始时，低氧水被推进至近岸和潮间带。此时，除了那些最能抗缺氧的物种，所有的生物都将窒息而亡。在本格拉系统中，因动物从低氧水中逃离而“带出来”（walkouts）的小龙虾可达成千上万吨，它们被搁浅在避风港的海滩上。

4. 浮游动物

种类繁多的浮游动物在涌流生态系统中被发现。最小的是微型浮游动物，包括纤毛虫、异养甲藻和鞭毛虫（通常为 2～5mm），可有效摄食最小的浮游植物。通过细胞分裂繁殖，它们的高生长速率（如每天 1.0 个）与其对应的藻类食物类似，因此它们的摄食足以阻止小型浮游植物的暴发。微型浮游动物不适合一般的模式，即生物通常捕食比自己明显小得多的猎物。相反，它们已进化出了各种特殊的进食机制，包括直接吞没、管食（tube feeding）、梗节（peduncle）、刺穿猎物吸出内脏和通过大脑皮层的进食等。在大脑皮层那里，取食缘膜（veil）可就地包裹和消化猎物。与微型浮游动物自身一样大，或更大的猎物，都可利用这些适应机制被吞食。例如，有人认为，异养鞭毛藻类可与桡足类就硅藻猎物展开竞争，尽管在一定程度上我们对海洋生态系统中的这种竞争至今仍知之甚少。

更大的中型浮游动物（0.2～2mm），尤其是桡足类和较小的磷虾是硅藻的主要摄食者，也是鱼和其他更高营养级的主要营养链的形成者。通过滤食或基于大小和适口性选择的颗粒捕获（凶猛捕食），浮游植物被捕食。在涌流生态系统中，水蚤属（*Calanus*）是占主导地位的桡足类。它虽然没有微型浮游动物繁殖的快，但每年也可多达数十代，且每一代都有受精卵、无节幼体、桡足幼体和成体自身的生命周期。当食物条件十分优越时，其繁殖力很高，产卵量惊人。在孵化时，如果它们没有遇到大小适宜食物颗粒的致密片状（dense patch），则沿埃克曼层食浮游生物的幼体被冲走，并最终被饿死。对于成体来说，通过脂肪的形式进行能量储存可提高其生存能力。考虑到其大小，桡足类无法以游向海岸侧向流的方式，在涌流系统内保持它们的姿态。这个问题可通过昼夜的垂直移动而解决。通过更深层到大陆架上的向岸流，近海表面的埃克曼流被平衡。通过昼间迁移到更深层，桡足类利用自然环流模式以维持它们在食物资源最丰富的近海中的位置。

磷虾也是涌流生态系统中浮游动物群落的一个重要组分，如本格拉系统中的 *Euphasia lucens*。它们比桡足类大得多（1～2cm），寿命较长，约为一年。这一长寿，连同杂食性，意味着磷虾比桡足类能更好地应对涌流生态系统中波动的食物条件。然而，远离涌流中心的身体移动仍然是个问题。这些动物也采用昼夜垂直迁移到地下逆流以维持其在流场（flow field）中位置的策略。较大的体型使磷虾成为较大浮游动物消费者的主要猎取对象，包括涌流系统中的临时寄居者须鲸。

5. 远海涌流系统

东部大洋盆地边界洋流地区中控制生产力的一般原理和特点，也可适用于主要远海涌流系统（赤道太平洋，赤道大西洋和南大洋）。不过，二者还存在本质的差异，特别是远海涌流强度趋于降低，以及其在穿越透光层过程中时并没有影响到海底（如铁的供应），因为该涌流在海洋表面之下的 3000～4000m 深处。

赤道太平洋是一个巨大的涌流系统，也可作为高营养低叶绿素（高营养低叶绿素）生态系统的一个很好例子。浮游植物生物质通常很低且相对恒定（0.2～0.4mg chl a/m^3），生产率也很低[0.1～0.5g C/(m^2·d)]。尽管有足够的大量营养元素（NO_3^-、Si、PO_4^{3-}），但铁供给不足和光照，但这种状况一直存在。浮游植物之所以需要这些微量营养，主要是为了利用它们的光合器官（光系统Ⅰ和Ⅱ）捕获太阳光，以及通过硝酸酶和亚硝酸将细胞内的 NO_3^- 而还原为 NH_4^+。如果没有沉积源，则风媒补给是远海铁的主要来源。不过，大多数风尘补给的铁却来自于撒哈拉沙漠，离赤道太平洋相当遥远。缺铁的结果会严重影响大细胞，尤其是硅藻，由于它们自低营养物浓度时无法与更小的浮游植物进行竞争。在盆地西部，浮游植物生物量以单独的超微型浮游生物细胞（0.2～2mm）为主，在深色叶绿素最大值中，包括原绿藻、聚球藻属（*Synechococcus*）和小的真核生物。这些细胞利用仅有的一点来自下方涌流水中的铁元素，因为这种元素在海洋表面极度缺乏。在 140°W 的东部，硅藻更为丰富（6%），这些深层的丰富营养可通过涌流暴露于表面。尽管如此，但总体生物量仍以超微型浮游生物为主。通过微型浮游动物的摄食可控制浮游植物的存量。赤道太平洋中铁元素的自然增加很少，但在其响应赤道不稳定波通过的过程中，少量增加的铁元素会促进初级生产的短暂增强。

南极极锋涌流区为另一个高营养低叶绿素系统，铁浓度也很低。南半球夏季叶绿素的生物量通常为 0.5mg/m^3，生产率为 0.5～1g C/(m^2·d)。然而，这一系统与赤道太平洋不同的是：冬季大风驱动着深层混合，携带包括铁的营养元素进入到海洋表面。初春（9 月、10 月）光环境的改善足以引发短期硅藻的暴发。铁限制贯穿一年的剩余时间，这为微型浮游动物所控制的典型高营养低叶绿素群落打开了通道，使高营养低叶绿素群落由微微和微小浮游生物鞭毛藻组成。定鞭藻类的南极棕囊藻（*Phaeocystis antarctica*）种群也能发育，该生物既可以孤立细胞又可以分泌黏液群体的方式存活，它们是这一区域挥发性有机硫（二甲基硫，DMS）的主要生产者。

根据水文特征，赤道大西洋在远海涌流系统中是独特的，因为其紧邻来自撒哈拉沙漠的风尘源，意味着它远非如其他远海系统的铁限制那样严重。在 6 月至第二年 1 月，来自亚马孙流域的洪水向东（北赤道逆向流）穿越赤道涌流区的北缘。随着被剥离的营养物质穿越亚马孙河陆架，这一纯净活跃的水体便形成了一个 40m 的深层，遮盖了水下丰富的营养，也限制了光的透射。在这两种类型水的交界处可出现深色叶绿素的最大值，低光照强度尤其可被藻青菌原绿球藻（*Prochlorococcus*）很好地利用。上述营养耗尽的水域可被独立群落（separate community）占据，独立群落中，固氮者如束毛藻属（*Trichodesmium*）可利用大气中的氮作为营养源。此时，风尘通量将发挥重要作用，因为固氮者对铁的需求非常高。

在2～5月期间，亚马孙向北转移流向加勒比海。因为高光环境和生产力的提高，此时可在近表面40m的地方发现浮游生物，但由于涌流率较弱，营养物质的上行流量不足以支持硅藻的大量繁殖，除了靠近非洲海岸的东部盆地。

除了上述的主要涌流系统，海洋上层还包含众多中尺度涡流回旋洋流系统，类似于大气中的气象系统，但只有约其大小（数十千米代替跨越数百千米）的1/10。通过势能转化成动能，产生作为海洋年能量循环的一部分，气旋和反气旋涡流（取决于水层的垂直结构）都会导致等密度（恒定的密度表面）的局部隆起和营养丰富的涌流水进入所形成的透光层。涡旋本身衰减，因为它们释放其势能超过几周到几个月。这一时期，涡旋周边可发生上、下的垂直运动。通过营养富集，初级生产被激发。正如在其他涌流系统中，与涡流有关的更高营养区和较浅的混合层深度趋于促进更大的浮游植物细胞生长，如硅藻，它们在涡流中的浓度通常比周围水域高。涡流为营养物遍及世界大部分海洋提供了重要的垂直迁移机制，这在自然界中随处可见。

6. 鱼和更高营养级

世界上的东部大洋盆地边界洋流涌流生态系统支持主要的商业性水产业，这一产业以丰富的浮游植物和浮游动物为食的浅滩沙丁鱼、鳀鱼和鲭鱼为基础。例如，仅在洪堡系统中，高峰年渔获量就达约12万t，虽然在不利的条件下减幅可超过50%。事实上，不同鱼种的存量多年来有很大变化，这意味着生态系统结构对条件改变有明显的响应。理解鱼类、较低和较高的营养级与环境之间的关系对确保这些重要鱼类资源的可持续管理是必不可少的。

7. 小型表层鱼类

涌流系统的食物链包括底部的浮游植物和浮游动物，与小型表层鱼类存在基本联系。反过来，这些小型表层鱼类又被更高级的捕食者如食鱼鱼类、鸟类和海豹所消费（图57-3）。这种营养网络一个奇特之处是，低营养级和高营养级都包括很多物种（浮游植物、浮游动物），但两营养级之间只有少数的小型表层鱼类。的确，在任何时间，沿海涌流系统中鱼的生物量通常由单一物种沙丁鱼（*Sardinops*），或由单一物种鳀鱼（*Engraulis*）主导。

尽管食物资源总体良好，但三维循环使涌流系统成为鱼类的危险环境。由于近海运输或当其被洋流从产卵区携带至保育区时所造成的饥饿，可能使鱼类受精卵和幼鱼蒙受损失。因此，产卵场经常被巧妙定位在涌流中心附近安静的区域，如在避风港湾海岬的下游。这样便形成了一个由产卵场、运输

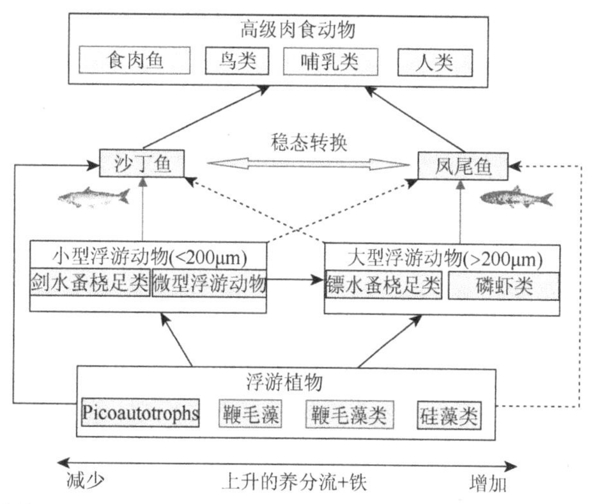

图57-3 涌流生态系统食物网的理想化流程图，虚线箭头表示弱流。

通道和洄游路径所组成的复杂网络，本格拉系统就是一个典型的例子（图57-4）。在春季和夏季，鳀鱼在西厄加勒斯浅滩产卵（在11月产卵量达到最大值）。然而，在同一区域的沙丁鱼有更长的产卵季（在10月和3月达到高峰期）。一旦受精，鱼卵和仔鱼就一路向北漂移至本格拉“喷嘴”（Jet）。仔鱼选择性地以小颗粒为食，位于西海岸圣赫勒拿湾（St. Helena Bay）北部的好几个区域，可对幼鱼数量进行补充。在那里，当新的鳀鱼成员缓慢地向南迁徙时，主要以较大的浮游动物（桡足动物）为食，在翌年南方的春季或夏季，一岁的成体返回到厄加勒斯（Agulhas Bank）浅滩产卵。

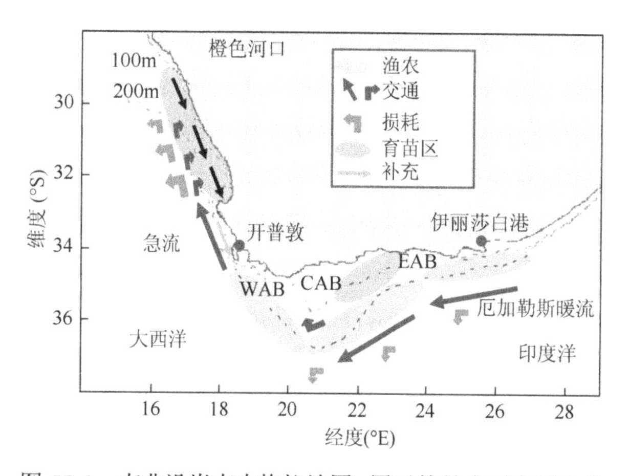

图57-4 南非沿岸南本格拉地图，图示的是小型表层鱼类产卵和幼鱼基地以及运输场所以及对鱼卵和仔鱼有影响的损耗过程。WAB，CAB，EAB分别代表厄加勒斯海岸的西部，中部和东部。摘自Lehodey P，Alheit J，Barange M，et al.（2006）Climate variability，fish and fisheries. Journal of Climate 19：5009-5030. a Copyright 2006 American Meteorological Society（AMS）的重新描绘。

因此，直接的物理因素（如环流模式）和涌流

强度及持续时间决定了小型表层鱼类的存活，同时它们也控制了受精卵和仔鱼的存活、更新的成功和食物的供给等。因此，种群的控制既不是通过初级生产者排他性的“自下而上”，也不是通过更高级捕食者的“自上而下”。相反，它是一种从“腰部”（wasp）开始，向上和向下控制都有的所谓“蜂腰”（wasp waist）假说模式。小型表层鱼类不仅为更高营养级如鸟和海豹提供食物，也控制着浮游植物和浮游动物的数量。因此，总体来看，生态系统功能明显受表层鱼类数量波动的影响。直接的环境压力或“蜂腰”种群商业性的渔业开发可破坏整个食物链的稳定性，从而使这些生态系统受损。

然而，小型表层鱼类种群自下而上和自上而下的控制绝不是不重要的。例如，沙丁鱼和鳀鱼，有不同的摄食策略。沙丁鱼通常是对浮游植物和小型浮游动物不加选择的滤食动物，包括小型剑水蚤的桡足类，而鳀鱼利用啃咬行为选择性地摄取单个颗粒如较大的（2mm）桡足类和磷虾。通过促进硅藻的生长来支持更大的浮游动物，因此强烈的涌流更有利于鳀鱼。相反，在较弱的涌流期，更多养分枯竭水体的出现有利于更小的浮游植物。结果，滤食动物沙丁鱼更偏好较小的浮游动物。

小型表层鱼类种群的变异对其天敌具有重要影响。来自本格拉地区的证据表明，表层鱼类丰富时期，肉食性鱼类（如梭鱼、鳕鱼）和海豹、鸟类（鲣鸟、鸬鹚）种群等普遍增加，如此便开始对小型表层鱼类施加较强的自上而下的控制。这反过来缓解了鳀鱼对桡足类的捕食压力，因此中型浮游动物数量得以恢复，从而给浮游植物带来更大的捕食压力。捕食者对小型表层鱼类进行自上而下的控制不仅等于或超过了商业渔民对其的控制，而且它基本可塑造群落结构，使其一直向下趋于初级生产者水平的结构。

8. 鱼类生产

由新的营养所诱发的高初级生产，无疑有助于提高沿岸涌流系统的巨大鱼产量。早在 1969 年，约翰·赖瑟提出鱼类预期的高产量应出现在浮游植物细胞大，或作为克隆或链而存在的地点，因此从初级生产者到鱼类只有一个或两个营养链。源于更小浮游植物细胞的众多营养链，将造成更大的呼吸损耗和有机质的再循环。

东部大洋盆地边界洋流系统间渔获量的变化是显著的，卡纳里、本格拉和洪堡洋流系统的初级生产代表值分别为 0.05%、0.09%和 0.16%。这种变化的可能原因在于涌流强度和频率的差异，因为这些差异可对较低的营养级和鱼类更新产生影响，虽然捕鱼强度也有一定的作用。例如，在卡纳里和本格拉系统中，涌流强烈的季节性和涨落的自然性会造成初级生产者和桡足类之间的时空错位，并削弱它们的繁殖力和种群规模，因此使鱼类食物的补给源萎缩。相反，洪堡系统中的涌流强度呈现微弱的变化，使浮游植物和桡足类的结合更加紧密，以及浮游动物的产量更大，最终使鱼类产量更高。相对本格拉，加那利系统单位初级生产的低渔获量在于其狭窄的大陆架（20km；本格拉为 85km），因为狭窄的大陆架可使更多初级生产被输送至远离主要鱼类生产区的到海上。

环境对涌流生态系统中鱼类繁殖成功率的影响，可根据这一基本的三重过程来研究，即富集（初级生产的营养供给）、浓缩（聚合、水层稳定性）和滞留（在有利的栖息地）。虽然极端大风可能使表面混合层加深，并最终导致光限制，但作为食物链基础的初级生产者，主要通过涌流水的养分富集来滋养，涌流也会激发小范围的湍流，这可增加浮游动物和幼鱼与其猎物间的遭遇率。在较大范围内，聚合虽然可促进食物颗粒的聚集，但发散的涌流往往会驱散近海的食物颗粒。基于这些利弊，最优水平的涌流强度可被定义为能最大化鱼产量的“最佳环境视窗”（optimal environmental window，OEW）（图 57-5）。当在最佳环境视窗左侧（风太小）时，涌流较弱，初级生产较小，从而使鱼类食物受到不充足营养供给限制。另一方面，太多的涌流（OEW 右侧）不仅使生物从涌流中心分散，并使浮游植物受到光限制，因为没有分层时浮游植物可被混合到更深的水层中。

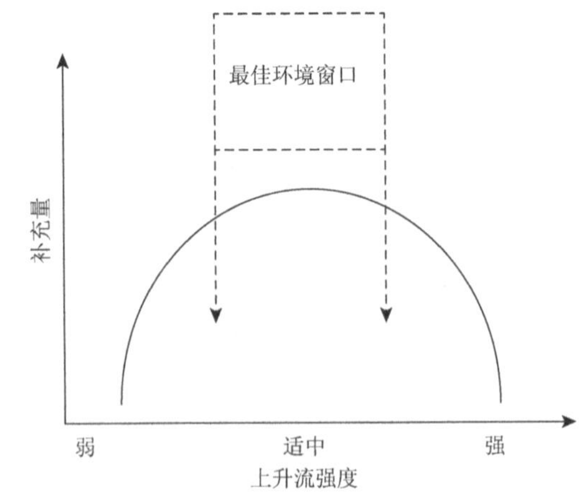

图 57-5　鱼类更新的最优环境窗口。摘自 Cury P and Roy C（1989）Optimal environmental window and pelagic fish recruitment success in upwelling areas. Canadian Journal of Fisheries and Aquatic Sciences 46：670-680。

9. 较高营养级

沿岸涌流系统丰富的浮游动物和小型表层鱼类可提供一系列更高营养级的食物，包括肉食性鱼类、海鸟、鳍足类动物和鲸类动物等。肉食性鱼类如鲭鱼和深水鳕鱼本身就是重要的渔业资源，后者可由中层和深层拖网所捕获。另一个涌流系统经济上可行的产品是鸟的粪便和海鸟粪的生产，特别是在洪堡和本格拉系统中，由于其N、P含量很高，所以被视为宝贵的肥料。所谓的“海粪鸟”（guano bird），如南美鸬鹚、秘鲁鲣鸟、智利鹈鹕、海角鸬鹚和海角塘鹅是定居海鸟种群的一部分，它们沿海岸和邻近岛屿繁殖，以小型表层鱼类如鳀鱼和沙丁鱼为食。本格拉和洪堡系统也可支持小企鹅种群。非洲企鹅（*Spheniscus demersus*）从中央纳米比亚向南非的南部海岸阿尔戈阿湾延伸。它的种群已经从1900年的超过100万锐减到现在的20万，主要以表层鱼群（鳀鱼、沙丁鱼、红眼）为食。复杂的生态是种群减少的原因，但也包括商业渔业竞争对食物和栖息地的破坏，因为通过在岛上筑巢、污染（注油）和海豹捕食，使岛上的鸟粪被清除；洪堡企鹅（*Spheniscus humboldti*）主要沿秘鲁和智利海岸（5°S～33°S）繁殖，而另一个小类群在42°S处繁殖，与非洲企鹅一样，其也以小型表层鱼类为食，由于同样的原因，它的种群已减少至30 000只左右。

由于涌流的偶发性，更高级的食肉动物必须承受猎物可捕获性的较大季节性或年际波动，例对厄尔尼诺事件的响应（见下文）。定居海鸟和鳍足类动物种群特别易受影响。在灾难性的情况下，饥荒可造成成年海鸟的死亡，但更多的时候，通过降低成年繁殖率和孵出幼体的生长速率，食物短缺对繁殖成功产生影响。同样，在食物短缺时，小海豹死亡率高发，成年雌性无法为其生存提供足够的乳汁。当食物资源供给不足时，海鸟和鳍足类动物都可使用各种策略去补偿，包括增加时间和/或距离的耗费以养育后代，延迟生殖直至有可用的食物，或完全停止繁殖工作。其他物种如乌贼，可转向替代食物资源，或迁移到系统内食物资源丰富的其他区域。

许多移栖种（migratory species）被吸引到高生产率的涌流系统。例如，蓝鲸，以加利福尼亚洋流系统中密集的磷虾群体为食。在别处筑巢的很多鸟类都得益于涌流区丰富的食物。例如，灰鹱离开南美洲而到加利福尼亚州洋流系统繁殖，以及红颈瓣蹼鹬在北极筑巢等。北极燕鸥在南半球的冬天迁徙至南半球，在本格拉和南大洋涌流系统取食。

被上述天敌捕获的表层鳀鱼和沙丁鱼通常被认为超越了商业围网渔船的范围，但实际上在洪堡系统中，它们已被大力开发。海豹尤其是不受欢迎的竞争者，不仅因为它们损害围网，也因为它们通常干扰捕鱼作业。然而，涌流生态系统中过度捕捞的潜在影响不应低估。在过去的几十年中，渔业已逐渐集中在营养级相对较低的物种上，着重于小型表层鱼类如沙丁鱼和鳀鱼，伴随对掠食性鱼类如鳕鱼和竹荚鱼捕捞量的减少。这种“捕捞海洋食物网”的一个明显后果是，表层鱼类的减少和占据空置生态位的水母的泛滥，两者利用相同的食物资源。例如，远离纳米比亚的本格拉北部水母的生物量，现在被认为超过了商业上重要的鱼类资源。这个观点一旦成立，则生态系统结构的转变可能难以逆转，因为水母捕食鱼卵和幼体。

10. 气候胁迫

在鱼类品种主导的涌流生态系统中，变化已经发生了。这些变化年复一年，超过几十年乃至几百年。在世界范围内，鳀鱼和沙丁鱼的种群已显示出“人字拖”（flip flops），其中一个物种被其他物种替换。渔业可能是影响这些变化的一个因素。然而，不同涌流系统渔获量的比较显示，可它们的行为具有显著的同步性（图57-6），意味着气候与全球“遥相关”（teleconnections）联系。

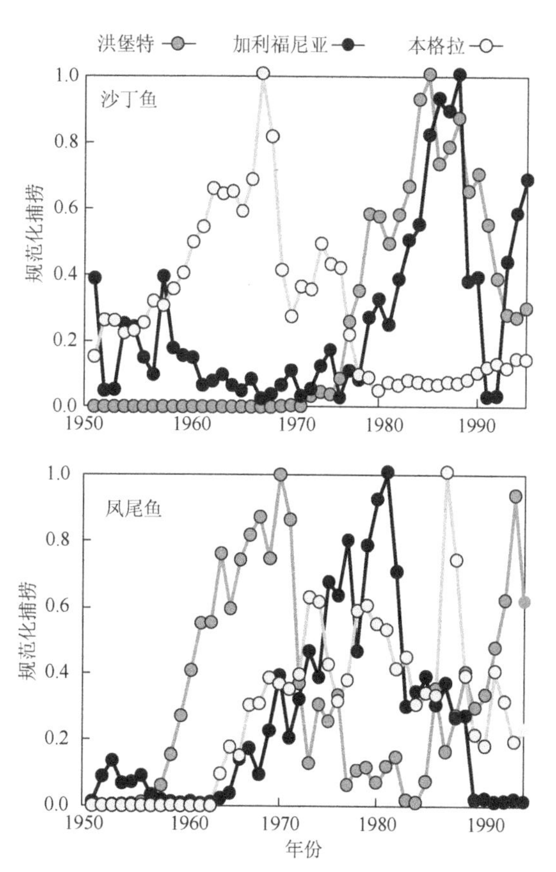

图57-6 洪堡、加利福尼亚州和本格拉系统的沙丁鱼和凤尾鱼捕捞量的比较。数据被标准化为最大捕捞量（万吨）：沙丁鱼：5.62，洪堡；0.29，加利福尼亚州；1.51，本格拉；凤尾鱼：12.9，洪堡；0.32，加利福尼亚州；0.97，本格拉。摘自 Schwartzlose RA, Alheit J, Bakun A, et al.（1999）Worldwide large-scale fluctuations of sardine and anchovy populations. South African Journal of Marine Science 21：289-347。

言下之意是，鱼类种群主要受自然气候变化及其对生态系统结构和更新成功影响的驱动。短期事件，如厄尔尼诺，会导致鱼类资源灾难性的减少，这给野生动物如鸟类和海豹，当然还有渔民带来困难。叠加于这种短期的波动之上的是，响应各种因素如气候变化的更长期趋势。理解这些变化及其原因对涌流区可持续的渔业持维至关重要。

五、厄尔尼诺

厄尔尼诺-南方涛动（ENSO），是气候对涌流生态系统胁迫所产生的相对短期影响的一个最重要例子，其通常具有3～5年的周期。在正常（拉尼娜现象）年份，向东的信风越过赤道太平洋从秘鲁/智利吹向印尼，可创建跨越赤道太平洋东半部的通常为发散状的远海涌流。这个过程在东（<20℃）西（>30℃）地区之间建立了表面温度梯度，结果在东部形成了浅层温跃层（20m），而在西部形成了更深的温跃层（80m）。在东端，由沿秘鲁和智利的强海岸风驱动洪堡洋流系统的海岸涌流。当向东信风减弱时厄尔尼诺发生，促使来自印度尼西亚和澳大利亚东部的暖流向东淹没跨越太平洋，“覆盖”位于底部深层营养丰富的水域（图 57-7）。驱动洪堡系统涌流的沿海风不具有足够能量，以侵蚀和混合这种分层的表层。

在厄尔尼诺期间，涌流继续发生，但到达表面的水体，其中的营养成分被耗尽，这对海洋生物造成严重的后果。硅藻的暴发被抑制，其群落结构快速转变为微生物循环中由小细胞为主导的群落结构。较低的可利用食物导致鱼类资源的衰竭，成体和/或幼体的饥饿及更新的失败。高死亡率也出现在顶级捕食者中。1972年和1976年发生的重要南方涛动事件，以及在随后的几十年中由其导致的经济灾难。例如，智利和秘鲁收入的损失，主要因鱼类资源的大幅度下降所引起，1997～1998年南方涛动事件中损失约为80亿美元。

ENSO 事件的影响波及整个南半球，乃至全球更大的范围。厄尔尼诺的暖流反过来影响大气环流，产生的遥相关致使其他涌流系统产生变化。例如，所谓的“本格拉厄尔尼诺事件” 发生在太平洋活动后的大约6个月。在这些事件中，安哥拉本格拉朝南移动了几百公里，把低氧暖流带到纳米比亚涌流区，导致表层鱼类资源向南移动。

六、长期气候变异

具有高繁殖力的小型表层鱼类能够在一两年之内从厄尔尼诺事件中恢复。然而，观测到的鳀鱼-沙丁鱼“覆盖”会持续多年，这表明气候因素在更长

(a)

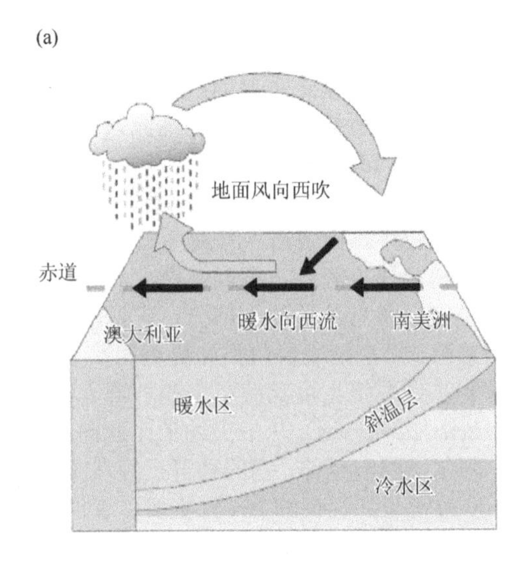

(b)

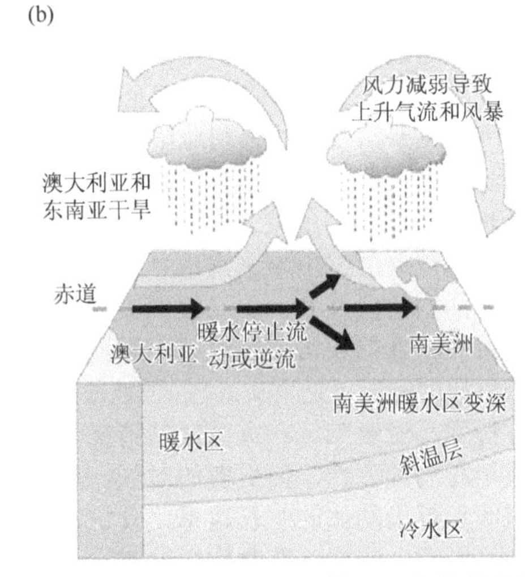

图 57-7 与拉尼娜（a）和厄尔尼诺（b）相关的大气和海洋环流模式。摘自 SEPM Photo CD-5，Oceanography Series（edited by Peter A. Scholle），with permission from Society for Sedimentary GEeology（SEPM）。

时间尺度构建沿海涌流生态系统和鱼类资源中发挥重要的作用（图 57-6）。

直到20世纪70年代中期，在洪堡洋流系统中鳀鱼为优势种鱼类。捕捞峰值最高达到1290万t，随后急剧的降低可能已经被1972年重大的厄尔尼诺事件所加速。直到20世纪80年代中期，鳀鱼资源的恢复并没有发生，在过渡期间沙丁鱼占主导地位。渔获量的变化似乎也跟随着20世纪55～65年的周期。大气环流模式分析（如“大气环流指数”，ACI）揭示出气团的主导方向在类似时间尺度上也发生了变化。鱼鳞保持在远离加利福尼亚和纳米比亚的缺氧和不受干扰的大陆架沉积物上，揭示了鳀鱼和沙丁鱼丰度的50～70年周期，这与过去1600年海洋表面温度的变化有关。在洪堡系统中，生态系统结构转变似乎与持续的温暖或寒冷的温度异常时期有关，温度异常与朝向秘鲁和智利海岸的亚热带海水

涨落有关。沙丁鱼在暖流侵入（1970～1985）期间受到青睐，而当温度保持相对凉时（1950～1970，1985年至今），鳀鱼渔业兴旺。对潜在的、可能的流域尺度和物理过程导致这种模式的分析，以及不同涌流系统的遥相关，仍然是科学研究的前沿。

随着全球变暖对当地气压梯度的改变可以预期涌流频率和强度的加强，伴随着生态系统结构和功能的变化。近几十年来营养浓度已在本格拉地区增加，说明了涌流的增强。同时，20世纪60年代中期之前的沙丁鱼转为随后几年的鳀鱼。近期鳀鱼的主导地位通过对较大浮游动物选择性的捕食压力已经影响了浮游生物种群，使得更小的剑水蚤桡足类成为主导。

涌流生态系统营养结构的变化，无论是短期的生态系统结构转换还是更长期的趋势，作为由捕鱼带来的环境和人为直接干预所作用的一系列过程的结果而发生。理解这些作用是为了预测涌流生态系统对气候强迫和渔业策略的响应，涉及阐明影响初级生产力、浮游动物和鱼类更新的大量因素，为科学界一个具有挑战的任务。

课外阅读

Alheit P and Niquen M（2004）Regime shifts in the Humboldt Current ecosystem. *Progress in Oceanography* 60：201-222.

Bakun A（1990）Global climate change and intensification of coastal ocean upwelling. *Science* 247：198-201.

Barange M and Harris R，eds.（2003）*Marine Ecosystems and Global Change*. IGBP Science no. 5，32pp. Stockholm：IGBP.

Croll DA，Marinovic B，Benson S，et al.（2004）From wind to whales：Trophic links in a coastal upwelling system. *Marine Ecology ProgressSeries* 289：117-130.

Cury P and Roy C（1989）Optimal environmental window and pelagic fish recruitment success in upwelling areas. *Canadian Journal of Fisheries and Aquatic Sciences* 46：670-680.

Cury P，Bakun A，Crawford RJM，et al.（2000）Small pelagics in upwelling systems：Patterns of interaction and structural changes in 'waspwaist' ecosystems. *ICES Journal of Marine Science* 57：603-618.

Cury P and Shannon L（2004）Regime shifts in upwelling ecosystems：Observed changes and possible mechanisms in the northern and southern Benguela. *Progress in Oceanography* 60：223-243.

Hare CE，DiTullio GR，Trick CG，et al.（2005）Phytoplankton community structure changes following simulated upwelled iron inputs in the Peru upwelling region. *Aquatic Microbial Ecology* 38：269-282.

Lehodey P，Alheit J，Barange M，et al.（2006）Climate variability，fish and fisheries. *Journal of Climate* 19：5009-5030.

Lynam CP，Gibbons MJ，Axelsen BE，et al.（2006）Jellyfish overtake fish in a heavily fished ecosystem. *Current Biology* 16：R492-R493.

Mann KH and Lazier JRN（2006）*Dynamics of Marine Ecosystems. Biological Physical Interactions in the Ocean*. Oxford，UK：Blackwell.

Moloney CL，Jarre A，Arancibia H，et al.（2005）Comparing the Benguela and Humboldt marine upwelling ecosystems with indicators derived from inter calibrated models. *ICES Journal of Marine Science* 62：493-502.

Murray JW，Barber RT，Roman MR，Bacon MP，and Feely RA（1994）Physical and biological controls on carbon cycling in the EquatorialPacific. *Science* 266：58-65.

Payne AIL，Brink KH，Mann KH，and Hilborn R（1992）Benguela trophic functioning. *South African Journal of Marine Science* 12：1-1108.

Peterson W（1998）Life cycle strategies of copepods in coastal upwelling zones. *Journal of Marine Science* 15：313-326.

Ryther JH（1969）Photosynthesis and fish production in the sea. *Science* 166：72-76.

Schwartzlose RA，Alheit J，Bakun A，et al.（1999）Worldwide large scale fluctuations of sardine and anchovy populations. *South African Journal of Marine Science* 21：289-347.

Summerhayes CP，Emeis K C，Angel MV，Smith RL，and Zeitschel B（eds）*Upwelling in the Ocean：Modern Processes and AncientRecords*，422pp. New York：Wiley.

Van der Lingen CD，Shannon LJ，Cury P，et al.（2006）Resource and ecosystem variability，including regime shifts，in the Benguela Current System. In：Shannon V，Hempel G，Malanotte Rizzoli P，Moloney C，and Woods J（eds.）*Benguela：Predicting a Large Marine Ecosystem*，*Large Marine Ecosystem Series*，vol. 14，pp. 147-184. Amsterdam：Elsevier.

第五十八章
城市系统

T Elmquvist，C Alfsen，J Colding

一、引言

城市化是一个全球性的多维过程，表现在人口密度的快速变化和土地覆盖的改变。城市扩张是四种力量的共同结果，即自然增长、农村向城市的人口流动、因极端事件的移民和行政区域的重新界定。目前，世界总人口的一半居住在城市，预期这一比例在 50 年内可增至 2/3。如今有 300 多个城市的人口已超过 10^6，而其中 19 个特大城市的人口更是超过了 10^7。随着城市化的推进，城市的扩张形成了大型城市景观，尤其在发展中国家更为突出（本文中的城市景观是指人口密集居住区超过整个表层建筑一半，以及总人口密度超过 10ind/ha 的区域）。例如，过去 20 年间，在中国出现的城市群至少形成了五个巨型城市景观。这些巨大和人口密集的城市都包括与其毗邻的 9～43 个大型城市，人口数量在 2.7×10^7～7.5×10^7。这一快速的城市化对基本人类福利和全球生存环境既带来了挑战，又提供了机会。这些机会在于城市景观中，我们可找到解决全球环境问题的知识、创新及人力与金融资源。

由于城市化是一个在多尺度上发挥作用的过程，因此在城市景观中影响环境变化因素的产生通常会超越城市、区域，甚至是国家边界。全球贸易的波动、其他国家的动荡、流行病和自然灾害，以及可能的气候变化和政治决策等都是驱动城市景观的社会-生态变化因素。

生态过程时空尺度及其他方面监管与决策社会尺度的不匹配，不仅限制了我们对城市景观中生态过程的理解，也限制了城市规划中对这些城市生态知识的整合利用。目前，在生态学中，我们对人为过程和文化是可持续生态系统管理基础的这一认识正在逐渐加深，而在城市规划中，对城市管理在生态系统尺度上而非传统城市边界上进行的要求也愈加明显。

在过去的几十年中，虽然对城区生态格局和过程的研究突飞猛进，但仍有相当的研究空白区，使我们无法全面理解城市化过程所造成的影响。在北欧和美国城市中所做的研究，绝大多数都是短期的（通常为一个或两个时期），缺少实验方法，只关注鸟类或植物，几乎没有其他分类群的代表性物种，且通常只包括城乡梯度。最重要的是，我们几乎完全缺乏对热带区发展中国家中那些快速增长的城市景观的研究，而这些发展中国家的生物多样性非常丰富，且刚开始重视热带区人类居住的复杂性问题。

城市景观更深远的意义在于，它为我们研究全球变化对生态系统的影响提供了一个大尺度的探索性实验场所，因为全球变化如显著的增温和氮沉降的增加已相当普遍。这些变化为人类主导的生态系统过程提供了大量的、具体的和可度量的例子。城市景观是许多可形成动植物群落和物种间相互作用新类型的大尺度实验基地，因此不仅进化生物学家和生态学家，而且具有社会生态学背景的学生也应充分重视城市景观。

二、城市化和动植物群落

今天，与其他任何人类活动相比，城市化对物种的威胁更大，且空间上分布更广（图 58-1）。例如，城市扩张正在快速改变具有全球生物多样性价值的关键栖息地，包括巴西的大西洋沿岸森林、南非的开普省和中美洲的海岸等区域。城市化也被认为是动物群和植物群同质化现象加重的驱动力。在北半球的中心城市中，所统计的一系列相似物种，通常都是在世界范围内广泛分布的植物和对人类干扰耐受的动物。例如，在美国各大城市可找到的野生物种群落组成非常相似，尽管这些城市的气候和地理特征变化很大。城市中，通过移除本地而引进外来物种的这一物种高替代现象相当普遍。例如，据文献记载，纽约市共丧失 578 种本地植物物种，引进 411 种，而在过去的 166 年中，阿德莱德市共丧失 89 种，引进 613 种新植物物种。通常，由于外来物种大量的流入和新动植物群落的形成，使得城市物种丰富，其生物多样性也高于周边的自然生境。从郊区到城中心，对植物、鸟类、动物和昆虫等这些外来种增加的趋势已有很好的记载。例如，从远郊到柏林市中心，外来种的比例由 28%变为 50%。在纽约，农村和城市森林相比，蚯蚓的多度和生物量增加了近 10 倍，原因主要在于城区所引入物种数量的增加。在更大的地理尺度上，城市化似乎在物种组成中具有聚合效应，通过丧失本地中和引入外来种。不过，在某些大型城市内及其周边地区也存

图 58-1 南非开普敦（Cape Town），超过 300 万的人口居住在开普植物地区。这一地区的植物物种密度在世界上是最高的，有 9600 多种，且 70%为本土物种。在湿地管理计划（Working for Wetland）和开普平原自然保护区（Cape Flats Nature）的推动下，非常成功地解决了这一普遍贫穷城市在保护破碎自然生境中宝贵的生物多样性时所面临的巨大挑战。这些举措侧重于搭建人们认识自然的桥梁，也包括分析人们可从保护其周边植物群落中受益的案例（尤其是那些低收入和生活条件差的地区），以及鼓励当地领导积极参与保护行动等。

在相当高的本地物种多样性，如新加坡城、里约热内卢、加尔各答、新德里和斯德哥尔摩等。

有趣的是，市区中的植物物种数通常与人口数量相关。物种数随对数人口数量的增加而增加，且这一相关性比其与城市面积的相关性更强。大型而古老的城市比大型而后起的城市具有更高的植物多样性。同样有趣的是，多样性也可能与财富相关。例如，在美国凤凰城，城市街区和公园中的植物及鸟类多样性，与中等家庭收入水平呈显著的正相关关系。

通常，城市景观会呈现出全新的生态条件，如快速的变化、持久的干扰和格局与过程的复杂相互作用等。由于这些因素，生活在城市化地区的生物，必须能够①快速进化和基因调节，②基本适应这一环境，且只需很小的基因调节，或无需调节。有关城区物种快速进化的案例已有记载。例如，对植物中有毒物质和重金属的耐受，使长叶车前草（*Plantago lanceolata*）能生长在市区道路的两侧。在城区，昆虫可快速进化的例子很多，一个最有名的例子是英国鳞翅目（Lepidoptera）昆虫的工业黑化现象，这一现象在美国、加拿大和欧洲各地都有记载。另外，在已被充分研究的果蝇属（*Drosopbila*）物种中，发现了城市和农村各自特有的种族。这也是非常有趣的。

表 58-1 概况了城市化所产生的一些影响，包括生物和非生物方面的变化。人类活动可能会引起营养沉积物（如氮、磷）的增加，以及影响城市土壤过程的有毒化学物质的排放。污染物和化学物质通常对城市土壤的分解率产生消极影响，而土壤温度的增加却对其可产生积极影响。因此，城市土壤的分解率比农村土壤的高。然而，城市凋落物具有更高的 C∶N，比农村凋落物更难分解。城市化对碳汇和氮转化率都可产生直接和间接的复杂影响。在需要进一步研究的那些区域，我们可对城市和农村的土壤动态进行比较。

表 58-1 城市化的生态影响

物理和化学环境	种群和群落特征	生态系统结构和功能
空气污染严重	繁殖率改变	干扰机制改变
水文变化	基因漂变，选择变化	演替改变
局部气候变化	群集和行为变化	分解率改变
土壤变化	很高的物种替代率，外来种增加	养分保持能力改变
水资源变化	*K*-物种丧失和 *r*-物种增加，广幅种逐渐占优	生境破碎，营养结构改变，杂食者占优

摘自 McDonnell MJ and Pickett STA（1990）Ecosystem structure and function along urban rural gradients：An unexploited opportunity for ecology. Ecology 71：1232-1237。

表 58-1 列举了生物变化对生态系统功能的影响。在城区，生态过程具有人类施加的新尺度，这有很多原因。第一，与农区生态系统相比，城市系统高度斑块化，且这些空间斑块结构的特点是逐点变化很大，以及板块间存在一定程度的距离。第二，干扰如火和洪水在城区被抑制，而人类引起的干扰如城市栖息地的集约经营一样，也越来越普遍。第三，由于“热岛”效应，也就是说，城市的平均温度要比周边地区的高，处于温和气候中的城市，具有明显更长的植被生长周期。第四，在城市绿地中，生态演替被改变、抑制，或被短缩，动植物群落的多样性和功能与那些非城市化地区存在本质的差异。总之，随着城市化的推进，具有极强繁殖能力和短时增代能力的广幅种逐渐占优。

三、城市栖息地和梯度分析

城市栖息地非常多样，如公园、墓地、空地、溪流和湖泊、花园和庭院、校区、高尔夫球场、桥、飞机场和垃圾填埋场等。在生物物理和生态，以及社会和经济的驱动下，这些栖息地是高度动态的。城市景观通常代表栖息地极端破碎化的例子。市中心的栖息地斑块，通过矩阵式的建筑环境使它们或多或少地相互孤立，从而对物种散布带来风险，对散布能力极差的生物而言，至少是有难度的。已有很多研究对城市栖息地的隔离效应进行了分析，如在英国的花园城市中，发现地面节肢动物物种丰富度与样地半径 1km 内的绿地面积成比例。而在英国的伯明翰，通过对植被斑块中植物物种分布的分析研究，结果显示可被物种利用的斑块密度与这些被占据斑块的比例正相关。对大多植物物种而言，占据率会随斑块年代、面积和与毗邻栖息地相似性的增加而提高。同样，澳大利亚墨尔本两栖动物的聚合体物种多样性的增加，与池塘大小正相关，而与隔离距离负相关。栖息地质量也影响物种组成。隔离的重要性可能会随时间而增强。例如，在波士顿被隔离的城市公园中，在过去的 100 年间，已丧失了 25%的植物多样性。截至目前，我们对绿道和走廊在多大程度上可提高连通性，以及其对维持城市绿地中存活种群贡献的了解还知之甚少。但绿道能以多种方式，提供一系列可遍及城市环境的不同栖息地，使很多生物受益。除了阻止本地物种灭绝和促进重新定居（植）外，提高栖息地的连通性对维持关键生物相互作用至关重要，如植物授粉者的相互作用和植物种子散布的相互作用。虽然在城市景观中所进行的多数研究结果显示，因城市的发展和扩张，绿地面积在持续减小，但所有的城市并非如此。例如，上海的绿地面积随城市的扩张而增加。在 1975 年，上海市的总面积增加不到 9km^2，而到 2005 年，其增加面积超过了 250km^2。

梯度分析在生态学中具有悠久的传统，可追溯至20世纪60年代后期Whittaker所做的开创性工作。梯度分析也是解决城市栖息地复杂性的常规方法，已被用于研究城市化如何改变跨越景观的生态格局和过程，如无脊椎动物、植物、鸟类群落组成、落叶分解和养分循环，以及景观要素的结构等。梯度仅描述物理特征，如抗渗表面部分的坡度，而对人口占据的特有景观部分的特征通常予以忽略，在这个意义上，用于城市研究的梯度几乎都是一维的。城市化是各种因素的一个超级复杂交互体，用单轴方式解释其基本过程存在严重的缺陷。因此，需要更加综合的梯度分析，不仅包括自然地理、人口学、生态过程速率和能量，也应包括土地利用历史、社会经济分析和管理模式等。

城市梯度中种群密度的变化表明，个别物种会随城市化而消失，而另一些物种会对与发展相关的环境变化做出响应，进而成为入侵种。至少对鸟类而言，在中等水平的城市化过程中，其物种丰富度可达最大值，但在城市化的高级和初级阶段，其值都是下降的。在多数自然生境中，一些鸟类的密度最大，它们可被看作是城市躲避者（urban avoider），但很多物种似乎能够适应郊区环境，在城市化中间阶段时的密度最高。还有一些物种是城市开拓者（urban exploiter），在市中心的密度最高（图 58-2）。

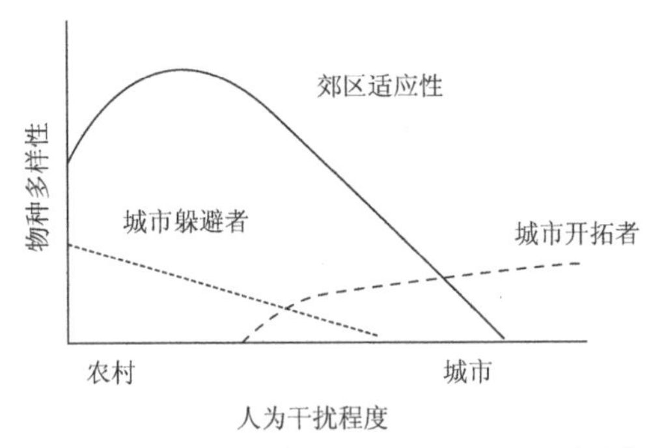

图 58-2　动植物对人类干扰的增强响应不同。城市躲避者多为大型物种，或是处于后期演替阶段的物种。这些物种非常敏感，在中度人为干扰时就表现出衰退的迹象。郊区适应性物种，能在各种程度上利用的人为改造的景观，大部分动植物可能属于这一类型。城市开拓者可直接从人类提供的食物、繁殖地或保护地中受益，它们通常为广布种和广幅种。专业术语来源于 Blair RB（1996）Land use and avian species diversity along an urban gradient. Ecological Applications 6（2）：506-519。

众多因素对这一灭绝和定居（植）格局产生影响，其反过来可改变捕食率，而捕食率的改变已被证明是最重要的。人们经常发现城市公园中在人工巢上的捕食频率比在毗邻灌木中的高，以及城市公园中捕食者的多度，如鸦科、大鼠和家鼠等也通常比农村高。然而，也有研究显示沿城市-农村梯度不存在相关性，或捕食压力递减现象。在城市景观中观察到的灭绝和入侵格局也与群落中个体质量谱系间隔有关，已有案例表明，其他人为改变的生态系统中，个体质量格局与入侵和灭绝有关。

在市区，城市栖息地的所有权和管理极度多样和复杂。土地除了被政府、直辖市、教堂和基金会管理外，也有当地使用者群体共同管理大量土地的现象。例如，谢尔菲德市的家庭花园占其总面积的 23%，而在莱斯特市这一数字高达 27%。在瑞典的斯德哥尔摩市，那些适合配置土地的地方，家庭花园和高尔夫球场几乎占整个绿地面积的 18%，是自然保护区面积的两倍。虽然城市绿地的生态学研究数量还相当有限，但已有证据显示，仅用于生物多样性保护目的的各种城市绿地，对维持城市生物多样性起关键作用。例如，在亚洲的很多城市中，教育机构有时是最大的城市绿地，而其余的主要集中在城市集约化发展的区域。这些校区对生物多样性极度重要。例如，印度普拉市的大学校园拥有本区一般的植物、鸟类和蝴蝶等物种，尽管其面积只有本区面积的 5%。另一个例子是日本横滨市的武藏工业大学，以前曾经是经营林，现被恢复为学生教育基地，扭转了日本半城市化地区森林生物多样性下降的趋势。生态学研究结果也表明，家庭花园有时可维持丰富的植物区系，包括稀有和濒危植物。

Thompson 及其同事发现，英国谢菲尔德市私人花园的植物物种数是其他被调查栖息地的 2 倍。而且，不管在本地植物花园中，还是在外来种植物花园中，无脊椎动物数量都多的惊人。即使这种有争议的土地利用如高尔夫球场，当其设计周全且被精细管理时，也能对城市中很重要的生物多样性功能产生贡献。例如，高尔夫球场对日本很多城市中城市林地维持的贡献，而在瑞典的一些大型城市中，它们对那些在农村正在减少的两栖动物和大型无脊椎动物种群都至关重要。

同样，城市环境中的较小斑块也可提供高质量的栖息地，如在很多发达国家城区普遍存在的重点保护区。在斯德哥尔摩市，虽然重点保护区面积只有市区面积的 0.3%，但其生物多样性极其丰富。在面积仅为 400m^2 的一个保护性花园中，发现了 447 种不同的植物。

四、城市系统和生态系统服务

在描述人类可从城市生态系统中受益时，生态系统服务概念被证明是非常有用的。例如，城市植被可大幅减少空气污染、缓解城市热岛效应和降低噪声，以及提高娱乐和文化价值等，与城市居民的生活息息相关（表 58-2）。

表 58-2 城市生态系统提供的服务

生态系统服务
支持服务
土壤形成
养分循环
提供服务
淡水
食物、纤维和燃料
基因资源
调解服务
空气质量
局部气候调节
水净化和水处理
生物防治
授粉
文化服务
审美和娱乐
教育

提供这些服务的重要性通常会超出城市的范围，如空气污染和水污染的减轻。而对一些服务而言，如娱乐和教育可由市区直接提供。在多数情况下，这些服务会被城市规划人员和政策制定者所忽视，尽管城市提供生态系统服务的潜力非常巨大。在斯德哥尔摩所做的一项研究发现，这一地区的生态系统可潜在吸收车辆二氧化碳排放量的 41%和人为二氧化碳排放量的 17%。在芝加哥地区，发现树木每年可去除 5500t 的大气污染物，极大地改善了当地空气的质量。同时，也发现这一区域树木长期收益的现值是种植成本现值的 2 倍多。而且，城市中的湿地环境可大幅减少污水处理成本，在很多城市中，将湿地作为污水处理场所的大规模实验正在进行。据估计，通过湿地动植物的吸收和吸附作用，大约 96%的氮和 97%的磷可被固定。城市绿地也为愉悦创造了大量的机会。在研究人们对压力的响应中，发现当把研究对象置于自然环境时，压力感会下降，而当把其置于城市环境时，压力感仍然居高不下，甚至呈加重态势。

城区面临的主要挑战是如何维持提供生态系统服务的能力。这一能力主要但不只与系统中物种的“功能群”有关，如授粉、食草、固定氮、散布种子、分解、形成土壤、改变水流和开放斑块以供重组的生物。在农区，这些功能群的规模可能会被大幅减少，或因高的物种替代而使其组成改变，二者都可加剧维持生态系统服务的脆弱性。外来种能在多大程度上减少或增加生态系统服务流，这是任何城区都不清楚的。但是，既然城市生物群落主要由引入物种组成，因此我们不仅要了解引入种的危害程度，也要了解引入种对提高当地物种多样性和维持重要功能作用的程度。为对改善城市栖息地管理和维持生态系统服务做出显著贡献，城市生态学尤其需要高度重视如下问题。

- 城市生态系统接纳众多动植物物种的容量有多大，以及物种丧失会对生态系统带来哪些影响？
- 通过替代已灭绝本地物种的作用，新物种在城市生态系统和增强生态系统功能与服务方面发挥何种程度的重要功能作用？
- 什么对源-汇动态，以及维持城市生物多样性和重要生态系统服务很重要？
- 我们如何开发管理系统使其与生态过程的时空尺度相匹配？

五、城市恢复

那些经过仔细设计和重复的城市恢复实验可极大促进知识积累，也有助于我们对提供城市生态系统服务非常重要的生态过程的认识，如对种群和群落对干扰、自组织模式、演替和组合规律等响应的更好理解，以及对弹性和脆弱性起作用组分的清晰识别。城市恢复为生态学家和景观建造师、城市设计师与建筑师的合作提供了一个有趣的机会。基于生态学知识，城市恢复也可为那些将城市空地功能和美学设计融入城市环境的规划提供帮助。

大多城市恢复工程负责将褐色区（废弃的工业区或机场、填埋场等）转变为功能性绿色区，如纽约斯塔顿岛（Staten Island），或北京奥林匹克公园（Olympic Park）的“Fresh kills”垃圾填埋场。而其他大规模的恢复工程主要涉及湿地恢复，如克里斯蒂安桑、瑞典和美国的新奥尔良等。在过去50年间，新奥尔良地区的沿海湿地受到严重侵蚀，因此将湿地恢复看作是降低其对飓风脆弱性的重要举措。到目前为止，我们从恢复工程中得到的重要经验教训是，恢复城区中的生态功能是可行的，但需要花费时间。而且，甚至在一两个季节后，恢复工程对很多生态系统服务的影响还相当明显。虽然恢复初期的成本很高，但这些可通过财产价值及恢复点周边开发区投资的增加而被抵消。

六、作为适应性管理的城市景观

那些经历过社会和环境急速变化的城市，培育响应潜在突发事件的能力至关重要。这一能力构建的主要作用是有助于将当地居民和利益群体更广泛地纳入城市绿地的利用和管理。将当地居民广泛纳入城市生态系统管理有多个理由。首先，政府不能仅凭保护区的管理而实现其对城区中本地动植物群的保护。随着城市扩张，用于增加保护区建设的未开发土地面积会越来越少。有研究显示，很多自然保护区也不能长期维持本土物种的续存。另外，对当地政府而言，保护区的管理成本是非常昂贵的。例如，在伦敦，由于资金匮乏，部分保护的绿带已出现了严重的退化，促使市民逃离这些区域，以丰富其生活。其次，大量的动植物群依赖于由私人土地提供的、功能良好的栖息地。例如，在美国，差不多2/3濒危物种的续存依赖于私人土地。同样地，在英国，具有花园的城市住户，通过特意在其花园中种植某些蜜源植物来阻止授粉者种群的持续衰退。与此同时，在农村青蛙种群衰退时期，他们通过修建大量的花园池塘以帮助其种群的维持。英国的城市住户也参与了鸟类种群水平的监测项目。再次，由世界各国政府签署的大量国际协议，包括地方21世纪议程、生物多样性条约和马拉维惯例（Malawi principle）等，都致力于将生物多样性管理的权利分散到当地居民。最近，千年生态系统评估（MEA，2005）认为，要实现有助于生态系统服务持续供给的更高效土地利用，社会不同部门间必须加强合作。

在城市生态系统管理中，能促进实现合作伙伴关系的方法之一就是“适应性共管”（adaptive co management）。这个方法产生于生态系统利用者和政府机构在资源管理方面具有对等义务与权力的概念，其通常会涉及那些可潜在促进信息交流，以及能对超出当地（主要是居民和政府）能力范围之内的问题和变化进行有效处理及响应的当地居民与相关利益群体、科学家与当地政府等。在那些将管理目标作为“试验”的生态系统管理中，适应性管理侧重于“在实践中学习”（learning by doing）。通过检验和评价不同管理政策的“试验”，人们可从其中获得知识。这种方式的生态系统管理，可避免那些强加于特定地点、情形或环境管理上“一刀切”现象，也可减少管理的总成本，尤其是用以描述和监管生态系统、设计规则和协调使用者与强制规则等成本的大幅减少。共管区还可作为设计试验和城市恢复的平台，能极大提升城市的生态功能和美观设计效果。

七、城市景观中居民和自然的关系

城市景观不仅是生态试验基地，在由文化、财产权和准入权等共同塑造的社会、经济和文化变化中，其也被作为长期的试验基地。城市是知识、人力和资本资源集中的地方，因此与偏远农区相比，快速的城市变化过程更容易被监测和观察。城市景观变化的研究也为更好地理解其他生态系统中变化的社会经济驱动力提供了理论依据。自然和城市经过几十年的相互忽视及人为割裂后，保护团体已开始转变观念，将城市作为自然景观的一个组分。正如目前人们对自然保护区所具有的深入了解一样，如果保护违背人们的意愿，它将无法取得成功。城市规划者也越来越意识到，功能性的自然系统，如流域、红树林和湿地等是降低自然灾害脆弱性和构建长期弹性所必不可少的。

例如，在新奥尔良，有人认为人口增长和城市经济发展是满足建筑那些可抵御严重海岸侵蚀工程成本所必需的。而在纽约辖区，位于纽约市水源上游区的Catskills，已被选择为水处理厂建设的重要后备区。

城市景观为不同观点和学科的碰撞与交叉提供了一个开放性的空间，使有关人类本质的新观点得以产生。这一观点将人类福利置于核心位置，打破了区分原生和人类主导生态系统的人为和文化偏见。同时，通过符号、概念、话语、工具和制度等的应用，这一观点也有利于新语言的创造，而新语言更容易凝聚，而不是分割；更容易平息冲突，而不是制造冲突，也更容易创建对关键公共利益高度负责的环境管理机构。

参考章节：垃圾填埋场；河岸湿地。

课外阅读

Adams CC (1935) The relation of general ecology to human ecology. *Ecology* 16：316-335.

Adams CE，Lindsey KJ，and Ash SJ (2006) *Urban Wildlife Management.* Boca Raton：CRC Press，Taylor and Francis.

Alfsen Norodom C (2004) Urban biosphere and society：Partnership of cities. *Annals of New York Academy of Sciences* 1023：1-9.

Blair RB (1996) Land use and avian species diversity along an urban gradient. *Ecological Applications* 6 (2)：506-519.

Colding J，Lundberg J，and Folke C (2006) Incorporating green area user groups in urban ecosystem management. *Ambio* 35 (5)：237-244.

Collins JP，Kinzig A，Grimm NB，et al. (2000) A new urban ecology. *American Scientist* 88：416-425.

Felson AJ and Pickett STA (2005) Designed experiments：New approaches to studying urban ecosystems. *Frontiers in Ecology and the Environment* 10：549-556.

Kinzig AP，Warren P，Martin C，Hope D，and KattiM (2005) The effects of human socioeconomic status and cultural characteristics on urban patterns of biodiversity. *Ecology and Society* 10 (1)：23. http：//www.ecologyandsociety.org/vol10/ iss1/art23 (accessed December 2007) .

McDonnell MJ and Pickett STA (1990) Ecosystem structure and function along urban rural gradients：An unexploited opportunity for ecology. *Ecology* 71：1232-1237.

McDonnell MJ and Pickett STA (1993) *Humans as Components of Ecosystems：Subtle Human Effects and the Ecology of Populated Areas*，363pp. New York：Springer.

McGranahan G，Marcotullio P，Bai X，et al. (2005) Urban systems. In：Scholes R and Ash N (eds.) *Ecosystems and Human Well being：Current State and Trends*，ch. 27，pp. 795-825. Washington，DC：Island Press. http：//www.maweb.org/ documents/document. 296. aspx.pdf (accessed December 2007) .

Millennium Ecosystem Assessment (2005) *Ecosystems and Human Well being：Synthesis.* Washington，DC：Island Press.

Pickett STA，Cadenasso MI，Grove JM，et al. (2001) Urban ecological systems：Linking terrestrial ecological，physical and socioeconomic components of metropolitan areas. *Annual Review of Ecology and Systematics* 31：127-157.

Sukopp H，Numata M，and Huber A (1995) *Urban Ecology as the Basis of Urban Planning.* The Hague：SPB Academic Publishing.

Turner WR，Nakamura T，and Dinetti M (2004) Global urbanization and the separation of humans from nature. *Bioscience* 54：585-590.

第五十九章

防风林

J J Zhu

一、引言

辐射的太阳能数量和被大气吸收或被地表吸收的比例，从一个位置到另一个位置有很大的差异，这就导致了地表和大气温度的区域性变化。温度的变化导致大气压强的不同，进而导致空气从高压区向低压区运动，即形成风。风以水平、垂直和不规则方式运动，受到地表条件的影响。地面风影响野生动物的栖息地、农作物和牲畜的生长、土壤侵蚀、积雪分布、扬沙等等，当风非常强烈时会导致极端灾害。

防风林总被称为防风墙（一些学者基于他们具体的研究目标区分这两个术语之间的用法，本章没有将其区分），可以定义为用于降低风速的屏障。防风林通常是由树木和灌木，甚至多年生或一年生作物、木栅栏或其他材料组成（图 59-1 和图 59-2）。当防风林设计合理时，可大面积降低风速，因为它们增加了粗糙度。在降低风速的区域，尤其在多风区，通常称为庇护区（sheltered zone）。防风林对野生生物、农业、遭受严酷气候的人们非常有用。事实上，通过防风林改变风的行为，实现了很多生态功能。例如，防止侵蚀、提高作物产量、过滤空气和水、改善极端气候、改善生态环境质量、减少和改善潜在的可能出现的冲突。

然而，防风林的结构因子，如高度、密度、方向、长度、宽度、连续性、截面形状，以及树种在防风林中的配置模式，都会影响防护效应（shelter effectiveness）。因此，如何通过经营措施来合理地配置防风林的结构从而满足不同的具体目标，是防风林研究的关键科学问题之一。显然，防风林涉及全面建立和管理复杂的系统以满足多个目标。

图 59-1　农田防风林。

图 59-2　农田防风林对风的防御。

二、风与树木的相互作用

1. 风的参数

需要测量风的参数有四个：①风向（风吹过来的方向）；②风速（由机械式风速计测量，m/s）（图 59-3）；③狂风和暴风（狂风是一种突然加速的风，风速峰值必须达到至少 8.0m/s，而且峰值风速和平静时风速的差值至少为 5.1m/s，持续时间通常不超过 20s；暴风是一种风速逐渐增加到至少 8.0m/s 的突发大风，而且至少在 1min 内持续增加到 11.2m/s 或更多）；④风转换（风向的改变）。

图 59-3　三维超声风速仪测量风。

2. 风的生态效应

风具有多种多样的生态效应，在农业和林业中起着重要的作用。例如，风可以运输水蒸气、热量、花粉、孢子和植物种子，产生静电，影响蒸发和散发等。相比之下，大风（风速为 14.3～28.3m/s）能够侵蚀土壤，损害农场、家畜、树木或森林。

3. 风对树的生态作用

植被，尤其是树木，通过改变近地面风的行为对风起明显的影响。这是因为参差不齐的树木表面具有摩擦力，摩擦力导致风速减小，但风的湍流（turbulence）增大。树木被认为是地表的障碍物，它能够改变风的模式。当风逼近树木时，由于树叶和树枝的空隙，使一部分气流穿过树木，其余气流被迫越过树木。当风穿过树木时，叶、枝和树皮摩擦表面，此表面可明显降低风速。风逼近树木时地面气压会增大，风到达树木的迎风面时，地面气压达到最大值。同时，风穿过树木时地面气压会减小，风到达树木的背风面时，地表压强达到最小值。风远离树木背风面时地面气压逐渐增大，当风超出一定的距离时气压恢复到原始状态。

4. 林带/防风带

当风对植被生态效应的原理被应用到实践时，防风林就形成了。据报道，最原始的防风林是在 15 世纪中叶，由苏格兰议会（Scottish Parliament）主张的（种植林带来保护农业生产）。其主要目的是用树木防护带设置障碍来减低风速，防止农田土壤颗粒被刮走。防风林通常由一种或多种树种形成间距很小的树行组成。由于防风林可增加表面粗糙度，因此，在农田或其他需要保护的地方合理建设，可以降低风速。防风林通过降低风速，可以为农业、人类和动物提供大面积的生存区域。树木防护带主要的生态效应是提供避难所。防风林对风的生态效益（有益方面）更多地取决于其结构，这样一来，人类可以经营和控制防风林。

5. 防风林的影响/效益

（1）防风林对小气候的影响

当叶面积指数很小时，防风林可减少土壤蒸发率，提高本季节作物的土壤水的可利用性，从而提高季节性的水分利用效率。防护林附近的漫辐射（diffuse radiation）的增加，可增加光传导到植物的树冠，这可能是提高作物光合作用的一种机制。由于天空视图效果，即寒冷的夜空被温暖的树木取代，使得防风林具有热辐射（thermal radiation）效应。在防风林某一特定距离的地方，防风林可以降低其周围作物的热辐射损失，可减少霜冻概率。防风林可通过遮阴降低土壤和树冠的温度，这可能会限制作物的生长。但是，我们也应该认识到，遮阴可降低防风林附近的蒸发率，因此，作物发芽和出苗前，可减少裸露土壤的水分损失。所以，防风林可以改善其庇护区的生长条件。

（2）防风林对提高作物产量和品质的影响

由于庇护区较高的土壤水分、昼温、湿度，以及夜间二氧化碳浓度、低蒸发量和夜间气温，作物的产量、品质和成熟度，与未庇护区作物相比均有提高，特别在积雪或风害经常发生的地区尤为明显。

（3）防风林对动物和植被的影响

防风林为野生动植物提供栖息地。一般来说，比起防风林和生态交错区，大型生物的生活领域是比较小的。土壤有机质含量，以及微生物和生物量，从防风林向农田中心逐渐减少。防风林影响土壤生物的生物量、土壤密度、土壤组成、地表动物类群组成和边缘地区动物的个体大小。此外，运送害虫、花粉和病原体（pathogen）等，都几乎依赖于风。因此，营造防风林将会为周围的作物生长环境或农田改变输送路径。

精心设计的树木防风林可以增加生物多样性，这很可能会引入天敌捕食害虫，减少农药需求。

（4）防风林对侵蚀的抑制及其他影响

由于防风林降低了风速，所以侵蚀现象被抑制，尤其是裸露的砂质土壤或干燥土壤。穿过农田的防风林，精心设计可使雪的堆积/分布较为均匀。单行树种配置的防风林，对雪的均匀分布是最有效、最永久的障碍。借助防风林阻挡风的作用，可以保护牲畜饲养场和农场周围的建筑物。此外，景观中的审美和美学价值观，都得益于树木资源，如木材、坚果、纤维或生物量等。

三、防风林的结构

防风林的结构可以看作是防风林林分的树干、树枝、树叶（树木构件）的分布格局，这是由防风林树木种类、立木度（stem density）、组成和布局模式、胸径（DBH，从地面向上 1.3m 高的胸高直径）、树木高度（*H*）、树木年龄等所决定的。此外，防风林的方向、长度、宽度、截面形态、连续性和均匀性也影响其结构。

1. 防风林的内部特征

（1）疏透度和密度

对防风林的内部结构最常用的描述符号是疏透

度（porosity）。防风林的疏透度定义为孔隙面积占据树木组成部分面积的比例或百分比。通常认为最佳的空气动力学孔隙度（β_a）为 0.35～0.45。疏透度影响防风林及其周围的湍流水平（turbulence level）。随着疏透度的增加，更多的风穿过防风林，即风速的下降量较小，湍流生成量减少，导致防护距离增加。相反，随着疏透度的减少，更少的风穿过防风林，风速的下降量加大，湍流生成量增加，导致防护距离减少。

防风林的密度（β_d）是指防风林的固体部分占防风林总体积的比例。其与疏透度有着相同的含义，即防风林的开阔区占总体积的比例。这两个术语是互为补充的。

（2）透光孔隙度和光密度

尽管防风林的疏透度或密度对于描述防风林的结构很重要，但不幸的是，自然状态下测量植物的空气动力学孔隙度几乎是不可能的，因为流动风穿过的是孔隙的三维结构。因此，更多的是集中精力去寻找一个替代方法。透光孔隙度（β）是一个对疏透度的二维测量值，这被定义为在防风林的纵断面上，穿孔面积占总面积的一个简单的比例关系，已被当作防风林结构的描述符号。透光孔隙度是空气动力学孔隙度最有希望的一个替代指标已被证实，尤其适合窄防风林。通常，透光孔隙度并不等同于空气动力学孔隙度，因为它并没有将孔隙的三维结构考虑进去，但对于一个窄人工防风林来说，透光孔隙度（β）接近于空气动力学孔隙度（β_a）。

光密度（β_r）与透光孔隙度有着相互联系或互为补充的含义。光密度被定义为固投影体面积占防风林总侧面面积的比例。

2. 防风林的外部特征

（1）高度

防风林的高度（H）是决定其保护区范围的最重要的因素。理论和实证方法都表明受保护的距离与防风林的高度成比例。防风林的高度依据树木种类、生境条件和管理水平而变化，并在防风林成熟期之前持续增高。防风林的高度可以通过单个树木的最大高度、较高树木顶端的平均高度或平均超过沿防风林长度方向上任意一个定位点的高度来描述。为了便于防风林之间保护作用的对照，防风林的防护距离通常用防风林高度表达。

（2）走向

防风林的走向（orientation）是防风林结构的另一个重要因素。防风林的走向垂直于极端风时，能获得最大的防护作用。如果风向与防风林斜交时，防护区域的大小会缩小。当风向与防风林平行时，风速则在其他条件下会增加。

（3）长度

防风林的长度在不同区域有很大变化。影响防护作用的防风林长度位于防护林的尾端。防护林尾端的风速通常要比那些在开阔区域的风速大很多。这是由防风林尾端的气流所造成的，因为这里的风受到了最小的阻力（图 59-4）。

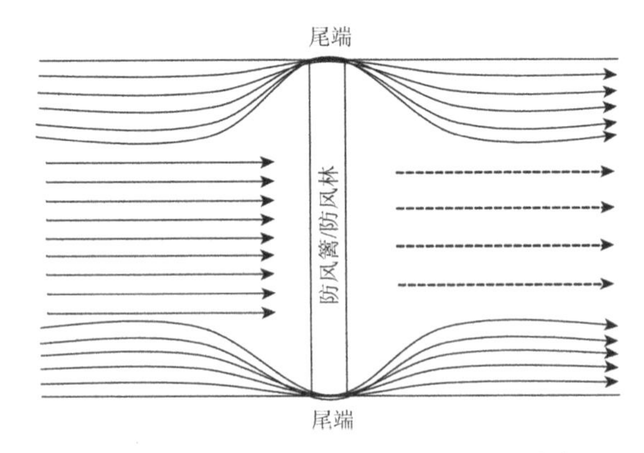

图 59-4　风穿过和绕过防风林尾端的流动模式。

（4）宽度

防风林的宽度（W）通过影响其疏透度或透光孔隙度，进而影响其防护作用。通常，防风林可以通过增加行数而增加宽度，但是防风林额外的宽度对防护响应产生最小的影响，直到防风林宽度和高度的比（W/H）大约为 5 的时候（表 59-1）。然而，随着宽度不断增加，当 W/H 大于 5 的时候（图 59-5），防护作用减小。数值模拟结果表明，防护林的宽度和其内部结构之间复杂的相互作用可能比我们之前所认知的更重要；模拟数据表明，随着宽度增加，风速减小最大的地点是靠近防风林的位置。

表 59-1　防风林宽度与相对风速（%）的关系（风向与防风林垂直）

宽 W（m）	高 H（m）	W/H	行数	透光孔隙度 β	距防风林不同距离的相对风速（%）							
					$-5H$	$0H$	$5H$	$10H$	$15H$	$20H$	$25H$	合计
54	12	4.5	25	0.320		44	44	62	72	89	89	62
5	10	0.5	3	0.335	51	75	33	52	54	64	62	55

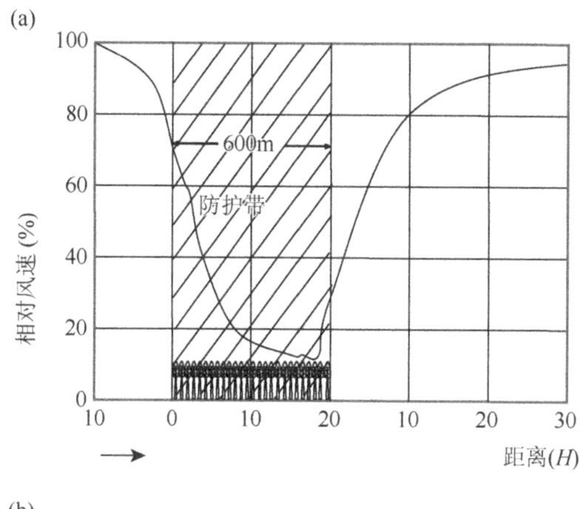

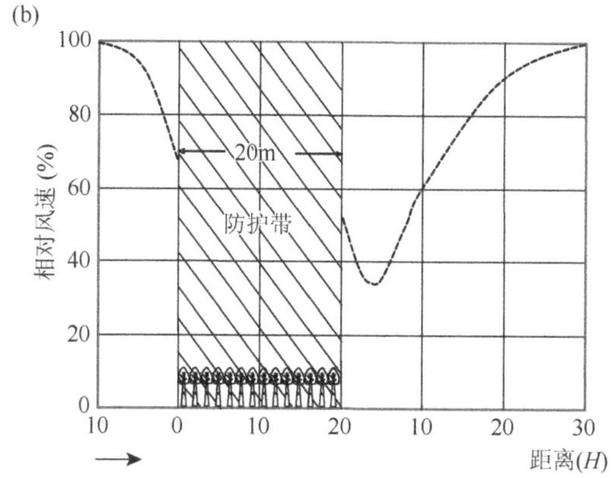

图 59-5 两种类型防风林的防护距离比较。(a) 宽防风林（高 28m，宽 600m），(b) 较窄防风林（高 28m，宽 20m）。

（5）截面形状

防风林的截面形状是指横截面的外部轮廓，这被描述为它的几何边界。防风林的截面形状是通过其树木、灌丛的布局，以及树种组成与布置模式造成的。防风林的空气动力学截面形状表明，在防护区域，截面的形状影响风速减小的量级和程度。防护林的截面形状很多，最常见的形状包括矩形、三角形（迎风面和背风面）、人字形屋顶/斜屋顶（对称和不对称）和凹口形(图 59-6)。对野外所模拟的防风林的观察表明，防风林的截面形状为矩形时显示出更好的防护作用（图 59-7）。据报道，在防护效应方面，防风林的截面形状能比水平分布产生更有效的影响。

（6）连续性和均匀性

防风林的连续性和均匀性影响其防护效应。防风林上的任何缺口或缝隙将会聚集风流，这在缺口或缝隙的背风面形成了一个风速超过空旷区域的小区（图 59-4）。因此，应当避免出现有穿过防风林的通道或其他开口。

3. 防风林的空气动力学参数

（1）表面疏透度

表面疏透度（β_0）的定义为等式[1]，这是基于

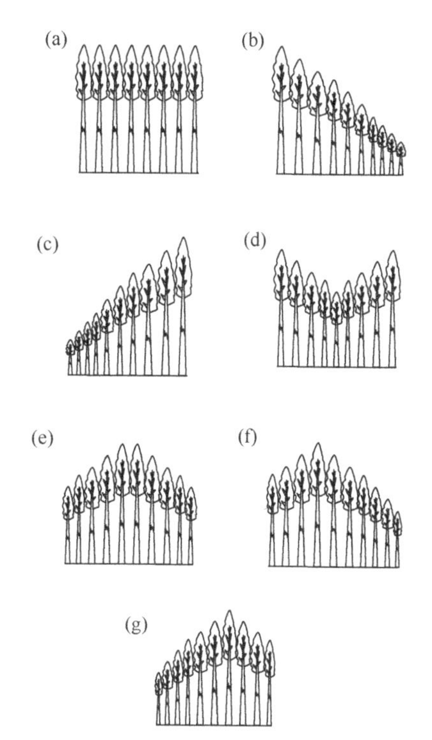

图 59-6 不同防风林的截面形状示意图。(a) 矩形、(b) 迎风三角形、(c) 背风三角形、(d) 凹口形、(e) 人字形屋顶/斜屋顶（对称)、(f，g) 人字形屋顶/斜屋顶（不对称）。

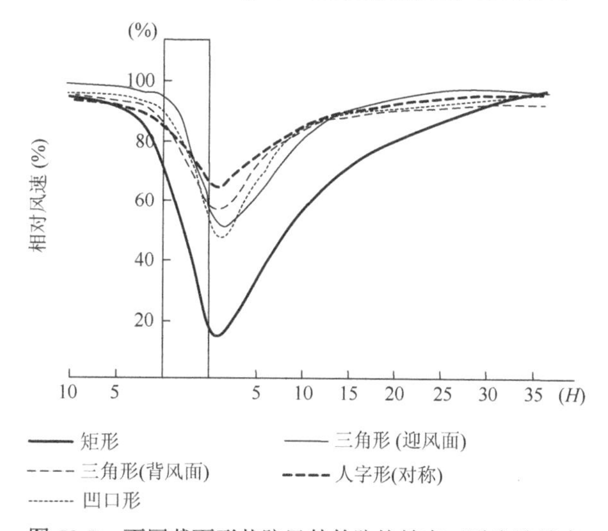

图 59-7 不同截面形状防风林的防护效应（透光孔隙度 0.60，行数 7，高度 1.85m）。

相对最小风速的一个估计。相对最小风速认为是 β_0 的一个函数：

$$\beta_0 = 0.2 + \sqrt{0.04 + 3.2U_{r-\min}} \quad [1]$$

式中，$U_{r-\min}$ 为相对最小风速（m/s）。

基于对防风林背风面最小风速的测量，可以得到 β_0。β_0 通常被用来比较不同防风林的一个标准，而不是一个主观的口头描述。

（2）透风系数

透风系数（α_0）也叫做渗透性或空气动力学孔

隙度。α_0 的平均值定义为：平地上，在无限长的防风林条件下，z 轴向上，x 轴水平正交，y 轴平行于防风林，其表达式如下：

$$\alpha_0=\frac{\frac{1}{H}\int_{z_0}^{H}U(0,z)\mathrm{d}z}{\frac{1}{H}\int_{z_0}^{H}U_0(z)\mathrm{d}z}=\frac{\int_{z_0}^{H}U(0,z)\mathrm{d}z}{\int_{z_0}^{H}U_0(z)\mathrm{d}z} \quad [2]$$

式中，z 为地面以上高度（m），z_0 为水平风速为零的高度，称为空气动力学粗糙度（roughness length）（m），U（0，z）和 U_0（z）分别为防风林背风面的水平风速（m/s）和处于同一高度开阔区域的水平风速（m/s），H 为防风林的高度（m）。

（3）阻抗系数

阻抗系数（Rc）定义为穿过防风林的不同压力与迎风气流上的防风林高度和动压（dynamic pressure）之比。阻抗系数更直接地影响多空隙防风林的空气动力学特性。

（4）拖曳力系数

拖曳力系数（C_d）定义为防风林单位面积拖曳力（drag force）与迎风气流动压之比。一般而言，防风林在风区施加一个拖曳力，造成非压缩气流动力的净亏损，由此产生防护效应。表达防风林空气动力效应的一个常用的物理方法是依据其对气流的阻力，或者依据其造成较少方面影响的术语，如拖曳力系数。

$$C_d=\frac{2D}{\rho U_c^2 H} \quad [3]$$

式中，D 为拖曳力（N），ρ 是空气密度（kg/m^3），U_c 是基本风速（m/s），其通常用 U_H 来取代，意为在 H 高度的风速大小。

四、透光孔隙度的测定

通常，当对待人工防风林如 salt fence、碎秸屏障（stubble barrier）以及其他由无生命物质组成的防风林时，β 的计算通常是一个简单的演算。但是当处理由有生命物质组成的防风林时，β 的估算就会更复杂，因为由有生命物质组成的防风林具有开口，其外形和分布都是不规则的。测量 β 值的数字图像处理方法已经实施。其基本原理就是通过数字图像，运用计算机系统来划分空隙和树木组成部分。测定 β 的处理步骤如下。

1. 拍摄

为了获得较高分辨率的图像，需要在没有太强光照的无风天气拍摄单色照片，以避免过多的来自树木构件的反射。拍摄照片时应当尽可能地与防风林接近，以确保最小的空隙或树木构件都能被计算机系统分析。实际上，在拍摄照片之前，特定高度（几乎与拍摄者的视平线一样高）上的一个标志，就是将该高度固定在前排的一棵树木之上。然后，拍摄者聚焦这个标志，使其垂直于防风林拍下一幅照片。拍摄者从这一位置向左或向右移动 20m，拍下另外两幅照片。拍摄者和防风林之间的距离，通常由于照相机的类型不同而有所变化，例如，理光数码相机（Ricoh，KR10，f = 50mm，变焦 52mm），拍摄者和防风林之间的距离可以长达 100m。

2. 图像处理

在实验室，按照防风林的组成，数字图像（照相底片应先数字化）在计算机系统中可以被分成两部分，即树冠和树干。树木构件反射的光所产生的灰度色调，应视为与其在同一光强度下的透射光一样。每一像素的光强度都有一个从 0（黑色）到 255（白色）之间变化的值。通过在 0～255 之间透射光的强度选择一个灰度临界值（threshold value）来评估图像中的每一像素，这种做法是可以实现的。处于灰度临界值之上或之下的每一个像素（pixel）都分别自动赋予一个真或假的二值图像。一个初步的灰度临界值就被选定，由此，整幅图像就会数字化。这幅由像素生成的数字化图像，是真或是假就会显示出来。如果有空隙或树木构件被遗漏，通过替换不同的灰度临界值来重复这个处理过程，直到获得有代表性的图像。一旦获得有代表性的图像，软件就会分别显示这幅图像的像素和树木构件总数。然后，就会获得一个防风林的透光孔隙度。

3. 透光孔隙度的误差分析

由于防风林的透光孔隙度是通过图像处理的照片来估算的，所以防风林图像的获得应是在实际存在的防风林中心。特别是如果组成防风林的行数超过两行，照相机就会产生投影误差（projective error）和缩影误差（contractive error）。因此，从图像中估算的透光孔隙度(β_p)和实际防风林的透光孔隙度(β)就会存在一些误差。基于这些原因，在图像处理过程中，如果能消除或减小误差是必要的。

β_p 的误差可以归因于下列因素：①拍摄的防风林图像的特征，取决于它能否真实地反射树木构件；②防风林的背景干扰；③随机误差，包括照相机产生的误差，试样防风林的地理位置产生的误差，以及测量过程所产生的误差。当防风林的图像为中心投影时，投影误差和缩影误差在实际防风林和图像化的防风林之间都存在。投影误差规定为负误差，因为它使透光孔隙度更大，收缩误差被规定为正误差，因为它使透光孔隙度更小。对防风林背景干扰所造成的误差，可以通过在图像处理过程中改变其灰度临界值和使用橡皮擦工具来消除。

因此，防风林的透光孔隙度的误差可以总结为

$$\beta_p = \beta + \Delta_p + \Delta_c + \xi \quad [4]$$

式中，Δ_p 是投影误差，Δ_c 是收缩误差，ξ 是随机误差。

很明显，确定 Δ_p、Δ_c 和 ξ 的误差，通过 β_p 来估算 β 是很有必要的。在某些程度上，投影误差和缩影误差这两者之间可以互相抵消。因此，这个问题应当集中于 ξ 上。按照等式[4]和[5]，β_p 和 ξ 的期望值可以写成：

$$E(\beta_p) = \beta + \xi \quad [5]$$

$$E(\xi) = 0 \quad [6]$$

式中，$E(\beta_p)$ 是透光孔隙度的期望值，$E(\xi)$ 是随机误差的期望值。

如果估算透光孔隙度的防风林的样品数目为 m，β_{p1}，β_{p2}，…，β_{pm} 是来自图像处理所估算的透光孔隙度的随机误差，防风林 $E(\beta_p)$ 和 ξ 的估算可用以下公式：

$$E(\beta_p) = \overline{\beta_p} = \frac{1}{m}\sum_{i=1}^{m}\beta_{pi} \quad [7]$$

$$\xi = \sum_{i=1}^{m}\beta_{pi}\overline{\beta_p} \quad [8]$$

式中，β_p 是在没有消除误差的图像中估算的透光孔隙度的平均值。

五、防风林附近的风速廓线

风速廓线（wind profile）对防风林的防护效应具有重要的影响，已被广泛研究。防风林附近的风速廓线受防风林结构和气候条件等诸多因子的影响。尽管防风林的长度、截面形状和宽度可能在背风面影响防护效应，但树木高度和疏透度对防护效应的影响更为重要。显然，如果其余因子相同，防护效应与树木高度成正比关系。因此，在估算风的降低效应方面，疏透度是防风林结构中最重要的关键指标之一。通常，风的降低量由野外观测和风洞（wind tunnel）试验获得。图 59-8 显示了不同透光孔隙度防风林附近的风速廓线的例子。

六、防风林的构建与经营管理

1. 防风林的设计

防风林的设计是由防风林建设的具体目标所决定的。任何防风林建设的目的都是为土地所有者提供有利的小气候条件，这些条件均直接或间接地改变风的模式。因此，防风林设计的总体原则适用于大多数情况。

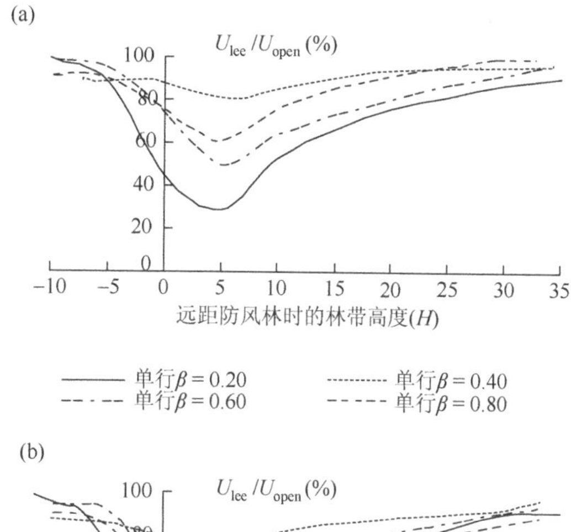

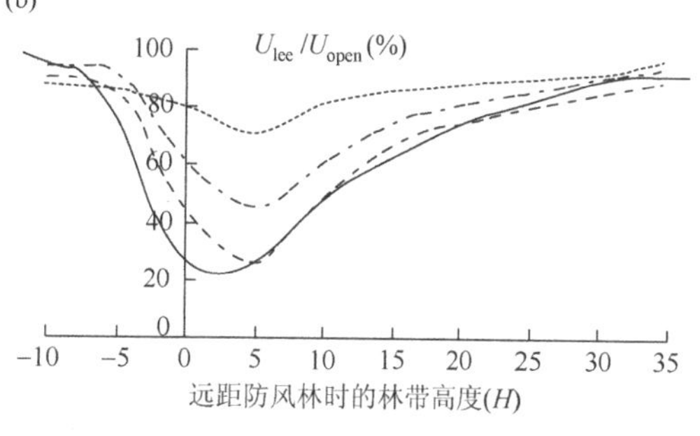

图 59-8 基于树行组成和透光孔隙度模拟的防风林附近的风速廓线，U_{lee} 和 U_{open} 分别为空旷地和背风区域的风速（m/s）。（a）单行，β 分别为 0.20、0.40、0.60 和 0.80；（b）两行，β 分别为 0.15、0.26、0.47 和 0.69。

（1）防风林的走向

空旷区域的防风林走向应垂直于盛行风的主风向，以最大化保护背风面区域。这一走向的防风林，以其最少数量来保护给定的区域。根据力学常识和土地利用情况，防风林走向在一定范围内可调整，因为当防风林和主风向的夹角不超过某一特定角度（如 30°）时，庇护区不会急剧减小（图 59-9）。

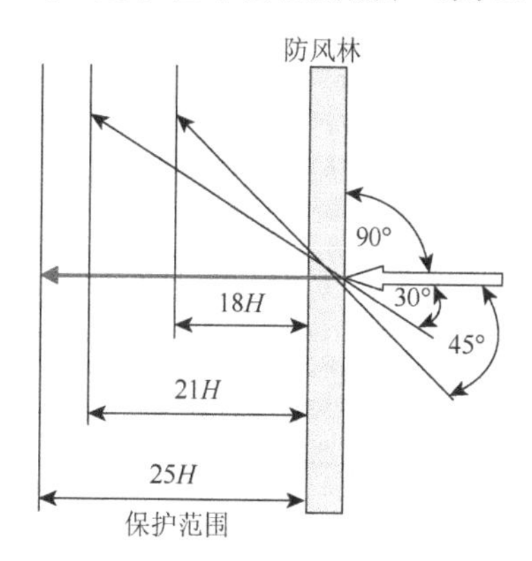

图 59-9 防风林与风向的夹角对防护距离（H）的影响效果。

（2）防风林林带的间距

防风林的庇护区范围是有限的，但所庇护的范围通常超过这个限制的制约。因此，应该营建走向合理

的防风林体系。防风林的林带数是庇护某一特定区域的前提，其直接与最高树木的平均高度有关。相邻林带的间距是由树高、防风林的组成和极端风速决定的。通常，根据所需要的庇护范围和区域面积的大小，相邻防风林林带的间隔或距离应该为 10*H*～25*H*。

（3）树种选择和组成

许多因素，如局地气候和土壤条件、风的稳定性、树种的特征（树高、树冠伸展、竞争力）、农作物和害虫问题的协调性等等，决定了一个防风林树种和灌木的选择。在所有的选择因素中物种的适应性最关键。对于各种防风林所选择的最理想的树种，应该是相对少病害虫问题，有狭窄的树冠和深根系，某些潜在的高度和长寿命等树种。一般来说，本地树种通常是一个不错的选择。

（4）树种组合配置

多数防风林由一个树种组成，但混合防风林可有效地利用立地条件，提高其稳定性和抗病虫害的能力，且如果混合树种组合合理，可形成良好的防风结构。然而，由于种植和管理上的困难，在实践中很少有混合防风林。表 59-2 列出了混合防风林的效果例子。混合树种包括榆树（*Ulmus pumila*）、小钻杨（*Populus xiaozhuanica*）、旱柳（*Salix matsudana*）、樟子松（*Pinus sylvestris* var. *mongolica*），以及灌木种紫穗槐（*Amorpha fruticosa*）、胡枝子（*Lespedeza bicolor*）。5 种混合模式，分别为单行树木之间的混合、多树行混合（不对称和对称）、树行片段的混合、防风林带的混合。

表 59-2 防风林混合模式的空间配置

混合模式	配置类型（4 行）	立木度
单行树木之间的混合	1. 柳属-杨属-柳属-杨属	2.0m×2.0m
	2. 榆属-杨属-榆属-杨属	2.0m×2.0m
多树行混合（不对称）	3. 柳属-杨属-柳属-杨属	2.0m×2.0m
	4. 榆属-杨属-榆属-杨属	2.0m×2.0m
多树行混合（对称）	5. 柳属-柳属-松属-松属	2.0m×2.0m
	6. 松属-松属-杨属-杨属	2.0m×2.0m
	7. 榆属-榆属-杨属-杨属	2.0m×2.0m
	8. 榆属-杨属-杨属-榆属	2.0m×2.0m
	9. 柳属-杨属-杨属-柳属	2.0m×2.0m
	10. 杨属-杨属-柳属-柳属	2.0m×2.0m
树行片段的混合	11. 杨属(500m)-松属(500m)-榆属(500m)	2.0m×2.0m
防风林带的混合	12. 杨属(500m)-松属(500m)	2.0m×2.0m

注：所有防风林由 4 行混生灌木的树种组成。灌木建植于防风林边上，建植密度 1m×1m。10 年后（2002 年），混合类型的防风林（5）和（6）类型失败，原因是松属和落叶树种生长的差异。其他的防风林类型如类型（11）和（12），松属、杨属和榆属混合成功了。在落叶树种的混合防风林中，类型（8）和（9）表现出较好的模式，因为相对速生树种（杨属）建植于树行的内部，生长相对缓慢的树种（柳属和榆属）建植于树行的外围。这样的空间配置是充分利用了防风林的边缘效应（edge effect），即对于混合防风林，随着年龄的增长，生长较慢的树种应该建植于树行外围，生长较快的树种应该建植于树行内部。

（5）防护林结构/透光孔隙度

根据风减少实验获得的结果，存在一个最佳的透光孔隙度，具有较低或较高透光孔隙度的防风林通常对风的防卫是无效的。最佳透光孔隙度具有相当大的变化，此变化可能是由防风林结构的差异造成，以及区域热不稳定性（thermal instability）的影响、透光孔隙度测定时所使用的仪器的类型和方法的差异。尽管诸如上述差异，但大多数研究表明，透光孔隙度为 0.20～0.50 时，防风林的庇护效应最佳。单个树木或灌木的叶片和枝条的特征对防风林疏透度和透光孔隙度起了重要的决定作用。因此，防风林疏透度和透光孔隙度的大小，可以通过调整树种组成，或树行内部或行距的间距来控制，然而，防风林疏透度的影响效应还没有得到深入的研究。

（6）树行内间距和行距

树行内间距和行距，随立地条件、树种、需求的密度或透光孔隙度，以及行数而发生变化。一般来说，树行内间距如下：依据防风林的行数，灌木为 1m，树木为 2.0～3.0m。

（7）建植配置

树木和灌木的建植配置决定了防风林的结构，并进一步影响其防护效应。一般来说，有三种类型的建植配置模式（即矩形、品字形和随机）。为了最大化防风林的收益，应采用品字形建植配置多行防风林带，这是因为树木品字形建植配置对防护效率相关的林带结构有利。

（8）长度和宽度

防风林长度对防护效应的影响位置在林带的两端（图 59-4）。基于此原因，防护林带的长度至少应该是其成熟时高度的 10 倍以上，以减少林带长度不够所造成的影响。防护林带的宽度通过改变其疏透度来影响防护效应。然而，较宽或多排防风林，树木的竞争可能会削弱防风林的稳定性。为了解决这个问题，表 59-2 所示（即类型 8 和 9）的混合防风林被认为是最佳的。当单行或两行防风林丧失一些树木时，其连续性存在潜在性损害。因此，在树木保存率较高的状况下，防护林带的宽度应尽可能窄，换言之，用最小的土地比例专门建设防风林，最大化地保护其余土地。

（9）竞争区域

最常见的负面评论是关于防风林树木和相邻农作物之间竞争的相关影响，尤其是水分限制条件下的影响。由于农作物品种、树种、地理位置和气候条件不同，两者的竞争程度变化很大。某些类型的竞争可以采用切根来降低，即切断延伸到农田的横向树根。

2. 防风林的管理

防风林经营管理可能类似于一般的森林管理。但防风林和森林管理本质的区别是经营管理的目的。防风林经营管理的主要目标是获得防护效应。防风林的护理是一个长期责任。例如，中国和俄罗斯实施植树造林后，集约式的经营管理工作很快启动。首先疏伐林分，通常在4～10年内开展，随后采伐不良竞争的树木，以保存最好的树木。美国大平原（American Great Plains）的防风林通常位于气候及土壤条件不利于树木和灌木天然出现和再生的地区。防风林的管理是将所有的禾草和杂草阻挡于防风林的外围，直到树冠郁闭（树荫密集导致杂草生长的阶段）形成。建植成功的防风林，不仅取决于初始设计、物种选择和预设场地，也取决于随后的护理和管理水平。现已有多种造林技术，可用来维持防风林的寿命，其效果远远超出原始植树。通常，防风林体系较防风林单体提供更大的防护效益。在景观水平上，防风林体系的空间格局和未来发展可能更容易、更明显。因此，基于对景观的思考，可为防风林体系的管理提供重要的参考。

课外阅读

Brandle JR, Hodges L, and Wight B（2000）Windbreak practices. In: Garrett HE, Rietveld WJ, and Fisher RF（eds.）*North American Agroforestry: An Integrated Science and Practice*, pp. 79-118.

Caborn J M（1965）*Shelterbelts and Microclimate*. London: Faber and Faber.

Cao XS（1983）*Shelterbelt for Farmland*. Beijing: Chinese Forestry Press（in Chinese）.

Ennos AR（1997）Wind as an ecological factor. *Trends in Ecology and Evolution* 12: 108-111.

Everham EM（1995）A comparison of methods for quantifying catastrophic wind damage to forest. In: Coutts MP and Grace J（eds.）*Wind and Trees*, pp. 340-357. Cambridge: Cambridge University Press.

Heisler GM and DeWalle DR（1988）Effects of windbreak structure on wind flow. *Agricultural Ecosystems and Environment* 22/23: 41-69.

Jiang FQ, Zhu JJ, Zeng DH, et al.（2003）*Management for Protective Plantation Forests*. Beijing: China Forestry Publishing House.

Kenney WA（1987）A method for estimating windbreak porosity using digitized photographic silhouettes. *Agricultural and Forest Meteorology* 39: 91-94.

Loeffler AE, Gordon AM, and Gillespie TJ（1992）Optical porosity and windspeed reduction by coniferous windbreaks in Southern Ontario. *Agroforestry Systems* 17: 119-133.

Peltola H, Kellomaki S, Kolstrom T, et al.（2000）Wind and other abiotic risks to forests. *Forest Ecology and Management* 135: 1-2. 476 Wind Shelterbelts.

Ruck B, Kottmeier C, Matteck C, Quine C, and Wilhelm G（2003）Preface. In: Ruck B, Kottmeier C, Matteck C, Quine C, and Wilhelm G（eds.）*Proceedings of the International Conference Wind Effects on Trees*, pp. iii. Karlsruhe, Germany: Lab Building, Environment Aerodynamics, Institute of Hydrology, University of Karlsruhe.

Zhou XH（1999）*On the Three Dimensional Aerodynamic Structure of Shelterbelts*. PhD dissertation, Graduate College at the University of Nebraska.

Zhou XH, Brandle JR, Takle ES, and Mize CW（2002）Estimation of the three dimensional aerodynamic structure of a green ash shelterbelt. *Agricultural and Forest Meteorology* 111: 93-108.

Zhu JJ, Gonda Y, Matsuzaki T, and Yamamoto M（2002）Salt distribution in response to optical stratification porosity and relative windspeed in a coastal forest in Niigata, Japan. *Agroforestry Systems* 56（1）: 73-85.

Zhu JJ, Matsuzaki T, and Jiang FQ（2004）*Wind on Tree Windbreaks*. Beijing: China Forestry Publishing House.